Franz Ziegler

Technische Mechanik der festen und flüssigen Körper

101 Aufgaben mit Lösungen

Dritte, verbesserte Auflage

SpringerWienNewYork

Dipl.-Ing. Dr. techn. Dr. h. c. Franz Ziegler
o. Universitätsprofessor für Allgemeine Mechanik
an der Technischen Universität in Wien
w. Mitglied der Österreichischen Akademie der Wissenschaften
ausl. Mitglied der Russischen Akademie der Naturwissenschaften
Fellow ASME – New York

Printed in Germany

Druck und Bindearbeiten: Druckerei zu Altenburg, D-04600 Altenburg

Gedruckt auf säurefreiem, chlorfreigebleichtem Papier – TCF

SPIN: 10684822

Mit 333 Abbildungen

ISBN 3-211-83193-2 Springer-Verlag Wien New York

ISBN 3-211-82335-2 2. Aufl. Springer-Verlag Wien New York

Der studierenden Jugend und meinen Kindern
Robert und *Eva C.* gewidmet

Vorwort zur 1. Auflage

Die rasante Entwicklung der Technik stellt auch eine Herausforderung an eine ihrer wichtigsten Grundlagen, nämlich die Mechanik, dar. Während bis zur Jahrhundertwende die Mechanik der wesentliche Teil der klassischen Physik war und von Physikern, die meist auch die Mathematik vertraten, entwickelt wurde, zählt sie heute zu den grundlegenden Ingenieurwissenschaften, und der Physiker mit Hauptarbeitsgebiet Mechanik ist eher selten geworden. Die anwendungsbezogenen Theorien und da insbesondere die Stoffgleichungen einerseits und die Methoden der Mechanik und hier wiederum die von der Rechenkapazität der elektronischen Rechner bestimmten numerischen Verfahren anderseits sind voll im Fluß befindliche Forschungsgebiete.
In hochtechnisierten Staaten trifft man auf entsprechend große Gruppen von Wissenschaftlern der Mechanik. Für die Ingenieurausbildung an Technischen Universitäten stellt die Mechanik eine der tragenden Säulen dar. Den neuen Anwendungsgebieten in vielen Ingenieurdisziplinen (Bauingenieurwesen, Maschinenbau, Montanistik und Elektrotechnik) muß auch in der Lehre, wenn auch mit entsprechender Phasenverschiebung, Rechnung getragen werden. Ballast, oft aus Tradition mitgeschleppt, muß über Bord gehen, und eine Neugliederung und Zusammenfassung der Theorien der Mechanik fester und flüssiger Körper wird unerläßlich. Das neue Konzept bietet dem Anfänger die Möglichkeit des Einstieges mit anfänglich einfachen Definitionen und Problemstellungen und verführt ihn dann zum Weiterlesen bis hin zu recht anspruchsvollen, für ein Selbststudium kaum mehr geeigneten, aber technisch sehr wichtigen Theorien und Aufgaben. Dem fortgeschrittenen Leser sollte sich neben dem Wecken der Neugier doch manche Erkenntnis aus dem gebotenen Stoff eröffnen. Es wird daher nach zwei einleitenden Kapiteln, die sich mit der Geometrie der Bewegung (Kinematik) und mit der Geometrie der Kräfte (Statik) auseinandersetzen, versucht, Querverbindungen zu schaffen. Erste Verknüpfungen führen zum Arbeitsbegriff (und zur potentiellen Energie) und zu den Materialgleichungen (elastischer und viskoser plastischer Körper). Daran schließt ein Kapitel über das Prinzip der virtuellen Arbeit, dessen Bedeutung für alle Gebiete des Ingenieurwesens (besonders auch im Zusammenhang mit der Methode der Finiten Elemente) stark zunimmt. Soweit wie vom Umfang her möglich begleiten den Leser Beispiele mit mehr oder weniger praktischem Hintergrund.
Die Mechanik ist auch heute nicht durch reine Lektüre erlernbar, dieses Buch sollte deshalb als echtes Arbeitsmittel verwendet werden. Der Leser muß sich schon die Mühe machen, mit Bleistift und Papier die eine oder andere Ableitung nachzuvollziehen, Alternativen in Beispielen selbst zu studieren. Vor allem kann die Anwendung der scheinbar so leichten Gesetzmäßigkeiten der Statik nur durch selbständiges Lösen von Aufgaben erlernt werden. Hier kann die Erfahrung und Phantasie des Lesers einsetzen, um Beispiele zu modifizieren, oder es wird eine der zahlreichen Beispielsammlungen herangezogen.

Das umfangreiche Kapitel 6. ist der linearisierten Elastostatik gewidmet. Auch hier ebnen zahlreiche Beispiele den Zugang zu anspruchsvollen Untersuchungen, die in Monographien und Zeitschriftenaufsätzen dokumentiert sind. Die Elastizitätstheorie stellt eines der ältesten Teilgebiete der Mechanik dar.
Die Zusammenfassung einzelner Teilgebiete unter der historischen Bezeichnung «Festigkeitslehre» (in englisch «structural mechanics») wurde bewußt vermieden. Auf die Ergebnisse der Bruchmechanik konnte aus Platzgründen nicht eingegangen werden, doch findet der Leser einen Hinweis auf Spezialliteratur.
Ab Kapitel 7. werden zeitabhängige Bewegungsvorgänge fester und flüssiger Körper untersucht. Die Bezeichnung Kinetik wurde zugunsten der Dynamik (im engeren Sinne) doch wieder fallengelassen, auch im Hinblick auf die Fachbezeichnungen Bau- und Maschinendynamik und auf die umfangreiche Literatur in englischer Sprache (dynamics). Impuls- und Drallsatz werden sowohl für materielle als auch für Kontrollvolumina formuliert und an zahlreichen Beispielen angewendet. Schwingungen als technisch wichtige Bewegungsform durchziehen diese Abschnitte. Erstintegrale der Bewegungsgleichungen enthalten nur mehr die Geschwindigkeiten und werden als Arbeits- bzw. mechanischer Energiesatz und als *Bernoulli*-Gleichung abgeleitet und an Beispielen erprobt. Ein Hinweis auf den 1. Hauptsatz der Thermodynamik (umfassender Energiesatz) darf dann wegen der zahlreichen Verflechtungen von Kontinuumsmechanik und Thermodynamik nicht fehlen. Einfache Stabilitätsprobleme, die dem Leser einen Einblick geben sollen und das methodisch Gemeinsame berühren, sind im Kapitel 9. gesammelt, die Schwimmstabilität allerdings wird bereits im Rahmen der Hydrostatik des Kapitels 2. erläutert — der Leser mag hier bereits praktische Erfahrungen einbringen. Die *Lagrange*sche Form der Bewegungsgleichungen für Systeme mit endlich vielen Freiheitsgraden wird in Kapitel 10. hergeleitet und für das *Ritz*sche Näherungsverfahren in Kapitel 11. und auch zur Aufstellung der Stoßgleichungen von Ersatzsystemen in Kapitel 12. vorbereitet. Als besondere Form des *D'Alembert*schen Prinzips (Prinzip der virtuellen Arbeit in der Dynamik) werden sie auch zur formalisierten Aufstellung der Bewegungsgleichungen vorweg geübt.
Ergänzungen zur Hydrodynamik sammeln das unbedingt für den Ingenieur Erforderliche, z. B. wird der hydrodynamische Auftrieb über die Zirkulation erklärt, Auftriebs- und Widerstandsbeiwert eingeführt und die Kennzahlen für Ähnlichkeitsströmungen diskutiert. Die Singularitätenmethode für Potentialströmungen wird erläutert und beispielhaft angewendet. Eine Grenzschichtlösung wird auch mit Blick auf diese reibungsfreien Außenströmungen diskutiert. Die Wechselwirkung einer bewegten Behälterwand mit einem Flüssigkeitskörper zeigt die Methode für die Berechnung solcher Interaktionsprobleme auf. Einige Beispiele können als Vorbereitung für eine Einführung in das neue Gebiet des Erdbebeningenieurwesens dienen. Ein gasdynamischer Effekt wird beim Ausblasen eines Überdruckkessels festgestellt.
Den Ingenieurstudenten Technischer Universitäten, aber auch von Fachhochschulen und etwas eingeschränkt von Höheren Technischen Lehranstalten soll dieses Lehrbuch ein fester Rückhalt während der meist viersemestrigen Einführungsvorlesungen sein und hoffentlich nach Überwindung der bekannten Zugangsschwierigkeiten zur Mechanik ein Begleiter im immer anspruchsvoller werdenden Berufsweg werden. Dem in der Praxis stehenden Ingenieur, so hofft der Autor, soll neben einer Auffrischung der Grundlagen eine Anregung gegeben werden, noch mehr als bisher mechanische Modelle der Konstruktionen im Entwurfsstadium am Rechner zu simulieren, nicht nur um Fehlentwicklungen zu vermeiden, sondern um zu best-

möglichen Konstruktionen mit vornweg abschätzbarem Verhalten zu kommen. Auch dem angewandten Mathematiker neuer Art kann die Mechanik immer noch Quelle anschaulicher Methoden und Modelle sein.

Meinem leider allzufrüh verschiedenen akademischen Lehrer *Heinz Parkus* verdanke ich besonders die Liebe zu umfassenden verschmelzenden Darstellungen der Methoden, und manches findet sich aus seinem Lehrbuch der Mechanik fester Körper[1] wieder. Mein Dank gilt besonders meinen Kollegen an der TU Wien, den Herren o. Univ.-Professoren Dr. *F. Rammerstorfer*, Dr. *H. Rubin*, Dr. *W. Schneider* und Dr. *H. Troger* sowie Herrn a. o. Univ.-Professor Dr. *U. Gamer* für zahlreiche kritische Hinweise besonders auch zur Stabilität und Hydromechanik. Mein ganz besonderer Dank gilt aber den Herren Univ.-Assistenten an meinem Institut Dr. *H. Hasslinger*, Dr. *F. Höllinger*, Dr. *H. Irschik* sowie den Herren Dipl.-Ing. *N. Hampl* und Dipl.-Ing. *R. Heuer* die in langen fruchtbaren Diskussionen vieles mitgestalteten und die mühevolle Arbeit der Ausarbeitung der im Anhang zu jedem Kapitel gesammelten Aufgaben übernahmen und auch die Abbildungsvorlagen zeichneten. Nicht zuletzt gilt mein herzlicher Dank den Sekretärinnen Frau *Ch. Paolini*, Frau *A. Rammerstorfer* und Frau *C. Steinauer*, die das umfangreiche Manuskript trotz meiner Handschrift fast fehlerlos geschrieben haben. Dem Springer-Verlag Wien—New York gilt mein Dank für das Eingehen auf meine Wünsche und die mustergültige Ausstattung des Lehrbuches.

Zuletzt sei noch darauf verwiesen, daß die Stoffauswahl und Aufbereitung durch die mehr als zehnjährige Lehrtätigkeit an der TU Wien und durch mehrere Gastprofessuren an den amerikanischen Universitäten Northwestern University, Stanford University und Cornell University geprägt sind.

Wien, im Herbst 1984 Franz Ziegler

[1] Wien—New York: Springer-Verlag. — 3. Auflage. — 1982.

Vorwort zur 2. Auflage

Die Akzeptanz der in diesem Buch integriert dargestellten Grundlagen führte zu einer erweiterten englischen Ausgabe *Mechanics of Solids and Fluids*, New York: Springer-Verlag 1991. Die revidierte deutsche Auflage enthält daraus wichtige Ergänzungen im Anhang. Aus drucktechnischen Gründen war dieser Weg einzuschlagen. Eine Erweiterung der Aufgabensammlung und insbesondere die Aufnahme der Teilsystemtechnik der Dynamik bleibt einer neuen Auflage vorbehalten. Für die wertvolle Unterstützung danke ich Herrn Univ.-Assistent Dipl.-Ing. *C. Adam*.

Wien, im Herbst 1991 Franz Ziegler

Vorwort zur 3. Auflage

Einige Aufgaben mit Lösungen ergänzen die umfangreiche integrierte Darstellung. Kleinere Korrekturen im Text, in Abbildungen und auch an Gleichungen sollen die Klarheit der Darlegungen weiter erhöhen. Für entsprechende Hinweise danke ich zahlreichen Studenten Technischer Universitäten.

Wien, im Frühling 1998 Franz Ziegler

Inhaltsverzeichnis

1. Kinematik

Die Kinematik ist das Teilgebiet der Mechanik, in dem die Bewegung (Deformation) eines Körpers an sich studiert wird, ohne nach den Ursachen dieser Bewegung, den Kräften und Spannungen, zu fragen. Bei der Analyse der Bewegung eines Punktes werden die Begriffe Ortsvektor, Verschiebungsvektor, Geschwindigkeits- und Beschleunigungsvektor herangezogen. Sie können dann als entsprechende Vektorfelder die Kinematik einfacher Kontinua (von Punkthaufen) festlegen. Um die Verformungen lokal zu beschreiben, erweist sich der Begriff des Deformationsgradienten als zweckmäßig, aus dem dann (beim festen Körper) die «Verzerrungen» abgeleitet werden. Aus diesen wiederum sind Dehnung und Gleitung darstellbar. Das kinematische Modell des starren (unverformbaren) Körpers, in dem der Abstand zweier Punkte während der Bewegung konstant bleibt, wird als wichtiges Bezugssystem (z. B. für die Deformationen) ausführlich behandelt und führt auf den Begriff des Winkelgeschwindigkeitsvektors. Polkegel bei Kreiselung und Polkurven bei ebener Bewegung erläutern die Kinematik der Geschwindigkeiten des starren Körpers und zeigen den idealisierten Vorgang des «reinen Rollens».
Insbesondere wird die Kinematik der flüssigen Körper durch die Stromlinien anschaulich beschrieben. Der «Satz von der Erhaltung der Masse» fester und flüssiger Körper bildet den Abschluß dieser Einführung.

1.1. Punktkinematik

Betrachten wir einen bestimmten Punkt P (eines Körpers), so können wir seine momentane Lage zur Zeit t gegen einen Bezugspunkt 0 (z. B. einen «raumfesten» Punkt) durch den Ortsvektor $\vec{r}_P(t)$ festlegen. Die Komponenten dieses Ortsvektors sind die Koordinaten des Punktes P im Bezugssystem (z. B. im kartesischen Koordinatensystem der drei Einheitsvektoren $\vec{e}_x, \vec{e}_y, \vec{e}_z = \vec{e}_x \times \vec{e}_y$, $\vec{r}_P(t) = x_P(t)\,\vec{e}_x + y_P(t)\,\vec{e}_y + z_P(t)\,\vec{e}_z$). In indizierter Schreibweise werden die Einheitsvektoren mit $\vec{e}_i$, $i = 1, 2, 3$, benannt und die zugehörigen Koordinaten mit x_i, $i = 1, 2, 3$, bezeichnet. Die Spitze des Ortsvektors beschreibt im Laufe der Zeit die *Bahnkurve* (Abb. 1.1). Sie wird im allgemeinen glatt von einer Anfangslage des Punktes P in eine «Endlage» verlaufen. Betrachtet man jede Momentanlage als Abbildung der Anfangslage zur Zeit t_0, dann beschreibt man die Bahnkurve mit Hilfe des Verschiebungsvektors $\vec{u}_P(t) = \vec{r}_P(t) - \vec{r}_P(t_0)$. Auch dieser Vektor besitzt drei Komponenten (z. B. zerlegt im kartesischen Bezugssystem $\vec{u}_P = u\vec{e}_x + v\vec{e}_y + w\vec{e}_z$ bzw. in indizierter Schreibweise $\vec{u}_P = \sum_{i=1}^{3} u_i\vec{e}_i$). Ist die Bahnlinie kinematisch nicht eingeschränkt (liegt also keine Führung des Punktes P vor), dann können die drei Koordinaten bzw. die drei Verschiebungen unabhängig vorgegeben werden; der Punkt besitzt im Raum drei Freiheitsgrade. Fesselt man den Punkt P an eine vorgegebene

Fläche mit der Gleichung $F(x, y, z, t) = 0$ (ein Führungssystem, das selbst nach einem vorgeschriebenen Gesetz bewegt werden kann), dann reduziert sich seine Bewegungsmöglichkeit auf zwei Freiheitsgrade; bei Vorgabe von x_P, y_P kann z. B. z_P aus der Führungsbedingung berechnet werden. Als «natürliche» Lagekoordinaten bieten sich dann zwei krummlinige Flächenkoordinaten an. Schränkt man die Bewegungsmöglichkeit kinematisch weiter ein, gibt man also die Bahnkurve als Führungssystem vor, dann bleibt nur mehr ein Freiheitsgrad. Die natürliche Lagekoordinate ist dann die Bogenlänge s längs der (bewegten) Führungsbahn.

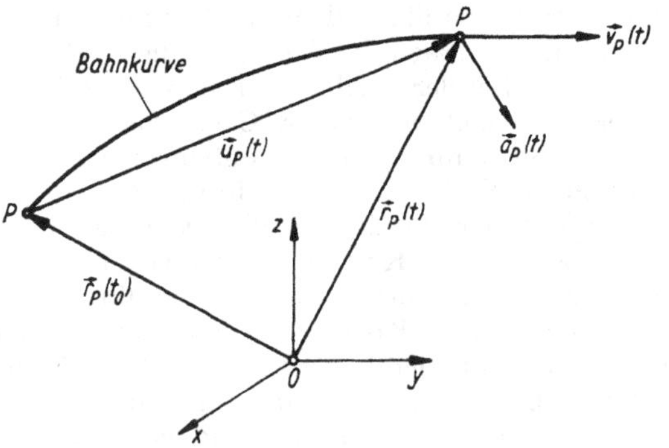

Abb. 1.1. Ortsvektor, Verschiebungsvektor, Geschwindigkeits- und Beschleunigungsvektor eines Punktes P und seine Bahnkurve

Betrachtet man einen zweiten Punkt Q auf der Bahnkurve $\vec{r}_Q(t)$ ohne kinematische Einschränkung, dann besitzt auch dieser Punkt drei Freiheitsgrade. Erzwingt man aber, daß bei Bewegung von P und Q der Abstand $\overline{PQ} = |\vec{r}_Q - \vec{r}_P|$ konstant bleibt, dann ist die Zahl der Freiheitsgrade der gemeinsamen Bewegung von P und Q nur mehr fünf. Das kinematische Modell des starren Körpers erhält man unter Zuschaltung eines dritten Punktes R außerhalb der Verbindungsgeraden $\overline{PQ}$ und den Einschränkungen $\overline{PR} = \text{const}$ und $\overline{QR} = \text{const}$. Ein solcher Punkthaufen im starren Verband hat dann gerade sechs Freiheitsgrade, z. B. können als *Lagekoordinaten* die drei Koordinaten eines Punktes P unabhängig vorgegeben werden, dann läuft Q auf der Kugeloberfläche wegen $\overline{PQ} = \text{const}$. Längen- und Breitengrad sind weitere zwei Lagekoordinaten — ein Punkt R läuft dann auf einer Kreisbahn um die Achse durch $\overline{PQ}$. Der Polarwinkel ist eine weitere unabhängige Koordinate.

Allgemein definieren wir die Zahl der Freiheitsgrade eines Systems als die Anzahl der voneinander unabhängigen skalaren Größen (verallgemeinerte Koordinaten oder Lagekoordinaten), welche zur Festlegung der momentanen Lage des Systems notwendig und hinreichend sind. Ein verformbarer fester oder flüssiger Körper besitzt unendlich viele Freiheitsgrade: Jeder seiner Punkte P läßt sich (innerhalb gewisser, durch den Körperzusammenhang gegebener Grenzen) beliebig relativ zu den übrigen Punkten verschieben. Die Momentanlage des Körpers relativ zur Anfangslage wird durch das Feld der Verschiebungsvektoren $\vec{u}_P(t)$, $\forall P$, beschrieben.

Betrachtet man den Verschiebungsvektor zwischen zwei Momentanlagen des Punktes P: $\overrightarrow{\Delta r_P} = \vec{r}_P(t + \Delta t) - \vec{r}_P(t)$, dann nennt man den gestreckten Vektor $\frac{1}{\Delta t}\,\overrightarrow{\Delta r_P}$ den

Vektor der *mittleren Geschwindigkeit*. Bei glatter Bahnlinie existiert der Grenzwert für $\Delta t \to 0$:

$$\lim_{\Delta t \to 0} \frac{1}{\Delta t} \overrightarrow{\Delta r_P} = \frac{d\vec{r}_P}{dt} = \vec{v}_P(t)$$

und ergibt als zeitliche Ableitung des Ortsvektors die *momentane Geschwindigkeit* des Punktes P, einen Vektor in Richtung der Bahntangente: Mit s als Bogenlänge der Bahnkurve und $\dfrac{d\vec{r}_P}{ds} = \vec{e}_t$ gilt ja

$$\vec{v}_P = \frac{d\vec{r}_P}{dt} = \frac{d\vec{r}_P}{ds}\frac{ds}{dt} = v_P\vec{e}_t, \tag{1.1}$$

die Komponente $v_P(t) = \dfrac{ds}{dt}$ heißt Schnelligkeit und hat die Dimension Länge durch Zeit (z. B. m/s). Aus der Definition des Verschiebungsvektors folgt unmittelbar auch

$$\vec{v}_P(t) = \frac{d\vec{u}_P}{dt}. \tag{1.2}$$

Betrachtet man die Änderung des Geschwindigkeitsvektors von Punkt P zu zwei Zeitpunkten: $\overrightarrow{\Delta v_P} = \vec{v}_P(t + \Delta t) - \vec{v}_P(t)$, dann nennt man den gestreckten Vektor $\dfrac{1}{\Delta t} \overrightarrow{\Delta v_P}$ den Vektor der *mittleren Beschleunigung*. Unter Ausschluß sprunghafter Geschwindigkeitsänderungen ergibt der Grenzwert $\Delta t \to 0$:

$$\lim_{\Delta t \to 0} \frac{1}{\Delta t} \overrightarrow{\Delta v_P} = \frac{d\vec{v}_P}{dt} = \vec{a}_P(t),$$

den *momentanen Beschleunigungsvektor*. Er kann anschaulich als verallgemeinerte Geschwindigkeit des Bildpunktes von P im *Hodographen* gedeutet werden, wo von einem Bezugspunkt $0'$ die Geschwindigkeitsvektoren von P als verallgemeinerte Ortsvektoren aufgetragen werden (vgl. 1.1.1.).
Mit der Definition der Geschwindigkeit folgt auch

$$\vec{a}_P(t) = \frac{d\vec{v}_P}{dt} = \frac{d^2\vec{r}_P}{dt^2} = \frac{d^2\vec{u}_P}{dt^2}. \tag{1.3}$$

Die Beschleunigung fällt nur bei *gerader Bahn* und im Moment des Anfahrens in die Bewegungsrichtung. Die Dimension von a_P ist Geschwindigkeit (Schnelligkeit) durch Zeit (also z. B. m/s²).
Soll die Bewegung eines Kontinuums aus einer Anfangskonfiguration seines materiellen Punkthaufens individuell für jeden Punkt beschrieben werden, dann ist es zweckmäßig, zur Kennzeichnung des Punktes P die Koordinaten seiner Anfangslage zu benutzen, die dann zur Unterscheidung von den momentanen Koordinaten mit Großbuchstaben bezeichnet werden. In der Indexschreibweise folgt dann

$$\vec{u}_P(t) = \vec{u}(t; X_1, X_2, X_3) = \sum_{i=1}^{3} u_i(t; X_1, X_2, X_3)\, \vec{e}_i$$

$$\vec{v}_P(t) = \vec{v}(t; X_1, X_2, X_3) = \sum_{i=1}^{3} v_i(t; X_1, X_2, X_3)\, \vec{e}_i$$

$$\vec{a}_P(t) = \vec{a}(t; X_1, X_2, X_3) = \sum_{i=1}^{3} a_i(t; X_1, X_2, X_3)\, \vec{e}_i$$

die *Lagrange*sche Darstellung der Vektorfelder der Verschiebungen, Geschwindigkeiten und Beschleunigungen der Punkte P. Man nennt X_i $(i = 1, 2, 3)$ *Stoffkoordinaten* oder *Lagrangesche Koordinaten.* Die totalen zeitlichen Ableitungen stimmen wegen der zeitlich konstanten X_i mit den partiellen Ableitungen überein, z. B. $\frac{d\vec{u}}{dt} = \frac{\partial \vec{u}}{\partial t}$ und $\frac{d\vec{v}}{dt} = \frac{\partial \vec{v}}{\partial t}$.

Die Vektoren können in verschiedene jeweils problemangepaßte Koordinatensysteme zerlegt werden. Wir zeigen dies für Zylinder- und natürliche Koordinaten (siehe 1.4.4. und 1.1.3.).

1.1.1. Beispiel: Die Wurfparabel im homogenen Schwerefeld

Ein Punkt P bewege sich mit konstanter vertikaler Beschleunigung $\vec{a}_P = -g\vec{e}_z$ in einer x, z-Ebene (über einer «flachen» Erde im «Vakuum»). Seine Geschwindigkeit erhält man durch zeitliche Integration zu $\vec{v}_P = c_x\vec{e}_x + (c_z - gt) \cdot \vec{e}_z$, c_x, c_z sind Konstante, nämlich die Geschwindigkeitskomponenten, in $t = 0$, der Anfangsgeschwindigkeit. Der Bildpunkt in der Hodographenebene bewegt sich dann mit konstanter «Geschwindigkeit» $\vec{a}_P$ auf einer Geraden. Nochmalige zeitliche Integration ergibt den Ortsvektor $\vec{r}_P = (X + c_xt)\,\vec{e}_x + (Z + c_zt - gt^2/2)\,\vec{e}_z$, dessen Spitze die «Wurfparabel» beschreibt, X und Z legen die Anfangslage fest (s. Abb. 1.2).

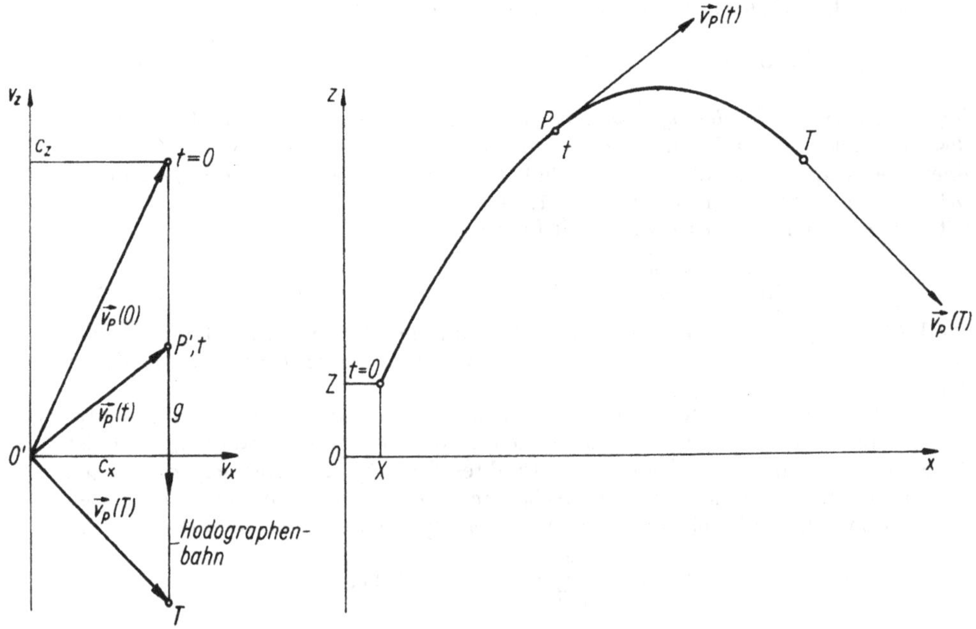

Abb. 1.2. Wurfparabel (Bahnkurve) und Hodographenbahn

1.1.2. Beispiel: Punktbewegung auf Führungsbahnen

Mit der Lagekoordinate s, die als Bogenlänge der festen Führungsbahn zum bewegten Punkt P gemessen wird, ist die Schnelligkeit $v = \dot{s} = \mathrm{d}s/\mathrm{d}t$ und die (kinematisch interessante) Tangentialbeschleunigung $a_t = \ddot{s} = \mathrm{d}^2s/\mathrm{d}t^2$. Letztere wird je nach Aufgabenstellung als Funktion der Zeit oder auch als Funktion der Schnelligkeit und des Weges s vorgegeben (eine weitere Beschleunigungskomponente siehe 1.1.3.). Durch Integration ist dann das Geschwindigkeits- und Weg-Zeit-Gesetz aufzusuchen — in $t = 0$ seien $s = s_0$ und $v = v_0$ als Anfangsbedingungen vorgegeben.

a) $$a_t = \frac{\mathrm{d}v}{\mathrm{d}t} = f(t)$$

Zeitliche Integration liefert die Schnelligkeit

$$v(t) = \int_0^t f(\tau)\,\mathrm{d}\tau + v_0$$

Nochmalige Integration ergibt unter Anwendung der partiellen Integration das Weg-Zeit-Gesetz in der Form eines «Faltungsintegrals»:

$$s(t) = \int_0^t v(\tau)\,\mathrm{d}\tau + s_0 = \int_0^t \left(\int_0^\tau f(\mu)\,\mathrm{d}\mu\right)\mathrm{d}\tau + v_0t + s_0$$

$$= s_0 + v_0t + \tau \int_0^\tau f(\mu)\,\mathrm{d}\mu\,\Big|_0^t - \int_0^t \tau f(\tau)\,\mathrm{d}\tau = s_0 + v_0t + \int_0^t (t-\tau)\,f(\tau)\,\mathrm{d}\tau.$$

Die *mittlere Schnelligkeit* (i. allg. nicht gleich dem Betrag der mittleren Geschwindigkeit)

$$v_m = \frac{s(t) - s_0}{t} = \frac{1}{t}\int_0^t v(\tau)\,\mathrm{d}\tau = v_0 + \frac{1}{t}\int_0^t (t-\tau)\,f(\tau)\,\mathrm{d}\tau.$$

b) $$a_t = \frac{\mathrm{d}v}{\mathrm{d}t} = f(v)$$

«Trennung der Variablen» ergibt $\mathrm{d}t = \dfrac{\mathrm{d}v}{f(v)}$. Integration liefert die inverse Abhängigkeit

$$t = \int_{v_0}^{v(t)} \frac{\mathrm{d}u}{f(u)} = F[v(t), v_0].$$

Um die Schnelligkeit zu finden, ist die (nichtlineare) Gleichung nach v aufzulösen. Das Weg-Zeit-Gesetz erhält man aus

$$s(t) = s_0 + \int_0^t v(\tau)\,\mathrm{d}\tau = s_0 + \int_{v_0}^{v(t)} \frac{u}{f(u)}\,\mathrm{d}u$$

nach Substitution von $\mathrm{d}\tau = \dfrac{\mathrm{d}u}{f(u)}$.

Die *mittlere Schnelligkeit*

$$v_m = \frac{s(t) - s_0}{t} = \frac{1}{t}\int_0^t v(\tau)\,d\tau = \frac{1}{F[v(t), v_0]}\int_{v_0}^{v(t)} \frac{u}{f(u)}\,du.$$

c) $$a_t = \frac{dv}{dt} = \frac{dv}{ds}\frac{ds}{dt} = v\frac{dv}{ds} = f(s)$$

«Trennung der Variablen» ergibt $v\,dv = f(s)\,ds$. Integration liefert $\frac{1}{2}(v^2 - v_0^2) = \int_{s_0}^{s} f(\xi)\,d\xi$ und damit $v(s)$. Wegen $v = \frac{ds}{dt}$ berechnen wir das inverse Zeit-Weg-Gesetz durch Integration aus $dt = \frac{ds}{v(s)}$:

$$t = \int_{s_0}^{s} \frac{d\xi}{v(\xi)}.$$

Die inverse *mittlere Schnelligkeit* ist dann

$$\frac{1}{v_m} = \frac{t}{s(t) - s_0} = \frac{1}{s - s_0}\int_{s_0}^{s} \frac{d\xi}{v(\xi)}.$$

1.1.3. Das begleitende Dreibein der Bahnkurve

Ist die Bahnkurve eines Punktes P bekannt, dann ist es besonders anschaulich, die Geschwindigkeit und Beschleunigung in die Richtungen des begleitenden Dreibeins ($\vec{e}_t$ ... Tangentenvektor, $\vec{e}_n$ ... Hauptnormalenvektor, $\vec{e}_m = \vec{e}_t \times \vec{e}_n$) zu zerlegen.
Mit der Bogenlänge $s(t)$ entlang der Bahnkurve folgt

$$\vec{r} = \vec{r}(t) = \vec{r}[s(t)],$$

mit der Ableitung

$$\vec{v} = \frac{d\vec{r}}{dt} = \frac{d\vec{r}}{ds}\frac{ds}{dt} = v\vec{e}_t.$$

Die Geschwindigkeit fällt in die Tangentenrichtung der Bahnkurve. Mit nochmaliger Differentiation wird

$$\vec{a} = \frac{d\vec{v}}{dt} = \frac{dv}{dt}\vec{e}_t + v\frac{d\vec{e}_t}{dt}.$$

Im Zeitdifferential bewegt sich der Punkt um ds auf der Bahnkurve und die Richtungsänderung von $\vec{e}_t$ ist $\frac{d\vec{e}_t}{ds} = \frac{1}{r(s)}\vec{e}_n$ (*Frenet*sche Formel) und fällt in die Hauptnormalenrichtung, r^{-1} ist die Krümmung der Bahnkurve. Damit wird

$$\frac{d\vec{e}_t}{dt} = \frac{d\vec{e}_t}{ds}\frac{ds}{dt} = \frac{v}{r}\vec{e}_n$$

und

$$\vec{a} = \frac{dv}{dt}\vec{e}_t + \frac{v^2}{r}\vec{e}_n$$

wird in natürlicher Weise in die Tangentialbeschleunigung $\frac{dv}{dt}$ und in die Querbeschleunigung $\frac{v^2}{r}$ zerlegt, — in die Binormalenrichtung $\vec{e}_m$ der Bahnkurve fällt keine Komponente. Der Beschleunigungsvektor liegt daher in der Schmiegebene der Bahnkurve (die von $\vec{e}_t$ und $\vec{e}_n$ aufgespannt wird).

Mit Hilfe der Formel für die zeitliche Änderung körperfester Vektoren in einem mit $\vec{\omega} = \frac{v}{\tau}\vec{e}_t + \frac{v}{r}\vec{e}_m$ rotierenden starren Körper, kann direkt

$$\frac{d\vec{e}_t}{dt} = \vec{\omega} \times \vec{e}_t = \frac{v}{r}\vec{e}_m \times \vec{e}_t = \frac{v}{r}\vec{e}_n$$

unabhängig von der Windung $1/\tau$ gefunden werden (siehe 1.2.).

1.2. Kinematik des starren Körpers

Zwei Punkte eines Körpers seien ausgewählt: ein körperfester Bezugspunkt A und ein «allgemeiner» Körperpunkt P. Dann gilt für die Ortsvektoren zur Zeit t

$$\vec{r}_P = \vec{r}_A + \vec{r}_{PA},$$

wenn $\vec{r}_{PA}$ den Vektor von A nach P bezeichnet. Differentiation nach der Zeit t liefert den Zusammenhang der momentanen Geschwindigkeiten

$$\vec{v}_P = \vec{v}_A + \vec{v}_{PA},$$

wenn $\vec{v}_{PA} = \frac{d\vec{r}_{PA}}{dt}$. Für den unverformbaren (starren) Körper ist jedoch der Vektor $\vec{r}_{PA}$ stets ein körperfester Vektor konstanter Länge, also

$$\vec{r}_{PA} \cdot \vec{r}_{PA} = r_{PA}^2 = \text{const},$$

und die zeitliche Ableitung liefert dann

$$\vec{v}_{PA} \cdot \vec{r}_{PA} = 0, \qquad \vec{v}_{PA} \perp \vec{r}_{PA}.$$

Mathematisch kann diese Orthogonalität der beiden Vektoren durch den Ansatz

$$\vec{v}_{PA} = \vec{\omega} \times \vec{r}_{PA}$$

ausgedrückt werden, wobei ω die Dimension 1/Zeit (z. B. s^{-1}) aufweist. Da $v_{PA} = 0$ ist, für alle Punkte P die auf der *Wirkungslinie* von $\vec{\omega}$ liegen, ist diese Linie die Momentanachse der *Drehung* des starren Körpers um A, und $\vec{\omega}$ wird Winkelgeschwindigkeitsvektor genannt. Der Geschwindigkeitszustand des starren Körpers ist durch die Angabe der beiden Vektoren $\vec{v}_A$ und $\vec{\omega}$ durch die Grundformel der Kinematik

$$\vec{v}_P = \vec{v}_A + \vec{\omega} \times \vec{r}_{PA} \tag{1.4}$$

festgelegt. Die sechs Geschwindigkeitskomponenten entsprechen den sechs Freiheitsgraden des starren Körpers im Raum.

Man zeige, daß $\vec{\omega}$ *ein freier Vektor* ist, unabhängig vom Bezugspunkt A. Wir wählen zwei Vektorpaare $(\vec{v}_A, \vec{\omega})$ und $(\vec{v}'_A, \vec{\omega}')$ und wenden die Grundformel der Kinematik des starren Körpers sinngemäß an:

$$\vec{v}_P = \vec{v}_A + \vec{\omega} \times \vec{r}_{PA} = \vec{v}'_A + \vec{\omega}' \times \vec{r}_{PA'}$$

$$\vec{v}_{A'} = \vec{v}_A + \vec{\omega} \times \vec{r}_{A'A}.$$

Mit $\vec{r}_{PA} = \vec{r}_{A'A} + \vec{r}_{PA'}$ liefert entsprechendes Einsetzen

$$\vec{v}_A + \vec{\omega} \times (\vec{r}_{A'A} + \vec{r}_{PA'}) = \vec{v}_A + \vec{\omega} \times \vec{r}_{A'A} + \vec{\omega}' \times \vec{r}_{PA'}$$

und damit

$$\vec{\omega} \times \vec{r}_{PA'} = \vec{\omega}' \times \vec{r}_{PA'} \quad \forall P.$$

Da P ein beliebiger Punkt des starren Körpers ist, muß

$$\vec{\omega} = \vec{\omega}'.$$

«Der momentane Winkelgeschwindigkeitsvektor ist unabhängig von der Wahl des Bezugspunktes, und die momentanen Drehachsen durch A und A' sind parallel».
Man kann somit eine Momentandrehung um eine Achse stets ersetzen durch eine Momentandrehung mit gleichem ω um eine beliebig verschobene parallele Achse plus einer momentanen Translation mit der Geschwindigkeit $\vec{\omega} \times \vec{p}$ senkrecht zur Ebene der beiden Achsen (p ist der Achsabstand).

Zur Reduktion der Winkelgeschwindigkeiten. Ein starrer Körper führt zur Zeit t momentane Drehungen um verschiedene (bewegte) Achsen mit den Winkelgeschwindigkeiten $\vec{\omega}_1, \vec{\omega}_2, \ldots, \vec{\omega}_n$ aus. Die Achsen gehen durch die körperfesten Punkte $A_1, \ldots, A_n$. Nach Wahl eines Bezugspunktes A bringen wir dort die positiven und gleichzeitig die negativen Winkelgeschwindigkeitsvektoren $\vec{\omega}_1, \ldots, \vec{\omega}_n, -\vec{\omega}_1, \ldots, -\vec{\omega}_n$ an, ändern also nichts am Geschwindigkeitszustand des starren Körpers. Wir bilden die resultierende Winkelgeschwindigkeit $\vec{\omega} = \sum_{i=1}^{n} \vec{\omega}_i$. Die ursprünglichen Winkelgeschwindigkeitsvektoren in den Punkten $A_1, \ldots, A_n$ und ihre negativen Gegenstücke in A bilden jeweils Paare. Zwei Momentandrehungen um parallele Achsen mit entgegengesetzt gleichen Winkelgeschwindigkeiten ergeben aber eine Schiebung des starren Körpers mit der Geschwindigkeit $(\vec{\omega}_i \times \vec{r}_{AA_i})$, in Summe also die der Rotation mit ω zu überlagernde Translationsgeschwindigkeit $-\sum_{i=1}^{n} \vec{\omega}_i \times \vec{r}_{A_iA}$.

Zerlegt man die kinematische Grundformel in kartesischen Koordinaten, dann empfiehlt sich für numerische Berechnungen die Einführung der quadratisch schiefsymmetrischen *Winkelgeschwindigkeitsmatrix*

$$\boldsymbol{\Omega} = \begin{pmatrix} 0 & -\omega_z & \omega_y \\ \omega_z & 0 & -\omega_x \\ -\omega_y & \omega_x & 0 \end{pmatrix}.$$

Diese Matrix besitzt Tensoreigenschaft. Allgemein gilt, daß dem aus dem Geschwindigkeitsfeld abgeleiteten schiefsymmetrischen Rotationsgeschwindigkeitstensor ein *dualer* Winkelgeschwindigkeitsvektor zugeordnet werden kann, siehe auch Gl. (1.49). Unter Benutzung der Regeln der Matrizenmultiplikation folgt dann, wenn die übrigen Vektoren als Spaltenmatrizen definiert werden,

$$\vec{v}_P = \vec{v}_A + \vec{v}_{PA}, \qquad \vec{v}_{PA} = \boldsymbol{\Omega}\vec{r}_{PA},$$

eine «computerorientierte» Darstellung im Sinne linearer Vektortransformationen.

Im Hinblick auf die spätere Verwendung dieser Grundformel bei *zeitunabhängigen kleinen Verrückungen* (Verschiebungen und Drehungen, $\delta\vec{r}$ und $\delta\vec{\alpha}$) des starren Körpers, multiplizieren wir die Grundformel mit dt und erhalten den Zusammenhang:

$$\delta\vec{r}_P = \delta\vec{r}_A + \delta\vec{\alpha} \times \vec{r}_{PA}: \tag{1.5}$$

«Die kleine Verschiebung $\delta\vec{r}_P$ eines Punktes P des starren Körpers setzt sich zusammen aus der kleinen Verschiebung $\delta\vec{r}_A$ eines körperfesten Bezugspunktes und der kleinen Verschiebung zufolge einer Drehung um eine Achse durch A um den *kleinen* Winkel $\delta\vec{\alpha}$. *Kleine* Winkeldrehungen besitzen Vektorcharakter, *große* Drehwinkel um verschiedene Achsen dürfen nicht wie Vektoren addiert werden (z. B. kommutatives Gesetz verletzt).»

Für den körperfesten Bezugspunkt A ändert sich während der Bewegung i. allg. sowohl $\vec{v}_A$ wie $\vec{\omega}$ mit der Zeit. Es ist aber in jeder Momentanlage des starren Körpers möglich, A so auszuwählen, daß $\vec{v}_A$ kolinear mit $\vec{\omega}$ wird:
Der momentane Geschwindigkeitszustand des starren Körpers läßt sich daher aus einer momentanen Drehung um eine Achse, die *momentane Zentralachse*, und einer momentanen Verschiebung in Richtung dieser Achse zusammensetzen. Man spricht in diesem Zusammenhang von der *Kinemate* oder *«Geschwindigkeitsschraube»* des starren Körpers. Die Koordinaten eines Punktes A' der Zentralachse folgen aus

$$\vec{v}_{A'} \times \vec{\omega} = 0, \qquad \vec{v}_{A'} \parallel \vec{\omega},$$

mit $\vec{v}_{A'} = \vec{v}_A + \vec{\omega} \times \vec{r}_{A'A}$, wenn wir den Suchvektor $\vec{r}_{A'A}$ senkrecht zu $\vec{\omega}$ auswählen, zu

$$\vec{r}_{A'A} = \left(\frac{\vec{\omega}}{\omega} \times \vec{v}_A\right) \omega^{-1}.$$

Mit Vorteil verwendet man die Grundformel der Kinematik des starren Körpers bei der Aufgabenstellung, einen *körperfesten Vektor konstanter Länge zu differenzieren*. Z. B. für einen Einheitsvektor folgt bei bekanntem $\vec{\omega}$:

$$\frac{d\vec{e}}{dt} = \vec{\omega} \times \vec{e}. \tag{1.6}$$

So ist z. B. bei *Zylinderkoordinaten* der Winkelgeschwindigkeitsvektor der starren Drehung des Koordinatensystems durch $\vec{\omega} = \dot{\varphi}\vec{e}_z$ mit $\dot{\varphi} = d\varphi/dt$ und φ als Polarwinkel gegeben. Daher ist

$$\frac{d\vec{e}_r}{dt} = \vec{\omega} \times \vec{e}_r = \dot{\varphi}\vec{e}_\varphi \quad \text{und} \quad \frac{d\vec{e}_\varphi}{dt} = \vec{\omega} \times \vec{e}_\varphi = -\dot{\varphi}\vec{e}_r, \tag{1.7}$$

$\vec{e}_r, \vec{e}_\varphi, \vec{e}_z = \vec{e}_r \times \vec{e}_\varphi$ bilden ein Rechtssystem.

Bei Verwendung von *Kugelkoordinaten* mit φ als Längengrad und $\vartheta - \frac{\pi}{2}$ als (nördlicher) Breitengrad ist $\vec{\omega} = \dot{\varphi}\vec{e}_z - \dot{\vartheta}\vec{e}_\varphi$ mit $\vec{e}_z = -\vec{e}_r \cos\vartheta + \vec{e}_\vartheta \sin\vartheta$. Daher folgt

$$\left.\begin{aligned}
\frac{d\vec{e}_r}{dt} &= \vec{\omega} \times \vec{e}_r = \dot{\varphi} \sin\vartheta \vec{e}_\varphi + \dot{\vartheta}\vec{e}_\vartheta, \\
\frac{d\vec{e}_\varphi}{dt} &= \vec{\omega} \times \vec{e}_\varphi = -\dot{\varphi} \sin\vartheta \vec{e}_r - \dot{\varphi} \cos\vartheta \vec{e}_\vartheta, \\
\frac{d\vec{e}_\vartheta}{dt} &= \vec{\omega} \times \vec{e}_\vartheta = -\dot{\vartheta}\vec{e}_r + \dot{\varphi} \cos\vartheta \vec{e}_\varphi.
\end{aligned}\right\} \tag{1.8}$$

Der *Beschleunigungszustand* des *starren* Körpers folgt nach Differentiation der Geschwindigkeit zu

$$\vec{a}_P = \frac{d\vec{v}_P}{dt} = \vec{a}_A + \vec{a}_{PA}, \tag{1.9}$$

$$\vec{a}_A = \frac{d\vec{v}_A}{dt} \quad \text{und}$$

$$\vec{a}_{PA} = \frac{d\vec{v}_{PA}}{dt} = \frac{d\vec{\omega}}{dt} \times \vec{r}_{PA} + \vec{\omega} \times (\vec{\omega} \times \vec{r}_{PA}) = \dot{\vec{\omega}} \times \vec{r}_{PA} + \omega^2 \vec{n}_P, \tag{1.10}$$

wo mit Entwicklung des vektoriellen Tripelproduktes

$$\vec{n}_P = \left(\frac{\vec{\omega}}{\omega} \cdot \vec{r}_{PA}\right) \frac{\vec{\omega}}{\omega} - \vec{r}_{PA} \tag{1.11}$$

den Normalabstandsvektor von P zur Momentanachse durch A angibt; $\omega^2 \vec{n}_P$ ist die wesentliche Normalkomponente der Beschleunigung $\vec{a}_{PA}$. Bei raumfester Achse und raumfestem A wird sie *Zentripetalbeschleunigung* genannt.

1.2.1. Sonderfälle der Kinematik des starren Körpers

a) Reine Translation

Eine schiebende Bewegung liegt vor, wenn dauernd $\omega = \dot{\omega} = 0$. Dann ist die Kinematik durch $\vec{v}_P = \vec{v}_A$ und $\vec{a}_P = \vec{a}_A$ durch die Bewegung eines einzigen Punktes gegeben. Die Bahnlinien sind parallele Geraden.

b) Reine Kreiselung

Eine sphärische Bewegung liegt dann vor, wenn ein körperfester Punkt gleichzeitig raumfest ist. Wird dieser Punkt $A = 0$ gewählt, dann ist $v_A = 0$ und $a_A = 0$.

Die Zentralachse geht stets durch 0 und erzeugt im Laufe der Bewegung des starren Körpers, einmal vom Raum und dann vom Körper aus beobachtet, zwei Kegel mit den Spitzen in 0, die gleitungsfrei aufeinander abrollen. Sie werden als raum- und körperfester Polkegel bezeichnet.

Als *Beispiel* sei die Kinematik der *Kollermühle* zu untersuchen (Abb. 1.3).
Ein Punkt der Momentanachse ist $0 = A$, ein zweiter ist wegen $v_G = 0$ (Bedingung des reinen Rollens) durch den Aufstandspunkt G gegeben. Das Winkelgeschwindigkeitsverhältnis ist daher $\sigma/\nu = R/r$.
Die Polkegel sind Kreiskegel mit den Spitzen in $0 = A$ und den Basiskreisradien R (raumfest) und r (körperfest).
Verzahnt man die Polkegel(-stümpfe) und hält man die Achse $0 - 1$ raumfest, dann laufen die Kegelräder mit obigem Drehzahlverhältnis um ihre raumfesten Achsen 0–1 bzw. 0–2, und der Punkt G (Eingriffspunkt) hat gleiche (Umfangs-) Geschwindigkeit.
Die kinematischen Verhältnisse der Kollermühle lassen sich sinngemäß auf ein zweiachsiges Fahrzeug mit gelenkten Vorderrädern, in einer Kreiskurve, übertragen (Abb. 1.4). Man erkennt die Notwendigkeit verschiedener σ-Komponenten bei festem ν des «starren» Fahrzeuges, sollen alle vier Räder gleitungsfrei rollen.

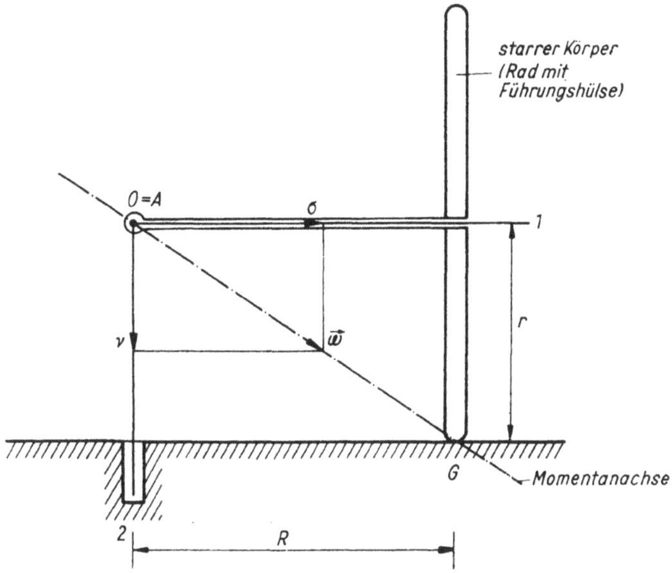

Abb. 1.3. Zur Kinematik der Kollermühle

c) Ebene Bewegung starrer «Scheiben»

Die ebene Bewegung ist dadurch charakterisiert, daß der Abstand der Körperpunkte von einer «festen» Ebene, z. B. der x, y-Ebene, konstant bleibt. Bewegt sich nun ein starrer Körper parallel zu dieser Ebene, dann ist der Winkelgeschwindigkeitsvektor stets parallel zur Normalen $\vec{e}_z = \vec{e}_x \times \vec{e}_y$:

$$\vec{\omega} = \omega \vec{e}_z.$$

In kartesischen Koordinaten ist dann wieder

$$\vec{v}_{PA} = \Omega \vec{r}_{PA}$$

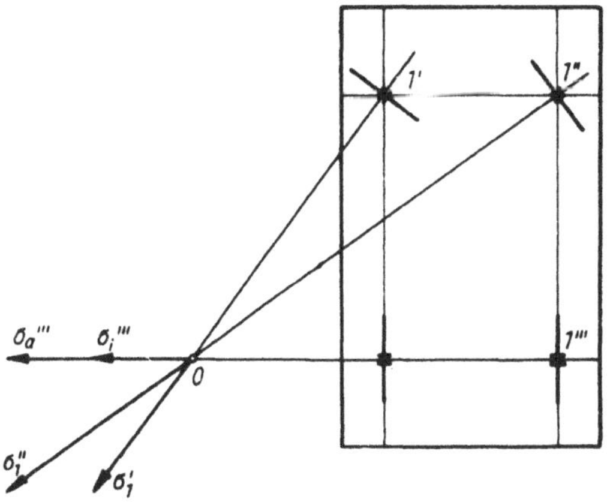

Abb. 1.4. Fahrzeug in Kreiskurve

jedoch

$$\underline{\Omega} = \begin{pmatrix} 0 & -\omega \\ \omega & 0 \end{pmatrix}.$$

Bezeichnen wir den *Quervektor* zu $\vec{r}_{PA}$ mit $\hat{\vec{r}}_{PA} = \vec{e}_z \times \vec{r}_{PA}$, dann folgt wieder koordinatenunabhängig

$$\vec{v}_{PA} = \omega \hat{\vec{r}}_{PA},$$

und die Geschwindigkeit eines beliebigen Punktes der starren Scheibe ist dann

$$\vec{v}_P = \vec{v}_A + \omega \hat{\vec{r}}_{PA}. \tag{1.12}$$

Ist $\omega \neq 0$, gibt es einen Punkt $P = G$, dessen momentane Geschwindigkeit Null ist, er wird *Geschwindigkeitspol* genannt. Seine Koordinaten folgen aus

$$\vec{v}_G = \vec{0} = \vec{v}_A + \underline{\Omega}\vec{r}_{GA}$$

zu

$$\vec{r}_{GA} = -\underline{\Omega}^{-1}\vec{v}_A, \quad \underline{\Omega}^{-1} = \begin{pmatrix} 0 & \omega^{-1} \\ -\omega^{-1} & 0 \end{pmatrix}, \tag{1.13}$$

relativ zum Bezugspunkt A.
Wählt man in jeder Momentenlage $A = G$, so ist

$$\vec{v}_P = \omega \hat{\vec{r}}_{PG} \tag{1.14}$$

«Die momentane Geschwindigkeitsverteilung entspricht einer momentanen Drehung um G.» (Die Beschleunigung von G ist i. allg. nicht Null.)
Die aufeinanderfolgenden Lagen von G in der starren Scheibe und in der Ebene (x, y) beschreiben die körperfeste bzw. die raumfeste Polbahn, und der Geschwindigkeitszustand in der Scheibe entspricht einem reinen Abrollvorgang. (Die Polkegel der Kreiselung sind zu geraden Polzylindern entartet.)

Beispiel: Gerade rollendes Rad

Umfangslinie des Rades und gerade Spur fallen mit der kreisförmigen körperfesten Polbahn bzw. der Geraden als raumfester Polbahn zusammen. Der Aufstandspunkt hat bei reinem Rollen die Geschwindigkeit Null, ist also Geschwindigkeitspol (siehe Abb. 1.5).

Der *Beschleunigungszustand in der starren Scheibe* geht wieder durch Differentiation der Geschwindigkeit hervor:

$$\vec{a}_P = \frac{d\vec{v}_P}{dt} = \vec{a}_A + \dot{\omega}\hat{\vec{r}}_{PA} + \omega \frac{d\hat{\vec{r}}_{PA}}{dt} = \vec{a}_A + \dot{\omega}\hat{\vec{r}}_{PA} - \omega^2\vec{r}_{PA}. \tag{1.15}$$

Die Beschleunigung

$$\vec{a}_{PA} = \dot{\omega}\hat{\vec{r}}_{PA} - \omega^2\vec{r}_{PA} \tag{1.16}$$

hat die «Tangentialkomponente» $\dot{\omega}\hat{\vec{r}}_{PA}$ und die «Normalkomponente» $-\omega^2\vec{r}_{PA}$. In jeder Momentanlage gibt es auch einen Punkt $P = B$, dessen Beschleunigung

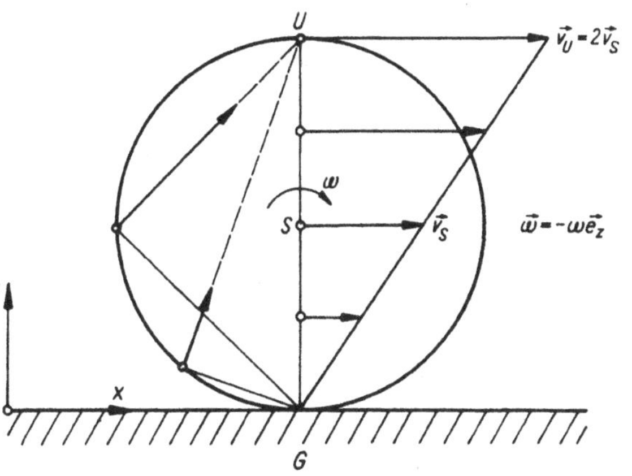

Abb. 1.5. Geschwindigkeitsverteilung im rollenden Rad

verschwindet. Die Koordinaten dieses «Beschleunigungspols» folgen aus $a_B = 0$ zu

$$\left.\begin{aligned} x_B - x_A &= (\omega^2\ddot{x}_A - \dot{\omega}\ddot{y}_A)/(\dot{\omega}^2 + \omega^4) \\ y_B - y_A &= (\omega^2\ddot{y}_A + \dot{\omega}\ddot{x}_A)/(\dot{\omega}^2 + \omega^4) \end{aligned}\right\} \tag{1.17}$$

Wählt man in einer Momentanlage $A = B$, dann ist

$$\vec{a}_P = \vec{a}_{PB} = \dot{\omega}\hat{\vec{r}}_{PB} - \omega^2\vec{r}_{PB}.$$

«Der momentane Beschleunigungszustand der starren Scheibe entspricht einer momentanen Drehung um B.» (Die Geschwindigkeit von B ist i. allg. nicht Null.)

1.3. Kinematik des verformbaren Körpers

Das Feld der Verschiebungsvektoren $\vec{u}$ legt die Momentanlage eines Körpers in bezug auf eine Anfangskonfiguration im Sinne einer Punktabbildung fest. Um den *Verformungszustand* des Körpers in Momentanlage gegenüber der Anfangskonfiguration (die wir den «unverformten» Zustand nennen wollen) festzulegen, betrachten wir ein materielles Bogenelement $\overline{PQ}$, dessen Längenquadrat aus den Koordinatenunterschieden der benachbarten Punkte P und Q bestimmt ist:
Im unverformten Zustand ist $P(X, Y, Z)$ und $Q(X + \mathrm{d}X, Y + \mathrm{d}Y, Z + \mathrm{d}Z)$ und

$$\mathrm{d}l_0^2 = (\mathrm{d}X)^2 + (\mathrm{d}Y)^2 + (\mathrm{d}Z)^2,$$

im verformten Zustand (in der Momentanlage zur Zeit t) ist $P(x, y, z)$ und $Q(x + \mathrm{d}x, y + \mathrm{d}y, z + \mathrm{d}z)$ und das Quadrat der geänderten Bogenlänge

$$\mathrm{d}l^2 = (\mathrm{d}x)^2 + (\mathrm{d}y)^2 + (\mathrm{d}z)^2.$$

(Die Voraussetzung, daß P und Q benachbart bleiben, ist insbesonders bei festen Körpern gegeben.) Wir beziehen auf ein und dasselbe Koordinatensystem $(\vec{e}_x, \vec{e}_y, \vec{e}_z)$. Bezeichnen wir den Verschiebungsvektor von P mit $\vec{u}(t; X, Y, Z)$, dann ist der

Verschiebungsvektor des benachbarten Punktes Q mit $\vec{u}(t;\, X+\mathrm{d}X,\, Y+\mathrm{d}Y, Z+\mathrm{d}Z) = \vec{u}(t;\, X,\, Y, Z) + \mathrm{d}\vec{u}$ um den «kleinen» Vektor $\mathrm{d}\vec{u}$ verschieden:

$$\mathrm{d}u = \mathrm{d}x - \mathrm{d}X, \qquad \mathrm{d}v = \mathrm{d}y - \mathrm{d}Y, \qquad \mathrm{d}w = \mathrm{d}z - \mathrm{d}Z.$$

Die «Metrik» eines Raumes, also die Längen- und Winkelmessung der Deformationen, ist bekanntlich durch die Angabe des Quadrates des Bogenelementes vollständig bestimmt. Wir bilden daher ihre Differenz, der Faktor 1/2 ist historisch bedingt und bequem, und drücken die Differentiale aus,

$$(\mathrm{d}l^2 - \mathrm{d}l_0^2)/2 = \mathrm{d}u\,\mathrm{d}X + \mathrm{d}v\,\mathrm{d}Y + \mathrm{d}w\,\mathrm{d}Z + \frac{1}{2}(\mathrm{d}u^2 + \mathrm{d}v^2 + \mathrm{d}w^2)$$

$$= \varepsilon_{xx}(\mathrm{d}X)^2 + \varepsilon_{yy}(\mathrm{d}Y)^2 + \varepsilon_{zz}(\mathrm{d}Z)^2 + 2(\varepsilon_{xy}\,\mathrm{d}X\,\mathrm{d}Y + \varepsilon_{yz}\,\mathrm{d}Y\,\mathrm{d}Z + \varepsilon_{zx}\,\mathrm{d}Z\,\mathrm{d}X) \tag{1.18}$$

Die sechs Koeffizienten ε_{ij} $(i, j = x, y, z)$ werden als die *Verzerrungen* des Körpers im Punkt P bezeichnet. Nach dem Einsetzen der Differentiale von u, v und w mit

$$\mathrm{d}u_i = \frac{\partial u_i}{\partial X}\mathrm{d}X + \frac{\partial u_i}{\partial Y}\mathrm{d}Y + \frac{\partial u_i}{\partial Z}\mathrm{d}Z, \qquad u_x = u, \qquad u_y = v, \qquad u_z = w,$$

und Koeffizientenvergleich sind sie in den *nichtlinearen geometrischen Beziehungen* durch die Verschiebungsableitungen definiert:

$$\left.\begin{aligned}
\varepsilon_{xx} &= \frac{\partial u}{\partial X} + \frac{1}{2}\left[\left(\frac{\partial u}{\partial X}\right)^2 + \left(\frac{\partial v}{\partial X}\right)^2 + \left(\frac{\partial w}{\partial X}\right)^2\right]\\
\varepsilon_{yy} &= \frac{\partial v}{\partial Y} + \frac{1}{2}\left[\left(\frac{\partial u}{\partial Y}\right)^2 + \left(\frac{\partial v}{\partial Y}\right)^2 + \left(\frac{\partial w}{\partial Y}\right)^2\right]\\
\varepsilon_{zz} &= \frac{\partial w}{\partial Z} + \frac{1}{2}\left[\left(\frac{\partial u}{\partial Z}\right)^2 + \left(\frac{\partial v}{\partial Z}\right)^2 + \left(\frac{\partial w}{\partial Z}\right)^2\right]\\
\varepsilon_{xy} &= \frac{1}{2}\left(\frac{\partial u}{\partial Y} + \frac{\partial v}{\partial X}\right) + \frac{1}{2}\left[\frac{\partial u}{\partial X}\frac{\partial u}{\partial Y} + \frac{\partial v}{\partial X}\frac{\partial v}{\partial Y} + \frac{\partial w}{\partial X}\frac{\partial w}{\partial Y}\right]\\
\varepsilon_{yz} &= \frac{1}{2}\left(\frac{\partial v}{\partial Z} + \frac{\partial w}{\partial Y}\right) + \frac{1}{2}\left[\frac{\partial u}{\partial Y}\frac{\partial u}{\partial Z} + \frac{\partial v}{\partial Y}\frac{\partial v}{\partial Z} + \frac{\partial w}{\partial Y}\frac{\partial w}{\partial Z}\right]\\
\varepsilon_{zx} &= \frac{1}{2}\left(\frac{\partial w}{\partial X} + \frac{\partial u}{\partial Z}\right) + \frac{1}{2}\left[\frac{\partial u}{\partial Z}\frac{\partial u}{\partial X} + \frac{\partial v}{\partial Z}\frac{\partial v}{\partial X} + \frac{\partial w}{\partial Z}\frac{\partial w}{\partial X}\right]
\end{aligned}\right\} \tag{1.19}$$

In kompakter Schreibweise

$$2\varepsilon_{ij} = \left(\frac{\partial u_i}{\partial X_j} + \frac{\partial u_j}{\partial X_i}\right) + \sum_{k=1}^{3}\frac{\partial u_k}{\partial X_i}\frac{\partial u_k}{\partial X_j}, \qquad (i, j = 1, 2, 3), \tag{1.20}$$

die Ableitungen $\partial u_i/\partial X_j$ enthalten die *Deformationsgradienten* $F_{ij} = \partial x_i/\partial X_j$. Die sechs Verzerrungen ε_{ij} sind Funktionen der Zeit t und der Stoffkoordinaten X, Y, Z in dieser *Lagrange*schen Darstellung. Sie verschwinden für den starren Körper. Auch für den verformbaren Körper können sie nicht voneinander unabhängig den *Verzerrungszustand* in jedem Punkt P festlegen, da dieser durch das Feld der Verschiebungsvektoren mit nur drei Komponenten vollständig beschrieben ist. Tatsächlich müssen die oben stehenden sechs Differentialgleichungen widerspruchsfrei in den Verschiebungskomponenten integrabel sein. Als Integrationskonstante dürfen nur Starrkörperbewegungen auftreten. Diese Integrabilitätsbedingungen werden die *Verträglichkeitsbedingungen* (Kompatibilität) der Verzerrungen genannt. Für den praktisch wichtigen Fall sogenannter linearer (besser: linearisierter) geometrischer Beziehungen:

Wenn $\left|\frac{\partial u_i}{\partial X_j}\right| \ll 1$, dann ist $\left|\frac{\partial u_i}{\partial X_j}\frac{\partial u_k}{\partial X_l}\right| \ll \left|\frac{\partial u_m}{\partial X_n}\right|$ und

$$\varepsilon_{ij} = \frac{1}{2}\left(\frac{\partial u_i}{\partial X_j} + \frac{\partial u_j}{\partial X_i}\right), \quad (i, j = 1, 2, 3), \tag{1.21}$$

berechnen wir die Kompatibilität durch Anschreiben aller möglichen zweiten Ableitungen mit der Forderung der Vertauschbarkeit bei gemischten Ableitungen. Von den 81 Gleichungen, die *St. Venant* durch entsprechende Kombinationen erhalten hat, nehmen wir die 6 nachstehenden als notwendige Verträglichkeitsbedingungen. So folgt z. B. für $i \neq j$, ohne Summation über doppelt vorkommende Indizes:

$$2\frac{\partial^2 \varepsilon_{ij}}{\partial X_i \, \partial X_j} = \frac{\partial^2 \varepsilon_{ii}}{\partial X_j^2} + \frac{\partial^2 \varepsilon_{jj}}{\partial X_i^2} \tag{1.22}$$

und

$$\frac{\partial^2 \varepsilon_{kk}}{\partial X_i \, \partial X_j} = \frac{\partial}{\partial X_k}\left(-\frac{\partial \varepsilon_{ij}}{\partial X_k} + \frac{\partial \varepsilon_{jk}}{\partial X_i} + \frac{\partial \varepsilon_{ki}}{\partial X_j}\right) \quad i \neq j \neq k. \tag{1.23}$$

Auch diese Beziehungen sind voneinander abhängig. Drei unabhängige Bedingungen erhält man dann durch die Bildung höherer Ableitungen. Die Bedingungen sind auch hinreichend für «einfach zusammenhängende» Körper (ohne Hohlräume).
Hätten wir den Verschiebungsvektor $\vec{u}$ als Funktion der augenblicklichen Koordinaten des Punktes $P(x, y, z)$ aufgefaßt und in dl_0^2 die Unterschiede der Anfangskoordinaten von P und Q eliminiert, dann würden sich formal gleiche geometrische Beziehungen ergeben, wenn nur das Plus-Vorzeichen der nichtlinearen Glieder in Gl. (1.20) durch ein Minus-Vorzeichen ersetzt wird. Die partiellen Ableitungen erfolgen dann allerdings nach x_i. Diese sogenannte *Eulersche Darstellung* nimmt die Koordinaten der Momentanlage von $P(x, y, z)$ als unabhängige Variable und fragt nach der inversen Abbildung in die Anfangslage $\vec{u} = \vec{u}(t; x, y, z)$. Die *Euler*sche Darstellung wird insbesondere bei einer großen Klasse von Strömungsproblemen verwendet, wo es auf die Kenntnis des Verschiebungsfeldes nicht ankommt. Sie wird auch bei der Formulierung von Stoffgesetzen und Erhaltungssätzen nützlich sein. Die linearisierten geometrischen Beziehungen bleiben von der Wahl der Darstellung unbeeinflußt.
Die Verzerrungen werden in einer quadratischen und symmetrischen 3×3-Matrix angeordnet. Wegen der besonderen Transformationseigenschaften der Verzerrungen bei starrer Drehung des Bezugssystems $(\vec{e}_x, \vec{e}_y, \vec{e}_z)$ nennt man diese Matrix in *Lagrange*scher Darstellung den *Greenschen Verzerrungstensor*. Er wurde von *Green* und *St. Venant* eingeführt. Die Matrix in *Euler*scher Darstellung wird *Almansischer Verzerrungstensor* genannt (*Almansi* und *Hamel* haben ihn erstmals dargestellt). Einige wichtige Eigenschaften eines solchen (symmetrischen) Tensors werden in 1.5.3. und 2.1. zusammengefaßt.

Zahlreiche Autoren umgehen die Einführung des Verschiebungsvektors und definieren die Verzerrungen mit Hilfe der *Deformationsgradienten* F_{ij},

$$F_{ij} = \frac{\partial x_i}{\partial X_j} \tag{1.24}$$

zu

$$\varepsilon_{pq} = \frac{1}{2}\left(\sum_{i=1}^{3} F_{ip}F_{iq} - \delta_{pq}\right), \qquad p, q = 1, 2, 3, \qquad \delta_{pq} = \begin{cases} 0 \ldots p \neq q \\ 1 \ldots p = q \end{cases}$$

Die von uns gewählte *Lagrange*sche Darstellung erweist sich in der häufigsten Anwendung der nichtlinearen geometrischen Beziehungen, nämlich bei Stabilitätsuntersuchungen, als superior.

1.3.1. Dehnung und Gleitung

Betrachten wir das *spezielle Bogenelement* $dl_0 = dX$ (in der Anfangslage) nach Abb. 1.6, dann ist die Bogenlänge des i. allg. krummen, verformten Elementes Gl. (1.18) $dl = [1 + 2\varepsilon_{xx}]^{1/2}\, dX$. Als *Dehnung* bezeichnet man die relative Längenänderung, also

$$\varepsilon_x = \frac{dl - dX}{dX} = \sqrt{1 + 2\varepsilon_{xx}} - 1. \tag{1.25}$$

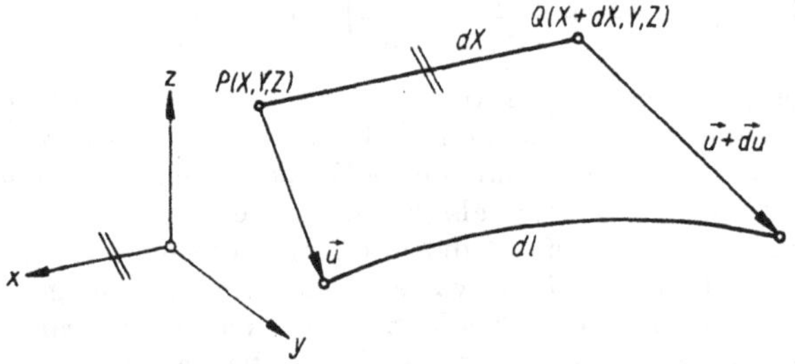

Abb. 1.6. Bogenelement $dl_0 = dX$

Man erhält eine nichtlineare Beziehung zwischen der Verzerrung ε_{xx} und der Dehnung ε_x:

$$\varepsilon_{xx} = \varepsilon_x(1 + \varepsilon_x/2). \tag{1.26}$$

Nur wenn $\varepsilon_x \ll 1$, folgt aus Gl. (1.26) näherungsweise

$$\varepsilon_x = \varepsilon_{xx}.$$

Analog sind die Dehnungen ε_y und ε_z der Bogenelemente $dl_0 = dY$ und $dl_0 = dZ$ durch die Verzerrungen ε_{yy} und ε_{zz} bestimmt.

Behalten die Linienelemente $dX\vec{e}_x$ auch nach der Deformation ihre Richtung $dl\vec{e}_x$ bei, entsprechend einem *einachsigen Dehnungszustand* oder beim Zugstab bei gleichmäßiger Dehnung in Achsenrichtung, kann

$$\varepsilon_x\, dX = dl - dX$$

über eine finite ursprüngliche Länge l_0 aufintegriert werden:

$$\int_0^{l_0} \varepsilon_x\, dX = \int_0^{l_0} dl - l_0 = l - l_0.$$

Bei gleichmäßiger Dehnung aller Elemente in l_0 auf die momentane Länge l ist $\varepsilon_x = \text{const}$ und

$$\int_0^{l_0} \varepsilon_x \, \mathrm{d}X = \varepsilon_x l_0 .$$

Die Dehnung kann dann durch

$$\varepsilon_x = \frac{l - l_0}{l_0} \tag{1.27}$$

über die Änderung der finiten Meßstrecke l_0 *gemessen* werden.
Bei einachsigen Kriech- und Fließdeformationen mit großen Verschiebungen wird auch über den spezifischen Dehnungszuwachs $\mathrm{d}\varepsilon = \frac{\partial}{\partial x}(\mathrm{d}u)$ in *Euler*scher Darstellung durch Integration ein *logarithmisches Dehnungsmaß* definiert. Rechnen wir in eine *Lagrange*sche Ableitung um,

$$\frac{\partial}{\partial x}(\mathrm{d}u) = \frac{\partial}{\partial X}(\mathrm{d}u)\frac{\partial X}{\partial x} = \frac{\mathrm{d}\left(\frac{\partial u}{\partial X}\right)}{\frac{\partial x}{\partial X}} = \frac{\mathrm{d}\left(\frac{\partial u}{\partial X}\right)}{1 + \frac{\partial u}{\partial X}},$$

kann die Integration sogar für veränderliche Deformationsgradienten ausgeführt werden:

$$\varepsilon = \int \mathrm{d}\varepsilon = \int \frac{\mathrm{d}\left(\frac{\partial u}{\partial X}\right)}{1 + \frac{\partial u}{\partial X}} = \ln\left(1 + \frac{\partial u}{\partial X}\right) = \ln\left(\frac{\partial x}{\partial X}\right). \tag{1.28}$$

Bei konstanter Dehnung ε_x auch

$$\varepsilon = \ln(1 + \varepsilon_x) = \ln\frac{l}{l_0}, \tag{1.29}$$

die «effektive», «natürliche» oder eben logarithmische Dehnung[1].

«Gestaltänderungen» erkennen wir durch die Betrachtung der Winkeländerung bei Deformation von zwei Bogenelementen, z. B. von $\mathrm{d}X$ und $\mathrm{d}Y$ nach Abb. 1.7. Nach der Deformation sind die neuen Längen durch $[1 + \varepsilon_x]\,\mathrm{d}X$ bzw. $[1 + \varepsilon_y]\,\mathrm{d}Y$ durch die Dehnungen gegeben. Bezeichnen wir die Abnahme des rechten Winkels als *Gleitung* γ_{xy} und die dritte Seite des Dreiecks mit $\mathrm{d}l$ bzw. $\mathrm{d}l_0$, dann folgt mit dem Cosinussatz

$$\mathrm{d}l^2 = [1 + \varepsilon_x]^2\,\mathrm{d}X^2 + [1 + \varepsilon_y]^2\,\mathrm{d}Y^2 - 2[1 + \varepsilon_x]\,[1 + \varepsilon_y]\,\mathrm{d}X\,\mathrm{d}Y\cos\left(\frac{\pi}{2} + \gamma_{xy}\right)$$

und

$$\mathrm{d}l_0^2 = \mathrm{d}X^2 + \mathrm{d}Y^2.$$

---

[1] Für eine Erweiterung auf Hauptdehnungen siehe *R. Hill*: The Mathematical Theory of Plasticity. — Oxford, 1967, — p. 31.

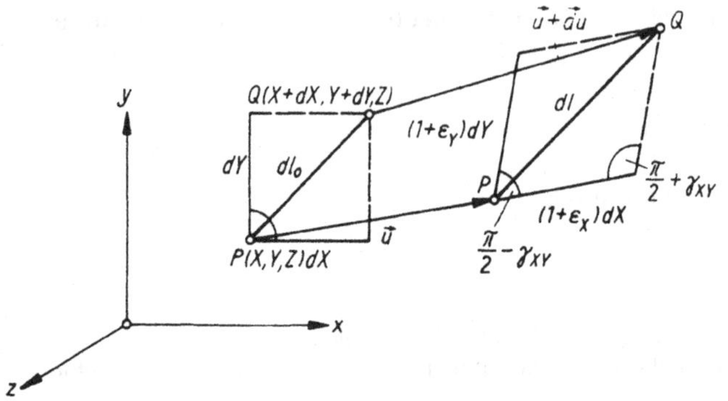

Abb. 1.7. Die Gleitung γ_{xy}

Mit $\mathrm{d}Z = 0$ folgt aus Gl. (1.18):

$$\begin{aligned} \mathrm{d}l^2 &= \mathrm{d}X^2 + \mathrm{d}Y^2 + 2\varepsilon_{xx}\,\mathrm{d}X^2 + 2\varepsilon_{yy}\,\mathrm{d}Y^2 + 4\varepsilon_{xy}\,\mathrm{d}X\,\mathrm{d}Y \\ &= [1 + \varepsilon_x]^2\,\mathrm{d}X^2 + [1 + \varepsilon_y]^2\,\mathrm{d}Y^2 + 4\varepsilon_{xy}\,\mathrm{d}X\,\mathrm{d}Y. \end{aligned}$$

Damit kann nach Gleichsetzen von $(\mathrm{d}l)^2$

$$\sin\gamma_{xy} = \frac{2\varepsilon_{xy}}{(1 + \varepsilon_x)(1 + \varepsilon_y)} \tag{1.30}$$

über die Dehnungen ε_x und ε_y als Funktion der Verzerrungen ε_{xx}, ε_{xy} und ε_{yy} dargestellt werden. Die Schubverzerrungen ε_{ij}, $i \neq j$ bestimmen also die Winkeländerungen der Deformation. Sind die Dehnungen $\varepsilon_x, \varepsilon_y \ll 1$ und auch $\varepsilon_{xy} \ll 1$, folgt die linearisierte Beziehung

$$\gamma_{xy} = 2\varepsilon_{xy}. \tag{1.31}$$

Analoge Ausdrücke folgen durch zyklische Vertauschung von X, Y, Z.

1.3.2. Dilatation und deviatorische Verzerrungen

Eine weitere wichtige Größe ist die *Dilatation* (spezifische Volumendehnung), die wir aus der Vergrößerung von $\mathrm{d}V_0 = \mathrm{d}X\,\mathrm{d}Y\,\mathrm{d}Z$ berechnen:

$$\frac{\mathrm{d}V - \mathrm{d}V_0}{\mathrm{d}V_0} = \det\{F_{ij}\} - 1, \tag{1.32}$$

«det» heißt Determinante, F_{ij} von Gl. (1.24).
Im linearisierten Fall folgt daraus die «linearisierte Dilatation» e,

$$\frac{\mathrm{d}V - \mathrm{d}V_0}{\mathrm{d}V_0} = e = \varepsilon_{xx} + \varepsilon_{yy} + \varepsilon_{zz}, \tag{1.33}$$

die sogenannte 1. Invariante (unter Koordinatendrehung) des Verzerrungstensors. Die Dilatation spielt bei zähplastischen Körpern eine besondere Rolle, der Fließvorgang verläuft i. allg. isochor.

Man bezeichnet mit

$$\varepsilon = e/3 \tag{1.34}$$

die *mittlere Verzerrung*, ein Maß für allseits gleiche Dehnung, und definiert dann die *deviatorischen Verzerrungen* ε'_{ij} durch

$$\varepsilon'_{ij} = \varepsilon_{ij} - \varepsilon\,\delta_{ij} \qquad i, j = 1, 2, 3, \tag{1.35}$$

wo δ_{ij} wieder das Kroneckersymbol bedeutet, also $\varepsilon'_{ij} = \varepsilon_{ij}$ für die Schubverzerrungen bei $i \neq j$.

1.3.3. Stromlinien und Stromröhre. Lokale und konvektive Beschleunigung

Die bisherigen Betrachtungen der Verschiebungsvektoren «einzelner» Punkte des Körpers führten auf die individuellen Bahnlinien dieser Punkte mit Start in der Anfangslage. Nun genügt es für manche Probleme, das Feld der Geschwindigkeitsvektoren in einer Momentanlage des Körpers zu beobachten, auf den Verschiebungsvektor und seine räumlichen Ableitungen kommt es dabei nicht an. Jeder materielle Punkt besitzt dann ganz bestimmte räumliche Koordinaten x, y, z, die momentanen Koordinaten des materiellen Punktes P, und die Geschwindigkeiten können als Vektorfunktionen dieser räumlichen Koordinaten zum Zeitpunkt t aufgefaßt werden:

$$\vec{v} = \frac{\mathrm{d}\vec{r}}{\mathrm{d}t} = \vec{v}(x, y, z; t) \tag{1.36}$$

$\vec{v}$ ist dann die Geschwindigkeit desjenigen materiellen Punktes P, dessen augenblickliche Koordinaten $x_P(t)$, $y_P(t)$, $z_P(t)$ mit den räumlichen Koordinaten x, y, z zusammenfallen. Die Geschwindigkeit kann sich bei festen räumlichen Koordinaten «instationär» mit der Zeit ändern, da der Fluß materieller Punkte durch diesen Raumpunkt mit verschiedenem Geschwindigkeitsvektor erfolgen kann. Diese *Euler*sche Darstellung des Geschwindigkeitsvektors in jedem Raumpunkt verzichtet also auf die Kennzeichnung der materiellen Punkte (z. B. durch ihre Anfangslagen), die diesen Raumpunkt passieren.

Bei festem Zeitpunkt t kennzeichnen wir das Feld der Geschwindigkeitsvektoren noch weiter durch Eintragen der Feldlinien; das sind Raumkurven, deren Tangenten in Richtung der Geschwindigkeitsvektoren zeigen. Die parametrische Vektordarstellung einer solchen *Stromlinie* bei festem t sei $\vec{r}(\theta)$, dann ist $\mathrm{d}\vec{r}/\mathrm{d}\theta$ parallel zum Tangentenvektor und definitionsgemäß parallel zum Geschwindigkeitsvektor $\vec{v}[\vec{r}(\theta); t]$, also

$$\frac{\mathrm{d}\vec{r}}{\mathrm{d}\theta} \times \vec{v}[\vec{r}(\theta); t] = \vec{0} \tag{1.37}$$

liefert in kartesischen Koordinaten die drei Bestimmungsgleichungen für $\vec{r}(\theta) = x(\theta)\,\vec{e}_x + y(\theta)\,\vec{e}_y + z(\theta)\,\vec{e}_z$:

$$\frac{\mathrm{d}x}{\mathrm{d}\theta}\, v_y(x, y, z; t) - \frac{\mathrm{d}y}{\mathrm{d}\theta}\, v_x(x, y, z; t) = 0,$$
$$\frac{\mathrm{d}y}{\mathrm{d}\theta}\, v_z(x, y, z; t) - \frac{\mathrm{d}z}{\mathrm{d}\theta}\, v_y(x, y, z; t) = 0,$$
$$\frac{\mathrm{d}z}{\mathrm{d}\theta}\, v_x(x, y, z; t) - \frac{\mathrm{d}x}{\mathrm{d}\theta}\, v_z(x, y, z; t) = 0.$$

Diese Differentialgleichungen 1. Ordnung können mit den Randbedingungen in $\theta = \theta_0$: $x = x_0$, $y = y_0$, $z = z_0$ integriert werden (zumindest numerisch durch Fortschreiten in kleinen Schritten $\Delta\theta$ in Richtung der Geschwindigkeitsvektoren). Nach Umformung folgt die kanonische Darstellung einer Stromlinie:

$$\frac{\mathrm{d}x}{v_x} = \frac{\mathrm{d}y}{v_y} = \frac{\mathrm{d}z}{v_z}, \qquad t = \mathrm{const.} \tag{1.38}$$

In jedem Punkt stimmt ihre Tangente mit jener der Bahnlinie des gerade in diesem Punkt befindlichen materiellen Punktes überein. Bei *stationärer* Bewegung («Strömung», in *Euler*scher Betrachtungsweise) fließen die materiellen Punkte mit konstanter Geschwindigkeit durch den Raumpunkt (x, y, z), $\vec{v} = \vec{v}(x, y, z)$, und die Stromlinie fällt mit der Bahnkurve dieser materiellen Punkte zusammen, der Parameter θ kann dann als Zeit t gewählt werden.

Als besonders nützlich hat sich die Einführung der sogenannten *Stromröhre* erwiesen, deren Mantelfläche von einer dichten Schar von Stromlinien gebildet wird. Man konstruiert sie ausgehend von einer willkürlich gewählten geschlossenen Kurve C_1, durch deren Punkte dann die den Mantel bildenden Stromlinien hindurchgehen. Die momentane Bewegung des Körpers innerhalb der Stromröhre erfolgt dann entlang dieser Röhre, da der Mantel, bei instationärer Strömung nur momentan, bei stationärer Strömung aber dauernd, nicht durchsetzt wird. Man hält die Stromröhre endlich lang durch Abschluß mit einer entsprechenden Kurve C_2. Bei stationärer Strömung kann man sich den Mantel materiell als «starre Röhre» ausgebildet denken und damit die für reibungsfreie «Rohrströmungen» geltenden Überlegungen einbringen. Ein erstes Beispiel dazu folgt anschließend beim «Satz von der Erhaltung der Masse».

Das Feld der *Beschleunigungsvektoren* $\vec{a}$ in *Euler*scher Darstellung führt auf die Vektorfunktionen $\vec{a}(x, y, z; t)$. Definitionsgemäß gilt

$$\vec{a} = \frac{\mathrm{d}\vec{v}(x, y, z; t)}{\mathrm{d}t}. \tag{1.39}$$

Die Ableitung führen wir für die x-Komponente aus:

$$a_x = \frac{\mathrm{d}v_x(x, y, z; t)}{\mathrm{d}t} = \frac{\partial v_x}{\partial t} + \frac{\partial v_x}{\partial x}\frac{\mathrm{d}x}{\mathrm{d}t} + \frac{\partial v_x}{\partial y}\frac{\mathrm{d}y}{\mathrm{d}t} + \frac{\partial v_x}{\partial z}\frac{\mathrm{d}z}{\mathrm{d}t}$$

und finden mit $v_x = \frac{\mathrm{d}x}{\mathrm{d}t}$, $v_y = \frac{\mathrm{d}y}{\mathrm{d}t}$, $v_z = \frac{\mathrm{d}z}{\mathrm{d}t}$ den (skalaren) Differentialoperator

$$\left(v_x \frac{\partial}{\partial x} + v_y \frac{\partial}{\partial y} + v_z \frac{\partial}{\partial z}\right)$$

angewendet auf $v_x(x, y, z; t)$, d. h., wir erhalten die räumliche Änderung von v_x in Richtung der Geschwindigkeit $\vec{v}$. Da dieser Differentialoperator auch in a_y und a_z auftritt, stellen wir ihn formal als skalares Produkt des Vektors $\vec{v}$ mit dem *vektoriellen Hamiltonschen Differentialoperator* ∇ *dar*, wo z. B. in kartesischen Koordinaten

$$\nabla = \vec{e}_x \frac{\partial}{\partial x} + \vec{e}_y \frac{\partial}{\partial y} + \vec{e}_z \frac{\partial}{\partial z}, \tag{1.40}$$

und daher koordinatenfrei

$$(\vec{v} \cdot \nabla) \tag{1.41}$$

geschrieben werden kann. Für alle 3 Beschleunigungskomponenten folgt dann in koordinatenfreier Vektorschreibweise

$$\vec{a} = \frac{\partial \vec{v}}{\partial t} + (\vec{v} \cdot \nabla)\, \vec{v}\,. \tag{1.42}$$

Diese Aufspaltung der Beschleunigung in den Vektor der *lokalen* Beschleunigung $\frac{\partial \vec{v}}{\partial t}$ und den Vektor $(\vec{v} \cdot \nabla)\, \vec{v}$ der *konvektiven* Beschleunigung ist besonders anschaulich. Der erste ist ein Maß für die instationäre Beschleunigung, die ein materieller Punkt erfährt, der gerade den Raumpunkt durchfährt, zufolge der instationären zeitlichen Änderung des Geschwindigkeitsvektors in diesem Raumpunkt. Der zweite Vektor beschreibt die notwendige Beschleunigung des materiellen Punktes beim Übergang auf die geänderte Geschwindigkeit im benachbarten Raumpunkt in Richtung der Geschwindigkeit $\vec{v}$. Die lokale Beschleunigung verschwindet bei *stationärer Bewegung*, die Beschleunigung ist dann rein konvektiv

$$\vec{a}_S = (\vec{v} \cdot \nabla)\, \vec{v}\,. \tag{1.43}$$

Unter Benutzung der kartesischen Beschleunigungskomponenten und der identischen Umformung, z. B. in a_x,

$$v_x \frac{\partial v_x}{\partial x} = \frac{1}{2} \frac{\partial (v_x^2)}{\partial x}$$

mit Addition von $\frac{1}{2} \frac{\partial}{\partial x} (v_y^2 + v_z^2)$ und Subtraktion des gleichen Ausdruckes $v_y \frac{\partial v_y}{\partial x} + v_z \frac{\partial v_z}{\partial x}$, läßt sich die konvektive Beschleunigung mit ∇ wieder in koordinatenfreier Schreibweise darstellen

$$(\vec{v} \cdot \nabla)\, \vec{v} \equiv \nabla \left(\frac{v^2}{2}\right) - \vec{v} \times (\nabla \times \vec{v}) \tag{1.44}$$

wo $v^2 = \vec{v} \cdot \vec{v}$.
Die Anwendung von ∇ auf eine skalare Funktion, hier $v^2(x, y, z; t)$, erzeugt einen Vektor, der auch als Gradient bezeichnet wird, symbolisch

$$\nabla \left(\frac{v^2}{2}\right) \equiv \operatorname{grad} \left(\frac{v^2}{2}\right). \tag{1.45}$$

Die vektorielle «Multiplikation» von ∇ mit Anwendung auf eine Vektorfunktion liefert einen orthogonalen Vektor, der als Rotor bekannt ist, symbolisch

$$\nabla \times \vec{v} \equiv \operatorname{rot} \vec{v}\,. \tag{1.46}$$

Seine Komponenten in kartesischen Koordinaten sind, nach formalen Regeln der Vektormultiplikation,

$$\operatorname{rot} \vec{v} = \left(\frac{\partial v_z}{\partial y} - \frac{\partial v_y}{\partial z}\right) \vec{e}_x + \left(\frac{\partial v_x}{\partial z} - \frac{\partial v_z}{\partial x}\right) \vec{e}_y + \left(\frac{\partial v_y}{\partial x} - \frac{\partial v_x}{\partial y}\right) \vec{e}_z\,. \tag{1.47}$$

Der Vorteil dieser Aufspaltung der konvektiven Beschleunigung liegt darin, daß für die Klasse der *drehungsfreien Strömungen* das Vektorfeld $\vec{v}$ so beschaffen ist, daß rot $\vec{v} = \vec{0}$, und daher

$$(\vec{v} \cdot \nabla)\,\vec{v} = \operatorname{grad}\left(\frac{v^2}{2}\right), \quad \operatorname{rot}\vec{v} = \vec{0} \tag{1.48}$$

ein «einfaches» Gradientenfeld ergibt.

Die Bezeichnung «drehungsfrei» rührt von der kinematisch anschaulichen Bedeutung von rot $\vec{v}$ her. Wir zeigen diese Bedeutung für die z-Komponente und betrachten in der x, y-Ebene die vier Eckpunkte eines Rechteckes mit den Seitenlängen dx, dy vom Eckpunkt (x, y) aus gemessen. Die in der Ebene liegenden Geschwindigkeitsvektoren haben dann die Komponenten mit Entwicklung 1. Ordnung:

$$\begin{aligned}
&\text{In } (x, y)\colon\ v_x, v_y;\\
&\text{in } (x + \mathrm{d}x, y)\colon\ v_x(x + \mathrm{d}x, y) = v_x + \frac{\partial v_x}{\partial x}\,\mathrm{d}x,\\
&\qquad\qquad\qquad\ \ v_y(x + \mathrm{d}x, y) = v_y + \frac{\partial v_y}{\partial x}\,\mathrm{d}x;\\
&\text{in } (x, y + \mathrm{d}y)\colon\ v_x(x, y + \mathrm{d}y) = v_x + \frac{\partial v_x}{\partial y}\,\mathrm{d}y,\\
&\qquad\qquad\qquad\ \ v_y(x, y + \mathrm{d}y) = v_y + \frac{\partial v_y}{\partial y}\,\mathrm{d}y.
\end{aligned}$$

Die untere x-parallele Seitenkante dreht sich daher als starre Kante momentan mit der Winkelgeschwindigkeit $\dfrac{v_y(x + \mathrm{d}x, y) - v_y}{\mathrm{d}x} = \dfrac{\partial v_y}{\partial x}$ um die z-Achse, die linke y-parallele Seitenkante aber mit $\dfrac{v_x(x, y + \mathrm{d}y) - v_x}{\mathrm{d}y} = \dfrac{\partial v_x}{\partial y}$ in entgegengesetzter Drehrichtung.

Die mittlere Winkelgeschwindigkeit der starren Drehung des Volumenelementes um die z-Achse ist dann

$$\frac{1}{2}\left[\frac{\partial v_y}{\partial x} - \frac{\partial v_x}{\partial y}\right] = \omega_z. \tag{1.49}$$

Man setzt dieses algebraische Mittel gleich der z-Komponente eines sogenannten «Wirbelvektors» $\vec{\omega}$

$$\vec{\omega} = \frac{1}{2}\operatorname{rot}\vec{v} \tag{1.50}$$

und verbindet mit diesem Begriff eben in erster Näherung die mittlere Winkelgeschwindigkeit der «starren Rotation» eines kleinen Stoffballens im Raumpunkt (x, y, z). Sogenannte wirbel- und drehungsfreie Strömungen sind dann durch $\vec{\omega} = \vec{0}$ im ganzen Strömungsgebiet (für fast alle Raumpunkte, für singuläre Punkte siehe 13.4.) gekennzeichnet.

Es soll schon hier bemerkt werden, daß drehungsfreie Strömungen wegen

$$\vec{\omega} = \frac{1}{2}\operatorname{rot}\vec{v} = \vec{0}$$

als *Potentialströmungen* mit Hilfe des Geschwindigkeitspotentials $\Phi(x, y, z, t)$ dargestellt werden können, denn mit

$$\vec{v} = \operatorname{grad} \Phi \tag{1.51}$$

ist $\vec{v}$ als Gradientenfeld immer drehungsfrei, stetige Differenzierbarkeit vorausgesetzt,

$$\operatorname{rot} \operatorname{grad} \Phi \equiv \vec{0}.$$

1.3.4. Kinematische Randbedingungen

Bei den meisten technisch wichtigen Bewegungsvorgängen wird die Bewegungsmöglichkeit der Körper eingeschränkt. Solche *Zwangsbedingungen* führen unter anderem auf sogenannte *kinematische Randbedingungen*, die in einzelnen Punkten oder auf mehr oder weniger ausgedehnten Bereichen der Oberfläche des betrachteten Körpers vorgeschrieben werden. Kinematisch (oder auch geometrisch) sind diese Randbedingungen dann, wenn sich die Vorschriften auf den Verschiebungsvektor $\vec{u}$ selbst oder seine Ableitungen $\partial \vec{u}/\partial X_j$ oder den Geschwindigkeitsvektor $\vec{v}$ mit seinen räumlichen Ableitungen $\partial \vec{v}/\partial x_i$ beziehen. Beispiele solcher Randbedingungen sind (ideale) Tragwerksauflager, wo im Festlager der Verschiebungsvektor des Tragwerkes gegenüber der Lagerkonstruktion verschwinden muß und wo in Loslagern immer noch gewisse Komponenten der Verschiebungen mit Null vorgegeben werden. Liegt gar eine «starre Einspannung» vor, dann erstrecken sich die vorgeschriebenen Randbedingungen auf die räumlichen Ableitungen der Verschiebungen, siehe Abb. 1.8. Ein anschauliches Beispiel für eine Randbedingung in Geschwindigkeit stellt die Trennfläche zwischen Flüssigkeit und einer starren ruhenden Wand dar, wo das Nichteindringen der Flüssigkeit durch das Verschwinden der Normalkomponente der Geschwindigkeit ausgedrückt wird. Haften die Flüssigkeitsteilchen an der Wand, dann verschwindet dort auch die Tangentialkomponente, und die Randbedingung lautet $\vec{v} = \vec{0}$, in allen Punkten der Wand. Die Folgen dieser Rand-

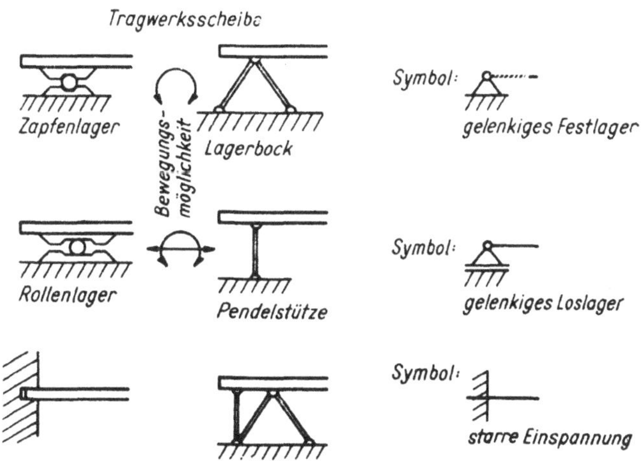

Abb. 1.8. Einige Symbole der Lager «ebener Tragwerke» (Scheiben, Balken)

bedingungen und ihr Einfluß auf die Bewegungsmöglichkeit der Körper werden später an konkreten Beispielen wie verformbare Stäbe, Platten und Schalen, aber auch an Systemen gelenkig verbundener starrer Körper in der Form von Kontakt- und Rollbedingungen im Einzelnen untersucht.

1.4. Ergänzungen und Beispiele zur Punkt- und Starrkörperkinematik

1.4.1. Der Geschwindigkeitsplan bei ebener Bewegung

Die Ermittlung des Geschwindigkeits- oder Beschleunigungszustandes einer starren Scheibe kann auch graphisch bequem durchgeführt werden. Wir zeigen dies für den (einfacheren) Geschwindigkeitszustand. Man zeichnet den *Lageplan* für eine Momentenlage der Scheibe, z. B. Abb. 1.9. Kennt man $\vec{v}_1$ eines Punktes P_1 und die Richtung einer zweiten Geschwindigkeit, z. B. von P_2, dann ist der momentane Geschwindigkeitszustand bereits bestimmt. Im Schnittpunkt der Geschwindigkeitsnormalen liegt nämlich der momentane Geschwindigkeitspol G im Lageplan. Das Bild von G sei Pol des *Geschwindigkeitsplanes* G'. Nun wählen wir neben dem Längenmaßstab des Lageplanes noch einen Geschwindigkeitsmaßstab und tragen $\vec{v}_1$ von G' in den zu entwickelnden Geschwindigkeitsplan ein. Wegen $\vec{v}_{21}$ (früher $\vec{v}_{PA}$) $\perp \overline{P_1P_2}$ finden wir durch graphische Interpretation der Grundformel

$$\vec{v}_2 = \vec{v}_1 + \vec{v}_{21},$$

durch Einschneiden der bekannten Richtungen von $\vec{v}_{21}$ (an $\vec{v}_1$ in P_1' angesetzt) und von $\vec{v}_2$ (wieder aus G'). Wir kennen nun die Schnelligkeit v_2 und als Nebenprodukt auch $\vec{v}_{21} = -\vec{v}_{12}$.

Den Geschwindigkeitsvektor eines weiteren Punktes P_3 der Scheibe bestimmen wir völlig analog; zuerst die Richtung senkrecht zu $\overline{P_3G}$, die wieder nach G' verschoben wird. Dann folgt zweimalige Anwendung der Grundformel:

$$\vec{v}_3 = \vec{v}_1 + \vec{v}_{31} = \vec{v}_2 + \vec{v}_{32},$$

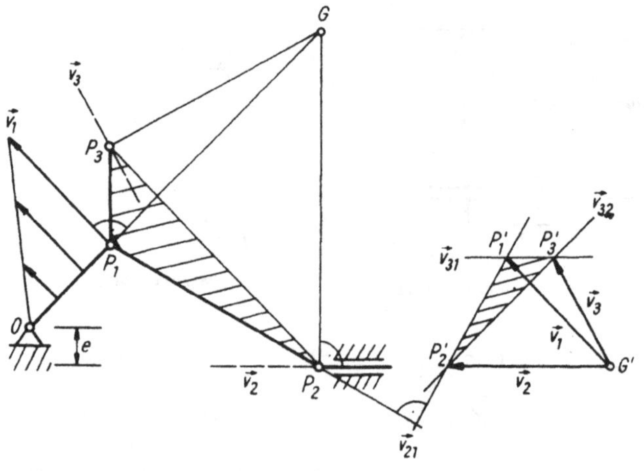

Abb. 1.9. Exzentrischer Kurbeltrieb. Starre Scheibe ist das Pleuel $P_1P_2P_3$

wo wir die Richtung von $\vec{v}_{31}$ senkrecht zu $\overline{P_3P_1}$ an $\vec{v}_1$ ansetzen und mit der Richtung von $\vec{v}_3$ aus G' schneiden. Eine Kontrolle ergibt sich durch Ansetzen der Richtung von $\vec{v}_{32}$ an $\vec{v}_2$. Häufig rückt G zu weit aus dem Lageplan, dann wird ohne Vorgabe der Richtung von $\vec{v}_3$ verfahren. Die Kontrolle entfällt allerdings.
Man erkennt leicht die Ähnlichkeit der von den Punkten $P_1P_2P_3 \ldots$ im Lageplan gebildeten Vielecke und ihrer um $\pi/2$ im Sinne von ω verdrehten Bilder $P_1'P_2'P_3' \ldots$ im Geschwindigkeitsplan.

1.4.2. Zur Kinematik des Planetengetriebes

Der Aufbau eines Zahnradgetriebes nach folgendem Schema bietet viele technische Möglichkeiten: Ein zentrales Sonnenrad ist im Eingriff mit (meist mehreren) Planetenrädern, die in einem zentral drehbar gelagerten Steg eingesetzt sind, und diese kämmen außen mit einem innenverzahnten Hohlrad (Korb), siehe Abb. 1.10.

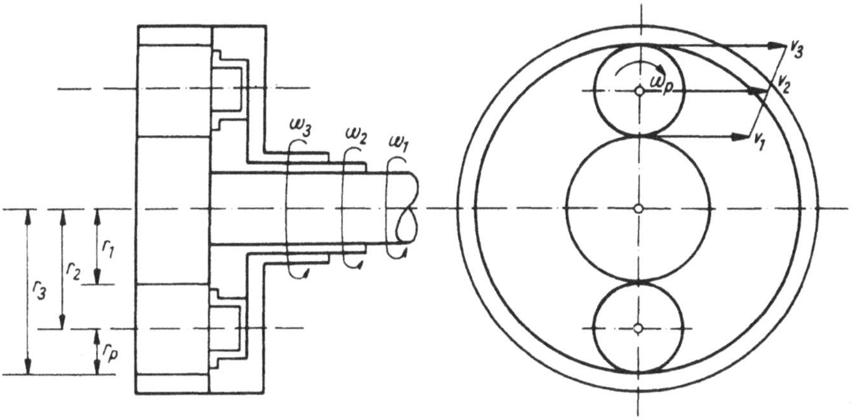

Abb. 1.10. Ein Planetengetriebe

Über 3 Wellen mit gemeinsamer Achse können 3 verschiedene Drehzahlen abgegriffen werden. Bei gegebenen Abmessungen r_1, r_3 sind die Übersetzungsverhältnisse gesucht. Die Zwangsbedingung zwischen im Eingriff drehenden (starren) Zahnrädern ist gemeinsame Umfangsgeschwindigkeit im Berührpunkt der Rollkreise. Für jeden starren Körper kann außerdem die Grundformel verwendet werden:

$$v_1 = r_1\omega_1, \qquad v_2 = r_2\omega_2 = v_1 + r_P\omega_P, \qquad v_3 = v_2 + r_P\omega_P = r_3\omega_3,$$

wo

$$r_2 = \frac{1}{2}(r_1 + r_3), \qquad r_P = \frac{1}{2}(r_3 - r_1).$$

Auswertung der beiden Gleichungen

$$r_2\omega_2 = r_1\omega_1 + r_P\omega_P$$
$$r_3\omega_3 = r_1\omega_1 + 2r_P\omega_P$$

ergibt mit ω_2 als Steuerparameter die Übersetzungsverhältnisse:

$$\frac{\omega_3}{\omega_1} = \frac{r_1}{r_3}\left(2\,\frac{r_2}{r_1}\,\frac{\omega_2}{\omega_1} - 1\right),$$

$$\frac{\omega_P}{\omega_1} = \frac{r_1}{r_P}\left(\frac{r_2}{r_1}\,\frac{\omega_2}{\omega_1} - 1\right).$$

Einige Sonderfälle sind:

$$\omega_1 = 0, \qquad \omega_3 = 2\,\frac{r_2}{r_3}\,\omega_2, \qquad \omega_P = \frac{r_2}{r_P}\,\omega_2;$$

$$\omega_2 = 0, \qquad \omega_3 = -\frac{r_1}{r_3}\,\omega_1, \qquad \omega_P = -\frac{r_1}{r_P}\,\omega_1;$$

$$\omega_3 = 0, \qquad \omega_2 = \frac{r_1}{2r_2}\,\omega_1, \qquad \omega_P = -\frac{r_1}{2r_P}\,\omega_1.$$

Die Drehzahlen n, in Umdrehungen je Minute gemessen, sind mit den Winkelgeschwindigkeiten ω [1/s] durch

$$\omega = \pi n/30, \qquad [\omega] = \mathrm{s}^{-1}, \qquad [n] = u/\mathrm{min},$$

verknüpft.

1.4.3. Das Kardangelenk

Um zwei Wellen mit um den Winkel α geknickten Achsen zu verbinden, verwendet man das Kardangelenk (Abb. 1.11). Die Wellenenden sind gabelförmig aufgeweitet und werden über ein starres Kreuz miteinander verbunden. Gesucht ist wieder das Übersetzungsverhältnis ω/ω_1 der beiden Wellen. In diesem Fall sind also 3 starre Körper so miteinander verbunden, daß der Achsenschnittpunkt A als raumfester Punkt auch in jedem der drei Körper körperfester Bezugspunkt ist. Die Geschwindigkeiten der äußeren Gabelpunkte sind dann

$$\vec{v}_P = \vec{\omega} \times \vec{r}_P = \vec{\omega}_2 \times \vec{r}_P,$$

$$\vec{v}_Q = \vec{\omega}_1 \times \vec{r}_Q = \vec{\omega}_2 \times \vec{r}_Q,$$

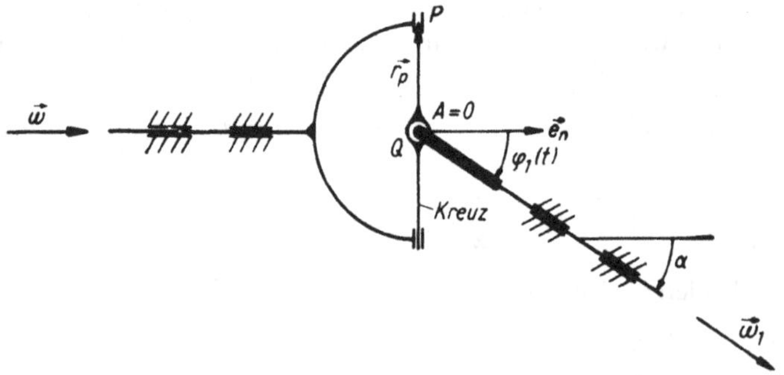

Abb. 1.11. Kardangelenkgeometrie. Stellung des Kreuzes in $\varphi = 0$

wenn $\vec{\omega}_2$ die Winkelgeschwindigkeit des Kreuzes bezeichnet. Daraus folgt

$$(\vec{\omega} - \vec{\omega}_2) \times \vec{r}_P = \vec{0},$$
$$(\vec{\omega}_1 - \vec{\omega}_2) \times \vec{r}_Q = \vec{0}.$$

Die Gleichungen sind nichttrivial erfüllt, wenn $(\vec{\omega} - \vec{\omega}_2) // \vec{r}_P$ und $(\vec{\omega}_1 - \vec{\omega}_2) // \vec{r}_Q \perp \vec{r}_P$. Nach skalarer Multiplikation der ersten Gleichung mit $\vec{r}_Q$ und der zweiten Gleichung mit $\vec{r}_P$ folgt

$$[(\vec{\omega} - \vec{\omega}_2) \times \vec{r}_P] \cdot \vec{r}_Q = (\vec{\omega} - \vec{\omega}_2) \cdot (\vec{r}_P \times \vec{r}_Q) = 0,$$
$$[(\vec{\omega}_1 - \vec{\omega}_2) \times \vec{r}_Q] \cdot \vec{r}_P = (\vec{\omega}_1 - \vec{\omega}_2) \cdot (\vec{r}_Q \times \vec{r}_P) = 0.$$

Addition eliminiert $\vec{\omega}_2$ und liefert

$$(\vec{\omega} - \vec{\omega}_1) \cdot (\vec{r}_P \times \vec{r}_Q) = 0.$$

Bezeichnet $\vec{e}_n$ den Normalenvektor der Kreuzebene, kann auch

$$(\vec{\omega} - \vec{\omega}_1) \cdot \vec{e}_n = 0$$

geschrieben werden. Mit $\vec{\omega} \cdot \vec{e}_n = \omega \cos \varphi$ und $\vec{\omega}_1 \cdot \vec{e}_n = \omega_1 \cos \varphi_1$ folgt

$$\frac{\omega}{\omega_1} = \frac{\cos \varphi_1}{\cos \varphi}.$$

Eine Beziehung zwischen α, dem Winkel zwischen $\vec{\omega}$ und $\vec{\omega}_1$, φ und φ_1 erhalten wir wegen der Orthogonalität der Winkelgeschwindigkeitskomponenten in der Kreuzebene aus

$$\vec{\omega} \cdot \vec{\omega}_1 = \omega\omega_1 \cos \alpha = \omega \cos \varphi \omega_1 \cos \varphi_1 (\vec{e}_n \cdot \vec{e}_n)$$

zu $\cos \varphi_1 = \cos \alpha / \cos \varphi$. Damit folgt das zeitlich veränderliche Übersetzungsverhältnis zu

$$\frac{\omega}{\omega_1} = \frac{\cos \alpha}{\cos^2 \varphi(t)} \quad \text{in den Grenzen} \quad \cos \alpha \leqq \frac{\omega}{\omega_1} \leqq \frac{1}{\cos \alpha}.$$

1.4.4. Die Zentralbewegung. Polarkoordinaten

Wir betrachten die Bewegung eines Punktes P in der Ebene, dessen Beschleunigung $\vec{a}$ stets zu einem festen Punkt 0 zeigt. Wir benützen Polarkoordinaten, so daß der Ortsvektor

$$\vec{r}(t) = r(t)\, \vec{e}_r(t).$$

Die Geschwindigkeit ist dann

$$\vec{v}(t) = \dot{r}\vec{e}_r + r\dot{\vec{e}}_r = \dot{r}\vec{e}_r + r\dot{\varphi}\vec{e}_\varphi,$$

wenn wir die Formel für die Differentiation eines mit $\dot{\varphi}\vec{e}_z$ rotierenden Einheitsvektors benützen. Der Punkt besitzt die Radialgeschwindigkeit $v_r = \dot{r}$ und die Quergeschwindigkeit $v_\varphi = r\dot{\varphi}$. Seine Beschleunigung ergibt sich allgemein zu

$$\vec{a}(t) = \ddot{r}\vec{e}_r + \dot{r}\dot{\vec{e}}_r + \dot{r}\dot{\varphi}\vec{e}_\varphi + r\ddot{\varphi}\vec{e}_\varphi + r\dot{\varphi}\dot{\vec{e}}_\varphi = (\ddot{r} - r\dot{\varphi}^2)\, \vec{e}_r + (r\ddot{\varphi} + 2\dot{r}\dot{\varphi})\, \vec{e}_\varphi.$$

Nun soll aber die Querbeschleunigung $a_\varphi = r\ddot{\varphi} + 2\dot{r}\dot{\varphi} = 0$. Mit $\dot{\varphi} = \omega$ liefert Trennung der Variablen

$$\frac{d\omega}{\omega} = -2\,\frac{dr}{r}$$

und integriert

$$\ln \omega = -2 \ln r + \ln C \quad \text{oder} \quad \omega r^2 = C = \omega_0 r_0^2,$$

r_0, ω_0 sind Anfangswerte. Die vom Ortsvektor je Zeiteinheit überstrichene Fläche ist $\frac{1}{2}\,r v_\varphi = \frac{1}{2}\,r^2\omega$ (Flächengeschwindigkeit) und ist bei der Zentralbewegung konstant, gleich $C/2$. Diese Aussage formulierte *Kepler* in seinem 2. Gesetz der Planetenbewegung.
Damit wird die Radialbeschleunigung

$$a_r(t) = \ddot{r} - r\omega^2 = \ddot{r} - \frac{C^2}{r^3}.$$

Nehmen wir das *Newton*sche Gravitationsgesetz zur Festlegung von

$$a_r(t) = -\frac{k}{r^2},$$

dann erhalten wir die nichtlineare Differentialgleichung für $r(t)$:

$$\ddot{r} - \frac{C^2}{r^3} + \frac{k}{r^2} = 0.$$

Fassen wir $r(t) = r[\varphi(t)]$ auf, dann ist $\dot{r} = r'\omega$, $r' = \dfrac{dr}{d\varphi}$, und

$$\ddot{r} = r''\omega^2 + r'\dot{\omega} = C^2\,\frac{r''}{r^4} - 2C^2\,\frac{r'^2}{r^5} = \frac{C^2}{r^6}\,(r''r^2 - 2rr'^2) = -\frac{C^2}{r^2}\left(\frac{1}{r}\right)'',$$

und die Differentialgleichung für $r(\varphi)$ wird

$$\left(\frac{1}{r}\right)'' + \frac{1}{r} = \frac{k}{C^2}.$$

Sie ist linear für den Reziprokwert, und ihre Lösung setzt sich aus der Lösung der homogenen Gleichung und einer partikulären Lösung zusammen:

$$\left(\frac{1}{r}\right)_h = A\cos\varphi + B\sin\varphi, \qquad \left(\frac{1}{r}\right)_p = \frac{k}{C^2}$$

somit, $\dfrac{1}{r} = A\cos\varphi + B\sin\varphi + \dfrac{k}{C^2}$. Die Gleichung der Bahnkurve ist also ein *Kegelschnitt* mit dem Brennpunkt in *0*. Legen wir eine Hauptachse in $\varphi = 0$, dann verschwindet B, und die Gleichung kann mit ε als «numerischer Exzentrizität» umgeschrieben werden.

$$r(\varphi) = \frac{C^2}{k(1 + \varepsilon\cos\varphi)}, \qquad \varepsilon = \frac{r_0 v_0^2}{k} - 1, \qquad r_0,\ v_0 = r_0\omega_0 \quad \text{in} \quad \varphi = 0.$$

Diese Lösung beschreibt in erster Näherung die Planetenbahnen mit der Sonne in *0* bzw. die Satellitenbahnen, z. B. mit der Erde, im Brennpunkt *0*:

$0 \leqq \varepsilon < 1$ geschlossene Bahnen (Ellipsen);

$\varepsilon \geqq 1$ offene Bahnen (Hyperbeläste bzw. $\varepsilon = 1$ die Parabel).

Die *Fluchtgeschwindigkeit* im Perihel ($\varphi = 0$) beträgt also, $\varepsilon \geqq 1$,

$$v_0 \geqq \sqrt{2k/r_0}\,.$$

Der Wert von k für die Erde in *0* beträgt $\sim 4 \times 10^{14}\,\mathrm{m^3/s^2}$ mit dem Erdradius $6{,}37 \times 10^6$ m, für die Sonne in *0* ist $k \sim 133 \times 10^{18}\,\mathrm{m^3/s^2}$ mit dem Sonnenradius $6{,}96 \times 10^8$ m.

1.5. Ergänzungen und Beispiele zur Verformungskinematik

1.5.1. Die einachsige homogene Deformation

Das Ende eines Stabes mit der unverformten Länge l_0 wird mit konstanter Geschwindigkeit v_e bewegt, das andere Ende bleibt raumfest. Unter der Annahme einer homogenen Deformation ist dann die Verschiebung eines Querschnittes mit Abstand X im unverformten Zustand:

$$u(t;X) = x(t) - X,$$

mit

$$\frac{x(t)}{X} = \frac{l(t)}{l_0} = 1 + \frac{v_e}{l_0}\,t.$$

Elimination der momentanen Koordinate $x(t)$ liefert

$$u = u(t;X) = X\,\frac{v_e}{l_0}\,t \quad \text{und damit} \quad v = v(t;X) = \frac{\partial u}{\partial t} = X\,\frac{v_e}{l_0} = \text{const},$$

$a = 0$, in der *Lagrange*schen Darstellung, $0 \leqq X \leqq l_0$.
Eliminiert man hingegen X, dann folgt in *Euler*scher Darstellung

$$u = u(x;t) = x\left(1 - \frac{l_0}{l}\right) = \frac{tv_e}{l_0 + v_e t}\,x, \qquad 0 \leqq x \leqq l(t),$$

und nach Auflösung der linearen Gleichung für v,

$$v(x;t) = \frac{\mathrm{d}u}{\mathrm{d}t} = \frac{\partial u}{\partial t} + \frac{\partial u}{\partial x}\,v = \left(\frac{v_e}{l_0 + v_e t} - \frac{tv_e^2}{(l_0 + v_e t)^2}\right)x + vt\,\frac{v_e}{l_0 + v_e t},$$

auch

$$v = v(x;t) = \frac{v_e}{l_0 + v_e t}\,x \quad \text{mit} \quad \lim_{t\to\infty} v(x;t) = 0 \quad \text{für alle } x.$$

Nochmalige Differentiation ergibt

$$a = a(x;t) = \frac{\mathrm{d}v}{\mathrm{d}t} = \frac{\partial v}{\partial t} + \frac{\partial v}{\partial x}\,v = x\left[-\frac{v_e^2}{(l_0 + v_e t)^2} + \frac{v_e^2}{(l_0 + v_e t)^2}\right] = 0,$$

wo die positive konvektive Beschleunigung gerade die lokale Verzögerung aufhebt. In *Euler*scher Darstellung ist die Bewegung der Querschnitte durch die Stelle x klar als «instationär» zu erkennen.

1.5.2. Die natürlichen Koordinaten der Stromlinie

Wir stellen die Geschwindigkeit und Beschleunigung eines materiellen Punktes in *Euler*scher Darstellung in bezug auf ein kartesisches Koordinatensystem (s, n, m) mit den Einheitsvektoren $\vec{e}_t, \vec{e}_n, \vec{e}_m = \vec{e}_t \times \vec{e}_n$ dar (Abb. 1.12):

$$\vec{v} = \vec{v}(t, s, n, m) = v_t\vec{e}_t + v_n\vec{e}_n + v_m\vec{e}_m,$$
$$\vec{a} = \frac{d\vec{v}}{dt} = \frac{dv_t}{dt}\vec{e}_t + \frac{dv_n}{dt}\vec{e}_n + \frac{dv_m}{dt}\vec{e}_m \tag{1.52}$$

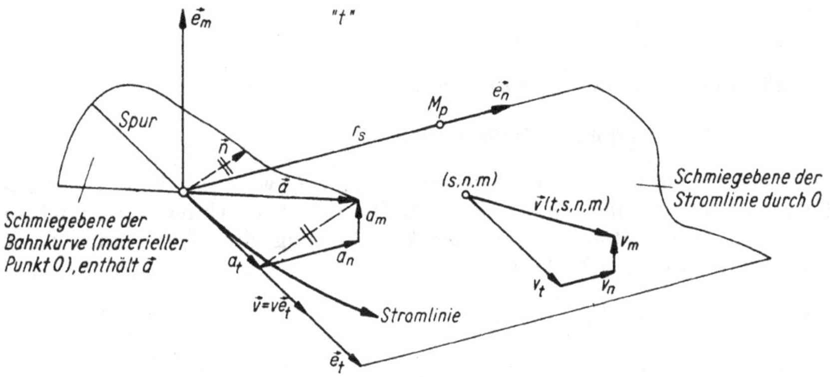

Abb. 1.12. Beschleunigungsvektor $\vec{a}$ zerlegt in die natürlichen Koordinatenrichtungen der Stromlinie (instationäre Strömung)

mit

$$\frac{dv_t}{dt} = \frac{\partial v_t}{\partial t} + \frac{\partial v_t}{\partial s} v_t + \frac{\partial v_t}{\partial n} v_n + \frac{\partial v_t}{\partial m} v_m,$$
$$\frac{dv_n}{dt} = \frac{\partial v_n}{\partial t} + \frac{\partial v_n}{\partial s} v_t + \frac{\partial v_n}{\partial n} v_n + \frac{\partial v_n}{\partial m} v_m,$$
$$\frac{dv_m}{dt} = \frac{\partial v_m}{\partial t} + \frac{\partial v_m}{\partial s} v_t + \frac{\partial v_m}{\partial n} v_n + \frac{\partial v_m}{\partial m} v_m.$$

Nun lassen wir das kartesische Koordinatensystem zur Zeit t mit den natürlichen Koordinaten im Punkt einer Stromlinie zusammenfallen, $\vec{e}_t$ (Tangentenvektor) zeigt dann in Richtung der Geschwindigkeit des materiellen Punktes im Ursprung des Koordinatensystems, $\vec{e}_n$ ist der Hauptnormalenvektor der Stromlinie. Wir rücken nun mit dem betrachteten Punkt in den Ursprung auf der Stromlinie und haben dann $v_t = v$, $v_n = 0$, $v_m = 0$:

$$\frac{dv}{dt} = \frac{\partial v}{\partial t} + \frac{\partial v}{\partial s} v = \frac{\partial v}{\partial t} + \frac{1}{2}\frac{\partial(v^2)}{\partial s},$$
$$\frac{dv_n}{dt} = \frac{\partial v_n}{\partial t} + \frac{\partial v_n}{\partial s} v,$$
$$\frac{dv_m}{dt} = \frac{\partial v_m}{\partial t} + \frac{\partial v_m}{\partial s} v.$$

Die konvektive Beschleunigungskomponente $\frac{\partial v_n}{\partial s} v$ in $\vec{e}_\text{n}$-Richtung kann unmittelbar der Änderung des Geschwindigkeitsvektors beim Fortschreiten um ds längs der Stromlinie entnommen werden, da die Zeit $t = \text{const}$. Sie folgt aus der Drehung von $\vec{v}$ um den Krümmungsmittelpunkt der Stromlinie durch den Winkel $\frac{\mathrm{d}s}{r_\text{S}}$ wegen $\frac{\mathrm{d}s}{r_\text{S}} = \frac{\mathrm{d}v_n}{v}$ zu

$$\frac{\partial v_n}{\partial s} v = \frac{v^2}{r_\text{S}},$$

r_S^{-1} ist die Hauptkrümmung der Stromlinie. Die *konvektive* Geschwindigkeitsänderung liegt in der Schmiegebene der Stromlinie, also ist $\frac{\partial v_m}{\partial s} = 0$. Damit folgt für die Beschleunigungskomponenten in natürlichen Koordinaten der Stromlinie:

$$a_\text{t} = \frac{\mathrm{d}v}{\mathrm{d}t} = \frac{\partial v}{\partial t} + \frac{1}{2}\frac{\partial (v^2)}{\partial s} \quad \text{(Tangentialbeschleunigung);} \tag{1.53}$$

$$a_\text{n} = \frac{\mathrm{d}v_n}{\mathrm{d}t} = \frac{\partial v_n}{\partial t} + \frac{v^2}{r_\text{S}} \quad \text{(Querbeschleunigung in Hauptnormalenrichtung);} \tag{1.54}$$

$$a_m = \frac{\mathrm{d}v_m}{\mathrm{d}t} = \frac{\partial v_m}{\partial t} \quad \text{(Querbeschleunigung in Binormalenrichtung).} \tag{1.55}$$

Vergleicht man mit den Beschleunigungskomponenten zerlegt im begleitenden Dreibein der Bahnkurve des betrachteten materiellen Punktes, dann erkennt man die Unterschiede in a_n und a_m bei instationärer Strömung, a_t stimmt überein. Nur für *stationäre* Bewegung stimmen alle Komponenten überein, Strom- und Bahnlinie fallen dann zusammen und $r_\text{S} = r$ der Bahnlinie.
Im instationären Fall muß natürlich

$$\left(\frac{\partial v_n}{\partial t} + \frac{v^2}{r_\text{S}}\right)\vec{e}_n + \frac{\partial v_m}{\partial t}\vec{e}_m = \frac{v^2}{r}\vec{n},$$

mit $\vec{n}$ als Hauptnormalenvektor und r^{-1} als Krümmung der Bahnlinie. $\vec{n}$ ist auch (allgemeiner) Normalenvektor der Stromlinie.

1.5.3. Zum Verzerrungstensor. Der ebene Verzerrungszustand

a) Die Tensoreigenschaft der Matrix der Verzerrungen

Wir benützen die zueinander verdrehten Koordinatensysteme $\vec{e}_x, \vec{e}_y, \vec{e}_z, (X, Y, Z)$ und $\vec{n}, \vec{m}, \vec{k}(X', Y', Z')$ zur Beschreibung der Deformation und beachten die Invarianz des Bogenelementes bei Drehung des Koordinatensystems:

$$\begin{aligned}\frac{1}{2}(\mathrm{d}l^2 - \mathrm{d}l_0^2) &= \varepsilon_{xx}(\mathrm{d}X)^2 + \varepsilon_{yy}(\mathrm{d}Y)^2 + \varepsilon_{zz}(\mathrm{d}Z)^2 \\ &\quad + 2(\varepsilon_{xy}\,\mathrm{d}X\,\mathrm{d}Y + \varepsilon_{yz}\,\mathrm{d}Y\,\mathrm{d}Z + \varepsilon_{zx}\,\mathrm{d}Z\,\mathrm{d}X) \\ &= \varepsilon'_{xx}(\mathrm{d}X')^2 + \varepsilon'_{yy}(\mathrm{d}Y')^2 + \varepsilon'_{zz}(\mathrm{d}Z')^2 \\ &\quad + 2(\varepsilon'_{xy}\,\mathrm{d}X'\,\mathrm{d}Y' + \varepsilon'_{yz}\,\mathrm{d}Y'\,\mathrm{d}Z' + \varepsilon'_{zx}\,\mathrm{d}Z'\,\mathrm{d}X').\end{aligned}$$

Aus der äquivalenten Darstellung von

$$d\vec{r} = dX\vec{e}_x + dY\vec{e}_y + dZ\vec{e}_z = dX'\vec{n} + dY'\vec{m} + dZ'\vec{k}$$

folgen nach skalarer Multiplikation mit $\vec{e}_i$:

$$dX = dX'n_x + dY'm_x + dZ'k_x,$$
$$dY = dX'n_y + dY'm_y + dZ'k_y,$$
$$dZ = dX'n_z + dY'm_z + dZ'k_z.$$

Einsetzen und Koeffizientenvergleich liefert den vollen Satz von Transformationsformeln für die neun Verzerrungen. Zum Beispiel für ε'_{xx} und für ε'_{xy}

$$\varepsilon'_{xx} = \varepsilon_{xx}n_x^2 + \varepsilon_{yy}n_y^2 + \varepsilon_{zz}n_z^2 + 2(\varepsilon_{xy}n_xn_y + \varepsilon_{yz}n_yn_z + \varepsilon_{zx}n_zn_x) \tag{1.56}$$

$$\varepsilon'_{xy} = \varepsilon_{xx}n_xm_x + \varepsilon_{yy}n_ym_y + \varepsilon_{zz}n_zm_z + (n_xm_y + n_ym_x)\,\varepsilon_{xy} + (n_ym_z + n_zm_y)\,\varepsilon_{yz} + (n_zm_x + n_xm_z)\,\varepsilon_{zx}. \tag{1.57}$$

Die anderen folgen sinngemäß durch zyklische Vertauschungen. Man vergleiche mit den Gln. (2.22) und (2.23). Eine quadratische Matrix, deren Elemente sich nach diesen Regeln bei Koordinatendrehung transformieren, wird *Tensor* (2. Stufe) genannt. Die Hauptachsenform des Tensors erhält man nach Lösung einer Extremwertaufgabe, in der das Max $[\varepsilon'_{xx}(n_x, n_y, n_z)]$ usw. unter der Nebenbedingung $n_x^2 + n_y^2 + n_z^2 - 1 = 0$ usw. gesucht wird. Die Elemente der Hauptdiagonale heißen dann *Haupt(normal)verzerrungen*, die Schubverzerrungen ε'_{ij} $(i \neq j)$ ergeben sich zu Null. Es gibt also in jedem Punkt drei aufeinander senkrechte Richtungen, wo die rechten Winkel nach der Deformation erhalten bleiben. Sie werden *Verzerrungshauptachsen* genannt.

b) Zur Hauptachsentransformation des ebenen Verzerrungstensors

Der *ebene Verzerrungszustand* ist durch $\varepsilon_{zi} = 0$ $(i = x, y, z)$ und $\dfrac{\partial \varepsilon_{ij}}{\partial z} = 0$ ausgezeichnet.
Der «*ebene Verzerrungstensor*» hat dann drei unabhängige Elemente:

$$\begin{pmatrix} \varepsilon_{xx} & \varepsilon_{xy} \\ \varepsilon_{yx} & \varepsilon_{yy} \end{pmatrix}, \qquad \varepsilon_{xy} = \varepsilon_{yx}. \tag{1.58}$$

Drehen wir nun das Koordinatensystem (x, y) um die z-Achse durch den Winkel α, so wird mit $n_x = \cos\alpha$, $n_y = \sin\alpha$, $m_x = -\sin\alpha$, $m_y = \cos\alpha$ mit Übergang zum Doppelwinkel

$$\varepsilon'_{\substack{xx\\yy}} = \frac{\varepsilon_{xx} + \varepsilon_{yy}}{2} \pm \frac{\varepsilon_{xx} - \varepsilon_{yy}}{2}\cos 2\alpha \pm \varepsilon_{xy}\sin 2\alpha \tag{1.59}$$

$$\varepsilon'_{xy} = -\frac{\varepsilon_{xx} - \varepsilon_{yy}}{2}\sin 2\alpha + \varepsilon_{xy}\cos 2\alpha. \tag{1.60}$$

Das Plusvorzeichen steht in ε'_{xx}, das Minuszeichen in ε'_{yy}. Man vergleiche mit den Gln. (2.13), (2.14) und finde die Matrizendarstellung in Gl. (2.123). Die notwendige Bedingung für einen Extremwert von $\varepsilon'_{xx}(\alpha)$ ist dann

$$\frac{\partial \varepsilon'_{xx}}{\partial \alpha} = 0 = -(\varepsilon_{xx} - \varepsilon_{yy})\sin 2\alpha + 2\varepsilon_{xy}\cos 2\alpha = 2\varepsilon'_{xy}.$$

Auflösung ergibt die Richtung einer Verzerrungshauptachse aus

$$\tan 2\alpha_1 = 2\varepsilon_{xy}/(\varepsilon_{xx} - \varepsilon_{yy}), \tag{1.61}$$

mit α_1 und die der dazu senkrechten Achse mit $\alpha_2 = \alpha_1 + \pi/2$. Die Schubverzerrung $\varepsilon_{12} = \varepsilon'_{xy} = 0$ und die Haupt(normal)verzerrungen sind dann

$$\varepsilon_{1,2} = \frac{\varepsilon_{xx} + \varepsilon_{yy}}{2} \pm \frac{1}{2}\sqrt{(\varepsilon_{xx} - \varepsilon_{yy})^2 + 4\varepsilon_{xy}^2}. \tag{1.62}$$

Gehen wir von den Hauptrichtungen aus und bezeichnen nun mit (X, Y) das um α-verdrehte Koordinatensystem, dann reduzieren sich die Transformationsformeln auf

$$\left.\begin{aligned} \varepsilon_{\substack{xx\\yy}} &= \frac{\varepsilon_1 + \varepsilon_2}{2} \pm \frac{\varepsilon_1 - \varepsilon_2}{2}\cos 2\alpha \\ \varepsilon_{xy} &= -\frac{\varepsilon_1 - \varepsilon_2}{2}\sin 2\alpha \end{aligned}\right\} \tag{1.63}$$

Sie führen auf die Polarkoordinatendarstellung des *Mohrschen Kreises*, der dem ebenen Tensor in der $[(\varepsilon_{xx}, \varepsilon_{yy}), \varepsilon_{xy}]$-Ebene zugeordnet werden kann.
Er erlaubt in bequemer Weise die Ermittlung von $\alpha_{1,2}$ und $\varepsilon_{1,2}$ bei gegebenem Verzerrungstensor: Der Mittelpunkt des Kreises liegt auf der Normalverzerrungsachse in $(\varepsilon_{xx} + \varepsilon_{yy})/2 = (\varepsilon_1 + \varepsilon_2)/2$. Kreispunkte findet man dann mit den Koordinaten $(\varepsilon_{xx}, \varepsilon_{xy})$ bzw. $(\varepsilon_{yy}, \varepsilon_{xy})$. Neben dem Doppelwinkel $2\alpha_1$ als Zentriwinkel, kann mit Hilfe des Peripheriewinkels α_1, nun wieder gemessen von der X-Achse zur 1-Achse, direkt die Hauptachsenrichtung abgelesen werden, siehe Abb. 1.13.

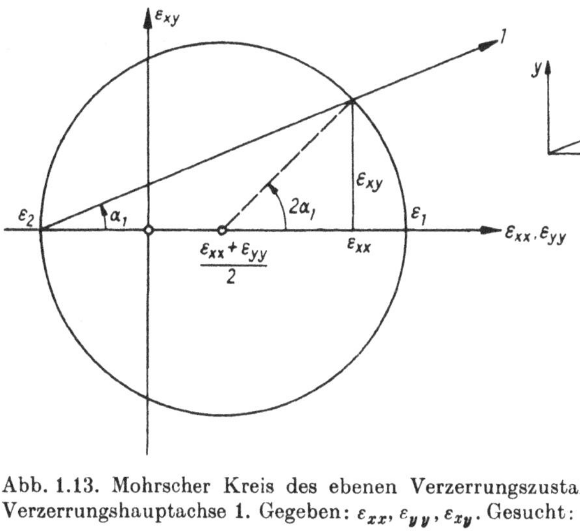

Abb. 1.13. Mohrscher Kreis des ebenen Verzerrungszustandes. Verzerrungshauptachse 1. Gegeben: $\varepsilon_{xx}, \varepsilon_{yy}, \varepsilon_{xy}$. Gesucht: $\varepsilon_1, \varepsilon_2, \alpha_1$

1.6. Satz von der Erhaltung der Masse. Kontinuitätsgleichung

Wir haben in der Kinematik vom Körper und von materiellen Punkten gesprochen. Nun ordnen wir dem Körper eine *Masse* als ihm eigentümliche Größe zu (mit der genormten Einheit 1 kg) und verlangen, bei Abwesenheit äußerer Massenquellen, daß sie zeitlich konstant bleibt. Es bleibt also die relativistische Mechanik hoher Geschwindigkeiten im Vergleich zur Lichtgeschwindigkeit von $3 \cdot 10^8$ m/s außer Betracht. Den Körper fassen wir als ein *Kontinuum* auf, in dem wir jedem Teilvolumen ΔV eine Teilmasse Δm zuordnen können. Dann existiert eine ***Massendichte*** (Masse je Volumeneinheit) mit der (mathematischen) Definition

$$\varrho(x, y, z; t) = \lim_{\Delta V \to 0} \frac{\Delta m}{\Delta V}, \quad [\varrho] = \mathrm{kg/m^3}, \tag{1.64}$$

in jedem Punkt des Körpers. In $t = 0$ benennen wir die Dichte mit $\varrho_0(X, Y, Z)$. Die Erhaltung der Masse während der Bewegung des Körpers von der Anfangs- in eine Momentanlage drücken wir durch die Konstanz der Summen kleiner Teilmassen, $\mathrm{d}m = \varrho \, \mathrm{d}V$, durch die Volumenintegrale

$$m = \int_{V(t)} \varrho(x, y, z; t) \, \mathrm{d}V = \int_{V_0} \varrho_0(X, Y, Z) \, \mathrm{d}V_0, \quad [m] = \mathrm{kg}, \tag{1.65}$$

mit $\mathrm{d}V = \mathrm{d}x \, \mathrm{d}y \, \mathrm{d}z$, $\mathrm{d}V_0 = \mathrm{d}X \, \mathrm{d}Y \, \mathrm{d}Z$, aus. Beachten wir wieder $\mathrm{d}V = \det \{F_{ij}\} \, \mathrm{d}V_0$, Gl. (1.32), und nehmen V_0 mit $V(t)$ als (beliebige) Teilvolumenpaare des Körpers, dann müssen die Integranden übereinstimmen, also

$$\varrho_0(X, Y, Z) = \varrho(x, y, z) \det \{F_{ij}\}$$

bzw.

$$\varrho(x, y, z) = \varrho_0(X, Y, Z) \det \{F_{ij}^{-1}\}. \tag{1.66}$$

Diese Gleichungen beschreiben die Dichte in korrespondierenden Punkten der Anfangs- und Momentenanlage des Körpers über die Werte der Deformationsgradienten.

Der Zusammenhang von V_0 und $V(t)$ über die Deformation ist kompliziert. Um einen «einfachen» Bereich vorzugeben, wählt man daher ein «willkürliches» *Kontrollvolumen* V mit der durchlässigen Hülle ∂V (*Kontrollfläche* genannt). Zu einer bestimmten Zeit t ist eine Masse $m(t)$ im Kontrollvolumen eingeschlossen,

$$m(t) = \int_V \varrho(x, y, z; t) \, \mathrm{d}V, \tag{1.67}$$

(x, y, z) ist jetzt ein Raumpunkt in V. Die zeitliche Änderung der Masse in einem *raumfesten Kontrollvolumen* V kann sich nur als Summe instationärer Dichteänderungen in den Raumpunkten (x, y, z) ergeben, also

$$\frac{\mathrm{d}m(t)}{\mathrm{d}t} = \int_V \frac{\partial \varrho(x, y, z; t)}{\partial t} \, \mathrm{d}V. \tag{1.68}$$

Bei Abwesenheit äußerer Massenquellen in V kann diese Zunahme nur durch einen Zufluß von Masse durch die Oberfläche ∂V des Kontrollvolumens aus der Umgebung erklärt werden. Bezeichnen wir die *äußeren* Normalenvektoren auf ∂V mit $\vec{e}_n$, dann ist $\vec{v} \cdot \vec{e}_n$ die Geschwindigkeitskomponente des materiellen Punktes an der Oberfläche ∂V in Richtung $\vec{e}_n$, und die durch das Oberflächenelement dS je Zeiteinheit abfließende Masse ist dann (vgl. Abb. 1.14)

$$\varrho\vec{v} \cdot \vec{e}_n \, dS . \tag{1.69}$$

Wir setzen die Massenstromdichte (bezogen auf die Oberflächeneinheit)

$$\mu = \varrho\vec{v} \cdot \vec{e}_n , \qquad [\mu] = \text{kg/m}^2 \cdot \text{s} . \tag{1.70}$$

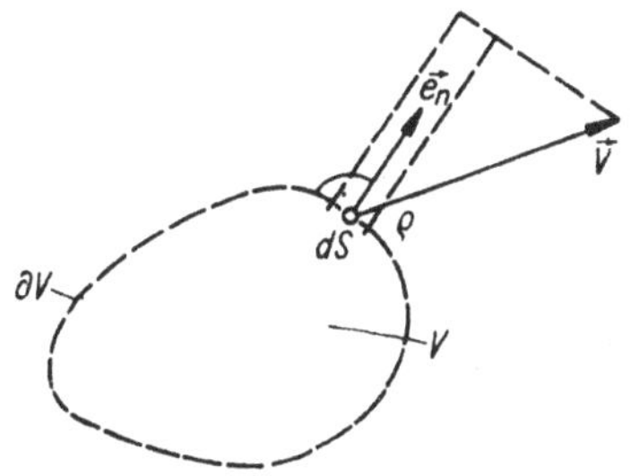

Abb. 1.14. Raumfestes Kontrollvolumen V. Fluß durch ein Element dS der Kontrollfläche ∂V

Der je Zeiteinheit *zufließende* Massenstrom ist die Summe der Teilströme über die geschlossene Kontrollfläche und ist mit Gl. (1.68)

$$-\oint_{\partial V} \mu \, dS = \frac{dm(t)}{dt} . \tag{1.71}$$

Daraus folgt

$$\int_V \frac{\partial \varrho}{\partial t} \, dV + \oint_{\partial V} \mu \, dS = 0 . \tag{1.72}$$

Läßt man das Kontrollvolumen mit dem materiellen Volumen $V(t)$ zusammenfallen, dann drückt diese Gleichung den Satz von der Erhaltung der Masse in $V(t)$ in *Euler*scher Darstellung aus: Die materielle Änderung der Masse $\frac{dm}{dt} = 0$, $m = \int_{V(t)} \varrho \, dV = \text{const}$, und ϱ, dV und dS sind in Gl. (1.72) in den räumlichen Koordinaten auszudrücken (*Reynolds*sches Transporttheorem, siehe auch 7.1.).
Unter Anwendung des *Gauß*schen Integralsatzes (in allgemeiner Form $\int_V \nabla \underset{\smile}{g} \, dV = \oint_S \vec{e}_n \underset{\smile}{g} \, dS$), kann das Oberflächenintegral in ein Volumenintegral über den einfach zusammenhängenden Bereich V überführt werden. Bei raumfestem ∂V folgt

$$\oint_{\partial V} \varrho\vec{v} \cdot \vec{e}_n \, dS = \int_V \nabla(\varrho\vec{v}) \, dV .$$

Gl. (1.72) wird dann ein Volumenintegral

$$\int_V \left[\frac{\partial \varrho}{\partial t} + \nabla(\varrho\vec{v}) \right] dV = 0 . \tag{1.73}$$

Das Kontrollvolumen V ist aber «beliebig» und der Integrand muß daher verschwinden. Dies liefert die *Kontinuitätsgleichung*, eine lokale Aussage in jedem Raumpunkt (x, y, z):

$$\frac{\partial \varrho}{\partial t} + \operatorname{div}(\varrho \vec{v}) = 0, \tag{1.74}$$

$\operatorname{div}(\varrho\vec{v}) \equiv \nabla(\varrho\vec{v})$ heißt *Divergenz* der *vektoriellen Massenstromdichte* $\varrho\vec{v}$. Mit Hilfe der zeitlichen Ableitung von $\varrho(x, y, z; t)$ vgl. Gl. (1.42),

$$\frac{\mathrm{d}\varrho}{\mathrm{d}t} = \frac{\partial \varrho}{\partial t} + (\vec{v} \cdot \nabla)\,\varrho$$

läßt sich die Kontinuitätsgleichung umformen in

$$\frac{\mathrm{d}\varrho}{\mathrm{d}t} + \varrho \operatorname{div} \vec{v} = 0 \tag{1.75}$$

oder auch

$$\operatorname{div} \vec{v} = -\frac{\mathrm{d}}{\mathrm{d}t}(\ln \varrho). \tag{1.76}$$

Man erkennt sofort die wesentliche (kinematische) Einschränkung des Geschwindigkeitsfeldes einer sogenannten *inkompressiblen Strömung* (Deformation) mit $\varrho = \text{const}$, nämlich

$$\operatorname{div} \vec{v} = \nabla \cdot \vec{v} = 0. \tag{1.77}$$

Weist die inkompressible Strömung noch die weitere kinematische Einschränkung der Drehungsfreiheit auf, $\operatorname{rot} \vec{v} = \vec{0}$, vgl. Gl. (1.50), dann folgt mit $\vec{v} = \operatorname{grad} \Phi = \nabla\Phi$, vgl. Gl. (1.51), nach Einsetzen in Gl. (1.77)

$$\nabla \cdot (\nabla \Phi) = \triangle \Phi = 0 \tag{1.78}$$

die *Laplacesche Differentialgleichung* für das Geschwindigkeitspotential $\Phi(x, y, z; t)$. Da $\triangle = \nabla^2 = \left(\frac{\partial^2}{\partial x^2} + \frac{\partial^2}{\partial y^2} + \frac{\partial^2}{\partial z^2}\right)$, ist die Zeit ein Parameter der Bewegung, und die Strömung kann über äußere, zeitlich veränderliche Einwirkung instationär werden. Das Geschwindigkeitspotential ist eine harmonische Funktion der Raumkoordinaten.

Für praktische Anwendungen erweist sich manchmal die Einführung einer *bewegten Kontrollfläche* ∂V als nützlich. Besitzt ein geometrischer Punkt dieser Hülle eine Geschwindigkeit $\vec{w}$, dann ändert sich die pro Zeiteinheit ausfließende Masse durch das bewegte Oberflächenelement $\mathrm{d}S$ gegenüber Gl. (1.69) auf, vgl. Abb. 1.15,

$$\varrho(\vec{v} - \vec{w}) \cdot \vec{e}_n \, \mathrm{d}S. \tag{1.79}$$

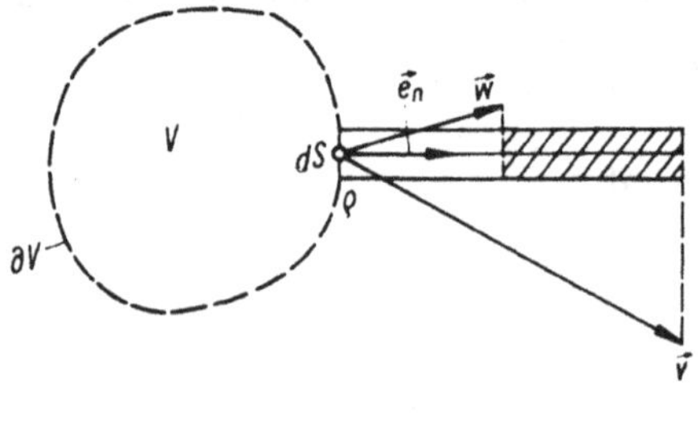

Abb. 1.15. Bewegtes Kontrollvolumen V. Fluß durch das mit $\vec{w}$ bewegte Element $\mathrm{d}S$ der Kontrollfläche ∂V

Die zeitliche Änderung der im bewegten Kontrollvolumen V eingeschlossenen Masse $m(t)$, Gl. (1.67), ist dann wieder gleich dem resultierenden Zufluß

$$\frac{\mathrm{d}m(t)}{\mathrm{d}t} = -\oint\limits_{\partial V} \mu \,\mathrm{d}S\,, \tag{1.80}$$

wenn nun

$$\mu = \varrho(\vec{v} - \vec{w}) \cdot \vec{e}_\mathrm{n} \tag{1.81}$$

definiert wird. Die Massenbilanz erhält jetzt die allgemein gültige Form (bei beliebig vorgegebener Bewegung der Kontrollfläche)

$$\frac{\partial}{\partial t}\int\limits_V \varrho \,\mathrm{d}V + \oint\limits_{\partial V} \mu \,\mathrm{d}S = 0\,. \tag{1.82}$$

Sie wird z. B. gebraucht, wenn als Kontrollfläche eine durch Endkappen abgeschlossene Stromröhre (vgl. 1.3.3.) bei instationärer Bewegung gewählt wird. Häufig läßt sich die Bewegung der Kontrollfläche ∂V durch das Geschwindigkeitsfeld eines starren Körpers beschreiben, für $\vec{w}$ gilt dann Gl. (1.4), und das Kontrollvolumen V ist zeitlich konstant. Benützt man ein mit dem starren Kontrollvolumen mitbewegtes Koordinatensystem (x', y', z'), dann gilt wieder die Vertauschung von Differentiation und Integration, ϱ ist eine skalare Funktion,

$$\frac{\partial}{\partial t}\int\limits_V \varrho \,\mathrm{d}V = \int\limits_V \frac{\partial\varrho(x', y', z'; t)}{\partial t}\,\mathrm{d}V'\,. \tag{1.83}$$

Bei stationärer Relativströmung $(\vec{v} - \vec{w})$ verschwindet das Volumenintegral (1.83) und

$$\int\limits_{\partial V} \mu \,\mathrm{d}S = 0\,, \qquad \mu = \varrho(\vec{v} - \vec{w}) \cdot \vec{e}_\mathrm{n}\,. \tag{1.84}$$

Speziell wird bei stationärer Strömung das von der Stromröhre abgegrenzte Kontrollvolumen sicher raumfest, $w = 0$, und wegen $\frac{\partial\varrho}{\partial t} = 0$ folgt aus der dann gültigen Beziehung (1.72)

$$\oint\limits_{\partial V_\mathrm{st}} \mu \,\mathrm{d}S = 0\,, \qquad \mu = \varrho\vec{v} \cdot \vec{e}_\mathrm{n}\,. \tag{1.85}$$

Die aus Stromlinien gebildete Mantelfläche wird nicht durchflossen, $\mu = 0$, daher verbleibt nur der Massefluß durch die Endkappen. Wählt man ebene Endkappen, die auf einer «mittleren» Stromlinie senkrecht stehen, dann ergibt der Mittelwertsatz der Integralrechnung die einfache Beziehung zwischen Zufluß und Abfluß, vgl. Abb. 1.16.

$$\oint\limits_{\partial V_\mathrm{st}} \mu \,\mathrm{d}S = \mu_1 A_1 + \mu_2 A_2 = 0\,, \qquad \mu_1 = -\varrho_1 v_1\,, \qquad \mu_2 = \varrho_2 v_2$$

oder auch

$$\dot{m} = \varrho_1 v_1 A_1 = \varrho_2 v_2 A_2\,. \tag{1.86}$$

«Der in A_1 mit mittlerem v_1 und ϱ_1 einfließende Massenstrom $\dot{m}$ fließt aus dem Austrittsquerschnitt A_2 der Stromröhre wieder aus». Diese Gleichung hilft beim Entwurf von Stromliniennetzen stationärer Strömungen. Sie ist wegen der Analogie zur Rohrströmung sehr anschaulich.

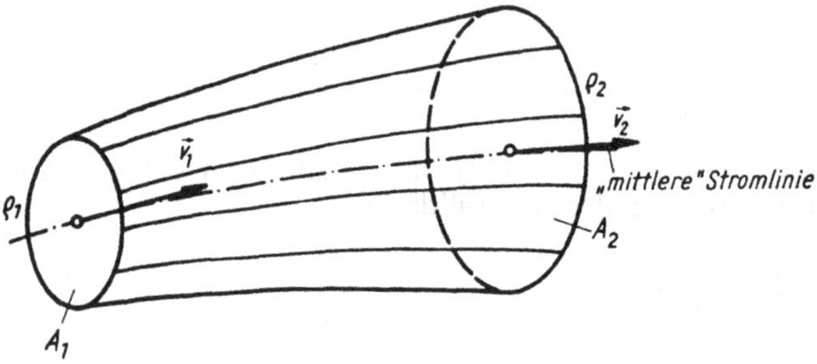

Abb. 1.16. Stromröhre. «Eintrittsquerschnitt A_1, Austrittsquerschnitt A_2». Raumfeste Kontrollfläche bei stationärer Strömung, $\dot{m}$ = const

1.6.1. Stationäre Strömung durch ein konisches Rohr, Eulersche und Lagrangesche Darstellung

Die Strömung im Bereich $0 \leq x \leq l$ sei inkompressibel, der Querschnitt $A(x) = A_1 - (A_1 - A_2)\frac{x}{l}$ sei linear abnehmend. Die Kontinuitätsgleichung (in *Euler*scher Darstellung) ergibt mit $v(x = 0) = v_1$ bei Annahme konstanter Geschwindigkeit im Querschnitt, vgl. Gl. (1.86),

$$\dot{m} = \varrho A_1 v_1 = \varrho A(x)\, v(x) = \text{const}, \tag{1.87}$$

also

$$v(x) = v_1 \frac{A_1}{A(x)} = v_1 \Big/ 1 - \left(1 - \frac{A_2}{A_1}\right)\frac{x}{l}$$

Die Beschleunigung in *Euler*scher Darstellung ist dann wegen $\frac{\partial v(x)}{\partial t} = 0$ (stationäre Strömung) und $v = \frac{\mathrm{d}x}{\mathrm{d}t}$,

$$a(x) = \frac{\mathrm{d}v}{\mathrm{d}t} = \frac{\partial v}{\partial x}\frac{\mathrm{d}x}{\mathrm{d}t} = \frac{v_1^2}{l}\left(1 - \frac{A_2}{A_1}\right) \Big/ \left[1 - \left(1 - \frac{A_2}{A_1}\right)\frac{x}{l}\right]^3$$

ebenfalls zeitunabhängig.

Betrachtet man hingegen den zeitlichen Geschwindigkeitsverlauf beim Durchströmen eines bestimmten Teilchens $v(t; X)$ mit der Anfangslage, $t = 0$, $X = 0$, das dann zur Zeit t am Ort x die Geschwindigkeit $v(t; X = 0) = v(x)$ hat, in *Lagrange*scher Darstellung, dann ergibt die Integration von $\mathrm{d}t = \frac{\mathrm{d}x}{v(x)}$

$$t\Big|_0^x = \int_0^x \frac{\mathrm{d}\xi}{v(\xi)} = \frac{1}{v_1}\left[x - \left(1 - \frac{A_2}{A_1}\right)\frac{x^2}{2l}\right]$$

eine quadratische Gleichung für den zurückgelegten Weg $x(t; 0)$ mit der Lösung

$$x(t; 0) = \frac{l}{1 - \frac{A_2}{A_1}} \left[1 \, (\mp) \sqrt{1 - 2 \frac{v_1}{l} \left(1 - \frac{A_2}{A_1}\right) t} \right].$$

Die Geschwindigkeit ist

$$v(t; 0) = \frac{\partial x}{\partial t} = v_1 \Big/ \sqrt{1 - 2 \frac{v_1}{l} \left(1 - \frac{A_2}{A_1}\right) t},$$

und die Beschleunigung, in *Lagrange*scher Darstellung

$$a(t; 0) = \frac{\partial v}{\partial t} = \frac{v_1^2}{l} \left(1 - \frac{A_2}{A_1}\right) \Big/ \left[1 - 2 \frac{v_1}{l} \left(1 - \frac{A_2}{A_1}\right) t\right]^{3/2}.$$

1.7. Aufgaben A 1.1 bis A 1.9 und Lösungen

A 1.1: Eine Rakete im lotrechten Steigflug wird über einen Radarschirm im horizontalen Abstand l beobachtet. Gemessen wird der Winkel $\theta(t)$, $\dot{\theta}(t)$ sowie $\ddot{\theta}(t)$ seien bekannt. Man berechne die Höhe, Geschwindigkeit und Beschleunigung der Rakete, siehe Abb. A 1.1.

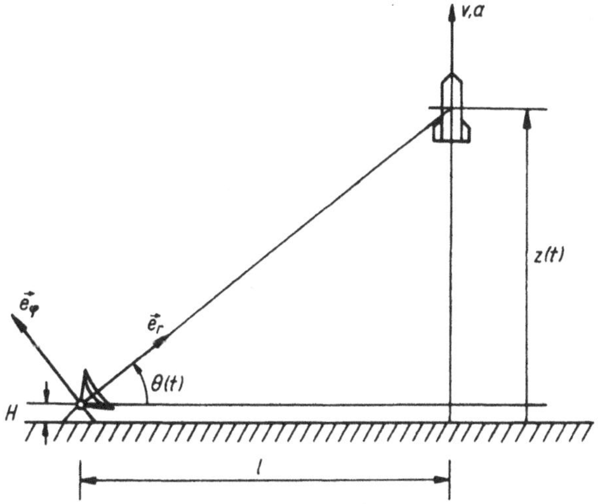

Abb. A 1.1

Lösung: Mit $z(t) = H + l \tan \theta$ folgt durch Differenzieren $v = \frac{\mathrm{d}z}{\mathrm{d}t} = l\dot{\theta}(1 + \tan^2 \theta)$ und $a = \frac{\mathrm{d}^2 z}{\mathrm{d}t^2} = l(\ddot{\theta} + 2\dot{\theta}^2 \tan \theta)\,(1 + \tan^2 \theta)$. Das gleiche Ergebnis erhält man mit $\vec{e}_z = \vec{e}_r \sin \theta + \vec{e}_\varphi \cos \theta$ aus der Darstellung in Polarkoordinaten: Mit $r = \frac{l}{\cos \theta}$

und $\varphi \equiv \theta$ folgt $v_r = \dot{r} = l\dot{\theta}\,\frac{\sin\theta}{\cos^2\theta}$, $v_\varphi = r\dot{\varphi} = \frac{l\dot{\theta}}{\cos\theta}$,

$$a_r = \ddot{r} - r\dot{\varphi}^2 = l\,\frac{\sin\theta}{\cos^3\theta}\,(\ddot{\theta}\cos\theta + 2\dot{\theta}^2\sin\theta),$$

$$a_\varphi = r\ddot{\varphi} + 2\dot{r}\dot{\varphi} = \frac{l}{\cos^2\theta}\,(\ddot{\theta}\cos\theta + 2\dot{\theta}^2\sin\theta).$$

A 1.2: Man ersetze den Nockentrieb in der in Abb. A 1.2 dargestellten Momentanlage durch ein *Ersatzkurbelviereck*, so daß die Kurbeln bzw. hier die Schubstange gleiche Geschwindigkeit und Beschleunigung wie der Nockentrieb aufweisen.

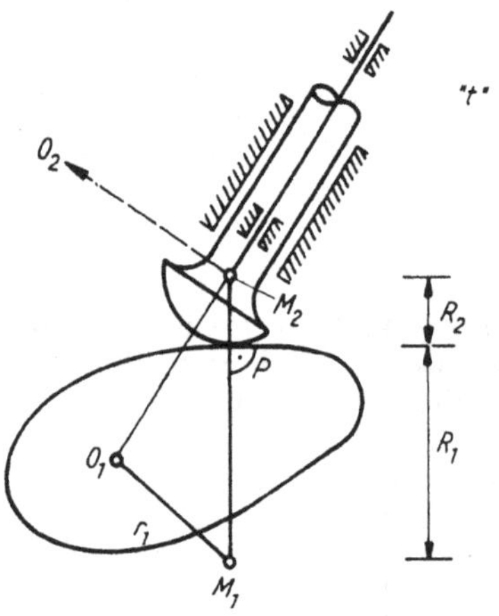

Abb. A 1.2. Nockentrieb mit Ersatzschubkurbel $O_1M_1M_2$ in Momentanlage zur Zeit t (Relativbewegungen von P sind die Momentandrehungen um M_1 bzw. M_2)

Lösung: Die Koppelstange $\overline{M_1M_2}$ ist die Verbindung der Krümmungsmittelpunkte der Nockenkurven im Berührungspunkt (geometrische Approximation 2. Ordnung). Damit ist die Kurbel durch $\overline{O_1M_1}$ gegeben. Der Stößel hat eine Geradführung, $O_2 \to \infty$, das Ersatzkurbelviereck artet also zur Ersatzschubkurbel $O_1M_1M_2$ aus.

A 1.3: Wir betrachten den Propeller an einem Flugzeug im Kurvenflug. Der Propellermittelpunkt A bewege sich mit konstanter Umfangsgeschwindigkeit v_A auf einer Kreisbahn mit dem Radius R. Man berechne den Geschwindigkeits- und Beschleunigungsvektor, $\vec{v}_P$ bzw. $\vec{a}_P$, der Propellerspitze P, $|\overrightarrow{AP}| = l$, wenn sich der Propeller mit konstanter Drehzahl um die im Flugzeug feste Propellerachse dreht (Winkelgeschwindigkeit = Spin σ), Abb. A 1.3.

Lösung: Der Winkelgeschwindigkeitsvektor $\vec{\omega}$ des starr angenommenen Propellers setzt sich aus dem Spin $\sigma\vec{e}_\varphi$ und der Flugzeugdrehung $\dot{\varphi}\vec{e}_Z$ zusammen: $\vec{\omega} = \sigma\vec{e}_\varphi + \frac{v_A}{R}\,\vec{e}_Z$, $\dot{\varphi} = v_A/R$. Mit der Grundformel (1.4) und $\vec{r}_{PA} = l(\sin\alpha\vec{e}_r + \cos\alpha\vec{e}_Z)$ folgt

$$\vec{v}_P = \sigma l\cos\alpha\vec{e}_r + v_A\left(1 + \frac{l}{R}\sin\alpha\right)\vec{e}_\varphi - \sigma l\sin\alpha\vec{e}_Z.$$

Extremwerte von $|\vec{v}_P|$ treten erwartungsgemäß in $\alpha = \pm\pi/2$ auf. Die Beschleunigung

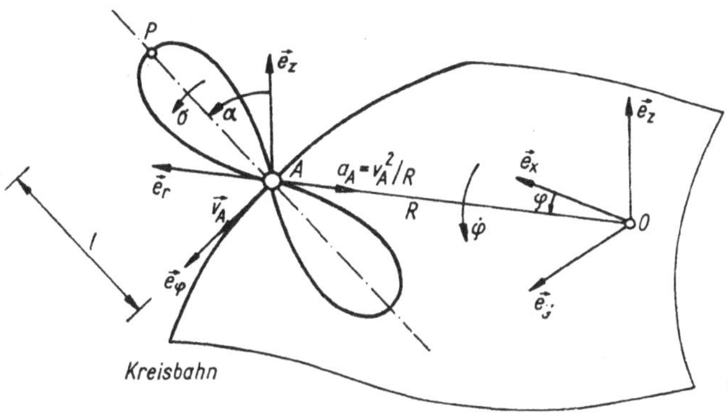

Abb. A 1.3

$\vec a_P = \frac{d\vec v_P}{dt}$ findet man durch Differenzieren unter Beachtung von $\dot{\vec e}_r = \dot\varphi \vec e_Z \times \vec e_r = \frac{v_A}{R}\vec e_\varphi$, $\dot{\vec e}_\varphi = \dot\varphi \vec e_Z \times \vec e_\varphi = -\frac{v_A}{R}\vec e_r$ zu

$$\vec a_P = -\left[\sigma^2 l \sin\alpha + \frac{v_A^2}{R}\left(1 + \frac{l}{R}\sin\alpha\right)\right]\vec e_r + 2\frac{v_A}{R}\sigma l\cos\alpha\,\vec e_\varphi - \sigma^2 l\cos\alpha\,\vec e_Z,$$

wo besonders die $\vec e_\varphi$-Komponente (Coriolisbeschleunigung) zu beachten ist. Sie verschwindet nur in der gestreckten Lage $\alpha = \pm\pi/2$.

A 1.4: Man berechne die Deformationsgradienten und die Verzerrungen einer sehr dünnen Blattfeder, deren Mittelebene dehnungslos aus der gestreckten Lage zu einem Halbzylinder vom Radius R gebogen wird, Abb. A 1.4. Die Dickenänderung sei vernachlässigbar.

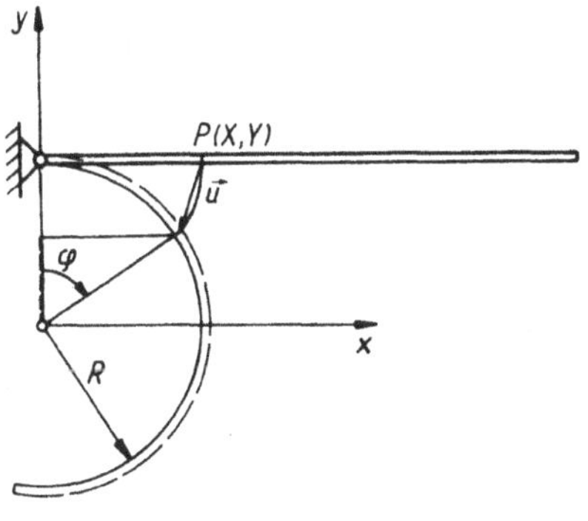

Abb. A 1.4

Lösung: Wir betrachten den Punkt P mit den Anfangskoordinaten $X = R\varphi$, $Y = R + P$, P ist sein Abstand von der Mittelebene. Nach der Verformung gilt $x^2 + y^2 = (R + P)^2 = Y^2$ und $x/y = \tan\varphi = \tan(X/R)$, und die neuen Koordinaten von P sind $x = Y\sin(X/R)$, $y = Y\cos(X/R)$. Partielle Differentiation ergibt die Deformationsgradienten $\frac{\partial x}{\partial X} = \left(1 + \frac{P}{R}\right)\cos\varphi$, $\frac{\partial x}{\partial Y} = \sin\varphi$, $\frac{\partial y}{\partial X} = -\left(1 + \frac{P}{R}\right)\sin\varphi$, $\frac{\partial y}{\partial Y} = \cos\varphi$, $0 \leqq \varphi \leqq \pi$. Die Ableitung der Verschiebungen $u = x - X$, $v = y - Y$ sind daher nicht klein gegen Eins (Größenordnung 2). Die Verzerrungen $\varepsilon_{xx} = \frac{P}{R}\left(1 + \frac{P}{2R}\right)$, $\varepsilon_{xy} = \varepsilon_{yy} = 0$, hingegen schon (Größenordnung $|P|/R \ll 1$).

A 1.5: Man gebe die geometrischen Beziehungen Gl. (1.20) bzw. ihre linearisierte Form Gl. (1.21) in Zylinder- und Kugelkoordinaten an.

Lösung: Ein materieller Punkt P habe die Anfangskoordinaten (R, Φ, Z) bzw. (R, Φ, θ) und nach der Verschiebung die Koordinaten (r, φ, z) bzw. (r, φ, ϑ), siehe auch Gln. (1.7), (1.8). Die Koordinatenzuwächse sollen mit u in radialer Richtung und mit χ, w bzw. χ, Ψ (Winkelzuwachs) bezeichnet werden. Die Bogenelemente vor und nach der Verformung sind in diesen rechtwinkeligen Koordinatensystemen durch

$$dl_0^2 = dR^2 + (R'\, d\Phi)^2 + dZ'^2, \qquad dl^2 = dr^2 + (r'\, d\varphi)^2 + dz'^2,$$

$$R' = \begin{cases} R \\ R\sin\theta \end{cases}, \qquad dZ' = \begin{cases} dZ \\ R\, d\theta \end{cases}, \qquad r' = \begin{cases} r \\ r\sin\vartheta \end{cases},$$

$$dz' = \begin{cases} dz \ldots \text{Zylinder-} \\ r\, d\vartheta \ldots \text{Kugel-} \end{cases} \text{Koordinaten},$$

gegeben. Wir fassen sie als Funktionen der Anfangskoordinaten auf und bekommen die Verzerrungskomponenten durch Koeffizientenvergleich mit der Beziehung

$$\frac{1}{2}(dl^2 - dl_0^2) = \varepsilon_{rr}\, dR^2 + \varepsilon_{\varphi\varphi}(R'\, d\Phi)^2 + \varepsilon_{z'z'}\, dZ'^2$$
$$+ 2(\varepsilon_{r\varphi} R'\, dR\, d\Phi + \varepsilon_{\varphi z'} R'\, d\Phi\, dZ' + \varepsilon_{rz'}\, dZ'\, dR),$$

z' als Index ist gleich z für Zylinderkoordinaten zu setzen, für Kugelkoordinaten ist dafür ϑ einzuführen. Wir geben nur die linearisierten Ausdrücke an und setzen $\chi = v/r'$, $\Psi = w/r$:

$$\varepsilon_{rr} = \frac{\partial u}{\partial r}, \qquad \varepsilon_{\varphi\varphi} = \frac{u}{r} + \frac{1}{r'}\frac{\partial v}{\partial \varphi} + \alpha \frac{w}{r}\cot\vartheta, \qquad \varepsilon_{z'z'} = \alpha\frac{u}{r} + \frac{\partial w}{\partial z'},$$

$$2\varepsilon_{r\varphi} = \frac{1}{r'}\frac{\partial u}{\partial \varphi} + r'\frac{\partial(v/r')}{\partial r}, \qquad 2\varepsilon_{\varphi z'} = r'\frac{\partial(v/r')}{\partial z'} + \frac{1}{r'}\frac{\partial w}{\partial \varphi},$$

$$2\varepsilon_{rz'} = \frac{\partial u}{\partial z'} + \frac{\partial w}{\partial r} - \alpha\frac{w}{r},$$

$\alpha = 0$ und Index $z' = z$ bei Zylinderkoordinaten, $\alpha = 1$ und Index $z' = \vartheta$ bei Kugelkoordinaten. Bei Punkt- bzw. Axialsymmetrie vereinfachen sich die Gleichungen, und die Hauptdehnungen sind dann

$$\varepsilon_{rr} = \frac{\partial u}{\partial r}, \qquad \varepsilon_{\varphi\varphi} = (\varepsilon_{\theta\theta} =)\,\frac{u}{r}, \qquad \left(\varepsilon_{zz} = \frac{\partial w}{\partial z}\right).$$

A 1.6: Man leite die Kontinuitätsgleichung (1.75) für eine ebene Strömung aus der Massenbilanz am differentiellen Kontrollvolumen $dx\, dy$ her.

Lösung: Nach Abb. A 1.6 ist die aus dem Bereich abströmende Masse pro Längeneinheit durch $\frac{\partial(\varrho v_x)}{\partial x}\,\mathrm{d}x\,\mathrm{d}y + \frac{\partial(\varrho v_y)}{\partial y}\,\mathrm{d}y\,\mathrm{d}x + \cdots$ gegeben. Bei Abwesenheit äußerer Massenquellen im Bereich $\mathrm{d}x\,\mathrm{d}y$ muß dann in gleicher Weise die Masse im Kontrollvolumen instationär abnehmen $-\frac{\partial\varrho}{\partial t}\,\mathrm{d}x\,\mathrm{d}y$. Nach Division durch $\mathrm{d}x\,\mathrm{d}y$ folgt mit nachfolgendem Grenzübergang $\mathrm{d}x \to 0$, $\mathrm{d}y \to 0$, die gesuchte lokale Kontinuitätsgleichung in der Form

$$\frac{\partial\varrho}{\partial t} + \frac{\partial(\varrho v_x)}{\partial x} + \frac{\partial(\varrho v_y)}{\partial y} = 0.$$

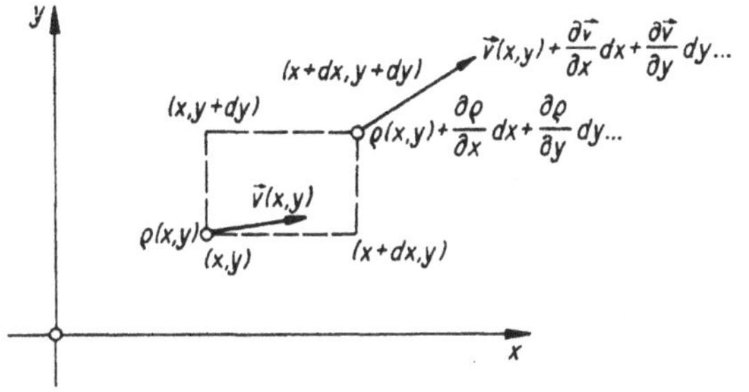

Abb. A 1.6

A 1.7: Man berechne die Dehnung ε_x einer achsparallelen Faser eines Zugstabes mit konstantem Querschnitt der Länge $\mathrm{d}l_0 = \mathrm{d}X$, die nach der Verformung in eine parallele Faser der Länge $\mathrm{d}l$ übergeht und bestimme aus der (gemessenen) Verlängerung Δl einer Meßstrecke l_0 eine mittlere Dehnung $\bar{\varepsilon}_x$.
Anschließend gebe man den Zusammenhang zwischen Normalverzerrung ε_{xx} und Dehnung ε_x aus der quadratischen Abweichung

$$\frac{1}{2}\,(\mathrm{d}l^2 - \mathrm{d}l_0^2) = \varepsilon_{xx}\,\mathrm{d}X^2$$

an.

Lösung: Zwei Querschnitte im Abstand $\mathrm{d}X$ im unverformten Zustand werden in Achsenrichtung x unterschiedlich um $u(X)$ bzw. $u(X + \mathrm{d}X) = u(X) + \mathrm{d}u$ verschoben. Die betrachtete Faser der ungedehnten Länge $\mathrm{d}l_0 = \mathrm{d}X$ zwischen den Querschnitten wird daher auf $\mathrm{d}l = \mathrm{d}X + \mathrm{d}u$ verlängert. Die Dehnung ist dann

$$\varepsilon_x(X) = \frac{\mathrm{d}l - \mathrm{d}l_0}{\mathrm{d}l_0} = \frac{\mathrm{d}X + \mathrm{d}u - \mathrm{d}X}{\mathrm{d}X} = \frac{\mathrm{d}u}{\mathrm{d}X}.$$

Die Verlängerung der Meßstrecke l_0 ist

$$\Delta l = \int_0^{l_0} \varepsilon_x\,\mathrm{d}X = \bar{\varepsilon}_x l_0,$$

die mittlere Dehnung daher

$$\bar{\varepsilon}_x = \frac{\Delta l}{l_0}.$$

Die Verzerrung berechnen wir aus

$$\frac{1}{2}(\mathrm{d}l^2 - \mathrm{d}l_0^2) = \frac{1}{2}(2\,\mathrm{d}u\,\mathrm{d}X + \mathrm{d}u^2) = \left[\frac{\mathrm{d}u}{\mathrm{d}X} + \frac{1}{2}\left(\frac{\mathrm{d}u}{\mathrm{d}X}\right)^2\right]\mathrm{d}X^2 = \varepsilon_{xx}\,\mathrm{d}X^2$$

durch Koeffizientenvergleich $\varepsilon_{xx} = \varepsilon_x + \frac{1}{2}\varepsilon_x^2$.

Für $|\varepsilon_x| \ll 1$ kann $\varepsilon_{xx} = \varepsilon_x$ gesetzt werden.

A 1.8: Mit Hilfe von drei *Dehnmeßstreifen* (in Form einer Rosette) werden die kleinen Normaldehnungen ε_x, ε_y und ε_ξ, die ξ-Achse liegt 45° geneigt, in einem Punkt der ebenen unbelasteten Oberfläche (Normale z) eines Körpers gemessen. Man bestimme den *Mohr*schen Dehnungskreis dieser Ebene; die Hauptdehnungen $\varepsilon_{1,2}$ in der x, y-Ebene und die Hauptachsenrichtungen unter der Annahme $\varepsilon_{xz} = \varepsilon_{yz} = 0$, $\varepsilon_3 = \varepsilon_{zz}$ beliebig.

Lösung: Der Mittelpunkt des gesuchten Kreises liegt in $(\varepsilon_x + \varepsilon_y)/2$. Da ξ in der x, y-Ebene liegt, kann Gl. (1.59) verwendet werden und liefert mit $2\alpha = \pi/2$ die (kleine) Gleitung $\gamma_{xy} = 2\varepsilon_{xy} = 2\varepsilon_\xi - (\varepsilon_x + \varepsilon_y)$.

Da ε_{zz} Hauptdehnung ist, reduziert sich das dreidimensionale Problem auf die Ebene. Gl. (1.62) liefert dann die Hauptdehnungen in der x, y-Ebene

$$\varepsilon_{1,2} = \frac{1}{2}(\varepsilon_x + \varepsilon_y) \pm \frac{1}{2}\sqrt{(\varepsilon_x - \varepsilon_y)^2 + \gamma_{xy}^2}$$

und den Kreisradius $|\varepsilon_1 - \varepsilon_2|/2$. Die Hauptachsenrichtungen sind mit Gl. (1.61) gegeben. Die graphische Lösung dient zur Kontrolle.
Die maximale Gleitung ist entweder $|\varepsilon_1 - \varepsilon_2|/2$ in der x, y-Ebene oder entsprechend dem dreidimensionalen Problem $|\varepsilon_1 - \varepsilon_3|/2$.

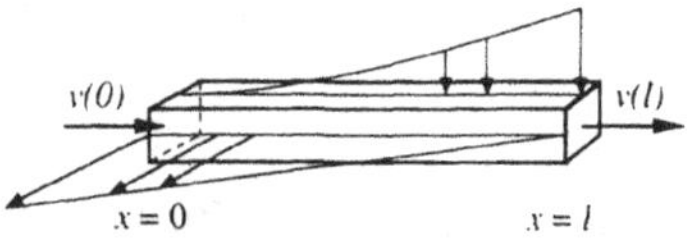

Abb. A 1.9

A 1.9: Ein stationärer Wasserstrom von 0.3 m³/s fließt durch den Eintrittsquerschnitt eines Rohres der Länge l = 0.3 m und mit Rechteckquerschnitt. A = 0,01 m². Zwei der vier Rohrwände sind porös. Durch die Deckwand tritt Wasser aus der Umgebung mit einer parabolischen Geschwindigkeitsverteilung ein. Maximum 0.3 m³/s/m, siehe Abb. A 1.9; durch die Vorderseite hingegen. tritt ein Wasserverlust mit einer linearen Geschwindigkeitsverteilung auf. Maximum 0,5 m³/s/m. (a) Man berechne die mittlere Geschwindigkeit im Austrittsquerschnitt. (b) Wo liegt dann das Maximum der mittleren Strömungsgeschwindigkeit im Rohr?

Lösung: Gleichung (1.84) mit $w = 0$ liefert

$$Av(x) + \int_0^x 0{,}5(1-\xi/l)\,\mathrm{d}\xi - \int_0^x 0.3(\xi/l)^2\,\mathrm{d}\xi - 0.3 = 0$$

(a) $x = l: v(l) = 25{,}5$ m/s (b) In $x = 0$. da ein Minimum in $x = 0{,}211$ m vorliegt.

2. Statik. Kräfte. Kraftdichte. Spannungen. Kräftegruppen. Hydrostatik

In der Kinematik wurde die Geometrie der Bewegung behandelt, ohne nach den Ursachen der Deformation oder Geschwindigkeitsänderung zu fragen. Die Erfahrung zeigt uns, daß wir diese Änderung des Bewegungszustandes der Einwirkung einer «Kraft» zuschreiben können. Wir werden daher den Kraftbegriff heuristisch einführen und ihn erst später physikalisch (über das dynamische Grundgesetz oder die Arbeitsleistung) begründen. Wir zeigen die Reduktion von Kräftegruppen und geben die Gleichgewichtsbedingungen an. Die nachstehenden Ausführungen sind grundlegend für das Teilgebiet Statik (Lehre vom Gleichgewicht der Kräfte).

2.1. Kräfte. Kraftdichte. Spannungen. Gleichgewicht

Als Ausgangspunkt der Betrachtungen bringen wir unsere Erfahrungen mit der *Schwerkraft* ein, die als «Anziehungskraft» zwischen zwei Massen wirkt (siehe Gl. (3.23)). Nehmen wir eine Masse m im Gravitationsfeld der Erde an, dann kann ihr Gewicht (die Schwerkraft) im Mittel mit $G = mg$ ($g = 9{,}81$ m/s² als «mittlere» Fallbeschleunigung[1], $g = 9{,}832$ m/s² am Pol und $g = 9{,}780$ m/s² am Äquator) in der Nähe der Erdoberfläche festgestellt werden. Diese *Schwerkraft* ist beispielsweise als Ursache der Fallbewegung bekannt, sie führt aber auch zu (sichtbaren) Deformationen schlanker Tragwerke unter dem «Lastfall» Eigengewicht. Sie besitzt einen Betrag, den man in Newton, $1\,\mathrm{N} = 1\,\mathrm{kg} \cdot 1\,\frac{\mathrm{m}}{\mathrm{s}^2}$, messen kann, und eine lotrechte Richtung.
In einfachster Weise können wir aus ihr Kräfte beliebiger Richtung über schräge Seilaufhängungen einer Masse ableiten. Wir verhindern also die Fallbewegung und verlangen Gleichgewicht der drei einwirkenden Kräfte, nämlich der Gewichtskraft G und der Seilkräfte F_1 und F_2. Um den Betrag der Seilkraft festzustellen, führen wir die Seile über Rollen und spannen sie durch entsprechend angehängte Massen. Dann ergibt sich nach Versuchen entsprechend Abb. 2.1 *Gleichgewicht* nur dann, wenn sich die Seilkräfte nach der Parallelogrammregel, also vektoriell zur lotrechten Resultierenden $-\vec{G}$ zusammensetzen, was eben gleichwertig einer lotrechten Einzelseilaufhängung ist.
Wir definieren nun: «Eine Kraft ist ein gebundener Vektor, der sich mit der Schwerkraft zusammensetzen läßt.» Der Vektor der *Einzelkraft* hat neben Betrag und Richtung noch als drittes Bestimmungsstück einen ganz bestimmten *Angriffspunkt* am Körper.
In unserem Beispiel sind wir auf solche Einzelkräfte im Sinne resultierender Wir-

---

[1] Als Standard wird genauer $g = 9{,}80665$ m/s² gesetzt, siehe auch 3.3.2.; vgl. ÖNORM A 6440.

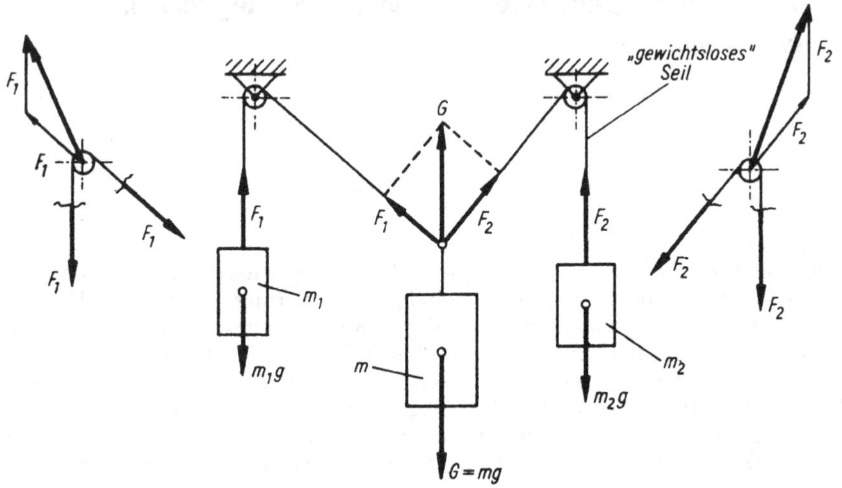

Abb. 2.1. Ableitung beliebig gerichteter Kräfte aus der Schwerkraft

kungen gestoßen, z. B. ist G die Gesamtgewichtskraft zusammengesetzt aus den parallel angenommenen Gewichtskräften der Massenelemente $g\,\mathrm{d}m$ mit

$$G = \int_m g\,\mathrm{d}m = \int_V \varrho g\,\mathrm{d}V, \tag{2.1}$$

ϱ ist die Massendichte, $[\varrho] = \mathrm{kg/m^3}$.

Die Gewichtskräfte sind also über das Volumen verteilt und besitzen die Kraftdichte $\varrho g = \gamma$ (Gewicht je Volumeneinheit, spezifisches Gewicht), die in jedem materiellen Punkt mit lotrechter Richtung angreift. Solche *Volumenkräfte* sind *räumlich verteilt* und werden allgemein durch die Volumenkraftdichte $\vec{k}(x, y, z, t)$ vektoriell beschrieben $[|\vec{k}|] = \mathrm{N/m^3}$. Die Angriffspunkte sind die materiellen Punkte selbst.

Betrachten wir jetzt die im Seilquerschnitt übertragene Kraft F in Seilrichtung, dann erkennen wir sie als Resultierende der in den Querschnittspunkten je Flächenelement $\mathrm{d}A$ übertragenen parallelen Kräfte $\sigma\,\mathrm{d}A$

$$F = \int_A \sigma\,\mathrm{d}A, \tag{2.2}$$

wo σ die Kraftdichte je Flächeneinheit, *Spannung* genannt, mit Angriffspunkt in jedem Punkt des Seilquerschnittes bezeichnet; $[\sigma] = \mathrm{N/m^2}$. Wir kennzeichnen *flächenhaft verteilte Kräfte* durch den zugeordneten *Spannungsvektor*. Dieser steht i. allg. nicht senkrecht auf dem Flächenelement und hat dann neben den Bestimmungsstücken Richtung, Betrag und Angriffspunkt eines gebundenen Vektors noch ein weiteres kennzeichnendes Merkmal, nämlich die räumliche Stellung des Flächenelementes, auf das diese Kraft bezogen ist. Wir geben dem *Cauchyschen Spannungsvektor* daher den Index der Normalen des Flächenelementes $\vec{\sigma}_n$ und meinen damit mathematisch

$$\vec{\sigma}_n = \lim_{\Delta S_n \to 0} \frac{\Delta \vec{F}}{\Delta S_n} = \frac{\mathrm{d}\vec{F}}{\mathrm{d}S_n} \tag{2.3}$$

wo $\Delta\vec{F}$ den, auf das i. allg. gekrümmte Flächenelement ΔS, mit der «äußeren» Normalen $\vec{e}_n$ nach dem Grenzübergang, bezogenen resultierenden Kraftvektor bedeutet.

Wir zeigen den Sachverhalt am Beispiel des *einachsigen Spannungszustandes* eines *Zugstabes* unter der Wirkung einer Zugkraft F und unter der Annahme uniformer Spannungen im Querschnitt. Bezeichnet x die Achsenrichtung, dann ist mit $\vec{F} = F\vec{e}_x$, die Ableitung wird zum Quotienten,

$$\vec{\sigma}_x = \frac{F}{A}\vec{e}_x = \sigma_{xx}\vec{e}_x. \tag{2.4}$$

A ist der deformierte ebene Querschnitt mit der Normalen $\vec{e}_n \equiv \vec{e}_x$, $\sigma_{xx} = \dfrac{F}{A}$ heißt *Normalspannung*, da sie am Querschnittselement senkrecht angreift. Nun führen wir einen gedachten schrägen Schnitt mit der Flächennormalen $\vec{e}_n = \vec{e}_x \cos\alpha + \vec{e}_y \sin\alpha$. Der Spannungsvektor ergibt sich nun mit $A' = \dfrac{A}{\cos\alpha}$ zu

$$\vec{\sigma}_n = \frac{F}{A'}\vec{e}_x = \frac{F\cos\alpha}{A}\vec{e}_x = \sigma_{xx}\cos\alpha\vec{e}_x \tag{2.5}$$

zwar in der gleichen Richtung wie $\vec{\sigma}_x$, nämlich wegen der konstanten Verteilung in Richtung von $\vec{F} = F\vec{e}_x$, aber mit dem Betrag $\sigma_{xx}\cos\alpha$ und schräg zu A'. Den Spannungsvektor $\vec{\sigma}_n$ zerlegen wir jetzt auch in die Normalspannungskomponente senkrecht zu A' und in die *Schubspannungskomponente* in A' in Richtung $\vec{e}_m$ mit

$$\vec{e}_x = \cos\alpha\vec{e}_n + \sin\alpha\vec{e}_m,$$

$$\vec{\sigma}_n = \sigma_{xx}\cos^2\alpha\vec{e}_n + \sigma_{xx}\cos\alpha\sin\alpha\vec{e}_m = \sigma_{nn}\vec{e}_n + \sigma_{nm}\vec{e}_m. \tag{2.6}$$

Die Normalspannung auf A' ist dann $\sigma_{nn} = \dfrac{1}{2}\sigma_{xx}(1 + \cos 2\alpha)$ und die Schubspannung $\sigma_{nm} = \dfrac{1}{2}\sigma_{xx}\sin 2\alpha$. Die Abhängigkeit vom Stellungswinkel α ergibt wieder einen (*Mohr*schen) Kreis in der Spannungsebene mit $(\sigma_{nn}, \sigma_{nm})$ Koordinatenachsen, dem Mittelpunkt in $\sigma_{xx}/2$ und dem Radius $\sigma_{xx}/2$ nach Abb. 2.2. Siehe auch nachstehend unter «Ebener Spannungszustand».

Man erkennt sofort: Nur der mit $\sigma_{xx} = \dfrac{F}{A}$ gespannte Querschnitt des Zugstabes ist schubspannungsfrei, jeder schräge Schnitt führt auf eine Normal- und Schubspannungskomponente. Letztere besitzt ihren größten Wert von $\sigma_{xx}/2$ im Schnittelement unter $\alpha = 45°$. Mit $F < 0$ lassen sich die Ergebnisse auf den Druckstab (mit Vorbehalt, siehe 9.1.4.) übertragen. Der Kreis liegt dann links vom Ursprung.

Durch das dritte Bestimmungsstück $\vec{e}_n$ des Spannungsvektors $\vec{\sigma}_n$ bedingt, dürfen Spannungsvektoren mit gleichem Angriffspunkt nur dann addiert werden, wenn sie auf das gleiche Flächenelement bezogen sind, also gleichen ersten Index tragen! Kräfte mit gleichem Angriffspunkt hingegen können (vektoriell) addiert werden.

Sowohl bei der Definition des Kraftbegriffes wie bei der Diskussion der Spannung wurde stillschweigend das *Schnittprinzip* angewendet. Um zu untersuchen, was im Inneren eines durch Kräfte belasteten Systems oder Körpers in der Momentanlage vor sich geht, müssen gedachte Schnitte geführt werden. Der Körper wird dabei in Teile zerlegt. Da wir ein Kontinuum voraussetzen, kann dieses «Zerkleinern» beliebig weit getrieben werden (mathematisch sind dann Grenzübergänge wie $\Delta V \to 0$ oder

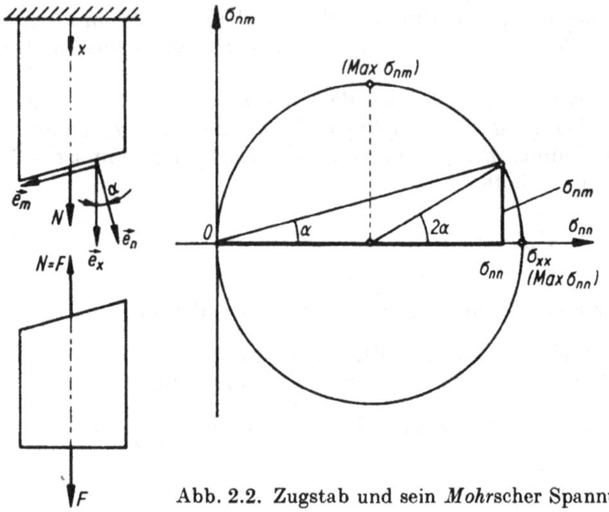

Abb. 2.2. Zugstab und sein *Mohr*scher Spannungskreis

$\Delta S_n \to 0$ erlaubt). Denken wir uns die Teile nun auseinandergerückt. Damit an den Bewegungs- und Deformationszuständen nichts geändert wird, müssen wir an den Schnittufern die jeweils von dem einen abgeschnittenen Teil auf den anderen ausgeübten *inneren Kräfte* bzw. deren Dichte je Flächeneinheit, die *Spannungen* anbringen. Wir sehen unmittelbar, daß die an den beiden Schnittufern in korrespondierenden Punkten angreifenden Spannungsvektoren entgegengesetzt gleich sein müssen, Abb. 2.3. Beim Zusammenfügen müssen sich die Kräfte genau gegenseitig aufheben. Dieser Satz von der Gegenseitigkeit der Spannungen im Schnittprinzip wird nach *Euler-Cauchy* allgemeiner auch *Reaktionsprinzip* genannt und gilt dann auch für gewisse Fernkräfte, wie die Anziehungskraft zweier Massen (Schwerkraft):

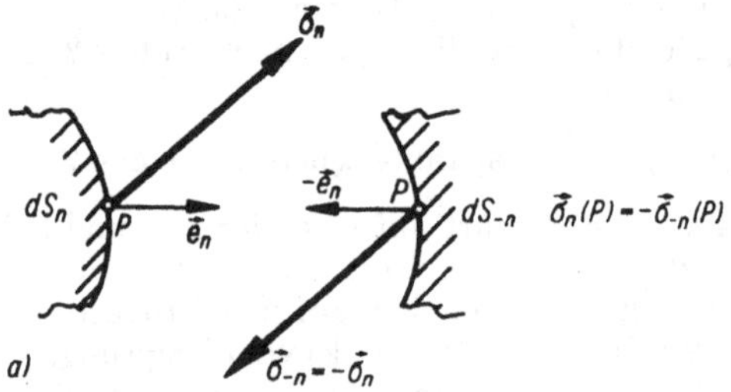

Abb. 2.3. (a) Reaktionsprinzip für Oberflächenkraft

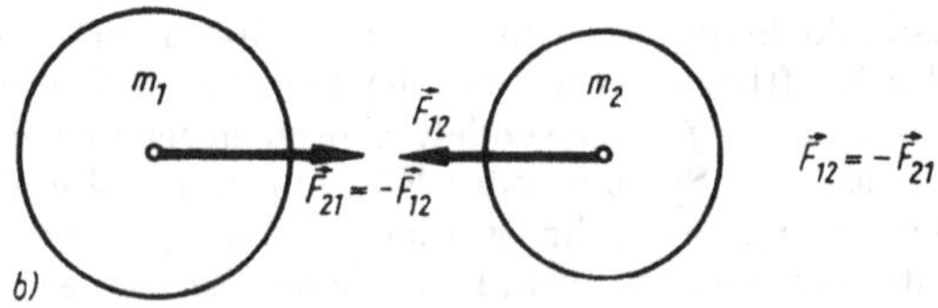

(b) Reaktionsprinzip für Schwerkraft

Die Gleichgewichtsbetrachtung, analog zur Seilaufhängung, an einem auf einer *schiefen Ebene* ruhenden Körper zeigt die starke Vereinfachung des komplexen Kontaktproblems (mit unbekannter Spannungsverteilung in der Kontaktfläche) durch Betrachtung der resultierenden Aufstandskraft $\vec{F}$, vgl. Abb. 2.4. Die beiden resultierenden Kräfte G und F bilden, wie bei der Seilaufhängung Abb. 2.1, nur dann ein Gleichgewichtssystem, wenn $F - G = 0$ und die Wirkungslinien zusammenfallen. Die Kraft $\vec{F}$ wird in die Normalkomponente $N = G \cos \alpha$ und in die Tangential- oder Schubkomponente $T = G \sin \alpha$ zerlegt. Die Erfahrung lehrt allerdings, daß bei freier Auflage die Schubkomponente nach oben beschränkt ist, d. h. ein *Haftgrenzwinkel* α_0 nicht überschritten werden darf. Die *Haftbedingung* ist dann $\alpha < \alpha_0$

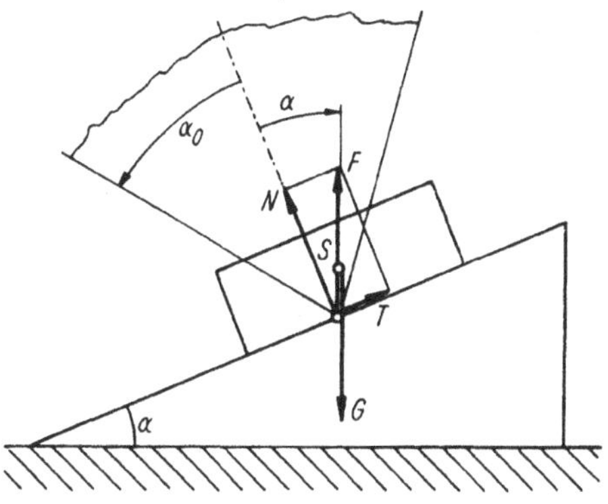

Abb. 2.4. Gleichgewicht auf der schiefen Ebene. Haftgrenzkegel α_0

bzw. $T < T_0 = G \sin \alpha_0 = N \tan \alpha_0$. In Abhängigkeit von der Kontaktoberflächenbeschaffenheit und des Materials der kontaktierenden Körper ist $\mu_0 = \tan \alpha_0$ als Haftgrenzbeiwert tabelliert. Er wird aus Sicherheitsgründen meist gleich der kleineren Reibungszahl μ beim Abrutschen des Körpers in trockener Reibung (dann gilt das *Coulomb*sche Reibungsgesetz für die Reibungskraft $T = T_R$, $T_R = \mu N$) gesetzt. Kennt man μ, dann kann man die Erfüllung der Haftungsbedingung besonders anschaulich beurteilen, wenn man den *Haftgrenzkegel* mit halbem Öffnungswinkel α_0 und Achse in N-Richtung, Spitze im Angriffspunkt von F in der Kontaktfläche, zeichnet: Gleichgewicht herrscht, solange $\vec{F}$ innerhalb des Haftgrenzkegels zu liegen kommt. Die Reibungszahlen sind (durchschnittlich) für Stahl 0,1, für Stahl auf Bronze 0,16, für Metall und Holz auf Holz 0,5 usw.

Zur Vertiefung des Spannungsbegriffes und als Anwendung des Schnittprinzipes behandeln wir den *ebenen Spannungszustand*. Dieser tritt in den Punkten unbelasteter Körperoberflächen auf, und näherungsweise in dünnen Scheiben, die in ihrer Ebene belastet sind, und besitzt also große praktische Bedeutung. Wir schneiden ein kleines Element einer solchen (deformierten) Scheibe heraus und bringen die von der Umgebung ausgeübten Kräfte pro Längeneinheit an den Schnittkanten an, vgl. Abb. 2.5.

Dabei ist die Konvention der Indexierung zu beachten: Zum Beispiel hat das Element an der Stelle $(x + dx)$ die positive Normale $\vec{e}_x$, und der Spannungsvektor heißt $\vec{\sigma}_x$, das Element an der Stelle (x) hat die negative Normale $-\vec{e}_x$. Auf Grund des Schnittprinzipes treten an gegenüberliegenden benachbarten Schnittufern negativ gleiche

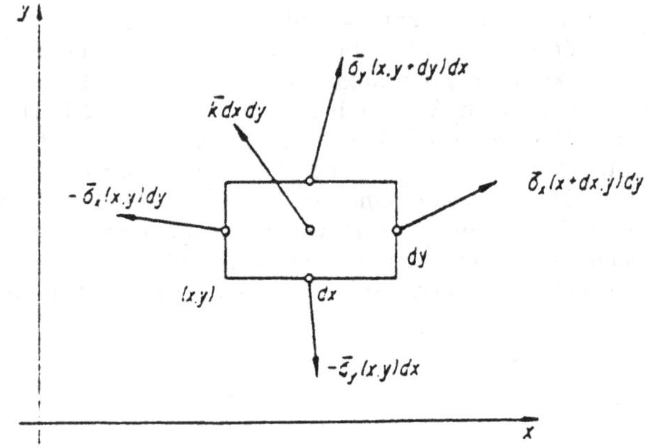

Abb. 2.5. Ebener Spannungszustand. Kräfte (je Längeneinheit) am Scheibenelement

bzw. durch den kleinen Abstand dx bedingt, nur schwach geänderte Kräfte auf, der Spannungsvektor wird daher $-\vec{\sigma}_x$. Wir schieben die Kräfte in den Punkt (x, y) und addieren sie vektoriell zur Resultierenden d$\vec{R}$

$$[\vec{\sigma}_x(x + \mathrm{d}x, y) - \vec{\sigma}_x(x, y)]\,\mathrm{d}y + [\vec{\sigma}_y(x, y + dy) - \vec{\sigma}_y(x, y)]\,\mathrm{d}x + \vec{k}\,\mathrm{d}x\,\mathrm{d}y = \mathrm{d}\vec{R}\,.$$

In linearer Approximation der Spannungsunterschiede folgt dann mit dA = dx dy

$$\left[\frac{\partial \vec{\sigma}_x}{\partial x} + \frac{\partial \vec{\sigma}_y}{\partial y} + \vec{k}\right] \mathrm{d}A = \mathrm{d}\vec{R}\,.$$

Division durch das Flächenelement dA mit nachfolgendem Grenzübergang dx, d$y \to 0$ liefert dann exakt, die Glieder höherer Ordnung einer höhergradigen Approximation fallen weg,

$$\frac{\partial \vec{\sigma}_x}{\partial x} + \frac{\partial \vec{\sigma}_y}{\partial y} + \vec{k} = \vec{f}\,, \tag{2.7}$$

mit $\vec{f}$ als Kraftdichte. Als notwendige Bedingung für Gleichgewicht in diesem Punkt erkennen wir $\vec{f} = \vec{0}$. Soll dieser Punkt also in Ruhe verharren, d. h. seinen Bewegungszustand nicht ändern, dann muß

$$\frac{\partial \vec{\sigma}_x}{\partial x} + \frac{\partial \vec{\sigma}_y}{\partial y} + \vec{k} = \vec{0}\,. \tag{2.8}$$

Ausgeschrieben folgen mit

$$\vec{\sigma}_i = \sigma_{ix}\vec{e}_x + \sigma_{iy}\vec{e}_y\,, \qquad i = x, y\,, \tag{2.9}$$

die beiden differentiellen Gleichgewichtsbedingungen des ebenen Spannungszustandes

$$\left.\begin{aligned} \frac{\partial \sigma_{xx}}{\partial x} + \frac{\partial \sigma_{yx}}{\partial y} + k_x = 0 \\ \frac{\partial \sigma_{xy}}{\partial x} + \frac{\partial \sigma_{yy}}{\partial y} + k_y = 0\,. \end{aligned}\right\} \tag{2.10}$$

Wir werden später zeigen, daß $\sigma_{yx} = \sigma_{xy}$, als Konsequenz einer zusätzlichen Betrachtung über das «Parallelverschieben» von Kräften. Gleichgewicht wird also durch die besondere räumliche Änderung der drei Spannungskomponenten $\sigma_{xx}(x, y)$, $\sigma_{yy}(x, y)$, $\sigma_{xy}(x, y)$ bedingt. $\vec{k}$ ist die i. allg. gegebene äußere Volumenkraftdichte. Ist sie konstant, z. B. $\vec{k} = \vec{c}$, dann können diese partiellen Differentialgleichungen (2.10) mit Hilfe der *Airyschen Spannungsfunktion* $F(x, y)$ identisch befriedigt werden: Wir setzen

$$\sigma_{xx} = \frac{\partial^2 F}{\partial y^2}, \quad \sigma_{yy} = \frac{\partial^2 F}{\partial x^2}, \quad \sigma_{xy} = \sigma_{yx} = -\frac{\partial^2 F}{\partial x\, \partial y} - y c_x - x c_y. \tag{2.11}$$

Durch Einsetzen überzeugt man sich unter Beachtung der Vertauschbarkeit der Differentiationsreihenfolge vom zielführenden Ansatz. Um die beiden Vektorfunktionen der Spannungen $\vec{\sigma}_x(x, y)$, $\vec{\sigma}_y(x, y)$ bzw. ihrer drei Komponenten $\sigma_{xx}(x, y)$, $\sigma_{yy}(x, y)$, $\sigma_{xy}(x, y)$ in diesem Sonderfall festzulegen, genügt jetzt die Bestimmung einer einzigen skalaren Funktion $F(x, y)$. Von einem *statisch bestimmten* ebenen Spannungszustand spricht man dann, wenn $F(x, y)$ aus den Randbedingungen an den Rändern der Scheibe allein bestimmbar ist, für elastische Scheiben siehe 6.5.

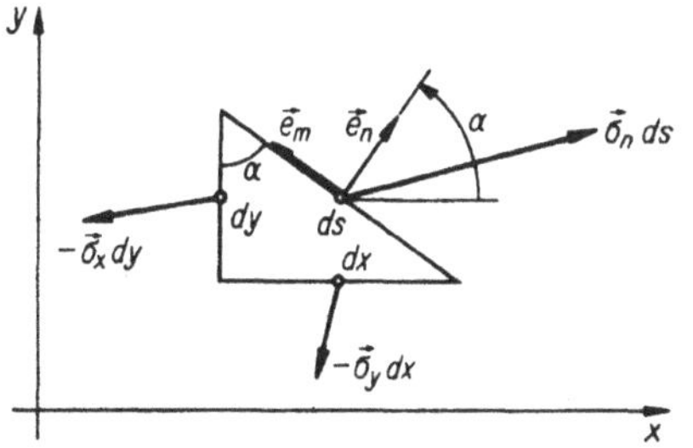

Abb. 2.6. Ebener Spannungszustand. Oberflächenkräfte (je Längeneinheit) am dreieckigen Scheibenelement

Um zu verstehen, daß der *ebene Spannungszustand* im Punkt (x, y) durch die Angabe der beiden Spannungsvektoren $\vec{\sigma}_x$ und $\vec{\sigma}_y$ bestimmt ist, berechnen wir den Spannungsvektor auf ein beliebiges Schnittelement, dessen Normale $\vec{e}_n$ um α gegen $\vec{e}_x$ gedreht ist. Wir schneiden das rechtwinkelige Dreieck mit den Seitenlängen dx, dy, ds aus der Scheibe und bringen die Kraftwirkungen an, Abb. 2.6. Wieder fordern wir Gleichgewicht:

$$d\vec{R} = \frac{1}{2}\vec{k}\, dx\, dy - \vec{\sigma}_x(x, y)\, dy - \vec{\sigma}_y(x, y)\, dx + \vec{\sigma}_n\, ds = \vec{0}.$$

Division durch ds mit nachfolgendem Grenzübergang dx, $dy \to 0$ eliminiert die äußere Volumenkraft und ergibt mit $\frac{dx}{ds} = \sin\alpha$, $\frac{dy}{ds} = \cos\alpha$:

$$\vec{\sigma}_n = \vec{\sigma}_x \cos\alpha + \vec{\sigma}_y \sin\alpha = n_x \vec{\sigma}_x + n_y \vec{\sigma}_y. \tag{2.12}$$

Die Normalspannungskomponente ist dann die Projektion auf $\vec{e}_n = n_x \vec{e}_x + n_y \vec{e}_y$:

$$\sigma_{nn} = \sigma_{xx} n_x^2 + \sigma_{yy} n_y^2 + 2\sigma_{xy} n_x n_y = \frac{\sigma_{xx} + \sigma_{yy}}{2} + \frac{\sigma_{xx} - \sigma_{yy}}{2}\cos 2\alpha + \sigma_{xy}\sin 2\alpha \tag{2.13}$$

und die dazu senkrechte Schubspannungskomponente in $\vec{e}_m = m_x\vec{e}_x + m_y\vec{e}_y$-Richtung:

$$\sigma_{nm} = \sigma_{xx}n_x m_x + \sigma_{yy}n_y m_y + \sigma_{xy}(n_x m_y + n_y m_x) = -\frac{\sigma_{xx} - \sigma_{yy}}{2}\sin 2\alpha + \sigma_{xy}\cos 2\alpha \tag{2.14}$$

da

$$m_x = -\sin\alpha, \qquad m_y = \cos\alpha.$$

Ordnen wir die Spannungskomponenten in einer quadratischen 2×2-Matrix

$$\begin{pmatrix} \sigma_{xx} & \sigma_{xy} \\ \sigma_{yx} & \sigma_{yy} \end{pmatrix}, \tag{2.15}$$

dann erkennen wir die Tensoreigenschaft dieses *ebenen Spannungstensors* aus den obenstehenden Transformationsformeln der Matrixelemente bei Drehung des Koordinatensystems durch α. Damit gibt es eine Hauptachsenform wie beim ebenen Verzerrungstensor, Gl. (1.62), mit den Hauptnormalspannungen

$$\sigma_{1,2} = \frac{\sigma_{xx} + \sigma_{yy}}{2} \pm \frac{1}{2}\sqrt{(\sigma_{xx} - \sigma_{yy})^2 + 4\sigma_{xy}^2} \tag{2.16}$$

auf die Flächenelemente mit den Orientierungen, vgl. Gl. (1.61)

$$\tan 2\alpha_1 = \frac{2\sigma_{xy}}{\sigma_{xx} - \sigma_{yy}}, \qquad \alpha_2 = \alpha_1 + \pi/2, \tag{2.17}$$

gegen die x-Achse. Diese Hauptnormalspannungsflächen sind wieder schubspannungsfrei: $\sigma_{12} = 0$.
Wir konstruieren den *Mohrschen Spannungskreis* in der $[(\sigma_{xx}, \sigma_{yy}), \sigma_{xy}]$-Ebene mit Mittelpunkt in $\dfrac{\sigma_{xx} + \sigma_{yy}}{2}$ und den Kreispunkten in $(\sigma_{xx}, \sigma_{xy})$ bzw. $(\sigma_{yy}, \sigma_{xy})$, vgl. Abb. 1.13.

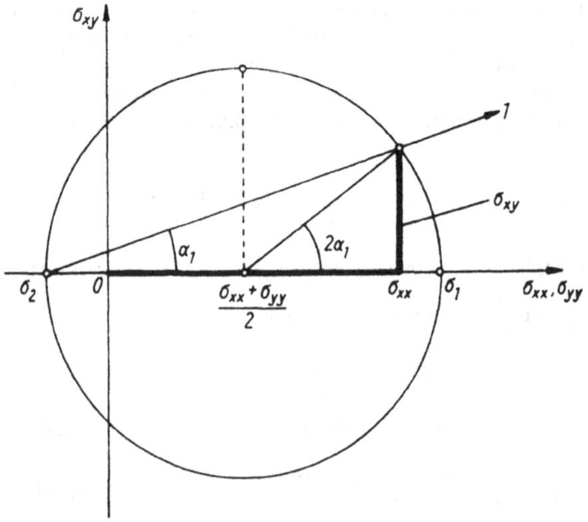

Abb. 2.7. *Mohr*scher Spannungskreis zum ebenen Spannungszustand

Die Richtung der Spannungshauptachse ist in der Abb. 2.7 eingetragen. Ein extremer Wert der Schubspannung tritt im 45°-Element mit $\frac{\sigma_1 - \sigma_2}{2}$ auf. Ist jedoch $\sigma_1 > \sigma_2 > 0$, dann ist der Maximalwert der Schubspannung $\frac{\sigma_1}{2}$, siehe «räumlicher Spannungszustand».

In analoger Weise erweitern wir die Untersuchung der Spannungen auf den räumlichen Fall. Um die *räumliche Kraftdichte* zu ermitteln, schneiden wir einen kleinen Quader aus dem verformten Körper mit den Seitenkanten dx, dy, dz. An den Seitenflächen mit positiven Flächennormalen $\vec{e}_x$, $\vec{e}_y$, $\vec{e}_z$ bringen wir die positiven Spannungsvektoren an, $\vec{\sigma}_x(x + dx, y, z)$, $\vec{\sigma}_y(x, y + dy, z)$, $\vec{\sigma}_z(x, y, z + dz)$, an den gegenüberliegenden Schnittflächen die negativen Spannungsvektoren im Punkt (x, y, z). Die resultierende Kraft bilden wir durch vektorielle Addition

$$d\vec{F} = \vec{k}\, dx\, dy\, dz + [\vec{\sigma}_x(x + dx, y, z) - \vec{\sigma}_x(x, y, z)]\, dy\, dz + [\vec{\sigma}_y(x, y + dy, z) - \vec{\sigma}_y(x, y, z)]\, dz\, dx + [\vec{\sigma}_z(x, y, z + dz) - \vec{\sigma}_z(x, y, z)]\, dx\, dy.$$

Nach linearer Approximation der Spannungsdifferenzen dividieren wir durch $dV = dx\, dy\, dz$ und gehen zur Grenze $dx, dy, dz \to 0$ und finden dann exakt die Kraftdichte

$$\vec{f} = \frac{d\vec{F}}{dV} = \vec{k} + \frac{\partial \vec{\sigma}_x}{\partial x} + \frac{\partial \vec{\sigma}_y}{\partial y} + \frac{\partial \vec{\sigma}_z}{\partial z}. \tag{2.18}$$

Als notwendige Bedingung für Gleichgewicht im materiellen Punkt (x, y, z) setzen wir $\vec{f} = \vec{0}$ und erhalten die drei *Gleichgewichtsbedingungen* des räumlichen Spannungszustandes, $\vec{k}$ ist i. allg. gegeben, in indizierter Schreibweise,

$$\sum_{j=1}^{3} \frac{\partial \sigma_{ji}}{\partial x_j} + k_i = 0, \qquad i = 1, 2, 3. \tag{2.19}$$

Später werden wir zeigen, daß i. allg. $\sigma_{ji} = \sigma_{ij}$ gilt.

Der *räumliche Spannungszustand* in (x, y, z) ist durch die Angabe der drei Spannungsvektoren $\vec{\sigma}_x$, $\vec{\sigma}_y$, $\vec{\sigma}_z$ bestimmt. Wir zeigen die Berechnung des Spannungsvektors auf ein Schnittelement dA mit beliebiger Orientierung $\vec{e}_n$ durch Herausschneiden eines

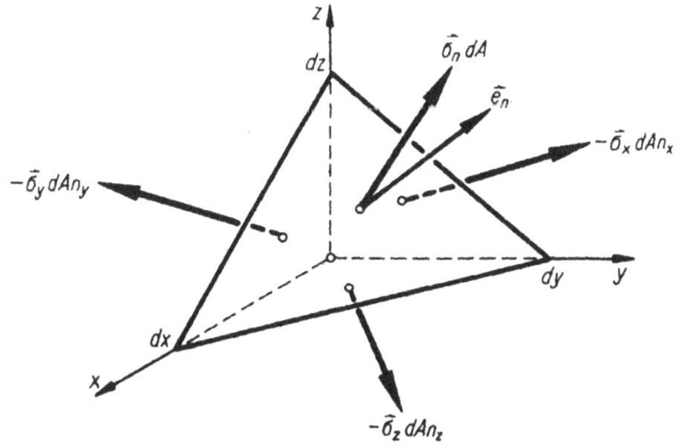

Abb. 2.8. Räumlicher Spannungszustand. Schnittkräfte am Tetraederelement

Tetraeders, Abb. 2.8. Nach Anbringen aller Schnittkräfte folgt mit der Gleichgewichtsbedingung

$$\mathrm{d}\vec{F} = \frac{1}{3}\,\vec{k}\,\mathrm{d}A\,\mathrm{d}h - \vec{\sigma}_x\,\mathrm{d}A n_x - \vec{\sigma}_y\,\mathrm{d}A n_y - \vec{\sigma}_z\,\mathrm{d}A n_z + \vec{\sigma}_\mathrm{n}\,\mathrm{d}A = \vec{0}\,.$$

Nach Division durch $\mathrm{d}A$ und Grenzübergang $\mathrm{d}A \to 0$, mit Höhe $\mathrm{d}h \to 0$, ergibt sich

$$\vec{\sigma}_\mathrm{n} = \vec{\sigma}_x n_x + \vec{\sigma}_y n_y + \vec{\sigma}_z n_z\,, \tag{2.20}$$

$\vec{\sigma}_\mathrm{n}$ ist der Spannungsvektor auf das Schnittelement $\mathrm{d}A$ in (x, y, z) mit Orientierung $\vec{e}_\mathrm{n}$. In Indexschreibweise folgt

$$\sigma_{ni} = \sum_{j=1}^{3} \sigma_{ji} n_j\,, \qquad i = 1, 2, 3, \tag{2.21}$$

n_j sind die drei Richtungskosinusse des Normalenvektors $\vec{e}_\mathrm{n}$ im (x, y, z)-System. Die *Normalspannungskomponente* ist $\vec{\sigma}_\mathrm{n} \cdot \vec{e}_\mathrm{n} = \sigma_{nn}$, $\sigma_{ij} = \sigma_{ji}$,

$$\sigma_\mathrm{nn} = \sigma_{xx} n_x^2 + \sigma_{yy} n_y^2 + \sigma_{zz} n_z^2 + 2(\sigma_{xy} n_x n_y + \sigma_{yz} n_y n_z + \sigma_{zx} n_z n_x)\,. \tag{2.22}$$

Die *Schubspannungskomponente* in Richtung $\vec{e}_m \perp \vec{e}_\mathrm{n}$, mit $\vec{e}_m \cdot (\vec{e}_\mathrm{n} \times \vec{\sigma}_\mathrm{n}) = 0$, in $\mathrm{d}A$ ist $\vec{\sigma}_\mathrm{n} \cdot \vec{e}_m = \sigma_{nm}$,

$$\begin{aligned}\sigma_{nm} = {}& \sigma_{xx} n_x m_x + \sigma_{yy} n_y m_y + \sigma_{zz} n_z m_z + \sigma_{xy}(n_x m_y + n_y m_x) \\ & + \sigma_{yz}(n_y m_z + n_z m_y) + \sigma_{zx}(n_z m_x + n_x m_z)\,.\end{aligned} \tag{2.23}$$

Das sind wieder die kennzeichnenden Transformationsformeln von Tensorelementen bei Drehung des Koordinatensystems.

Der *räumliche Spannungstensor*

$$\begin{pmatrix} \sigma_{xx} & \sigma_{xy} & \sigma_{xz} \\ \sigma_{yx} & \sigma_{yy} & \sigma_{yz} \\ \sigma_{zx} & \sigma_{zy} & \sigma_{zz} \end{pmatrix} \tag{2.24}$$

kennzeichnet also den Spannungszustand im Punkt (x, y, z). Er besitzt drei orthogonale Spannungshauptachsen[1]. In den Hauptnormalspannungsflächen verschwinden wieder die Schubspannungen:

$$\begin{pmatrix} \sigma_1 & 0 & 0 \\ 0 & \sigma_2 & 0 \\ 0 & 0 & \sigma_3 \end{pmatrix}. \tag{2.25}$$

Die Hauptnormalspannungen sind Lösung der kubischen Gleichung

$$-\sigma^3 + I_1 \sigma^2 - I_2 \sigma + I_3 = 0\,, \tag{2.26}$$

wo

$$I_1 = \sigma_{xx} + \sigma_{yy} + \sigma_{zz} = \sigma_1 + \sigma_2 + \sigma_3 \tag{2.27}$$

$$I_2 = \begin{vmatrix} \sigma_{yy} & \sigma_{yz} \\ \sigma_{zy} & \sigma_{zz} \end{vmatrix} + \begin{vmatrix} \sigma_{xx} & \sigma_{xz} \\ \sigma_{zx} & \sigma_{zz} \end{vmatrix} + \begin{vmatrix} \sigma_{xx} & \sigma_{xy} \\ \sigma_{yx} & \sigma_{yy} \end{vmatrix} = \sigma_1\sigma_2 + \sigma_2\sigma_3 + \sigma_3\sigma_1 \tag{2.28}$$

$$I_3 = \det\{\sigma_{ij}\} = \sigma_1\sigma_2\sigma_3\,, \tag{2.29}$$

[1] Nun verstehen wir den heutigen mathematischen Begriff «Tensor», da er aus gerade dieser Aufgabe, die Spannungen in andere Schnittelemente umzurechnen, hervorging.

als Koeffizienten der charakteristischen Gleichung auch durch deren Lösung bestimmt sind und daher bei Drehung des Koordinatensystems unverändert bleiben. Sie heißen deshalb *Invarianten* des *Spannungstensors*. Ihre Bedeutung zeigt sich vor allem bei der Aufstellung von Materialgleichungen.
Die Richtungen der Spannungshauptachsen $n_j^{(k)}$ ergeben sich als Lösung der linearen Gleichungen, in indizierter Schreibweise, wenn die Hauptnormalspannungen σ_k der Reihe nach eingesetzt werden,

$$\sum_{j=1}^{3} (\sigma_{ij} - \sigma_k \delta_{ij})\, n_j^{(k)} = 0, \qquad i = 1, 2(3), \qquad k = 1, 2(3), \tag{2.30}$$

mit der Nebenbedingung $\sum\limits_{j=1}^{3} n_j^2 = 1$, δ_{ij} ist das Kroneckersymbol.
Mit je 45° Orientierungen gegen die Spannungshauptachsen liegen die Schnittelemente mit extremalen Schubspannungen τ_1, τ_2, τ_3:

$$\tau_k = \frac{1}{2} |\sigma_i - \sigma_j|, \qquad i, j, k = 1, 2, 3, \qquad k \neq i \neq j. \tag{2.31}$$

Sie sind *nicht* normalspannungsfrei. Die Normalspannungen σ_k sind dann

$$\sigma_k = \frac{1}{2} (\sigma_i + \sigma_j), \qquad i, j, k = 1, 2, 3, \quad k \neq i, \quad k \neq j, \quad i \neq j. \tag{2.32}$$

Dem räumlichen Spannungstensor lassen sich drei *Mohr*sche Kreise zuordnen. Der in der Abb. 2.9 schraffierte Bereich entspricht den möglichen Wertepaaren $(\sigma_{nn}, \sigma_{nm})$ in diesem Spannungszustand.

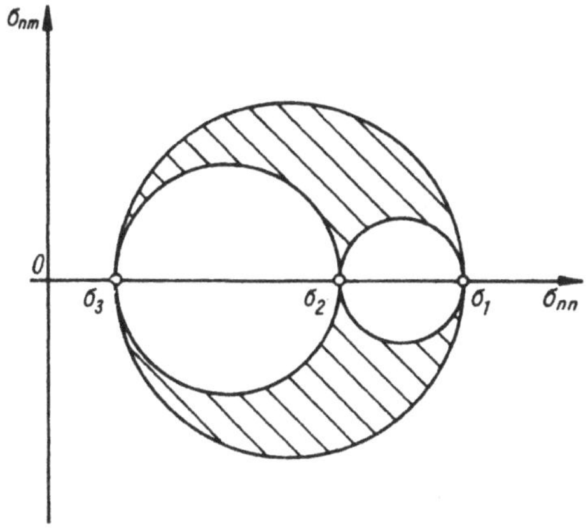

Abb. 2.9. *Mohr*sche Spannungskreise des dreiachsigen Spannungszustandes

2.1.1. Mittlere Normalspannung und deviatorische Spannungen

Der Spannungstensor (σ_{ij}) läßt sich in einen *Kugeltensor* und den *Spannungsdeviator* zerlegen. Die deviatorischen Spannungskomponenten, das sind die Abweichungen vom hydrostatischen (allseits gleichen) Spannungszustand unter

$$p = I_1/3 = \frac{1}{3} (\sigma_{xx} + \sigma_{yy} + \sigma_{zz}), \tag{2.33}$$

p ist die mittlere Normalspannung, im Punkt (x, y, z), sind dann

$$s_{ij} = \sigma_{ij} - p\,\delta_{ij}, \qquad i, j = 1, 2, 3, \qquad \delta_{ij} = \begin{cases} 1, & i = j \\ 0 & i \neq j. \end{cases} \tag{2.34}$$

Die deviatorische Normalspannungssumme ist dann immer Null:

$$\sum_{i=1}^{3} s_{ii} = \sum_{i=1}^{3} \sigma_{ii} - 3p \equiv 0.$$

Die deviatorischen Hauptnormalspannungen sind Lösung der reduzierten kubischen Gleichung

$$s^3 - J_2 s - J_3 = 0, \tag{2.35}$$

und J_2, J_3 sind weitere Invarianten des Spannungstensors bei Koordinatendrehung, nämlich

$$J_2 = 3p^2 - I_2 = \frac{1}{2} \sum_{i=1}^{3} \sum_{j=1}^{3} s_{ij}^2 = \frac{3}{2} \tau_O^2 \tag{2.36}$$

$$J_3 = I_3 - I_2 p + 2p^3 = \frac{1}{3} \sum_{i=1}^{3} \sum_{j=1}^{3} \sum_{k=1}^{3} s_{ij} s_{jk} s_{ki}. \tag{2.37}$$

τ_O, die sogenannte *Oktaederschubspannung*, wurde von *R. v. Mises* eingeführt. Sie stellt die resultierende Schubspannung in Schnittelementen dar, die mit den Spannungshauptachsen des räumlichen Spannungszustandes gleiche Winkel einschließen:

$$n_1 = n_2 = n_3 = 1/\sqrt{3}.$$

Das ergibt

$$9\tau_O^2 = (\sigma_1 - \sigma_2)^2 + (\sigma_2 - \sigma_3)^2 + (\sigma_3 - \sigma_1)^2 = 2I_1^2 - 6I_2$$

und ist proportional zur Summe der Flächen der *Mohr*schen Kreise. Verwendung findet τ_O in der Fließtheorie zähplastischer Materialien.

Wir erkennen nun den *ebenen Spannungszustand* als Spezialfall des räumlichen, wenn $\sigma_{zi} = 0$, $i = x, y, z$. Die deviatorischen Spannungskomponenten sind dann mit

$$p = (\sigma_{xx} + \sigma_{yy})/3: \tag{2.38}$$

$$s_{xx} = \sigma_{xx} - p, \qquad s_{yy} = \sigma_{yy} - p, \qquad s_{xy} = \sigma_{xy} \tag{2.39}$$

und

$$J_2 = 3p^2 - (\sigma_{xx}\sigma_{yy} - \sigma_{xy}^2). \tag{2.40}$$

Mit $\sigma_3 = 0$ sind Extremwerte der Schubspannungen

$$\tau_3 = \frac{1}{2} |\sigma_1 - \sigma_2|, \qquad \tau_2 = \frac{1}{2} |\sigma_1|, \qquad \tau_1 = \frac{1}{2} |\sigma_2|, \tag{2.41}$$

in den 45°-Schnittelementen zu den Spannungshauptachsen.

Im Falle des *einachsigen Spannungszustandes* ist $\sigma_{zi} = 0$ und $\sigma_{yi} = 0$, $i = x, y, z$, und $\sigma_{xx} = \sigma_1$ bezeichnet die nichtverschwindende Hauptnormalspannung. Die deviatorische Spannungskomponente ist dann mit

$$p = \sigma_{xx}/3 \tag{2.42}$$

$$s_{xx} = \frac{2}{3} \sigma_{xx}, \tag{2.43}$$

und

$$J_2 = 3p^2 = \sigma_{xx}^2/3. \tag{2.44}$$

2.2. Kräftegruppen

Beim Umgang mit äußeren und inneren Kräften, den Spannungen, stößt man auf das Problem der Überlagerung. Wir haben gesehen, daß man Spannungen, selbst wenn sie bereits einen gemeinsamen Angriffspunkt haben, aber auf verschiedene Schnittelemente bezogen sind, zuerst in die entsprechenden Kraftvektoren (mit infinitesimalem Betrag) umrechnen muß, bevor sie vektoriell addiert werden. Auch in den Anwendungen stößt man auf eine solche Kräftegruppe mit gemeinsamem Angriffspunkt, auf das sogenannte *zentrale Kraftsystem:*
Wir bilden dann die *Resultierende*

$$\vec{R} = \sum_{i=1}^{n} \vec{F}_i, \tag{2.45}$$

mit gleichem Angriffspunkt wie die Einzelkräfte $\vec{F}_i$ und sagen: Die *Resultierende* ersetzt die einzelnen Kräfte $\vec{F}_i$, $i = 1, \ldots, n$, *statisch äquivalent.* Konsequent nennen wir eine zentrale Kräftegruppe mit $\vec{R} = \vec{0}$ ein Gleichgewichtssystem. Ein Fachwerkknoten oder der Seilkopf am Mast mit Seilabspannungen stellt «statisch» einen solchen gemeinsamen Angriffspunkt der Stab- bzw. Seilkräfte dar.
Um die Resultierende zu berechnen, führen wir die Kraftkomponenten in einem kartesischen Koordinatensystem ein. Mit

$$\vec{F}_i = X_i\vec{e}_x + Y_i\vec{e}_y + Z_i\vec{e}_z \tag{2.46}$$

wird

$$R_x = \sum_{i=1}^{n} X_i, \qquad R_y = \sum_{i=1}^{n} Y_i, \qquad R_z = \sum_{i=1}^{n} Z_i \tag{2.47}$$

und

$$\vec{R} = R_x\vec{e}_x + R_y\vec{e}_y + R_z\vec{e}_z. \tag{2.48}$$

Die *drei Gleichgewichtsbedingungen des zentralen Kräftesystems* sind dann

$$R_x = \sum_{i=1}^{n} X_i = 0, \qquad R_y = \sum_{i=1}^{n} Y_i = 0, \qquad R_z = \sum_{i=1}^{n} Z_i = 0. \tag{2.49}$$

Wir sind aber auch auf das Problem gestoßen, Kräfte mit verschiedenen Angriffspunkten zu überlagern. Dazu mußten wir sie in einen gemeinsamen Angriffspunkt parallel verschieben. Wir zeigen dies für eine Einzelkraft $\vec{F} = X\vec{e}_x + Y\vec{e}_y + Z\vec{e}_z$ mit Angriffspunkt in A, siehe Abb. 2.10. Verschieben wir $\vec{F}$ nach A', dann ändern wir die statischen Verhältnisse. Wir bringen daher die zentrale Gleichgewichtsgruppe $\vec{F} + (-\vec{F})$ in A' an, ändern also an den statischen Verhältnissen mit $\vec{F}$ in A nichts, fassen aber nun $\vec{F}$ in A und $(-\vec{F})$ in A' als sogenanntes *Kräftepaar* zusammen. Die statische Wirkung von $\vec{F}$ in A im Punkt A' besteht also (statisch äquivalent) aus $\vec{F}$ in A' überlagert mit dem Kräftepaar, wie oben beschrieben.

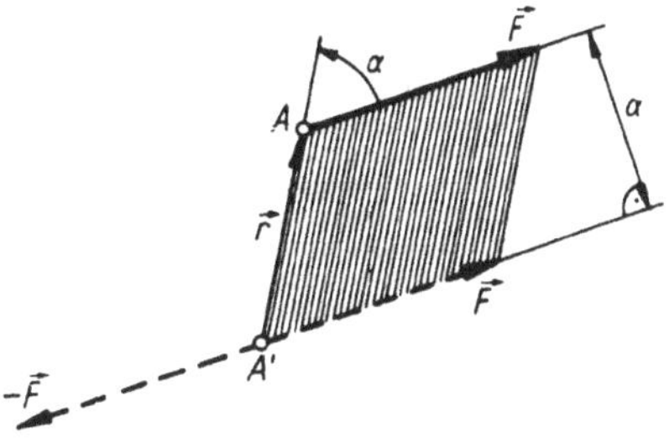

Abb. 2.10. Moment einer Einzelkraft. Statisch äquivalente Reduktion der Kraft $\vec{F}$ in A'

Die statische Wirkung des Kräftepaares läßt sich durch ein *Moment*, Fa, dem Produkt aus $|\vec{F}|$ mit dem Normalabstand a der beiden parallelen Kräfte $\vec{F}$ und $-\vec{F}$, und durch die Stellung der Wirkungsebene des Kräftepaares im Raum, also durch den (im Sinne einer Rechtsschraube) orientierten Normalenvektor $\vec{e}_n$ der von $\vec{F}$ und $-\vec{F}$ aufgespannten Ebene kennzeichnen. Diese *Bestimmungsstücke* eines Kräftepaares fassen wir im *Momentenvektor*

$$\vec{M} = \vec{r} \times \vec{F} \tag{2.50}$$

zusammen, $\vec{r}$ ist ein Ortsvektor von einem Punkt auf der Wirkungslinie von $-\vec{F}$ zu einem Punkt auf der Wirkungslinie von $\vec{F}$, also zum Beispiel von A' nach A. Tatsächlich ist ja

$$|\vec{M}| = |\vec{r}|\,|\vec{F}| \sin\alpha = a\,|\vec{F}|, \qquad [|\vec{M}|] = \mathrm{Nm}, \tag{2.51}$$

gleich der schraffierten Fläche in Abb. 2.10, wegen

$$|\vec{r}| \sin\alpha = a$$

und

$$\vec{e}_n = \frac{\vec{M}}{|\vec{M}|} \tag{2.52}$$

mit der gewünschten Orientierung. Der Momentenvektor soll nun die Kurzbezeichnung eines Kräftepaares sein. $\vec{M}$ ist allerdings ein *freier Vektor*, sein Angriffspunkt in der Wirkungsebene ist nicht festgelegt; er kann statisch äquivalent parallel zu sich selbst verschoben werden:

«Man sagt ($\vec{F}$ in A) und ($\vec{F}$ in A' mit $\vec{M}$) sind statisch äquivalent.»

Wir zerlegen auch den Momentenvektor in seine Komponenten im x, y, z-System und finden mit $A(x, y, z)$, $A'(x', y', z')$

$$\vec{r} = (x - x')\,\vec{e}_x + (y - y')\,\vec{e}_y + (z - z')\,\vec{e}_z$$

und durch Entwicklung der Determinante

$$\vec{M} = \begin{vmatrix} \vec{e}_x & \vec{e}_y & \vec{e}_z \\ x - x' & y - y' & z - z' \\ X & Y & Z \end{vmatrix} = [(y - y')\,Z - (z - z')\,Y]\,\vec{e}_x + [(z - z') \times X - (x - x')\,Z]\,\vec{e}_y + [(x - x')\,Y - (y - y')\,X]\,\vec{e}_z = M_x\vec{e}_x + M_y\vec{e}_y + M_z\vec{e}_z. \tag{2.53}$$

Also sind

$$\left.\begin{aligned} M_x &= (y - y')\,Z - (z - z')\,Y \\ M_y &= (z - z')\,X - (x - x')\,Z \\ M_z &= (x - x')\,Y - (y - y')\,X \end{aligned}\right\} \tag{2.54}$$

die Komponenten des Momentenvektors. Sie stellen aber auch gleichzeitig die *axialen Momente* der Kraft $\vec{F}$ um die (x, y, z)-parallelen Achsen durch A' dar. Man erkennt, daß die achsparallele Kraftkomponente keinen Beitrag zum achsialen Moment liefert.

Mit Hilfe der schiefsymmetrischen Abstandsmatrix (in kartesischen Koordinaten)

$$\boldsymbol{r} = \begin{pmatrix} 0 & -(z - z') & (y - y') \\ (z - z') & 0 & -(x - x') \\ -(y - y') & (x - x') & 0 \end{pmatrix}$$

berechnen wir den Momentenvektor durch Matrizenmultiplikation, mit $\vec{F}$ als Spaltenmatrix:

$$\vec{M} = \boldsymbol{r}\vec{F},$$

(vgl. mit $\vec{v}_{PA} = \boldsymbol{\Omega}\vec{r}_{PA}$ in der Kinematik 1.2.).

Wir betrachten nun ein *räumliches Kraftsystem* aus n Einzelkräften $\vec{F}_i$ mit den Angriffspunkten A_i. Nach Wahl eines Bezugspunktes A', den wir der Einfachheit halber mit dem Ursprung eines kartesischen Koordinatensystems O zusammenfallen lassen, beginnen wir mit der statischen Reduktion der Kräftegruppe. Wir wenden die statisch äquivalente Übertragung einer Einzelkraft von A_i, nämlich Addition der zentralen Gleichgewichtsgruppe $\vec{F}_i + (-\vec{F}_i)$ in A', sukzessive auf alle n Einzelkräfte an und erhalten dann einerseits eine zentrale Kräftegruppe in A', die wir statisch äquivalent durch die Resultierende in A'

$$\left.\begin{aligned} &\vec{R} = \sum_{i=1}^{n} \vec{F}_i = R_x\vec{e}_x + R_y\vec{e}_y + R_z\vec{e}_z \qquad \text{in } A', \\ &R_x = \sum_{i=1}^{n} X_i, \qquad R_y = \sum_{i=1}^{n} Y_i, \qquad R_z = \sum_{i=1}^{n} Z_i, \end{aligned}\right\} \tag{2.55}$$

ersetzen können, und andererseits n Kräftepaare $\vec{F}_i$ in A_i, $(-\vec{F}_i)$ in A', gekennzeichnet durch die n Momentenvektoren

$$\vec{M}_i = \vec{r}_i \times \vec{F}_i, \qquad (i = 1, \ldots, n).$$

$\vec{r}_i$ ist z. B. ein Vektor von $A' = O$ zu einem Punkt auf der Wirkungslinie von $\vec{F}_i$, z. B. A_i. Das resultierende Moment ergibt sich durch die Überlagerung der Momentenvektoren zu

$$\vec{M} = \sum_{i=1}^{n} \vec{M}_i = \sum_{i=1}^{n} \vec{r}_i \times \vec{F}_i = M_x\vec{e}_x + M_y\vec{e}_y + M_z\vec{e}_z. \tag{2.56}$$

Die axialen resultierenden Momente sind die Summe der axialen Einzelmomente der Kräfte $\vec{F}_i$.

$$M_x = \sum_{i=1}^{n} y_iZ_i - z_iY_i, \qquad M_y = \sum_{i=1}^{n} z_iX_i - x_iZ_i, \qquad M_z = \sum_{i=1}^{n} x_iY_i - y_iX_i. \tag{2.57}$$

Man sagt nun: Die Resultierende $\vec{R}$ in $A' = O$ und das resultierende Moment $\vec{M}$ sind statisch äquivalent zur räumlichen Kräftegruppe der $\vec{F}_i$ in A_i, $i = 1, \ldots, n$. Eine räumliche Gleichgewichtsgruppe liegt vor, wenn

$$\vec{R} = \vec{0} \qquad \text{und} \qquad \vec{M} = \vec{0}. \tag{2.58}$$

Daraus folgen die sechs Gleichgewichtsbedingungen einer räumlichen Kräftegruppe zu

$$R_x = \sum_{i=1}^{n} X_i = 0, \qquad R_y = \sum_{i=1}^{n} Y_i = 0, \qquad R_z = \sum_{i=1}^{n} Z_i = 0,$$

$$M_x = \sum_{i=1}^{n} y_iZ_i - z_iY_i = 0, \quad M_y = \sum_{i=1}^{n} z_iX_i - x_iZ_i = 0, \quad M_z = \sum_{i=1}^{n} x_iY_i - y_iX_i = 0. \tag{2.59}$$

Der Bezugspunkt $A' = O$ ist dann in seiner Lage zu den Angriffspunkten der Einzelkräfte $\vec{F}_i$ beliebig. Um das einzusehen, berechnen wir den geänderten Momentenvektor einer räumlichen Kräftegruppe bei Wechsel des Bezugspunktes von $A' = O$ nach A'' (a, b, c):
Der Vektor von $A' = O$ nach A'' sei $\vec{a} = a\vec{e}_x + b\vec{e}_y + c\vec{e}_z$. Dann ist

$$\vec{r}_i = \vec{a} + \vec{r}_i'',$$

wenn $\vec{r}_i''$ den Vektor von A'' zum Angriffspunkt A_i der Kraft $\vec{F}_i$ bezeichnet. Der resultierende Momentenvektor mit Bezugspunkt A'' ist

$$\begin{aligned}\vec{M}'' &= \sum_{i=1}^{n} \vec{M}_i'' = \sum_{i=1}^{n} \vec{r}_i'' \times \vec{F}_i = \sum_{i=1}^{n} (\vec{r}_i - \vec{a}) \times \vec{F}_i \\ &= \sum_{i=1}^{n} \vec{r}_i \times \vec{F}_i - \vec{a} \times \sum_{i=1}^{n} \vec{F}_i = \vec{M} - \vec{a} \times \vec{R}. \qquad (2.60)\end{aligned}$$

Dieses Resultat hätten wir auch direkt finden können, wenn wir die Resultierende $\vec{R}$ in A statisch äquivalent nach A'' reduzieren. Das ergibt ein Moment

$$(-\vec{a}) \times \vec{R},$$

das zum freien Momentenvektor $\vec{M}$ addiert wird ($-\vec{a}$ ist der Vektor von A'' nach A'). Für die Gleichgewichtsgruppe ist $\vec{R} = \vec{0}$, $\vec{M} = \vec{0}$ und daher auch $\vec{M}'' = \vec{0}$ — der Bezugspunkt für das Aufstellen der Gleichgewichtsbedingungen ist beliebig.

Die Gleichgewichtsbedingungen sind linear in den Kraftkomponenten X_i, Y_i, Z_i. Für die Auflösbarkeit nach etwaigen Unbekannten gelten die Regeln linearer (inhomogener) Gleichungssysteme. Es soll noch bemerkt werden, daß jedes räumliche Kraftsystem durch Hinzufügen weiterer Kräfte zu einer Gleichgewichtsgruppe ergänzt werden kann.
Die sechs Gleichgewichtsbedingungen sind notwendig für das Gleichgewicht der Kräftegruppe und damit für das Gleichgewicht des Körpers, an dem die Kräfte angreifen. Wir vermuten, daß sie für das Gleichgewicht eines starren Körpers (mit gerade sechs Freiheitsgraden der Bewegungsmöglichkeit) auch hinreichende Bedingungen darstellen (siehe auch Kapitel 5.). Verformbare Körper allerdings könnten noch zeitlich veränderliche Deformationen erleiden, unter Aufrechterhaltung dieser Gleichgewichtsbedingungen (z. B. durch Kriechen oder Fließen). Kann man die unbekannten Kraftkomponenten durch Lösung des linearen Gleichungssystems aus den Gleichgewichtsbedingungen berechnen, dann nennt man die Kräftegruppe *statisch bestimmt*, sonst unbestimmt.

Die allgemeine räumliche Kräftegruppe läßt sich also nach Wahl eines Bezugspunktes A' statisch äquivalent durch die Resultierende $\vec{R}$ in A' und einen resultierenden Momentenvektor $\vec{M}$ darstellen. Wir wechseln den Bezugspunkt nach A und stellen die Bedingung, daß der resultierende Momentenvektor $\vec{M}_A$ parallel $\vec{R} = \sum_{i=1}^{n} \vec{F}_i$ wird, mathematisch

$$\vec{R} \times \vec{M}_A = \vec{0}.$$

Wir wählen den Suchvektor $\vec{a}$ von A' nach A senkrecht $\vec{R}$,

$$\vec{M}_A = \vec{M} - \vec{a} \times \vec{R}$$

setzen ein und wenden den Entwicklungssatz für das vektorielle Tripelprodukt an:

$$\vec{R} \times (\vec{M} - \vec{a} \times \vec{R}) = \vec{R} \times \vec{M} - \vec{R} \times (\vec{a} \times \vec{R}) = \vec{R} \times \vec{M} - \vec{a}R^2 = \vec{0}, \qquad \vec{a} \cdot \vec{R} = 0,$$

Auflösung ergibt mit $R = |\vec{R}| \neq 0$:

$$\vec{a} = \frac{1}{R}\left(\frac{\vec{R}}{R} \times \vec{M}\right).$$

Der $\vec{R}$ parallele Momentenvektor mit Bezugspunkt A ist dann

$$\vec{M}_A = \vec{M} - \frac{1}{R}\left(\frac{\vec{R}}{R} \times \vec{M}\right) \times \vec{R} = \left(\frac{\vec{R}}{R} \cdot \vec{M}\right)\frac{\vec{R}}{R}.$$

Die Resultierende $\vec{R}$ in A und $\vec{M}_A // \vec{R}$ ist wieder statisch äquivalent dem räumlichen Kraftsystem $\vec{F}_i$ in A_i, $i = 1 \ldots, n$. Man nennt dieses Paar *Kraftschraube* (Dyname), da $\vec{R}$ auf der Wirkungsebene des resultierenden Kräftepaares ($\vec{M}_A // \vec{R}$) senkrecht steht.
Eine weitere anschauliche Reduktion des räumlichen Kraftsystems auf drei windschiefe Kräfte mit kreuzenden Wirkungslinien ergibt sich, wenn die drei Kräfte gleich den kartesischen Komponenten der Resultierenden $\vec{R}$ gewählt werden: $X_r = R_x$, $Y_r = R_y$, $Z_r = R_z$. Die Angriffspunkte dieser drei Kräfte können dann auf den Koordinatenachsen durch $A = O$ im Abstand von

$$a_x = M_z/R_y \quad \text{für} \quad Y_r, \qquad a_y = M_x/R_z \quad \text{für} \quad Z_r \quad \text{und} \quad a_z = M_y/R_x \quad \text{für} \quad X_r$$

gewählt werden.

2.2.1. Die ebene Kräftegruppe. Rechnerische und graphische Reduktion. Gleichgewichtsbedingungen

Liegen die Wirkungslinien aller Kräfte $\vec{F}_i$ $(i = 1, \ldots, n)$ in einer Ebene, dann bilden diese Kräfte eine ebene Kräftegruppe. Nach Wahl eines Bezugspunktes A und durch Anbringen der ebenen Gleichgewichtsgruppe $\vec{F}_i + (-\vec{F}_i)$ können die in A zentral angreifenden Kräfte $\vec{F}_i$ zur Resultierenden $\vec{R} = \sum_{i=1}^{n} \vec{F}_i$, die dann ebenfalls in der Ebene liegt, zusammengefaßt werden. Die verbleibenden Kräftepaare liegen wieder in der Ebene, ihre Momentenvektoren sind alle parallel und stehen senkrecht auf der x,y-Ebene:

$$\vec{M} = \sum_{i=1}^{n} \vec{M}_i = \sum_{i=1}^{n} \vec{r}_i \times \vec{F}_i = \sum_{i=1}^{n} (x_i Y_i - y_i X_i)\, \vec{e}_z. \tag{2.61}$$

Es verbleiben die Komponenten

$$R_x = \sum_{i=1}^{n} X_i, \qquad R_y = \sum_{i=1}^{n} Y_i, \qquad M_z = \sum_{i=1}^{n} x_i Y_i - y_i X_i. \tag{2.62}$$

Das ebene Gleichgewichtssystem ist durch die drei (notwendigen) Gleichgewichtsbedingungen

$$R_x = \sum_{i=1}^{n} X_i = 0, \quad R_y = \sum_{i=1}^{n} Y_i = 0, \quad M_z = \sum_{i=1}^{n} x_i Y_i - y_i X_i = 0 \tag{2.63}$$

ausgezeichnet. Wir vermuten, daß die 3 Gleichgewichtsbedingungen auch hinreichend sind, wenn die Kräfte $\vec{F}_i$ an einer starren Scheibe mit gerade 3 Freiheitsgraden der Bewegungsmöglichkeit angreifen (siehe auch Kapitel 5).
Beim ebenen Kraftsystem bewährt sich die Anwendung des *graphischen Verfahrens* mittels *Kraft- und Seileck*. Man geht vom maßstäblich gezeichneten Lageplan

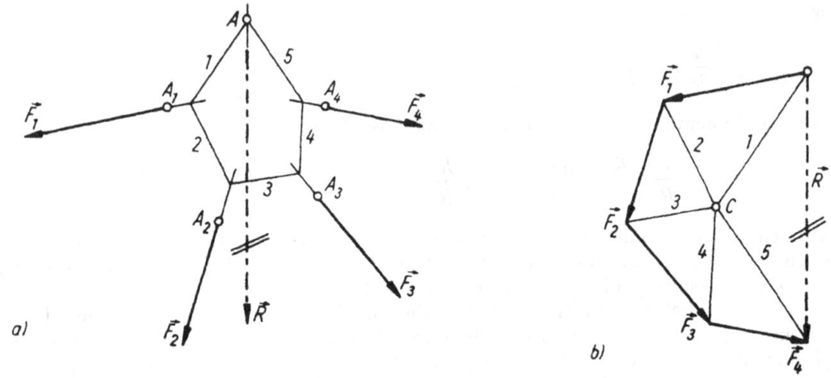

Abb. 2.11. Resultierende der ebenen Kräftegruppe. Kraft- und Seileck

aus. Im Kräfteplan werden nach Wahl des Kraftmaßstabes die Kraftvektoren aneinandergereiht und zur Resultierenden $\vec{R} = \sum_{i=1}^{n} \vec{F}_i$ summiert, $n = 4$ in Abb. 2.11. Ergibt sich $\vec{R} \neq \vec{0}$, dann kann der Angriffspunkt A im Lageplan so bestimmt werden, daß das resultierende Moment M verschwindet: Kennt man M_z bezüglich A' und wechselt den Bezugspunkt nach A, dann ist mit $\vec{a} \perp \vec{R}$:

$$M = M_z - aR = 0 \tag{2.64}$$

eine Bestimmungsgleichung für a, die mit $R \neq 0$ immer eine Lösung hat. Graphisch wird dieser Angriffspunkt A von R wie folgt gefunden: Man wählt einen Pol C (nach *Culman*) im Kräfteplan und zieht die *Polstrahlen*, 1 bis 5 in Abb. 2.11. Beim Parallelverschieben in den Lageplan ist zu beachten, daß sich jene Paare, die als Polstrahlen eine Kraft einschließen, nun als «Seilstrahlen» auf dieser Kraft (besser auf ihrer Wirkungslinie) schneiden. Im Schnitt des ersten und letzten Seilstrahles (1 und 5 in Abb. 2.11) ist Punkt A gefunden. Statisch wird diese Konstruktion so erklärt, daß die Polstrahlen ein besonderes zentrales Kraftsystem im Kräfteplan bilden, nämlich jede Kraft $\vec{F}_i$ bildet mit den zwei anschließenden Hilfskräften längs der Polstrahlen ein Gleichgewichtssystem. Durchfährt man also das gesamte Krafteck, z. B. beginnend im Pol C längs 1, $\vec{F}_1$, 2, -2, $\vec{F}_2$, 3, -3, $\vec{F}_3$, ..., das Minuszeichen heißt gegen die vorher eingeführte Hilfskraftrichtung, dann erkennt man, daß $\vec{R}$ mit der ersten und letzten Hilfskraft (Polstrahl 1 bis 5 in Abb. 2.11) im Gleichgewicht steht. Drei Kräfte in der Ebene sind nur dann im Gleichgewicht, wenn sich die Wirkungslinien in einem Punkt schneiden, dies ergibt A im Lageplan.

Die Bezeichnung Seilstrahlen bzw. Seileck kommt daher, daß sich ein ringförmiges (endloses) ideales Seil unter der Wirkung der Einzelkräfte $\vec{F}_i$ $(i = 1, ..., n)$ und $-\vec{R}$, wie im Lageplan gezeichnet, ausspannt. Die Seilkräfte in den einzelnen Abschnitten zwischen den Kräften $\vec{F}_i$ sind die Hilfskräfte längs den Polstrahlen, im Krafteck gemessen.

Weitere Reduktionsfälle des ebenen Kraftsystems sind nun möglich:

$R = 0$, Krafteck ist durch die aneinandergereihten $\vec{F}_i$ geschlossen, aber das Seileck ist offen mit parallelem erstem und letztem Seilstrahl. Es entsteht ein resultierendes Moment durch das Kräftepaar der Hilfskräfte $M_z \neq 0$. Krafteck und auch das Seil-

eck sind geschlossen: $R = 0$, $M_z = 0$, ebenes Gleichgewichtssystem. Dieser Fall ist mit $\vec{F}_5 = -\vec{R}$ gegeben.
Auf spätere Anwendungen von Kraft- und Seileck bei der Bestimmung der Schnittgrößen von Balken soll schon jetzt verwiesen werden.

Beispiel: Auflagerreaktionen eines ebenen Tragwerkes

Ein Tragwerk nach Abb. 2.12 ist durch eingeprägte Kräfte $\vec{F}_1$ und $\vec{F}_2$ belastet. Diese Belastung ruft in den Auflagern A, B, C Auflagerreaktionen hervor, die zusammen mit den eingeprägten Kräften ein ebenes Gleichgewichtssystem bilden müssen. Die Lager B und C sind als «Loslager» verschieblich ausgeführt, die Reaktionskräfte stehen daher senkrecht auf die Verschiebungsrichtung. Das Lager

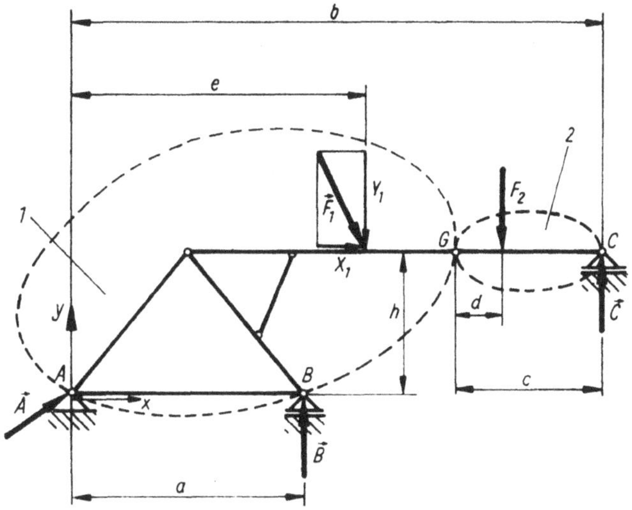

Abb. 2.12. Ebenes Tragwerk aus 2 Scheiben ① und ②

A ist ein gelenkiges «Festlager» und kann eine Reaktionskraft allgemeiner Richtung übertragen, vgl. 1.3.4. Damit sollen aus den drei Gleichgewichtsbedingungen (2.63) vier unbekannte Kraftkomponenten berechnet werden. Eine vierte linear unabhängige Gleichung kann jedoch als Gelenkbedingung angegeben werden. Das Gelenk G überträgt kein Moment zwischen den Teilsystemen ① und ②, daher ist z. B. das Moment der am Körper ② angreifenden Kräfte um diesen Punkt Null. Auflösung der nachstehenden 4 inhomogenen Gleichungen liefert die Auflagerreaktionen:

$$A_x + X_1 = 0 \quad \text{(a1)}$$

$$A_y + B + C - Y_1 - F_2 = 0 \quad \text{(a2)}$$

$$Ba + Cb - X_1 h - Y_1 e - F_2(b - c + d) = 0 \quad \text{(a3)}$$

$$\text{Gelenksbedingung:} \quad Cc - F_2 d = 0 \quad \text{(a4)}$$

Eine der Gleichgewichtsbedingungen (a1—a3) kann durch die zweite Gelenksbedingung für den Körper (1) ersetzt werden. Das Tragwerk ist äußerlich statisch bestimmt gelagert.

2.2.2. Zur Symmetrie des Spannungstensors

Wir kennen bereits die notwendigen 6 Gleichgewichtsbedingungen und können nun auch die Momentenbedingung auf das Kraftsystem nach Herausschneiden eines infinitesimalen Quaders aus einem Kontinuum anwenden. Die Bedingungen aus dem Verschwinden der Resultierenden wurden schon in (2.1.) verarbeitet. Zusätzlich müssen nun die achsialen Momente $\mathrm{d}M_x$, $\mathrm{d}M_y$, $\mathrm{d}M_z$ verschwinden. Wir zeigen dies exemplarisch am achsialen Moment $\mathrm{d}M_z$ mit Bezugspunkt (x, y, z), den wir als Reduktionspunkt der Kräfte gewählt haben. Wir bilden

$$\begin{aligned}\mathrm{d}M_z = &-[\sigma_{xx}(x + \mathrm{d}x, y, z) - \sigma_{xx}(x, y, z)]\,\mathrm{d}y\,\mathrm{d}z\,\frac{\mathrm{d}y}{2} + \sigma_{xy}(x + \mathrm{d}x, y, z)\,\mathrm{d}y\,\mathrm{d}z\,\mathrm{d}x\\ &+ [\sigma_{yy}(x, y + \mathrm{d}y, z) - \sigma_{yy}(x, y, z)]\,\mathrm{d}x\,\mathrm{d}z\,\frac{\mathrm{d}x}{2} - \sigma_{yx}(x, y + \mathrm{d}y, z)\,\mathrm{d}x\,\mathrm{d}z\,\mathrm{d}y\\ &-[\sigma_{zx}(x, y, z + \mathrm{d}z) - \sigma_{zx}(x, y, z)]\,\mathrm{d}x\,\mathrm{d}y\,\frac{\mathrm{d}y}{2} + [\sigma_{zy}(x, y, z + \mathrm{d}z) - \sigma_{zy}(x, y, z)]\\ &\mathrm{d}x\,\mathrm{d}y\,\frac{\mathrm{d}x}{2} - k_x\,\mathrm{d}x\,\mathrm{d}y\,\mathrm{d}z\,\frac{\mathrm{d}y}{2} + k_y\,\mathrm{d}x\,\mathrm{d}y\,\mathrm{d}z\,\frac{\mathrm{d}x}{2} = 0.\end{aligned}$$

Lineare Approximation ergibt nach Kürzung durch $\mathrm{d}V = \mathrm{d}x\,\mathrm{d}y\,\mathrm{d}z$ mit nachfolgendem Grenzübergang $\mathrm{d}x, \mathrm{d}y \to 0$

$$\sigma_{xy}(x, y, z) - \sigma_{yx}(x, y, z) = 0.$$

Aus $\mathrm{d}M_x = 0$ und $\mathrm{d}M_y = 0$ folgen in gleicher Weise wie aus $\mathrm{d}M_z = 0$

$$\sigma_{xy} = \sigma_{yx}, \qquad \sigma_{yz} = \sigma_{zy}, \qquad \sigma_{zx} = \sigma_{xz}. \tag{2.65}$$

Damit ist die Symmetrie des Spannungstensors in einem «Punkt»-Kontinuum nachgewiesen[1]. Daraus abgeleitet, läßt sich der *Satz von den zugeordneten Schubspannungen* formulieren:

«In zwei orthogonalen Schnittelementen sind die Schubspannungskomponenten senkrecht zur Schnittkante der beiden Flächen gleich groß und zeigen dann beide zur Schnittkante oder in entgegengesetzter Richtung.» (Vgl. Abb. 2.13)

2.2.3. Die parallele Kräftegruppe. Kräftemittelpunkt. Schwerpunkt. Statische Momente

Der Spezialfall der parallelen Kräftegruppe liegt vor, wenn die Wirkungslinien der Kräfte eines räumlichen Kraftsystems parallel sind. Dann läßt sich das Kraftsystem statisch äquivalent auf eine Resultierende allein reduzieren, $R \neq 0$ in spe-

[1] Ein Kontinuum höherer Ordnung ist z. B. das *Cosserat-Kontinuum*, in dem der materielle Punkt auch rotatorische Freiheitsgrade besitzt und wo daher auch Momentenspannungen auftreten können.

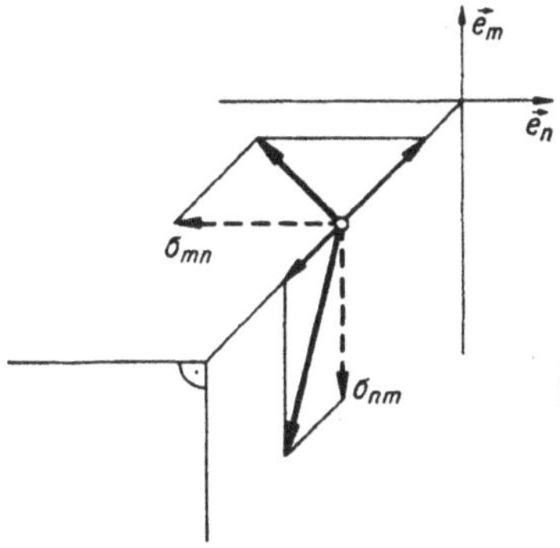

Abb. 2.13. Zum «Satz von den zugeordneten Schubspannungen» $\sigma_{nm} = \sigma_{mn}$

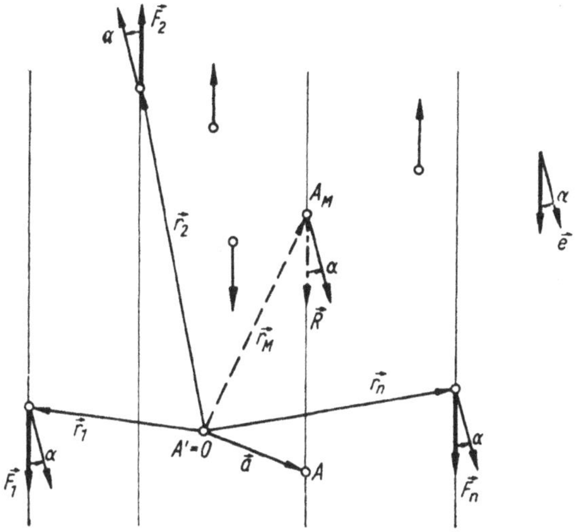

Abb. 2.14. Resultierende der (räumlichen) Parallelkraftgruppe und ihr wahrer Angriffspunkt, der Kräftemittelpunkt A_M

zieller Lage, und $M_A = 0$, da bei beliebigem Bezugspunkt A', $\vec{M} \perp \vec{R}$, Abb. 2.14. Wechseln wir den Bezugspunkt nach A, so daß, vgl. Gl. (2.60),

$$\vec{M}_A = \vec{M} - \vec{a} \times \vec{R} = \vec{0}, \qquad (\vec{M} \cdot \vec{R}) = 0, \tag{2.66}$$

dann hat diese Gleichung immer eine Lösung für den Suchvektor $\vec{a}$. Wir wählen $A' = 0$ und ziehen speziell die Ortsvektoren $\vec{r}_i$ von O zu den Angriffspunkten A_i der parallelen Kräfte $\vec{F}_i = F_i\vec{e}$. Dann folgt mit $\vec{R} = \sum_{i=1}^{n} F_i\vec{e}$

$$\vec{a} \times \vec{e} \sum_{i=1}^{n} F_i = \sum_{i=1}^{n} F_i\vec{r}_i \times \vec{e}$$

oder auch

$$\left[\sum_{i=1}^{n} (\vec{a} - \vec{r}_i)\, F_i\right] \times \vec{e} = \vec{0}.$$

In dieser Gleichung kann die Richtung des Suchvektors noch beliebig, z. B. senkrecht zu $\vec{e}$, gewählt werden und bezeichnet dann einen Punkt A der Wirkungslinie von $\vec{R}$ mit $M_A = 0$. Wir verschärfen jetzt die Anforderung an den Punkt A, der dann als «wahrer» Angriffspunkt der Resultierenden $\vec{R}$ als *Kräftemittelpunkt* bezeichnet wird, durch die Bedingung, daß beim Verschwenken der parallelen Kräftegruppe um den beliebigen Winkel α (jede Einzelkraft dreht sich dabei um ihren Angriffspunkt), d. h. für beliebige Richtung $\vec{e}$, das Moment $M_A = 0$ bleibt. Obenstehende Gleichung mit $\vec{a} = \vec{r}_{\mathrm{M}}$ ist für beliebiges $\vec{e}$ nur mit dem Nullvektor,

$$\sum_{i=1}^{n} (\vec{r}_{\mathrm{M}} - \vec{r}_i)\, F_i = \vec{0}, \tag{2.67}$$

erfüllt. Daraus folgt

$$\vec{r}_{\mathrm{M}} = \frac{\sum\limits_{i=1}^{n} F_i \vec{r}_i}{\sum\limits_{i=1}^{n} F_i}, \tag{2.68}$$

der Ortsvektor von $A' = O$ zum Kräftemittelpunkt A_{M}.

Der Kräftemittelpunkt eines Parallelkraftpaares mit $\vec{R} = \vec{F}_1 + \vec{F}_2 \neq \vec{0}$ liegt auf der Verbindungsgeraden der Angriffspunkte.

Auf ein *räumlich verteiltes Parallelkraftsystem* stößt man näherungsweise, wenn die kleine Winkeländerung des zentralen Schwerefeldes im Bereich des betrachteten Körpers vernachlässigt wird. In jedem materiellen Punkt wirkt dann die lotrechte Volumenkraftdichte

$$\vec{k} = \varrho g \vec{e}_z,$$

$\vec{e}_z$ lotrecht auf eine «horizontale Ebene» nach unten zeigend, Abb. 2.15. Die resultierende Gewichtskraft ist dann

$$G\vec{e}_z = \vec{e}_z \int_V \varrho g \,\mathrm{d}V. \tag{2.69}$$

Ihr Angriffspunkt wird *Schwerpunkt* des Körpers genannt und ist eben nur im parallelen Schwerefeld definiert. Mit Gl. (2.67), aus der Summe wird das Volumenintegral,

$$\int_V (\vec{r}_{\mathrm{S}} - \vec{r})\, \varrho g \,\mathrm{d}V = \vec{0}, \tag{2.70}$$

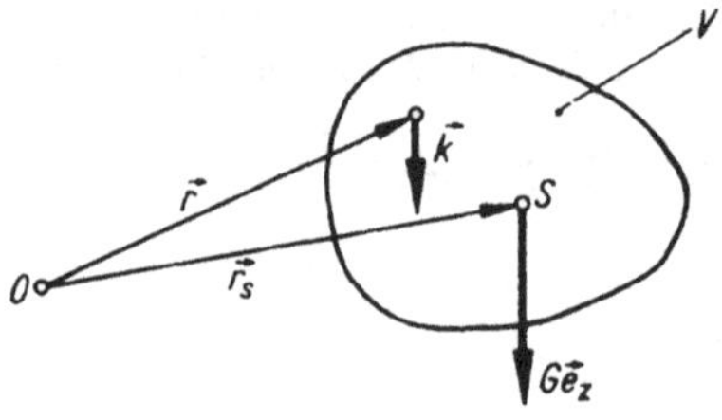

Abb. 2.15. Der Schwerpunkt als Kräftemittelpunkt des parallelen Volumenkraftfeldes $\vec{k} = \varrho g \vec{e}_z$

folgt sein Ortsvektor zu

$$\vec{r}_S = \frac{1}{G} \int_V \vec{r}\, \varrho g \,\mathrm{d}V. \tag{2.71}$$

Ist $g = \text{const}$, dann ist der *Schwerpunkt* (im homogenen Schwerefeld) beim Drehen des *starren* Körpers ein *körperfester* Punkt. Kürzt man durch die Fallbeschleunigung unter Benützung von $G = mg$, erhält man den *Massenmittelpunkt* der Masse m, der dann von obenstehenden Voraussetzungen befreit ist,

$$\vec{r}_m = \frac{1}{m} \int_V \vec{r} \varrho \,\mathrm{d}V = \frac{1}{m} \int_m \vec{r} \,\mathrm{d}m. \tag{2.72}$$

Liegt ein homogener Körper vor, $\varrho = \text{const}$, kann mit $m = \varrho V$ durch ϱ gekürzt werden, und der (geometrische) *Volumenschwerpunkt* liegt in

$$\vec{r}_v = \frac{1}{V} \int_V \vec{r} \,\mathrm{d}V, \tag{2.73}$$

$\vec{r}_v$ ist der Mittelwert aller Ortsvektoren zu Punkten in V (vgl. mit dem Mittelwertbegriff der *Statistik*). Geometrische «Schwerpunkte» lassen sich nach Bereichsänderung auch für (beliebig gekrümmte) Flächen S

$$\vec{r}_S = \frac{1}{S} \int_S \vec{r} \,\mathrm{d}S \quad (\mathrm{d}S \text{ ist das zweidimensionale Flächenelement}) \tag{2.74}$$

und für Linien L

$$\vec{r}_L = \frac{1}{L} \int_L \vec{r} \,\mathrm{d}s \quad (\mathrm{d}s \text{ ist das Bogenlängendifferential}) \tag{2.75}$$

berechnen. Die Bereichsintegrale sind als lineare Operationen zu verstehen und können für «einfach» zusammengesetzte Bereiche bei bekannten Integralwerten durch endliche Summen ersetzt werden.

Wegen ihrer Bedeutung auch in anderem Zusammenhang weisen wir darauf hin, daß die entsprechend gestreckten Vektoren

$$G\vec{r}_S = \int_V \vec{r} \varrho g \,\mathrm{d}V, \quad m\vec{r}_m = \int_V \vec{r} \varrho \,\mathrm{d}V, \quad V\vec{r}_v = \int_V \vec{r} \,\mathrm{d}V, \quad S\vec{r}_S = \int_S \vec{r} \,\mathrm{d}S, \quad L\vec{r}_L = \int_L \vec{r} \,\mathrm{d}s \tag{2.76}$$

als *statische Momente* der betrachteten Größen Gewicht, Masse, Volumen, Fläche, Linie, in bezug auf den Koordinatenursprung $A' = O$ bezeichnet werden. Insbesondere das statische Flächenmoment einer *ebenen Fläche A* mit Bezugspunkt O in der Ebene wird uns häufig begegnen. Seine (x, y) Komponenten sind dann

$$A x_S = \int_A x \,\mathrm{d}A, \qquad A y_S = \int_A y \,\mathrm{d}A, \tag{2.77}$$

und werden «statisches Flächenmoment» um die y-Achse bzw. um die x-Achse genannt.

Besitzt die Verteilung der zu untersuchenden Größe eine Symmetrieachse mit Richtung $\vec{e}$ und mit einem Punkt $0'$ im Abstand $\vec{a}$ von 0, dann folgt z. B. für die Massenverteilung mit $\vec{r}_m = \vec{a} + \vec{r}'_m$, $\vec{r} = \vec{a} + \vec{r}'$,

$$m\vec{r}'_m = \int_V \vec{r}'\varrho \, dV, \quad \vec{r}' \text{ von } 0' \text{ auf der Symmetrieachse.}$$

Mit der Zerlegung $\vec{r}' = r'\vec{e}_r + z'\vec{e}$, $\vec{e}_r \cdot \vec{e} = 0$, wird

$$m\vec{r}'_m = \int_V r'\vec{e}_r\varrho \, dV + \vec{e}\int_V z'\varrho \, dV = \vec{e}\int_V z'\varrho \, dV,$$

d. h., der Massenmittelpunkt liegt dann auf der Symmetrieachse $\vec{r}'_m = z'_m\vec{e}$.

2.3. Hydrostatik

Die statischen Probleme *ruhender Flüssigkeiten* lassen sich relativ einfach lösen. Ein kennzeichnendes Merkmal einer ruhenden Flüssigkeit ist nämlich das Verschwinden aller Schubspannungen, $\sigma_{ij} = 0$, $i \neq j$. Dies hat zur Folge, daß die verbleibenden drei Normalspannungen, $\sigma_{xx} = \sigma_{yy} = \sigma_{zz} = -p$, gleich werden. Man setzt sie gleich dem *Druck* p im betrachteten Raumpunkt, da Flüssigkeiten im wesentlichen nur Druckspannungen aufnehmen können (tropfbare Flüssigkeiten verdampfen bei Zugbeanspruchung).
Wir zeigen die Gleichheit der Normalspannungen mit Hilfe der allgemein gültigen Formel (2.20),

$$\vec{\sigma}_n = \vec{\sigma}_x n_x + \vec{\sigma}_y n_y + \vec{\sigma}_z n_z, \tag{2.78}$$

wobei $\vec{\sigma}_x = \sigma_{xx}\vec{e}_x$ usw. Skalare Multiplikation mit den Einheitsvektoren $\vec{e}_x, \vec{e}_y, \vec{e}_z$ ergibt mit $\vec{\sigma}_n = \sigma_{nn}\vec{e}_n$:

$$\sigma_{nn}\vec{e}_n \cdot \vec{e}_x = \sigma_{xx}n_x, \qquad \sigma_{nn}\vec{e}_n \cdot \vec{e}_y = \sigma_{yy}n_y, \qquad \sigma_{nn}\vec{e}_n \cdot \vec{e}_z = \sigma_{zz}n_z,$$

$$n_x = \vec{e}_n \cdot \vec{e}_x, \qquad \text{usw.}$$

also

$$\sigma_{nn} = \sigma_{xx} = \sigma_{yy} = \sigma_{zz} = -p. \tag{2.79}$$

Setzen wir diesen *hydrostatischen Spannungszustand* in die Volumenkraftdichte Gl. (2.18) ein, dann folgt im Gleichgewichtsfall

$$\vec{f} = \vec{k} - \left(\frac{\partial p}{\partial x}\vec{e}_x + \frac{\partial p}{\partial y}\vec{e}_y + \frac{\partial p}{\partial z}\vec{e}_z\right) = \vec{k} - \nabla p = \vec{k} - \operatorname{grad} p = \vec{0}.$$

Diese vektorielle Gleichgewichtsbedingung

$$\vec{k} = \operatorname{grad} p \tag{2.80}$$

kann also nur bestehen, wenn die äußere eingeprägte Volumenkraftdichte $\vec{k}$ ein Gradientenvektorfeld ist, $p(x, y, z)$ ist eine skalare Funktion. Ein solches Kraftfeld nennt man auch *Potentialkraftfeld*, da mit

$$\vec{k} = -\operatorname{grad} W' \tag{2.81}$$

das Kraftfeld mit dem *Potential* W' je Volumeneinheit verbunden ist. Die Flächen $p = \text{const}$ sind also Niveauflächen des Kraftfeldes $\vec{k}$, das orthogonal zu diesen

verläuft. Die Orthogonaltrajektorien der Niveauflächen sind die *Kraftlinien* von $\vec{k}$, da $\vec{k}$ in ihre Tangentenrichtungen fällt.
Der Druck ist eine (Normal-)Spannung und hat daher die Dimension $[p] = \mathrm{N/m^2}$. Als Einheit wird in der Technik 1 bar $= 10^5\,\mathrm{N/m^2}$ verwendet, $1\,\mathrm{N/m^2} = \mathrm{Pa}$ wird nach *Pascal* benannt.

2.3.1. «Schwere» Flüssigkeit

Wir betrachten eine ruhende Flüssigkeit im homogenen Schwerefeld, von so geringer Ausdehnung, daß $\vec{k}$ als Parallelkraftsystem angenommen werden kann, $\vec{e}_z$ sei lotrecht nach oben zeigend. Dann ist mit Gl. (2.80)

$$\vec{k} = -\varrho g \vec{e}_z = \operatorname{grad} p = \frac{\partial p}{\partial z}\,\vec{e}_z. \tag{2.82}$$

Der Druck ändert sich nur mit z, die Niveauflächen sind die horizontalen Ebenen. Integration der Differentialgleichung, wo noch $\varrho = \varrho(z)$ sein darf, ergibt

$$p = -g\int_0^z \varrho\,\mathrm{d}z + C, \tag{2.83}$$

C ist der Druck in der Ebene $z = 0$. Für eine *homogene und inkompressible Flüssigkeit ist $\varrho = const$* trotz Druckänderung. Dies gilt für alle tropfbaren Flüssigkeiten bei nicht zu großen Schichtdicken z mit guter Näherung. Damit wird

$$p = -\varrho g z + C.$$

Es ist üblich, den Druck in einer bestimmten Höhe $z = H$, z. B. an der freien Oberfläche, der Trennfläche zu ruhender Luft, mit p_0 vorzugeben und von dieser Ebene eine Koordinate h entgegen z zu wählen: Dann wird

$$p(h) = p_0 + \varrho g h. \tag{2.84}$$

«Der Druck nimmt linear mit der Tiefe h zu».

$$\frac{p(h) - p_0}{\varrho g} = h \tag{2.85}$$

führt den Namen (Über-)*Druckhöhe.* Sie zeigt z. B. in Druckmeßgeräten wie im (Flüssigkeits-)Barometer den absoluten und im Manometer den relativen Druck an, siehe Abb. 2.16.
Ist $p_1 = p_0$ im U-Rohr, dann ist $h = 0$, ein Kennzeichen für *kommunizierende Gefäße*, in denen die Flüssigkeitsspiegel die oberste Niveauebene bilden. Effekte durch die Oberflächenspannung in der Flüssigkeit, die bei kleinen Querschnittsabmessungen in Erscheinung treten, wie die Kapillarität, sollen hier vernachlässigbar sein.

Liegen Schichten jeweils homogener inkompressibler Flüssigkeiten übereinander, dann müssen die Trennflächen horizontale Niveauebenen sein. Stabil ist die Schichtung nur, wenn ϱ mit der Tiefe zunimmt. Der Druckverlauf ist abschnittsweise linear, siehe Abb. 2.17.

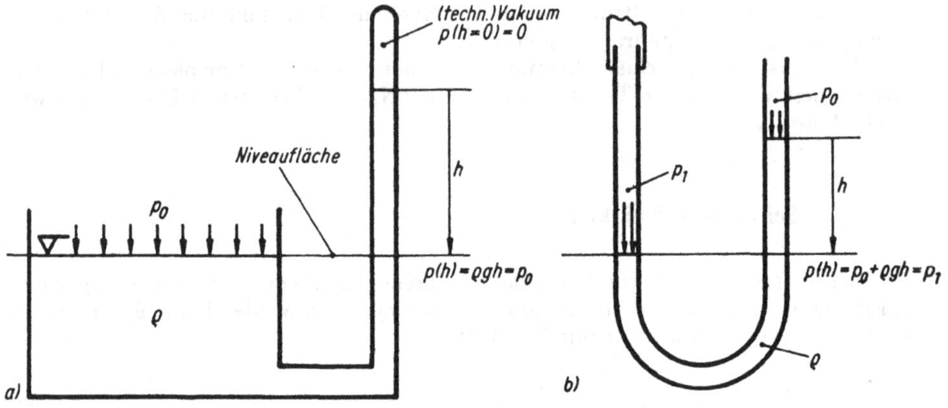

Abb. 2.16. (a) Barometerprinzip (Flüssigkeit, z. B. *Hg*, $\varrho = 13600$ kg/m^3)
(b) U-Rohr Manometer

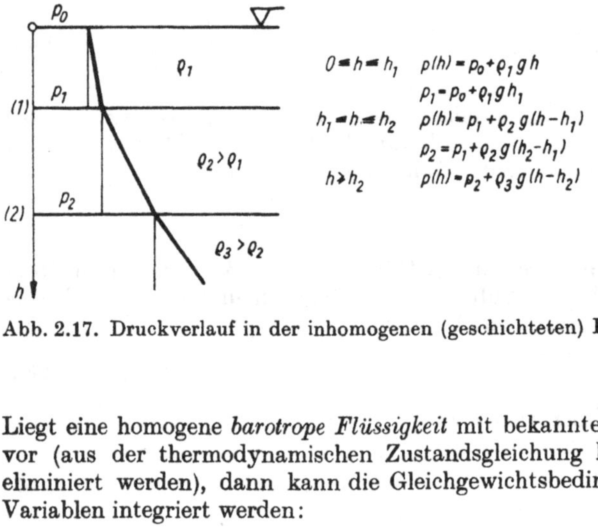

Abb. 2.17. Druckverlauf in der inhomogenen (geschichteten) Flüssigkeit

Liegt eine homogene *barotrope Flüssigkeit* mit bekanntem «Materialgesetz» $\varrho = \varrho(p)$ vor (aus der thermodynamischen Zustandsgleichung kann u. U. die Temperatur eliminiert werden), dann kann die Gleichgewichtsbedingung durch Trennung der Variablen integriert werden:

$$\frac{\mathrm{d}p}{\varrho(p)} = -g\,\mathrm{d}z, \qquad \int\limits_{p_0}^{p} \frac{\mathrm{d}p}{\varrho(p)} = -g(z - z_0), \qquad p_0 \text{ in } z_0. \tag{2.86}$$

Für eine *lineare Druckfeder*, nämlich bei linearer Kompressibilität, ist dann

$$\mathrm{d}p = K_F\,\frac{\mathrm{d}\varrho}{\varrho_0} \qquad \text{oder} \qquad p - p_0 = K_F\left(\frac{\varrho}{\varrho_0} - 1\right), \qquad p, \varrho > 0, \tag{2.87}$$

mit K_F *als Kompressionsmodul* (für Wasser z. B. $2{,}06 \times 10^9$ N/m^2 praktisch temperaturunabhängig, für Luft im *isothermen* Zustand gilt $K_F = p_0$ und $p_0/\varrho_0 = RT$, die Gaskonstante $R = 287 \frac{\mathrm{Nm}}{\mathrm{kg\,K}}$, T ist die absolute Temperatur). Substitution von $\varrho(p)$ ergibt

$$\frac{K_F}{\varrho_0} \int_{p_0}^{p} \frac{\mathrm{d}p}{p - p_0 + K_F} = \frac{K_F}{\varrho_0} \ln\left(\frac{p - p_0}{K_F} + 1\right) = -g(z - z_0) = gh,$$

$$h = z_0 - z, \qquad p = p_0 + K_F \left[\exp \frac{g\varrho_0}{K_F} h - 1\right], \quad h \geqq H. \tag{2.88}$$

Der Druck wächst exponentiell mit der Tiefe h. Wegen $K_F \geqq p_0$ verschwindet der Druck in der Höhe $(-H)$ über der Niveauebene $h = 0$, wo $p = p_0$, $H = \frac{K_F}{g\varrho_0} \times \ln\left(1 - \frac{p_0}{K_F}\right)$.

Für das isotherm geschichtete Gas ist $K_F = p_0$ und $H \to -\infty$. Die inverse Formel

$$z - z_0 = \frac{p_0}{g\varrho_0} \ln \frac{p_0}{p} = \frac{RT}{g} \ln \frac{p_0}{p} \tag{2.89}$$

ist dann als «Barometrische Höhenformel» bei isothermer Luftschichtung bekannt. Sie gilt praktisch nur für kleine Schichtdicken $z - z_0 \sim 100$ m.

Als Beispiel einer *nichtlinearen Druckfeder* betrachten wir ein «schweres» Gas im *adiabatischen* Gleichgewichtszustand. Dann gilt mit dem Adiabatenexponenten, z. B. $\varkappa = 1{,}4$ für Luft, und anderen Mischungen aus zweiatomigen Gasen

$$\frac{p}{p_0} = \left(\frac{\varrho}{\varrho_0}\right)^{\varkappa}, \quad \frac{\varrho}{\varrho_0} = \left(\frac{p}{p_0}\right)^{1/\varkappa} \tag{2.90}$$

und

$$\int_{p_0}^{p} \left(\frac{p_0}{p}\right)^{1/\varkappa} \mathrm{d}p = -\varrho_0 g(z - z_0). \tag{2.91}$$

Integration gibt das Potenzgesetz der Druckabnahme mit der Höhe $(z - z_0)$ über Niveau $z = z_0$, mit p_0:

$$p = p_0 \left[1 - \frac{\varkappa - 1}{\varkappa} \frac{g\varrho_0}{p_0} (z - z_0)\right]^{\frac{\varkappa}{\varkappa - 1}}. \tag{2.92}$$

Die Temperatur ist nun nicht konstant: $T = \frac{1}{R} \frac{p}{\varrho}$. Der Druckverlauf bei polytroper Luftschichtung folgt nach Ersatz von $\varkappa$ durch den Polytropenexponenten $n < \varkappa$.

2.3.2. «Gepreßte» Flüssigkeit

Flüssigkeit in geschlossenen Behältern wird oftmals unter «hohen» Druck gesetzt. Betrachten wir einen großen Behälter mit angeschlossenem Zylinder, in dem ein Kolben mit «kleinem» Querschnitt A unter der Kraftwirkung F auf die (inkompressible) Flüssigkeit einwirkt (siehe Abb. 2.18).

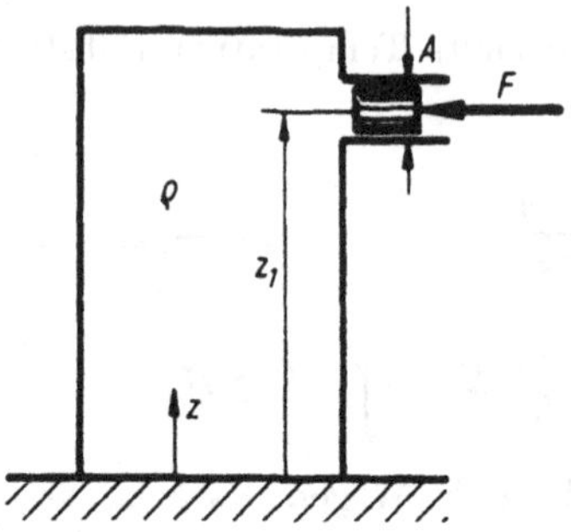

Abb. 2.18. Druckkessel

Unabhängig von der Form der benetzten Kolbenoberfläche entsteht dort der mittlere Druck $p_1 = F/A$. Davon überzeugt man sich leicht durch Projektion der kleinen Oberflächenkräfte $\bar{p}_1 \, dS\vec{e}_n$ ($\vec{e}_n$ ist der Normalenvektor von dS) auf die Richtung $\vec{e}$ von $\vec{F}$:

$$\bar{p}_1 \, dS\vec{e}_n \cdot \vec{e} = \bar{p}_1 \, dA \qquad dA \text{ Querschnittselement.}$$

Die Resultierende dieser $\vec{e}$ parallelen Komponenten ist dann

$$F = \int_A \bar{p}_1 \, dA = p_1 A \qquad p_1 \text{ ist der mittlere Druck.}$$

Der Druckverlauf ist dann

$$p(z) = p_1 + g\varrho(z_1 - z), \quad \text{wobei} \quad p = p_1 \quad \text{in} \quad z = z_1 .$$

Ist nun $p_1 \gg g\varrho(z_1 - z)_{\max}$, nach Abb. 2.18 $p_1 \gg g\varrho z_1$, dann wird die Druckänderung zufolge Schwerkraft vernachlässigt, und der Druck im gesamten gepreßten Flüssigkeitsvolumen ist

$$p \approx p_1 = \text{const.} \tag{2.93}$$

Die Flüssigkeit kann dann auch kompressibel sein.

Eine Anwendung der gepreßten Flüssigkeit ist die *hydraulische Presse*, wo im Prinzip zwei Zylinder mit stark unterschiedlichem Querschnitt am starren Behälter angeschlossen sind, Abb. 2.19.

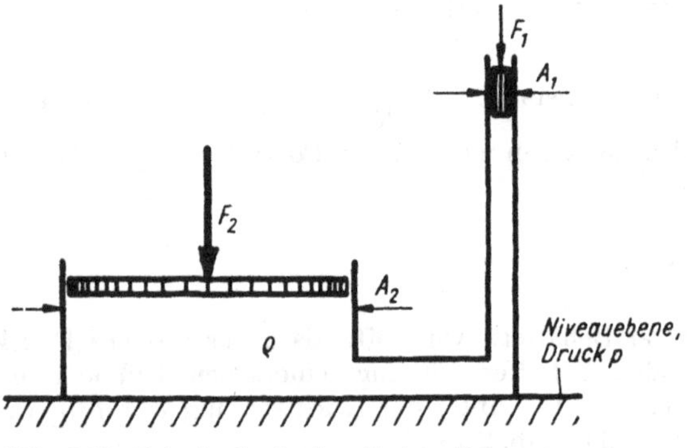

Abb. 2.19. Prinzip der hydraulischen Presse

Die Kraft F_1 bringt den «hohen» Druck $p = F_1/A_1$ in die Flüssigkeit. Dieser Druck wirkt auf den Arbeitskolben mit großem Querschnitt A_2 und erzeugt eine große Tragkraft dieses Kolbens, $F_2 = pA_2 = F_1A_2/A_1$. Das «Übersetzungsverhältnis» ist also $A_2/A_1 \gg 1$ für große Pressenwirkung. (Die Kraft F_2 wird allerdings i. allg. über das Gehäuse auf das Fundament übertragen. Dies erfordert besondere Vorkehrungen.)

Behälter für gepreßte Flüssigkeiten sind oft dünnwandig und haben häufig Kreiszylinder- oder Kugelgestalt. Der hydrostatische Druck steht als Normalspannung senkrecht auf jedem Flächenelement und belastet daher die Behälterwand, wie Abb. 2.20 zeigt.

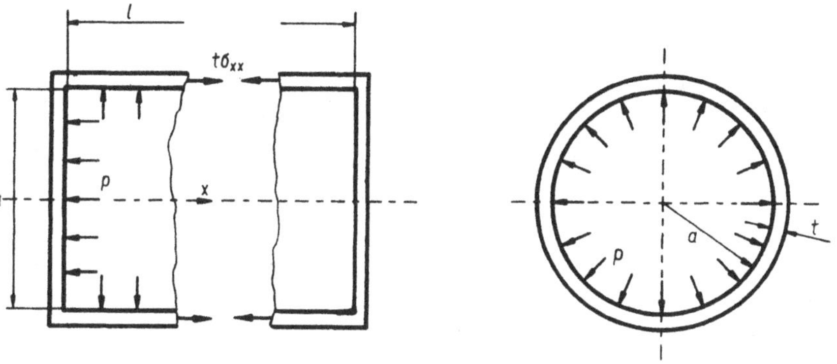

Abb. 2.20. Der kreiszylindrische und der kugelige Druckkessel, $t \ll a$

Auf den ebenen Boden des *zylindrischen* Behälters wirkt ein uniformes Parallelkraftfeld $p\,dA$ ein, mit der Resultierenden

$$F = \int_A p\,dA = pA, \qquad A = \pi a^2. \tag{2.94}$$

Bei festem Anschluß der Böden wird der Zylindermantel durch F auf Zug beansprucht, die Längsspannung ist dann (wie beim Zugstab F/A),

$$\sigma_{xx} = F/2\pi a t = \frac{pa}{2t} \tag{2.95}$$

in jedem Querschnittselement.
Das zentrale Kraftfeld auf den Behältermantel erzeugt eine Umfangsspannung. Wegen der Symmetrie betrachten wir nur die obere Behälterhälfte, Abb. 2.21, wobei Kräftegleichgewicht in z-Richtung erfordert

$$\int_S p\,dSn_z - \sigma_{\varphi\varphi} tL = 0. \tag{2.96}$$

Wegen $dSn_z = dA_z$ folgt mit $p = \text{const}$

$$pA_z - \sigma_{\varphi\varphi} tL = 0. \tag{2.97}$$

Auflösung ergibt die Umfangsspannung aus der «Kesselformel»:

$$\sigma_{\varphi\varphi} = p\,\frac{A_z}{tL}, \tag{2.98}$$

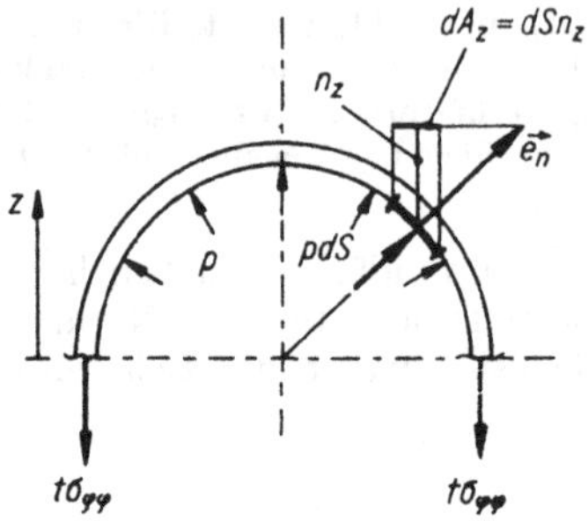

Abb. 2.21. Behälter-Symmetrieschnitt

wo A_z die Projektion der gedrückten *Mantelfläche* auf die Ebene $z = $ const bedeutet. Im Fall des Zylindermantels (Randstörungen durch Endscheiben sind nicht berücksichtigt) ist daher $A_z = 2al$ und $L = 2l$ (2 Ränder) und somit $\sigma_{\varphi\varphi} = \frac{pa}{t} = 2\sigma_{xx}$. Beim Kugelmantel ist $A_z = \pi a^2$ und $L = 2\pi a$ und daher $\sigma_{\varphi\varphi} = \sigma_{\vartheta\vartheta} = \frac{pa}{2t}$ (φ, ϑ Kugelkoordinaten).

Die Radialspannung hält in $r = a$ dem Druck p das Gleichgewicht und fällt auf Null an der äußeren unbelasteten Oberfläche. Sie ist klein gegen die beiden anderen Hauptnormalspannungen, die als *Membranspannungen* der Zylinder- bzw. Kugelschale bezeichnet werden. Die Membranspannungen wurden nur aus den Gleichgewichtsbedingungen berechnet und entsprechen somit einem *statisch bestimmten Spannungszustand* (siehe 6.7.).

2.3.3. Das Druckfeld schwerer Flüssigkeiten auf Behälterwände

Aus dem linearen Druckverlauf $p = p_0 + g\varrho h$ in einer inkompressiblen Flüssigkeit lassen sich i. allg. räumliche Kraftfelder auf die Behälterwände oder deren Ausschnitte ableiten. So ist z. B. die *resultierende Druckkraft* auf einen *horizontalen Behälterboden* mit der Fläche A in lotrechter Richtung

$$F = p(H)\,A = (p_0 + g\varrho H)\,A \tag{2.99}$$

nur noch vom Abstand H zur freien Spiegelfläche und nicht von der Behälterform abhängig, siehe Abb. 2.22. (Diese Tatsache wurde früher als «hydrostatisches Paradoxon» empfunden.)

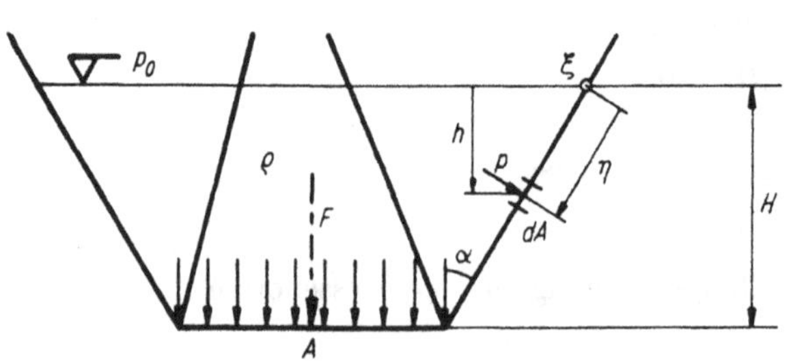

Abb. 2.22. Druck auf ebene Behälterwände

Auf eine *seitliche ebene Behälterwand* mit der Fläche A wirkt ebenfalls ein Parallelkraftfeld, das statisch äquivalent auf eine Resultierende im Kräfte-, hier Druckmittelpunkt, reduzierbar ist. Der konstante Druck p_0 führt auf die Resultierende $p_0 A$ mit Wirkungslinie durch den geometrischen Schwerpunkt von A und steht senkrecht auf A (analog dem Bodendruck). Wir untersuchen daher nur noch die statische Wirkung des linear veränderlichen Überdruckes

$$p(h) = g\varrho h$$

mit der Resultierenden

$$R = \int_A p \, \mathrm{d}A = g\varrho \int_A h \, \mathrm{d}A$$

oder auch mit $h = \eta \cos \alpha$

$$R = g\varrho \cos \alpha \int_A \eta \, \mathrm{d}A = g\varrho \cos \alpha \eta_S A \, .$$

Dabei haben wir das statische Moment der gedrückten ebenen Fläche A um die ξ-Achse in der Wasserlinie durch $\eta_S A$ ersetzt, η_S ist der Schwerpunktsabstand, siehe Abb. 2.22. Liegt der geometrische Schwerpunkt von A in der Tiefe $h_S = \eta_S \cos \alpha$, kann auch

$$R = g\varrho h_S A \tag{2.100}$$

als Produkt von «Überdruck im Schwerpunkt mal gedrückter Fläche» geschrieben werden. Den Angriffspunkt von R finden wir aus der Forderung der statischen Äquivalenz, z. B. durch das axiale Moment um die ξ-Achse

$$R\eta_M = \int_A (p \, dA\eta) = g\varrho \cos \alpha \int_A \eta^2 \, \mathrm{d}A = g\varrho \cos \alpha J_\xi \tag{2.101}$$

und das axiale Moment um die η-Achse

$$R\xi_M = \int_A (p \, \mathrm{d}A\xi) = g\varrho \cos \alpha \int_A \xi\eta \, \mathrm{d}A = g\varrho \cos \alpha J_{\xi\eta} \, . \tag{2.102}$$

ξ_M, η_M sind die gesuchten Koordinaten des Druckmittelpunktes, und das Integral J_ξ wird als «Trägheitsmoment» der Fläche A um die ξ-Achse, das Integral $J_{\xi\eta}$ das Deviationsmoment der Fläche A bezüglich der orthogonalen Ebenenpaare $\xi = 0$ bzw. $\eta = 0$ bezeichnet. Setzen wir R ein, dann folgt

$$\eta_M = \frac{J_\xi}{A\eta_S}, \qquad \xi_M = \frac{J_{\xi\eta}}{A\eta_S}, \tag{2.103}$$

mit $$J_\xi = \int_A \eta^2 \, \mathrm{d}A \quad \text{und} \quad J_{\xi\eta} = \int_A \xi\eta \, \mathrm{d}A \, , \qquad [J] = \mathrm{m}^4 . \tag{2.104}$$

Wir zeigen nun, daß stets $\eta_M > \eta_S$. Wir legen ein zu (ξ, η) paralleles x,y-Koordinatensystem in den Flächenschwerpunkt, und setzen $\eta = \eta_S + y$ ein

$$J_\xi = \int_A (\eta_S + y)^2 \, \mathrm{d}A = \eta_S^2 A + 2\eta_S \int_A y \, \mathrm{d}A + \int_A y^2 \, \mathrm{d}A = \eta_S^2 A + J_x, \tag{2.105}$$

das statische Moment bezüglich der Schwerachse x verschwindet. Damit wird

$$\eta_M = \eta_S + \frac{J_x}{A\eta_S} > \eta_S, \qquad J_x = \int_A y^2 \, \mathrm{d}A > 0. \tag{2.106}$$

Die Beziehung zwischen Trägheitsmomenten um die Schwerachse und um eine dazu parallele Achse ist Teil des *Satzes von Steiner*. Während $J_\xi > 0$, ist das Vorzeichen von $J_{\xi\eta}$ von der Form der Fläche abhängig. $J_{\xi\eta} = 0$, wenn eine der Achsen (hier η) eine Symmetrieachse der Fläche A ist.
Ist $A = b \cdot t$ die Fläche eines Rechteckes, dann ist

$$J_\xi = \int_0^t \eta^2 b \, d\eta = \frac{bt^3}{3} \quad \text{bzw.} \quad J_x = \int_{-\frac{t}{2}}^{\frac{t}{2}} y^2 b \, dy = \frac{bt^3}{12}$$

und

$$\eta_M = \frac{2}{3} t .$$

Mit η als Symmetrieachse ist $\xi_M = 0$.
Für Kugel- und Kreiszylinderabschnitte als Behälterwandausschnitte führt die Druckbelastung auf ein räumlich bzw. ein eben verteiltes Zentralkraftsystem, das auf eine Resultierende statisch äquivalent reduziert wird.

a) Kreiszylinderfläche, Abb. 2.23

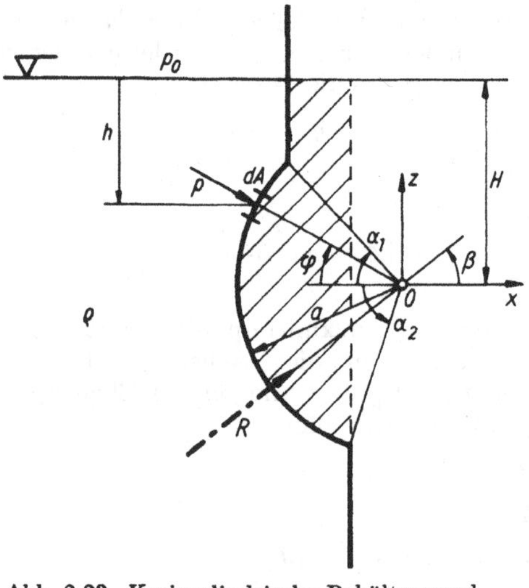

Abb. 2.23. Kreiszylindrische Behälterwand

Wir zerlegen die Kraft je Längeneinheit $pa \, d\varphi$ in x,z-Komponenten und summieren

$$R_x = \int_{-\alpha_2}^{\alpha_1} (pa \, d\varphi \cos \varphi), \qquad R_z = -\int_{-\alpha_2}^{\alpha_1} (pa \, d\varphi \sin \varphi).$$

Der Überdruck

$$p(h) = \varrho g h = \varrho g (H - a \sin \varphi)$$

eingesetzt, liefert

$$R_x = \varrho g a H \int_{-\alpha_2}^{\alpha_1} \left(\cos\varphi - \frac{a}{2H}\sin 2\varphi\right) \mathrm{d}\varphi = \varrho g h_{Sx} a(\sin\alpha_1 + \sin\alpha_2),$$

$$h_{Sx} = H\left[1 - \frac{a}{2H}(\sin\alpha_1 - \sin\alpha_2)\right],$$

und

$$R_z = -\varrho g a H \int_{-\alpha_2}^{\alpha_1} \left[\sin\varphi - \frac{a}{2H}(1 - \cos 2\varphi)\right] \mathrm{d}\varphi = g\varrho V,$$

$$V = Ha\left\{\cos\alpha_1 - \cos\alpha_2 + \frac{a}{2H}\left[\alpha_1 + \alpha_2 - \frac{1}{2}(\sin 2\alpha_1 + \sin 2\alpha_2)\right]\right\}.$$

V ist betragsmäßig gleich dem fiktiven in Abb. 2.23 schraffierten Flüssigkeitsvolumen je Längeneinheit. R_x wird so berechnet, als ob der Überdruck auf die projizierte Fläche A_x senkrecht x wirkt.

Die Resultierende $R = \sqrt{R_x^2 + R_z^2}$ geht unter dem Winkel β gegen die x-Achse geneigt, durch den Kreismittelpunkt, $\tan\beta = R_z/R_x$.

b) Kugelfläche, Abb. 2.24

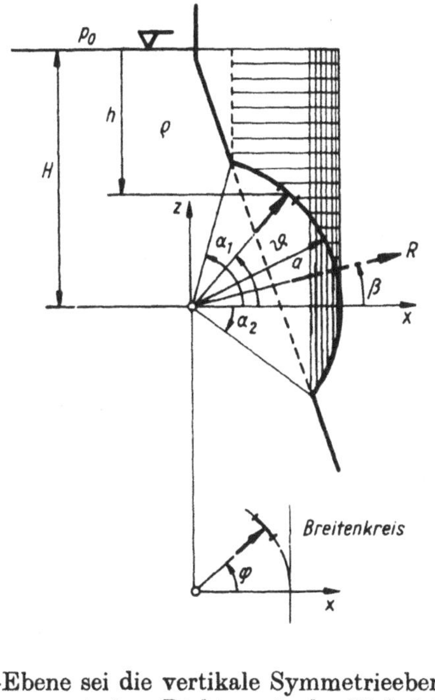

Abb. 2.24. Kugelige Behälterwand

Die x,z-Ebene sei die vertikale Symmetrieebene mit Längengrad Null. Die Druckkraftkomponente in x-Richtung in der Tiefe h ist mit dem Breitengrad ϑ

$$\mathrm{d}R_x = g\varrho h \,\mathrm{d}A \cos\vartheta \cos\varphi = g\varrho h \,\mathrm{d}A_x.$$

Integration über die x-Projektion der gedrückten Fläche A_x liefert

$$R_x = g\varrho \int_{A_x} h \, \mathrm{d}A_x = g\varrho h_{Sx} A_x$$

mit der Ellipsenfläche $A_x = \pi a^2 \sin^2 \frac{\alpha_1 + \alpha_2}{2} \cos \frac{\alpha_1 - \alpha_2}{2}$ und dem Schwerpunkts-abstand $h_{Sx} = H \left[1 - \frac{a}{2H} (\sin \alpha_1 - \sin \alpha_2)\right]$.

In z-Richtung finden wir

$$\mathrm{d}R_z = g\varrho h \, \mathrm{d}A \sin \vartheta = g\varrho h \, \mathrm{d}A_z .$$

Integration über die z-Projektion der gedrückten Fläche A_z ergibt

$$R_z = g\varrho \int_{A_z} h \, \mathrm{d}A_z = -g\varrho \frac{\pi a^3}{3} \left\{ \frac{3H}{a} (\alpha_2 - \alpha_1) + \frac{1}{2} [(1 - \cos \alpha_1)^2 (2 + \cos \alpha_1) + (1 - \cos \alpha_2)^2 (2 + \cos \alpha_2)] \right\} = g\varrho (V_1 - V_2),$$

V_1 horizontal, V_2 vertikal schraffiert in Abb. 2.24.
Schließlich bleibt noch die Reduzierung des räumlichen Kraftsystems des Druckes auf eine *dreidimensional gekrümmte Wand* (z. B. einer Talsperre). Ist $f(x, y, z) = 0$ die differenzierbare Gleichung der gedrückten Fläche, dann ist der Normalenvektor $\vec{e}_n$ in jedem Punkt definiert und gibt mit entsprechender Orientierung die Richtung der Überdruckkraft in der Tiefe h

$$p(h) \, \mathrm{d}S\vec{e}_n, \qquad \frac{n_x}{\partial f/\partial x} = \frac{n_y}{\partial f/\partial y} = \frac{n_z}{\partial f/\partial z}. \tag{2.107}$$

Die Komponenten dieser Kraft folgen mit $\vec{e}_n \cdot \vec{e}_x = n_x$ usw. zu $\mathrm{d}X = p \, \mathrm{d}Sn_x$, $\mathrm{d}Y = p \, \mathrm{d}Sn_y$, $\mathrm{d}Z = p \, \mathrm{d}Sn_z$. Das Oberflächenelement $\mathrm{d}S$, mit dem Richtungskosinus seiner Normalen multipliziert, gibt das projizierte ebene Flächenelement, also kann über die ebenen Projektionen A_x (in der y,z-Ebene), A_y (in der x,z-Ebene), A_z (in der x,y-Ebene) integriert werden.

Mit $\mathrm{d}X = p \, \mathrm{d}A_x$, $\mathrm{d}Y = p \, \mathrm{d}A_y$, $\mathrm{d}Z = p \, \mathrm{d}A_z$ folgen die drei Einzelkräfte

$$X_r = g\varrho \int_{A_x} h \, \mathrm{d}A_x = g\varrho h_{Sx} A_x, \qquad Y_r = g\varrho \int_{A_y} h \, \mathrm{d}A_y = g\varrho h_{Sy} A_y \tag{2.108}$$

in horizontalen, orthogonal kreuzenden Richtungen, $h_{S_{x,y}}$ sind die Tiefenkoordinaten der Schwerpunkte der Flächenprojektionen und

$$Z_r = g\varrho \int_{A_z} h \, \mathrm{d}A_z = g\varrho V \tag{2.109}$$

in lotrechter Richtung, wo V das fiktive Flüssigkeitsvolumen «über» der gedrückten Fläche bis zur freien Spiegelebene $h = 0$ ist.
Die Angriffspunkte dieser drei Kräfte in den Druckmittelpunkten der ebenen Projektionen A_x und A_y und im Volumenschwerpunkt von V können also relativ leicht ermittelt werden. Die drei Kräfte in diesen Punkten sind dann dem räumlichen verteilten Kraftsystem des Druckes statisch äquivalent.

Praktisch werden die ebenen Flächen A_x und A_y durch Planimetrieren und das Volumen V durch Auslitern eines maßstäblichen Modellgefäßes gemessen oder numerisch berechnet. Durch entsprechendes Aufhängen der ausgeschnittenen ebenen Flächen läßt sich $h_{S_{x,y}}$ und über das Modell auch der Volumenschwerpunkt ermitteln. Die Trägheitsmomente von A_x und A_y sind allerdings meist numerisch zu ermitteln (Ersatz der Integrale durch endliche Summen).

In einem *Beispiel* über die Auswirkungen der Druckkräfte soll das Füllen eines entlüfteten, dünnwandigen frei stehenden Rotationsparaboloides aus dichtem Material ϱ_K, mit einer Flüssigkeit der Dichte ϱ verfolgt werden. Die Füllhöhe H soll sich quasistatisch, also nur langsam, vergrößern. Der Basisradius sei a, die Höhe H_0, die Wandstärke $t \ll a$. Die Gewichtskraft der Schale ist dann, vgl. Abb. 2.25,

$$G = g\varrho_K \frac{2\pi}{3} 2aH_0 t \left[\left(1 + \left(\frac{a}{2H_0}\right)^2\right)^{3/2} - \left(\frac{a}{2H_0}\right)^3\right].$$

Die lotrechte Resultierende der Wanddruckkräfte in der Schalenachse, positiv nach oben, ist

$$R_z = g\varrho V, \qquad V = \pi a^2 \frac{H^2}{2H_0}.$$

Soll der untere Behälterrand aus Dichtungs- und Standsicherheitsgründen auf den Boden drücken, dann muß

$$G - R_z > 0,$$

also

$$\left(\frac{H}{H_0}\right)^2 < \frac{2G}{g\varrho a^2 \pi H_0}, \qquad \left(\frac{H}{H_0}\right) < 1.$$

Die erste Ungleichung kann durchaus die schärfere sein.

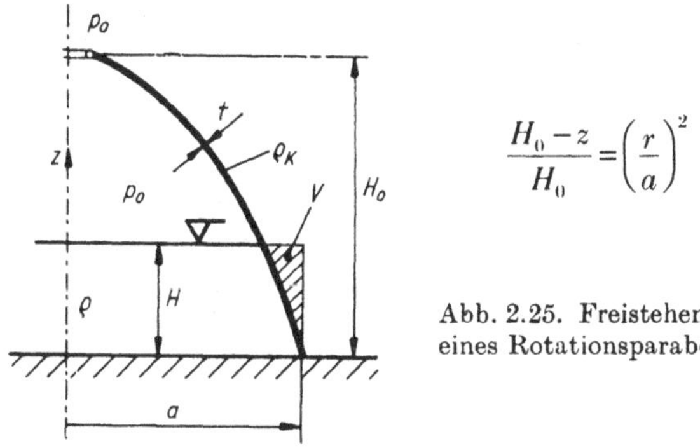

Abb. 2.25. Freistehender Behälter in der Form eines Rotationsparaboloides. «Abheben»

2.3.4. Der hydrostatische Auftrieb

Wir betrachten einen starren Körper, der allseits von «schwerer» inkompressibler Flüssigkeit umgeben ist. Auf die Oberflächenelemente des Körpers wirkt dann der entsprechende hydrostatische Druck $p = p_0 + \varrho g h$ senkrecht ein. Denkt man sich den starren Körper durch das Flüssigkeitsvolumen ersetzt, dann wäre dieses Teilvolumen in der ruhenden Flüssigkeit im Gleichgewicht. Das bedeutet: Die lotrechte Resultierende der am Körper bzw. an der fiktiven Flüssigkeit angreifenden Oberflächenkräfte (Druck) steht im Gleichgewicht mit der Gewichtskraft dieser gedachten Flüssigkeitsmenge. Das vom Körper verdrängte Flüssigkeitsvolumen wird kurz *Verdrängung* (oder auch Deplacement) V_D genannt, und die Gewichtskraft ist dann $G_D = g\varrho V_D$. Die lotrechte Resultierende R_z positiv nach oben heißt *hydrostatischer Auftrieb* A_S und folgt aus der Gleichgewichtsbedingung am fiktiven Flüssigkeitsballen.

$$A_S - G_D = 0 \quad \text{zu} \quad A_S = g\varrho V_D\,. \tag{2.110}$$

Der Angriffspunkt von A_S ist der geometrische Volumenschwerpunkt der Verdrängung S_D (die Flüssigkeit ist homogen vorausgesetzt). Die Körpergewichtskraft G_K dagegen greift im Körperschwerpunkt S_K an, der i. allg. verschieden von S_D ist.

Ein voll getauchter starrer Körper ist daher im Gleichgewicht, wenn

$$G_K - A_S = 0\,. \tag{2.111}$$

Als mögliche Gleichgewichtslagen kommen wegen der erforderlichen Momentenfreiheit nur zwei in Betracht, S_K über oder unter S_D ($S_K = S_D$ ist nur ein mathematischer Sonderfall). Man überlegt sich leicht, daß nur die Lage mit S_K unterhalb von S_D gegen Störungen der Gleichgewichtslage unempfindlich und daher *stabil* ist (siehe 9.1.). Man prüft dies «statisch» durch Herausdrehen der Verbindungslinie $\overline{S_K S_D}$ aus der Vertikalen. Für Stabilität der Gleichgewichtslage muß das entstehende Kräftepaar ein rückdrehendes Moment ergeben (ähnlich einer in S_D aufgehängten Pendelstange).

Der Auftrieb des *schwimmenden* starren Körpers kann nach der gleichen Regel ermittelt werden. Der Körper ist jetzt von zwei ruhenden Flüssigkeiten mit horizontaler Trennfläche umgeben. Die Verdrängung zerfällt dadurch in zwei Teilvolumina, und der hydrostatische Auftrieb entspricht der Summe $A_S = g\varrho V_D + g\varrho_L V_L$, wenn $\varrho_L \ll \varrho$ die Luftdichte und V_L die Luftverdrängung bezeichnet. Im Normalfall ist also mit genügender Genauigkeit

$$A_S = g\varrho V_D\,, \tag{2.112}$$

mit V_D dem in der tropfbaren Flüssigkeit verdrängten Volumen. Hier müssen auch alle jene Sonderfälle des Schwimmens ausgeschlossen bleiben, die von der *Oberflächenspannung der Flüssigkeit* stark beeinflußt werden (z. B. Rasierklinge «schwimmt» auf der Wasseroberfläche). Gleichgewicht der Schwimmlage erfordert dann

$$G_K = g\varrho V_D\,. \tag{2.113}$$

Wieder zeigt sich, daß stark inhomogene Körper, deren Schwerpunkte S_K unterhalb von S_D liegen, eine stabile Schwimmlage einnehmen. Eine kleine Störung dieser Lage zeigt, daß rückstellende Kräfte und Momente auftreten. Anders ist dies beim Schwimmen homogener Körper bzw. eben dann, wenn S_K oberhalb S_D zu liegen kommt. Gegen Herausheben bzw. tiefer Tauchen ist zwar immer noch Stabilität vorhanden, eine Drehstörung muß aber nicht wie beim voll getauchten Körper zum Umfallen führen. Wir untersuchen diesen Fall am Beispiel des stehenden und liegenden Schwimmens eines entsprechend leichten homogenen Kreiszylinders.

a) Stehendes Schwimmen; Stabilität (Abb. 2.26)

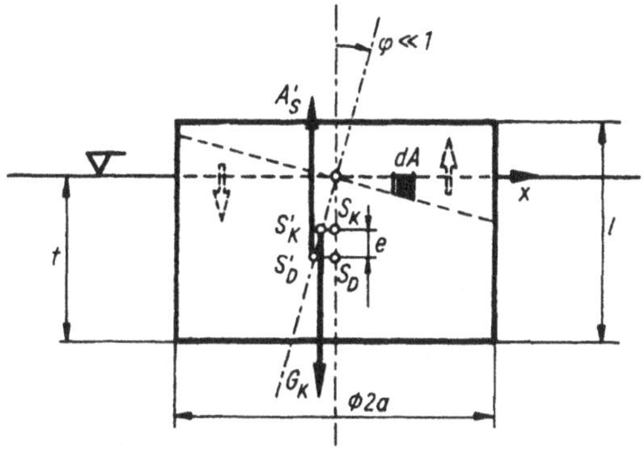

Abb. 2.26. Stehendes Schwimmen. Störung der Schwimmlage

Gleichgewicht liegt vor, wenn

$$G_K - A_S = 0, \qquad t = \frac{\varrho_K}{\varrho}\, l < l.$$

Mit kleiner Störung $\varphi \ll 1$ tritt ein axiales Moment auf, A ist der Querschnitt der Schwimmfläche in der x,y-Ebene,

$$\delta M_y = \int_A (g\varrho \,\mathrm{d}A\, x\, \varphi \cdot x) - A'_S e\varphi > 0, \qquad A'_S = A_S, \tag{2.114}$$

für Stabilität (rückdrehend). Auswertung der Ungleichung ergibt mit dem Trägheitsmoment der Schwimmfläche

$$J_y = \int_A x^2 \,\mathrm{d}A = \frac{\pi}{4}\, a^4$$

und $A_S = g\varrho\pi a^2 t$, die «geometrische» Stabilitätsbedingung

$$\frac{(2a)^2}{l^2} > 8\,\frac{\varrho_K}{\varrho}\left(1 - \frac{\varrho_K}{\varrho}\right).$$

Setzen wir das $\mathrm{Max}\left\{\frac{\varrho_K}{\varrho}\left(1 - \frac{\varrho_K}{\varrho}\right)\right\} = \frac{1}{4}$ ein, dann erhalten wir die hinreichende Stabilitätsbedingung

$$\left(\frac{2a}{l}\right) > \sqrt{2}.$$

Nur kurze, gedrungene Zylinder schwimmen aufrecht.
Wir können δM_y auch durch das «wahre Kräftepaar», nämlich G_K in S'_K und A_S im Volumenschwerpunkt der Verdrängung in geneigter Schwimmlage S''_D ausdrücken,

$$\delta M_y = A_S H_M \varphi > 0 \tag{2.115}$$

mit $H_M\varphi$ als Abstand von $\vec{A}_S$ in S''_D von $\vec{G}_K$ in S'_K in *geneigter* Schwimmlage, der mit Gl. (2.114) bestimmt ist. Die Ungleichung reduziert sich dann auf $H_M > 0$, mit H_M

als *metazentrischer Höhe* des Schnittpunktes von A_S mit der Verbindungsgeraden $\overline{S'_K S'_D}$, der bei Stabilität über S_K liegt. Im Beispiel ist

$$H_M/l = \frac{a^2}{4l^2}\frac{\varrho}{\varrho_K} - \frac{1-\varrho_K/\varrho}{2} > 0$$

zu fordern.

b) Liegendes Schwimmen; Stabilität

$V_D = \frac{a^2}{2}(\alpha - \sin\alpha)\, l$, wo $a\alpha$ als benetzter Umfang die Eintauchtiefe ersetzt. $A_S = G_K$ ergibt die nichtlineare Gleichung für α

$$\alpha - \sin\alpha = 2\pi\frac{\varrho_K}{\varrho}, \qquad \alpha < 2\pi.$$

Mit $\overline{S_K S_D} = \frac{2}{3\pi}\frac{\varrho}{\varrho_K} a \sin^3\frac{\alpha}{2}$ und $J_y = \frac{l^3 2a \sin\frac{\alpha}{2}}{12}$ wird

$$H_M/a = \frac{2\varrho}{3\pi\varrho_K}\sin\frac{\alpha}{2}\left(\frac{l^2}{(2a)^2} - \sin^2\frac{\alpha}{2}\right) > 0.$$

Die geometrische Stabilitätsbedingung ist dann $\frac{l}{2a} > \sin\frac{\alpha}{2}$. Eine hinreichende Bedingung ist $\frac{l}{2a} > 1$. Zwischen stehendem und liegendem Schwimmen gibt es die hier nicht näher untersuchten schrägen Schwimmlagen.
Von hydrostatischem Auftrieb spricht man auch im Falle *gelagerter Körper*, wenn die Einwirkung des Flüssigkeitsdruckes, «mathematisch» gesprochen, nur in einzelnen Punkten oder längs Linien der Körperoberfläche entfällt. Das Schwimmen eines drehbar gelagerten stabförmigen homogenen Körpers mit konstantem Querschnitt A soll dies illustrieren, Abb. 2.27.

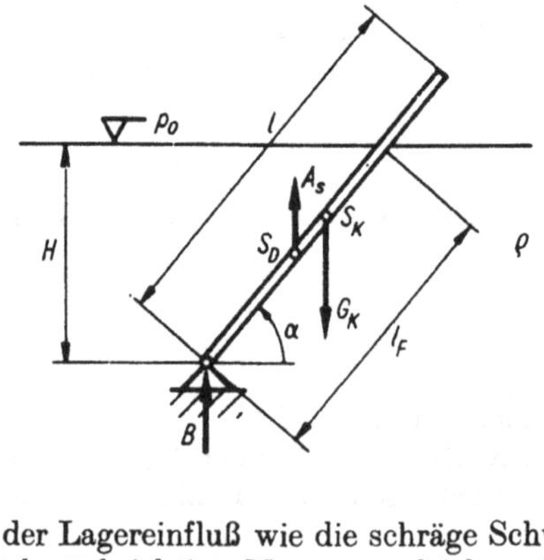

Abb. 2.27. «Hydrostatischer Auftrieb» des punktförmig gelagerten Stabes

Sowohl der Lagereinfluß wie die schräge Schwimmfläche werden in $A_S = g\varrho A l_F$ und S_D nicht berücksichtigt. Momentengleichgewicht um B ergibt mit $G_K = g\varrho_K A l$

$$\left(G_K\frac{l}{2} - A_S\frac{l_F}{2}\right)\cos\alpha = 0.$$

Ist $\alpha \neq \pi/2$, dann wird

$$l_F = \frac{H}{\sin \alpha} = l \sqrt{\frac{\varrho_K}{\varrho}} \leqq l .$$

Im Lager tritt eine lotrechte Reaktionskraft B auf. Mit

$$B + A_S - G_K = 0$$

folgt $$B = G_K - A_S = G_K \left(1 - \sqrt{\frac{\varrho}{\varrho_K}}\right).$$

Die zweite Lösung des Momentengleichgewichtes, $\alpha = \frac{\pi}{2}$, führt auf stehendes Schwimmen, $l_F = H < l$. Mit $A_S = g\varrho A H$ folgt jetzt

$$B = G_K - A_S = G_K \left(1 - \frac{\varrho}{\varrho_K} \frac{H}{l}\right).$$

Diese Gleichgewichtslage ist stabil, solange

$$\delta M_y = A_S \frac{H}{2} \varphi - G_K \frac{l}{2} \varphi > 0, \qquad \varphi \ll 1$$

oder

$$\frac{\varrho_K}{\varrho} < \left(\frac{H}{l}\right)^2 < 1 .$$

2.4. Flächenträgheitsmomente und ihre Transformationseigenschaften

Wir betrachten eine *ebene Fläche A* und bilden, nach Wahl eines kartesischen Koordinatensystems (x, y), siehe Abb. 2.28, die axialen Trägheitsmomente

$$J_x = \int_A y^2 \,\mathrm{d}A , \qquad J_y = \int_A x^2 \,\mathrm{d}A \tag{2.116}$$

und das sogenannte Flächendeviationsmoment

$$J_{xy} = \int_A xy \,\mathrm{d}A . \tag{2.117}$$

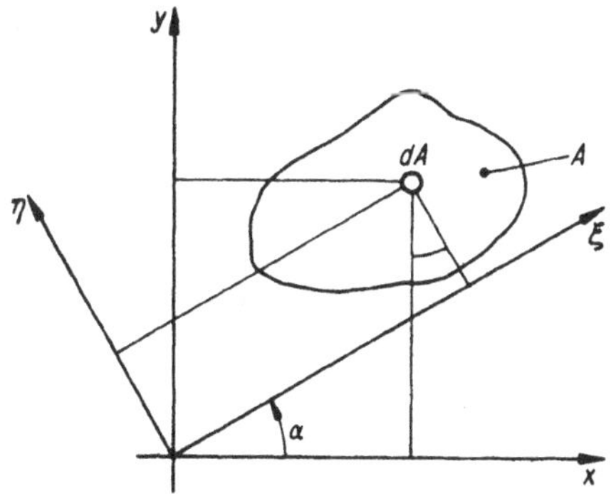

Abb. 2.28. Fläche A und zwei um den Winkel α gedrehte Koordinatensysteme

Das sind Ausdrücke, die als Flächenmomente 2. Ordnung von der Form und Größe der Fläche und ihrer Lage zu den x,y-Achsen abhängen[1], die Dimension ist [m^4]. Das Deviationsmoment kann positiv oder negativ sein und ist ein Maß für die Abweichung der «Flächenverteilung» von der symmetrischen Gestalt. Ist die x- oder y-Achse Symmetrieachse, dann ist $J_{xy} = 0$. Hat man die Integrale (analytisch oder numerisch) für ein bestimmtes Achsenpaar ermittelt, dann möchte man ohne neuerliche Integration auf parallel verschobene Achsen und auch auf verdrehte Achsen umrechnen.

a) Trägheitsmomente um parallele Achsen

Ist ξ parallel x im Abstand b, dann folgt mit $\eta = y + b$,

$$J_\xi = \int_A \eta^2 \, dA = \int_A y^2 \, dA + 2b \int_A y \, dA + b^2 A = J_x + b^2 A + 2b \int_A y \, dA .$$

Bei der Umrechnung zwischen allgemeinen parallelen Achsen tritt das *statische Moment* der Fläche um die x-Achse auf. Ist die x-Achse Schwerachse, verschwindet das statische Moment definitionsgemäß, $\int_A y \, dA = y_S A = 0$, und wir erhalten den *Steinerschen Satz:*

$$J_\xi = J_x + b^2 A , \tag{2.118}$$

x Schwerachse, ξ parallele Achse im Abstand b.
Analog für die Achse η parallel y im Abstand a, mit $\xi = x + a$,

$$J_\eta = \int_A \xi^2 \, dA = \int_A x^2 \, dA + 2a \int_A x \, dA + a^2 A = J_y + a^2 A + 2a \int_A x \, dA .$$

Ist y Schwerachse, dann gilt wegen $\int_A x \, dA = x_S A = 0$

$$J_\eta = J_y + a^2 A , \tag{2.119}$$

y Schwerachse, η parallele Achse im Abstand a.
Das Deviationsmoment wird mit $\xi = x + a$ und $\eta = y + b$

$$J_{\xi\eta} = \int_A \xi\eta \, dA = \int_A xy \, dA + a \int_A y \, dA + b \int_A x \, dA + abA = J_{xy} + abA$$
$$+ a \int_A y \, dA + b \int_A x \, dA .$$

Mit x,y-Schwerachsen verschwinden die statischen Momente und

$$J_{\xi\eta} = J_{xy} + abA , \quad \left\{ \begin{array}{l} x,\, y \text{ Schwerachsen,} \\ \xi,\, \eta \text{ paralleles Achsenkreuz im vorzeichen-} \\ \text{behafteten Abstand } a,\, b. \end{array} \right. \tag{2.120}$$

b) Trägheitsmomente um gedrehte Achsen (*Mohr*scher Trägheitskreis)

Bei Drehung des Koordinatensystems um die z-Achse durch den Winkel α wird nach Abb. 2.28 $\xi = x \cos\alpha + y \sin\alpha$, $\eta = -x \sin\alpha + y \cos\alpha$, vergleiche auch die ortho-

[1] Für genormte Querschnitte siehe die Zahlentafeln z. B. in Dubbels Taschenbuch für den Maschinenbau. — (W. Beitz und K. H. Küttner, Eds.). — Berlin; Heidelberg; New York: Springer-Verlag, 14. Aufl., 1981.

gonale Vektortransformation

$$\begin{Bmatrix} \xi \\ \eta \end{Bmatrix} = \boldsymbol{D} \begin{Bmatrix} x \\ y \end{Bmatrix}, \tag{2.121}$$

mit der schiefsymmetrischen Drehmatrix $\boldsymbol{D} = \begin{pmatrix} \cos\alpha & \sin\alpha \\ -\sin\alpha & \cos\alpha \end{pmatrix}$.

Damit wird definitionsgemäß nach Einsetzen

$$\begin{aligned} J_\xi &= \int_A \eta^2 \, \mathrm{d}A = J_x \cos^2\alpha + J_y \sin^2\alpha - J_{xy} \sin 2\alpha \\ &= \frac{J_x + J_y}{2} + \frac{J_x - J_y}{2} \cos 2\alpha - J_{xy} \sin 2\alpha \\ J_\eta &= \int_A \xi^2 \, \mathrm{d}A = J_x \sin^2\alpha + J_y \cos^2\alpha + J_{xy} \sin 2\alpha \\ &= \frac{J_x + J_y}{2} - \frac{J_x - J_y}{2} \cos 2\alpha + J_{xy} \sin 2\alpha \\ J_{\xi\eta} &= \int_A \xi\eta \, \mathrm{d}A = \frac{J_x - J_y}{2} \sin 2\alpha + J_{xy} \cos 2\alpha . \end{aligned} \tag{2.122}$$

Das sind aber die Transformationsformeln der Tensorelemente des ebenen Tensors, vgl. Gln. (2.13) und (2.14). Zusammengefaßt kann nach den Regeln der Matrizenmultiplikation auch

$$\begin{pmatrix} J_\xi & -J_{\xi\eta} \\ -J_{\xi\eta} & J_\eta \end{pmatrix} = \boldsymbol{D} \begin{pmatrix} J_x & -J_{xy} \\ -J_{xy} & J_y \end{pmatrix} \boldsymbol{D}^{\mathrm{T}} \tag{2.123}$$

als «Ähnlichkeitstransformation» geschrieben werden, $\boldsymbol{D}$ ist die Drehmatrix, $\boldsymbol{D}^{\mathrm{T}}$ ihre transponierte Matrix. Wir konstruieren den *Mohrschen Trägheitskreis* (vgl. *Mohrscher* Spannungskreis), in der rechten Hälfte der $((J_\xi, J_\eta), J_{\xi\eta})$-Ebene mit Mittelpunkt in $(J_x + J_y)/2 = (J_\xi + J_\eta)/2$, durch Kreispunkte $(J_\xi, -J_{\xi\eta})$, $(J_\eta, J_{\xi\eta})$. Die Hauptträgheitsmomente sind dann $(J_{12} = 0)$,

$$J_{1,2} = \frac{J_x + J_y}{2} \pm \frac{1}{2} \sqrt{(J_x - J_y)^2 + 4J_{xy}^2} \tag{2.124}$$

um das Achsenpaar 1, 2 im Winkel α_1, $\alpha_1 + \dfrac{\pi}{2}$ gegen die x-Achse mit

$$\tan 2\alpha_1 = \frac{-2J_{xy}}{J_x - J_y}, \tag{2.125}$$

α_1 kann ebenfalls direkt der Abb. 2.29 entnommen werden.
Das polare Flächenträgheitsmoment, oder Trägheitsmoment um die z-Achse, tritt noch in den Anwendungen auf:

$$J_{\mathrm{P}} = \int_A r^2 \, \mathrm{d}A = \int_A (x^2 + y^2) \, \mathrm{d}A = J_x + J_y . \tag{2.126}$$

Da J_{P} unabhängig von der speziellen Orientierung der x,y-Achsen zur Fläche A ist, erkennt man $J_x + J_y = J_1 + J_2$ wieder als 1. Invariante des Trägheitstensors bei Drehung der Koordinatenachsen (x, y) um die z-Achse.

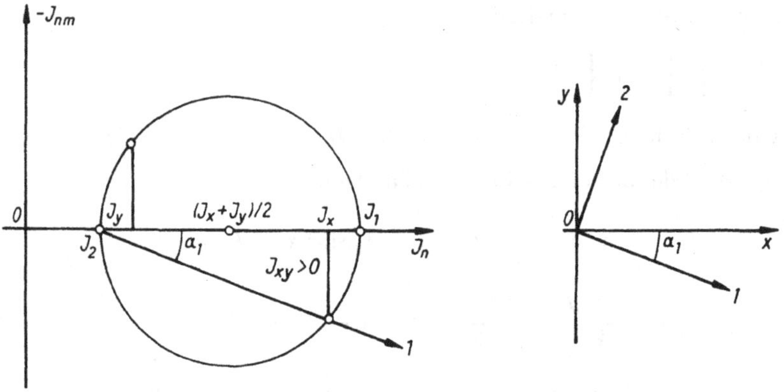

Abb. 2.29. *Mohr*scher Trägheitskreis. Geg: $J_x, J_y, J_{xy} > 0$; ges: J_1, J_2, α_1

c) Trägheitsellipse

Mit Hilfe des *Trägheitsradius*, definiert durch den Ansatz

$$J_x = A i_x^2, \qquad i_x = \sqrt{J_x/A}, \tag{2.127}$$

und mit den Hauptträgheitsradien $i_1 = \sqrt{J_1/A}$, $i_2 = \sqrt{J_2/A}$, führen wir den reziproken Trägheitsradius r

$$r = \frac{i_1 i_2}{i_x} \tag{2.128}$$

ein. In Hauptachsendarstellung ist mit α von 1- zur x-Achse

$$J_x = J_1 \cos^2\alpha + J_2 \sin^2\alpha$$

oder

$$1 = \left(\frac{r\cos\alpha}{i_2}\right)^2 + \left(\frac{r\sin\alpha}{i_1}\right)^2. \tag{2.129}$$

Das ist die Hauptachsenform der Ellipsengleichung mit $x = r\cos\alpha$, $y = r\sin\alpha$. Da $i_1 > i_2$, steht die größere Halbachse i_1 senkrecht auf der Hauptträgheitsachse 1. Die Trägheitsellipse im Schwerpunkt der Fläche heißt *Zentralellipse*. Dem ebenen Trägheitstensor wird eine Ellipse zugeordnet, da $J_1, J_2 > 0$. Einem allgemeinen symmetrischen Tensor (wie dem ebenen Verzerrungs- und Spannungstensor) entspricht ein Kegelschnitt (z. B. auch Hyperbel oder Parabel).

Beispiel: Zentralellipse der Rechteckfläche BH. Die seitenparallelen Schwerachsen sind Symmetrieachsen und daher Trägheitshauptachsen. Mit $J_1 = BH^3/12 > J_2 = HB^3/12$ folgt mit $A = BH$, $i_1/i_2 = H/B$ und $i_1 = H\sqrt{3}/6 \sim 0{,}289H$.

2.5. Statik der Linientragwerke

Als Linientragwerke bezeichnet man schlanke Konstruktionen unter der Wirkung äußerer Kräfte. Wir betrachten die Statik des längs- und querbelasteten beliebig (aber schwach) gekrümmten Stabes im «eingefrorenen» Deformationszustand zuerst und gehen anschließend auf die Statik idealer (biegeweicher) Seile ein.

2.5.1. Zur Stabstatik

Wir bilden einen Querschnitt an der Stelle s durch einen längs- und querbelasteten Stab und zerlegen den Spannungsvektor $\vec{\sigma}_x$ in die Normalspannungskomponente σ_{xx} in Tangentenrichtung an die Stabachse (diese ist als Verbindungslinie der Querschnittsschwerpunkte scheindefiniert und hat die Bogenlänge s) und in die beiden Schubspannungskomponenten σ_{xy} und σ_{xz} im lokalen kartesischen Koordinatensystem. Von einem Stab, d. h. einem Körper, dessen Querschnittsabmessungen klein gegen die Längserstreckung sind, spricht man dann, wenn im Spannungstensor nur die Spannungskomponenten σ_{xx}, $\sigma_{xy} = \sigma_{yx}$, $\sigma_{xz} = \sigma_{zx}$ berücksichtigt werden. Alle anderen 4 Spannungskomponenten σ_{yy}, σ_{zz}, $\sigma_{yz} = \sigma_{zy}$ dürfen nur vernachlässigbar kleine Werte annehmen[1]. Um dann bequem Statik betreiben zu können, faßt man die über den Querschnitt in (y, z) verteilten inneren Kräfte zu den statisch äquivalenten resultierenden Schnittgrößen zusammen.

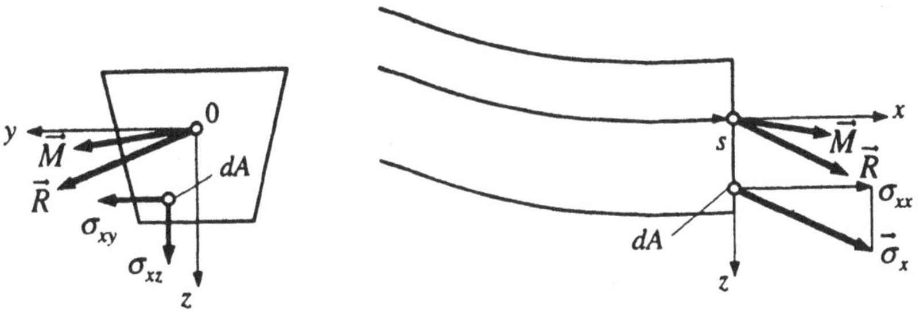

Abb. 2.30. Stabquerschnitt. Spannungsvektor. Vektoren der resultierenden Schnittgrößen

Man wählt einen beliebigen Bezugspunkt 0 in der y,z-Ebene (Abb. 2.30), z. B. auch den Querschnittsschwerpunkt, und reduziert das räumliche Kraftsystem $\vec{\sigma}_x \, \mathrm{d}A$, mit Angriffspunkten in der Querschnittsebene:

$$\vec{R} = \int_A \vec{\sigma}_x \, \mathrm{d}A, \qquad \vec{M} = \int_A \vec{r} \times \vec{\sigma}_x \, \mathrm{d}A, \qquad \vec{r} = y\vec{e}_y + z\vec{e}_z. \tag{2.130}$$

Wir haben die Koordinatenrichtungen bereits so gewählt, daß die technische Bedeutung der Komponenten von $\vec{R} = N\vec{e}_x + Q_y\vec{e}_y + Q_z\vec{e}_z$ deutlich wird:

Längs- oder Normalkraft $\quad N(s) = \int_A \sigma_{xx} \, \mathrm{d}A,$ (2.131)

$\frac{N}{A} = \frac{1}{A} \int \sigma_{xx} \, \mathrm{d}A$, mathematischer Mittelwert der Normalspannung in $s = \text{const}$ und Wert der *uniformen* Spannungsverteilung der reinen Längskraftbeanspruchung.

Querkräfte $\quad Q_y(s) = \int_A \sigma_{xy} \, \mathrm{d}A, \qquad Q_z(s) = \int_A \sigma_{xz} \, \mathrm{d}A,$ (2.132)

[1] Für Sonderformen sind auch diese Spannungskomponenten zu berücksichtigen. Dafür stehen verallgemeinerte Stabtheorien zur Verfügung.

$\frac{Q_i}{A} = \frac{1}{A} \int\limits_A \sigma_{xi} \, \mathrm{d}A$, $(i = y, z)$, mathematischer Mittelwert der Schubspannungskomponenten in $s = \text{const}$.

Sind z. B. $Q_y = Q_z = 0$ und auch $\vec{M} = \vec{0}$ bei *gerader* Stabachse $s = x$, dann stoßen wir auf den schon untersuchten Zugstab (bzw. Druckstab) unter reiner Längskraftbeanspruchung N. Unter der Annahme konstanter Spannung im durch N beanspruchten Querschnitt ist diese N/A. Mit

$$\vec{M} = \int\limits_A \begin{vmatrix} \vec{e}_x & \vec{e}_y & \vec{e}_z \\ 0 & y & z \\ \sigma_{xx}\,\mathrm{d}A & \sigma_{xy}\,\mathrm{d}A & \sigma_{xz}\,\mathrm{d}A \end{vmatrix} = M_x\vec{e}_x + M_y\vec{e}_y + M_z\vec{e}_z$$

erhalten wir die axialen Momente der inneren Kräfte zu

$$M_x = \int\limits_A (y\sigma_{xz} - z\sigma_{xy})\,\mathrm{d}A\,, \qquad M_y = \int\limits_A z\sigma_{xx}\,\mathrm{d}A\,, \qquad M_z = -\int\limits_A y\sigma_{xx}\,\mathrm{d}A\,. \tag{2.133}$$

Ein Wechsel des Bezugspunktes von 0 nach A' $(y = b, z = c)$ in der Querschnittsebene ergibt mit Gl. (2.60)

$$\vec{M}' = \vec{M} - \vec{a}\times\vec{R} = M_x'\vec{e}_x + M_y'\vec{e}_y + M_z'\vec{e}_z\,, \qquad \vec{a} = b\vec{e}_y + c\vec{e}_z\,,$$

die neuen axialen Momente

$$M_x' = M_x - (bQ_z - cQ_y)\,, \qquad M_y' = M_y - cN\,, \qquad M_z' = M_z + bN\,. \tag{2.134}$$

Auf Grund der Kopplung mit den Komponenten von $\vec{R}$ fassen wir nun die beiden Teilgruppen (Q_y, Q_z, M_x) und (N, M_y, M_z) jeweils statisch äquivalent zusammen. Aus der zweiten finden wir einerseits einen speziellen Angriffspunkt $A' = A_N$ von $N \neq 0$ in der Querschnittsebene, für den gilt $M_y' = M_z' = 0$. Seine Koordinaten sind

$$y_N = b = -M_z/N\,, \qquad z_N = c = M_y/N \tag{2.135}$$

zum (beliebigen) Koordinatenursprung 0. Das innere Kraftsystem (N, M_y, M_z) läßt sich also statisch äquivalent durch eine «exzentrisch» angreifende Längskraft $N \neq 0$ ersetzen. Andererseits können wir einen (speziellen) Bezugspunkt $A' = S$ suchen, in dem N angreift und wo M_y' und M_z' von N bzw. von der Spannungsverteilung $\sigma_{xx}'(y, z; s)$ zufolge N (z. B. bei uniformer Verteilung $\sigma_{xx}' = N/A$) unabhängig werden. Wir setzen $\sigma_{xx} = \sigma_{xx}' + \sigma_{xx}'' + \sigma_{xx}'''$, wo $\int\limits_A \sigma_{xx}'\,\mathrm{d}A = N$, $\int\limits_A \sigma_{xx}''\,\mathrm{d}A = 0$ und σ_{xx}''' weder auf eine Längskraft noch auf ein Moment führt (man nennt sie *Eigenspannung*), $\int\limits_A \sigma_{xx}'''\,\mathrm{d}A = 0$, $\int\limits_A z\,\sigma_{xx}'''\,\mathrm{d}A = \int\limits_A y\sigma_{xx}'''\,\mathrm{d}A = 0$. Dann folgt mit Gl. (2.134)

$$M_y' = \int\limits_A z(\sigma_{xx}' + \sigma_{xx}'')\,\mathrm{d}A - cN\,, \qquad M_z' = \int\limits_A -y(\sigma_{xx}' + \sigma_{xx}'')\,\mathrm{d}A + bN\,. \tag{2.136}$$

Durch Vergleich und aus den obenstehenden Definitionen folgt mit der Forderung, daß das Moment der Kräfte $\sigma_{xx}''\,\mathrm{d}A$ bezugspunktunabhängig sein soll,

$$M_y' = \int\limits_A z\sigma_{xx}''\,\mathrm{d}A\,, \qquad M_z' = -\int\limits_A y\sigma_{xx}''\,\mathrm{d}A:$$

$$\int\limits_A z\sigma_{xx}'\,\mathrm{d}A = cN\,, \qquad \int\limits_A y\sigma_{xx}'\,\mathrm{d}A = bN\,,$$

also

$$b = \frac{1}{N}\int\limits_A y\sigma'_{xx}\,\mathrm{d}A \quad \text{und} \quad c = \frac{1}{N}\int\limits_A z\sigma'_{xx}\,\mathrm{d}A. \tag{2.137}$$

Besitzt der Querschnitt z. B. eine z-parallele Symmetrieachse durch den Schwerpunkt S und ergibt sich auch die Längsspannungsverteilung σ'_{xx} symmetrisch zu dieser Symmetrieachse, dann folgt unmittelbar mit $y = y_S + y'$, der Integrand $y'\sigma'_{xx}$ ist dann schiefsymmetrisch in y'

$$b = \frac{1}{N}\int\limits_A y_S\sigma'_{xx}\,\mathrm{d}A + \frac{1}{N}\int\limits_A y'\sigma'_{xx}\,\mathrm{d}A = y_S. \tag{2.138}$$

Der Bezugspunkt liegt auf der Symmetrieachse durch S in c. Besitzt der Querschnitt eine zweite, y-parallele Symmetrieachse und ist auch σ'_{xx} doppelt symmetrisch, dann ist auch

$$c = \frac{1}{N}\int\limits_A z_S\sigma'_{xx}\,\mathrm{d}A + \frac{1}{N}\int\limits_A z'\sigma'_{xx}\,\mathrm{d}A = z_S. \tag{2.139}$$

Der Reduktionspunkt fällt in den *Querschnittsschwerpunkt*. Dies ist insbesondere dann der Fall, wenn $\sigma'_{xx} = N/A$ der mittleren Normalspannung gleich gesetzt werden kann. Im letzten Fall ist also $N = \int\limits_A \sigma_{xx}\,\mathrm{d}A$ die Längskraft, mit Angriffspunkt im Schwerpunkt, und $M_y = \int\limits_A z\sigma_{xx}\,\mathrm{d}A$, $M_z = -\int\limits_A y\sigma_{xx}\,\mathrm{d}A$, y,z-Schwerachsen, stellen die *Biegemomente* dar, die unabhängig von N bzw. von der Längsspannungsverteilung σ'_{xx} mit Doppelsymmetrie sind.

Nun verbleibt die statische Untersuchung der Kräftegruppe (Q_y, Q_z, M_x) im beliebigen Bezugspunkt 0. Beim Wechsel des Bezugspunktes kann $M'_x = 0$ verlangt werden: Diese Forderung ist erfüllt für alle Bezugspunkte (b, c) auf der Geraden $(y = b,\ z = c)$

$$bQ_z - cQ_y = M_x. \tag{2.140}$$

In (b, c) reduziert sich die innere Kräftegruppe (Q_y, Q_z, M_x) in 0 auf $(Q_y, Q_z, M'_x = 0)$, also auf eine exzentrisch liegende Querkraft $Q = \sqrt{Q_y^2 + Q_z^2}$. Die Suche nach einem speziellen Bezugspunkt $A' = A_M$, in dem das axiale Moment M'_x von der Größe der Querkraftkomponenten unabhängig wird, ist nun analog zu führen, da im allgemeinen der Querkraftanteil in den Schubspannungen nichtlinear in (y, z), also nicht durch den Mittelwert Q/A, gegeben ist. Wir setzen nun $\sigma_{xz} = \sigma'_{xz} + \sigma''_{xz} + \sigma'''_{xz}$, $\sigma_{xy} = \sigma'_{xy} + \sigma''_{xy} + \sigma'''_{xy}$, wo σ'_{xy}, σ'_{xz} als *Torsionsschubspannungen* bezeichnet werden mit Mittelwert Null

$$\int\limits_A \sigma'_{xy}\,\mathrm{d}A = \int\limits_A \sigma'_{xz}\,\mathrm{d}A = 0,$$

und σ''_{xy}, σ''_{xz} Schubspannungsanteile zufolge der Querkraftbeanspruchung $Q_y = \int\limits_A \sigma''_{xy}\,\mathrm{d}A$ bzw. $Q_z = \int\limits_A \sigma''_{xz}\,\mathrm{d}A$ sind. σ'''_{xy} ist eine eventuell vorhandene *Eigenschubspannungsverteilung*, die weder auf eine Querkraft noch auf ein Moment führt. In M_x eingesetzt folgt mit

$$M'_x = \int\limits_A [y(\sigma'_{xz} + \sigma''_{xz}) - z(\sigma'_{xy} + \sigma''_{xy})]\,\mathrm{d}A - (bQ_z - cQ_y),$$

$M_x' = M_\mathrm{T}$ mit dem Torsionsmoment

$$M_\mathrm{T} = \int_A (y\sigma_{xz}' - z\sigma_{xy}')\,\mathrm{d}A \tag{2.141}$$

genau dann, wenn

$$\int_A (y\sigma_{xz}'' - z\sigma_{xy}'')\,\mathrm{d}A = bQ_z - cQ_y. \tag{2.142}$$

Die Gerade (2.142) der möglichen Bezugspunkte ($y = b$, $z = c$) liegt parallel zur resultierenden Querkraft. Da σ_{xz}'', $\sigma_{xy}'' \neq \text{const}$, folgt daraus im allgemeinen $b \neq y_\mathrm{S}$, $c \neq z_\mathrm{S}$. Der Bezugspunkt $A' = A_\mathrm{M}$, der *Schubmittelpunkt*, liegt allerdings auf einer eventuell vorhandenen Querschnittssymmetrieachse parallel z dann, wenn auch die Querkraftschubspannungsverteilung σ_{xz}'' symmetrisch ist. Mit $y = y_\mathrm{S} + y'$ folgt dann

$$\int_A [(y_\mathrm{S} + y')\,\sigma_{xz}'' - z\sigma_{xy}'']\,\mathrm{d}A = y_\mathrm{S}Q_z - \int_A z\sigma_{xy}''\,\mathrm{d}A = bQ_z - cQ_y, \tag{2.143}$$

also $b = y_\mathrm{S}$, $c = \dfrac{1}{Q_y}\displaystyle\int_A z\sigma_{xy}''\,\mathrm{d}A$. Ist der Querschnitt doppelt symmetrisch und kann auch die Schubspannung σ_{xy}'' symmetrisch vorausgesetzt werden, dann folgt mit $z = z_\mathrm{S} + z'$ unmittelbar

$$\int_A z\sigma_{xy}''\,\mathrm{d}A = \int_A (z_\mathrm{S} + z')\,\sigma_{xy}''\,\mathrm{d}A = z_\mathrm{S}Q_y = cQ_y, \quad \text{also} \quad c = z_\mathrm{S}. \tag{2.144}$$

Nur bei doppelt symmetrischen Querschnitten kann der Querschnittsschwerpunkt der im obigen Sinne ausgezeichnete Bezugspunkt der inneren Kräfte sein, daß nämlich die axialen Momente $M_x = M_\mathrm{T}$ das Torsionsmoment und M_y, M_z die Biegemomente ergeben. Sonst ist zur Bestimmung des Torsionsmomentes für den Lastfall *Torsion und Querkraft* der Schubmittelpunkt neben dem Schwerpunkt zu ermitteln, siehe Gl. (6.118). Die allgemeineren Fälle treten z. B. in sogenannten Verbundträgern auf, wo der geometrische Querschnittsschwerpunkt seine Bedeutung als Bezugspunkt völlig verliert.

a) Der eben gekrümmte Stab. Gleichgewicht am Stabelement, Abb. 2.31

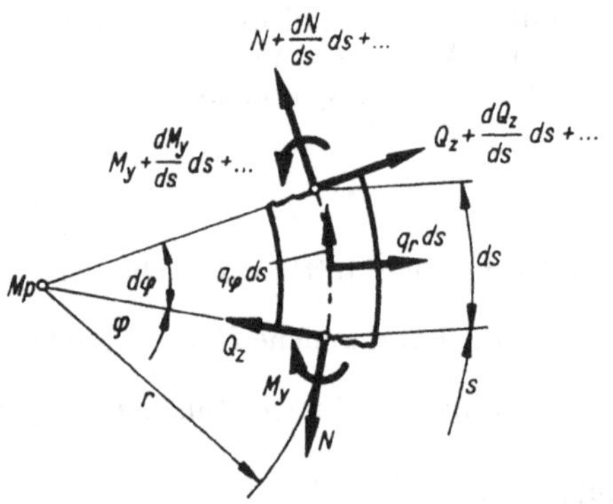

Abb. 2.31. Element des eben gekrümmten Stabes

Wir nehmen eine torsionsfreie Beanspruchung an und leiten aus den Gleichgewichtsbedingungen am Stabelement den Zusammenhang zwischen Normalkraft, Querkraft und Biegemoment her. Die Belastung setzt sich aus Volumenkräften (z. B. dem Eigengewicht) und Oberflächenkräften, am Stabmantel und den Stirnflächen angreifend, zusammen und wird entsprechend der Stabtheorie statisch äquivalent in jedem Querschnitt in den Schwerpunkt reduziert. Im Falle der eben gekrümmten Stabachse ergibt dies unter Ausschluß verteilter Momente eine äußere Kraft pro Längeneinheit in der Achsenebene mit Komponenten tangential und normal zur Stabachse, q_r, q_φ, in lokalen Polarkoordinaten. Wir schneiden aus dem (eben verformten und schwach vorgekrümmten) Stab ein Stabelement der Länge ds. An Stelle der inneren Kräfte bringen wir ihre statisch äquivalenten Schnittgrößen, N, Q_z, M_y, positiv an der Schnittstelle $s + \mathrm{d}s$, mit positiver Normalen, und negativ an der Schnittstelle s an. Die Gleichgewichtsbedingungen liefern dann:
In radialer Richtung (r und z), mit linearer Approximation von $Q_z(s + \mathrm{d}s)$:

$$Q_z(s) + \frac{\mathrm{d}Q_z}{\mathrm{d}s}\,\mathrm{d}s + q_r\,\mathrm{d}s - Q_z(s) - N(s)\,\mathrm{d}\varphi + \cdots = 0$$

Mit $r = r(s)$ als Krümmungsradius der Stabachse ist $\mathrm{d}s = r\,\mathrm{d}\varphi$, und nach Grenzübergang $\mathrm{d}\varphi \to 0$ folgt exakt

$$\frac{\mathrm{d}Q_z}{\mathrm{d}s} - \frac{N}{r} = -q_r. \tag{2.145}$$

In tangentialer Richtung (ds und x), mit linearer Approximation von $N(s + \mathrm{d}s)$,

$$N(s) + \frac{\mathrm{d}N}{\mathrm{d}s}\,\mathrm{d}s + q_\varphi\,\mathrm{d}s - N(s) + Q_z(s)\,\mathrm{d}\varphi + \cdots = 0,$$

woraus mit $\mathrm{d}\varphi \to 0$ exakt folgt,

$$\frac{\mathrm{d}N}{\mathrm{d}s} + \frac{Q_z}{r} = -q_\varphi. \tag{2.146}$$

Das axiale Moment um die y-Achse durch 0, mit linearer Approximation von $M_y(s + \mathrm{d}s)$,

$$M_y(s) + \frac{\mathrm{d}M_y}{\mathrm{d}s}\,\mathrm{d}s - M_y(s) - Q_z(s)\,\mathrm{d}s + \cdots = 0$$

bzw. nach Grenzübergang $\mathrm{d}\varphi \to 0$ ebenfalls exakt

$$Q_z = \frac{\mathrm{d}M_y}{\mathrm{d}s}. \tag{2.147}$$

Diese drei differentiellen oder lokalen Gleichgewichtsbedingungen entkoppeln für den Sonderfall des *Stabes mit gerader Stabachse* (nach der Deformation) mit $r \to \infty$, aber $\mathrm{d}s = r\,\mathrm{d}\varphi = \mathrm{d}x$, und können ohne weiteres integriert werden.

$$\frac{\mathrm{d}N}{\mathrm{d}x} = -q_x, \qquad N(x) = N_0 - \int_0^x q_x(\xi)\,\mathrm{d}\xi, \qquad N(0) = N_0. \tag{2.148}$$

$$\frac{\mathrm{d}Q_z}{\mathrm{d}x} = -q_z, \qquad Q_z(x) = Q_0 - \int_0^x q_z(\xi)\,\mathrm{d}\xi, \qquad Q_z(0) = Q_0. \tag{2.149}$$

$\frac{dM_y}{dx} = Q_z$ wird nochmals differenziert und ergibt die lineare Differentialgleichung zweiter Ordnung für das Biegemoment

$$\frac{d^2M_y}{dx^2} = -q_z. \tag{2.150}$$

Zweimalige Integration bzw. Integration von $Q_z(x)$ liefert das Biegemoment

$$M_y(x) = Q_0x + M_0 - \int_0^x \left(d\eta \int_0^\eta q_z(\xi)\, d\xi\right), \qquad M_y(0) = M_0,$$

mit nun zwei Integrationskonstanten Q_0 und M_0. Das geschachtelte Integral wird durch partielle Integration umgeformt in ein Faltungsintegral

$$\int_0^x \left(d\eta Q_z(\eta)\right) = \eta Q_z(\eta)\Big|_0^x - \int_0^x \eta \frac{dQ_z}{d\eta}\, d\eta = xQ_z(x) + \int_0^x \xi q_z(\xi)\, d\xi = -\int_0^x (x-\xi)\, q_z(\xi)\, d\xi$$

und

$$M_y(x) = M_0 + Q_0x - \int_0^x (x-\xi)\, q_z(\xi)\, d\xi. \tag{2.151}$$

Diese Darstellung der drei Schnittgrößen aus der gegebenen verteilten äußeren Belastung q_x, q_z läßt die anschauliche Gleichgewichtsdeutung am finiten geraden Stabelement der Länge x zu, wie sie aus Abb. 2.32 folgt:

$$N(x) + \int_0^x q_x(\xi)\, d\xi - N_0 = 0, \qquad Q_z(x) + \int_0^x q_z(\xi)\, d\xi - Q_0 = 0$$

mit Bezugspunkt S in x

$$M_y(x) + \int_0^x q_z(\xi)\, d\xi(x-\xi) - Q_0x - M_0 = 0.$$

N_0, Q_0, M_0 sind Schnittgrößen im Querschnitt $x = 0$ mit der negativen Normalen $-\vec{e}_x$. Ist $x = 0$ ein Auflager des auf Längskraft und Biegung beanspruchten *Balkens*, dann können im Falle der *Einspannung* alle drei Integrationskonstanten $N_0 = A_h$, $Q_0 = A_v$, $M_0 = M_e$ ungleich Null sein, im Falle der *gelenkigen Lagerung* ist $M_0 = 0$, am *freien Ende* sind die sogenannten *dynamischen Randbedingungen* $Q_0 = M_0 = 0$.

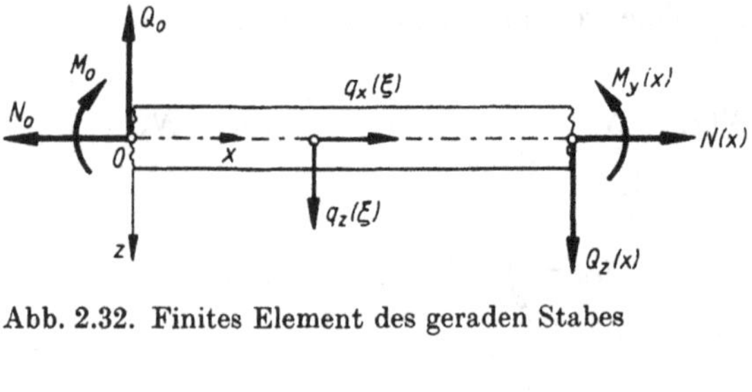

Abb. 2.32. Finites Element des geraden Stabes

Sonst bezeichnet $x = 0$ jeweils einen Punkt rechts vom Angriffspunkt äußerer Einzellasten $F_z = P_1, P_2, \ldots, F_x = F_1, F_2, \ldots$ bzw. äußerer Kräftepaare $M = M_1, M_2, \ldots$, und N_0, Q_0, M_0 sind dort die Schnittgrößen am (linken) Schnittufer mit der negativen Normalen $-\vec{e}_x$. Bei Vorliegen einer äußeren Querbelastung $q_y(x)$ sind die Gleichgewichtsbedingungen am Element des *geraden* Stabes durch die entkoppelten Beziehungen

$$\frac{\mathrm{d}Q_y}{\mathrm{d}x} = -q_y(x), \qquad \frac{\mathrm{d}M_z}{\mathrm{d}x} = -Q_y \quad \text{bzw.} \quad \frac{\mathrm{d}^2M_z}{\mathrm{d}x^2} = +q_y(x) \tag{2.152}$$

zu ergänzen. Wir zeigen später, daß $y - z$ als Schwerachsenpaar speziell mit den Trägheitshauptachsen des Querschnitts zusammenfällt.

Im Sonderfall des *Stabes mit kreisförmig gebogener Stabachse*, $r = a = \text{const}$, führt man die Hilfsgröße $N_H(s) = N + M_y/a$ mit $\frac{\mathrm{d}N_H}{\mathrm{d}s} = \frac{\mathrm{d}N}{\mathrm{d}s} + \frac{Q_z}{a}$ insbesondere für numerische Rechnungen ein. Einsetzen liefert nämlich mit $\mathrm{d}s = a\,\mathrm{d}\varphi$

$$\frac{\mathrm{d}N_H}{\mathrm{d}\varphi} = -aq_\varphi, \qquad N_H(\varphi) = N_H(\varphi = 0) - a\int_0^\varphi q_\varphi\,\mathrm{d}\varphi.$$

Elimination der Querkraft $Q_z = \frac{\mathrm{d}M_y}{\mathrm{d}s}$ und Einsetzen ergibt dann die zweite Gleichgewichtsbedingung in der Form

$$\frac{\mathrm{d}^2M_y}{\mathrm{d}\varphi^2} + M_y = aN_H - a^2q_r. \tag{2.153}$$

Da $N_H(\varphi)$ vorneweg berechenbar ist, liegt eine lineare inhomogene Differentialgleichung zweiter Ordnung mit bekannter Störfunktion vor. Die Lösung folgt mittels Superposition der Lösung der homogenen Gleichung

$$M_y(\varphi) = M_0 \cos\varphi + M_1 \sin\varphi \tag{2.154}$$

mit einer Partikulärlösung der inhomogenen Gleichung.

Häufige Spezialfälle sind: $q_\varphi = 0$, dann ist $N_H = N_H(\varphi = 0) = \text{const}$ und $q_r = q = \text{const}$. Dann ist $M_y(\varphi) = M_0 \cos\varphi + M_1 \sin\varphi + aN_H - a^2q$ in expliziter Form gegeben. Die Integrationskonstanten $N_H = N_0 + M_y(\varphi = 0)/a$, M_0 und M_1 sind aus den Randbedingungen und, im statisch unbestimmten Fall, aus «Deformationsbedingungen» zu bestimmen.

Natürlich kann, wie beim geraden Balken, der Zusammenhang zwischen $N(\varphi)$, $Q_z(\varphi)$, $M_y(\varphi)$ mit der gegebenen Belastung durch die Gleichgewichtsbedingungen am finiten Kreisbogenelement gefunden werden. Wir zeigen dies an einem einfachen Beispiel nach Abb. 2.33.

Das ebene Kraftsystem (P_1, P_2 gegeben, $N(\varphi)$, $Q_z(\varphi)$, $M_y(\varphi)$ gesucht) steht im Gleichgewicht, wenn in $0 \leqq \varphi \leqq \pi$,

$$N \cos\varphi + Q_z \sin\varphi - P_1 = 0$$

$$N \sin\varphi - Q_z \cos\varphi - P_2 = 0$$

und mit Bezugspunkt $S(\varphi)$:

$$M_y - P_1a(1 - \cos\varphi) + P_2a \sin\varphi = 0.$$

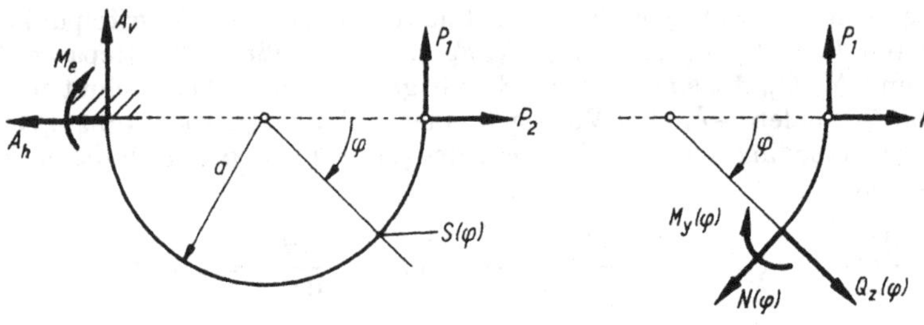

Abb. 2.33. Halbkreisförmig gebogener Kragbalken

Auflösung ergibt

$$N = P_1 \cos\varphi + P_2 \sin\varphi = \frac{dQ_z}{d\varphi}, \qquad (q_r = 0)$$

$$Q_z = P_1 \sin\varphi - P_2 \cos\varphi = \frac{dM_y}{a\,d\varphi} = -\frac{dN}{d\varphi}, \qquad (q_\varphi = 0)$$

$$M_y = P_1 a(1 - \cos\varphi) - P_2 a \sin\varphi .$$

Insbesondere sind die Auflagerreaktionen an der Einspannstelle $\varphi = \pi$:

$$A_v = N(\pi) = -P_1, \qquad A_h = Q_z(\pi) = P_2, \qquad M_e = M_y(\pi) = 2P_1 a$$

im Einklang mit den Gleichgewichtsbedingungen der äußeren Kräftegruppe (P_1, P_2, A_v, A_h, M_e).

b) Balken mit gerader Stabachse. Kraft- und Seileck. Einflußlinie

Den querbelasteten geraden Stab bezeichnen wir als Balken und zeigen an einigen Beispielen die problemangepaßte (nicht EDV-gestützte) rechnerische und anschließend die graphische Ermittlung der Schnittgrößen $Q_z = Q(x)$ und $M_y = M(x)$. Wir setzen torsionsfreie und ebene Belastung voraus.
Der *Kragbalken* nach Abb. 2.34 sei durch eine linear veränderliche Belastung $q_z(x) = q_0\left(1 - \frac{x}{l}\right)$ und eine Einzellast P am freien Ende quer belastet.

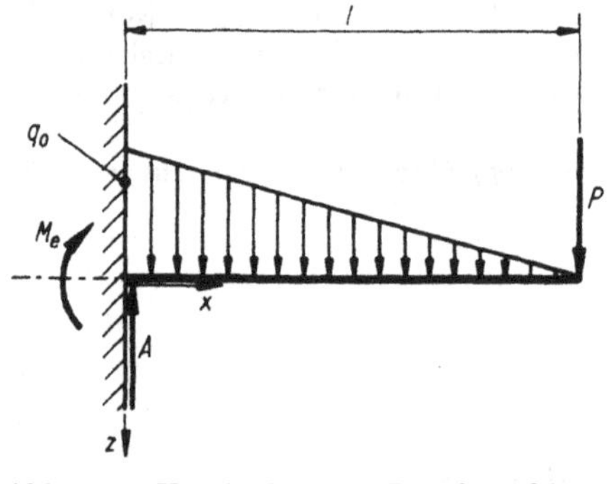

Abb. 2.34. Kragbalken mit Einzel- und linear veränderlicher Last

Das äußere Kraftsystem ist eben und mit $(P, q_z\,dx, A, M_e)$ beschrieben. Die erste Aufgabe ist die Ermittlung der Auflagerreaktionen A, M_e aus den (drei) Gleichgewichtsbedingungen $\sum X_i \equiv 0$, $A - P - R = 0$, $R = \int_0^l q\,dx = \frac{1}{2} q_0 l$ (in $x = \frac{l}{3}$ äquivalent angreifend), Bezugspunkt $(x = 0)$: $M_e + Pl + R\frac{l}{3} = 0$, $R\frac{l}{3} = \int_0^l xq\,dx$.

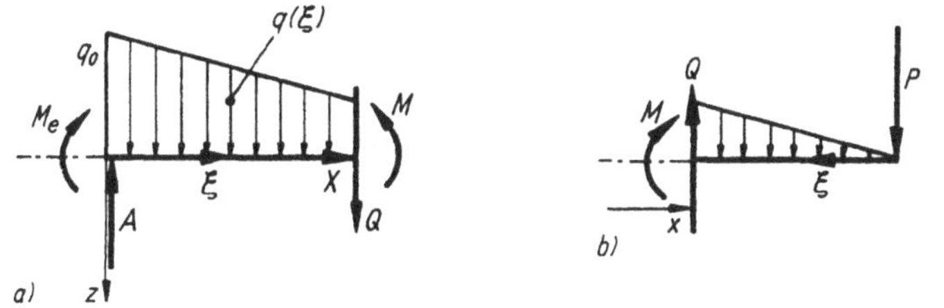

Abb. 2.35. Finite Elemente des Kragbalkens

Die Schnittgrößen sind aus den Gleichgewichtsbedingungen entweder am linken finiten Element der Länge x, Abb. 2.35(a) unter Verwendung der oben berechneten Reaktionen A, M_e, oder am rechten finiten Element nur aus der gegebenen Belastung zu ermitteln, Abb. 2.35(b). Tabellarisch folgt:

Kräftegruppe $(q\,dx, A, M_e, Q, M)$	Kräftegruppe $(q\,dx, P, Q, M)$
Gleichgewicht: $A - \int_0^x q\,d\xi - Q = 0$	$Q - \int_0^{l-x} q(\xi)\,d\xi - P = 0$
Bezugspunkt $S(x)$:	
$M + \int_0^x (x - \xi)\,q(\xi)\,d\xi - M_e - Ax = 0$	$M + \int_0^{l-x} q(\xi)\,(l - \xi - x)\,d\xi + P(l - x) = 0$

Schnittgrößenverlauf in $0 \leq x < l$:

$$\left.\begin{aligned} Q &= P + \frac{q_0}{2}\left(1 - \frac{x}{l}\right)(l - x) \\ M &= -P(l - x) - \frac{q_0}{2}\left(1 - \frac{x}{l}\right)(l - x)\frac{l - x}{3} \end{aligned}\right\} \tag{2.155}$$

Kontrolle: $\frac{dM}{dx} = Q$, $\quad M(x = 0) = M_e$, $\quad Q(x = 0) = A$.

Aus der Lösung erkennt man den Einfluß der Belastung getrennt nach P und q. Die zur Berechnung verwendeten Gleichgewichtsbedingungen sind linear. Praktisch werden die Lastfälle besser getrennt untersucht (Abb. 2.36) und die Ergebnisse koordinatentreu, also vorzeichenrichtig überlagert. Die Randbedingungen an der Einspannstelle $x = 0$ und am freien Ende $x = l$ sind bei dieser problemangepaßten Vorgangsweise über die Gleichgewichtsbedingungen automatisch richtig in den Schnittgrößenverlauf eingebaut.

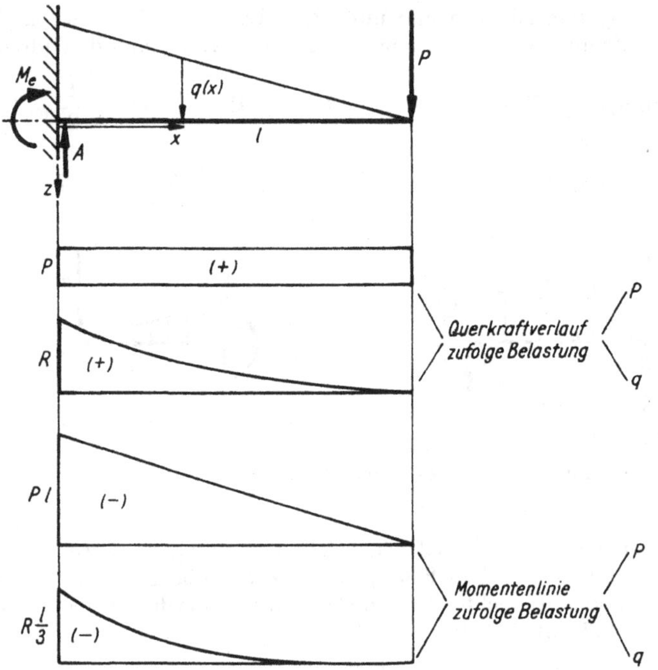

Abb. 2.36. Schnittgrößenverlauf im Kragträger, getrennt nach Lastfall P bzw. $q(x)$

Der *überkragende Balken auf zwei gelenkigen Lagern* (Abb. 2.37) mit Spannweite l und Überhang a sei durch eine Gleichlast (z. B. das Eigengewicht eines homogenen Stabes mit konstantem Querschnitt $q = g\varrho A$) und durch eine Einzelkraft P am Stabende belastet. Die gelenkigen Auflager übertragen nur Reaktionskräfte, aber keine äußeren Zwangsmomente. Wegen $\sum X_i \equiv 0$ sind die Auflagerreaktionen parallel zur Belastung, und wir untersuchen die parallele Gleichgewichtsgruppe der äußeren Kräfte ($q_0\,dx, P, A, B$):

$$P + R - A - B = 0, \qquad R = \int_0^{l+a} q\,dx = q(l + a) \quad \text{in} \quad x = \frac{l + a}{2}.$$

Mit Bezugspunkt $x = 0$: $Bl - P(l + a) - R\,\dfrac{l + a}{2} = 0.$

Bilden wir zusätzlich die Momentensumme mit Bezugspunkt in $x = l$,

$$Al + Pa - R\left(l - \frac{l + a}{2}\right) = 0,$$

dann kann sowohl A wie B explizit jeweils aus einer Gleichung durch die Belastung dargestellt werden. $\sum_i Z_i = 0$ dient dann nur zur Überprüfung:

$$A = \frac{ql}{2}\left(1 - \frac{a^2}{l^2}\right) - P\,\frac{a}{l}, \qquad B = \frac{ql}{2}\left(1 + \frac{a}{l}\right)^2 + P\left(1 + \frac{a}{l}\right).$$

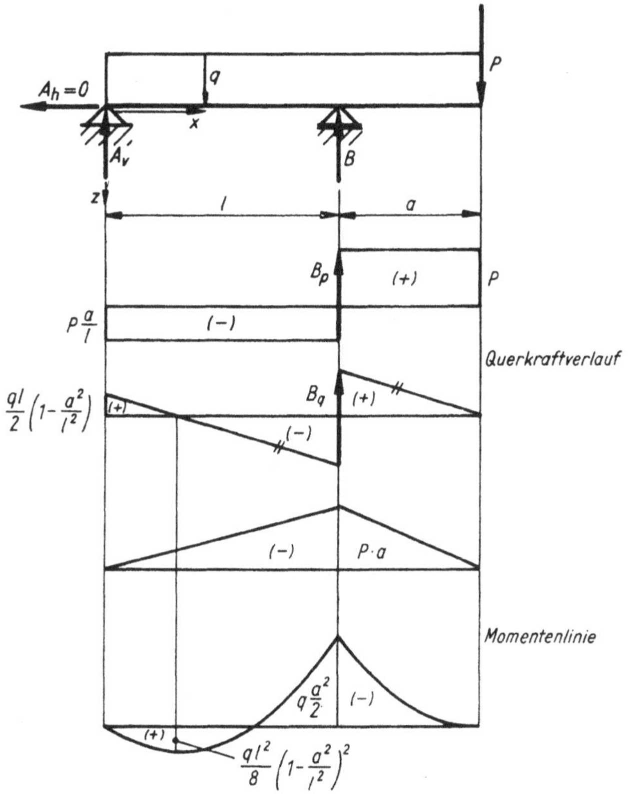

Abb. 2.37. Der überkragende Balken. Schnittgrößen getrennt nach Lastfall P bzw. q

Die Schnittgrößen sind abschnittsweise definiert aus den Gleichgewichtsbedingungen finiter Elemente. Mit $Q_z = Q$, $M_y = M$, folgt

$$0 < x < l: \quad A - qx - Q = 0, \qquad Q(x) = A - qx$$

$$Ax - qx\,\frac{x}{2} - M = 0, \qquad M(x) = Ax - q\,\frac{x^2}{2}$$

$$l < x < l + a: \quad A - qx + B - Q = 0, \qquad Q(x) = A + B - qx$$

$$Ax - qx\,\frac{x}{2} + B(x - l) - M = 0, \qquad M(x) = -Bl + (A + B)\,x - q\,\frac{x^2}{2}.$$

Vom rechten Trägerteil folgt in diesem Bereich einfacher

$$Q - q(l + a - x) - P = 0, \qquad Q(x) = P + R - qx$$

$$M + q(l + a - x)\,\frac{l + a - x}{2} + P(l + a - x) = 0,$$

$$M(x) = -\left[\frac{ql}{2}\left(1 + \frac{a}{l}\right)^2 + P\left(1 + \frac{a}{l}\right)\right] l + (P + R)\,x - q\,\frac{x^2}{2},$$

mit dem gleichen Resultat. Die Querkraft $Q(x)$ ist unstetig mit dem Sprung B an der Stelle $x = l$:

$$\lim_{x \to l_-} Q(x) = A - ql, \qquad \lim_{x \to l_+} Q(x) = A + B - ql$$

$$Q(l_+) - Q(l_-) = [Q(l)] = B.$$

«Am Ort eines Einzelkraftangriffes springt die Querkraft um den Betrag dieser Einzelkraft», vergleiche Abb. 2.37.
Im nächsten Beispiel zeigen wir einen *unstetigen Momentenverlauf*. Ein gelenkig gelagerter Balken mit der Spannweite l trägt einen rahmenartigen Fortsatz mit Lastangriff an der Spitze (Abb. 2.38).

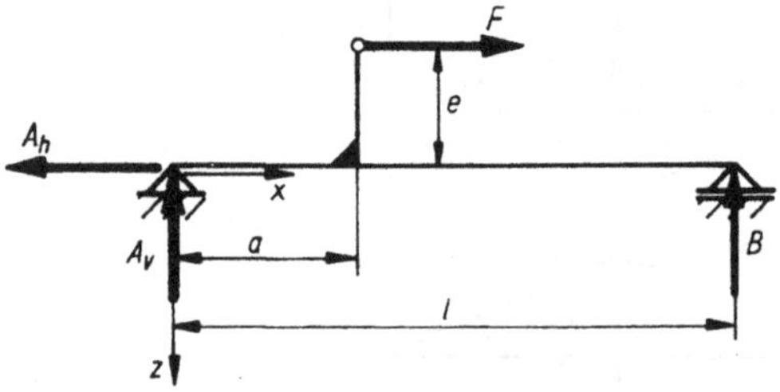

Abb. 2.38. Balken mit Momentenbelastung

Im Festlager tritt nun sowohl A_h wie A_v auf, im Loslager B. Gleichgewicht der ebenen äußeren Kraftgruppe (F, A_h, A_v, B) gibt

$$A_h - F = 0, \qquad A_v + B = 0, \qquad Bl - Fe = 0,$$

also $\quad A_h = F, \qquad A_v = -Fe/l, \qquad B = Fe/l.$

Die Schnittgrößen N, $Q_z = Q$, $M_y = M$ sind in

$$0 < x < a \qquad N - A_h = 0, \qquad N = A_h = F$$

$$Q - A_v = 0, \qquad Q = A_v = -Fe/l = \text{const}$$

$$M - A_v x = 0, \qquad M = A_v x = -Fe\,\frac{x}{l}$$

$$a < x < l \qquad N + F - A_h = 0, \qquad N = 0$$

$$Q - A_v = 0, \qquad Q = A_v = -Fe/l = \text{const}$$

$$M - A_v x - Fe = 0, \qquad M = A_v x + Fe = Fe\left(1 - \frac{x}{l}\right).$$

Mit

$$\lim_{x \to a_-} M = -Fe\,\frac{a}{l}, \qquad \lim_{x \to a_+} M = Fe\left(1 - \frac{a}{l}\right)$$

ist der Momentensprung

$$M(a_+) - M(a_-) = [M] = Fe,$$

gleich dem äußeren Moment der Belastung F an der Stelle $x = a$. «Am Ort eines äußeren Kräftepaarangriffes springt das Biegemoment um den Betrag dieses Momentes», Abb. 2.39.
Die *graphische Lösung mittels Kraft- und Seilecks* zeigen wir am Kragbalken mit Einzelkraftbelastung, Abb. 2.40. Wir zeichnen maßstäblich den Lageplan und entwerfen maßstäblich den Kräfteplan durch Auftragen von P und Wahl eines Poles C.

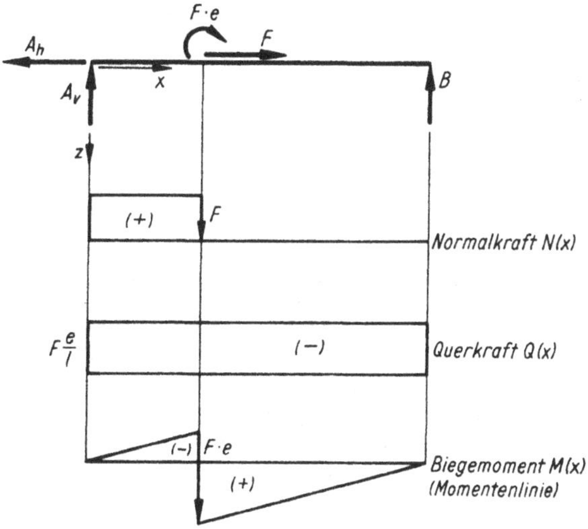

Abb. 2.39. Statisch äquivalente Belastung durch F und $F \cdot e$. Schnittgrößenverlauf

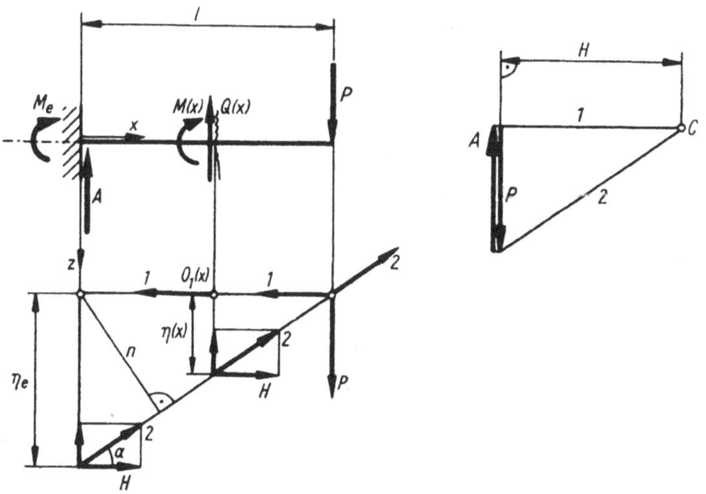

Abb. 2.40. Schnittgrößen im Kragbalken. Ermittlung durch Kraft- und Seileck

Die Hilfskräfte 1 und 2 längs der Polstrahlen sind so orientiert, daß sie mit P ein ebenes (notwendigerweise zentrales) Gleichgewichtssystem bilden. Wir verschieben sie in den Lageplan und formen $(P, 1, 2)$ statisch äquivalent zur Gleichgewichtsgruppe (P, A, M_e) um. A ist dann Resultierende von 1 und 2, also $A = P$, das Krafteck (P, A) ist geschlossen. Das Seileck ist offen und ergibt das Kräftepaar des Einspannmomentes, z. B. (— Hilfskraft «2») mal Normalabstand n bei Wahl des Bezugspunktes 0_1 auf der Wirkungslinie von A. Man mißt lieber Ordinaten η, also hier η_e, das Einspannmoment ist dann (— Hilfskraft «2») mal cos α mal η_e. Im Kräfteplan erkennt man die Komponente der Hilfskraft 2 als Poldistanz H gemessen im Kräftemaßstab. Damit folgt das negative Einspannmoment

$$-M_e = \mu_L \mu_k \eta_e H \tag{2.156}$$

μ_L Längenmaßstab des Lageplanes;
μ_k Kraftmaßstab des Kräfteplanes;
η_e Hebelarm gemessen im Lageplan;
H Poldistanz gemessen im Kräfteplan.

Das Vorzeichen des Momentes ergibt sich aus dem eingetragenen Wirkungssinn und der Drehrichtung der Hilfskraft im Seileck.
Betrachten wir das rechte Schnittufer an der Stelle x, dann ist dort $Q(x)$ und $M(x)$ an Stelle von A und M_e mit P in das Gleichgewicht zu setzen bzw. statisch äquivalent den Hilfskräften 1 und 2. Damit ist $Q(x) = P$ und $-M(x) = \mu_L \mu_k \eta(x) H$. Der Bezugspunkt $0_1(x)$ liegt auf der Wirkungslinie von Q, Abb. 2.40.
Verteilte Belastungen $q(x)$ ersetzt man abschnittsweise durch konstante Belastungen, und diese wiederum durch die resultierende Einzelkraft. Für eine konstant verteilte Querbelastung am Kragbalken, Abb. 2.41, folgt dann mit der Ersatzkraft $G = ql$ in $x = \dfrac{l}{2}$ die Auflagerkraft $A = G$ und das Einspannmoment $M_e = -\mu_L \mu_k \eta_e H = -G\dfrac{l}{2}$ völlig richtig. Der Querkraft- und Momentenverlauf $Q(x)$, $M(x)$, $x > 0$, entspricht allerdings der Einzelkraftbelastung durch G und nicht der verteilten Belastung. Wir verfeinern die Teilung und betrachten die beiden Kräfte $P_1 = \dfrac{G}{2}$, $P_2 = \dfrac{G}{2}$ anstelle von G. Das ergibt den Pol- und Seilstrahl 3 wie in Abb. 2.41 eingetragen. An den

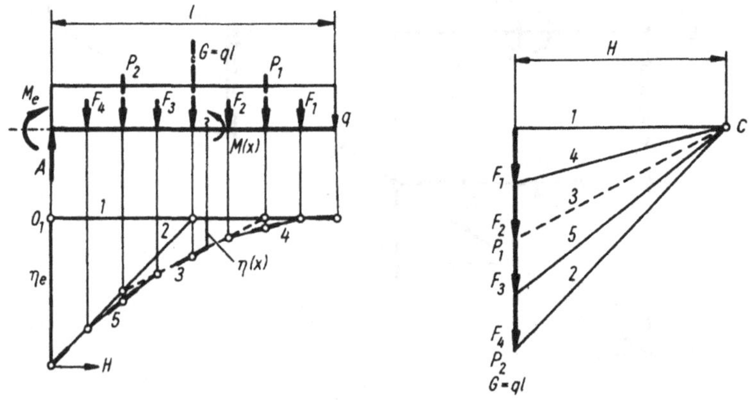

Abb. 2.41. Näherungsweise Ermittlung der Momentenlinie bei verteilter Belastung

Auflagerreaktionen ändert sich natürlich nichts, der Querkraft- und Momentenverlauf entspricht der Belastung durch die beiden Einzelkräfte P_1 und P_2. An der Stelle $x = \frac{l}{2}$, der Stoßstelle der beiden Intervalle, erhalten wir wieder genau richtige Werte der Querkraft und des Biegemomentes der verteilten Belastung, also mit $Q = \frac{\mathrm{d}M}{\mathrm{d}x}$ sogar ein Linienelement von $M(x)$. Die Vorgangsweise entspricht formal auch einer Parabelkonstruktion, $M(x)$ ist ja tatsächlich ein quadratisches Polynom. Der Übergang auf 4 Intervalle und vier Kräfte $F_i = G/4$, $i = 1, 2, 3, 4$, ergibt die Pol- und Seilstrahlen 4 und 5 und damit 2 weitere Linienelemente in $x = \frac{l}{4}, \frac{3l}{4}$, und die Momentenlinie kann mit genügender Genauigkeit eingezeichnet werden:

$$M(x) = -\mu_L \mu_k \eta(x)\, H. \tag{2.157}$$

Wir zeigen die Vorgangsweise bei *allgemein verteilter Belastung* $q(x)$ an der *linear* verteilten, ohne auf die dann mögliche Steigerung der Genauigkeit einzugehen, siehe Abb. 2.42. Einspannmoment und Linienelemente sind jetzt nur genähert, da die Kräfte $F_1 \cdots F_4$ nicht in den Kräftemittelpunkten der verteilten Parallelkräftegruppe angesetzt wurden. A ist exakt.

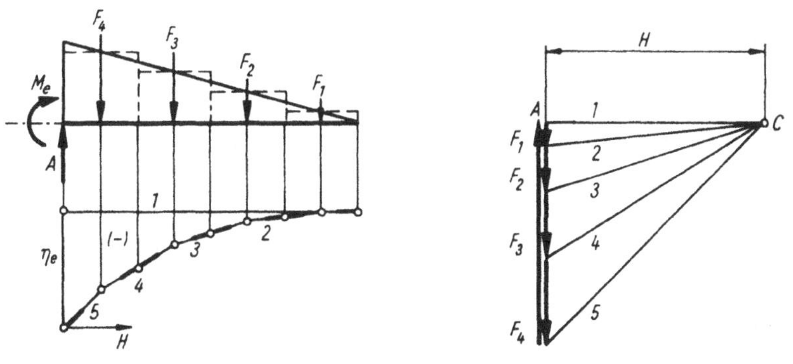

Abb. 2.42. Näherungsweise Ermittlung der Momentenlinie bei verteilter Belastung

Kraft- und Seileck liefern also den Verlauf des Biegemomentes und sind daher ein allgemeines graphisches Verfahren zur Intergation der Differentialgleichung zweiter Ordnung (2.150),

$$\frac{\mathrm{d}^2M}{\mathrm{d}x^2} = -q_z(x) \tag{2.158}$$

mit zwei Randbedingungen.

Am *Beispiel des Trägers mit zwei Stützen* mit *Einzelkraftbelastung* zeigen wir den Einfluß der Randbedingungen und das Eintragen der *Schlußlinie* (Kraft- und Seileck sind für momentenfreies Gleichgewicht geschlossen), Abb. 2.43. Die Hilfskräfte 1 und 2 sind statisch äquivalent A, B, außerdem ist $M(x = 0) = 0$. Damit ist der Seilstrahl s gefunden.

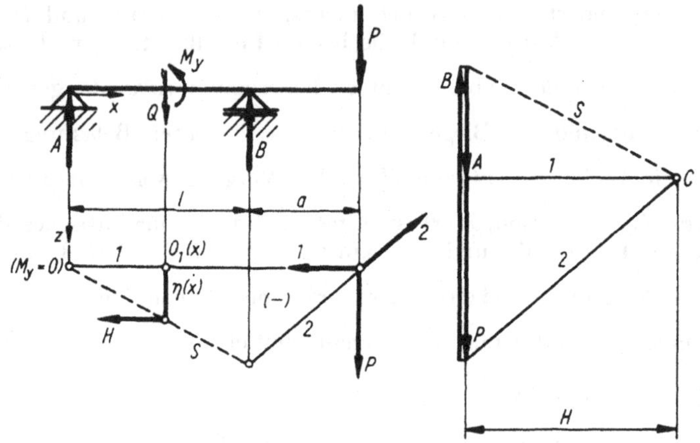

Abb. 2.43. Eintragen der Schlußlinie s

Um Träger über mehrere Stützen, sogenannte Durchlaufträger, statisch bestimmt zu machen, werden Gelenke eingebaut, die kein Biegemoment, wohl aber die Querkraft (und Längskraft) übertragen. Wir zeigen das Beispiel eines solchen *Gerberträgers* mit einem Gelenk je Feld und das Legen der Schlußlinien s_1 und s_2 nach Rand- und Übergangsbedingungen $M(x = a, b, c) = 0$, Abb. 2.44.

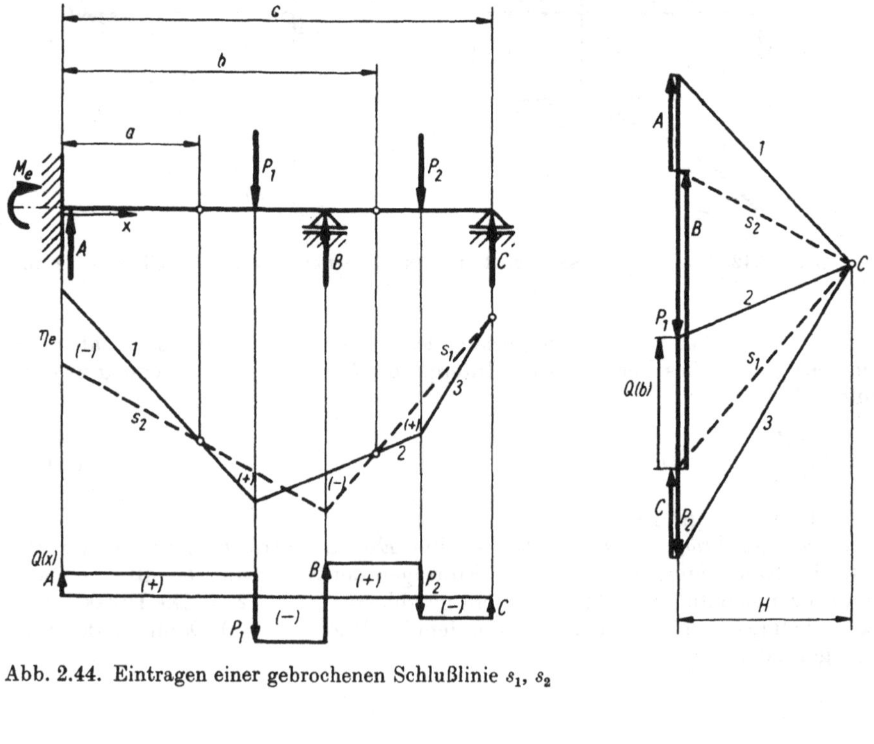

Abb. 2.44. Eintragen einer gebrochenen Schlußlinie s_1, s_2

Einflußlinien

Um die Querkraft $Q_z(x)$ und das Biegemoment $M_y(x)$ an der Schnittstelle x eines Trägers bequem für die verschiedensten Querbelastungen darzustellen, bedient man sich der *Einflußlinien*. Ihre Berechnung setzt eine Einzelkraftbelastung $F = 1$ an der (variabel betrachteten) Stelle ξ voraus. $\bar{Q}_z(x; \xi)$, $\bar{M}_y(x; \xi)$, als Funktion von ξ betrachtet, stellen dann die Einflußlinien der Querkraft und des Biegemomentes im *Aufpunkt* (betrachteten Schnitt) in x dar. Die Randbedingungen beeinflussen die Einflußlinien wesentlich. Bei beliebiger Querbelastung $q_z(\xi)\,d\xi$ wird dann nach Integration über die Trägerlänge

$$Q_z(x) = \int_0^l \bar{Q}_z(x, \xi)\, q_z(\xi)\, d\xi, \qquad M_y(x) = \int_0^l \bar{M}_y(x, \xi)\, q_z(\xi)\, d\xi, \tag{2.159}$$

die Einzellast $F = 1$ an der Stelle ξ wird eben durch die dort vorhandene «Einzelkraft» $q_z(\xi)\,d\xi$ ersetzt. Greift an der Stelle $\xi = \xi_1$ eine Einzelkraft $F = P$ an, dann ist $q_z(\xi) = P\,\delta(\xi_1 - \xi)$ mit der *Dirac*schen Deltafunktion, einer Pseudofunktion mit der Normierung Eins und einer hier wesentlichen Eigenschaft

$$\int_{-\varepsilon}^{\varepsilon} \delta(\xi)\, d\xi = 1 \quad \text{und} \quad \int_{\xi_1-\varepsilon}^{\xi_1+\varepsilon} f(\xi)\, \delta(\xi_1 - \xi)\, d\xi = f(\xi_1), \qquad \varepsilon > 0. \tag{2.160}$$

Eingesetzt folgt dann das wegen der Linearität selbstverständliche Resultat

$$Q_z(x) = P \int_0^l \bar{Q}_z(x, \xi)\, \delta(\xi_1 - \xi)\, d\xi = P\bar{Q}_z(x, \xi_1), \qquad M_y(x) = P \int_0^l \bar{M}_y(x, \xi)\, \delta(\xi_1 - \xi)\, d\xi$$
$$= P\bar{M}_y(x, \xi_1). \tag{2.161}$$

Mit $P = 1$ wird die Einflußlinie selbst erhalten. Mit mehreren Einzellasten P_1, $P_2, \ldots, P_n$ an den Stellen $\xi_1, \xi_2, \ldots, \xi_n$ wird dann durch Superposition:

$$Q_z(x) = \sum_{i=1}^{n} P_i \bar{Q}_z(x, \xi_i), \qquad M_y(x) = \sum_{i=1}^{n} P_i \bar{M}_y(x, \xi_i). \tag{2.162}$$

Dies ist eine bequeme Darstellung, die ähnlich dem graphischen Verfahren auch bei verteilter Belastung näherungsweise Anwendung finden kann, die Integration wird dann durch eine endliche Summe, wie in der numerischen Mathematik üblich, ersetzt.

Das Beispiel des *Einfeldträgers* soll Gl. (2.163) illustrieren, Abb. 2.45.

$$Q_z(x) = P_1\bar{Q}_z(x, \xi_1) + P_2\bar{Q}_z(x, \xi_2) = P_1 + P_2 - (P_1\xi_1/l + P_2\xi_2/l), \qquad x < \xi_1 < \xi_2$$
$$M_y(x) = P_1\bar{M}_y(x, \xi_1) + P_2\bar{M}_y(x, \xi_2) = (P_1 + P_2)\, x - (P_1\xi_1/l + P_2\xi_2/l)\, x, \tag{2.163}$$
$$x < \xi_1 < \xi_2 .$$

Als Sonderfall von $\bar{Q}_z\ (x = 0, \xi)$ ist die Einflußlinie der Auflagerkraft $\bar{A}$ eingetragen.

Die Einflußlinien oder Einflußfunktionen sind die *Greenschen Funktionen* des gekoppelten Differentialgleichungssystems, Gln. (2.149), (2.147),

$$\frac{d\bar{Q}_z(x, \xi)}{dx} = -\delta(x - \xi), \qquad \frac{d\bar{M}_y(x, \xi)}{dx} = \bar{Q}_z(x, \xi), \tag{2.164}$$

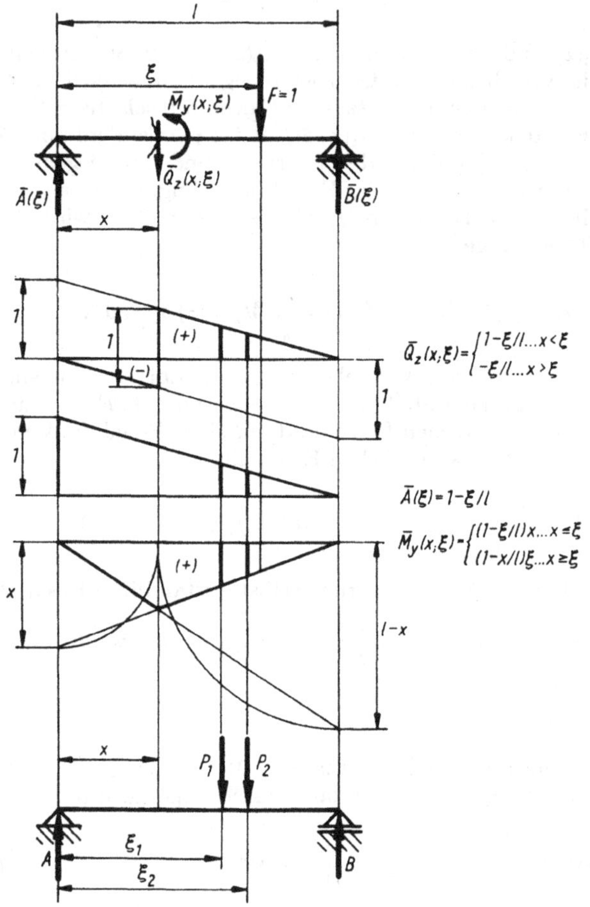

Abb. 2.45. Einflußlinien

mit den homogenen Randbedingungen

$$\bar{M}_y(x = 0) = \bar{M}_y(x = l) = 0 \tag{2.165}$$

und den inhomogenen Randbedingungen

$$\bar{Q}_z(x = 0) = 1 - \frac{\xi}{l}, \qquad \bar{Q}_z(x = l) = -\frac{\xi}{l} \tag{2.166}$$

im Fall des gelenkig gelagerten Einfeldträgers.
Integration über x liefert unter Beachtung der Integrationsintervalle $x < \xi$, $x > \xi$,

$$\bar{Q}_z(x, \xi) = \begin{cases} \bar{Q}_z(0, \xi) = 1 - \xi/l, & x < \xi \\ -1 + \bar{Q}_z(0, \xi) = -\xi/l, & x > \xi . \end{cases}$$

Eingesetzt und integriert folgt

$$\bar{M}_y(x, \xi) = \begin{cases} (1 - \xi/l)\, x, & x < \xi, \quad \bar{M}_y(x = 0) = 0 \\ -x\xi/l + C, & x > \xi, \quad \bar{M}_y(x = l) = 0, \quad \text{also} \quad C = \xi \end{cases}$$

c) Ebene Rahmen und der Dreigelenkbogen

Rahmen sind geometrisch gesehen Stäbe mit geknickter Stabachse bzw. Stäbe mit Achsenverzweigung. Die konstruktive Ausbildung erfolgt allerdings so, daß Stäbe (mit gerader Stabachse) in den Rahmenecken biegesteif miteinander verbunden werden. Dort herrscht dann insbesondere in den «Vouten» (starke Querschnittsvergrößerung) ein mehrachsiger Spannungszustand. Wir zeigen die Ermittlung der Schnittgrößen am statisch unbestimmt gelenkig gelagerten ebenen Stockwerksrahmen (Abb. 2.46), der aus einer räumlichen Konstruktion isoliert wird und dann nur durch Kräfte in seiner Ebene, z. B. H und P, belastet wird.

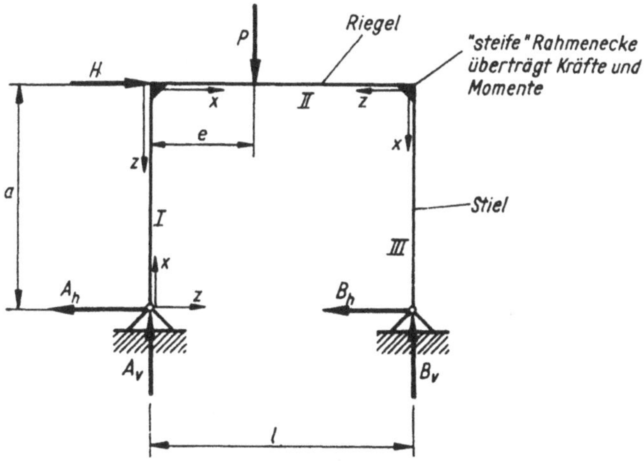

Abb. 2.46. Ebener Rahmen. Statisch unbestimmtes System

Das äußere ebene Gleichgewichtssystem besteht aus (H, P gegeben, A_v, B_v, A_h, B_h gesucht):

$$A_h + B_h - H = 0, \qquad A_v + B_v - P = 0,$$

$$B_v l - Pe - Ha = 0 \quad \text{und} \quad A_v l + Ha - P(l - e) = 0.$$

Die beiden Momentenbedingungen erlauben die explizite Lösung

$$A_v = P\left(1 - \frac{e}{l}\right) - H\,\frac{a}{l}, \qquad B_v = P\,\frac{e}{l} + H\,\frac{a}{l}.$$

$A_v + B_v = P$ dient dann zur Kontrolle. Eine der beiden horizontalen Auflagerkomponenten bleibt statisch unbestimmt, d. h. ist aus den Gleichgewichtsbedingungen nicht bestimmbar. Wir wählen $A_h = X$, dann ist $B_h = H - X$, und drücken nun die Schnittgrößen in den Stielen und im Riegel durch die statisch Unbestimmte X und die gegebene Belastung H, P aus.

Im Stab I: $0 < x < a$

$$N + A_v = 0, \qquad N = -A_v$$

$$Q - A_h = 0, \qquad Q = A_h = X$$

$$M - A_h x = 0, \qquad M = A_h x = Xx.$$

Im Stab II: $0 < x < e$

$$N + H - A_h = 0, \qquad N = A_h - H = X - H$$

$$Q - A_v = 0, \qquad Q = A_v$$

$$M - A_h a - A_v x = 0, \qquad M = A_h a + A_v x = Xa + A_v x$$

$$e < x < l$$

$$N + H - A_h = 0, \qquad N = X - H$$

$$Q - A_v + P = 0, \qquad Q = A_v - P$$

$$M - A_h a - A_v x + P(x - e) = 0, \qquad M = Xa + Pe + (A_v - P)\,x.$$

Im Stab III: $0 < x < a$

$$N + B_v = 0, \qquad N = -B_v$$

$$Q - B_h = 0, \qquad Q = B_h = H - X$$

$$M + B_h(a - x) = 0, \qquad M = -B_h(a - x) = (X - H)\,(a - x).$$

Wäre das linke Auflager horizontal verschieblich (ein Loslager), dann wäre $X = 0$. Die Größe von X hängt also von den Steifigkeiten der Rahmenstäbe ab und ist aus einer Deformationsbedingung zu bestimmen. Eine technisch anwendbare statisch bestimmte Konstruktion ergibt sich durch Einbau eines (weiteren) Gelenkes im Riegelstab II, man erhält den *Dreigelenkbogen*. Aus der Bedingung, daß das Gelenk kein Biegemoment überträgt, ergibt sich die Bestimmungsgleichung für die nun statisch bestimmte Auflagerkraftkomponente X:

Im Stab II, Gelenk z. B. in $x = e$, $M(x = e) = Xa + A_v e = 0$,

$$A_h = X = -A_v e/a = H\,\frac{e}{l} - P\,\frac{e}{a}\left(1 - \frac{e}{l}\right).$$

Wir zeigen am *Dreigelenkbogen*, Abb. 2.47, die graphische Ermittlung der Auflagerreaktionen und der Gelenkskraft in C $\left(\text{jetzt z. B. } x_c = \dfrac{l}{2}\right)$. Die rechte Bogenhälfte BC ist unbelastet, die Auflagerreaktion $\vec{B}$ geht daher durch den Gelenkpunkt C (statisch äquivalent zu einer *Pendelstütze* $\overline{BC}$). Die drei Kräfte $\vec{R}_l$, $\vec{B}$, $\vec{A}$ bilden eine zentrale ebene Gleichgewichtsgruppe, damit wird im Lageplan auch die Richtung von A gefunden. Nun wird noch das Krafteck H, P, B, A im Kräfteplan geschlossen. Ist auch die rechte Bogenhälfte durch (die Resultierende) R_r belastet, wird analog, mit $R_l = 0$, vorgegangen. Die Kraftsysteme werden anschließend überlagert.
Der ebene Rahmen AC bzw. BC wird *einhüftiger* Rahmen genannt.

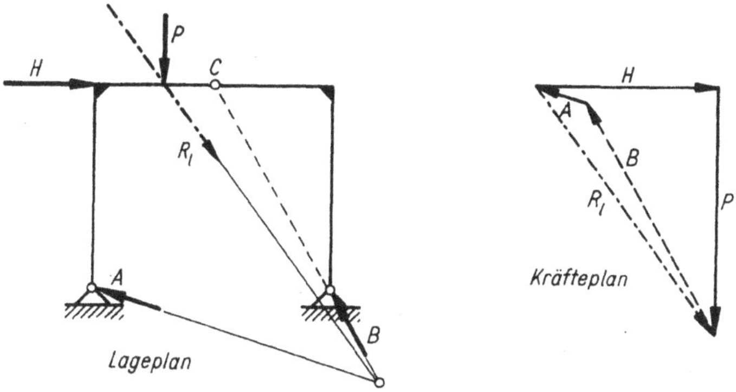

Abb. 2.47. Ein Dreigelenkbogen (Gelenke in A, B, C). Graphische Ermittlung der Auflagerkräfte bei Belastung der linken Bogenscheibe

d) Zwei statisch bestimmte Spannungszustände

Die Umkehrung der Aufgabe, nämlich die Bestimmung der Spannungsverteilung im Stabquerschnitt aus den bekannten Schnittgrößen, ist mit den Mitteln der Statik im allgemeinen nicht möglich, z. B. entspricht einem Momentenvektor bereits eine unendliche Zahl statisch äquivalenter Kräftepaare. Bei Stäben mit dünnwandigem Querschnitt allerdings kann es mit gewissen zusätzlichen Näherungsannahmen zu statisch bestimmten Spannungszuständen kommen. Wir geben zwei nichttriviale Beispiele:

Biegespannungen im Sandwich-Querschnitt

Besonders leicht ausgeführte Balken haben einen «Sandwich»-Querschnitt, bestehen also aus zwei dünnen Deckplatten (aus Material hoher Reißfestigkeit, z. B. Metall), dem Ober- und Untergurt, und aus einem «schubsteifen» Kern als Abstandhalter und zur Aufnahme der Querkraftschubspannungen. Der Kern überträgt im allgemeinen keine Normalspannungen, $\sigma_{xx} = 0$. Damit verbleibt nach Abb. 2.48, bei Annahme konstanter Längsspannungsverteilung in den dünnen Gurtplatten, das Kräftepaar $\sigma_{xx}(x)\, tBh$ statisch äquivalent dem Biegemoment $M_y(x)$:

$$M_y(x) = tBh\sigma_{xx}(x). \tag{2.167}$$

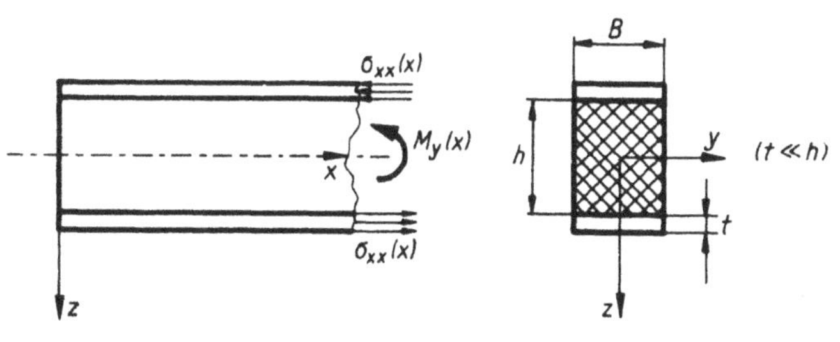

Abb. 2.48. Biegespannungen im Sandwich-Querschnitt

Die Normalspannung im Untergurt an der Schnittstelle x ist also eine Zugspannung

$$\sigma_{xx}(x) = \frac{M_y(x)}{tBh} > 0, \quad \text{wenn} \quad M_y > 0 \tag{2.168}$$

und die Längsspannung im Obergurt eine Druckspannung

$$\sigma_{xx}(x) = -\frac{M_y(x)}{tBh} < 0, \quad \text{wenn} \quad M_y > 0. \tag{2.169}$$

Die Spannungen sind Mittelwerte über die Dicke $t \ll h$. Die Formeln sind auch für I-Träger mit dünnen Flanschen $t \ll h$ (Gurtplatten) und besonders dünnem Steg $s < t$ anwendbar, h ist dann die Trägerhöhe. Mit dem Stegquerschnitt $A_{\mathrm{St}} = sh$ wird auch häufig die Querkraftschubspannung $\sigma_{xz}(x) = Q_z(x)/A_{\mathrm{St}}$ als konstant verteilt im Steg und damit als statisch bestimmte Schubspannung angenommen.
Löst man den Balken in ein gelenkig verbundenes Stabsystem auf, einen Fachwerks-«Brückenträger», kann ebenfalls ein statisch bestimmter Querkraft-Biegemomenten-Spannungsverlauf erzeugt werden, siehe unter 2.5.2.

Torsionsschubspannung im dünnwandigen Hohlquerschnitt

Torsionsstäbe mit gerader Stabachse werden häufig im Leichtbau als Stab mit unveränderlichem Kastenquerschnitt ausgeführt. Liegt ein solcher Hohlquerschnitt mit dünner Wandstärke t vor, dessen Mantel unbelastet ist, dann muß die Schubspannung σ_{xs} tangential zur Querschnittsberandung verlaufen (Satz von den zugeordneten Schubspannungen). Die Änderung über die kleine Wanddicke wird ebenfalls vernachlässigbar sein, so daß mit der mittleren Schubspannung über die Wanddicke gerechnet werden kann. Wird im Querschnitt ein Torsionsmoment M_{T} übertragen, dann folgt mit dem *Schubfluß* $\sigma_{xs} \cdot t = T$ (einer tangentiellen inneren Kraft je Längeneinheit) durch statische Äquivalenz, siehe Abb. 2.49:

$$\mathrm{d}M_{\mathrm{T}} = T\,\mathrm{d}s p(s) = 2T\,\mathrm{d}A. \tag{2.170}$$

Der Schubfluß ist unabhängig von s, im Querschnitt konstant (siehe Element im Gleichgewicht, Abb. 2.49). Integration liefert also (die erste *Bredt*sche Formel)

$$M_{\mathrm{T}} = 2TA \tag{2.171}$$

mit A als umschlossener Fläche und

$$T = M_{\mathrm{T}}/2A \tag{2.172}$$

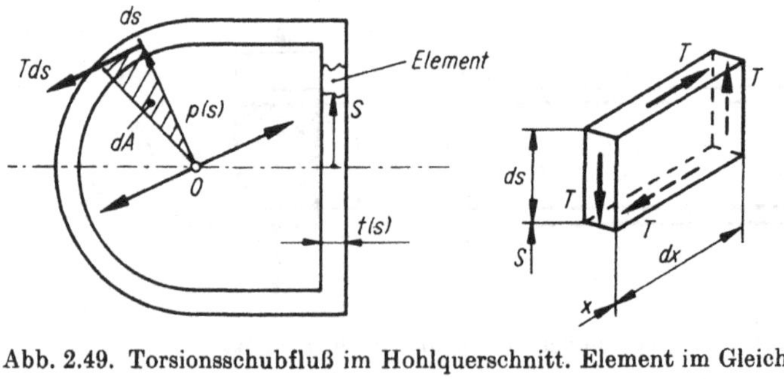

Abb. 2.49. Torsionsschubfluß im Hohlquerschnitt. Element im Gleichgewicht

bzw. der (mittleren) Torsionsschubspannung $\sigma_{xs}(s) = M_T/2At(s)$. Für *Kreisrohre* mit Radius a ist $\sigma_{xs} = M_T/2\pi a^2 t$, für ein *quadratisches Rohr* mit Seitenlänge a, $\sigma_{xs} = M_T/2a^2 t$. Das dünnwandige Kreisrohr ist der «ideale» Torsionshohlstab. Vgl. 6.2.4. für den elastischen Torsionsstab.

2.5.2. Fachwerke

Unter einem Fachwerk versteht man ein Tragsystem, das aus gelenkig (biegeweich) miteinander verbundenen geraden Stäben besteht. Liegen alle Stabachsen in einer Ebene, so spricht man von einem *ebenen Fachwerk* (einer gegliederten Scheibe), sonst von einem *Raumfachwerk*. Nur als «Brückenträger» tritt er als Linientragwerk in Erscheinung. Der Aufbau aus Fachwerksstäben soll die Einordnung unter 2.5. rechtfertigen.
Die statische Untersuchung wird am «idealen» Fachwerk unter den folgenden Annahmen durchgeführt:

a) Die Stabachsen sind gerade;
b) Die Gelenke (Knoten) sind vollkommen biegeweich (und reibungsfrei);
c) Die Achsen sämtlicher an einem Knoten angeschlossenen Stäbe schneiden sich in einem Punkt (dem Gelenk);
d) Die äußeren Kräfte greifen nur in den Knoten an.

In den Stäben eines solchen idealen (besser idealisierten) Fachwerkes treten nur Längskräfte, aber keine Biegemomente und Querkräfte auf. Diese günstige Beanspruchungsart stellt einen der Hauptvorteile der Fachwerkkonstruktionen dar. Insbesondere wird beim Zugstab der volle Querschnitt zur Tragwirkung ausgenutzt, was einer idealen Forderung des Leichtbaues entspricht. Schlanke Druckstäbe allerdings müssen einer Stabilitätsforderung genügen und bauen deshalb «schwerer», vgl. 9.1.4. Auch der Anschluß der Stäbe in den Knoten muß im allgemeinen über Knotenbleche erfolgen.
Nach Entwurf der Fachwerksgeometrie mit Anzahl und räumlicher Lage der Knoten einschließlich der Auflagerpunkte und Festlegung der Anzahl der Stäbe als Verbindungslinien ausgewählter Knoten wird ein bestimmter Lastfall untersucht. Beim

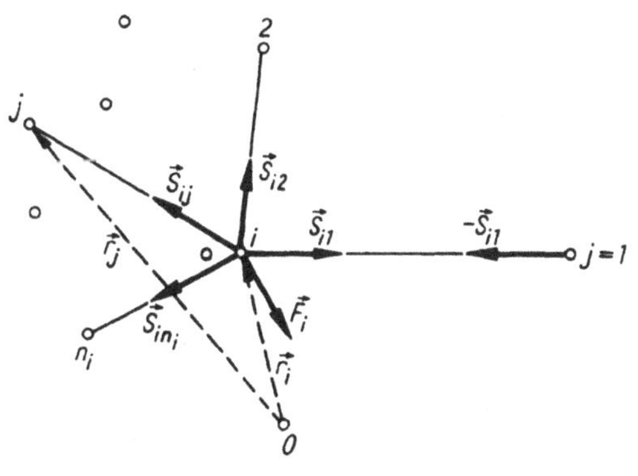

Abb. 2.50. Knoten-Nr. i mit angreifenden Stabkräften $\vec{S}_{ij}$, $j = 1, \ldots, n_i$ und Belastung $\vec{F}_i$

Lastfall Eigengewicht ist die Gewichtskraft der Stäbe zu schätzen und auf die benachbarten Knoten statisch äquivalent aufzuteilen. Die Berechnung der Stabkräfte benützt dann die drei Gleichgewichtsbedingungen des zentralen Kraftsystems, das sich beim Herausschneiden der einzelnen Knoten aus den inneren Stabkräften und der im betrachteten Knoten angreifenden äußeren Kraft ergibt, Abb. 2.50. Vektoriell folgt mit $i = 1, \ldots, k$ für jeden der k-Knoten

$$\vec{F}_i + \sum_{j=1}^{n_i} \vec{S}_{ij} = \vec{0}, \qquad \vec{S}_{ij} = -\vec{S}_{ji}, \tag{2.173}$$

j läuft über die Nummern der Nachbarknoten, die durch Stäbe mit dem Knoten i verbunden sind. Das ergibt in Komponenten $3k$-lineare Gleichgewichtsbedingungen im räumlichen Fall und $2k$-lineare Gleichungen für das ebene Fachwerk. Unbekannt sind die Kraftkomponenten S_{ij}, die Richtungen sind mit den Einheitsvektoren

$$\vec{e}_{ij} = (\vec{r}_j - \vec{r}_i)/l_{ij} \tag{2.174}$$

durch die Knotenkoordinaten und die Stablängen festgelegt. Damit wird

$$\sum_{j=1}^{n_i} (\vec{r}_i - \vec{r}_j)\, S_{ij}/l_{ij} = \vec{F}_i, \qquad i = 1, \ldots, k. \tag{2.175}$$

Man bezieht auf ein kartesisches Koordinatensystem und erhält dann für jeden Knoten

$$\left.\begin{aligned} \sum_j (x_i - x_j)\, S_{ij}/l_{ij} &= X_i \\ \sum_j (y_i - y_j)\, S_{ij}/l_{ij} &= Y_i \\ \sum_j (z_i - z_j)\, S_{ij}/l_{ij} &= Z_i \end{aligned}\right\} \tag{2.176}$$

drei inhomogene lineare Gleichungen. Durch geschicktes Numerieren der Knoten kann dann das gesamte Gleichungssystem in «Bandstruktur» erhalten werden:

$$C\vec{S} = \vec{F} \tag{2.177}$$

$C \ldots 3k \times s$-Koeffizientenmatrix mit Bandstruktur (enthält Knotenkoordinaten);
$\vec{S} \ldots s \times 1$-Spaltenmatrix der unbekannten Stabkräfte ($S_{ij} = S_{ji}$ berücksichtigt)
$\vec{F} \ldots 3k \times 1$-Spaltenmatrix der äußeren Knotenkräfte (einschließlich von z Auflagerreaktionen).

Soll das räumliche (ebene) Fachwerk ein unbewegliches Tragwerk sein, dann muß notwendigerweise

$$s + z \geqq 3k(2k), \tag{2.178}$$

also die Zahl der Unbekannten größer oder gleich, im Falle des dann statisch bestimmten Fachwerkes, der Zahl der Gleichgewichtsbedingungen sein.
Ist das räumliche (ebene) Fachwerk statisch bestimmt gelagert, z. B. durch entsprechende Stützung von 3(2) Knoten, dann ist $z = 6(3)$ entsprechend der Zahl der eingeschränkten Freiheitsgrade des starren Körpers, also

$$s + 6(3) \geqq 3k(2k). \tag{2.179}$$

In diesem Falle der äußerlichen statischen Bestimmtheit und der Ungleichung besitzt das Fachwerk «überzählige» Stäbe und ist daher «innerlich statisch unbestimmt». Die Gleichgewichtsbedingungen müssen durch eine entsprechende Anzahl von Deformationsbedingungen ergänzt werden, die überzähligen Stäbe müssen in das deformierte Fachwerk «passen», vgl. 5.4.1. Die n Stabkräfte in diesen n überzähligen Stäben werden als statisch Unbestimmte in die Spaltenmatrix $\vec{F}$ aufgenommen, und das verbleibende

$$(s - n) + 6(3) = 3k(2k) \tag{2.180}$$

Gleichgewichtssystem ergibt die übrigen Stabkräfte als Funktion der äußeren Belastung und der n statisch Unbestimmten X_l, $l = 1, \ldots, n$. Für gewisse Verfahren ist tatsächlich diese Lösung aufzusuchen.

Im Falle des innerlich und äußerlich statisch bestimmten Fachwerkes (z. B. aus Tetraeder bzw. Dreieckelementen aufgebaut) ist

$$s + 6(3) = 3k(2k), \tag{2.181}$$

die Zahl der Unbekannten gleich der Zahl der Gleichungen. Ist auch noch

$$\det \{C\} \neq 0, \tag{2.182}$$

C ist nun eine quadratische $3k \times 3k$-Matrix, dann sind alle notwendigen und hinreichenden Bedingungen für die Auflösbarkeit des inhomogenen Gleichungssystems gegeben. Für praktikable numerische Methoden wird z. B. auf *Dankert* verwiesen.[1]

Ist

$$\det \{C\} = 0, \tag{2.183}$$

liegt ein (schwach) bewegliches Fachwerk vor. Dazu gehören z. B. Ausnahmefachwerke im Raum, deren äußere Knoten auf einer Kugel liegen bzw. ebene Ausnahmefachwerke mit umschließendem Kegelschnitt, wenn alle darauf liegenden Punkte über (gegliederte) Stäbe verbunden werden. Auf dieses Phänomen der Ausnahmefachwerke stieß schon *Ritter*, da dann der Cremonaplan versagt (*Ritter*: Anwendungen der graphischen Statik. 2. Teil. Das Fachwerk. Meyer und Zeller Verlag, Zürich 1890). Diese Fachwerke sind ebenso wie solche mit $(s + z) < 3k(2k)$ als Tragwerke, weil beweglich, unbrauchbar.

a) Ebene Fachwerke

Beim *ebenen Fachwerk* kann das «Knotenschnittverfahren» im *Cremonaplan* zum graphischen Verfahren avancieren. Wir zeigen die Vorgangsweise am statisch bestimmten Schnabelfachwerk (z. B. eines Drehkranes), Abb. 2.51.

Zur Bestimmung der Auflagerreaktionen $\vec{A}$ und $\vec{B}$ bilden wir zuerst die Resultierende $\vec{R} = \vec{F}_1 + \vec{F}_2$ (mittels Kraft- und Seilecks) und setzen dann $\vec{R}$, $\vec{B}$ und $\vec{A}$, die ein zentrales Kraftsystem bilden müssen, in das Gleichgewicht. Die Kräfte sind im negativen Uhrzeigersinn aneinandergereiht. Diesen Umlaufsinn behalten wir bei, wenn wir nun die zentralen Kraftsysteme der einzelnen Knoten zu Gleichgewichtsgruppen machen. Wir beginnen z. B. beim Knoten Nr. 1, dort greifen nur 2 unbekannte Stabkräfte an, die mit F_2 im Gleichgewicht sein müssen. Zugstäbe werden durch (+), Druckstäbe durch (—) im Lageplan gekennzeichnet. Beim letzten Knoten, z. B. dem Auflager A, muß sich der *Cremonaplan* zwanglos schließen lassen (Kontrolle der Genauigkeit).

Beim ebenen Fachwerk kann mittels *Ritterschnitt* eine Stabkraft explizit berechnet werden. Kann man das Fachwerk so durchschneiden, daß nur 3 Stäbe getroffen

[1] *J. Dankert:* Numerische Methoden der Mechanik. — Wien; New York: Springer-Verlag, 1977.

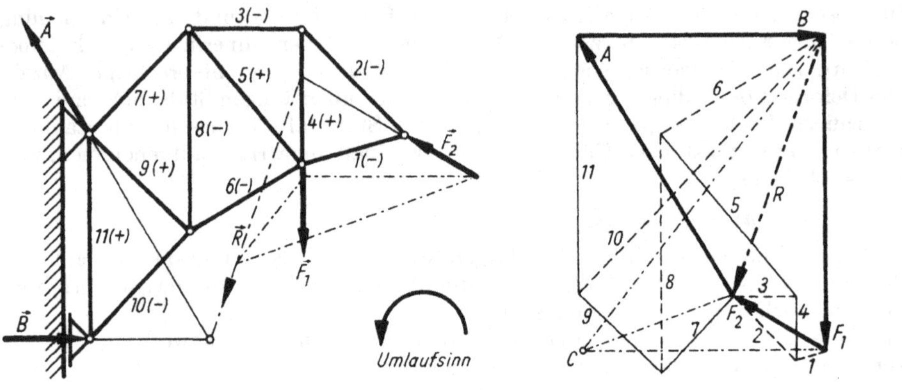

Abb. 2.51. Ebenes Schnabelfachwerk. Cremonaplan

werden, die sich nicht in einem Knoten schneiden, dann kann als Bezugspunkt für die Momentensumme der äußeren Kräfte am Teilfachwerk (inklusive der 3 Stabkräfte) der Schnittpunkt von zwei Stabkräften gewählt werden. Die Gleichgewichtsbedingung enthält nur das Moment der gesuchten Stabkraft als Unbekannte. Das Beispiel eines *Brückenträgers* soll dies illustrieren, Abb. 2.52.

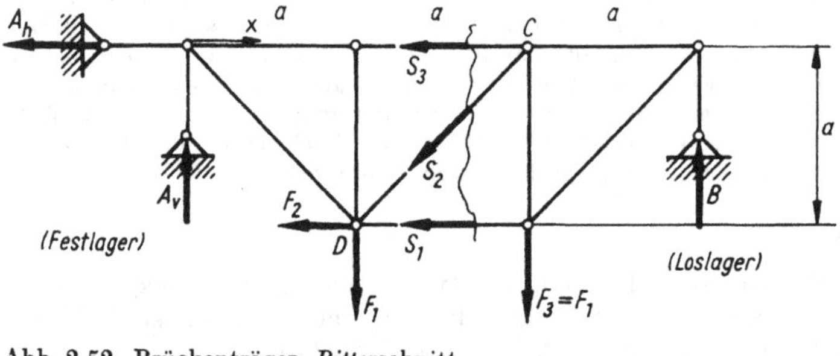

Abb. 2.52. Brückenträger. *Ritter*schnitt

Mit $A_v = F_1 - \frac{F_2}{3}$, $A_h = -F_2$, $B = F_1 + \frac{F_2}{3}$, bestimmt aus den 3 Gleichgewichtsbedingungen der ebenen Kräftegruppe (F_1, F_2, F_3, A_v, A_h, B), folgt S_1 nach Ritterschnitt aus $\sum M_i = 0$ um C, der Kräfte am rechten Teilfachwerk, (F_3, B, S_1, S_2, S_3):

$$S_1 a - Ba = 0, \qquad S_1 = B = F_1 + F_2/3.$$

$S_1 > 0$ ergibt Zug im Untergurtstab. Wählt man den Bezugspunkt D, dann folgt S_3 aus

$$S_3 a + B2a - F_3 a = 0, \qquad S_3 = -2B + F_3 = -(F_1 + 2F_2/3),$$

$S_3 < 0$ ergibt Druck im Obergurtstab.

Die Stabkraft S_2 im Diagonalstab wird dann i. allg. aus der Bedingung $\sum \vec{F}_i = 0$, hier in vertikaler Richtung, gewonnen. In diesem Fall folgt auch S_2 explizit aus

$$\frac{S_2}{\sqrt{2}} + F_3 - B = 0, \qquad S_2 = \sqrt{2}\,(B - F_3) = \sqrt{2}\,F_2/3.$$

$S_2 > 0$ ergibt Zug im (langen) Diagonalstab.
Hier kann der Einfluß einer «Konstruktionsänderung» leicht studiert werden. Zieht man den Diagonalstab von links oben nach rechts unten, in Abb. 2.52, dann ändern sich die Stabkräfte: Mit F_1, $F_2 > 0$ folgt

$$S_1' = F_1 + 2F_2/3 > S_1 > 0$$

$$S_3' = -(F_1 + F_2/3), \qquad |S_3'| < |S_3|, \quad \text{verringerter Druck im Obergurtstab}$$

$$S_2' = -\sqrt{2}\,F_2/3 < 0, \quad \text{Druck im (langen) Diagonalstab.}$$

Im Anschluß an die Einflußlinien für Querkraft und Biegemoment des Trägers auf zwei Stützen, 2.5.1.b, sollen nun *Einflußlinien der Stabkraft* im Unter- und Obergurt sowie im Diagonalstab aus dem Mittelfeld des Fachwerkbrückenträgers für *reine Querbelastung* ($F_2 = 0$) bestimmt werden. Nach *Ritter* wählen wir die Stelle x im Knoten C, vgl. Abb. 2.52, um S_1 aus der Momentenlinie des zugeordneten Balkens, siehe Abb. 2.53, zu bestimmen,

$$\bar{S}_1(\xi) = \bar{M}_C(\xi)/a$$

und den Knoten D, um S_3 analog zu ermitteln:

$$\bar{S}_3(\xi) = -\bar{M}_D(\xi)/a.$$

$\dfrac{\bar{S}_2(\xi)}{\sqrt{2}}$ folgt unmittelbar aus der Querkraftlinie des zugeordneten Balkens, die Stelle x kann im Knoten C oder D gewählt werden

$$\bar{S}_2(\xi) = -\sqrt{2}\bar{Q}_{C,D}(\xi).$$

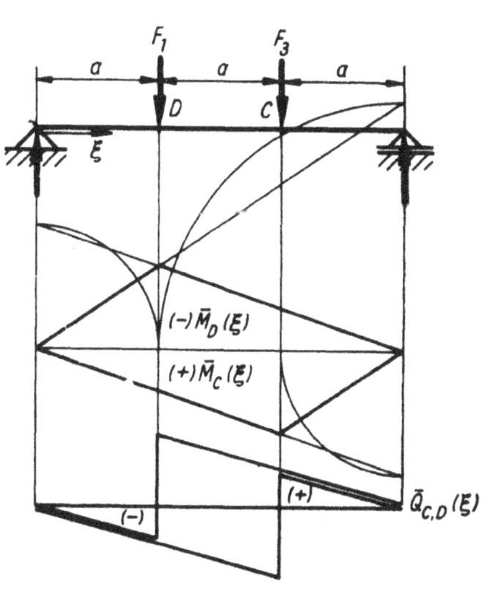

Abb. 2.53. Einflußlinien von Moment und Querkraft

ξ nimmt genaugenommen nur die Werte $\xi = 0,\ a,\ 2a,\ 3a$ im als Balken idealisierten Brückenträger nach Abb. 2.53 an. Mit den Lasten F_1 und F_3 wird z. B., vgl. Gl. (2.163)

$$S_1 = F_1\bar{S}_1(\xi = a) + F_3\bar{S}_1(\xi_2 = 2a) = \frac{F_1}{a}\left(1 - \frac{2a}{l}\right)a + \frac{F_3}{a}\left(1 - \frac{2a}{l}\right)2a$$
$$= F_1 + 2F_3 - \frac{2a}{3a}(F_1 + 2F_3) = F_1 \quad \text{für} \quad F_1 = F_3.$$

2.5.3. Seile

Seile sind wieder Linientragwerke, die sowohl Längs- wie Querbelastungen aufnehmen können und dabei (biegeweich) nur Zugspannungen im Querschnitt übertragen. Auf die komplexe Beanspruchung der Einzeldrähte von Litzenseilen gehen wir hier nicht näher ein. Selbst beim *idealen Seil*, das undehnbar angenommen wird, stellt sich eine noch unbestimmte Seilkurve ein, die von der Querbelastung und ihrer Verteilung über die unbekannte Bogenlänge der Seilkurve abhängt. Annahmen über die Seilkurve vor Aufstellung der Gleichgewichtsbedingungen sind nicht zielführend. Diese müssen also am Seilelement mit unbekannter Stellung im Raum vorerst angeschrieben werden, Abb. 2.54,

$$\vec{N}(s + \mathrm{d}s) - \vec{N}(s) + \vec{q}\,\mathrm{d}s = \vec{0}.$$

Lineare Approximation ergibt nach Kürzung durch ds mit nachfolgendem Grenzübergang d$s \to 0$ exakt die lokale Gleichgewichtsbedingung

$$\frac{\mathrm{d}\vec{N}}{\mathrm{d}s} = -\vec{q}(s). \tag{2.184}$$

In Komponenten, (x, y) Horizontalebene, z positiv nach oben:

$$\frac{\mathrm{d}X}{\mathrm{d}s} = -q_x, \qquad \frac{\mathrm{d}Y}{\mathrm{d}s} = -q_y, \qquad \frac{\mathrm{d}V}{\mathrm{d}s} = -q_z. \tag{2.185}$$

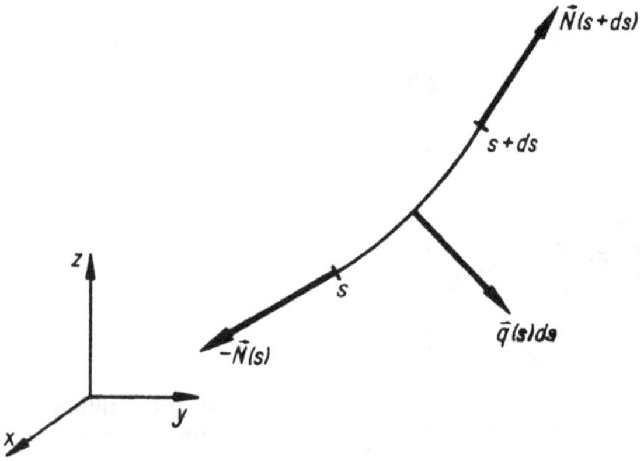

Abb. 2.54. Seilelement mit Seilkraft $\vec{N}$ tangential an die unbekannte Seilkurve und Linienlast $\vec{q}$

Diese Differentialgleichungen erster Ordnung können formal integriert werden,

$$X(s) = X_0 - \int_0^s q_x \, ds, \qquad Y(s) = Y_0 - \int_0^s q_y \, ds, \qquad V(s) = V_0 - \int_0^s q_z \, ds.$$

Häufig zählt man s vom tiefsten Punkt der Seilkurve (mit horizontaler Tangente, auch wenn sie gedacht verlängert werden muß) weg, wo dann $V_0 = 0$ ist, und orientiert x in Tangentenrichtung in $s = 0$, wo dann auch $Y_0 = 0$ ist. Die *Seilkurve* ist eine Raumkurve mit der kanonischen Darstellung

$$dx : dy : dz = X : Y : V \tag{2.186}$$

und $(ds)^2 = (dx)^2 + (dy)^2 + (dz)^2$.
Für den Fall *konstanter* Belastung $q_x = q_1$, $q_y = q_2$, $q_z = -q$ folgt mit

$$X = X_0 - q_1 s, \qquad Y = -q_2 s, \qquad V = qs$$

$$dx : dy : dz = (X_0 - q_1 s) : (-q_2 s) : qs.$$

Die nichtlineare Gleichung wird mit $s = \int \sqrt{1 + \left(\frac{dx}{dz}\right)^2 + \left(\frac{dy}{dz}\right)^2} \, dz$ numerisch z. B. mit dem Differenzenverfahren gelöst. Eine einfache analytische Lösung erhält man mit $q_2 = 0$ für die *ebene Seilkurve*, wenn auch $q_1 = 0$:

$$\frac{dz}{dx} = \frac{qs}{X_0} \tag{2.187}$$

$X = X_0$ ist der nun konstante Horizontalzug. Bei nochmaliger Ableitung und der Substitution $\frac{dz}{dx} = \sinh u(x)$, $\frac{d^2z}{dx^2} = \frac{du}{dx} \cosh u$ und mit $\frac{ds}{dx}$ folgt wegen $1 + \sinh^2 u = \cosh^2 u$ eine lineare Differentialgleichung in der neuen Variablen $u(x)$

$$\frac{du}{dx} = \frac{q}{X_0} = \frac{1}{a}, \qquad [a] = \mathrm{m}.$$

Also ist $u(x) = \frac{x}{a} + b$ und wegen $\frac{dz}{dx} = 0$ in $x = 0$ die Konstante $b = 0$,

$$z(x) = a \cosh \frac{x}{a} + c. \tag{2.188}$$

Mit $c = 0$ bekommt der *Seilparameter* $a = \frac{X_0}{q}$ die anschauliche Bedeutung $z(0) = a$. Die Seilkurve $z(x) = a \cosh \frac{x}{a}$ heißt *Kettenlinie*[1]. Nun ist mit $s = a \sinh \frac{x}{a}$ der Verlauf des Vertikalzuges

$$V(x) = qs = X_0 \sinh \frac{x}{a}. \tag{2.189}$$

Der Seilzug $N = \sqrt{X_0^2 + V^2} = X_0 \sqrt{1 + \sinh^2 \frac{x}{a}} = X_0 \cosh \frac{x}{a} = qz(x)$ ist den Ordinaten der Seilkurve im speziellen Koordinatensystem mit $z(0) = a$ proportional.

[1] Für reine Druckbelastung siehe die «Stützlinienaufgabe» 6.4.1. und vgl. dann auch Gl. (2.190).

Für das querbelastete, aber straff ausgespannte Seil mit geringem Durchhang ist $|x|/a \ll 1$, und die Kettenlinie wird durch ein quadratisches Polynom approximiert:

$$z(x) = a \cosh \frac{x}{a} \approx a + \frac{x^2}{2a}, \qquad z'(x) = z - a = \frac{qx^2}{2X_0}.$$

Damit wird $N \approx X_0 = qa \gg V_{\max}$. Die quadratische Lösung wird exakt, wenn das Seil durch eine konstante Last p je Längeneinheit der x-Achse gespannt wird, wie das Zugseil einer Hängebrücke, Abb. 2.55. Dann ist

$$p \, dx = -q_z(s) \, ds \tag{2.190}$$

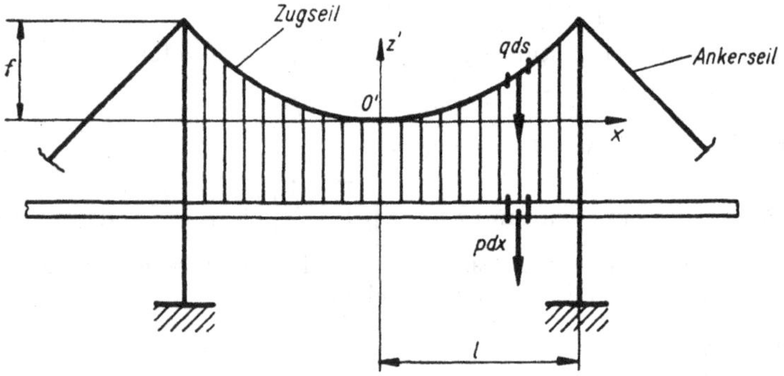

Abb. 2.55. Hängebrücke. Verschmierte Zugseilbelastung

und $\dfrac{dV}{ds} = -q_z(s) = p \dfrac{dx}{ds}$ kann mit $V(x)$ in $\dfrac{dV}{dx} = p = \text{const}$ umgeformt werden. Integration gibt $V = px$, und mit

$$\frac{dz'}{dx} = \frac{V}{X_0} = \frac{p}{X_0} x \tag{2.191}$$

wird

$$z'(x) = \frac{p}{2X_0} x^2. \tag{2.192}$$

Der Seilparameter a verliert hier seine Bedeutung. Der Durchhang $f = \dfrac{pl^2}{2X_0}$ steuert die Größe des Horizontalzuges X_0.

Um den Einfluß einer *Spanngewichtskraft* auf ein mit $q = \text{const}$ (z. B. Eigengewichtskraft $q = \varrho g A$ mit A als «Seilquerschnitt») belastetes Seil zu zeigen, führen wir ein Seil von der Aufhängung in B über eine kleine Rolle in A zur Spanngewichtskraft G, siehe Abb. 2.56.

Der Seilzug in A sei $N_A = qz_A \sim G$ (unter Vernachlässigung der Gewichtskraft des «kurzen» vertikalen Seiltrums). Damit ist dann $z_A = G/q$ bekannt.

Mit $z_B = z_A + H$ ist $N_B = qz_B$ bestimmt. Interessiert auch $X_0 = qa$, dann muß der Seilparameter a aus der nichtlinearen Gleichung

$$z_B = z_A + H = a \cosh \frac{x_A + b}{a} = z_A \cosh \frac{b}{a} + \sqrt{z_A^2 - a^2} \sinh \frac{b}{a}$$

ermittelt werden.

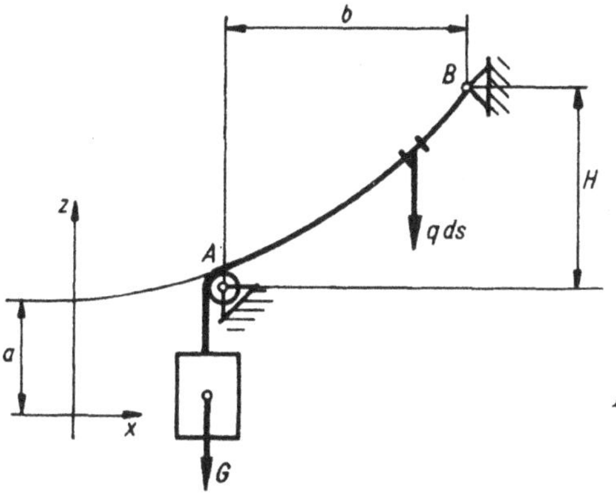

Abb. 2.56. Seil mit Spanngewicht

Ideale Seile unter *Einzelkraftbelastung* werden zu einem räumlichen oder ebenen Polygonzug ausgespannt, siehe auch das *Seileck* bei ebener Kräftegruppe, 2.2.1.

2.6. Aufgaben A 2.1 bis A 2.16 und Lösungen

A 2.1: Gegeben ist eine Kreissektorfläche mit kreisförmigem Ausschnitt nach Abb. A 2.1. Man bestimme die Schwerpunktkoordinaten unter Beachtung der Symmetrie.

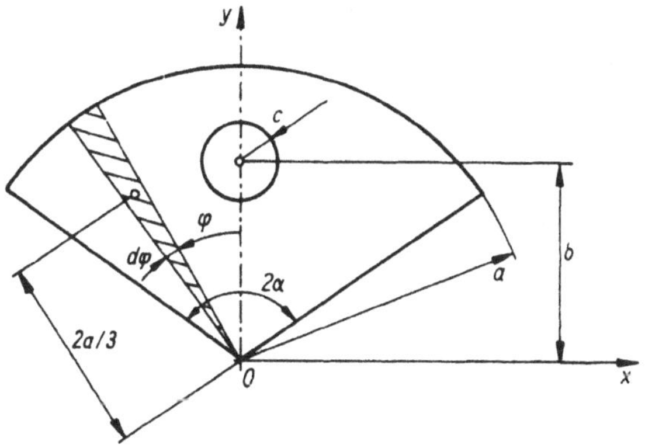

Abb. A 2.1

Lösung: Wegen $x_S = 0$ berechnen wir nur das statische Moment $Ay_S = \int\limits_A y\,\mathrm{d}A = A_1 y_1 - A_2 y_2$, A_1 ist die Kreissektorfläche und y_1 der Schwerpunktabstand, $A_2 = \pi c^2$ ist die Lochfläche mit $y_2 = b$. Durch Integration finden wir

$$A_1 y_1 = 2 \int\limits_0^{\alpha} \left(\frac{2}{3}\, a \cos \varphi\right) \frac{a}{2}\, a\, \mathrm{d}\varphi = \frac{2a^3}{3} \sin \alpha$$

und mit $A_1 = \alpha a^2$ folgt $y_1 = \dfrac{2\sin\alpha}{3\alpha}\, a$. Also $y_S = a(2\sin\alpha - 3\pi c^2 b/a^3)/3(\alpha - \pi c^2/a^2)$. Für $\alpha = \pi$, gelochte Kreisscheibe, ist $y_S = -b/\pi \left(\dfrac{a^2}{c^2} - 1\right)$.

A 2.2: Man bestimme die Stabkräfte im räumlichen Stabdreischlag nach Abb. A 2.2 bei gegebener Belastung $\vec{F}$.

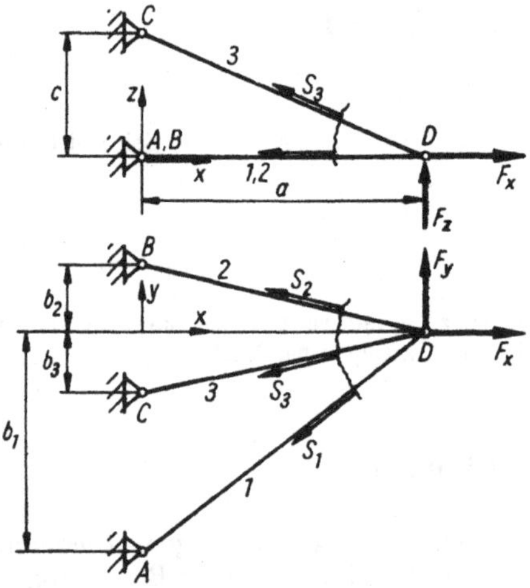

Abb. A 2.2

Lösung: Ein Rundschnitt am Knoten D ergibt ein zentrales Kraftsystem bestehend aus $\vec{F}$ und den gesuchten Stabkräften S_1, S_2, S_3. Mit den Stablängen $l_1 = (a^2 + b_1^2)^{1/2}$, $l_2 = (a^2 + b_2^2)^{1/2}$, $l_3 = (a^2 + b_3^2 + c^2)^{1/2}$ liefern die 3 Gleichgewichtsbedingungen

$$\sum_{i=1}^{4} X_i = 0 = F_x - S_1 a/l_1 - S_2 a/l_2 - S_3 a/l_3$$

$$\sum_{i=1}^{4} Y_i = 0 = F_y - S_1 b_1/l_1 + S_2 b_2/l_2 - S_3 b_3/l_3$$

$$\sum_{i=1}^{4} Z_i = 0 = F_z + S_3 c/l_3,$$

nach Auflösung

$$S_1 = [b_2 F_x/a + F_y + (b_2 + b_3)\, F_z/c]\, l_1/(b_1 + b_2),$$

$$S_2 = [b_1 F_x/a - F_y + (b_1 - b_3)\, F_z/c]\, l_2/(b_1 + b_2),$$

$$S_3 = -l_3 F_z/c.$$

A 2.3: Die parallelen Kräfte $\vec{F}_1, \vec{F}_2, \vec{F}_3$ greifen in den Eckpunkten einer starren Platte an, die durch sechs räumliche Pendelstützen getragen wird, Abb. A 2.3. Man bestimme den Kräftemittelpunkt der Kräfte $\vec{F}_i$, reduziere die Kräfte $\vec{F}_i$ in den Ursprung *0* und bestimme die Stabkräfte $S_1, \ldots, S_6$ in den Pendelstützen.

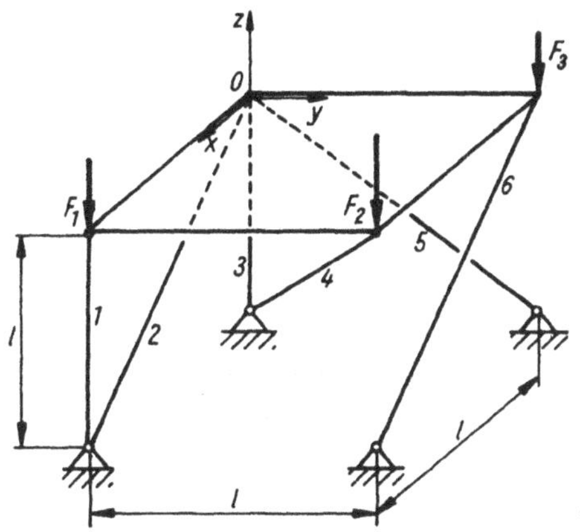

Abb. A 2.3

Lösung: Der wahre Angriffspunkt der Resultierenden $\vec{R} = -R\vec{e}_z = \vec{F}_1 + \vec{F}_2 + \vec{F}_3 = -(F_1 + F_2 + F_3)\,\vec{e}_z$ folgt aus den statischen Momenten

$$\vec{r}R = \sum_{i=1}^{3} \vec{r}_i F_i = l[F_1\vec{e}_x + F_2(\vec{e}_x + \vec{e}_y) + F_3\vec{e}_y]$$

mit den Komponenten $r_x = (F_1 + F_2)\,l/R$, $r_y = (F_2 + F_3)\,l/R$, $r_z = 0$. Statische Äquivalenz ergibt $\vec{R}$ in 0 mit dem Moment $\vec{M}_0 = \sum_{i=1}^{3} \vec{r}_i \times \vec{F}_i = \vec{r} \times \vec{R} = l[(F_1 + F_2)\,\vec{e}_y - (F_2 + F_3)\,\vec{e}_x]$. Wir schneiden die Pendelstützen, bringen die gesuchten Stabkräfte $S_1, \ldots, S_6$ als Zugkräfte an den Schnittstellen an und ermitteln die sechs Gleichgewichtsbedingungen

$$\sum_j X_j = 0 = \frac{\sqrt{2}}{2} S_2 - \frac{\sqrt{3}}{3} S_4 + \frac{\sqrt{2}}{2} S_6$$

$$\sum_j Y_j = 0 = -\frac{\sqrt{3}}{3} S_4 + \frac{\sqrt{2}}{2} S_5$$

$$\sum_j Z_j = 0 = -S_1 - \frac{\sqrt{2}}{2} S_2 - S_3 - \frac{\sqrt{3}}{3} S_4 - \frac{\sqrt{2}}{2} S_5 - \frac{\sqrt{2}}{2} S_6 - R$$

$$\sum_j M_x^{(j)} = 0 = -l\,\frac{\sqrt{3}}{3} S_4 - l\,\frac{\sqrt{2}}{2} S_6 - lF_2 - lF_3$$

$$\sum_j M_y^{(j)} = 0 = lS_1 + l\,\frac{\sqrt{3}}{3} S_4 + lF_1 + lF_2$$

$$\sum_j M_z^{(j)} = 0 = -l\,\frac{\sqrt{2}}{2} S_6$$

aus denen die gesuchten Größen vorzeichenbehaftet berechnet werden (— bedeutet Druck), der Stab 6 ist ein Nullstab, $S_1 = F_3 - F_1$, $S_2 = -(F_2 + F_3)\sqrt{2} = S_5$, $S_3 = 2F_2 + F_3$, $S_4 = -(F_2 + F_3)\sqrt{3}$.

A 2.4: Durch Aufwickeln eines Blechstreifens und Verkleben der stumpf aneinander liegenden Kanten läßt sich ein dünnwandiges langes Rohr herstellen, Abb. A 2.4. Als Zugstab eingesetzt, wird das Blech durch die Normalspannung σ_{xx} beansprucht, ihr zulässiger Wert sei σ_{zul}. Die Klebung muß eine Normal- (σ) und Schubspannung (τ) übertragen, die Schubspannungen müssen i. allg. auf $\tau_{zul} = \varepsilon\sigma_{zul}$, $\varepsilon < 1$ begrenzt werden. Wie muß der Steigungswinkel α gewählt werden, damit Blech und Klebung gerade die zulässigen Spannungen übertragen?

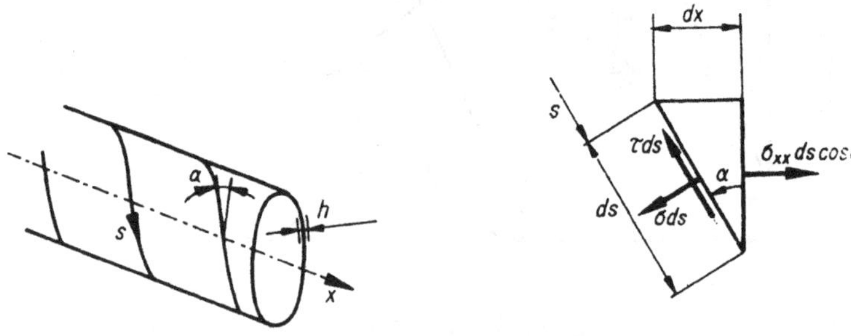

Abb. A 2.4

Lösung: Wir schneiden aus dem Rohr längs dem Stoß ein dreieckiges differentielles Element. Die Gleichgewichtsbedingungen liefern dann den statisch bestimmten Spannungsvektor im Stoß als Funktion der Blechnormalspannung (vgl. *Mohr*scher Kreis), insbesondere ergibt sich $\tau = \frac{1}{2}\sigma_{xx}\sin 2\alpha$. Setzen wir σ_{zul} des Bleches und τ_{zul} der Klebung ein, dann folgt $\alpha = \frac{1}{2}\arcsin 2\varepsilon$.

Anmerkung: Im allgemeinen ist die Spannung in der Klebefuge statisch unbestimmt und die Annahme konstanter Spannung nur eine grobe Näherung, siehe Beispiel A 6.10.

A 2.5: Man ermittle Stabkräfte und Schubflüsse in dem statisch bestimmten rechteckigen Schubfeldträger aus Abb. A 2.5.

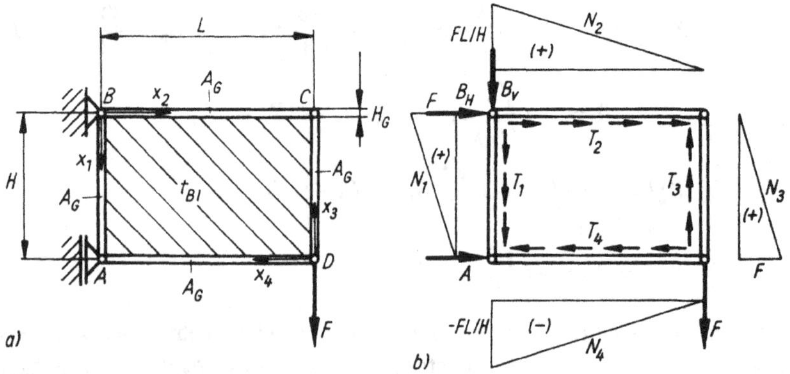

Abb. A 2.5. (a) Schubfeldträger
(b) Belastung der Gurtstäbe. $T_i = T$, $i = 1, \ldots, 4$

Anmerkung: Der Träger besteht aus einem dünnen Rechteckblech, welches kontinuierlich mit vier Gurtstäben verbunden ist. Die Stäbe sind ihrerseits in den Ecken gelenkig angeschlossen. Wenn für $H \lesseqq L$ gilt, daß $H_G/H \ll 1$, $Ht_{Bl}/A_G \ll 4$, wobei H_G die Gurthöhe, A_G die Gurtquerschnittsfläche und t_{Bl} die Blechstärke bedeuten, darf angenommen werden, daß die Gurte nur Normalkräfte übernehmen und der vom Blech auf einen Stab übertragene Schubfluß $T = \tau t_{Bl}$ längs des Stabes konstant ist, vergleiche mit dem Sandwich-Querschnitt. Die Querkraft soll vom Stegblech allein übernommen werden, und die Schubspannungen im Trägerquerschnitt werden konstant gesetzt.

Lösung: Die Auflagerreaktionen sind $B_V = -F$, $B_H = -FL/H = -A$. Die Gleichgewichtsbeziehung an einem differentiellen Gurtstabelement liefert nach Integration $N_j(x_j) = -T_j x_j + N_j(x_j = 0)$, $j = 1, 2, 3, 4$. Rundschnitte um die Knoten ergeben $N_1(0) = N_3(0) = F$, $N_2(0) = -N_4(L) = FL/H$, $N_1(H) = N_2(L) = N_3(H) = N_4(0) = 0$. Dies eingesetzt und für $x_1 = x_3 = H$ bzw. $x_2 = x_4 = L$ ausgewertet liefert $T_j = F/H = T$, $j = 1, 2, 3, 4$. Die Normalkraftverläufe sind in Abb. 2.5b) eingetragen[1]. Siehe auch A 6.8 und A 11.7.

A 2.6: Eine nach Abb. A 2.6 gekröpfte Welle trägt am Ende eine Einzelkraft $\vec{F}$. Man berechne die Auflagerreaktionen und die Schnittgrößen im Kragbalkenteil.

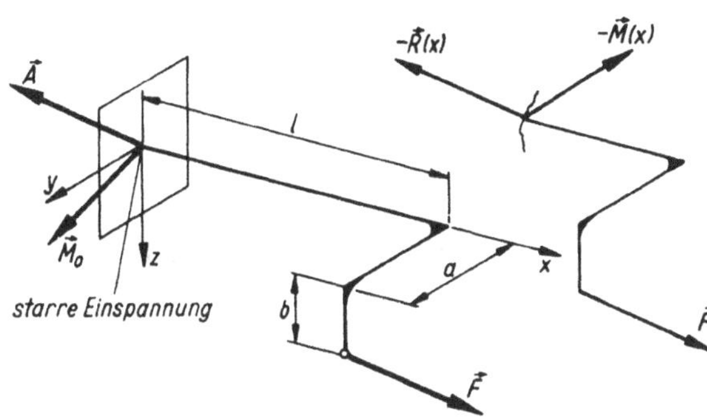

Abb. A 2.6

Lösung: Die Gleichgewichtsbedingungen für das räumliche Kraftsystem $\vec{F}$, $\vec{A}$, $\vec{M}_0$ ergeben mit $\vec{r}_0 = l\vec{e}_x + a\vec{e}_y + b\vec{e}_z$: $A_x + F_x = 0$, $A_y + F_y = 0$, $A_z + F_z = 0$, $M_x - bF_y + aF_z = 0$, $M_y - lF_z + bF_x = 0$ und $M_z - aF_x + lF_y = 0$. Am rechten Schnittufer werden die resultierenden Schnittgrößen negativ eingeführt. Gleichgewicht des Kraftsystems $\vec{F}$, $-\vec{R}(x)$, $-\vec{M}(x)$ liefert mit $\vec{r}(x) = (l - x)\,\vec{e}_x + a\vec{e}_y + b\vec{e}_z$, $N = F_x$, $Q_y = F_y$, $Q_z = F_z$, $M_x = aF_z - bF_y$, $M_y(x) = bF_x - (l - x)\,F_z$, $M_z(x) = (l - x)\,F_y - aF_x$.

A 2.7: Das statisch bestimmte Grundsystem eines ebenen Fachwerkdachbinders unter Belastung durch F_1, F_2, F_3 ist in Abb. A 2.7 dargestellt. Man bestimme die Stabkräfte in den Stäben 1, 2, 3 mittels *Ritter*schnitts.

---

[1] Siehe z. B. *G. Czerwenka/W. Schnell:* Einführung in die Rechenmethoden des Leichtbaus. — B.I. Hochschultaschenbücher Nr. 124. — Mannheim: Bibliograph. Institut. 1967.

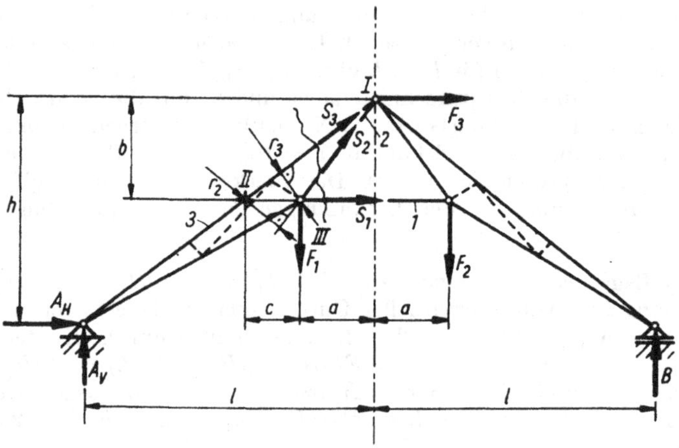

Abb. A 2.7

Lösung: Zuerst werden die Auflagerkräfte bestimmt: $A_H = -F_3$,

$$A_V = \frac{1}{2}\left[\left(1 + \frac{a}{l}\right) F_1 + \left(1 - \frac{a}{l}\right) F_2 - \frac{h}{l} F_3\right],$$

$$B = \frac{1}{2}\left[\left(1 - \frac{a}{l}\right) F_1 + \left(1 + \frac{a}{l}\right) F_2 + \frac{h}{l} F_3\right].$$

Nach Ritterschnitt und Einführung der unbekannten Stabkräfte S_1, S_2, S_3 führt das Momentengleichgewicht am linken Fachwerkteil mit den Bezugspunkten I, II, III unter Beachtung der Hebelarme $c = \frac{bl}{h} - a$, $r_2 = bc/\sqrt{a^2 + b^2}$, $r_3 = hc/\sqrt{h^2 + l^2}$, auf die Gleichungen

(*I*) $S_1 b + A_H h - A_V l + F_1 a = 0,$

(*II*) $S_2 r_2 + A_H(h - b) - A_V(l - a - c) - F_1 c = 0,$

(*III*) $S_3 r_3 - A_H(h - b) + A_V(l - a) = 0.$

Das System ist auch innerlich statisch bestimmt, alle weiteren Stäbe sind Nullstäbe und dienen nur der Aussteifung.

A 2.8: Ein Dreigelenkbogen nach Abb. A 2.8 besteht aus einem ebenen Fachwerkteil und einer «schweren» homogenen Stütze (Stabquerschnitt A, Dichte ϱ). Man berechne die Stützengewichtskraft G und bestimme graphisch die Auflagerreaktionen und mittels Cremonaplans die Stabkräfte im Fachwerk, wenn $F_1 = G$ und $F_2 = G/2$.

Lösung: $G = 2\sqrt{2}\, lA\varrho g$.

A 2.9: Man ermittle den Bereich der Selbsthemmung einer Leiter unter der Gewichtskraft G graphisch und rechnerisch bei gegebenen Haftgrenzbeiwerten μ_1 am Boden und μ_2 an der rauhen Wand und diskutiere den Spezialfall, wenn bei glatter Wand $\mu_2 = 0$, Abb. A 2.9 (a, b).

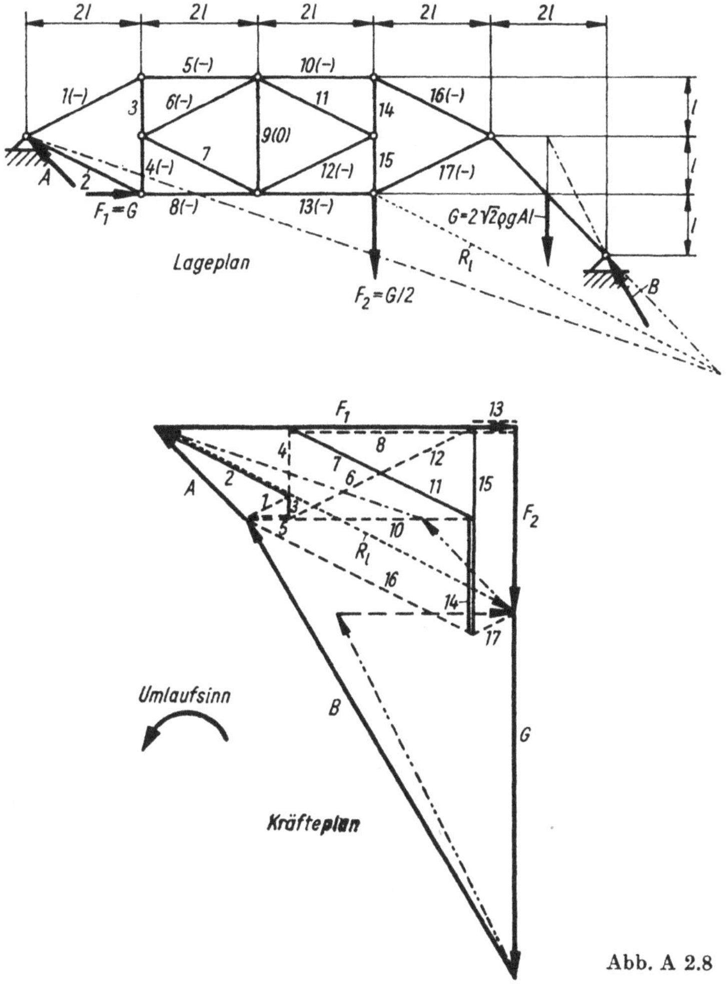

Abb. A 2.8

Lösung: Der gemeinsame Schnittpunkt der drei Kräfte G, $\vec{A}$, $\vec{B}$ (eine notwendige Bedingung für Gleichgewicht des ebenen Kraftsystems) muß für Haften im schraffierten gemeinsamen Bereich der beiden Haftgrenzkegel liegen. Die kritische Stellung von G (die Haftgrenze) wird daher für $s \to s_k$ erreicht. In $0 \leqq s \leqq s_k$ hat die Größe von G keinen Einfluß auf das Gleichgewicht, das bedeutet *Selbsthemmung*. Der Einfluß der Wandrauhigkeit auf s_k ist relativ gering, vgl. die Abb. A 2.9a, b.
Die 3 Gleichgewichtsbedingungen $T_1 - N_2 = 0$, $T_2 + N_1 - G = 0$, $(N_2 \sin\varphi + T_2 \cos\varphi)\, L - Gs \cos\varphi = 0$ enthalten 4 Unbekannte, die statisch Unbestimmte ist z. B. T_2. Wegen der Haftbedingungen $|T_1| \leqq T_{R1} = \mu_1 N_1$, $|T_2| \leqq T_{R2} = \mu_2 N_2$ folgen dann die Ungleichungen $N_2 = T_1 \leqq \mu_1 N_1$, $N_2 \geqq (G - N_1)/\mu_2$, $N_1, N_2 > 0$, $T_2 > 0$ und damit nach Elimination von N_2 aus $s/L = 1 - N_1/G + N_2 \tan\varphi/G$,

$$\left(1 - \frac{N_1}{G}\right)\left(1 + (\tan\varphi)/\mu_2\right) \leqq s/L \leqq 1 - \frac{N_1}{G}\,(1 - \mu_1 \tan\varphi) > 0,$$

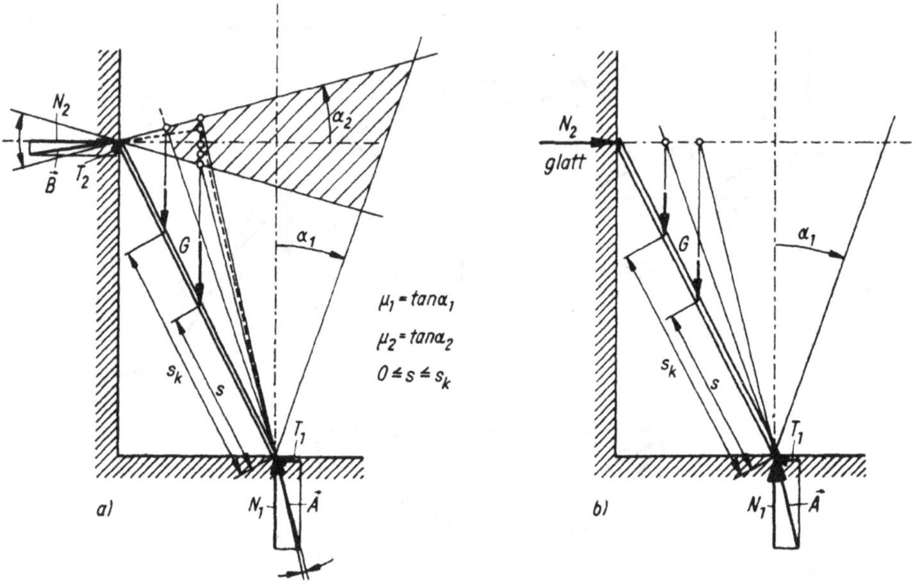

Abb. A 2.9

$1 - \mu_1 \tan\varphi > 0$ nach Abb. A 2.9. Das ergibt die Ungleichung

$$N_1/G \geqq 1/(1 + \mu_1\mu_2).$$

Nun kann auch N_1/G eliminiert werden, und die Haftbedingung ergibt unabhängig von G, $s < s_k$ mit $s_k/L = \mu_1(\mu_2 + \tan\varphi)/(1 + \mu_1\mu_2)$. Der statisch bestimmte Fall ergibt mit $\mu_2 = 0$ eine etwas verkleinerte Haftgrenze $\bar{s}_k/L = \mu_1 \tan\varphi$.

A 2.10: Gegeben ist ein Keilriementrieb nach Abb. A 2.10. Man bestimme die Zugkraftdifferenz $|S_2 - S_1|$ an der Haftgrenze bei bekannter Haftgrenzzahl μ. Gibt es eine Selbsthemmbedingung? Man gebe auch die Haftbedingung für ein mit F in eine Geradführung gepreßtes Keilprisma an.

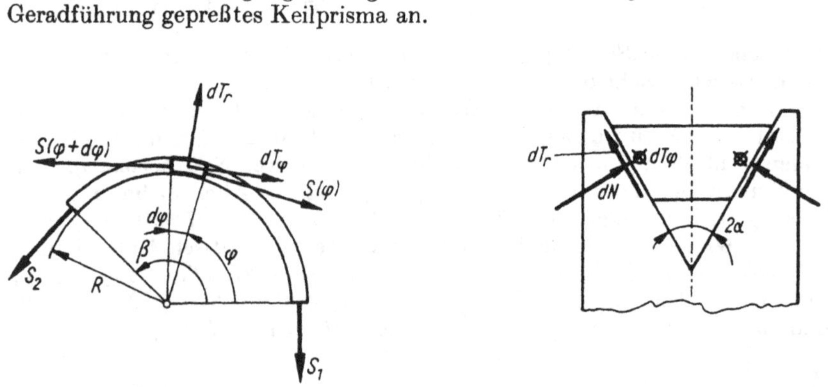

Abb. A 2.10

Lösung: Am Keilriemenelement wirken die Kräfte S, $\mathrm{d}N$, $\mathrm{d}T_\varphi$, $\mathrm{d}T_r$. Gleichgewichtsbedingungen in radialer und Umfangsrichtung lauten:

$$2(\mathrm{d}T_r \cos\alpha + \mathrm{d}N \sin\alpha) - S\,\mathrm{d}\varphi = 0, \qquad \mathrm{d}S - 2\mathrm{d}T_\varphi = 0.$$

Die Haftbedingung beschränkt die resultierende Tangentialkraft

$$|\mathrm{d}T| = \sqrt{\mathrm{d}T_r^2 + \mathrm{d}T_\varphi^2} \leqq \mathrm{d}T_R = \mu\,\mathrm{d}N.$$

An der Haftgrenze verschwindet $\mathrm{d}T_r$, und es folgt die Differentialgleichung $\dfrac{\mathrm{d}S}{S} = \dfrac{\mu}{\sin\alpha}\,\mathrm{d}\varphi$ mit der bereits bekannten Lösung $S = S_1 \exp(\pm\mu'\varphi)$, $\mu' = \mu/\sin\alpha$. Für $\varphi = \beta$ (Umschlingungswinkel) folgt die Haftbedingung

$$S_2 \leqq S_1 \exp(\mu'\beta) \quad \text{bzw.} \quad S_1 \leqq S_2 \exp(\mu'\beta).$$

Selbsthemmung kann nicht eintreten. Die effektive (Keil-)Haftgrenzzahl μ' ist gegenüber dem Flachriemen vergrößert.
Setzen wir die Horizontalkraft am Keilprisma gleich H, so gilt $H \leqq \mu' F$.

A 2.11: Eine Kopfschraube nach Abb. A 2.11 hat die Abmessungen: Kopfradius a, mittlerer Flankenradius des Gewindes r, dort mittlerer Gewindesteigungswinkel γ, Flankenpfeilungswinkel α und die Vorspannkraft F (Normalkraft im Schraubenhals). Zu berechnen ist die obere und untere Schranke des äußeren Momentes M, bei welcher sich die Schraube zu drehen beginnt. Wann tritt Selbsthemmung ein?

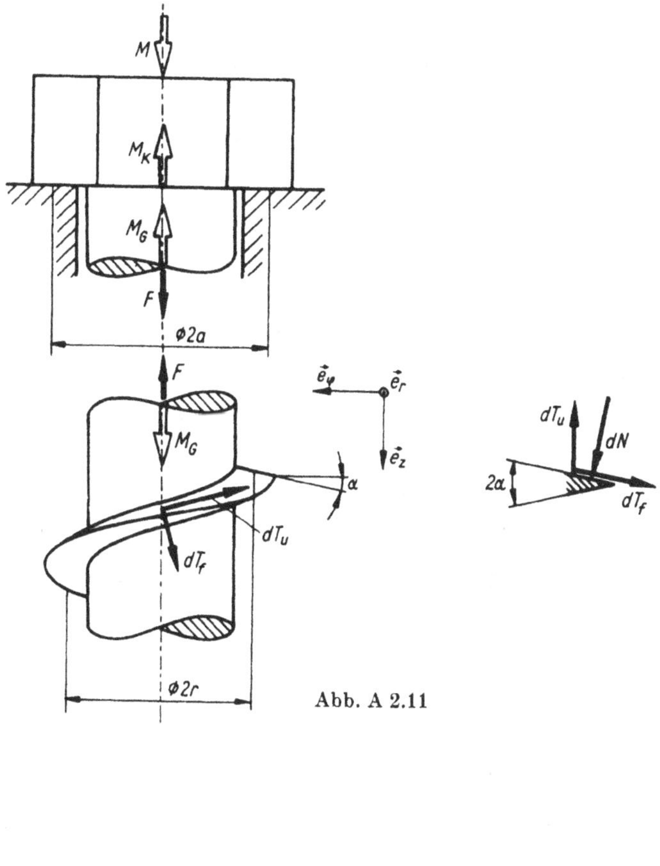

Abb. A 2.11

Lösung: Ein begleitendes Dreibein am mittleren Radius r ist durch $\vec{e}_n = \varkappa(\sin\alpha \times\cos\gamma\vec{e}_r + \cos\alpha\sin\gamma\vec{e}_\varphi - \cos\alpha\cos\gamma e_z)$, $\vec{e}_u = -\cos\gamma\vec{e}_\varphi - \sin\gamma\vec{e}_z$, $\vec{e}_f = \varkappa(\cos\alpha\vec{e}_r - \sin\alpha\sin\gamma\cos\gamma\vec{e}_\varphi + \sin\alpha\cos^2\gamma\vec{e}_z)$, $\varkappa = (\cos^2\alpha + \sin^2\alpha\cos^2\gamma)^{-1/2}$ gegeben, wo $\vec{e}_f = \vec{e}_u\times\vec{e}_n$. Damit ist $\mathrm{d}\vec{N} = -\mathrm{d}N\vec{e}_n$, $\mathrm{d}\vec{T} = \mathrm{d}T_u\vec{e}_u + \mathrm{d}T_f\vec{e}_f$. Gleichgewicht am Schraubenkopf fordert $M - M_K - M_G = 0$, am Gewindeteil (Gewindefläche A) $-F + \varkappa\cos\alpha\cos\gamma\int_A \mathrm{d}N - \sin\gamma\int_A \mathrm{d}T_u + \varkappa\sin\alpha\cos^2\gamma\int_A \mathrm{d}T_f = 0$, $M_G - r\big(\varkappa\cos\alpha \times\sin\gamma\int_A \mathrm{d}N + \cos\gamma\int_A \mathrm{d}T_u + \varkappa\sin\alpha\sin\gamma\cos\gamma\int_A \mathrm{d}T_f\big) = 0$. Elimination von M_G gibt 2 Gleichungen für F und M. Die Haftbedingungen bei gleichen Haftgrenzen μ für Kopf und Gewinde sind

$$|M_K| \leqq M_{KR} = \mu a F,$$

$$|\mathrm{d}T| = \sqrt{\mathrm{d}T_u^2 + \mathrm{d}T_f^2} \leqq \mathrm{d}T_R = \mu\,\mathrm{d}N.$$

Einsetzen liefert mit verschwindendem $\mathrm{d}T_f$ an der Haftgrenze,

$$M \lesseqgtr \left(\pm\mu a + \frac{\varkappa\cos\alpha\sin\gamma \pm \mu\cos\gamma}{\varkappa\cos\alpha\cos\gamma \mp \mu\sin\gamma}\,r\right) F,$$

das obere bzw. untere Vorzeichen gilt bei Erreichen der Haftgrenze für weiter eindrehen bzw. ausdrehen der Schraube.
Selbsthemmung tritt ein, wenn zum Lösen der Schraube ein negatives Moment aufgebracht werden muß:

$$(\mu - \varkappa\cos\alpha\tan\gamma)\,r + \mu(\varkappa\cos\alpha + \mu\tan\gamma)\,a > 0,$$

für flachgängige Schrauben kann $\alpha = 0$ gesetzt werden. Ist auch $\gamma \ll 1$, wird $\varkappa \approx 1$.

A 2.12: Man ersetze das Parallelkraftfeld zufolge Überdruck in der schweren Flüssigkeit der Dichte ϱ im Trapezbereich nach Abb. A 2.12 statisch äquivalent durch die Resultierende R im Druckmittelpunkt M.

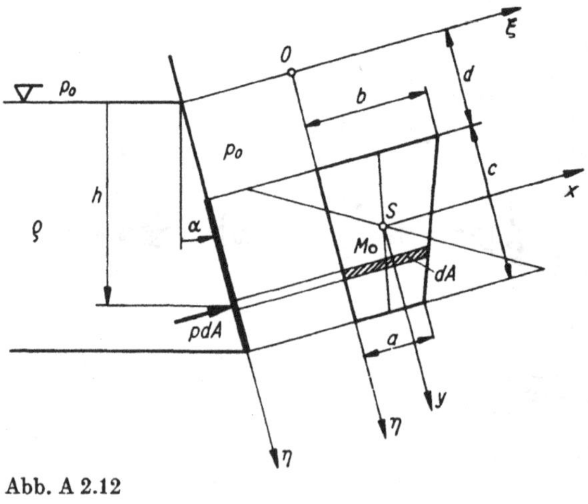

Abb. A 2.12

Lösung: Mit dem Überdruck $p = \varrho g h$ folgt die Resultierende unter Beachtung von $h = \eta \cos \alpha$ und dem statischen Moment $\eta_S A$, $A = \frac{a+b}{2} c$ aus

$$R = \int_A p \, dA = (\varrho g \eta_S \cos \alpha) A = \varrho g h_S A,$$

wo mit

$$A\eta_S = \int_A \eta \, dA = \int_d^{d+c} \eta \left[b - (\eta - d) \frac{b-a}{c} \right] d\eta, \qquad \eta_S = d + \frac{2a+b}{3(a+b)} c.$$

Statische Äquivalenz fordert

$$R\eta_M = \int_A \eta p \, dA = (\varrho g \cos \alpha) J_\xi,$$

$$J_\xi = \int_A \eta^2 \, dA = \int_d^{d+c} \eta^2 \left[b - (\eta - d) \frac{b-a}{c} \right] d\eta = \frac{b}{3} \left[1 + \frac{d}{b} \frac{b-a}{c} \right] [(d+c)^3 - d^3]$$

$$- \frac{b-a}{4c} [(d+c)^4 - d^4],$$

$$\eta_M = \eta_S + i_x^2/\eta_S, \qquad i_x^2 = c^2(a^2 + 4ab + b^2)/18(a+b)^2,$$

$$R\xi_M = \int_A \xi p \, dA = (\varrho g \cos \alpha) J_{\xi\eta},$$

$$J_{\xi\eta} = \int_A \xi \eta \, dA = \frac{1}{2} \int_d^{d+c} \eta \left[b - (\eta - d) \frac{b-a}{c} \right]^2 d\eta$$

$$= \frac{b^2}{4} \left[1 + 2 \frac{d}{b} \frac{b-a}{c} + \frac{d^2}{b^2} \frac{(b-a)^2}{c^2} \right] [(d+c)^2 - d^2]$$

$$- \frac{b}{3} \left[\frac{b-a}{c} + \frac{d}{b} \frac{(b-a)^2}{c^2} \right] [(d+c)^3 - d^3] + \frac{(b-a)^2}{8c^2} [(d+c)^4 - d^4],$$

$$\xi_M = \xi_S - c(b^3 + 3ab^2 - 3a^2 b - a^3)/36(a+b)^2 \, \eta_S,$$

$$\xi_S = (a^2 + ab + b^2)/3(a+b).$$

A 2.13: Ein halbkreisförmiger Dreigelenkbogen wird durch eine hydrostatische Druckbelastung einer schweren Flüssigkeit (Dichte ϱ) von außen und durch den konstanten Überdruck p_c von innen belastet. Auch sein Eigengewicht $q = \varrho_K g s b$ je Längseinheit ist bei der Berechnung der drei Gelenkkräfte in A, B, C und der Schnittgrößen $N(\varphi)$, $M(\varphi)$, $Q(\varphi)$ zu berücksichtigen, vgl. Abb. A 2.13.

Lösung: Aus Symmetriegründen verschwindet die Querkraft im Gelenk C, $C_V = 0$, $C_H = C$. Wir behandeln die drei Lastfälle getrennt.

1. Lastfall: Konstanter Druck $p_1 = p_c - p_0$. Die Gleichgewichtsbedingungen ergeben $H_1 = 0$, $V_1 = C_1 = -abp_1$. Angewendet auf ein Bogenstück $(0, \varphi)$, folgt $N_1 = abp_1$, $Q_1 = 0$, $M_1 = 0$ (vgl. Kesselformel).

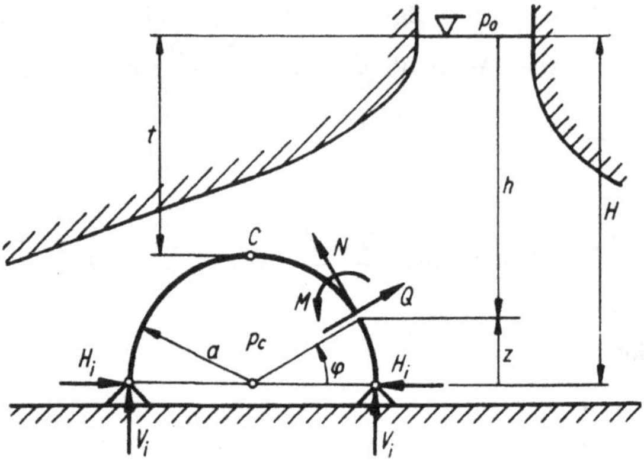

Abb. A 2.13

2. Lastfall: Flüssigkeitsüberdruck $p_2 = \varrho g h = \varrho g[t + a(1 - \sin\varphi)]$. Die zentrale Belastung auf eine Bogenhälfte hat die resultierenden Komponenten $R_{2h} = \varrho g h_S' A' = \varrho g(t + a/2)\,ab$ und $R_{2v} = \varrho g\left[t + a\left(1 - \frac{\pi}{4}\right)\right]ab$, der Vektor $\vec{R}$ geht durch 0. Gleichgewicht liefert die Gelenkkräfte $H_2 = -\varrho g a^2 b(\pi - 2)/4$, $V_2 = C_2 = \varrho g[t + a \times (1 - \pi/4)]\,ab$ bzw. mit $R_{2h}(\varphi) = \varrho g a b\left[t + a\left(1 - \frac{1}{2}\sin\varphi\right)\right]\sin\varphi$, $R_{2v}(\varphi) = \varrho g a b \times \left[t(1 - \cos\varphi) + a\left(1 - \cos\varphi + \frac{1}{2}\sin\varphi\cos\varphi - \frac{1}{2}\varphi\right)\right]$ die Schnittgrößen an der Stelle φ:

$$N_2(\varphi) = -[H_2 + R_{2h}(\varphi)]\sin\varphi + [-V_2 + R_{2v}(\varphi)]\cos\varphi,$$

$$Q_2(\varphi) = [H_2 + R_{2h}(\varphi)]\cos\varphi + [-V_2 + R_{2v}(\varphi)]\sin\varphi,$$

$$\frac{1}{a} M_2(\varphi) = [H_2 + R_{2h}(\varphi)]\sin\varphi - V_2(1 - \cos\varphi) - R_{2v}(\varphi)\cos\varphi.$$

3. Lastfall: Eigengewicht, $d\vec{G} = -qa\,d\varphi\,\vec{e}_z$ bildet ein Parallelkraftsystem mit $R_3 = \pi a q/2$ als vertikale Last je Bogenhälfte im Abstand $r = 2a/\pi$ von 0. Gleichgewicht liefert $H_3 = C_3 = \left(\frac{\pi}{2} - 1\right)qa$, $V_3 = \pi a q/2$. Mit $r(\varphi) = a\sin\varphi/\varphi$ und $R_3(\varphi) = \varphi a q$ folgen die Schnittgrößen an der Stelle φ:

$$N_3(\varphi) = -aq\left[\left(\frac{\pi}{2} - 1\right)\sin\varphi + \left(\frac{\pi}{2} - \varphi\right)\cos\varphi\right],$$

$$Q_3(\varphi) = aq\left[\left(\frac{\pi}{2} - 1\right)\cos\varphi - \left(\frac{\pi}{2} - \varphi\right)\sin\varphi\right],$$

$$\frac{1}{a} M_3(\varphi) = -\pi a q[1 - \sin\varphi - (1 - 2\varphi/\pi)\cos\varphi]/2.$$

Die Ergebnisse der 3 Lastfälle werden überlagert. Alle Schnittgrößen erfüllen die differentiellen Gleichgewichtsbedingungen (2.145) bis (2.147), die Belastung ist in die tangentiale und normale Komponente zu zerlegen.

A 2.14: Eine hängende Pendelstange ist bis zur Tiefe $H < l$ in schwere Flüssigkeit getaucht. Man bestimme Gleichgewichtslagen und untersuche die Stabilität der hängenden Gleichgewichtslage $\varphi = 0$, Abb. A 2.14.

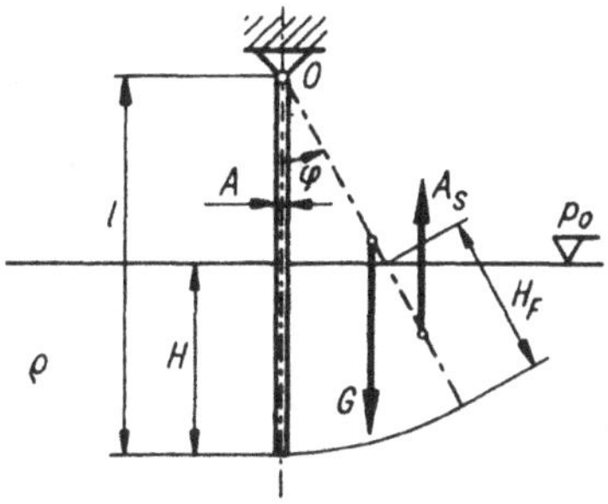

Abb. A 2.14

Lösung: Die Gleichgewichtsbedingung $M_0 = 0$ fordert $\left[G\frac{l}{2} - A_S\left(l - \frac{H_F}{2}\right)\right]\sin\varphi = 0$, $A_S = \varrho g A H_F$, $H_F = l - (l - H)/\cos\varphi$, $\varphi = 0$ ist immer eine Gleichgewichtslage. Weitere Lagen sind aus der Gleichung $\sin^2\varphi + \frac{\varrho_k}{\varrho}\cos^2\varphi = \frac{H}{l}\left(2 - \frac{H}{l}\right)$ zu berechnen. Damit $\varphi = 0$ stabil ist, muß bei kleinem Störwinkel $|\delta\varphi| \ll 1$ ein rückstellendes Moment auftreten, Linearisierung ergibt mit $\delta\varphi > 0$

$$\delta M = \frac{Ag}{2}\left[\varrho H(2l - H) - \varrho_K l^2\right]\delta\varphi < 0$$

und damit die Stabilitätsbedingung in $\xi = H/l$, $\xi(2 - \xi) < \varrho_K/\varrho$.
Die Lage $\varphi = 0$ ist immer stabil, wenn $\varrho_K > \varrho$. Ansonsten muß $\xi < \left(1 - \sqrt{1 - \varrho_K/\varrho}\right)$ gelten.

A 2.15: Ein starrer homogener Stab (ϱ, A, l) hängt an einem schweren Seil mit der Gewichtskraft q je Längeneinheit, Lageplan der Zugbrücke nach Abb. A 2.15. Man gebe eine Bestimmungsgleichung für den Seilparameter a an und bestimme L.

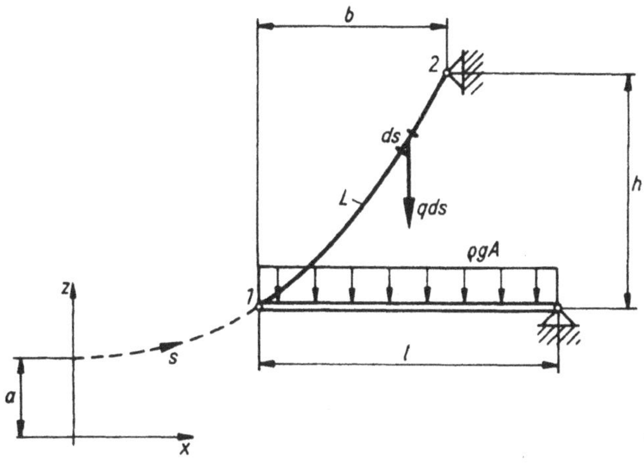

Abb. A 2.15

Lösung: Bei ebener Seilkurve ist $z = a \cosh \frac{x}{a}$, $s = a \sinh \frac{x}{a}$, $H = qa$, $V = qs$, $N = qz$. Mit $G = \varrho g A l$ ist im Anschlußpunkt $V_1 = G/2$ vorzugeben. Damit ist $s_1 = \frac{V_1}{q} = G/2q = a \sinh \frac{x_1}{a}$ und $x_1 = a Ar \sinh G/2qa$. Aus dem Lageplan entnehmen wir

$$z_2 - z_1 = h = a \cosh \frac{x_2}{a} - a \cosh \frac{x_1}{a} = a \left(\cosh \frac{x_1 + b}{a} - \cosh \frac{x_1}{a} \right)$$

$$= a \left(\cosh \frac{x_1}{a} \cosh \frac{b}{a} + \sinh \frac{x_1}{a} \sinh \frac{b}{a} - \cosh \frac{x_1}{a} \right)$$

und wenden ein Additionstheorem an. Einsetzen von x_1 liefert die gesuchte Gleichung für $h/a = \xi$:

$$\xi \left[1 - \frac{G}{2qh} \sinh \frac{b}{h} \xi \right] = \left[\cosh \frac{b}{h} \xi - 1 \right] \cosh \left(Ar \sinh \frac{G}{2qh} \xi \right).$$

Sie muß numerisch gelöst werden. Dann ist $L = s_2 - s_1 = s_2 - G/2q$,

$$s_2 = a \sinh \frac{x_1 + b}{a}.$$

A 2.16: Der statisch unbestimmt gelagerte Träger nach Abb. 5.13 wird durch eine Einzelkraft F im Abstand $x = \xi$ belastet ($q = 0$). Man wähle den beidseitig gelenkig gelagerten Träger als statisch bestimmtes Grundsystem, die statisch Unbestimmte ist dann das Einspannmoment, und berechne so die Querkraft- und Momentenlinien getrennt für die Lastfälle «Einzelkraft» und «Randmoment».

Lösung: Die Abbildung A 2.16 zeigt die Lösung und gibt die Werte an Stützstellen an. Das statisch unbestimmte Einspannmoment kann mit diesen Eingangsgrößen mit Hilfe des Mohrschen Verfahrens bestimmt werden, siehe auch Abb. 6.12. Dort sind allerdings die Momentenlinien anzupassen.

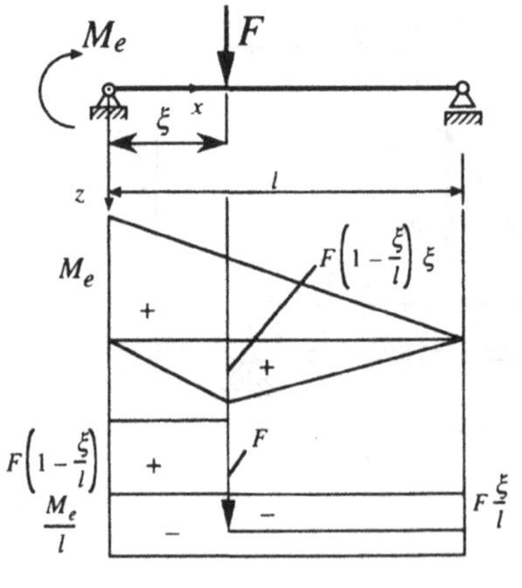

Abb. A 2.16

3. Arbeit. Leistung. Potentielle Energie

3.1. Arbeit. Leistung einer Einzelkraft und eines Kräftepaares

Eine erste «natürliche» Verknüpfung von Bewegung (Deformation) und Kraft (Spannung) ergibt sich durch den mechanischen Arbeits- und Leistungsbegriff. Wir definieren die «Elementararbeit» einer Einzelkraft $\vec{F}(t)$, bei einer infinitesimalen Verschiebung $\mathrm{d}\vec{r}$ ihres Angriffspunktes am Körper, durch die infinitesimale skalare Größe, siehe Abb. 3.1:

$$\delta A = \vec{F} \cdot \mathrm{d}\vec{r} = X\,\mathrm{d}x + Y\,\mathrm{d}y + Z\,\mathrm{d}z = |\vec{F}|\,|\mathrm{d}\vec{r}| \cos\alpha, \tag{3.1}$$

$|\mathrm{d}\vec{r}| \cos\alpha$ wird als «Arbeitsweg» von $\vec{F}$ (in Richtung von $\vec{F}$) bezeichnet. Wir schreiben δA, da diese Größe nicht immer das Differential einer skalaren Funktion ist. Die Dimension der Arbeit $[\delta A] = \mathrm{Nm}$, mit der neu bezeichneten Einheit 1 Joule = 1 J = 1 Nm. Bewegt sich der Angriffspunkt auf seiner Bahnkurve C von $\vec{r}_1$ nach $\vec{r}_2$, dann ist die insgesamt von $\vec{F}$ geleistete Arbeit die Summe der Elementararbeiten:

$$A_{1\to 2} = \oint_{\vec{r}_1}^{\vec{r}_2} \vec{F} \cdot \mathrm{d}\vec{r} = \int_{x_1}^{x_2} X\,\mathrm{d}x + \int_{y_1}^{y_2} Y\,\mathrm{d}y + \int_{z_1}^{z_2} Z\,\mathrm{d}z. \tag{3.2}$$

$A_{1\to 2}$ ist i. allg. abhängig von der durchlaufenen Bahnkurve C. Man erkennt dies auch z. B. im Integral $\int X\,\mathrm{d}x$, da $X(x, y, z; t)$, (in *Euler*scher Darstellung), noch über die Gleichung der Bahnkurve in Parameterdarstellung $y = y(x)$, $z = z(x)$ von x abhängt, neben der instationären Abhängigkeit von t. Wir bemerken allerdings, daß es Kräfte gibt, z. B. solche, die dauernd senkrecht auf die Bahnkurve

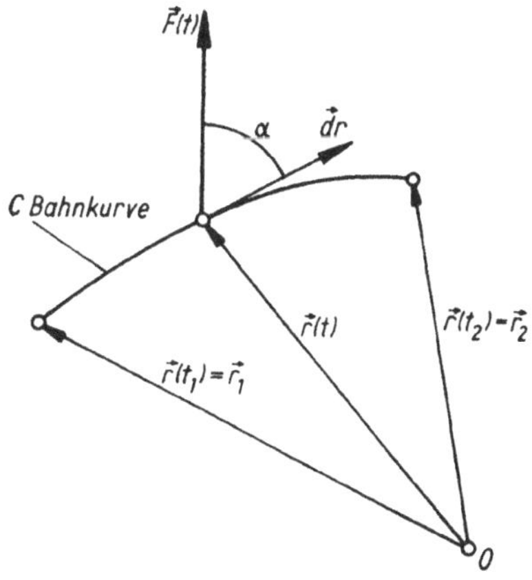

Abb. 3.1. Einzelkraft $\vec{F}$ und Bahnkurve C ihres Angriffspunktes

ihres Angriffspunktes stehen, die keine Arbeit leisten, wo also $\delta A = 0$. Wir nennen sie *leistungslose Kräfte*.
Die je Zeiteinheit geleistete Arbeit wird *Leistung* genannt. Sie ist eine skalare Funktion der Zeit,

$$L = L(t) = \frac{\delta A}{\mathrm{d}t} = \vec{F} \cdot \frac{\mathrm{d}\vec{r}}{\mathrm{d}t} = \vec{F} \cdot \vec{v} = X v_x + Y v_y + Z v_z = |\vec{F}|\,|\vec{v}| \cos\alpha, \quad (3.3)$$

$\vec{v}(t)$ ist die Momentangeschwindigkeit des Angriffspunktes von $\vec{F}(t)$. Die Dimension von $[L] = \mathrm{Nm/s}$, $1\ \mathrm{Nm/s} = 1\ \mathrm{J/s} = 1\ \mathrm{W}$, wird als ein Watt bezeichnet. Damit ist $1\ \mathrm{Ws} = 1\ \mathrm{J} = 1\ \mathrm{Nm}$ die Arbeitseinheit (vergleiche auch $1\ \mathrm{KWh} = 3{,}6 \times 10^6\ \mathrm{J}$). Die im Zeitintervall $\mathrm{d}t$ geleistete Elementararbeit kann also auch durch die Leistung ausgedrückt werden,

$$\delta A = L\,\mathrm{d}t \quad (3.4)$$

und

$$A_{1\to 2} = \int_{t_1}^{t_2} L\,\mathrm{d}t. \quad (3.5)$$

Auch dieses zeitliche Integral enthält i. allg. die Bahnkurve C des Angriffspunktes von $\vec{F}$.
Als erste Anwendung von Gl. (3.3) ermitteln wir die Leistung eines *Kräftepaares*, $\vec{M} = \vec{r} \times \vec{F}$, bei starrer Drehung der Wirkungsebene mit der Winkelgeschwindigkeit $\vec{\omega}$. Der Angriffspunkt von $\vec{F}$ bewegt sich mit $\vec{v}_1$, der Angriffspunkt von $-\vec{F}$ mit $\vec{v}_2$. Bei starrer Drehung der Wirkungsebene gilt $\vec{v}_1 = \vec{v}_2 + \vec{\omega} \times \vec{r}$, $\vec{r}$ ist speziell der Verbindungsvektor der Angriffspunkte, und mit der Vertauschungsregel für das skalare Tripelprodukt folgt:

$$\begin{aligned} L &= \vec{F} \cdot \vec{v}_1 + (-\vec{F}) \cdot \vec{v}_2 = \vec{F} \cdot (\vec{v}_1 - \vec{v}_2) = (\vec{\omega} \times \vec{r}) \cdot \vec{F} \\ &= \vec{\omega} \cdot (\vec{r} \times \vec{F}) = \vec{M} \cdot \vec{\omega}. \end{aligned} \quad (3.6)$$

Die Elementararbeit des Kräftepaares ist dann

$$\delta A = L\,\mathrm{d}t = \vec{M} \cdot \vec{\omega}\,\mathrm{d}t = \vec{M} \cdot \mathrm{d}\vec{\varphi}, \quad (3.7)$$

wenn $\mathrm{d}\vec{\varphi}$ die Drehung der Wirkungsebene durch den kleinen Winkel $\mathrm{d}\varphi$ angibt. Der «Arbeitsweg» eines Kräftepaares ist also der kleine Drehwinkel um die Achse in Richtung von $\vec{M}$.

3.1.1. Beispiel: Zur Arbeitsleistung von Einzelkräften

Die Gewichtskräfte G_1 und G_2 der längs der Führungen bewegten Massen nach Abb. 3.2 leisten die elementare Arbeit

$$\delta A = -(G_1\,\mathrm{d}z_1 + G_2\,\mathrm{d}z_2).$$

Bei undehnbarem Seil ist $\mathrm{d}s = R\,\mathrm{d}\varphi = \frac{\mathrm{d}z_1}{\sin\alpha} = -\mathrm{d}z_2$ **und daher**

$$\delta A = (-G_1 \sin\alpha + G_2)\,\mathrm{d}s.$$

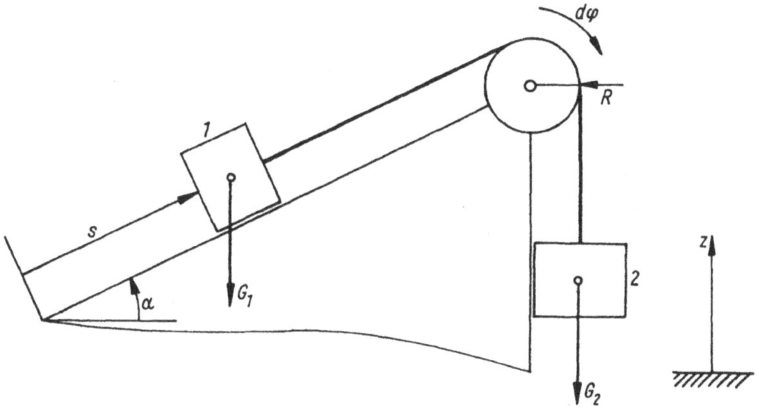

Abb. 3.2. Zur Arbeitsleistung der Gewichtskraft G_1, G_2

3.1.2. Beispiel: Zur Arbeitsleistung eines Kräftepaares

An einer Kurbel mit Radius R greift eine Einzelkraft F in Umfangsrichtung an. Ihre Arbeit bei kleiner Drehung der Kurbel ist dann mit $\mathrm{d}s = R\,\mathrm{d}\varphi$

$$\delta A = FR\,\mathrm{d}\varphi = M\,\mathrm{d}\varphi .$$

$M = F \cdot R$ ergibt sich als Moment des Kräftepaares nach statisch äquivalenter Reduktion von F in den Kurbeldrehpunkt.

3.2. Leistungsdichte. Stationäres und drehungsfreies Kraftfeld. Potentielle Energie

Der Einzelkraft entspricht im Inneren eines Kontinuums die Kraftdichte $\vec{f}$, eine Kraft je Volumeneinheit. Die örtliche *Leistungsdichte* L' in [W/m³] im Inneren des Kontinuums folgt mit $\vec{v}(\vec{r}, t)$ als Momentangeschwindigkeit des materiellen Punktes zu:

$$L' = L'(x, y, z, t) = \vec{f} \cdot \vec{v} . \tag{3.8}$$

Die Leistung im Zeitpunkt t aller am Körper wirkenden inneren und äußeren (Volumen- und Oberflächen-) Kräfte ist dann

$$L(t) = \int_{V(t)} L'\,\mathrm{d}V , \tag{3.9}$$

wo $V(t)$ das materielle Volumen des Körpers bezeichnet. Die von den inneren und äußeren Kräften zwischen zwei Momentanlagen des Körpers geleistete Arbeit ist insgesamt

$$A_{1\to 2} = \int_{t_1}^{t_2} L\,\mathrm{d}t = \int_{t_1}^{t_2} \mathrm{d}t \left(\int_{V(t)} L'\,\mathrm{d}V \right). \tag{3.10}$$

Im verformbaren Körper leisten auch die inneren Kräfte (Spannungen) Arbeit, und es erscheint daher wesentlich die Leistungsdichte, $L' = L'^{(a)} + L'^{(i)}$, in die

Leistungsdichte der äußeren Volumenkraftdichte und in die der inneren Kräfte (Spannungen) aufzuspalten.

In *Euler*scher Darstellung des Kraftdichtevektors $\vec{f} = \vec{f}(x, y, z, t)$ erkennen wir ein *stationäres* Kraftfeld mit $\partial \vec{f}/\partial t = \vec{0}$, wenn eben $\vec{f} = \vec{f}(x, y, z)$ nur von den Raumkoordinaten abhängt, sonst liegt ein instationäres Kraftfeld vor. Für ein stationäres Kraftfeld kann die geleistete Arbeit wegunabhängig, also das Linienintegral unabhängig von der Bahnkurve des Angriffspunktes werden. Wir geben die notwendigen und hinreichenden Bedingungen dafür, daß die Arbeit je Volumeneinheit, $\delta A' = \delta A/\mathrm{d}V$, ein totales Differential einer skalaren Funktion E_p' wird, durch Koeffizientenvergleich an:

$$\begin{aligned}\delta A' &= \vec{f}\cdot \mathrm{d}\vec{r} = X\,\mathrm{d}x + Y\,\mathrm{d}y + Z\,\mathrm{d}z = -\mathrm{d}E_p' \\ &= -\left(\frac{\partial E_p'}{\partial x}\,\mathrm{d}x + \frac{\partial E_p'}{\partial y}\,\mathrm{d}y + \frac{\partial E_p'}{\partial z}\,\mathrm{d}z\right), \\ X &= -\frac{\partial E_p'}{\partial x}, \qquad Y = -\frac{\partial E_p'}{\partial y}, \qquad Z = -\frac{\partial E_p'}{\partial z}.\end{aligned} \tag{3.11}$$

In Vektorschreibweise, koordinatenunabhängig, folgt:

$$\vec{f} = -\nabla E_p' = -\mathrm{grad}\, E_p'. \tag{3.12}$$

«Der stationäre Kraftdichtevektor muß sich als Gradientenfeld einer skalaren Funktion $E_p'(x, y, z)$, der *potentiellen Energie* je Volumeneinheit, darstellen lassen.»

Um diese Forderung zu veranschaulichen, stellen wir den Gradienten als «Volumenableitung» vor und errichten auf einer kleinen Kugel um den betrachteten Raumpunkt (x, y, z) das zentrale Vektorfeld $E_p'(x_1, y_1, z_1)\,\vec{e}_n$. Die Resultierende ist dann die Vektorsumme, ausgedrückt durch das Oberflächenintegral

$$\oint E_p'(x_1, y_1, z_1)\,\vec{e}_n\,\mathrm{d}S.$$

(x_1, y_1, z_1) sind Punkte der Kugeloberfläche. Wir dividieren durch das Kugelvolumen und bilden den Grenzwert:

$$\mathrm{grad}\, E_p'(x, y, z) = \lim_{V_k \to 0} \frac{1}{V_k} \oint E_p'\,\vec{e}_n\,\mathrm{d}S. \tag{3.13}$$

«Der Gradient zeigt in die Richtung stärkster Änderung der Potentialfunktion.»

Damit ist es möglich, den Kraftbegriff über das Potentialkraftfeld als vektorielle Potentialdifferenz, also als «*Fluß*» zu definieren. $E_p'(x, y, z) = \mathrm{const}$ sind wieder die Niveauflächen, und die Kraftlinien des Kraftfeldes sind ihre Orthogonaltrajektorien (vgl. mit der Hydrostatik).

Setzen wir die Kraftdichte als Gradientenfeld differenzierbar voraus, dann folgt aus der Vertauschbarkeit der Reihenfolge gemischter partieller Ableitungen:

$$\left.\begin{aligned}\frac{\partial Y}{\partial z} &= -\frac{\partial^2 E_p'}{\partial y\,\partial z} = -\frac{\partial^2 E_p'}{\partial z\,\partial y} = \frac{\partial Z}{\partial y}, \quad \text{also} \quad \frac{\partial Z}{\partial y} - \frac{\partial Y}{\partial z} = 0; \\ \frac{\partial Z}{\partial x} &= -\frac{\partial^2 E_p'}{\partial z\,\partial x} = -\frac{\partial^2 E_p'}{\partial x\,\partial z} = \frac{\partial X}{\partial z}, \quad \text{also} \quad \frac{\partial X}{\partial z} - \frac{\partial Z}{\partial x} = 0; \\ \frac{\partial X}{\partial y} &= -\frac{\partial^2 E_p'}{\partial x\,\partial y} = -\frac{\partial^2 E_p'}{\partial y\,\partial x} = \frac{\partial Y}{\partial x}, \quad \text{also} \quad \frac{\partial Y}{\partial x} - \frac{\partial X}{\partial y} = 0.\end{aligned}\right\} \tag{3.14}$$

Koordinatenfrei schreiben wir diese notwendigen und hinreichenden Bedingungen für die *Existenz* einer Potentialfunktion (auch bei instationärem Kraftfeld), nämlich die *Drehungsfreiheit* von $\vec{f}$

$$\nabla \times \vec{f} = \operatorname{rot} \vec{f} = \vec{0}. \tag{3.15}$$

«Drehungsfreie Kraftfelder besitzen ein Potential E'_p». Hängt es neben den Raumkoordinaten auch noch explizit von der Zeit ab, dann ist das Kraftfeld instationär mit der zeitabhängigen Potentialfunktion $E'_p(x, y, z, t)$, und es gilt weiterhin $\vec{f}(x, y, z, t) = -\operatorname{grad} E'_p$.

Auch der Rotor eines Vektorfeldes besitzt anschauliche Bedeutung. Wir bilden die Resultierende des tangentialen Kraftfeldes $\vec{f} \times \vec{e}_n$ auf der Oberfläche einer Kugel um (x, y, z), dividieren durch das Kugelvolumen und bilden den Grenzwert:

$$\operatorname{rot} \vec{f} = \lim_{V_k \to 0} \frac{1}{V_k} \oint \vec{f} \times \vec{e}_n \, dS. \tag{3.16}$$

Drehungsfreie und stationäre Kraftfelder besitzen ein zeitunabhängiges Potential $E'_p(x, y, z)$, und die geleistete Arbeit ist *wegunabhängig*. Ein solches Kraftfeld heißt *konservativ*:

$$A'_{1\to 2} = \int_1^2 \vec{f} \cdot d\vec{r} = -\int_1^2 dE'_p = E'_p(\vec{r}_1) - E'_p(\vec{r}_2) = E'_1 - E'_2. \tag{3.17}$$

«Die geleistete Arbeit entspricht der Potentialabnahme zwischen Anfangs- und Endpunkt bei beliebiger Bahnkurve C des Angriffspunktes zwischen diesen Punkten.» Insbesondere wird dann die von den inneren und äußeren konservativen Kräften bei «beliebiger» Bewegung des Körpers zwischen zwei Momentanlagen geleistete Arbeit

$$A_{1\to 2} = \int_{V(t)} A'_{1\to 2} \, dV = \int_{V(t_1)} E'_1 \, dV - \int_{V(t_2)} E'_2 \, dV = E_1 - E_2, \tag{3.18}$$

gleich der Potentialabnahme der gesamten potentiellen Energie der inneren und äußeren Kräfte.
Diese Potentialfunktion wird i. allg. aufgespalten

$$E_p = E_p^{(a)} + E_p^{(i)} \tag{3.19}$$

und als Summe des Potentials $E_p^{(a)}$ der äußeren — und $E_p^{(i)}$ der inneren Kräfte dargestellt.

3.3. Potential der äußeren Kräfte

Als wichtige Beispiele zum Potential der äußeren Kräfte behandeln wir das *homogene parallele* und das *zentrale Kraftfeld* (Schwerefeld).

3.3.1. Homogenes paralleles Schwerefeld, Gewichtspotential

Mit $X = Y = 0$ und $Z = -\varrho g$ liegt ein drehungsfreies (und stationäres) Kraftdichtefeld vor, vgl. Abb. 3.3, und die Gewichtspotentialdichte W' ist eine lineare Funktion der Höhe z:

$$W'(z) = -\int Z \, dz = \varrho g z + C', \qquad [\mathrm{Ws/m^3}]. \tag{3.20}$$

Die potentielle Energie einer Gesamtmasse m ist dann mit der Schwerpunktshöhe $z_S = z_M$ (z_M Massenmittelpunktshöhe)

$$W(z) = \int_{V(t)} W'(z)\,\mathrm{d}V = g \int_{V(t)} z\varrho\,\mathrm{d}V + C = g \int_m z\,\mathrm{d}m + C = mgz_S + C\,. \quad (3.21)$$

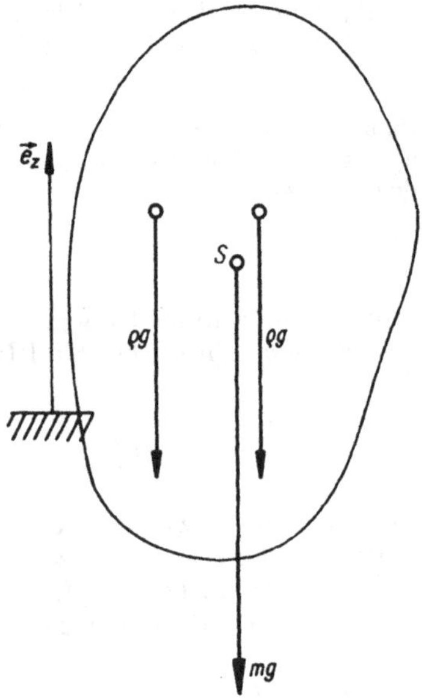

Abb. 3.3. Homogenes paralleles Schwerefeld, Fallbeschleunigung $-g\vec{e}_z = \overrightarrow{\text{const}}$

3.3.2. Kugelsymmetrisches Potentialkraftfeld

Mit $\vec{r}$ als Radiusvektor ist dann mit noch beliebigem $f(r)$

$$\vec{F} = f(r)\,\frac{\vec{r}}{r}. \quad (3.22)$$

Wir berechnen formal die negative Arbeit, mit $\delta A = f(r)\,\mathrm{d}r$,

$$W = -\int f(r)\,\mathrm{d}r + C$$

und zeigen mit $\operatorname{grad} W = \nabla W = \frac{\mathrm{d}W}{\mathrm{d}r}\nabla r = -f(r)\nabla r$ und $\operatorname{grad} r = \nabla r = \vec{r}/r$, daß $-\operatorname{grad} W = \vec{F}$.

Das Kraftfeld $\vec{F}$ ist als punktsymmetrisches Zentralkraftfeld drehungsfrei ($\operatorname{rot}\vec{F} = \vec{0}$). Im inhomogenen Gravitationsfeld einer Masse m_p wirkt auf eine Masse m in genügend großem Abstand, mit $\mu = (6{,}6732 \pm 0{,}0005) \times 10^{-11}\ \mathrm{m^3/kg\,s^2}$ (als *Gravitationskonstante*)

$$f(r) = \mu\,\frac{m_p m}{r^2}. \quad (3.23)$$

Für den Planeten Erde ist $m_P = 5{,}97 \times 10^{24}$ kg und $r = r_0 + z$, mit $r_0 \sim 6{,}371 \times 10^6$ m, die Erdbeschleunigung[1] in $z = 0$, daher $g = 9{,}81\ \mathrm{ms}^{-2}$. Die Sonnenmasse ist $m_S = 1{,}99 \times 10^{30}$ kg mit $r_0 \sim 6{,}96 \times 10^8$ m.

3.4. Potential der inneren Kräfte

Als Beispiel für das Potential der inneren Kräfte betrachten wir einen *elastischen Körper*. Dieser kann aus thermodynamischer Sicht nach *Green* dadurch gekennzeichnet werden, daß zu jedem Deformationszustand ein reversibler (quasistatisch und isotherm ablaufender) Weg aus der spannungsfreien unverformten Anfangskonfiguration führt. Nach «langsamer» Entlastung des Körpers verschwinden alle Verzerrungen. Dann allerdings verschwindet in dieser Folge von Gleichgewichtszuständen (es ist überall $\vec{f} = \vec{0}$, die inneren und äußeren Kräfte bilden ein Gleichgewichtssystem) die insgesamt geleistete Arbeit. Mit $L' = \vec{f} \cdot \vec{v} = 0$ und Gl. (3.10) folgt:

$$A_{1\to 2} = A_{1\to 2}^{(a)} - E_p^{(i)} = 0, \tag{3.24}$$

$$A_{1\to 2}^{(a)} = E_p^{(i)} \equiv U. \tag{3.25}$$

«Die von den äußeren Kräften am elastischen Körper geleistete Arbeit $A_{1\to 2}^{(a)}$ ist gleich der Zunahme des Potentials der inneren Kräfte, des elastischen Potentials $E_p^{(i)}$.» Das *elastische Potential*, auch *Verzerrungsenergie* oder *Formänderungsenergie* bezeichnet, ist hier gleich der «inneren» Energie U des elastischen Körpers (die Temperatur ist konstant vorausgesetzt.)[2] Um die Verzerrungsenergiedichte oder spezifische Formänderungsenergie

$$U' = \frac{\mathrm{d}U}{\mathrm{d}V} \tag{3.26}$$

einfacher darzustellen, ordnen wir jedem durchlaufenen Gleichgewichtszustand eine Zeit t als Parameter zu und haben damit auch eine «Geschwindigkeit» der Deformationen

$$\vec{v} = \frac{\mathrm{d}\vec{r}}{\mathrm{d}t} = \frac{\mathrm{d}\vec{u}}{\mathrm{d}t},$$

und können damit die Leistungen in jedem Augenblick t vergleichen:

$$L^{(a)} = \frac{\mathrm{d}U}{\mathrm{d}t}. \tag{3.27}$$

---

[1] Die Änderung von g mit dem Abstand z von der Erdoberfläche ist näherungsweise $g = 9{,}81 \times (1 + z/r_0)^{-2}$ [ms^{-2}]. Die Änderung der *Fallbeschleunigung* mit dem Breitengrad φ (die Erde ist abgeplattet und rotiert) ist genähert für kleine z: $g = 9{,}78049\ (1 + 0{,}0052884 \sin^2 \varphi - 0{,}0000059 \sin^2 2\varphi) - 0{,}0003086 z - 0{,}00011$ [ms^{-2}].

[2] Durchläuft also der elastische Körper einen mechanischen *Kreisprozeß*, d. h., kehrt er in den ursprünglichen (meist unverformten) Zustand zurück, die Angriffspunkte der Kräfte haben dann geschlossene Bahnkurven, so verschwindet die insgesamt geleistete Arbeit, $A_{1\to 2}^{(a)} + A_{2\to 1}^{(a)} = U + (-U) = 0$.

Wir schneiden ein beliebiges Volumen V aus der Momentanlage des elastischen Körpers und setzen die Leistung der äußeren Kräfte $L^{(a)}$ an:

$$L^{(a)} = \int_V \vec{k} \cdot \vec{v} \, dV + \oint_{\partial V} (\vec{\sigma}_n \, dS \cdot \vec{v}) = \frac{dU}{dt}, \tag{3.28}$$

$\vec{k}$ ist die äußere Volumenkraftdichte (z. B. Gewichtskraft), $\vec{\sigma}_n$ der Spannungsvektor auf der Oberfläche ∂V von V. Mit $\vec{\sigma}_n = n_x\vec{\sigma}_x + n_y\vec{\sigma}_y + n_z\vec{\sigma}_z$, $\vec{e}_n$ ist der äußere Normalenvektor der Oberfläche, kann mit Hilfe des *Gauß*schen Integralsatzes in das Volumenintegral umgeformt werden,

$$\oint_{\partial V} [n_x(\vec{\sigma}_x \cdot \vec{v}) + n_y(\vec{\sigma}_y \cdot \vec{v}) + n_z(\vec{\sigma}_z \cdot \vec{v})] \, dS$$

$$= \int_V \left[\frac{\partial}{\partial x} (\vec{\sigma}_x \cdot \vec{v}) + \frac{\partial}{\partial y} (\vec{\sigma}_y \cdot \vec{v}) + \frac{\partial}{\partial z} (\vec{\sigma}_z \cdot \vec{v})\right] dV.$$

Anwendung der Produktregel für die partielle Ableitung und Kombination der Spannungsgradienten mit $\vec{k}$ ergibt $\vec{f}$, also

$$L^{(a)} = \int_V \vec{f} \cdot \vec{v} \, dV + \int_V \left[\vec{\sigma}_x \cdot \frac{\partial \vec{v}}{\partial x} + \vec{\sigma}_y \cdot \frac{\partial \vec{v}}{\partial y} + \vec{\sigma}_z \cdot \frac{\partial \vec{v}}{\partial z}\right] dV = \frac{dU}{dt}. \tag{3.29}$$

Mit $\vec{f} = \vec{0}$ folgt dann, da das Volumen V beliebig ist, nach Grenzübergang $V \to 0$ die *spezifische Formänderungsleistung* im elastischen Körper zu

$$-L'^{(i)} = \frac{dU'}{dt} = \vec{\sigma}_x \cdot \frac{\partial \vec{v}}{\partial x} + \vec{\sigma}_y \cdot \frac{\partial \vec{v}}{\partial y} + \vec{\sigma}_z \cdot \frac{\partial \vec{v}}{\partial z}. \tag{3.30}$$

$\vec{v}(x, y, z, t)$ ist in *Euler*scher Darstellung einzusetzen. In indizierter Schreibweise folgt die Doppelsumme, bei Benutzung der Symmetrie des Spannungstensors,

$$\frac{dU'}{dt} = \sum_i \sum_j \sigma_{ij} \frac{\partial v_j}{\partial x_i} = \sum_i \sum_j \sigma_{ji} \frac{\partial v_i}{\partial x_j}. \tag{3.31}$$

Mit Hilfe des *Deformationsgeschwindigkeits-Tensors* (in *Euler*scher Darstellung)

$$V_{ij} = V_{ji} = \frac{1}{2}\left(\frac{\partial v_i}{\partial x_j} + \frac{\partial v_j}{\partial x_i}\right), \tag{3.32}$$

kann dann die spezifische Formänderungsleistung einfach als Produkt des Spannungs- und Deformationsgeschwindigkeits-Tensors geschrieben werden,

$$\frac{dU'}{dt} = \sum_i \sum_j \sigma_{ij} V_{ij}. \tag{3.33}$$

Multiplikation mit dt ergibt die «zeitfreie» Darstellung des Zuwachses an elastischer Potentialdichte bei kleiner zusätzlicher Deformation $d\vec{u} = \vec{v}\, dt$ aus der momentanen Gleichgewichtslage:

$$dU' = \sum_i \sum_j \sigma_{ij} V_{ij} \, dt = \sum_i \sum_j \sigma_{ij} \frac{1}{2} \, d\left[\frac{\partial u_i}{\partial x_j} + \frac{\partial u_j}{\partial x_i}\right]. \tag{3.34}$$

Für kleine Deformationszuwächse gelten die *linearisierten* geometrischen Beziehungen, $\mathrm{d}\varepsilon_{ij} = \frac{1}{2}\,\mathrm{d}\left(\frac{\partial u_i}{\partial x_j} + \frac{\partial u_j}{\partial x_i}\right)$ und damit

$$\mathrm{d}U' = \sum_i \sum_j \sigma_{ij}\,\mathrm{d}\varepsilon_{ij}. \tag{3.35}$$

Insbesondere wird bei partieller Differentiation $\frac{\partial U'}{\partial \varepsilon_{ij}} = \sigma_{ij}$. Bei bekanntem Materialgesetz des elastischen Körpers, $\sigma_{ij}(\varepsilon_{ij})$, integrieren wir gliedweise und finden

$$U'(\varepsilon_{ij}) = \sum_i \sum_j \int \sigma_{ij}\,\mathrm{d}\varepsilon_{ij}. \tag{3.36}$$

Im Falle der Isotropie kann diese Funktion nur noch von den drei Invarianten des Verzerrungstensors I_1, I_2, I_3 abhängen.

3.4.1. Das elastische Potential (Federpotential) des Hookeschen Körpers

Im *Hooke*schen Körper besteht ein linear elastischer Zusammenhang zwischen Spannungen und Verzerrungen, siehe 4.1.1. Im einachsigen Spannungszustand des linear elastischen Zugstabes (Länge l, konstanter Querschnitt A) sind sowohl σ_{xx} wie auch ε_{xx} über l konstant und proportional $\sigma_{xx} = E\varepsilon_{xx}$, E wird Elastizitätsmodul genannt. Gl. (3.36) ergibt dann nach Elimination der Normalspannung die konstante *Verzerrungsenergiedichte*

$$U'(\varepsilon_{xx}) = E\,\frac{\varepsilon_{xx}^2}{2}. \tag{3.37}$$

Nach Multiplikation mit dem Stabvolumen $A \cdot l$ folgt das Federpotential (das elastische Potential, die Verzerrungsenergie)

$$U = \frac{1}{2}\,EAl\varepsilon_{xx}^2 = \frac{1}{2}\,\frac{Al}{E}\,\sigma_{xx}^2, \tag{3.38}$$

das mit der Normalkraft $N = A\sigma_{xx}$ in die übliche Form übergeht:

$$U = \frac{N^2}{2EA}\,l. \tag{3.39}$$

Sind die Verzerrungen klein, $|\varepsilon_{xx}| \ll 1$, dann gilt die linearisierte geometrische Beziehung, vgl. Gl. (1.21), $\varepsilon_{xx} = \frac{\mathrm{d}u}{\mathrm{d}x} = s/l$, $s = u(x = l)$, $u(x = 0) = 0$, ist die Verlängerung des Stabes und

$$U = \frac{1}{2}\,\frac{EA}{l}\,s^2, \tag{3.39a}$$

$EA/l = c$ heißt *Federsteifigkeit*, s ist die Federverlängerung unter der äußeren Zugkraft $F(= N) = cs$ (Proportionalität zwischen Belastung und Arbeitsweg). Berechnen wir ihre Arbeit während der Deformation, dann finden wir auch

$$A_{1\to 2}^{(a)} = \int_0^s F(u)\,\mathrm{d}u = \int_0^s cu\,\mathrm{d}u = \frac{1}{2}\,cs^2 = U = \frac{1}{2}\,\frac{F^2}{c}. \tag{3.40}$$

«Die Arbeit der äußeren Kraft F wird als elastisches Potential (der inneren Kräfte N) im Stab gespeichert und bei Entlastung wieder zurückgewonnen.» Die *Verzerrungsenergie* U des linear elastischen Zugstabes kann durch die Federsteifigkeit $c = F/s$, $[c] = \mathrm{N/m}$, und durch die Verlängerung s bzw. durch die Zugkraft F selbst, ausgedrückt werden. Wir bemerken eine Eigenschaft, die von allgemeiner Bedeutung ist, nämlich

$$\frac{\mathrm{d}U}{\mathrm{d}s} = F \quad \text{und} \quad \frac{\mathrm{d}U}{\mathrm{d}F} = s, \tag{3.41}$$

s ist der «Arbeitsweg» von $F(s) = cs$.
Mit Hilfe des Ausdruckes für die Verzerrungsenergie (3.39) des einzelnen längskraftbeanspruchten Stabes kann durch Summation das elastische Potential der inneren Kräfte in einem *idealen linear elastischen Fachwerk* angegeben werden. Bei gleichem Elastizitätsmodul E aller n Stäbe folgt dann

$$U = \frac{1}{2} \sum_{i=1}^{n} l_i S_i^2 / E A_i. \tag{3.42}$$

S_i sind die Stabkräfte, die sich im Falle der statischen Bestimmtheit durch die äußeren Lasten ausdrücken lassen. Die elastische Knotenverschiebung δ (Deformation) in Richtung einer in diesem Knoten angreifenden äußeren Kraft F ist dann wieder durch die Ableitung gegeben:

$$\delta = \frac{\partial U}{\partial F} = \sum_{i=1}^{n} \frac{S_i}{E A_i} l_i \frac{\partial S_i}{\partial F}. \tag{3.43}$$

Dabei gibt $\partial S_i/\partial F$ die Änderung der Stabkräfte mit der einzelnen Last F an und kann daher durch die Stabkräfte im Fachwerk unter der alleinigen Belastung durch $F = 1$ ersetzt werden. Damit wird die obenstehende Formel praktisch ausgewertet.

Ein einfaches Beispiel soll dies illustrieren: Ein Fachwerk nach Abb. 3.4 habe einen quadratischen Umriß mit $a = 0{,}25$ m und 5 Stäbe mit dem Querschnitt $A_i = 6{,}25\ \mathrm{cm}^2$, die Belastung sei $F = 50$ kN. Die Stabkräfte in den unteren Stäben sind $-F\sqrt{2}$, in der horizontalen Diagonale F, die oberen Stäbe sind Nullstäbe. Mit $E = 21 \times 10^6\ \mathrm{N/cm^2}$ folgt dann die Absenkung des Knotens 1 in Richtung von F zu

$$\delta_1 = \frac{Fa}{EA} [2(\sqrt{2})^2 + \sqrt{2}] = 0{,}516 \cdot 10^{-3}\ \mathrm{m}.$$

Mit Hilfe des *verallgemeinerten linearen Federgesetzes* läßt sich der *Hooke*sche Körper unter Belastung durch Einzelkräfte und Einzelmomente durch seine Steifigkeitsmatrix $\boldsymbol{k}$ (der Matrix der Federsteifigkeiten) kennzeichnen:

$$\vec{F} = \boldsymbol{k}\vec{u}_F, \tag{3.44}$$

$\vec{F}$ ist dann die Spaltenmatrix der äußeren Kräfte und Momente, $\vec{u}_F$ ist die Spaltenmatrix der zugehörigen «Arbeitswege» (Deformationen in Kraftrichtung der Einzelkräfte, Winkeldrehung der Wirkungsebene eines äußeren Kräftepaares um die Achse des Momentenvektors). Man erkennt, daß die Steifigkeitsmatrix $\boldsymbol{k}$ spaltenweise als Endwert der äußeren Belastung definiert ist, die «Verschiebung» 1 in der entsprechenden Zeile der Spaltenmatrix $\vec{u}_F$ hervorruft, wenn alle anderen Deformationen Null sind (analog zum Zugstab, wo $F = c$ bei $s = 1$). Die unter Belastung durch $\vec{F}$ aufgespeicherte Verzerrungsenergie ist dann mit Verallgemeinerung des Ausdruckes (3.40) beim Zugstab und Anwendung der Regeln der Matrizenmultiplikation,

$$U = \frac{1}{2}\,\vec{u}_F^{\mathrm{T}}\boldsymbol{k}\vec{u}_F = \frac{1}{2}\,\vec{F}^{\mathrm{T}}\boldsymbol{k}^{-1}\vec{F}\,, \tag{3.45}$$

$\boldsymbol{k}^{-1}$ ist die inverse Steifigkeitsmatrix (nur bei det $\{\boldsymbol{k}\} \neq 0$ definiert) und wird als *Federmatrix* oder *Nachgiebigkeitsmatrix* bezeichnet. Ihre Elemente sind die Einflußzahlen, entsprechend $\frac{1}{c} = \frac{s}{F}$ beim Zugstab:

$$\vec{u}_F = \boldsymbol{k}^{-1}\vec{F}\,. \tag{3.46}$$

Die Einflußzahlen sind spaltenweise als Deformationsvektor $\vec{u}_F$ beim «Lastangriff» 1 in der entsprechenden Zeile von $\vec{F}$, wenn alle anderen Belastungen Null gesetzt werden, gegeben. Diese Lastzustände müssen dann durch äußeres Gleichgewicht zulässig sein (sonst ist $\boldsymbol{k}$ eine singuläre Matrix, und $\boldsymbol{k}^{-1}$ existiert nicht, z. B. bei Vorliegen eines Starrkörperfreiheitsgrades), siehe Gln. (6.1) und (6.2).

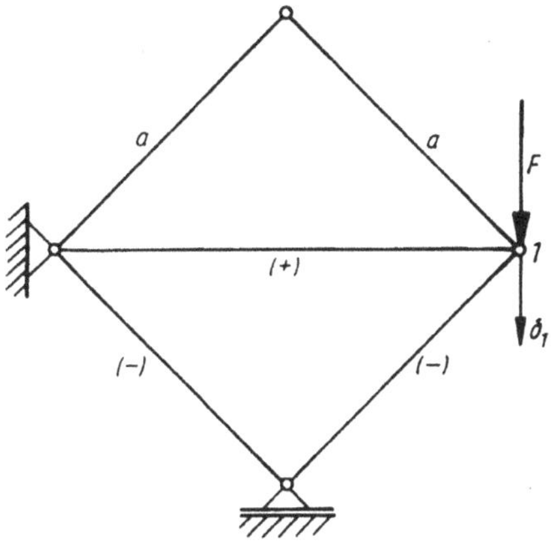

Abb. 3.4. Fachwerk

Für den *isotropen Hookeschen Körper als Kontinuum* kann Gl. (3.36) nur eine quadratische Funktion der Verzerrungen sein, die wegen der Richtungsunabhängigkeit durch

$$U'(\varepsilon_{ij}) = C_1 e^2 + C_2 J_2\,,$$

$C_1, C_2 =$ const, mit den unabhängigen Invarianten $e^2 = \left(\sum_i \varepsilon_{ii}\right)^2$ des Verzerrungstensors, Gl. (1.33), und J_2 des Verzerrungsdeviators (vgl. Gl. (1.35) und Gl. (2.36)), gegeben ist. Mit dem Vorgriff auf das *Hooke*sche Gesetz des räumlichen Spannungszustandes, Gl. (4.15),

$$\sigma_{ij} = 2G\left(\varepsilon_{ij} + \frac{\nu}{1 - 2\nu}\,e\delta_{ij}\right),$$

kann Gl. (3.36) ausgewertet werden:

$$U'(\varepsilon_{ij}) = G\left[\frac{\nu}{1 - 2\nu}\,e^2 + \sum_i \sum_j \varepsilon_{ij}^2\right] = \frac{G(1 + \nu)}{3(1 - 2\nu)}\,e^2 + 2GJ_2\,, \tag{3.47}$$

und ergibt nach Vergleich die Konstanten $2C_1 = E/3(1 - 2\nu) = K$ (Kompressionsmodul) und $C_2 = 2G$, $G = E/2(1 + \nu)$ heißt Schubmodul, $-1 < \nu < 1/2$ (wegen der Forderung der positiven Definitheit) heißt Querdehnungszahl (*Poisson*sche Konstante). Das totale elastische Potential (des *Hooke*schen Körpers), d. h., die gesamte während der Deformation aufgespeicherte Verzerrungsenergie ist dann

$$U = \int_V U' \,\mathrm{d}V. \tag{3.47a}$$

In Gl. (3.47) entspricht $Ke^2/2$ der spezifischen Kompressionsarbeit, und $2GJ_2$ ist die elastische Gestaltänderungsenergiedichte bei kleinen Deformationsgradienten. Letztere ergibt das elastische Potential beim inkompressiblen Festkörper.

3.4.2. Die barotrope Flüssigkeit

Für den Sonderfall einer *idealen* und *barotropen Flüssigkeit* verschwinden die Schubspannungen, und es herrscht der hydrostatische Spannungszustand $\sigma_{ij} = -p\,\delta_{ij}$, und das Materialgesetz der Kompressibilität ist mit $p = p(\varrho)$ gegeben. Damit wird mit Gl. (3.33) die Kompressionsleistung

$$\frac{\mathrm{d}U'}{\mathrm{d}t} = -p \cdot \operatorname{div} \vec{v}. \tag{3.48}$$

Aus der Kontinuitätsgleichung (1.75) folgt mit $-\operatorname{div} \vec{v} = \dfrac{1}{\varrho} \dfrac{\mathrm{d}\varrho}{\mathrm{d}t}$ auch

$$\frac{\mathrm{d}U'}{\mathrm{d}t} = \frac{p}{\varrho} \frac{\mathrm{d}\varrho}{\mathrm{d}t},$$

und der Zuwachs (in «zeitfreier» Schreibweise) beträgt

$$\mathrm{d}U' = p \frac{\mathrm{d}\varrho}{\varrho}. \tag{3.49}$$

3.5. Die Lagrangesche Darstellung der Formänderungsarbeit. Kirchhoffscher Spannungstensor

Bei *großen Deformationen* und *nichtlinearen geometrischen Beziehungen* erscheint noch die Möglichkeit der Umrechnung von Gl. (3.33) in die *Lagrange*sche Darstellung wesentlich. Wir bilden dazu formal (in üblicher indizierter Schreibweise) die materielle Ableitung der Gl. (1.18)

$$\begin{aligned}\frac{\mathrm{d}}{\mathrm{d}t} (\mathrm{d}l^2 - \mathrm{d}l_0^2) &= 2[\dot{\varepsilon}_{xx}(\mathrm{d}X)^2 + \dot{\varepsilon}_{yy}(\mathrm{d}Y)^2 + \dot{\varepsilon}_{zz}(\mathrm{d}Z)^2 \\ &\quad + 2(\dot{\varepsilon}_{xy}\,\mathrm{d}X\,\mathrm{d}Y + \dot{\varepsilon}_{yz}\,\mathrm{d}Y\,\mathrm{d}Z + \dot{\varepsilon}_{zx}\,\mathrm{d}Z\,\mathrm{d}X)] \\ &= 2 \sum_k \sum_l \frac{\mathrm{d}\varepsilon_{kl}}{\mathrm{d}t} \mathrm{d}X_k\,\mathrm{d}X_l\end{aligned} \tag{3.50}$$

und bilden mit $\mathrm{d}l^2 = (\mathrm{d}x)^2 + (\mathrm{d}y)^2 + (\mathrm{d}z)^2$ mit $\dfrac{\mathrm{d}}{\mathrm{d}t}(\mathrm{d}x) = \mathrm{d}\left(\dfrac{\mathrm{d}x}{\mathrm{d}t}\right) = \mathrm{d}v_x$, usw. auch definitionsgemäß

$$\frac{\mathrm{d}}{\mathrm{d}t}(\mathrm{d}l^2 - \mathrm{d}l_0^2) = 2[\mathrm{d}x\,\mathrm{d}v_x + \mathrm{d}y\,\mathrm{d}v_y + \mathrm{d}z\,\mathrm{d}v_z]$$

$$= 2\sum_i\sum_j \frac{1}{2}\left(\frac{\partial v_i}{\partial x_j} + \frac{\partial v_j}{\partial x_i}\right)\mathrm{d}x_i\,\mathrm{d}x_j = 2\sum_i\sum_j V_{ij}\,\mathrm{d}x_i\,\mathrm{d}x_j$$

$$= 2\sum_i\sum_j V_{ij}\left(\frac{\partial x_i}{\partial X}\,\mathrm{d}X + \frac{\partial x_i}{\partial Y}\,\mathrm{d}Y + \frac{\partial x_i}{\partial Z}\,\mathrm{d}Z\right)$$

$$\times\left(\frac{\partial x_j}{\partial X}\,\mathrm{d}X + \frac{\partial x_j}{\partial Y}\,\mathrm{d}Y + \frac{\partial x_j}{\partial Z}\,\mathrm{d}Z\right).$$

Schließlich folgt nach Multiplikation die gewünschte Darstellung, allerdings in der Form einer vierfachen Summe

$$\frac{\mathrm{d}}{\mathrm{d}t}(\mathrm{d}l^2 - \mathrm{d}l_0^2) = 2\sum_i\sum_j\sum_k\sum_l V_{ij}\frac{\partial x_i}{\partial X_k}\frac{\partial x_j}{\partial X_l}\,\mathrm{d}X_k\,\mathrm{d}X_l. \tag{3.51}$$

Koeffizientenvergleich liefert schließlich mit den Deformationsgradienten $F_{ik} = \partial x_i/\partial X_k$

$$\frac{\mathrm{d}\varepsilon_{kl}}{\mathrm{d}t} = \sum_i\sum_j V_{ij}F_{ik}F_{jl} = \frac{\partial\varepsilon_{kl}}{\partial t}. \tag{3.52}$$

(Bei Starrkörperbewegung sind sowohl $\dfrac{\mathrm{d}\varepsilon_{kl}}{\mathrm{d}t} = 0$ wie auch $V_{ij} = 0$.)

Daraus kann auch

$$V_{ij} = \sum_k\sum_l \frac{\mathrm{d}\varepsilon_{kl}}{\mathrm{d}t}\,F_{ki}^{-1}F_{lj}^{-1}$$

berechnet werden, und

$$\sum_i V_{ii} = \operatorname{div}\vec{v} = \sum_k\sum_l \dot\varepsilon_{kl}\sum_i F_{ki}^{-1}F_{li}^{-1}$$

stellt die Divergenz der Geschwindigkeitsvektoren dar und führt mit

$$B_{ki} = \sum_i F_{ki}^{-1}F_{li}^{-1}$$

auf die Komponenten des *Fingerschen Verzerrungstensors* (J. *Finger* war Mechanikprofessor an der TU Wien). Damit kann insbesondere die Bedingung der Inkompressibilität $\operatorname{div}\vec{v} = 0$ ausgedrückt werden. Dann ist

$$\sum_k\sum_l B_{kl}\dot\varepsilon_{kl} = 0.$$

Wir multiplizieren nun $\dot\varepsilon_{kl}$ mit einer «Spannungskomponente» S_{kl}, summieren und verlangen gleiche spezifische *Formänderungsleistung je Masseneinheit*, Gl. (3.33),

$$\frac{1}{\varrho}\frac{\mathrm{d}U'}{\mathrm{d}t} = \frac{1}{\varrho}\sum_i\sum_j \sigma_{ij}V_{ij} = \frac{1}{\varrho_0}\sum_k\sum_l S_{kl}\frac{\partial\varepsilon_{kl}}{\partial t}. \tag{3.53}$$

Durch Vergleich finden wir für diese Spannungskomponente den Zusammenhang mit der *Cauchy*schen Spannungskomponente der *Euler*schen Darstellung

$$\sigma_{ij} = \frac{\varrho}{\varrho_0} \sum_k \sum_l S_{kl} F_{ik} F_{jl}. \tag{3.54}$$

Auflösung nach der neuen Spannungskomponente ergibt

$$S_{kl} = \frac{\varrho_0}{\varrho} \sum_i \sum_j \sigma_{ij} F_{ki}^{-1} F_{lj}^{-1} = S_{lk}. \tag{3.55}$$

Die Spannungskomponenten S_{kl} bilden den 2. *Piola-Kirchhoffschen symmetrischen Spannungstensor*. Sie ergeben mit der *Greenschen Verzerrungsgeschwindigkeit* in *Lagrange*scher Darstellung die gleiche Leistungsdichte je Masseneinheit. ϱ ist die momentane, ϱ_0 die Dichte im unverformten Zustand.

Der Kirchhoffsche Spannungsvektor $\vec{S}_n$ ergibt sich so, daß die Kraft auf das unverformte Schnittelement mit der Normalen $\vec{e}_n$ im *unverformten* Zustand bezogen wird. Seine Komponenten sind dann in jene drei nichtorthogonalen Richtungen zerlegt, die für jeden materiellen Punkt des Körpers verschieden, aus dem Dreibein des unverformten Zustandes $\vec{e}_x$, $\vec{e}_y$, $\vec{e}_z$ durch die Deformation hervorgehen. Die drei nichtnormierten Basisvektoren sind dann

$$\vec{g}_\alpha = \vec{e}_\alpha + \frac{\partial \vec{u}}{\partial X_\alpha}, \qquad \alpha = 1, 2, 3,$$

und

$$\vec{g}_\alpha \cdot \vec{g}_\beta = g_{\alpha\beta} = \delta_{\alpha\beta} + 2\varepsilon_{\alpha\beta}.$$

$g_{\alpha\beta}$ sind die Komponenten des metrischen Tensors. Also:

$$\vec{S}_n = \sum_{\alpha=1}^{3} S_{n\alpha} \vec{g}_\alpha.$$

Wir sehen schon hier zwanglos, daß man bei großen Deformationen nicht mehr mit einem Spannungstensor das Auslangen findet. Normieren wir den Basisvektor $\vec{g}_\alpha$, dann erhalten wir mit $\tau_{n\alpha}$ die ingenieurmäßige Spannungskomponente bezogen auf das unverformte Element aus:

$$\vec{S}_n = \sum_{\alpha=1}^{3} \tau_{n\alpha} \vec{g}_\alpha / |\vec{g}_\alpha|, \qquad \tau_{n\alpha} = S_{n\alpha} |\vec{g}_\alpha|.$$

Die $\tau_{n\alpha}$ sind allerdings *keine* Tensorelemente.
Eine andere Interpretation des Spannungsvektors $\vec{S}_n$, der dann in die (x, y, z)-Richtungen zerlegt, die Spannungskomponenten S_{ni} $(i = x, y, z)$ ergibt, nimmt das Schnittelement mit der Normalen $\vec{e}_n$ im unverformten Zustand, ermittelt das zugehörige Flächenelement im verformten Zustand und bezieht auf dieses die in den unverformten Zustand transformierte Kraft $d\vec{F}$ mit den Komponenten dF_{0i}, mit dem 1. *Piola-Kirchhoff Tensor*,

$$dF_{0i} = \sum_{j=1}^{3} \frac{\partial X_i}{\partial x_j} dF_j, \qquad S_{ij} = \frac{\varrho_0}{\varrho} \sum_k \sigma_{ik} F_{jk}^{-1}.$$

3.6. Aufgabe A 3.1 und Lösung

A 3.1: Man bestimme die effektiven Steifigkeitskoeffizienten von parallel- und seriengeschalteten linear elastischen Federn durch Addition ihrer Potentiale, Abb. A 3.1.

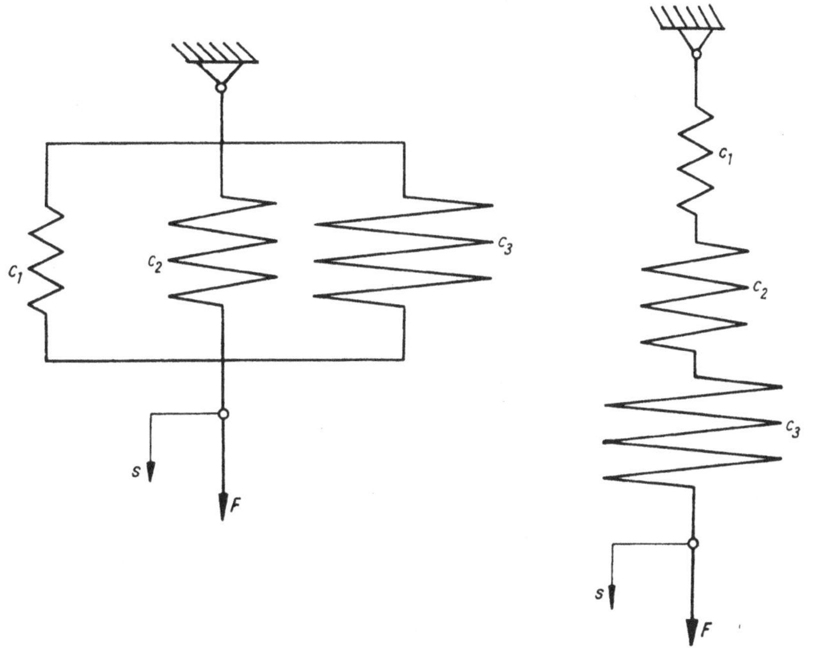

Abb. A 3.1. Parallel- und Serienschaltung linear elastischer Federn

Lösung: Das elastische Gesamtpotential ist $U = \sum_{i=1}^{n} U_i$, $n = 3$ in Abb. A 3.1. Bei Parallelschaltung ist die Verlängerung s gemeinsam, und mit $U_i = c_i s^2/2$ folgt

$$U = \frac{s^2}{2} \sum_{i=1}^{n} c_i = \frac{k_{\text{eff}}}{2} s^2, \qquad k_{\text{eff}} = \frac{F}{s} = \sum_{i=1}^{n} c_i, \qquad F = \sum_{i=1}^{n} F_i.$$

Bei Serienschaltung wird jede einzelne Feder durch die Kraft F gespannt, daher ist $U_i = F^2/2c_i$ und

$$U = \frac{F^2}{2} \sum_{i=1}^{n} c_i^{-1} = \frac{F^2}{2k_{\text{eff}}}, \qquad k_{\text{eff}} = \frac{F}{s} = 1 \Big/ \sum_{i=1}^{n} c_i^{-1}, \qquad s = \sum_{i=1}^{n} s_i.$$

4. Materialgleichungen

Wir schließen «nichtlokale» Materialgesetze von festen und flüssigen Körpern von vorneherein aus. Dann sind die Materialgleichungen entweder finite Beziehungen oder zeitliche Differentialgleichungen, in denen Spannungen und Verzerrungen in jedem materiellen Punkt (vorläufig unter Ausschluß von Temperatureinflüssen und anderen «nichtmechanischen» Feldern) verknüpft werden. Einfache Stoffgesetze haben der *elastische*, der *viskoelastische* und der *zähplastische* Körper. Besonders bei letzterem beschränken wir uns auf relativ kleine Dehnung und geringe Fließgeschwindigkeiten, schließen also z. B. die Probleme der Umformtechnik aus. Eine gewisse Leitlinie für die nun folgende Betrachtung stellt das umfangreiche Versuchswesen zur Bestimmung der Materialparameter dar.
Es fehlt immer noch eine umfassende Theorie, die es gestattet, aus den atomaren und molekularen Bindungskräften bei Berücksichtigung aller möglichen «Fehlstellen» auf das verschmierte Spannungs-Deformations-Verhalten realer Körper (vielleicht mit Ausnahme gezüchteter Einkristalle und gewisser Flüssigkeiten) zu schließen und die Makroparameter zahlenmäßig festzulegen.

4.1. Der elastische Körper. Das Hookesche Gesetz

Die allgemeine Definition der (nichtlinearen) Elastizität erweitert die *Green*sche thermodynamische Beschreibung des «hyperelastischen» Körpers, Gl. (3.35). Vorausgesetzt wird die Existenz eines spannungsfreien unverformten Anfangszustandes im thermodynamischen Gleichgewicht, in den der elastische Körper nach Entlastung immer wieder zurückkehrt, und ein eineindeutiger finiter Zusammenhang zwischen Spannungs- und Verzerrungstensor

$$\sigma_{ij} = f(\varepsilon_{ij}) \tag{4.1}$$

in *Euler*scher Darstellung des verformten Zustandes (σ_{ij} *Cauchy*sche Spannungskomponente, ε_{ij} *Almansi*sche Verzerrungskomponente) oder auch

$$S_{ij} = G(\varepsilon_{ij}) \tag{4.2}$$

in *Lagrange*scher Darstellung des verformten Zustandes (S_{ij} *Kirchhoff*sche Spannungskomponente, ε_{ij} *Green*sche Verzerrungskomponente). Wir geben anschließend ein Beispiel eines «quadratischen» Elastizitätsgesetzes.

4.1.1. Der linear elastische Körper. Hookesches Gesetz

Der einfachste und technisch bedeutende Zusammenhang zwischen Spannung und Verzerrung ist der *linear elastische des Hookeschen Körpers. Robert Hooke* erklärte das Gesetz 1678 als «Ut tensio sic vis» oder «Die Kraft (einer Feder) ist der Ausdehnung proportional»:

$$F = cs \tag{4.3}$$

mit c als Federsteifigkeit und s der Verschiebung in Richtung der Kraft F, Abb. 4.1. Um c zu bestimmen, sind s und F zu messen. Dies geschieht im genormten Routineversuch, in Zugprüfmaschinen, an Probestäben bestimmter Gestalt und Größe. Gemeinsam haben sie eine Meßstrecke l_0 mit konstantem Querschnitt und verbreiterte Köpfe zum Anschluß an die «Klemmen» der Prüfmaschine. Es wird eine planmäßig zentrisch angreifende Zugkraft eingeleitet, die von Null aus in kleinen Stufen oder auch «stufenlos» langsam gesteigert wird[1]. Das Ergebnis der jeweiligen Messung (F, s) im *Zugversuch* wird in ein Diagramm als Federkennlinie oder Arbeitslinie eingetragen. Die Federsteifigkeit mißt den Anstieg der Geraden. Soll daraus die einachsige linear elastische Materialgleichung entwickelt werden, ist die Spannung z. B. auf den unverformten ursprünglichen Querschnitt zu beziehen (*Kirchhoff*sche Spannungskomponente $S_{xx} = S$)

$$S = \frac{F}{A_0} = \frac{cl_0}{A_0}\frac{s}{l_0} = E\varepsilon, \tag{4.4}$$

wo die Dehnung $\varepsilon = s/l_0$, E heißt Elastizitätsmodul und beträgt z. B. für Stahl $E_{\mathrm{St}} \sim 2{,}1 \times 10^5$ N/mm², weitere Richtwerte sind im Anhang angegeben.
In der Meßstrecke ist $\varepsilon = \mathrm{const}$, und es tritt eine konstante Querkontraktion auf, aus der die Querdehnzahl oder *Poisson*sche Zahl

$$\nu = \varepsilon_q/\varepsilon, \qquad \varepsilon_q = (d_0 - d)/d_0 \tag{4.5}$$

bestimmt wird. Im allgemeinen ist $\nu > 0$, für Stahl ist $\nu \approx 0{,}3$ ($d_0 - d$ ist die Dickenabnahme in der Meßstrecke).
Die gemessene Dehnung ε kann im technischen Gültigkeitsbereich $\varepsilon \ll 1$ (die Proportionalitätsgrenze liegt z. B. für Stahl unter 5‰ Dehnung) gleich der Verzerrung ε_{xx} gesetzt werden. Mit dem Arbeitsbegriff konsistent, vgl. Kapitel 3., gilt dann

$$S = E\varepsilon_{xx}, \tag{4.6}$$

wenn ε_{xx} die *Green*sche Verzerrung ist. Mit Hilfe dieses «mathematischen» *Hooke*schen Gesetzes können unter Verwendung des oben bestimmten E-Moduls auch große Deformationen behandelt werden. Dann allerdings ergibt sich die Spannungs-Dehnungs-Beziehung nichtlinear!
Ein anderes lineares Materialgesetz kann auch in *Euler*scher Fassung mit dem Arbeitsbegriff konsistent formuliert werden[2],

$$\sigma_{xx} = \frac{F}{A} = E\varepsilon_{xx}. \tag{4.7}$$

ε_{xx} ist jetzt im geometrisch nichtlinearen Fall die *Almansi*sche Verzerrungskomponente. Die Spannungs-Dehnungs-Beziehung ist wieder nichtlinear. Außerdem führt der Übergang auf die *Lagrange*sche Darstellung zu einer nichtlinearen Spannungs-Verzerrungs-Beziehung.

---

[1] Die Temperatur ist dabei konstant zu halten (isotherme Zustandsänderung).

[2] Gln. (4.6) und (4.7) sind die einzig brauchbaren linearen Ansätze, die bei Isotropie den Übergang auf ein gedrehtes Schnittelement im Zugstab durch Transformation der Tensorelemente Spannung und Verzerrung ermöglichen. Gl. (4.4) dagegen ist nur ein lineares Federgesetz.

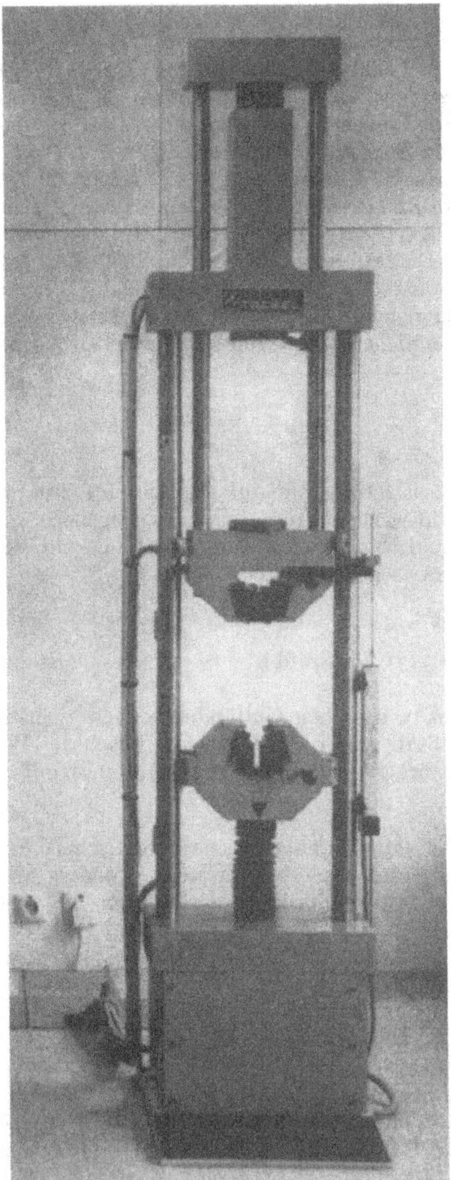

a)

Abb. 4.1. (a) Hydraulischer Universal-Belastungsrahmen der Fa. Schenck-Trebel. Nennkraft 120 kN

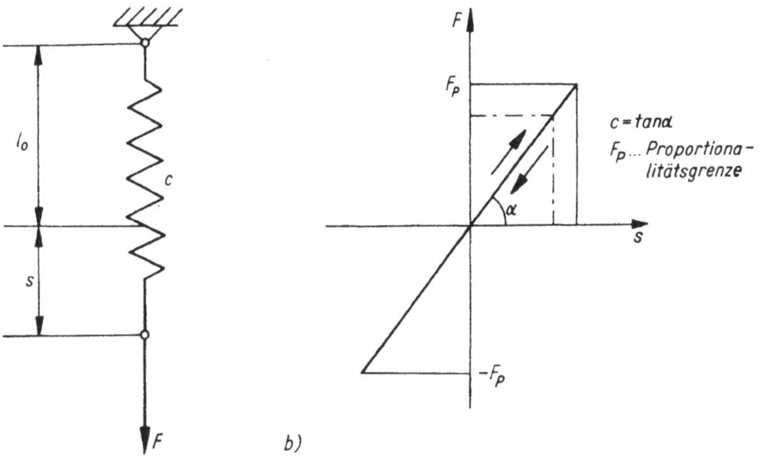

Abb. 4.1. (b) Symbolische Darstellung des *Hooke*schen Körpers. Lineare Federkennlinie

Im *Scherversuch*, bei dem alle Verzerrungskomponenten bis auf $\varepsilon_{xy} = \varepsilon_{yx}$ verschwinden, findet man das lineare Elastizitätsgesetz zwischen Schubspannung und Gleitung im Versuch bzw. im mathematischen Modell mit der Schubverzerrung ε_{xy} (nun z. B. in *Euler*scher Darstellung wie oben)

$$\sigma_{xy} = 2G\varepsilon_{xy} \tag{4.8}$$

mit G als Schubmodul.
E und G bilden das Paar elastischer Konstanten des homogenen und isotropen (richtungsunabhängigen) *Hooke*schen Körpers (z. B. in der *Euler*schen Formulierung). Für ihn müssen die Spannungs- und Verzerrungshauptachsen in jedem materiellen Punkt zusammenfallen. Jede Hauptnormalspannung erzeugt in Querrichtung eine Kontraktion, also folgt dann, in Verallgemeinerung des eindimensionalen Zugversuches auf den *räumlichen Spannungszustand*, durch Superposition (wir nehmen die *Euler*sche Darstellung),

$$\left.\begin{aligned} \varepsilon_1 &= \frac{1}{E}\,[\sigma_1 - \nu(\sigma_2 + \sigma_3)], \\ \varepsilon_2 &= \frac{1}{E}\,[\sigma_2 - \nu(\sigma_3 + \sigma_1)], \\ \varepsilon_3 &= \frac{1}{E}\,[\sigma_3 - \nu(\sigma_1 + \sigma_2)]. \end{aligned}\right\} \tag{4.9}$$

Wir bilden die mittlere Spannung $p = (\sigma_1 + \sigma_2 + \sigma_3)/3$ und $e = \varepsilon_1 + \varepsilon_2 + \varepsilon_3$ durch Summieren und finden

$$e = \frac{3(1 - 2\nu)}{E}\,p. \tag{4.10}$$

Bei kleiner Dehnung ist e die Dilatation, und die elastische Konstante

$$K = E/3(1 - 2\nu) \tag{4.11}$$

ergibt den Kompressionsmodul. Unter allseitigem Zug $p > 0$ ist $e > 0$, also $0 \leqq \nu \leqq 1/2$. Der Bereich $-1 \leqq \nu < 0$ kann i. allg. ausgeschlossen werden.
Die Beziehung

$$p = Ke \tag{4.12}$$

bildet ein erstes *Hooke*sches Gesetz bei mehrachsigem Spannungszustand und kennzeichnet die Volumenelastizität, p und e sind Tensorinvariante.
Nun gehen wir auf die deviatorischen Verzerrungen über, $\varepsilon_i' = \varepsilon_i - \frac{e}{3}$, Gl. (1.35), und finden für die deviatorischen Hauptkomponenten, vgl. Gl. (2.34), $s_{ij} \equiv \sigma'_{ij}$

$$\varepsilon_i' = \frac{1+\nu}{E}\,\sigma_i', \qquad \sigma_i' = \sigma_i - p, \qquad i = 1, 2, 3. \tag{4.13}$$

Bei Drehung des Koordinatensystems aus den Hauptachsen sind die Transformationsformeln für Tensorelemente anzuwenden, vgl. Gln. (2.22) und (2.23) in Hauptachsenform, und die deviatorischen Spannungs- und Verzerrungskomponenten sind dann durch

$$\sigma_{ij}' = 2G\varepsilon_{ij}', \qquad i, j = x, y, z, \tag{4.14}$$

verknüpft, wenn wir den Schubmodul $G = \frac{E}{2(1+\nu)}$ einführen (ohne Widerspruch zur Definition durch den Scherversuch). Das ergibt im räumlichen Fall sechs weitere Gleichungen des *Hooke*schen Gesetzes.
Eliminieren wir die deviatorischen Komponenten, so folgt die *Lamèsche Form* des *Hooke*schen Gesetzes:

$$\sigma_{ij} = \lambda e\,\delta_{ij} + 2G\varepsilon_{ij}, \qquad \varepsilon_{ij} = \frac{1}{2G}\left(\sigma_{ij} - \frac{3\nu}{1+\nu}\,p\,\delta_{ij}\right), \qquad i, j = 1, 2, 3,$$

$$\lambda = K - \frac{2}{3}\,G = \nu E/(1+\nu)\,(1-2\nu). \tag{4.15}$$

Bei großen Deformationen ist ε_{ij} die *Almansi*sche Verzerrungskomponente.
Im *ebenen Verzerrungszustand* ist $\varepsilon_{zz} = \varepsilon_{zx} = \varepsilon_{zy} = 0$, und die Normalspannung senkrecht auf die x,y-Ebene separiert zu

$$\sigma_{zz} = \nu(\sigma_{xx} + \sigma_{yy}). \tag{4.16}$$

Mit

$$3p = (1+\nu)\,(\sigma_{xx} + \sigma_{yy}) \tag{4.17}$$

folgt dann

$$\varepsilon_{xx} = \frac{1}{2G}\,[\sigma_{xx} - \nu(\sigma_{xx} + \sigma_{yy})], \qquad \varepsilon_{yy} = \frac{1}{2G}\,[\sigma_{yy} - \nu(\sigma_{xx} + \sigma_{yy})], \qquad \varepsilon_{xy} = \sigma_{xy}/2G. \tag{4.18}$$

Im *ebenen Spannungszustand* hingegen ist $\sigma_{zz} = \sigma_{zx} = \sigma_{zy} = 0$, und die Normalverzerrung senkrecht zur x,y-Ebene separiert zu

$$\varepsilon_{zz} = -\frac{\nu}{1-\nu}\,(\varepsilon_{xx} + \varepsilon_{yy}). \tag{4.19}$$

Die drei restlichen Gleichungen sind dann

$$\varepsilon_{xx} = \frac{1}{E}(\sigma_{xx} - \nu\sigma_{yy}), \qquad \varepsilon_{yy} = \frac{1}{E}(\sigma_{yy} - \nu\sigma_{xx}), \qquad \varepsilon_{xy} = \sigma_{xy}/2G. \tag{4.20}$$

Bei *dünnen Scheiben* der Dicke h, das sind dünne Platten, die in ihrer Ebene belastet werden, die Deckflächen sind unbelastet, geht man auf Schnittgrößen je Längeneinheit über

$$n_x = \int_{-h/2}^{h/2} \sigma_{xx}\,dz, \qquad n_y = \int_{-h/2}^{h/2} \sigma_{yy}\,dz, \qquad n_{xy} = \int_{-h/2}^{h/2} \sigma_{xy}\,dz \tag{4.21}$$

und hat dann für die mittleren Spannungen $\sigma_x = n_x/h$, $\sigma_y = n_y/h$, $\sigma_{xy} = n_{xy}/h$ einen ebenen Spannungszustand. Die drei *Hooke*schen Gleichungen ergeben mit mittleren Verzerrungen

$$\varepsilon_x = \frac{1}{Eh}(n_x - \nu n_y), \qquad \varepsilon_y = \frac{1}{Eh}(n_y - \nu n_x), \qquad \varepsilon_{xy} = n_{xy}/2Gh. \tag{4.22}$$

Eh wird als Dehnsteifigkeit der linear elastischen Scheibe bezeichnet.
Nachstehend geben wir zwei weitere Versuche zur Bestimmung von E und G an.

a) Der Biegeversuch

Ein *Träger auf zwei Stützen* weist bei symmetrischer Belastung durch zwei Einzelkräfte $F_1 = F_2 = F$ eine Meßstrecke $(l-2a)$ auf, siehe Abb. 4.2, in der das Biegemoment $M_y = M = Fa = \text{const}$ und $Q_z = 0$. Dieser *reine Biegezustand* führt zu einer in diesem Bereich kreisförmig gebogenen Stabachse (die z-Achse sei z. B. Symmetrieachse des Querschnittes). Bei linear elastischem Materialverhalten dieser Biegeprobe wird experimentell die Proportionalität zwischen (negativer) Krümmung

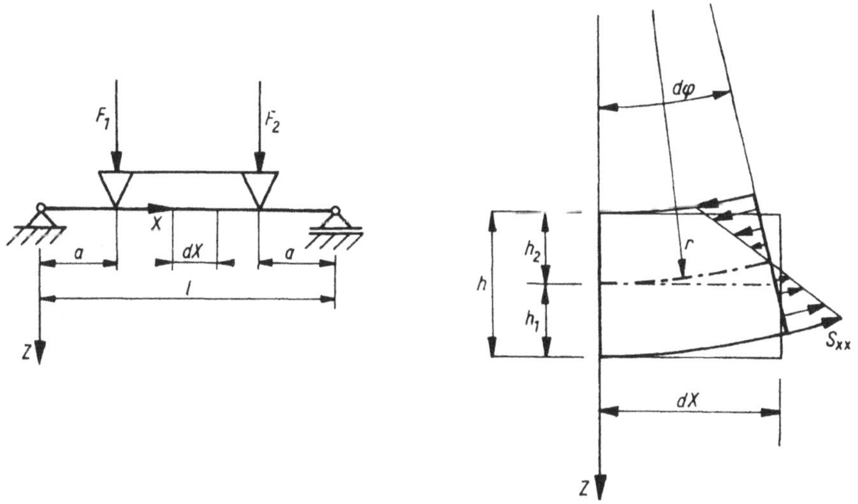

Abb. 4.2. Biegeprobe. Spannungsverteilung bei reiner Biegung

der Stabachse und Biegemoment festgestellt

$$\frac{1}{r} = -\frac{M_y}{K_B} = -\frac{Fa}{K_B}, \tag{4.23}$$

mit $K_B = EJ_y$ als Biegesteifigkeit des Balkens. Damit kann

$$K_B = Fa\,|r| \tag{4.24}$$

durch Messung von r ermittelt werden. Bei bekanntem Hauptträgheitsmoment J_y wird der Elastizitätsmodul bestimmt,

$$E = \frac{Fa}{J_y}\,|r|. \tag{4.25}$$

Die Krümmung kann z. B. über die gemessenen Dehnungen der Randfasern $\varepsilon_{1,2}$ angegeben werden. Bei ungedehnter Stabachse und, da die Querschnitte bei der Verformung eben bleiben müssen (die Verlängerungen der Stabfasern sind linear verteilt), ergibt sich:

$$\mathrm{d}X = r\,\mathrm{d}\varphi, \qquad \mathrm{d}X(1+\varepsilon_1) = (r+h_1)\,\mathrm{d}\varphi = (r+h_1)\,\mathrm{d}X/r$$

$$\mathrm{d}X(1+\varepsilon_2) = (r-h_2)\,\mathrm{d}\varphi = (r-h_2)\,\mathrm{d}X/r.$$

Nach Auflösung folgt

$$\left|\frac{1}{r}\right| = \frac{\varepsilon_1}{h_1} = \frac{-\varepsilon_2}{h_2} \tag{4.26}$$

bzw. im arithmetischen Mittel zum Ausgleich von Meßfehlern, $\varepsilon_2 < 0$,

$$\left|\frac{1}{r}\right| = \frac{\varepsilon_1 h_2 - \varepsilon_2 h_1}{2h_1h_2}. \tag{4.27}$$

h_1 ist der Abstand der äußeren Randfaser vom Schwerpunkt, $h = h_1 + h_2$ ist die Trägerhöhe. Bei doppelt-symmetrischem Querschnitt gilt $h_1 = h_2 = h/2$ und $r^{-1} = (\varepsilon_1 - \varepsilon_2)/h$. Die Dehnungen achsparalleler Fasern der Länge $\mathrm{d}X$ sind also linear verteilt,

$$\varepsilon_x = \frac{(r+Z)\,\mathrm{d}\varphi - \mathrm{d}X}{\mathrm{d}X} = \frac{Z}{r} = Z\,\frac{\varepsilon_1}{h_1}. \tag{4.28}$$

Das *Hooke*sche Gesetz in *Lagrange*scher Darstellung

$$S_{xx} = E\varepsilon_{xx} = E\varepsilon_x(1+\varepsilon_x/2) \tag{4.29}$$

ergibt eine nichtlineare Spannungsverteilung über die Querschnittshöhe, die Schwerachse y ist Nullinie, und

$$M_y = \int_A ZS_{xx}\,\mathrm{d}A = \frac{E\varepsilon_1}{h_1}\int_A Z^2\,\mathrm{d}A = EJ_y\,\frac{\varepsilon_1}{h_1} = -K_B/r. \tag{4.30}$$

Quer zur X-Achse treten Querdehnungen $\varepsilon_y = \varepsilon_z = -\nu\varepsilon_x$ auf. In der Biegespannungsverteilung kann E und ε_x eliminiert werden, und für kleine Dehnungen $\varepsilon_x \ll 1$ folgt die lineare Spannungsverteilung der technischen Biegelehre:

$$\sigma_{xx} = \frac{M_y}{J_y}\,z, \qquad -h_2 \leqq z \leqq h_1. \tag{4.31}$$

Die extremen Randspannungen sind dann

$$\sigma_{1,2} = \pm \frac{M_y}{J_y} h_{1,2}. \tag{4.32}$$

b) Der Torsionsversuch

Im *Torsionsversuch* wird ein kreiszylindrischer (voller oder hohler) Probestab der Länge l durch ein Torsionsmoment $M_x = M_T = M$ belastet. Experimentell wird die Proportionalität zwischen dem Verdrehwinkel der beiden Endquerschnitte und dem Drehmoment festgestellt, dann gilt

$$\chi = \frac{M}{K_T} l \tag{4.33}$$

mit $K_T = GJ_T$ der Drillsteifigkeit. Beim vollen Kreisquerschnitt ist $J_T = J_p = \pi d^4/32$, beim dünnwandigen Rohr mit der Wandstärke $t \ll d$ ist $J_T = \pi d^3 t/4$. Damit kann durch Messung von χ

$$K_T = \frac{Ml}{\chi} \quad \text{bzw.} \quad G = \frac{Ml}{\chi J_T} \tag{4.34}$$

bestimmt werden. *Drehen sich* während der Deformation die Querschnitte wie starre Scheiben, siehe Abb. 4.3, dann ist die Verwölbung $u = \vartheta\varphi(Y, Z)$ des Kreiszylinders von X unabhängig, $\vartheta = \frac{d\chi}{dX} = \frac{\chi}{l}$ ist der konstante Verdrehwinkel je Längeneinheit, $\varphi(Y, Z)$ heißt Wölbfunktion (siehe Torsion gerader Stäbe). Betrachten wir zwei Punkte im gleichen Abstand von der x-Achse in benachbarten Querschnitten im Abstand dX, die sich nun wie starre Scheiben gegeneinander verdrehen, dann folgt

$$\left.\begin{aligned} v(X + dX) - v(X) &= \frac{\partial v}{\partial X} dX = -Z\, d\chi, \\ w(X + dX) - w(X) &= \frac{\partial w}{\partial X} dX = Y\, d\chi, \end{aligned}\right\} \tag{4.35}$$

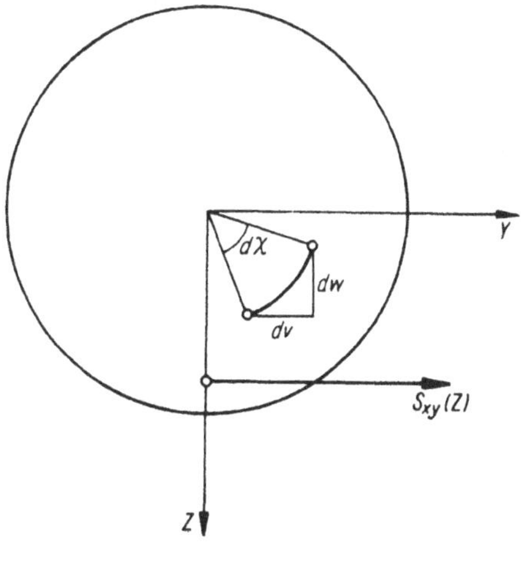

Abb. 4.3. Verschiebungskomponenten dv, dw und Schubspannung S_{xy} bei reiner Torsion

mit $d\chi = \vartheta \, dX$. Also, $dX \to 0$,

$$\frac{\partial v}{\partial X} = -\vartheta Z, \qquad \frac{\partial w}{\partial X} = \vartheta Y. \tag{4.36}$$

Aus der nichtlinearen geometrischen Beziehung für ε_{xy} folgt dann z. B. längs $Y = 0$ mit $\frac{\partial}{\partial Y} = 0$ (Achsensymmetrie)

$$\varepsilon_{xy} = -\frac{\vartheta}{2} Z, \tag{4.37}$$

eine lineare Verteilung über die radiale Koordinate. Mit dem *Hooke*schen Gesetz (diesmal als Spannungs-Verzerrungs-Gesetz)

$$S_{xy} = 2G\varepsilon_{xy} = -G\vartheta Z = S_{yx} \tag{4.38}$$

sind auch die Torsionsschubspannungen linear über den Radius verteilt. Aus der statischen Äquivalenz der Kräftepaare und des Torsionsmoments M folgt dann ($S_{xy} = S_{x\varphi}$)

$$M = -\int_A r S_{x\varphi} \, dA = G\vartheta \int_A r^2 \, dA = G\vartheta J_p, \tag{4.39}$$

G in K_T ist der Schubmodul. In der Schubspannungsverteilung kann $G\vartheta$ eliminiert werden

$$S_{xy} = -\frac{M}{J_p} Z, \qquad Y = 0, \tag{4.40}$$

und die größte Randschubspannung tangential zum äußeren Kreisrand ist dann

$$\tau_{\max} = S_{xy}(r = d/2) = \frac{M}{J_p} \frac{d}{2}. \tag{4.41}$$

4.1.2. Eine Bemerkung zur Anisotropie

Viele technische Materialien sind zwar linear elastisch innerhalb gewisser Dehngrenzen aber (makroskopisch) *anisotrop*. Wir verallgemeinern daher das *Hookesche Gesetz* auf *anisotrope Körper*, nehmen aber weiterhin Homogenität an. Wie im isotropen Fall soll eine Verzerrungsenergiedichte $U'(\varepsilon_{ij})$ angebbar sein, deren partielle Ableitung die Spannungskomponente ergibt:

$$\sigma_{ij} = \frac{\partial U'}{\partial \varepsilon_{ij}}, \tag{4.42}$$

die nun eine lineare Funktion der Verzerrungen sein muß. U' ist also eine quadratische positiv definite Form der (symmetrischen) Verzerrungen

$$U' = \frac{1}{2} \sum_i \sum_j \sum_k \sum_l C_{ijkl} \varepsilon_{ij} \varepsilon_{kl}, \tag{4.43}$$

mit $C_{ijkl} = C_{ijlk}$, $C_{ijkl} = C_{jikl}$, $C_{ijkl} = C_{klij}$ als Tensor der nun 21 unabhängigen elastischen Konstanten. Für den allgemeinen Fall verweisen wir auf die Literatur[1] und behandeln nur den ebenen Spannungszustand im Spezialfall der Orthotropie, wo 3 Symmetrieebenen und somit 9 Materialparameter auftreten. Ist die Scheibenebene eine Symmetrieebene, sind es nur mehr vier. Weiters wird der transversal isotrope Körper (senkrecht zu einer Achse herrscht Isotropie, z. B. im Stabquerschnitt eines «gezogenen Stabes») untersucht.

a) Ebener Spannungszustand $\sigma_{zz} = \sigma_{zx} = \sigma_{zy} = 0$

$$\varepsilon_{xx} = \frac{\sigma_{xx}}{E_x} - \nu_y \frac{\sigma_{yy}}{E_y}, \qquad \varepsilon_{yy} = \frac{\sigma_{yy}}{E_y} - \nu_x \frac{\sigma_{xx}}{E_x}, \qquad \varepsilon_{xy} = \sigma_{xy}/2G_{xy}. \tag{4.44}$$

Die x,y-Achsen sind die Hauptrichtungen der Anisotropie, E_x, E_y, ν_x, ν_y sind z. B. die vier unabhängigen elastischen Konstanten, die im Zugversuch an entsprechenden Probestäben ermittelt werden und

$$G_{xy} = \sqrt{E_x E_y}/2(1 + \sqrt{\nu_x \nu_y}). \tag{4.45}$$

b) Transversale Isotropie zur x-Achse mit nichtverschwindenden Hauptnormalspannungen σ_{xx}, σ_{rr}

Ist r die radiale Koordinate in der Querschnittsebene senkrecht zu x, dann gilt bei Symmetrie

$$\varepsilon_{xx} = \frac{\sigma_{xx}}{E_x} - \nu \frac{\sigma_{rr}}{E}, \qquad \varepsilon_{rr} = \frac{\sigma_{rr}}{E} - \nu_x \frac{\sigma_{xx}}{E_x}, \qquad \varepsilon_{xr} = 0. \tag{4.46}$$

E und ν sind die elastischen Parameter in der Querschnittsebene. Für den Zugstab gilt $\sigma_{rr} = 0$, er ist scheinbar isotrop.

4.1.3. Eine Bemerkung zur Nichtlinearität

A priori *nichtlinear elastische Materialien*, wie Grauguß oder Beton (unter Druck), mit

$$\sigma_{ij} = f(\varepsilon_{ij}) \tag{4.47}$$

werden meist isotrop vorausgesetzt und inkrementell beschrieben. Im *einachsigen Spannungszustand* ist dann

$$\sigma_{xx} = f(\varepsilon_{xx}) \tag{4.48}$$

und der inkrementelle Spannungszuwachs ist

$$\mathrm{d}\sigma_{xx} = \frac{\partial f}{\partial \varepsilon_{xx}}\, \mathrm{d}\varepsilon_{xx} = E(\sigma_{xx})\, \mathrm{d}\varepsilon_{xx}. \tag{4.49}$$

Für numerische Beschreibungen werden finite Zuwächse betrachtet. $E(\sigma_{xx})$ wird Tangenten- (oder Sekanten-) Elastizitätsmodul genannt und wird als Funktion der Spannung, von der aus der Zuwachs gemessen wird, angegeben, vgl. die Kennlinie Abb. 4.4.

[1] *S. G. Lekhnitskii:* Theory of Elasticity of an Anisotropic Elastic Body. San Francisco, 1963.

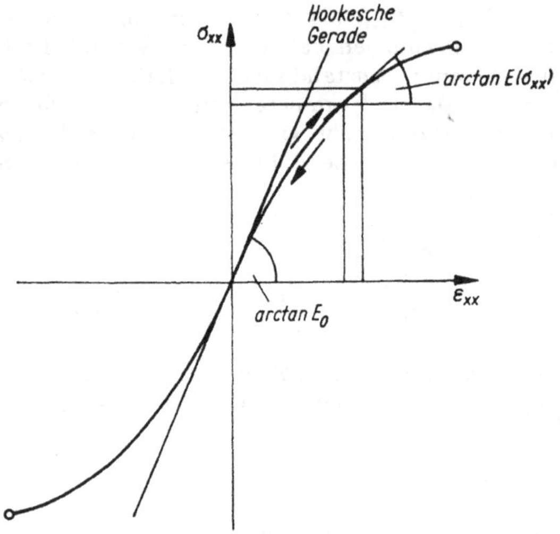

Abb. 4.4. Arbeitslinie des nichtlinear elastischen Stabes

Als Beispiel betrachten wir das kubische Gesetz, $\sigma_{xx} \equiv \sigma$, $\varepsilon_{xx} \equiv \varepsilon$, eines einachsigen Spannungszustandes

$$\sigma = E\varepsilon(\eta_0 + \eta_1\varepsilon + \eta_2\varepsilon^2). \tag{4.50}$$

η_0, η_1, η_2 sind Konstante. Damit $\frac{\partial\sigma}{\partial\varepsilon} \geq 0$, folgen dann mit $\eta_0 \geqq 0$ aus $\eta_0 + 2\eta_1\varepsilon + 3\eta_2\varepsilon^2 \geqq 0$ die Dehnschranken,

wenn $\quad \eta_1 \neq 0,\ \eta_2 = 0\colon\ |\varepsilon| < \eta_0/2\,|\eta_1|,$

wenn $\quad \eta_2 \neq 0\colon\ |\varepsilon| < \frac{1}{3\eta_2}\left(|\eta_1| - \sqrt{\eta_1^2 - 3\eta_0\eta_2}\right) \quad$ mit $\quad \eta_1^2 - 3\eta_0\eta_2 \geqq 0,$

sonst keine Dehnschranke, wenn nur $\eta_2 > 0$.
Für $\eta_1 \neq 0$ ist die Kennlinie für Zug und Druck nicht symmetrisch. Für *Beton* wurde die Druckkennlinie für $\varepsilon < 0$ mit $\eta_2 = 0$ genormt und $E = \sigma_p/\varepsilon_p$, $\eta_0 = 2$, $\eta_1 = \varepsilon_p^{-1}$, $\varepsilon_p = 2‰$ und σ_p dem von der Betonqualität abhängigen Höchstwert der Druckspannung gesetzt (z. B. Beton B 300, $\sigma_p = 2{,}25$ kN/cm²).
Der Tangentenmodul ist dann für das allgemeine quadratische einachsige Materialgesetz

$$E(\varepsilon) = E(\eta_0 + 2\eta_1\varepsilon + 3\eta_2\varepsilon^2) \geqq 0, \tag{4.51}$$

und für Beton[1] ergibt sich die linear abnehmende Funktion der Dehnung $\varepsilon < 0$, $|\varepsilon| < \varepsilon_p$

$$E_B(\varepsilon) = \frac{2\sigma_p}{\varepsilon_p}\left(1 + \frac{\varepsilon}{\varepsilon_p}\right), \qquad E_B(0) = \frac{2\sigma_p}{\varepsilon_p} = 2E. \tag{4.52}$$

[1] Die Querdehnzahl von Beton wird zwischen $0 < \nu_B < 1/4$ unabhängig von der Dehnung konstant gewählt.

Allgemeine nichtlinear elastische Stoffgesetze[1] (für isotrope Körper) werden nach der Vorgabe der Verzerrungsenergiedichte, $U'(\varepsilon_{ij}) = U'(e, J_2, J_3)$, als Funktion der Invarianten des aufgespaltenen Verzerrungstensors durch Differentiation gefunden; J_2 des Verzerrungsdeviators (siehe Gl. (2.36) und ersetze dort s_{ij} durch ε'_{ij}) und e sind unabhängig.

$$\sigma_{ij} = \frac{\partial U'}{\partial \varepsilon_{ij}} = \frac{\partial U'}{\partial e}\frac{\partial e}{\partial \varepsilon_{ij}} + \frac{\partial U'}{\partial J_2}\frac{\partial J_2}{\partial \varepsilon_{ij}} + \frac{\partial U'}{\partial J_3}\frac{\partial J_3}{\partial \varepsilon_{ij}}, \tag{4.53}$$

wo $e = \sum_i \varepsilon_{ii}$, $J_2 = \frac{1}{2}\sum_i\sum_j \varepsilon_{ij}'^2$ und

$$\frac{\partial e}{\partial \varepsilon_{ij}} = \delta_{ij}, \qquad \frac{\partial J_2}{\partial \varepsilon_{ij}} = \frac{2}{3} e\, \delta_{ij} - \frac{\partial I_2}{\partial \varepsilon_{ij}} = \varepsilon_{ij} - \frac{e}{3}\delta_{ij} = \varepsilon'_{ij}.$$

J_3 wird meist nicht berücksichtigt, dann wird

$$\sigma_{ij} = \frac{\partial U'}{\partial e}\delta_{ij} + \frac{\partial U'}{\partial J_2}\varepsilon'_{ij}. \tag{4.54}$$

Für den *Hooke*schen Körper ist $\frac{\partial U'}{\partial e} = Ke$ und $\frac{\partial U'}{\partial J_2} = 2G$. Praktische Materialgesetze sind bei Isotropie und Homogenität auf *Polynome* beschränkt. Mit einem positiv definiten Polynom der Art

$$U' = \frac{1}{2} Ke^2 + 2GJ_2 + D_1 e^3 + D_2 eJ_2 + D_3 J_3 + E_1 e^4$$
$$+ E_2 e^2 J_2 + E_3 J_2^2 + E_4 eJ_3 + O(\varepsilon^5) \tag{4.55}$$

kann z. B. die erste (quadratische) Korrektur des *Hooke*schen Gesetzes gefunden werden, J_3 wird dann i. allg. wieder vernachlässigt

$$\frac{\partial U'}{\partial e} = Ke + 3D_1 e^2 + D_2 J_2, \qquad \frac{\partial U'}{\partial J_2} = 2G + D_2 e. \tag{4.56}$$

Mit $\sigma_{ij} = \sigma'_{ij} + p\,\delta_{ij}$ folgt dann definitionsgemäß

$$p = \frac{\partial U'}{\partial e} = (K + 3D_1 e)\, e + D_2 J_2, \tag{4.57}$$

$$\sigma'_{ij} = \frac{\partial U'}{\partial J_2}\varepsilon'_{ij} = (2G + D_2 e)\,\varepsilon'_{ij}. \tag{4.58}$$

Wir betrachten nun kleine Deformations- und Spannungszuwächse aus dem deformierten Zustand (e, ε'_{ij}) heraus:

$$\mathrm{d}p = (K + 6D_1 e)\,\mathrm{d}e + D_2\,\mathrm{d}J_2, \qquad \mathrm{d}J_2 = \sum_i\sum_j \varepsilon'_{ij}\,\mathrm{d}\varepsilon'_{ij},$$

$$\mathrm{d}\sigma'_{ij} = (2G + D_2 e)\,\mathrm{d}\varepsilon'_{ij} + D_2\varepsilon'_{ij}\,\mathrm{d}e.$$

[1] Nichtlineare Stoffgesetze sind deutlich von geometrischen Nichtlinearitäten zu unterscheiden.

Man kann nun zwei verallgemeinerte Tangentenmodule einführen, die wieder vom momentanen Spannungs- bzw. Deformationszustand abhängen:

$$K_T = (K + 6D_1 e), \qquad 2G_T = 2G + D_2 e.$$

Es verbleiben aber Spannungszuwachsanteile der jeweils anderen Deformationsänderung im Gegensatz zum einachsigen Zustand sowie allgemein zum linear elastischen Körper. Mit $D_3 \neq 0$ wird diese Kopplung der linearen Zuwachsgleichungen noch verschärft, worauf besonders bei numerischen Darstellungen zu achten ist.

«Spröde Werkstoffe» werden i. allg. bis zum Bruch elastisch berechnet.

4.2. Der viskoelastische Körper

Es gibt Materialien, deren Deformationsverhalten nicht nur vom momentanen Spannungszustand, sondern auch von der Belastungsgeschichte abhängt. Man spricht vom Material mit «Gedächtnis» und meint damit ein gewisses zeitliches Erinnerungsvermögen an die «erlittenen» Deformationen[1]. Insbesondere wurde eine mathematische Theorie der Materialien mit «schwindendem Gedächtnis» entwickelt. Wir untersuchen aber zuerst die «innere Reibung» einer viskosen Flüssigkeit und folgen wieder einer eindimensionalen Modelltheorie.

4.2.1. Newtonsche Flüssigkeit

Legt man eine starre Platte auf eine «dünne» Flüssigkeitsschicht[2], so ist zur Aufrechterhaltung einer konstanten Schiebegeschwindigkeit eine tangentiale Kraft je Flächeneinheit, eine Schubspannung in der Trennfläche zwischen Platte und Flüssigkeit erforderlich («flüssige Reibung»). Versuche zeigen, daß Proportionalität zwischen dieser Schubspannung und dem Geschwindigkeitsgradienten quer zur Strömungsrichtung der Flüssigkeit besteht, siehe Abb. 4.5. Das «viskose Gesetz» der «Newtonschen Flüssigkeit» im engen Spalt ist daher

$$\sigma_{zy} = \tau = \eta \frac{\partial v}{\partial z} = \sigma_{yz}. \tag{4.59}$$

Der Druck p ist aufgeprägt und überall konstant. Mit $\dfrac{\partial v}{\partial z} = \dfrac{v_0}{s}$ hängt $\sigma_{zy} = \eta v_0/s$ nicht von z ab. Die Parallelströmung ist nicht drehungsfrei, $\nabla \times \vec{v} = -\dfrac{\partial v}{\partial z}\vec{e}_x$.

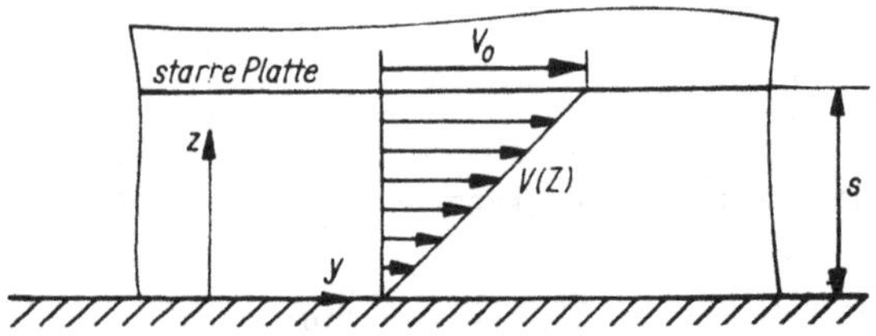

Abb. 4.5. Laminare Spaltströmung einer viskosen Flüssigkeit (Couetteströmung)

[1] Eine umfassende, auch in der Chemie bedeutungsvolle Bezeichnung ist *Rheologie*.

[2] Wie in Abb. 4.5 angedeutet erwarten wir dann eine lineare Geschwindigkeitsverteilung (von Null auf v_0 anwachsend).

Der Materialparameter η heißt *dynamischer Zähigkeitsbeiwert*, $[\eta] = \mathrm{N\,s\,m^{-2}} = \mathrm{kg/s\,m}$, und beträgt z. B. für Wasser bei 20 °C $\eta = 10^{-3}\,\mathrm{N\,s\,m^{-2}}$. Die relativ starke Temperaturabhängigkeit soll besonders hervorgehoben werden, während eine Abhängigkeit vom (nicht extremen) Druck (der Normalspannung σ_{zz}) praktisch nicht gegeben ist. Für tropfbare Flüssigkeiten sinkt η, für Gase steigt η mit anwachsender Temperatur. Gemessen wird η in Viskosimeter. Newtonsche Flüssigkeiten haben i. allg. nur schwache Viskosität, es bedarf daher relativ großer Geschwindigkeitsunterschiede quer zur Strömungsrichtung, um nennenswerte Schubspannungen zu «erzeugen». Solche Geschwindigkeitsgradienten treten z. B. in der Nähe einer Begrenzungswand auf (in der Grenzschicht oder im Spalt), seltener in «freier» Strömung (siehe Ergänzungen zur Hydromechanik).
Das Schubspannungs-Deformationsgeschwindigkeits-Gesetz drückt den Gegensatz zwischen Flüssigkeit und festem Körper aus: Eine Flüssigkeit gibt einer Schubbeanspruchung unbegrenzt nach (in einer ruhenden Flüssigkeit herrscht der hydrostatische Spannungszustand, der schubspannungsfrei ist). Vernachlässigen wir die Volumenviskosität kompressibler Flüssigkeiten, dann folgt in Analogie zum *Hooke*schen Gesetz, mit Aufspaltung in deviatorische Komponenten (in *Euler*scher Darstellung),

$p = -Ke$ (bei linearer Kompressibilität, p ist nun der hydrostatische Druck, also die negative mittlere Normalspannung), (4.60)

$$\sigma'_{ij} = 2\eta V_{ij} - \frac{2}{3}\eta\,\delta_{ij}\sum_k V_{kk}, \qquad V_{ij} = \frac{1}{2}\left(\frac{\partial v_i}{\partial x_j} + \frac{\partial v_j}{\partial x_i}\right). \tag{4.61}$$

(Das Stoffgesetz ist nach *G. G. Stokes* benannt.)
Ist die Strömung inkompressibel, dann ist $\operatorname{div}\vec{v} = \sum_k V_{kk} = 0$ und

$$\sigma'_{ij} = 2\eta V_{ij}, \tag{4.62}$$

$\sigma_{ij} = \sigma'_{ij} - p\,\delta_{ij}$ enthält den hydrostatischen Druck p.
Wir untersuchen nun die ebene stationäre inkompressible und laminare (Schichten-) Strömung einer Newtonschen Flüssigkeit zwischen zwei parallelen starren Platten im (nicht zu breiten) Spalt $2h$, Abb. 4.6. Der Druck ist im Querschnitt konstant und nimmt erwartungsgemäß in Strömungsrichtung ab, $p = p(x)$ in *Euler*scher Dar-

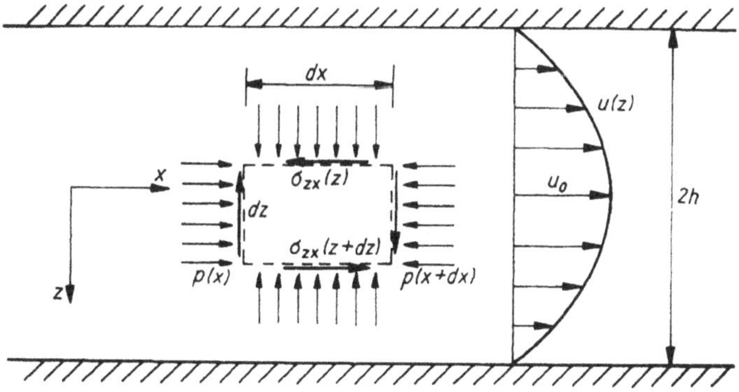

Abb. 4.6. Ebene laminar viskose Kanalströmung

stellung. Bei inkompressibler Strömung kann die Geschwindigkeit nicht von x abhängen, daher gilt in jedem Querschnitt $v_x = u(z)$. Betrachten wir die Kraftwirkungen in Strömungsrichtung auf ein Kontrollvolumen $\mathrm{d}x\,\mathrm{d}z$ (Beschleunigungskomponente ist Null), dann herrscht Gleichgewicht zwischen den Kräften zufolge Druckänderung und Schubspannungsänderung (quer zur Strömungsrichtung):

$$[p(x) - p(x + \mathrm{d}x)]\,\mathrm{d}z + [\sigma_{zx}(z + \mathrm{d}z) - \sigma_{zx}(z)]\,\mathrm{d}x = 0, \qquad \sigma_{zx} = \sigma_{xz}.$$

Lineare Approximation liefert nach Grenzübergang exakt $-\frac{\partial p}{\partial x} + \frac{\partial \sigma_{zx}}{\partial z} = 0$. Mit $\sigma_{zx} = \eta \frac{\partial u}{\partial z}$ ist daher $\frac{\partial^2 u}{\partial z^2} = \eta^{-1} \frac{\partial p}{\partial x}$ unabhängig von z. Integration ergibt mit $u(z = 0) = u_0$, $\frac{\partial u}{\partial z}(z = 0) = 0$ (aus Symmetriegründen)

$$u(z) = u_0 + \frac{1}{2\eta} \frac{\partial p}{\partial x} z^2.$$

Die Randbedingung in $z = \pm h$, $u(z = \pm h) = 0$, nämlich das Haften der Flüssigkeitsschicht an der starren ruhenden Berandung, liefert

$$\frac{\partial p}{\partial x} = -\frac{2\eta u_0}{h^2}$$

und die lineare Druckabnahme, von $p(x = 0) = p_0$, wird

$$p(x) = p_0 - \frac{2\eta u_0}{h} \frac{x}{h} > 0, \tag{4.63}$$

mit $$u(z) = u_0(1 - z^2/h^2). \tag{4.64}$$

Mißt man die Druckdifferenz im Abstand l, dann kann η ermittelt werden:

$$\eta = \frac{p_0 - p(l)}{2u_0 l} h^2. \tag{4.65}$$

Die Maximalgeschwindigkeit u_0 kann mit dem bekannten Geschwindigkeitsprofil durch den Massefluß je Längeneinheit ausgedrückt werden:

$$\dot{m} = \varrho 2h\bar{u} = 2\varrho \int_0^h u(z)\,\mathrm{d}z = \varrho 2h \frac{2u_0}{3}.$$

Damit wird (für Messungen bequemer) die *kinematische Zähigkeit*

$$\nu = \frac{\eta}{\varrho} = \frac{2}{3} \frac{p_0 - p(l)}{\dot{m} l} h^3. \tag{4.66}$$

Die wesentliche Auswirkung der Viskosität in dieser Spaltströmung ist die Druckabnahme in Strömungsrichtung und damit der Verlust an potentieller Energie gegenüber einer reibungsfreien Strömung. Man definiert z. B. mit $\bar{u} = \dot{m}/2\varrho h$ eine dimensionslose *Widerstandszahl* λ aus

$$\frac{p_0 - p(l)}{\varrho \bar{u}^2/2} = \frac{l}{2h} \frac{24\nu}{2h\bar{u}} = \frac{l}{2h} \lambda \tag{4.67}$$

mit $$\lambda = 24/Re, \qquad Re = 2\bar{u}h/\nu, \tag{4.68}$$

und nennt die charakteristische dimensionslose Kennzahl Re die *Reynoldssche Zahl.* Das Hyperbelgesetz für λ ist typisch für laminar viskose Strömungen, solche treten nur in einem Bereich niedriger *Reynolds*-Zahlen auf.
Bei einer kritischen *Reynolds*-Zahl Re_{kr} wird die laminare Strömung instabil und schlägt in eine «turbulente» Strömung um. Letztere hat im Mittel eine erhöhte Widerstandszahl. Die *achsensymmetrische* laminare Rohrströmung führt mit $h = a$, dem Rohrradius, zu

$$\lambda = 64/Re, \qquad Re < Re_{kr} = 2320 \tag{4.69}$$

(Hagen-Poiseuille-Strömung).

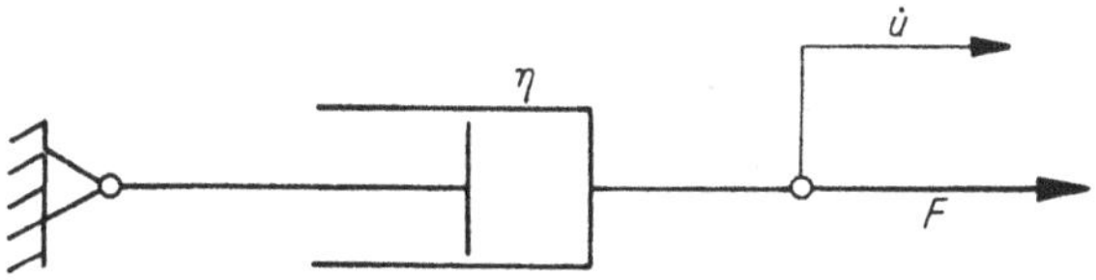

Abb. 4.7. Symbolische Darstellung der *Newton*schen Flüssigkeit

Ein eindimensionales Modell der «Newtonschen Flüssigkeit» ist in Abb. 4.7 dargestellt. Das Modell überträgt eine geschwindigkeitsproportionale Kraft

$$F = \eta \dot{u}. \tag{4.70}$$

Der Proportionalitätsfaktor ist z. B. mit dem Zähigkeitsbeiwert einer *Newton*schen Spaltflüssigkeit linear verknüpft (vgl. Gl. (4.59)).

4.2.2. Lineare Viskoelastizität

Die Deformationen in einem elastischen festen Körper sind durch den Belastungszustand gegeben, der linear elastische Körper «erinnert» sich nur an den unverformten Zustand. Während des Belastungsvorganges werden aber manchmal nicht zu vernachlässigende deformationsgeschwindigkeitsabhängige Einflüsse auf die Spannungsverteilung beobachtet. Das sind z. B. innere Reibungsvorgänge, die vor allem zeitlich periodische Deformationen dämpfen, oder das Nachgeben der inneren Bindungen, welches auch unter konstanter Belastung zum Kriechen (zu zeitlich anwachsenden Deformationen, die teilweise irreversibel sind) führt. Das einfachste lineare Modell dieser «viskosen» Effekte wird von der *Newton*schen Flüssigkeit abgeleitet. Wir zeigen diese Kopplung mit dem *Hooke*schen Körper an drei einfachen Beispielen.

a) Kelvin-Voigtscher Modellkörper

Durch Parallelschaltung einer *Hooke*schen Feder und einer «Newtonschen Flüssigkeit» (ein Zweiphasenmodell) erhält man den *Kelvin-Voigt*schen Körper, der bereits die oben erwähnte Dämpfungseigenschaft besitzt. Insbesondere zeigt er die «verzögerte» Elastizität.
Im «Zugstabmodell» nach Abb. 4.8 wird die Kraft F bei gemeinsamer Deformation u aufgeteilt:

$$F = cu + \eta \dot{u}, \qquad u(t = 0) = 0. \tag{4.71}$$

c ist die Steifigkeit der *Hooke*schen Feder, und η ist eine «Dämpferkonstante».

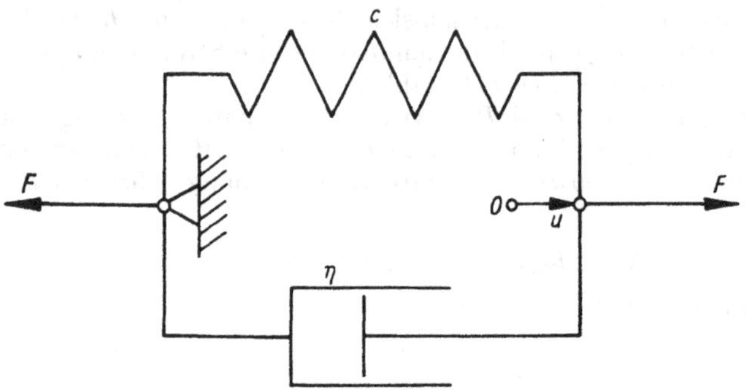

Abb. 4.8. Symbolische Darstellung des *Kelvin-Voigt*-Körpers

Die *Kriechfunktion* $u(t)$ erhält man als Lösung dieser zeitlichen Differentialgleichung erster Ordnung, wenn die Kraft $F = 1$ zur Zeit $t = 0$ sprungförmig aufgebracht wird, $F(t) = H(t)$, $H(t) = 1$, $t > 0$. Die Differentialgleichung ist linear, also gilt das Superpositionsprinzip:

$$u = u_h + u_p.$$

Eine Partikulärlösung für $t > 0$ ist $u_p = 1/c$, und

$$u_h = A\,\mathrm{e}^{-(c/\eta)t}, \tag{4.72}$$

also, mit Berücksichtigung der Anfangsbedingung (sie liefert $A = -1/c$)

$$u(t) = \frac{1}{c}\,[1 - \mathrm{e}^{-(c/\eta)t}]\,H(t), \tag{4.73}$$

$\vartheta = \eta/c$ ist die «Retardationszeit» der Verschiebung. Die elastische Deformation wird erst nach langer Zeit erreicht, man spricht von verzögerter Elastizität.
Die *Relaxationsfunktion* andererseits entspricht dem Kraftverlauf $F(t)$, wenn die Verlängerung $u(t) = H(t)$ also gleich 1 für $t > 0$ gesetzt wird:

$$F(t) = cH(t) + \eta\,\delta(t). \tag{4.74}$$

$\delta(t) = \dfrac{\mathrm{d}H(t)}{\mathrm{d}t}$ ist die *Dirac*sche Deltafunktion. Die Elastizität im Kraftverlauf ist also unmittelbar, der viskose Kraftanteil geht aber in $t = 0$ nach unendlich und verschwindet für $t > 0$.
Unter Beibehaltung der Volumenelastizität, $p = Ke$, erfolgt die Verallgemeinerung zum dreidimensionalen Spannungs-Verzerrungsgeschwindigkeits-Gesetz, die geometrischen Beziehungen sind wegen der Superposition der Modelle linearisiert vorausgesetzt, ebenso Isotropie und Homogenität,

$$\begin{aligned} &\sigma'_{ij} = 2G\left(\varepsilon'_{ij} + \vartheta\,\frac{\partial \varepsilon'_{ij}}{\partial t}\right), \qquad \varepsilon'_{ij} = \frac{1}{2}\left(\frac{\partial u_i}{\partial x_j} + \frac{\partial u_j}{\partial x_i}\right) - \frac{e}{3}\,\delta_{ij}, \\ &e = \sum_i \frac{\partial u_i}{\partial x_i}, \qquad \vartheta = \eta/G, \end{aligned} \tag{4.75}$$

G, K sind elastische Module, η ist der Zähigkeitsbeiwert.

Dieses Gesetz wird insbesondere bei zeitlich periodischen Deformationen benützt. Setzen wir $\sigma'_{ij}\,e^{i\omega t}$, $\varepsilon'_{ij}\,e^{i\omega t}$, die (komplexen) Amplituden sind der Kürze halber gleich benannt, ein, dann folgt

$$\sigma'_{ij} = 2G(1 + i\omega\vartheta)\,\varepsilon'_{ij}. \tag{4.76}$$

Die Beziehung ist formal gleich dem *Hooke*schen Gesetz mit *komplexem Schubmodul*

$$G^* = G + i\omega\vartheta G. \tag{4.77}$$

Die Viskosität führt also zu einer zeitlichen Phasenverschiebung zwischen deviatorischen Spannungen und Verzerrungen. Für weitergehende Folgerungen siehe die elastisch-viskoelastische Analogie.
Für nichtperiodische Vorgänge wird in $t = 0$ der unverformte Zustand angenommen und die *Laplace*-Transformation mit

$$f^*(s) = \int_0^\infty e^{-st} f(t)\,dt \tag{4.78}$$

angewendet, mit $f(0) = 0$ folgt ja

$$s f^*(s) = \int_0^\infty e^{-st} \dot{f}(t)\,dt \tag{4.79}$$

und daher

$$\sigma'^*_{ij} = 2G^*\varepsilon'^*_{ij}, \qquad G^* = G(1 + s\vartheta). \tag{4.80}$$

b) Maxwell-Körper

Durch Serienschaltung der *Hooke*schen Feder und einer «Newtonschen Flüssigkeit» erhält man den nach *Maxwell* benannten Modellkörper, der z. B. die oben erwähnte irreversible Kriecheigenschaft besitzt. Insbesondere zeigt er die Spannungsrelaxation. Im «Zugstabmodell» nach Abb. 4.9 wird die Deformation unter der durchgeleiteten Kraft F aufgeteilt: Die Deformationsgeschwindigkeit ist also

$$\dot{u} = \frac{\dot{F}}{c} + \frac{F}{\eta}, \qquad u(0) = \frac{F(0)}{c}. \tag{4.81}$$

Die Anfangsbedingung zeigt die «instantane» Elastizität des *Maxwell*-Körpers bei sprunghafter Belastung, wie nachstehend gezeigt wird.

Die *Kriechfunktion* ist nämlich jetzt, mit $F(t) = H(t)$, $\dfrac{dF}{dt} = \delta(t)$,

$$u(t) = \frac{1}{c}\int \delta(t)\,dt + \frac{1}{\eta}\int H(t)\,dt = (c^{-1} + \eta^{-1}t)\,H(t)$$
$$= \frac{1}{c}\left(1 + \frac{c}{\eta}t\right) H(t). \tag{4.82}$$

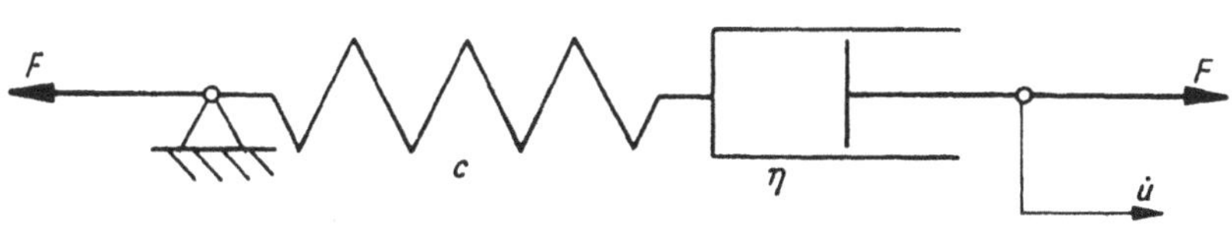

Abb. 4.9. Symbolische Darstellung des *Maxwell*-Körpers

Das Kriechen setzt «verzögert» nach der instantanen elastischen Deformation ein. Die *Relaxationsfunktion* $F(t)$ folgt mit $u(t) = H(t)$, $\dot{u}(t) = \delta(t)$ als *Greensche* Funktion der Differentialgleichung erster Ordnung,

$$\dot{F} + \frac{c}{\eta} F = c\,\delta(t), \tag{4.83}$$

$$F(t) = c\,\mathrm{e}^{-(c/\eta)t} H(t). \tag{4.84}$$

$\vartheta = \eta/c$ ist nun die *Relaxationszeit*, die Abklingkonstante der Spannung.
Unter Beibehaltung der Volumenelastizität, $p = Ke$, erfolgt die Verallgemeinerung zum dreidimensionalen Spannungs-Verzerrungsgeschwindigkeits-Gesetz, wieder sind die geometrischen Beziehungen linearisiert vorausgesetzt, ebenso Isotropie und Homogenität,

$$\dot{\varepsilon}'_{ij} = \frac{1}{2G}\left(\dot{\sigma}'_{ij} + \frac{1}{\vartheta}\sigma'_{ij}\right), \qquad \vartheta = \eta/G. \tag{4.85}$$

Bezeichnet $t = 0$ den unverformten Anfangszustand, dann liefert die *Laplace*-Transformation (4.78)

$$s\varepsilon'^*_{ij} = \frac{1}{2G}(s + \vartheta^{-1})\,\sigma'^*_{ij}. \tag{4.86}$$

Der (komplexe) Schubmodul ist dann

$$G^* = G\,\frac{s}{s + \vartheta^{-1}} \tag{4.87}$$

und

$$\sigma'^*_{ij} = 2G^*\varepsilon'^*_{ij}. \tag{4.88}$$

c) Mehrparametrige linear viskoelastische Körper

Ein 3parametriger «Normalkörper» besteht entweder aus einem seriengeschalteten *Hooke*schen- (c_1) und *Kelvin-Voigt*schen Element (c_2, η) oder aus einem parallelgeschalteten *Hooke*schen- (c_1) und *Maxwell*-Element (c_2, η) (ein Dreiphasenmodell). Die beschreibende Materialdifferentialgleichung ist dann «symmetrisch»:

$$\dot{F} + p_0 F = q_1 \dot{u} + q_0 u \tag{4.89}$$

und erlaubt die Berechnung von Kriech- und Relaxationsfunktionen. Die 3 Parameter p_0, q_0 und q_1 sind Funktionen der Federsteifigkeiten und der Viskosität η der Newtonschen Flüssigkeit, z. B. für die Serienschaltung

$$p_0 = (c_1 + c_2)/\eta, \qquad q_0 = c_1 c_2/\eta, \qquad q_1 = c_1. \tag{4.90}$$

Die *Kriechfunktion* ist dann mit $\vartheta = \eta/c_2$

$$u(t) = \left[\frac{1}{c_1} + \frac{1}{c_2}(1 - \mathrm{e}^{-t/\vartheta})\right] H(t), \tag{4.91}$$

mit der asymptotisch elastischen Enddeformation

$$u(t \to \infty) = c_1^{-1} + c_2^{-1}. \tag{4.92}$$

Im Fall der Parallelschaltung gilt

$$p_0 = c_2/\eta, \qquad q_0 = c_1 c_2/\eta, \qquad q_1 = c_1 + c_2. \tag{4.93}$$

Die *Relaxationsfunktion* läßt sich dann einfach durch Superposition angeben,

$$F(t) = (c_1 + c_2\,\mathrm{e}^{-t/\vartheta})\,H(t)\,. \tag{4.94}$$

Die Spannung klingt auf die elastische Restspannung $1c_1$ ab.
Die dreidimensionale Verallgemeinerung setzt statt F die deviatorische Spannungskomponente σ'_{ij} und statt u die deviatorische Verzerrungskomponente, linearisierte geometrische Beziehungen vorausgesetzt, voraus

$$\dot{\sigma}'_{ij} + p_0\sigma'_{ij} = q_1\dot{\varepsilon}'_{ij} + q_0\varepsilon'_{ij}\,. \tag{4.95}$$

Anwendung der *Laplace*-Transformation Gl. (4.78) ergibt

$$(s + p_0)\,\sigma'^{*}_{ij} = (q_1 s + q_0)\,\varepsilon'^{*}_{ij} \tag{4.96}$$

und damit den (komplexen) Schubmodul

$$G^*(s) = \frac{q_1 s + q_0}{2(s + p_0)}\,, \tag{4.97}$$

mit

$$\sigma'^{*}_{ij} = 2G^*\varepsilon'^{*}_{ij}\,. \tag{4.98}$$

Isotropie, Homogenität und elastische Kompressibilität sind wieder angenommen.

Den *3parametrigen «viskosen Körper»* erhält man durch Tausch des *Hooke*schen Körpers c_1 gegen die Newtonsche Flüssigkeit η_1, dann folgt eindimensional

$$\dot{F} + p_0 F = q_2\ddot{u} + q_1\dot{u}\,. \tag{4.99}$$

Die *Kriechfunktion* bei Serienschaltung ist dann mit $\vartheta = \eta/c_2$,

$$u(t) = \left[\frac{t}{\eta_1} + \frac{1}{c_2}\,(1 - \mathrm{e}^{-t/\vartheta})\right] H(t)\,. \tag{4.100}$$

Die Kriechdeformation wächst wieder unbeschränkt an.
Eine erste Verallgemeinerung ergibt das viskoelastische Materialgesetz in der Form einer Differentialgleichung n-ter Ordnung mit konstanten Koeffizienten. Bezeichnet $Q_n(D) = q_0 + q_1 D + q_2 D^2 + \cdots q_n D^n$, $D = \dfrac{\mathrm{d}}{\mathrm{d}t}$, den Polynomoperator n-ter Ordnung, dann ist

$$P_m(D)\,\sigma'_{ij} = Q_n(D)\,\varepsilon'_{ij}\,, \tag{4.101 a}$$

eine solche Verallgemeinerung, P_m ist ein Polynomoperator m-ter Ordnung.

Mit Hilfe der *Laplace*-Transformation wird mit homogenen Anfangsbedingungen entweder

$$\sigma'^{*}_{ij} = \frac{Q_n(s)}{P_m(s)}\,\varepsilon'^{*}_{ij}\,, \quad \text{wenn} \quad n \leq m \tag{4.101 b}$$

oder invers aufgelöst. Dann ist

$$G^* = \frac{Q_n(s)}{2P_m(s)} \tag{4.102}$$

eine rational gebrochene Funktion von s mit der Möglichkeit der Partialbruchzerlegung. Dadurch wird G^* aus einfachen Modellen überlagert.

d) Allgemeines linear viskoelastisches Material

Der komplexe Schubmodul des mehrparametrigen Modells kann nun als allgemeine Funktion von s und sogar inhomogen von (x, y, z) abhängig angenommen werden. Dem Produkt zweier Bildfunktionen in der *Laplace*-Transformation entspricht das zeitliche Faltungsintegral und

$$\sigma'_{ij} = \int_{-\infty}^{t} \sum_k \sum_l G_{ijkl}(x, y, z; t - \tau) \frac{\partial \varepsilon'_{kl}}{\partial \tau}(x, y, z; \tau)\, d\tau \qquad (4.103)$$

ergibt das Materialgesetz (Anisotropie und Inhomogenität zugelassen, geometrische Beziehungen linearisiert).
G_{ijkl} ist dann der *Tensor der Relaxationsfunktionen* vierter Stufe. Das inverse Gesetz enthält den *Tensor der Kriechfunktionen.* Wenn $t = 0$ den unverformten Zustand angibt und wieder Isotropie vorausgesetzt wird, folgt auch

$$\sigma'_{ij} = \frac{\partial}{\partial t} \int_0^t G(\tau)\, \varepsilon'_{ij}(x, y, z; t - \tau)\, d\tau. \qquad (4.104)$$

Elastische Kompressibilität ist hier noch vorausgesetzt, kann aber formal verallgemeinert werden. Alle hier vorgestellten Materialgesetze sind auf den *isothermen* Zustand beschränkt. Die Vorgabe von Relaxationsfunktionen $G_{ijkl}(t)$ an Stelle konstanter Parameter stellt hohe Anforderungen an die Materialprüfanstalten und ist daher Sonderwerkstoffen vorbehalten.

4.2.3. Ein nichtlineares viskoelastisches Materialgesetz

Aus dem eindimensionalen *Maxwell*-Modell wurde von *Bailey und Norton* ein nichtlineares Kriechgesetz abgeleitet, das vor allem die Kriecherscheinungen an Metallen technisch ausreichend erfaßt: Bei isothermer Temperatur T folgt

$$\dot{\varepsilon} = \frac{\dot{\sigma}}{E} + \frac{1}{\vartheta} \left[\frac{\sigma}{\sigma_n(T)}\right]^{n(T)}. \qquad (4.105)$$

ϑ ist wieder eine charakteristische Zeit, häufig 10^9 s. Wird ϑ anders festgelegt, dann wird über die Temperaturfunktion $\sigma_n(T)|_{\vartheta=10^9} = \sigma_{n9}$, die Kriechgrenze, umgerechnet:

$$\sigma_n(T) = \left(\frac{10^9}{\vartheta}\right)^{1/n} \sigma_{n9}. \qquad (4.106)$$

Der Kriechexponent $n(T)$ wird ebenfalls (schwächer) temperaturabhängig festgelegt. Ist er ungerade ganzzahlig, dann ist die bleibende Kriechdehnung und -stauchung problemlos erfaßt, sonst ist die sgn (σ)-Funktion zu separieren.
Die von *Odqvist* vorgeschlagene Verallgemeinerung zum mehrachsigen Spannungszustand geht vom einachsigen Gesetz der Kriechdehngeschwindigkeit $\dot{\varepsilon}_v$ in deviatorischer Form aus, $\sigma'_{xx} = \frac{2}{3}\sigma$, $\sigma'_{yy} = \sigma'_{zz} = -\sigma/3$,

$$J_2 = \frac{1}{2} \sum_i \sum_j \sigma'^2_{ij} = \sigma^2/3, \qquad (4.107)$$

$$\dot{\varepsilon}_v = f(J_2) \frac{2}{3} \sigma,$$

wo durch Vergleich

$$f(J_2) = \frac{3}{2\vartheta\sigma_n^n(T)} (3J_2)^{(n-1)/2}. \tag{4.108}$$

Im isotropen Material im mehrachsigen Spannungszustand wird dann

$$\dot{\varepsilon}'_{ij} = \frac{1}{2G} \dot{\sigma}'_{ij} + \frac{3}{2\vartheta\sigma_n^n(T)} (3J_2)^{(n-1)/2} \sigma'_{ij}. \tag{4.109}$$

Die Kompressibilität ist weiter linear elastisch angenommen. Mit der effektiven sogenannten *Vergleichsspannung*

$$\sigma_v = \sqrt{3J_2}, \tag{4.110}$$

sie ist im Falle des Zugstabes die Normalspannung σ_{xx} selbst, vereinfacht sich das Materialgesetz zu

$$\dot{\varepsilon}'_{ij} = \frac{1}{2G} \dot{\sigma}'_{ij} + \frac{3}{2\vartheta\sigma_n^n(T)} \sigma_v^{n-1}\sigma'_{ij}. \tag{4.111}$$

Die spezifische Dissipationsleistung ist dann, T ist die isotherme Temperatur, $\dot{\varepsilon}_{ijv}$ die viskose Verzerrungsgeschwindigkeit,

$$D = \sum_i \sum_j \sigma_{ij}\dot{\varepsilon}_{ijv} = \sigma_v^{n+1}/\vartheta\sigma_n^n(T), \tag{4.112}$$

eine eindeutige Funktion der Vergleichsspannung.
Bei reinem Schub $\sigma_{xy} = \sigma_{yx} = \tau$ gilt $\sigma_v = \tau\sqrt{3}$ und

$$\dot{\varepsilon}_{xy} = \frac{\dot{\tau}}{2G} + \frac{1}{2\vartheta\sigma_n^n(T)} 3^{(n+1)/2}\tau^n. \tag{4.113}$$

Auf die von *Hoff* angegebene Analogie zwischen den Kriechverzerrungsgeschwindigkeiten $\dot{\varepsilon}'_{ijv} = f(J_2)\,\sigma'_{ij}$ bei stationärem Kriechen und den nichtlinear elastischen Verzerrungen $\varepsilon'_{ij} = f(J_2)\,\sigma'_{ij}$ in einem elastischen Körper gleicher Gestalt und unter gleicher Belastung wird hingewiesen. Eine numerische Angabe zu unlegiertem Stahl bei 450°C: $n = 5$, $\sigma_{n7} = 70$ N/mm² zeigt die Größenordnung dieser Parameter. Eine umfassende Darstellung wird von *Odqvist/Hult* gegeben.[1]

Der Kriechkollaps eines Zugstabes

Als *Beispiel* betrachten wir den *Kriechkollaps eines Zugstabes*[2] aus nichtlinear viskosem Material nach *Norton* unter konstanter Belastung F. Wenn die Kriechdehnung die instantane elastische Dehnung überwiegt, kann in diesem Fall letztere vernachlässigt werden, der Stab kriecht dann unter Volumenkonstanz

$$A\,\mathrm{d}x = A_0\,\mathrm{d}X \tag{4.114}$$

[1] *F. K. G. Odqvist/J. Hult:* Kriechfestigkeit metallischer Werkstoffe. — Berlin; Göttingen; Heidelberg: Springer-Verlag, 1962.

[2] *H. Parkus:* On the lifetime of viscoelastic structures in a random temperature field. — In: Recent Progress in Applied Mechanics. The Folke Odqvist Volume. Eds. *B. Broberg/J. Hult/F. Niordson.* — New York: Wiley, 1967, pp. 391—7.

mit $A(t)$ als dem momentanen Querschnitt. Wir verwenden das logarithmische Dehnungsmaß für die großen Kriechdeformationen

$$\varepsilon = \ln \frac{dx}{dX_0} = \ln(1 + \varepsilon_x) = -\ln \frac{A}{A_0} \tag{4.115}$$

und finden mit dem Materialgesetz

$$\dot{\varepsilon} = \sigma^n / \vartheta \sigma_n^n(T) \tag{4.116}$$

mit $\alpha = A/A_0$, $\dot{\alpha} = \dot{A}/A_0$ und $\sigma_0 = F/A_0$ nach Differentiation

$$\vartheta \dot{\alpha} + \left(\frac{\sigma_0}{\sigma_n(T)}\right)^n \alpha^{-n+1} = 0, \tag{4.117}$$

eine Differentialgleichung erster Ordnung für das Querschnittsverhältnis $\alpha(t)$. Separation und Integration ergibt mit $\alpha(0) = 1$ die Lösung

$$\alpha^n(t) = 1 - \left(\frac{\sigma_0}{\sigma_n(T)}\right)^n \frac{nt}{\vartheta}. \tag{4.118}$$

Das einfachste Kriterium für *Versagen des Zugstabes* durch stationäres Kriechen ist $\dot{\alpha} \to \infty$, oder nach oben stehender Gleichung gleichwertig $\alpha \to 0$. Das ergibt die *Lebensdauer* des homogen kriechenden Zugstabes bei genügend großem n zu

$$\frac{nt_L}{\vartheta} = \left(\frac{\sigma_n(T)}{\sigma_0}\right)^n, \tag{4.119}$$

T ist die isotherme Temperatur.
Ein Stahlstab bei $T = 500\,°\mathrm{C}$ unter einer gleichbleibenden Last $\sigma_0 = 10^4$ N/cm^2 hat dann mit $n(T) = 5$, $\vartheta\sigma_n^5 = 33{,}5 \times 10^{23}$ (N cm^{-2})^5 h, eine Lebensdauer von $t_L = 6\,700$ Stunden.

4.3. Der zähplastische Körper

Neben viskosen Deformationen treten in zähen Körpern bleibende Verformungen durch Fließen nach Überschreitung von bestimmten Spannungswerten auf. Erreichen die plastischen Deformationen zu große Werte, bzw. erreichen die Fließzonen im Körpervolumen einen zu großen Anteil, dann wird das Tragvermögen erschöpft, man spricht in diesem Zusammenhang von der *Traglast* des Körpers. Erwünschte große plastische Deformationen bildsamer Körper (z. B. von Metallen bei erhöhter Temperatur) in der Umformtechnik (beim Walzen, Schmieden usw.) müssen hier außer Betracht bleiben.
Eine gewisse Plastizität, ein «Arbeitsvermögen» der technischen Werkstoffe, ist u. U. als Überlastungsschutz erwünscht. Ein zähplastischer Körper reagiert auf eine gewisse Belastung über die Elastizitätsgrenze hinaus durch örtliches Fließen, wodurch eine Spannungsumlagerung bewirkt wird — Spannungsspitzen werden abgebaut und durch i. allg. mäßige Spannungserhöhungen in den elastischen Bereichen kompensiert. Durch die Kunst des Konstrukteurs, d. h. durch entsprechende Formgebung der Konstruktion, kann dieser Überlastungsschutz gesteigert werden.

Wir betrachten wieder einfache Modelle mit steigendem Schwierigkeitsgrad und beschränken uns auf technisch anwendbare Stoffgesetze, insbesondere der eingeschränkten Plastizität (die Fließgebiete erfüllen nur Teilvolumina des Körpers).

4.3.1. Der starr-plastische Körper

Vom *Coulomb*schen Gesetz der trockenen Reibung abgeleitet ist das nichtlineare Spannungs-Dehnungs-Gesetz des starr-plastischen *St.-Venant-Körpers*. Im «Zugstabmodell» wird er als unverformbar vorausgesetzt, solange $|F| < F_F$, der *Fließgrenze*, bleibt (für Zug und Druck gleich angenommen). Wenn $|F| = F_F$, tritt stationäres Fließen «ohne Verfestigung» ein, eine bleibende Verlängerung des Stabes um $u_p(t)$. Bei Entlastung $|F| < F_F$ ist der Stab im verformten Zustand wieder starr. Die Deformationsarbeit $F_F u_p$ wird vollständig dissipiert (in Wärme umgewandelt). Symbolisch wird der Körper in Abb. 4.10 dargestellt, wo auch seine Arbeitslinie mit Ent- und Belastung dargestellt ist.

Die axiale Gesamtdehnung ist also gleich der bleibenden plastischen Dehnung. Die bleibende Querdehnung ergibt sich dann aus der Forderung der Inkompressibilität, bei kleinen Dehnungen aus $e = 0$ zu

$$\varepsilon_q = -\varepsilon_p/2.$$

Eine einfache Verallgemeinerung des *St.-Venant*-Körpers auf den mehrachsigen Spannungszustand stellt die ***Fließbedingung nach v. Mises*** dar. Sie benutzt die Voraussetzung der Inkompressibilität (die auch mit experimentellen Beobachtungen gut übereinstimmt) und Isotropie und ist mit $J_2 = \frac{1}{2} \sum_i \sum_j \sigma_{ij}'^2$, der zweiten Invarianten

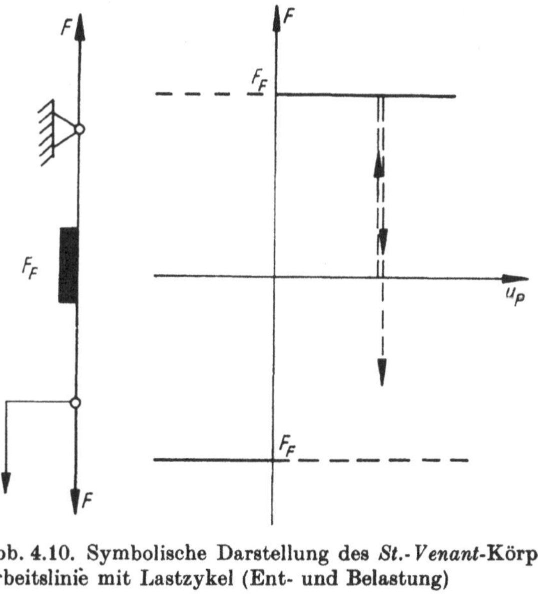

Abb. 4.10. Symbolische Darstellung des *St.-Venant*-Körpers. Arbeitslinie mit Lastzykel (Ent- und Belastung)

des Spannungsdeviators und einer Konstanten k,

$$J_2 - k^2 = 0 \tag{4.120}$$

im Fließgebiet.
Beim Zugstab ist wieder $J_2 = \sigma_{xx}^2/3$, mit $\sigma_{xx} = F/A_0$ (linearisierte geometrische Beziehungen sind vorausgesetzt), aus Gleichgewichtsgründen. Also tritt nach dieser Bedingung uneingeschränktes Fließen ein, wenn

$$\sigma_{xx} = k\sqrt{3} = \sigma_F \tag{4.121}$$

erreicht, mit $\sigma_F = F_F/A_0$ als «Fließgrenze».
Bei reinem Schub $\sigma_{xy} = \sigma_{yx} = \tau$ ist $J_2 = \tau^2$, also tritt uneingeschränktes Fließen ein, wenn

$$\tau = k = \tau_F, \tag{4.122}$$

mit τ_F als Fließschubspannung.
Damit wird das Verhältnis zwischen den Fließspannungen bei einachsigem Zug (σ_{xx}) und reinem Schub ($\tau = k$) gleich $\sqrt{3}$.
Beim allgemeinen Spannungszustand ist $J_2 = \dfrac{3}{2}\tau_0^2$. In Fließgebieten, i. allg. liegt eingeschränktes Fließen vor, gilt dann

$$k = \tau_0\sqrt{3/2}. \tag{4.123}$$

τ_0 ist die Oktaederschubspannung, das ist die deviatorische Spannungskomponente auf dem Oktaederflächenelement.
Beim eingeschränkten Fließen besteht der Körper nach diesem Modell aus starren unverformbaren Volumenanteilen, in denen Spannungsverteilungen nicht definiert sind und nur die Gleichgewichtsbedingungen zur Verfügung stehen und Zonen ideal plastischen Fließens. Dort müssen nun *Spannungs-Verzerrungs-Differentialgleichungen* definiert werden, die meist linear in der *v.-Mises*-Form

$$\dot{\varepsilon}'_{ij} = \dot{\varepsilon}_{ij} = \lambda\sigma'_{ij} \tag{4.124}$$

angenommen werden. Wäre λ unabhängig vom Spannungszustand, dann entspricht dem Ansatz die viskose «Newtonsche Flüssigkeit». Um diese Nichtlinearität des plastischen Fließens aufzuzeigen, setzen wir den Ansatz in $J_2 = k^2$ ein und erhalten

$$J_2 = \frac{1}{2}\sum_i\sum_j \sigma_{ij}'^2 = \lambda^{-2}\frac{1}{2}\sum_i\sum_j \dot{\varepsilon}_{ij}^2 = \lambda^{-2}J_{2\dot{\varepsilon}} = k^2.$$

Also

$$\lambda = \sqrt{J_{2\dot{\varepsilon}}}/k, \tag{4.125}$$

mit $J_{2\dot{\varepsilon}}$ als Invariante zweiter Ordnung des plastischen Verzerrungsgeschwindigkeitstensors. Die *v.-Mises*-Verzerrungsbeziehungen sind dann

$$\sigma'_{ij} = \frac{k}{\sqrt{J_{2\dot{\varepsilon}}}}\,\dot{\varepsilon}_{ij}. \tag{4.126}$$

Sind die Verzerrungsgeschwindigkeiten (mit $e = 0$) gegeben, dann kann $J_{2\dot{\varepsilon}}$ berechnet werden, und der Spannungsdeviator im plastischen Bereich ist explizit durch diese Spannungs-Verzerrungs-Beziehungen gegeben. Die Spannung am Ende eines bestimmten plastischen Verformungsprozesses ist unabhängig von der Belastungsdauer, im Gegensatz zum Spannungszustand in einem viskosen Körper (wo keine Fließbedingung vorgeschrieben ist).

Historisch gesehen hat *St. Venant* nicht die *v.-Mises*-Fließbedingung, sondern die von *Tresca*[1] angegebene benutzt, die besagt, daß während des plastischen Fließens die größte Hauptschubspannung konstant und gleich der Fließschubspannung τ_F bei reinem Schub ist. Also, mit den Hauptnormalspannungen $\sigma_1 > \sigma_2 > \sigma_3$,

$$\max\{|\sigma_1 - \sigma_2|, |\sigma_2 - \sigma_3|, |\sigma_3 - \sigma_1|\} = 2k. \tag{4.127}$$

Man erkennt die Schwierigkeiten dieses starr-plastischen Modells im Fall des eingeschränkten Fließens, die nur im vollplastischen Zustand (wie er etwa in der Umformtechnik erreicht wird) beseitigt werden. Wir wenden uns daher dem ideal elastisch-plastischen Modell zu.

4.3.2. Der ideal elastisch-plastische Körper

Das einachsige Modell wird durch Serienschaltung eines *Hooke*schen und *St.-Venant*schen Modellkörpers dargestellt. Dieses «Zugstabmodell» nach Abb. 4.11 zeigt dann bei erstmaliger Laststeigerung aus dem unverformten Zustand heraus linear elastisches Verhalten mit $F = cu$ bis zur Fließgrenze $F = F_F$, wo dann unter konstanter Last stationäres Fließen einsetzt[2].
Abb. 4.11 zeigt auch die Arbeitslinie, sie ist für Zug und Druck symmetrisch angenommen. Eingetragen sind einige Belastungszykel und die bleibende Deformation u_P nach Entlastung. Die Zykel enthalten die von *Prandtl* aufgestellten Gesetze für Spannungs-Dehnungs-Diagramme bei wiederholter Entlastung und Belastung.
Durch Parallelschaltung von mindestens zwei Modellen dieser Art mit unterschiedlichen Fließgrenzen (ein *Dreiphasenmodell*) kann bereits die *Verfestigungsphase*[3] (allerdings nur linear) beschrieben werden. Die Modelle weisen *gemeinsame Dehnung* ε_x (Verschiebung u) auf, also gilt im linear elastischen Bereich des verfestigenden Modells aus zwei Stäben mit gleichem Elastizitätsmodul bei Belastung aus dem unverformten Zustand heraus:

$$\sigma_{xx} = \frac{F}{A_0} = \frac{F_1 + F_2}{A_1 + A_2} = E\varepsilon_x \quad \left(0 \leq \varepsilon_x \leq \frac{F_{1F}}{EA_1}\right).$$

Für $\varepsilon_x > F_{1F}/EA_1$ wird Stab 1 vollplastisch, damit $F_1 = F_{1F} = \text{const}$ und

$$\sigma_{xx} = \frac{F}{A_0} = \frac{F_{1F} + E\varepsilon_x A_2}{A_1 + A_2} \quad \left(\frac{F_{1F}}{EA_1} \leq \varepsilon_x \leq \frac{F_{2F}}{EA_2}\right).$$

---

[1] Die Invariantenform dieser *Trescaschen Fließbedingung* ist kompliziert, wir verweisen auf *W. Prager/P. G. Hodge:* Theorie ideal plastischer Körper. — Wien: Springer, 1954, S. 25.

[2] Ein realer Zugstab aus zähplastischem Material fließt nicht gleichmäßig, es bildet sich eine lokale Einschnürung mit stark veränderlichem Querschnitt und räumlichem Spannungszustand aus.

[3] Die bleibende Verformung u_P nimmt nur bei Laststeigerung zu.

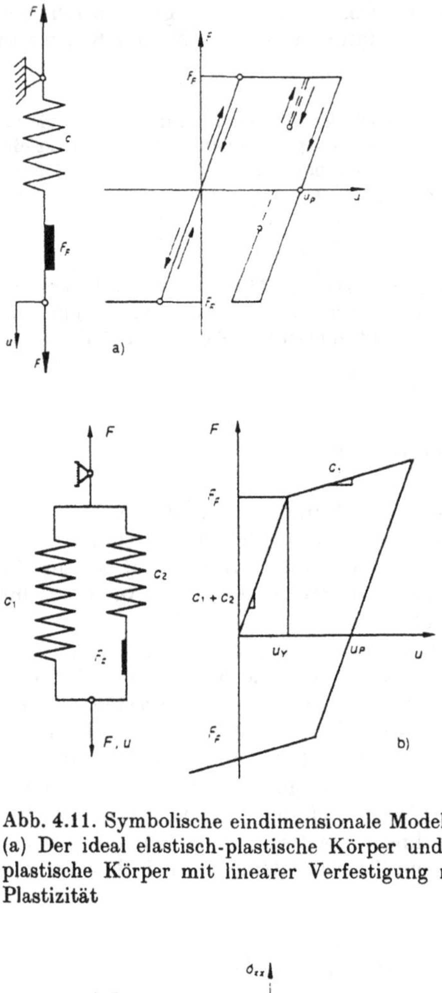

Abb. 4.11. Symbolische eindimensionale Modelle:
(a) Der ideal elastisch-plastische Körper und seine Arbeitslinie. (b) Der elastisch-plastische Körper mit linearer Verfestigung mit Bauschinger Effekt in zyklischer Plastizität

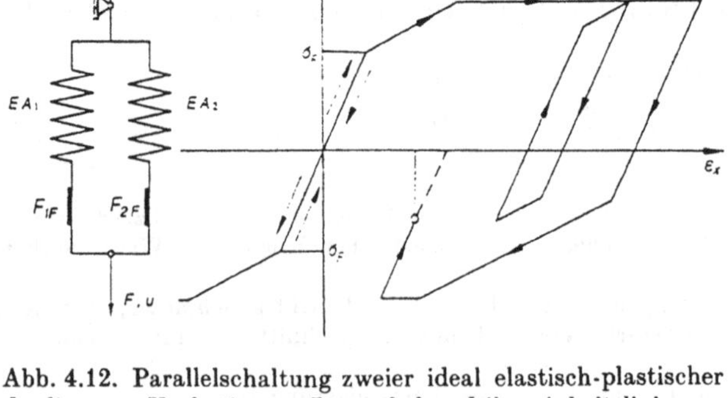

Abb. 4.12. Parallelschaltung zweier ideal elastisch-plastischer Körper. Begrenzung der linearen Verfestigung. Lastzykel und ihre Arbeitslinien

Überschreitet ε_x auch die Dehngrenze des Stabes 2, dann sind beide Stäbe vollplastisch mit $F = F_{1F} + F_{2F}$ und

$$\sigma_{xx} = \frac{F}{A_0} = \frac{F_{1F} + F_{2F}}{A_1 + A_2} \qquad \left(\varepsilon_x \geqq \frac{F_{2F}}{EA_2}\right).$$

A_1 und A_2 sind die Querschnitte, F_1 und F_2 die Lastanteile in den parallel geschalteten Stäben. Die Arbeitslinie, symmetrisch für Zug und Druck angenommen, zeigt die Abb. 4.12. Einige Lastzykel sind wieder eingetragen.

Für den mehrachsigen Spannungszustand des *ideal elastisch-plastischen Körpers* (ohne Verfestigung) nehmen wir wieder die *v.-Mises-Fließbedingung* an, das Fließen erfolgt inkompressibel (die Kompressibilität ist rein elastisch)

$$J_2 - k^2 = 0 \tag{4.128}$$

und drücken nun wieder den Proportionalitätsfaktor λ im «linearen» Ansatz für die Spannungs-Verzerrungs-Differentialgleichungen im plastischen Bereich aus. Der plastische Verzerrungsdeviator ist gleich dem bleibenden plastischen Verzerrungstensor und die bleibende Verzerrungskomponente im Fließbereich ε''_{ij},

$$2G\dot{\varepsilon}''_{ij} = \lambda\sigma'_{ij}. \tag{4.129}$$

λ ist nun mit $2G$ des elastischen Bereiches normiert. Mit dem *Hooke*schen Gesetz, zeitlich differenziert (was wesentlich bei Entlastung ist),

$$\dot{\sigma}'_{ij} = 2G\dot{\varepsilon}'_{ij} \tag{4.130}$$

und der *deviatorischen Gesamtdehnung*[1] (als Überlagerung der elastischen, ε'_{ij}, und plastischen, ε''_{ij}, Dehnung),

$$\varepsilon_{ij} = \varepsilon'_{ij} + \varepsilon''_{ij}, \tag{4.131}$$

erhalten wir daraus die Differentialgleichungen

$$2G\dot{\varepsilon}_{ij} = \dot{\sigma}'_{ij} + \lambda\sigma'_{ij}, \tag{4.132}$$

gültig im plastischen Bereich, während des stationären Fließens. Wäre λ vom Spannungszustand unabhängig, wäre der *Maxwell*-Körper wiederentdeckt. So ist aber wegen der Fließbedingung

$$\dot{J}_2 = 0 = \sum_i \sum_j \sigma'_{ij}\dot{\sigma}'_{ij}. \tag{4.133}$$

Wir setzen $\dot{\sigma}'_{ij}$ ein und finden dann

$$\dot{J}_2 = 0 = 2G \sum_i \sum_j \sigma'_{ij}\dot{\varepsilon}_{ij} - 2\lambda J_2.$$

Mit der Fließbedingung $J_2 = k^2$ wird

$$\lambda = \frac{G}{k^2} L'_G \tag{4.134}$$

[1] e in der Gesamtverzerrung $\overline{\varepsilon_{ij}} = \varepsilon_{ij} + e\,\delta_{ij}$ ist rein elastisch.

mit

$$L'_G = \sum_i \sum_j \sigma'_{ij} \dot{\varepsilon}_{ij}, \tag{4.135}$$

$\dot{\varepsilon}_{ij}$ ist die deviatorische Verzerrungsgeschwindigkeit, L'_G daher die *spezifische Gestaltänderungsleistung* (die Leistungsdichte der Spannungen vermindert um die Kompressionsleistung je Volumeneinheit), vgl. Gl. (3.35). Sind Spannungen und Verzerrungsgeschwindigkeiten bekannt, kann L'_G und damit $\lambda > 0$ berechnet werden. Eingesetzt folgen im plastischen Bereich die Spannungs-Verzerrungs-Beziehungen in Form der nichtlinearen Differentialgleichungen

$$\dot{\sigma}'_{ij} = 2G\left(\dot{\varepsilon}_{ij} - \frac{L'_G}{2k^2}\sigma'_{ij}\right), \tag{4.136}$$

die nach *Prandtl-Reuss* benannt sind. Sie gelten solange $J_2 = k^2$ (Fließbedingung) und $L'_G > 0$. Als Ergänzung wird noch die (differenzierte) *Hooke*sche Gleichung der elastischen Kompressibilität

$$\dot{p} = K\dot{e} \tag{4.137}$$

benötigt, um $\dot{\sigma}_{ij} = \dot{\sigma}'_{ij} + \dot{p}\delta_{ij}$ anzugeben.

Im elastischen Bereich, wo $J_2 < k^2$ gilt, und bei Entlastung aus einem Spannungszustand an der Fließgrenze ($J_2 = k^2$, aber $L'_G < 0$) gelten die (differenzierten) *Hooke*schen Gleichungen

$$\dot{\sigma}'_{ij} = 2G\dot{\varepsilon}_{ij}, \qquad \dot{p} = K\dot{e}. \tag{4.138}$$

Bei praktischen Rechnungen wird häufig auf die elastische Kompressibilität ebenfalls verzichtet, $K \to \infty$, und daher

$$e = 0.$$

Diese neue Gleichung deckt die Vermehrung der unbekannten Spannungskomponenten um p (gegenüber dem starr plastischen Körper) ab. Insbesondere in der eingeschränkten Plastizität, wenn also die Fließgebiete nur Teilvolumina des Körpers erfüllen, sind die plastischen und die elastischen Verzerrungen von gleicher (kleiner) Größenordnung, und dementsprechend werden mit dieser Voraussetzung, ($e = 0$), die Spannungen ungenau berechnet. Der geringere Rechenaufwand ist allerdings ein gewichtiges Argument für diese Vernachlässigung.

4.3.3. Der visko-plastische Körper

In manchen technischen Materialien können viskose Effekte während der plastischen Deformation nicht vernachlässigt werden (dazu zählen rheologische Stoffe, wie Lacke usw.). Von *Bingham* stammt ein einfaches Stoffgesetz (ein Dreiphasenkörper), das diese Effekte mitberücksichtigt. Das «Zugstabmodell» zeigt die Parallelschaltung des *St.-Venant*schen Körpers mit der «Newtonschen Flüssigkeit» in Serie mit dem *Hooke*schen Körper, Abb. 4.13.

Für $|F| < F_F$ ist der Stab linear elastisch, für $|F| \geqq F_F$ tritt plastisches Fließen ein, das allerdings durch eine geschwindigkeitsproportionale Kraft beeinflußt wird.

Diese Kraft bei gemeinsamer Deformation ist dann

$$F = F_F + \eta_P \dot{u} = c u_E, \tag{4.139}$$

η_p wird «plastische Zähigkeit» genannt.
Mit der *v.-Mises*-Fließbedingung $J_2 = k^2$ folgt mehrachsig in der Fließzone die Spannungs-Verzerrungs-Beziehung in der verallgemeinerten Form

$$\sigma'_{ij} = \left(\frac{k}{\sqrt{J_{2\dot{\iota}}}} + \eta_p\right) \dot{\varepsilon}''_{ij}. \tag{4.140}$$

Durch Austausch der Newtonschen Flüssigkeit mit einem *Maxwell*-Viskositätsmodell erhält man einen Vierphasenkörper, der als *Schwedoff*-Modellkörper bekannt ist. Weitere verallgemeinerte, auch nichtlinear viskose Modelle sind in der Literatur bekannt geworden.

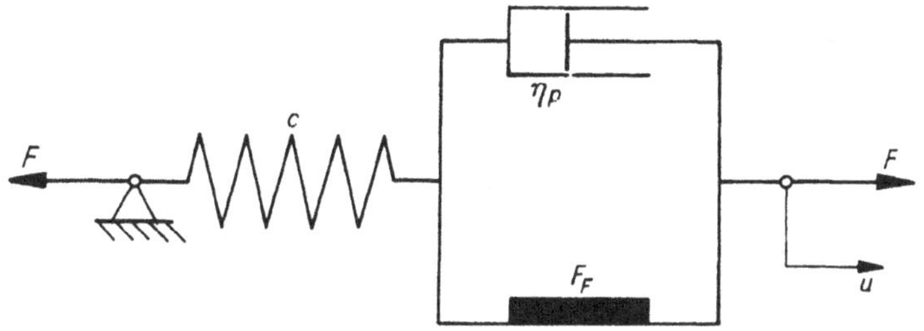

Abb. 4.13. Der *Bingham*-Körper

4.4. Aufgaben A 4.1 bis A 4.2 und Lösungen

A 4.1: Man ermittle jenes Biegemoment M_y^*, welches bewirkt, daß in einem rechteckigen Stahlbetonbalken $H \cdot B$ die Stahldehnung und die Betonstauchung gerade die zulässigen Höchstwerte ε_e^* bzw. ε_p erreichen. Man verwende das nichtlineare Beton-Stoffgesetz (4.52) unter der Annahme, daß der Beton im Zugbereich gerissen ist, Abb. A 4.1.

Lösung: Ohne Normalkraft gilt $Z_e - D_b = 0$. Das Kräftepaar ist dem eingeprägten Biegemoment statisch äquivalent, $D_b z_b = M_y$, wo $D_b = B \int_0^{y_0} |\sigma_{xx}| \, dy$. Mit Gl. (4.52) und den vorgegebenen Dehnungen $\varepsilon_{xx} = \varepsilon_p y / y_0$ mit $y_0 = H\varepsilon_p/(\varepsilon_p + \varepsilon_e^*)$ folgt $D_b = \frac{2}{3} \sigma_p A_b$ mit $A_b = y_0 B$. Die Lage der Wirkungslinie von D_b ergibt sich aus der statischen Äquivalenz zu $z_D = \frac{B}{D_b} \int_0^{y_0} |\sigma_{xx}| (y_0 - y) \, dy = 3y_0/8$. Mit $z_b = H - z_D$ folgt dann das «Grenztragmoment»

$$M_y^* = \frac{2}{3} \sigma_p y_0 (A - 3A_b/8) \quad \text{mit } A = B \cdot H.$$

Der erforderliche Stahlquerschnitt der schlaffen Bewehrung beträgt $A_e^* = D_b/\sigma_e^*$, wobei σ_e^* die zu ε_e^* gehörige Stahlspannung ist. In den Normen wird A_e/A eingeschrankt.

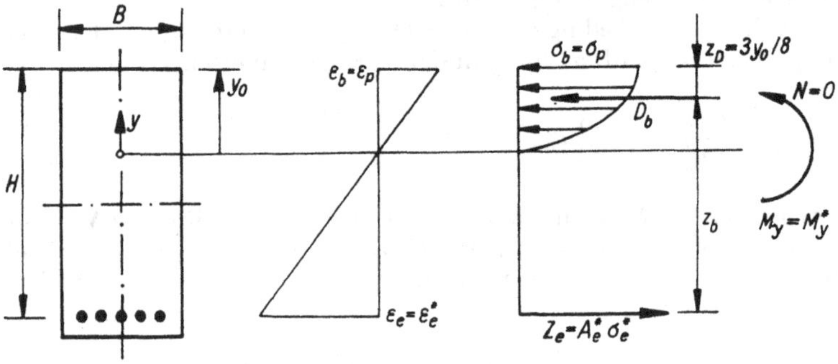

Abb. A 4.1. Stahlbetonträger

A 4.2: Gleichung (4.119) bestimmt die Lebensdauer eines kriechenden Zugstabes bei konstanter Temperatur. Auf Seite 180 wurde unter den dort angegebenen Bedingungen die isotherme Lebensdauer mit $t_L^0 = 6700\,h$ bestimmt. Man berechne die Verminderung der Lebensdauer durch die um den Mittelwert $T_m = 773\,K$ (absolut) zeitlich harmonisch mit 50 °C schwankende Temperatur. Man überprüfe das in Abb. A 4.2 dargestellte Resultat durch numerische Integration und beziehe die Zeit auf die Periode der Temperaturschwankung.

Hinweis: Man verwende die logarithmische Dehnung, das *Bailey-Norton* Kriechgesetz mit $n = 5$, und die exponentielle Abhängigkeit des Kriechparameters von der Temperatur (siehe auch S. 180), $\dot{\varepsilon} = \dfrac{\dot{\sigma}}{E} + k\sigma^n + a\dot{\theta}$, $\theta(t) = T(t) - T_m$, $k(t) = k_m e^{\gamma\theta(t)}$,

$$\gamma = 0{,}05/K, \quad k_m = ce^{\gamma T_m}, \quad 1/k_m = \vartheta\sigma_n^n(T_m) = 33{,}5 \times 10^{13}\left[h(N/mm^2)^5\right].$$

Lösung: Mit $\alpha = A/A_0$, $\sigma_0 = F/A_0 = 100 \times 10^6\,\mathrm{Pa}$ wird die Evolutionsgleichung bestimmt: $\dot{\alpha} + k_m e^{2{,}5\sin(2\pi t/T_0)}\sigma_0^n\alpha^{1-n} = 0$. Integration liefert, $n > 1: \alpha^n = 1 - nk_m\sigma_0^n \times \int_0^t e^{2{,}5\sin\omega_0 t}\,dt$, $\omega_0 = 2\pi/T_0$. Die endliche Lebensdauer bezogen auf T_0 folgt daraus durch die Lösung des Durchgangsproblems, $\int_0^{(\omega_0 t_L^0)t_L/t_L^0} e^{2.5\sin t}\,d\tau = \omega_0 t_L^0$. Grenzwerte sind $\lim_{T_0\to\infty} t_L/t_L^0 = 1$, $\lim_{T_0\to 0} t_L/t_L^0 = 2\pi/C = 0{,}304$,

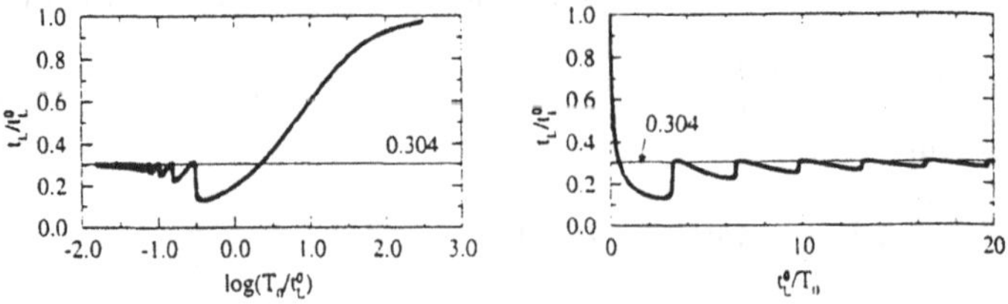

$$C = \int_0^{2\pi} e^{2{,}5\sin t}\,dt.$$

Abb. A 4.2

5. Prinzip der virtuellen Arbeit

Wir betrachten einen im Gleichgewicht befindlichen Körper (Abb. 5.1), dann verschwindet notwendigerweise die resultierende Kraftdichte in jedem materiellen Punkt, $\vec{f} = \vec{0}$. Verschieben wir ihren materiellen Angriffspunkt, $\vec{r}$, aus der Gleichgewichtslage heraus virtuell (gedacht) um $\delta\vec{r}$ ($|\delta\vec{r}|$ sei klein gegen die Körperabmessungen), dann ist die virtuelle Arbeit je Volumeneinheit

$$\vec{f} \cdot \delta\vec{r} = 0 .$$

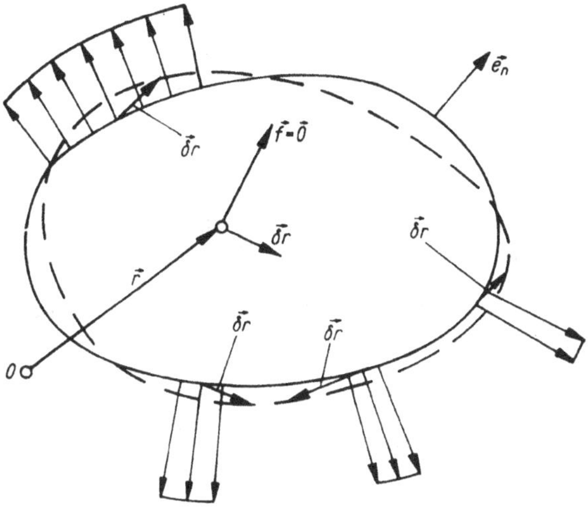

Abb. 5.1. Virtuelle Verschiebung aus der Gleichgewichtslage

Integration über das Körpervolumen ergibt die insgesamt von den inneren und äußeren Kräften bei der virtuellen Verschiebung aus der Gleichgewichtslage heraus geleistete virtuelle Arbeit, mit $\vec{f} = \vec{k} + \sum_i \frac{\partial \vec{\sigma}_i}{\partial x_i}$

$$\delta A = \int_V \vec{f} \cdot \delta\vec{r} \, \mathrm{d}V = 0, \tag{5.1}$$

wo $\int_V \vec{k} \cdot \delta\vec{r} \, \mathrm{d}V$ die virtuelle Arbeit der äußeren Volumenkraftdichte angibt. Mit Anwendung des *Gauß*schen Integralsatzes folgt (bei Beachtung der Symmetrie des Spannungstensors und $\delta\vec{r} = \delta\vec{u}$)

$$\sum_i \int_V \frac{\partial \vec{\sigma}_i}{\partial x_i} \cdot \vec{\delta r}\, \mathrm{d}V = \sum_i \int_V \frac{\partial}{\partial x_i} (\vec{\sigma}_i \cdot \vec{\delta r})\, \mathrm{d}V - \sum_i \int_V \vec{\sigma}_i \cdot \frac{\partial}{\partial x_i} (\vec{\delta r})\, \mathrm{d}V$$

$$= \oint_{\partial V} \vec{\sigma}_{\mathrm{n}} \cdot \vec{\delta r}\, \mathrm{d}S - \frac{1}{2} \sum_i \sum_j \int_V \sigma_{ji}\, \delta \left(\frac{\partial u_i}{\partial x_j} + \frac{\partial u_j}{\partial x_i} \right) \mathrm{d}V.$$

Darin ist $\oint_{\partial V} \vec{\sigma}_{\mathrm{n}} \cdot \vec{\delta r}\, \mathrm{d}S$ die virtuelle Arbeit der äußeren Oberflächenkräfte, und wegen der Kleinheit der virtuellen Verschiebungen kann die virtuelle Arbeit der inneren Kräfte auch

$$\delta A^{(\mathrm{i})} = -\sum_i \sum_j \int_V \sigma_{ji}\, \delta\varepsilon_{ji}\, \mathrm{d}V \tag{5.2}$$

geschrieben werden, $\delta\varepsilon_{ij}$ ist die virtuelle Verzerrung, vgl. mit Gl. (3.35) im elastischen Körper.

Also verschwindet die Summe der virtuellen Arbeit der inneren und äußeren Kräfte,

$$\delta A = \delta A^{(\mathrm{a})} + \delta A^{(\mathrm{i})} = 0. \tag{5.3}$$

Das virtuelle Verschiebungsfeld ist dabei mit den Lagerungsbedingungen verträglich so zu wählen, daß der Körperzusammenhang gewahrt bleibt. Die virtuelle Arbeit der äußeren Kräfte setzt sich aus der Arbeit der Volumenkräfte und der Oberflächenkräfte zusammen. Die Oberflächenkräfte auf jenen Teilen der Körperoberfläche, wo die Verschiebungen vorgeschrieben sind, wo also kinematische Randbedingungen gelten, $\delta\vec{r} = \vec{0}$ sein muß, sind daher virtuell leistungslos.

Das Prinzip besagt nun, daß die Ausgangslage eine Gleichgewichtskonfiguration war, wenn $\delta A = 0$ gilt für *alle verträglichen virtuellen Verschiebungsfelder*[1].

In einem *ersten Beispiel* zeigen wir die Notwendigkeit der Erfüllung der Gleichgewichtsbedingungen für das einwirkende äußere Kraftfeld (eingeprägte äußere Kräfte und Zwangskräfte). Wir wählen als virtuelle Verschiebungen aus der zu untersuchenden Gleichgewichtslage (des verformten von allen Bindungen an die Umgebung befreiten Körpers) das virtuelle Verschiebungsfeld des starren Körpers (keine virtuellen Deformationen): Dann gilt mit A als körperfestem Bezugspunkt und $\vec{\delta\alpha}$ als virtueller Winkeldrehung

$$\vec{\delta r} = \vec{\delta r}_A + \vec{\delta\alpha} \times \vec{r}_{PA} \tag{5.4}$$

$\vec{r}_{PA} = \vec{r} - \vec{r}_A$, $(\vec{r}_P \equiv \vec{r})$.

(Der Deformationszustand in der Gleichgewichtslage ist «eingefroren».)

Damit wird die virtuelle Arbeit der äußeren Kräfte mit Einschluß der Zwangskräfte bei Vertauschung des skalaren und vektoriellen Produktes

$$\delta A = \delta A^{(\mathrm{a})} = \left[\int_V \vec{k}\, \mathrm{d}V + \oint_{\partial V} \vec{\sigma}_{\mathrm{n}}\, \mathrm{d}S \right] \cdot \vec{\delta r}_A$$

$$+ \left[\int_V \vec{r}_{PA} \times \vec{k}\, \mathrm{d}V + \oint_{\partial V} \vec{r}_{PA} \times \vec{\sigma}_{\mathrm{n}}\, \mathrm{d}S \right] \cdot \vec{\delta\alpha} = 0. \tag{5.5}$$

Da $\vec{\delta r}_A$ und $\vec{\delta\alpha}$ unabhängig sind, folgen die Gleichgewichtsbedingungen

$$\vec{R} = 0, \qquad \vec{M}_A = 0. \tag{5.6}$$

[1] In dieser Formulierung wird es Prinzip der virtuellen Verrückungen genannt.

Resultierende und resultierendes Moment der äußeren Kräfte müssen verschwinden. Die Bedingung ist nur notwendig, da sie aus einer speziellen virtuellen Verschiebung gewonnen wurde. Nur für Gleichgewicht des einzelnen starren unverformbaren Körpers sind die Bedingungen hinreichend, da dann keine anderen virtuellen Verschiebungen zugelassen sind.
Mit großem Vorteil kann das Prinzip zur Aufstellung der Gleichgewichtsbedingungen von Systemen mit endlich vielen, aber zahlreichen Freiheitsgraden der Bewegungsmöglichkeit angewendet werden. Die Gleichgewichtslage z. B. eines durch «finite Elemente» diskretisierten Körpers oder eines Systems starrer Körper mit meist elastischen und gelenkigen Zwischengliedern wird dann durch n Lagekoordinaten, $q_1, q_2, \ldots, q_n$, beschrieben. Das sind z. B. die Knotenpunktkoordinaten der in Knoten verbundenen finiten Elemente oder die (maximal sechs) Lagekoordinaten der einzelnen starren Körper. Jedenfalls sind dann die Ortsvektoren zu den Angriffspunkten der Kräfte im System als Funktionen dieser Lagekoordinaten darstellbar:

$$\vec{r} = \vec{r}(q_1, \ldots, q_n). \tag{5.7}$$

Die virtuelle Verschiebung wird dann wie ein totales Differential berechnet

$$\vec{\delta r} = \frac{\partial \vec{r}}{\partial q_1} \delta q_1 + \frac{\partial \vec{r}}{\partial q_2} \delta q_2 + \cdots \frac{\partial \vec{r}}{\partial q_n} \delta q_n = \sum_{i=1}^{n} \frac{\partial \vec{r}}{\partial q_i} \delta q_i \tag{5.8}$$

und in Abhängigkeit von den virtuellen Änderungen der Lagekoordinaten dargestellt. Der Ausdruck für die virtuelle Arbeit läßt sich dann nach den Variationen dieser Lagekoordinaten ordnen, und die Gleichung

$$\delta A = 0 \tag{5.9}$$

zerfällt wegen der Unabhängigkeit dieser virtuellen Änderungen der Lagekoordinaten in genau n Gleichungen, den Gleichgewichtsbedingungen, entsprechend der Anzahl der Freiheitsgrade. In die Gleichgewichtsbedingungen finden nur jene Kräfte Eingang, die virtuell Arbeit leisten. Virtuell leistungslose Kräfte bleiben außer Betracht, z. B. die Gelenkkraft in einem reibungsfreien Gelenk, die Reaktionskraft an einer idealen Führung usw.

5.1. Beispiel: Der Dreigelenkbogen

Als illustratives Beispiel betrachten wir das Gleichgewicht an einem *Dreigelenkbogen* nach Abb. 5.2 und zeigen systematisch die Möglichkeit des *Freimachens*. Die äußere Belastung sei durch H und V gegeben, die Drehfeder sei mit M_0 (z. B. linear elastisch $M_0 = k\varphi_0$) spreizend vorgespannt. Zur Bestimmung der Auflagerreaktionen sei der «Deformationszustand» eingefroren. Wir bestimmen zuerst die Horizontalkomponente B_H durch teilweises (horizontales) Freimachen im Auflager B.
In Abb. 5.2 ist das unverformte System dargestellt, dessen Behandlung bei kleinen Deformationen zulässig sein kann. Das System besitzt nun einen Freiheitsgrad, und wir verschieben das Auflager B virtuell um δx_B. Dann ist die virtuelle Arbeit der äußeren Kräfte (die Reaktionskraft in A und die vertikale Komponente in B sind leistungslos, alle Kraftvektoren bleiben bei virtuellen Verrückungen ungeändert):

$$\delta A^{(a)} = -B_H \, \delta x_B + H \, \delta x_D + V \, \delta z_D .$$

Von den inneren Kräften leistet nur das Federmoment M_0 virtuell Arbeit:

$$\delta A^{(i)} = M_0(\delta\alpha + \delta\beta) .$$

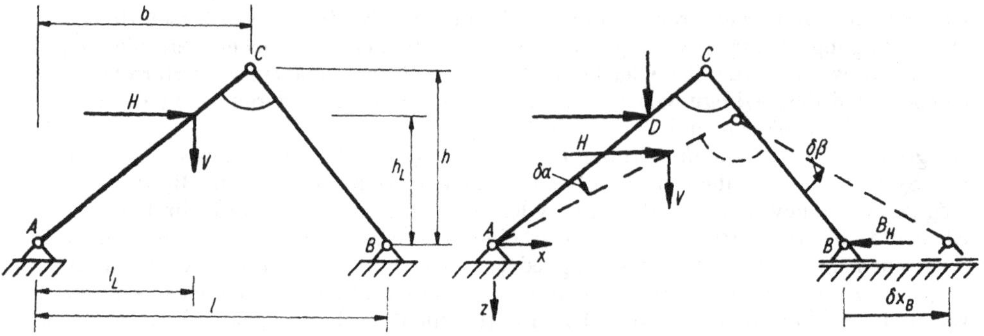

Abb. 5.2. Virtuelle Verrückung eines Dreigelenkbogens aus der Gleichgewichtslage. Gezieltes Freimachen des Auflagers B

Nun sind noch kinematische Überlegungen erforderlich, um die 5 virtuellen Verrückungen durch eine, entsprechend der Zahl der Freiheitsgrade, auszudrücken. Es gilt

$$\delta x_D = h_L\,\delta\alpha, \qquad \delta z_D = l_L\,\delta\alpha$$

$$\delta z_C = b\,\delta\alpha = (l-b)\,\delta\beta$$

$$\delta x_B = \delta x_C + h\,\delta\beta = h\left(1 + \frac{b}{l-b}\right)\delta\alpha = h\,\frac{l}{l-b}\,\delta\alpha$$

und

$$\delta A = \left(-B_H h\,\frac{l}{l-b} + H h_L + V l_L + M_0\,\frac{l}{l-b}\right)\delta\alpha = 0.$$

Mit $\delta\alpha \neq 0$ ist

$$B_H = H\,\frac{h_L}{h}\,\frac{l-b}{l} + V\,\frac{l_L}{h}\,\frac{l-b}{l} + M_0/h.$$

Analog kann B_V durch vertikales Freimachen des Auflagers B explizit bestimmt werden. Wir lösen aber jetzt alle Bindungen in B und erhalten dann ein System mit zwei Freiheitsgraden, Abb. 5.3.

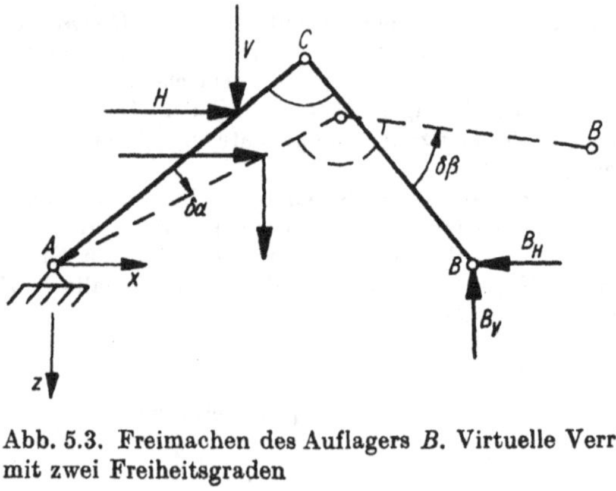

Abb. 5.3. Freimachen des Auflagers B. Virtuelle Verrückung des Systems mit zwei Freiheitsgraden

Mit $\delta\alpha \neq 0$ und $\delta\beta \neq 0$ ist dann die virtuelle Arbeit

$$\delta A = H\,\delta x_D + V\,\delta z_D + M_0(\delta\alpha + \delta\beta) - B_H\,\delta x_B - B_V\,\delta z_B = 0$$

und

$$\delta x_D = h_L\,\delta\alpha, \qquad \delta z_D = l_L\,\delta\alpha, \qquad \delta x_B = h(\delta\alpha + \delta\beta), \qquad \delta z_B = b\,\delta\alpha - (l - b)\,\delta\beta.$$

Eingesetzt folgt

$$(Hh_L + Vl_L + M_0 - B_Hh - B_Vb)\,\delta\alpha + [M_0 - B_Hh + B_V(l - b)]\,\delta\beta = 0.$$

Da $\delta\alpha$ und $\delta\beta$ unabhängig sind, ergeben sich zwei Gleichgewichtsbedingungen zur Bestimmung von B_H und B_V:

$$B_Hh + B_Vb = Hh_L + Vl_L + M_0$$
$$B_Hh - B_V(l - b) = M_0.$$

Auflösung ergibt z. B. $B_V = (Hh_L + Vl_L)/l$.

5.2. Einflußlinien statisch bestimmter Tragsysteme

Das gezielte Freimachen führt mit Belastung $F = 1$ und Wahl spezieller virtueller Verrückungen an statisch bestimmten Systemen direkt zu den *Einflußlinien*. Diese *kinematische Methode* wird nachstehend am Balken auf zwei Stützen vorgestellt, Abb. 5.4.

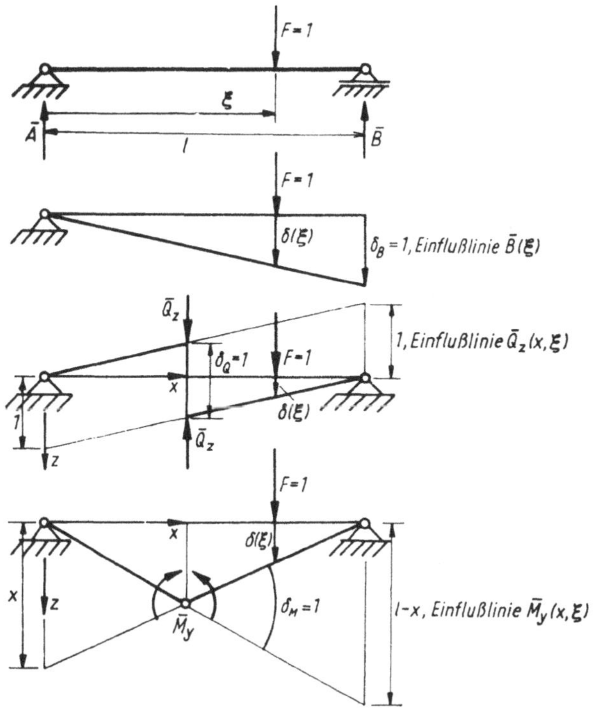

Abb. 5.4. Einflußlinien nach kinematischen Methoden

Soll die Auflagerkraft B aus dem Prinzip der virtuellen Arbeit bestimmt werden, wird B freigemacht. Der Balken ist nun (starr) um A drehbar und $\delta A = F\,\delta(\xi) - B\,\delta_B = 0$. Auflösung ergibt $B = F\,\delta(\xi)/\delta_B$.
Die Einflußlinie von B

$$\bar{B} = \frac{B}{F} = \delta(\xi)/\delta_B = \xi/l, \tag{5.10}$$

vgl. Abb. 5.4. Analog läßt sich die Querkraft ermitteln. Ein Schnitt durch den Träger an der Stelle x läßt die gezeichnete virtuelle Verdrehung der beiden (starren) Stabteile zu, die virtuelle Arbeit des Biegemomentes ist dann Null: $\delta A = F\,\delta(\xi) - Q_z\,\delta_Q = 0$. Auflösung ergibt $Q_z = F\,\delta(\xi)/\delta_Q$.
Die Einflußlinie von Q_z

$$\bar{Q}_z = \frac{Q_z}{F} = \delta(\xi)/\delta_Q = \begin{cases} -\xi/l, & 0 < \xi < x, \\ \left(1 - \dfrac{\xi}{l}\right), & x < \xi < l. \end{cases} \tag{5.11}$$

Durch Einbau eines Gelenkes wird die virtuelle Verschiebung eine kleine Kurbeltriebbewegung, die Querkraft ist nun virtuell leistungslos: $\delta A = F\,\delta(\xi) - M_y\,\delta_M = 0$, δ_M ist nun der Drehwinkel. Aus $M_y = F\,\delta(\xi)/\delta_M$ kann wieder die Einflußlinie berechnet werden:

$$\bar{M}_y = \frac{M_y}{F} = \delta(\xi)/\delta_M = \begin{cases} \xi\left(1 - \dfrac{x}{l}\right), & 0 \leqq \xi \leqq x, \\ x\left(1 - \dfrac{\xi}{l}\right), & x \leqq \xi \leqq l. \end{cases} \tag{5.12}$$

In Abb. 5.5 wird die Einflußlinie des Biegemomentes $\bar{M}_y(x, \xi)$ eines *Zweifeldträgers mit Gerbergelenk* nach der kinematischen Methode gezeigt, $\bar{M}_y = \delta(\xi)/\delta_M$.

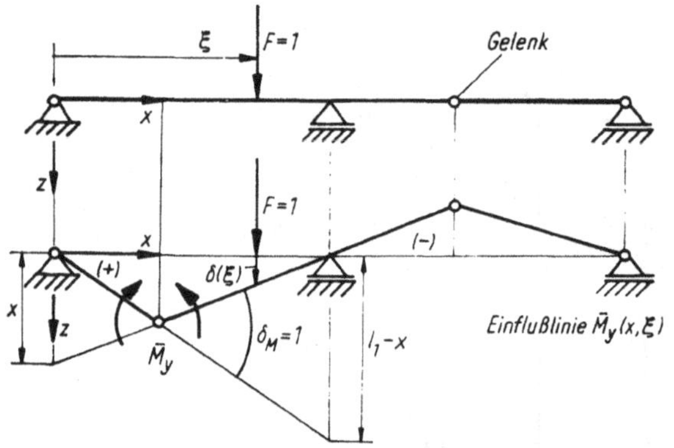

Abb. 5.5. Einflußlinie $\bar{M}_y(x, \xi)$ des Zweifeldträgers mit Gelenk

Die Methode ist erweiterbar, wie das Beispiel eines ebenen Fachwerkbrückenträgers zeigt, wo die «Einflußlinie» der Stabkraft eines Untergurtstabes berechnet wird, Abb. 5.6. $F = 1$ greift allerdings nur in den Knoten an, die Einflußlinie gilt dann nur punktweise. Die Scheiben I und II werden um ihre Geschwindigkeitspole virtuell so gedreht, daß sich die Knotenpunkte 1 und 2 um $\delta_S = 1$ horizontal auseinanderbewegen.

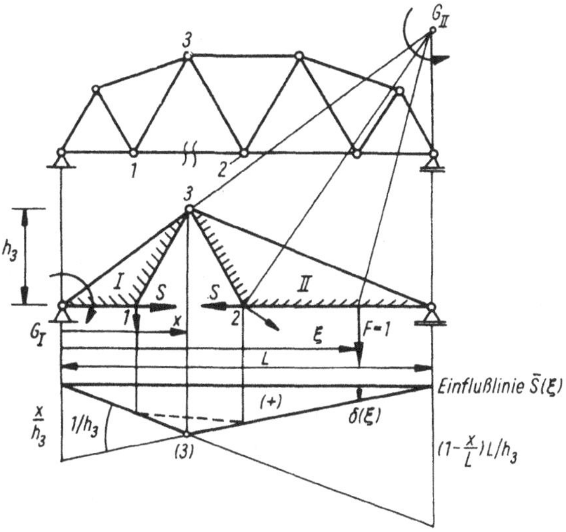

Abb. 5.6. Fachwerkbrückenträger. Einflußlinie der Stabkraft S in $\overline{12}$

5.3. Konservative Systeme

Das Prinzip der virtuellen Arbeit stellt auch eine elegante Methode zur Herleitung der differentiellen Gleichgewichtsbedingungen *kontinuierlicher* (nicht diskretisierter) *Körper* dar. Eine starke Vereinfachung ergibt sich dann (wie beim elastischen Körper), wenn die inneren Kräfte ein Potential U besitzen. Statt die virtuelle Arbeit der räumlich verteilten Spannungen im einzelnen zu beschreiben, wird die Potentialfunktion $U(x, y, z)$ als Funktion der räumlichen Koordinaten der Umgebung der Gleichgewichtslage aufgefaßt und variiert:

$$\delta A^{(i)} = -\delta U \tag{5.13}$$

und das Prinzip erhält die (einfachere) Form

$$\delta A^{(a)} = \delta U. \tag{5.14}$$

«Die von den äußeren Kräften geleistete virtuelle Arbeit entspricht der virtuellen Änderung der Verzerrungsenergie bei virtueller Verschiebung aus einer Gleichgewichtslage».
Besitzen auch die äußeren Kräfte ein Potential W in der Umgebung der Gleichgewichtslage, dann ist $\delta A^{(a)} = -\delta W$, und mit der totalen potentiellen Energie der inneren und äußeren Kräfte $\Pi_P = U + W$ verlangt das Prinzip in der Formulierung von *Gibbs*,

$$\delta \Pi_P = 0. \tag{5.15}$$

«In der Gleichgewichtslage besitzt die potentielle Energie aller Kräfte im System einen stationären Wert». Unter Ausschluß von Starrkörperbewegungen und unter der Voraussetzung einer «stabilen» Gleichgewichtslage hat Π_P ein (lokales) Minimum in der Gleichgewichtslage (siehe Stabilität der Gleichgewichtslage).

Sind die äußeren Kräfte von den Deformationen unabhängig (wie die Gewichtskraft), dann kann ihr Potential durch

$$W = -\int_V \vec{k} \cdot \vec{u}\, \mathrm{d}V - \int_{\partial V_\sigma} \vec{\sigma}_n \cdot \vec{u}\, \mathrm{d}S \tag{5.16}$$

angegeben werden, $\vec{u}$ ist der Verschiebungsvektor, ∂V_σ bezeichnet jenen Teil der Oberfläche, auf dem die Spannungen $\vec{\sigma}_n$ vorgeschrieben sind.

a) Differentialgleichung der Biegelinie eines linear elastischen Balkens

Als Beispiel stellen wir die (näherungsweise gültige) Differentialgleichung der Biegelinie $w(x)$ (der verformten Stabachse) eines querbelasteten linear elastischen Balkens mit ursprünglich gerader Stabachse auf. Obwohl jetzt auch eine Querkraft auftreten kann, behalten wir das Ebenbleiben der Querschnitte als approximierende Forderung bei (*Bernoulli-Euler*-Hypothese). Die Dehnungen sind dann wieder linear über den Querschnitt verteilt und wegen des linearen Materialgesetzes bei kleinen Dehnungen auch die Spannungen (vgl. Kap. 4.1.1.a). Das im Querschnitt übertragene Biegemoment ist dann

$$M_y(x) = -\int_A zE\,\frac{z}{r}\,\mathrm{d}A = -\frac{E}{r}\int_A z^2\,\mathrm{d}A = -\frac{EJ_y}{r(x)}$$

mit $1/r$ als Krümmung der Stabachse. Die Biegearbeit an einem Element der Länge $\mathrm{d}s$ ist dann (vgl. die elastische Feder, Gl. (3.25), und beachte Gl. (3.7))

$$\frac{1}{2}\,M_y\,\frac{\mathrm{d}s}{r} = -\frac{EJ_y}{2}\,\frac{\mathrm{d}s}{r^2} = -\mathrm{d}U,$$

und die insgesamt aufgespeicherte Verzerrungsenergie (bei Vernachlässigung der Schubdeformationen; der Stab hat die Länge l) ergibt sich durch Integration zu

$$U = \frac{1}{2}\int_0^l EJ_y\,\frac{\mathrm{d}s}{r^2}.$$

Bei kleinen Durchbiegungen w geht die Krümmung der Stabachse nach Null und kann linear approximiert werden, $\frac{1}{r} \approx \frac{\mathrm{d}^2w}{\mathrm{d}x^2} = w''$, und mit $\mathrm{d}s = \mathrm{d}x$ folgt näherungsweise

$$U = \frac{1}{2}\int_0^l EJ_y(w'')^2\,\mathrm{d}x. \tag{5.17}$$

Das Potential der äußeren Kräfte, richtungstreue Querbelastung $q(x)$, Randlasten Q_l, M_l bzw. Q_0, M_0, ist dann

$$W = -\int_0^l q(x)\,w(x)\,\mathrm{d}x - M_0\left(\frac{\mathrm{d}w}{\mathrm{d}x}\right)_{x=0} + M_l\left(\frac{\mathrm{d}w}{\mathrm{d}x}\right)_{x=l} + Q_0w_0 - Q_lw_l. \tag{5.18}$$

Das Gesamtpotential ergibt sich, bei Vernachlässigung der Schubdeformationen durch die Querkraft, als Summe von $U + W$ zu

$$\Pi_P = \frac{1}{2}\int_0^l EJ_y(w'')^2\,\mathrm{d}x - \int_0^l q(x)\,w(x)\,\mathrm{d}x - M_0\left(\frac{\mathrm{d}w}{\mathrm{d}x}\right)_{x=0} + M_1\left(\frac{\mathrm{d}w}{\mathrm{d}x}\right)_{x=l} + Q_0w_0 - Q_1w_1. \tag{5.19}$$

In der gesuchten Gleichgewichtskonfiguration muß die Variation des Potentials Π_P bei virtueller Durchbiegung δw verschwinden. Also

$$\delta\Pi_P = \int_0^l EJ_y w''\,\delta(w'')\,\mathrm{d}x - \int_0^l q(x)\,\delta w\,\mathrm{d}x - M_0\,\delta\left(\frac{\mathrm{d}w}{\mathrm{d}x}\right)_{x=0} + M_1\,\delta\left(\frac{\mathrm{d}w}{\mathrm{d}x}\right)_{x=l} + Q_0\,\delta w_0 - Q_1\,\delta w_1 = 0. \tag{5.20}$$

Zweimalige partielle Integration des ersten Integrals liefert

$$\begin{aligned}\delta\Pi_P = &\int_0^l \left(\frac{\mathrm{d}^2}{\mathrm{d}x^2}\left[EJ_y\frac{\mathrm{d}^2w}{\mathrm{d}x^2}\right] - q\right)\delta w\,\mathrm{d}x + \left[EJ_y\left(\frac{\mathrm{d}^2w}{\mathrm{d}x^2}\right)_{x=l} + M_1\right]\delta\left(\frac{\mathrm{d}w}{\mathrm{d}x}\right)_{x=l}\\ &- \left[EJ_y\left(\frac{\mathrm{d}^2w}{\mathrm{d}x^2}\right)_{x=0} + M_0\right]\delta\left(\frac{\mathrm{d}w}{\mathrm{d}x}\right)_{x=0} - \left[\frac{\mathrm{d}}{\mathrm{d}x}EJ_y\left(\frac{\mathrm{d}^2w}{\mathrm{d}x^2}\right)_{x=l} + Q_1\right]\delta w_1\\ &+ \left[\frac{\mathrm{d}}{\mathrm{d}x}EJ_y\left(\frac{\mathrm{d}^2w}{\mathrm{d}x^2}\right)_{x=0} + Q_0\right]\delta w_0 = 0.\end{aligned} \tag{5.21}$$

Im Intervall $0 < x < l$ ist δw willkürlich, also muß

$$\frac{\mathrm{d}^2}{\mathrm{d}x^2}\left[EJ_y\frac{\mathrm{d}^2w}{\mathrm{d}x^2}\right] - q = 0 \qquad 0 \leqq x \leqq l. \tag{5.22}$$

Das ergibt die für kleine Durchbiegungen (und Krümmungen) gültige Differentialgleichung 4. Ordnung der Biegelinie eines querbelasteten (schlanken) linear elastischen Balkens nach der *Bernoulli-Euler-Theorie*. Zweimalige Integration über die Länge x eines finiten Balkenelementes liefert mit Gl. (2.150) die Differentialgleichung 2. Ordnung

$$\frac{\mathrm{d}^2w}{\mathrm{d}x^2} = -\frac{M_y(x)}{EJ_y} \tag{5.22a}$$

«Die (linearisierte) Krümmung ist dem Biegemoment proportional». Benützt man die gekoppelte Differentialgleichung (2.150) mit Gl. (5.22a), dann ersetzt dieses System von zwei Gleichungen 2. Ordnung die Differentialgleichung 4. Ordnung (5.22). Für ein Integrationsverfahren siehe 6.2.2.

Damit die Arbeit der Randkräfte in Gl. (5.21) verschwindet, diskutieren wir die folgenden technisch wichtigsten Randbedingungen als dafür hinreichende Bedingungen:

Kinematische oder Dynamische
Randbedingungen

$x = 0$	$\delta \left(\frac{\mathrm{d}w}{\mathrm{d}x}\right)_0 = 0$	$EJ_y \left(\frac{\mathrm{d}^2w}{\mathrm{d}x^2}\right)_0 + M_0 = 0$
	$\delta w_0 = 0$	$\frac{\mathrm{d}}{\mathrm{d}x} \left(EJ_y \frac{\mathrm{d}^2w}{\mathrm{d}x^2}\right)_0 + Q_0 = 0$
$x = l$	$\delta \left(\frac{\mathrm{d}w}{\mathrm{d}x}\right)_1 = 0$	$EJ_y \left(\frac{\mathrm{d}^2w}{\mathrm{d}x^2}\right)_1 + M_1 = 0$
	$\delta w_1 = 0$	$\frac{\mathrm{d}}{\mathrm{d}x} \left(EJ_y \frac{\mathrm{d}^2w}{\mathrm{d}x^2}\right)_1 + Q_1 = 0$

Dem starr eingespannten Ende entspricht $w = 0$, $\frac{\mathrm{d}w}{\mathrm{d}x} = 0$, dem freien Ende $EJ_y \frac{\mathrm{d}^2w}{\mathrm{d}x^2} = 0$, $\frac{\mathrm{d}}{\mathrm{d}x}\left(EJ_y \frac{\mathrm{d}^2w}{\mathrm{d}x^2}\right) = 0$, und das gelenkige Auflager ist dann durch $w = 0$, $EJ_y \frac{\mathrm{d}^2w}{\mathrm{d}x^2} = 0$, gekennzeichnet, um nur die «klassischen» Randbedingungen zu nennen, vgl. auch **1.3.4.**

b) V.-Kármánsche Plattengleichungen

In einem weiteren Beispiel erweitern wir die Theorie auf die linear elastische isotrope dünne Platte mit konstanter Dicke h mit Vorspannung und gewinnen die geometrisch nichtlinearen *v.-Kármán*schen Gleichungen. Die Mittelebene sei die (X, Y)-Ebene, und die Verschiebungen ihrer Punkte benennen wir mit $\bar{u}(X, Y)$, $\bar{v}(X, Y)$ in der Ebene und in z-Richtung, die Biegefläche mit $w(X, Y)$. Die Verschiebungen eines allgemeinen Punktes im Abstand z sind dann $u(X, Y, Z)$, $v(X, Y, Z)$ und $w(X, Y, Z)$, und die nichtlinearen geometrischen Beziehungen ergeben die Verzerrungen (in der *v.-Kármán*schen Approximation werden nichtlineare Glieder nur in $\frac{\partial w}{\partial X}$ und $\frac{\partial w}{\partial Y}$ berücksichtigt)

$$\left.\begin{aligned} &\varepsilon_{xx} = \frac{\partial u}{\partial X} + \frac{1}{2}\left(\frac{\partial w}{\partial X}\right)^2, \qquad \varepsilon_{yy} = \frac{\partial v}{\partial Y} + \frac{1}{2}\left(\frac{\partial w}{\partial Y}\right)^2, \qquad \varepsilon_{zz} = \frac{\partial w}{\partial Z}, \\ &2\varepsilon_{yz} = \frac{\partial w}{\partial Y} + \frac{\partial v}{\partial Z}, \quad 2\varepsilon_{zx} = \frac{\partial u}{\partial Z} + \frac{\partial w}{\partial X}, \\ &2\varepsilon_{xy} = \frac{\partial v}{\partial X} + \frac{\partial u}{\partial Y} + \frac{\partial w}{\partial X}\frac{\partial w}{\partial Y}. \end{aligned}\right\} \quad (5.23)$$

Um $u(Z)$ und $v(Z)$ festzulegen, machen wir die (im *Hooke*schen Gesetz) unzulässige Annahme $\varepsilon_{zz} = 0$. Daraus folgt $\frac{\partial w}{\partial Z} = 0$, $w(X, Y, Z) = w(X, Y)$. Bei schubfreier äußerer Belastung (einer Flächenlast $p(X, Y)$) verschwinden die Schubspannungen

S_{yz} und S_{xz} in $Z = \pm h/2$ und wegen des *Hooke*schen Gesetzes auch die Schubverzerrungen $\varepsilon_{yz} = 0$, $\varepsilon_{xz} = 0$. In dünnen Platten bleiben dann diese Verzerrungen klein in $-\frac{h}{2} \leqq Z \leqq \frac{h}{2}$ und können Null gesetzt werden. Dann bleibt die Normale zur Mittelebene auch nach der Deformation gerade und normal zur Biegefläche $w(X, Y)$. Analog zur *Bernoulli*-Hypothese beim Balken gilt diese *Kirchhoffsche Annahme* bei Platten. Integration ergibt dann

$$u(X, Y, Z) = \bar{u}(X, Y) - Z \frac{\partial w}{\partial X}, \quad v(X, Y, Z) = \bar{v}(X, Y) - Z \frac{\partial w}{\partial Y},$$
$$w(X, Y, Z) = w(X, Y)$$

und

$$\varepsilon_{xx} = \bar{\varepsilon}_{xx} - Z \frac{\partial^2 w}{\partial X^2}, \quad \varepsilon_{yy} = \bar{\varepsilon}_{yy} - Z \frac{\partial^2 w}{\partial Y^2}, \quad 2\varepsilon_{xy} = 2\bar{\varepsilon}_{xy} - 2Z \frac{\partial^2 w}{\partial X\, \partial Y}$$

mit

$$\bar{\varepsilon}_{xx} = \frac{\partial \bar{u}}{\partial X} + \frac{1}{2}\left(\frac{\partial w}{\partial X}\right)^2, \quad \bar{\varepsilon}_{yy} = \frac{\partial \bar{v}}{\partial Y} + \frac{1}{2}\left(\frac{\partial w}{\partial Y}\right)^2,$$
$$2\bar{\varepsilon}_{xy} = \frac{\partial \bar{v}}{\partial X} + \frac{\partial \bar{u}}{\partial Y} + \frac{\partial w}{\partial X}\frac{\partial w}{\partial Y}.$$

Mit Vernachlässigung der Normalspannung σ_{zz} (in der Größenordnung der äußeren Flächenlast) herrscht dann ein ebener Spannungszustand S_{xx}, S_{yy}, S_{xy} in der Platte. Bei Gültigkeit des *Hooke*schen Gesetzes ist dann die Verzerrungsenergiedichte, Gl. (3.47),

$$U' = \frac{G}{1-\nu}\,[\varepsilon_{xx}^2 + \varepsilon_{yy}^2 + 2\nu\varepsilon_{xx}\varepsilon_{yy} + 2(1-\nu)\,\varepsilon_{xy}^2]. \tag{5.24}$$

Integration über das Volumen ergibt das elastische Potential der Platte. Setzen wir die Verzerrungen der Mittelfläche und die Biegefläche ein und integrieren dann über die Plattendicke, so folgt

$$U = U_{\mathrm{M}} + U_{\mathrm{B}} \tag{5.25}$$

mit der in h linearen Membranenergie

$$U_{\mathrm{M}} = \frac{Gh}{1-\nu}\iint_A [\bar{\varepsilon}_{xx}^2 + \bar{\varepsilon}_{yy}^2 + 2\nu\bar{\varepsilon}_{xx}\bar{\varepsilon}_{yy} + 2(1-\nu)\,\bar{\varepsilon}_{xy}^2]\,\mathrm{d}X\,\mathrm{d}Y \tag{5.26}$$

und der Biegeenergie (proportional h^3)

$$U_{\mathrm{B}} = \frac{Gh^3}{12(1-\nu)}\iint_A \left[\left(\frac{\partial^2 w}{\partial X^2}\right)^2 + \left(\frac{\partial^2 w}{\partial Y^2}\right)^2 + 2\nu\,\frac{\partial^2 w}{\partial X^2}\frac{\partial^2 w}{\partial Y^2}\right.$$
$$\left. + 2(1-\nu)\left(\frac{\partial^2 w}{\partial X\,\partial Y}\right)^2\right]\mathrm{d}X\,\mathrm{d}Y. \tag{5.27}$$

Das Potential der äußeren Flächenlast (Volumenkräfte und Randlasten werden nicht berücksichtigt) ist

$$W = -\iint_A wp\,\mathrm{d}X\,\mathrm{d}Y, \tag{5.28}$$

und die potentielle Energie $\Pi_P = U_M + U_B + W$. Die Gleichgewichtsbedingungen ergeben sich als die *Euler-Lagrangeschen Gleichungen* der Variation $\delta\Pi_P = 0$ zu

$$\left.\begin{aligned} \frac{\partial}{\partial X}(\bar{\varepsilon}_{xx} + \nu\bar{\varepsilon}_{yy}) + (1-\nu)\frac{\partial \bar{\varepsilon}_{xy}}{\partial Y} &= 0 \\ (1-\nu)\frac{\partial \bar{\varepsilon}_{xy}}{\partial X} + \frac{\partial}{\partial Y}(\bar{\varepsilon}_{yy} + \nu\bar{\varepsilon}_{xx}) &= 0 \end{aligned}\right\} \tag{5.29}$$

Integration der Verzerrungen über die Plattendicke h ergibt mit dem *Hooke*schen Gesetz Gl. (4.22), nach Einsetzen, die beiden Gleichgewichtsbedingungen des Scheibenelementes Gl. (2.10). Als dritte Variationsgleichung erhält man die «Plattengleichung», die für Durchbiegungen in der Größenordnung der Plattendicke h gilt:

$$\nabla^2\nabla^2 w = \frac{p}{K} + \frac{12}{h^2}\left[(\bar{\varepsilon}_{xx} + \nu\bar{\varepsilon}_{yy})\frac{\partial^2 w}{\partial X^2} + (\bar{\varepsilon}_{yy} + \nu\bar{\varepsilon}_{xx})\frac{\partial^2 w}{\partial Y^2} + 2(1-\nu)\,\bar{\varepsilon}_{xy}\frac{\partial^2 w}{\partial X\,\partial Y}\right], \quad K = Eh^3/12(1-\nu^2). \tag{5.30}$$

Ersetzen wir die mittleren Verzerrungen $\bar{\varepsilon}_{ij}$ durch die Scheibenkräfte n_x, n_y, n_{xy}, die ihrerseits über die *Airy*sche Spannungsfunktion Gl. (2.11), z. B. $n_x = h\bar{\sigma}_{xx} = \frac{\partial^2 F}{\partial Y^2}$, usw. bestimmt sind, dann folgt die erste *v.-Kármán*sche Gleichung

$$K\,\nabla^2\nabla^2 w = p + \frac{\partial^2 F}{\partial Y^2}\frac{\partial^2 w}{\partial X^2} + \frac{\partial^2 F}{\partial X^2}\frac{\partial^2 w}{\partial Y^2} - 2\frac{\partial^2 F}{\partial X\,\partial Y}\frac{\partial^2 w}{\partial X\,\partial Y}. \tag{5.30a}$$

Die Spannungsfunktion F hängt in nichtlinearer Weise von der Durchbiegung w ab. Eine mit Gl. (5.30a) gekoppelte Bestimmungsgleichung kann durch die Anwendung des Differentialoperators der linearisierten Verträglichkeitsbeziehung, Gl. (1.22), auf die mittleren Verzerrungen:

$$\frac{\partial^2 \bar{\varepsilon}_{xx}}{\partial Y^2} + \frac{\partial^2 \bar{\varepsilon}_{yy}}{\partial X^2} - 2\frac{\partial^2 \bar{\varepsilon}_{xy}}{\partial X\,\partial Y} = \left(\frac{\partial^2 w}{\partial X\,\partial Y}\right)^2 - \frac{\partial^2 w}{\partial X^2}\frac{\partial^2 w}{\partial Y^2},$$

nach Einsetzen der Scheibenkräfte aus dem *Hooke*schen Gesetz und Verwendung der Spannungsfunktion F in der Form der zweiten *v.-Kármán*schen (Scheiben-) Gleichung angegeben werden,

$$\nabla^2\nabla^2 F = -Eh\left[\frac{\partial^2 w}{\partial X^2}\frac{\partial^2 w}{\partial Y^2} - \left(\frac{\partial^2 w}{\partial X\,\partial Y}\right)^2\right]. \tag{5.30b}$$

Auf die Symmetrie des nichtlinearen Differentialoperators in den Gln. (5.30a, b) soll hingewiesen werden, vgl. mit Gl. (6.225) bzw. Gl. (6.269).

In Gl. (5.28) wurde das Potential der Randkräfte nicht aufgenommen. Seine Variation liefert die Randbedingungen, auf die wir hier nicht eingehen. Sie sind an Beispielen in Kapitel 6.6. erläutert, allerdings ist die Querkraft gegenüber der dort verwendeten Elastizitätstheorie erster Ordnung (*Kirchhoff*sche Plattentheorie, Gleichgewichtsbedingungen am unverformten Element) um Normalkraftanteile zu ergänzen. Dort sind auch die Schnittgrößen der Platte zusammengestellt.

5.4. Prinzip der virtuellen komplementären Arbeit

Im Gegensatz zur «natürlichen» Vorgangsweise des vorigen Abschnittes variieren wir jetzt den Gleichgewichtsspannungszustand, wo $\vec{f} = \vec{0}$, derart, daß auch die virtuellen Spannungskomponenten die Gleichgewichtsbedingungen erfüllen, also $\delta\vec{f} = \vec{0}$. Es wird also auch die äußere Volumenkraftdichte $\vec{k}$ virtuell um $\delta\vec{k}$ geändert und die Oberflächenkraft $\vec{\sigma}_n \, dS$ virtuell um $\delta\vec{\sigma}_n \, dS$ variiert.
Wir berechnen die virtuelle komplementäre Arbeit je Volumeneinheit von $\delta\vec{f}$ unter Benutzung des Verschiebungsvektors $\vec{u}$ (von der unverformten Lage in die Gleichgewichtslage) und bilden

$$\vec{u} \cdot \delta\vec{f} = 0. \tag{5.31}$$

Integration über das Körpervolumen in der verformten Konfiguration liefert die virtuelle komplementäre Arbeit

$$\delta A^* = \int_V \vec{u} \cdot \delta\vec{f} \, dV = 0. \tag{5.32}$$

Wir setzen nun $\delta\vec{f} = \delta\vec{k} + \dfrac{\partial\,\delta\vec{\sigma}_x}{\partial x} + \dfrac{\partial\,\delta\vec{\sigma}_y}{\partial y} + \dfrac{\partial\,\delta\vec{\sigma}_z}{\partial z}$ ein und wenden den *Gauß*schen Integralsatz an. Mit Beachtung der Symmetrie des Spannungstensors folgt

$$\begin{aligned}\delta A^* &= \int_V \vec{u} \cdot \delta\vec{k} \, dV + \int_V \left[\frac{\partial}{\partial x}(\vec{u} \cdot \delta\vec{\sigma}_x) + \frac{\partial}{\partial y}(\vec{u} \cdot \delta\vec{\sigma}_y) + \frac{\partial}{\partial z}(\vec{u} \cdot \delta\vec{\sigma}_z)\right] dV \\ &\quad - \int_V \left(\frac{\partial\vec{u}}{\partial x} \cdot \delta\vec{\sigma}_x + \frac{\partial\vec{u}}{\partial y} \cdot \delta\vec{\sigma}_y + \frac{\partial\vec{u}}{\partial z} \cdot \delta\vec{\sigma}_z\right) dV \\ &= \int_V \vec{u} \cdot \delta\vec{k} \, dV + \oint_{\partial V} \vec{u} \cdot \delta\vec{\sigma}_n \, dS \\ &\quad - \frac{1}{2} \sum_i \sum_j \int_V \delta\sigma_{ij} \left(\frac{\partial u_i}{\partial x_j} + \frac{\partial u_j}{\partial x_i}\right) dV = 0.\end{aligned} \tag{5.33}$$

In den Anwendungen dieses komplementären Prinzips[1] werden i. allg. Gleichgewichtsspannungszustände verglichen, die aber nicht kompatibel sein müssen. Wir setzen dann $\delta\vec{k} = \vec{0}$ im Volumen V und auch $\delta\vec{\sigma}_n = \vec{0}$ auf jenem Teil der Oberfläche ∂V_σ, auf dem die Spannungen als dynamische Randbedingungen vorgeschrieben sind. Sind Verschiebungsrandbedingungen (kinematische Randbedingungen) auf Teilen der Oberfläche vorgeschrieben, ist dort $\delta\sigma_{ij}$ beliebig. Dann verbleibt

$$\frac{1}{2} \sum_i \sum_j \int_V \delta\sigma_{ij} \left(\frac{\partial u_i}{\partial x_j} + \frac{\partial u_j}{\partial x_i}\right) dV - \int_{\partial V_u} \vec{u} \cdot \delta\vec{\sigma}_n \, dS = 0. \tag{5.34}$$

∂V_u ist jener Teil der Oberfläche, wo nicht die Spannungen vorgegeben sind. Das Prinzip setzt nicht Elastizität des Körpers voraus, sondern gilt ganz allgemein.

---

[1] Es wird auch Prinzip der virtuellen Kräfte genannt.

Für den Fall linearisierter geometrischer Beziehungen kann

$$\varepsilon_{ij} = \frac{1}{2}\left(\frac{\partial u_i}{\partial x_j} + \frac{\partial u_j}{\partial x_i}\right)$$

eingesetzt werden.

Existiert außerdem eine zur Verzerrungsenergie komplementäre *Ergänzungsenergie* $U^{*\prime}(\sigma_{ij})$ mit

$$\varepsilon_{ij} = \frac{\partial U^{*\prime}}{\partial \sigma_{ij}}, \tag{5.35}$$

dann ist die komplementäre Potentialfunktion

$$\Pi_P^* = \int_V U^{*\prime}\,\mathrm{d}V - \int_{\partial V_u} \vec{u} \cdot \vec{\sigma}_\mathrm{n}\,\mathrm{d}S, \tag{5.36}$$

und das komplementäre Prinzip nimmt die von *Engesser* angegebene Form an:

$$\delta \Pi_P^* = 0. \tag{5.37}$$

«Unter allen möglichen Gleichgewichtsspannungszuständen, die den Spannungsrandbedingungen genügen, tritt jener ein, für den die komplementäre Energie einen stationären Wert annimmt.» Die Gültigkeit des *Hooke*schen Gesetzes war nicht vorausgesetzt. Für den isotropen *Hooke*schen Körper (bei konstanter Temperatur) ist

$$U^{*\prime} = \frac{1}{2K} p^2 + \frac{1}{2G} J_2, \tag{5.38}$$

$$J_2 = \frac{1}{2} \sum_i \sum_j \sigma_{ij}^{\prime 2}, \text{ vgl. mit Gl. (3.47).}$$

Mit linearisierten geometrischen Beziehungen gilt allgemein

$$U^{*\prime} = \sum_i \sum_j \sigma_{ij}\varepsilon_{ij} - U'(\varepsilon_{ij}), \tag{5.39}$$

die *Legendre*-Transformation[1] der Verzerrungsenergie U'.

5.4.1. Der Satz von Castigliano und Menabrea

Als Anwendung leiten wir den *Satz von Castigliano* (bzw. *Menabrea*) her. Wir nehmen an, daß auf den Körper nur äußere Einzelkräfte $\vec{F}_1, \ldots, \vec{F}_n$ einwirken. Dann kann auch

$$U^* = \int_V U^{*\prime}\,\mathrm{d}V = U^*(F_1, \ldots, F_n) \tag{5.40}$$

als Funktion dieser Kräfte, die ein Gleichgewichtssystem bilden müssen, ausgedrückt werden. Damit wird

$$\delta U^* = \sum_{i=1}^{n} \frac{\partial U^*}{\partial F_i}\,\delta F_i, \tag{5.41}$$

[1] Nur für den isothermen linear elastischen Körper kann $U^{*\prime}$ aus U' durch Einsetzen des *Hooke*schen Gesetzes berechnet werden!

und das Prinzip fordert

$$\sum_{i=1}^{n} \frac{\partial U^*}{\partial F_i} \delta F_i = \sum_{k=1}^{n} \vec{u}_k \cdot \delta \vec{F}_k. \tag{5.42}$$

Die virtuellen Kräfte sind unabhängig, daher muß

$$\frac{\partial U^*}{\partial F_i} = u_i \tag{5.43}$$

der Verschiebung u_i in Kraftrichtung $\vec{F}_i$ gleich sein. Das ist der *Satz von Castigliano*: «Die Ableitung der Ergänzungsenergie nach einer Kraft eines Gleichgewichtssystems ergibt den Arbeitsweg dieser Kraft».
Ist $\vec{F}_i = \vec{X}_i$ eine statisch unbestimmte Kraft dieses Gleichgewichtssystems, dann verschwindet ihr Arbeitsweg:

$$\frac{\partial U^*}{\partial X_i} = 0. \tag{5.44}$$

Dieser Satz zur Bestimmung statisch Unbestimmter wird nach *Menabrea* benannt. Vor der partiellen Ableitung sind alle Zwangskräfte über die Gleichgewichtsbedingungen durch die gegebene Belastung und durch die statisch Unbestimmten auszudrücken. Diese Sätze gelten auch für ein Kräftepaar mit dem Momentenvektor $\vec{M}_i$

$$\frac{\partial U^*}{\partial M_i} = \alpha_i, \tag{5.45}$$

wenn α_i parallel $\vec{M}_i$ die Winkeldrehung der Wirkungsebene bezeichnet. Das Kräftepaar muß Teil der Gleichgewichtsgruppe $\vec{F}_1, \ldots, \vec{F}_n$ sein.
Besonders einfach wird die Ergänzungsenergie des linear elastischen Stabes mit gerader Stabachse, für den $\sigma_{yy} = \sigma_{zz} = \sigma_{zy} = 0$ gilt, also ist die Energiedichte

$$U^{*\prime} = \frac{1}{2E} [\sigma_{xx}^2 + 2(1+\nu)(\sigma_{xy}^2 + \sigma_{xz}^2)]. \tag{5.46}$$

Integration über das Volumen ergibt mit $\mathrm{d}V = \mathrm{d}A\,\mathrm{d}x$ (für den geraden Stab) für den Anteil der Längsspannung aus Normalkraft und Biegung (bei ebenen Querschnitten):

$$\frac{1}{2E} \int_0^l \int_A \sigma_{xx}^2 \,\mathrm{d}A\,\mathrm{d}x = \frac{1}{2E} \int_0^l \int_A \left(\frac{N}{A} + \frac{M_y}{J_y} z - \frac{M_z}{J_z} y\right)^2 \mathrm{d}A\,\mathrm{d}x \tag{5.47}$$

y und z sind Schwerachsen und insbesondere Trägheitshauptachsen des Querschnittes A. Die Schnittgrößen $N(x)$, $M_y(x)$, $M_z(x)$ sind bei der Integration über den Querschnitt konstant, daher folgt für diesen Normalspannungsanteil

$$\frac{1}{2} \int_0^l \left(\frac{N^2}{EA} + \frac{M_y^2}{EJ_y} + \frac{M_z^2}{EJ_z}\right) \mathrm{d}x. \tag{5.48}$$

Für den *schwach gekrümmten Stab* darf $\mathrm{d}x$ durch das Bogenelement der Stabachse $\mathrm{d}s$ ersetzt werden.

Bei torsionsfreier Beanspruchung hängen die Schubspannungen nur mit der Querkraft zusammen. Ihre Verteilung im Querschnitt berechnen wir später. Wir können aber mit Hife des Mittelwertsatzes der Integralrechnung

$$\int_A (\sigma_{xy}^2 + \sigma_{xz}^2)\,\mathrm{d}A = (\varkappa_y Q_y^2 + \varkappa_z Q_z^2)/A\,, \tag{5.49}$$

wenn die Faktoren $\varkappa_y$ bzw. $\varkappa_z$ die Schubspannungsverteilung in Abhängigkeit von der besonderen Querschnittsform A angeben (für den Kreisquerschnitt ergibt sich z. B. $\varkappa = 10/9$, siehe Kapitel 6.2.).
Damit folgt für den Querkraftanteil in der Ergänzungsenergie

$$\frac{1}{2}\int_0^l \left(\frac{\varkappa_z Q_z^2}{GA} + \frac{\varkappa_y Q_y^2}{GA}\right) \mathrm{d}x. \tag{5.50}$$

Bei reiner Torsion sind $\sigma_{xy}^2 + \sigma_{xz}^2 = \tau^2$, gleich dem Quadrat der Torsionsschubspannung, deren Verteilung im Querschnitt ebenfalls später berechnet wird. Die Verteilung ist wieder von der Form des Querschnittes abhängig und geht in den Drillwiderstand GJ_T ein. Der Anteil kann durch das Torsionsmoment $M_x = M_\mathrm{T}$ ausgedrückt werden

$$\frac{1}{2}\int_0^l \frac{M_\mathrm{T}^2}{GJ_\mathrm{T}}\,\mathrm{d}x. \tag{5.51}$$

Am Kreisquerschnitt mit linearer Schubspannungsverteilung erkennen wir die Brauchbarkeit dieser Schreibweise (dort ist $J_\mathrm{T} = J_\mathrm{P}$).
Wir zeigen einfache Anwendungen des Satzes von *Castigliano* und *Menabrea* auf ein innerlich statisch unbestimmtes, linear elastisches, ideales *Fachwerk*, auf einen linear elastischen *Durchlaufträger* (Zweifeldträger) und die Ermittlung der Absenkung mittels Hilfskraftangriffs.

a) Ein innerlich statisch unbestimmtes *ebenes Fachwerk*, Abb. 5.7

Mit $F_1 = F_2 = F_3 = F_4 = F$ besteht äußeres Gleichgewicht. Der Einfachheit halber nehmen wir gleiche Dehnsteifigkeit aller 6 Stäbe, $E_1A_1 = E_2A_2 = \cdots = E_6A_6 = EA$, an und berechnen die statisch Unbestimmte X (Stabkraft im Diagonalstab) aus

$$\frac{\partial U^*}{\partial X} = 0, \qquad U^* = \frac{1}{2}\sum_{i=1}^{6} \frac{S_i^2}{EA}\, l_i.$$

Die Stabkräfte müssen durch die Belastung und durch X ausgedrückt werden. Die Knotengleichgewichtsbedingungen ergeben, vgl. Abb. 5.8,

$$S_1 = -X\,\frac{\sqrt{2}}{2}, \qquad \frac{\partial S_1}{\partial X} = -\frac{\sqrt{2}}{2}$$

$$S_2 = X - F\sqrt{2}, \qquad \frac{\partial S_2}{\partial X} = 1$$

$$S_3 = -X\,\frac{\sqrt{2}}{2}, \qquad \frac{\partial S_3}{\partial X} = -\frac{\sqrt{2}}{2}$$

$$S_4 = F - X\,\frac{\sqrt{2}}{2}, \qquad \frac{\partial S_4}{\partial X} = -\frac{\sqrt{2}}{2}$$

$$S_5 = F - X\,\frac{\sqrt{2}}{2}, \qquad \frac{\partial S_5}{\partial X} = -\frac{\sqrt{2}}{2}$$

$$S_6 = X, \qquad \frac{\partial S_6}{\partial X} = 1$$

$$\frac{\partial U^*}{\partial X} = \frac{1}{EA}\sum_{i=1}^{6} S_i l_i\,\frac{\partial S_i}{\partial X} = 0, \qquad \text{liefert } X = F\sqrt{2}/2.$$

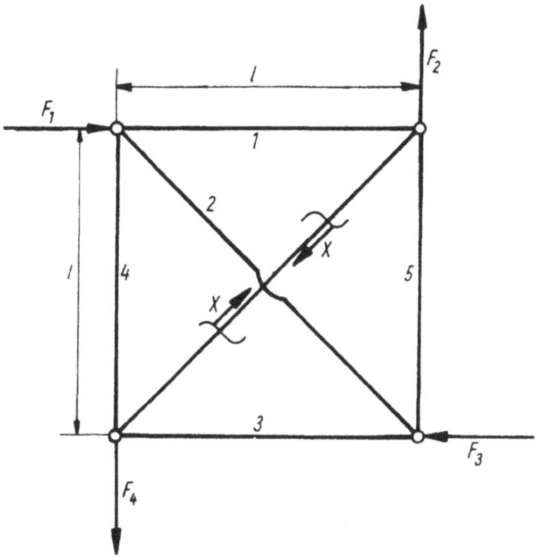

Abb. 5.7. Ebenes Fachwerk

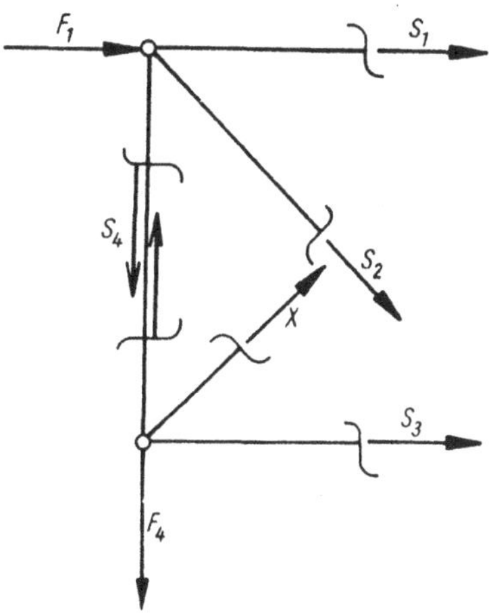

Abb. 5.8. Schnitte im Fachwerk

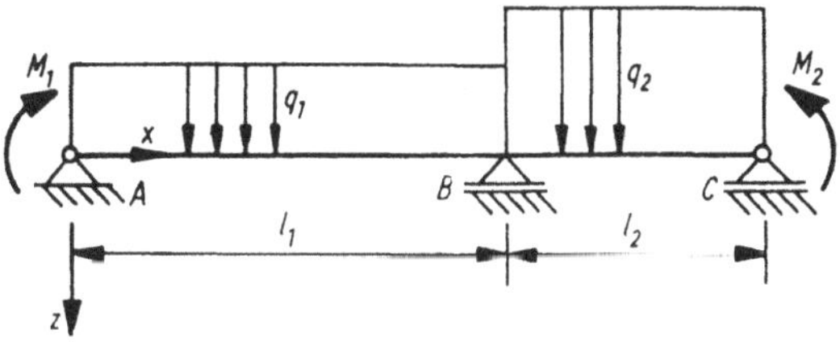

Abb. 5.9. Zweifeldträger unter Streckenlast und mit Krempelmomentenbelastung

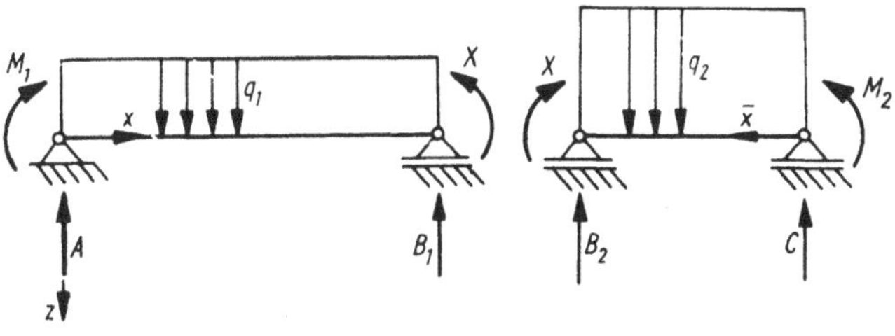

Abb. 5.10. Statisch bestimmtes Grundsystem

b) Der *Zweifeldträger* (Querkraftbiegung), Abb. 5.9

Das System ist einfach statisch unbestimmt. Als Unbestimmte wird das Biegemoment X über der mittleren Stütze gewählt. Bei abschnittsweise konstanter Belastung und Krempelmomenten M_1, M_2, wird, siehe Abb. 5.10.

$$A = \frac{1}{l_1}\left(X + \frac{q_1 l_1^2}{2} - M_1\right)$$

$$M_y(x) = M_1 + Ax - \frac{q_1 x^2}{2}, \qquad 0 \leqq x < l_1$$

$$C = \frac{1}{l_2}\left(X + \frac{q_2 l_2^2}{2} - M_2\right)$$

$$M_y(\bar{x}) = M_2 + C\bar{x} - \frac{q_2 \bar{x}^2}{2}, \qquad 0 \leqq \bar{x} < l_2.$$

Bei schlanken Balken wird der Querkrafteinfluß auf die Deformation vernachlässigt und

$$U^* = \frac{1}{2}\int_0^{l_1+l_2} \frac{M_y^2}{EJ}\, dx,$$

mit Differentiation unter dem Integralzeichen wird

$$\frac{\partial U^*}{\partial X} = 0 = \frac{1}{EJ_1}\int_0^{l_1}\left(M_1 + Ax - \frac{q_1 x^2}{2}\right)\frac{x}{l_1}\, dx$$

$$+ \frac{1}{EJ_2}\int_0^{l_2}\left(M_2 + C\bar{x} - \frac{q_2 \bar{x}^2}{2}\right)\frac{\bar{x}}{l_2}\, d\bar{x}.$$

Einsetzen von A und C liefert

$$X = -\left[\frac{l_1}{EJ_1}\left(\frac{M_1}{2} + \frac{q_1 l_1^2}{8}\right) + \frac{l_2}{EJ_2}\left(\frac{M_2}{2} + \frac{q_2 l_2^2}{8}\right)\right] \Big/ \left(\frac{l_1}{EJ_1} + \frac{l_2}{EJ_2}\right).$$

c) Der *Kragträger*

Am linear elastischen Kragträger mit der konstanten Biegesteifigkeit EJ und der Länge l unter Gleichlast q soll die Biegelinie $w(\xi)$ mittels Hilfskraftangriffs durch Anwendung des Satzes von *Castigliano* gefunden werden, Abb. 5.11.

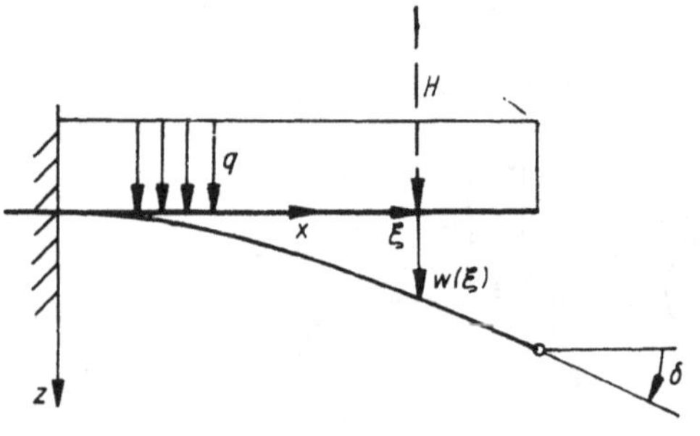

Abb. 5.11. Kragträger unter Gleichlast. Ermittlung der Biegelinie mittels Hilfskraftangriffs

Wir vernachlässigen die Schubdeformationen. Dann ist mit dem Biegemoment $M_y(x) = -q\,\frac{(l-x)^2}{2}$ in $\xi \leqq x \leqq l$ und $M_y(x) = -q\,\frac{(l-x)^2}{2} - H(\xi - x)$ in $0 \leqq x \leqq \xi$ die Ergänzungsenergie gegeben:

$$U^* = \frac{1}{2}\int_0^l \frac{M_y^2}{EJ}\,\mathrm{d}x.$$

Die Durchbiegung an der Stelle des Hilfskraftangriffes ist

$$w(\xi) = \frac{\partial U^*}{\partial H} = \int_0^l \frac{M_y}{EJ}\,\frac{\partial M_y}{\partial H}\,\mathrm{d}x$$

und wird mit $H \to 0$ ausgewertet:

$$w(\xi) = \frac{1}{EJ}\int_0^\xi q\,\frac{(l-x)^2}{2}\,(\xi - x)\,\mathrm{d}x = \frac{ql^2}{4EJ}\,\xi^2\left(1 - \frac{2\xi}{3l} + \frac{\xi^2}{6l^2}\right).$$

Wählt man als Hilfsangriff ein äußeres Moment an der Stelle ξ, wir nennen es wieder H, dann folgt der Biegewinkel aus

$$\left.\frac{\partial U^*}{\partial H}\right|_{H=0} = \frac{\partial w}{\partial x}\ (x = \xi).$$

H dreht dann im Uhrzeigersinn.

d) Der *ebene Sprengring*

Nach Abb. 5.12 wird der Sprengring durch zwei an seiner Schnittstelle angreifende Scherkräfte F belastet und auf Biegung und Torsion kombiniert beansprucht (der Querkrafteinfluß auf die Deformation sei vernachlässigbar). Die gegenseitige Verschiebung δ der Angriffspunkte der Kräfte F kann nach *Castigliano* berechnet werden. Biegemoment $M = FR\sin\varphi$ und Torsionsmoment $M_\mathrm{T} = FR(1 - \cos\varphi)$ bestimmen die Ergänzungsenergie:

$$U^* = \frac{1}{2}\int_L \frac{M^2}{EJ}\,\mathrm{d}s + \frac{1}{2}\int_L \frac{M_\mathrm{T}^2}{GJ_\mathrm{T}}\,\mathrm{d}s, \qquad \mathrm{d}s = R\,\mathrm{d}\varphi.$$

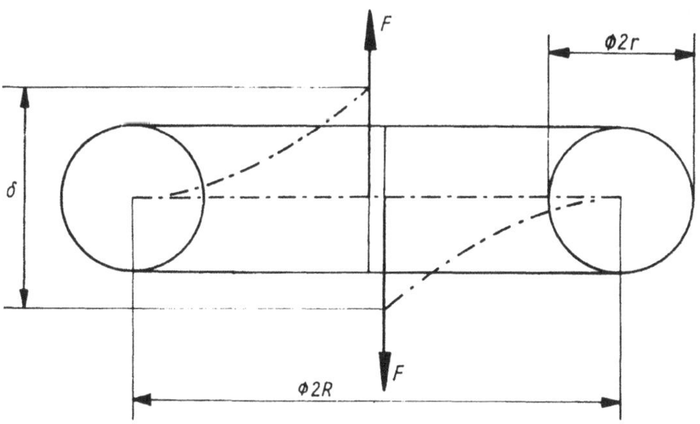

Abb. 5.12. «Sprengring»

Nach *Castigliano* folgt

$$\delta = \frac{\partial U^*}{\partial F} = \frac{R}{EJ} \int_0^{2\pi} M \frac{\partial M}{\partial F} d\varphi + \frac{R}{GJ_\mathrm{T}} \int_0^{2\pi} M_\mathrm{T} \frac{\partial M_\mathrm{T}}{\partial F} d\varphi$$

$$= FR \frac{A}{EJ} \left[1 + 6(1 + \nu) \frac{J}{J_\mathrm{T}}\right],$$

$A = \pi R^2$. Besitzt der Stab Kreisquerschnitt mit Radius r, dann ist $J_\mathrm{T} = J_\mathrm{P}$ und $J/J_\mathrm{P} = \frac{1}{2}$, $J = \pi r^4/4$. Die Stabenden verschieben sich je um $\delta/2$ aus der Horizontalebene.

5.4.2. Die Bettische Methode

Ein gewisser Nachteil des Satzes von *Castigliano* ist die erforderliche Sorgfalt beim «händischen» Differenzieren des Momentenverlaufes nach der (Hilfs-)Kraft bzw. statisch Unbestimmten. Dieser wird umgangen durch die direkte Anwendung des Prinzips der virtuellen Arbeit, wenn als *virtuelle Verschiebungen* aus der Gleichgewichtslage heraus die gesuchten *linear elastischen Deformationen* selbst gewählt werden. Die Randbedingungen sind dann schon berücksichtigt. Die geometrischen Beziehungen sind dann allerdings linearisiert vorausgesetzt, da die tatsächlich eintretenden Verschiebungen als virtuelle Verschiebungen klein sein müssen. Um nun eine bestimmte Deformationsgröße δ (Verschiebung oder Verdrehung) zu bestimmen, bringen wir am unverformten Körper am Ort der gesuchten Deformation eine Hilfskraft H (Hilfsmoment) an, so daß die «Arbeit der äußeren Kräfte» gleich der Arbeit der Hilfskraft an den tatsächlich eintretenden Deformationen wird: $H\,\delta$.

Wir bezeichnen die Spannungen zufolge H mit $\bar{\sigma}_{ij}$, und die Arbeit dieser inneren Hilfskräfte an den Deformationen ist dann

$$-\sum_i \sum_j \int_V \bar{\sigma}_{ij}\varepsilon_{ij}\,\mathrm{d}V. \tag{5.52}$$

Das Prinzip der virtuellen Arbeit verlangt (*Betti*sche Methode zur Bestimmung von δ)

$$H\,\delta = \sum_i \sum_j \int_V \bar{\sigma}_{ij}\varepsilon_{ij}\,\mathrm{d}V. \tag{5.53}$$

Gehen wir für den Stab (bzw. auch für Stabwerke) auf Schnittgrößen über, dann sind bei torsionsfreier Beanspruchung durch H die Längskraft $\bar{N}$, die Biegemomente $\bar{M}_y$, $\bar{M}_z$ und die Querkräfte $\bar{Q}_y$, $\bar{Q}_z$ in ihrem Verlauf zu bestimmen. Ihre Arbeitswege aus den tatsächlich eintretenden Deformationen können durch die Schnittgrößen zufolge realer, ebenfalls torsionsfreier Belastung N, M_y, M_z, Q_y, Q_z ausgedrückt werden. Das Prinzip erhält dann die Form

$$H\,\delta = \int_l \bar{N} \frac{N}{EA}\,\mathrm{d}x + \int_l \left[\bar{M}_y \frac{M_y}{EJ_y} + \bar{M}_z \frac{M_z}{EJ_z}\right] \mathrm{d}x + \int_l \left[\bar{Q}_y \frac{\varkappa_y Q_y}{GA} + \bar{Q}_z \frac{\varkappa_z Q_z}{GA}\right] \mathrm{d}x. \tag{5.54}$$

Wählt man $H = 1$, wird die Deformationsgröße δ direkt erhalten.

a) Der Kragträger

Wir berechnen als Beispiel den Drehwinkel der Tangente an die Stabachse am Ende des oben behandelten Kragträgers unter der Gleichlast q, Abb. 5.11. Der Hilfsangriff ist also ein Krempelmoment $H = 1$ (im Uhrzeigersinn): Wir berücksichtigen nur Deformationen zufolge Biegemoment und erhalten dann mit $\overline{M}_y = -1$, $M_y = -q\,\frac{(l-x)^2}{2}$ bei konstanter Biegesteifigkeit EJ_y

$$\delta = \frac{\mathrm{d}w}{\mathrm{d}x}\,(x = l) = \int_0^l \frac{q}{2EJ_y}\,(l-x)^2\,\mathrm{d}x = \frac{ql^3}{6EJ_y}.$$

b) Ein statisch unbestimmt gelagerter Träger

Die Bestimmung *statisch Unbestimmter* zeigen wir am Beispiel eines Trägers mit starrer Einspannung und gelenkiger Lagerung unter Gleichlast, Abb. 5.13.

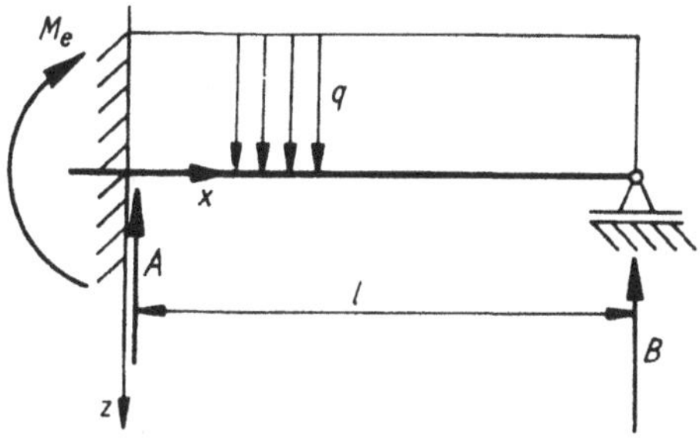

Abb. 5.13. Statisch unbestimmt gelagerter Träger unter Gleichlast

Als statisch Unbestimmte wählen wir das Einspannmoment $M_e = X$. Mit $A_S = B_S = \frac{ql}{2}$ ist $M(x) = A_S x - \frac{qx^2}{2}$ im *statisch bestimmten Grundsystem* des Trägers auf zwei Stützen ($M_e = 0$). Mit dem Hilfsmoment $H = 1$ bestimmen wir den Drehwinkel der Achsentangente in $x = 0$ zufolge Belastung q aus

$$\delta = \int_0^l \frac{(l-x)}{l}\,\frac{\frac{ql}{2}x - \frac{qx^2}{2}}{EJ}\,\mathrm{d}x = \frac{ql^3}{24EJ}.$$

Der Drehwinkel zufolge $H = 1$ selbst wird ($q = 0$ im statisch bestimmten Grundsystem)

$$\delta_1 = \int_0^l \frac{(l-x)^2}{EJl^2}\,\mathrm{d}x = \frac{l}{3EJ}.$$

Also muß wegen der starren Einspannung $\delta + X\,\delta_1 = 0$

$$M_e = X = -\delta/\delta_1 = -\frac{ql^2}{8}.$$

Jetzt können die Auflagerkräfte aus den Gleichgewichtsbedingungen am statisch unbestimmten System berechnet werden:

$$Bl - \frac{ql^2}{2} - M_e = 0$$

$$B = \frac{1}{l}\left(\frac{ql^2}{2} - \frac{ql^2}{8}\right) = \frac{3ql}{8}$$

$$A = \frac{5ql}{8}.$$

Sollen nun im statisch unbestimmten System Deformationen δ ermittelt werden, kann dies mit Gl. (5.54) geschehen. Die Schnittgrößen zufolge Hilfskraftangriff H dürfen dabei am statisch bestimmten Grundsystem ermittelt werden, da die Deformationen des statisch unbestimmten Systems unter der gegebenen Belastung für das Grundsystem zulässige virtuelle Verrückungen darstellen («Reduktionssatz»).

5.4.3. Die Transformation der Prinzipe am Beispiel des Bernoulli-Euler-Balkens

Am *Beispiel* des in 5.3a behandelten *Bernoulli-Euler*-Balkens zeigen wir die Transformation des Prinzips vom Minimum des Potentials Π_P zum Prinzip vom Minimum des komplementären Potentials. Wir fassen nun $\varkappa = w''$ in Gl. (5.19) als unabhängige Funktion auf und addieren folgende Nebenbedingungen nach Multiplikation mit *Lagrange*schen Faktoren (Kraftgrößen):

$$(\varkappa - w'')\, M(x) = 0,$$

sowie für den Fall kinematischer Randbedingungen behalten wir die in Π_P stehenden Terme bei, z. B.

$$M_0 \left(\frac{\mathrm{d}w}{\mathrm{d}x}\right)_{x=0} = 0, \qquad M_1 \left(\frac{\mathrm{d}w}{\mathrm{d}x}\right)_{x=l} = 0, \qquad Q_0 w_0 = 0, \qquad Q_1 w_1 = 0,$$

wo nun M_0, M_1, Q_0, Q_1 *Lagrange*sche Faktoren sind. Damit wird Π_P unverändert

$$\Pi_P = \frac{1}{2}\int_0^l EJ_y \varkappa^2\, \mathrm{d}x - \int_0^l q(x)\, w(x)\, \mathrm{d}x + \int_0^l (\varkappa - w'')\, M_y(x)\, \mathrm{d}x$$
$$- M_0 \left(\frac{\mathrm{d}w}{\mathrm{d}x}\right)_{x=0} + M_1 \left(\frac{\mathrm{d}w}{\mathrm{d}x}\right)_{x=l} + Q_0 w_0 - Q_1 w_1.$$

Nun variieren wir die Größen $\varkappa$, w, M, M_0, M_1, Q_0, Q_1 und errechnen

$$\delta\Pi_P = \int_0^l [(M_y + EJ_y\varkappa)\,\delta\varkappa - (M_y'' + q)\,\delta w + (\varkappa - w'')\,\delta M]\,\mathrm{d}x$$
$$+ (Q_0 - M_y'(0))\,\delta w_0 + (M_y(0) - M_0)\,\delta\left(\frac{\mathrm{d}w}{\mathrm{d}x}\right)_{x=0} - (Q_1 - M_y'(l))\,\delta w_1$$
$$- (M_y(l) - M_1)\,\delta\left(\frac{\mathrm{d}w}{\mathrm{d}x}\right)_{x=l} + w_0\,\delta Q_0 - \left(\frac{\mathrm{d}w}{\mathrm{d}x}\right)_{x=0} \delta M_0$$
$$- w_1\,\delta Q_1 + \left(\frac{\mathrm{d}w}{\mathrm{d}x}\right)_{x=l} \delta M_1,$$

dann folgt wegen der nun unabhängigen Änderungen:

$$\varkappa = w'' = -\frac{M_y}{EJ_y}$$

mit der Gleichgewichtsbedingung $\frac{d^2M_y}{dx^2} = -q$ und den *Lagrange*schen Faktoren $Q_0 = M_y'(0)$, $M_0 = M_y(0)$, $Q_1 = M_y'(l)$, $M_1 = M_y(l)$. Wir eliminieren nun $\varkappa$ durch Einsetzen von $-M_y/EJ_y$ und w durch partielle Integration und erhalten das komplementäre Potential

$$\Pi_P^* = \frac{1}{2}\int_0^l \frac{M_y^2}{EJ_y}\,dx + w_0Q_0 - \left(\frac{dw}{dx}\right)_{x=0} M_0 - w_1Q_1 + \left(\frac{dw}{dx}\right)_{x=l} M_1. \qquad (5.55)$$

Im komplementären Prinzip[1] sind jetzt M_y, und im Falle kinematischer Randbedingungen entsprechend Q_0, Q_1, M_0, M_1 virtuell zu ändern.

5.5. Aufgaben A 5.1 bis A 5.4 und Lösungen

A 5.1: Ein Zeichentisch mit der Gewichtskraft G soll über ein Gestänge in *0* so aufgehängt werden, daß in jeder Stellung Gleichgewicht mit dem Gegengewicht Q herrscht, Abb. A 5.1. Die Führungsstangen sind masselos.

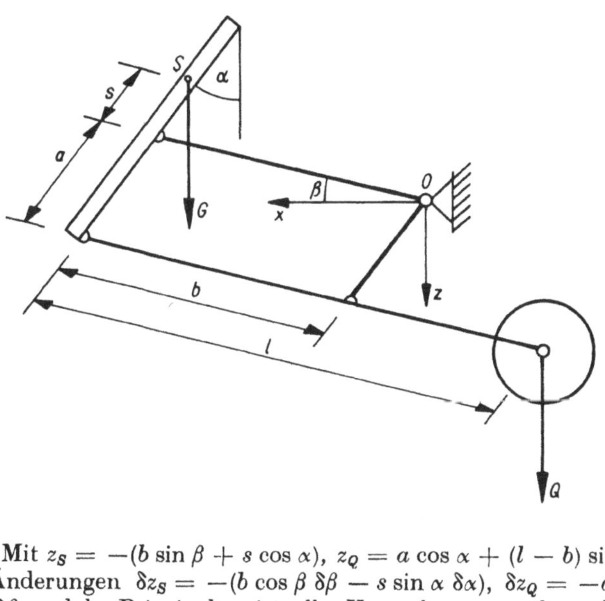

Abb. A 5.1

Lösung: Mit $z_S = -(b \sin\beta + s\cos\alpha)$, $z_Q = a\cos\alpha + (l - b)\sin\beta$ werden die virtuellen Änderungen $\delta z_S = -(b\cos\beta\,\delta\beta - s\sin\alpha\,\delta\alpha)$, $\delta z_Q = -a\sin\alpha\,\delta\alpha + (l-b) \times \cos\beta\,\delta\beta$, und das Prinzip der virtuellen Verrückungen verlangt $\delta A = G\,\delta z_S + Q\,\delta z_Q = 0$, also $[Gs - Qa]\sin\alpha\,\delta\alpha + [-Gb + Q(l-b)]\cos\beta\,\delta\beta = 0$.

[1] *K. Washizu:* Variational methods in elasticity and plasticity. — Oxford: Pergamon Press. 3rd ed., 1981.

Wegen der Unabhängigkeit von $\delta\alpha$, $\delta\beta$ folgt

$$G/Q = a/s\,, \qquad G/Q = \frac{l}{b} - 1\,.$$

Sind beide Bedingungen erfüllt, herrscht Gleichgewicht unabhängig von den Stellungen α, β.

A 5.2: Ein gelenkiges Stabsystem, gebildet aus 15 schweren und gleichen starren Stäben (Masse m, Länge l, homogen), wird durch drei horizontale Kräfte F_1, F_2, F_3 belastet. Man berechne die verformte Gleichgewichtslage, Abb. A 5.2.

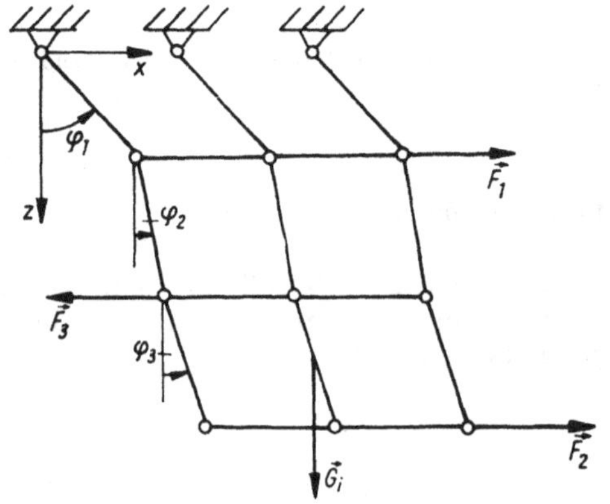

Abb. A 5.2

Lösung: Alle Kräfte besitzen ein Potential. Wir benutzen aber nur das Gewichtspotential der schweren Stäbe

$$W_S = -mgl\left[\frac{3}{2}\cos\varphi_1 + 2\cos\varphi_1 + 3\left(\cos\varphi_1 + \frac{1}{2}\cos\varphi_2\right)\right.$$

$$+ 2(\cos\varphi_1 + \cos\varphi_2) + 3\left(\cos\varphi_1 + \cos\varphi_2 + \frac{1}{2}\cos\varphi_3\right)$$

$$\left. + 2(\cos\varphi_1 + \cos\varphi_2 + \cos\varphi_3)\right],$$

und setzen die virtuelle Arbeit der drei Kräfte F_i, $\sum_{i=1}^{n} F_i\,\delta x_i$ in das Prinzip der virtuellen Verrückungen ein,

$$\delta A = \sum_{i=1}^{3} F_i\,\delta x_i - \delta W_S = 0\,.$$

Mit $x_1 = 2l + l\sin\varphi_1$, $\delta x_1 = l\cos\varphi_1\,\delta\varphi_1$, $x_2 = 2l + l(\sin\varphi_1 + \sin\varphi_2 + \sin\varphi_3)$, $\delta x_2 = l(\cos\varphi_1\,\delta\varphi_1 + \cos\varphi_2\,\delta\varphi_2 + \cos\varphi_3\,\delta\varphi_3)$ und $x_3 = l(\sin\varphi_1 + \sin\varphi_2)$, $\delta x_3 = l(\cos\varphi_1\,\delta\varphi_1 + \cos\varphi_2\,\delta\varphi_2)$ folgt dann

$$[(F_1 + F_2 - F_3)\cos\varphi_1 - 27G\sin\varphi_1]\,\delta\varphi_1 + [(F_2 - F_3)\cos\varphi_2 - 17G\sin\varphi_2]\,\delta\varphi_2$$
$$+ [F_2\cos\varphi_3 - 7G\sin\varphi_3]\,\delta\varphi_3 = 0\,, \qquad G = mg/2.$$

Wegen der Unabhängigkeit der $\delta\varphi_i$ erhalten wir drei Gleichgewichtsbedingungen (das System besitzt 3 Freiheitsgrade und φ_i sind Lagekoordinaten) und daraus $\varphi_1 = \arctan(F_1 + F_2 - F_3)/27G$, $\varphi_2 = \arctan(F_2 - F_3)/17G$, $\varphi_3 = \arctan F_2/7G$.

A 5.3: Man bestimme die Auflagerkraft in B durch gezieltes Freimachen des (statisch bestimmten) Dreifeldträgers mit 2 Gelenken, nach Abb. A 5.3.

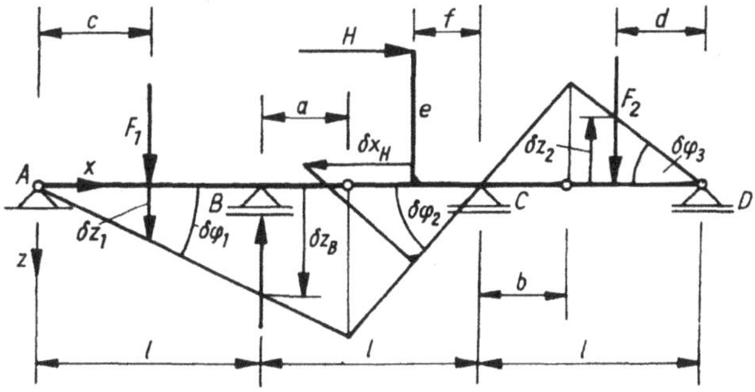

Abb. A 5.3

Lösung: Wegen der kinematischen Kette ist $\delta z_1 = c\,\delta\varphi_1$, $\delta z_B = l\,\delta\varphi_1$, $\delta z_2 = -d\,\dfrac{b}{l-b} \times \dfrac{l+a}{l-a}\,\delta\varphi_1$, $\delta x_H = -e\,\dfrac{l+a}{l-a}\,\delta\varphi_1$,und das Prinzip der virtuellen Verrückungen $\delta A = F_1\,\delta z_1 + H\,\delta x_H + F_2\,\delta z_2 - B\,\delta z_B = 0$ liefert nach Einsetzen die Auflagerkraft

$$B = F_1\frac{c}{l} - H\frac{e}{l}\frac{l+a}{l-a} - F_2\frac{d}{l}\frac{b}{l-b}\frac{l+a}{l-a}.$$

A 5.4: Die Kraft S_1 im Untergurt des Brückenträgers nach Abb. 2.52 ist mit Hilfe des Prinzips der virtuellen Verrückungen durch gezieltes Freimachen zu bestimmen.

Lösung: Die Wirkung des Untergurtstabes wird durch die in den Anschlußknoten als Aktion und Reaktion angreifende Stabkraft S_1 ersetzt. Das statisch bestimmte Fachwerk wird zum «Kurbeltrieb» mit einem Freiheitsgrad, und die virtuelle Verdrehung des starren Teilsystems ACD führt zur virtuellen Arbeit, $\delta A = F_1 a\delta\alpha + F_2 a\delta\alpha + F_3 2a\delta\alpha$ $S_1 a\delta\alpha$ $S_1 a 2\delta\alpha = 0$. Da $\delta\alpha \neq 0$ folgt explizit $S_1 = F_1 + F_2/3$.

6. Ausgewählte Kapitel der Elastostatik

Wir beschränken uns auf *lineare* Probleme (linearisierte geometrische Beziehungen Gl. (1.21)) und nehmen die Gültigkeit des *Hooke*schen Gesetzes an, Gl. (4.15). Um die Konsequenzen dieser Annahme besser zu verstehen, betrachten wir einen linear elastischen, zumindest statisch bestimmt gelagerten Körper unter der Wirkung einer räumlichen Kräftegruppe (einschließlich der Auflagerreaktionen) $\vec{F}_1, \ldots, \vec{F}_n$, aus Einzelkräften an der Oberfläche. Diese Belastung soll richtungstreu über einen gemeinsamen Lastfaktor λ, $0 \leqq \lambda \leqq 1$, linear (und quasistatisch) auf ihre Endwerte anwachsen. Dann gilt für die Verschiebung u_i eines Körperpunktes aus dem unverformten in den verformten Endzustand (in Verallgemeinerung des *Hooke*schen Federgesetzes, (4.3), vgl. (3.46), nach Kürzung durch λ),

$$u_i = \sum_{j=1}^{n} a_{ij} F_j \tag{6.1}$$

mit lastunabhängigen Konstanten a_{ij}. Diese hängen wohl von Ort und Richtung der Messung von u_i und von den Orten und Richtungen des Lastangriffes ab.

An zwei Kräften $\vec{F}_1$, $\vec{F}_2$ mit Messung von u_3 im Punkt 3 zeigen wir, daß diese Superposition unabhängig von der Reihenfolge der Belastung ist und daher kein gemeinsamer Lastfaktor λ notwendig ist. $\vec{F}_1$ allein ergibt $u_3 = a_{31}F_1$, $\vec{F}_2$ allein ergibt $u_3 = a_{32}F_2$. Mit gemeinsamem Lastfaktor unter Belastung $\vec{F}_1 + \vec{F}_2$, $u_3 = a'_{31}F_1 + a'_{32}F_2$. Entlasten wir nun mit $F_1 \to 0$, dann wird $u_3 = a'_{31}F_1 + a'_{32}F_2 - a''_{31}F_1$. Nun wirkt nur $\vec{F}_2$, entlasten wir wieder, dann folgt (im unverformten Zustand)

$$u_3 = a'_{31}F_1 + a'_{32}F_2 - a''_{31}F_1 - a_{32}F_2 = 0 \quad \text{bzw.} \quad (a'_{31} - a''_{31})\,F_1 + (a'_{32} - a_{32})\,F_2 = 0,$$

und wegen der Unabhängigkeit von F_1 und F_2 erhalten wir $a'_{32} = a_{32}$ und natürlich auch $a'_{31} = a''_{31} = a_{31}$.

Die Koeffizienten a_{ij} heißen *Einflußzahlen*. Sie bestimmen die Superposition der Verschiebungen unabhängig von der Reihenfolge der Belastungen.
Bezeichnet u_i insbesondere den Arbeitsweg der äußeren Kraft $\vec{F}_i$ (also die Verschiebung ihres Angriffspunktes in ihre Richtung), dann ist wieder mit gemeinsamem Lastfaktor λ, die von den äußeren Kräften geleistete Arbeit im Endzustand der Deformation, mit $\mathrm{d}u_i = u_i\,\mathrm{d}\lambda$,

$$\sum_{i=1}^{n} \int_0^1 \lambda F_i u_i \,\mathrm{d}\lambda = \frac{1}{2} \sum_{i=1}^{n} F_i u_i = \frac{1}{2} \sum_{i=1}^{n} \sum_{j=1}^{n} a_{ij} F_j F_i = U^*, \tag{6.2}$$

von der Reihenfolge der Belastung unabhängig (und damit von λ) und gleich der Ergänzungsenergie, vgl. mit Gl. (3.40).

Wir erkennen nun direkt den *Maxwellschen Satz von der Gegenseitigkeit* der Verschiebungen, da die Einflußzahlen symmetrisch sind $a_{ij} = a_{ji}$. Für zwei Kräfte folgt z. B. mit Vertauschung der Belastungsreihenfolge:

$$\frac{1}{2} F_1 u_1 + \frac{1}{2} F_2 u_2 = \frac{1}{2} a_{11} F_1^2 + a_{12} F_1 F_2 + \frac{1}{2} a_{22} F_2^2$$

$$= \frac{1}{2} a_{11} F_1^2 + a_{21} F_2 F_1 + \frac{1}{2} a_{22} F_2^2. \quad (6.3)$$

a_{12} ist ja die Verschiebung des Angriffspunktes von F_1 in Richtung von $\vec{F}_1$ durch $F_2 = 1$, und a_{21} die Verschiebung des Angriffspunktes von F_2 in Richtung von $\vec{F}_2$ durch $F_1 = 1$.
Verallgemeinert folgt der *Betti-Rayleighsche Reziprozitätssatz*: Die Kräftegruppe $\vec{F}_1 \ldots \vec{F}_n$ erzeugt die Arbeitswege $u_1 \ldots u_n$. Eine zweite Kräftegruppe $\vec{F}_1' \ldots \vec{F}_n'$ mit gleichen Angriffspunkten und Wirkungslinien erzeugt die Arbeitswege $u_1' \ldots u_n'$. Dann folgt gleiche gegenseitige Arbeit

$$\sum_{i=1}^{n} F_i u_i' = \sum_{k=1}^{n} F_k' u_k. \quad (6.4)$$

Die Einflußzahlen a_{ij} sind Elemente der symmetrischen *Feder-* oder *Nachgiebigkeitsmatrix*. Ihre Inverse ist die *Steifigkeitsmatrix* mit Elementen k_{ij} und

$$\frac{1}{2} \sum_{i=1}^{n} F_i u_i = \frac{1}{2} \sum_{i=1}^{n} \sum_{j=1}^{n} k_{ij} u_i u_j = U \quad (6.5)$$

definiert die Verzerrungsenergie, vgl. Gl. (3.45). Im isothermen linear elastischen Fall ist also $U = U^*$, gleich der Arbeit der richtungstreuen äußeren Kräfte.

6.1. Kontinuumstheorie der linearisierten Elastostatik

Faßt man die allgemein gültigen drei Gleichgewichtsbedingungen $\vec{f} = \vec{0}$, bei symmetrischem Spannungstensor, Gl. (2.24), die sechs Spannungs-Dehnungs-Beziehungen des *Hooke*schen Gesetzes (Isotropie und Homogenität seien vorausgesetzt), Gl. (4.15), und die sechs linearisierten geometrischen Beziehungen, Gl. (1.21), zusammen, dann erhält man die 15 linearen Grundgleichungen der linearisierten Elastostatik für die 15 unbekannten Feldvariablen im Verschiebungsvektor $\vec{u}$ und im symmetrischen Verzerrungs- und Spannungstensor. Durch sukzessive Elimination ist es möglich, drei Differentialgleichungen für die Verschiebungskomponenten zu formulieren, die als *Naviersche Gleichungen* bekannt sind:

$$\nabla^2 u_i + \frac{1}{1 - 2\nu} \frac{\partial e}{\partial x_i} = -\frac{k_i}{G}, \quad e = \sum_{j=1}^{3} \frac{\partial u_j}{\partial x_j}, \quad i = 1, 2, 3, \quad (6.6)$$

$\nabla^2 = \sum_{i=1}^{3} \frac{\partial^2}{\partial x_i^2}$, ist der *Laplace*sche Differentialoperator.
Durch Differentiation und Summation dieser Gleichungen erhält man für die Dilatation, wenn $\vec{k} = \vec{0}$, die *Laplace*sche Differentialgleichung:[1]

$$\nabla^2 e = 0. \quad (6.7)$$

[1] Isotherme Deformationen sind hier vorausgesetzt.

In ähnlicher Weise gelingt es, die 15 Feldgleichungen auf sechs Differentialgleichungen für die Spannungskomponenten zu reduzieren. Diese *Beltrami-Michell*-Gleichungen lauten dann

$$\nabla^2\sigma_{ij} + \frac{3}{1+\nu}\frac{\partial^2 p}{\partial x_i\,\partial x_j} = -\left(\frac{\partial k_i}{\partial x_j} + \frac{\partial k_j}{\partial x_i}\right) - \frac{\nu}{1-\nu}\operatorname{div}\vec{k}\,\delta_{ij},$$

$$i, j = 1, 2, 3, \tag{6.8}$$

$$p = \frac{1}{3}\sum_{k=1}^{3}\sigma_{kk}.$$

Mit $i = j$ und Summation erhält man, mit $\vec{k} = \overrightarrow{\text{const}}$,

$$\nabla^2 p = 0. \tag{6.9}$$

Die mittlere Normalspannung ist dann, wie die Dilatation, eine harmonische Funktion der Koordinaten. Die Lösungen dieser Spannungsgleichungen müssen als Nebenbedingung immer die Gleichgewichtsbedingungen erfüllen, $\sum_{j=1}^{3}\frac{\partial\sigma_{ji}}{\partial x_j} + k_i = 0$, die ja Differentialgleichungen *erster* Ordnung sind. Weiters gilt mit der homogenen Gl. (6.8): $\nabla^2\nabla^2\sigma_{ij} = 0$.

Die mathematische Elastizitätstheorie nimmt im allgemeinen die Navierschen Gleichungen als Ausgangspunkt analytischer Lösungsverfahren, deren bekannteste komplexe Methode von *Goursat* und *Mußchelischwili*[1] entwickelt wurde und deren bekannteste Methoden mit reellen Verschiebungsfunktionsansätzen nach *Neuber-Papkovich* und *Westergaard-Galerkin* benannt sind. Exakte Lösungen sind nur für einfache geometrische Bereiche erzielbar. Für weitere Ausführungen verweisen wir auf die umfangreiche Literatur[2].

Für den Fall der *einachsigen Verschiebung*, z. B. in Richtung x (eindimensionaler Verzerrungszustand $\varepsilon_{xx} = \varepsilon_{11} \neq 0$, alle übrigen $\varepsilon_{ij} = 0$), oder bei *achsensymmetrischer radialer Verschiebung* eines Kreiszylinders, oder bei *punktsymmetrischer Deformation* einer Kugel, kann die jeweilige Verschiebungskomponente u mit ihrer Differentialgleichung (6.6),

$$u'' + \alpha\left(\frac{u}{r}\right)' = 0, \tag{6.10}$$

(die äußere Volumenkraft sei Null) das Problem vollständig beschreiben. Dabei ist $\alpha = 0$ und $u' = \dfrac{\partial u}{\partial x}$ im einachsigen Verformungszustand, $\alpha = 1$ bzw. 2 beim achsen- bzw. punktsymmetrischen Problem, r die radiale Koordinate und $u' = \dfrac{\partial u}{\partial r}$. Die allgemeine Lösung ist

$$u(r) = Ar + B\left(\frac{r_0}{r}\right)^{\alpha}. \tag{6.11}$$

[1] *N. I. Mußchelischwili:* Einige Grundaufgaben zur mathematischen Elastizitätstheorie. — München: C. Hanser Verlag, 1971.

[2] Z. B. *H. Parkus:* Thermoelasticity. — 2nd ed. — Wien—New York: Springer-Verlag, 1976. — *R. Wm. Little:* Elasticity. Englewood Cliffs, N.J.: Prentice-Hall, 1973 (Civil Engng. & Enging. Mechanics Ser.). *V. D. Kupradze* (ed.). Three-dim. problems of the math. theory of elasticity and thermoelasticity. Amsterdam: North-Holland, 1979.

Die Integrationskonstanten folgen aus den Randbedingungen. Die relevante Normalspannung aus dem *Hooke*schen Gesetz, vgl. Gl. (4.15) bzw. Gl. (4.18), ist die Radialspannung

$$\sigma_{rr} = \frac{2G}{1-2\nu}\left[(1-\nu)\,u' + \alpha\nu\,\frac{u}{r}\right]$$
$$= 2G\left[\frac{1+(\alpha-1)\,\nu}{1-2\nu}\,A - \alpha B\left(\frac{r_0}{r}\right)^{\alpha}\frac{1}{r}\right]. \qquad (6.12)$$

Als *Beispiel* berechnen wir die radiale Verschiebung und die Radialspannung in einem dickwandigen Rohr bzw. in einer dickwandigen Hohlkugel unter Innen- und Außendruck $p_{\mathrm{i,a}}$.
Die Randbedingungen in $r = R_{\mathrm{i}}$ bzw. $r = R_{\mathrm{a}}$ verlangen dann mit Gl. (6.12)

$$-\frac{p_{\mathrm{i,a}}}{2G} = \frac{1+(\alpha-1)\,\nu}{1-2\nu}\,A - \alpha B\left(\frac{r_0}{R_{\mathrm{i,a}}}\right)^{\alpha}\frac{1}{R_{\mathrm{i,a}}}. \qquad (6.13)$$

Damit wird die Radialspannung

$$\sigma_{rr}(r) = -p_{\mathrm{i}}\,\frac{(R_{\mathrm{a}}/r)^{\alpha+1}-1}{(R_{\mathrm{a}}/R_{\mathrm{i}})^{\alpha+1}-1} - p_{\mathrm{a}}\,\frac{1-\left(\dfrac{R_{\mathrm{i}}}{r}\right)^{\alpha+1}}{1-(R_{\mathrm{i}}/R_{\mathrm{a}})^{\alpha+1}}, \qquad (6.14)$$

und die Radialverschiebung

$$2G\alpha\,\frac{u(r)}{r} = -p_{\mathrm{a}}\left[\alpha\,\frac{1-2\nu}{1+(\alpha-1)\,\nu} + \left(\frac{R_{\mathrm{i}}}{r}\right)^{\alpha+1}\right]\Big/\left[1-(R_{\mathrm{i}}/R_{\mathrm{a}})^{\alpha+1}\right]$$
$$+ p_{\mathrm{i}}\left[\alpha\,\frac{1-2\nu}{1+(\alpha-1)\,\nu} + \left(\frac{R_{\mathrm{a}}}{r}\right)^{\alpha+1}\right]\Big/\left[(R_{\mathrm{a}}/R_{\mathrm{i}})^{\alpha+1}-1\right]. \qquad (6.15)$$

Die Umfangsspannung folgt wieder aus dem *Hooke*schen Gesetz, vgl. Gl. (4.15),

$$\sigma_{\vartheta\vartheta} = \frac{2G\nu}{1-2\nu}\left[u' + \big(1+(\alpha-2)\big)\,\frac{u}{r}\right]$$
$$= 2G\left[\frac{1+(\alpha-1)\,\nu}{1-2\nu}\,A - B\left(\frac{r_0}{r}\right)^{\alpha}\frac{1}{r}\right] \qquad (6.16)$$

zu

$$\alpha\sigma_{\vartheta\vartheta} = p_{\mathrm{i}}\,\frac{\alpha+(R_{\mathrm{a}}/r)^{\alpha+1}}{(R_{\mathrm{a}}/R_{\mathrm{i}})^{\alpha+1}-1} - p_{\mathrm{a}}\,\frac{\alpha+(R_{\mathrm{i}}/r)^{\alpha+1}}{1-(R_{\mathrm{i}}/R_{\mathrm{a}})^{\alpha+1}}. \qquad (6.17)$$

Bei der Kugel ist mit $\alpha = 2$ die dritte Hauptnormalspannung $\sigma_{\varphi\varphi} = \sigma_{\vartheta\vartheta}$, beim Zylinder ist mit $\alpha = 1$ bei *vollständiger Behinderung* der axialen Dehnung

$$\sigma_{zz} = \nu(\sigma_{rr} + \sigma_{\vartheta\vartheta}).$$

Interessant ist die Unabhängigkeit der Spannungssumme von r:

$$(\sigma_{rr} + \alpha\sigma_{\vartheta\vartheta}) = \frac{(1+\alpha)\,p_{\mathrm{i}}}{(R_{\mathrm{a}}/R_{\mathrm{i}})^{\alpha+1}-1} - \frac{(1+\alpha)\,p_{\mathrm{a}}}{1-(R_{\mathrm{i}}/R_{\mathrm{a}})^{\alpha+1}}. \qquad (6.18)$$

Die Formeln können direkt zur Berechnung der elastischen Schrumpfspannungen beim Aufschrumpfen auf einen elastischen vollen Innenkörper mit «Übermaß» h (im Innenkörper herrscht ein zentrales Druckfeld $\sigma_{rr} = -p_\mathrm{i}$) benützt werden. Nach dem Aufschrumpfen muß $R_\mathrm{i} + u(R_\mathrm{i}) = R_\mathrm{i} + \dfrac{h}{2} + u(R_i^{(-)})$. $u(R_i^{(-)})$ bezeichnet die Radialverschiebung des Innenkörpers. Etwas komplizierter wird die Rechnung beim Einschrumpfen eines Hohlkörpers in einen äußeren mit «Untermaß» h (da nun zwei Hohlkörper vorliegen).
Für das Aufschrumpfen einer sehr dicken Walze auf eine Welle mit Übermaß h bei gleichem E-Modul folgt mit $R_\mathrm{a} \to \infty$ näherungsweise die elastische «Fügepressung»

$$p_\mathrm{i} = \frac{Eh}{4(1-\nu^2)\,R_\mathrm{i}}. \tag{6.19}$$

In der Welle sind die Hauptnormalspannungen konstant

$$\sigma_{rr} = \sigma_{\vartheta\vartheta} = -p_\mathrm{i}, \qquad \sigma_{zz} = -2\nu p_\mathrm{i}. \tag{6.20}$$

6.1.1. Thermoelastische Verschiebungen

Ein homogener isotroper linear elastischer Körper wird durch das *Hooke*sche Gesetz beschrieben. Im Falle einer nicht-isothermen (d. h. von der Temperatur im spannungsfreien unverformten Zustand abweichenden) Temperaturverteilung (Temperaturdifferenz) $\theta(x, y, z)$ müssen die Wärmedehnungen überlagert werden. Wir setzen diese Normalverzerrungen linear und isotrop an

$$\bar{\varepsilon}_{ii} = \alpha\theta, \qquad i = x, y, z, \tag{6.21}$$

α ist die lineare Wärmedehnzahl mit $[\alpha] = \mathrm{K}^{-1}$, und erhalten das verallgemeinerte *Hooke*sche Gesetz durch Superposition, vgl. mit den Gln. (4.12) und (4.14),

$$e = \frac{p}{K} + 3\alpha\theta, \tag{6.22}$$

$$\varepsilon'_{ij} = \frac{1}{2G}\,\sigma'_{ij}. \tag{6.23}$$

Zum elastischen Potential, Gl. (3.47), ist dann die Volumendehnarbeit zuzuzählen, so daß die innere Energiedichte (abgesehen von einer reinen Temperaturfunktion) wieder durch

$$U' = \frac{K}{2}\,e^2 + 2GJ_2 \tag{6.24}$$

mit $J_2 = \dfrac{1}{2}\sum\limits_i \sum\limits_j \varepsilon'^2_{ij}$ und e nach Gl. (6.22) gegeben ist.
Die verallgemeinerte Ergänzungsenergiedichte mit der Definition

$$\varepsilon_{ij} = \frac{\partial U^{*\prime}}{\partial \sigma_{ij}} \tag{6.25}$$

ist dann (nichttrivial)

$$U^{*\prime} = \frac{1}{2K}\,p^2 + \frac{1}{4G}\sum_i \sum_j \sigma'^2_{ij} + 3\alpha\theta p. \tag{6.26}$$

Sie geht aus der Verzerrungsenergiedichte durch eine *Legendre-Transformation* hervor:

$$U^{*\prime}(\sigma_{ij}, \theta) = \sum_i \sum_j \sigma_{ij}\varepsilon_{ij} - U'(\varepsilon_{ij}, \theta), \tag{6.27}$$

wo ε_{ij} nach dem *Hooke*schen Gesetz, Gln. (6.22) und (6.23), eliminiert wird.

Wie in der Thermodynamik üblich, untersuchen wir eine «kleine» Zustandsänderung und bilden das Differential

$$\sum_i \sum_j \frac{\partial U^{*\prime}}{\partial \sigma_{ij}} \mathrm{d}\sigma_{ij} + \frac{\partial U^{*\prime}}{\partial \theta} \mathrm{d}\theta = \sum_i \sum_j (\varepsilon_{ij} \mathrm{d}\sigma_{ij} + \sigma_{ij} \mathrm{d}\varepsilon_{ij})$$
$$- \sum_i \sum_j \left(\frac{\partial U'}{\partial \varepsilon_{ij}} \mathrm{d}\varepsilon_{ij} - \frac{\partial U'}{\partial \theta} d\theta\right).$$

Koeffizientenvergleich ergibt dann die gewünschten Beziehungen (die dem *Hooke*schen Gesetz entsprechen)

$$\frac{\partial U^{*\prime}}{\partial \theta} = -\frac{\partial U'}{\partial \theta}, \qquad \sigma_{ij} = \frac{\partial U'}{\partial \varepsilon_{ij}}, \qquad \varepsilon_{ij} = \frac{\partial U^{*\prime}}{\partial \sigma_{ij}}. \tag{6.28}$$

Das inverse *Hooke*sche Gesetz kann mit Gl. (6.24) und der mittleren Gl. (6.28) z. B. in der Form

$$\sigma_{ij} = 2G\left(\varepsilon_{ij} + \frac{\nu}{1-2\nu} e\,\delta_{ij} - \frac{1+\nu}{1-2\nu} \alpha\theta\,\delta_{ij}\right) \tag{6.29}$$

geschrieben werden.

a) Die Ergänzungsenergie des thermisch belasteten Stabes

Als Beispiel berechnen wir die Ergänzungsenergie des geraden elastischen Stabes. Der Torsionsanteil entkoppelt bei thermischer Beanspruchung. Wir vernachlässigen den Querkrafteinfluß auf die Deformationen und erhalten dann

$$U^* = \int_0^l \mathrm{d}x \int_A \left[\frac{1}{2E} \sigma_{xx}^2 + \alpha\theta\sigma_{xx}\right] \mathrm{d}A. \tag{6.30}$$

Mit der *Bernoulli-Euler*-Annahme über das Ebenbleiben der Querschnitte, vgl. 5.3.a, die sich bei Durchbiegung der Stabachse durch den Winkel $\chi(x) = -\dfrac{\mathrm{d}w}{\mathrm{d}x}$ um die Trägheitshauptachse y drehen, wird das *Hooke*sche Gesetz, $\varepsilon_{xx}^{(0)}$ ist die Dehnung der Stabachse in $z = 0$,

$$\sigma_{xx}(x, z) = E\left(\varepsilon_{xx}^{(0)} + z\frac{\mathrm{d}\chi}{\mathrm{d}x} - \alpha\theta\right), \tag{6.31}$$

die Wärmespannung verläuft bei nichtlinearer Temperaturverteilung allerdings nichtlinear. Damit kann die Integration über die Querschnittsfläche ausgeführt werden und liefert die Schnittgrößen, y ist Schwerachse,

$$N(x) = \int_A \sigma_{xx}\,\mathrm{d}A = EA(\varepsilon_{xx}^{(0)} - \alpha n_\theta), \tag{6.32}$$

mit der *mittleren Temperatur* im Querschnitt

$$n_\theta = \frac{1}{A} \int\limits_A \theta \, \mathrm{d}A \tag{6.33}$$

und

$$M_y(x) = \int\limits_A z\sigma_{xx} \, \mathrm{d}A = EJ_y \left(\frac{\mathrm{d}\chi}{\mathrm{d}x} - \alpha m_\theta \right) \tag{6.34}$$

mit dem sogenannten *Temperaturmoment* («um die y-Achse»)

$$m_\theta = \frac{1}{J_y} \int\limits_A z\theta \, \mathrm{d}A \, . \qquad [m_\theta] = \frac{\mathrm{K}}{\mathrm{m}} . \tag{6.35}$$

Mit $\mathrm{d}\chi/\mathrm{d}x = -\mathrm{d}^2w/\mathrm{d}x^2$ folgt daraus die linearisierte Differentialgleichung der (thermoelastischen) Biegelinie (vgl. mit Gl. (5.22a) und siehe Gl. (6.70)):

$$\frac{\mathrm{d}\chi}{\mathrm{d}x} = \left(\frac{M_y}{EJ_y} + \alpha m_\theta \right) = -\frac{\mathrm{d}^2 w}{\mathrm{d}x^2} , \tag{6.36}$$

die mit entsprechenden Randbedingungen im nächsten Abschnitt integriert wird. Schließlich eliminieren wir die Deformationsgrößen und erhalten die Spannungsverteilung in der Form

$$\sigma_{xx}(x, z) = \frac{N(x)}{A} + \frac{M_y(x)}{J_y} z + E\alpha(n_\theta + zm_\theta - \theta) . \tag{6.37}$$

Diese Normalspannung hängt nun von den Schnittgrößen ab und bei nichtlinearer Temperaturverteilung im Querschnitt auch vom Temperaturunterschied zwischen nichtlinearem und linearem Temperaturverlauf. Der schnittgrößenunabhängige Anteil stellt *Eigenspannungen* dar, vgl. 2.5.1., da ihre Resultierende und ihr resultierendes Moment um die y-Achse verschwinden:

$$E\alpha \int\limits_A (n_\theta + zm_\theta - \theta) \, \mathrm{d}A = 0 , \qquad E\alpha \int\limits_A z(n_\theta + zm_\theta - \theta) \, \mathrm{d}A = 0 .$$

Wir setzen diese Spannungsverteilung (6.37) ein und erhalten die Ergänzungsenergie (6.30) im Stab der Länge l nach Integration über den Querschnitt und unter Weglassung reiner Temperaturfunktionsterme in der Form

$$U^*(N, M_y, n_\theta, m_\theta) = \int\limits_0^l \left(\frac{N^2}{2EA} + \frac{M_y^2}{2EJ_y} + N\alpha n_\theta + M_y \alpha m_\theta \right) \mathrm{d}x . \tag{6.38}$$

Für den schwach gekrümmten Stab kann $\mathrm{d}x$ durch das Bogenelement $\mathrm{d}s$ der Stabachse ersetzt werden. Beim geraden Stab und Biegung um beide Hauptachsen ist

$$U^* = \int\limits_0^l \left(\frac{N^2}{2EA} + \frac{M_y^2}{2EJ_y} + \frac{M_z^2}{2EJ_z} + N\alpha n_\theta + M_y \alpha m_{\theta_y} + M_z \alpha m_{\theta_z} \right) \mathrm{d}x , \tag{6.39}$$

worin

$$m_{\theta_z} = -\frac{1}{J_z} \int_A y\theta \, \mathrm{d}A. \tag{6.40}$$

Damit kann der Satz von *Castigliano* und *Menabrea*, vgl. (5.4.1.), auch im thermoelastischen Fall angewendet werden.

Wir zeigen dies am *beidseitig starr eingespannten Balken* der Länge l mit konstanter Biegesteifigkeit EJ_y unter konstanter Temperaturmomentbelastung $m_{\theta_y} = m_0$. Die Querkräfte sind Null (Symmetrie) und das Biegemoment $M_y(x) = M_e$ gleich dem Einspannmoment, das statisch unbestimmt bleibt. Wir bilden die Ergänzungsenergie

$$U^* = \int_0^l \left(\frac{M_y^2}{2EJ_y} + M_y \alpha m_{\theta_y} \right) \mathrm{d}x.$$

Nach *Menabrea* folgt

$$\frac{\partial U^*}{\partial M_e} = \int_0^l \left(\frac{M_y}{EJ_y} \frac{\partial M_y}{\partial M_e} + \frac{\partial M_y}{\partial M_e} \alpha m_{\theta_y} \right) \mathrm{d}x = 0$$

mit der Lösung

$$M_e = -EJ_y \alpha m_0. \tag{6.41}$$

Aus der erweiterten Differentialgleichung der Biegelinie ergibt sich mit $M_y = M_e$ das Verschwinden der Krümmung: Die Stabachse bleibt durch die starre Einspannung gerade.

Wählt man als statisch bestimmtes Grundsystem den *beidseitig gelenkig gelagerten Träger*, so folgt bei konstantem Temperaturmoment die biegemomentenfreie kreisförmige Biegelinie $w = \alpha m_0 \frac{lx}{2} \left(1 - \frac{x}{l}\right)$.
Ein isothermer beidseitiger Krempelmomentenangriff mit $M_e = -EJ_y \alpha m_0$ liefert die negativ gleiche Biegelinie.

b) Die Mayselsche Formel

Zur Bestimmung der *thermoelastischen Verschiebung* δ_i kann mit Vorteil bei zutreffenden Voraussetzungen (linearisierte geometrische Beziehungen) die *Betti*sche Methode Gl. (5.53) verallgemeinert werden. Wir betrachten den elastischen Körper bei isothermer Temperatur Null und bringen den Hilfskraftangriff H am Ort und in Richtung der gesuchten thermoelastischen Verschiebung an. Der Körper muß gelagert sein, die Oberfläche weist also einerseits vorgeschriebene Verschiebungen auf, der Rest sei lastenfrei. H erzeugt Spannungen $\bar{\sigma}_{ij}$ und Verzerrungen $\bar{\varepsilon}_{ij}$ (bei Temperatur Null). Anschließend ändern wir die Temperatur von Null auf die vorgegebene Temperaturverteilung, dabei entstehen quasistatisch Wärmespannungen σ_{ij} und Verzerrungen ε_{ij} (mit Wärmedehnungen). Dann folgt aus dem Prinzip der virtuellen Arbeit Gl. (5.3), die virtuellen Verschiebungen sind jetzt die genügend klein angenommenen thermischen,

$$H\delta_i = \sum_i \sum_j \int_V \bar{\sigma}_{ij} \varepsilon_{ij} \, \mathrm{d}V \tag{6.42}$$

Mit Hilfe des isothermen *Hooke*schen Gesetzes Gl. (4.15) rechnen wir $\bar{\sigma}_{ij}$ in $\bar{\varepsilon}_{ij}$ um, mit Hilfe des verallgemeinerten *Hooke*schen Gesetzes, Gln. (6.22) und (6.23), ε_{ij} in die Wärmespannungen σ_{ij} im Temperaturfeld θ. Das Resultat ist

$$H\,\delta_i = \sum_i \sum_j \int_V \sigma_{ij}\bar{\varepsilon}_{ij}\,\mathrm{d}V + \int_V 3\alpha\theta\bar{p}\,\mathrm{d}V. \tag{6.43}$$

Die Doppelsumme verschwindet aber nun, da die Wärmespannungen und die zugehörigen Auflagerreaktionen ein Gleichgewichtssystem bilden: Ihre virtuelle Arbeit an den jetzt als virtuelle Verschiebung gewählten isothermen Deformationen unter Hilfskraftangriff H ist Null, die Auflagerreaktionen sind virtuell leistungslos. Mit $H = 1$ folgt dann die *Mayselsche Formel*

$$\delta_i = \int_V 3\alpha\theta\bar{p}\,\mathrm{d}V. \tag{6.44}$$

Darin ist $\delta_i(P)$ die thermoelastische Verschiebung des Punktes P, $\theta(Q)$ die Temperatur im Punkt Q, $\bar{p}(Q, P)$ die mittlere Normalspannung im Punkt Q zufolge Hilfskraft $H = 1$ in Richtung von δ_i mit Angriffspunkt P (bei Temperatur Null) und $\mathrm{d}V_Q$ das Volumendifferential im Punkt Q (Integrationsvariable sind die Koordinaten von Q)[1]. Bei Kenntnis des Temperaturfeldes (berechnet aus der Wärmeleitgleichung) und der isothermen Einflußfunktion «Normalspannungssumme» unter Kraftangriff $H = 1$ kann durch die Auswertung des Bereichsintegrals die thermoelastische Verschiebung, durch entsprechende Differentiation (nach den Koordinaten von P) aber auch der Deformationsgradient und damit schließlich Verzerrungen und Wärmespannungen gefunden werden. Diese Gleichung läßt sich einfach an vorgegebene Volumina von Stäben, Scheiben, Platten und Schalen anpassen, siehe dort. Selbst bei punkt- oder achsensymmetrischen Problemen kann die Symmetrie durch Änderung des Hilfskraftangriffes erhalten werden.

Wärmespannungen in einer Hohlkugel bei punktsymmetrischem bzw. in einem Hohlzylinder bei achsensymmetrischem Temperaturfeld

Wir wählen als Hilfsangriff eine radiale Zugspannung der Intensität $\sigma_H = 1$, um die radiale thermoelastische Verschiebung darzustellen. Ihre Arbeit ist dann, $\bar{\alpha} = 2$ (Kugel), $\bar{\alpha} = 1$ (Zylinder):

$$\sigma_H\,\delta_R 2\pi\bar{\alpha}R^{\bar{\alpha}} = \int_{R_i}^{R_a} 3\alpha\theta(R^*)\,\bar{p}(R^*, R)\,2\pi\bar{\alpha}R^{*\bar{\alpha}}\,\mathrm{d}R^*. \tag{6.45}$$

Mit $\sigma_H = 1$ folgt

$$\delta_R = R^{-\bar{\alpha}} \int_{R_i}^{R_a} 3\alpha\theta(R^*)\,\bar{p}(R^*, R)\,R^{*\bar{\alpha}}\,\mathrm{d}R^*. \tag{6.46}$$

Darin ist die Normalspannungssumme aus $3\bar{p}(1 + \nu)^{(\bar{\alpha}-2)} = \bar{\sigma}_{rr} + \bar{\alpha}\bar{\sigma}_{\vartheta\vartheta}$ zufolge $\sigma_H = 1$ in R einzusetzen.

Bei frei verformbarem Hohlkörper folgt durch Superposition von Lösungen für zwei Hohlkörper mit gemeinsamem Radius R von den Gln. (6.14), (6.15), wenn auf R die Belastung mit $p_i = p_a + 1$ vorgegeben wird, mit der Stetigkeit der radialen Verschiebung $u(R)$:

$$\begin{aligned}&(1 - \nu)\,(1 + \nu)^{(\bar{\alpha}-2)}[1 - (R_i/R_a)^{\bar{\alpha}-1}]\,3\bar{p}(R^*, R)\\ &= \bar{\alpha}(1 - 2\nu)\,(R/R_a)^{\bar{\alpha}-1} + [1 + (\bar{\alpha} - 1)\,\nu] \cdot \begin{cases}1, & R^* < R\\ (R_i/R_a)^{\bar{\alpha}+1}, & R^* > R.\end{cases}\end{aligned} \tag{6.47}$$

Die Integration (6.46) über das Intervall $[R_i, R_a]$ ist über die Teilintervalle $[R_i, R]$ und $[R, R_a]$ zu erstrecken.

[1] Vgl. mit der Einflußlinienmethode der isothermen Statik, z. B. Gl. (2.159), wo über die Koordinate des Hilfslastangriffspunktes integriert wird.

6.1.2. Das Prinzip von de Saint Venant

Die Möglichkeit, passende Lösungen der Elastizitätsgleichungen (6.6) aufzufinden, hängt sehr stark von der Art der vorgeschriebenen Randbedingungen ab. Ersetzt man die an der Körperoberfläche angreifenden äußeren Kräfte mit i. allg. unbekannter Verteilung über einen Teil der Körperoberfläche (z. B. als Folge kinematischer Randbedingungen) durch statisch äquivalente, einfachere Kraftsysteme (erfüllt also Oberflächenbedingungen in diesem Bereich nicht streng), dann kann eine Berechnung der Spannungen und Deformationen durchgeführt werden, wobei häufig im Fernbereich (in genügend großem Abstand vom Randbereich mit genäherter Randbedingung) genügend gute Übereinstimmung mit der exakten Lösung erzielt wird, siehe Abb. 6.1. Im Nahfeld der Krafteinleitung kommt es allerdings immer auf die genaue Erfüllung der Randbedingungen an. Überlegungen dieser Art, die erst viele technische Lösungen auch in diesem Kapitel rechtfertigen, sind im *Saint-Venant*schen Prinzip zusammengefaßt:

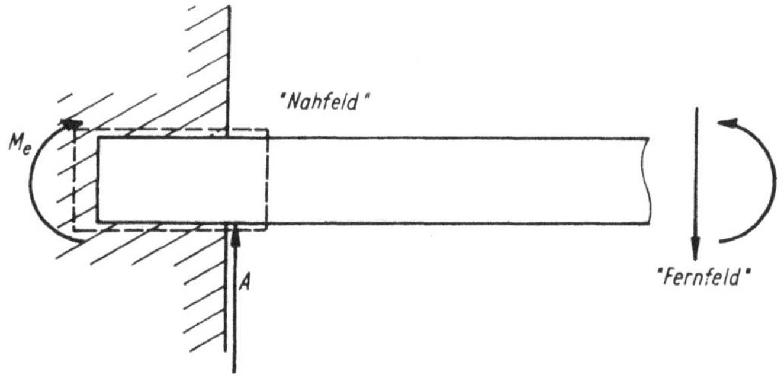

Abb. 6.1. Das Spannungsfeld in der Einspannung wird statisch äquivalent durch die Einzelkraft A und das Einspannmoment M_e ersetzt

«Statisch äquivalente Kraftsysteme, die innerhalb eines Bereiches angreifen, dessen Abmessungen klein sind gegen die Abmessungen des Körpers, rufen in hinreichender Entfernung von diesem Bereich annähernd gleiche Spannungen und Verformungen hervor.»

Obwohl eine Reihe mehr oder minder allgemeiner mathematischer Beweise für das Prinzip gegeben wurden (besonders für den hier behandelten elastischen Festkörper), ist es letzten Endes in der Erfahrung begründet. Die Grenzen seiner Anwendbarkeit sind nicht immer leicht zu erkennen. Vor allem bei dünnwandigen Bauteilen, wie Kastenträger, Schalen, Verbundkonstruktionen usw., ist auch im elastischen Bereich besondere Vorsicht geboten.

6.1.3. Anstrengungshypothesen

Beim mehrachsigen Spannungszustand im elastischen Körper ist die «Anstrengung» des Werkstoffes, also die Intensität dieses Spannungszustandes durch ein Maß, z. B. durch eine *Vergleichsspannung*, festzulegen. Die Grenzen des elastischen Verhaltens,

z. B. Bruch bei sprödem Materialverhalten oder Fließen bei zähplastischen Materialien, können durch Anstrengungshypothesen mit Hilfe kritischer Werte dieser Vergleichsspannung festgelegt werden.
Wir beschreiben nur die zwei einfachsten technisch bedeutenden Hypothesen: Die *Normalspannungshypothese* begrenzt die größte Hauptnormalspannung (gleich der Zugvergleichsspannung) in zugempfindlichen spröden Körpern (die beiden anderen Hauptnormalspannungen werden in ihrem Einfluß auf die Anstrengung vernachlässigt). In zähplastischen Körpern, aus einem Material, das im Zugversuch eine ausgeprägte Fließgrenze (Fließspannung oder Streckgrenze) aufweist, muß aus dem dreiachsigen Spannungszustand eine Vergleichsspannung σ_V so berechnet werden, daß ein Vergleich mit dem einachsigen Versuch möglich wird. Als *Energiemaß* für die Anstrengung kann man die *Gestaltänderungsenergiedichte* wählen (Verzerrungsenergie vermindert um die Kompressionsarbeit), da noch so großer allseitig gleicher Druck nicht zum Fließen führen kann:

$$U_G^{*\prime} = \frac{1}{2G} J_2, \qquad J_2 = \frac{1}{2} \sum_i \sum_j \sigma_{ij}'^2, \qquad \sigma_{ij}' = \sigma_{ij} - p\,\delta_{ij},$$

vgl. Gl. (5.38) und Gl. (3.47). Im Vergleichsprobestab ist (im einachsigen Spannungszustand σ_V)

$$U_G^{*\prime} = \frac{\sigma_V^2}{6G}.$$

Gleichsetzen liefert die Vergleichsspannung und ihre elastische Schranke σ_F, da $\sigma_V = \sigma_F$ den Zugstab gerade zum Fließen bringen würde, vgl. auch die *v.-Mises*-Fließbedingung (4.127),

$$\sigma_V = \frac{\sqrt{2}}{2} [(\sigma_1 - \sigma_2)^2 + (\sigma_2 - \sigma_3)^2 + (\sigma_3 - \sigma_1)^2]^{1/2} \leqq \sigma_F.$$

$\sigma_1, \sigma_2, \sigma_3$ sind die Hauptnormalspannungen. Im ebenen Spannungszustand $\sigma_3 = 0$ ist

$$\sigma_V = [\sigma_{xx}^2 - \sigma_{xx}\sigma_{yy} + \sigma_{yy}^2 + 3\sigma_{xy}^2]^{1/2}.$$

Den (z. B. deformationsgeschwindigkeitsabhängigen) Übergang der Anstrengung spröder Materialien zu zähplastischem Stoffverhalten beschreibt die *Leon*sche Hüllparabel *Mohr*scher Spannungskreise in der Spannungsebene, siehe *Mohr*sche Anstrengungshypothese[1].
Wenn Proportionalität zwischen Belastung und elastischen Spannungen besteht, wie das in diesem Kapitel vorausgesetzt ist, kann auch der Begriff der zulässigen Spannung $\sigma_{zul} = \sigma_F/\nu_F$ verwendet werden. Es muß dann $\sigma_V \leqq \sigma_{zul}$ gelten, damit eine Sicherheit $\nu_F > 1$ gegen Erreichen der Fließgrenze im elastischen Vergleichsprobestab gewährleistet wird.

---

[1] *A. Nadai:* Theory of Flow and Fracture of Solids. — New York: McGraw-Hill. 2nd. ed. 1950.
A. Slattenschek: Zähes und sprödes Verhalten metallischer Werkstoffe bei mechanischen Beanspruchungen. Schweißen und Schneiden 3 (1951), 90—100, Sonderheft, und: Grundsätzliches zur Theorie des Sprödbruches. Radex-Rundschau (1953) 186—199.

6.2. Der gerade Stab

Der Stab, ein Körper, dessen Querschnittsabmessung klein gegen seine Längserstreckung ist, stellt eines der wichtigsten Konstruktionselemente dar, siehe 2.5.1. Der Spannungszustand wird durch die i. allg. nicht verschwindenden Komponenten $\sigma_{xx}, \sigma_{xy} = \sigma_{yx}, \sigma_{xz} = \sigma_{zx}$ vollständig beschrieben, x zeigt in Stabachsenrichtung. Die Berechnung der Spannungsverteilung für die verschiedenen Beanspruchungsfälle (Längskraft, Querkraftbiegung, Torsion) setzt die Ermittlung der Schnittgrößen $N(x)$, $Q_y(x)$, $Q_z(x)$, $M_y(x)$, $M_z(x)$, M_T aus der gegebenen Belastung voraus (z. B. $q_x(x)$, $q_y(x)$, $q_z(x)$ als tangentiale und Querbelastung je Längeneinheit) und führt mit gegebenen Randbedingungen über die Deformationen zur Lösung des i. allg. statisch unbestimmten Problems.

So führt die Längskraft mit Biegung (bei nichtverschwindender Querkraft mit der approximierenden *Bernoulli-Euler*-Annahme über das Ebenbleiben der Querschnitte) auf die lineare Normalspannungsverteilung

$$\sigma_{xx}(y, z) = \frac{N}{A} + \frac{M_y}{J_y} z - \frac{M_z}{J_z} y \tag{6.48}$$

im Querschnitt an der Stelle x. Dabei sind J_y und J_z die Hauptträgheitsmomente um die Stabachsen. Die Lösung ist im Falle «reiner Biegung» exakt.[1]

Für den zusammengesetzten Beanspruchungsfall Längskraft und Biegung konnten wir einen speziellen Angriffspunkt $A_N(y_N = b, z_N = c)$ von $N \neq 0$ in der Querschnittsebene finden, so daß die Biegemomente (mit Bezugspunkt gleich Schwerpunkt) durch

$$M_z = -Nb, \qquad M_y = Nc, \tag{6.49}$$

gegeben sind, Gl. (2.135). Die Normalspannung im linear elastischen Stab ist dann

$$\sigma_{xx} = \frac{N}{A}\left(1 + \frac{cz}{i_y^2} + \frac{by}{i_z^2}\right), \quad J_{\binom{y}{z}} = A i^2_{\binom{y}{z}}. \tag{6.50}$$

Sie hat die *Nullinie*

$$1 + \frac{cz}{i_y^2} + \frac{by}{i_z^2} = 0, \tag{6.51}$$

die das Gebiet der Zugspannungen von den Druckspannungen abgrenzt. Bei Balken oder Säulen, die auf exzentrischen Druck, $N < 0$, beansprucht sind und keine Zugspannungen aufnehmen sollen (Beton oder Mauerwerk usw.), soll die Nullinie außerhalb des Querschnittes zu liegen kommen. Das Gebiet des Querschnittes, das durch alle dieser Forderung genügenden Angriffspunkte A_N gebildet wird (und seinen Schwerpunkt enthält), wird als *Kern des Querschnittes* bezeichnet. Um seine Berandung zu finden, legt man die Nullinie tangential an den Querschnittsrand und löst nach den Koordinaten b, c auf (b, c sind dann die Koordinaten der Antipole aller Tangenten an die kleinste konvexe Hülle des Querschnittes).[2]

---

[1] Die *Navier*schen Gln. (6.6) sind für konstantes Moment und konstante Biegesteifigkeit (eines Rechteckquerschnittes) streng erfüllt.

[2] Einer geraden Linie der Hüllkurve entspricht ein Kerneckpunkt und vice versa.

Für den Rechteckquerschnitt $(H \cdot B)$ folgt mit $i_y^2 = \dfrac{H^2}{12}$, $i_z^2 = \dfrac{B^2}{12}$ ein Punkt des Kerns aus $b = 0$, $z = H/2$ zu $c = -H/6$, siehe Abb. 6.2. Für den Kreisquerschnitt ist $i^2 = R^2/4$, und der kreisförmige Kern hat den Radius $R/4$, vgl. Abb. 6.3.

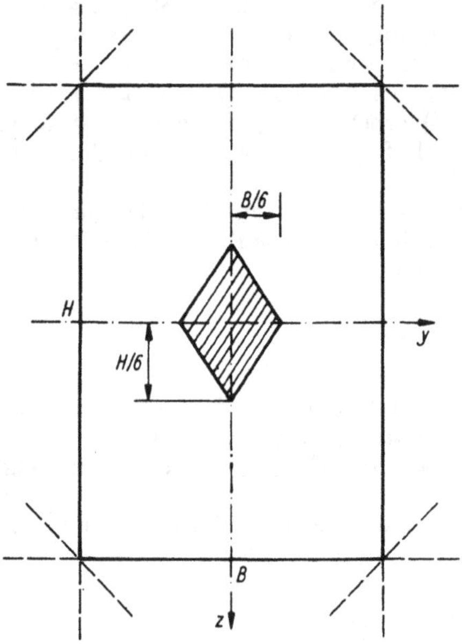

Abb. 6.2. Kern des Rechteckquerschnittes

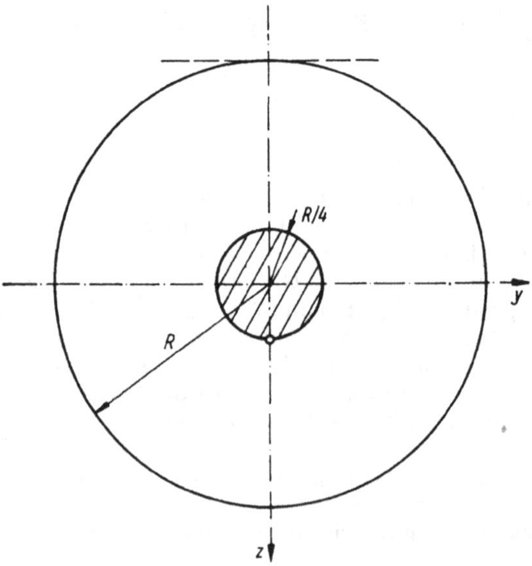

Abb. 6.3. Kern des Kreisquerschnittes

6.2.1. Schubspannungen und Schubdeformationen zufolge Querkraft

Schwieriger ist, wie nachstehend gezeigt wird, die Ermittlung der Schubspannungsverteilung zufolge Querkraft und Torsion. Nur im Falle des dünnwandigen Querschnitts der Dicke h gelingt eine einfache Darstellung, da dann die Schubspannungen tangential zur Berandung verlaufen (Satz von den zugeordneten Schubspannungen, lastfreie Mantelflächen). Wir fassen sie zum resultierenden Schubfluß $T(s) = \tau(s)\, h(s)$, mit s als Bogenlänge der Querschnittskontur, zusammen.
Der Stab soll konstanten Querschnitt besitzen. Dann folgt aus dem Kräftegleichgewicht am Element in x-Richtung, Abb. 6.4,

$$\frac{\partial T}{\partial s} + h(s)\, \frac{\partial \sigma_{xx}}{\partial x} = 0. \tag{6.52}$$

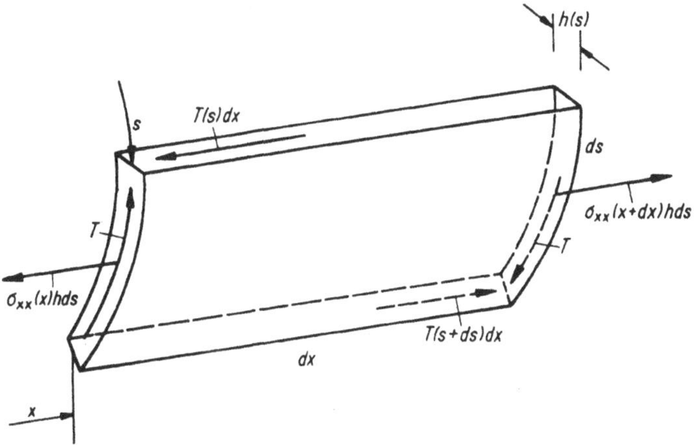

Abb. 6.4. Element eines Stabes mit dünnwandigem Querschnitt. Gleichgewicht der inneren Kräfte

Die Längsspannung zufolge Biegung eingesetzt:

$$\sigma_{xx} = \frac{M_y}{J_y}\, z - \frac{M_z}{J_z}\, y, \tag{6.53}$$

ergibt mit $\dfrac{\partial M_y}{\partial x} = Q_z$, $\dfrac{\partial M_z}{\partial x} = -Q_y$,

$$\frac{\partial T}{\partial s} + h(s) \left[\frac{Q_z}{J_y}\, z + \frac{Q_y}{J_z}\, y\right] = 0. \tag{6.54}$$

Integration liefert den Schubfluß

$$T(s) = T_0 - \left[\frac{Q_z}{J_y} \int\limits_0^s z h(s)\, \mathrm{d}s + \frac{Q_y}{J_z} \int\limits_0^s y h(s)\, \mathrm{d}s\right], \tag{6.55}$$

und mit T/h die mittlere Schubspannung. Die Integrationskonstante $T_0 = T(s = 0)$ verschwindet im Falle des dünnwandigen *offenen* Querschnittes bei Zählung von s

vom schubspannungsfreien Rand. Sie bleibt vorläufig unbestimmt beim Kastenquerschnitt, entspricht aber konstantem Schubfluß.[1] Die Integrale sind die statischen Momente «abgetrennter» Querschnittsteile der Länge s um die Schwerachsen des Gesamtquerschnittes, wir nennen sie

$$S_y(s) = \int_0^s zh(s)\,ds \quad \text{und} \quad S_z(s) = \int_0^s yh(s)\,ds. \tag{6.56}$$

Damit folgt die «mittlere» Schubspannung zufolge *Querkraftbeanspruchung* im Querschnitt mit der negativen Normalen zu

$$\tau(s) = \frac{T}{h(s)} = \frac{T_0}{h(s)} - \left(\frac{Q_z S_y(s)}{J_y h(s)} + \frac{Q_y S_z(s)}{J_z h(s)}\right). \tag{6.57}$$

Bei dickwandigen Querschnitten, z. B. auch «Vollquerschnitten», wäre die Schubspannungsberechnung sehr kompliziert, die technische Biegelehre überträgt daher die Formel, siehe Abb. 6.5, $Q_y = 0$, torsionsfreie Querkraftwirkung vorausgesetzt,

$$\sigma_{xz} = \frac{T}{B(s)} = -\frac{Q_z S_y(s)}{J_y B(s)}, \tag{6.58}$$

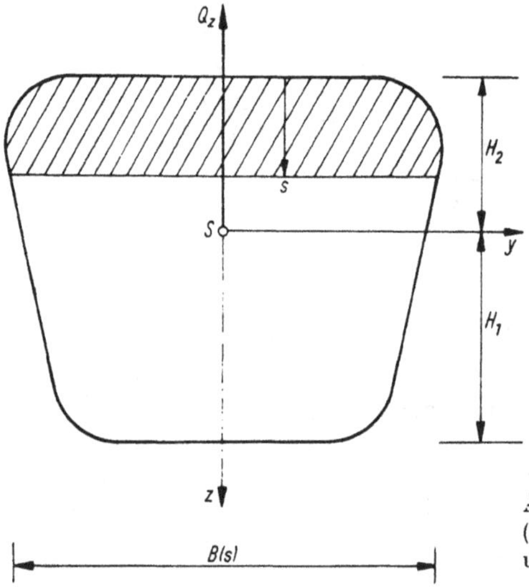

Abb. 6.5. Voller Querschnitt (negatives Schnittufer) unter Schubbeanspruchung

wo $s = z + H_2$. Man erkennt unmittelbar die grobe Näherung bei «dicken» Querschnitten, die sich mit z verändern (z. B. Randschubspannung nicht randparallel). Für den Rechteckquerschnitt folgt dann mit $B(s) = \text{const}$ und $H = H_1 + H_2$, $A = BH$,

$$S_y(s) = -\frac{A}{2}s\left(1 - \frac{s}{H}\right) \tag{6.59}$$

[1] Beim Hohlquerschnitt ist bei Übertragung eines Drehmomentes M_T der Schubfluß statisch bestimmt und gleich der Konstanten T_0 und wurde in Gl. (2.171) berechnet. Beim mehrzelligen Querschnitt wird T_0 später bei der Untersuchung der Torsion ermittelt.

eine parabolische Schubspannungsverteilung:

$$\sigma_{xz} = \frac{Q_z \frac{1}{2} Bs(H-s)}{\frac{BH^3}{12} B} = \frac{6Q_z}{BH^3} s(H-s), \tag{6.60}$$

mit

$$\text{Max}\,|\sigma_{xz}| = \frac{3}{2}\frac{|Q_z|}{A} \quad \text{in} \quad z=0, \quad \text{vgl. Abb. 6.6.} \tag{6.61}$$

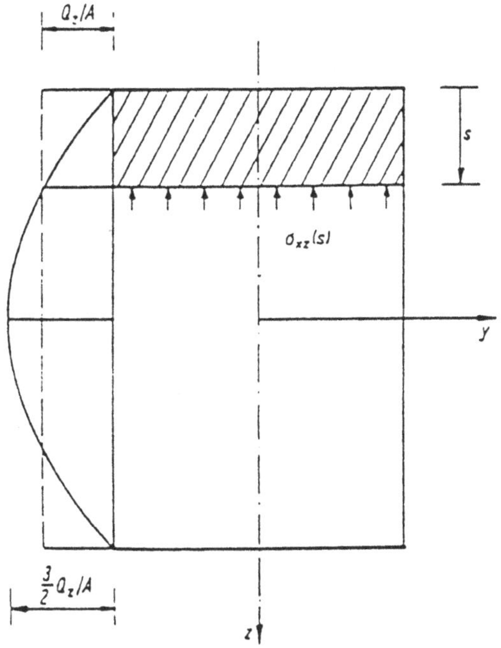

Abb 6.6. Schubspannungsverteilung im Rechteckquerschnitt (negatives Schnittufer) unter Querkraftbelastung Q_z

Für den elliptischen und Kreisquerschnitt ist

$$\text{Max}\,|\sigma_{xz}| = \frac{4}{3}\frac{|Q_z|}{A} \tag{6.62}$$

Im Falle eines dünnwandigen T- oder I-Querschnittes, siehe Abb. 6.7, kann mit dieser Formel

$$\sigma_{xz}(s) = \frac{Bt\left(H_2 - \frac{t}{2}\right)}{J_y h} Q_z + \frac{Q_z}{J_y} s\left(H_2 - t - \frac{s}{2}\right), \qquad s \geqq 0 \tag{6.63}$$

angegeben werden. Mit $\sigma_{xz} = \sigma_{zx}$ folgt damit insbesondere die zwischen Steg und Flansch in $s = 0$ übertragene Schubspannung in Längsrichtung (als *Fügeschub-*

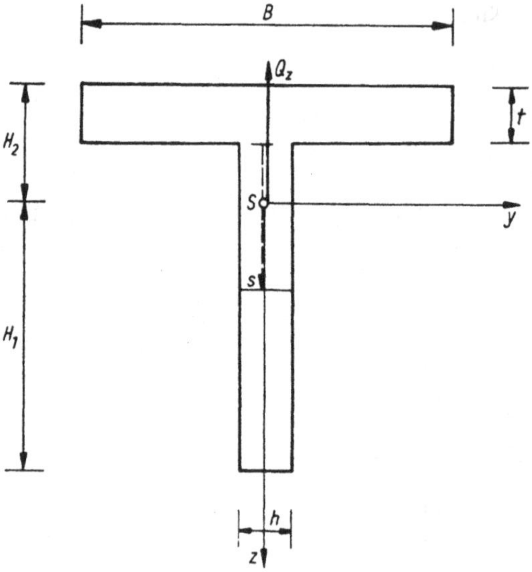

Abb. 6.7. Dünnwandiger T-Querschnitt (negatives Schnittufer) unter Schubbeanspruchung

spannung z. B. für die Bemessung der Schweißverbindung oder der Verdübelung von Obergurt- und Stegblech maßgebend).

Bei nicht genügend schlanken, also gedrungenen Stäben erreicht der Beitrag der *Schubdeformation* zur Durchbiegung die Größenordnung der Biegedeformation. Mit dem näherungsweise bekannten Schubspannungsverlauf kann dieser Beitrag abgeschätzt werden. Wäre die Schubspannung σ_{xz} *konstant* im Querschnitt (jetzt mit positiver Normale x), dann wäre die Gleitung gleich der zusätzlichen Verdrehung des dann immer noch eben bleibenden Querschnitts:

$$\gamma_{xz} = 2\varepsilon_{xz} = \frac{\sigma_{xz}}{G} = \frac{Q_z}{GA}. \tag{6.64}$$

Der ebene Querschnitt steht dann allerdings nicht mehr senkrecht auf der verformten Stabachse. Bezeichnet wieder χ den Drehwinkel des Querschnittes um die y-Achse, mit

$$\frac{d\chi}{dx} = \frac{M_y}{EJ_y} \tag{6.65}$$

zufolge Biegung, siehe Gl. (5.22a) bzw. (6.36), dann ist jetzt, vgl. Abb. 6.8, γ_{xz} bezeichnet die Winkelabnahme, siehe Abb. 1.7,

$$\frac{dw}{dx} = -\chi + \gamma_{xz}. \tag{6.66}$$

Um nun der nichtkonstanten Schubspannungsverteilung Rechnung zu tragen, bestimmen wir eine mittlere Gleitung $\bar{\gamma}_{xz}$ an Stelle der konstanten Verdrehung aus der Forderung gleicher Deformationsarbeit der Querkraft und der statisch äquivalenten Schubspannungsverteilung, $\mathrm{d}w \approx (-\chi + \bar{\gamma}_{x z}) \,\mathrm{d}x$,

$$\frac{1}{2} Q_z \,\mathrm{d}w = \frac{1}{2} \int_A \sigma_{xz} \frac{\partial w}{\partial x} \,\mathrm{d}x \,\mathrm{d}A = \frac{-\chi \,\mathrm{d}x}{2} \int_A \sigma_{xz} \,\mathrm{d}A + \frac{\mathrm{d}x}{2G} \int_A \sigma_{xz}^2 \,\mathrm{d}A$$
$$= \left[-\chi Q_z + \frac{1}{G} \int_A \sigma_{xz}^2 \,\mathrm{d}A\right] \frac{\mathrm{d}x}{2}. \tag{6.67}$$

Mit $\sigma_{xz} = \dfrac{Q_z S_y}{J_y B}$ folgt

$$\frac{1}{2} Q_z \,\mathrm{d}w = \frac{1}{2} \left[-\chi + \frac{Q_z}{G J_y^2} \int_A \frac{S_y^2}{B^2} \,\mathrm{d}A\right] Q_z \,\mathrm{d}x = \frac{1}{2} [-\chi + \bar{\gamma}_{xz}] Q_z \,\mathrm{d}x \tag{6.68}$$

und mit $\bar{\gamma}_{xz} = \dfrac{\varkappa_z Q_z}{GA}$ ist schließlich der Korrekturkoeffizient

$$\varkappa_z = \frac{A}{J_y^2} \int_A \left(\frac{S_y}{B}\right)^2 \mathrm{d}A. \tag{6.69}$$

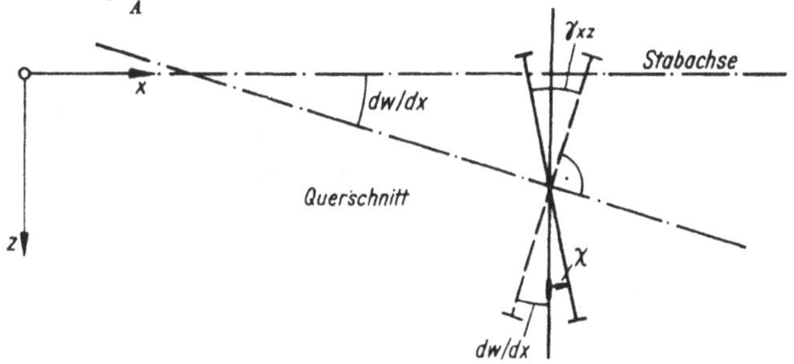

Abb. 6.8. Querschnittdrehung bei Biege- und Schubdeformation

Für den vollen Rechteckquerschnitt der Breite B erhält man $\varkappa_z = 6/5$, für den Kreisquerschnitt $\varkappa = 10/9$, für das I-Profil $\varkappa \approx A/A_{\text{Steg}}$.
Schließlich kann mit $\mathrm{d}Q_z/\mathrm{d}x = -q_z$ eine korrigierte Differentialgleichung der Biegelinie mit Schubdeformationseinfluß bei kleiner Krümmung der Stabachse angegeben werden, vgl. insbesondere mit Gl. (6.36):

$$\frac{\mathrm{d}^2 w}{\mathrm{d}x^2} = -\frac{M_y}{EJ_y} - \frac{\varkappa_z q_z}{GA} = -\frac{1}{E}\left[\frac{M_y}{J_y} + \frac{2(1+\nu)\varkappa_z q_z}{A}\right], \quad A = \text{const.} \tag{6.70}$$

Zu beachten ist auch die Änderung der Randbedingungen, z. B. einer starren Einspannung, wo nun $\chi = 0$ und nicht $\dfrac{\mathrm{d}w}{\mathrm{d}x} = 0$ vorzuschreiben ist, vergleiche mit Gl. (6.66).

Nun wird auch der Näherungsausdruck in der Ergänzungsenergie von Kapitel 5.1. verständlich, wo mit $\sigma_{xy} = G\bar{\gamma}_{xy}$ und $\sigma_{xz} = G\bar{\gamma}_{xz}$ folgt

$$\frac{1}{2G} \int_A (\sigma_{xy}^2 + \sigma_{xz}^2) \,\mathrm{d}A = \frac{1}{2} \bar{\gamma}_{xy} \int_A \sigma_{xy} \,\mathrm{d}A + \frac{1}{2} \bar{\gamma}_{xz} \int_A \sigma_{xz} \,\mathrm{d}A$$
$$= \frac{1}{2} \bar{\gamma}_{xy} Q_y + \frac{1}{2} \bar{\gamma}_{xz} Q_z = \frac{1}{2} \left(\frac{\varkappa_y Q_y^2}{GA} + \frac{\varkappa_z Q_z^2}{GA}\right). \tag{6.71}$$

Beispiel: Biegelinie des Kragträgers

Als Beispiel soll die Biegelinie mit Querkrafteinfluß am Kragträger der Länge l mit konstanter Biege- und Schubsteifigkeit, EJ_y und GA, bei starrer Einspannung und uniformer Querbelastung $q_z = q$ ermittelt werden. Mit $M_y = -\frac{q}{2}(l-x)^2$ ergibt die Integration der korrigierten Differentialgleichung der Biegelinie (6.70):

$$w(x) = \frac{q}{24EJ}(l-x)^4 - \frac{\varkappa_z q}{GA}\frac{x^2}{2} + C_1 x + C_2.$$

Die Integrationskonstanten sind aus den kinematischen Randbedingungen der starren Einspannung in $x = 0$, nämlich $w(0) = 0$ und $\chi(0) = \bar{\gamma}_{xz} - \frac{\mathrm{d}w}{\mathrm{d}x} = 0$, zu bestimmen: $C_2 = -ql^4/24EJ$ folgt unmittelbar, und C_1 wird aus

$$\frac{\mathrm{d}w}{\mathrm{d}x}(x=0) = \frac{\varkappa_z}{GA}Q_z(0), \qquad Q_z(x) = q(l-x) \quad \text{zu} \quad C_1 = \frac{ql^3}{6EJ_y} + \varkappa_z\frac{ql}{GA}$$

ermittelt.

Bezeichnet $w_1(x)$ den vom Biegemoment herrührenden und $w_2(x)$ den von der Querkraft hervorgerufenen Biegelinienanteil, dann ist in $x = l$

$$\frac{w_2}{w_1}(x=l) = 8(1+\nu)\varkappa_z\left(\frac{i_y}{l}\right)^2.$$

Im allgemeinen ist bei einem Stab $\varkappa_z(i_y/l)^2 \ll 1$, $i_y^2 = J_y/A$. Der Anteil der Schubdeformation an der maximalen Enddurchbiegung ist daher vernachlässigbar. Auch genauere Theorien bestätigen dieses Ergebnis.

6.2.2. Ermittlung der Biegelinie mit Hilfe der «Momentenbelastung»

Ein Balken unter Querbelastung wird, wenn nur der Momentenanteil an der Durchbiegung der Stabachse bei kleiner Krümmung berücksichtigt wird, durch die linearisierte Differentialgleichung 2. Ordnung

$$\frac{\mathrm{d}^2w}{\mathrm{d}x^2} = -\frac{M_y}{EJ_y} \tag{6.72}$$

mit den kinematischen oder dynamischen Randbedingungen, z. B. $w = 0$, $\frac{\mathrm{d}w}{\mathrm{d}x} = 0$ bei starrer Einspannung, $M_y = 0$, $Q_y = \frac{\mathrm{d}M_y}{\mathrm{d}x} = 0$ am freien Ende, $w = 0$, $M_y = 0$ bei gelenkiger Lagerung usw., beschrieben, siehe Gl. (5.22a).

Andererseits genügt das Biegemoment M_y selbst einer linearen Differentialgleichung 2. Ordnung, siehe Gl. (2.152),

$$\frac{\mathrm{d}^2M_y}{\mathrm{d}x^2} = -q_z, \tag{6.73}$$

bei Querbelastung durch q_z, mit den Randbedingungen $M_y = M_0$, $\frac{\mathrm{d}M_y}{\mathrm{d}x} = Q_z = Q_0$, Q_0, M_0 sind Randkräfte. Jedes Verfahren also, das die eine Gleichung löst, kann unmittelbar auch auf die andere angewendet werden. Die Momentenlinie wurde bequem mit Hilfe des Seileckes graphisch dargestellt, konnte aber auch rechnerisch über die Gleichgewichtsbedingungen am finiten Balkenelement der Länge x ermittelt werden. Durch Vergleich der Differentialgleichungen erkennen wir die Möglichkeit mit der Ersatzbelastung

$$\bar{q}_z = M_y \frac{J_0}{J_y}. \tag{6.74}$$

J_0 ist ein Referenzträgheitsmoment, die Durchbiegung w als reduzierte Schnittgröße $\frac{\bar{M}_y}{EJ_0}$ (Krümmung) eines *Ersatzträgers* darzustellen. Nach Differentiation folgt auch eine Beziehung für den Biegewinkel:

$$w = \frac{\bar{M}_y}{EJ_0}, \qquad \frac{\mathrm{d}w}{\mathrm{d}x} = \frac{\bar{Q}_z}{EJ_0}, \tag{6.75}$$

$\bar{Q}_z$ ist die «Querkraft» im Ersatzbalken. Um die spezielle Lösung der Biegelinie zu bekommen, sind noch die Randbedingungen vom Balken auf den Ersatzträger zu übertragen. Nur die gelenkige Randlagerung geht auch in eine Gelenkstütze des Ersatzträgers über, dort entspricht $w = 0$ nämlich $\bar{M}_y = 0$, und $\mathrm{d}w/\mathrm{d}x \neq 0$ entspricht $\bar{Q}_z \neq 0$. Das freie Balkenende geht zwangsläufig in eine starre Einspannung des Ersatzträgers über. Eine unverschiebliche Innenstütze fordert dort $w = 0$ und ergibt ein Gelenk im Ersatzträger, wo dann $\bar{M}_y = 0$, stetiges $\mathrm{d}w/\mathrm{d}x$ entspricht stetigem $\bar{Q}_z$. Die Korrespondenzen sind umkehrbar. Wir zeigen die rechnerische Version des nach *Mohr* benannten Verfahrens, die insbesondere dann angewendet wird, wenn die Deformationen nur an wenigen Stellen zu ermitteln sind, und die graphische «Krafteck-Seileck»-Konstruktion der Biegelinie am *Beispiel des Kragträgers unter Einzellast F und Endmoment* M_0 konstanter Biegesteifigkeit $EJ_y = EJ_0$: Nach Abb. 6.9 ist $M_y(x) = -F(l - x) + M_0$ und gleich der Momentenbelastung $\bar{q}_z$ des Ersatzträgers. Dieser weist im Gegensatz zum Balken in $x = 0$ ein freies Ende auf und ist in $x = l$ starr eingespannt. Sind nur Enddurchbiegung und Biegewinkel in $x = l$ gesucht, dann brauchen nur die «Auflagerreaktionen» am statisch bestimmten Ersatzträger ermittelt zu werden:

$$\bar{Q}_z(x = l) = \frac{1}{2} Fl^2 - M_0 l, \qquad \bar{M}_y(x = l) = \frac{1}{2} Fl^2 \frac{2}{3} l - M_0 l \frac{l}{2}.$$

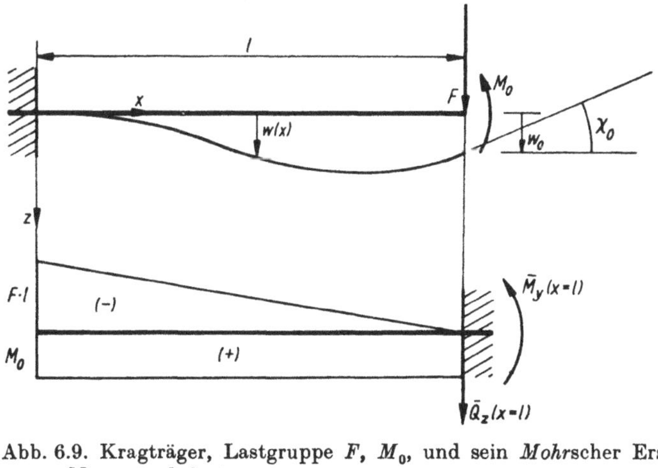

Abb. 6.9. Kragträger, Lastgruppe F, M_0, und sein *Mohr*scher Ersatzträger unter «Momentenbelastung»

Mit der Korrespondenz wird

$$-\frac{dw}{dx}(x = l) = \chi_0 = \frac{l}{EJ_0} M_0 - \frac{l^2}{2EJ_0} F$$

$$w(x = l) = w_0 = -\frac{l^2}{2EJ_0} M_0 + \frac{l^3}{3EJ_0} F$$

In Matrixschreibweise mit dem «Deformationsvektor» $\vec{u}_F^T = (\chi_0\ w_0)$ und dem «Kraftvektor» $\vec{F}^T = (M_0\ F)$ folgt die lineare Vektortransformation

$$\vec{u}_F = \boldsymbol{f}\vec{F} \tag{6.76}$$

mit der symmetrischen 2×2-Nachgiebigkeits-(Feder-) matrix $\boldsymbol{f} = \{a_{ij}\}$; $a_{11} = l/EJ_0$, $a_{12} = a_{21} = -l^2/2EJ_0$ und $a_{22} = l^3/3EJ_0$ sind die Einflußzahlen des Kragträgers in $x = l$, d. h. die Arbeitswege bei $M_0 = 1$, $F = 0$ bzw. $M_0 = 0$ und $F = 1$. Inversion ergibt die Steifigkeitsmatrix

$$\vec{F} = \boldsymbol{k}\vec{u}_F, \tag{6.77}$$

$\boldsymbol{k} = \{k_{ij}\}$, $k_{11} = 4EJ_0/l$, $k_{12} = k_{21} = 6EJ_0/l^2$ und $k_{22} = 12EJ_0/l^3$.

Die graphische Lösung erhält man, wie bei Linienlast üblich, siehe 2.5.1.b, näherungsweise durch statisch äquivalente Einzelkraftbelastung nach Intervalleinteilung am Ersatzträger. Abb. 6.10 zeigt drei Intervalle[1].

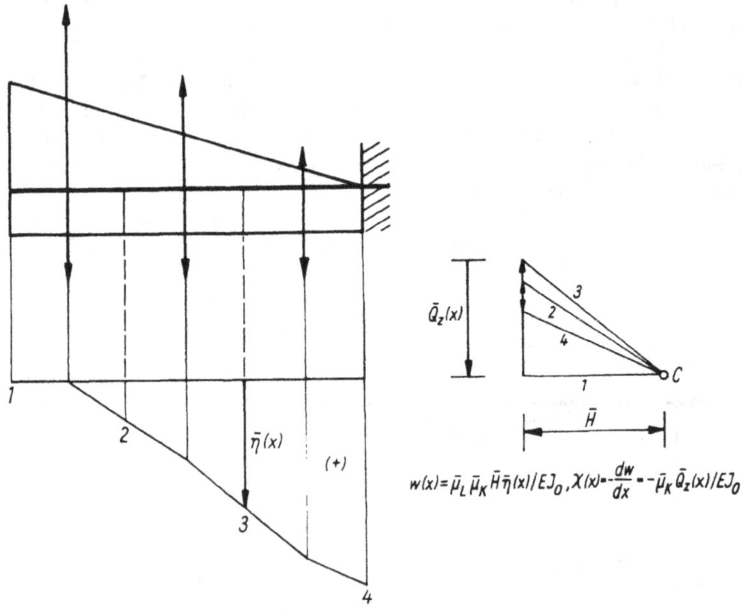

Abb. 6.10. *Mohr*scher Ersatzträger. Graphische Lösung zum *Mohr*schen Verfahren – Biegelinie

[1] Die Angriffspunkte der Einzelkräfte sind (fälschlich) in Intervallmitte angenommen. Sonst wäre die graphische Lösung in den Intervallpunkten exakt in den Linienelementen (w) und $\left(-\frac{dw}{dx}\right)$.

Besondere Vorteile bietet das *Mohrsche Verfahren* zur Berechnung der *Einflußlinien von Deformationsgrößen*, z. B. der Durchbiegung $\overline{w}(x, \xi)$ zufolge $F = 1$ in ξ. Wir zeigen dies am *Beispiel des beidseitig gelenkig gelagerten Balkens* mit konstanter Biegesteifigkeit $EJ_y = EJ_0$, der mit seinem Ersatzträger übereinstimmt. Mit der in Abb. 6.11 eingetragenen Momentenbelastung wird $\bar{A} = \frac{l^2}{3}\frac{\xi}{l}\left(1 - \frac{\xi}{l}\right)\left(1 - \frac{\xi}{2l}\right)$ und $\bar{B} = \frac{l^2}{6}\frac{\xi}{l}\left(1 - \frac{\xi^2}{l^2}\right)$. Die Biegeeinflußlinie in $0 \leqq x \leqq \xi$ folgt dann mit der Korrespondenz

$$\overline{w}(x, \xi) = \frac{\overline{M}_y(x)}{EJ_0} = \frac{l^3}{6EJ_0}\left(1 - \frac{\xi}{l}\right)\left[\left(1 - \frac{x^2}{l^2}\right) - \left(1 - \frac{\xi}{l}\right)^2\right]\frac{x}{l} \tag{6.78}$$

und in $0 \leqq \xi \leqq x \leqq l$ zu

$$\overline{w}(x, \xi) = \frac{\overline{M}_y(x)}{EJ_0} = \frac{l^3}{6EJ_0}\frac{\xi}{l}\left[\left(1 - \frac{\xi^2}{l^2}\right) - \left(1 - \frac{x}{l}\right)^2\right]\left(1 - \frac{x}{l}\right). \tag{6.79}$$

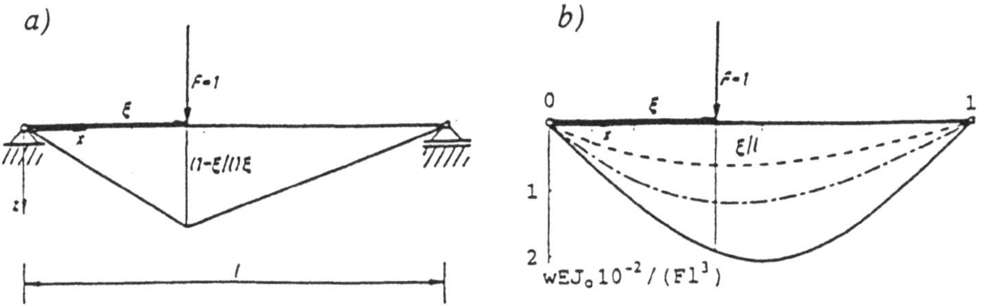

Abb. 6.11. (a) Einfeldträger und *Mohr*scher Ersatzträger. Aktuelle Einzelkraftbelastung und Momentenbelastung. (b) Einflußlinien der Durchbiegung in den drei ausgewählten Punkten $x/l = 0{,}1$ – –, $= 0{,}2$ –.–, $= 0{,}5$ — (Berechnung mittels «Mathematica»)

Das *Mohr*sche Verfahren kann auch dazu benutzt werden, die zusätzlichen Deformationsgleichungen zur Bestimmung der *statisch Unbestimmten* aufzustellen. In einem ersten «einfachen» *Beispiel* ermitteln wir das statisch unbestimmte Einspannmoment eines zusätzlich *gelenkig gestützten Kragbalkens* unter Gleichlast $q_z = q_0$. Nach Abb. 6.12 drücken wir das Biegemoment durch $\frac{q_0 x}{2}(l - x)$, wie es im statisch bestimmten Grundsystem (Träger auf zwei Stützen) auftritt, und durch das Biegemoment $\frac{M_e}{l}(l - x)$ bei Belastung durch das Krempelmoment M_e in $x = 0$ aus und finden dann die Momentenbelastung $\bar{q}_z = \frac{q_0 x}{2}(l - x) + \frac{M_e}{l}(l - x)$ des Ersatzträgers. Bei Beachtung der Randbedingungen des statisch unbestimmten Systems ist dieser dann in $x = l$ gelenkig gestützt, in $x = 0$ jedoch frei, also einfach *statisch unterbestimmt*.

Die Gleichgewichtsbedingung am Ersatzträger, $\overline{M}(x = l) = 0$, ergibt die gesuchte Gleichung zur Bestimmung der statisch Unbestimmten M_e:

$$\frac{2}{3}\frac{q_0 l^2}{8} l \frac{l}{2} + M_e \frac{l}{2}\frac{2}{3} l = 0.$$

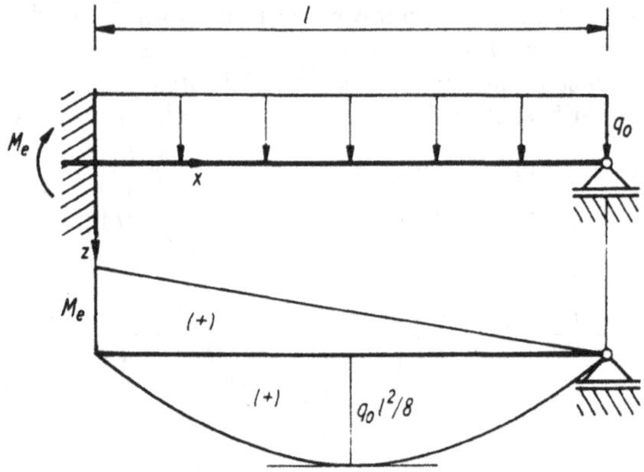

Abb. 6.12. Berechnung statisch Unbestimmter nach *Mohr*

Auflösung liefert

$$M_e = -\frac{q_0 l^2}{8}. \tag{6.80}$$

Wir behandeln nun das schwierigere *Beispiel eines n-feldrigen Durchlaufträgers* unter beliebiger Belastung mit feldweise konstanter Biegesteifigkeit. Dieses System ist bei gelenkiger Lagerung $(n-1)$-fach statisch unbestimmt. Wir wählen die Biegemomente über den Stützen als statisch Unbestimmte, $M_1, M_2, \ldots, M_{n-1}$ und stellen die Bestimmungsgleichungen mit Hilfe des *Mohr*schen Verfahrens auf. Wir greifen zwei beliebige aneinandergrenzende Felder heraus und bestimmen am statisch bestimmten Grundsystem (mit Gelenken über den Stützen) die Momentenlinie einmal von der gegebenen Lastverteilung herrührend und dann von den als äußerer Lastangriff eingeführten statisch unbestimmten Schnittmomenten bedingt. Mit den Bezeichnungen nach Abb. 6.13, insbesondere Φ_k für die Momentenfläche der gegebenen Belastung im

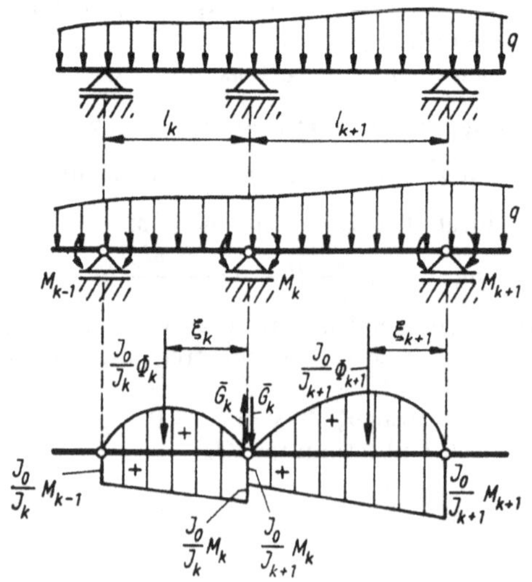

Abb. 6.13. Durchlaufträger mit *Mohr*schem Ersatzsystem

k-ten Feld und den zum rechten Knoten gemessenen Hebelarm ξ_k dieser Belastung am Ersatzträger (ohne Stützen, ausgenommen die Randfelder), folgen die beiden Gleichgewichtsbedingungen, k ist die Nummer der Mittelstütze

$$\overline{M}_{k-1} = 0 \quad \text{und} \quad \overline{M}_{k+1} = 0$$

also, mit $\overline{G}_k$ als «Gelenkkraft» im mittleren Knoten:

$$\frac{J_0}{J_k} \Phi_k(l_k - \xi_k) + \frac{J_0}{J_k} M_{k-1} l_k \frac{1}{2} l_k + \frac{1}{2}\left(\frac{J_0}{J_k} M_k - \frac{J_0}{J_k} M_{k-1}\right) l_k \frac{2}{3} l_k - \overline{G}_k l_k = 0,$$

$$\frac{J_0}{J_{k+1}} \Phi_{k+1}\xi_{k+1} + \frac{J_0}{J_{k+1}} M_k l_{k+1} \frac{1}{2} l_{k+1} + \frac{1}{2}\left(\frac{J_0}{J_{k+1}} M_{k+1} - \frac{J_0}{J_{k+1}} M_k\right) l_{k+1} \frac{1}{3} l_{k+1} + \overline{G}_k l_{k+1} = 0.$$

Elimination von $\overline{G}_k$ ergibt den *Dreimomentensatz* (mit $J_k = J_0 = \text{const}$ nach *Clapeyron* benannt):

$$M_{k-1} \frac{l_k}{J_k} + 2M_k \left(\frac{l_k}{J_k} + \frac{l_{k+1}}{J_{k+1}}\right) + M_{k+1} \frac{l_{k+1}}{J_{k+1}} = -6\left[\Phi_k \frac{l_k - \xi_k}{J_k l_k} + \Phi_{k+1} \frac{\xi_{k+1}}{J_{k+1} l_{k+1}}\right]. \tag{6.81}$$

Diese Gleichung läßt sich für jedes Gelenk des $(n-1)$-fach statisch unterbestimmten Ersatzträgers (für jede Innenstütze des Durchlaufträgers) also genau $(n-1)$-mal anschreiben. Das ergibt ein lineares inhomogenes Gleichungssystem mit «Bandstruktur».

Der «unendlich» lange Durchlaufträger mit äquidistanter Stützweite, konstanter Biegesteifigkeit, unter Gleichlast q_0, hat konstante Werte des Momentes über den Stützen,

$$M_k l = -\Phi, \qquad \Phi = \frac{2}{3} \frac{ql^2}{8} l = \frac{ql^3}{12}. \tag{6.82}$$

Also $M_k = -\dfrac{ql^2}{12}$, es entspricht betragsmäßig dem maximalen Biegemoment.

6.2.3. Wärmespannungen

Die Temperatur im stabförmigen Körper kann sowohl axial (von x abhängig) wie auch über den Querschnitt verteilt sein und noch (instationär) von der Zeit abhängen. Zeitliche Temperaturänderungen sollen so langsam erfolgen, daß stets quasistatisch (jede Momentanlage ist Gleichgewichtslage) gerechnet werden kann, die Zeit ist dann nur ein Parameter im Spannungs- und Deformationsverhalten.

Wir benützen die *Mayselsche Formel* (6.44) zur Bestimmung der thermoelastischen Verschiebungen der Stabachse. Wegen $\sigma_{yy} = \sigma_{zz} = 0$ wird $\overline{p} = \dfrac{\overline{\sigma}_{xx}}{3}$. Die Längsspannungsverteilung $\bar{\sigma}_{xx}$ zufolge $F = 1$ in Längs- und Querrichtung kann über die entsprechenden Schnittgrößen N bzw. M_y und M_z ausgedrückt werden:

$$\bar{\sigma}_{xx} = \frac{\bar{N}}{A} \quad \text{bzw.} \quad \bar{\sigma}_{xx} = \frac{\bar{M}_y}{J_y} z - \frac{\bar{M}_z}{J_z} y, \tag{6.83}$$

y, z sind Trägheitshauptachsen im Schwerpunkt. Damit folgt die thermoelastische Verlängerung des Stabes in x zu

$$\delta_x = \int_{x=0}^{l} \alpha \frac{\bar{N}(\xi, x)}{A} \, d\xi \int_A \theta(\xi, y, z) \, dA = \int_{x=0}^{l} \alpha n_\theta(\xi) \, \bar{N}(\xi, x) \, d\xi, \tag{6.84}$$

wo n_θ die mittlere Temperatur im Querschnitt ist:

$$n_\theta = \frac{1}{A} \int_A \theta(x, y, z) \, dA. \tag{6.85}$$

$\bar{N}$ ist die Längskraft in ξ zufolge Zugkraft $F = 1$ im Punkt x. Die Durchbiegung an der Stelle x folgt dann (entkoppelt) zu

$$\delta = \int_{x=0}^{l} \alpha \int_A \left(\frac{\bar{M}_y(\xi, x)}{J_y} z\theta(\xi, y, z) - \frac{\bar{M}_z(\xi, x)}{J_z} y\theta(\xi, y, z) \right) dA \, d\xi$$

$$= \int_0^l \alpha[m_{\theta_y}(\xi) \, \bar{M}_y(\xi, x) + m_{\theta_z}(\xi) \, \bar{M}_z(\xi, x)] \, d\xi. \tag{6.86}$$

Die Größen

$$m_{\theta_y} = \frac{1}{J_y} \int_A z\theta(x, y, z) \, dA, \qquad m_{\theta_z} = -\frac{1}{J_z} \int_A y\theta(x, y, z) \, dA \tag{6.87}$$

werden als «Temperaturmomente» bezeichnet, siehe auch Gln. (6.33) und (6.35).
$\bar{M}_y$ und $\bar{M}_z$ sind Biegemomente an der Stelle ξ zufolge der Querbelastung $F = 1$ im Punkt x. Wählt man einen äußeren Momentenangriff $M = 1$ im Punkt x, dann erhält man mit $\delta(x)$ den (im Sinne des Momentenangriffes gezählten) thermoelastischen Biegewinkel, $\bar{M}_y$ und $\bar{M}_z$ sind dann die Biegemomente in ξ zufolge Momentenbelastung mit $M = 1$ in x.
Zur Berechnung der thermoelastischen Verschiebungen werden also die mittlere Temperatur $n_\theta(x)$, die «Temperaturmomente» $m_{\theta_y}(x)$, $m_{\theta_z}(x)$, (y, z Trägheitshauptachsen), und die Einflußlinien der Längskraft $\bar{N}$ und der Biegemomente $\bar{M}_y$, $\bar{M}_z$ benötigt (siehe 2.5.1.b).
Die Wärmespannungen folgen dann aus dem *Hooke*schen Gesetz (6.29) zu

$$\sigma_{xx}(x, y, z) = E \left[\frac{\partial \delta_x}{\partial x} - z \frac{\partial^2 \delta_z}{\partial x^2} - y \frac{\partial^2 \delta_y}{\partial x^2} - \alpha\theta(x, y, z) \right], \tag{6.88}$$

wo $\delta_z = w$, $\delta_y = v$. Bei *nichtlinearer Temperaturverteilung* im Querschnitt sind auch die *Spannungen nichtlinear* verteilt, allerdings sind dann die Abweichungen von den linear verteilten Spannungen sogenannte *Eigenspannungen* (die Resultierenden verschwinden). In der *Maysel*schen Formel darf unter dem Integral nach dem Parameter x differenziert werden.

Ein *lastfreier Träger auf zwei Stützen* (Spannweite l) sei durch ein konstantes Temperaturmoment $m_{\theta_y} = m_0$ beaufschlagt. Mit

$$\overline{M}_y(\xi, x) = \xi\left(1 - \frac{x}{l}\right), \quad 0 \leqq \xi \leqq x \quad \text{und}$$

$$\overline{M}_y(\xi, x) = x\left(1 - \frac{\xi}{l}\right), \quad x \leqq \xi \leqq l$$

folgt die *momentenfreie* thermoelastische Durchbiegung aus

$$w(x) = \alpha m_0 \left[\int_0^x \left(1 - \frac{x}{l}\right)\xi\,\mathrm{d}\xi + \int_x^l x\left(1 - \frac{\xi}{l}\right)\mathrm{d}\xi\right]$$

$$= \frac{\alpha m_0 l^2}{2}\,\frac{x}{l}\left(1 - \frac{x}{l}\right). \tag{6.89}$$

Daraus folgt konstante Krümmung

$$\frac{\mathrm{d}^2 w}{\mathrm{d}x^2} = -\alpha m_0 \tag{6.90}$$

und die (nichtlineare) Eigenspannungsverteilung[1]

$$\sigma_{xx}(z) = E\alpha\big(n_\theta + m_0 z - \theta(z)\big). \tag{6.91}$$

Die Spannungen verschwinden nur bei linearer Temperaturverteilung, H sei z. B. die Höhe eines Trägers mit Rechteckquerschnitt, dann ist

$$\theta(z) - n_\theta = \frac{\theta_u - \theta_0}{H}\,z, \tag{6.92}$$

θ_u und θ_0 sind die Randtemperaturen, da dann wegen

$$m_\theta = \frac{1}{J_y}\int_A z\theta\,\mathrm{d}A = \frac{\theta_u - \theta_0}{H}, \tag{6.93}$$

$n_\theta + m_\theta z - \theta(z) = 0$. Die Dehnung zufolge der mittleren Temperatur $n_\theta = \dfrac{\theta_u + \theta_0}{2}$ sei ebenfalls unbehindert (Loslager).

Der *beidseitig starr eingespannte Träger*, Spannweite l, konstante Biegesteifigkeit EJ_y hat die Momenteneinflußlinie

$$0 \leqq \xi \leqq x\colon\ \overline{M}_y(\xi, x) = \left(1 - \frac{x}{l}\right)\left[\left(1 + \frac{x}{l} - 2\,\frac{x^2}{l^2}\right)\xi - \left(1 - \frac{x}{l}\right)x\right] \tag{6.94}$$

$$x \leqq \xi \leqq l\colon\ \overline{M}_y(\xi, x) = \left(1 - \frac{x}{l}\right)\left[\left(1 + \frac{x}{l} - 2\,\frac{x^2}{l^2}\right)\xi - \left(1 - \frac{x}{l}\right)x\right] - \xi + x. \tag{6.95}$$

---

[1] Bei statisch bestimmter Lagerung verschwinden die Schnittgrößen aus Gleichgewichtsgründen.

Die thermoelastische Durchbiegung $w(x)$ zufolge konstantem Temperaturmoment $m_{\theta_y} = m_0$ verschwindet:

$$w(x) = \alpha m_0 \int_0^l \bar{M}_y(\xi, x) \, \mathrm{d}\xi = 0. \tag{6.96}$$

Damit ist

$$\sigma_{xx}(z) = -E\alpha\theta(z) \tag{6.97}$$

und das Biegemoment

$$M_y = \int_A z\sigma_{xx}(z) \, \mathrm{d}A = -E\alpha \int_A z\theta(z) \, \mathrm{d}A = -EJ_y\alpha m_0 = \text{const} \tag{6.98}$$

gleich dem Einspannmoment. Die Lösung gewinnen wir einfacher aus der Differentialgleichung der Biegelinie: $w'' = -\left(\frac{M_y}{EJ_y} + \alpha m_{\theta_y}\right)$ mit der Randbedingung $w'(0) = w'(l) = 0$.

6.2.4. Torsion

Wir behandeln zuerst die Stäbe mit dünnwandigem Hohlquerschnitt bei reiner Torsion weiter und ermitteln den statisch unbestimmten Schubfluß im mehrzelligen Kastenquerschnitt. Nach Einführung der Wölbfunktion kann die kombinierte Beanspruchung auf Querkraftbiegung und Torsion untersucht werden, die besonders bei dünnwandigen, offenen Querschnitten kritisch werden kann. Daher wird der Schubmittelpunkt formelmäßig berechnet. Die Wölbkrafttorsion wird theoretisch und am Beispiel der Torsion eines [-Profils mit Wölbbehinderung dargestellt. Die Torsion völliger Querschnitte ohne und mit Oberflächenkerben und das *Prandtl*sche Membrangleichnis beschließen diese Einführung:

a) Dünnwandige Hohlquerschnitte

Den konstanten Schubfluß $T = \sigma_{xs}h$ haben wir für den Hohlquerschnitt aus der statischen Äquivalenz der Momente berechnet, Gl. (2.171). Die erste von *R. Bredt* bereits 1896 angegebene Formel lautet:

$$M_\mathrm{T} = 2AT, \tag{6.99}$$

A ist die von der Mittellinie der Querschnittskontur begrenzte Fläche. Ändert sich der Querschnitt nicht mit x, ist $M_\mathrm{T} = \text{const}$ und kann die axiale Verformung ungehindert vor sich gehen, dann liegt reine Torsion oder *St.-Venantsche Torsion* vor. Die Verwindung $\vartheta = \mathrm{d}\chi/\mathrm{d}x$, der Verdrehwinkel je Längeneinheit, ist dann konstant, und ein Querschnitt im Abstand x verdreht sich um $\chi(x) = \vartheta x$. Bezeichnet p den Normalabstand der Tangente an die Querschnittskontur vom beliebig angenommenen Bezugspunkt, dann verschiebt sich der Berührungspunkt in Tangentenrichtung um $p\chi(x)$ und in Achsenrichtung um $u = \vartheta\varphi(s)$. s ist die Bogenlängenkoordinate der Querschnittskontur, $\varphi(s) = u/\vartheta$ wird Einheitsverwölbung oder *Wölbfunktion* genannt, sie kann nicht von x abhängen. Der Drehwinkel χ ist hinreichend klein vorausgesetzt. Die linearisierte geometrische Beziehung, Gl. (1.21) mit (1.31), ergibt dann die Gleitung

$$\gamma_{xs} = \frac{\partial(p\chi)}{\partial x} + \frac{\partial u}{\partial s} = \vartheta\left[\frac{\partial\varphi}{\partial s} + p\right]. \tag{6.100}$$

Integration über den ganzen Umfang der Querschnittsmittellinie liefert mit stetiger Wölbfunktion

$$\oint \gamma_{xs}\,\mathrm{d}s = \vartheta \oint p\,\mathrm{d}s = 2A\vartheta \tag{6.101}$$

noch unabhängig vom speziellen elastischen Materialgesetz. Mit dem *Hooke*schen Gesetz, vgl. Gl. (4.8),

$$\gamma_{xs} = \sigma_{xs}/G = T/Gh = M_\mathrm{T}/2GAh \tag{6.102}$$

folgt dann bei veränderlicher Wandstärke $h(s)$

$$\frac{M_\mathrm{T}}{2GA}\oint \frac{\mathrm{d}s}{h} = 2A\vartheta,$$

und die *zweite Bredtsche Formel* gestattet die Berechnung der Verwindung

$$\vartheta = \frac{M_\mathrm{T}}{4GA^2}\oint \frac{\mathrm{d}s}{h}. \tag{6.103}$$

Definitionsgemäß ist bei linear elastischer Torsion $\vartheta = M_T/GJ_T$, und der Drillwiderstand des Hohlquerschnittes ist daher, – vergleiche auch die resultierende Torsionsdifferentialgleichung mit der Gl. (6.65) –

$$J_\mathrm{T} = 4A^2 \Big/ \oint \frac{\mathrm{d}s}{h}, \qquad \frac{\mathrm{d}\chi}{\mathrm{d}x} = \frac{M_T}{GJ_T}. \tag{6.104}$$

Mit konstanter Wandstärke wird $\oint \frac{\mathrm{d}s}{h} = L/h$. Für ein *Kreisrohr* folgt mit $L = 2R\pi$, $A = \pi R^2$, $\vartheta = \frac{M_\mathrm{T}}{GJ_\mathrm{T}}$, $J_\mathrm{T} = 2\pi h R^3$.

Die *Bredt*schen Formeln gelten ungeändert auch bei veränderlichem Schubfluß, also auch wenn der Hohlquerschnitt einen oder mehrere *Zwischenstege* aufweist, siehe Gl. (6.114). Der Schubfluß muß in jedem Teil der Wand konstant verlaufen, beim mehrzelligen Querschnitt sind die Schubflüsse in den Zwischenstegen allerdings statisch unbestimmt. Die Deformationsbedingung der starren Drehung des gesamten Querschnittes fordert allerdings auch gleiche Drehwinkel für die Teilröhren gleich dem Drehwinkel der Gesamtröhre.

Wesentlich ist noch die Bedingung über die Aufteilung des Schubflusses an Wandverzweigungen, siehe Abb. 6.14, die fordert, «Zu- und Abfluß» müssen gleich groß sein (vgl. mit der Masseflußgleichung einer inkompressiblen Flüssigkeit, Gl. (1.86), bei Rohrverzweigung):

$$T_2 = T_1 + T_3.$$

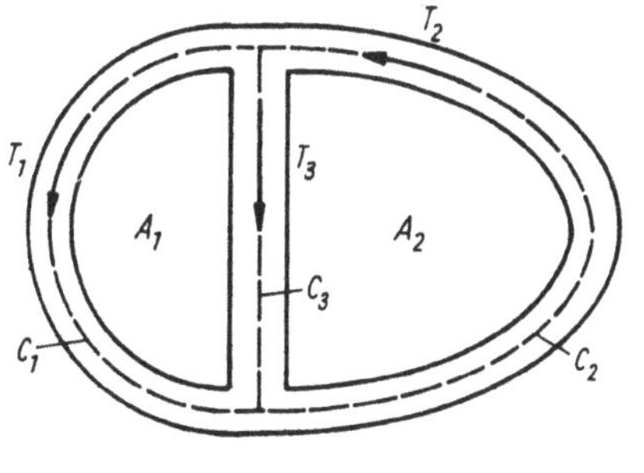

Abb. 6.14. Hohlquerschnitt mit Zwischensteg

Aus der ersten *Bredt*schen Formel folgt dann die Summe der in den Teilröhren übertragenen Drehmomente, die gleich dem Gesamttorsionsmoment sein muß:

$$2 \sum_{i=1}^{n} A_i T_i = M_T. \tag{6.105}$$

A_i sind die von den Mittellinien der Teilröhren umschlossenen Flächen. Man erkennt, daß beim gegenseitigen Durchlaufen der Zwischenstege mit den Schubflüssen der angrenzenden Teilröhren genau die Verzweigungsbedingung erfüllt wird. Die zweite *Bredt*sche Formel liefert die Deformationsbedingung mit $M_{T_i} = 2A_i T_i$:

Im Fall des zweizelligen Querschnittes der Abb. 6.14

$$2G\vartheta = \frac{1}{A_1}\left[T_1 \int\limits_{C_1} \frac{ds}{h} - T_3 \int\limits_{C_3} \frac{ds}{h}\right] = \frac{1}{A_2}\left[T_2 \int\limits_{C_2} \frac{ds}{h} + T_3 \int\limits_{C_3} \frac{ds}{h}\right] \tag{6.106}$$

ergeben sich nun insgesamt vier Gleichungen zur Bestimmung der Unbekannten: T_1, T_2, T_3, ϑ.

Ergibt sich der Schubfluß in einem Zwischensteg zu Null, z. B. $T_3 = 0$, dann ist dieser für die Übertragung des Drehmomentes M_T wirkungslos (blind).

Die mittlere Schubspannung folgt weiterhin aus $\sigma_{xs} = T_i/h$, doch tritt an den «Ecken» des Kastenquerschnittes und an den Anschlußstellen der Zwischenstege eine stark ungleichmäßige Schubspannungsverteilung auf. An scharfen Krümmungen tritt am Innenrand eine *Spannungsspitze* auf, deren Größe vom Rundungsradius-Wandstärke-Verhältnis abhängt. Man bezeichnet τ_{max}/σ_{xs} als *Formzahl.* Sie wurde von *J. H. Huth* im J. Appl. Mech. 17, 388 (1950) berechnet und ist in Abb. 6.15 wiedergegeben [vgl. auch die Umströmung einer Ecke, Kapitel 13.4.1.(b)].

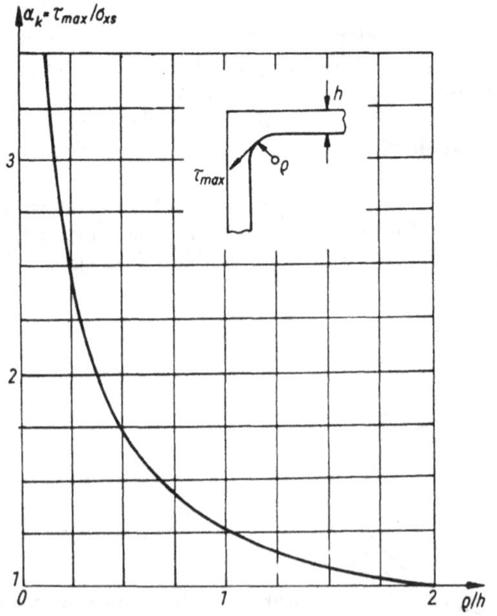

Abb. 6.15. Formzahl in Abhängigkeit vom Ausrundungsradius einer Ecke

Aus dem *Hooke*schen Gesetz $\gamma_{xs} = \sigma_{xs}/G = T/Gh = \vartheta \left[\frac{\partial \varphi}{\partial s} + p\right]$ kann durch Integration die Wölbfunktion $\varphi(s)$ als Funktion des Schubflusses (der nicht konstant sein muß) dargestellt werden:

$$\varphi(s) = \varphi_0 + \frac{1}{G\vartheta} \int_0^s T \frac{\mathrm{d}s}{h} - \int_0^s p \, \mathrm{d}s. \tag{6.107}$$

Setzen wir $T = M_T/2A = \text{const}$ der reinen Torsion ein, dann folgt mit $a(s) = \frac{1}{2} \int_0^s p \, \mathrm{d}s$

$$\varphi(s) = \varphi_0 + \frac{M_T}{2GA\vartheta} \int_0^s \frac{\mathrm{d}s}{h} - 2a(s) = \frac{u(s)}{\vartheta}.$$

Die Integrationskonstante bleibt wie der Drehpol unbestimmt. Um die Verwölbung zu bestimmen, ist der Schubmittelpunkt als Bezugspunkt zu wählen, siehe Gl. (6.118). Setzen wir für ϑ die zweite *Bredt*sche Formel ein, dann folgt die Wölbfunktion als reine Querschnittsgröße zu

$$\varphi_0 - \varphi(s) = 2 \left[a(s) - \frac{A}{B} b(s)\right]. \tag{6.108}$$

mit den Abkürzungen

$$b(s) = \int_0^s \frac{\mathrm{d}s}{h} \quad \text{und} \quad B = b(L) = \oint \frac{\mathrm{d}s}{h}. \tag{6.109}$$

Für das Kreisrohr folgt, mit dem Mittelpunkt als Bezugspunkt (Schubmittelpunkt), $a(s) = Rs/2$, $b(s) = s/h$, $A = \pi R^2$, $B = 2R\pi/h$ und daher $\varphi(s) = \varphi_0$, der Querschnitt ist wölbfrei. Ebenso wölbfrei sind z. B. alle Röhren in Form von «Tangentenpolygonen» mit konstanter Wandstärke, die Röhre in Dreiecksform sogar bei beliebiger seitenweise konstanter Wandstärkenkombination.

Wesentlich häufiger als die reine Torsionsbeanspruchung tritt in der Praxis die gleichzeitige Beanspruchung *Querkraftbiegung und Torsion* auf, siehe 2.5.1. Da man das Torsionsmoment mit der Querkraft statisch äquivalent zu einer parallel verschobenen Einzelkraft Q zusammensetzen kann, liegt die Frage nach dem *Schubmittelpunkt* nahe. Das ist dann der Angriffspunkt von Q, so daß bei $M_T = 0$ keine Verdrillung des Stabes erfolgt. Wir nehmen $Q_y = 0$ an, dann ist im Hohlquerschnitt

$$T(s) = T_0 - \frac{Q_z}{J_y} S_y(s), \qquad S_y(s) = \int zh \, \mathrm{d}s, \tag{6.110}$$

(y, z *Trägheitshauptachsen im Schwerpunkt*). Schubfluß T und Einzelkraft Q_z müssen statisch äquivalent sein, also haben sie gleiches Moment um S:

$$Q_z y_D = \oint Tp \, \mathrm{d}s, \tag{6.111}$$

und die gesuchte Koordinate des Schubmittelpunktes wird

$$y_D = 2A \frac{T_0}{Q_z} - \frac{1}{J_y} \oint p S_y(s) \, \mathrm{d}s. \tag{6.112}$$

Mit partieller Integration folgt mit $dS_y = zh\,ds$ und $p\,ds = 2d[a(s)]$, wegen $S_y(0) = S_y(L) = 0$

$$y_D = 2\left[\frac{1}{J_y}\oint z\,a(s)\,h\,ds + \frac{AT_0}{Q_z}\right]. \tag{6.113}$$

Eine analoge Gleichung erhält man mit $Q_z = 0$, $Q_y \neq 0$ für z_D, wenn 2 durch den Faktor (-2) ersetzt wird. Den statisch unbestimmten Schubfluß T_0 ermitteln wir aus der Bedingung $\vartheta = 0$, wenn Q_z im Schubmittelpunkt angreift. Mit stetiger Wölbfunktion $\varphi(L) = \varphi(0)$ gilt auch bei nicht konstantem Schubfluß Gl. (6.107)

$$\frac{1}{G\vartheta}\oint T\,\frac{ds}{h} = 2A. \tag{6.114}$$

Also

$$T_0\oint\frac{ds}{h} - \frac{Q_z}{J_y}\oint S_y\,\frac{ds}{h} = 0. \tag{6.115}$$

Die Gleichung gilt nur näherungsweise, wenn Q_z von x abhängt. Nach partieller Integration folgt schließlich

$$y_D = \frac{2}{J_y}\left\{\oint z\left[a(s) - \frac{A}{B}\,b(s)\right]h\,ds\right\} \tag{6.116}$$

und analog

$$z_D = -\frac{2}{J_z}\left\{\oint y\left[a(s) - \frac{A}{B}\,b(s)\right]h\,ds\right\}. \tag{6.117}$$

Der Klammerausdruck im Integral ist aber gleich $[\varphi_0 - \varphi(s)]$, vgl. Gl. (6.108) das Integral mit φ_0 als Faktor ist definitionsgemäß das verschwindende statische Moment des Querschnitts, so daß schließlich

$$y_D = -\frac{1}{J_y}\oint z\varphi(s)\,h\,ds \quad \text{und} \quad z_D = \frac{1}{J_z}\oint y\varphi(s)\,h\,ds \tag{6.118}$$

die Lage des Schubmittelpunktes gegen den Querschnittsschwerpunkt festlegen. Die Formeln sind nur dann exakt, wenn die Querkraft konstant ist. Dann allerdings gelten sie mit der Wölbfunktion $\varphi(y, z)$ und mit $h\,ds \to dA$ sogar für beliebige Querschnittsformen (dickwandiger bzw. voller Stabquerschnitt), wie *E. Trefftz* in ZAMM **15**, 220 (1935) gezeigt hat. In den Formeln treten zwar keine elastischen Konstanten auf, der Schubmittelpunkt verschiebt sich aber bei nichtlinearem Materialverhalten!

b) Dünnwandiger offener Querschnitt

Dünnwandige Stäbe mit nicht geschlossenem Querschnitt sind besonders drillweich und verwölben sehr stark unter der Wirkung eines Torsionsmomentes. Die Schubspannungen σ_{xs} müssen an den Mantelflächen wieder parallel zu diesen verlaufen, allerdings nun wegen der Bildung von Kräftepaaren im offenen Querschnitt in entgegengesetzten Richtungen. Die Torsionsschubspannungen sind nun besonders stark über die Dicke h veränderlich, ihr Schubfluß ist bei reiner Torsion Null. Die Wölbfunktion (ohne Wölbbehinderung) ist dann nach Gl. (6.107) mit $T = 0$:

$$\varphi(s) = \varphi_0 - 2a(s). \tag{6.119}$$

Beispielsweise gleiten also die Schnittufer eines *geschlitzten Kreisrohres* vom Radius R bei Verdrillung ϑ wegen $a(s) = \frac{1}{2} Rs$ (der Querschnitt besitzt eine Symmetrieachse durch Schwerpunkt und Schubmittelpunkt, der Bezugspunkt kann auf der Symmetrieachse gewählt werden), um

$$u(s = 0) - u(s = 2R\pi) = \vartheta[\varphi(0) - \varphi(2R\pi)] = 2\pi\vartheta R^2 \tag{6.120}$$

bei ungehinderter Verwölbung aller Querschnitte, gegeneinander in Achsenrichtung ab.

Für den schmalen Rechteckquerschnitt der Länge $L \gg h$ finden wir mit $a(s) = \frac{1}{2} zs$ (z beliebig, Bezugspunkt auf der Symmetrieachse) eine Näherung für die Wölbfunktion, Abb. 6.16, $\varphi(s) = \varphi_0 - zs$.

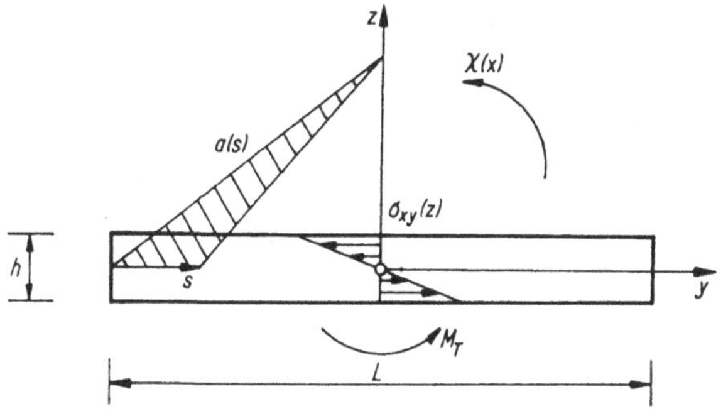

Abb. 6.16. Torsion eines Stabes mit schmalem Rechteckquerschnitt

Wir verlangen willkürlich $\varphi\left(s = \frac{L}{2}\right) = 0$ und haben schließlich mit $s - \frac{L}{2} = y$

$$\varphi(y, z) = -yz, \tag{6.121}$$

y, z sind nun Schwerachsen (aus Symmetriegründen). Damit wird die axiale Verschiebung der Querschnittspunkte bei Verdrillung ϑ,

$$u(y, z) = \vartheta\varphi(y, z) = -\vartheta yz. \tag{6.122}$$

Bei hinreichend kleinen Winkeln $\chi = \vartheta x$ finden wir für die beiden anderen kartesischen Verschiebungskomponenten, der Querschnitt dreht sich als starre Scheibe,

$$\left.\begin{aligned} v &= -z\chi = -z\vartheta x \\ w &= y\chi = y\vartheta x. \end{aligned}\right\} \tag{6.123}$$

Das *Hooke*sche Gesetz, Gl. (4.8), liefert dann die Schubspannungsverteilungen (durch Differentiation!)

$$\left.\begin{aligned} \sigma_{xy} &= G\left(\frac{\partial u}{\partial y} + \frac{\partial v}{\partial x}\right) = G(-\vartheta z - \vartheta z) = -2G\vartheta z, \\ \sigma_{xz} &= G\left(\frac{\partial u}{\partial z} + \frac{\partial w}{\partial x}\right) = G(-\vartheta y + \vartheta y) = 0. \end{aligned}\right\} \tag{6.124}$$

Die maximale Schubspannung tritt (tatsächlich) in der Mitte der längeren Seite in $z = \pm \frac{h}{2}$ auf und beträgt (in guter Näherung):

$$\max |\sigma_{xy}| = G\vartheta h. \tag{6.125}$$

Die Spannungen längs der schmalen Rechteckseite $h \ll L$ sind mit $\sigma_{xz} = 0$ vernachlässigt, in $y = \pm \frac{L}{2}$ ist die Randbedingung der Schubspannungsfreiheit verletzt.

Wir zeigen nun, daß die durch Differentiation der Wölbfunktion φ, die selbst eine Näherungslösung ist, gefundenen Schubspannungen nicht einmal dem übertragenen Torsionsmoment statisch äquivalent sind (darauf hat bereits Lord *Kelvin* hingewiesen). Dazu bilden wir das resultierende Moment der oben gefundenen Schubspannungsverteilung:

$$M_x = \int_A (\sigma_{xz} y - \sigma_{xy} z)\, \mathrm{d}A = 2G\vartheta \int_A z^2\, \mathrm{d}A = 2G\vartheta J_y. \tag{6.126}$$

Schon jetzt erkennen wir, daß die «kleine» Schubspannung σ_{xz} mit Hebelarmen der Größenordnung bis $L \gg h$ multipliziert wird, während die «große» Schubspannung σ_{xy} mit Hebelarmen bis zur kleinen Größenordnung h multipliziert wird.

Um die richtige Drillsteifigkeit zu finden, setzen wir mit Hilfe der *Torsionsfunktion* $\Psi(y, z)$, die eine Spannungsfunktion ist, vgl. auch Gl. (2.11), die Schubspannungen an:

$$\sigma_{xy} = 2G\vartheta \frac{\partial \Psi}{\partial z}, \qquad \sigma_{xz} = -2G\vartheta \frac{\partial \Psi}{\partial y}. \tag{6.127}$$

Dann sind die lokalen Gleichgewichtsbedingungen (mit $\sigma_{xx} = 0$) identisch erfüllt, stetige zweite Ableitungen vorausgesetzt:

$$\frac{\partial \sigma_{xy}}{\partial y} + \frac{\partial \sigma_{xz}}{\partial z} = 2G\vartheta \left(\frac{\partial^2 \Psi}{\partial z\, \partial y} - \frac{\partial^2 \Psi}{\partial y\, \partial z} \right) \equiv 0. \tag{6.128}$$

Durch Integration der Schubspannungsverteilung (6.124) finden wir dann die Torsionsfunktion Ψ in der gleichen Genauigkeit wie ursprünglich bei der Wölbfunktion φ:

$$\Psi(y, z) = -\int z\, \mathrm{d}z = C - \frac{z^2}{2}. \tag{6.129}$$

Die Spannungsrandbedingung der randparallelen Schubspannung, $\frac{\sigma_{xz}}{\sigma_{xy}} = \frac{\mathrm{d}z}{\mathrm{d}y}$ mit $z(y)$ als Querschnittskontur C, können wir nur längs des langen Randes $z = \pm \frac{h}{2}$ erfüllen. Sie ergibt mit Gl. (6.127)

$$\sigma_{xy}\, \mathrm{d}z - \sigma_{xz}\, \mathrm{d}y = 2G\vartheta\, \mathrm{d}\Psi = 0,$$

also $\Psi = \text{const}$ längs des Randes. Wir setzen $\Psi = 0$ längs $z = \pm \frac{h}{2}$, also $C = \frac{h^2}{8}$, und

$$\Psi = \frac{h^2}{8} \left(1 - 4 \frac{z^2}{h^2} \right). \tag{6.130}$$

Allerdings ist $\Psi \neq 0$ längs $y = \pm \frac{L}{2}$, also liegt auch eine Näherung vor.

Nun berechnen wir neuerlich das Torsionsmoment, setzen aber nicht die Spannungsverteilung ein, sondern den Spannungsfunktionsansatz, und integrieren nach identischer Umformung

$$
\begin{aligned}
M_T &= \int_A (\sigma_{xz} y - \sigma_{xy} z)\,dA = -2G\vartheta \int_A \left(\frac{\partial \Psi}{\partial y} y + \frac{\partial \Psi}{\partial z} z\right) dA \\
&= -2G\vartheta \left[-2\int_A \Psi\,dA + \iint_A \frac{\partial(y\Psi)}{\partial y}\,dy\,dz + \iint_A \frac{\partial(z\Psi)}{\partial z}\,dz\,dy\right] \\
&= 2G\vartheta \left\{2\int_A \Psi\,dA - \int_{z_1}^{z_2} dz[y_2(z) - y_1(z)]\,\Psi + \int_{y_2}^{y_1} dy[z_2(y) - z_1(y)]\,\Psi\right\} \\
&= 2G\vartheta \left[2\int_A \Psi\,dA + \oint_C \Psi(z\,dy - y\,dz)\right]. \qquad (6.131)
\end{aligned}
$$

Die Formel gilt allgemein. Mit $\Psi = 0$ am Rand des einfach zusammenhängenden Querschnittes folgt dann

$$
M_T = G\vartheta\, 4 \int_A \Psi\,dA. \qquad (6.132)
$$

Setzen wir nun die Spannungsfunktion des schmalen Rechtecks ein, dann wird der Fehler der Approximation durch die Integration zumindest nicht vergröbert:

$$
M_T = G\vartheta 4\, \frac{h^2}{8} \int_A \left(1 - 4\,\frac{z^2}{h^2}\right) dA = G\vartheta\, \frac{h^2}{2} \left(A - \frac{4}{h^2}\, J_y\right) = G\vartheta J_T. \qquad (6.133)
$$

Mit $J_y = \dfrac{Lh^3}{12}$ wird der Drillwiderstand J_T des schmalen Rechtecks in guter Näherung

$$
J_T = \frac{Lh^3}{3}. \qquad (6.134)
$$

Wir erkennen nun, daß die nichtverschwindende Schubspannung σ_{xy} von (6.124) nur dem halben Torsionsmoment statisch äquivalent ist, $M_x = M_T/2$, vgl. Gl. (6.126), während die vernachlässigte Schubspannung σ_{xz} gerade die fehlende Hälfte des Torsionsmomentes erzeugt. Die durch Differenzieren gefundene Schubspannungsverteilung ist also nur in der Umgebung des Rechteckschwerpunktes, $|z| \leq \dfrac{h}{2}$, $|y| \ll \dfrac{L}{2}$ brauchbar, und ist nicht einmal dem übertragenen Drehmoment statisch äquivalent.

Die Formeln für die maximale Schubspannung, $\max |\sigma_{xs}| = G\vartheta h_{\max}$, und für den Drillwiderstand, bei veränderlicher dünner Wandstärke $h(s)$:

$$
J_T = \frac{1}{3} \int_0^L h^3\,ds, \qquad (6.135)
$$

mit s als Bogenlänge der Mittellinie, werden auf beliebige dünnwandige offene Profile näherungsweise übertragen. Damit folgt insbesondere für Profile, die aus

n dünnen Rechtecken zusammengesetzt sind (z. B. Abkantprofile),

$$J_T = \frac{1}{3} \sum_{i=1}^{n} L_i h_i^3 . \tag{6.136}$$

Der Drillwiderstand des *geschlitzten Kreisrohres* mit $h = \text{const}$ ist damit

$$J_T = \frac{1}{3} \int_0^{2\pi} h^3 R \, d\varphi = \frac{2\pi R h^3}{3} \tag{6.137}$$

wesentlich kleiner als der des geschlossenen Rohres gleicher Dicke mit

$$J_T = 2\pi h R^3 . \tag{6.138}$$

Das Verhältnis der Verdrillung ist daher $3R^2/h^2 \gg 1$.

Wegen der geringen Drillsteifigkeit und der starken Verwölbung der Stäbe mit offenem Querschnitt ist eine Querbelastung unbedingt in den *Schubmittelpunkt* zu legen. Der Abstand vom Querschnittsschwerpunkt ist weiterhin durch die Formeln (6.118)

$$y_D = -\frac{1}{J_y} \int_0^L z\varphi(s)\, h \, ds \quad \text{und} \quad z_D = \frac{1}{J_z} \int_0^L y\varphi(s)\, h \, ds \tag{6.139}$$

gegeben, $\varphi(s) = \varphi_0 - 2a(s)$, y, z Trägheitshauptachsen im Schwerpunkt. Die Querkraft darf jetzt veränderlich sein.

Der Schubfluß bei Querkraftbiegung und Torsion rührt jetzt nur von der Querkraft her, $T_0 = 0$, Gl. (6.55),

$$T(s) = -\left[\frac{Q_z}{J_y} S_y(s) + \frac{Q_y}{J_z} S_z(s)\right] \tag{6.140}$$

und die mittlere Schubspannung $T(s)/h$ ist dann den Torsionsschubspannungen zu überlagern.

Im Regelfall technischer Anwendungen wird die Grundvoraussetzung der *St.-Venant*schen reinen Torsion, nämlich die unbehinderte Verwölbung, verletzt. Wird die Verwölbung, z. B. durch einseitige Einspannung eines tordierenden Kragträgers, behindert, dann liegt sogenannte *Wölbkrafttorsion* vor, und es tritt eine Änderung des Spannungszustandes und der Deformation ein. Diese Änderungen sind besonders gravierend beim Stab mit dünnwandigem offenem Querschnitt. Die Verdrehung des Querschnittes wird nun um eine Achse erfolgen, deren Lage zum Querschnittsschwerpunkt durch die Koordinaten y_D, z_D (des Drehpols gleich Schubmittelpunktes, wie wir nachstehend zeigen) festgelegt ist. Um die Ableitung zu vereinfachen, berechnen wir die Wölbfunktion $\varphi(s) = \varphi_0 - 2a(s)$ für diesen Bezugspunkt und nennen sie dann $\varphi^*(s)$. Um keine neue Auswertung durchführen zu müssen, untersuchen wir die Transformationseigenschaft der Wölbfunktion bei Wechsel des Bezugspunktes. Die Schubspannungsverteilung der reinen Torsion muß dabei invariant bleiben. Mit dem *Hooke*schen Gesetz folgt dann mit $y^* = y - y_D$, $z^* = z - z_D$, $u = \vartheta\varphi$ bzw. $u = \vartheta\varphi^*$, $v = -z\chi$, $w = y\chi$, $\frac{\partial}{\partial y} = \frac{\partial}{\partial y^*}$, $\frac{\partial}{\partial z} = \frac{\partial}{\partial z^*}$,

$$\sigma_{xy} = G\left(\frac{\partial u}{\partial y} + \frac{\partial v}{\partial x}\right) = G\vartheta\left(\frac{\partial \varphi}{\partial y} - z\right) = G\vartheta\left(\frac{\partial \varphi^*}{\partial y^*} - z^*\right) \tag{6.141}$$

$$\sigma_{xz} = G\left(\frac{\partial u}{\partial z} + \frac{\partial w}{\partial x}\right) = G\vartheta\left(\frac{\partial \varphi}{\partial z} + y\right) = G\vartheta\left(\frac{\partial \varphi^*}{\partial z^*} + y^*\right). \tag{6.142}$$

Integration ergibt die lineare Transformation:

$$\varphi^* = \varphi - yz_D + zy_D. \tag{6.143}$$

Die wesentliche Annahme der Wölbkrafttorsion ist der Separationsansatz

$$u(x, s) = \vartheta(x)\,\varphi^*(s) \tag{6.144}$$

für die nun behinderte, also x-abhängige Verwölbung mit veränderlicher Verdrillung $\vartheta(x)$. Setzen wir entsprechend der Stabtheorie $\sigma_{yy} = \sigma_{zz} = 0$, dann sind die *Wölbspannungen* aus dem (einachsigen) *Hooke*schen Gesetz durch

$$\sigma_{xx}^* = E\,\frac{\partial u}{\partial x} = E\varphi^*\,\frac{\mathrm{d}\vartheta}{\mathrm{d}x} \tag{6.145}$$

mit $\int \sigma_{xx}^*\,\mathrm{d}A = 0$, $\int y\sigma_{xx}^*\,\mathrm{d}A = 0$ und $\int z\sigma_{xx}^*\,\mathrm{d}A = 0$ als *Eigenspannungen* gegeben. Damit folgt mit

$$\int_A \varphi^*\,\mathrm{d}A = \int_A \varphi\,\mathrm{d}A = \varphi_0 A - 2\int_A a(s)\,\mathrm{d}A = 0 \tag{6.146}$$

eine Bestimmungsgleichung für die Konstante φ_0 und (y, z sind Trägheitshauptachsen im Schwerpunkt)

$$\int_A y\varphi^*\,\mathrm{d}A = \int_A y\varphi\,\mathrm{d}A - z_D J_z = 0 \tag{6.147}$$

$$\int_A z\varphi^*\,\mathrm{d}A = \int_A z\varphi\,\mathrm{d}A + y_D J_y = 0 \tag{6.148}$$

die Drehachse geht nun durch den Schubmittelpunkt des Querschnittes (mit der Näherungsannahme für $u(x, s)$).
Der zusätzliche Schubfluß T^* durch die Wölbbehinderung folgt aus der Gleichgewichtsbedingung am Stabelement $\mathrm{d}x$, $\mathrm{d}s$, vgl. (6.52),

$$h\,\frac{\partial \sigma_{xx}^*}{\partial x} + \frac{\partial T^*}{\partial s} = 0, \tag{6.149}$$

durch Integration mit $T^*(s = 0) = 0$ (offener Querschnitt) zu

$$T^* = -\int_0^s h\,\frac{\partial \sigma_{xx}^*}{\partial x}\,\mathrm{d}s = -E\,\frac{\mathrm{d}^2\vartheta}{\mathrm{d}x^2}\int_0^s h\varphi^*\,\mathrm{d}s. \tag{6.150}$$

Die *zusätzlichen* Wölbschubspannungen σ_{xs}^* mit Schubfluß T^* bewirken in dieser Näherung keine zusätzliche Gleitung. Mit $p^*\chi$, der Querschnitt dreht sich weiterhin starr um D, wird mit $\varphi^* = \varphi_0 - \int_0^s p^*\,\mathrm{d}s$, $\vartheta = \dfrac{\partial \chi}{\partial x}$,

$$\gamma_{xs}^* = \frac{\partial u}{\partial s} + \frac{\partial (p^*\chi)}{\partial x} = \vartheta\,\frac{\mathrm{d}\varphi^*}{\mathrm{d}s} + p^*\vartheta = \vartheta(-p^* + p^*) = 0. \tag{6.151}$$

Der Schubfluß T^* hat ein resultierendes Moment um die x-Achse durch den Schubmittelpunkt:

$$M_x^* = \int_0^L T^* p^*\,\mathrm{d}s = -E\,\frac{\mathrm{d}^2\vartheta}{\mathrm{d}x^2}\int_0^L p^*\,\mathrm{d}s\int_0^s h\varphi^*\,\mathrm{d}\sigma.$$

Partielle Integration führt mit $\mathrm{d}\varphi^* = -p^* \,\mathrm{d}s$ wegen $\int_A \varphi^* \,\mathrm{d}A = 0$ auf

$$M_x^* = -E \frac{\mathrm{d}^2\vartheta}{\mathrm{d}x^2} \int_0^L \varphi^{*2} h \,\mathrm{d}s = -EC^* \frac{\mathrm{d}^2\vartheta}{\mathrm{d}x^2}. \tag{6.152}$$

Die Abkürzung

$$C^* = \int_A \varphi^{*2} \,\mathrm{d}A \tag{6.153}$$

wird *Wölbwiderstand* genannt, $[C^*] = \mathrm{m}^6$.
Mit dem anteiligen Moment der reinen Torsion $GJ_\mathrm{T}\vartheta$ folgt das bei Wölbkrafttorsion übertragene Torsionsmoment zu

$$M_\mathrm{T} = GJ_\mathrm{T}\vartheta + M_x^*. \tag{6.154}$$

Mit gegebenem Torsionsmoment ist das die beschreibende lineare Differentialgleichung der Wölbkrafttorsion für die Verdrillung $\vartheta(x)$

$$\frac{\mathrm{d}^2\vartheta}{\mathrm{d}x^2} - \frac{1}{2(1+\nu)} \frac{J_\mathrm{T}}{C^*} \vartheta = -\frac{M_\mathrm{T}}{EC^*}. \tag{6.155}$$

Ihre allgemeine Lösung ist (mit Superposition, bei konstantem Torsionsmoment)

$$\vartheta(x) = \frac{M_\mathrm{T}}{GJ_\mathrm{T}} \left(1 + D_1 \cosh\frac{x}{a} + D_2 \sinh\frac{x}{a}\right), \qquad a = \sqrt{2(1+\nu)\, C^*/J_\mathrm{T}}. \tag{6.156}$$

Die Integrationskonstanten D_1 und D_2 sind durch die Randbedingungen festgelegt: Bei starrer Einspannung gegen Verdrehung und Verschiebung ist $u = 0$ und (verträglich) $\vartheta = 0$. An einem wölbfreien Ende ist $\sigma_{xx}^* = 0$ und damit $\frac{\mathrm{d}\vartheta}{\mathrm{d}x} = 0$.

Als einfaches technisches Anwendungsbeispiel zeigen wir die Berechnung von *Querkraftbiegung* und *Wölbkrafttorsion* eines *Kragträgers* mit ⊏-Profil, mit Querbelastung in Stegrichtung durch eine Einzelkraft F am Trägerende in $x = l$. Wir orientieren die z-Achse gegen F und haben dann die Querkraft und das Biegemoment

$$Q_z = -F, \qquad M_y = F(l - x). \tag{6.157}$$

Die Querkraft verläuft wie die Belastung F durch den Steg. Um das Torsionsmoment zu bestimmen, muß zuerst der Schubmittelpunkt D des ⊏-Profils bestimmt werden. Wir benutzen die Formeln mit Integration der gewichteten Wölbfunktion φ. Also wird zuerst $\varphi(s) = \varphi_0 - 2a(s)$ berechnet. φ_0 ist so zu wählen, daß $\int_A \varphi^* \,\mathrm{d}A = 0$. Mit Zählung von s nach Abb. 6.17 wird mit Bezugspunkt *0* in Stegmitte (wegen der Symmetrie muß nicht der Schwerpunkt gewählt werden),

im Obergurt $a(s_1) = \frac{H}{4} s_1, \quad \varphi = \varphi_0 - \frac{Hs_1}{2}, \quad \varphi^* = \frac{H}{2}(B - s_1 + y_D),$

im Steg $a(s_2) = \frac{H}{4} B, \quad \varphi = \varphi_0 - \frac{H}{2} B, \quad \varphi^* = \left(\frac{H}{2} - s_2\right) y_D,$

im Untergurt $a(s_3) = \frac{H}{4} B + \frac{H}{4} s_3, \quad \varphi = \varphi_0 - \frac{H}{2}(B + s_3), \quad \varphi^* = -\frac{H}{2}(s_3 + y_D).$

Mit Bezugspunkt Schubmittelpunkt D ist $\varphi^* = \varphi + zy_D$, $z_D = 0$ wegen Symmetrie des Querschnittes zur y-Achse. Die Wahl von $\varphi_0 = \frac{H}{2} B$ ergibt dann gleichwertig $\int_A \varphi \, dA = 0$ und mit konstanter Blechdicke h,

$$y_D = -\frac{1}{J_y} \int_A z\varphi \, dA = -\frac{1}{J_y} \left[\int_0^B \frac{H}{2} \frac{H}{2} (B - s_1) \, h \, ds_1 + \int_0^B \left(-\frac{H}{2}\right) \left(-\frac{H}{2} s_3\right) h \, ds_3 \right] = -\frac{1}{J_y} \frac{h}{4} H^2 B^2 .$$

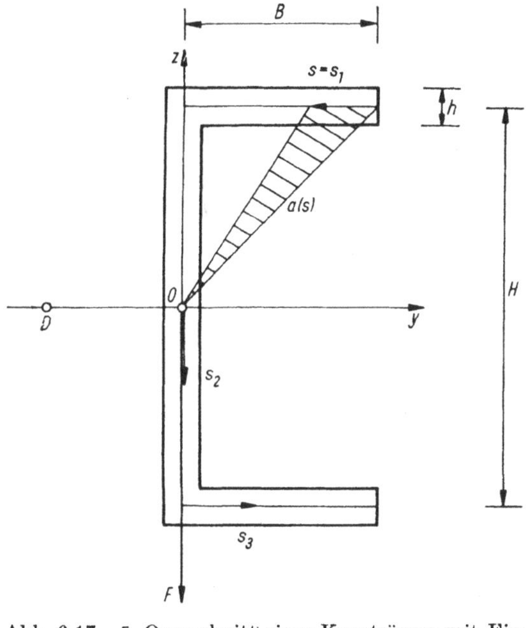

Abb. 6.17. [-Querschnitt eines Kragträgers mit Einzelkraftbelastung F. Schubmittelpunkt D

Das Hauptträgheitsmoment $J_y \doteq \frac{hH^3}{12} + 2Bh \left(\frac{H}{2}\right)^2 = \frac{hH^2 B}{2} \left(1 + \frac{H}{6B}\right)$ und damit

$$y_D = -B/2(1 + H/6B). \tag{6.158}$$

Der Schubmittelpunkt liegt links vom Steg, die Flansche liegen rechts.
Das Torsionsmoment beträgt also $M_T = -Q_z \, y_D = F y_D = \text{const}$, und wegen der starr angenommenen Einspannung in $x = 0$ liegt Wölbkrafttorsion vor.

Die Spannungsverteilung zufolge

$$\text{Biegemoment } M_y\colon \quad \sigma_{xx} = \frac{M_y}{J_y} z \tag{6.159a}$$

$$\text{Querkraft } Q_z\colon \quad \sigma_{xs} = -\frac{Q_z S_y(s)}{J_y h} \quad \text{(im Steg)} \tag{6.159b}$$

$$\textit{St.-Venant}\text{scher Torsion: } \sigma_{xy} = \frac{\overline{M}_T}{J_T}\left(\frac{\partial\varphi}{\partial y} - z\right), \quad \sigma_{xz} = 0,$$

$$\left(\text{Obergurt } \frac{\partial}{\partial y} = -\frac{\partial}{\partial s_1}, \quad \text{Untergurt } \frac{\partial}{\partial y} = \frac{\partial}{\partial s_3}\right),$$

$$\sigma_{xz} = \frac{\overline{M}_T}{J_T}\left(\frac{\partial\varphi}{\partial z} + y\right), \quad \sigma_{xy} = 0 \quad \left(\text{Steg } \frac{\partial}{\partial z} = -\frac{\partial}{\partial s_2}\right), \tag{6.159c}$$

$\overline{M}_T(x)$ anteiliges Torsionsmoment, ist somit grundsätzlich gegeben, $J_T = \frac{h^3}{3}(2B + H) = \frac{2Bh^3}{3}(1 + H/2B)$.

Überlagert werden die Wölbspannungen. Wir berechnen zuerst den Wölbwiderstand

$$C^* = \int_A \varphi^{*2}\,\mathrm{d}A = \int_A \varphi^2\,\mathrm{d}A - J_y y_D^2 = \frac{hH^2B^3}{24}\left(1 + \frac{2H}{3B}\right)\Big/(1 + H/6B) \tag{6.160}$$

und finden den Koeffizienten der Differentialgleichung der Wölbkrafttorsion, Gl. (6.156),

$$a^{-2} = J_T/2(1+\nu)\,C^* = 8h^2(1 + H/2B)\,(1 + H/6B)/(1+\nu)$$
$$\times\,(1 + 2H/3B)\,H^2B^2. \tag{6.161}$$

Mit den Randbedingungen $\vartheta = 0$ in $x = 0$ und $\vartheta' = 0$ in $x = l$ ist

$$\vartheta(x) = \frac{M_T}{GJ_T}(1 - \cosh x/a + \tanh l/a \sinh x/a) \tag{6.162}$$

und

$$\chi(x) = \frac{aM_T}{GJ_T}[x/a - \sinh x/a + \tanh l/a\,(\cosh x/a - 1)]. \tag{6.163}$$

Die Wölbeigenspannungen sind dann nach Gl. (6.145)

$$\sigma_{xx}^*(x, s) = E\varphi^*(s)\,\frac{M_T}{aGJ_T}(\tanh l/a \cosh x/a - \sinh x/a). \tag{6.164}$$

Ihr Größtwert liegt im Einspannquerschnitt in $x = 0$. Zu untersuchen sind die Punkte $s_1 = 0$, $s_1 = B$ bzw. $s_3 = 0$, $s_3 = B$.

Nun fehlt noch die Wölbschubspannung σ_{xs}^* bzw. ihr Schubfluß $T^* = \sigma_{xs}^* h$, vgl. Gl. (6.150),

$$T^*(x, s) = -E\,\frac{\mathrm{d}^2\vartheta}{\mathrm{d}x^2}\int_0^s h\varphi^*\,\mathrm{d}s, \tag{6.165}$$

$\int\limits_0^s \varphi^* \, \mathrm{d}s$ ergibt mit der Stetigkeit des Schubflusses

im Obergurt: $\frac{H}{2}\left(B - \frac{s_1}{2} + y_D\right) s_1$, Größtwert in $s_1 = B + y_D$

im Steg: $\frac{y_D}{2}(H - s_2)\, s_2 + \frac{H}{2}\left(\frac{B}{2} + y_D\right)\frac{B}{2}$, Größtwert in $s_2 = H/2$

im Untergurt: $-\frac{H}{2}\left(y_D + \frac{s_3}{2}\right) s_3 + \frac{H}{2}\left(\frac{B}{2} + y_D\right)\frac{B}{2}$, Größtwert in $s_3 = -y_D$

und

$$\frac{\mathrm{d}^2\vartheta}{\mathrm{d}x^2} = -\frac{M_\mathrm{T}}{a^2 G J_\mathrm{T}}(\cosh x/a - \tanh l/a \sinh x/a).$$

Sein Beitrag zum Torsionsmoment ist, vgl. (6.152) und setze (6.160) ein,

$$M_x^*(x) = -EC^* \frac{\mathrm{d}^2\vartheta}{\mathrm{d}x^2}. \tag{6.166}$$

Die Größtwerte der Wölbnormal- und Wölbschubspannung treten wieder in $x = 0$ auf.
Um einen Eindruck von der Verwölbung des Endquerschnittes in $x = l$ zu erhalten, geben wir die axiale Verschiebung der Flanschenden an und setzen in Gl. (6.144) ein:

$$|u| = |\vartheta| \frac{HB}{4} \frac{1 + H/3B}{1 + H/6B}. \tag{6.167}$$

Sie zeigt am oberen Ende nach hinten, am unteren nach vorne.

c) Völlige Querschnitte

Die Berechnung der Wölbfunktion φ bzw. der Spannungsfunktion Ψ der reinen Torsion ist Aufgabe der mathematischen Elastizitätstheorie. Wir begnügen uns mit der Herleitung der beschreibenden Differentialgleichung und geben die Lösung für den elliptischen Vollquerschnitt, für Kreis- und Kreisringquerschnitt an. Näherungslösungen für den Rechteck- und Quadratquerschnitt werden im Kapitel über das *Ritz-Galerkin*sche Verfahren erläutert.
Die Querschnitte drehen sich weiter als starre Scheiben, so daß mit hinreichend kleinen Drehwinkeln $\chi = \vartheta x$,

$$v = -z\chi, \qquad w = y\chi$$

und

$$u = \vartheta\varphi(y, z), \qquad \vartheta = \frac{\mathrm{d}\chi}{\mathrm{d}x}.$$

Aus den *Navier*schen Gleichungen (6.6) folgt dann, daß die Wölbfunktion Lösung der *Laplace*schen Gleichung in der y,z-Ebene sein muß:

$$\nabla^2\varphi = 0, \qquad \nabla^2 = \frac{\partial^2}{\partial y^2} + \frac{\partial^2}{\partial z^2}. \tag{6.168}$$

Außerdem gilt für die Dilatation $e = \sum_{i=1}^{3} \frac{\partial u_i}{\partial x_i} = 0$. Die Spannungsrandbedingungen randparalleler Schubspannungen sind relativ kompliziert durch φ auszudrücken. Man rechnet daher besser mit der *Torsionsfunktion* $\Psi(y, z)$, Gl. (6.127). Wie durch Gl. (6.128) gezeigt, sind dann die Gleichgewichtsbedingungen identisch befriedigt. Eine Differentialgleichung für Ψ erhalten wir durch die Elimination der Wölbfunktion aus den *Hooke*schen Gleichungen (vgl. Gln. (6.124), (6.141) und (6.142))

$$\left.\begin{aligned} \sigma_{xy} &= G\left(\frac{\partial u}{\partial y} + \frac{\partial v}{\partial x}\right) = G\vartheta\left(\frac{\partial \varphi}{\partial y} - z\right) = 2G\vartheta\,\frac{\partial \Psi}{\partial z} \\ \sigma_{xz} &= G\left(\frac{\partial u}{\partial z} + \frac{\partial w}{\partial x}\right) = G\vartheta\left(\frac{\partial \varphi}{\partial z} + y\right) = -2G\vartheta\,\frac{\partial \Psi}{\partial y}. \end{aligned}\right\} \tag{6.169}$$

Mit stetigen zweiten Ableitungen folgt nach Differentiation und Subtraktion

$$2G\vartheta = -2G\vartheta\left(\frac{\partial^2 \Psi}{\partial y^2} + \frac{\partial^2 \Psi}{\partial z^2}\right)$$

eine *Poisson*sche Differentialgleichung für die Spannungsfunktion:

$$\nabla^2 \Psi = -1, \qquad \nabla^2 = \frac{\partial^2}{\partial y^2} + \frac{\partial^2}{\partial z^2}. \tag{6.170}$$

Randparallele Schubspannungen führen auf die einfache Randbedingung, daß Ψ = const längs der Querschnittsbegrenzung, vgl. Gl. (6.130). Ist der Querschnitt einfach zusammenhängend, kann am Rand $\Psi = 0$ gesetzt werden. Beim Hohlquerschnitt ist dann aber $\Psi = \text{const} \neq 0$ am zweiten Rand. Sind mehrere Ränder vorhanden, variieren die Konstanten. Die Lösung des Problems der reinen Torsion ist damit auf die Bestimmung der Spannungsfunktion Ψ zurückgeführt. Kennt man $\Psi\,(y, z)$, kann dann mit Gl. (6.131) und $M_T = G\,\vartheta J_T$

$$J_T = 4\int_A \Psi \,\mathrm{d}A + 2\oint_C \Psi(z\,\mathrm{d}y - y\,\mathrm{d}z), \quad \frac{\mathrm{d}\chi}{\mathrm{d}x} = \frac{M_T}{GJ_T}, \tag{6.171}$$

der Drillwiderstand in der Torsionsdifferentialgleichung durch Integration der Spannungsfunktion gefunden werden, vgl. mit Gl. (6.104).

Im Fall des *elliptischen Querschnittes* mit der Randkurve, $\frac{y^2}{a^2} + \frac{z^2}{b^2} = 1$,

kann mit dem Ansatz $\Psi = C\left(1 - \frac{y^2}{a^2} - \frac{z^2}{b^2}\right)$, $\Psi = 0$ am Rand, die Konstante C aus der beschreibenden *Poisson*schen Differentialgleichung gefunden werden:

$$C = -\frac{a^2 b^2}{2(a^2 + b^2)}$$

Die linearen Schubspannungsverteilungen sind daher exakt:

$$\sigma_{xy} = -2G\vartheta\,\frac{a^2}{a^2 + b^2}\,z, \qquad \sigma_{xz} = 2G\vartheta\,\frac{b^2}{a^2 + b^2}\,y. \tag{6.172}$$

Die nichtlineare Torsionsschubspannungsverteilung ist dann

$$\tau = \sqrt{\sigma_{xy}^2 + \sigma_{xz}^2} = 2G\vartheta\,\frac{a^2 b}{a^2 + b^2}\sqrt{\frac{z^2}{b^2} + \frac{y^2}{a^2}\frac{b^2}{a^2}}. \tag{6.173}$$

Die Linien konstanter Schubspannungen, die Isostressen τ, sind Ellipsen

$$\frac{z^2}{b^2} + \frac{y^2}{a^2}\frac{b^2}{a^2} = \text{const} = q^2, \qquad q = \frac{\tau}{2G}\frac{a^2+b^2}{\vartheta a^2 b}.$$

In der Hauptachsenform

$$\frac{y^2}{(qa^2/b)^2} + \frac{z^2}{(qb)^2} = 1, \tag{6.174}$$

$q = 1$ entspricht der maximalen Schubspannung, sie tritt in den Randpunkten $y = 0$, $z = \pm b$ auf, $a > b$.
Der Drillwiderstand folgt mit $\Psi = 0$ am Rand aus Gl. (6.171):

$$J_T = 4\int_A \Psi\,\mathrm{d}A = 2\frac{a^2b^2}{a^2+b^2}\left[\int_A \mathrm{d}A - \frac{1}{a^2}\int_A y^2\,\mathrm{d}A - \frac{1}{b^2}\int z^2\,\mathrm{d}A\right]$$

$$= 2\frac{a^2b^2}{a^2+b^2}[A - J_z/a^2 - J_y/b^2] \tag{6.175}$$

mit der Ellipsenfläche $A = \pi ab$, $J_y = \pi ab^3/4$, $J_z = \pi ba^3/4$.
Aus dem Ansatz für die Spannungsfunktion und dem *Hooke*schen Gesetz, Gln. (6.141), (6.142), folgt schließlich durch Integration die Wölbfunktion (exakt):

$$\varphi(y, z) = -\frac{1 - b^2/a^2}{1 + b^2/a^2}\,yz. \tag{6.176}$$

Damit wird $u = \vartheta\varphi(y, z)$, die Querschnitte werden zu hyperbolischen Paraboloiden verformt (Sattelflächen). Die Trägheitshauptachsen bleiben unverformt.
Mit $a = b = d/2$ erhält man den *Kreisquerschnitt* mit Durchmesser d und der linearen Torsionsschubspannungsverteilung $\tau = G\vartheta r$, $\tau_{\max} = G\vartheta d/2$, die Isostressen sind konzentrische Kreise. Der Drillwiderstand $J_T = J_P = \pi d^4/32$, $\vartheta = M_T/GJ_T = 32M_T/\pi G d^4$. Der *Kreisquerschnitt* ist mit $\varphi = 0$ *wölbfrei*.
Für den *dicken Kreisringquerschnitt* findet man mit der Spannungsfunktion

$$\Psi = \frac{R_a^2}{4}\left(1 - \frac{r^2}{R_a^2}\right) \tag{6.177}$$

die exakte Lösung. Sie verschwindet am Außenrand $r = R_a$ und ist konstant am Innenrand $r = R_i$. Der Drillwiderstand folgt nun aus der vollständigen Formel (6.171), der Außenrand wird positiv, der Innenrand daher negativ durchlaufen:

$$J_T = 4\int_A \Psi\,\mathrm{d}A + 2\oint_{C_i} \Psi R_i\,\mathrm{d}s = \pi(R_a^4 - R_i^4)/2. \tag{6.178}$$

J_T kann also als Differenz der Drillwiderstände voller Kreisquerschnitte gebildet werden. Auch die Torsionsschubspannung ist linear über den Radius verteilt, vgl. Abb. 6.18,

$$\tau = 2G\vartheta\left|\frac{\partial\Psi}{\partial r}\right| = G\vartheta r, \qquad \tau_{\max} = G\vartheta R_a. \tag{6.179}$$

Wieder ist wegen $\varphi = 0$ der Kreisringquerschnitt wölbfrei.
Aus der Spannungsfunktion für flache elliptische Querschnitte, $b/a \ll 1$, kann mit $b/a \to 0$ der Näherungsausdruck (6.130) für schmale Rechtecke $h \ll L$, $L = 2a$,

$h = 2b$, wiedergefunden werden: $\Psi = \frac{1}{2}(b^2 - z^2) = \frac{h^2}{8}\left(1 - 4\frac{z^2}{h^2}\right)$.

Nun wird die Approximation auch geometrisch beleuchtet.

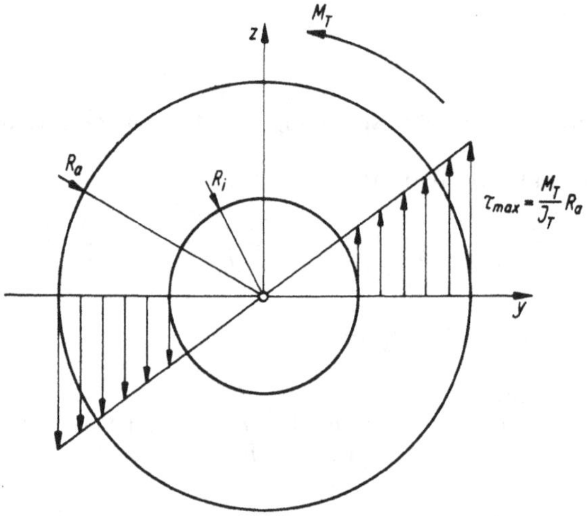

Abb. 6.18. Lineare Torsionsschubspannungsverteilung im Stab mit Kreisringquerschnitt

d) Kreisquerschnitt mit Oberflächenkerbe (z. B. mit einer Keilnut)

Um die elastische Spannungserhöhung am Kerbgrund abzuschätzen, betrachten wir eine tordierte Kreiswelle des Durchmessers d mit halbkreisförmiger Nut des Radius R, Abb. 6.19. Der Fall wurde von *C. Weber* im VDI-Forschungsheft (1921) S. 249 (Die Lehre der Drehfestigkeit) behandelt. Mit Polarkoordinaten r, α zentriert im Nutmittelpunkt wird die *Poissonsche* Differentialgleichung (6.170)

$$\nabla^2\Psi = -1, \tag{6.180}$$

mit $\nabla^2 = \frac{\partial^2}{\partial r^2} + \frac{1}{r}\frac{\partial}{\partial r} + \frac{\partial^2}{r^2\,\partial\alpha^2}$ und der Randbedingung $\Psi = 0$ auf der Randkurve C, wo $r = d\cos\alpha$, und $r = R$. Mit dem Produktansatz (unter Verarbeitung der Randbedingung),

$$\Psi = (d\cos\alpha - r)\,f(r), \quad f(r = R) = 0, \tag{6.181}$$

versuchen wir die Lösung und setzen in die beschreibende partielle Differentialgleichung (6.180) ein, die dann in zwei gewöhnliche Differentialgleichungen zerfällt:

$$rf'' + 3f' + \frac{1}{r}f = 1, \qquad f' = \frac{df}{dr}, \tag{6.182}$$

$$f'' + \left(\frac{1}{r}f\right)' = 0. \tag{6.183}$$

Auf Gl. (6.183) sind wir bereits bei der Ermittlung der Radialverschiebung eines Kreiszylinders gestoßen ($\alpha = 1$, Gl. (6.10)). Die Lösung ist also wieder analog (6.11)

$$f(r) = Cr + D/r. \tag{6.184}$$

Die inhomogene Differentialgleichung (6.182) gibt dann $C = 1/4$. Mit $f(r = R) = R/4 + D/R = 0$ folgt schließlich $D = -R^2/4$, und die Torsionsfunktion wird

$$\Psi = \frac{R}{4}(d\cos\alpha - r)\left(\frac{r}{R} - \frac{R}{r}\right). \tag{6.185}$$

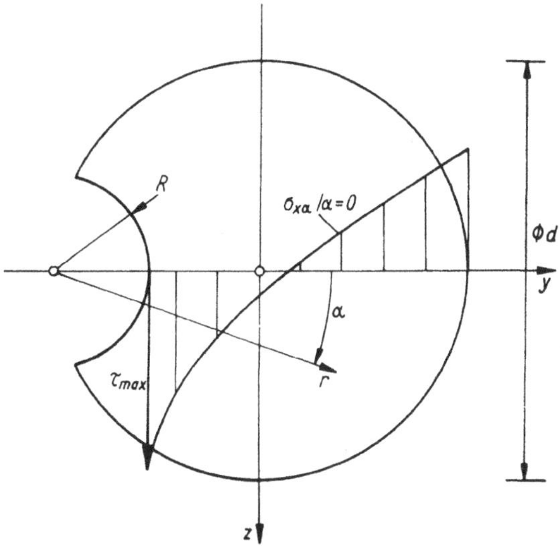

Abb. 6.19. Kreisquerschnitt mit Oberflächenkerbe, $R \ll d$

Der Drillwiderstand ergibt sich mit $R \ll d$ durch Integration aus der verkürzten Formel (6.171) zu

$$J_T = 4\int_A \Psi\,\mathrm{d}A = J_p\left[1 - 8\frac{R^2}{d^2}\left(1 + \frac{R^2}{d^2} - \frac{16}{3\pi}\frac{R}{d}\right)\right], \tag{6.186}$$

gegenüber dem Drillwiderstand des unverletzten Kreisquerschnittes, $J_p = \pi d^4/32$, verkleinert. Die Schubspannungskomponenten in Polarkoordinaten sind dann mit $\vartheta = M_T/GJ_T$,

$$\left.\begin{aligned} \sigma_{xr} &= 2G\vartheta\frac{\partial\Psi}{r\,\partial\alpha} = -G\vartheta\frac{d}{2}\left(1 - \frac{R^2}{r^2}\right)\sin\alpha, \\ \sigma_{x\alpha} &= -2G\vartheta\frac{\partial\Psi}{\partial r} = -G\vartheta\frac{d}{2}\left[\left(1 + \frac{R^2}{r^2}\right)\cos\alpha - \frac{2r}{d}\right]. \end{aligned}\right\} \tag{6.187}$$

Längs $\alpha = 0$ ist die Torsionsschubspannung nach

$$\tau = G\vartheta\frac{d}{2}\left(1 + \frac{R^2}{r^2} - \frac{2r}{d}\right) \tag{6.188}$$

verteilt. Der Größtwert tritt am Kerbgrund in $r = R$ auf

$$\tau_{\max} = \sigma_{x\alpha}(r = R,\ \alpha = 0) = G\vartheta d(1 - R/d) = \alpha_k \frac{M_T}{J_p}\, d/2\,. \tag{6.189}$$

Die «*Formzahl*» α_k, der Vergrößerungsfaktor des Schubspannungsmaximums gegen den ungekerbten Kreisquerschnitt, beträgt also

$$\alpha_k = 2(1 - R/d) \Big/ \left[1 - 8\frac{R^2}{d^2}\left(1 + \frac{R^2}{d^2} - \frac{16}{3\pi}\frac{R}{d}\right)\right]. \tag{6.190}$$

Mit $R \to 0$, was einer kleinen Verletzung der Oberfläche etwa durch einen Strich mit einer gehärteten Reißnadel entspricht, wird nach Gl. (6.190) $\alpha_k = 2$. Die elastische Torsionsschubspannung wächst hier auf das Doppelte gegenüber der Nennspannung der unverletzten Welle: Die große Gefährlichkeit von Kerben wird an diesem verhältnismäßig einfachen Beispiel deutlich erkennbar. Wegen der großen Bedeutung rechteckiger Keilnuten wird die Formzahl in Abb. 6.20 als Funktion von Ausrundungsradius R zu Breite B nach *H. Parkus*: Österr. Ing.-Archiv **3**, 336 (1949) graphisch wiedergegeben. Ihre Berechnung ist wesentlich aufwendiger.

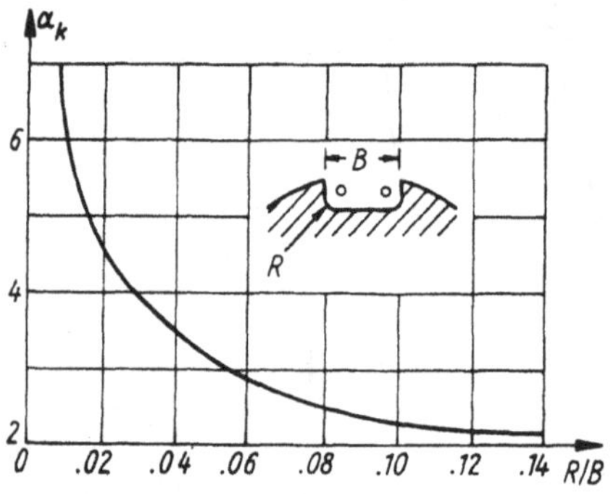

Abb. 6.20. Formzahl der rechteckigen Keilnut

e) Das Prandtlsche Membrangleichnis

Bei komplizierten Querschnittsformen sind auch numerische Berechnungen aufwendig, und Drillwiderstand und Torsionsschubspannungsverteilung werden bequemer auf experimentellem Wege bestimmt. Von *L. Prandtl* stammt eine zweckmäßige Methode, die auf der Identität der *Poisson*schen Differentialgleichungen für die Spannungsfunktion Ψ und für die Verformung $u(y, z)$ einer durch konstanten Überdruck p quer belasteten dünnen Membran (z. B. einer Seifenhaut) beruht. Eine solche ideale Membran nimmt wie ein ideales Seil nur Zugkräfte auf. Ist S diese nach allen Richtungen gleiche Vorspannung, dann folgt mit Linearisierung der Krümmungen

$$\nabla^2 u = -p/S, \qquad \nabla^2 = \frac{\partial^2}{\partial y^2} + \frac{\partial^2}{\partial z^2}. \tag{6.191}$$

Entlang der Randkurve ist natürlich $u = 0$. Der Zusammenhang mit der Torsionsfunktion ist also durch

$$\Psi = Su/p \tag{6.192}$$

gegeben. Das Gefälle der Membran ist damit zur Schubspannung, das Volumen unter der Membran zum Drillwiderstand proportional.

Eine relativ billige Realisierung stellt eine aufgeblasene Seifenhaut über einer nach Querschnittskontur aus einer Blechplatte geschnittenen Öffnung dar, die dann optisch vermessen wird. Komplikationen ergeben sich bei mehrfach zusammenhängenden Querschnitten.
Eine *elektrische* Analogie liefert wesentlich bessere Ergebnisse. Der Querschnitt wird aus elektrisch leitendem Papier ausgeschnitten. Eine konstante Stromdichte i (je Flächeneinheit) muß im gesamten Bereich eingeleitet werden, dann genügt das elektrische Potential U der *Poisson*schen Differentialgleichung

$$\nabla^2 U = -\varrho i, \tag{6.193}$$

mit ϱ als ohmschen Widerstand des leitenden Papiers. Der Rand muß noch auf konstanter Spannung gehalten werden (siehe z. B. die Arbeit von *Beadle* und *Conway*, J. Appl. Mech. **30**, 138—141 (1963) und Exp. Mech., 198—200 (1963)).
Auf die *hydrodynamische* Analogie verweisen wir wegen der theoretischen Bedeutung. Sie wurde von *J. Boussinesq* für zähe Flüssigkeit in laminarer Strömung und von *A. G. Greenhill* für ideale Flüssigkeitsströmung mit uniformer Zirkulation begründet. Die Torsionsfunktion entspricht der Stromfunktion (einem Geschwindigkeitspotential).

6.3. Durchlaufträger und Rahmen

Balken, die sich über mehrere Stützen erstrecken, werden Durchlaufträger genannt. Wir haben die Berechnung der statisch unbestimmten Biegemomente «über» den Stützen bereits durchgeführt, vgl. Gl. (6.81). Eine Zusammenstellung dieser Berechnung nach dem *Kraftgrößenverfahren* folgt nach Abb. 6.21, in der ein Feld zwischen den Knoten 1 und 2 dargestellt ist, M_1 ist als positives, M_2 als negatives Biegemoment im Durchlaufträger eingeführt, φ_1, φ_2 sind die zugehörigen Arbeitswege (Enddrehwinkel des Grundsystems).
Das «Kraftgrößenverfahren» berechnet die statisch unbestimmten Schnittmomente M_1, M_2 usw. aus Verformungsbedingungen: Die Biegelinie des Durchlaufträgers läuft glatt über die Stützen. Durch Superposition sind die Stabenddrehwinkel im betrachteten Feld

$$\varphi_1 = \varphi_{1L} + \varphi_{11} M_1 + \varphi_{12} M_2, \qquad \varphi_2 = \varphi_{2L} + \varphi_{21} M_1 + \varphi_{22} M_2, \tag{6.194}$$

vgl. Abb. 6.21, φ_{ij} sind die Einflußzahlen des statisch bestimmten Einfeldträgers, die z. B. mit dem Verfahren von *Mohr*, vgl. 6.2.2., bequem, auch bei veränderlicher Biegesteifigkeit, ermittelt werden. Die Berechnung wird auch für das linke und rechte Nachbarfeld durchgeführt und ergibt dort am Knoten 1, φ_1', am Knoten 2, φ_2'. Die Deformationsbedingungen an diesen beiden Knoten sind dann

$$\varphi_1 - \varphi_1' = 0, \qquad \varphi_2 - \varphi_2' = 0. \tag{6.195}$$

Insgesamt erhält man somit die nötige Zahl von Gleichungen zur Berechnung der statisch Unbestimmten.
Dem Verfahren stellen wir nun ein sogenanntes «*Deformationsgrößenverfahren*» gegenüber, und zwar bereits im Hinblick auf die Anwendung beim Rahmentragwerk das *Drehwinkelverfahren.* Statt des statisch bestimmten Grundsystems wählen wir ein *kinematisch bestimmtes Hauptsystem,* bestehend aus beidseitig starr eingespannten

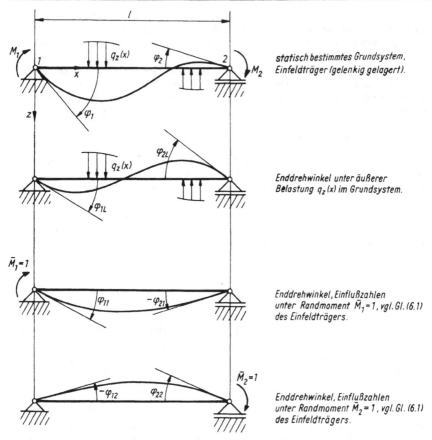

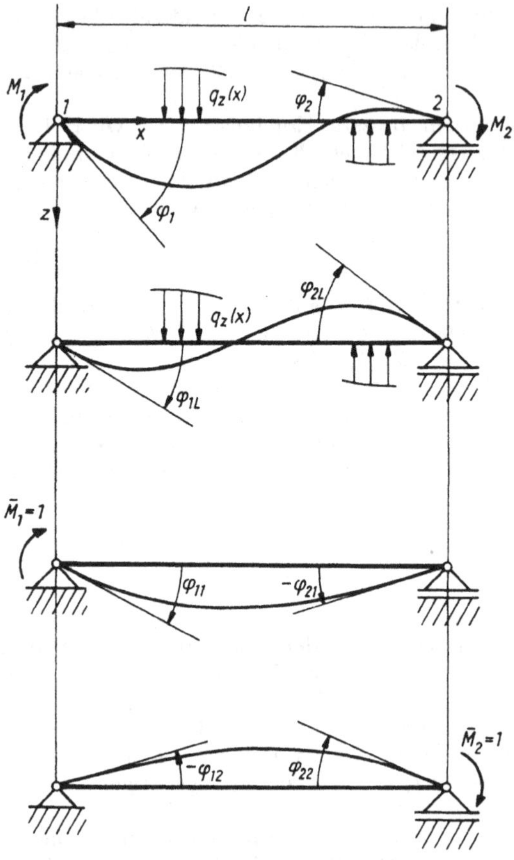

Abb. 6.21. Statisch bestimmter Einfeldträger des Grundsystems zum Durchlaufträger. Kraftgrößenverfahren

Balken nach Abb. 6.22. An Stelle der statisch unbestimmten Schnittmomente M_1, M_2 sind nun die Enddrehwinkel φ_1, φ_2 unbestimmt.
Die Berechnung der statisch unbestimmten Einfeldträger erfolgt wieder bequem mit dem *Mohr*schen Verfahren Gl. (6.22). Die Ersatzträger sind in die Abb. 6.22 aufgenommen. Die Randmomente sind dann durch Überlagerung der Teilmomente gegeben:

$$\left.\begin{aligned} M_1 &= M_{1L} + M_{11}\varphi_1 + M_{12}\varphi_2 \\ M_2 &= M_{2L} + M_{21}\varphi_1 + M_{22}\varphi_2, \end{aligned}\right\} \tag{6.196}$$

M_{ij} sind die Drehfedersteifigkeiten der statisch unbestimmten Teilsysteme nach Abb. 6.22. Die unbekannten Drehwinkel folgen dann aus den Momenten-Gleichgewichts-Bedingungen in den Knoten des Durchlaufträgers. In den Knoten 1 und 2 muß

$$M_1 + M_1' = 0, \qquad M_2 + M_2' = 0, \tag{6.197}$$

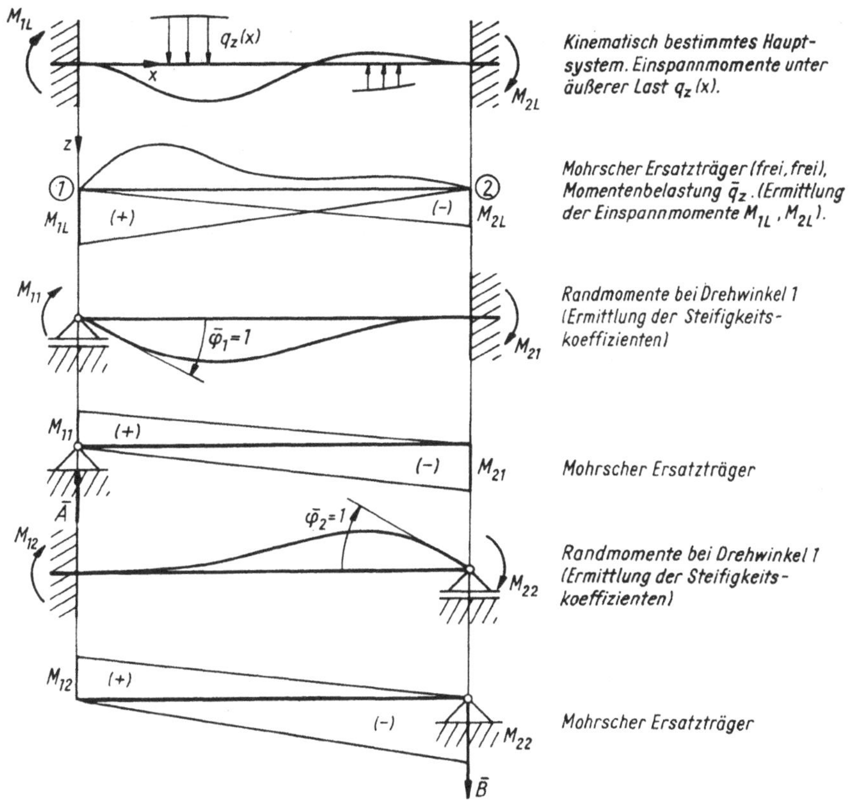

Abb. 6.22. Kinematisch bestimmtes Hauptsystem zum Durchlaufträger. Deformationsgrößenverfahren. *Mohr*sche Ersatzträger des Einfeldträgers

wenn gestrichene Größen die Randmomente der Nachbarfelder in den Knoten 1 und 2 bezeichnen. Greift ein äußeres Moment gerade über der Stütze an, dann ist es zur Gleichgewichtsbedingung zu addieren. Man erkennt, daß das Hauptsystem «steifer» als der elastisch eingespannte Einfeldträger wird und damit die Deformationen unter der Belastung q_z verkleinert werden, im Gegensatz zu den Deformationen im statisch bestimmten Grundsystem. Sind die Stützen des Durchlaufträgers (z. B. elastisch) nachgiebig, dann muß der «Stabdrehwinkel» Ψ' aus der ungleichen Absenkung der Knotenpunkte 1 und 2 überlagert werden. Er wird in der Gegenrichtung zu den Enddrehwinkeln φ_i positiv gezählt ($\Psi' > 0$: Stütze 1 liegt tiefer als 2). Dann gilt

$$\begin{aligned} M_1 &= M_{1L} + M_{11}\varphi_1 + M_{12}\varphi_2 + (M_{11} + M_{12})\,\Psi', \\ M_2 &= M_{2L} + M_{21}\varphi_1 + M_{22}\varphi_2 + (M_{21} + M_{22})\,\Psi'. \end{aligned} \tag{6.198}$$

Zur Ermittlung der Stabdrehwinkel Ψ' müssen gegenüber Gl. (6.197) zusätzliche Gleichgewichtsbedingungen aufgestellt werden.

Das *Drehwinkelverfahren* ist insbesondere die Grundlage wirtschaftlicher Berechnungsverfahren *hochgradig statisch unbestimmter Rahmensysteme*. Schließen bei einem ebenen Rahmen mehrere Stäbe an einem Knoten an, der als «starr drehbare» Rahmenecke ausgebildet ist (die Winkel zwischen den Stäben bleiben bei der Deformation erhalten), dann erkennt man unmittelbar den Vorteil gegenüber dem Kraftgrößenverfahren: Dem unbekannten Knotendrehwinkel steht die etwa der Anzahl der angeschlossenen Stäbe entsprechende Anzahl von unbekannten Schnittmomenten gegenüber. Ein einfaches Beispiel zeigt Abb. 6.23. Die Kraft F bewirkt ein statisch äquivalentes äußeres Knotenmoment Fl_1. Nur der Stab zwischen Knoten ① und ② trage eine weitere Belastung. Die Biegesteifigkeit EJ sei feldweise konstant. Der Knoten ① sei unverschieblich angenommen. Dann folgt mit den Einspannmomenten

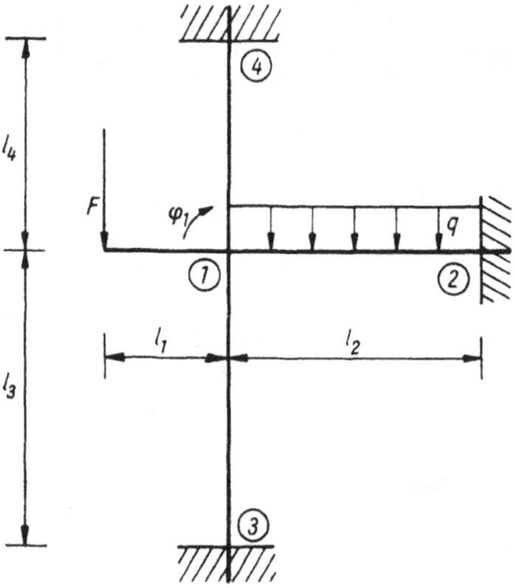

Abb. 6.23. Ebener Rahmen. «Drehwinkelverfahren»

$M_{1L} = -M_{2L} = \dfrac{-ql_2^2}{12}$ und mit dem einzigen unbekannten Knotendrehwinkel φ_1 für die Schnittmomente, der neu eingeführte Index kennzeichnet den Stab über den zweiten Knoten,

$$M_{1,2} = M_{1L} + M_{11,2}\varphi_1, \qquad M_{2,1} = M_{2L} + M_{21,1}\varphi_1,$$
$$M_{1,3} = M_{11,3}\varphi_1, \qquad M_{3,1} = M_{31,1}\varphi_1,$$
$$M_{1,4} = M_{11,4}\varphi_1, \qquad M_{4,1} = M_{41,1}\varphi_1.$$

Die Steifigkeitskoeffizienten sind Festwerte der einzelnen Stäbe

$$M_{11,i} = 4\,\frac{(EJ)_i}{l_i}, \qquad M_{i1,1} = 2\,\frac{(EJ)_i}{l_i}, \qquad i = 2, 3, 4.$$

Die Gleichgewichtsbedingung am Knoten ① liefert

$$Fl_1 + \sum_{i=2}^{4} M_{1,i} = 0.$$

Die Gleichung kann nach φ_1 aufgelöst werden und ergibt mit $M_{1L} = -ql_2^2/12$

$$\varphi_1 = -(Fl_1 + M_{1L})/4\sum_{i=2}^{4}\frac{EJ_i}{l_i}. \tag{6.199}$$

Bei komplizierten ebenen Rahmensystemen wird das Drehwinkelverfahren mit einem *Momentenausgleichsverfahren* nach *Cross* oder *Kani* kombiniert, dafür verweisen wir auf die Spezialliteratur[1].

6.3.1. Der ebene Stockwerksrahmen

Mit starr eingespannten Stielen (gleiche Biegesteifigkeit EJ_S) ist der ebene Rahmen aus drei Stäben dreifach statisch unbestimmt, Abb. 6.24. Die Berechnung nach Drehwinkel- oder Kraftgrößenverfahren erfordert den gleichen (kleinen) Aufwand.

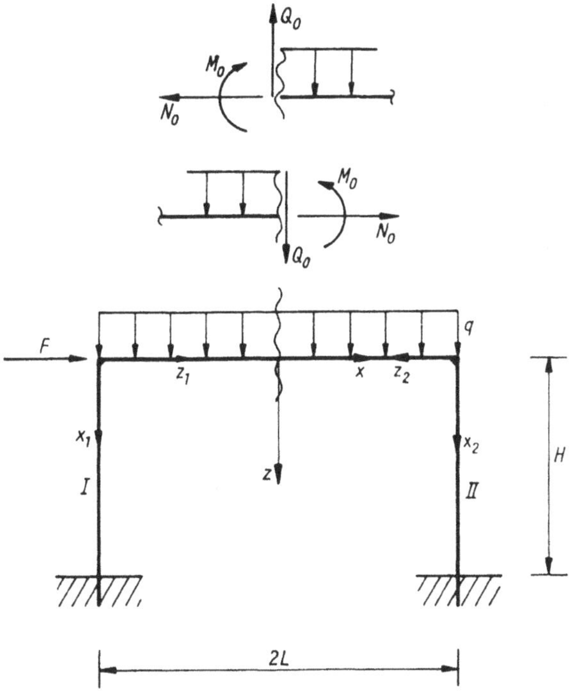

Abb. 6.24. Ebener Stockwerksrahmen. Berechnung nach *Menabrea*

Wir zeigen die Berechnung nach *Menabrea*, Gl. (5.44), wenn als statisch Unbestimmte die Schnittgrößen in Riegelmitte, N_0, Q_0, M_0 gewählt werden. Der Einfachheit halber berücksichtigen wir nur Deformationen zufolge Biegemoment. Mit den Bezeichnungen und der Belastung durch F und q nach Abb. 6.24 ermitteln wir zuerst abschnittsweise den Biegemomentenverlauf:

$$-L \leqq x \leqq L: \quad M_y(x) = M_0 + Q_0 x - \frac{qx^2}{2}, \quad \frac{\partial M_y}{\partial Q_0} = x, \quad \frac{\partial M_y}{\partial M_0} = 1$$

[1] *G. Kani:* Die Berechnung mehrstöckiger Rahmen. — Stuttgart: Wittwer, 1949.

Im Stiel I: $M_y(x_1) = M_0 - Q_0 L - \frac{qL^2}{2} - (F + N_0)\, x_1$,

$$\frac{\partial M_y}{\partial N_0} = -x_1, \quad \frac{\partial M_y}{\partial Q_0} = -L, \quad \frac{\partial M_y}{\partial M_0} = 1.$$

Im Stiel II: $M_y(x_2) = M_0 + Q_0 L - \frac{qL^2}{2} - N_0 x_2$,

$$\frac{\partial M_y}{\partial N_0} = -x_2, \quad \frac{\partial M_y}{\partial Q_0} = L, \quad \frac{\partial M_y}{\partial M_0} = 1.$$

Nach *Menabrea* verschwinden die Ableitungen der Ergänzungsenergie

$$\frac{\partial U^*}{\partial N_0} = 0 = \int \frac{M_y}{EJ} \frac{\partial M_y}{\partial N_0}\, dx, \quad \frac{\partial U^*}{\partial Q_0} = 0 = \int \frac{M_y}{EJ} \frac{\partial M_y}{\partial Q_0}\, dx,$$

$$\frac{\partial U^*}{\partial M_0} = 0 = \int \frac{M_y}{EJ} \frac{\partial M_y}{\partial M_0}\, dx,$$

$$\frac{2}{EJ} \int_0^L Q_0 x^2\, dx + \frac{1}{EJ_S} \int_0^H (2Q_0 L^2 + F x_1 L)\, dx_1 = 0,$$

$$Q_0 = -F/4 \left(1 + \frac{1}{3} \frac{L}{H} \frac{J_S}{J}\right) \frac{L}{H}. \tag{6.200}$$

$$\int_0^H \left\{\left[-F x_1 + 2\left(M_0 - \frac{qL^2}{2}\, N_0 x_1\right)\right] (-x_1)\right\} dx_1 = 0.$$

$$\frac{2}{EJ} \int_0^L \left(M_0 - \frac{qx^2}{2}\right) dx + \frac{1}{EJ_S} \int_0^H \left[-F x_1 + 2\left(M_0 - \frac{qL^2}{2} - N_0 x_1\right)\right] dx_1 = 0,$$

$$M_0 = \frac{qL^2}{6} \frac{1 + \frac{3HJ}{4LJ_S}}{1 + \frac{HJ}{4LJ_S}}, \quad -N_0 = \frac{F}{2} + \frac{qL^2}{2H} \frac{1}{1 + \frac{HJ}{4LJ_S}}. \tag{6.201}$$

Gln. (6.200) und (6.201) stellen die gesuchten statisch unbestimmten Schnittgrößen dar.

6.4. Eben gekrümmte Stäbe

Die Stabachse sei sowohl im unverformten wie im verformten Zustand eine ebene Kurve. Die dann in der Ebene liegende Belastung führt auf die drei Schnittgrößen Längskraft, Querkraft und Biegemoment, deren Zusammenhang durch die Gleichgewichtsbetrachtungen am Schnittelement bereits untersucht wurde, 2.5.1.(a). Es verbleibt die Beschreibung der Formänderungen und die Bestimmung der Spannungsverteilung aus den Schnittgrößen. Der Querschnitt besitzt eine Trägheitshauptachse senkrecht zur Schmiegebene der Stabachse. Im Lastfall reiner Biegung bleiben die Querschnitte eben. Wir behalten diese Annahme auch näherungsweise für Querkraftbiegung bei und entwickeln daraus die Verformungskinematik in polaren Koordinaten mit w als Verschiebungskomponente in radialer und u in tangentialer Richtung. Mit linearisierten geometrischen Beziehungen wird dann die radiale Dehnung (siehe auch Abb. 6.25)

$$\varepsilon_R = \frac{\partial w}{\partial R} \tag{6.202}$$

in Übereinstimmung mit der geometrischen Überlegung: Ist $w(R)$ die Verschiebung des Punktes in R, dann ist $w(R + \mathrm{d}R) = w(R) + \frac{\partial w}{\partial R}\,\mathrm{d}R + \cdots$. Der Unterschied $\frac{\partial w}{\partial R}\,\mathrm{d}R$ bezogen auf den Abstand $\mathrm{d}R$ ergibt definitionsgemäß die Dehnung. Die Dehnung in tangentialer Richtung setzt sich allerdings aus zwei Anteilen zusammen: Durch die radiale Verschiebung w muß eine Umfangsdehnung der Faser $R\,\mathrm{d}\varphi$ auftreten: $\frac{(R + w)\,\mathrm{d}\varphi - R\,\mathrm{d}\varphi}{R\,\mathrm{d}\varphi} = \frac{w}{R}$. Durch die unterschiedliche tangentiale Verschie-

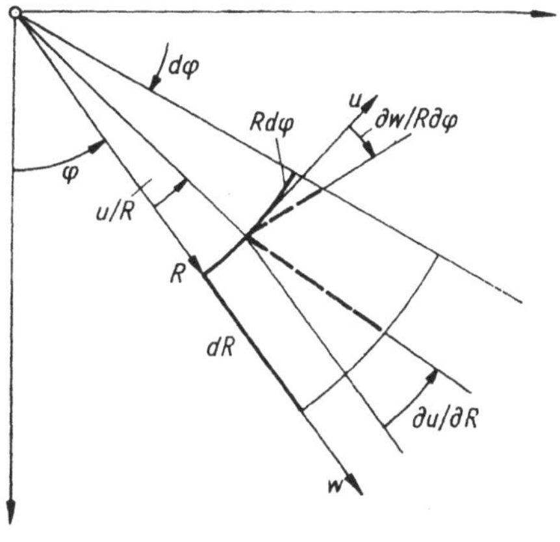

Abb. 6.25. Dehnungen in Polarkoordinaten

bung zweier benachbarter Punkte im Abstand $R\,\mathrm{d}\varphi$, $u(\varphi + \mathrm{d}\varphi) - u(\varphi) = \frac{\partial u}{\partial \varphi}\,\mathrm{d}\varphi$, tritt noch $\frac{\partial u}{\partial \varphi}\,\mathrm{d}\varphi / R\,\mathrm{d}\varphi$ als Dehnung hinzu,

$$\varepsilon_\varphi = \frac{w}{R} + \frac{\partial u}{R\,\partial \varphi}. \tag{6.203}$$

Die Gleitung eines Rechtkants überlegt man sich aus der Drehung des Bogenelementes $R\,\mathrm{d}\varphi$ durch die unterschiedliche Radialverschiebung, $\frac{\partial w}{R\,\partial \varphi}$, und der Drehung der Seite $\mathrm{d}R$ durch die unterschiedliche Tangentialverschiebung $\frac{\partial u}{\partial R} - \frac{u}{R}$, darin wird die «starre» Drehung der Seite $\mathrm{d}R$ eliminiert,

$$\gamma_{R\varphi} = \frac{\partial w}{R\,\partial \varphi} + \frac{\partial u}{\partial R} - \frac{u}{R}. \tag{6.204}$$

Mit Vernachlässigung der Schubdeformationen $\gamma_{R\varphi} = 0$ folgt die Verdrehung der Stabachsentangente (Änderung des Polarwinkels φ bei Deformation)

$$\chi = \frac{\partial u}{\partial R} = \frac{u_S}{R_S} - \frac{\partial w_S}{R_S\,\partial\varphi}. \tag{6.205}$$

u_S, w_S sind die Verschiebungskomponenten des Querschnittsschwerpunktes, $1/R_S$ ist die Vorkrümmung der Stabachse. In der Stabtheorie ist $\varepsilon_R = \frac{\partial w}{\partial R} = 0$ und damit $w = w_S = \text{const}$ im Querschnitt. Das Ebenbleiben der Querschnitte verlangt außerdem $u = RC(\varphi)$. Dann ist

$$\varepsilon_\varphi = \frac{w_S}{R} + C', \qquad C' = \frac{\mathrm{d}C(\varphi)}{\mathrm{d}\varphi},$$

und das einachsige *Hooke*sche Gesetz ergibt mit dieser nichtlinear verteilten Dehnung die hyperbolische Spannungsverteilung, $R = R_S + z$,

$$\sigma_{\varphi\varphi} = E\varepsilon_\varphi = E\left(\frac{w_S}{R_S + z} + C'\right). \tag{6.206}$$

Damit wird die resultierende Normalkraft,

$$N = \int_A \sigma_{\varphi\varphi}\,\mathrm{d}A = Ew_S \int_A \frac{\mathrm{d}A}{R_S + z} + C'EA, \tag{6.207}$$

und das Biegemoment

$$M_y = \int_A z\sigma_{\varphi\varphi}\,\mathrm{d}A = Ew_S \int_A \frac{z}{R_S + z}\,\mathrm{d}A. \tag{6.208}$$

Das von der Querschnittsform und der Vorkrümmung der unverformten Stabachse abhängige Integral formen wir zu einer Hilfsgröße $\varkappa$ um:

$$-\frac{1}{A}\int_A \frac{z}{R_S + z}\,\mathrm{d}A = \varkappa\,\frac{J_y}{AR_S^2}, \qquad \varkappa = 1 - \frac{1}{J_y}\int_A \frac{z^3}{R_S + z}\,\mathrm{d}A. \tag{6.209}$$

Damit ist

$$M_y = -\varkappa\,\frac{w_S}{R_S}\,\frac{EJ_y}{R_S} \tag{6.210}$$

und auch

$$N = EA\left(1 + \varkappa\,\frac{J_y}{AR_S^2}\right)\frac{w_S}{R_S} + C'EA. \tag{6.211}$$

Die Konstanten in Gl. (6.206) können nun durch die Schnittgrößen N und M_y ausgedrückt werden:

$$\frac{w_S}{R_S} = -\frac{M_y}{\varkappa EJ_y}\,R_S, \quad C' = \frac{N}{EA} + \left(1 + \varkappa\,\frac{J_y}{AR_S^2}\right)\frac{M_y}{\varkappa EJ_y}\,R_S. \tag{6.212}$$

Die nichtlineare Spannungsverteilung ist dann durch die Schnittgrößen bestimmt:

$$\sigma_{\varphi\varphi} = \frac{N}{A} + \frac{M_y}{J_y}\left[\frac{J_y}{AR_S} + \frac{1}{\varkappa}\,z\left(1 - \frac{z}{R_S + z}\right)\right]. \tag{6.213}$$

Im Flächenschwerpunkt $z = 0$ ist nun die Biegespannung $\frac{M_y}{AR_S} \neq 0$. Die Nullinie für $N = 0$ hat den Abstand

$$z_0 = -\varkappa \frac{J_y}{AR_S} \Big/ (1 + \varkappa J_y/AR_S^2). \tag{6.214}$$

Die Randspannungen sind betragsmäßig am Innenrand höher, am Außenrand niedriger, im Vergleich zur «linearen» Spannungsverteilung $\frac{M_y}{J_y} z$, die für $R_S \to \infty$ mit $\varkappa \to 1$ erhalten wird, vgl. Gl. (6.48). Für den *Rechteckquerschnitt* $H \cdot B$ ist $J_y = \frac{BH^3}{12}$ und

$$\varkappa = \frac{AR_S^2}{J_y} \left[\frac{R_S}{H} \ln \frac{1 + H/2R_S}{1 - H/2R_S} - 1 \right] = 1 + \frac{3H^2}{20R_S^2} + \cdots \tag{6.215}$$

Näherungsweise wird nach dieser Formel die Spannungsverteilung im «gefährlichen» Querschnitt eines *Zughakens* berechnet, obwohl meist stark veränderlicher Querschnitt vorliegt. Ist F die Zugkraft, dann ist $N = F$ und $M_y = -Fp$, mit p als Schwerpunktabstand von F, einzusetzen, siehe Abb. 6.26.

Fassen wir $N + \frac{M_y}{R_S} = N_H$ zu einer Hilfsschnittgröße zusammen, dann kann die Ergänzungsenergie des stark gekrümmten Stabes analog zum geraden Stab angegeben

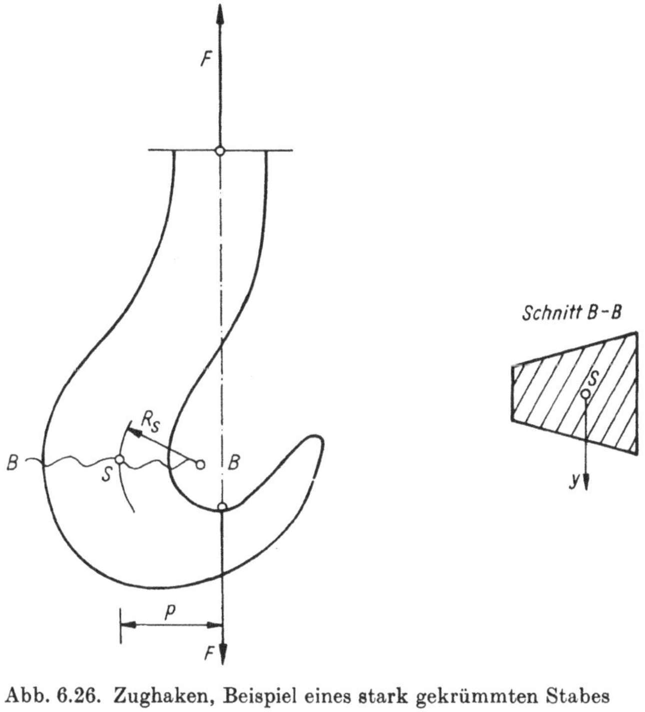

Abb. 6.26. Zughaken, Beispiel eines stark gekrümmten Stabes

werden

$$U^* = \frac{1}{2}\int_0^L \frac{N_H^2}{EA}\,ds + \frac{1}{2}\int_0^L \frac{M_y^2}{\varkappa E J_y}\,ds. \tag{6.216}$$

Der Ausdruck ist unabhängig von der Reihenfolge der Belastung durch Längskraft und Biegung. Aus dem Prinzip der virtuellen Arbeit kann analog zu Gl. (5.54) die Formel

$$1 \cdot \delta = \int_0^L \overline{N}_H \frac{N_H}{EA}\,ds + \int_0^L \overline{M}_y \frac{M_y}{\varkappa E J_y}\,ds \tag{6.217}$$

gewonnen werden. Damit stehen die bereits gewohnten Formeln von *Castigliano* und *Menabrea* nach 5.4.1. auch zur Berechnung stark gekrümmter Stäbe bereit.
Zur Ergänzung geben wir noch den Zusammenhang zwischen den Deformationen der Stabachse und den Schnittgrößen an:

$$\frac{du_S}{ds} + \frac{w_S}{R_S} = N_H/EA, \quad \frac{d^2 w_S}{ds^2} + \frac{w_S}{R_S^2} - u_S \frac{d}{ds}\left(\frac{1}{R_S}\right) = -M_y/\varkappa E J_y,$$
$$ds = R_S\,d\varphi. \tag{6.218}$$

6.4.1. Schwach gekrümmte Stäbe

Beim schwach gekrümmten Stab geht $N_H \to N$ und $\varkappa \to 1$. Die Spannungsverteilung wird dann wieder linear über den Querschnitt verteilt angenommen, $|z|/(R_S + |z|) \ll 1$. Bei $N = 0$ soll die Nullinie wieder durch den Schwerpunkt gehen. Vernachlässigt man auch die Dehnung der Stabachse, folgt aus Gl. (6.218)

$$\frac{du_S}{ds} = -w_S/R_S.$$

Wir zeigen die beispielhafte Berechnung eines *schwach gekrümmten Parabelbogens* mit über der Horizontalprojektion konstanter Belastung q nach der vereinfachten Gl. (6.217). Die Spannweite sei L, die Bogenhöhe $H \ll L$, die Biegesteifigkeit EJ_y = const. Die Auflagerkräfte in vertikaler Richtung sind aus Symmetriegründen gleich $qL/2$. Bei statisch bestimmter Lagerung ist dann, siehe Abb. 6.27,

$$M_y(x) = -qLx/2 + qx^2/2.$$

Die Horizontalverschiebung des Loslagers B berechnen wir als Arbeitsweg δ_B der Hilfskraft $H_B = 1$.
Die Momentenverteilung ist dann $\overline{M}_y = -\eta$ mit der Parabelgleichung

$$\eta = 4Hx(L - x)/L^2.$$

Mit $H \ll L$ kann auch über L integriert werden. Normal- und Querkrafteinfluß werden vernachlässigt. Dann folgt aus Gl. (5.54)

$$\delta_B = \frac{1}{EJ_y}\int_0^L \frac{q}{2L^2}(Lx - x^2)\,4Hx(L - x)\,dx = \frac{qHL^3}{15EJ_y}.$$

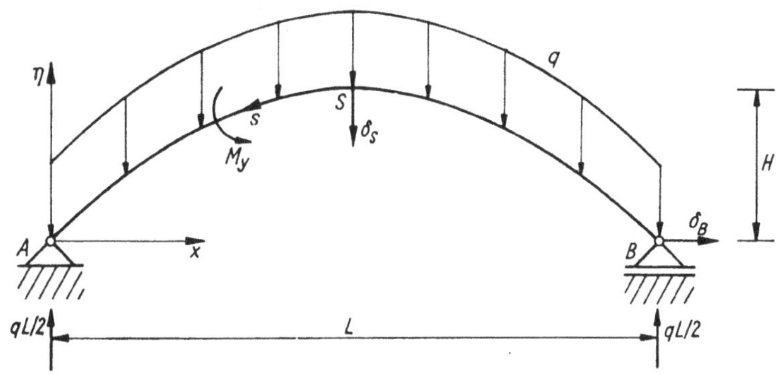

Abb. 6.27. Parabelbogen unter Gleichlast

Analog finden wir die Scheitelabsenkung

$$\delta_S = \frac{2}{EJ}\int_0^{L/2} \frac{q}{2}\,(Lx - x^2)\,\frac{x}{2}\,\mathrm{d}x = \frac{5qL^4}{384\,EJ_y}.$$

Wählen wir auch in *B ein Festlager*, dann ist die Horizontalkomponente der Auflagerkräfte X statisch unbestimmt. Die Verschiebung zufolge $H_B = 1$ wird

$$\delta_1 = \frac{1}{EJ_y}\int_0^L \eta^2\,\mathrm{d}x = \frac{8H^2L}{15EJ_y}.$$

Die Deformationsbedingung lautet: $\delta_B + X\delta_1 = 0$, also $X = -\delta_B/\delta_1 = -qL^2/8H$. Damit verschwindet aber das Biegemoment, $M_y(x) = -qx(L-x)/2 + qL^2\eta/8H = 0$, der gelenkig unverschieblich gelagerte Parabelbogen ist *«Stützlinie»* der gewählten Belastung, vgl. Gl. (2.192). Das gleiche Resultat erhält man bei beidseitiger starrer Einspannung und sogar bei ungleich hohen Auflagern.

Der schwach gekrümmte *geschlossene Ring* kann auf die gleiche Weise berechnet werden. Er ist im allgemeinen Fall dreifach innerlich statisch unbestimmt (N_0, Q_0, M_0). Der *Kreisring unter diametral entgegengesetzter Einzelkraftbelastung* weist allerdings Symmetrie auf, Abb. 6.28. Schneiden wir ihn quer zur Belastung in zwei Hälften, dann ist $Q_0 = 0$ und $N_0 = F/2$, und mit $X = M_0$ bleibt nur eine statisch Unbestimmte. Das Biegemoment ist dann $M_y = \dfrac{F}{2}R(1-\cos\varphi) + X$, $0 \leqq \varphi \leqq \dfrac{\pi}{2}$.

Nach *Menabrea*, Gl. (5.44), folgt mit konstanter Biegesteifigkeit, Längs- und Querkrafteinfluß sei vernachlässigbar,

$$\frac{\partial U^*}{\partial X} = \frac{4}{EJ}\int_0^{\pi/2} M_y\,\frac{\partial M_y}{\partial X}\,R\,\mathrm{d}\varphi = 0.$$

Daraus folgt $X = -FR\left(1 - \dfrac{2}{\pi}\right)\Big/2$

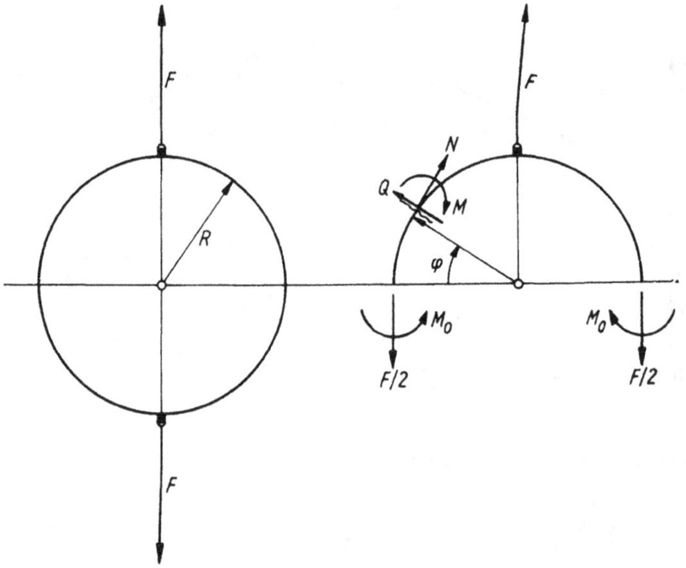

Abb. 6.28. Kraftmeßbügel. Schwach gekrümmter Kreisringstab

und

$$M_y = FR\left(\frac{2}{\pi} - \cos\varphi\right)\Big/2, \qquad 0 \leqq \varphi \leqq \pi/2, \tag{6.219}$$

Max $|M_y| = FR/\pi$ in $\varphi = \pi/2$.

Geschlossene Ringe werden häufig durch *Speichen* gestützt. Ein *Schwungrad* mit n Speichen sei durch eine radiale Gleichlast $q = \text{const}$ am schwach gekrümmten Kranz belastet (bei stationärer Rotation ist $q = \varrho A v^2/R$, $v = R\omega$ ist die Umfangsgeschwindigkeit; eine mit r veränderliche Last greift dann allerdings auch längs der Speichen an, $q_S = \varrho A_S r \omega^2$). In der Mitte eines Feldes verschwindet die Querkraft aus Symmetriegründen, wir wählen Längskraft und Biegemoment als statisch Unbestimmte N_0 und M_0. Im Kranzsektor ist dann nach Abb. 6.29

$$\left.\begin{aligned} M_y(\alpha) &= M_0 + N_0 R(1 - \cos\alpha) - qR^2\, 2\sin^2\alpha/2, \\ N(\alpha) &= N_0\cos\alpha + qR\, 2\sin^2\alpha/2, \\ Q(\alpha) &= (N_0 - qR)\sin\alpha. \end{aligned}\right\} \tag{6.220}$$

Die Zugkraft in der Speiche am Radius r finden wir zu

$$S(r) = -2Q(\alpha = \pi/n) + \int_r^R q_S\, d\bar{r} = -2(N_0 - qR)\sin\pi/n + \frac{q}{R}\frac{A_S}{A}\frac{R^2 - r^2}{2}. \tag{6.221}$$

Nach *Menabrea* folgt dann mit Ausnutzung der Symmetrie, $\dfrac{\partial U^*}{\partial N_0} = 0$, $\dfrac{\partial U^*}{\partial M_0} = 0$,

$$U^* = \frac{2n}{2}\int_0^{\pi/n} \frac{M_y^2}{EJ_y} R\, d\alpha + \frac{2n}{2}\int_0^{\pi/n} \frac{N^2}{EA} R\, d\alpha + \frac{n}{2}\int_{R_1}^{R} \frac{S^2}{EA_S}\, dr.$$

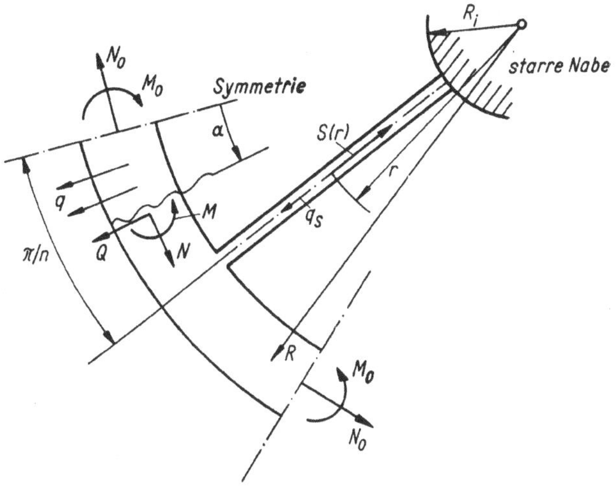

Abb. 6.29. Symmetrieschnitt am Schwungrad mit Speichen

Also, mit Vernachlässigung der Querkraftdeformation und mit $R_i \to 0$,

$$M_0 = -(N_0 - qR)\,R\left(\frac{\pi}{n} - \sin\frac{\pi}{n}\right)\frac{n}{\pi} \tag{6.222}$$

und

$$N_0 - qR = -\frac{4}{3}\,qR\Bigg/\left[\frac{\pi}{n\sin\pi/n} + \cos\pi/n + 4\,\frac{A}{A_S}\sin\pi/n + \frac{AR^2}{J_y}\left(\frac{\pi}{n\sin\pi/n} + \cos\pi/n - 2\,\frac{n}{\pi}\sin\pi/n\right)\right]. \tag{6.223}$$

Der radial mit q belastete *Ring ohne Speichen* ergibt einen biegefreien Zustand: $N_0 = qR$, $M_0 = 0$. Die radiale Aufweitung beträgt dann qR^2/EA. Man erkennt die wesentliche Bedeutung der Normalkraft (auch beim Speichenrad).

6.5. Scheiben

Scheiben sind dünne ebene Flächentragwerke, die nur in ihrer Ebene belastet werden, d. h. auch im verformten Zustand eben bleiben. Dazu zählen z. B. auch hohe Biegeträger bei kleiner Spannweite und rotierende Scheiben. Die Spannungen werden über die Dicke integriert und zu Schnittgrößen je Längeneinheit n_x, n_y, n_{xy} zusammengefaßt. Für die mittleren Spannungen herrscht ein ebener Spannungszustand. Die lokalen Gleichgewichtsbedingungen haben wir bereits durch die Einführung der *Airy*schen Spannungsfunktion F erfüllt, Gl. (2.11), insbesondere wenn die äußere Volumenkraft konstant ist oder verschwindet. Die Differentialgleichung der Spannungsfunktion finden wir über das *Hooke*sche Gesetz (4.44) durch Einsetzen in die Kompatibilitätsbedingung der Verzerrungen, Gl. (1.22),

$$2\,\frac{\partial^2 \varepsilon_{xy}}{\partial x\,\partial y} = \frac{\partial^2 \varepsilon_{xx}}{\partial y^2} + \frac{\partial^2 \varepsilon_{yy}}{\partial x^2},$$

wo mit

$$\varepsilon_x = (n_x - \nu n_y)/Eh, \quad \varepsilon_y = (n_y - \nu n_x)/Eh, \quad \varepsilon_z = -\nu(n_x + n_y)/Eh,$$

$$2\varepsilon_{xy} = \gamma_{xy} = n_{xy}/Gh, \quad n_x = \frac{\partial^2 F}{\partial y^2}, \quad n_y = \frac{\partial^2 F}{\partial x^2}, \quad n_{xy} = -\frac{\partial^2 F}{\partial x\,\partial y}:$$

$$\frac{\partial^4 F}{\partial x^4} + 2\frac{\partial^4 F}{\partial x^2\,\partial y^2} + \frac{\partial^4 F}{\partial y^4} = 0. \tag{6.224}$$

Diese biharmonische Differentialgleichung (vierter Ordnung) wird *Scheibengleichung* genannt, in koordinatenfreier Schreibweise auch

$$\Delta\Delta F = 0, \tag{6.225}$$

$\Delta = \dfrac{\partial^2}{\partial x^2} + \dfrac{\partial^2}{\partial y^2}$ ist der ebene *Laplace*sche Differentialoperator (in kartesischen Koordinaten). In Polarkoordinaten ist $\Delta = \dfrac{\partial^2}{\partial r^2} + \dfrac{1}{r}\dfrac{\partial}{\partial r} + \dfrac{1}{r^2}\dfrac{\partial^2}{\partial \varphi^2}$.

Die Ergänzungsenergie, Gl. (5.40) mit (5.38), kann dann durch die Spannungsfunktion ausgedrückt werden, A ist die Scheibenmittelfläche:

$$U^* = \frac{1}{2Eh}\int_A \left\{(\Delta F)^2 - 2(1+\nu)\left[\frac{\partial^2 F}{\partial x^2}\frac{\partial^2 F}{\partial y^2} - \left(\frac{\partial^2 F}{\partial x\,\partial y}\right)^2\right]\right\} \mathrm{d}A. \tag{6.226}$$

Elementare Randwertaufgaben der *Rechteckscheibe* liegen dann vor, wenn zwei gegenüberliegende Ränder $x = \pm a$ uniform durch n_0 belastet sind und die Ränder $y = \pm b$ unbelastet sind:

Der Ansatz $F_1 = Cy^2$ ist Lösung der Scheibengleichung und liefert die Spannungskomponenten

$$n_x = \frac{\partial^2 F}{\partial y^2} = 2C, \qquad n_y = n_{xy} = 0. \tag{6.227}$$

Mit $C = n_0/2$ ist die exakte Lösung gefunden. Ist auch der zweite Rand $y = \pm b$ uniform mit n_1 belastet, dann folgt durch Überlagerung

$$F_2 = (n_0 y^2 + n_1 x^2)/2. \tag{6.228}$$

Allseits *gleicher Zug* ist durch $n_0 = n_1$ gegeben. *Reiner Schub* fordert $n_0 = -n_1$, $\tau_{\max} = n_0/h$. Der Fall «*reiner*» *Biegung* wird durch einen Momentenangriff M_0 in $x = \pm a$ erzeugt, wenn die angreifenden Kräfte linear verteilt sind: $n_0 = 12M_0 y/(2b)^3$.

Mit $\dfrac{\partial^2 F}{\partial y^2} = -\dfrac{3M_0}{2b^3}\,y$ in $x = \pm a$ wird dann

$$F = -M_0 y^3/4b^3. \tag{6.229}$$

Diese Funktion erfüllt tatsächlich alle Randbedingungen. Damit ist $n_x = -3M_0 y/2b^3$, $n_y = n_{xy} = 0$, wie in der Balkentheorie bleiben die Querschnitte eben.

Um die *Krafteinleitung in eine Scheibe* zu analysieren, versuchen wir die Lösung für eine Halbscheibe «unendlicher» Ausdehnung, mit Streckenlast n_0 in $-c \leqq x \leqq c$, am Rand $y = 0$ angreifend, zu finden. Diese Belastung läßt sich durch das *Fourier*-

Integral, siehe z. B. *Bronstein-Semendjajew* (Tabelle 4.4.2.2)[1],

$$n_0(x) = \frac{2}{\pi} n_0 \int_0^\infty \frac{\sin \xi c}{\xi} \cos \xi x \, d\xi \tag{6.230}$$

am ganzen Scheibenrand definieren. Da die Spannungen für $y \to \infty$ nach Null abklingen müssen, versuchen wir den *Ansatz* für die Spannungsfunktion

$$F(x, y) = \int_0^\infty \frac{1}{\xi^2} [A(\xi) + \xi y B(\xi)] \, e^{-\xi y} \cos \xi x \, d\xi . \tag{6.231}$$

Dann sind die Spannungskomponenten nach Gl. (2.11), unter dem Integral darf differenziert werden:

$$\left.\begin{aligned} n_x &= \frac{\partial^2 F}{\partial y^2} = \int_0^\infty [(A - 2B) + \xi y B] \, e^{-\xi y} \cos \xi x \, d\xi , \\ n_y &= \frac{\partial^2 F}{\partial x^2} = -\int_0^\infty (A + \xi y B) \, e^{-\xi y} \cos \xi x \, d\xi , \\ n_{xy} &= -\frac{\partial^2 F}{\partial x \, \partial y} = -\int_0^\infty [(A - B) + \xi y B] \, e^{-\xi y} \sin \xi x \, d\xi . \end{aligned}\right\} \tag{6.232}$$

Am Rand $y = 0$ folgt

$$\frac{2}{\pi} n_0 \int_0^\infty \frac{\sin \xi c}{\xi} \cos \xi x \, d\xi = n_y(y = 0) = -\int_0^\infty A \cos \xi x \, d\xi , \tag{6.233}$$

also

$$A = -\frac{2}{\pi} n_0 \frac{\sin \xi c}{\xi}$$

und, aus $n_{xy}(y = 0) = 0$, $A = B$. Die uneigentlichen Integrale können geschlossen gelöst werden. Die Lösung entnehmen wir Integraltafeln. Mit Hilfe der Winkel ϑ_1 und ϑ_2, siehe Abb. 6.30, folgt

$$\left.\begin{aligned} n_{\substack{x\\y}} &= \frac{n_0}{\pi} \left[(\vartheta_2 - \vartheta_1) \mp \frac{1}{2} (\sin 2\vartheta_2 - \sin 2\vartheta_1) \right], \\ n_{xy} &= -\frac{n_0}{2\pi} (\cos 2\vartheta_2 - \cos 2\vartheta_1) . \end{aligned}\right. \tag{6.234}$$

Die Linien konstanter Hauptschubspannung

$$\tau = \frac{n_0}{\pi h} \sin (\vartheta_2 - \vartheta_1) = \text{const} \tag{6.235}$$

sind Kreisbogen durch die Randpunkte der Belastung ($x = \pm c$, $y = 0$) mit Mittelpunkten auf $x = 0$. Der absolute Maximalwert tritt längs des Halbkreises $r = c$ auf, $\tau_{\max} = n_0/\pi h$.

[1] siehe Literaturhinweise

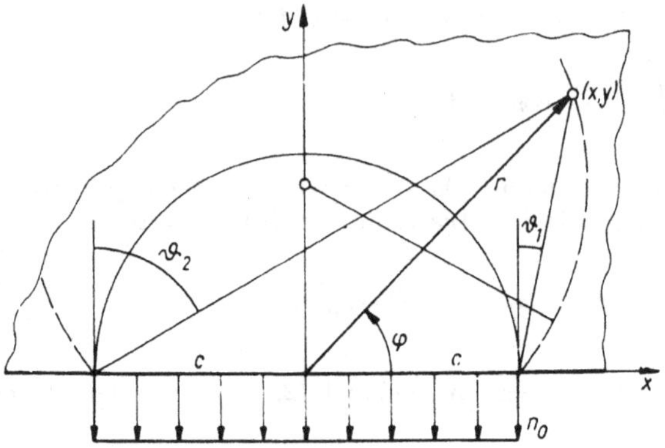

Abb. 6.30. Halbebene mit Streckenlast n_0. Isostresse $r = c$ mit $\tau_{\max} = n_0/\pi h$

Der Grenzübergang zum Einzellastangriff $F = 2cn_0$ in $x = y = 0$ ist möglich, mit $c \to 0$, $n_0 \to \infty$. Dann folgt

$$n_x = \frac{2F}{\pi}\, x^2y/r^4, \quad n_y = \frac{2F}{\pi}\, y^3/r^4, \quad n_{xy} = \frac{2F}{\pi}\, xy^2/r^4, \quad r^2 = x^2 + y^2. \tag{6.236}$$

Die Scheibenspannungen in Polarkoordinaten sind jetzt Hauptspannungen

$$n_r = \frac{2F}{\pi r}\sin\varphi, \qquad n_\varphi = n_{r\varphi} = 0. \tag{6.237}$$

Sie bilden ein zentrales Kraftsystem (die Lösung wird nach *Boussinesq* benannt). Die Linien konstanter Radialspannung (Isostressen),

$$\frac{\sin\varphi}{r} = d^{-1} = \text{const}, \qquad n_r = \frac{2F}{\pi d}, \tag{6.238}$$

sind wieder Kreise mit Mittelpunkten auf $x = 0$, die jetzt den Lastangriffspunkt berühren, siehe Abb. 6.31.

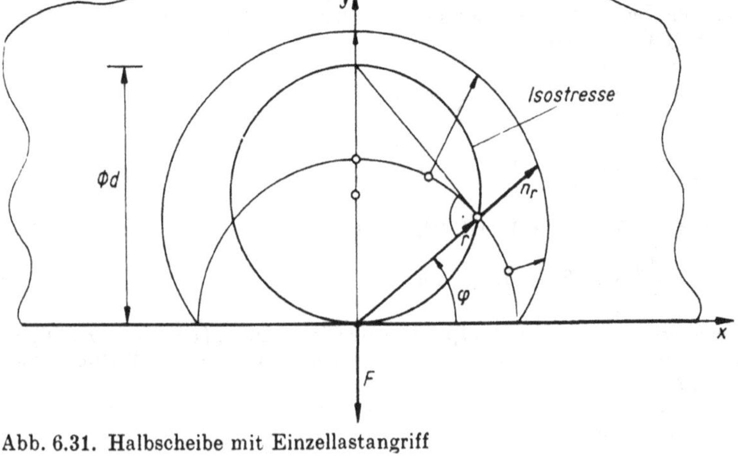

Abb. 6.31. Halbscheibe mit Einzellastangriff

Längs dieser Kreise ist auch die Hauptschubspannung konstant, $\tau = \dfrac{F}{\pi h d}$. Die Spannungsverteilung ist unabhängig von den speziellen elastischen Parametern der Scheibe. Die kartesischen Spannungskomponenten sind

$$n_x = n_r \cos^2\varphi, \qquad n_y = n_r \sin^2\varphi, \qquad n_{xy} = \frac{n_r}{2}\sin 2\varphi. \tag{6.239}$$

Analog erhält man die Lösung für die *Randschubkraft* F_t entgegen der x-Richtung. Die Spannungsfunktion wird dann

$$F(x, y) = -\frac{F_t}{\pi}\int_0^\infty y\,\frac{\sin\xi x}{\xi}\,\mathrm{e}^{-\xi y}\,\mathrm{d}\xi \tag{6.240}$$

und die radiale Hauptnormalspannungsverteilung ist

$$n_r = \frac{2F_t}{\pi r}\cos\varphi, \qquad n_\varphi = n_{r\varphi} = 0. \tag{6.241}$$

Weitere Lösungen sind in der Spezialliteratur gesammelt.[1]
Wegen der technischen Bedeutung der (mit $\omega = const$ *rotierenden*) *Kreisscheiben* und der verhältnismäßig einfachen Lösung, diskutieren wir diesen achsensymmetrischen Fall. Abb. 6.32 entnehmen wir die radiale Gleichgewichtsbedingung für die Scheibenhauptspannungen:

$$r\,\frac{\mathrm{d}n_r}{\mathrm{d}r} + n_r - n_\varphi = -rq, \qquad q = \varrho r\omega^2 h.$$

Wir setzen mit einer Spannungsfunktion $f(r)$, $n_r = f/r$, $n_\varphi = \dfrac{\mathrm{d}f}{\mathrm{d}r} + \varrho\omega^2 r^2 h$, befriedigen damit die Gleichgewichtsbedingung und finden mit den linearisierten geometrischen Beziehungen $\varepsilon_r = \dfrac{\mathrm{d}u}{\mathrm{d}r}$, $\varepsilon_\varphi = u/r$, wegen der Verträglichkeitsbedingung $\varepsilon_r - \dfrac{\mathrm{d}}{\mathrm{d}r}(r\varepsilon_\varphi) = 0$, vgl. Gln. (6.202), (6.203) mit $u = 0$, mit dem *Hooke*schen Gesetz, die gewöhnliche Differentialgleichung, $f' = \dfrac{\mathrm{d}f}{\mathrm{d}r}$,

$$rf'' + \left(1 - \frac{r}{h}\frac{\mathrm{d}h}{\mathrm{d}r}\right)f' - \left(\frac{1}{r} - \frac{\nu}{h}\frac{\mathrm{d}h}{\mathrm{d}r}\right)f = -(3+\nu)\,\varrho\omega^2 r^2 h. \tag{6.242}$$

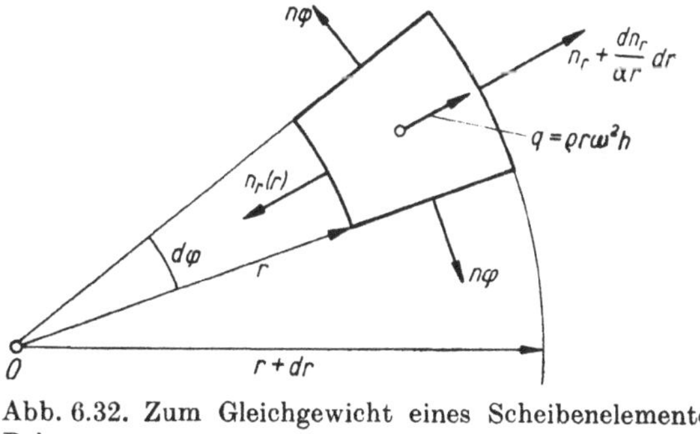

Abb. 6.32. Zum Gleichgewicht eines Scheibenelementes bei zentralsymmetrischer Belastung

[1] Siehe z. B. *K. Girkmann:* Flächentragwerke. — Wien: Springer-Verlag, 6. Aufl., 1963.

Mit dem speziellen Scheibenprofil, $h = Hr^n$, kann eine allgemeine Lösung angegeben werden:

$$f(r) = Cr^{\alpha_1} + Dr^{\alpha_2} - \frac{(3+\nu)\,\varrho\omega^2 H}{(3+\nu)\,n + 8}\, r^{n+3},$$
$$\alpha_{1,2} = \frac{n}{2} \pm \sqrt{\frac{n^2}{4} + 1 - \nu n}. \tag{6.243}$$

Die Integrationskonstanten sind aus den Randbedingungen in $r = R_i$, $r = R_a$ zu bestimmen. Ist $h = \text{const}$ und liegen lastfreie Ränder vor, dann sind die Hauptnormalspannungen durch

$$n_r = KR_i^2 \left(\frac{r^2}{R_i^2} - 1\right)\left(1 - \frac{r^2}{R_a^2}\right) R_a^2/r^2,$$
$$n_\varphi = KR_i^2 \left[1 + \left(1 + \frac{R_a^2}{R_i^2}\right) r^2/R_a^2 - \frac{1+3\nu}{3+\nu}\, r^4/(R_i R_a)^2\right] R_a^2/r^2, \tag{6.244}$$

mit $K = (3+\nu)\,\varrho\omega^2 h/8$, gegeben.

Die Umfangsspannung hat am Innenrand den größten Wert, vgl. Abb. 6.33,

$$\text{Max}\,(n_\varphi) = 2K[R_a^2/R_i^2 + (1-\nu)/(3+\nu)]\,R_i^2. \tag{6.245}$$

Sie nimmt für $R_i \to 0$ den Wert einer Kerbspannung an

$$n_\varphi|_{R_i=0} = \alpha n, \qquad n = n_r = n_\varphi = KR_a^2, \tag{6.246}$$

da $n = n_r = n_\varphi$ die Spannung im Mittelpunkt der rotierenden Vollscheibe bedeutet und $\alpha = 2$ als *Formzahl* die Spannungserhöhung festlegt (Abb. 6.33). Die vorgestellten Scheibenlösungen sind auf den *ebenen Verzerrungszustand* leicht umzurechnen, wenn nur ν durch $\nu/(1-\nu)$ ersetzt wird. Die Lösung entspricht dann der *rotierender dickwandiger Walzen.*

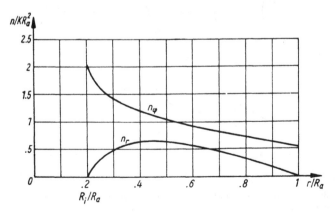

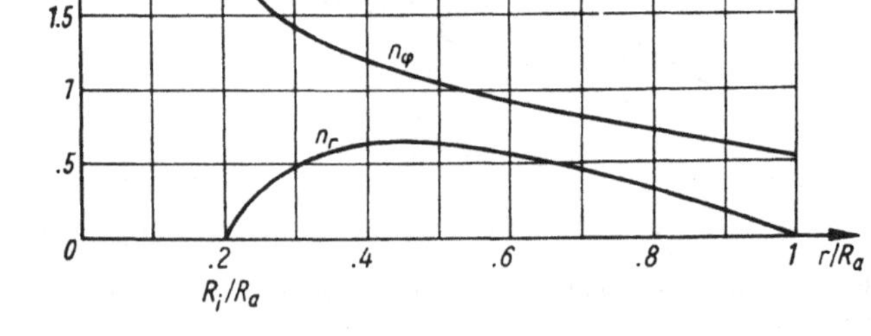

Abb. 6.33. Scheibenspannungen in der rotierenden gelochten Scheibe mit freien Rändern

Die *Kerbwirkung einer Bohrung* mit Radius R läßt sich am Beispiel der einachsig gezogenen unendlich ausgedehnten Scheibe erkennen, Abb. 6.34 (Lösung von *G. Kirsch* und *A. Leon*). Die Belastung $n_x = n_0 = \text{const}$, $n_y = n_{xy} = 0$ läßt sich in Polarkoordinaten durch

$$n_r = n_0 \cos^2 \varphi = \frac{n_0}{2} + \frac{n_0}{2} \cos 2\varphi$$
$$n_{r\varphi} = -\frac{n_0}{2} \sin 2\varphi \tag{6.247}$$

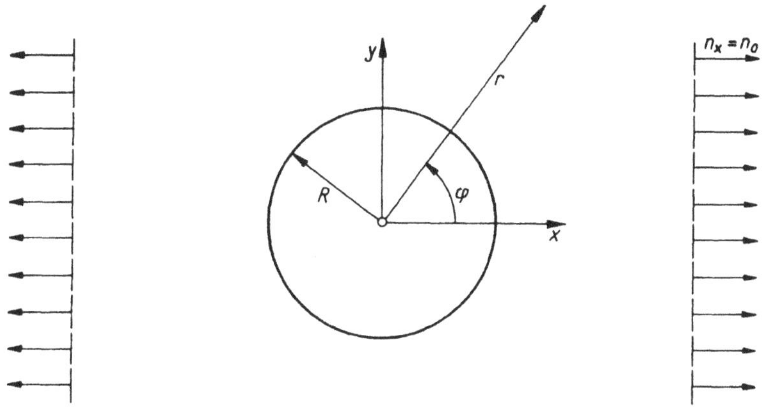

Abb. 6.34. Unendliche Scheibe mit Loch. *Kirsch*-Problem

ausdrücken, vgl. den Zugstab Gl. (2.6). Den Spannungszustand in der gelochten Scheibe zufolge dem konstanten radialen Zug $n_r = n_0/2 = -p_a h$ entnehmen wir mit $\alpha = 1$ den Gln. (6.14), (6.17), wenn $R_a \to \infty$:

$$\bar{n}_r = n_0[1 - (R/r)^2]/2,$$
$$\bar{n}_\varphi = n_0[1 + (R/r)^2]/2. \tag{6.248}$$

Es verbleibt die Ermittlung der Spannungen in der Lochscheibe zufolge der über 2φ verteilten Belastung von Gl. (6.247). Der Ansatz für die Spannungsfunktion

$$\bar{\bar{F}}(r, \varphi) = f(r) \cos 2\varphi \tag{6.249}$$

ergibt nach Einsetzen in die Scheibengleichung (6.225), $\Delta = \dfrac{\partial^2}{\partial r^2} + \dfrac{1}{r}\dfrac{\partial}{\partial r} + \dfrac{1}{r^2}\dfrac{\partial^2}{\partial \varphi^2}$, eine gewöhnliche Differentialgleichung für f mit der allgemeinen Lösung

$$f = Ar^2 + Br^4 + C/r^2 + D. \tag{6.250}$$

Damit die Spannungen für $r \to \infty$ endlich bleiben, muß $B = 0$ sein. A, C und D folgen aus den Randbedingungen $\sigma_{rr} = \sigma_{r\varphi} = 0$ in $r = R$ und den Gleichgewichtsbedingungen am Kreis $r \gg R$ mit der über 2φ verteilten Belastung zu

$$A = -n_0/4, \qquad C = -n_0R^4/4, \qquad D = n_0R^2/2. \tag{6.251}$$

Man überzeugt sich leicht, daß die durch Superposition der Belastung gefundenen Spannungskomponenten, $F = \bar{F} + \bar{\bar{F}}$,

$$
\begin{aligned}
n_r &= \frac{1}{r}\frac{\partial F}{\partial r} + \frac{1}{r^2}\frac{\partial^2 F}{\partial r^2} = n_0\left[1 - \frac{R^2}{r^2} + \left(1 - \frac{4R^2}{r^2} + \frac{3R^4}{r^4}\right)\cos 2\varphi\right]\bigg/ 2 \\
n_\varphi &= \frac{\partial^2 F}{\partial r^2} = n_0\left[1 - \frac{R^2}{r^2} - \left(1 + \frac{3R^4}{r^4}\right)\cos 2\varphi\right]\bigg/ 2 \\
n_{r\varphi} &= -\frac{\partial}{\partial r}\left(\frac{1}{r}\frac{\partial F}{\partial \varphi}\right) = -n_0\left(1 + \frac{2R^2}{r^2} - \frac{3R^4}{r^4}\right)\sin 2\varphi\bigg/ 2,
\end{aligned}
\tag{6.252}
$$

sowohl die Randbedingungen in $r = R$, nämlich $n_r = n_{r\varphi} = 0$ wie auch die asymptotischen Bedingungen für $r \to \infty$ erfüllen:

$$
\begin{aligned}
&\lim_{r\to\infty} n_r = n_0(1 + \cos 2\varphi)/2, \qquad \lim_{r\to\infty} n_\varphi = n_0(1 - \cos 2\varphi)/2, \\
&\lim_{r\to\infty} n_{r\varphi} = -n_0 \sin 2\varphi/2.
\end{aligned}
\tag{6.253}
$$

Die Hauptspannung im Unendlichen ist voraussetzungsgemäß $n_x = n_0 = \text{const}$, $n_y = 0$. Die gefährliche Umfangsspannung tritt am Lochrand $r = R$ in $\varphi = \pm\pi/2$ auf, $n_\varphi = 3n_0$, unabhängig von R. Daher ist die *Formzahl* der Lochkerbe $\alpha = 3$ [1].

6.5.1. Wärmespannungen

Wärmespannungen in Scheiben werden relativ bequem mit der *Maysel*schen Formel (6.44) berechnet. Mit Hilfsangriff $H = 1$ in der Mittelebene der Scheibe folgt die thermoelastische Verschiebung

$$
\delta_i = \int_A \int_{-h/2}^{h/2} 3\alpha\theta(\xi, \eta, \zeta)\, \bar{p}(\xi, \eta, \zeta; x, y)\, d\xi\, d\eta\, d\zeta.
$$

Mit $3\bar{p} = (\bar{n}_x + \bar{n}_y)/h$ und der mittleren Temperatur, $n_\theta = \frac{1}{h}\int_{-h/2}^{h/2} \theta(\zeta)\, d\zeta$, ergibt sich schließlich

$$
\delta_i = \int_A \alpha n_\theta(\xi, \eta)\, \bar{n}(\xi, \eta; x, y)\, dA_{\xi,\eta}.
\tag{6.254}
$$

Für die Auswertung des Mittelflächenintegrals muß als Einflußfunktion die Normalspannungssumme $\bar{n} = \bar{n}_x + \bar{n}_y$ zufolge $H = 1$ bekannt sein. Für die *unendlich ausgedehnte Scheibe* mit Lastangriff im Ursprung in negativer x-Richtung ist

$$
\bar{n}(\xi, \eta; 0, 0) = \frac{1+\nu}{2\pi}\,\xi/r^2, \qquad r^2 = \xi^2 + \eta^2.
\tag{6.255}
$$

Koordinatenschiebung gibt dann die allgemeine Form der Einflußfunktion.

[1] Zahlreiche technisch wichtige Probleme sind in *G. N. Sawin:* Spannungserhöhung am Rande von Löchern. — Berlin: VEB Verlag Technik, 1956, zusammengestellt.

6.6. Platten

Platten sind dünne, im unverformten Zustand ebene Flächentragwerke, die durch Flächenlasten quer belastet sind. Die Plattenmittelfläche wird dabei zu einer Biegefläche $w(x, y)$ gekrümmt. Die Tragfähigkeit wird wie beim Balken mit gerader Stabachse wesentlich von der Biegesteifigkeit und den Lagerungsbedingungen bestimmt. Analog zum Balken nehmen wir die Normalspannungen, z. B. σ_{xx}, σ_{yy}, im linear elastischen Fall über die Plattendicke h linear verteilt an. Sie werden zu den Momentenschnittgrößen je Längeneinheit

$$m_x = \int_{-h/2}^{h/2} z\sigma_{xx}\,\mathrm{d}z, \qquad m_y = \int_{-h/2}^{h/2} z\sigma_{yy}\,\mathrm{d}z \tag{6.256}$$

zusammengefaßt[1].
Die Schubspannungen σ_{xy} ergeben dann das Torsionsmoment je Längeneinheit

$$m_{xy} = \int_{-h/2}^{h/2} z\sigma_{xy}\,\mathrm{d}z. \tag{6.257}$$

Da die drei Spannungskomponenten einen ebenen Tensor bilden, besitzt auch die symmetrische Matrix der Schnittmomente Tensoreigenschaften. Eine Hauptachsentransformation (mit Hilfe des *Mohr*schen Kreises, vgl. Gln. (2.13), (2.14)) ergibt dann die Hauptmomente m_1, m_2 und die Biegespannungen

$$\sigma_{11} = \frac{12m_1}{h^3}\,z, \qquad \sigma_{22} = \frac{12m_2}{h^3}\,z, \tag{6.258}$$

die in $z = \pm h/2$ ihre Größtwerte annehmen. Der *Bernoulli*schen Annahme über das Ebenbleiben der Balkenquerschnitte (auch bei Querkraftbiegung) entspricht bei der Platte die *Kirchhoffsche Hypothese*, daß die materielle Normale zur Plattenmittelfläche während der Deformation Normale bleibt und ungeänderte Länge aufweist (die Platte ist undehnbar in der Querrichtung). Dann ist $\varepsilon_{zz} = \varepsilon_{xz} = \varepsilon_{yz} = 0$. Die Normalspannung σ_{zz} wird nicht weiter berücksichtigt, da sie nur die Größenordnung der Flächenlast erreicht. Sind die Durchbiegungen $|w| \ll h$, kann die Plattenmittelfläche unverzerrt angenommen werden, vgl. auch 5.3.b, wo die nichtlinearen Koppelglieder in Gl. (5.30) verschwinden. Die Deformationsbedingung ist gegenüber dem Balken drastisch verschärft.
Die Verschiebungen im Abstand z von der Mittelebene sind dann, $\frac{\partial w}{\partial x}$ und $\frac{\partial w}{\partial y}$ sind die Winkeldrehungen der Normalen während der Verformung, vgl. Abb. 6.35,

$$u(z) = -z\,\frac{\partial w}{\partial x}, \qquad v(z) = -z\,\frac{\partial w}{\partial y}. \tag{6.259}$$

Aus den linearisierten geometrischen Beziehungen folgen die Dehnungen

$$\begin{aligned} \varepsilon_x(z) &= \frac{\partial u}{\partial x} = -z\,\frac{\partial^2 w}{\partial x^2}, \\ \varepsilon_y(z) &= \frac{\partial v}{\partial y} = -z\,\frac{\partial^2 w}{\partial y^2}, \end{aligned} \tag{6.260}$$

[1] Der Index gibt, wie in der Plattenliteratur üblich, die Schnittstelle an.

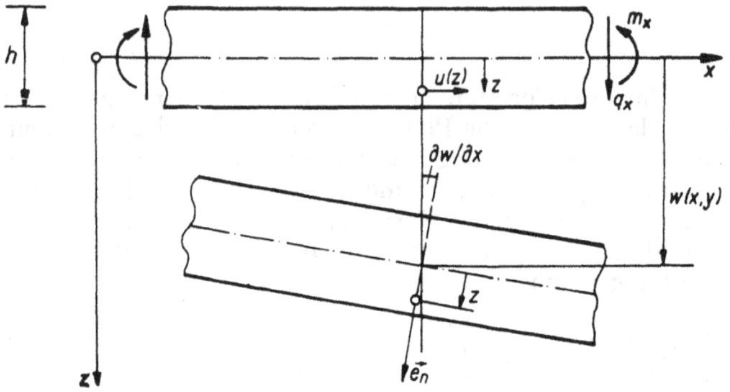

Abb. 6.35. Deformationen und Schnittgrößen in der Platte

und die Gleitung

$$\gamma_{xy} = \frac{\partial u}{\partial y} + \frac{\partial v}{\partial x} = -2z\,\frac{\partial^2 w}{\partial x\,\partial y}. \tag{6.261}$$

Mit $\sigma_{zz} \approx 0$ ergibt das mit z multiplizierte *Hooke*sche Gesetz, Gl. (4.20), nach Integration über die Plattendicke

$$\begin{aligned} m_x &= -K\left(\frac{\partial^2 w}{\partial x^2} + \nu\,\frac{\partial^2 w}{\partial y^2}\right), \quad m_y = -K\left(\frac{\partial^2 w}{\partial y^2} + \nu\,\frac{\partial^2 w}{\partial x^2}\right), \\ m_{xy} &= -(1-\nu)\,K\,\frac{\partial^2 w}{\partial x\,\partial y}, \end{aligned} \tag{6.262}$$

mit der *Plattensteifigkeit* $K = Eh^3/12(1-\nu^2)$. $J = 1h^3/12$ entspricht dem Trägheitsmoment eines Streifens der Breite 1, mit $\nu = 0$ erhält man daher die Biegesteifigkeit eines Balkens der Breite 1, $\bar{K} = EJ$. Die Gleichungen sind (für kleine Krümmungen) exakt für den Fall der flächenlastfreien reinen Biegung der Platte durch zwei Krempelmomente m_1 und m_2.

Mit der Hauptkrümmung $1/R_1$ und $1/R_2$ folgt dann auch durch Superposition der Krümmungsbeiträge, vgl. mit dem Balken, wo $1/R = -M/EJ$, Gl. (4.23),

$$\frac{1}{R_1} = \frac{12}{Eh^3}(m_1 - \nu m_2), \quad \frac{1}{R_2} = \frac{12}{Eh^3}(m_2 - \nu m_1). \tag{6.263}$$

Inversion der beiden linearen Gleichungen gibt

$$m_1 = K\left(\frac{1}{R_1} + \nu\,\frac{1}{R_2}\right), \quad m_2 = K\left(\frac{1}{R_2} + \nu\,\frac{1}{R_1}\right). \tag{6.264}$$

Linearisierung der Krümmungen liefert schließlich wieder die Beziehungen (6.262).
Die Sonderfälle kreiszylindrischer und kugelförmiger Biegeflächen haben technische Bedeutung beim Plattenstreifen und bei der Kreisplatte mit gelenkiger Lagerung. Im ersten Fall ist $1/R_2 = 0$, im zweiten $1/R_1 = 1/R_2 = 1/R$ und $m_1 = m_2$.

Die Verformungen zufolge der Querkräfte je Längeneinheit werden wie in der *Bernoulli-Euler*-Theorie des Balkens vernachlässigt. Aus den Gleichgewichtsbedingungen am Schnittelement folgt bei veränderlichen Biegemomenten allerdings

$$q_x = \frac{\partial m_x}{\partial x} + \frac{\partial m_{xy}}{\partial y}, \quad q_y = \frac{\partial m_y}{\partial y} + \frac{\partial m_{xy}}{\partial x}. \tag{6.265}$$

Nach Elimination der Momente wird dann

$$q_x = -K \frac{\partial(\Delta w)}{\partial x}, \quad q_y = -K \frac{\partial(\Delta w)}{\partial y}, \tag{6.266}$$

mit $\Delta w = \dfrac{\partial^2 w}{\partial x^2} + \dfrac{\partial^2 w}{\partial y^2}$. Das Kräftegleichgewicht am Schnittelement, Abb. 6.36, ergibt mit der Flächenlast p,

$$\frac{\partial q_x}{\partial x} + \frac{\partial q_y}{\partial y} = -p. \tag{6.267}$$

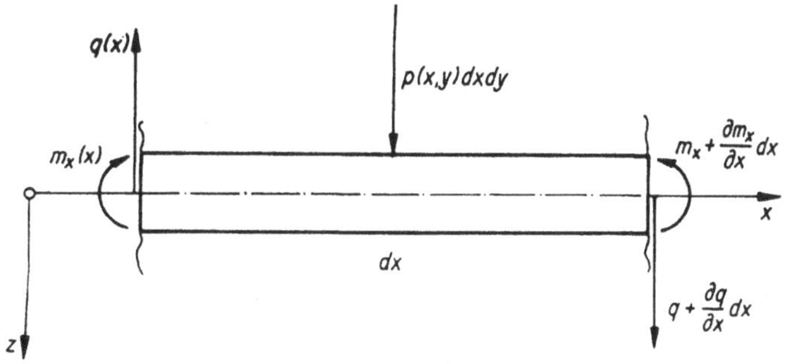

Abb. 6.36. Zum Gleichgewicht am Plattenelement

Elimination der Querkräfte liefert die Beziehungen zwischen den Schnittmomenten und der Flächenlast p

$$\frac{\partial^2 m_x}{\partial x^2} + 2 \frac{\partial^2 m_{xy}}{\partial x \, \partial y} + \frac{\partial^2 m_y}{\partial y^2} = -p. \tag{6.268}$$

Elimination der Momente ergibt die (biharmonische) *Plattengleichung*

$$K \Delta\Delta w = p. \tag{6.269}$$

Dazu erhält man eine *Poisson*sche Differentialgleichung aus dem Momenten-Krümmungs-Zusammenhang (6.262) durch Summation von $m = m_x + m_y$,

$$m = -K(1 + \nu) \, \Delta w, \tag{6.270}$$

und damit an Stelle der Plattengleichung (6.269) eine zweite *Poisson*sche Differentialgleichung für die Momentensumme

$$\Delta m = -(1 + \nu) \, p. \tag{6.271}$$

Sind für ein Plattenproblem die Randwerte der Momentensumme m bekannt, z. B. bei gelenkiger Lagerung längs gerader Ränder ist $m = 0$ (*Navier*sche Grenzbedingung), dann kann die Momentensummenverteilung als Lösung der inhomogenen Differentialgleichung zweiter Ordnung unabhängig von der Biegefläche $w(x, y)$ bestimmt werden. Sie ist dann Störfunktion der zweiten Gleichung gleichen Typs (6.270) zur

Bestimmung der Durchbiegung und der einzelnen Biegemomente, Gl. (6.262). Einfache Probleme werden aber direkt durch eine genügend allgemeine Lösung der biharmonischen Plattengleichung beschrieben. Die Ergänzungsenergie der Platte ist durch das Integral über die Plattenmittelfläche gegeben, $m = m_x + m_y = m_1 + m_2$,

$$U^* = \frac{1}{2} \int_A \frac{12}{Eh^3} \left[m^2 + 2(1+\nu)\left(m_{xy}^2 - m_x m_y\right)\right] \mathrm{d}A . \tag{6.272}$$

Für *Kreisplatten* mit rotationssymmetrischer Belastung kann die Biegefläche wegen $\Delta = \frac{1}{r} \frac{\partial}{\partial r}\left(r \frac{\partial}{\partial r}\right)$ durch Integrationen von Gl. (6.269) gefunden werden:

$$w(r) = A + Br^2 + C \ln \frac{r}{R_a} + Dr^2 \ln \frac{r}{R_a} + \int \frac{\mathrm{d}r}{r} \int r\,\mathrm{d}r \int \frac{\mathrm{d}r}{r} \int \frac{p}{K} r\,\mathrm{d}r . \tag{6.273}$$

Die 4 Integrationskonstanten werden aus den Randbedingungen am Innen- und Außenrand bestimmt. Für die volle Kreisplatte muß $w(0)$ endlich bleiben, also $C = 0$, ebenso das Biegemoment $m_r(0)$, also $D = 0$.

Die Partikulärlösung ist im Falle $p = p_0 = \text{const}$:

$$w_p(r) = p_0 r^4/64K , \tag{6.274}$$

und die restlichen Integrationskonstanten sind dann bei voller Platte durch die Randbedingungen am Außenrand gegeben. Bei starrer Einspannung am Radius $r = R_a$ ist dort $w = \mathrm{d}w/\mathrm{d}r = 0$ (kinematische Randbedingungen) und $A = p_0 R_a^4/64K$, $B = -p_0 R_a^2/32K$. Bei gelenkiger Lagerung am Außenrand $r = R_a$ ist dort $w = 0$ und definitionsgemäß $m_r = 0$. Die Konstanten sind dann $A_0 = \frac{5+\nu}{1+\nu} A$, $B_0 = \frac{3+\nu}{1+\nu} B$, mit A, B der eingespannten Platte.

Wir bemerken, daß i. allg. zwei Randbedingungen vorzuschreiben sind, um eine allgemeine Lösung an das spezielle Plattenrandwertproblem anzupassen. Dies führt nun z. B. beim freien Rand, mit $\vec{e}_n$ als äußerer Normalen und $\vec{e}_s$ als Tangentenvektor an die Mittellinie, zu dem Problem, das Verschwinden der drei Schnittgrößen m_n, m_{ns}, q_n zu nur zwei Randbedingungen zusammenzufassen. *Thomson* und *Taits* Vorschlag führt zu der nach *Kirchhoff* benannten Ersatzquerkraft über die statisch äquivalente Darstellung des Torsionsmoments durch Scherkräftepaare: Am Hebelarm ds verbleibt die verteilte Belastung $\frac{\partial m_{ns}}{\partial s}\,\mathrm{d}s$ in z-Richtung und die Ersatzquerkraft (je Längeneinheit) wird $\bar{q}_n = q_n + \frac{\partial m_{ns}}{\partial s}$. Am freien Rand ist dann $m_n = 0$ und $\bar{q}_n = 0$ zu setzen.

Weiters tritt überall dort, wo das Torsionsmoment einen finiten Sprung aufweist, die Ableitung geht dann nach ∞, eine Einzelkraft auf, die eine spezielle Verankerung des Plattenrandes erfordert. Nicht verankerte Plattenecken können abheben.

Beispielhaft geben wir zwei Lösungen in kartesischen Koordinaten an.

a) Der Plattenstreifen

Die parallelen Ränder $x = 0$, a, eines unendlich langen Streifens seien gelenkig gelagert, die Flächenlast $p = p(x)$. Die Plattengleichung

$$\frac{\mathrm{d}^4 w}{\mathrm{d}x^4} = p(x)/K , \tag{6.275}$$

entspricht dann der gewöhnlichen Differentialgleichung der Balken-Biegelinie. Ein Vergleich der Biegesteifigkeit ergibt die Plattendurchbiegung als das $(1-\nu^2)$-fache der Balkendurchbiegung (Balken mit Rechteckquerschnitt $1 \times h$). Das Biegemoment m_x ist wieder gleich groß, in der Platte tritt aber noch $m_y = \nu m_x$ auf, $m_{xy} = 0$.
Unter Gleichlast $p = p_0$ folgt

$$w = \frac{pa^4}{24K}\left(\frac{x^3}{a^3} - 2\frac{x^2}{a^2} + 1\right)\frac{x}{a}, \qquad m_x = -K\frac{\partial^2 w}{\partial x^2} = \frac{pa^2}{2}\left(1 - \frac{x}{a}\right)\frac{x}{a}. \tag{6.276}$$

b) Die frei drehbar gelagerte Rechteckplatte

Von *Navier* stammt die allgemeine Lösung in Form einer *Fourier*schen Doppelreihe

$$w(x, y) = \sum_j \sum_k w_{jk} \sin\frac{j\pi x}{a} \sin\frac{k\pi y}{b}. \tag{6.277}$$

Sie erfüllt die Randbedingungen $w = 0$, $\triangle w = 0$, $(m = 0)$, in $x = 0, a$ und $y = 0, b$. Um die Koeffizienten w_{jk} zu ermitteln, muß die Flächenlast $p(x, y)$ periodisch so fortgesetzt werden, daß sie in eine ungerade Doppelreihe mit Periode $2a$ bzw. $2b$ übergeht:

$$p(x, y) = \sum_j \sum_k p_{jk} \sin\frac{j\pi x}{a} \sin\frac{k\pi y}{b}, \tag{6.278}$$

p_{jk} kann also als bekannt vorausgesetzt werden. Einsetzen in die Plattengleichung (6.269) und Koeffizientenvergleich liefert dann

$$w_{jk} = p_{jk}/\pi^4 K(j^2/a^2 + k^2/b^2)^2. \tag{6.279}$$

Bei *konstanter Flächenlast* $p = p_0$ ist

$$p_{jk} = 16p_0/\pi^2 jk \qquad (j, k = 1, 3, 5, \ldots). \tag{6.280}$$

Eine *Einzelkraft* F mit Angriffspunkt $x = \xi$, $y = \eta$, hat die Entwicklungskoeffizienten

$$p_{jk} = \frac{4F}{A} \sin\frac{j\pi\xi}{a} \sin\frac{k\pi\eta}{b}, \qquad (j, k = 1, 2, 3, \ldots), \qquad A = ab. \tag{6.281}$$

Insbesondere wird mit $F = 1$ die Einflußfunktion der Momentensumme, wenn eine der beiden *Fourier*reihen summiert wird:

$$m(x, y; \xi, \eta) = 2(1 + \nu) \sum_j \sin\alpha_j x \sin\alpha_j\xi \sinh\alpha_j(b - y) \sinh\alpha_j\eta/\alpha_j a \sinh\alpha_j b,$$
$$0 \leqq \eta \leqq y. \tag{6.282}$$

Im Bereich $y \leqq \eta \leqq b$ ist y mit η zu vertauschen, $\alpha_j = j\pi/a$.

6.6.1. Wärmespannungen

Wärmespannungen in Platten können wieder über die *Maysel*sche Formel (6.44) berechnet werden. Über die Schnittgrößen kann die Normalspannungssumme zufolge Einzelkraftbelastung $F = 1$ in der Form

$$3\overline{p} = \frac{12}{h^3}(\overline{m}_x + \overline{m}_y)z = \frac{12}{h^3}\overline{m}z, \tag{6.283}$$

mit Hilfe der Einflußfunktion $\overline{m}(\xi, \eta; x, y)$ nach Gl. (6.282) angegeben werden. Die Integration über die Plattendicke läßt sich dann ausführen. Die thermische Biegefläche wird somit

$$w(x, y) = \int_A \alpha \left[\int_{-h/2}^{h/2} \theta(\xi, \eta, \zeta) \frac{12}{h^3} \overline{m}\zeta \, d\zeta \right] dA$$
$$= \int_A \alpha m_\theta(\xi, \eta) \, \overline{m}(\xi, \eta; x, y) \, dA_{\xi,\eta}, \tag{6.284}$$

ein Integral über die Plattenmittelfläche, mit dem Temperaturmoment

$$m_\theta(\xi, \eta) = \frac{12}{h^3} \int_{-h/2}^{h/2} \zeta\theta(\xi, \eta, \zeta) \, d\zeta . \tag{6.285}$$

Die Wärmespannungen werden aus den Schnittmomenten (6.262) mit überlagerten Temperaturkrümmungen

$$\left.\begin{aligned} m_x &= -K \left[\frac{\partial^2 w}{\partial x^2} + \nu \frac{\partial^2 w}{\partial y^2} + (1 + \nu) \, \alpha m_\theta \right], \\ m_y &= -K \left[\frac{\partial^2 w}{\partial y^2} + \nu \frac{\partial^2 w}{\partial x^2} + (1 + \nu) \, \alpha m_\theta \right], \\ m_{xy} &= -(1 - \nu) \, K \frac{\partial^2 w}{\partial x \, \partial y}, \end{aligned}\right\} \tag{6.286}$$

berechnet:

$$\begin{aligned} \sigma_{xx} &= \frac{12 m_x}{h^3} z + \frac{E\alpha}{1 - \nu} (n_\theta + m_\theta z - \theta), \\ \sigma_{yy} &= \frac{12 m_y}{h^3} z + \frac{E\alpha}{1 - \nu} (n_\theta + m_\theta z - \theta), \\ \sigma_{xy} &= \frac{12 m_{xy}}{h^3} z . \end{aligned} \tag{6.287}$$

Scheibenspannungen sind eventuell zu überlagern: n_x/h, n_y/h und n_{xy}/h.
Für eine *gelenkig gelagerte quadratische Platte* unter konstantem Temperaturmoment $m_\theta = C$ sind die Schnittmomente im Mittelpunkt durch

$$m_x = m_y = -\frac{1 - \nu^2}{2} K\alpha C, \qquad m_{xy} = 0, \tag{6.288}$$

gegeben. In beliebigen Punkten (auch bei Vieleckplatten) gilt $m = -(1 - \nu^2) \, K\alpha m_\theta$.
Wesentlich für die Anwendungen ist die Kenntnis der isothermen Einflußfunktion. Für die *unendliche Platte* ist sie durch

$$\overline{m} = -\frac{1 + \nu}{2\pi} \ln r, \qquad r^2 = (x - \xi)^2 + (y - \eta)^2, \tag{6.289}$$

gegeben. Ist nun $m_\theta = C$ im Kreisbereich $r \leqq R$, dann erhält man die Lösung

$$m_{\binom{r}{\varphi}} = -\frac{1 - \nu^2}{2} K\alpha C \begin{cases} (\pm) \, (R/r)^2 & r > R \\ 1 & r \leqq R \end{cases} \tag{6.290}$$

Der Sprung von m_φ in $r = R$ beträgt also

$$[m_\varphi] = -(1 - \nu^2)\, K\alpha C. \tag{6.291}$$

Als Spezialfall erhält man daraus die «biegende Punktquelle» mit $\lim\limits_{R\to 0} \pi R^2 C = \varkappa$ zu

$$w(r) = -\alpha\varkappa\overline{m}. \tag{6.292}$$

6.7. Rotationsschalen

Im Gegensatz zur Platte besitzt die Schale bereits im unverformten Zustand eine gekrümmte Mittelfläche (vgl. Balken mit gerader und gekrümmter Stabachse bzw. für flache Schalen Gl. (5.30a), wo z. B. $\dfrac{\partial^2 w}{\partial X^2}$ als linearisierte Vorkrümmung eingesetzt werden kann). Wir betrachten nur dünne Schalen, deren Mittelfläche Drehflächen sind. Schalenpunkte können dann durch die Winkelkoordinaten ihrer Projektion auf die Mittelfläche (Längen- und Breitengrad, ϑ und φ) und den Normalabstand z festgelegt werden. Wir setzen die Flächenbelastung und die Lagerungsbedingungen drehsymmetrisch voraus, dann sind die Schubspannungen $\sigma_{\varphi\vartheta} = 0$, und vernachlässigen wieder σ_{zz}. Die Spannungen fassen wir näherungsweise durch Integration über die Schalendicke zu Schnittgrößen zusammen, vgl. Abb. 6.37,

Membrankräfte, (Spannungen): $n_\varphi = \int\limits_{-h/2}^{h/2} \sigma_{\varphi\varphi}\, dz, \quad n_\vartheta = \int\limits_{-h/2}^{h/2} \sigma_{\vartheta\vartheta}\, dz,$ (6.293)

Biegemomente: $m_\varphi = -\int\limits_{-h/2}^{h/2} z\sigma_{\varphi\varphi}\, dz, \quad m_\vartheta = -\int\limits_{-h/2}^{h/2} z\sigma_{\vartheta\vartheta}\, dz,$ (6.294)

Querkraft: $q = -\int\limits_{-h/2}^{h/2} \sigma_{\varphi z}\, dz.$ (6.295)

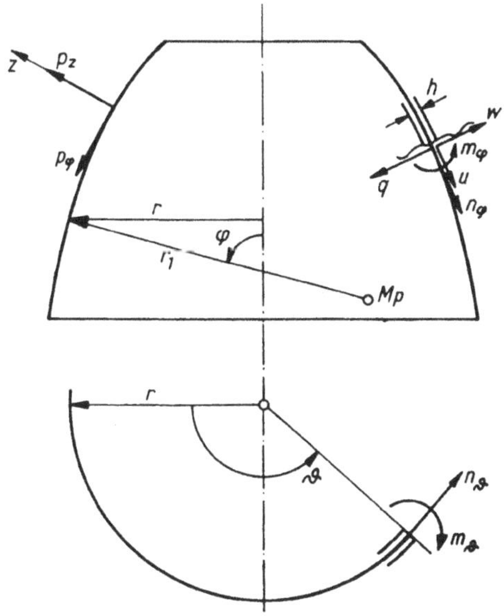

Abb. 6.37. Rotationsschale mit achsensymmetrischen Flächenlasten und Deformations- und Schnittgrößen

Bei nicht zu ungleichmäßiger Flächenlastverteilung und mit stetiger Krümmung der Schalenmittelfläche können mit guter Näherung die Membranspannungen mit den Flächenlasten bei $q = 0$ ins Gleichgewicht gesetzt werden (vgl. die Kreiszylinder- und Kugelschale Gl. (2.98)). Gleichgewicht in Achsenrichtung mit Schnitt an der Stelle φ ergibt dann die statisch bestimmte Membrankraft n_φ:

$$2\pi r n_\varphi \sin\varphi = 2\pi \int_{\varphi_0}^{\varphi} r(p_z \cos\varphi - p_\varphi \sin\varphi)\, r_1\, d\varphi + C. \tag{6.296}$$

Die Integrationskonstante ist die lotrechte Resultierende der äußeren Ringbelastung am oberen Rand der Schale (in φ_0). Bei kuppelförmiger geschlossener Schale ist $\varphi_0 = 0$ und C gleich einer äußeren Einzelzugkraft im Scheitel, die Lösung ist allerdings singulär. Die Krafteinleitung erfordert eine Biegelösung.
Gleichgewicht der Kräfte am Schnittelement $r_1 d\varphi\, r d\vartheta$ in z-Richtung liefert, nach Division durch $d\varphi\, d\vartheta$, die ebenfalls statisch bestimmte zweite Membrankraft,

$$n_\vartheta r_1 \sin\varphi = r r_1 p_z - r n_\varphi. \tag{6.297}$$

Mit diesen Membranspannungen sind elastische Formänderungen der Schalenmittelfläche verknüpft, die i. allg. nicht mit den Randbedingungen verträglich sind. Es treten dann *Biegestörungen* auf. Das *Hooke*sche Gesetz gibt die Dehnungen (der Mittelfläche),

$$\varepsilon_\varphi = (n_\varphi - \nu n_\vartheta)/Eh, \qquad \varepsilon_\vartheta = (n_\vartheta - \nu n_\varphi)/Eh. \tag{6.298}$$

Die geometrischen Beziehungen können analog wie beim krummen Stab gefunden werden:

$$\varepsilon_\varphi = \frac{1}{r_1}\left(\frac{du}{d\varphi} + w\right), \qquad \varepsilon_\vartheta = \frac{\Delta r}{r} = \frac{1}{r}(u\cos\varphi + w\sin\varphi), \tag{6.299}$$

u ist die tangentiale, w die normale Verschiebungskomponente der Punkte der Schalenmittelfläche.
Da die Biegestörungen nur von den unverträglichen Membrandeformationen herrühren, kann die Schale jetzt flächenlastfrei betrachtet werden. Schneiden wir wieder an der Stelle φ und bringen die zusätzlichen Schnittgrößen $\bar{n}_\varphi$ und nun auch die Querkraft q (sowie das Biegemoment m_φ) an, dann liefert das Kräftegleichgewicht in Achsenrichtung den Zusammenhang[1]

$$2\pi r(\bar{n}_\varphi \sin\varphi + q\cos\varphi) = 0, \tag{6.300}$$

also $\bar{n}_\varphi = -q\cot\varphi$. Gleichgewicht in z-Richtung am Schnittelement $r_1 d\varphi\, r d\vartheta$ ergibt jetzt (flächenlastfrei),

$$\left[\frac{d(rq)}{d\varphi} + r\bar{n}_\varphi + r_1 \bar{n}_\vartheta \sin\varphi\right] d\varphi\, d\vartheta = 0. \tag{6.301}$$

Die zusätzliche Schnittgröße $\bar{n}_\vartheta$ ist dann mit Gl. (6.300)

$$(r_1 \sin\varphi)\, \bar{n}_\vartheta = -\left[\frac{d(rq)}{d\varphi} - rq\cot\varphi\right]. \tag{6.302}$$

[1] Tritt eine äußere Ringbelastung auf, dann ist der Sprung in $\bar{n}_\varphi$ und q unter Beachtung von Gl. (6.300) zu ermitteln.

Mit bekannter Querkraft sind daher $\bar{n}_\varphi$ und $\bar{n}_\vartheta$ gegeben und können den Membrankräften n_φ und n_ϑ überlagert werden. Die zusätzlichen Dehnungen der Mittelfläche folgen wieder aus dem *Hooke*schen Gesetz:

$$\bar{\varepsilon}_\varphi = (\bar{n}_\varphi - \nu\bar{n}_\vartheta)/Eh, \qquad \bar{\varepsilon}_\vartheta = (\bar{n}_\vartheta - \nu\bar{n}_\varphi)/Eh, \tag{6.303}$$

und sind ebenfalls durch die Querkraft der Biegestörung bestimmt. Die Winkeldrehung der Meridiantangente χ, vgl. Gl. (6.205), ist

$$\chi = \frac{u}{r_1} - \frac{\mathrm{d}w}{r_1\,\mathrm{d}\varphi}, \tag{6.304}$$

und verknüpft die tangentiale (u) und normale Verschiebung (w) und damit auch die Dehnungen. Verträglichkeit der Dehnungen fordert nun

$$\chi = \left[(\varepsilon_\varphi - \varepsilon_\vartheta)\cos\varphi - \frac{r}{r_1}\frac{\mathrm{d}\varepsilon_\vartheta}{\mathrm{d}\varphi}\right]\Big/\sin\varphi. \tag{6.305}$$

Mit den in z linear verteilten Dehnungen der Biegestörung[1]

$$\varepsilon_\varphi(z) = \bar{\varepsilon}_\varphi + \frac{z}{r_1}\frac{\mathrm{d}\bar{\chi}}{\mathrm{d}\varphi}, \qquad \varepsilon_\vartheta(z) = \bar{\varepsilon}_\vartheta + \frac{z}{r}\,\bar{\chi}\cos\varphi, \tag{6.306}$$

und dem *Hooke*schen Gesetz erhalten wir nach Integration über die Schalendicke die Biegemomente in Abhängigkeit von $\bar{\chi}$:

$$\left.\begin{aligned} m_\varphi &= -K\left(\frac{1}{r_1}\frac{\mathrm{d}\bar{\chi}}{\mathrm{d}\varphi} + \frac{\nu}{r}\,\bar{\chi}\cos\varphi\right),\\ m_\vartheta &= -K\left(\frac{\bar{\chi}}{r}\cos\varphi + \frac{\nu}{r_1}\frac{\mathrm{d}\bar{\chi}}{\mathrm{d}\varphi}\right),\\ K &= Eh^3/12(1-\nu^2). \end{aligned}\right\} \tag{6.307}$$

Setzen wir die Biegestörung in Gl. (6.305) ein, dann erhalten wir eine Beziehung zwischen Querkraft q und Drehwinkel $\bar{\chi}$.
Aus dem Momentengleichgewicht um die Breitenkreistangente eines Schnittelementes $r_1\,\mathrm{d}\varphi r\,\mathrm{d}\vartheta$ folgt schließlich der Zusammenhang zwischen Biegemoment und Querkraft q:

$$\frac{\mathrm{d}(rm_\varphi)}{\mathrm{d}\varphi} - r_1 m_\vartheta\cos\varphi - rr_1 q = 0. \tag{6.308}$$

Die Integration dieser vier Differentialgleichungen, (6.305) bis (6.308), für die Momente m_φ, m_ϑ, die Querkraft q und den Drehwinkel $\bar{\chi}$, ist ein mathematisch schwieriges Problem. Exakte Lösungen und auch die Erfahrungen zeigen, daß eine drastische Vereinfachung der Gleichungen möglich ist, da es sich «nur» um ein Randstörungsproblem handelt. Die Biegemomente klingen i. allg. mit der Entfernung vom Rand rasch ab. Solange also der Breitenkreis nicht zu klein wird, können die Unbekannten und ihre Ableitungen gegen die höchste vorkommende

[1] Bei Drehung der Meridiantangente durch $\bar{\chi}$ wird ein Element $r_1\,\mathrm{d}\varphi$ um $z\,\mathrm{d}\bar{\chi}$ verlängert. Außerdem vergrößert sich der Breitenradius $(r + z\sin\varphi)$ auf $r + z\sin(\varphi + \chi)$. Mit $\chi \ll 1$ und $|z| \ll r$ wird das Element $r\,\mathrm{d}\vartheta$ um $z\bar{\chi}\cos\varphi\,\mathrm{d}\vartheta$ verlängert.

Ableitung vernachlässigt werden. Elimination der Momente ergibt in dieser «Grenzschichtnäherung»:

$$\frac{d^2q}{d\varphi^2} = Eh\left(\frac{r_1 \sin\varphi}{r}\right)^2 \bar{\chi}, \quad \frac{d^2\bar{\chi}}{d\varphi^2} = -\frac{q}{K} r_1^2. \tag{6.309}$$

Elimination von $\bar{\chi}$ ergibt mit der Abkürzung $\varkappa^4 = 3(1-\nu^2)\, r_1^4 \sin^2\varphi/r^2h^2$:

$$\frac{d^4q}{d\varphi^4} + 4\varkappa^4 q = 0, \tag{6.310}$$

$|\varkappa(\varphi)|$ muß hinreichend groß sein, wenn die Näherungslösung (und die Schalenkonstruktion) brauchbar sein soll. Schalen sollen so konstruiert werden, daß sie nur in Randnähe Biegestörungen aufweisen.
Ist $\varkappa = \text{const}$, z. B. für die Kugelschale $\varkappa_K^4 = 3(1-\nu^2)\,(R/h)^2$, dann kann die Querkraft in der Form

$$q = e^{\varkappa\varphi}(C_1 \cos\varkappa\varphi + C_2 \sin\varkappa\varphi) + e^{-\varkappa\varphi}(C_3 \cos\varkappa\varphi + C_4 \sin\varkappa\varphi) \tag{6.311}$$

angegeben werden. Die Integrationskonstanten sind durch die Randbedingungen am unteren, $(\varphi = \varphi_1)$, und oberen, $(\varphi = \varphi_0)$, Schalenrand bestimmt. Sind $(\varphi_1 - \varphi_0)$ und φ_0 groß genug, dann beeinflussen sich die Ränder nicht, und es können $C_3 = C_4 = 0$ am unteren Rand bzw. $C_1 = C_2 = 0$ am oberen Rand gesetzt werden.
Aus der Querkraft, Lösung von (6.310), ist χ und $\bar{n}_\varphi$, $\bar{n}_\vartheta$ zu berechnen, aus $\bar{\chi}$ sind die Momente bestimmt, und die resultierenden Spannungen sind dann insgesamt durch

$$\sigma_{\varphi\varphi} = \frac{n_\varphi + \bar{n}_\varphi}{h} - \frac{12m_\varphi}{h^3} z, \quad \sigma_{\vartheta\vartheta} = \frac{n_\vartheta + \bar{n}_\vartheta}{h} - \frac{12m_\vartheta}{h^3} z \tag{6.312}$$

gegeben. Für die Schubspannungsverteilung zufolge Querkraft ergibt sich wie beim Balken eine parabolische Verteilung

$$\sigma_{\varphi z} = -\frac{3q}{2h}\left[1 - \left(\frac{2z}{h}\right)^2\right]. \tag{6.313}$$

Für die *Zylinderschale* folgt speziell mit $r_1\, d\varphi = dx$, $\varphi = \pi/2$, $r_1 \to \infty$ und $r = R$:

$$\chi = -\frac{dw}{dx}. \tag{6.314}$$

Die genäherten Differentialgleichungen der Biegestörung werden dann

$$\frac{d^2\bar{\chi}}{dx^2} = -q/K, \quad \frac{d^2q}{dx^2} = Eh\bar{\chi}/R^2; \quad \frac{d^4q}{dx^4} + 4\frac{\varkappa^4}{R^4} q = 0, \tag{6.315}$$

$\varkappa^4$ wie oben bei der Kugel ist konstant. In der Lösung für q, Gl. (6.311), ist φ durch x/R zu ersetzen. Die Schnittgrößen der Biegestörung sind dann

$$\begin{aligned} &\bar{n}_x = 0, \quad \bar{n}_\vartheta = -R\frac{dq}{dx} = \frac{Eh}{R}\bar{w}, \\ &m_x = -K\frac{d\bar{\chi}}{dx} = K\frac{d^2w}{dx^2}, \quad m_\vartheta = \nu m_x. \end{aligned} \tag{6.316}$$

Damit ist

$$\frac{\mathrm{d}\bar{u}}{\mathrm{d}x} = -\nu \frac{\bar{w}}{R}, \tag{6.317}$$

und nach Integration auch

$$\bar{w} = -\frac{R^2}{Eh} \frac{\mathrm{d}q}{dx}. \tag{6.318}$$

Die Membrankräfte sind statisch bestimmt, siehe Gln. (6.296) und (6.297),

$$n_\vartheta = Rp_z \qquad n_x = -\int_0^x p_x \,\mathrm{d}x + n_0, \tag{6.319}$$

und das *Hooke*sche Gesetz liefert die Dehnungen der Mittelfläche

$$\varepsilon_x = (n_x - \nu n_\vartheta)/Eh, \qquad \varepsilon_\vartheta = (n_\vartheta - \nu n_x)/Eh, \tag{6.320}$$

mit den geometrischen Beziehungen

$$\varepsilon_x = \frac{\mathrm{d}u}{\mathrm{d}x}, \qquad \varepsilon_\vartheta = \frac{w}{R}. \tag{6.321}$$

Die relativ einfachen Formeln der Kreiszylinderschale wenden wir auf einen *oben offenen, stehenden Behälter* an, der mit Flüssigkeit der Dichte ϱ_F gefüllt ist. Das Behältermaterial habe die Dichte ϱ, vgl. Abb. 6.38. Die «Flächenlasten» sind dann durch $p_x = \varrho gh$ und $p_z = \varrho_F gx$ gegeben ($x = 0$ ist der obere Rand). Damit werden die Membranspannungen, $n_x = -\varrho ghx$ und $n_\vartheta = \varrho_F gRx$, linear mit x veränderlich. Am unteren Rand $x = L$ kann die Membranlösung zwar die Bedingung $u = 0$ erfüllen, ergibt aber $w_0 = \dfrac{R}{Eh}(\varrho_F R + \nu\varrho h)\, gL$ und $\chi_0 = -\dfrac{\mathrm{d}w}{\mathrm{d}x} = -\dfrac{w_0}{L}$. Es ist also i. allg. eine Biegestörung zu überlagern. Bei starrer Einspannung in die Bodenplatte ist in $x = L$ sowohl $w_0 + \bar{w} = 0$ als auch $\chi_0 + \bar{\chi} = 0$. Mit Gl. (6.311) und $\varphi \to (L - x)/R$ folgt

$$q = \left(A \cos \varkappa \frac{L - x}{R} + B \sin \varkappa \frac{L - x}{R}\right) \mathrm{e}^{-\varkappa(L-x)/R}$$

und mit Gln. (6.318), (6.315)

$$\bar{w} = -\frac{\varkappa R}{Eh}\left[q + \mathrm{e}^{-\varkappa(L-x)/R}\left(A \sin \varkappa \frac{L - x}{R} - B \cos \varkappa \frac{L - x}{R}\right)\right],$$

und

$$\bar{\chi} = 2\frac{\varkappa^2}{Eh} \mathrm{e}^{-\varkappa(L-x)/R}\left(A \sin \varkappa \frac{L - x}{R} - B \cos \varkappa \frac{L - x}{R}\right).$$

In $x = L$ erhalten wir zwei Bestimmungsgleichungen für A und B:

$$w_0 = \frac{\varkappa R}{Eh}(A - B), \qquad \chi_0 = -\frac{w_0}{L} = \frac{2\varkappa^2}{Eh} B.$$

Das Biegemoment $m_x = -K \frac{d\bar{\chi}}{dx}$ hat in $x = L$ das Randextrem mit $2K\varkappa\chi_0 \times (1 - \varkappa L/R)/R$. Mit $m_\vartheta = \nu m_x$ und $\bar{n}_\vartheta = Eh\bar{w}/R$ sind dann alle Schnittgrößen bestimmt. Den Lastfall Eigengewicht untersuchen wir an einer *halbkugelförmigen Kuppel*, Abb. 6.39, für die Randbedingungen in $\varphi = \pi/2$: a) Der Kuppelrand ist in der Aufstandsebene frei verschieblich, b) der Kuppelrand wird durch einen undehnbaren Fußring festgehalten, und c) der Kuppelrand ist starr eingespannt.

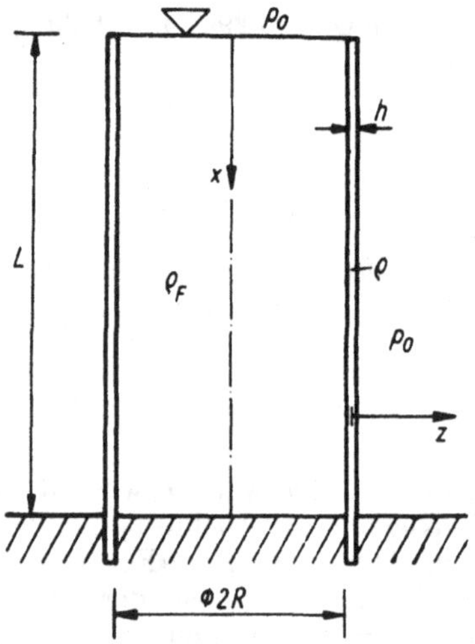

Abb. 6.38. Kreiszylinderschale mit Flüssigkeitsfüllung. Starre Einspannung in die Bodenplatte

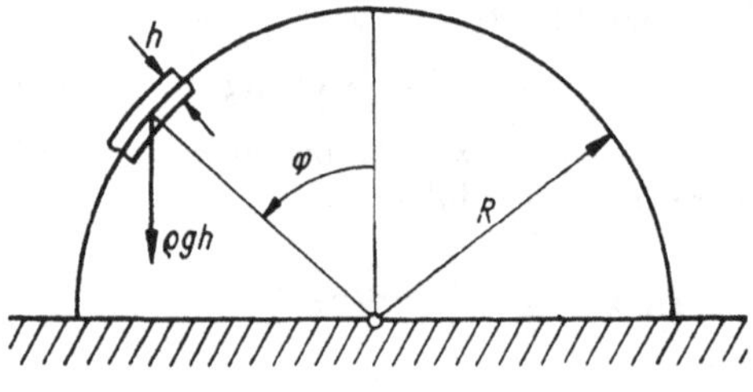

Abb. 6.39. Kuppel unter Eigengewicht

Die Flächenlasten sind dann $p_z = -\varrho gh \cos\varphi$, $p_\varphi = \varrho gh \sin\varphi$. Die Membranspannungen sind mit $C = 0$, Gln. (6.296), (6.297):

$$n_\varphi = -\varrho gRh/(1 + \cos\varphi), \qquad n_\vartheta = -(1 - \cos\varphi - \cos^2\varphi)\, n_\varphi .$$

Am Rand ist daher $n_\varphi = -n_\vartheta = -\varrho gRh$. Die Verformungen des Schalenrandes sind dann $w_0 = R\varepsilon_\vartheta = R(n_\vartheta - \nu n_\varphi)/Eh = \frac{1+\nu}{E}\varrho gR^2$ und $\chi_0 = -\frac{2+\nu}{E}\varrho gR$.

a) Die Randbedingungen $q = 0$, $m_\varphi = 0$ in $\varphi = \pi/2$ sind mit der Membranlösung verträglich. Es folgt $q \equiv 0$.

b) Die Randbedingung $w_0 + \overline{w} = 0$ und $m_\varphi = 0$ erfordert die Überlagerung einer Biegestörung. Mit $\varkappa = \text{const}$ folgt, vgl. Gln. (6.311), (6.309), (6.307), (6.300), (6.302):

$$q = e^{\varkappa\varphi}(C_1 \cos \varkappa\varphi + C_2 \sin \varkappa\varphi), \qquad \overline{\chi} = \frac{2\varkappa^2}{Eh} e^{\varkappa\varphi}(-C_1 \sin \varkappa\varphi + C_2 \cos \varkappa\varphi),$$

$$m_\varphi = -\frac{K}{R}\left[(\varkappa + \nu \cot \varphi)\, \overline{\chi} - \frac{2\varkappa^3}{Eh} q\right], \qquad m_\vartheta = \nu m_\varphi - (1 - \nu^2) \frac{K}{R} \overline{\chi} \cot \varphi,$$

$$\overline{n}_\varphi = -q \cot \varphi, \qquad \overline{n}_\vartheta = -\left(\varkappa q + \frac{Eh}{2\varkappa} \overline{\chi}\right).$$

In $\varphi = \pi/2$ ergeben sich zwei Bestimmungsgleichungen für C_1 und C_2. Aus $m_\varphi = 0$ folgt $\overline{\chi} = 2\varkappa^2 q/Eh$ und

$$C_1 \left[\cos \frac{\varkappa\pi}{2} + \sin \frac{\varkappa\pi}{2}\right] + C_2 \left[\sin \frac{\varkappa\pi}{2} - \cos \frac{\varkappa\pi}{2}\right] = 0.$$

Aus $\overline{w} = -w_0$ folgt $\overline{w} = R\overline{\varepsilon}_\vartheta = -\frac{1+\nu}{E} \varrho g R^2$. Mit $\Psi = \frac{\pi}{2} - \varphi$ wird die Biegestörung

$$q = \frac{1+\nu}{2\varkappa} \varrho g R h\, e^{-\varkappa\Psi} (\cos \varkappa\Psi - \sin \varkappa\Psi),$$

$$\overline{\chi} = \frac{1+\nu}{E} \varrho g R \varkappa\, e^{-\varkappa\Psi}(\cos \varkappa\Psi + \sin \varkappa\Psi).$$

c) Die Randbedingung der starren Einspannung fordert wieder $w_0 + \overline{w} = 0$ und $\chi_0 + \overline{\chi} = 0$. Damit wird jetzt die Biegestörung, $\Psi = \pi/2 - \varphi$,

$$q = \frac{1+\nu}{\varkappa} \varrho g R h\, e^{-\varkappa\Psi}[\cos \varkappa\Psi - \mu(\cos \varkappa\Psi + \sin \varkappa\Psi)],$$

$$\overline{\chi} = \frac{2(1+\nu)}{E} \varrho g R \varkappa\, e^{-\varkappa\Psi}[\sin \varkappa\Psi + \mu(\cos \varkappa\Psi - \sin \varkappa\Psi)],$$

$$\mu = (2 + \nu)/2(1 + \nu)\, \varkappa.$$

6.7.1. Wärmespannungen

Wärmespannungen bei achsensymmetrischer Temperaturverteilung können auch über die *Mayselsche* Formel (6.44) berechnet werden. Die Einflußfunktion $\overline{p}$, zufolge einer Ringbelastung $q_0 = 1$ in Richtung Ψ gegen die Normale z, setzt sich aus der Membranlösung und der Biegestörung zusammen:

$$3\overline{p} = \overline{\sigma}_{\varphi\varphi} + \overline{\sigma}_{\vartheta\vartheta} = \frac{\overline{n}_\varphi + \overline{n}_\vartheta}{h} - 12 \frac{\overline{m}_\varphi + \overline{m}_\vartheta}{h^3} z. \tag{6.322}$$

Die Integration über die Schalendicke in Gl. (6.44) kann wieder ausgeführt werden und führt auf die mittlere Temperatur

$$n_\theta = \frac{1}{h} \int_{-h/2}^{h/2} \theta \, dz \tag{6.323}$$

und auf das Temperaturmoment

$$m_\theta = \frac{12}{h^3} \int_{-h/2}^{h/2} z\theta \, \mathrm{d}z, \tag{6.324}$$

$$1.\ (u \sin \Psi + w \cos \Psi) = \frac{1}{r} \int_{\varphi_0}^{\varphi} [\alpha n_\theta(\varphi^*)\, \bar{n}(\varphi^*, \varphi) - \alpha m_\theta(\varphi^*)\, \bar{m}(\varphi^*, \varphi)]\, r^* r_1^* \, \mathrm{d}\varphi^*, \tag{6.325}$$

$\bar{n} = \bar{n}_\varphi + \bar{n}_\theta$, $\bar{m} = \bar{m}_\varphi + \bar{m}_\theta$. u und w sind die thermischen Verschiebungen. Die Schnittgrößen sind dann

$$\left.\begin{aligned} n_\varphi &= \frac{Eh}{1-\nu^2}\left[\frac{1}{r_1}\left(\frac{\mathrm{d}u}{\mathrm{d}\varphi} + w\right) + \frac{\nu}{r}(u \cos\varphi + w \sin\varphi) - \alpha(1+\nu)\, n_\theta\right] \\ n_\theta &= \frac{Eh}{1-\nu^2}\left[\frac{1}{r}(u \cos\varphi + w \sin\varphi) + \frac{\nu}{r_1}\left(\frac{\mathrm{d}u}{\mathrm{d}\varphi} + w\right) - \alpha(1+\nu)\, n_\theta\right] \end{aligned}\right\} \tag{6.326}$$

$$\left.\begin{aligned} m_\varphi &= -K\left[\frac{1}{r_1}\left(u - \frac{\mathrm{d}w}{\mathrm{d}\varphi}\right)\frac{\mathrm{d}(r_1^{-1})}{\mathrm{d}\varphi} + \frac{1}{r_1^2}\left(\frac{\mathrm{d}u}{\mathrm{d}\varphi} - \frac{\mathrm{d}^2 w}{\mathrm{d}\varphi^2}\right)\right. \\ &\quad \left. + \frac{\nu}{r r_1}\left(u - \frac{\mathrm{d}w}{\mathrm{d}\varphi}\right)\cos\varphi - \alpha(1+\nu)\, m_\theta\right] \\ m_\theta &= -K\left[\frac{1}{r r_1}\left(u - \frac{\mathrm{d}w}{\mathrm{d}\varphi}\right)\cos\varphi + \frac{\nu}{r_1}\left(u - \frac{\mathrm{d}w}{\mathrm{d}\varphi}\right)\frac{\mathrm{d}(r_1^{-1})}{\mathrm{d}\varphi}\right. \\ &\quad \left. + \frac{\nu}{r_1^2}\left(\frac{\mathrm{d}u}{\mathrm{d}\varphi} - \frac{\mathrm{d}^2 w}{\mathrm{d}\varphi^2}\right) - \alpha(1+\nu)\, m_\theta\right] \end{aligned}\right\} \tag{6.327}$$

Die radiale thermische Aufweitung einer Kreiszylinderschale ist beispielsweise

$$1.\ w(x) = \alpha \int_0^L [n_\theta \bar{n}_\theta(\xi, x) - m_\theta \bar{m}(\xi, x)]\, \mathrm{d}\xi, \tag{6.328}$$

$\bar{n}_\theta$ und $\bar{m}$ sind die Schnittgrößen zufolge radialer «Zugringlast» 1 in x. Sie können z. B. für die unendlich lange Zylinderschale aus der isothermen Aufweitung $\bar{w}(\xi, x = 0) = \frac{1R^3}{8K\varkappa^3}[\cos \varkappa\xi/R + \sin \varkappa\xi/R]\, \mathrm{e}^{-\varkappa\xi/R}$ berechnet werden. Durch geschickte Superposition ist der Übergang auf die Schale endlicher Länge möglich, vgl. *Timoshenko* und *Woinowski-Krieger*[1].

6.8. Kontaktprobleme (Hertzsche Pressung)

Grundlage der Lösung ist die Kenntnis der Spannungen und Deformationen, die von einer Einzeloberflächenkraft hervorgerufen werden, für den ebenen Spannungszustand siehe Gl. (6.236). Von *J. Boussinesq* stammt die dreidimensionale Lösung

[1] *S. Timoshenko/S. Woinowski-Krieger:* Theory of Plates and Shells. p. 471 (2nd ed.) McGraw-Hill Book Company, Inc. (1959). Spannungen am heißen Rand (Einlauf) eines Rohres haben *W. Scheidl, F. Ziegler* in Forschung im Ingenieurwesen **41** (1975) Nr. 2, 62–66, berechnet.

für den Halbraum $z \geqq 0$. Greift eine Druckkraft F in $(r = 0, z = 0)$ an, dann sind die Spannungskomponenten in Zylinderkoordinaten durch

$$\left.\begin{aligned} \sigma_{rr} &= \frac{F}{2\pi} \{(1 - 2\nu)\,[1 - z/R]/r^2 - 3r^2 z/R^5\}, \\ \sigma_{\vartheta\vartheta} &= -\frac{F}{2\pi}\,(1 - 2\nu)\,[(1 - z/R)/r^2 - z/R^3], \\ \sigma_{rz} &= -\frac{3F}{2\pi}\,rz^2/R^5, \qquad \sigma_{zz} = \frac{z}{r}\,\sigma_{rz}, \end{aligned}\right\} \tag{6.329}$$

mit $R^2 = r^2 + z^2$, gegeben.
Der Spannungsvektor auf ein randparalleles Flächenelement in der Tiefe z ist dann

$$\vec{\sigma}_z = \sigma_{zr}\vec{e}_r + \sigma_{zz}\vec{e}_z = \frac{1}{r}\,\sigma_{rz}(r\vec{e}_r + z\vec{e}_z), \tag{6.330}$$

er geht durch den Angriffspunkt von $\vec{F}$: Die Kräfte bilden wie im ebenen Fall wieder ein zentrales Kraftsystem. Der Betrag der resultierenden Spannung ist mit $\cos\varphi = z/R$,

$$|\vec{\sigma}_z| = \frac{3F}{2\pi R^2}\cos^2\varphi, \tag{6.331}$$

ist also konstant auf der Oberfläche einer Kugel, deren Nordpol z. B. der Lastangriffspunkt ist, vgl. Abb. 6.31, nun ist $d = R/\cos\varphi$.
Die Verschiebungen berechnen wir aus dem *Hooke*schen Gesetz:

$$\begin{aligned} u = r\varepsilon_{\vartheta\vartheta} &= \frac{r}{E}\,[\sigma_{\vartheta\vartheta} - \nu(\sigma_{rr} + \sigma_{zz})] \\ &= -\frac{1 - 2\nu}{G}\,\frac{F}{4\pi r}\left[1 - z/R - \frac{1}{1 - 2\nu}\,zr^2/R^3\right], \end{aligned} \tag{6.332}$$

und mit

$$\begin{aligned} \frac{\partial w}{\partial z} &= \varepsilon_{zz} = \frac{1}{E}\,[\sigma_{zz} - \nu(\sigma_{rr} + \sigma_{\vartheta\vartheta})], \\ \frac{\partial w}{\partial r} &= \gamma_{rz} - \frac{\partial u}{\partial z} = \frac{\sigma_{rz}}{G} - \frac{\partial u}{\partial z}, \end{aligned} \tag{6.333}$$

folgt nach Integration die vertikale Verschiebung

$$w = \frac{F}{2\pi GR}\,(1 - \nu + z^2/2R^2). \tag{6.334}$$

Bis auf eine (beliebige) Konstante wird die Oberfläche $z = 0$ zur Rotationsfläche

$$w(z = 0, r) = (1 - \nu)\,F/2\pi Gr \tag{6.335}$$

verformt,

$$u(z = 0, r) = -(1 - 2\nu)\,F/4\pi Gr \tag{6.336}$$

Mit dieser Lösung kann z. B. der reibungsfreie Kontakt zwischen abplattenden kugelförmigen Körpern näherungsweise beschrieben werden. Dieser Spezialfall der *Hertzschen Theorie* des elastischen Kontaktes weist axiale Symmetrie auf. Die Körper haben im Berührungspunkt (vor der Deformation) die Krümmungsradien R_1 und R_2, (größer Null für konvexe Oberfläche). Mit der radialen Koordinate r in der gemeinsamen Tangentialebene sind die Oberflächenpunkte der Körper 1 und 2 durch

$$Z_1 = r^2/2R_1, \qquad Z_2 = r^2/2R_2 \tag{6.337}$$

in einer kleinen Umgebung des Berührungspunktes genügend genau beschrieben (dies folgt aus dem Höhensatz für das rechtwinklige Dreieck mit der Höhe r und der Hypothenuse $2R_i$, $i = 1, 2$).
Der Abstand vor der Deformation beträgt dann

$$Z_1 + Z_2 = r^2(R_1 + R_2)/2R_1R_2. \tag{6.338}$$

Wir bezeichnen nun mit $w_i(r)$ die Verschiebungen der Oberflächenpunkte in die Richtungen Z_i $(i = 1, 2)$ und mit w_0 die Annäherung von zwei Punkten auf der Symmetrieachse, mit weitem Abstand von der raumfest gehaltenen tangentialen Berührungsebene. Die Kontaktbedingung für zwei Oberflächenpunkte im Abstand $r \leqq R$ von der Symmetrieachse ist dann mit dieser Annahme

$$w_0 - (w_1 + w_2) = Z_1 + Z_2 = \varkappa r^2, \qquad \varkappa = (R_1 + R_2)/2R_1R_2. \tag{6.339}$$

Aus der Oberflächendeformation des Halbraumes unter Einzelkraft, Gl. (6.335), folgt dann näherungsweise

$$w_i(r) = \frac{1-\nu_i}{2\pi G_i} \iint_A \frac{p\,\mathrm{d}s\,s\,\mathrm{d}\varphi}{s} = k_i \iint_A p\,\mathrm{d}s\,\mathrm{d}\varphi, \qquad k_i = \frac{1-\nu_i}{2\pi G_i}, \tag{6.340}$$

wo $-\frac{\pi}{2} \leqq \varphi \leqq \frac{\pi}{2}$, und $\mathrm{d}s$ ein Differential der Sehne $2R\cos\vartheta$ des Kontaktkreises darstellt, vgl. Abb. 6.40.

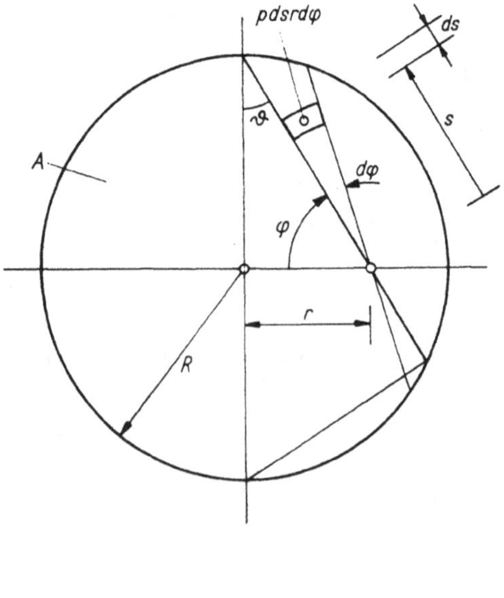

Abb. 6.40. Kreisförmige Kontaktfläche

Damit wird die Kontaktbedingung (6.339) zur Integralgleichung der Druckverteilung $p(r)$ in der Kontaktzone:

$$(k_1 + k_2) \iint_A p \, \mathrm{d}s \, \mathrm{d}\varphi = w_0 - \varkappa r^2. \tag{6.341}$$

Eine grobe Annahme zur Lösung dieser Integralgleichung ist eine halbellipsoidförmige Druckverteilung mit $p(r = 0) = p_0 = kR$. Dann wird aus Gl. (6.341)

$$\int p \, \mathrm{d}s = \frac{p_0}{R} \frac{\pi}{2} (R^2 - r^2 \sin^2 \varphi), \tag{6.342}$$

und

$$2 \int_0^{\pi/2} (R^2 - r^2 \sin^2 \varphi) \, \mathrm{d}\varphi = A - \frac{\pi r^2}{2}, \qquad A = \pi R^2, \tag{6.343}$$

A ist die Kontaktfläche. Koeffizientenvergleich nach Potenzen von r in Gl. (6.341) liefert schließlich die Zusammenhänge

$$w_0 = (k_1 + k_2) \, \pi A p_0 / 2R \tag{6.344}$$

und mit

$$\varkappa = (k_1 + k_2) \, \pi^2 p_0 / 4R \tag{6.345}$$

auch den Radius der Kontaktfläche als Funktion von $p_0(R)$:

$$R = (k_1 + k_2) \, \pi^2 p_0 / 4\varkappa. \tag{6.346}$$

Die Resultierende der Druckverteilung ist die äußere Druckkraft $F = \frac{2}{3} p_0 A$ und damit wird $p_0 = 3F/2A$. Die maximale Pressung p_0 ist das 1,5fache des «mittleren» Druckes F/A. Einsetzen liefert explizit einen Durchmesser der Kontaktfläche

$$2R = \left[3 \left(\frac{1 - \nu_1}{G_1} + \frac{1 - \nu_2}{G_2} \right) R_1 R_2 F / (R_1 + R_2) \right]^{1/3}. \tag{6.347}$$

Die Annahmen über die Kontaktbedingung und die Druckverteilung sind allerdings nicht kompatibel.

Die Spannungen in der Kontaktzone[1] werden wieder näherungsweise als Halbraumspannungen bei Belastung durch $p(r)$ durch Integration gewonnen und zeigen gute Übereinstimmung mit gemessenen Werten. Auf der Symmetrieachse sind die Hauptnormalspannungen wie folgt über der Tiefe verteilt, $\zeta = z/R$,

$$\left. \begin{aligned} \sigma_{rr}/p_0 &= \sigma_{\varphi\varphi}/p_0 = -(1 + \nu) \, [1 - \zeta \arctan (1/\zeta)] - \sigma_{zz}/2p_0, \\ \sigma_{zz}/p_0 &= -(1 + \zeta^2)^{-1}. \end{aligned} \right\} \tag{6.348}$$

[1] Ausführliche Tabellen sind von *G. Lundberg* und *F. K. G. Odqvist* in Ing. Vetenskaps Akad. Handl. **116** (1932), 64 pp. zusammengestellt. Erweiterungen, z. B. auf den Rollkontakt mit Reibungseffekten, können den Proc. IUTAM-Symposium «The mechanics of the contact between deformable bodies» (A. D. de Pater, J. J. Kalker, Eds., Delft: Univ. Press 1975) entnommen werden.

Für ν ist der entsprechende Wert des Körpers 1 oder 2 einzusetzen. Die größte Schubspannung tritt für $\nu = 0{,}3$ in $\zeta = 0{,}47$ auf und hat den Wert $\tau_{\max} = 0{,}31 p_0$. Die größte Zugspannung allerdings tritt am Rand der Kontaktzone auf, $r = R$, $z = 0$ und beträgt

$$\sigma_{rr}|_{r=R} = (1 - 2\nu)\, p_0/3. \tag{6.349}$$

6.9. Spannungsfreie Temperaturfelder. Das Fouriersche Wärmeleitgesetz

Die Frage nach eigenspannungsfreien Temperaturverteilungen in statisch bestimmt gelagerten Körpern erscheint technisch wichtig und wird für einfach zusammenhängende Bereiche nachstehend untersucht. Mit $\sigma_{ij} = 0$ ist dann

$$\varepsilon_{ii} = \alpha\theta, \qquad \varepsilon_{ij} = 0, \qquad i \neq j = 1, 2, 3. \tag{6.350}$$

Diese thermischen Dehnungen müssen nun den Verträglichkeitsbedingungen Gln. (1.22) genügen, um keine Spannungen hervorzurufen: Damit folgt

$$\frac{\partial^2(\alpha\theta)}{\partial x_j^2} + \frac{\partial^2(\alpha\theta)}{\partial x_i^2} = 0 \quad \text{und} \quad \frac{\partial^2(\alpha\theta)}{\partial x_i\, \partial x_j} = 0, \qquad i \neq j = 1, 2, 3. \tag{6.351}$$

Die einzige Lösung dieser Gleichungen ist die lineare Temperaturverteilung

$$\alpha\theta = a_0 + a_1 x + a_2 y + a_3 z, \tag{6.352}$$

mit beliebigen Konstanten (bzw. langsam veränderlichen Zeitfunktionen) a_k, $k = 0, 1, 2, 3$.

Im homogenen isotropen Körper folgt unter der Annahme des *Fourierschen Wärmeleitgesetzes* (die Strahlung wird im Temperaturbereich des elastischen festen Körpers immer vernachlässigbar sein), daß der Wärmestrom q_n proportional zum Temperaturgefälle in Richtung $\vec{e}_n$ fließt; Abb. 6.41,

$$q_n = -k\,\frac{\partial\theta}{\partial n} \tag{6.353}$$

k wird als Wärmeleitfähigkeit bezeichnet, $[k] = \mathrm{W/mK}$. Aus der Wärmestrombilanz am Volumenelement $\mathrm{d}V = \mathrm{d}x\,\mathrm{d}y\,\mathrm{d}z$ erhält man dann analog zur Kontinuitätsgleichung (1.74) die *Wärmeleitgleichung* (mit $k = \text{const}$),

$$\frac{\partial\theta}{\partial t} = a\nabla^2\theta + S/\varrho c, \qquad a = k/\varrho c, \tag{6.354}$$

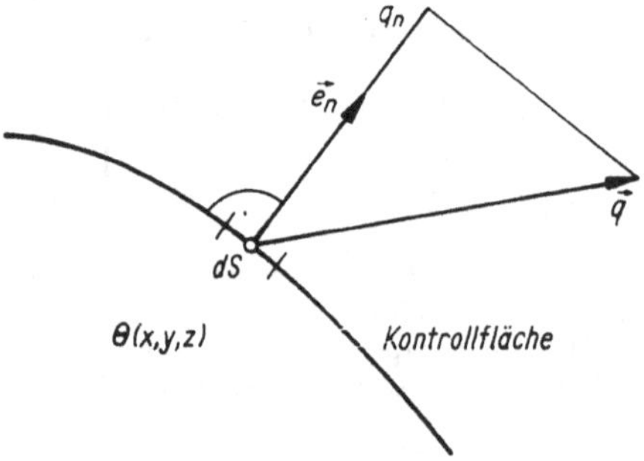

Abb. 6.41. Der differentielle Wärmestrom $(\vec{q} \cdot \vec{e}_n)\,\mathrm{d}S$

mit a als Temperaturleitzahl und ϱc als spezifische Wärme je Volumeneinheit. Für eine ausführliche Diskussion der Temperatur-Anfangs- und Randwertprobleme siehe *Carslaw-Jaeger*[1]. S ist die von äußeren Wärmequellen im Körperinneren produzierte Wärme. Die eigenspannungsfreie Temperaturverteilung (6.352) ergibt dann die Bedingung

$$\dot{a}_0 + \dot{a}_1 x + \dot{a}_2 y + \dot{a}_3 z = S/\varrho c \alpha , \tag{6.355}$$

als Einschränkung dann noch zulässiger Wärmequellen. Ist $S = 0$, dann sind die $a_i = \text{const}$, und die linear verteilte Temperatur ist stationär.
Bei mehrfach zusammenhängenden Körpern sind diese Bedingungen nur notwendige Integrabilitätsbedingungen, siehe z. B. *B. A. Boley* und *J. Weiner*[2].

6.10. Zur elastisch-viskoelastischen Analogie

Von *T. Alfrey* (1944) und später von *E. H. Lee* (1955) wurde die Analogie entwickelt. Unterwirft man alle beschreibenden linearen Gleichungen des linear viskoelastischen Körpers (die Gleichgewichtsbedingungen, die geometrischen Beziehungen, das linear viskoelastische Stoffgesetz Gl. (4.101), und auch die Randbedingungen), einer *Laplace*-Transformation, dann erhält man formal die beschreibenden Gleichungen eines *Hooke*schen Körpers gleicher Gestalt und, im separablen Fall[3], mit gleichen Randbedingungen, dessen Moduln durch

$$G^*(s) = \frac{1}{2}\frac{Q_n(s)}{P_m(s)}, \quad \text{vgl. Gl. (4.102)}, \qquad K^*(s) = \frac{\bar{Q}_q(s)}{\bar{P}_p(s)} \tag{6.356}$$

und

$$\nu^*(s) = (K^* - 2G^*)/2(K^* + G^*), \tag{6.357}$$

dann als Funktionen der Bildvariablen s gegeben sind. Homogene Anfangsbedingungen sind vorausgesetzt. Bei Volumenelastizität ist $K^* = K \equiv 2G(1 + \nu)/(1 - 2\nu)$. Beim *Maxwell*-Körper folgt dann z. B., vgl. Gl. (4.87),

$$\begin{aligned} &G^*(s) = Gs/(s + \vartheta^{-1}), \qquad \nu^*(s) = \nu(s + 1/2\nu\vartheta'')/(s + 1/\vartheta''), \\ &\vartheta'' = 3\vartheta/2(1 + \nu). \end{aligned} \tag{6.358}$$

Wir wenden nun die Analogie so an, daß wir die analytische Lösung des korrespondierenden elastischen Problems (Spannungen, Deformationen) als Funktion der elastischen Konstanten, z. B. G und ν, berechnen und im statischen Fall, der Aufschaltung im Zeitpunkt $t = 0$ entsprechend, mit $1/s$ multiplizieren. In dieser transformierten elastischen Lösung werden dann die elastischen Parameter G und ν durch die viskoelastischen Parameter $G^*(s)$ und $\nu^*(s)$ ersetzt. Das ergibt bereits die transformierte viskoelastische Lösung. Die Umkehrung der *Laplace*-Transformation, vgl. z. B. *G. Doetsch*[4], liefert dann die gesuchte zeitabhängige Deformation

[1] *H. S. Carslaw/J. C. Jaeger:* Conduction of Heat in Solids. — Oxford: Clarendon Press. 2. Ed. 1959.
H. Schuh: Heat Transfer in Structures. — London: Pergamon Press, 1965.
[2] *B. A. Boley/J. Weiner:* Theory of Thermal Stresses. Wiley, 1960 (pp. 92—95).
[3] Bei dynamischer Belastung muß die zeitliche Änderung als Faktor der räumlichen Verteilung separierbar sein.
[4] *G. Doetsch:* Anleitung zum praktischen Gebrauch der Laplace-Transformation. — München: R. Oldenbourg, 2. Aufl., 1961.

und den u. U. umgelagerten viskoelastischen instationären Spannungszustand. Zwei einfache Beispiele sollen die Anwendung der Analogie in dieser Form demonstrieren.[1]

a) Der kriechende Biegebalken

Die elastische Biegelinie zufolge Gleichlast q_0 eines Trägers auf zwei Gelenkstützen mit der Spannweite l und der Biegesteifigkeit $EJ \equiv 2G(1+\nu)\,J$ ist durch

$$w_e(x) = \frac{q_0 l^4}{24EJ}\,\frac{x}{l}\left(1 - 2\frac{x^2}{l^2} + \frac{x^3}{l^3}\right) \tag{6.359}$$

gegeben. Bei quasistatischer Belastung durch $q_0 H(t)$ für $t > 0$ ergibt die *Laplace*-Transformation

$$w_e^*(x, s) = \frac{1}{s}\, w_e(x). \tag{6.360}$$

Für den ab $t = 0$ kriechenden Biegebalken aus *Maxwell*-Material ist

$$E^*(s) = E\,\frac{s}{s + 1/\vartheta''} \tag{6.361}$$

an Stelle von E in die elastische Lösung einzusetzen. Die viskoelastische Biegelinie ist dann

$$w_{(ve)}^*(x, s) = \frac{s + 1/\vartheta''}{s^2}\, w_e(x) \tag{6.362}$$

$$w_{(ve)}(x, t) = H(t)\,(1 + t/\vartheta'')\, w_e(x), \qquad t > 0. \tag{6.363}$$

Die Deformation wächst affin zur elastischen Biegelinie im Zeitmaßstab $\vartheta'' = 3\vartheta/2(1+\nu)$ unbeschränkt an, bei Wegnahme der Belastung bleibt eine irreversible Verformung bestehen.

b) Das beheizte viskoelastische dickwandige Rohr, Abb. 6.42

Zu den konstanten Randwerten $\theta = \theta_i$ am Innenrand $r = R_i$ und $\theta = 0$ am Außenrand $r = R_a$ gehört die achsensymmetrische Temperaturverteilung

$$\theta(r) = \frac{\theta_i}{\ln\beta}\ln R_a/r, \qquad \beta = R_a/R_i.$$

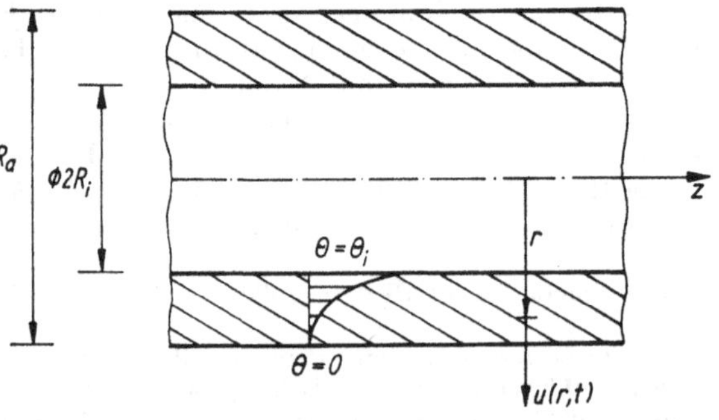

Abb. 6.42. Innen beheiztes dickwandiges viskoelastisches Rohr

[1] Siehe auch *H. Parkus:* Instationäre Wärmespannungen. — Wien: Springer-Verlag, 1959, Kapitel VI.

Für den ebenen Verzerrungszustand (in einem langen Rohr) kann die elastische Wärmespannungsverteilung durch Superposition einer partikulären Lösung des inhomogenen Problems mit der isothermen Lösung des Rohres unter Innen- und Außendruck relativ einfach berechnet werden, vgl. Gl. (6.14). Wir entnehmen die elastische Spannungsverteilung aus *Melan/Parkus*, S. 32[1], dort Gl. (VI.12), in der Form der Hauptnormalspannungen:

$$\left.\begin{aligned} \sigma_{rr}^{(e)} &= -G\,\frac{1+\nu}{1-\nu}\,\alpha\theta_i\left(\frac{\ln R_a/r}{\ln\beta}-\frac{R_a^2/r^2-1}{\beta^2-1}\right) \\ \sigma_{\varphi\varphi}^{(e)} &= -G\,\frac{1+\nu}{1-\nu}\,\alpha\theta_i\left(\frac{\ln(R_a/r)-1}{\ln\beta}+\frac{R_a^2/r^2+1}{\beta^2-1}\right) \end{aligned}\right\} \tag{6.364}$$

$$\sigma_{zz}^{(e)} = -G\,\frac{1+\nu}{1-\nu}\,\alpha\theta_i\left[\frac{2\ln R_a/r}{\ln\beta}+2\nu\left(\frac{1}{\beta^2-1}-\frac{1}{2\ln\beta}\right)\right]. \tag{6.365}$$

Um die viskoelastischen Spannungen zu erhalten, ist wieder in den mit $\frac{1}{s}$ multiplizierten elastischen Spannungen G und ν durch $G^*(s)$ und $\nu^*(s)$, z. B. des *Maxwell*-Körpers, zu ersetzen. Man erkennt, daß in der axialen Spannung (6.365) eine Umlagerung eintreten wird, da zwei Anteile zeitlich verschiedenes Abklingverhalten aufweisen. Wir ersetzen also

$$\begin{aligned} &\frac{1}{s}\,G\,\frac{1+\nu}{1-\nu}\,\alpha\theta_i \to \frac{1}{s}\,G^*(s)\,\frac{1+\nu^*(s)}{1-\nu^*(s)}\,\alpha\theta_i \\ &= G\,\frac{1+\nu}{1-\nu}\,\frac{1}{s+1/\vartheta'}\,\alpha\theta_i, \qquad \vartheta' = \frac{3(1-\nu)}{1+\nu}\,\vartheta, \end{aligned} \tag{6.366}$$

$$\begin{aligned} &\frac{1}{s}\,G\,\frac{\nu(1+\nu)}{1-\nu}\,\alpha\theta_i \to \frac{1}{s}\,G^*(s)\,\frac{\nu^*(s)\,[1+\nu^*(s)]}{1-\nu^*(s)}\,\alpha\theta_i \\ &= G\,\frac{\nu(1+\nu)}{1-\nu}\,\frac{1}{s+1/\vartheta'}\,\frac{s+1/2\nu\vartheta''}{s+1/\vartheta''}\,\alpha\theta_i. \end{aligned} \tag{6.367}$$

Nach Rücktransformation ergibt sich die Relaxation der Wärmespannungen für $t > 0$ im *Maxwell*-Rohr zu

$$\sigma_{rr}^{(ve)} = e^{-t/\vartheta'}\sigma_{rr}^{(e)}, \qquad \sigma_{\varphi\varphi}^{(ve)} = e^{-t/\vartheta'}\sigma_{\varphi\varphi}^{(e)}, \tag{6.368}$$

und mit Umlagerung

$$\begin{aligned} \sigma_{zz}^{(ve)} = -G\,\frac{1+\nu}{1-\nu}\,\alpha\theta_i \Bigg[&\left(\frac{2\ln(R_a/r)-1}{\ln\beta}-\frac{2}{1-\beta^2}\right)e^{-t/\vartheta'} \\ &+(1-\nu)\left(\frac{1}{\ln\beta}+\frac{2}{1-\beta^2}\right)e^{-t/\vartheta''}\Bigg]. \end{aligned} \tag{6.369}$$

Die elastische Radialverschiebung ist durch

$$\begin{aligned} u^{(e)}(r) = \frac{r}{4}\,\frac{1+\nu}{1-\nu}\,\frac{\alpha\theta_i}{\ln\beta}\Bigg[&1+2\ln(R_a/r)+\frac{1+(R_i/r)^2}{1-1/\beta^2} \\ &-(1+2\ln\beta)\,\frac{1+(R_a/r)^2}{\beta^2-1}+2\nu\,\frac{1+2\ln\beta-\beta^2}{\beta^2-1}\Bigg] \end{aligned} \tag{6.370}$$

[1] *E. Melan/H. Parkus:* Wärmespannungen. — Wien: Springer-Verlag, 1953.

gegeben. Multiplikation mit $\frac{1}{s}$ und Einsetzen von $\nu^*(s)$ ergibt wieder für den *Maxwell*-Körper nach Rücktransformation die viskose Aufweitung

$$u^{(ve)}(r,t) = \frac{r}{4}\,\frac{1+\nu}{1-\nu}\,\frac{\alpha\theta_i}{\ln\beta}\left\{\left[1 + 2\ln(R_a/r) + \frac{1+(R_i/r)^2}{1-1/\beta^2}\right.\right.$$
$$\left. - (1+2\ln\beta)\,\frac{1+(R_a/r)^2}{\beta^2-1}\right][3(1-\nu) - 2(1-2\nu)\,e^{-t/\theta'}]/(1+\nu)$$
$$\left. + \frac{1+2\ln\beta-\beta^2}{\beta^2-1}\,[1-(1-2\nu)\,e^{-t/\theta''}]\right\}. \tag{6.371}$$

6.11. Aufgaben A 6.1 bis A 6.22 und Lösungen

A 6.1: Ein Kragbalken mit einem Querschnitt in Form eines symmetrischen Winkelprofils nach Abb. A 6.1 wird durch ein Krempelmoment $\vec{M} = M_\eta \vec{e}_\eta + M_\zeta \vec{e}_\zeta$ belastet. Man gebe die elastische Spannungsverteilung für diesen Fall der *schiefen Biegung* an und zeige, daß der Verschiebungsvektor der Stabachsenpunkte nicht senkrecht zum Biegemomentenvektor steht.
Man bestimme auch die *Kernfläche* des Querschnittes.

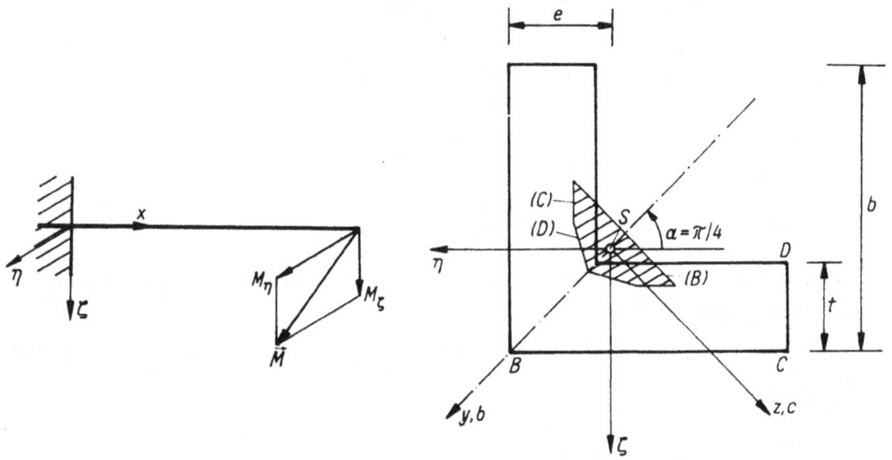

Abb. A 6.1

Lösung: Der Schwerpunkt S des Querschnittes $A = 2bt - t^2$ liegt auf der Symmetrieachse y, die gleichzeitig Trägheitshauptachse ist,

$$e = [t + b(b-t)/(2b-t)]/2.$$

Die Trägheitsmomente bezüglich der Achsen η, ζ sind

$$J_\eta = J_\zeta = \frac{t}{12}\,[b^3 + bt^2 - t^3 + 3b(b-t)^3/(2b-t)],$$

$$J_{\eta\zeta} = tb^2(b-t)^2/4(2b-t).$$

Damit ergeben sich die Hauptträgheitsmomente zu

$$J_1 = J_y = \frac{t}{12}\,[4b^3 + 4bt^2 - t^3 - 6b^2t],$$

$$J_2 = J_z = \frac{t}{12}\,[4b^3 + 4bt^2 - t^3 - 6b^4/(2b - t)],$$

$$i_y^2 = J_y/A, \qquad i_z^2 = J_z/A.$$

Wir zerlegen in zwei achsrechte Biegungen:

$$M_y = M_\eta \cos\alpha + M_\zeta \sin\alpha, \qquad M_z = -M_\eta \sin\alpha + M_\zeta \cos\alpha$$

und berechnen die Biegespannungsverteilung durch koordinatentreue Überlagerung

$$\sigma_{xx} = \frac{M_y}{J_y}\,z - \frac{M_z}{J_z}\,y.$$

Randextreme treten in den Punkten B, C, D auf.
Die Biegelinien ergeben sich durch Integration der Differentialgleichungen zu

$$w(x) = -\frac{M_y}{EJ_y}\,x^2, \qquad v(x) = \frac{M_z}{EJ_z}\,x^2.$$

Da $J_y \neq J_z$, steht der Vektor $\vec{u} = v\vec{e}_y + w\vec{e}_z$ nicht senkrecht auf $\vec{M}$. Aus der Gleichung der Nullinie (6.51) erhält man durch Einsetzen der Koordinaten der Eckpunkte B, C, D die zugeordneten Geradengleichungen für den Kernumriß im (b,c)-Koordinatensystem.

	B	C	D
y	$e\sqrt{2}$	$e\sqrt{2} - b/\sqrt{2}$	$e\sqrt{2} - (b + t)/\sqrt{2}$
z	0	$b/\sqrt{2}$	$(b - t)/\sqrt{2}$

A 6.2: Der starr angenommene Deckel wird über eine elastische Dichtung gegen ein starres Druckgefäß (z. B. Motorenzylinder) durch n elastische *Dehnschrauben* gepreßt, siehe Abb. A 6.2. Gesucht sind Schraubenkraft F_S bei Überdruckschwankung p (im Betrieb), bei gegebener gleichmäßiger Vorspannkraft S der Schrauben (im Montagezustand, $p = 0$) und maximaler Innendruck p_{max}, bei welchem das Gefäß noch dicht ist.

Lösung: Gleichgewicht der am Deckel angreifenden Kräfte in vertikaler Richtung fordert $F_p + F_D - nF_S = 0$, $F_p = pA_i$. Die Dichtung sei linear elastisch, so daß $F_D = k_D(h_0 - h)$, wo h_0 die unverformte Dicke bezeichnet. Ihre Federsteifigkeit wird häufig unter der Annahme eines geschmierten Kontaktes gleich der eines Druckstabes gesetzt, $k_D = E_D A_D/h_0$. Für die linear elastische Schraube gilt $F_S = k_S(l - l_0)$, wo l_0 die unverformte Länge bezeichnet, mit $k_S = E_S A_S/l_0$. Die Kontaktbedingung an der Dichtung ist $l - l_1 = h - h_1$, wenn l_1 und h_1 die Längen im Vorspannzustand bei $p = 0$ bedeuten. Wir beziehen auf die ursprünglichen Längen, $(l - l_0) - (l_1 - l_0) = (h_0 - h_1) - (h_0 - h)$ und eliminieren die Verlängerungen durch die Federkräfte:

$$k_S^{-1}(F_S - S) = k_D^{-1}(D - F_D).$$

Gleichgewicht bei $p = 0$ ergibt den Zusammenhang $D = nS$. Eliminiert man noch F_D, dann folgt die Schraubenkraft

$$F_S = S + \frac{F_p}{n}(1 + k_D/nk_S)^{-1}.$$

Aus Dauerfestigkeitsgründen soll sich die Schraubenkraft möglichst wenig mit dem Druck ändern, also $k_D \gg k_S$ sein. Steife Dichtung und weiche (lange) Schrauben sind daher günstig.

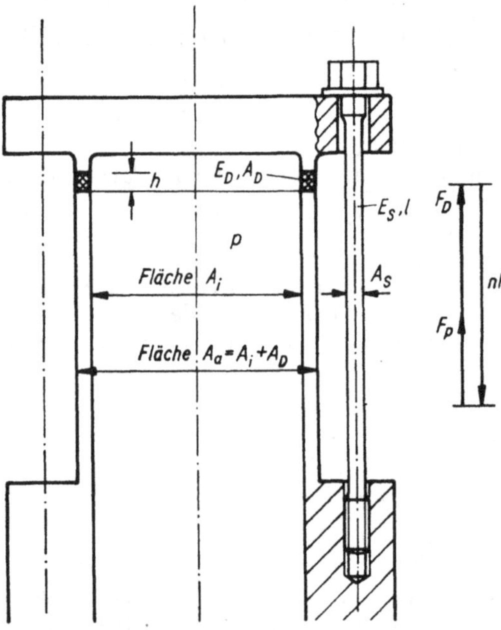

Abb. A 6.2

Den maximalen Druck berechnen wir aus der Forderung, daß $\sigma_D = F_D/A_D \geqq p$ sein muß. Gleichheit ergibt

$$p_{max} = nS(1 + k_D/nk_S)/(A_D + A_a k_D/nk_S),$$

bzw. mit $k_D/nk_S \gg 1$, $p_{max} \approx nS/A_a$.
Da A_i vorgegeben ist und $A_a = A_i + A_D$, soll A_D möglichst klein sein. Große Steifigkeit der Dichtung kann also nur über E_D erzielt werden, da meist auch die Dicke h_0 festgelegt ist.

A 6.3: Eine Längskraft F wird über einen starren Riegel mit Parallelführung auf n linear elastische Stäbe mit den Dehnsteifigkeiten $(EA)_i$, $i = 1, \ldots, n$ aufgeteilt, Abb. A 6.3. Man bestimme die Normalkräfte N_i, wenn noch zusätzliche stabweise konstante Temperaturänderungen θ_i, $i = 1, \ldots, n$, eingeprägt werden, und berechne die Verschiebung s des Riegels.

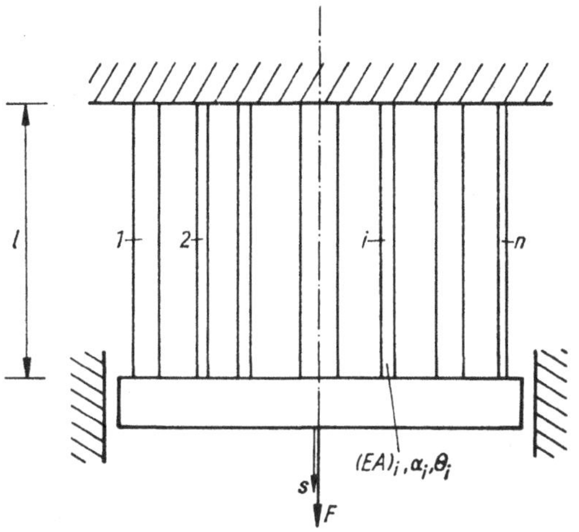

Abb. A 6.3

Lösung: Die Gleichgewichtsbedingung am geschnittenen System liefert $F = \sum_{i=1}^{n} N_i$. Weitere $(n-1)$ Gleichungen ergibt der Satz von *Castigliano*, $s = \dfrac{\partial U^*}{\partial N_i}$ mit $U^* = l \sum_{i=1}^{n} \dfrac{N_i^2}{2(EA)_i} + \alpha_i \theta_i N_i$, durch Elimination von s,

$$\frac{N_{i+1}}{(EA)_{i+1}} - \frac{N_i}{(EA)_i} = \alpha_i \theta_i - \alpha_{i+1} \theta_{i+1}, \qquad i = 1, \ldots, (n-1).$$

Für $E_i A_i \alpha_i = EA\alpha = \text{const}$ ist die spezielle Lösung

$$N_i = \frac{F}{n} + EA\alpha \left[\frac{\sum_{j=1}^{n} \theta_j}{n} - \theta_i \right].$$

Für die Wärmespannungen maßgebend ist die Abweichung der lokalen Stabtemperatur θ_i vom Mittelwert $\sum_{j=1}^{n} \theta_j / n$, während die gemeinsame Dehnung durch

$$\varepsilon = s/l = \frac{F}{nEA} + \alpha \frac{\sum_{j=1}^{n} \theta_j}{n}$$

gegeben ist.

A 6.4: Man zeige durch Berechnung der Querkräfte in $x = l$ in den Biegestäben des Rahmens nach Abb. A 6.4, daß bei gleichmäßiger Erwärmung durch den «konstruktiven Zwischenstab» eine Spannungsumlagerung eintritt.

Lösung: Mit $Q_z(x = l) = Q_A$ bzw. $Q_z(x = l) = Q_B = 2F - Q_A$ wird die Ergänzungsenergie (der Querkrafteinfluß sei vernachlässigbar)

$$U^* = \frac{1}{2} \left[\frac{Q_A^2 l^3}{3EJ} + \frac{(2F - Q_A)^2 \, l^3}{3EJ} + \frac{(Q_A - F)^2 \, a}{EA} + 2(Q_A - F) \, a\alpha\theta \right].$$

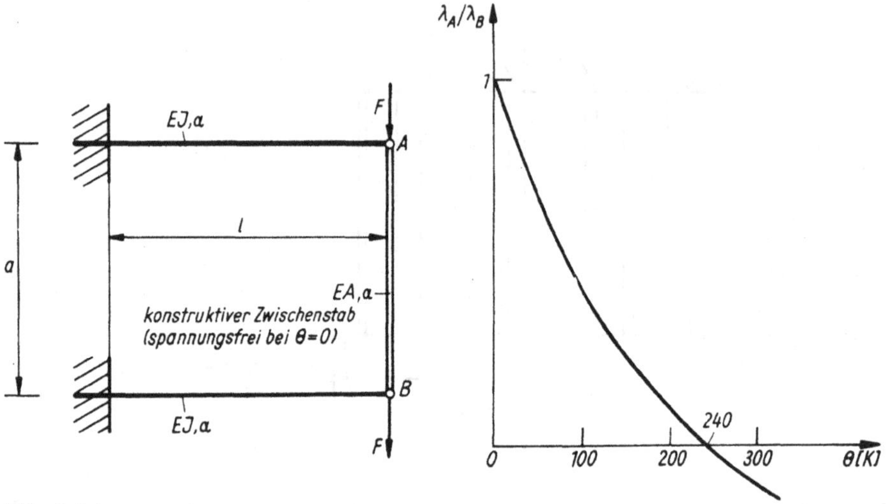

Abb. A 6.4

Nach *Menabrea* folgt die statisch Unbestimmte aus $\dfrac{\partial U^*}{\partial Q_A} = 0$ mit $\beta = 3aJ/2l^5 \times (1 + 3aJ/2Al^3)$ zu $Q_A = F\lambda_A$ und damit $Q_B = F\lambda_B$, wo $\lambda_A = 1 - \beta E\alpha\theta l^2/F$, $\lambda_B = 1 + \beta E\alpha\theta l^2/F$. Abb. A 6.4(b) zeigt das Verhältnis der beiden Lastfaktoren der Kragträger als Funktion der Temperaturerhöhung.

A 6.5: Man berechne die Schnittgrößen im Riegel des Rahmens nach Abb. A 6.5, wenn dieser durch ein rundum konstantes Temperaturmoment $m_\theta = m_0$ belastet ist (die mittlere Temperatur sei Null).

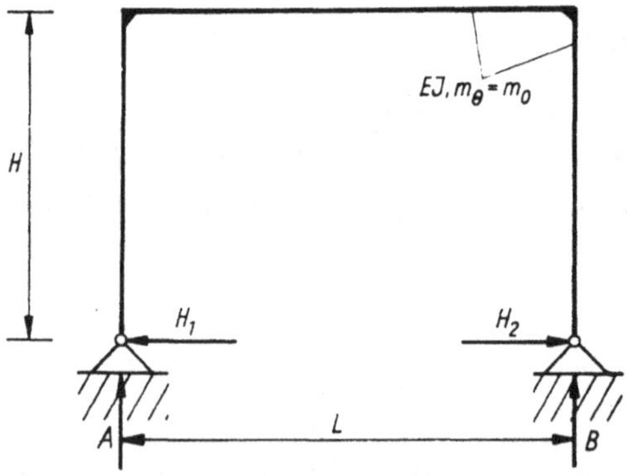

Abb. A 6.5

Lösung: Die Gleichgewichtsbedingungen ergeben $A = B = 0$ und $H_1 = H_2 = X$, X bleibt statisch unbestimmt. Wir wenden den Satz von *Menabrea* an und vernachlässigen in der Ergänzungsenergie den Normal- und Querkrafteinfluß. Mit

$$U^* = 2\int_0^H \left(\frac{M_1^2}{2EJ} + M_1\alpha m_\theta\right) dx + \int_0^L \left(\frac{M_2^2}{2EJ} + M_2\alpha m_\theta\right) dx,$$

$$M_1 = Xx, \qquad M_2 = XH,$$

folgt nach Differentiation $\frac{\partial U^*}{\partial X} = 0$ und daraus

$$X = -3EJ\alpha m_0(L + H)/(3L + 2H)\,H\,.$$

Der Riegel ist durch die Längskraft $N = X$ und durch das Biegemoment $M_2 = XH$ auf Längskraftbiegung beansprucht.

A 6.6: Man ermittle den Anteil der Schubverformungen w_S an der Durchbiegung des Einfeldträgers bei Belastung durch $q_z(x)$ bzw. bei Einzelkraftbelastung durch F an der Stelle ξ, Abb. A 6.6.

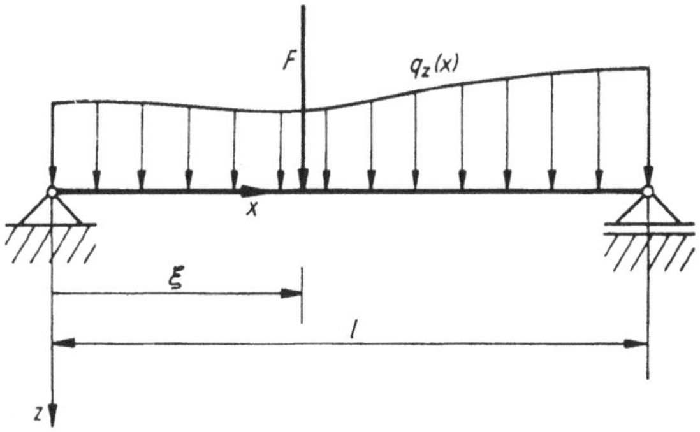

Abb. A 6.6

Lösung: Das Biegemoment ist statisch bestimmt. Für die Schubdeformation gilt daher $w_S'' = -\varkappa q_z/GA$ (F in q_z berücksichtigt). Da die Randbedingungen mit der *Bernoulli-Euler*-Theorie übereinstimmen, kann auf diese Gleichung die *Mohr*sche Analogie übertragen werden, und es folgt: $w_S = \overline{M}_y(x)$ zufolge Belastung $\bar{q}_z = \varkappa q_z/GA$ (am gleichen Träger).

Der Anteil zufolge F in ξ mit $q_z = 0$ beträgt daher (Einflußlinie)

$$w_S = \overline{M}_y = \begin{cases} \varkappa F x(1 - \xi/l)/GA\,, & 0 \leqq x \leqq \xi\,, \\ \varkappa F \xi(1 - x/l)/GA\,, & \xi \leqq x \leqq l\,. \end{cases}$$

A 6.7: Ein Balken nach Abb. A 6.7 ist durch ein linear veränderliches Temperaturmoment $m_\theta = m_0 \frac{x}{l}$ belastet. Man ermittle die Biegelinie m. H. des *Mohr*schen Verfahrens unter Beachtung von Gln. (6.36), (6.74).

Lösung: Gleichgewicht am *Mohr*schen Ersatzträger unter der Belastung $\bar{q}_z = M/EJ + \alpha m_\theta$ liefert die statisch Unbestimmte A, und Gleichgewicht am Originalträger ergibt

$$A = -B = -EJ\alpha m_0/l\,, \qquad M_B = Al\,.$$

Damit wird aber $w \equiv 0$, vgl. Gl. (6.96).

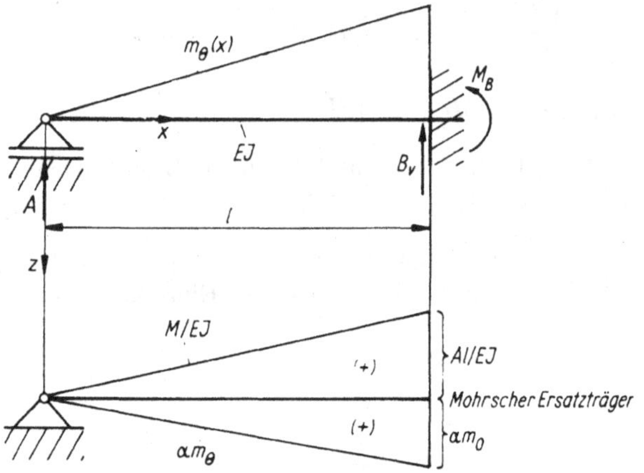

Abb. A 6.7

A 6.8: Man bestimme die vertikale Verschiebung im Lastangriffspunkt D des Schubfeldträgers aus Abb. A 2.5 mit Hilfe des Satzes von *Castigliano.*

Lösung: Der Normalkraftanteil der Ergänzungsenergie ist $U_N^* = \frac{1}{E_G A_G}\left[\int\limits_0^L (Tx)^2\,\mathrm{d}x + \int\limits_0^H (Tx)^2\,\mathrm{d}x\right]$ mit $T = F/H$. Daraus folgt $\partial U_N^*/\partial F = \frac{2F}{H^2 E_G}(L^3 + H^3)/3A_G$. Der Anteil des Stegbleches an der Ergänzungsenergie wird entsprechend den Annahmen der Schubfeldtheorie zu $U_Q^* = \frac{1}{2G_{Bl}t_{Bl}H}\int\limits_0^L (TH)^2\,\mathrm{d}x$ gesetzt, woraus $\partial U_Q^*/\partial F = \frac{F}{G_{Bl}t_{Bl}H}L$ folgt. Die Vertikalverschiebung in D ergibt sich dann (falls das Gleichgewicht stabil ist) zu $w_D = \partial(U_N^* + U_Q^*)/\partial F$.

A 6.9: Man gebe die Differentialgleichung der Biegelinie eines querbelasteten geraden Sandwichbalkens[1] mit dünnen ebenen Gurtplatten an, Abb. A 6.9.

Lösung: Die Gurtplatten übertragen nur Normalspannungen, der Kern nur Schubspannungen. Letztere sind mit $\sigma_{xx} \equiv 0$ wegen $\frac{\partial\sigma_{xx}}{\partial x} + \frac{\partial\sigma_{xz}}{\partial z} = 0$ konstant im Kernquerschnitt. Die Differentialgleichung der Biegelinie stimmt damit (unter der Annahme des Ebenbleibens der Querschnitte) mit Gl. (6.70) überein, wobei $\varkappa_z = 1$ und $GA = G_K A_K$ zu setzen ist. Die effektive Biegesteifigkeit $(EJ_y)_{\mathrm{eff}}$ des Verbundquerschnittes folgt z. B. aus der Äquivalenz des Biegeanteils in der potentiellen Energie:

$$\int\limits_0^l \frac{M_y^2}{2(EJ_y)_{\mathrm{eff}}}\,\mathrm{d}x = \int\limits_0^l \left(\frac{\sigma_{xx}^{(o)2}}{2E_o}A_o + \frac{\sigma_{xx}^{(u)2}}{2E_u}A_u\right)\mathrm{d}x$$

[1] Literatur: *V. Dundrová, V. Kovařík, P. Šlapák:* Biegungstheorie der Sandwich-Platten. Wien—New York: Springer-Verlag und Prag: Academia-Verlag, 1970.
K. Stamm, H. Witte: Sandwichkonstruktionen. Wien—New York: Springer-Verlag, 1974.

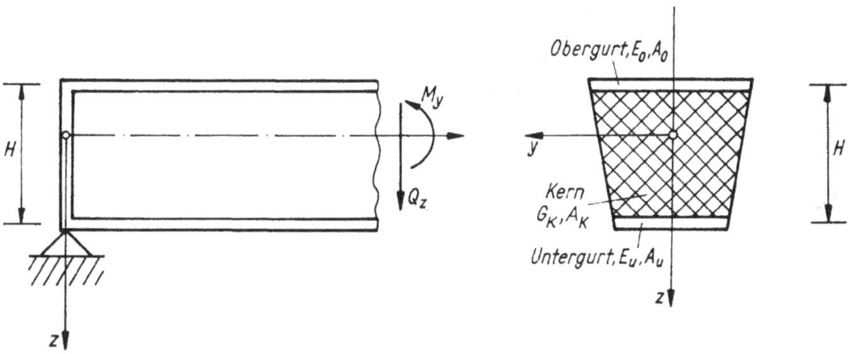

Abb. A 6.9

wegen

$$\sigma_{xx}^{(0)} = -M_y/HA_0, \qquad \sigma_{xx}^{(u)} = M_y/HA_u$$

zu

$$(EJ_y)_{\text{eff}} = E_0A_0E_uA_uH^2/(E_0A_0 + E_uA_u).$$

A 6.10: Man ermittle den Verlauf der mittleren Schubspannung $\tau(x)$ (Schubfluß $T = \tau b$) in einer dünnen Leim- bzw. Schweißverbindung (Breite b, Dicke $h \ll$ Länge l) zwischen zwei Zugstäben, Abb. A 6.10.

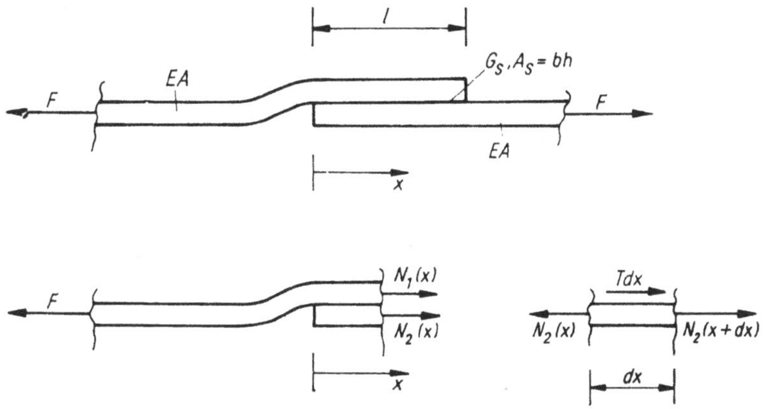

Abb. A 6.10

Lösung: Die Gleichgewichtsbedingung am Schnitt x ergibt $F - (N_1 + N_2) = 0$ und am Element dx des unteren Stabes $T + \dfrac{dN_2}{dx} = 0$. Die Ergänzungsenergie im Fügebereich ist mit dem Schubbeitrag $\dfrac{\tau^2}{2G}\,hb\,dx$

$$U^* = \frac{1}{2}\int_0^l \left(\frac{N_1^2}{EA} + \frac{N_2^2}{EA} + \frac{T^2}{G_S}\,\frac{h}{b}\right) dx.$$

Der Satz von *Menabrea* $\frac{dU^*}{dN_2} = 0$, mit N_2 als statisch Unbestimmter, ergibt wegen, $\frac{\partial N_1}{\partial N_2} = -1$ und, unter Verwendung der Gleichgewichtsbeziehung in $\frac{\partial T}{\partial N_2} = \frac{\partial T}{\partial x}\frac{\partial x}{\partial N_2} = -\frac{1}{T}\frac{d^2 N_2}{dx^2}$, mit nachfolgender partieller Integration, die Differentialgleichung zweiter Ordnung $\frac{d^2 N_2}{dx^2} - \alpha^2 N_2 = -\frac{\alpha^2}{2} F$, $\alpha^2 = 2G_S b/EAh$.

Mit Berücksichtigung der Randbedingungen $N_2(0) = 0$, $N_2(l) = F$, erhalten wir die Lösung $N_2 = \frac{F}{2}(1 - \cosh \alpha x) + F(1 + \cosh \alpha l) \sinh \alpha x / 2 \sinh \alpha l$. Differentiation ergibt den gesuchten Schubfluß $T(x)$, der Randmaxima aufweist.

A 6.11: Man berechne die Steifigkeit einer Schraubenfeder, mit mittlerem Federdurchmesser $2R$, der Länge l, mit n Windungen eines Federdrahtes mit Kreisquerschnitt vom Durchmesser $d \ll 2R$, bei Längskraftbeanspruchung durch F, vgl. Abb. A 6.11, und gebe die maximale Beanspruchung an.

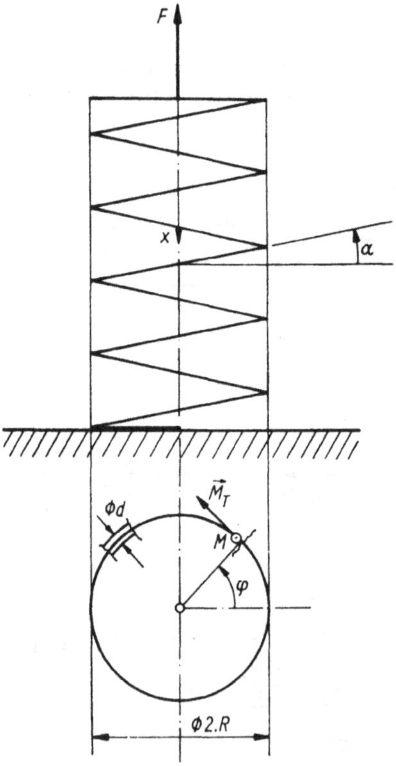

Abb. A 6.11

Lösung: Wir verwenden den Satz von *Castigliano* und berechnen die Ergänzungsenergie im Federdraht. Die Kraft F ruft im Querschnitt (x, φ) das Biegemoment $M = FR \sin \alpha$ und das (wesentliche) Torsionsmoment $M_T = FR \cos \alpha$ hervor, wo α den Steigungswinkel bedeutet. Wir nehmen eine flachgängige Feder an, dann ist $\alpha \ll 1$ und $|M| \ll |M_T| \approx FR$. Somit

$$U^* = \frac{1}{2} \int_0^{2n\pi} \frac{M_T^2}{GJ_T} R \, d\varphi = \frac{n\, \pi R^3}{GJ_T} F^2, \qquad J_T = J_p = \pi d^4/32.$$

Der Arbeitsweg von F ist nach *Castigliano* $u_0 = \dfrac{\partial U^*}{\partial F}$ und, vgl. mit einem Zugstab gleicher Länge l,

$$k = \frac{F}{u_0} = \frac{GJ_T}{2n\pi R^3} = \frac{(EA)_{eff}}{l},$$

$(EA)_{eff}$ ist dann die effektive Dehnsteifigkeit dieses Ersatzstabes.
Die maximale Schubspannung im Federdraht (bei schwacher Krümmung) ist mit der Querkraft $Q = F$, $\tau_{max} = \dfrac{4}{3}\dfrac{F}{A} + \dfrac{M_T}{J_T}\dfrac{d}{2} = \dfrac{16F}{3\pi d^2}(1 + 3R/d)$.

A 6.12: Der dreizellige symmetrische Querschnitt nach Abb. A 6.12 wird durch ein Torsionsmoment belastet. Man berechne die Schubflüsse sowie die Verwindung ϑ nach den *Bredt*schen Formeln.

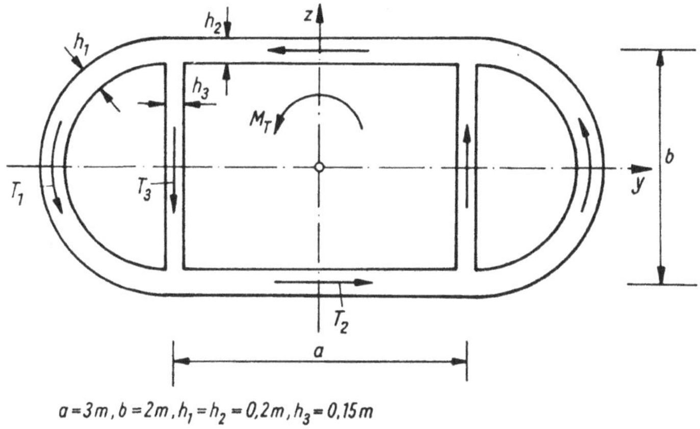

Abb. A 6.12

Lösung: Wir erhalten gerade 4 Gleichungen mit der «Flußbedingung» $T_1 + T_3 = T_2$, $\dfrac{\pi b^2}{2} T_1 + 2abT_2 = M_T$, $2G\vartheta = 4T_1/bh_1 - 8T_3/\pi bh_3$, $2G\vartheta = 2T_2/bh_2 + 2T_3/ah_3$ mit der speziellen Lösung $T_1 = 0{,}046 M_T$, $T_2 = 0{,}059 M_T$, $T_3 = 0{,}013 M_T$ und $\vartheta = M_T/GJ_T$, $J_T = 5{,}66\ \mathrm{m}^4$, $[M_T] = \mathrm{Nm}$, $[G] = \mathrm{Nm}^{-2}$.

A 6.13: Man bestimme Schubmittelpunkt, Wölbfunktion, Wölbwiderstand und Drillwiderstand des geschlitzten dünnwandigen Kreisrohrquerschnittes konstanter Wanddicke, Abb. A 6.13.

Lösung: Mit $J_y = \pi h R^3$ (Hauptträgheitsmoment, y ist Symmetrieachse), $z = R \times \sin\alpha$, $a(s) = \dfrac{R^2}{2}\alpha$ und $ds = R\, d\alpha$ berechnen wir mit der für offene Querschnitte gültigen Formel

$$y_D = \frac{2}{J_y}\int_0^L z a(s)\, h\, ds = -2R, \qquad z_D = 0.$$

Die Wölbfunktion $\varphi(s) = \varphi_0 - 2a(s)$, wobei aus Symmetriegründen $\varphi(R\pi) = 0$ und daher $\varphi_0 = 2a(R\pi) = \pi R^2$. Damit wird die Wölbfunktion bezogen auf D: $\varphi^* = \varphi + zy_D = R^2(\pi - \alpha - 2\sin\alpha)$. Man überzeugt sich durch Integration, daß tatsächlich $\int_0^L \varphi^* h\, ds = 0$. Der Wölbwiderstand wird dann $C_w = \int_0^L \varphi^{*2} h\, ds$ $= \pi\left(\frac{2}{3}\pi^2 - 4\right) hR^5$ und der Drillwiderstand $J_T = \frac{Lh^3}{3} = \frac{2\pi}{3} Rh^3$.

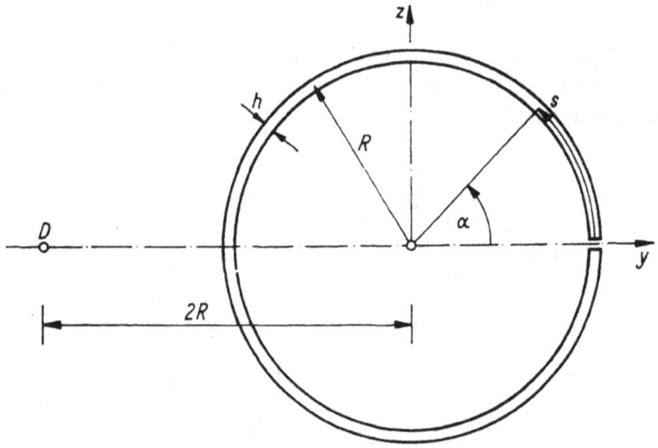

Abb. A 6.13

A 6.14: Man bestimme den Schubmittelpunkt des nicht-doppeltsymmetrischen I-Querschnittes nach Abb. A 6.14 und gebe den Drillwiderstand an.

Lösung: Der Bezugspunkt *0* kann auf der Symmetrieachse gewählt werden. Für die Berechnung von $a(s)$ ist der Ortsvektor $\vec{r}(s)$ stetig die Mittellinie entlang zu führen, s_1 also nach Durchlaufen des Unterflansches von $-b_1/2$ bis $+b_1/2$ wieder nach Null zurückzusetzen, um dort den Übergang in den Steg, wo s_2 läuft, zu ermöglichen.

Unterflansch: $a = \frac{H}{4} s_1, \qquad \varphi = \varphi_0 - 2a(s_1) = \varphi_0 - \frac{H}{2} s_1$

Steg: $a = 0, \qquad \varphi = \varphi_0 - 2a(s_2) = \varphi_0 = 0$
(z Symmetrieachse, φ schiefsymmetrisch).

Oberflansch: $a = \frac{H}{4} s_3, \qquad \varphi = \varphi_0 - 2a(s_3) = \varphi_0 - \frac{H}{2} s_3.$

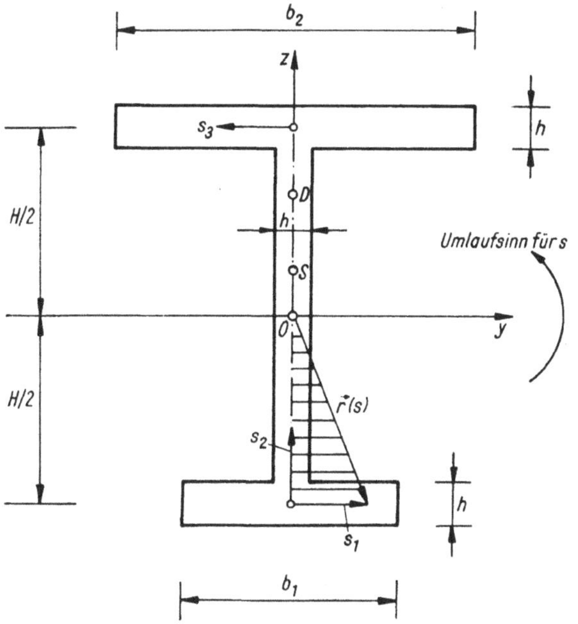

Abb. A 6.14

Mit $\varphi_0 = 0$ ist $\int_0^L \varphi^* h \, ds = 0$. Mit $J_z = \frac{h}{12}(b_1^3 + b_2^3)$ wird

$$z_D = \frac{1}{J_z}\int_0^L y\varphi(s)\, h \, ds = \frac{H}{2}\,\frac{b_2^3 - b_1^3}{b_2^3 + b_1^3}\left(> z_S = \frac{H}{2}\,\frac{b_2 - b_1}{b_2 + b_1},\ b_2 > b_1\right).$$

$$J_T = \frac{1}{3}\sum_{i=1}^{3} L_i h_i^3 = \frac{h^3}{3}(b_1 + b_2 + H).$$

A 6.15: Eine dünne elastische Kreisscheibe der Dicke h sei durch ein achsensymmetrisches Temperaturfeld $\theta(r)$ belastet. Man stelle die inhomogene *Navier*sche Gleichung für die Radialverschiebung u auf und gebe ihre allgemeine Lösung an.

Lösung: Man eliminiere die Scheibenspannungen (Radialspannung n_r, Umfangsspannung n_φ) in der Gleichgewichtsbedingung $r\,\frac{dn_r}{dr} + n_r - n_\varphi = 0$ (keine Volumenkraft) mit Hilfe des *Hooke*schen Gesetzes

$$n_r = \frac{Eh}{1-\nu^2}\left[\frac{\partial u}{\partial r} + \nu\,\frac{u}{r} - (1+\nu)\,\alpha n_\theta\right],$$

$$n_\varphi = \frac{Eh}{1-\nu^2}\left[\frac{u}{r} + \nu\,\frac{\partial u}{\partial r} - (1+\nu)\,\alpha n_\theta\right].$$

Dann folgt die inhomogene Differentialgleichung vom *Euler*schen Typ

$$\frac{\partial^2 u}{\partial r^2} + \frac{1}{r}\frac{\partial u}{\partial r} - \frac{u}{r^2} = (1+\nu)\,\alpha\,\frac{\partial n_\theta}{\partial r}, \qquad n_\theta = \frac{1}{h}\int\limits_{-h/2}^{h/2} \theta\,\mathrm{d}z,$$

mit der allgemeinen Lösung

$$u = C_1 r + \frac{C_2}{r} + \frac{1+\nu}{r}\,\alpha \int r n_\theta\,\mathrm{d}r,$$

C_1 und C_2 sind aus den Randbedingungen am Innen- und Außenrand zu bestimmen. Die am *Außenrand* $r = R$ *unbelastete Vollscheibe* hat dann mit $C_2 = 0$ die Scheibenspannungen

$$n_r = \alpha E h[f(R) - f(r)], \qquad n_\varphi = \alpha E h[f(R) + f(r) - n_\theta],$$

$$f(r) = \frac{1}{r^2}\int\limits_0^r \varrho n_\theta(\varrho)\,\mathrm{d}\varrho,$$

aufzunehmen. Es sind dem Wesen nach Eigenspannungen.

A 6.16: In 6.5. ist die Spannungsverteilung in der zugbelasteten Scheibe mit kreisrunder Bohrung dargelegt, vgl. Abb. 6.34. Von *N. I. Mußchelischwili* stammt die Lösung für ein elliptisches Loch[1]. Insbesondere tritt die größte Umfangsspannung im Hauptscheitel mit $\mathrm{Max}\, n_\varphi = n_0(1 + 2a/b) = n_0\left(1 + 2\sqrt{a/R_1}\right)$, $R_1 = b^2/a$, auf, während im Nebenscheitel $n_\varphi = -n_0$ unabhängig vom Achsenverhältnis b/a gilt. Orientierung nach Abb. A 6.16. Die Lösung ergibt für $a = b$ den Wert $\mathrm{Max}\, n_\varphi = 3n_0$ der Kreisbohrung. Für $b \ll a$ gilt näherungsweise $\mathrm{Max}\, n_\varphi \doteq 2n_0\sqrt{a/R_1}$. Mit Grenzübergang $b \to 0$ ergibt sich ein *Griffith-Riß* der Länge $2a$ quer zur Zugrichtung[2]. Aus der elastizitätstheoretischen Lösung können durch Grenzübergang die singulären Spannungsverteilungen längs $y = 0$ und $|x| \geqq a$ gefunden werden:

$$n_x = n_0\left(\frac{\xi}{\sqrt{\xi^2 - 1}} - 1\right), \qquad n_y = n_0\xi/\sqrt{\xi^2 - 1}, \qquad n_{xy} = 0, \qquad \xi = x/a.$$

Man berechne daraus durch Transformation auf Polarkoordinaten (r, φ) für $\varphi = 0$ und $r \ll a$ das Nahfeld der Spannungen an der Rißspitze, stelle die $1/\sqrt{r}$ Singularität der ebenen Probleme der linearen Bruchmechanik fest, ermittle den Spannungsintensitätsfaktor K_1 aus $n_i = K_1/\sqrt{2\pi r}$ und gebe die Hauptschubspannung an.

Lösung: Grenzübergang ergibt nach Substitution von $\xi = 1 + r/a$ die führenden Terme

$$n_r(r, \varphi = 0) = n_0\sqrt{a/2r} = K_1/\sqrt{2\pi r}, \qquad K_1 = n_0\sqrt{a\pi},$$

$$n_\varphi(r, \varphi = 0) = n_0\sqrt{a/2r} = K_1/\sqrt{2\pi r}, \qquad n_{r\varphi}(r, \varphi = 0) = 0.$$

Im ebenen Spannungszustand ergibt sich die räumliche Hauptschubspannung zu $K_1/2h\sqrt{2\pi r}$, h ist die Scheibendicke[3].

[1] Siehe *G. N. Sawin:* Spannungserhöhung am Rande von Löchern. — Berlin: VEB Verlag Technik, 1956, p. 86.

[2] Ein Riß in Zugrichtung ändert nichts am konstanten Spannungsfeld $n_y = n_0$.

[3] Eine umfassende Information liefert die Reihe *H. Liebowitz* (Ed.): Fracture, An Advanced Treatise. Vol. I—VII. — Academic Press, 1968—1972. Eine kurze Einführung gibt: *H. Rossmanith* (Ed.): Grundlagen der Bruchmechanik. — Wien—New York: Springer-Verlag, 1982.

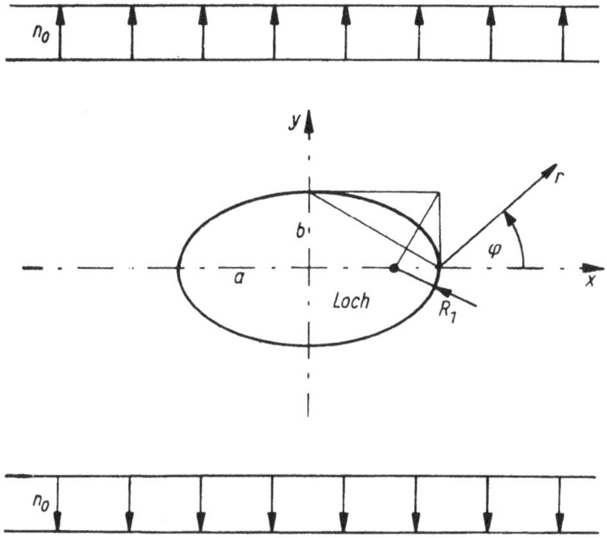

Abb. A 6.16

A 6.17: Man ermittle die zylindrische Biegefläche und die Biegemomente eines frei drehbar gelagerten Plattenstreifens (unendlicher Ausdehnung in y-Richtung) der Breite a unter Flächenlast $p(x)$, siehe Abb. A 6.17.

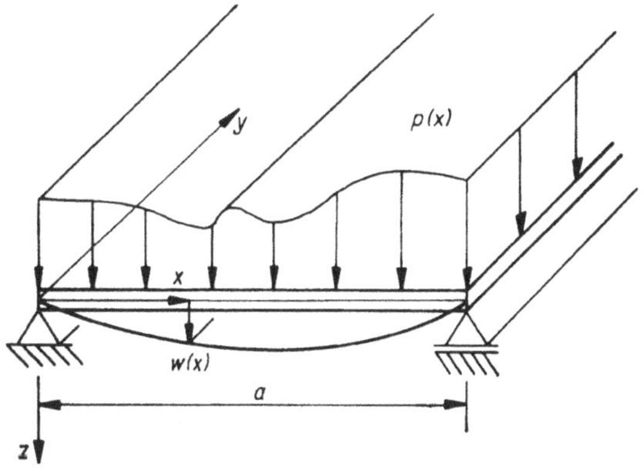

Abb. A 6.17

Lösung: Die Biegefläche kann mit Erfüllung der Randbedingungen durch die *Fourier*reihe $w(x) = \frac{1}{K} \sum_{n=1}^{\infty} \frac{p_n}{\alpha_n^4} \sin \alpha_n x$, die Lösung der Plattengleichung (6.275) ist, dargestellt werden. Die Koeffizienten p_n sind dann die *Fourier*koeffizienten der gegebenen Belastung,

$$p_n = \frac{2}{a} \int_0^a p(x) \sin \alpha_n x \, dx, \qquad \alpha_n = n\pi/a.$$

Die Biegemomente sind dann $m_x(x) = \sum_{n=1}^{\infty} \frac{p_n}{\alpha_n^2} \sin \alpha_n x$, $m_y(x) = \nu m_x$, $m_{xy} = 0$.

Das Ergebnis hat besondere Bedeutung als Partikulärlösung für Rechteckplatten mit einem frei drehbar gelagerten Randpaar, siehe A 6.18.

A 6.18: Unter Verwendung des Ergebnisses aus A 6.17 soll eine Rechteckplatte unter Belastung $p(x)$ mit gelenkiger Lagerung in $(x = 0, a)$ und mit einem starr eingespannten Randpaar $(y = -b/2, b/2)$ berechnet werden.

Lösung: Wir überlagern eine in y symmetrische Lösung der homogenen Plattengleichung, die bereits die Randbedingungen in $(x = 0, a)$ erfüllt:

$$w_h = \sum_{n=1}^{\infty} \frac{1}{\alpha_n^2} (A_n \cosh \alpha_n y + \alpha_n y B_n \sinh \alpha_n y) \sin \alpha_n x, \qquad \alpha_n = n\pi/a,$$

der Klammerausdruck kann über einen Separationsansatz einfach gefunden werden. Die Konstanten A_n, B_n bestimmen wir durch Koeffizientenvergleich in den Randbedingungen $w(x, y = b/2) = 0$, $\dfrac{\partial w}{\partial x}(x, y = b/2) = 0$ zu

$$A_n = -p_n[2 \sinh(\alpha_n b/2) + \alpha_n b \cosh(\alpha_n b/2)]/N_n,$$

$$B_n = 2p_n \sinh(\alpha_n b/2)/N_n, \qquad N_n = K\alpha_n^2(\alpha_n b + \sinh \alpha_n b).$$

Die Biegefläche ist dann

$$w(x, y) = w_h(x, y) + \frac{1}{K} \sum_{n=1}^{\infty} \frac{p_n}{\alpha_n^4} \sin \alpha_n x.$$

A 6.19: Man ermittle die achsensymmetrische Biegefläche einer Vollkreisplatte unter zentrischer Einzelkraftbelastung und gebe die *Green*sche Funktion der unendlichen Platte für die Einzelkraft $F = 1$ an. Unter Anwendung des *Maxwell*schen Satzes kann daraus die *Green*sche Funktion zufolge eines Einzelmomentangriffes $M = 1$ in (ξ, η) ermittelt werden, Abb. A 6.19.

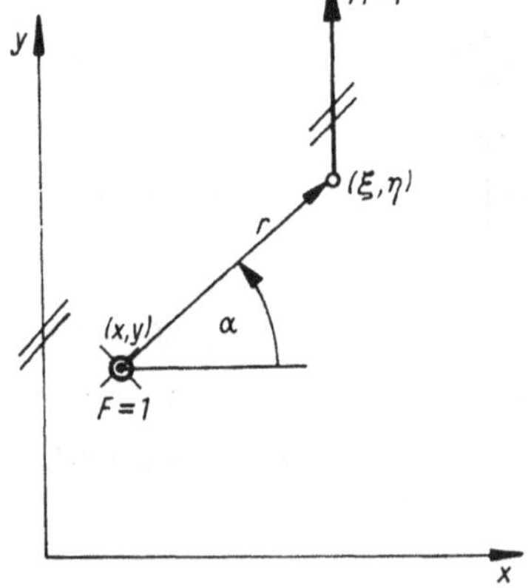

Abb. A 6.19

Lösung: Mit Gl. (6.273) wird $w(r) = A + Br^2 + C \ln \dfrac{r}{R_a} + Dr^2 \ln \dfrac{r}{R_a}$. Die Durchbiegung bleibt endlich, $C = 0$. Die Gleichgewichtsbedingung am Kreisbereich r lautet: $2r\pi q_r + F = 0$. Wegen $q_r = -K\,\partial(\Delta w)/\partial r$ folgt daraus $D = F/8K\pi$. Die beiden

Konstanten A und B ergeben sich aus den Randbedingungen in $r = R_a$. Die unendliche Platte, $R_a \to \infty$ hat nach Koordinatentransformation die Lösung (*Green*sche Funktion)

$$w^F(x, y; \xi, \eta) = \frac{r^2}{8\pi K} \ln r, \qquad r^2 = (x - \xi)^2 + (y - \eta)^2.$$

Gl. (6.3) ergibt mit Abb. A 6.19, der Arbeitsweg des Momentes ist ein Winkel,

$$F w^M(x, y; \xi, \eta) = M \frac{\partial w^F(\xi, \eta; x, y)}{\partial \xi}.$$

Mit $M = 1$, $F = 1$ folgt daraus die gesuchte Durchbiegung

$$w^M(x, y; \xi, \eta) = \frac{r \cos \alpha}{4K\pi} \ln r, \qquad \alpha = \arctan \frac{\eta - y}{\xi - x}.$$

A 6.20: Man ermittle die Steifigkeit eines Kegelstumpfhängedaches (Abb. A 6.20) gegen vertikale Belastung am unteren Rand, wenn nur die Membrankräfte berücksichtigt werden.

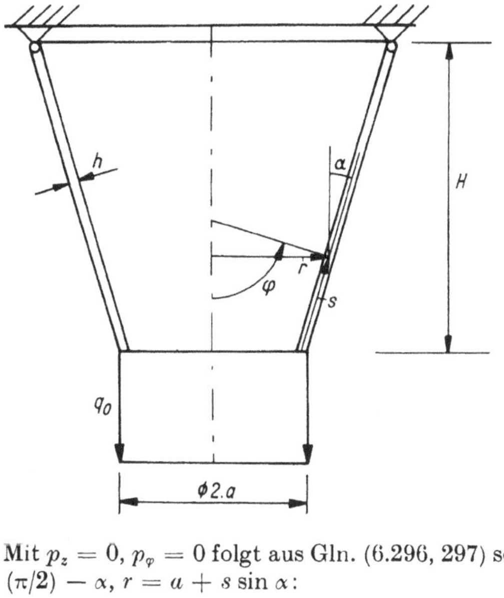

Abb. A 6.20

Lösung: Mit $p_z = 0$, $p_\varphi = 0$ folgt aus Gln. (6.296, 297) sofort unter Berücksichtigung von $\varphi = (\pi/2) - \alpha$, $r = a + s \sin \alpha$:

$$n_\varphi \equiv n_s = q_0 \Big/ \left(1 + \frac{s}{a} \sin \alpha\right) \cos \alpha .$$

Mit $r_1 \to \infty$ folgt weiters $n_\vartheta \equiv 0$. Die Ergänzungsenergie ist dann $U^* = \frac{1}{2Eh} \int\limits_0^{H/\cos\alpha} n_\varphi^2 \, \mathrm{d}A$, mit $\mathrm{d}A = 2\pi(a + s \sin \alpha) \, \mathrm{d}s$. Der Satz von *Castigliano* liefert schließlich:

$$w_0 = \frac{1}{2\pi a} \frac{\partial U^*}{\partial q_0} = 4 \frac{q_0 a}{Eh} \frac{\sin \alpha}{\sin^2 2\alpha} \ln \left[1 + (H/a) \tan \alpha\right].$$

Der gesuchte Steifigkeitsbeiwert wird damit $c = 2\pi a q_0/w_0$.

A 6.21: Man ermittle die Membrankräfte in einem flüssigkeitsgefüllten Kegelschalendach, Abb. A 6.21.

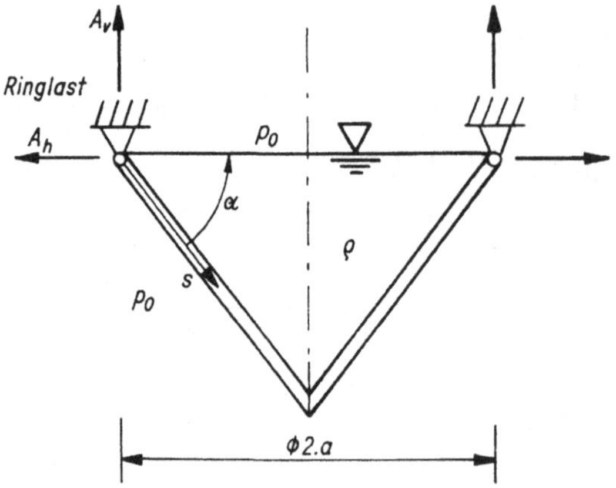

Abb. A 6.21

Lösung: Die vertikalen Auflagerreaktionen ergeben sich bei Vernachlässigung des Eigengewichtes zu $A_v = \frac{\varrho g a^2}{6} \tan\alpha$. Mit $\varphi = \pi - \alpha = \text{const}$ und $p_z = \varrho g s \sin\alpha$, $r = a - s\cos\alpha$, folgt aus Gln. (6.296) und (6.297)

$$n_\varphi = \frac{\varrho g}{6}(a - s\cos\alpha)(2s + a/\cos\alpha), \qquad n_\vartheta = \varrho g(a - s\cos\alpha)\, s.$$

A 6.22: Man bestimme die effektive Biege- und Schubsteifigkeit eines symmetrisch aus drei elastischen Schichten aufgebauten Verbundträgers mit Rechteckquerschnitt $b \times h$. Die Deckschichten werden mit $i = 1$, von $z = -h/2$ an, und mit $i = 3$, der Kern der Dicke h_2 mit $i = 2$ numeriert, $A_i = bh_i$.

Hinweis: Bei schichtweiser Anwendung der Gln. (6.64) und (6.66) sowie der, unter Beachtung von $u_i = u_i^{(0)} + z\chi_i$ zu erweiternden Gl. (6.65), $M_i = E_i(S_i\, du_i^{(0)}/dx + J_i\, d\chi/dx)$ – die statischen Momente S_i und Trägheitsmomente J_i sind auf die Trägerachse $z = 0$ zu beziehen, – und mit der Durchbiegung $w_i = w$, können die lokalen Gleichgewichtsbeziehungen durch Summation über die drei Schichten angeschrieben werden. Stetigkeit der Schubspannungen in den Trennflächen liefert mit dem *Hooke*schen Gesetz, Gl. (6.64), zwei weitere Beziehungen.

Lösung: Nach Elimination der mittleren Gleitungen γ_i, der Querschnittsverdrehungen χ_i und der mittleren Dehnungen folgt die zweimal differenzierte Gl. (6.70) eines schubweichen homogenen Trägers, setze $\kappa_z \approx 6/5$, mit den effektiven Steifigkeiten $(EJ)_e = 2(EJ)_1 + (EJ)_2$ und $(GA)_e = G_2(2A_1 + A_2)/\alpha$ mit $\alpha = 1 + 2(G_2/G_1 - 1)(1 + S_1 h_2/2J_1)(EJ)_1/(EJ)_e$.

7. Dynamik fester und flüssiger Körper. Impulssatz (Schwerpunktsatz) und Drallsatz (Drehimpuls- oder Impulsmomentensatz) für materielle Volumina und Kontrollvolumina

In dieser Dynamik im engeren Sinn (auch Kinetik genannt) bekommt die Trägheit bewegter Massen bei Geschwindigkeitsänderungen bedeutenden Einfluß auf die Spannungs- und Deformationsverteilung. Das *dynamische Grundgesetz* der Newtonschen Mechanik kleiner Geschwindigkeiten (gegen die Lichtgeschwindigkeit[1]) in der Formulierung nach *Euler-Cauchy* setzt in jedem materiellen Punkt eines (einfachen) Kontinuums die Kraftdichte proportional zur absoluten Beschleunigung. Letztere wird gegen ein raumfestes (Inertial-)System gemessen, vgl. Abb. 7.1,

$$\vec{f} = \varrho \vec{a} . \tag{7.1}$$

Der skalare Proportionalitätsfaktor $\varrho(x, y, z, t)$, die Massendichte, [kg/m³], soll dann nicht mehr explizit von der Beschleunigung $\vec{a}$, der Geschwindigkeit $\vec{v}$ oder der Kraftdichte $\vec{f}$ in diesem Punkt abhängen.

Das *Newtonsche Gesetz* erhalten wir sofort für den Sonderfall des translatorisch durch äußere Kraftwirkungen bewegten starren Körpers, dann ist $\vec{a}$ für alle Massenelemente $\mathrm{d}m = \varrho \, \mathrm{d}V$ konstant, und die Integration über das Volumen liefert:

$$\int_V \vec{f} \, \mathrm{d}V = \vec{R} = \int_V \varrho \vec{a} \, \mathrm{d}V = m\vec{a} , \qquad m = \int_V \varrho \, \mathrm{d}V , \tag{7.2}$$

wenn m die Masse des starren Körpers bedeutet, $\vec{R}$ ist die Resultierende der äußeren Kräfte in Richtung von $\vec{a}$. Die Gleichung kann zur Definition des raumfesten (Inertial-)Systems herangezogen werden: «Wenn wir einen starren Körper in beliebiger Richtung translatorisch in Bewegung setzen ($v = v_0 = \text{const}$), und an-

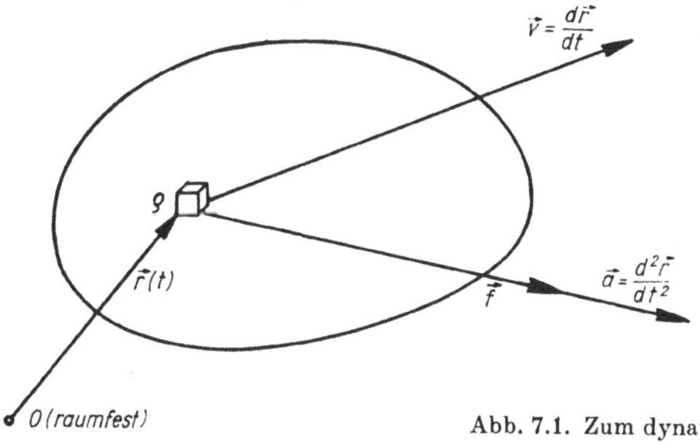

Abb. 7.1. Zum dynamischen Grundgesetz

[1] Im Vakuum, $c = 299\,792\,458 \pm 1$ m/s. Auf dieser Naturkonstanten beruht seit 1983 die neue Meterdefinition als Bruchteil des vom Licht im Vakuum in einer Sekunde zurückgelegten Weges.

schließend auf ihn nicht mehr einwirken ($R = 0$), dann beschreiben sämtliche Körperpunkte relativ zum ausgezeichneten Bezugssystem gerade Bahnen, die mit konstanter Geschwindigkeit durchlaufen werden.» Das *Galilei*sche Trägheitsgesetz definiert mit diesen starren Körpern Inertialsysteme, die als Bezugssysteme für die Messung der absoluten Beschleunigung gleichermaßen geeignet sind. Ein empirisches Inertialsystem wurde im Fixsternhimmel gefunden. Ihm gegenüber führt die Erde Bewegungen aus, von denen vor allem die Eigenrotation mit, ($2\pi/24h$), $\omega = 7{,}27 \times 10^{-5}\,\mathrm{s}^{-1}$ um die Polachse von Bedeutung ist. Sie bewirkt z. B. den Unterschied zwischen Fall- und Erdbeschleunigung und führt zur Ausrichtung des Kreiselkompasses in die N—S-Richtung. Daneben führt sie zu zahlreichen geophysikalischen Erscheinungen.
Im parallelen Schwerefeld ist dann das Gewicht der Masse m mit der Fallbeschleunigung g nach Gl. (7.2),

$$G = mg. \tag{7.3}$$

Die Fallbeschleunigung wird zwar im Mittel $g = 9{,}81\,\mathrm{m/s^2}$ gesetzt, ist aber wegen dieser Eigenbewegung der Erde ortsabhängig (siehe auch Kapitel 2.).
Manchmal kann die Dynamik einfacher Bewegungsvorgänge als «Erweiterung» der Statik angesehen werden. Betrachten wir z. B. eine Aufzugkabine nach Abb. 7.2.

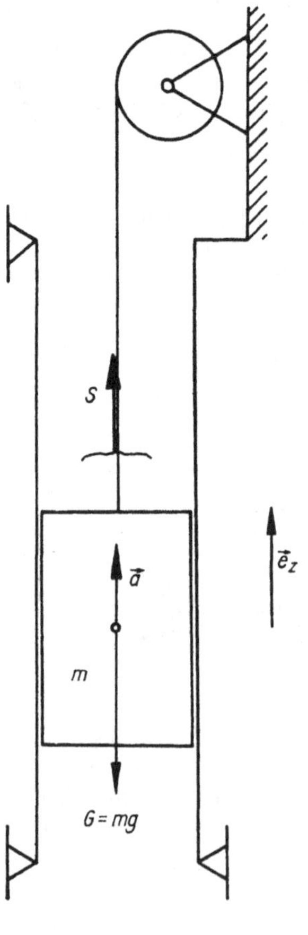

Abb. 7.2. Aufzug

Dann herrscht Gleichgewicht zwischen Seilkraft und Gewichtskraft (alle Widerstandskräfte sind vernachlässigt), wenn die Kabine mit konstanter Geschwindigkeit auf- oder abwärts fährt oder ruhend am Seil hängt, $S_0 - mg = 0$ und $S_0 = mg$. Ändert sich die Seilkraft, dann beschleunigt die Kabine, und das *Newton*sche Gesetz (7.2) ergibt $S - mg = ma$ bzw. $S = m(g + a)$. Drückt man die Fahrbeschleunigung a in Bruchteilen von g aus, $a = \lambda g$, dann folgt auch $S = mg(1 + \lambda)$, und $(1 + \lambda_{\max})$ ist ein «dynamischer Lastfaktor» in dieser (quasistatischen) Beziehung.
Die drei Differentialgleichungen des dynamischen Grundgesetzes (7.1) verknüpfen die Spannungs- und die Beschleunigungskomponenten. In kartesischen Koordinaten folgt

$$f_i = \sum_j \frac{\partial \sigma_{ji}}{\partial x_j} + k_i = \varrho a_i, \qquad i, j = 1, 2, 3. \tag{7.4}$$

Zu ihrer Lösung muß das Materialgesetz des deformierbaren Körpers bekannt sein. Integrale und stoffunabhängige Erhaltungssätze berechnen wir in den nächsten beiden Abschnitten.

7.1. Impulssatz

Integration des dynamischen Grundgesetzes über das materielle Volumen $V(t)$ liefert wegen der im Volumen konstanten Masse m mit $\vec{a} = \dfrac{d^2\vec{r}}{dt^2}$:

$$\int\limits_{V(t)} \vec{k}\, dV + \int\limits_{V(t)} \sum_j \frac{\partial \vec{\sigma}_j}{\partial x_j}\, dV = \int\limits_{V(t)} \vec{a}\, dm = \frac{d^2}{dt^2} \int\limits_{m(\text{in } V(t))} \vec{r}\, dm$$
$$= m \frac{d^2\vec{r}_M}{dt^2} = m\vec{a}_M, \tag{7.5}$$

$\int_m \vec{r}\, dm = m\vec{r}_M$ ist das statische Moment der Massenverteilung um einen raumfesten Punkt 0, vgl. Gl. (2.72), und $\vec{a}_M$ bezeichnet die absolute Beschleunigung des Massenmittelpunktes (Schwerpunktes). Die Integrale über die Kraftdichte ergeben die resultierende äußere Volumenkraft (z. B. die Gewichtskraft der Masse) *und* die resultierende äußere Oberflächenkraft: Mit dem *Gauß*schen Integralsatz folgt ja für jeden einzelnen Summanden

$$\int\limits_{V(t)} \frac{\partial \vec{\sigma}_j}{\partial x_j}\, dV = \oint\limits_{\partial V(t)} \vec{\sigma}_j n_j\, dS. \tag{7.6}$$

Mit dem Spannungsvektor an der Oberfläche $\vec{\sigma}_n = \sum_j \vec{\sigma}_j n_j$, vgl. Gl. (2.20), ergibt dann das Oberflächenintegral die Resultierende der Kräfte $\vec{\sigma}_n\, dS$. Bezeichnet $\vec{R}$ die Resultierende aller äußeren Kräfte, dann folgt der «Schwerpunktsatz»

$$m\vec{a}_M = \vec{R}. \tag{7.7}$$

«Die Massenmittelpunktsbeschleunigung ist proportional zur Resultierenden der äußeren Kräfte». Die inneren Kräfte haben auf die Schwerpunktbewegung des beliebig deformierbaren Körpers keinen Einfluß. Ein oft zitiertes Beispiel ist der

Rücklauf einer Schußwaffe, wenn sich das Geschoß im Rohr unter der Wirkung der inneren Gasdruckkräfte nach vorn bewegt, der Schwerpunkt des Gesamtsystems bleibt in Ruhe. Die Gleichung beschreibt für sich allein die Bewegung einer «Punktmasse» m unter der Wirkung der äußeren Kraft $\vec{R}$.
Wir definieren den Impuls eines Massenelementes dm durch den proportionalen Geschwindigkeitsvektor $\mathrm{d}\vec{J} = \vec{v}\,\mathrm{d}m$ und den resultierenden Impuls der Masse m

$$\vec{J} = \int_{V(t)} \vec{v}\,\mathrm{d}m = m\vec{v}_M, \tag{7.8}$$

$\vec{v}_M$ ist die (absolute) Schwerpunktgeschwindigkeit. Setzen wir mit $m = \mathrm{const}$ in den Schwerpunktsatz (7.7) ein, dann folgt

$$\frac{\mathrm{d}\vec{J}}{\mathrm{d}t} = \vec{R}. \tag{7.9}$$

Dieser «Impulssatz» für Körper mit konstanter Masse besagt: «Die zeitliche Änderung des absoluten Impulses ist gleich der Resultierenden der äußeren Kräfte». Zeitliche Integration ergibt den Impulserhaltungssatz:

$$\vec{J}(t_2) - \vec{J}(t_1) = \int_{t_1}^{t_2} \vec{R}\,\mathrm{d}t. \tag{7.10}$$

«Der Impuls bleibt konstant, wenn der resultierende Antrieb der äußeren Kräfte verschwindet». Antrieb und Impuls haben die Dimension [Ns = kg m/s].
Für zahlreiche Anwendungen ist es zielführend, an Stelle des materiellen Volumens $V(t)$ des Körpers, ein raumfestes *Kontrollvolumen* V durch eine *Kontrollfläche* so abzugrenzen, daß Masse ungehindert durch die Oberfläche fließen kann (vgl. 1.6.) Die instationäre Änderung des Impulses $\vec{J}(t)$ der Masse $m(t)$ im Kontrollvolumen V setzt sich dann aus zwei Anteilen zusammen: Die Massenelemente im Kontrollvolumen erfahren eine Beschleunigung, daraus resultiert die Impulsänderung, $\int_V \frac{\mathrm{d}\vec{v}}{\mathrm{d}t}\,\varrho\,\mathrm{d}V$, und Masse fließt durch die (geschlossene) Kontrollfläche, vgl. Gln. (1.69), (1.70), dadurch entsteht ein Impulsfluß (nach außen positiv gezählt), der den Impuls im Inneren vermindert, also $-\oint_{\partial V} \mu\,\vec{v}\,\mathrm{d}S$. Somit ist mit $\vec{J} = \int_V \varrho\vec{v}\,\mathrm{d}V = m(t)\,\vec{v}_M(t)$,

$$\frac{\mathrm{d}\vec{J}}{\mathrm{d}t} = \int_V \frac{\partial(\varrho\vec{v})}{\partial t}\,\mathrm{d}V = \int_V \vec{a}\,\mathrm{d}m - \oint_{\partial V} \mu\vec{v}\,\mathrm{d}S, \tag{7.11}$$

$\mu\vec{v}$ ist die Impulsstromdichte je Einheit der Kontrollfläche ∂V, vgl. Abb. 7.3. Integration des dynamischen Grundgesetzes ergibt aber immer noch

$$\int_V \vec{a}\,\mathrm{d}m = \int_V \vec{f}\,\mathrm{d}V = \vec{R}, \tag{7.12}$$

$\vec{R}$ ist nun die Resultierende der äußeren Kräfte auf das Kontrollvolumen (die resultierende äußere Volumenkraft und die resultierende äußere Oberflächenkraft

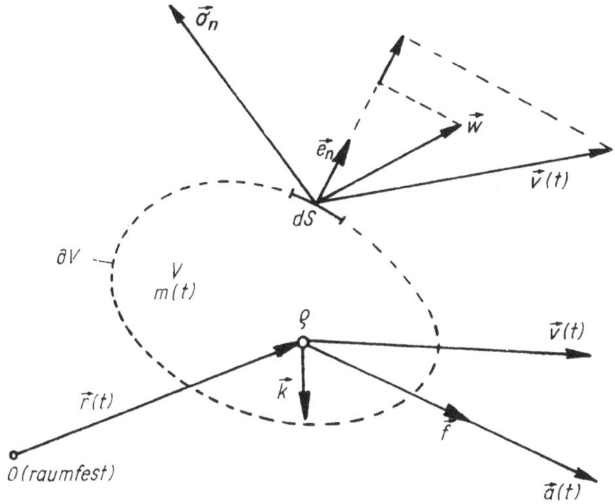

Abb. 7.3. Raumfeste, $w = 0$, und bewegte Kontrollfläche ∂V. Zum Impulssatz des Kontrollvolumens V

auf die Kontrollfläche), und damit folgt[1]

$$\frac{d\vec{J}}{dt} + \oint_{\partial V} \mu \vec{v} \, dS = \vec{R}, \qquad \mu = \varrho(\vec{v} \cdot \vec{e}_n). \tag{7.13}$$

Diese Form des Impulssatzes ist besonders vorteilhaft, wenn der resultierende Impulsvektor der Masse im Kontrollvolumen trotz Austausch der Massenteilchen zeitlich konstant bleibt, dann ergibt sich eine äußere Resultierende nur aus dem Impulsfluß durch die Kontrollfläche. Ein oft zitiertes Beispiel ist das Strahl- oder Raketentriebwerk, wo die von Luft- und Gasstrahl durchflossene Kontrollfläche mitfliegend angenommen wird. Weitere Anwendungen sind die Berechnung der «Umlenkkräfte» strömender Flüssigkeiten.

Der Impulssatz nach Gl. (7.13) behält seine formale Form auch für beliebig mit der Geschwindigkeit $\vec{w}$ bewegte Kontrollflächen, vgl. Gln. (1.80), (1.82) und Abb. 7.3, wenn nur der Massefluß nach Gl. (1.81) eingesetzt wird. Ändert sich dabei das Kontrollvolumen, dann ist

$$\frac{d\vec{J}}{dt} = \frac{\partial}{\partial t} \int_V \varrho \vec{v} \, dV, \qquad \mu = \varrho(\vec{v} - \vec{w}) \cdot \vec{e}_n. \tag{7.14}$$

---

[1] Die linke Seite entspricht bei raumfestem Kontrollvolumen V wieder dem *Reynolds*schen Transporttheorem (der dreidim. Erweiterung der *Leibniz*schen Differentiationsregel), siehe 1.6.:

$$\frac{d}{dt} \int_{V(t)} \varrho \vec{v} \, dV = \int_V \frac{\partial(\varrho \vec{v})}{\partial t} dV + \oint_{\partial V} \mu \vec{v} \, dS.$$

Insbesondere erhält man Gl. (7.9), wenn mit $\vec{v} \equiv \vec{w}$, also $\mu = 0$, das mitbewegte materielle Volumen gewählt wird. Bei starrer Bewegung des Kontrollvolumens darf Gl. (1.83) nicht ohne weiteres übertragen werden, die Impulsstromdichte $\varrho\vec{v}(x', y', z', t)$ ist eine Vektorfunktion, siehe Gl. (7.59), für die Aufspaltung der zeitlichen Änderung.

7.2. Drallsatz (Drehimpuls- bzw. Impulsmomentensatz)

Wir wählen einen beliebig gegen das raumfeste Bezugssystem bewegten Bezugspunkt A, bilden die Momente im dynamischen Grundgesetz (7.1) und integrieren über das materielle Volumen $V(t)$, siehe Abb. 7.4,

$$\int_{V(t)} (\vec{r} \times \vec{f})\, \mathrm{d}V = \int_{V(t)} (\vec{r} \times \vec{a})\, \mathrm{d}m. \tag{7.15}$$

Das erste Integral formen wir um und wenden den *Gauß*schen Integralsatz an. Gliedweise folgt dann insbesondere

$$\begin{aligned} \int_{V(t)} \left(\vec{r} \times \frac{\partial \vec{\sigma}_j}{\partial x_j}\right) \mathrm{d}V &= \int_{V(t)} \frac{\partial}{\partial x_j} (\vec{r} \times \vec{\sigma}_j)\, \mathrm{d}V - \int_{V(t)} (\vec{e}_j \times \vec{\sigma}_j)\, \mathrm{d}V \\ &= \oint_{\partial V(t)} (\vec{r} \times \vec{\sigma}_j)\, n_j\, \mathrm{d}S - \int_{V(t)} (\vec{e}_j \times \vec{\sigma}_j)\, \mathrm{d}V. \end{aligned} \tag{7.16}$$

Summation zur Kraftdichte $\vec{f}$, Gl. (2.18), ergibt wieder mit $\vec{\sigma}_\mathrm{n} = \sum_j \vec{\sigma}_j n_j$, den Spannungsvektor an der Oberfläche, und

$$\begin{aligned} \vec{M}_A &= \int_{V(t)} (\vec{r} \times \vec{k})\, \mathrm{d}V + \oint_{\partial V(t)} (\vec{r} \times \vec{\sigma}_\mathrm{n})\, \mathrm{d}S \\ &= \int_{V(t)} (\vec{r} \times \vec{a})\, \mathrm{d}m + \int_{V(t)} [(\sigma_{xy} - \sigma_{yx})\, \vec{e}_z + (\sigma_{yz} - \sigma_{zy})\, \vec{e}_x + (\sigma_{zx} - \sigma_{xz})\, \vec{e}_y]\, \mathrm{d}V. \end{aligned} \tag{7.17}$$

$\vec{M}_A$ ist der *resultierende Momentenvektor der äußeren Volumen- und Oberflächenkräfte* um den Bezugspunkt A. Aus diesem Momentensatz erkennen wir das *Boltzmann*sche Axiom, daß auch der dynamische Spannungstensor symmetrisch sein muß: Die inneren Kräfte tragen nichts zum $\int_{V(t)} (\vec{r} \times \vec{a})\, \mathrm{d}m$ bei, daher verkürzt sich der *Momentensatz* zu

$$\vec{M}_A = \int_{V(t)} (\vec{r} \times \vec{a})\, \mathrm{d}m. \tag{7.18}$$

Durch Umformung des verbliebenen Volumenintegrals erreichen wir eine analoge Form zum Impulssatz (7.9). Wir spalten die Absolutbeschleunigung der Massenelemente auf: $\vec{a} = \vec{a}_A + \vec{a}'$, mit der Relativbeschleunigung $\vec{a}'$ gegen A: $\vec{a}' = \frac{\mathrm{d}\vec{v}'}{\mathrm{d}t}$, $\vec{v}' = \vec{v} - \vec{v}_A = \frac{\mathrm{d}\vec{r}}{\mathrm{d}t}$, und beachten $m = \mathrm{const}$ in $V(t)$,

$$\vec{M}_A = \int_{V(t)} \vec{r}\, \mathrm{d}m \times \vec{a}_A + \int_{V(t)} \left(\vec{r} \times \frac{\mathrm{d}\vec{v}'}{\mathrm{d}t}\right) \mathrm{d}m = m\vec{r}_\mathrm{M} \times \vec{a}_A + \frac{\mathrm{d}}{\mathrm{d}t} \int_{V(t)} (\vec{r} \times \vec{v}')\, \mathrm{d}m. \tag{7.19}$$

Nun ist $d\vec{J}_A = \vec{v}'\,dm$ der *relative Impuls* des Massenelementes gegen A und $d\vec{D}_A = \vec{r} \times d\vec{J}_A$ sein Moment um A. Der *Drallsatz* erhält mit dieser Definition die Form

$$\frac{d\vec{D}_A}{dt} + m\vec{r}_M \times \vec{a}_A = \vec{M}_A, \tag{7.20}$$

wenn $\vec{D}_A = \int\limits_{V(t)} (\vec{r} \times \vec{v}')\,dm$, den resultierenden *Drall* (Drehimpuls, Impulsmoment) der Massenverteilung um A bezeichnet, vgl. Abb. 7.4.

Spezielle Wahl des Bezugspunktes vereinfacht diese Vektorgleichung. Wählt man den *Schwerpunkt* (Massenmittelpunkt M) als Bezugspunkt, dann verschwindet das statische Massenmoment, $r_M = 0$, und

$$\frac{d\vec{D}_M}{dt} = \vec{M}_M, \tag{7.21}$$

$\vec{D}_M = \int\limits_{V(t)} [\vec{r} \times (\vec{v} - \vec{v}_M)]\,dm = \int\limits_{V(t)} (\vec{r} \times \vec{v})\,dm$ ist der (relative gleich dem absoluten) *Drall* um den Schwerpunkt, $\vec{M}_M$ wieder das Moment der äußeren Kräfte.

Wählt man $A = O$ raumfest (oder gleichförmig geradlinig bewegt), so daß $a_A = 0$, dann gilt

$$\frac{d\vec{D}_0}{dt} = \vec{M}_0, \tag{7.22}$$

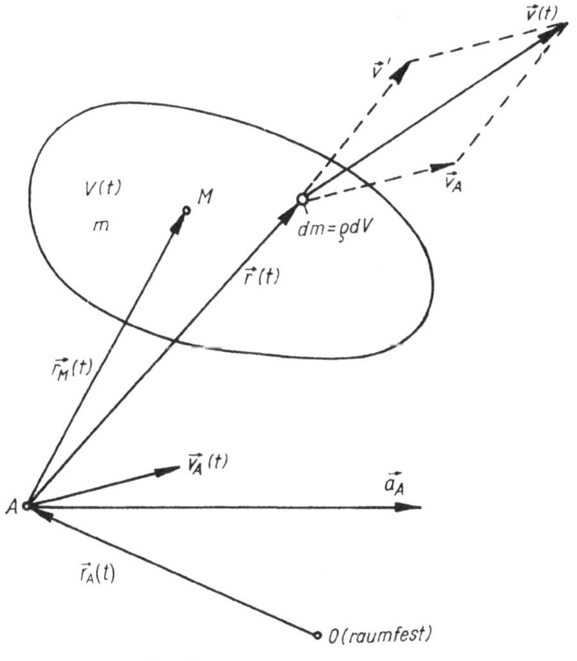

Abb. 7.4. Zum Drallsatz

$\vec{D}_0 = \int\limits_{V(t)} (\vec{r} \times \vec{v})\, dm$ ist nun der absolute Drehimpuls (Drall) um 0. Der Drallsatz gilt für beliebig verformbare Körper. Den Drallerhaltungssatz finden wir durch zeitliche Integration, $A = M$:

$$\vec{D}_M(t_2) - \vec{D}_M(t_1) = \int\limits_{t_1}^{t_2} \vec{M}_M \, dt. \tag{7.23}$$

Aus dem Impuls- und Drallsatz Gln. (7.9), (7.21) erkennt man wieder die *Notwendigkeit* der *Gleichgewichtsbedingungen* für den ruhenden Körper, $\vec{R} = \vec{0}$, $\vec{M}_0 = \vec{0}$. Für manche Anwendungen ist es wieder bequem, den Drallsatz auf ein beliebiges (durchflossenes) Kontrollvolumen V anzuwenden. Analog zum Impulssatz, Gl. (7.13), finden wir für die instationäre Änderung des Drallvektors,

$$\frac{d\vec{D}_A}{dt} = \int\limits_V \frac{d}{dt} (\vec{r} \times \vec{v}')\, dm - \oint\limits_{\partial V} (\vec{r} \times \mu \vec{v}')\, dS, \tag{7.24}$$

und mit Beachtung des Momentensatzes mit $\vec{a} = \vec{a}_A + \frac{d^2\vec{r}}{dt^2}$ schließlich

$$\frac{d\vec{D}_A}{dt} + \oint\limits_{\partial V} (\vec{r} \times \mu \vec{v}')\, dS + m\vec{r}_M \times \vec{a}_A = \vec{M}_A, \qquad \mu = \varrho(\vec{v} - \vec{w}) \cdot \vec{e}_n. \tag{7.25}$$

Besonders zu beachten ist im Oberflächenintegral die Bildung der *relativen* Impulsstromdichte, wenn der Bezugspunkt A nicht raumfest gewählt wird. Mit $A = 0$, raumfest, vereinfacht sich der Drallsatz des Kontrollvolumens zu, vgl. Abb. 7.3,

$$\frac{d\vec{D}_0}{dt} + \oint\limits_{\partial V} (\vec{r} \times \mu \vec{v})\, dS = \vec{M}_0. \tag{7.26}$$

«Die instationäre Änderung des absoluten Drallvektors vermehrt um den Abfluß des absoluten Impulsmomentes ergibt das resultierende Moment der äußeren Kräfte auf das Kontrollvolumen».
Bei raumfestem Kontrollvolumen, $w \equiv 0$, kann die instationäre Dralländerung wieder anschaulich durch

$$\frac{d\vec{D}_A}{dt} = \int\limits_V \frac{\partial}{\partial t} (\vec{r} \times \varrho \vec{v}')\, dV \tag{7.27}$$

ausgedrückt werden, vgl. Gl. (1.68) und Gl. (7.14). Bei spezieller Bewegung von V hingegen gilt das im Anschluß an Gl. (7.14) Gesagte sinngemäß.
Beim Wechsel des Bezugspunktes vom Schwerpunkt zu einem allgemeinen Punkt A transformiert sich der Drallvektor entsprechend; mit $\vec{r} = \vec{r}_{MA} + \vec{r}'$, $\vec{v}' = \vec{v}_{MA} + \vec{v}''$ wird

$$\vec{D}_A = \int\limits_{V(t)} \vec{r} \times \vec{v}'\, dm = \int\limits_{V(t)} (\vec{r}_{MA} + \vec{r}') \times (\vec{v}_{MA} + \vec{v}'')\, dm = \vec{D}_M + \vec{r}_{MA} \times \vec{J}_A,$$
$$\vec{J}_A = m\vec{v}_{MA}. \tag{7.28}$$

Die Beschränkung auf ein materielles Volumen $V(t)$ ist eine hinreichende Bedingung für die Gültigkeit der Transformationsformel (7.28).

7.3. Anwendungen auf (durchströmte) Kontrollvolumina

Um den Impulsfluß und sein Moment zu erläutern, betrachten wir zuerst «stationäre» Bewegungen einer strömenden Flüssigkeit in einem Rohrkrümmer.

a) Der stationär durchflossene Rohrkrümmer

Als geschlossene Kontrollfläche wählen wir die (nicht durchflossene) Rohrinnenwand und den Ein- und Austrittsquerschnitt des Krümmers, der zwischen zwei anschließenden Rohrsträngen mit verschiedenen Querschnitten angeordnet sei, siehe Abb. 7.5. Die mittlere Geschwindigkeit der stationär (zeitunabhängig) strömenden Flüssigkeit ist dort $\vec{v}_1$ bzw. $\vec{v}_2$, die mittleren Drücke p_1 bzw. p_2, und der Massenstrom ist $\dot{m} = \varrho_1 v_1 A_1 = \varrho_2 v_2 A_2$.

Auf das Kontrollvolumen wirken neben dem konstanten Gewicht des Flüssigkeitskörpers im Krümmer nur äußere Oberflächenkräfte ein: Auf die Rohrwand ∂V_W eine unbekannte Spannungsverteilung, im Ein- und Austrittsquerschnitt der Flüssigkeitsdruck p_1 und p_2 (konstant verteilt angenommen). Die Geschwindigkeiten im Kontrollvolumen sind zeitunabhängig, damit ist auch der Impuls $\vec{J} = \int_V \vec{v}\varrho\, dV$ ein konstanter Vektor. Der Impulssatz (7.13) ergibt daher

$$\oint_{\partial V} \mu \vec{v}\, dS = \int_{A_1} \mu_1 \vec{v}_1\, dA + \int_{A_2} \mu_2 \vec{v}_2\, dA = \vec{R} = -\vec{n}_1 p_1 A_1 - \vec{n}_2 p_2 A_2 - \vec{F}_W, \quad (7.29)$$

mit $\mu_1 = \varrho_1 \vec{v}_1 \cdot \vec{n}_1 = -\varrho_1 v_1$, $\mu_2 = \varrho_2 \vec{v}_2 \cdot \vec{n}_2 = \varrho_2 v_2$, und $\vec{F}_W = -\int_{\partial V_W} \vec{\sigma}_n\, dS$, dem resultierenden Kraftvektor der Druck- und Schubwirkung der strömenden Flüssigkeit *auf* die Rohrwand ∂V_W. Schubspannungen treten nur durch die Viskosität der

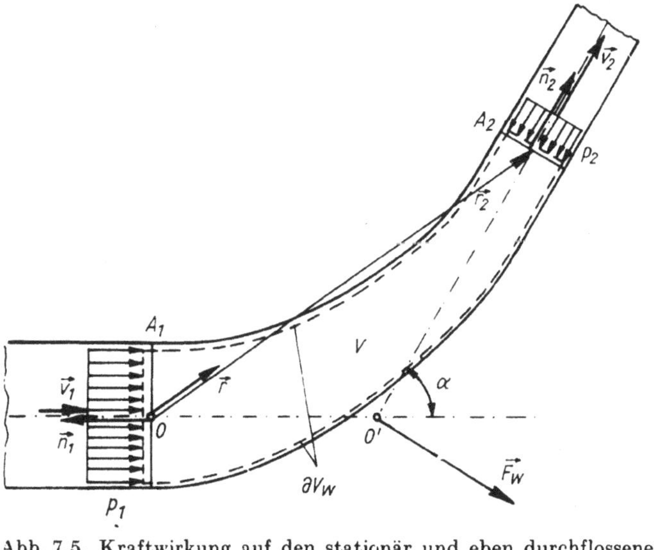

Abb. 7.5. Kraftwirkung auf den stationär und eben durchflossenen Rohrkrümmer ($\vec{v}_1$, $\vec{v}_2$, $\vec{F}_W$ in einer Ebene)

Flüssigkeit auf und sind im allgemeinen klein gegen die Normalspannung (der Druck $p = -\sigma_{nn}$). Ohne Kenntnis dieser Spannungsverteilung liefert der Impulssatz die Resultierende

$$\vec{F}_W = -\vec{n}_1(p_1 + \varrho_1 v_1^2)\, A_1 - \vec{n}_2(p_2 + \varrho_2 v_2^2)\, A_2. \tag{7.30}$$

Der Impulsfluß durch Ein- und Austrittsquerschnitt bewirkt also eine scheinbare Druckerhöhung um $\varrho_1 v_1^2$ bzw. $\varrho_2 v_2^2$. Die Kraft $\vec{F}_W$ belastet die angeschlossenen Rohrstränge, um dies zu vermeiden, werden Rohrkrümmer häufig gelagert (in diesem Zusammenhang muß besonders auf eine Druckstoßwirkung bei instationärem Massefluß hingewiesen werden).

Mit dem raumfesten Bezugspunkt O setzen wir in den Drallsatz (7.26) ein:

$$\oint_{\partial V} \vec{r} \times \mu \vec{v}\, dS = \int_{A_2} \vec{r} \times \mu_2 \vec{v}_2\, dA = \vec{M}_0 = \int_{A_2} \vec{r} \times (-p_2 \vec{n}_2)\, dA - \vec{M}_W. \tag{7.31}$$

$\vec{M}_W = -\int_{\partial V_W} (\vec{r} \times \vec{\sigma}_n)\, dS$, ist der resultierende Momentenvektor der Druck- und Schubspannungen, die von der strömenden Flüssigkeit *auf* die Rohrwand ∂V_W wirken. Der Drallsatz liefert dieses resultierende Moment um den Punkt 0 ohne Kenntnis dieser Spannungsverteilung:

$$\vec{M}_W = (-\vec{r}_2 \times \vec{n}_2)\,(p_2 + \varrho_2 v_2^2)\, A_2. \tag{7.32}$$

Die Kraftwirkung der strömenden Flüssigkeit auf den Rohrkrümmer ist also statisch äquivalent zur Resultierenden $\vec{F}_W$ im Punkt 0 zusammen mit dem Moment $\vec{M}_W$.

Beim *ebenen Rohrkrümmer* steht $\vec{M}_W \perp \vec{F}_W$, und die resultierende Kraftwirkung läßt sich durch die Resultierende $\vec{F}_W$ in $0'$ statisch äquivalent reduzieren. Sonderfälle lassen sich aus den Vektorgleichungen ableiten.

1. Verjüngtes Rohr mit gerader Rohrachse, $\alpha = 0$, $\vec{e}_x$ in Strömungsrichtung

$$\vec{F}_W = [(p_1 + \varrho_1 v_1^2)\, A_1 - (p_2 + \varrho_2 v_2^2)\, A_2]\, \vec{e}_x, \qquad M_W = 0. \tag{7.33}$$

2. Umlenkung der Strömung um $\alpha = 180°$, Rohrachsenabstand a

$$\left.\begin{aligned} \vec{F}_W &= -\vec{n}_1[(p_1 + \varrho_1 v_1^2)\, A_1 + (p_2 + \varrho_2 v_2^2) A_2], \\ M_W &= (p_2 + \varrho_2 v_2^2)\, a A_2 \quad \text{um} \quad 0. \end{aligned}\right\} \tag{7.34}$$

Der momentenfreie Angriffspunkt $0'$ von $\vec{F}_W$ liegt zwischen den Rohrachsen. Die gleiche Kraftwirkung erfährt auch eine festgebremste «Peltonschaufel», $p_1 = p_2 = p_0$, $\varrho_1 = \varrho_2 = \varrho$, $A_1 = A_2$, $v_1 = v_2 = v$ des Freistrahles.

b) Triebwerks- und Raketenschub

Das Strahltriebwerk saugt Luft aus der Umgebung an, besitzt also im Gegensatz zum Raketenmotor auch einen zufließenden Impulsfluß. Wir wenden den Impulssatz auf ein mitbewegtes Kontrollvolumen in Flugrichtung an, $\vec{R} = F\vec{n}_2$ ist dann die resultierende äußere Kraft in Achsenrichtung (nämlich der Luftwiderstand und eine Gewichtskraftkomponente im Steigflug, wenn vollständige Expansion des Gasstrahles auf den Umgebungsdruck vorausgesetzt wird). Vgl. Abb. 7.6.

Mit $\vec{J} = \int_V \varrho \vec{v}\, dV = m\vec{v}_M \approx mw\vec{n}_1$ wird die verallgemeinerte Gl. (7.13) mit (7.14),

$$\frac{d\vec{J}}{dt} + \oint_{\partial V} \mu \vec{v}\, dS = \vec{R}, \text{wenn}\ \mu_1 = \varrho_1(\vec{v}_1 - \vec{w}) \cdot \vec{n}_1 = -\varrho_1 u_1, \mu_2 = \varrho_2(\vec{v}_2 - \vec{w}) \cdot \vec{n}_2 = \varrho_2 u_2,$$

u_2 und u_1 sind dann die relativen Aus- und Eintrittsgeschwindigkeiten des Gasstrahles. Die absoluten Geschwindigkeiten des Gasstrahles sind dann $\vec{v}_1 = \vec{w} + \vec{u}_1 = (u_1 - w)\,\vec{n}_2$, $\vec{v}_2 = \vec{w} + \vec{u}_2 = (-w + u_2)\,\vec{n}_2$, und der Impulssatz ergibt in $\vec{n}_2$-Richtung

$$-\frac{d(mw)}{dt} - \varrho_1 u_1 (u_1 - w)\, A_1 + \varrho_2 u_2 (-w + u_2)\, A_2 = F. \tag{7.35}$$

Setzen wir $\dfrac{dm}{dt} = \varrho_1 u_1 A_1 - \varrho_2 u_2 A_2$ ein, dann folgt in $\vec{n}_1$-Richtung

$$m\,\frac{dw}{dt} = \varrho_2 u_2^2 A_2 - \varrho_1 u_1^2 A_1 - F. \tag{7.36}$$

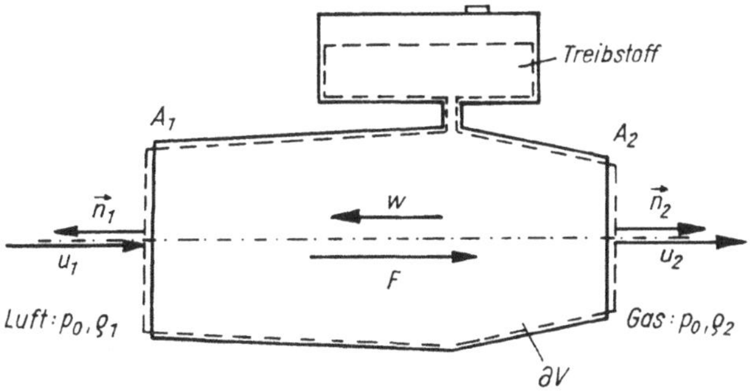

Abb. 7.6. Strahl- oder Raketentriebwerk. Mit w bewegte Kontrollfläche ∂V

Die Größe $\varrho_2 u_2^2 A_2$ wirkt beschleunigend und trägt den Namen «Triebwerks- oder Raketenschub», $\varrho_2 u_2 A_2 = \dot{m}_2$ ist der je Zeiteinheit ausfließende Massestrom. Im stationären Flug ist $w = \text{const}$, und es gilt die Gleichgewichtsbedingung

$$F = \dot{m}_2 u_2 - \dot{m}_1 u_1, \qquad w = \text{const}, \tag{7.37}$$

wenn $\dot{m}_1 = \varrho_1 u_1 A_1$ den eintretenden Luftmassestrom bezeichnet (bei der Rakete ist $\dot{m}_1 = 0$, beim Staustrahltriebwerk ist $u_1 = w$).

Beim lotrechten Start einer Rakete auf einer Startrampe gilt vor dem Abheben

$$\dot{m}_2 u_2 = F > m(t)\, g, \tag{7.38}$$

F setzt sich aus der momentanen Gewichtskraft und der Haltekraft im Turm zusammen. Für den senkrechten Aufstieg im homogenen Schwerefeld bei Vernachlässigung des Luftwiderstandes ergibt die Integration der Bewegungsgleichung (7.36), $u_1 = 0$, nach Trennung der Variablen w und m, mit $u_2 = u = \text{const}$, $\dot{m}_2 = \dot{m} = \dfrac{dm}{dt} = \text{const}$,

$$w(t) = u \ln \frac{m_a}{m(t)} - gt, \tag{7.39}$$

m_a ist die Masse beim Abheben. Nochmalige Integration ergibt die (theoretische) Steighöhe

$$h(t) = u \left[t - \frac{m(t)}{\dot{m}} \ln \frac{m_a}{m(t)}\right] - \frac{g}{2}\, t^2, \tag{7.40}$$

und die Höhe bei Brennschluß, mit der Brenndauer $t_B = m_B/\dot{m}$, $m_B = m_a - m_e$ ist die Treibstoffmenge. Die verlustfreie Endgeschwindigkeit beträgt daher

$$w_E = u\left(\ln\frac{m_a}{m_e} + \frac{m_e}{m_a} - 1\right), \tag{7.41}$$

hohe Endgeschwindigkeit bei Brennschluß erfordert ein großes Massenverhältnis: Eine Optimierung ergibt daher die Stufenrakete.

c) *Die Eulersche Turbinengleichung*

Wir betrachten das mit $\Omega = \text{const}$ rotierende Laufrad einer Radialturbine nach Abb. 7.7. Gegeben sind die Turbinenabmessungen und der konstante Durchsatz $\dot{m}$ der durch die Kontrollfläche stationär durchströmenden (inkompressiblen) Flüssigkeit. Mit dem raumfesten Bezugspunkt *0* ergibt der Drallsatz (7.26) wegen $\frac{d\vec{D}}{dt} = \vec{0}$,

$$\oint_{\partial V} \vec{r} \times \mu\vec{v}\, dS = \vec{M}_0 = -\vec{M}^*_W. \tag{7.42}$$

Mit einer raumfesten Kontrollfläche nach Abb. 7.7 kann dann gerechnet werden, wenn die auf die Schaufeln des Laufrades wirkenden äußeren Oberflächenkräfte statisch äquivalent (mit gleichem Moment um *0*) durch eine *fiktive* äußere Volumenkraftdichte in der Flüssigkeit ersetzt werden (vgl. auch Gl. (8.43)). Soll das resultierende Moment der Schaufelkräfte $\vec{M}_W \equiv \vec{M}^*_W$ direkt eingeführt werden, dann müssen die Schaufeloberflächen Teile der dann notwendigerweise mit Ω rotierenden

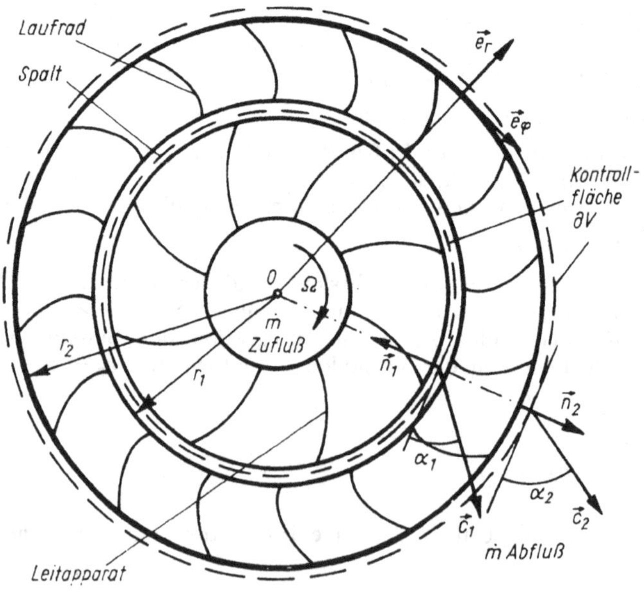

Abb. 7.7. Radialturbine. Raumfeste Kontrollfläche bei verschmierten Schaufelkräften

Kontrollfläche werden. Gl. (7.42) bleibt ungeändert, vgl. Gl. (7.60) für die instationäre Dralländerung, wenn $\vec{\Omega}$ parallel $\vec{D}$, μ bleibt ungeändert, und siehe 13.2. für die Querkraft auf eine Einzelschaufel.

Im inneren Zuströmbereich A_1 ist $\mu_1 = -\dot{m}/A_1 = -\dot{m}/2\pi r_1 a$, und am äußeren Rand mit der Ringfläche A_2 ist $\mu_2 = \dot{m}/A_2 = \dot{m}/2\pi r_2 a$, a ist die Kanalhöhe. Die absoluten Strömungsgeschwindigkeiten am Ein- und Austritt, $\vec{c}_1$ und $\vec{c}_2$, zerlegen wir im polaren Koordinatensystem: Dann folgt mit den Impulsstrommomenten

$$r_1\vec{e}_r \times \mu_1(c_1 \sin\alpha_1\vec{e}_r + c_1\cos\alpha_1\vec{e}_\varphi)\,A_1 + r_2\vec{e}_r \times \mu_2(c_2\sin\alpha_2\vec{e}_r + c_2\cos\alpha_2\vec{e}_\varphi)\,A_2$$
$$= -\vec{M}^*_{\mathrm{W}}. \qquad (7.43)$$

Mit der gebräuchlichen Bezeichnung der Umfangsgeschwindigkeitskomponenten der Flüssigkeitsströmung $c_{1\mathrm{u}} = c_1\cos\alpha_1$, $c_{2\mathrm{u}} = c_2\cos\alpha_2$, und mit $\vec{M}^*_{\mathrm{W}} = M_{\mathrm{W}}\vec{e}_z$ erhalten wir die *Euler*sche Turbinengleichung, für das (über die Turbinenschaufeln abgegebene) äußere Moment

$$M_{\mathrm{W}} = \dot{m}(r_1c_{1\mathrm{u}} - r_2c_{2\mathrm{u}}), \qquad (7.44)$$

und mit Gl. (3.6) die Leistung

$$L = \vec{M}^*_{\mathrm{W}}\cdot\vec{\Omega}. \qquad (7.45)$$

Unter Beachtung der Umfangsgeschwindigkeiten des Laufrades am Innen- und Außenrand, $u_i = r_i\Omega$, $i = 1, 2$, wird die abgegebene theoretische Leistung (ohne Reibungsverluste):

$$L = \dot{m}(u_1c_{1\mathrm{u}} - u_2c_{2\mathrm{u}}). \qquad (7.46)$$

d) Zum «Druckstoß» in Rohrleitungen

In einer horizontalen geraden Rohrleitung mit dem Querschnitt A fließt reibungsfrei und inkompressibel ein konstanter Massenstrom. Im Abstand L vom Rohranfang beginnt sich zur Zeit $t = 0$ ein Schieber zu schließen und drosselt den Massenstrom auf $\dot{m}(t) = \varrho A v(t)$. Um die Druckänderung am Schieber zu berechnen, wenden wir den Impulssatz (7.13) auf das raumfeste Kontrollvolumen nach Abb. 7.8 an:

$$\frac{\mathrm{d}\vec{J}}{\mathrm{d}t} + \oint_{\partial V} \mu\vec{v}\,\mathrm{d}S = \vec{R}.$$

Wegen $\mu_1 = -\varrho v$, $\mu_2 = \varrho v$ ist der resultierende Impulsfluß Null, und mit $\vec{J} = \varrho A L v\vec{e}_x$ folgt in $\vec{e}_x$-Richtung

$$\varrho A L\,\frac{\mathrm{d}v}{\mathrm{d}t} = (p_1 - p_2)\,A. \qquad (7.47)$$

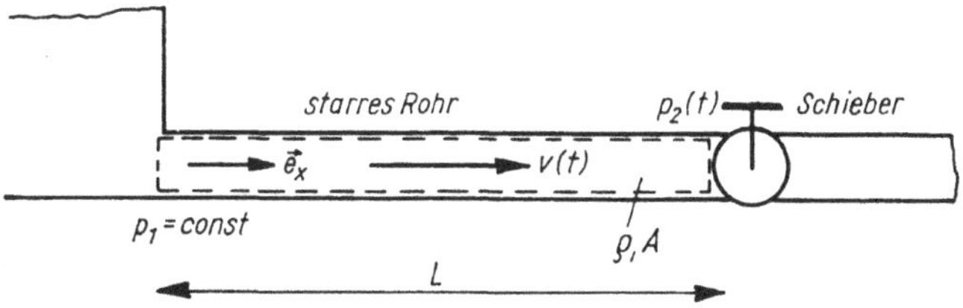

Abb. 7.8. Langsames Schließen eines Schiebers in gerader Rohrleitung

Mit vorgegebenem Schließgesetz ist $v(t)$ bekannt und

$$p_2(t) = p_1 - \varrho L \frac{dv}{dt}. \tag{7.48}$$

Beim Schließen des Schiebers ist $\frac{dv}{dt} < 0$, also $p_2 > p_1$, beim Öffnen ist mit $\frac{dv}{dt} > 0$ der Druck am Schieber $p_2 < p_1$. Schnelle Regelvorgänge führen also zu starken Druckschwankungen im Rohr. Auch schnelles Öffnen ist gefährlich, da Unterdruck zum Verdampfen der Flüssigkeit und damit zu *Kavitation* führen kann. Allerdings ist dann zur quantitativen Druckbestimmung kompressibel zu rechnen (die Schallgeschwindigkeit der Flüssigkeit in der elastischen Rohrleitung ist zu berücksichtigen, siehe 12.8.).[1]

e) Der Carnotsche Stoßverlust bei abrupter Rohrerweiterung

Mit Hilfe des Impulssatzes (7.13) angewendet auf ein entsprechend großes Kontrollvolumen nach Abb. 7.9, kann der Druckunterschied in den ungestörten stationären Rohrströmungen berechnet werden. Eine annähernd konstante Geschwindigkeitsverteilung stromab von der Rohrerweiterung kann sich nur als Folge viskoser Schubspannungseffekte ausbilden, ein reibungsfreier Strahl würde ja seinen ursprünglichen Querschnitt A_1 nicht ändern. Der Druck p_1 in der inkompressiblen Flüssigkeit im engen Rohr wird sich auch unmittelbar nach der Rohrerweiterung im Querschnitt A_2 (strömender Strahl plus «Totwasser») näherungsweise einstellen. Mit dieser Annahme und bei Vernachlässigung der Wandschubspannungen ergibt der Impulssatz in Strömungsrichtung $\vec{e}_x$:

$$\oint_{\partial V} \mu \vec{v} \, dS = (p_1 - p_2) A_2 \vec{e}_x,$$

und mit $\mu_1 = -\varrho v_1$, $\mu_2 = \varrho v_2$, $\dot{m} = \varrho A_1 v_1 = \varrho A_2 v_2$, explizit

$$p_2 - p_1 = \varrho v_1^2 (1 - A_1/A_2) A_1/A_2, \qquad A_1 < A_2. \tag{7.49}$$

Der «Druckverlust» wird in 8.5.7. angegeben.

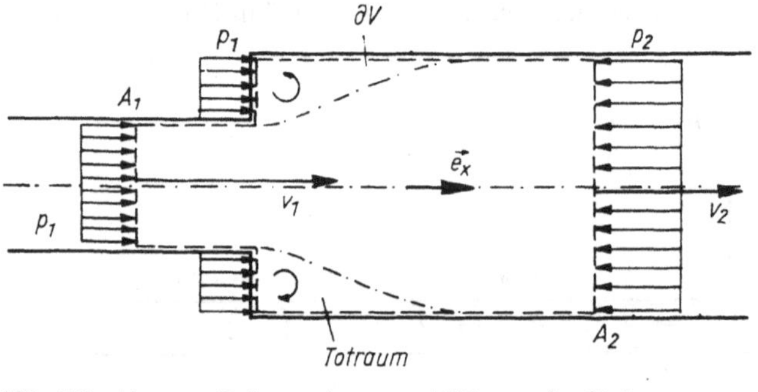

Abb. 7.9. Abrupte Rohrerweiterung. Ablösung der Strömung von der Wand

[1] *J. Parmakian:* Waterhammer Analysis. — New York, Dover: 1963.

Wählt man eine stetige schwache Rohrerweiterung, dann ist der Druckunterschied entsprechend der nahezu verlustlosen Strömung wesentlich höher (vgl. die Berechnung in 8.5.7.), der unvermeidliche Viskositätseffekt bei abrupter Rohrerweiterung ergibt also eine *Druckpotentialabnahme* im Querschnitt 2. Die Reibungsarbeit in der verwirbelten Strömung wird in innere Energie umgewandelt und der Wärmeanteil nicht wieder vollständig als *mechanische* Energie der Flüssigkeit zurückgewonnen.

7.4. Anwendungen auf starre Körper

Insbesondere der Drallsatz (7.20) läßt sich für den unverformbaren Körper drastisch vereinfachen. Zur Berechnung des Drehimpulses wählen wir einen *körperfesten* Bezugspunkt A', dann kann die relative Geschwindigkeit des Massenelementes, $\vec{v}' = \vec{v} - \vec{v}_A$, wegen der Konstanz des Abstandes von A', $|\vec{r}| = \text{const}$, durch die Winkelgeschwindigkeit des starren Körpers ausgedrückt werden:

$$\vec{v}' = \vec{\omega} \times \vec{r} \tag{7.50}$$

und

$$\vec{D}_A = \int_m \vec{r} \times \vec{v}' \, dm = \int_m \vec{r} \times (\vec{\omega} \times \vec{r}) \, dm = \int_m [r^2 \vec{\omega} - (\vec{r} \cdot \vec{\omega}) \vec{r}] \, dm. \tag{7.51}$$

Wir wählen ein kartesisches Koordinatensystem in A' und berechnen die Komponenten des Integranden mit $r^2 = x^2 + y^2 + z^2$, $\vec{r} \cdot \vec{\omega} = x\omega_x + y\omega_y + z\omega_z$ zu $[(r^2 - x^2)\,\omega_x - xy\omega_y - xz\omega_z]\,\vec{e}_x$, $[(r^2 - y^2)\,\omega_y - yz\omega_z - yx\omega_x]\,\vec{e}_y$ und $[(r^2 - z^2)\,\omega_z - zx\omega_x - zy\omega_y]\,\vec{e}_z$. Integration über die Massenverteilung bei festem t führt definitionsgemäß auf die axialen *Massenträgheitsmomente*

$$I_x = \int_m (y^2 + z^2) \, dm, \quad I_y = \int_m (z^2 + x^2) \, dm, \quad I_z = \int_m (x^2 + y^2) \, dm \tag{7.52}$$

und auf die Deviationsmomente

$$I_{xy} = \int_m xy \, dm, \qquad I_{yz} = \int_m yz \, dm, \qquad I_{zx} = \int zx \, dm, \tag{7.53}$$

sie bilden mit der (3×3)-Matrix den symmetrischen Trägheitstensor des starren Körpers in A':

$$\boldsymbol{I} = \begin{pmatrix} I_x & -I_{xy} & -I_{xz} \\ -I_{yx} & I_y & -I_{yz} \\ -I_{zx} & -I_{zy} & I_z \end{pmatrix}. \tag{7.54}$$

Er wird jedenfalls zeitlich konstant, wenn das Koordinatensystem *körperfest* gewählt wird.

Der Drall des starren Körpers ist dann mit $\vec{\omega}$ als Spaltenvektor

$$\vec{D}_A = \boldsymbol{I} \cdot \vec{\omega}. \tag{7.55}$$

Durch die Wahl von Trägheitshauptachsen wird daraus

$$\vec{D}_A = I_1 \omega_1 \vec{e}_1 + I_2 \omega_2 \vec{e}_2 + I_3 \omega_3 \vec{e}_3, \tag{7.56}$$

wo $\vec{e}_i(t)$ zeitabhängige körperfeste Vektoren in Richtung dieser Hauptachsen in A' sind.

In zahlreichen Anwendungen gibt es Symmetriebedingungen, die den *Trägheitstensor* auch dann zeitlich konstant ergeben, wenn die Achsen des Bezugspunktes in A' nicht fest mit dem starren Körper verbunden werden, sondern nun mit einer Winkelgeschwindigkeit $\vec{\Omega}$ passend rotieren. Die zeitliche Differentiation ergibt in diesem allgemeinen Fall

$$\frac{\mathrm{d}\vec{D}_A}{\mathrm{d}t} = \dot{D}_x\vec{e}_x + \dot{D}_y\vec{e}_y + \dot{D}_z\vec{e}_z + D_x\dot{\vec{e}}_x + D_y\dot{\vec{e}}_y + D_z\dot{\vec{e}}_z. \tag{7.57}$$

Wegen $\dot{\vec{e}}_i = \vec{\Omega}\times\vec{e}_i$, und der relativen Änderung des Drallvektors zum Bezugssystem

$$\frac{\mathrm{d}'\vec{D}_A}{\mathrm{d}t} = \sum_i \dot{D}_i\vec{e}_i \tag{7.58}$$

auch[1]

$$\frac{\mathrm{d}\vec{D}_A}{\mathrm{d}t} = \frac{\mathrm{d}'\vec{D}_A}{\mathrm{d}t} + \vec{\Omega}\times\vec{D}_A. \tag{7.59}$$

Der Drallsatz, mit dem Schwerpunkt M als Bezugspunkt, Gl. (7.21), erhält dann die vektorielle Form

$$\frac{\mathrm{d}'\vec{D}_M}{\mathrm{d}t} + \vec{\Omega}\times\vec{D}_M = \vec{M}_M. \tag{7.60}$$

Ist ein körperfester Punkt auch gleichzeitig raumfest (Kreiselung des starren Körpers), kann er ebenfalls als Bezugspunkt dienen.
Die nichtlinearen *Euler*schen Kreiselgleichungen mit konstanten Koeffizienten erhält man daraus mit körperfesten Trägheitshauptachsen, $\vec{\Omega} \equiv \vec{\omega}$, zu

$$\begin{aligned} &I_1\dot{\omega}_1 - (I_2 - I_3)\,\omega_2\omega_3 = M_1, \qquad I_2\dot{\omega}_2 - (I_3 - I_1)\,\omega_3\omega_1 = M_2, \\ &I_3\dot{\omega}_3 - (I_1 - I_2)\,\omega_1\omega_2 = M_3. \end{aligned} \tag{7.61}$$

Weist der Körper eine Symmetrieachse auf, z. B. die Trägheitshauptachse 1, dann bleibt I_1 konstant, auch wenn sich der Kreisel mit dem Spin σ um diese Figurenachse dreht. Dann ist also $\omega_1 = \Omega_1 + \sigma$, $\omega_2 = \Omega_2$, $\omega_3 = \Omega_3$, und der Drallsatz (7.60) hat die allgemeine Gestalt, $(I_2 = I_3 = I)$,

$$\begin{aligned} &I_1\dot{\omega}_1 = M_1, \quad I\dot{\omega}_2 + [(I_1 - I)\,\omega_1 + I\sigma]\,\omega_3 = M_2, \\ &I\dot{\omega}_3 - [(I_1 - I)\,\omega_1 + I\sigma]\,\omega_2 = M_3. \end{aligned} \tag{7.62}$$

Nachstehend geben wir einige Anwendungen dieser «Kreiselformeln» und weitere Beispiele zum Impuls- und Drallsatz.

[1] Gl. (7.59) erweist sich auch zur Berechnung der instationären Impuls- und Dralländerung, Gln. (7.14) u. (7.25), als sehr nützlich, wenn dort das bewegte Kontrollvolumen $V = \text{const}$ als starrer Körper gewählt wird, das Geschwindigkeitsfeld $\vec{w}$ der Punkte der Kontrollfläche ∂V also der Grundformel der Kinematik (1.4) genügt.

7.4.1. Rollendes Rad (bei Vernachlässigung der «Rollreibung»)

Ein starres Rad wird zur Zeit $t = 0$ mit der Winkelgeschwindigkeit ω_0 auf eine rauhe Ebene gesetzt. Man berechne den Anlaufvorgang unter der Annahme der Gültigkeit des *Coulomb*schen Reibungsgesetzes für trockene Reibung

$$T_R = -\mu N \operatorname{sgn}(v'), \tag{7.63}$$

v' relative Rutschgeschwindigkeit, μ sei der konstante Reibungsbeiwert, N ist die Aufstandskraft des Rades auf der starren Unterlage.
Impuls und Drall um den Schwerpunkt sind zur Zeit t, vgl. Abb. 7.10,

$$\vec{J} = m\dot{x}_S\vec{e}_x, \qquad \vec{D} = I\omega\vec{e}_y, \qquad I = mi^2.$$

Impulssatz und Drallsatz ergeben dann

$$\frac{d\vec{J}}{dt} = m\ddot{x}_S\vec{e}_x = T\vec{e}_x + (-mg + N)\,\vec{e}_z, \qquad \frac{d\vec{D}_M}{dt} = I\dot{\omega}\vec{e}_y = -Ta\vec{e}_y,$$

(das «Rollreibungsmoment» wird im Anlaufvorgang vernachlässigt). Mit $N = mg$ können die beiden Komponentengleichungen im Anlaufvorgang in $0 \leq t \leq t_A$ leicht integriert werden. Wegen des durchdrehenden Rades ist $T = T_R = \mu mg = \text{const}$ in Bewegungsrichtung: $\dot{x}_S = \mu gt + C_1$, $x_S = \mu gt^2/2 + C_1 t + C_2$, $\omega = -\mu gat/i^2 + C_3$. Aus den Anfangsbedingungen $x_S = \dot{x}_S = 0$ in $t = 0$ und $\omega = \omega_0$ folgt $C_1 = C_2 = 0$, $C_3 = \omega_0$. Die Bedingung des reinen Rollens (Aufstandspunkt = Geschwindigkeitspol) wird in $t = t_A$ erstmals erfüllt:

$$\dot{x}_S = a\omega, \quad \mu g t_A = -\mu g a^2 t_A/i^2 + a\omega_0, \quad t_A = a i^2\omega_0/\mu g(i^2 + a^2). \tag{7.64}$$

Für $t > t_A$ beginnt reines Rollen. Es gilt dauernd $\dot{x}_S = a\omega$ und mit Vernachlässigung der Rollreibung

$$m\ddot{x}_S = T \quad \text{und} \quad m\ddot{x}_S = -\frac{a^2}{i^2}\,T.$$

Diese Gleichungen haben nur die triviale Lösung $T = 0$, also $\ddot{x}_S = 0$, $\dot{x}_S = \dot{x}_S(t = t_A)$. Die Haftbedingung $T < \mu N$ bleibt dann stets erfüllt.

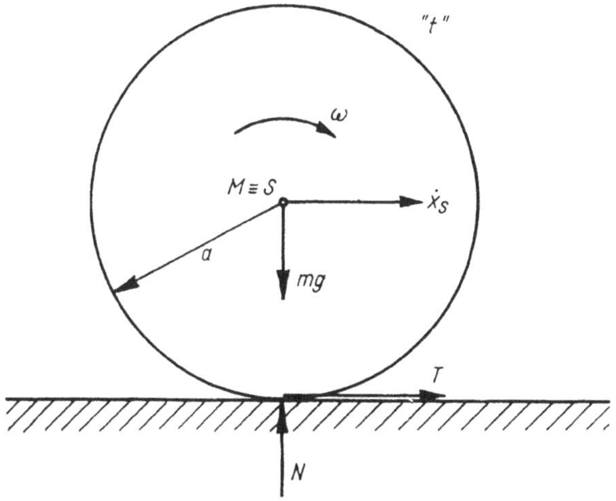

Abb. 7.10. Anlaufvorgang eines Rades

7.4.2. Seiltrieb

Wir betrachten die durch ein äußeres Antriebsmoment M angetriebene Treibscheibe eines Seiltriebes, um die ein, durch die Zugkräfte S_1 bzw. S_2 gespanntes, ideales und masseloses Seil geschlungen ist. An den Seilenden hängen vertikal bewegliche Massen m_1 und m_2, vgl. Abb. 7.11.
Das System besteht aus drei starren Körpern. Wir durchschneiden die Seile und wenden Impuls- und Drallsatz auf jeden einzelnen Körper an.

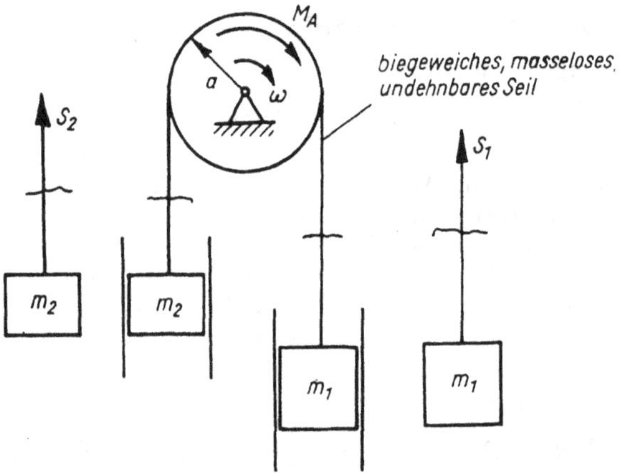

Abb. 7.11. Seiltrieb. 3 starre Körper in zwangsläufiger Bewegung

Mit Berücksichtigung der Rollbedingung für das haftende Seil folgt:

$$m_1(a\dot{\omega}) = m_1 g - S_1$$

$$m_2(a\dot{\omega}) = -m_2 g + S_2$$

$$I\dot{\omega} = (S_1 - S_2)\, a + M_A, \qquad I = mi^2.$$

Elimination der Seilkräfte ergibt

$$\dot{\omega} = [M_A + (m_1 - m_2)\, ga]/[I + (m_1 + m_2)\, a^2]. \tag{7.65}$$

Um Verschleiß zu vermeiden, soll das Seil nicht durchrutschen (auf den unvermeidlichen Dehnungsschlupf gehen wir hier nicht ein). Aus der *Haftgrenzbedingung* des Seiles auf der Rolle, vgl. 2.1., sind die Grenzen für das Antriebsmoment zu bestimmen. Kräftegleichgewicht am Seilelement ergibt mit dem Seilzug $S(\varphi)$, vgl. Abb. 7.12,

$$\frac{dS}{d\varphi}\, d\varphi - dT = 0, \qquad dT \leqq dT_R, \qquad dN - S\, d\varphi = 0. \tag{7.66}$$

An der *Haftgrenze* ist $dT = dT_R = \mu\, dN$. Elimination von dN ergibt dann die *Eulersche Seilreibungsgleichung*

$$\frac{dS}{d\varphi} - \mu S = 0 \quad \text{oder} \quad \frac{dS}{S} = \mu\, d\varphi, \tag{7.67}$$

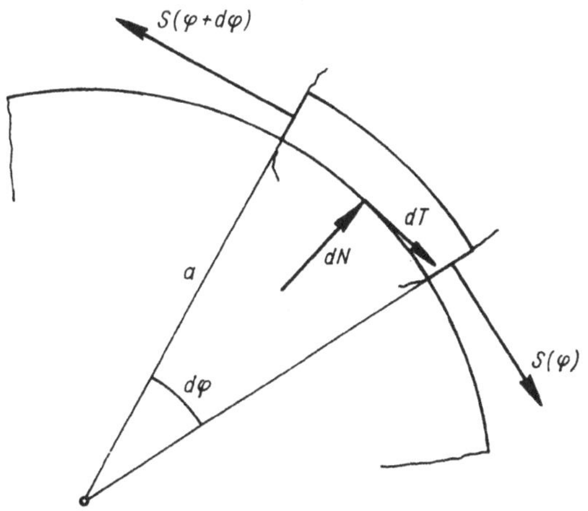

Abb. 7.12. Seilelement (auf Rolle)

mit der Lösung, $S(\varphi = 0) = S_1$:

$$S(\varphi) = S_1 \, e^{\mu\varphi}. \tag{7.68}$$

Mit dem Umschlingungswinkel $\alpha = \pi$ ist also

$$S_2 \leqq S_1 \, e^{\mu\pi}, \tag{7.69}$$

(das Gleichheitszeichen gilt an der Haftgrenze). Für die Seilkräfte eingesetzt folgt

$$m_2(a\dot{\omega} + g) \leqq m_1(g - a\dot{\omega}) \, e^{\mu\pi}.$$

Nach dem Antriebsmoment aufgelöst, ergibt sich die obere Schranke. Wegen der entgegengesetzten Gleitmöglichkeit, $\mu \to -\mu$, gibt es auch eine untere Schranke. Daher

$$g \, \frac{(m_1 \, e^{-\mu\pi} - m_2) \, I + 2a^2 m_1 m_2 (e^{-\mu\pi} - 1)}{a(m_1 \, e^{-\mu\pi} + m_2)} \leqq M_A \leqq g \, \frac{(m_1 \, e^{\mu\pi} - m_2) \, I + 2a^2 m_1 m_2 (e^{\mu\pi} - 1)}{a(m_1 \, e^{\mu\pi} + m_2)}. \tag{7.70}$$

7.4.3. Dynamik der Kollermühle, Abb. 1.3

Das im Kreis geführte starre Rad ist ein symmetrischer Kreisel. Wir lassen gegenüber dem Bezugssystem mit raumfestem und körperfestem Ursprung O den Spin σ um die Figurenachse 1 zu. Der Drallsatz (7.62) ergibt dann wegen $\sigma = R\nu/r = \text{const}$ und $\omega_1 = \sigma$, $\Omega_1 = 0$, $\omega_2 = \Omega_2 = \nu$, $\omega_3 = \Omega_3 = 0$:

$$M_1 = M_2 = 0, \qquad M_3 = -I_1 \, \sigma\nu = -I_1 \frac{R}{r} \nu^2. \tag{7.71}$$

Mit $I_1 = mi^2$ und $M_3 = (mg - N) \, R$ kann die Aufstandskraft N berechnet werden:

$$N = mg(1 + i^2\nu^2/rg). \tag{7.72}$$

7.4.4. Drehkran mit Ausleger

Wir benutzen die *Euler*schen Kreiselgleichungen (7.61) mit raumfestem und körperfestem Bezugspunkt *0* und ein mit dem «stabförmigen» Ausleger verbundenes körperfestes Achsenkreuz, — (1, 2, 3) seien Trägheitshauptachsen. Der Auslegerantrieb senkt diesen mit konstantem $\dot{\varphi}$, der Schwenkantrieb dreht die Kransäule mit ebenfalls konstantem $\dot{\alpha}$. Dann sind die Winkelgeschwindigkeiten des starren Auslegers, siehe Abb. 7.13,

$$\omega_1 = \dot{\alpha} \cos \varphi, \qquad \omega_2 = \dot{\alpha} \sin \varphi, \qquad \omega_3 = -\dot{\varphi}. \tag{7.73}$$

Wegen $I_1 \approx 0$, $I_2 = I_3 = I$ liefert der Drallsatz die äußeren Momente

$$M_1 \approx 0, \qquad M_2 = I(\dot{\omega}_2 - \omega_1\omega_3), \qquad M_3 = I(\dot{\omega}_3 + \omega_1\omega_2). \tag{7.74}$$

Das Moment des Auslegerantriebes mit dem Gewichtskraftmoment ist daher

$$M_3 = \frac{I}{2} \dot{\alpha}^2 \sin 2\varphi, \tag{7.75}$$

das Drehen der Kransäule erfordert

$$M = M_2 \sin \varphi = I\dot{\alpha}\dot{\varphi} \sin 2\varphi. \tag{7.76}$$

$M_2 \cos \varphi$ belastet die Lager und die Kransäule.

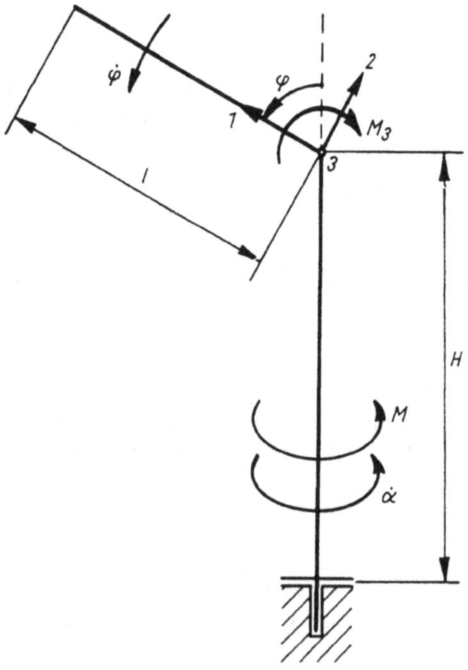

Abb. 7.13. Drehkran mit Ausleger in konstanter Schwenk- und Absenkbewegung

7.4.5. Auswuchten von Rotoren

Wir betrachten einen statisch vorgewuchteten Rotor, eine starre Scheibe, deren Schwerpunkt S bereits in der Wellenachse liegt, vgl. Abb. 7.14. Um die Lager «kräftefrei» zu machen, muß auch die Figurenachse 1 (die Trägheitshauptachse) durch dynamisches Auswuchten in die Wellenachse gezwungen werden. Tritt nämlich der Winkel $\varepsilon \neq 0$ auf, dann liefern die *Euler*schen Kreiselgleichungen (7.61) mit $\omega_1 = \omega \cos \varepsilon$, $\omega_2 = \omega \sin \varepsilon$, $\omega_3 = 0$:

$$M_1 = 0, \qquad M_2 = 0, \qquad M_3 = \frac{1}{2} (I_2 - I_1)\, \omega^2 \sin 2\varepsilon. \tag{7.77}$$

Das Kräftepaar $\vec{M}_3$, das mit $\vec{\omega}$ umläuft, ruft eine entsprechende Lagerreaktion hervor, die unbedingt bei schnell laufenden Rotoren vermieden werden muß.[1]

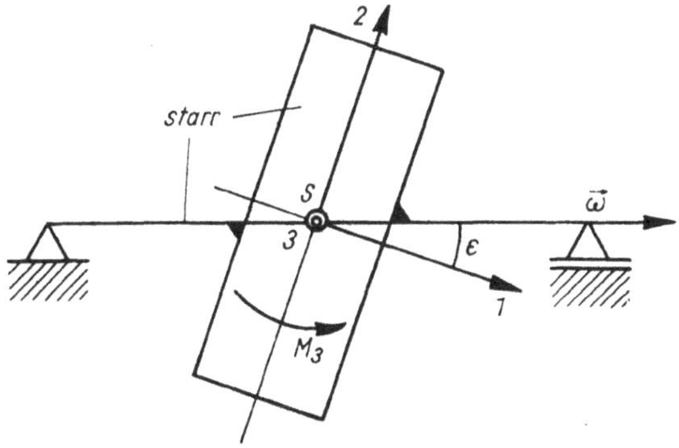

Abb. 7.14. Dynamisch unwuchtiger Rotor

7.4.6. Der Kreiselkompaß

Der Grundgedanke geht auf *Foucault* (1852) zurück. Die Figurenachse 1 eines schnellaufenden Kreisels wird in der Horizontalebene so gefesselt, daß sie sich um eine lotrechte Achse 3 durch den Schwerpunkt drehen kann. Der Winkel zwischen der N—S-Richtung und der Figurenachse gemessen in dieser Horizontalebene am Breitengrad α sei φ, vgl. Abb. 7.15. Als Winkelgeschwindigkeit des Bezugssystems wählen wir $\Omega_1 = \nu \cos \alpha \cos \varphi$, $\Omega_2 = -\nu \cos \alpha \sin \varphi$, $\Omega_3 = \dot{\varphi} + \nu \sin \alpha$. $\vec{\nu}$ ist der Winkelgeschwindigkeitsvektor der Erddrehung, der für den Kompaßeffekt wesentlich ist. Der Kreisel besitzt noch den Spin σ, so daß $\omega_1 = \sigma + \Omega_1$, $\omega_2 = \Omega_2$, $\omega_3 = \Omega_3$. Der Drallsatz (7.62) ergibt mit $M_1 = M_3 = 0$:

$$I_1 \dot{\omega}_1 = 0, \qquad \omega_1 = \text{const}, \qquad \begin{aligned} I\dot{\omega}_2 + [I_1\omega_1 - I(\omega_1 - \sigma)]\, \omega_3 &= M_2, \\ I\dot{\omega}_3 - [I_1\omega_1 - I(\omega_1 - \sigma)]\, \omega_2 &= 0. \end{aligned} \tag{7.78}$$

M_2, das Fesselungsmoment, muß von der Kreisellagerung aufgenommen werden. Die letzte Gleichung beschreibt die Bewegung der Figurenachse. Berücksichtigen wir

[1] Über das Auswuchten informiert *K. Federn:* Auswuchttechnik. — Berlin—Heidelberg—New York: Springer-Verlag 1977.

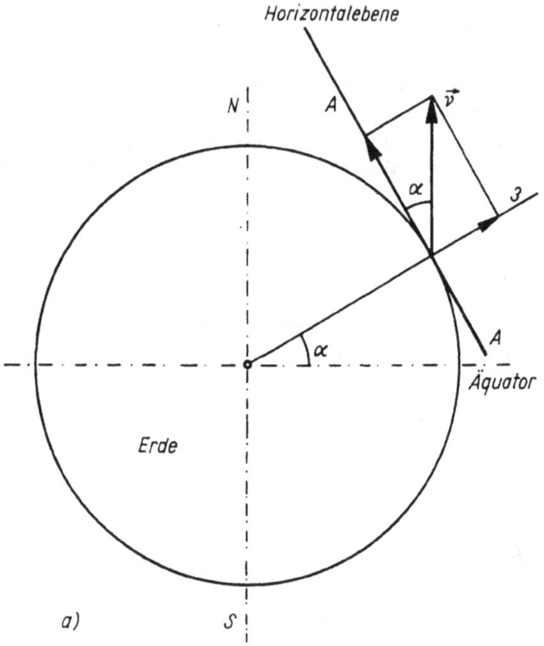

Abb. 7.15. (a) Kreiselkompaß am Breitengrad α

$\nu \ll \sigma$ und $\alpha = \text{const}$, dann folgt mit $p^2 = I_1 \sigma \nu \cos \alpha / I$,

$$\ddot{\varphi} + p^2 \sin \varphi = 0. \tag{7.79}$$

Die «Pendelgleichung» (siehe Gl. (7.115)) beschreibt Schwingungen um die Gleichgewichtslage $\varphi = 0$. Dämpft man sie, dann kehrt die Figurenachse nach einer Störung in die N—S-Richtung, $\varphi = 0$, zurück. Diese Erscheinung wird *Tendenz zum gleichsinnigen Parallelismus der beiden Vektoren $\vec{\sigma}$ und $\vec{\nu}$* genannt.

7.4.7. Der lineare Schwinger

Das mechanische Grundmodell des linearen einläufigen Schwingers besteht aus einer Punktmasse m, die an einer masselosen Feder mit linearer Kennlinie aufgehängt ist (ohne Dämpfung eine *Hooke*sche Feder, mit Dämpfung ein *Kelvin-Voigt*scher Körper) und eine geradlinige, hin- und hergehende Bewegung ausführt. Wir stellen die Bewegungsgleichung bei Krafterregung durch $F(t)$ auf, vgl. Abb. 7.16. Auf die Masse wirken dann die äußeren Kräfte in Bewegungsrichtung x: $mg + F(t) - cx - r\dot{x}$, wenn c die Federsteifigkeit und r die geschwindigkeitsproportionale (Material-) Dämpfung angibt. Das Newtonsche Gesetz liefert die Bewegungsgleichung $m\ddot{x} = mg + F(t) - cx - r\dot{x}$. Division durch m und Umordnung der linearen Differentialgleichung zweiter Ordnung liefert

$$\ddot{x} + 2\zeta\omega_0\dot{x} + \omega_0^2 x = g + F(t)/m. \tag{7.80}$$

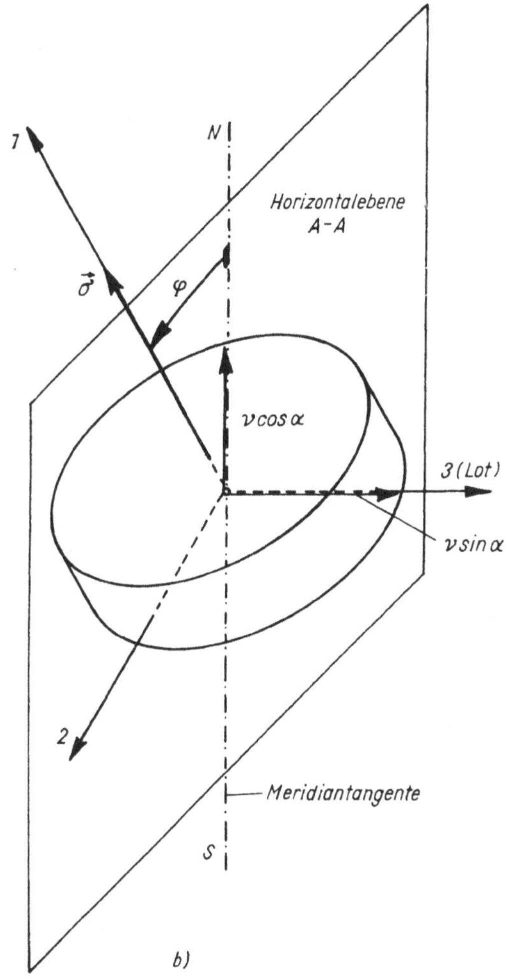

Abb. 7.15 (b) Kreiselkompaß am Breitengrad α

Die Gleichung ist wegen der eingeprägten Kräfte inhomogen. Das Auftreten der Gewichtskraft der Masse zeigt, daß x von der entspannten Lage der Feder weggezählt wird. Die Abkürzungen $\omega_0 = \sqrt{c/m} = \sqrt{g/a_S}$, $a_S = mg/c$ und $\zeta = r/2\sqrt{mc}$ sind zusammengefaßte Systemparameter, siehe Tabelle.
Beziehen wir die Bewegung auf die statische Ruhelage $x_0 = a_S$ (die Feder ist dann gerade durch die Gewichtskraft mg gespannt), dann entfällt der konstante Störterm. Mit der relativen Federverlängerung $\xi(t) = x - x_0$ folgt

$$\ddot{\xi} + 2\zeta\omega_0\dot{\xi} + \omega_0^2\xi = F(t)/m = \omega_0^2\xi_e(t), \qquad \xi_e = F/c. \tag{7.81}$$

Wegen der Linearität der Bewegungsgleichung kann ihre Lösung durch Überlagerung der freien Schwingung ξ_h mit einem partikulären Integral ξ_p gefunden werden:

$$\xi(t) = \xi_h(t) + \xi_p(t). \tag{7.82}$$

a_S	cm	0,001	0,01	0,05	0,1	0,5	1,0	10,0	20,0
$\omega_0 = \sqrt{g/a_S}$	s^{-1}	990,5	313,2	140,1	99,05	44,29	31,32	9,90	7,00
$f = \omega_0/2\pi$	Hz	157,6	49,85	22,29	15,76	7,05	4,98	1,58	1,11
$T = f^{-1}$		0,006	0,020	0,045	0,063	0,142	0,201	0,634	0,897

a_S statische Deformation unter einer Kraft $F = mg$ in Schwingungsrichtung
Eigenkreisfrequenz ω_0, Eigenfrequenz f, Schwingungsdauer T

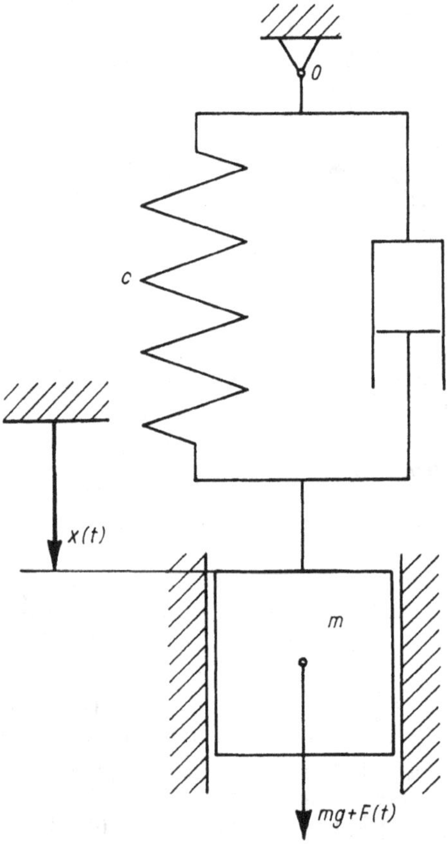

Abb. 7.16. Der lineare Schwinger mit Krafterregung $F(t)$

Die homogene Differentialgleichung

$$\ddot{\xi}_h + 2\zeta\omega_0\dot{\xi}_h + \omega_0^2\xi_h = 0, \tag{7.83}$$

hat eine quadratische charakteristische Gleichung $\alpha^2 + 2\zeta\omega_0\alpha + \omega_0^2 = 0$, mit den komplexen Wurzeln $\alpha_{1,2} = \omega_0\left(-\zeta \pm i\sqrt{1-\zeta^2}\right)$, $i = \sqrt{-1}$, $\zeta < 1$. Ihre Lösung hat die komplexe Form $\xi_h = c_1 e^{\alpha_1 t} + c_2 e^{\alpha_2 t}$. Für $\zeta = 1$ folgt die Doppelwurzel $\alpha = -\zeta\omega_0$

und die homogene Lösung wird in diesem «aperiodischen Grenzfall»

$$\xi_h^{(a)}(t) = (C_1 + C_2 t)\, e^{-\zeta\omega_0 t} \tag{7.84}$$

mit maximal einem Nulldurchgang, $\zeta = 1$ heißt «kritische Dämpfung». Wir setzen *schwache* Dämpfung $\zeta < 1$ voraus (der Materialdämpfung entsprechen ζ-Werte in der Größenordnung von 1 bis 20% der kritischen Dämpfung).
Dann folgt mit $e^{\pm i\varphi} = \cos\varphi \pm i \sin\varphi$ die freie Schwingung ($F \equiv 0$) zu

$$\xi_h(t) = e^{-\zeta\omega_0 t}\left(C_1 \cos\omega_0 t\sqrt{1-\zeta^2} + C_2 \sin\omega_0 t\sqrt{1-\zeta^2}\right) \tag{7.85}$$

oder mit $a = \sqrt{C_1^2 + C_2^2}$ und $\cos\varepsilon = C_1/a$, $\sin\varepsilon = C_2/a$, bei Anwendung des Additionstheorems auch

$$\xi_h(t) = a\, e^{-\zeta\omega_0 t} \cos\left(\omega_0 t\sqrt{1-\zeta^2} - \varepsilon\right). \tag{7.86}$$

Man nennt ε den Phasenwinkel und bezeichnet $a\, e^{-\zeta\omega_0 t}$ als zeitlich abklingende «Amplitude» der freien Schwingung. Beim ungedämpften Schwingermodell ist $\zeta = 0$, und die Amplitude $\pm a$ gibt den dynamischen Ausschlag der Masse an, ω_0 ist dann die Eigenkreisfrequenz, $f_0 = 1/T_0 = \omega_0/2\pi$, die in Hertz (Hz) gemessene lineare Eigenfrequenz. Die gedämpfte freie Schwingung weist immer noch konstante Periode auf, $T = 2\pi/\omega_0\sqrt{1-\zeta^2}$.
Ist $F(t) = F(t+T)$ *periodisch*, dann ist eine Entwicklung in eine zeitliche *Fourier*-reihe angebracht. Wegen der Möglichkeit der Überlagerung betrachten wir daher eine zeitlich *harmonische* Erregerkraft $F(t) = F_0 \cos\nu t$, mit ν als Erregerkreisfrequenz. Für diesen Sonderfall ist der Ansatz

$$\xi_p = A\cos\nu t + B\sin\nu t, \tag{7.87}$$

in die inhomogene Differentialgleichung (7.81) einzusetzen. Koeffizientenvergleich von $\cos\nu t$ und $\sin\nu t$ ergibt dann das lineare Gleichungssystem zur Bestimmung von A und B:

$$\left.\begin{aligned} (\omega_0^2 - \nu^2)\,A + 2\zeta\omega_0\nu B &= F_0/m, \\ -2\zeta\omega_0\nu A + (\omega_0^2 - \nu^2)\,B &= 0. \end{aligned}\right\} \tag{7.88}$$

Die Koeffizientendeterminante

$$\Delta = (\omega_0^2 - \nu^2)^2 + 4\zeta^2\omega_0^2\nu^2 \tag{7.89}$$

ist mit $\zeta \neq 0$ stets ungleich Null, und

$$A = \frac{\omega_0^2 - \nu^2}{\Delta}\frac{F_0}{m}, \qquad B = \frac{2\zeta\omega_0\nu}{\Delta}\frac{F_0}{m}, \tag{7.90}$$

bestimmen eine partikuläre Lösung ξ_p. Führen wir wieder eine Amplitude mit

$$a_p = \sqrt{A^2 + B^2} = F_0/m\sqrt{\Delta}, \tag{7.91 a}$$

und einen Phasenwinkel φ gemäß

$$\cos\varphi = A/a_p = (\omega_0^2 - \nu^2)/\sqrt{\Delta}, \qquad \sin\varphi = B/a_p = 2\zeta\omega_0\nu/\sqrt{\Delta}, \tag{7.91 b}$$

ein, dann erhält die *«erzwungene» Schwingung* die Form, vgl. mit (7.86) bei $\zeta = 0$,

$$\xi_p(t) = a_p \cos(\nu t - \varphi). \tag{7.92}$$

Die *allgemeine Lösung* für *zeitlich harmonische Krafterregung* ist daher mit (7.82),

$$\xi(t) = a\,\mathrm{e}^{-\zeta\omega_0 t}\cos\left(\omega_0 t\,\sqrt{1-\zeta^2}-\varepsilon\right) + a_\mathrm{p}\cos(\nu t-\varphi), \tag{7.93}$$

a und ε sind Integrationskonstante, die aus den Anfangsbedingungen in $t = 0$ für ξ und $\dot{\xi}$ zu bestimmen sind. Wegen der exponentiell abklingenden Amplitude der freien Schwingungen verliert der Schwinger die Erinnerung an die Anfangsbedingungen, der Einschwingvorgang ist praktisch in endlicher Zeit beendet, und es bleibt die «stationäre» oder erzwungene Schwingung übrig. Setzen wir $a_0 = F_0/c$ als statische Bezugsgröße, dann ist die *dynamische Vergrößerungsfunktion* (als Funktion der bezogenen Erregerfrequenz ν/ω_0 und des Dämpfungsverhältnisses ζ), der *Amplitudenfrequenzgang* oder die *Resonanzkurve* durch

$$\chi_\mathrm{d}(\nu,\zeta) = a_\mathrm{p}/a_0 = 1/\sqrt{(1-\nu^2/\omega_0^2)^2 + 4\zeta^2\nu^2/\omega_0^2} \tag{7.94}$$

gegeben. Ihr Maximalwert bei Änderung der Erregerfrequenz ist nur vom Dämpfungsbeiwert abhängig,

$$\max\chi_\mathrm{d}(\zeta) = 1/2\zeta\sqrt{1-\zeta^2} \approx 1/2\zeta \to \zeta \leqq 0{,}2,\quad \nu_k = \omega_0\sqrt{1-\zeta^2} \approx \omega_0. \tag{7.95a}$$

Das Einschwingen aus der Ruhelage erreicht in diesem kritischen Fall asymptotisch

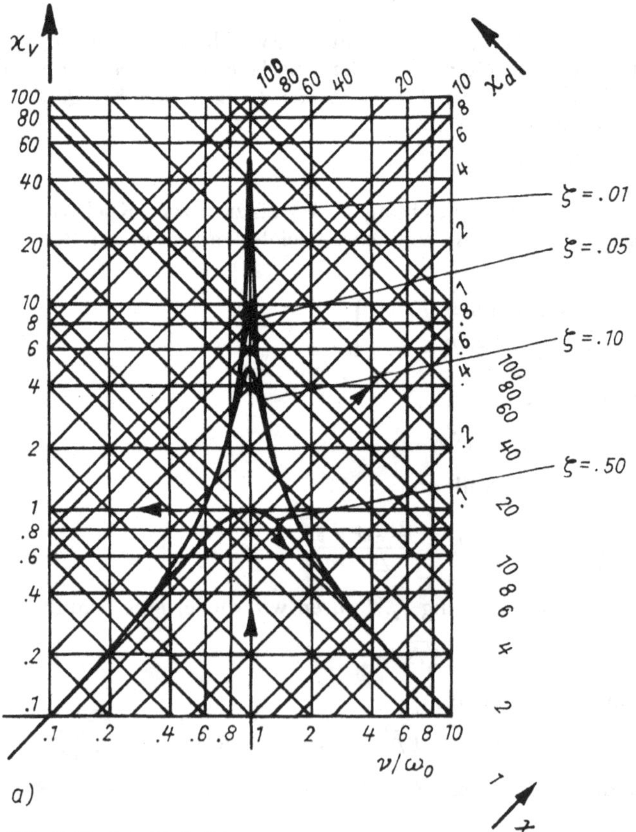

Abb. 7.17. (a) *Blake*-Diagramm

den endlichen Wert max χ_d,

$$\xi(t)=\frac{a_0}{2\zeta}\left(1-e^{-\zeta\omega_0 t}\right)\sin\omega_0 t \to \zeta \leqq 0{,}2;\quad \zeta\to 0:\xi(t)=\frac{a_0}{2}\omega_0 t\sin\omega_0 t. \qquad (7.95\text{b})$$

Technisch interessant sind auch die Resonanzkurven der Geschwindigkeit, $\chi_v(\nu, \zeta) = \nu\chi_d$, und der Beschleunigung $\chi_a(\nu, \zeta) = \nu^2\chi_d$. Sie können im logarithmischen Diagramm nach *Blake* zusammengefaßt werden, siehe Abb. 7.17.
Auf Grund des Phasenwinkels $\varphi(\nu, \zeta)$ sind Ausschlag und Erregerkraft nicht in Phase. Der *Phasenfrequenzgang* φ/π zeigt im unterkritischen Bereich $\nu < \omega_0$ die zunehmende Phasenabweichung, sie erreicht für $\nu = \omega_0$ den Wert 1/2 und für $\nu > \omega_0$ den Übergang zur Gegenphase, wo Kraft und Ausschlag verschiedenes Vorzeichen aufweisen.

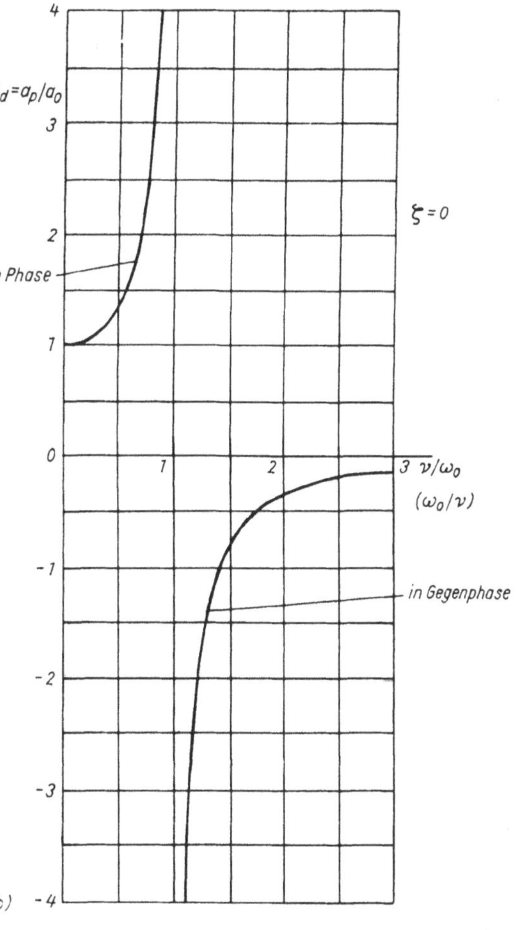

Abb. 7.17. (b) Resonanzkurve des ungedämpften linearen Schwingers $\chi_d = 1/(1-\nu^2/\omega_0^2)$. Der Vorzeichenwechsel wird durch den Sprung im Phasenwinkel nach Abb. 7.18 erklärt und dann $a_p = |\chi_d| a_0$ in Gl. (7.93) als positive Amplitude eingesetzt

Extrem ist dieses Verhalten für die erzwungenen Schwingungen des ungedämpften Schwingermodells, siehe Abb. 7.18.
Amplituden- und Phasenfrequenzgang werden häufig zum (*komplexen*) *Frequenzgang* des Schwingers zusammengefaßt. Diese *Übertragungsfunktion* ist das Verhältnis der Amplituden der erzwungenen Schwingung zur Amplitude A_e der Erregung, wenn diese in der komplexen Form

$$F(t)/m = A_e \, e^{i\nu t} \tag{7.96}$$

angesetzt wird. Mit komplexen Amplituden A_a ist dann

$$\xi_p = A_a \, e^{i\nu t}, \tag{7.97}$$

und die *Übertragungsfunktion*

$$H(\zeta, \nu) = \frac{A_a}{A_e} = (\omega_0^2 - \nu^2 + 2i\zeta\omega_0\nu)^{-1} = \frac{1}{\omega_0^2} \chi_d \, e^{-i\varphi}. \tag{7.98}$$

Als Funktion von ν bildet sie die *Ortskurve* des Schwingers in der komplexen Ebene. Mit ihrer Hilfe kann die erzwungene Schwingung zufolge einer periodischen Erregerkraft mit komplexer *Fourier*reihe

$$F(t)/m = \sum_{n=-\infty}^{\infty} c_n \, e^{in\omega t} \tag{7.99}$$

als (unendliche) Reihe

$$\xi_p = \sum_{n=-\infty}^{\infty} c_n H(\zeta, n\omega) \, e^{in\omega t} \tag{7.100}$$

durch Überlagerung angegeben werden.

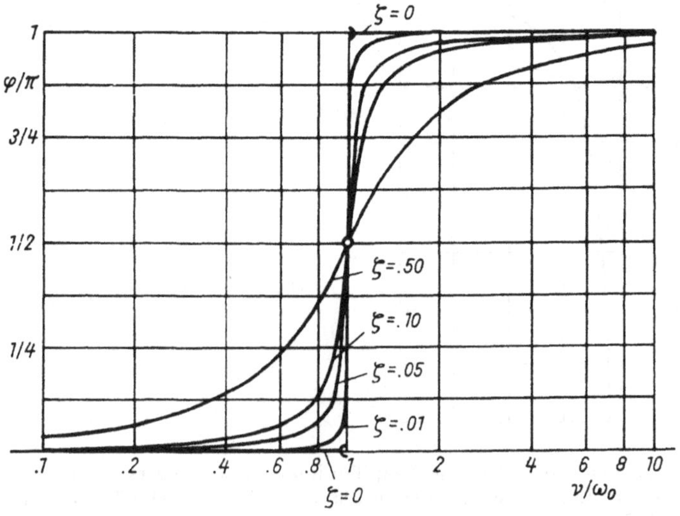

Abb. 7.18. Phasenfrequenzgang im unter- und überkritischen Frequenzbereich

Diese Lösung geht für *nichtperiodische Erregerkraft* in das *Fourier*integral, ein Integral im Frequenzbereich, über

$$\xi_p = \frac{1}{2\pi} \int\limits_{\omega=-\infty}^{\infty} H(\zeta, \omega)\, c(\omega)\, e^{i\omega t}\, d\omega, \tag{7.101}$$

wenn

$$c(\omega) = \frac{1}{m} \int\limits_{t=-\infty}^{\infty} F(t)\, e^{-i\omega t}\, dt. \tag{7.102}$$

Numerische Auswertungen dieser beiden Integrale erfolgen an der EDV-Anlage mit Hilfe der FFT-Methode (Fast-Fourier-Transform) äußerst ökonomisch.[1]
Im Zeitbereich kann die *allgemeine Lösung* für $t > 0$ (die Anfangsbedingungen $\xi_0 = \dot{\xi}_0 = 0$ in $t = 0$) durch das *Duhamelsche Faltungsintegral* angegeben werden:

$$\xi(t) = \frac{1}{m\omega_0 \sqrt{1-\zeta^2}} \int\limits_0^t F(\tau)\, e^{-\zeta\omega_0(t-\tau)} \sin\left[\omega_0(t-\tau)\sqrt{1-\zeta^2}\right] d\tau. \tag{7.103}$$

Der Einschwingvorgang aus der Ruhelage ist hier eingeschlossen. Mit der Darstellung von Gl. (7.103),

$$\xi(t) = A(t) \sin \omega_0 t \sqrt{1-\zeta^2} - B(t) \cos \omega_0 t \sqrt{1-\zeta^2}, \tag{7.104}$$

wobei

$$\begin{aligned} A(t) &= \frac{1}{m\omega_0 \sqrt{1-\zeta^2}} \int\limits_0^t F(\tau)\, \frac{e^{\zeta\omega_0\tau}}{e^{\zeta\omega_0 t}} \cos \omega_0 \tau \sqrt{1-\zeta^2}\, d\tau, \\ B(t) &= \frac{1}{m\omega_0 \sqrt{1-\zeta^2}} \int\limits_0^t F(\tau)\, \frac{e^{\zeta\omega_0\tau}}{e^{\zeta\omega_0 t}} \sin \omega_0 \tau \sqrt{1-\zeta^2}\, d\tau, \end{aligned} \tag{7.105}$$

wird die numerische Auswertung der Lösung für «beliebige Erregerfunktionen» $F(t)$ sehr einfach.
Wegen der Bedeutung der *Phasenebene* (Anschaulichkeit und numerische Integration auch nichtlinearer Differentialgleichungen über das Isoklinenfeld[2]) zeigen wir den Übergang von der Bewegungsgleichung auf ein Differentialgleichungssystem erster Ordnung. Durch die Substitution

$$\xi = \xi_1, \qquad \dot{\xi} = \dot{\xi}_1 = \xi_2, \tag{7.106}$$

erhält man

$$\dot{\xi}_1 = \xi_2 \tag{7.107}$$

$$\dot{\xi}_2 = -\omega_0^2 \xi_1 - 2\zeta\omega_0 \xi_2 + F(t)/m. \tag{7.108}$$

[1] Siehe z. B. *R. W. Clough/J. Penzien:* Dynamics of Structures. — New York: McGraw-Hill, 1975, p. 114.

[2] Längs einer Isokline sind die Differentialquotienten der sie schneidenden Kurvenschar konstant.

In Matrizenschreibweise mit dem «Zustandsvektor» $\vec{\xi}^{T} = \{\xi_1 \xi_2\}$ auch

$$\dot{\vec{\xi}} = \boldsymbol{A}\vec{\xi} + \vec{b} \tag{7.109}$$

mit der Systemmatrix

$$\boldsymbol{A} = \begin{pmatrix} 0 & 1 \\ -\omega_0^2 & -2\zeta\omega_0 \end{pmatrix} \tag{7.110}$$

und dem Erregungsvektor $\vec{b}^{T} = \{0 \;\; F(t)/m\}$. Der Zustandsvektor $\vec{\xi}(t)$ markiert die Phasenkurve in der Phasenebene (ξ_1, ξ_2). Mit dieser Darstellung ist der Anschluß an die (abstrakten) Methoden der Regelungstechnik gefunden.
Elimination des Zeitdifferentials (durch Division der beiden Gleichungen) ergibt die Gleichung der Phasenkurve

$$\frac{\dot{\xi}_2}{\dot{\xi}_1} = \frac{d\xi_2}{d\xi_1} = -\omega_0 \left(2\zeta + \omega_0 \frac{\xi_1}{\xi_2}\right) + F(t)/m\xi_2, \tag{7.111}$$

die Zeit erscheint nur mehr als Parameter. Insbesondere ist das Isoklinenfeld der freien gedämpften Schwingung ($F = 0$) aus

$$\left(\frac{d\xi_2}{d\xi_1}\right)_h = -\omega_0 \left[2\zeta + \omega_0 \left(\frac{\xi_1}{\xi_2}\right)_h\right] = \text{const} \tag{7.112}$$

das Strahlenbüschel in Abb. 7.19.

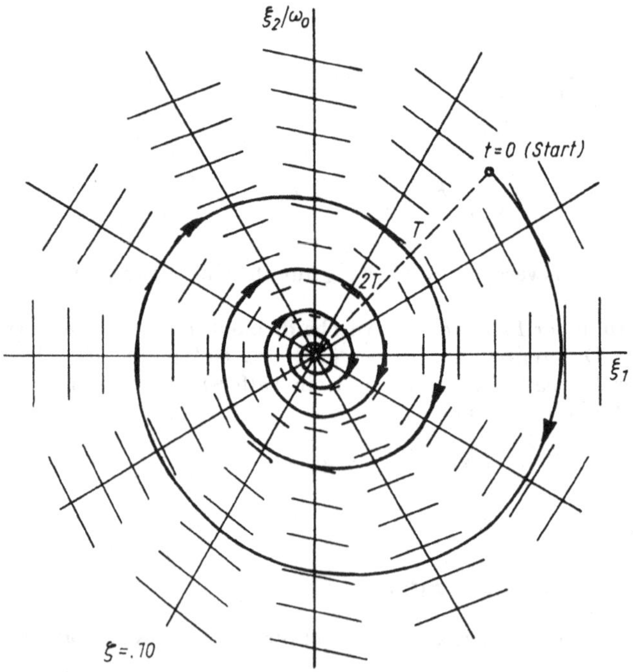

Abb. 7.19. Phasenkurve der freien schwach gedämpften Schwingung. Isoklinenfeld in der Phasenebene

Die erzwungene Schwingung bei harmonischer Krafterregung kann mit $\dot{\xi}_p = -a_p\nu \times \sin(\nu t - \varphi)$ durch den Grenzzykel

$$\xi_{p1}^2 + (\xi_{p2}/\nu)^2 = a_p^2 \tag{7.113}$$

als Ellipse in der Phasenebene, oder bei Übergang auf die mit ν^{-1} gestreckte Ordinate, als Kreis mit dem Radius $a_p(\nu, \zeta, F_0)$ dargestellt werden, Abb. 7.20. Der Bildpunkt durchläuft diese geschlossene Phasenkurve[1] in der Schwingungsdauer $T = 2\pi/\nu$. Bei allgemeiner periodischer Krafterregung ändert der Grenzzykel seine Gestalt, bleibt aber eine geschlossene Kurve.

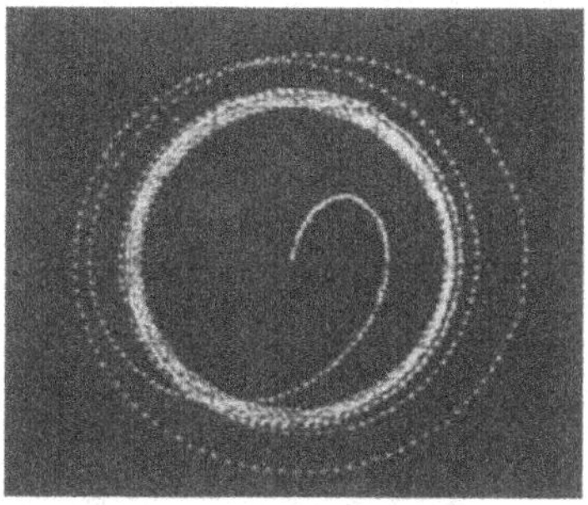

Abb. 7.20. Grenzzykel der erzwungenen Schwingung. Einschwingen aus *0*

Wegen der besonderen Bedeutung bei Anlaufvorgängen zeigen wir in Abb. 7.21 einige Einschwingvorgänge $\xi(t) = \xi_h + \xi_p$ aus der Ruhelage bei zeitlich harmonischer Krafterregung.
Dem Schwingermodell entsprechen z. B. linearisierte (kleine) «Biegeschwingungen» nachstehender Konstruktionen vom Typ «schwere Masse» — «weiche masselose Feder», vgl. Abb. 7.22.
Analog erfolgt auch die Anwendung auf Drehschwingungen schwerer Scheiben, vgl. Abb. 7.23. Drallsatz (freie Drehschwingung), liefert:

$$m i_S^2 \ddot{\alpha} = -c\alpha, \qquad i_S = \sqrt{I_S/m}. \tag{7.114}$$

7.4.8. Nichtlineare Schwinger

Für die allgemeine Theorie von Schwingern mit nichtlinearen Federkennlinien und nichtlinearer (z. B. hysteretischer) Dämpfung muß auf die Spezialliteratur verwiesen werden. Wir zeigen hier nur die freie Pendelschwingung und den Schwinger mit Reibungsdämpfung. Näherungslösungen werden im *Kapitel 11* behandelt.

a) Das ebene Pendel

Beim physikalischen Pendel schwingt ein starrer Körper um eine feste Achse durch *0*. Der Schwerpunkt S liegt in der Ruhelage lotrecht unter *0* im Abstand s, vgl. Abb. 7.24.

[1] Sie beschreibt auch die freie ungedämpfte Schwingung; dann ist $T = 2\pi/\omega_0$, und der Radius ist aus den Anfangsbedingungen bestimmt.

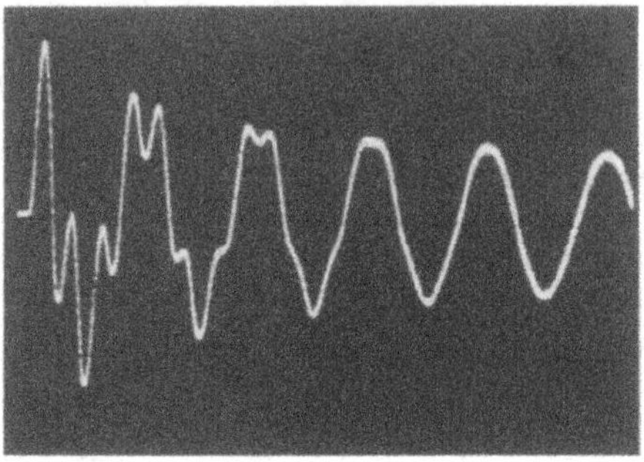

a) $\xi(t)$: $\nu/\omega_0 = .0625 \ll 1$, $\zeta \ll 1$

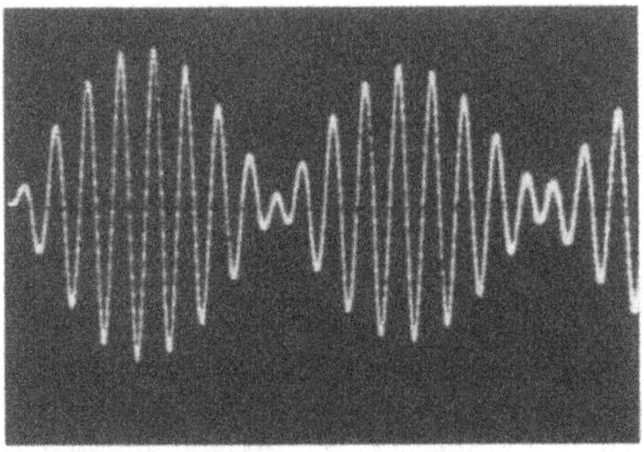

b) $\xi(t)$: $\nu/\omega_0 = .8125 \approx 1$, $\zeta \approx 0$
(Schwebung)

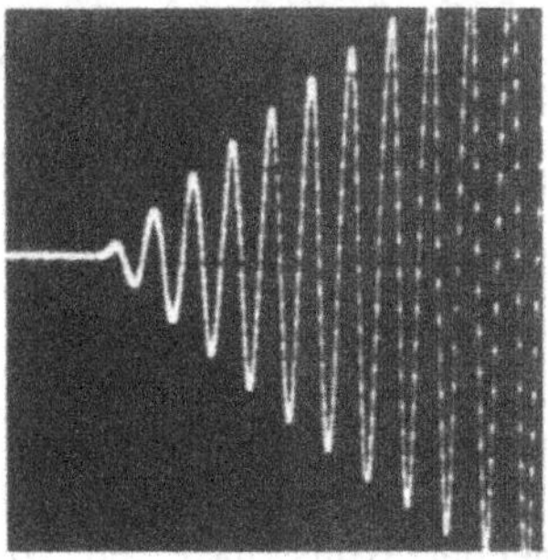

c) $\xi(t)$: $\nu/\omega_0 = 1$, $\zeta \approx 0$

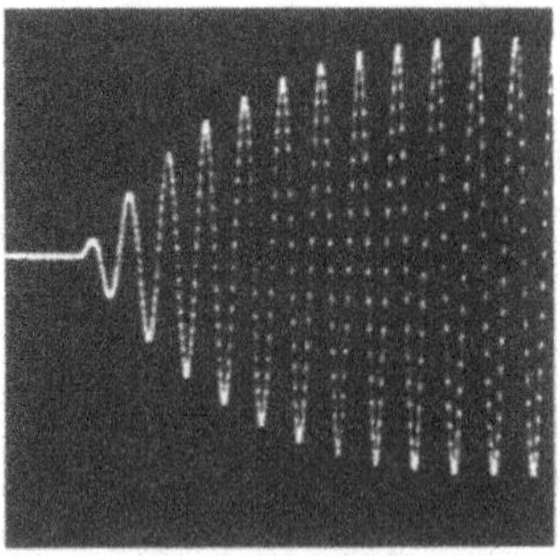

d) $\xi(t)$: $\nu/\omega_0 = 1$, $\zeta \ll 1$

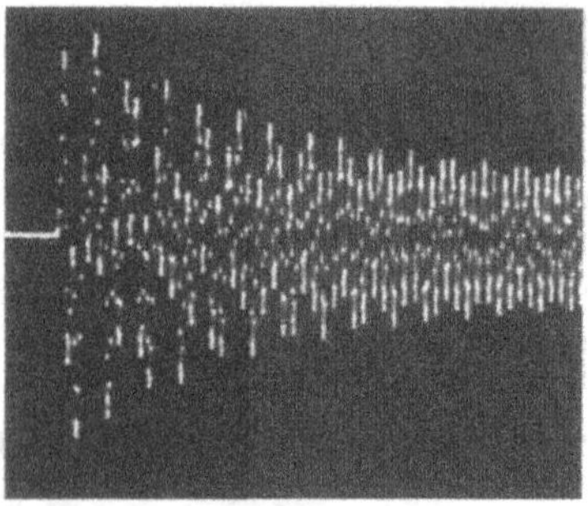

e) $\xi(t)$: $\nu/\omega_0 = 12{,}5 \gg 1$, $\zeta \ll 1$

Abb. 7.21. Einschwingvorgänge am Analogrechner simuliert

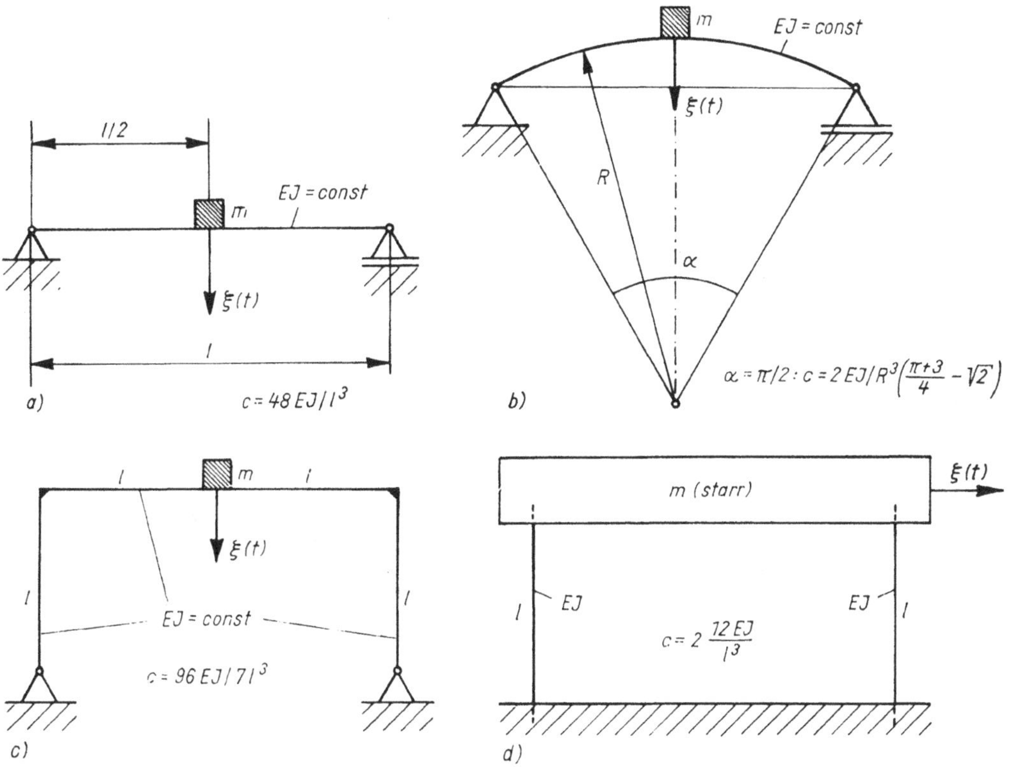

Abb. 7.22. Beispiele von «realen» Einmasseschwingern

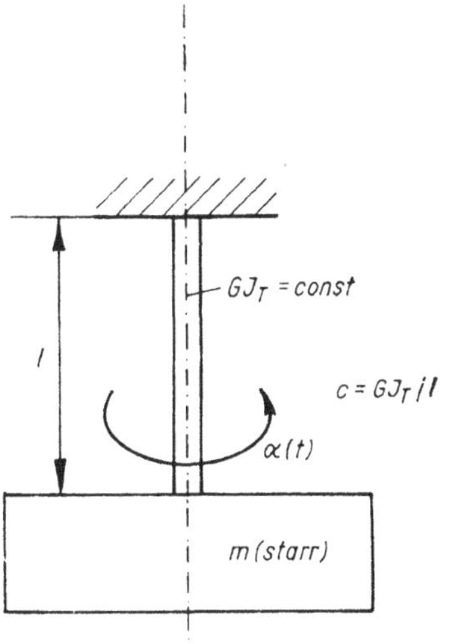

Abb. 7.23. Drehschwinger

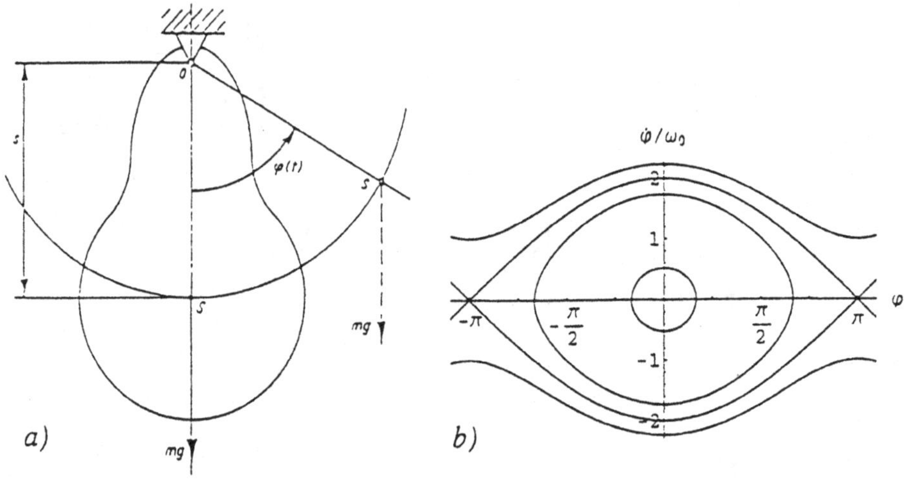

Abb. 7.24. Die ebene Pendelschwingung (a) im homogenen und parallelen Schwerefeld. (b) Phasenkurven mit Separatrix zur Rotation (berechnet mit «Mathematica»): Schwingung. Gl. (7.118) für $\alpha \leqq \pi$. Separatrix $\alpha = \pi$. Rotation. $\alpha = \pi$ mit zusätzlich vorgegebener Winkelgeschwindigkeit

Bei Auslenkung des Pendels aus der Gleichgewichtslage, z. B. um α, tritt eine Schwingung auf, die Rückstellkraft ist eine Gewichtskraftkomponente. Der Aufhängepunkt ist körper- und raumfest, und der Drallsatz (7.22) ergibt die nichtlineare Bewegungsgleichung der freien ungedämpften Pendelschwingung

$$m i_0^2 \ddot{\varphi} = -mgs \sin \varphi,$$

$$\ddot{\varphi} + \omega_0^2 \sin \varphi = 0, \qquad \omega_0^2 = gs/i_0^2. \tag{7.115}$$

Ein Vergleich mit dem «mathematischen» Pendel gleicher Schwingungsdauer zeigt, daß dann die Punktmasse m den Abstand (reduzierte Pendellänge) $l = i_0^2/s$ von 0 haben muß.

Ist die Schwingweite $\alpha \ll 1$, dann kann der nichtlineare Term in der Differentialgleichung linear approximiert werden. Entwicklung der trigonometrischen Funktion in der Gleichgewichtslage $\varphi_0 = 0$ ergibt $\sin \varphi \approx \varphi$, $|\varphi| \leqq \alpha \ll 1$, und die linearisierte Bewegungsgleichung ist wieder die Schwingungsgleichung

$$\ddot{\varphi} + \omega_0^2 \varphi = 0, \tag{7.116}$$

mit der Lösung $\varphi = C_1 \cos \omega_0 t + C_2 \sin \omega_0 t = a \cos (\omega_0 t - \varepsilon)$, ω_0 ist nun die systemkonstante Eigenkreisfrequenz und $T = 2\pi/\omega_0$ die Schwingungsdauer des Pendels mit kleinem Ausschlag. Mit der Anfangsbedingung $\varphi = \alpha, \dot{\varphi} = 0$ in $t = 0$ ist $\varphi = \alpha \cos \omega_0 t$.

Ein Erstintegral der *nichtlinearen* Bewegungsgleichung (7.115) erhalten wir nach Multiplikation mit der Winkelgeschwindigkeit $\dot{\varphi}$ bei Beachtung von $\ddot{\varphi}\dot{\varphi} = \frac{\mathrm{d}}{\mathrm{d}t}(\dot{\varphi}^2/2)$ zu

$$\frac{\dot{\varphi}^2}{2} + \omega_0^2 \int \sin \varphi \, \mathrm{d}\varphi = C. \tag{7.117}$$

Mit Berücksichtigung der Anfangsbedingung folgt die nichtlineare Differentialgleichung 1. Ordnung

$$\dot{\varphi}^2 = 2\omega_0^2(\cos\varphi - \cos\alpha). \tag{7.118}$$

Nach Übergang auf halbe Winkel mittels der Beziehung $1 - \cos\varphi = 2\sin^2\frac{\varphi}{2}$, und mit der neuen Variablen $\xi = \frac{1}{k}\sin\frac{\varphi}{2}$, $k = \sin\alpha/2$ erhalten wir die transformierte Differentialgleichung

$$\dot{\xi}^2 = \omega_0^2(1 - \xi^2)(1 - k^2\xi^2), \qquad (0 \leqq k \leqq 1), \tag{7.119}$$

bzw. nach Trennung der Variablen t und ξ:

$$\frac{d\xi}{\sqrt{(1 - \xi^2)(1 - k^2\xi^2)}} = \omega_0\,dt. \tag{7.120}$$

Integration ergibt

$$\int_0^\xi \frac{d\eta}{\sqrt{(1 - \eta^2)(1 - k^2\eta^2)}} = \omega_0 t + D. \tag{7.121}$$

Das Integral ist als *elliptisches Integral erster Gattung* bekannt. Seine Umkehrfunktion heißt *Jacobi*sche elliptische Sinus-amplitudinis-Funktion:

$$\xi = \mathrm{sn}\,(\omega_0 t + D). \tag{7.122}$$

Sie ist tabelliert und als Bibliotheksfunktion in EDV-Anlagen aufrufbar. Wesentlich ist ihre Periodizität mit der Periode $4K$, sn $K = 0$, $\xi = 1$ entspricht einer Viertelschwingung,

$$K(k = \sin\alpha/2) = \int_0^1 \frac{d\eta}{\sqrt{(1 - \eta^2)(1 - k^2\eta^2)}}, \qquad T = 4K/\omega_0. \tag{7.123}$$

Für α bzw. $k \to 0$ geht $K \to \pi/2$ und $T \to 2\pi/\omega_0$ entsprechend dem linearisierten Fall. Bei großen Ausschlägen α ist die Schwingungsdauer $T(\alpha)$ von der Amplitude abhängig, ein Charakteristikum nichtlinearer Schwingungen.
Die nichtlineare Gleichung besitzt dann noch weitere Lösungen mit Rotation des Pendels.
Die Auflagerreaktionen im Lager *0* berechnen wir aus dem Impulssatz (7.7). Mit $x_s = s\sin\varphi$ und $z_s = -s\cos\varphi$ sind die Beschleunigungskomponenten

$$\left.\begin{aligned} \ddot{x}_s &= s\ddot{\varphi}\cos\varphi - s\dot{\varphi}^2\sin\varphi = -s\omega_0^2(3\cos\varphi - 2\cos\alpha)\sin\varphi,\\ \ddot{z}_s &= s\ddot{\varphi}\sin\varphi + s\dot{\varphi}^2\cos\varphi = -s\omega_0^2 + s\omega_0^2(3\cos\varphi - 2\cos\alpha)\cos\varphi, \end{aligned}\right\} \tag{7.124}$$

und

$$\left.\begin{aligned} H(\varphi) &= m\ddot{x}_s = -ms\omega_0^2(3\cos\varphi - 2\cos\alpha)\sin\varphi,\\ V(\varphi) &= m(g + \ddot{z}_s) = m(g - s\omega_0^2) + ms\omega_0^2(3\cos\varphi - 2\cos\alpha)\cos\varphi. \end{aligned}\right\} \tag{7.125}$$

Abb. 7.25 zeigt den bezogenen Verlauf der dynamischen Wirkungen $H/ms\omega_0^2$ und $(V - mg)/ms\omega_0^2$ für $0 \leqq \varphi \leqq \alpha$, $V(\varphi)$ ist symmetrisch, $H(\varphi)$ schiefsymmetrisch fortzusetzen.

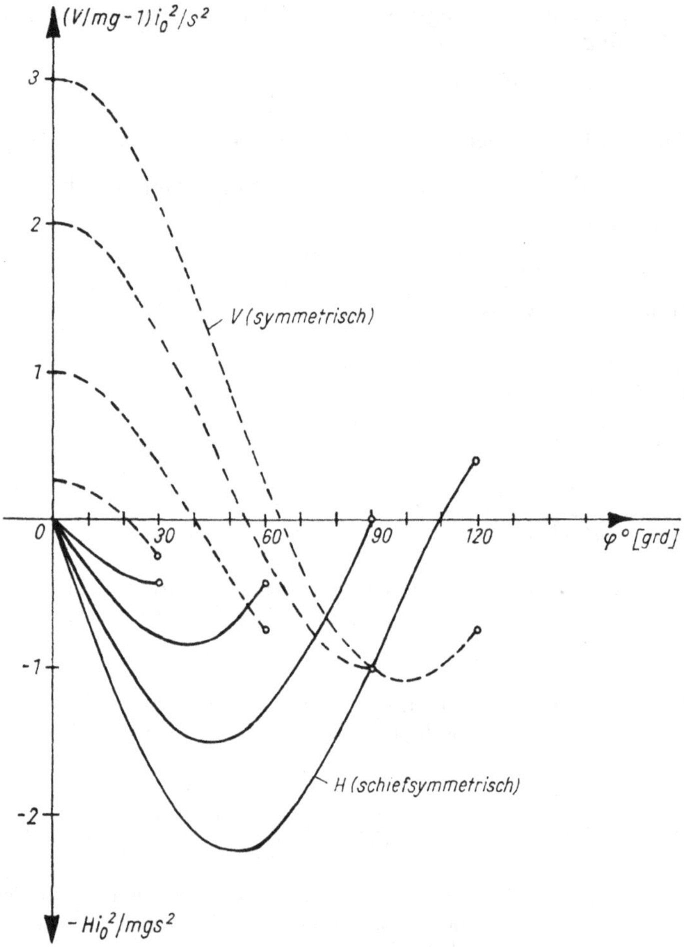

Abb. 7.25. Auflagerkräfte der ebenen Pendelschwingung $\varphi(t)$

b) Reibungsschwinger

Das Schwingermodell mit *Coulomb*scher Dämpfungskraft erklärt z. B. qualitativ Effekte beim Einstellen des Meßwertes in mechanischen Zeigermeßgeräten, aber auch die freien Schwingungen einer Masse an einem starr-elasto-plastisch verformenden «Bauteil», vgl. Abb. 7.26.

Der Impulssatz (7.7) ergibt mit $T_R = -F_F \operatorname{sgn} \dot{\xi}$ die nichtlineare Bewegungsgleichung (freier Schwingungen)

$$m\ddot{\xi} = -c\xi - F_F \operatorname{sgn} \dot{\xi} \tag{7.126a}$$

bzw.

$$\ddot{\xi} + \omega_0^2(\xi + s \operatorname{sgn} \dot{\xi}) = 0 \tag{7.126b}$$

mit den Abkürzungen $\omega_0^2 = c/m$ und $F_F/m = s\omega_0^2$.

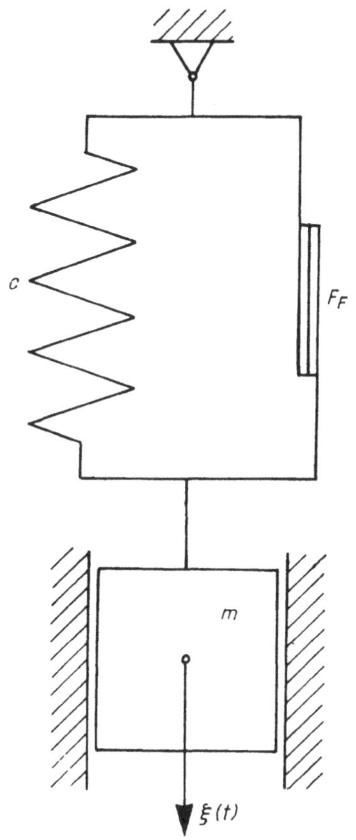

Abb. 7.26. Einläufiger Reibungsschwinger

Die Länge s ist ein Maß für die Reibkraft, da sie wegen $F_F = cs$ den größten Ausschlag ξ angibt, bei dem die Haftungskraft die Rückstellkraft der Feder noch ins Gleichgewicht setzen kann. Die abschnittsweise lineare Differentialgleichung wird dauernd linear durch die Transformation $x = \xi + s \operatorname{sgn} \dot{\xi}$,

$$\ddot{x} + \omega_0^2 x = 0, \tag{7.127}$$

mit der Lösung

$$x(t) = a \cos(\omega_0 t - \varepsilon). \tag{7.128}$$

Also

$$\xi = -s \operatorname{sgn} \dot{\xi} + a \cos(\omega_0 t - \varepsilon) \tag{7.129}$$

gibt die sich einstellende Bewegung als Überlagerung von harmonischen Halbschwingungen mit der Kreisfrequenz ω_0 an. Abb. 7.27 zeigt die Ganglinie der gedämpften Schwingung.

Zwei Phasenkurven und «Separatrizen» (die in $\xi = \pm s$ enden) zeigt Abb. 7.28.

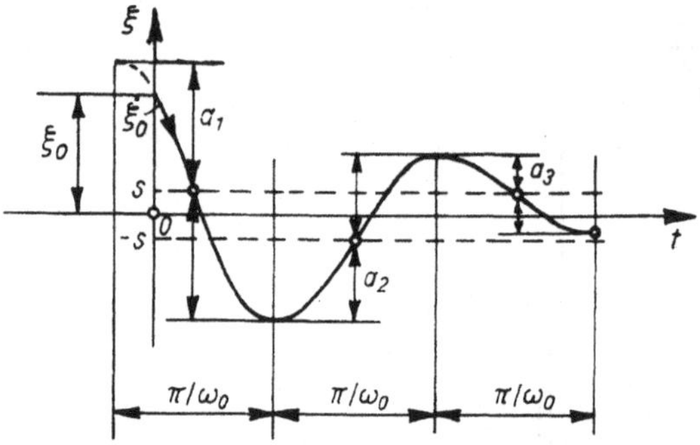

Abb. 7.27. Ganglinie des Reibungsschwingers

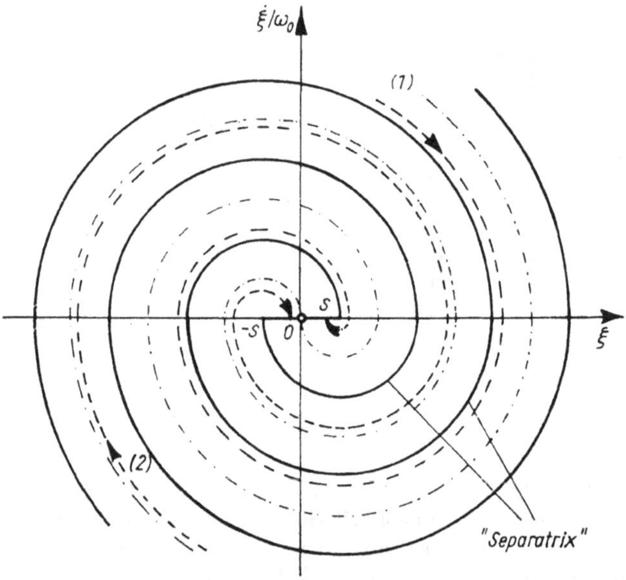

Abb. 7.28. Phasenkurven des Reibungsschwingers

7.4.9. Lineare Schwingerketten

Als Beispiel eines ungedämpften Systems mit mehreren schwingungsfähigen Freiheitsgraden wählen wir n Massen in Serie über n lineare Federn verkoppelt. Abb. 7.29 zeigt die Momentanlage für $n = 2$ bei *Wegerregung* über das freie Federende durch $x_0 = x_e(t)$. Nach dem Freischneiden der Masse m_1 liefert der Impulssatz:

$$m_1 \ddot{x}_1 = -c_1(x_1 - x_0) + c_2(\underline{x_2} - x_1) \tag{7.130}$$

und analog für die Masse m_k:

$$m_k \ddot{x}_k = -c_k(x_k - \underline{x_{k-1}}) + c_{k+1}(\underline{x_{k+1}} - x_k) . \tag{7.131}$$

Die Endmasse m_n, m_2 in Abb. 7.29 erfährt in dieser Anordnung nur die Rückstellkraft der letzten Feder

$$m_n\ddot{x}_n = -c_n(x_n - \underline{x_{n-1}}). \tag{7.132}$$

Das lineare System von n Differentialgleichungen zweiter Ordnung ist durch die unterstrichenen Glieder verkoppelt, allerdings reicht diese Kraft- oder Federkopplung nur jeweils zu den Nachbarmassen (einfache Schwingerkette). In vermaschten Schwingerketten sind auch entferntere Massen federgekoppelt.

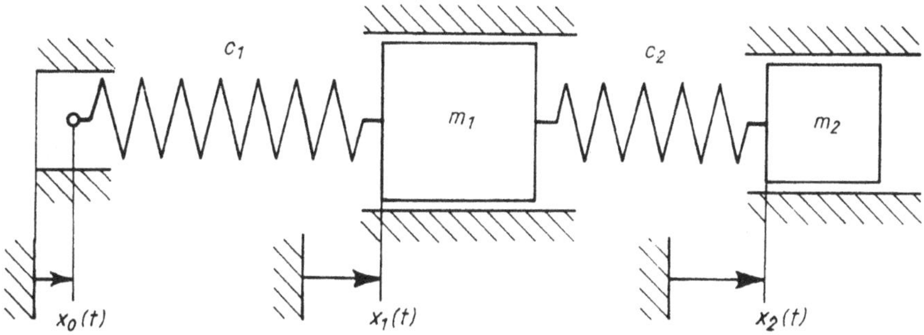

Abb. 7.29. Der wegerregte Zweimassenschwinger

Auch im Hinblick auf die praktische Ermittlung der Eigenfrequenzen und Eigenschwingungsformen (Eigenvektoren) der freien Schwingungen setzen wir die Wegerregung harmonisch voraus:

$$x_e(t) = A_0\, e^{i\omega t}. \tag{7.133}$$

Dann sind die erzwungenen Schwingungen der Massen ebenfalls harmonisch, also ist

$$x_k(t) = A_k\, e^{i\omega t} \tag{7.134}$$

eine passende partikuläre Lösung. Einsetzen in das Differentialgleichungssystem ergibt das lineare Gleichungssystem, $k = 1, \ldots, n$,

$$-m_k\omega^2 A_k = c_k A_{k-1} - (c_k + c_{k+1})\, A_k + c_{k+1} A_{k+1}. \tag{7.135}$$

Nach dem Verfahren von *Holzer und Tolle* berechnen wir nun mit fest gewählter Frequenz ω und Festlegung von $A_n = A$ alle Ausschläge der Massen, aber insbesondere $A_0(\omega)$, das sogenannte Restglied (die Vorgangsweise wird auch als *Restgrößenverfahren* bezeichnet). Die Möglichkeit einer freien Schwingung zeigt sich dann durch die Nullstellen von $A_0(\omega)$ bei Variation der Erregerfrequenz. Wir lösen die letzte Gleichung mit $A_n = A$ zuerst:

$$A_{n-1} = (1 - m_n\omega^2/c_n)\, A \tag{7.136}$$

und bilden die Federkraft in der letzten Feder n zu $c_n(A - A_{n-1}) = m_n\omega^2 A$. Die $(n-1)$-te Gleichung ergibt (mit bekanntem A_{n-1})

$$A_{n-2} = A_{n-1} - m_{n-1}\omega^2 A_{n-1}/c_{n-1} + c_n A_{n-1}/c_{n-1} - Ac_n/c_{n-1}, \tag{7.137}$$

und die Federkraft in der vorletzten $(n-1)$-ten Feder ist $c_{n-1}(A_{n-1} - A_{n-2}) = (Am_n + m_{n-1}A_{n-1})\,\omega^2$ usw. Die Federkraft in der ersten Feder ist dann $c_1(A_1 - A_0) = \omega^2 \sum_{k=1}^{n} m_k A_k$, und

$$A_0(\omega) = A_1 - \frac{\omega^2}{c_1} \sum_{k=1}^{n} m_k A_k. \tag{7.138}$$

Das Verfahren läßt sich insbesondere mit *Übertragungsmatrizen* einfach programmieren und mit einem Nullstellensuchprogramm kombinieren. Die Vorzeichen der einzelnen Amplituden sind zu registrieren, um die Ordnung der Eigenfrequenz festzulegen. Für $n = 2$ folgt explizit

$$\begin{aligned} A_1 &= (1 - m_2\omega^2/c_2)\,A\,, \\ A_0 &= A_1 - (Am_2 + m_1A_1)\,\omega^2/c_1 \\ &= \left[1 - \omega^2\left(\frac{m_1 + m_2}{c_1} + \frac{m_2}{c_2}\right) + \frac{m_1m_2}{c_1c_2}\,\omega^4\right] A. \end{aligned} \tag{7.139}$$

$A_0(\omega) = 0$ ist als «Frequenzgleichung» von 2. Ordnung in ω^2, entsprechend der Anzahl der schwingungsfähigen Freiheitsgrade. In dieser expliziten Auflösung entspricht sie der Koeffizientendeterminante des homogenen linearen Gleichungssystems, $A_0 = 0$, für A_1, A_2. Ihre Lösung gibt die beiden Eigenfrequenzen als positive Wurzeln von

$$\omega_{1,2}^2 = \frac{1}{2}\,(\Omega_1^2 + \Omega_2^2) \mp \frac{1}{2}\sqrt{(\Omega_1^2 - \Omega_2^2)^2 + 4k_1^2k_2^2}. \tag{7.140}$$

Darin ist $\Omega_1^2 = (c_1 + c_2)/m_1$, $\Omega_2^2 = c_2/m_2$ und $k_1^2 = c_2/m_1$, $k_2^2 = c_2/m_2$ gesetzt, $\omega_1 \leqq \text{Min}\,(\Omega_1, \Omega_2)$ heißt Grundfrequenz und $\omega_2 \geqq \text{Max}\,(\Omega_1, \Omega_2)$ wird (erste) Oberkreisfrequenz genannt[1], siehe Abb. 7.30.

---

[1] Wir zeigen die Gültigkeit eines *Satzes von Dunkerly* an diesem Zweimassenschwinger. Dazu bilden wir die Eigenfrequenz $\omega_{m2}^2 = \dfrac{1}{\dfrac{1}{c_1} + \dfrac{1}{c_2}} \Big/ m_2$, wenn $m_1 = 0$ gesetzt wird, und $\omega_{m1}^2 = c_1/m_1$, wenn $m_2 = 0$. Nach der Formel $\dfrac{1}{\bar\omega^2} = \dfrac{1}{\omega_{m1}^2} + \dfrac{1}{\omega_{m2}^2}$ bilden wir eine Vergleichsfrequenz $\bar\omega$, die nach Einsetzen als $\bar\omega^2 = c_1c_2/[(c_1 + c_2)\,m_2 + c_2m_1]$ ausgedrückt werden kann. Summieren wir andererseits die Reziprokwerte der quadrierten Eigenkreisfrequenzen, dann ergibt sich ebenfalls $\dfrac{1}{\bar\omega^2} = \dfrac{1}{\omega_1^2} + \dfrac{1}{\omega_2^2}$. Damit gilt aber auch $\dfrac{1}{\omega_1^2} < \dfrac{1}{\bar\omega^2}$ oder die Abschätzung $\bar\omega^2 < \omega_1^2$. Das ist ein Beispiel für den Satz von *Dunkerly*: Hat man ein schwingungsfähiges System mit k Einzelmassen (z. B. eine Schwingerkette) und entfernt man jeweils alle Massen bis auf eine, dann ergibt die Vergleichsfrequenz

$$\bar\omega = \left[1 \Big/ \sum_{j=1}^{k} (1/\omega_{mj}^2)\right]^{1/2}$$

eine *untere* Schranke für die Grundkreisfrequenz ω_1 des vollbesetzten Systems. Die Güte der Schranke zeigt sich aus der raschen Abnahme der Summenglieder mit steigendem j. Für eine obere Schranke siehe das *Ritz*sche Verfahren.

Für $\omega < \omega_1$ sind alle Amplituden, A_0, A_1, $A_2 = 1$ positiv, für $\omega_1 < \omega < \omega_2$ tritt ein Vorzeichenwechsel auf.

Das vorgestellte Verfahren[1] gestattet die Berechnung aller Resonanzkurven $A_k(\omega)$ der erzwungenen wegerregten Schwingung und liefert an den Nullstellen von $A_0(\omega)$ die Eigenfrequenzen ω_i mit zugehörigen Eigenschwingungsformen $A_k(\omega_i)$, $k = 1, \ldots, n$, $i = 1, \ldots, n$. Letztere werden voneinander unabhängig berechnet. Auf die Anschaulichkeit des Verfahrens braucht wohl nicht besonders hingewiesen zu werden. Für $n = 2$ ist dann die *freie* Schwingung durch (den Realteil von)

$$(x_1)_{\mathrm{h}} = A_{11}\,\mathrm{e}^{\mathrm{i}\omega_1 t} + A_{12}\,\mathrm{e}^{\mathrm{i}\omega_2 t}, \qquad (x_2)_{\mathrm{h}} = A_{21}\,\mathrm{e}^{\mathrm{i}\omega_1 t} + A_{22}\,\mathrm{e}^{\mathrm{i}\omega_2 t}, \tag{7.141}$$

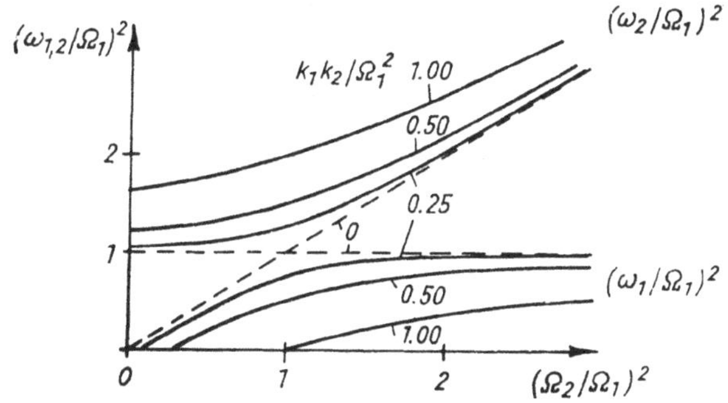

Abb. 7.30. Die Eigenkreisfrequenzen des Zweimassenschwingers

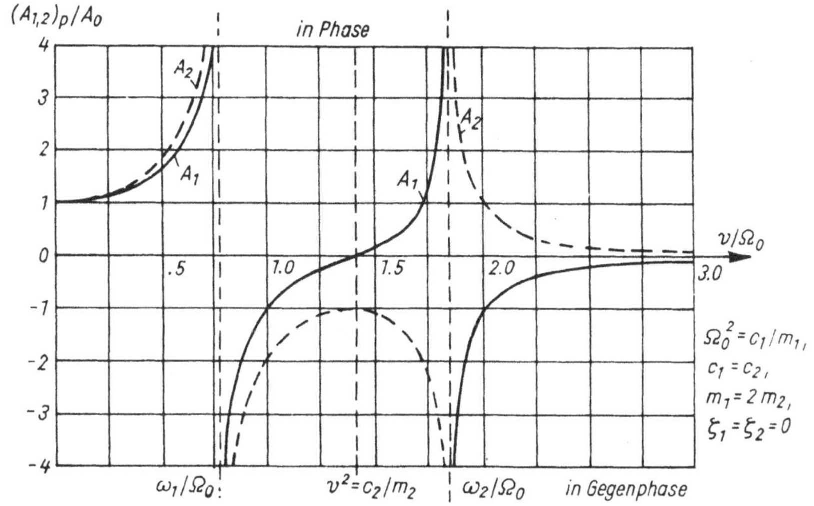

Abb. 7.31. Resonanzkurven des Zweimassenschwingers

[1] Für dieses und andere computergerechte Verfahren (nach *Stodola-v. Mises*, man löse A 11.11) siehe besonders *R. W. Clough/J. Penzien*: Dynamics of Structures. – New York: McGraw Hill, 1975.

gegeben, $\omega_1 \neq \omega_2$. Die Amplituden der erzwungenen Schwingung sind bei Erregung durch $x_e(t) = A_0 \cos \nu t$ (nun ist $\nu = \omega \neq \omega_1, \omega_2$ gesetzt), siehe Abb. 7.31,

$$(A_1)_p = A_0(c_2 - m_2\nu^2)\, c_1/\Delta(\nu), \qquad (A_2)_p = A_0 c_1 c_2/\Delta(\nu), \tag{7.142}$$

mit $\Delta(\nu) = m_1 m_2 \nu^4 - [(c_1 + c_2)\, m_2 + c_2 m_1]\, \nu^2 + c_1 c_2 \neq 0$. Dabei hat $(A_1)_p$ bei $\nu = \sqrt{c_2/m_2}$ eine Nullstelle, die Masse m_1 steht still, die Masse m_2 bewegt sich in Gegenphase zur Erregung. Dieser Zustand wird als *dynamische Schwingungstilgung* bezeichnet, m_2 ist dann eine entsprechende Zusatzmasse. Vielfältige Anwendungen im Maschinen- und auch im Hochbau sind bekannt geworden.

7.5. Biegeschwingungen eines elastischen Balkens

Man kann den Balken als eine kontinuierliche Schwingerkette kleiner Massenelemente $\varrho A\, \mathrm{d}x$ ansehen. Um die Bewegungsgleichung zu finden, wenden wir Impuls- und Drallsatz auf ein herausgeschnittenes Massenelement an (y sei Trägheitshauptachse im Schwerpunkt des Querschnittes, die Belastung $q(x, t)$ erfolge torsionsfrei, keine Längskraft), Abb. 7.32:

In z-Richtung

$$\varrho A\, \mathrm{d}x \frac{\partial^2 w}{\partial t^2} = \frac{\partial Q_z}{\partial x} \mathrm{d}x + q\, \mathrm{d}x + \cdots. \tag{7.143}$$

Um die y-Achse

$$\varrho J_y\, \mathrm{d}x \frac{\partial^2 \varphi}{\partial t^2} = \frac{\partial M_y}{\partial x} \mathrm{d}x - Q_z\, \mathrm{d}x + \cdots. \tag{7.144}$$

Division durch $\mathrm{d}x$ mit nachfolgendem Grenzübergang $\mathrm{d}x \to 0$ ergibt

$$\frac{\partial Q_z}{\partial x} = -q + \varrho A \frac{\partial^2 w}{\partial t^2}, \qquad \frac{\partial M_y}{\partial x} = Q_z + \varrho J_y \frac{\partial^2 \varphi}{\partial t^2}, \tag{7.145}$$

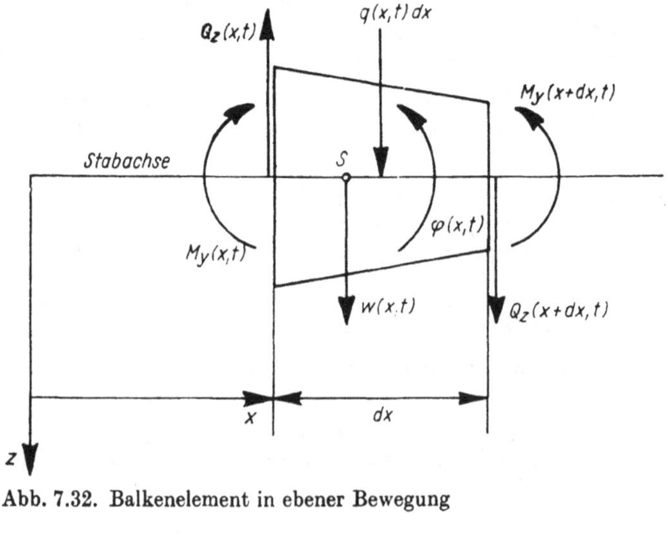

Abb. 7.32. Balkenelement in ebener Bewegung

φ bedeutet den Winkel der Querschnittsdrehung. Mit Berücksichtigung der Schubdeformation wird, Gln. (6.66) und (6.65),

$$-\varphi = \frac{\partial w}{\partial x} - \frac{\varkappa Q_z}{GA} \quad \text{und} \quad \frac{\partial \varphi}{\partial x} = \frac{M_y}{EJ_y}, \tag{7.146}$$

das sind insgesamt vier Gleichungen zur Beschreibung der Schnittgrößen $M_y(x, t)$, $Q_z(x, t)$ und der Deformationen $w(x, t)$, $\varphi(x, t)$. Eliminiert man alle Größen bis auf die Durchbiegung w, dann folgt die nach *Timoshenko* benannte vollständige Biegegleichung[1]. Für schlanke Balken mit kleinen Durchbiegungen (und höchstens schwachen Querschnittsänderungen und stetigen Belastungen $q(x)$) kann drastisch auf die *Bernoulli-Euler-Theorie* vereinfacht werden. Dann ist $-\varphi = \dfrac{\partial w}{\partial x}$, und Elimination ergibt die partielle Differentialgleichung vierter Ordnung (vgl. auch Gl. (5.22)):

$$\frac{\partial^2}{\partial x^2}\left(EJ_y \frac{\partial^2 w}{\partial x^2}\right) + \varrho A \frac{\partial^2 w}{\partial t^2} = q(x, t). \tag{7.147}$$

Ihre Lösung ergibt die Biegelinie $w(x, t)$ entsprechend den Rand- und Anfangsbedingungen, und die Schnittgrößen sind dann

$$M_y = -EJ_y \frac{\partial^2 w}{\partial x^2}, \qquad Q_z = \frac{\partial M_y}{\partial x}. \tag{7.148}$$

Numerisch günstiger ist allerdings ihre statische Berechnung bei festem t unter Belastung $q - \varrho A\ddot{w}$.

Wir untersuchen die freien (ungedämpften) Schwingungen, $q = 0$, eines homogenen Balkens mit konstantem Querschnitt der Spannweite l und Masse m mit gelenkiger Lagerung. Die Lösung der homogenen partiellen Differentialgleichung mit konstanten Koeffizienten suchen wir mittels *Bernoulli*schem Separationsansatz:

$$w(x, t) = q(t)\, f(x). \tag{7.149}$$

Einsetzen und Division durch w ergibt aus Gl. (7.147)

$$k^2 \frac{f^{\mathrm{IV}}}{f} = -\frac{\ddot{q}}{q} = \omega^2, \qquad k^2 = EJ_y/\varrho A, \tag{7.150}$$

gleich einer Konstanten ω^2. Die resultierenden gewöhnlichen Differentialgleichungen und ihre Lösungen sind die Schwingungsgleichung einerseits

$$\ddot{q} + \omega^2 q = 0 \to q = a \cos(\omega t - \varepsilon), \tag{7.151}$$

und mit $\varkappa^2 = \omega/k$, die Gleichung 4. Ordnung

$$\frac{\mathrm{d}^4 f}{\mathrm{d}x^4} - \varkappa^4 f = 0 \to f = C_1 \sin \varkappa x + C_2 \cos \varkappa x + C_3 \sinh \varkappa x + C_4 \cosh \varkappa x. \tag{7.152}$$

[1] Siehe z. B. *H. N. Abramson et al.*: Stress wave propagation in rods and beams. In Vol. 5 von Advances in Applied Mechanics. — New York, 1958.

Die Konstante ω^2 bzw. die Eigenkreisfrequenz ω hängt von den Randbedingungen ab. Für den *beidseits frei drehbaren Träger* ist also in $x = 0, l$: $w = 0$ und $w'' = f'' = 0$. Also

$$C_2 + C_4 = 0, \qquad -C_2 + C_4 = 0 \to C_2 = C_4 = 0.$$
$$C_1 \sin \varkappa l + C_3 \sinh \varkappa l = 0, \qquad -C_1 \sin \varkappa l + C_3 \sinh \varkappa l = 0 \to C_3 = 0$$

und (als transzendente Frequenzgleichung)

$$\sin \varkappa l = 0. \tag{7.153}$$

Die Eigenwerte sind dann $\varkappa = \pi/l,\ 2\pi/l, \ldots$ und die Quadrate der Eigenkreisfrequenzen sind $\omega_n^2 = (n\pi)^4\, EJ_y/ml^3$, $n = 1, 2, 3, \ldots$. Die zugehörigen Schwingungsformen (Eigenfunktionen) sind dann $f_n(x) = \sin(n\pi x/l)$, und die allgemeine Lösung ergibt sich durch Superposition der linear unabhängigen Basislösungen f_n,

$$w(x, t) = \sum_{n=1}^{\infty} q_n f_n = \sum_{n=1}^{\infty} a_n \sin(n\pi x/l) \cos(\omega_n t - \varepsilon_n). \tag{7.154}$$

Wegen der Orthogonalität der Eigenfunktionen, $\int_0^l f_n(x)\, f_m(x)\, \mathrm{d}x = N_n \delta_{mn}$, kann analog zur *Fourier*-Entwicklung jede Belastungsfunktion der Form $q(x, t) = h(t)\, g(x)$ entwickelt werden

$$g(x) = \sum_{n=1}^{\infty} A_n f_n(x), \qquad A_n = \frac{1}{N_n} \int_0^l g(x)\, f_n(x)\, \mathrm{d}x. \tag{7.155}$$

Mit harmonischen Erregerfunktionen $h(t) = \cos \nu t$ folgt dann die erzwungene Schwingung in «modaler» Zerlegung (durch Überlagerung der Eigenschwingungsformen)

$$w_p(x, t) = \sum_{n=1}^{\infty} B_n f_n(x) \cos \nu t. \tag{7.156}$$

Die B_n sind durch Eintragen des Ansatzes in die Differentialgleichung zu bestimmen. Für den Träger auf 2 Stützen folgt durch Koeffizientenvergleich

$$\varrho A B_n = A_n \Big/ \left[-\nu^2 + k^2 \left(\frac{n\pi}{l}\right)^4\right]. \tag{7.157}$$

Wegen der fehlenden Dämpfung muß $\nu \neq \omega_n$ vorausgesetzt werden. Mit bekannter Lösung kann die dynamische Auflagerkraft z. B. im raumfesten Auflager B mit Hilfe des Drallsatzes berechnet werden:

$$Bl - \int_0^l xq\, \mathrm{d}x = -\int_0^l x\ddot{w}\varrho A\, \mathrm{d}x.$$

Für die erzwungene Schwingung ist

$$B(t) = \frac{1}{l} \int_0^l x(q - \varrho A \ddot{w}_p)\, \mathrm{d}x. \tag{7.158}$$

Mit

$$B(t) = \sum_{n=1}^{\infty} b_n \cos \nu t \tag{7.159}$$

folgt mit $\varrho A = \text{const}$

$$b_n = \frac{1}{l}\,(A_n + \varrho A B_n \nu^2) \int\limits_0^l x f_n(x)\,\mathrm{d}x$$

$$= (-1)^{n+1}\,\frac{l A_n}{n\pi}\left[1 + \frac{\nu^2}{k^2\left(\frac{n\pi}{l}\right)^4 - \nu^2}\right], \quad n = 1, 2, 3, \ldots \tag{7.160}$$

7.6. Schallwellen im linear elastischen Körper

Ergänzt man entsprechend dem dynamischen Grundgesetz die *Navier*schen Gleichungen (6.6) um $\varrho\,\dfrac{\partial^2\vec{u}}{\partial t^2}$, dann erhält man die Bewegungsgleichungen im homogenen isotropen linear elastischen Körper, z. B. in Vektorform

$$(\lambda + G)\,\nabla(\nabla\cdot\vec{u}) + G\nabla^2\vec{u} + \varrho\vec{k} = \varrho\,\frac{\partial^2\vec{u}}{\partial t^2}, \tag{7.161}$$

G ist der Schubmodul und $\lambda = 2\nu G/(1 - 2\nu)$ die zweite *Lamé*sche Konstante, $\vec{k}$ ist jetzt die Kraftdichte bezogen auf die Masseneinheit. Mit Hilfe der *Helmholtz*-Aufspaltung des Verschiebungsvektors

$$\vec{u} = \text{grad}\,\Phi + \text{rot}\,\vec{\Psi}, \tag{7.162}$$

zeigen wir, daß sich im elastischen Festkörper Störungen durch zwei Wellensysteme ausbreiten können, nämlich in Form der schnellen longitudinalen P-Wellen (*unda prima*) und der langsameren transversalen S-Welle (*unda secunda*), wenn nur $k = 0$ oder $\vec{k} = \text{grad}\,b + \text{rot}\,\vec{B}$. Ihre Ausbreitungsgeschwindigkeiten bestimmen wir als Eigenwerte für den Spezialfall ebener Wellen. Setzen wir den Ansatz für $\vec{u}$ in die Bewegungsgleichungen ein, dann können wir mit der Forderung $\text{div}\,\vec{\Psi} = 0$ die Aufspaltung in zwei Wellengleichungen, eine skalare für das skalare Potential Φ und eine vektorielle für das Vektorpotential $\vec{\Psi}$, vornehmen:

$$c_P^2\nabla^2\Phi + b = \ddot{\Phi}, \qquad c_S^2\nabla^2\vec{\Psi} + \vec{B} = \ddot{\vec{\Psi}}, \tag{7.163}$$

mit den Abkürzungen $c_P^2 = (\lambda + 2G)/\varrho$, $c_S^2 = G/\varrho$, deren Wurzeln die Dimension einer Geschwindigkeit haben. Die Potentiale Φ und $\vec{\Psi}$ beschreiben also Wellensysteme, die sich voneinander unabhängig im elastischen Festkörper ausbreiten.[1] Wegen $\text{rot grad}\,\Phi = 0$ ist diese Deformation drehungsfrei, entspricht also einer reinen Kompressionswelle (wie die Schallwelle in Flüssigkeiten, wo $G = 0$ und $\lambda = K$, $c_P^2 = K/\varrho$, K ist der Kompressionsmodul). Mit $e = \text{div}\,\vec{u} = \nabla^2\Phi$ ist der zweite Deformationsanteil isochor, $\text{div rot}\,\vec{\Psi} = 0$. Eine Kopplung der beiden Wellensysteme erfolgt z. B. durch Reflexion einer Welle am Körperrand.

[1] Die Ausbreitung ist verlustfrei angenommen, isentrope Zustandsänderung. Die dynamischen elastischen Konstanten λ, G sind unter adiabaten Bedingungen zu messen, im Gegensatz zu den isothermen statischen.

Ebene Wellen sind *D'Alembert*sche Lösungen f der homogenen Bewegungsgleichungen mit $k = 0$,

$$\vec{u} = \vec{A} f\left(t - \frac{\vec{r} \cdot \vec{e}_n}{c}\right), \tag{7.164}$$

$\vec{r} \cdot \vec{e}_n = \text{const}$ ist die Gleichung der ebenen Wellenfront mit dem Normalenvektor $\vec{e}_n$. Einsetzen liefert ein homogenes Gleichungssystem für die Komponenten des Amplitudenvektors $\vec{A}$:

$$(\lambda + G)(\vec{A} \cdot \vec{e}_n)\,\vec{e}_n + (G - \varrho c^2)\,\vec{A} = 0. \tag{7.165}$$

Nichttriviale Lösungen existieren nur für bestimmte Eigenwerte c^2:
(a) Eine longitudinale Welle $\vec{A} = A\vec{e}_n$, die Verschiebung zeigt in Richtung der Ausbreitung, ergibt

$$(\lambda + 2G - \varrho c^2)\,A = 0, \qquad c^2 = c_P^2 = (\lambda + 2G)/\varrho, \qquad A \neq 0. \tag{7.166}$$

Ihr skalares Potential ist $\Phi = \Phi_0 g\left(t - \frac{\vec{r} \cdot \vec{e}_n}{c_P}\right)$, $\vec{u} = \nabla \Phi = -\Phi_0 \frac{\vec{e}_n}{c_P}\,\dot{g}\left(t - \frac{\vec{r} \cdot \vec{e}_n}{c_P}\right)$, $\vec{\Psi} = \vec{0}$, $f = -\dot{g}$.

(b) Eine transversale Welle $\vec{A} \cdot \vec{e}_n = 0$, die Verschiebung ist senkrecht zur Ausbreitungsrichtung, reduziert die Gleichung auf

$$(G - \varrho c^2)\,\vec{A} = \vec{0}, \qquad c^2 = c_S^2 = G/\varrho < c_P^2, \qquad |\vec{A}| \neq 0. \tag{7.167}$$

Das Vektorpotential hat dann die Form

$$\vec{\Psi} = \vec{\Psi}_0 g\left(t - \frac{\vec{r} \cdot \vec{e}_n}{c_S}\right), \qquad \vec{\Psi}_0 \cdot \vec{e}_n = 0. \tag{7.168}$$

Mit dem Polarisierungsvektor $\vec{e}_P$ setzen wir $\vec{\Psi}_0 = \Psi_0(\vec{e}_P \times \vec{e}_n)$ und finden dann den Verschiebungsvektor

$$\vec{u} = \nabla \times \vec{\Psi} = -\Psi_0 \frac{\vec{e}_P}{c_S}\,\dot{g}\left(t - \frac{\vec{r} \cdot \vec{e}_n}{c_S}\right), \qquad \vec{e}_P \cdot \vec{e}_n = 0. \tag{7.169}$$

In bezug auf eine ausgezeichnete Richtung $\vec{e}_3$ spricht man von horizontal polarisierten Scherwellen (SH), wenn $\vec{e}_P = \vec{e}_3$, $\vec{e}_n$ liegt dann in der Ebene senkrecht zu $\vec{e}_3$, und von vertikal polarisierten Scherwellen (SV), wenn $(\vec{e}_P \cdot \vec{e}_3) = 0$, wo also sowohl $\vec{e}_P$ als auch $\vec{e}_n \perp \vec{e}_P$ in einer Ebene liegen.
Eine inhomogene ebene Welle, nämlich die *Rayleigh*sche Oberflächenwelle stellen, wir als Beispiel A 7.10 vor.

7.7. Aufgaben A 7.1 bis A 7.12 und Lösungen

A 7.1: Ein Schienenfahrzeug mit der Masse m fährt «gleichförmig geradlinig» mit der (relativen) Geschwindigkeit v nach Norden. Man berechne die Seitenführungskraft unter Berücksichtigung der Eigenrotation ν der Erde.

Lösung: Unter diesen Voraussetzungen ergibt nur die *Coriolis*-Beschleunigung, Gl. (8.62), $\vec{a}_C = 2(\vec{\nu} \times \vec{v}_{rel})$ eine Beschleunigungskomponente in der Horizontalebene, $\vec{a}_C = a_\varphi \vec{e}_\varphi = -2\nu v \sin \alpha \vec{e}_\varphi$, α ist der nördliche Breitengrad, vgl. Abb. 7.15, und $\vec{e}_\varphi$ zeigt nach Osten. Der Schwerpunktsatz (7.7) ergibt die Komponente $ma_\varphi \vec{e}_\varphi = R_h \vec{e}_\varphi$ und damit die Seitenführungskraft $R_h = -mg \dfrac{2\nu v}{g} \sin \alpha$, die bei der Fahrt nach Norden von der östlichen Schiene aufgebracht werden muß ($\alpha > 0$, $v > 0$). Diese senkrecht auf $\vec{v}_{rel}$ stehende Kraft ändert ihren Betrag nicht, wenn sich die Fahrtrichtung ändert. An einseitig befahrenen Schienensträngen kann die dadurch hervorgerufene ungleiche Abnützung festgestellt werden.

A 7.2: Ein Rad mit dem Radius r rollt mit der Anfangsgeschwindigkeit v_0 in eine Kreisführung mit dem Radius $R + r$. Gesucht ist der kleinste Wert von v_0, damit kein Abheben eintritt, Abb. A 7.2.

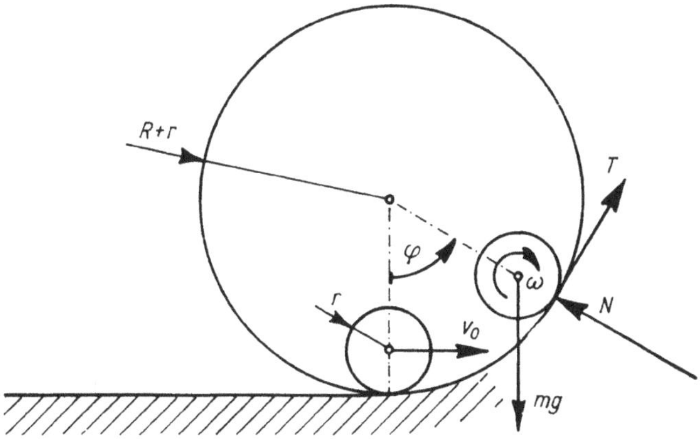

Abb. A 7.2

Lösung: Wir verwenden Polarkoordinaten und mit der Rollbedingung $v = R\dot{\varphi} = r\omega$ folgt: $m\dot{v} = mR\ddot{\varphi} = T - mg \sin \varphi$, $mv^2/R = mR\dot{\varphi}^2 = N - mg \cos \varphi$, $mi^2\dot{\omega} = mi^2 R\ddot{\varphi}/r = -rT$. Elimination von T ergibt die Bewegungsgleichung $\ddot{\varphi} + [g/R(1 + i^2/r^2]$ $\times \sin \varphi = 0$. Analog zum Pendel gewinnen wir daraus durch Integration $\dot{\varphi}(\varphi)$ und setzen in die Bedingung für Nichtabheben ein:

$$N = mg \cos \varphi + mR\dot{\varphi}^2$$
$$= mg[v_0^2(1 + i^2/r^2)/gR - 2 + (3 + i^2/r^2) \cos \varphi]/(1 + i^2/r^2) > 0.$$

Aus der Ungleichung folgt

$$\frac{v_0^2}{gR} > [2 - (3 + i^2/r^2) \cos \varphi]/(1 + i^2/r^2).$$

Sie ist für alle φ erfüllt, wenn

$$v_0 > v_{kr} = [(5 + i^2/r^2)\, gR/(1 + i^2/r^2)]^{1/2}.$$

Mit $i = 0$ erhält man die Bedingung für das Nichtabheben einer Punktmasse auf reibungsfreier Kreisbahn ($T = 0$).

A 7.3: Das drehschwingungsfähige System nach Abb. A 7.3 besteht aus zwei starren Scheiben (I_1, I_2), die über masselose linear elastische Wellen miteinander und mit «unendlichen» Massen verbunden sind. Das obere Wellenende sei gegen das untere um den Winkel α_0 verdreht und werde plötzlich freigegeben (Auskuppelvorgang oder Bruch der Welle). Man berechne die freien Drehschwingungen.

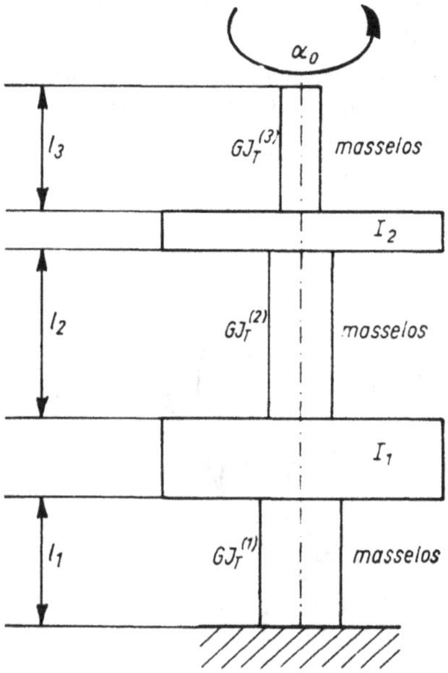

Abb. A 7.3. Drehschwinger. Drehfedersteifigkeit: $k_i = GJ_T^{(i)}/l_i$, $i = 1, 2, 3$

Lösung: In einer Momentanlage $\varphi_1(t)$, $\varphi_2(t)$ werden die beiden Scheiben freigeschnitten. Der Drallsatz liefert unter Beachtung der Rückstellmomente

$$I_1\ddot{\varphi}_1 = -k_1\varphi_1 + k_2(\varphi_2 - \varphi_1),$$
$$I_2\ddot{\varphi}_2 = -k_2(\varphi_2 - \varphi_1) - k_3[\varphi_2 - \alpha(t)],$$

wenn $\alpha(t)$ eine beliebige Drehwinkelerregung bezeichnet. Mit $\alpha(t) \equiv \alpha_0$ erhält man die statische Gleichgewichtslage, $\ddot{\varphi}_1 = \ddot{\varphi}_2 = 0$, $\mu = I_2/I_1$,

$$\varphi_1^{(0)} = \mu\Omega_2^2\Omega_3^2\alpha_0/\Delta_0, \qquad \varphi_2^{(0)} = \Omega_1^2\Omega_3^2\alpha_0/\Delta_0,$$
$$\Delta_0 = \Omega_1^2\Omega_2^2 + \Omega_1^2\Omega_3^2 - \mu\Omega_2^4, \qquad \Omega_1^2 = k_1/I_1 + k_2/I_1, \qquad \Omega_i^2 = k_i/I_2,$$
$$(i = 2, 3).$$

Freigabe des oberen Wellenendes bedingt $k_3 = 0$: Nach der Bestimmung der Eigenkreisfrequenzen $\omega_{1,2}^2 = \frac{\Omega_1^2 + \Omega_2^2}{2}\left[1 \mp (1 + 4\mu\Omega_2^4/(\Omega_1^2 + \Omega_2^2)^2)^{1/2}\right]$ und mit $\varkappa_1 = \Omega_2^2/\Omega_2^2 - \omega_1^2$, $\varkappa_2 = \Omega_2^2/\Omega_2^2 - \omega_2^2$ kann die allgemeine Lösung der homogenen Bewegungsgleichungen an die Anfangsbedingungen angepaßt werden, $\varphi_1 = A_1 \cos\omega_1 t + A_2 \times \cos\omega_2 t$, $\varphi_2 = \varkappa_1 A_1 \cos\omega_1 t + \varkappa_2 A_2 \cos\omega_2 t$,

$$A_1 = [(\Omega_1^2 - \omega_2^2)\,\varphi_1^{(0)} - \mu\Omega_2^2\varphi_2^{(0)}]/(\omega_2^2 - \omega_1^2),$$
$$A_2 = [-(\Omega_1^2 - \omega_1^2)\,\varphi_1^{(0)} + \mu\Omega_2^2\varphi_2^{(0)}]/(\omega_2^2 - \omega_1^2).$$

A 7.4: Ein Meßgerät, bestehend aus einer Anzeigermasse m, die über einen *Kelvin-Voigt*schen Modellkörper an eine starre Gehäusemasse M gekoppelt ist, steht auf einer Masse M_1, die wegerregte Schwingungen (Wegerregung $u(t)$) ausführt. Man stelle die Bewegungsgleichungen des Systems nach Abb. A 7.4 in absoluten und relativen Koordinaten auf, transformiere auf die Anzeige $s(t)$ und führe eine «beschleunigungs-» und «wegempfindliche» Abstimmung durch.

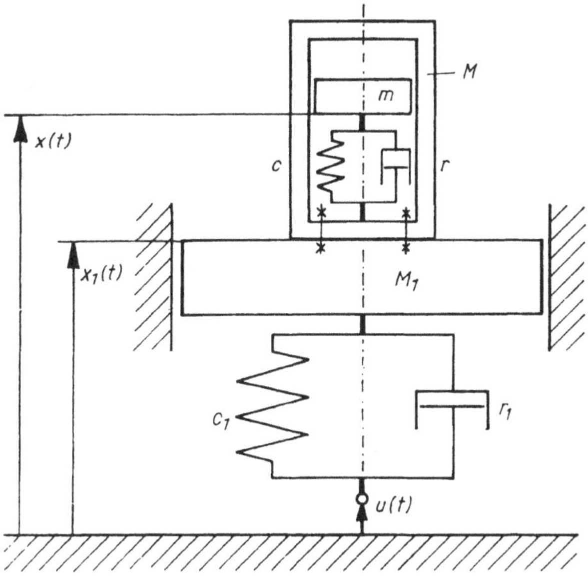

Abb. A 7.4

Lösung: Wir wenden das *Newton*sche Gesetz auf die freigeschnittenen Massen m und $m_1 = M + M_1$ an:

$$m\ddot{x} = -c(x - x_1) - r(\dot{x} - \dot{x}_1) - mg,$$

$$m_1\ddot{x}_1 = c(x - x_1) + r(\dot{x} - \dot{x}_1) - c_1(x_1 - u) - r_1(\dot{x}_1 - \dot{u}) - m_1 g.$$

Übergang auf Relativkoordinaten $\xi = x - u + \left(\frac{m_1 + m}{c_1} + \frac{m}{c}\right) g$, $\xi_1 - x_1 - u + (m_1 + m)\, g/c_1$, führt auf die gekoppelten inhomogenen Gleichungen

$$\boldsymbol{m}\ddot{\vec{\xi}} + \boldsymbol{r}\dot{\vec{\xi}} + \boldsymbol{k}\vec{\xi} = \vec{F}(t), \qquad \vec{\xi} = \begin{Bmatrix} \xi \\ \xi_1 \end{Bmatrix}, \qquad \vec{F}(t) = \begin{Bmatrix} -m\ddot{u} \\ -m_1\ddot{u} \end{Bmatrix},$$

mit der diagonalen Massenmatrix $\boldsymbol{m} = \begin{pmatrix} m & 0 \\ 0 & m_1 \end{pmatrix}$, der symmetrischen Dämpfungsmatrix $\boldsymbol{r} = \begin{pmatrix} r & -r \\ -r & r + r_1 \end{pmatrix}$, und der symmetrischen Steifigkeitsmatrix $\boldsymbol{k} = \begin{pmatrix} c & -c \\ -c & c + c_1 \end{pmatrix}$.

Führt man die Anzeige $s(t) = \xi - \xi_1$ und $\xi_1 \equiv u_1$ ein, dann folgt mit $\boldsymbol{M} = \begin{pmatrix} m & m \\ 0 & m_1 \end{pmatrix}$, nichtdiagonal, $\boldsymbol{R} = \begin{pmatrix} r & 0 \\ -r & r_1 \end{pmatrix}$, nichtsymmetrisch, $\boldsymbol{K} = \begin{pmatrix} c & 0 \\ -c & c_1 \end{pmatrix}$, nichtsymmetrisch, bei unverändertem Erregervektor $\vec{F}(t)$, $\boldsymbol{M}\ddot{\vec{X}} + \boldsymbol{R}\dot{\vec{X}} + \boldsymbol{K}\vec{X} = \vec{F}(t)$, $\vec{X} = \begin{Bmatrix} s(t) \\ u_1(t) \end{Bmatrix}$.

Mit den Abkürzungen $\Omega_s^2 = c/m$, $\Omega_1^2 = c_1/m_1$, $\Omega_2^2 = c/m_1$ und $\zeta = r/2\sqrt{mc}$, $\zeta_1 = r_1/2\sqrt{m_1 c_1}$, $\zeta_2 = r/2\sqrt{m_1 c_1}$ folgt ausgeschrieben

$$\ddot{s} + \ddot{u}_1 + 2\zeta\Omega_s\dot{s} + \Omega_s^2 s = -\ddot{u},$$

$$\ddot{u}_1 + 2\zeta_1\Omega_1\dot{u}_1 - 2\zeta_2\Omega_2\dot{s} + \Omega_1^2 u_1 - \Omega_2^2 s = -\ddot{u}.$$

Beschleunigungsempfindliche Abstimmung erreicht man mit $\Omega_s^2 \gg \Omega_1^2$, Ω_2^2 und den genäherten Bewegungsgleichungen

$$\Omega_s^2 s \approx -(\ddot{u} + \ddot{u}_1) = -\ddot{x}_1, \qquad s \approx -\ddot{x}_1/\Omega_s^2.$$

Gilt auch noch $\Omega_1^2 \gg \Omega_2^2$, dann wird aus der zweiten Gleichung

$$\dot{u}_1 = -\frac{\Omega_1}{2\zeta_1} u_1 + \frac{\Omega_s^2}{2\zeta_1\Omega_1} s, \qquad u_1 = u_1^{(0)} e^{-\lambda t} + \frac{\Omega_s^2}{2\zeta_1\Omega_1} \int_0^t e^{-\lambda(t-\tau)} s(\tau)\, d\tau,$$

$$\lambda = \Omega_1/2\zeta_1.$$

Wegempfindliche Abstimmung hingegen erhält man mit $\Omega_s^2 \ll \Omega_1^2$, ($\Omega_s^2 <$ höchste Erregerfrequenz von $\ddot{u}$) und wenn noch $\Omega_s^2 \gg \Omega_2^2$, $\ddot{s} = -(\ddot{u} + \ddot{u}_1) = -\ddot{x}_1$, $s = -x_1 + x_{1\,\mathrm{statisch}}$:

$$\dot{u}_1 = -\frac{\Omega_1}{2\zeta_1} u_1 + \frac{1}{2\zeta_1\Omega_1} \ddot{s}, \qquad u_1 = u_1^{(0)} e^{-\lambda t} + \frac{1}{2\zeta_1\Omega_1} \int_0^t e^{-\lambda(t-\tau)} \ddot{s}(\tau)\, d\tau,$$

$$\lambda = \Omega_1/2\zeta_1.$$

A 7.5: In nicht zu großer Entfernung hinter einem symmetrisch umströmten Körper (ein starrer Zylinder, z. B. ein Brückenpfeiler nach Abb. A 7.5) ist die mittlere Geschwindigkeitsverteilung sowie die Anströmung wieder parallel, weist jedoch wegen der Viskosität der Flüssigkeit eine sogenannte *Nachlaufdelle* auf.

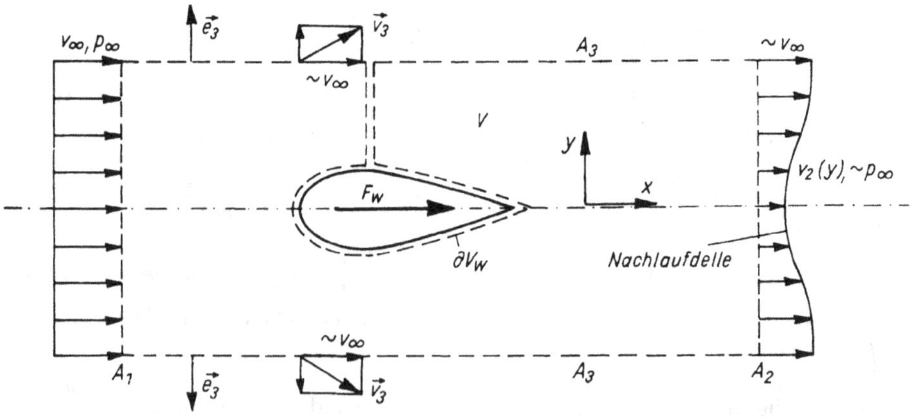

Abb. A 7.5

Aus Messungen sei $v_2(y)$ der ebenen Strömung bekannt. Man berechne mit Hilfe des Impulssatzes die Widerstandskraft F_w mit der Annahme gleichen Druckes in den genügend großen Querschnitten A_1 und A_2 der äußeren Kontrollfläche.

Lösung: Die Massenbilanz für stationäre Strömung liefert den Fluß durch den Teil A_3 der raumfesten Kontrollfläche aus

$$-\varrho_\infty v_\infty A_1 + \int_{A_2} \mu_2 \, dA + \int_{A_3} \mu_3 \, dA = 0, \qquad \mu_2 = \varrho v_2(y), \qquad \mu_3 = \varrho(\vec{v}_3 \cdot \vec{e}_3).$$

Die x-Komponente des Impulssatzes ergibt

$$-\varrho_\infty v_\infty^2 A_1 + v_\infty \int_{A_3} \mu_3 \, dA + \int_{A_2} \mu_2 v_2 \, dA = -F_w,$$

und nach Einsetzen den Widerstand (Kraftwirkung auf den Brückenpfeiler),

$$F_w = \int_{A_2} \mu_2[v_\infty - v_2(y)] \, dA = \frac{\varrho_\infty v_\infty^2}{2} 2 \int_{A_2} \frac{v_2}{v_\infty}\left(1 - \frac{v_2}{v_\infty}\right) dA, \qquad dA = b \, dy.$$

A 7.6: Die Vortriebskraft eines (am Ort stationär rotierenden angetriebenen) Propellers oder die Kraftwirkung auf ein Windrad (scheinbarer Widerstand) bei Parallelanströmung (die Drehzahl werde durch Leistungsabgabe konstant gehalten) soll mit Hilfe des Impulssatzes aus der Nachlaufströmung berechnet werden, vgl. Abb. A 7.6 und siehe Aufgabe A 7.5.

Lösung: Die zylindrische Kontrollfläche ist mitrotierend angenommen. Die Massenbilanz ergibt wieder den Massenstrom durch den Teil A_3 der Kontrollfläche

$$-\varrho_\infty v_\infty A_1 + \int_{A_2} \mu_2 \, dA + \int_{A_3} \mu_3 \, dA = 0, \qquad \mu_2 = \varrho v_2(r),$$

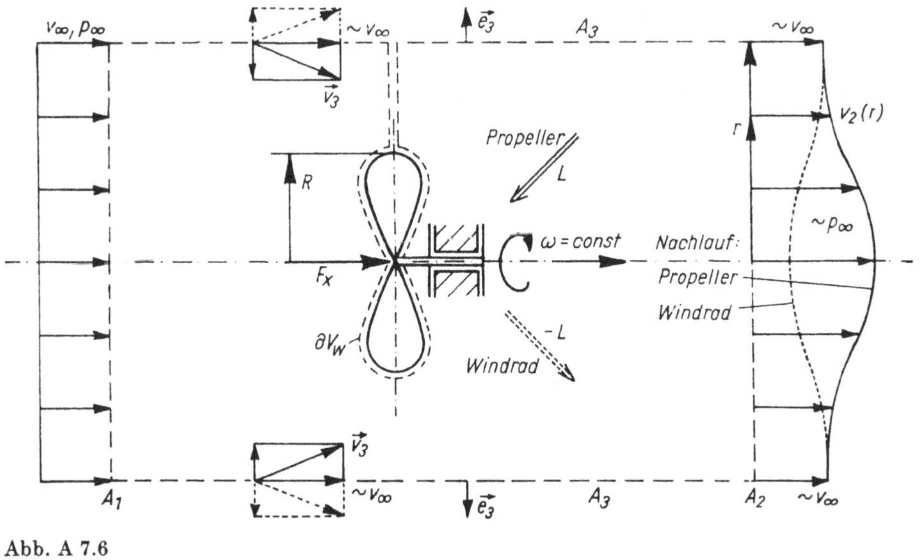

Abb. A 7.6

mit $\mu_3 = \varrho(\vec{v}_3 \cdot \vec{e}_3) < 0$ für Propellerbetrieb und $\mu_3 > 0$ für die Windradanordnung. Aus dem Impulssatz kann $\vec{F}_w = F_x \vec{e}_x$ berechnet werden, der Druck in A_1 und A_2 sei gleich,

$$-\varrho_\infty v_\infty^2 A_1 + v_\infty \int_{A_3} \mu_3 \, dA + \int_{A_2} \mu_2 v_2 \, dA = -F_x .$$

Nach Einsetzen folgt die gesuchte Kraftwirkung F_x auf den Propeller bzw. auf das Windrad zu

$$F_x = \int_{A_2} \mu_2 (v_\infty - v_2) \, dA = \frac{\varrho_\infty v_\infty^2}{2} 4\pi \int_0^{R_2} \frac{v_2}{v_\infty} \left(1 - \frac{v_2}{v_\infty}\right) r \, dr .$$

Eine technische Formel (vereinfachte Propellertheorie genannt) erhält man nach Einführung einer mittleren Geschwindigkeit $\bar{v}_2$ entsprechend dem Massenstrom durch A_3, $\dot{m} = \left| \int_{A_3} \mu_3 \, dA \right| = \varrho_\infty \pi R^2 \bar{v}_2$, die Strömung durch $A_2 - \pi R^2$ erscheint dann durch die Parallelströmung mit v_∞ ersetzt,

$$F_x = \varrho_\infty v_\infty^2 \left(1 - \frac{\bar{v}_2}{v_\infty}\right) \frac{\bar{v}_2}{v_\infty} 2\pi \int_0^R r \, dr = \dot{m}(v_\infty - \bar{v}_2),$$

$F_x < 0$ Vortrieb des Propellers,
$F_x > 0$ effektiver Widerstand des Windrades.
$2R$ ist der Propellerdurchmesser.

A 7.7: Ein ebener Freistrahl (Rechteckquerschnitt $B \cdot H$, seitliche Führungswände) transportiert den Massefluß $\dot{m} = \text{const}$ und trifft auf eine geneigte, mit $\vec{w} = \overrightarrow{\text{const}}$ bewegte starre Platte. Man berechne die dynamische Kraftwirkung F_w (resultierende Druckkraft bei Reibungsfreiheit) auf die bewegte Wand, Abb. A 7.7, und die abgegebene Leistung.

Lösung: Wandfern herrscht im Freistrahl der Außendruck p_0. Die Kontrollfläche ∂V nach Abb. A 7.7 wird mit $\vec{w}$ mitbewegt angenommen, dann ist die Strömungsumlenkung stationär. Da $p_1 = p_2 = p_0$, gilt $v - w = v_{1\text{rel}} = v_{2\text{rel}}$ (Gl. (8.36) kann entlang einer Relativstromlinie benutzt werden, da $\vec{w} = \overrightarrow{\text{const}}$). Wegen $\mu = \varrho \times (\vec{v} - \vec{w}) \cdot \vec{n} = -\varrho(v - w)$, $\mu_1 = \varrho(\vec{v}_{1\text{rel}} + \vec{w} - \vec{w}) \cdot \vec{n}_1 = \varrho(v - w)$, $\mu_2 = \varrho(\vec{v}_{2\text{rel}} + \vec{w} - \vec{w}) \cdot \vec{n}_2 = \varrho(v - w)$, ergibt der Impulssatz[1]

$$\oint_{\partial V} \mu \vec{v} \, dS = -\varrho(v - w) \, BH\vec{v} + \varrho(v - w) \, BH_1(\vec{v}_{1\text{rel}} + \vec{w}) + \varrho(v - w) \, BH_2(\vec{v}_{2\text{rel}} + \vec{w}) = -\vec{F}_w .$$

Daraus folgt die resultierende Druckkraft senkrecht auf die bewegte Wand

$$F_w = \varrho(v - w) \, B[vH - wH_1 - wH_2] \sin\alpha ,$$

und quer dazu die Bedingung: $\varrho(v - w) \, B[vH \cos\alpha - (v_{1\text{rel}} + w \cos\alpha) \, H_1 - (-v_{2\text{rel}} + w \cos\alpha) \, H_2] = 0$. Eine zweite Gleichung für die Strahlstärken $H_{1,2}$

[1] Das mit $\vec{w} = \overrightarrow{\text{const}}$ bewegte starre Kontrollvolumen ist ein Inertialsystem, daher kann auch mit Relativgeschwindigkeiten gerechnet werden ($\vec{v} \to \vec{v} - \vec{w}$, $\vec{v}_{1\text{rel}}$, $\vec{v}_{2\text{rel}}$).

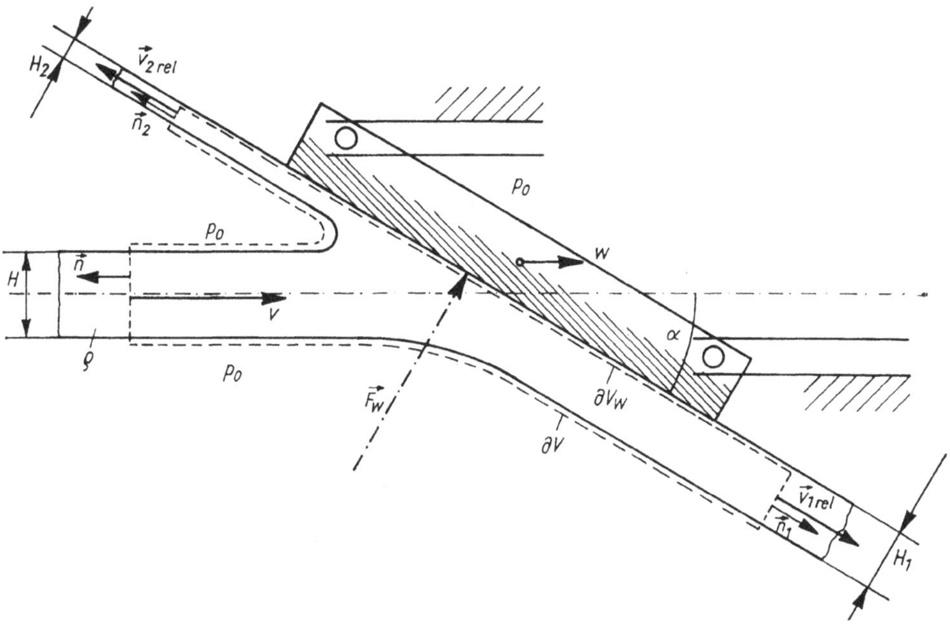

Abb. A 7.7

ergibt die Massenflußbilanz

$$\oint_{\partial V} \mu \, dS = -\varrho(v-w)\,BH + \varrho(v-w)\,BH_1 + \varrho(v-w)\,BH_2 = 0,$$

$$H_1 + H_2 = H.$$

Daraus kann $H_{1,2} = H(1 \pm \cos\alpha)/2$ explizit berechnet werden, und die Wanddruckkraft wird schließlich

$$F_w = \varrho(v-w)^2\,BH\sin\alpha, \qquad v > w.$$

Die abgegebene Leistung $L = \varrho w(v-w)^2\,BH\sin^2\alpha$.

Zerlegt man $F_w = 2\,\frac{\varrho v_{rel}^2}{2}\,BH\sin\alpha$, $(v-w) = v_{rel}$, in eine Komponente in Strahlrichtung, $F_R = c_w\,\frac{\varrho v_{rel}^2}{2}\,BH$, und eine quer dazu, $F_Q = c_A\,\frac{\varrho v_{rel}^2}{2}\,BH$, dann ist $c_w = 2\sin^2\alpha$ ein «Widerstandsbeiwert» und $c_A = \sin 2\alpha$ ein «Auftriebsbeiwert», siehe 13.2., α heißt «Anstellwinkel».

A 7.8: An einer Behälterwand ist ein Ausflußrohr drehbar aufgehängt, siehe Abb. A 7.8. Man stelle die Bewegungsgleichung für Pendelschwingungen in der Horizontalebene auf, wenn der Massestrom $\dot{m}$ = const reibungsfrei ins Freie strömt, Umgebungsdruck p_0.

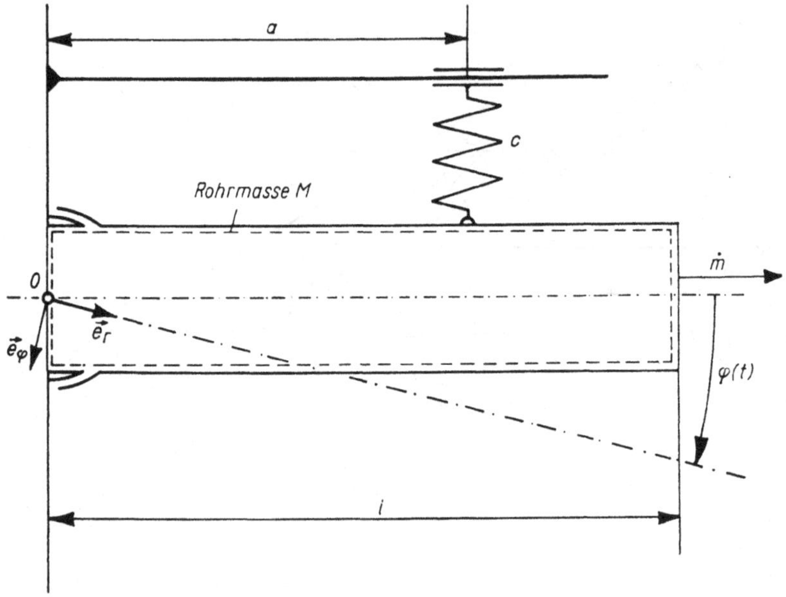

Abb. A 7.8. Horizontalebene

Lösung: Der Drallvektor der Flüssigkeit im Rohr ist, $\vec{r} = r\vec{e}_r$, $\vec{v} = \dfrac{\dot{m}}{\varrho A}\,\vec{e}_r + r\dot{\varphi}\vec{e}_\varphi$,

$$\vec{D}_0 = \int\limits_0^l (\vec{r} \times \vec{v})\,\varrho A\,\mathrm{d}r = \frac{\varrho A l}{3}\, l^2\dot{\varphi}\vec{e}_z$$

und $\dot{D}_0 = \dfrac{\varrho A l}{3}\, l^2\ddot{\varphi}\vec{e}_z$. Der Drallsatz liefert unter Beachtung des abfließenden Impulsmomentes $\dot{m}l^2\dot{\varphi}$,

$$\frac{\varrho A l}{3}\, l^2\ddot{\varphi} + \dot{m}l^2\dot{\varphi} = -M_w.$$

Eine zweite Gleichung ist der Drallsatz für das (leere) Rohrpendel unter Wirkung des äußeren Momentes M_w und des rückstellenden Federmomentes:

$$\frac{Ml^2}{3}\,\ddot{\varphi} = M_w - \frac{ca^2}{2}\sin 2\varphi.$$

Nach Elimination von M_w folgt die Bewegungsgleichung einer «gedämpften» Schwingung

$$\ddot{\varphi} + R\dot{\varphi} + \omega_0^2\,\frac{1}{2}\sin 2\varphi = 0,$$

$$R = 3\dot{m}/(M + \varrho A l), \qquad \omega_0^2 = \frac{3c}{M + \varrho A l}\,\frac{a^2}{l^2}.$$

A 7.9: Man berechne die freien Torsionsschwingungen eines elastischen Kragstabes mit Kreisquerschnitt (Länge l, Durchmesser d, Dichte ϱ, Schubmodul G).

Lösung: Der Drallsatz für ein Stabelement ergibt die Wellengleichung für den Verdrehwinkel χ, ($\vartheta = \partial\chi/\partial x$):

$$\frac{\partial^2\chi}{\partial t^2} = c^2 \frac{\partial^2\chi}{\partial x^2}, \qquad c^2 = GJ_\mathrm{T}/I = G/\varrho, \qquad J_\mathrm{T} = \pi d^4/32, \qquad I = \varrho J_\mathrm{T}.$$

Der Separationsansatz $\chi(x, t) = q(t)\,\varphi(x)$ liefert $\dfrac{\ddot{q}}{q} = c^2 \dfrac{\varphi''}{\varphi} = -\omega^2$ und damit $q(t) = A \cos \omega t + B \sin \omega t$ und $\varphi(x) = C \cos \dfrac{\omega}{c} x + D \sin \dfrac{\omega}{c} x$. Aus den Randbedingungen $\chi(0, t) = 0$ und $M_\mathrm{T}(l, t) = GJ_\mathrm{T} \left.\dfrac{\partial\chi}{\partial x}\right|_{x=l} = 0$ folgt $C = 0$, und die Torsionseigenkreisfrequenzen sind

$$\omega_n = \frac{c}{l}\,\frac{2n-1}{2}\,\pi, \qquad n = 1, 2, 3, \ldots$$

A 7.10: Man untersuche, ob auch eine statisch und dynamisch vollkommen ausgewuchtete Welle kritische Drehzahlen besitzt. Dann müßte die Welle auch im ausgebogenen Zustand umlaufen.

Lösung: Setzen wir die (umlaufende) Trägheitsbelastung $q = \varrho A\omega^2 w$ als Querbelastung in die stationäre Differentialgleichung der Biegelinie ein, $EJ \dfrac{\mathrm{d}^4 w}{\mathrm{d}x^4} = q$, dann folgt

$$\frac{\mathrm{d}^4 w}{\mathrm{d}x^4} - \omega^2 \frac{\varrho A}{EJ} w = 0,$$

identisch mit Gl. (7.152). Sie liefert daher bei gleichen Randbedingungen dieselbe Frequenzgleichung (gleiche Eigenwerte) und damit die kritischen Drehzahlen gleich den Biegeeigenkreisfrequenzen. Bei diesen wäre neben der unausgebogenen Lage $w = 0$ auch ein Rotieren der Welle im ausgebogenen Zustand möglich, daher $\omega \neq \omega_n$ $(n = 1, 2, 3, \ldots)$.

A 7.11: Man ermittle die Eigenfrequenzen und Eigenschwingungsformen von gleichmäßig vorgespannten Membranen mit Rechteck- oder Kreisumriß nach Abb. A 7.11.

Lösung: Setzen wir an Stelle der Belastung p in Gl. (6.191) die Trägheitskraft $-\varrho h\ddot{w}$ und den Ansatz für zeitlich harmonische Schwingungen $w = W\,\mathrm{e}^{i\omega t}$ ein, dann erhalten wir die *Helmholtz*sche Differentialgleichung für die Amplitudenfunktion W,

$$\Delta W + \lambda^2 W = 0, \qquad \lambda^2 = \varrho h\omega^2/S, \qquad \omega = \lambda\sqrt{S/\varrho h}.$$

Sie besitzt für *Dirichlet*sche Randbedingungen, $W = 0$, nur diskrete reelle Eigenwerte λ_n $(n = 1, 2, \ldots)$ und zugehörige Lösungen W_n. Für den Rechteckumriß führt der Produktansatz $W(x, y) = F(x)\,G(y)$ auf zwei gewöhnliche Differentialgleichungen (jede für sich beschreibt Saitenschwingungen). Mit den Eigenwerten

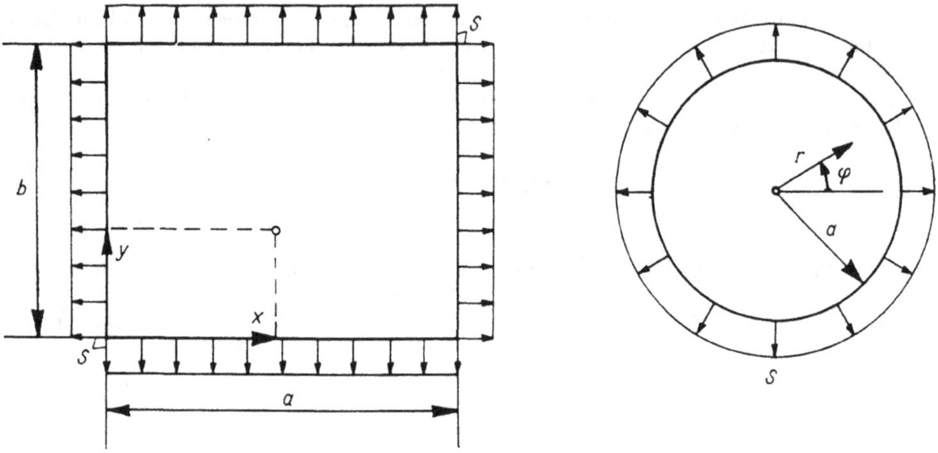

Abb. A 7.11

$\lambda_{mn}^2 = \pi^2 \left(\frac{m^2}{a^2} + \frac{n^2}{b^2}\right)$ sind ihre Lösungen verträglich und $W_{mn} = A_{mn} \sin \frac{m\pi x}{a} \times \sin \frac{n\pi y}{b}$, $m = 1, 2, \ldots, n = 1, 2, \ldots$ Für die kreisförmige Membran rechnet man in Polarkoordinaten mit dem Produktansatz $W(r, \varphi) = F(r)\,G(\varphi)$ und erhält mit n^2 als natürliche Zahl

$$\frac{d^2 G}{d\varphi^2} + n^2 G = 0, \qquad F'' + \frac{1}{r} F' + (\lambda^2 - n^2/r^2) F = 0,$$

eine Gleichung vom Schwingungs- und eine vom *Bessel-Typus*. Mit $J_n(z)$ als *Bessel*-Funktion erster Art und n-ter Ordnung erhalten wir die Eigenschwingungsformen

$$W_{nm}(r, \varphi) = A_{nm} J_n(\lambda_{nm} r) \begin{cases} \cos n\varphi \\ \sin n\varphi \end{cases}, \quad n = 0, 1, 2, \ldots, m = 1, 2, 3, \ldots$$

Die Eigenwerte sind jetzt die tabellierten Nullstellen von $J_n(\lambda_{nm} a) = 0$, die ersten sieben < 6 sind

$$\lambda_{01} a = 0{,}8936, \qquad \lambda_{02} a = 3{,}9577 \ldots$$
$$\lambda_{11} a = 2{,}1971, \qquad \lambda_{12} a = 5{,}4297 \ldots$$
$$\lambda_{21} a = 3{,}3842 \ldots, \qquad \lambda_{31} a = 4{,}5270 \ldots$$
$$\lambda_{41} a = 5{,}6452 \ldots$$

A 7.12: Man zeige unter Benützung der *Helmholtz*-Aufspaltung des Verschiebungsvektors $\vec{u} = \nabla \Phi + \nabla \times \vec{\Psi}$, daß sich eine ebene Oberflächenwelle mit konstanter Geschwindigkeit entlang der freien Oberfläche $z = 0$ im linear elastischen Festkörper $z \geqq 0$, in x-Richtung ausbreiten kann. Wir setzen eine SV-Welle in der Form $\vec{\Psi} = \Psi \vec{e}_y$, $\frac{\partial \Psi}{\partial y} = 0$ an, vgl. Abb. A 7.12, so daß $u = \frac{\partial \Phi}{\partial x} - \frac{\partial \Psi}{\partial z}$, $w = \frac{\partial \Phi}{\partial z} + \frac{\partial \Psi}{\partial x}$. Der Einfachheit halber nehmen wir eine monochromatische Welle an, die sich zeitlich harmonisch ändert.

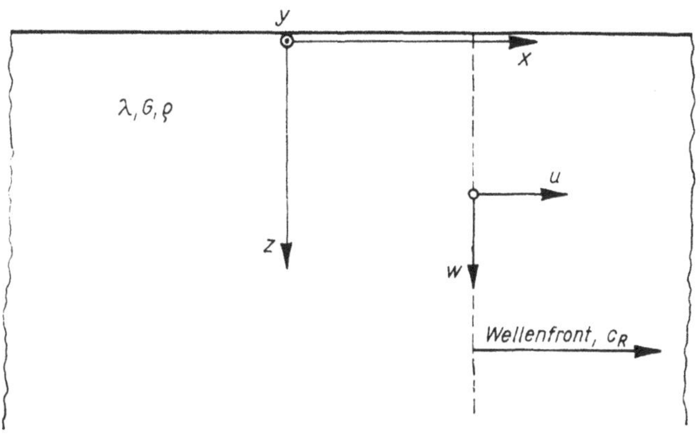

Abb. A 7.12

Lösung: Der Ansatz für inhomogene ebene Wellen

$$\Phi = \varphi(z)\, e^{i\omega(t - x/c)}, \qquad \Psi = \psi(z)\, e^{i\omega(t - x/c)}$$

mit gemeinsamer Phasengeschwindigkeit c (Ausbreitungsgeschwindigkeit der Phasenebene $x = \text{const}$) wird in die homogenen Wellengleichungen ($\vec{k} = \vec{0}$), $c_P^2 \nabla^2 \Phi = \ddot{\Phi}$, $c_S^2 \nabla^2 \psi = \ddot{\psi}$ eingesetzt, und die gewöhnlichen Differentialgleichungen in z ergeben die mit $z \to \infty$ abklingenden Lösungen $\varphi(z) = Ce^{-b_1 z}$, $\psi(z) = De^{-b_2 z}$ mit $b_1^2 = k^2(1 - c^2/c_P^2) > b_2^2 = k^2(1 - c^2/c_S^2)$, die gemeinsame Wellenzahl $k = \omega/c$, $b_1 > b_2 > 0$. Die Phasengeschwindigkeit ist der Eigenwert der beiden linearen Gleichungen, die aus den Randbedingungen der freien Oberfläche $z = 0$: $\sigma_{zz} = \sigma_{zx} = 0$ gefunden werden. Mit dem *Hooke*schen Gesetz folgt

$$\sigma_{zz} = \lambda \frac{\partial^2 \Phi}{\partial x^2} + (\lambda + 2G) \frac{\partial^2 \Phi}{\partial z^2} + 2G \frac{\partial^2 \Psi}{\partial z\, \partial x}\bigg|_{z=0}$$

$$= [(c_P^2 - 2c_S^2)(-k^2) + c_P^2 b_1^2]\, C + 2ikc_S^2 b_2 D = 0,$$

$$\sigma_{zx} = G\left[2 \frac{\partial^2 \Phi}{\partial x\, \partial z} - \frac{\partial^2 \Psi}{\partial z^2} + \frac{\partial^2 \Psi}{\partial x^2}\right]_{z=0} = 2ikb_1 C + (b_2^2 + k^2)\, D = 0.$$

Eine nichttriviale Lösung fordert das Verschwinden der Koeffizientendeterminante, der *Rayleigh-Determinante*, $\left(2 - \frac{c^2}{c_S^2}\right)^2 - 4\sqrt{1 - \frac{c^2}{c_P^2}}\sqrt{1 - \frac{c^2}{c_S^2}} = 0$. Eine Näherungslösung ist

$$c_R \sim \frac{0{,}862 + 1{,}14\nu}{1 + \nu}\, c_S < c_S < c_P.$$

Der Eigenvektor der Amplitude dieser *Rayleigh*-Oberflächenwelle ist dann reell und durch

$$\frac{C}{D} = -\left(1 - \frac{c^2}{2c_S^2}\right) \Big/ \sqrt{1 - \frac{c^2}{c_P^2}}$$

bestimmt. Die hier gewählte Darstellung zeigt die ebene Oberflächenwelle als spezielle Überlagerung von P- und SV-Wellen:

$$\Phi = C\, e^{-b_1 z}\, e^{i\omega(t - x/c_R)}, \qquad \Psi = D(C)\, e^{-b_2 z}\, e^{i\omega(t - x/c_R)}.$$

8. Erstintegrale des dynamischen Grundgesetzes. Arbeits- und Energiesatz der Mechanik. Kinetische Energie

Die Bewegungsgleichungen sind zeitliche Differentialgleichungen zweiter Ordnung. Durch Integration läßt sich die Ordnung um 1 vermindern. Wir zeigen zeitliche Integrationen — Arbeits- und Energiesatz enthalten dann nur mehr die Geschwindigkeiten — und Integrationen bei fester Zeit längs Stromlinien; das Ergebnis ist die *Bernoulli*-Gleichung.

8.1. Arbeitssatz

Ausgangspunkt ist das dynamische Grundgesetz (7.1). Wir bilden die Leistungsdichte im betrachteten materiellen Punkt durch skalare Multiplikation mit der Geschwindigkeit $\vec{v}$:

$$L' = \vec{f} \cdot \vec{v} = \varrho \vec{a} \cdot \vec{v}, \qquad \vec{a} = \frac{d\vec{v}}{dt}. \tag{8.1}$$

Integration über das materielle Volumen $V(t)$ des Körpers ergibt dann

$$\int\limits_{V(t)} L' \, dV = \frac{\delta A}{dt} = L = \int\limits_{V(t)} \varrho \frac{d}{dt}\left(\frac{v^2}{2}\right) dV = \frac{d}{dt}\left[\frac{1}{2}\int\limits_{V(t)} v^2 \, dm\right]. \tag{8.2}$$

L ist die gesamte Leistung der inneren und äußeren Kräfte zur Zeit t, und den positiv semidefiniten Ausdruck

$$E_k \equiv T = \frac{1}{2}\int\limits_{V(t)} v^2 \, dm \geqq 0, \tag{8.3}$$

der nur von der Schnelligkeitsverteilung über die Massenelemente im materiellen Volumen abhängt, bezeichnet man als *kinetische Energie* (oder Bewegungsenergie). $[E_k] = \frac{m^2}{s^2}\,kg = 1\,N\,m = 1\,W\,s = 1\,J$. Für den *translatorisch bewegten starren Körper* mit der Masse m ist

$$E_k = mv^2/2, \tag{8.4}$$

ebenso für den beliebig bewegten Massenpunkt mit der Masse m und der momentanen Geschwindigkeit $\vec{v}$.

Die skalare allgemein gültige Beziehung,

$$\frac{dE_k}{dt} = L = \frac{\delta A}{dt}, \tag{8.5}$$

besagt: «Die momentane Zunahme der kinetischen Energie eines beliebigen, materiell abgegrenzten Systems ist gleich der Leistung der inneren und äußeren Kräfte». Dieser Satz gilt neben den Hauptsätzen der Thermodynamik.
Zeitliche Integration über das Zeitintervall (t_1, t_2) liefert den *Arbeitssatz der Mechanik*

$$E_k(t_2) - E_k(t_1) \equiv T_2 - T_1 = \int_{t_1}^{t_2} L \, dt = A_{1\to 2}, \tag{8.6}$$

«Die finite Zunahme der kinetischen Energie des Körpers ist gleich der in diesem Zeitintervall insgesamt geleisteten Arbeit». Ist die von den inneren und äußeren Kräften geleistete Arbeit Null, dann hat der Körper in den betrachteten Zeitpunkten die gleiche kinetische Energie, das ist ein Erhaltungssatz für die Bewegungsenergie. Der Arbeitssatz enthält nur mehr die Geschwindigkeiten.

8.2. Energiesatz der Mechanik

Sind die inneren und äußeren Kräfte konservativ (stationär und drehungsfrei) mit den zugeordneten Potentialfunktionen U und W, dann gilt mit dem gesamten Potential $E_p = V = U + W$, vgl. Gl. (3.18),

$$A_{1\to 2} = E_p(t_1) - E_p(t_2) = V_1 - V_2$$

und der Arbeitssatz nimmt eine außerordentlich handliche Form an:

$$T_2 - T_1 = V_1 - V_2, \tag{8.7}$$

«Die Zunahme der kinetischen Energie entspricht der Abnahme der potentiellen Energie» oder

$$T_1 + V_1 = T_2 + V_2, \qquad E_k(t) + E_p(t) = E_0 = \text{const}, \tag{8.8}$$

«Die Summe der mechanischen Energie (kinetische und potentielle Energie) des Körpers bleibt während der Bewegung in einem konservativen Kraftfeld konstant». Die Bezeichnung konservativ (energieerhaltend) ist damit gerechtfertigt.
Wir benutzen den Energiesatz als Kontrollgleichung bewegter konservativer Systeme (besonders solcher mit endlich vielen Freiheitsgraden) einerseits und insbesondere zur Abschätzung der Stabilität einer Gleichgewichtslage (siehe dort) in Energienorm. Für Systeme mit einem Freiheitsgrad ist er andererseits ein bequemes Hilfsmittel zur Aufstellung der (integrierten) Bewegungsgleichung, vgl. auch die Pendelschwingung. In spezifischer Form tritt der mechanische Energiesatz angewendet auf die stationäre Strömung idealer Flüssigkeiten als *Bernoulli*-Gleichung auf, Gl. (8.36).
Vor weiteren Anwendungen berechnen wir im nächsten Abschnitt die kinetische Energie des starren Körpers.

8.3. Die kinetische Energie des starren Körpers

Für den unverformbaren Körper läßt sich die kinetische Energie

$$E_k = \frac{1}{2} \int_m v^2 \, dm, \tag{8.9}$$

nach Wahl eines körperfesten Bezugspunktes A' mit der Geschwindigkeit $\vec{v}_A$, mit Hilfe der kinematischen Grundformel $\vec{v} = \vec{v}_A + \vec{\omega} \times \vec{r}'$, wo $\vec{\omega}$ die Winkelgeschwindigkeit des starren Körpers und $\vec{r}'$ einen von A' aus gemessenen körperfesten Vektor bezeichnen, wegen $\vec{v}^2 = v_A^2 + 2\vec{v}_A \cdot (\vec{\omega} \times \vec{r}') + |\vec{\omega} \times \vec{r}'|^2$ umformen:

$$E_k = \frac{m v_A^2}{2} + (\vec{v}_A \times \vec{\omega}) \cdot \int_m \vec{r}' \, dm + \frac{1}{2} \int_m |\vec{\omega} \times \vec{r}'|^2 \, dm.$$

Mit der Wahl des Massenmittelpunktes (Schwerpunktes) $M = A'$ als Bezugspunkt verschwindet das statische Massenmoment und damit der mittlere Summand. Mit $\vec{r}' = x\vec{e}_x + y\vec{e}_y + z\vec{e}_z$ und $\vec{\omega} = \omega_x \vec{e}_x + \omega_y \vec{e}_y + \omega_z \vec{e}_z$ ist $|\vec{\omega} \times \vec{r}'|^2 = (z\omega_y - y\omega_z)^2 + (x\omega_z - z\omega_x)^2 + (y\omega_x - x\omega_y)^2$, und die Integrale über die Massenverteilung liefern die Trägheitsmomente um die Schwerachsen x, y, z, Gln. (7.52), (7.53), (7.54),

$$E_k = \frac{m v_M^2}{2} + \frac{1}{2} \vec{\omega}^T \boldsymbol{I} \vec{\omega}. \tag{8.10}$$

$m v_M^2/2$ heißt Translationsenergie, $\frac{1}{2} \vec{\omega}^T \boldsymbol{I} \vec{\omega}$ ist die Matrizenschreibweise der Rotationsenergie des starren Körpers. Mit Trägheitshauptachsen ist dieser Anteil an der kinetischen Energie durch $\frac{1}{2} (I_1 \omega_1^2 + I_2 \omega_2^2 + I_3 \omega_3^2)$ gegeben.

Zwei wichtige Sonderfälle seien noch hervorgehoben:

a) Kreiselung des starren Körpers um 0

Der Bezugspunkt $A' = O$ ist nun körper- und raumfest, und die Bewegungsenergie ist dann wegen $\vec{v}_A = \vec{0}$,

$$E_k = \frac{1}{2} \vec{\omega}^T \boldsymbol{I}_0 \vec{\omega}, \tag{8.11}$$

$\boldsymbol{I}_0$ ist jetzt der Tensor der Trägheitsmomente um Achsen durch 0.

b) Drehung um eine raumfeste Achse $\vec{e}_a$ durch 0

Mit $A' = 0$ ist $\vec{v}_A = \vec{0}$ und $\vec{\omega} = \omega \vec{e}_a$. Damit folgt

$$E_k = \frac{1}{2} I_a \omega^2. \tag{8.12}$$

8.4. Einige Anwendungen auf Systeme mit einem Freiheitsgrad

Arbeits- und Energiesatz ergeben direkt die integrierte Bewegungsgleichung und erlauben ohne weiteres die Berechnung bestimmter charakteristischer Größen.

8.4.1. Stoß auf einen linearen Schwinger, Abb. 8.1

Eine linear elastische Feder c trägt eine Masse m. Diese fährt, z. B. nach einem Stoß (siehe Kapitel 12.), mit der Geschwindigkeit v_0 in die Feder. Gesucht ist die dynamische Stauchung der Feder (untere Umkehrlage) und die Eigenfrequenz der einsetzenden freien Schwingung. Schwache Dämpfung hat darauf wenig Einfluß und wird vernachlässigt. Dann ist die Bewegung konservativ, und der Energiesatz ergibt zwischen Anfangs- und Umkehrlage, die dynamische Stauchung sei a:

$$\frac{mv_0^2}{2} = \frac{c}{2}\, a^2, \qquad a = v_0 \sqrt{\frac{m}{c}}. \tag{8.13}$$

Von früher, vgl. Gl. (7.80), ist die Eigenkreisfrequenz $\omega_0 = \sqrt{c/m}$, und daher $a = v_0/\omega_0$, a ist auch gleichzeitig die Amplitude der freien Schwingung $x = a \sin \omega_0 t$ um die gespannte Gleichgewichtslage.

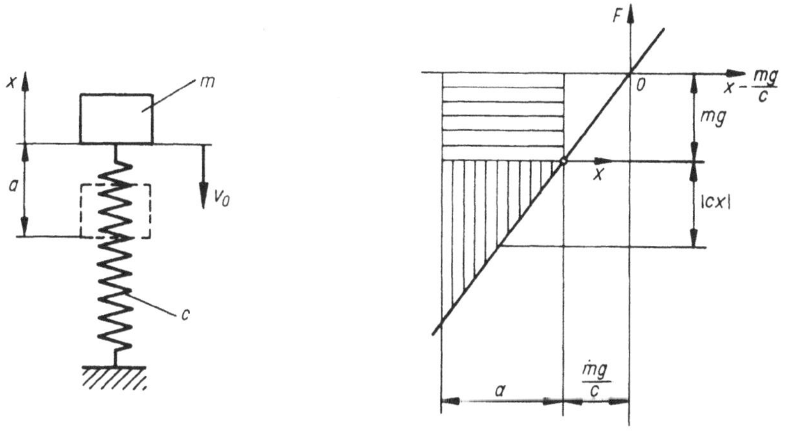

Abb. 8.1. Umkehrlage eines Schwingers und seine Arbeitslinie

Der Energiesatz ergibt auch (die Schwerkraft ist ohne Einfluß auf die freie Schwingung), vgl. Abb. 8.1,

$$T + U = E_0 = mv_0^2/2,$$

die nichtlineare Bewegungsgleichung erster Ordnung:

$$\frac{1}{2}\,(m\dot{x}^2 + cx^2 = mv_0^2) \to \dot{x}^2 = v_0^2 - \omega_0^2 x^2.$$

Mit $\dot{x} = a\omega_0 \cos \omega_0 t$ setzen wir die *zeitlich harmonische Bewegung* in den Energiesatz ein:

$$\frac{m}{2} a^2\omega_0^2 \cos^2 \omega_0 t + \frac{c}{2} a^2 \sin^2 \omega_0 t = E_0 .$$

Betrachten wir nun die Zeitpunkte $t = \pi/2\omega_0, 3\pi/2\omega_0, \ldots$, dann ist $T = 0$ und $U = ca^2/2 = U_{max} = E_0$. In den Zeitpunkten $t = 0, \pi/\omega_0, 2\pi/\omega_0, \ldots$ dagegen ist $U = 0$ und $T = ma^2\omega_0^2/2 = T_{max} = E_0$. Damit kann die Eigenkreisfrequenz ω_0 nach der *Rayleighschen Methode* auch aus dem Energiesatz bestimmt werden:

$$T_{max} = ma^2\omega_0^2/2 = E_0 = U_{max} = ca^2/2, \quad \omega_0^2 = U_{max}/[(1/\omega_0^2)\, T_{max}], \tag{8.14}$$

unabhängig von den Anfangsbedingungen ist $\omega_0 = \sqrt{c/m}$. Nichttrivial wird diese Aussage für schwingungsfähige Systeme mit mehreren Freiheitsgraden, auch dort ist der Nenner T_{max}/ω_0^2 unabhängig von der Eigenfrequenz.

8.4.2. Zur Grundschwingung eines linear elastischen Balkens

Wir benützen den Energiesatz, um aus dem *Rayleigh*schen Quotienten, vgl. Gl. (8.14),

$$T_{max} = U_{max} = E_0 \tag{8.15}$$

einen Näherungswert für die Grundfrequenz zu erhalten. Die *Grundschwingungsform* wählen wir affin zur Biegelinie $\varphi(x)$ zufolge Eigengewicht des Balkens: $q_0 = \varrho g A$. Dann ist die aufgespeicherte Verzerrungsenergie gleich der Verformungsarbeit des Eigengewichtes:

$$U_{max} = \frac{1}{2} \int_0^L \varrho g A \varphi(x)\, dx. \tag{8.16}$$

Die maximale kinetische Energie ist mit $w(x, t) = a\varphi(x) \cos \omega_0 t$, $a = 1$ gesetzt, $t_1 = \pi/2\omega_0$,

$$T_{max} = \frac{1}{2} \int_0^L \varrho A \dot{w}^2(t_1)\, dx = \frac{\omega_0^2}{2} \int_0^L \varrho A \varphi^2(x)\, dx, \tag{8.17}$$

und

$$\omega_0^2 = g \, \frac{\int_0^L \varrho A \varphi(x)\, dx}{\int_0^L \varrho A \varphi^2(x)\, dx}. \tag{8.18}$$

Mit der Eigenfunktion der Grundschwingung $\varphi_0(x)$ wäre die gefundene Eigenfrequenz «exakt», die Näherung ist immer größer. Ein kleinerer und damit verbesserter Eigenwert wird gefunden, wenn die Biegelinie zur «Trägheitsbelastung» $q_1 = \omega_0^2 \varrho g A \times \varphi(x)$ berechnet wird: Sie sei $\omega_0^2 a_1 \varphi_1(x)$. Damit wird analog zu Gl. (8.16)

$$U_{max} = \frac{1}{2} \int_0^L q_1 \omega_0^2 a_1 \varphi_1(x)\, dx = \frac{a_1}{2} \omega_0^4 \int_0^L \varrho g A \varphi(x)\, \varphi_1(x)\, dx \tag{8.19}$$

und entsprechend der verbesserten Schwingungsform $\varphi_1(x)$:

$$T_{\max} = \frac{a_1^2}{2} \int_0^L \varrho A\left(\omega_0^3 \varphi_1(x)\right)^2 \mathrm{d}x. \tag{8.20}$$

Aus $T_{\max} = U_{\max}$ folgt jetzt

$$\omega_0^2 = g \frac{\int_0^L \varrho A \varphi(x)\, \varphi_1(x)\, \mathrm{d}x}{a_1 \int_0^L \varrho A \varphi_1^2(x)\, \mathrm{d}x}. \tag{8.21}$$

In dieser verbesserten Formel kann auch mit einer passenden Ansatzfunktion $a_0\varphi_0(x)$ an Stelle von $g\varphi(x)$ begonnen werden. Wesentlich ist dann nur die Erfüllung der (kinematischen) Randbedingungen durch $\varphi_0(x)$ (siehe auch das *Ritz*sche Verfahren).
Die Näherungsformel für die Grundfrequenz ist nicht auf Balkenschwingungen beschränkt, die Integrale sind als Bereichsintegrale aufzufassen.

8.4.3. Beschleunigung eines Motorfahrzeuges

Der Arbeitssatz erlaubt die bequeme Berechnung der Beschleunigung a eines mit der Geschwindigkeit v bergwärts fahrenden (vierrädrigen) Motorfahrzeuges der Masse m (Steigungswinkel α), wenn das an den Rädern insgesamt wirksame Antriebsmoment gleich M ist (nichtkonservatives System mit Leistungszufuhr). Ohne Durchdrehen der Räder ist die Drehzahl durch $\omega = v/R$ gegeben und

$$E_k = mv^2/2 + 4\frac{I}{2}(v/R)^2. \tag{8.22}$$

I ist das Massenträgheitsmoment eines Rades (mit anteiligen drehenden Massen). Der (differentielle) Arbeitssatz lautet

$$\frac{\mathrm{d}E_k}{\mathrm{d}t} = L = Mv/R - (W + mg\sin\alpha)\, v. \tag{8.23}$$

W ist die Fahrwiderstandskraft. Wegen $\dot{E}_k = (m + 4I/R^2)\, va$ folgt

$$a = (M/R - W - mg\sin\alpha)/(m + 4I/R^2). \tag{8.24}$$

8.4.4. Umkehrlagen eines Reibungsschwingers

Für das in 7.4.8.(b) behandelte Schwingungsmodell mit *Coulomb*scher Widerstandskraft $T_R = -\mu mg \frac{\dot{x}}{|\dot{x}|}$ berechnen wir die Folge der Umkehrlagen aus dem Arbeitssatz. Zählen wir die Koordinate aus der Umkehrlage, dann ist bis zur nächsten

Umkehrlage im Abstand s_1, $E_k = 0$,

$$0 = A_{1\to 2} = \int_0^{s_1} T_R \, dx + U_1 - U_2, \quad U_1 = cs_0^2/2, \quad U_2 = c(s_0 - s_1)^2/2. \tag{8.25}$$

Also, $s_1[s_1 - 2(s_0 - s)] = 0$. Wenn $cs_0 > cs = \mu mg$, dann ist

$$s_1 = 2(s_0 - s) > 0. \tag{8.26}$$

Die Reibungsarbeit $|T_R| \, s_1 = (U_1 - U_2)$ wird als Reibungswärme abgeführt. Eine weitere Umkehrlage folgt mit $cs_1 > cs$ aus

$$0 = A_{2\to 3} = \int_0^{s_2} T_R \, dx + U_2 - U_3, \qquad U_3 = (c/2)\,(s_0 - s_1 + s_2)^2, \tag{8.27}$$

wegen

$$s_2[s_2 - 2(s_1 - s_0 - s)] = 0$$

zu

$$s_2 = 2s_0 - 6s, \quad \text{usf.} \tag{8.28}$$

Rechnet man auf die Schwingweiten um, dann folgt

$$|x_0| = s_0, \qquad |x_1| = s_0 - 2s, \qquad |x_2| = s_2 - x_1 = s_0 - 4s, \ldots \tag{8.29}$$

Das Dekrement beträgt also $2s$.

8.5. Die Bernoulli-Gleichung der Hydromechanik

In reibungsfrei strömenden Flüssigkeiten interessiert häufig nur der Zusammenhang zwischen Druck und Geschwindigkeit (in *Euler*scher Darstellung). Eine solche Beziehung können wir nach Integration der (vektoriellen) Bewegungsgleichung, vgl. Gln. (7.1), (2.80),

$$\varrho \vec{a} = \vec{k} - \operatorname{grad} p, \tag{8.30}$$

(der *Eulerschen Bewegungsgleichung* der reibungsfreien Flüssigkeit, $\sigma_{ij} = 0$, $i \neq j$) längs einer (bei instationärer Strömung momentanen) Stromlinie angeben, vgl. Abb. 8.2. Diese Integration erfolgt bei fester Zeit t. Wir projizieren die *Euler*sche Gleichung in Geschwindigkeitsrichtung (in Tangentenrichtung $\vec{e}_t$ der Stromlinie) und integrieren[1]:

$$\int_{s_1}^{s_2} \vec{a} \cdot \vec{e}_t \, ds = \int_{s_1}^{s_2} \frac{1}{\varrho} \, k_t \, ds - \int_{s_1}^{s_2} \frac{1}{\varrho} \frac{\partial p}{\partial s} \, ds, \qquad t = \text{const}. \tag{8.31}$$

$k_t = \vec{k} \cdot \vec{e}_t$ ist die tangentiale Komponente der äußeren Volumenkraftdichte und $(\operatorname{grad} p) \cdot \vec{e}_t = \dfrac{\partial p}{\partial s}$, s bezeichnet die Bogenlänge längs der Stromlinie. Die tangentiale

[1] Wir ersetzen $\vec{v} \, dt = \vec{e}_t \, ds$ des individuellen materiellen Punktes in den Gln. (8.1), (8.6) bei der Integration durch $\vec{e}_t \, ds$ der Stromlinie, die zur Zeit t von materiellen Punkten belegt ist.

Beschleunigungskomponente $\vec{a} \cdot \vec{e}_t = \frac{\partial v}{\partial t} + \frac{\partial}{\partial s}\left(\frac{v^2}{2}\right)$, ergibt integriert mit $v(s_1, t) = v_1$, $v(s_2, t) = v_2$

$$\int_{s_1}^{s_2} \frac{\partial v}{\partial t} \, ds + \frac{1}{2} (v_2^2 - v_1^2). \tag{8.32}$$

Das Integral über die lokale Beschleunigungskomponente tritt nur bei instationärer Strömung auf.

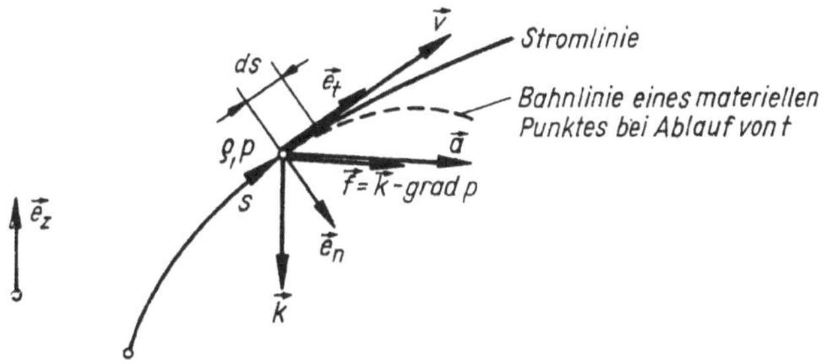

Abb. 8.2. Stromlinie (t = const) bei instationärer Strömung

Tritt als Volumenkraft die Schwerkraft auf, $\vec{k} = -\varrho g \vec{e}_z$, dann ist $\frac{1}{\varrho} k_t = -g \vec{e}_z \cdot \vec{e}_t$. Nun ist aber unter Beachtung des Richtungskosinus $\vec{e}_z \cdot \vec{e}_t \, ds = dz$ und

$$\int_{s_1}^{s_2} \frac{1}{\varrho} k_t \, ds = -g \int_{z_1}^{z_2} dz = -g(z_2 - z_1), \tag{8.33}$$

$z_2 - z_1$ gibt den Höhenunterschied zwischen den beiden Punkten 1 und 2 der Stromlinie.
Für barotrope Flüssigkeiten (wenn sich die Temperatur aus der Zustandsgleichung eliminieren läßt) ist $\varrho = \varrho(p)$ und das Druckintegral kann ausgewertet werden. Für inkompressible Strömung folgt insbesondere (ϱ = const),

$$\int_{s_1}^{s_2} \frac{1}{\varrho} \frac{\partial p}{\partial s} \, ds = \frac{p_2 - p_1}{\varrho}, \qquad p_1 = p(s_1, t), \qquad p_2 = p(s_2, t). \tag{8.34}$$

Für die ideale schwere Flüssigkeit (reibungsfrei, inkompressibel) ergibt daher die Integration bei fester Zeit t längs einer Stromlinie

$$\int_{s_1}^{s_2} \frac{\partial v}{\partial t} \, ds + \frac{1}{2} (v_2^2 - v_1^2) = -g(z_2 - z_1) - \frac{1}{\varrho} (p_2 - p_1). \tag{8.35}$$

Die Terme auf der linken Seite entsprechen einem kinetischen Energiezuwachs je Masseneinheit. Auf der rechten Seite treten auf die Masseneinheit bezogene Arbeiten der Gewichtskraft und der inneren Druckkraft auf, die dann geleistet würden, wenn der materielle Punkt von s_1 nach s_2 verschoben würde. Bei fester Zeit sind es allerdings nur Potentialunterschiede im Schwerefeld und im Druckfeld. Das Potential der inneren Kräfte je Masseneinheit ist p/ϱ, ($\varrho = \text{const}$). Besonders anschaulich wird die Beziehung (8.35) bei *stationärer Strömung*, dann ist $\dfrac{\partial v}{\partial t} = 0$, und die Stromlinie ist Bahnlinie aller auf ihr befindlichen materiellen Punkte:

$$\frac{v_1^2}{2} + \frac{p_1}{\varrho} + gz_1 = \frac{v_2^2}{2} + \frac{p_2}{\varrho} + gz_2. \tag{8.36}$$

Dieser mechanische «Energiesatz je Masseneinheit» drückt jetzt (bei ablaufender Zeit) die Erhaltung der mechanischen Energie eines Teilchens bei Bewegung vom Punkt s_1 nach s_2 längs seiner Bahnlinie aus. Für alle Punkte auf dieser Strom- (und Bahnlinie) gilt also die *Bernoulli-Gleichung*:

$$\frac{v^2}{2} + \frac{p}{\varrho} + gz = \text{const}. \tag{8.37}$$

Die Konstante wird sich i. allg. von Stromlinie zu Stromlinie ändern. Die Terme sind der Reihe nach die kinetische Energie, das Druckpotential (Potential der inneren Kräfte) und das Gewichtspotential (Potential der äußeren Kräfte) bezogen auf die Masseneinheit.

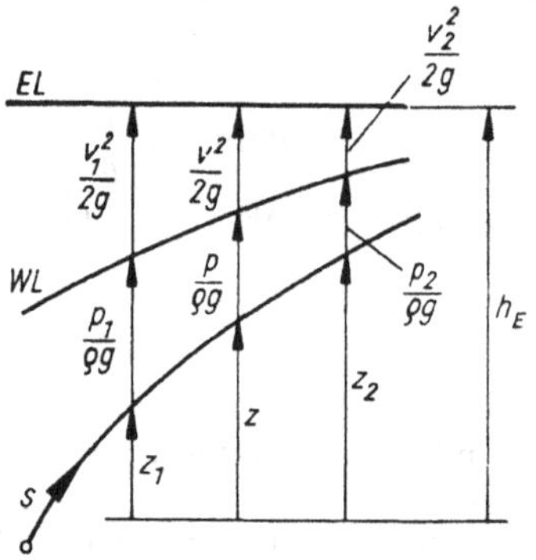

Abb. 8.3. Stromlinie mit zugehörigen Energiehöhen bei stationärer reibungsfreier Strömung ($\varrho = \text{const}$)

Division durch die konstante Fallbeschleunigung g ergibt die technische Energiehöhe — Form der *Bernoulli*-Gleichung

$$\frac{v^2}{2g} + \frac{p}{\varrho g} + z = h_E, \tag{8.38}$$

$v^2/2g$ wird als Geschwindigkeitshöhe, $p/\varrho g$ als Druckhöhe (vgl. Gl. (2.85)), z als geodätische Höhe über einem beliebigen Niveau und h_E als Energiehöhe der betrachteten Stromlinie bezeichnet. Den Verlauf der Summe $z + p/\varrho g$ bezeichnet man als Druck- oder Wasserlinie (ein hydraulischer Ausdruck), die Horizontale h_E auch als Energielinie. Die Differenz ergibt die Geschwindigkeitshöhe und damit ein unmittelbares Maß für den Schnelligkeitsverlauf längs der Stromlinie, siehe Abb. 8.3.

Führt man den statischen Schweredruck p_s in der *fiktiv* ruhenden Flüssigkeit nach

$$p_s + \varrho gz = \text{const} \tag{8.39}$$

(vgl. 2.3.1.) ein, dann kann man den Einfluß der Schwere in der mit ϱ multiplizierten *Bernoulli*-Gleichung durch Subtraktion eliminieren:

$$\frac{\varrho v^2}{2} + (p - p_s) = \text{const.} \tag{8.40}$$

Die Differenz $p_d = p - p_s$ wird *Bewegungsdruck* genannt. Die Gleichung zeigt, daß der Geschwindigkeitszustand nicht von der Gewichtskraft der Flüssigkeit beeinflußt wird, solange keine Randbedingungen im absoluten Druck p auftreten (z. B. keine freien Oberflächen).

Setzt man die (konvektive) Beschleunigung der stationären Strömung in der Form $(\vec{v} \cdot \nabla)\, \vec{v} = \nabla \left(\frac{v^2}{2}\right) - \vec{v} \times \operatorname{rot} \vec{v}$ an, vgl. Gl. (1.44), dann erkennt man leicht, daß eine drehungsfreie Strömung, $\operatorname{rot} \vec{v} = \vec{0}$, mit der *Euler*-Gleichung

$$\varrho \operatorname{grad} \frac{v^2}{2} = -\operatorname{grad}(W + p), \qquad W = \varrho g z, \tag{8.41}$$

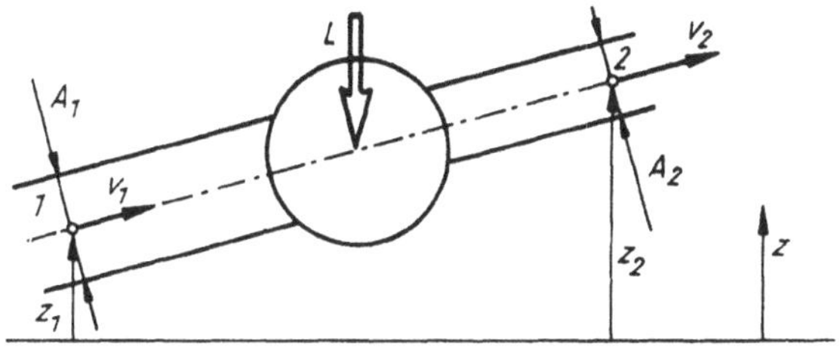

Abb. 8.4. Stationäre Strömung mit Leistungszufuhr ($L > 0$) bzw. Leistungsabfuhr ($L < 0$)

nach Projektion auf eine beliebige Richtung und Integration, auf eine Energiegleichung führt,

$$\frac{\varrho v^2}{2} + p + W = \text{Const}, \tag{8.42}$$

mit einer *universellen* (einheitlichen) *Energiekonstanten* im ganzen Strömungsraum. Die *Bernoulli*-Konstante ändert sich dann nicht mehr beim Wechsel der Stromlinie. (Die Bedingung der Drehungsfreiheit ist dafür hinreichend.)

Bevor wir erste Anwendungen dieser «wichtigsten» Formel der technischen Strömungsmechanik studieren, soll eine Erweiterung auf die stationäre, aber nichtkonservative Strömung mit *Leistungszufuhr* vorgenommen werden, vgl. Abb. 8.4.

Wir betrachten der Einfachheit halber eine stationäre *Rohrströmung* einer idealen Flüssigkeit, der Massenstrom $\varrho v_1 A_1 = \varrho v_2 A_2 = \dot{m}$ sei konstant. Das Integral längs einer mittleren Stromlinie von 1 nach 2 können wir aus der allgemeinen Form, Gl. (8.31), leicht gewinnen, wenn wir die Leistungszufuhr statt über Pumpenschaufeln und Oberflächenkräfte über eine fiktive äußere Volumenkraftdichte $\vec{k}^*$ im Pumpengehäuse erklären. Dann folgt

$$\frac{v_2^2 - v_1^2}{2} = -g(z_2 - z_1) - \frac{p_2 - p_1}{\varrho} + \int_{s_1}^{s_2} \frac{1}{\varrho}\, k_t^*\, ds. \tag{8.43}$$

Da Strom- und Bahnlinie zusammenfallen, stellt das Integral die Arbeit dieser fiktiven Volumenkraft bezogen auf die Masseneinheit dar. Andererseits wird in der Pumpe die Arbeit $L\,\mathrm{d}t$ der im Zeitintervall $\mathrm{d}t$ durchströmenden Masse, $\mathrm{d}m = \dot{m}\,\mathrm{d}t$, zugeführt, so daß

$$\frac{L\,\mathrm{d}t}{\dot{m}\,\mathrm{d}t} = \frac{L}{\dot{m}} = \frac{\delta A}{\mathrm{d}m} = \int_{s_1}^{s_2} \frac{1}{\varrho} k_t^* \,\mathrm{d}s. \tag{8.44}$$

Damit folgt der Arbeitssatz je Masseneinheit, mit $L > 0$ als zugeführter Leistung

$$\frac{v_2^2 - v_1^2}{2} = -g(z_2 - z_1) - \frac{1}{\varrho}(p_2 - p_1) + L/\dot{m}. \tag{8.45}$$

In technischer Schreibweise, mit dem «Bewegungstotaldruck»

$$p_t = p_d + \varrho v^2/2, \qquad p_d = p - p_s, \tag{8.46}$$

auch

$$p_{t2} - p_{t1} = \varrho L/\dot{m}. \tag{8.47}$$

Die Gleichung gilt auch dann, wenn dem Massenstrom Leistung entzogen wird (z. B. in einer *Turbine* oder bei Berücksichtigung der *Wandreibung* bei *stationärer zäher Rohrströmung*), L ist dann negativ, $L < 0$. Sie bleibt auch in *freier Strömung* längs eines *Stromfadens* (dünne Stromröhre) richtig.

8.5.1. Torricellische Ausflußformel

Die *Bernoulli*-Gleichung (8.38) ergibt eine Beziehung zwischen der Ausströmgeschwindigkeit einer idealen Flüssigkeit aus der Öffnung eines bis zur konstant bleibenden Höhe H gefüllten Behälters, vgl. Abb. 8.5. Längs der eingetragenen Stromlinie gilt dann ($v_1 = 0$):

$$\frac{p_1}{\varrho g} + H = \frac{p_2}{\varrho g} + \frac{v^2}{2g}.$$

Wir setzen $p_1 = p_2 = p_0$ dem äußeren Luftdruck gleich und erhalten die *Torricelli*sche Ausflußformel

$$v = \sqrt{2gH}. \tag{8.48}$$

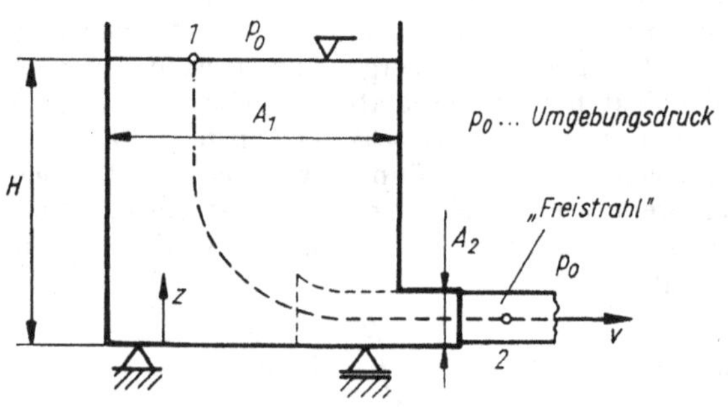

Abb. 8.5. «Stationärer» Ausfluß aus einem großen Behälter

Ist H langsam veränderlich, $A_2 \ll A_1$, dann ist die Strömung zwar instationär, die Ausflußzeit bis zur Spiegelhöhe $H_1 < H$ kann aber näherungsweise (in quasistationärer Betrachtung) aus

$$A_2 v \, dt = -A_1 \, dz_1, \qquad dt = -\frac{A_1}{A_2} \frac{dz_1}{v}$$

mit

$$v \approx \sqrt{2 g z_1(t)}$$

durch Integration berechnet werden:

$$t_e = \frac{\sqrt{2}\, A_1}{g A_2} \left(\sqrt{gH} - \sqrt{gH_1} \right). \tag{8.49}$$

8.5.2. Umströmung eines ruhenden starren Körpers

In großer Entfernung vom Körper ist die Strömung eine Parallelströmung mit konstanter Geschwindigkeit. Vernachlässigen wir Zähigkeitseinflüsse, dann gilt für die stationäre reibungsfreie inkompressible Strömung für jede Stromlinie, Abb. 8.6,

$$\frac{v^2}{2g} + \frac{p}{\varrho g} + z = \frac{v_\infty^2}{2g} + \frac{p_\infty}{\varrho g} + z_\infty = \text{Const}. \tag{8.50}$$

Die *Bernoulli*-Konstante ist «universell», da in der Parallelanströmung mit $v_\infty = \text{const}$ der hydrostatische Schweredruck nach $p_\infty + \varrho g z_\infty = \text{const}$ linear verteilt ist und daher die Konstante in Gl. (8.50) unabhängig von der Stromlinie wird. Der Energiesatz gilt im ganzen Strömungsraum, die Strömung ist ja auch drehungsfrei. Die Schwere ist ohne Einfluß auf die Strömung:

$$\frac{v^2}{2g} + \frac{p_d}{\varrho g} = \text{Const}'. \tag{8.51}$$

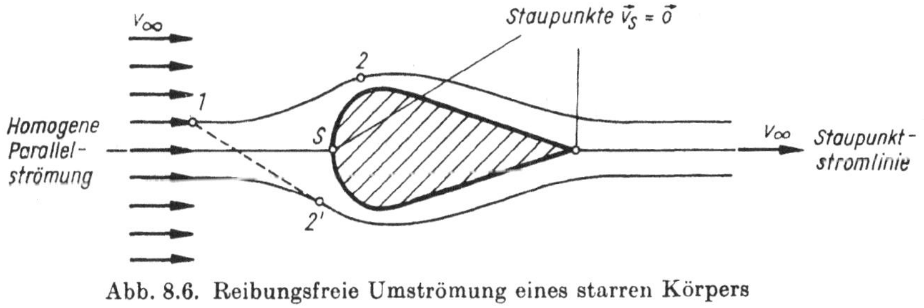

Abb. 8.6. Reibungsfreie Umströmung eines starren Körpers

8.5.3. Wandströmung

Vernachlässigen wir die Zähigkeit, dann folgt die wandnahe Stromlinie der Kontur des Körpers. Wir messen den Druckunterschied in zwei Punkten der Stromlinie durch ein Flüssigkeitsmanometer, vgl. Abb. 8.7. Mit $p_l = p_1 + \varrho g(H + z_1)$, $p_r = p_2 + \varrho g(H + z_2)$ ist $p_l - p_r = (p_1 + \varrho g z_1) - (p_2 + \varrho g z_2)$. Bei stationärer Strömung gilt die *Bernoulli*-Gleichung längs der Wandstromlinie

$$\frac{v_1^2}{2g} + \frac{p_1}{\varrho g} + H + z_1 = \frac{v_2^2}{2g} + \frac{p_2}{\varrho g} + H + z_2.$$

Das Manometer mißt also die Geschwindigkeitsdruck-Differenz:

$$p_1 - p_r = \frac{\varrho}{2}(v_2^2 - v_1^2). \tag{8.52}$$

8.5.4. Standrohrdruckmessung an einer Rohrleitung

Aus der hydrostatischen Beziehung $p_1 = p_0 + \varrho g z_1$ und $p_2 = p_0 + \varrho g(z_2 + H)$ folgt die gemessene Druckdifferenz

$$z_1 - z_2 = (p_1 - p_2)/\varrho g + H.$$

In reibungsfreier stationärer Rohrströmung gibt die *Bernoulli*-Gleichung den Zusammenhang, Abb. 8.8,

$$\frac{v_1^2}{2g} + \frac{p_1}{\varrho g} + H = \frac{v_2^2}{2g} + \frac{p_2}{\varrho g},$$

also

$$(p_1 - p_2)/\varrho g = (v_2^2 - v_1^2)/2g - H$$

und

$$z_1 - z_2 = (v_2^2 - v_1^2)/2g. \tag{8.53}$$

Mit der Massenbilanz erhält man mit gemessenem $z_1 - z_2$ den Massenstrom

$$\dot{m} = \varrho A_1 v_1 = \varrho A_2 v_2 = \varrho \sqrt{2}\, A_1 A_2 \sqrt{g(z_1 - z_2)/(A_1^2 - A_2^2)}$$

8.5.5. Prandtlrohr und Staurohr

Die Messung der Geschwindigkeit strömender Flüssigkeiten kann durch Druckmessung über Sonden erfolgen. Das *Prandtlrohr* ist eine Sonde mit zwei Bohrungen, durch die der Druck im «Staupunkt» der Strömung S und in der «ungestörten» Strömung A' auf ein Manometer übertragen wird, vgl. Abb. 8.9. Die *Bernoulli*-Gleichung ergibt für die «Staupunktstromlinie» von S nach A':

$$\frac{\varrho}{2} v_S^2 + p_S = \frac{\varrho}{2} v_A^2 + p_A.$$

Wegen $v_S = 0$ und $v_A \approx v_\infty$ ist der gemessene Druckunterschied

$$p_S - p_A = \frac{\varrho}{2} v_\infty^2. \tag{8.54}$$

Das *Staurohr* liefert nur p_S über eine Bohrung. Als Gegendruck am Manometer wirkt entweder der äußere Luftdruck p_0 oder (von einer Bohrung in der Kanalwand) der Druck in der ungestörten Strömung p_∞. Die *Bernoulli*-Gleichung ergibt bei

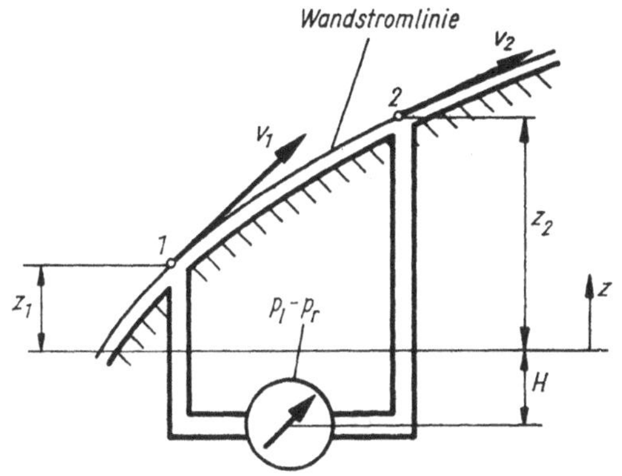

Abb. 8.7. Messung der Differenz wandnaher Drücke

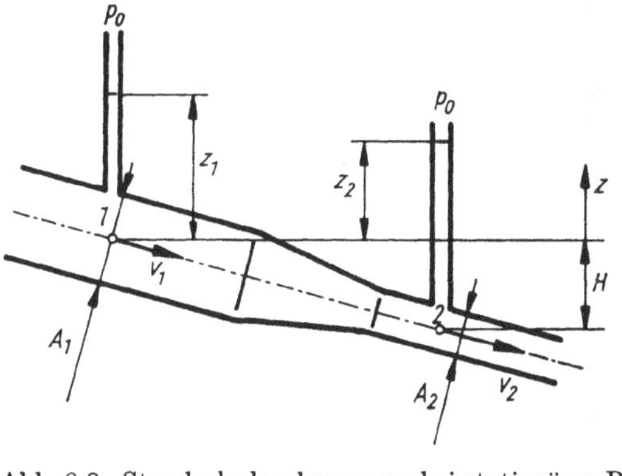

Abb. 8.8. Standrohrdruckmessung bei stationärer Rohrströmung ($\dot{m}$ = const)

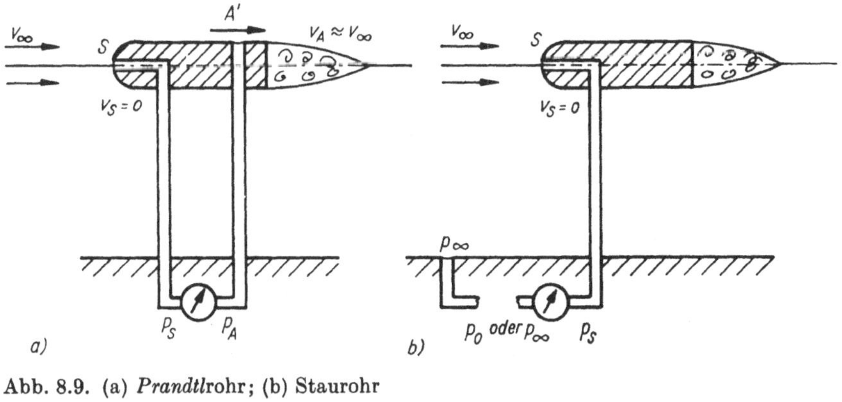

Abb. 8.9. (a) *Prandtl*rohr; (b) Staurohr

Vernachlässigung der geodätischen Höhenunterschiede

$$p_S - p_\infty = \frac{\varrho}{2} v_\infty^2 . \tag{8.55}$$

8.5.6. Flüssigkeitsschwingung in einem U-Rohr

In der statischen Ruhelage liegen die freien Spiegelflächen in den (geraden) Rohrteilen in gleicher Höhe. Nach einer Störung tritt auf Grund der Schwerewirkung eine periodische Strömung auf. Bei Vernachlässigung der dämpfenden Zähigkeit ergibt die instationäre *Bernoulli*-Gleichung (8.35) längs der momentanen Stromlinie zur Zeit t von 1 nach 2, vgl. Abb. 8.10, $\varrho = \text{const}$,

$$\int_1^2 \frac{\partial v}{\partial t}\, ds + \frac{v_2^2}{2} + \frac{p_2}{\varrho} + g z_2 = \frac{v_1^2}{2} + \frac{p_1}{\varrho} + g z_1 .$$

Bei konstantem Rohrquerschnitt und oben offenen Rohren ist die Auswertung besonders einfach, $p_2 = p_1 = p_0$ und $v_1 = v_2 = v(t) = \dot{s}_1$, $\frac{\partial v}{\partial t} = \ddot{s}_1$, und auch $z_2 = s_1 \sin\beta$, $z_1 = -s_1 \sin\alpha$:

$$L\ddot{s}_1 + g s_1(\sin\alpha + \sin\beta) = 0 . \tag{8.56}$$

Die «Spiegelkoordinate» $s_1(t)$ genügt also bei konstantem Rohrquerschnitt einer *linearen* Schwingungsgleichung

$$\ddot{s}_1 + \omega_0^2 s_1 = 0 , \tag{8.57}$$

mit der Eigenkreisfrequenz $\omega_0 = \sqrt{g(\sin\alpha + \sin\beta)/L}$. Die Schwingungsdauer $\tau = 2\pi/\omega_0$. Für $\alpha = \beta = \pi/2$ ist $\tau = 2\pi\sqrt{L/2g}$, vgl. mit dem mathematischen Pendel, 7.4.8.a.

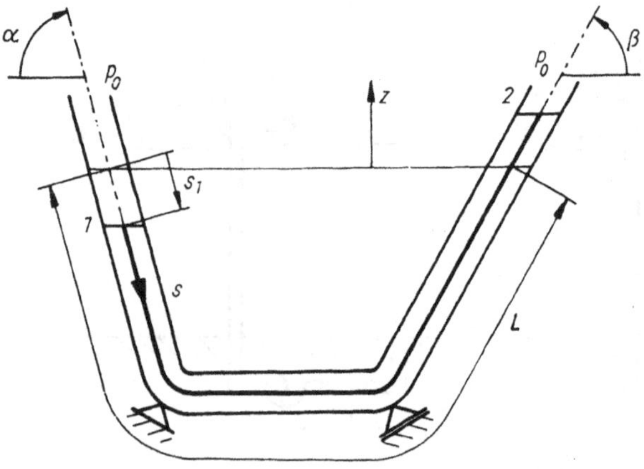

Abb. 8.10. Flüssigkeitsschwingung im U-Rohr konstanten Querschnittes

Bei variablem Rohrquerschnitt ergibt sich eine nichtlineare Differentialgleichung (z. B. auch zur Beschreibung der «Wasserschloßschwingungen»). Für das in Abb. 8.11 dargestellte Rohrsystem gilt bei abschnittsweise konstantem Querschnitt:

Von $1 \to 2, \quad v = \dot{s}_1, \quad \frac{\partial v}{\partial t} = \ddot{s}_1,$ Rohrlänge $l_1(s_1)$,

$2 \to 3, \quad v = \frac{A_1}{A_2}\dot{s}_1, \quad \frac{\partial v}{\partial t} = \ddot{s}_1 \frac{A_1}{A_2},$ Rohrlänge l_2,

$3 \to 4, \quad v = \frac{A_1}{A_3}\dot{s}_1, \quad \frac{\partial v}{\partial t} = \ddot{s}_1 \frac{A_1}{A_3},$ Rohrlänge l_3,

$4 \to 5, \quad v = \frac{A_1}{A_4}\dot{s}_1, \quad \frac{\partial v}{\partial t} = \ddot{s}_1 \frac{A_1}{A_4},$ Rohrlänge $l_4(s_1)$.

Die erweiterte *Bernoulli*-Gleichung (8.35) ist wieder

$$\int_1^5 \frac{\partial v}{\partial t}\,ds + \frac{v_5^2}{2} + \frac{p_5}{\varrho} + g z_5 = \frac{v_1^2}{2} + \frac{p_1}{\varrho} + g z_1,$$

mit $z_5 = s_5 \sin\beta$, $z_1 = -s_1$, $p_1 = p_5 = p_0$, $v_1 = \dot{s}_1$ und $v_5 = \frac{A_1}{A_4}\dot{s}_1$, $s_5 = \frac{A_1}{A_4} s_1$. Ausgeführt folgt die *nichtlineare* Schwingungsgleichung

$$a\ddot{s}_1 + b\dot{s}_1^2 + c s_1 = 0, \tag{8.58}$$

$$a(s_1) = l_1 + \frac{A_1}{A_2} l_2 + \frac{A_1}{A_3} l_3 + \frac{A_1}{A_4} l_4, \qquad b = \left[\left(\frac{A_1}{A_4}\right)^2 - 1\right] \Big/ 2,$$

$$c = g\left(\frac{A_1}{A_4}\sin\beta + 1\right), \qquad l_1(s_1) = H_1 - H_2 - s_1, \qquad l_2 = H_2,\ l_3,$$

$$l_4(s_1) = \left(H_1 - H_4 + s_1 \frac{A_1}{A_4}\sin\beta\right) \Big/ \sin\beta.$$

Die Gleichung (8.58) enthält quadratische und gemischt quadratische Terme. Die Dämpfung durch Zähigkeitseinflüsse insbesondere der Diffusorströmungen (vgl. 7.3.e) ist nicht berücksichtigt.

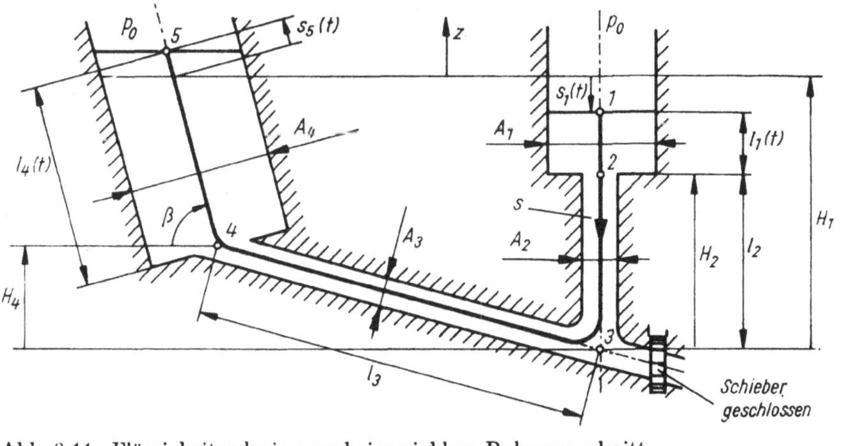

Abb. 8.11. Flüssigkeitsschwingung bei variablem Rohrquerschnitt

8.5.7. Druckanstieg bei Rohrerweiterung

In einem idealen (verlustlosen) Diffusor wird Geschwindigkeitshöhe in Druckhöhe umgeformt. Bei allmählicher Rohrerweiterung von A_1 auf A_2 gilt dann bei stationärer inkompressibler Strömung, $h = 0$,

$$\frac{v_1^2}{2g} + \frac{p_1}{\varrho g} = \frac{v_2^2}{2g} + \frac{\bar{p}_2}{\varrho g}.$$

Also, mit $\varrho A_1 v_1 = \varrho A_2 v_2$, ist der ideale Druckanstieg

$$\bar{p}_2 - p_1 = \frac{\varrho}{2}(v_1^2 - v_2^2) = \frac{\varrho v_1^2}{2}\left(1 - \frac{A_1^2}{A_2^2}\right). \tag{8.59}$$

Ein Vergleich mit dem verlustbehafteten Druckanstieg bei *plötzlicher* Rohrerweiterung (siehe *Carnot*scher Stoßverlust, 7.3.e) ergibt dort den Druckhöhenverlust gegen den idealen Diffusor (bei gleichem Ausgangsdruck p_1):

$$\bar{p}_2 - p_2 = \frac{\varrho v_1^2}{2}\left(1 - \frac{A_1}{A_2}\right)^2. \tag{8.60}$$

8.5.8. Bernoulli-Gleichung in rotierenden Bezugssystemen

Die Anwendung der *Bernoulli*-Gleichung auf Strömungen in rotierenden Maschinen wird durch die Einführung der Relativstromlinien sehr erleichtert, da die relative Strömung im stationären Betrieb der Maschinen i. allg. ebenfalls stationär ist. Um die geänderte Form der Gleichung (8.31) zu finden, integrieren wir die *Euler*sche Bewegungsgleichung (8.30) längs der Relativstromlinie. Wir spalten vorerst den Beschleunigungsvektor $\vec{a}$ in drei Komponenten so auf, daß eine Komponente die relative Beschleunigung $\vec{a}'$ des materiellen Punktes gegen das starre Bezugssystem (bewegter Ursprung A', Winkelgeschwindigkeit $\vec{\Omega}$) angibt. Mit dem Ortsvektor $\vec{r} = \vec{r}_A + \vec{r}'$, vom raumfesten Punkt 0 gemessen, wird nach Differentiation

$$\vec{v} = \frac{d\vec{r}}{dt} = \vec{v}_f + \vec{v}', \tag{8.61}$$

wo $\vec{v}' = \dfrac{d'\vec{r}'}{dt}$ die Relativgeschwindigkeit bezeichnet und die Führungsgeschwindigkeit

$$\vec{v}_f = \vec{v}_A + \vec{\Omega} \times \vec{r}',$$

die Geschwindigkeit desjenigen Punktes des starren Führungssystems (Bezugssystems) angibt, der momentan mit dem betrachteten materiellen Punkt zusammenfällt. Nochmalige Differentiation liefert schließlich die Beschleunigung in der gesuchten Form

$$\vec{a} = \frac{d\vec{v}}{dt} = \vec{a}_f + \vec{a}_c + \vec{a}'. \tag{8.62}$$

mit der Führungsbeschleunigung

$$\vec{a}_f = \vec{a}_A + \frac{d\vec{\Omega}}{dt} \times \vec{r}' + \vec{\Omega} \times (\vec{\Omega} \times \vec{r}').$$

Das ist die Beschleunigung desjenigen Punktes des starren Führungssystems (Bezugssystems), der momentan mit dem betrachteten materiellen Punkt zusammenfällt, vgl. Gln. (1.9), (1.10). Die *Coriolis*-Beschleunigung $\vec{a}_c = 2\vec{\Omega} \times \vec{v}'$ steht senkrecht auf die Relativgeschwindigkeit, so daß keine Komponente in die Tangentenrichtung der Relativstromlinie fällt. Die relative Beschleunigung $\vec{a}' = \frac{d'\vec{v}'}{dt}$ beschreibt die Änderung von $\vec{v}'$ gegen das bewegte Bezugssystem. Analog zu Gl. (8.31) projizieren wir in die $\vec{v}' = v'(t, s')\,\vec{e}_t'$-Richtung und integrieren über die relative Stromlinie bei festgehaltener Zeit t:

$$\int_{s_1'}^{s_2'} \vec{a} \cdot \vec{e}_t' \, ds' = \int_{s_1'}^{s_2'} \frac{1}{\varrho} k_t' \, ds' - \int_{s_1'}^{s_2'} \frac{1}{\varrho} \frac{\partial p}{\partial s'} \, ds'. \tag{8.63}$$

Unter Beachtung von

$$\vec{a} \cdot \vec{e}_t' = \vec{a}_f \cdot \vec{e}_t' + \vec{a}' \cdot \vec{e}_t' \tag{8.64}$$

und $\vec{a}' \cdot \vec{e}_t' = \frac{\partial' v'}{\partial t} + \frac{\partial}{\partial s'}\left(\frac{v'^2}{2}\right)$ mit $\frac{\partial' v'}{\partial t} = 0$ (stationär angenommene Relativströmung) folgt dann

$$\frac{1}{2}(v_2'^2 - v_1'^2) = \int_1^2 \frac{1}{\varrho} k_t' \, ds' - \frac{1}{\varrho}(p_2 - p_1) - \int_1^2 \vec{a}_f \cdot \vec{e}_t' \, ds'. \tag{8.65}$$

In diese Beziehung ist die relative Strömungsgeschwindigkeit einzusetzen und ein Integral über die in die relative Strömungsrichtung fallende Komponente der Führungsbeschleunigung auszuführen (der Bezugspunkt A' ist meist raumfest, $a_A = 0$). Für eine horizontal verlaufende ebene Relativstromlinie (z. B. in einer radial durchströmten mit $\Omega = \text{const}$ rotierenden Wasserturbine mit vertikaler Drehachse) vereinfacht sich die Gleichung wegen $\vec{e}_r' \cdot \vec{e}_t' \, ds' = dr'$ zu

$$\frac{1}{2}(w_2^2 - w_1^2) = -\frac{1}{\varrho}(p_2 - p_1) + \frac{\Omega^2}{2}(r_2^2 - r_1^2). \tag{8.66}$$

Die Relativgeschwindigkeit $\vec{v}' = \vec{v} - \vec{v}_f = \vec{c} - \vec{u}$, vgl. 7.3.c, wurde wie im Turbinenbau üblich mit $v' \equiv w$ bezeichnet, r_1 ist der Radius am Eintrittsquerschnitt, $r_2 > r_1$ ist der Radius des Austrittsquerschnittes. Aus dieser Gleichung kann insbesondere der Druck p_2 berechnet werden.

a) Beispiel: Das Segnersche Wasserrad

Als besonders einfaches Beispiel betrachten wir das *Segner*sche Wasserrad, Abb. 8.12, und finden mit gegebenen $r_1 = 0$, $w_1 = v_1$, $p_2 = p_0$ die relative tangentiale Ausströmgeschwindigkeit aus Gl. (8.66) zu

$$w_2 = \left[v_1^2 - \frac{2}{\varrho}(p_0 - p_1) + (r_2\Omega)^2\right]^{1/2}. \tag{8.67}$$

Bei Massenzufuhr aus einem darüberliegenden großen Behälter mit freier Spiegelfläche (Druck p_0) in der konstanten Höhe H gilt weiters

$$\frac{v_1^2}{2} + \frac{p_1}{\varrho} = \frac{p_0}{\varrho} + gH,$$

und

$$w_2 = \sqrt{2gH + (r_2\Omega)^2}, \tag{8.68}$$

[vgl. mit der *Torricelli*schen Ausflußformel, (8.48)].
Ein kreisförmiger Anteil in der Relativstromlinie trägt nichts zum Korrekturterm bei, da $\vec{a}_f \perp \vec{e}_t'$. Der Massestrom ist $\dot{m} = \varrho A w_2$.

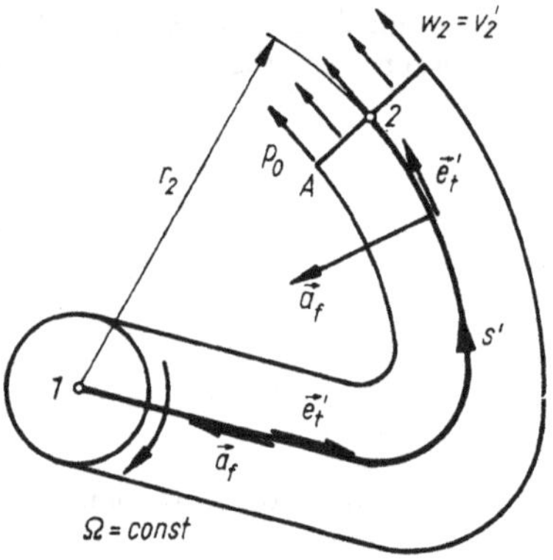

Abb. 8.12. Das *Segner*sche Wasserrad

8.6. Eine Bemerkung zum ersten Hauptsatz der Thermodynamik (Energiesatz)

Wenn bei einer Bewegung Reibung auftritt (auch innere Reibung z. B. bei viskosen oder plastischen Körpern), liegt stets ein nichtkonservatives Kraftfeld vor und der mechanische Energiesatz (8.8) verliert seine Gültigkeit. Die Reibungsarbeit kann nämlich nicht vollständig als mechanische Energie zurückgewonnen werden, sondern geht auch in Wärme über, die in jedem Fall dem irreversiblen Prozeß der Wärmeleitung unterliegt. Man spricht von Dissipation (mechanischer) Energie und nennt das Kraftfeld auch dissipatives (nichtkonservatives) Kraftfeld.
Um den ersten Hauptsatz der Thermodynamik als erweiterten Energiesatz zu verstehen, differenzieren wir zuerst den mechanischen Energiesatz $T + V = E = \text{const}$, $V = W + U$, nach der Zeit,

$$\frac{\mathrm{d}}{\mathrm{d}t}(T + U) = -\frac{\mathrm{d}W}{\mathrm{d}t} = L^{(a)}. \tag{8.69}$$

In dieser Form erkennt man die Zunahme der kinetischen Energie und des (elastischen) Potentials als Leistung der äußeren Kräfte. Addiert man die Wärmeenergie und den damit verbundenen Energietransport, dann erhält man mit der *inneren Energie*[1] *je Masseneinheit u* den Hauptsatz in der Form

$$\frac{\mathrm{d}}{\mathrm{d}t}\int\limits_{V(t)}\left(\frac{\varrho v^2}{2} + \varrho u\right)\mathrm{d}V = L^{(a)} + L^{(q)} - \oint\limits_{\partial V(t)} q_n\,\mathrm{d}S. \tag{8.70}$$

[1] Sie ist ein Maß für die kinetische und potentielle Energie der Moleküle im Körperinneren und als Zustandsfunktion sauber vom kontinuumsmechanischen Begriff der kinetischen Energie je Masseneinheit $v^2/2$ zu trennen.

Die Integration erfolgt über das materielle Volumen $V(t)$ bzw. über die materielle (von Masse nicht durchflossene) Oberfläche $\partial V(t)$. Die Zunahme der gesamten Energie im Körperinneren entspricht[1] der Leistung der äußeren Kräfte (wie oben), vermehrt um die Leistung $L^{(q)}$ äußerer Wärmequellen im Inneren von $V(t)$ und um den Wärmezufluß durch die Oberfläche $\partial V(t)$. Mit $\vec{q}$ als Wärmestromvektor ist $q_n = \vec{q} \cdot \vec{e}_n = -k \dfrac{\partial \theta}{\partial n}$ der Wärmefluß normal zur Körperoberfläche mit der äußeren Normalen $\vec{e}_n$ (θ ist die Temperatur, *Fourier*sche Wärmeleitung, k ist die Wärmeleitzahl).
Mit Hilfe des allgemein gültigen Arbeitssatzes in differenzierter Form, Gl. (8.5), kann die kinetische Energie eliminiert werden. Dann erhält man den ersten Hauptsatz der Thermodynamik[2] als

$$\frac{\mathrm{d}}{\mathrm{d}t} \int\limits_{V(t)} \varrho u \,\mathrm{d}V = -L^{(i)} + L^{(q)} - \oint\limits_{\partial V(t)} q_n \,\mathrm{d}S. \tag{8.71}$$

«Die Zunahme der inneren Energie ist gleich der zugeführten Wärmeleistung vermindert um die Leistung der inneren Kräfte». Man erkennt, daß für $L^{(q)} - \oint q_n \,\mathrm{d}S = 0$ die innere Energie ϱu eines elastischen Körpers in die Verzerrungsenergiedichte U' übergeht, Gl. (3.30).
Gl. (8.70) kann mit Hilfe des *Reynolds*schen Transporttheorems in die Energiebilanz eines Kontrollvolumens V mit massedurchflossener raumfester Kontrollfläche ∂V übergeführt werden:

$$\int\limits_{V} \frac{\partial}{\partial t}\left(\frac{\varrho v^2}{2} + \varrho u\right) \mathrm{d}V + \oint\limits_{\partial V} \mu \left(\frac{v^2}{2} + u\right) \mathrm{d}S = L^{(a)} + L^{(q)} - \oint\limits_{\partial V} q_n \,\mathrm{d}S, \tag{8.72}$$

$$\int\limits_{V} \frac{\partial(\rho u)}{\partial t} \,\mathrm{d}V + \oint\limits_{\delta V} \mu u \,\mathrm{d}S = -L^{(i)} + L^{(q)} - \oint\limits_{\delta V} q_n \,\mathrm{d}S, \quad \mu = \rho \vec{v} \cdot \vec{e}_n \tag{8.73}$$

Das Volumenintegral in Gl. (8.72) beschreibt die instationäre Änderung der Energie und ergibt, ergänzt um den Abfluß an Energie durch Massefluß, die Leistung der äußeren Kräfte vermehrt um die Wärmezufuhr in das Kontrollvolumen. Aus Gln. (8.71) folgt dann die reduzierte Form der Gl. (8.73). Die Differenz der Gln. (8.72) und (8.73) entspricht der durch das *Reynolds*sche Transporttheorem transformierten Gl. (8.5). Damit steht neben dem Masseerhaltungssatz, Impuls- und Drallsatz auch der Energieerhaltungssatz für ein raumfestes Kontrollvolumen zur Verfügung. Analog zu Gl. (1.82) kann auf bewegte Kontrollflächen verallgemeinert werden.

8.7. Aufgaben A 8.1 bis A 8.6 und Lösungen

A 8.1: Ein Fahrzeug nach Abb. A 8.1 wird über ein Seil bergwärts gezogen. Bei gegebenen Abmessungen und Masseverteilungen ist die Bewegungsgleichung mit der Lagekoordinate φ (reines Rollen der Räder) mit Hilfe des Leistungssatzes (Arbeitssatz in differentieller Form) aufzustellen und die Seilkraft $F(t)$ für $\dot{\varphi} = \omega = \text{const}$ anzugeben.

Lösung: Die Teilmassen m_1, m_2, m_3 haben gleiche Geschwindigkeit $v = v_1 = v_2 = v_3 = a\dot{\varphi}$ der Massenmittelpunkte. Die Winkelgeschwindigkeiten sind $\omega_1 = 0$, $\omega_2 = \omega_3$

---

[1] Elektromagnetische Energie und ihren Fluß haben wir ausgeschlossen.

[2] Die lokale Darstellung folgt unmittelbar durch Anwendung des *Gauß*schen Integralsatzes auf das Oberflächenintegral des Wärmestromes und nach Weglassung der Volumenintegrale. Mit Hilfe des *zweiten* Hauptsatzes der Thermodynamik (häufig in Form der *Clausius-Duhem*schen Ungleichung) kann dann unter Verwendung des Entropiebegriffes die Irreversibilität eines Prozesses (einer Deformation) geprüft werden. Auf die Beweisführung der Konsistenz von Materialgleichungen in thermodynamischer Sicht sei hingewiesen. Vgl. *H. Parkus:* Thermoelasticity. — Wien—New York: Springer-Verlag 1976, 2. ed. Chapter 5.

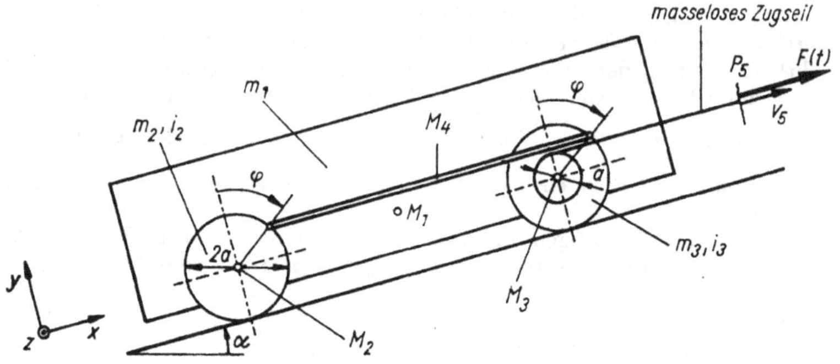

Abb. A 8.1

$= \dot{\varphi}$, die translatorisch bewegte Kuppelstange, $\omega_4 = 0$, hat die Geschwindigkeit $\vec{v}_4 = (v + a\dot{\varphi}\cos\varphi)\,\vec{e}_x - a\dot{\varphi}\sin\varphi\vec{e}_y$, $v_4 = a\dot{\varphi}\sqrt{2(1+\cos\varphi)} = 2a\dot{\varphi}\cos\frac{\varphi}{2}$. Die kinetische Energie ist dann

$$T = \frac{1}{2}\,(m_1 v_1^2 + m_2 v_2^2 + m_3 v_3^2 + m_4 v_4^2 + I_2\omega_2^2 + I_3\omega_3^2).$$

Die Leistung der äußeren Kräfte ergibt

$$L = Fv_5 + (m_1 + m_2 + m_3)\,gv\cos\left(\alpha + \frac{\pi}{2}\right) + m_4 g v_4 \cos\left(\alpha + \frac{\pi}{2} - \frac{\varphi}{2}\right),$$

mit $v_5 = \frac{3}{2}\,v = \frac{3}{2}\,a\dot{\varphi}$, die inneren Kräfte sind leistungslos.
Aus $\frac{dT}{dt} = L$ folgt nach Division durch $\dot{\varphi} \neq 0$

$$\left[m_1 + m_2\left(1 + \frac{i_2^2}{a^2}\right) + m_3\left(1 + \frac{i_3^2}{a^2}\right) + 2m_4(1+\cos\varphi)\right]a\ddot{\varphi} - m_4 a\dot{\varphi}^2\sin\varphi$$

$$+ g\left[(m_1 + m_2 + m_3)\sin\alpha + 2m_4\sin\left(\alpha - \frac{\varphi}{2}\right)\cos\frac{\varphi}{2}\right] = \frac{3}{2}\,F.$$

Mit $\ddot{\varphi} = 0$, $\dot{\varphi} = \omega = \text{const}$ ergibt sich das gesuchte nicht konstante $F(\varphi)$, $\varphi = \omega t$.

A 8.2: Man bestimme den Zusammenhang zwischen dem Endwinkel φ der Schaufeln des Laufrades einer Radialturbine und der Leistung L bei gegebener Wasserspiegeldifferenz H_1, siehe Abb. A 8.2. Die Abmessungen der Turbine sind: r_1 Innenradius, r_2 Außenradius des Laufrades, α_1 Endwinkel des Leitbleches = Winkel des Eintrittgeschwindigkeitsvektors, B Durchflußhöhe, und Ω ist die Winkelgeschwindigkeit des Läufers.

Lösung: Bei stationärem Betrieb ergibt die *Bernoulli*-Gleichung $\dot{m} = L/gH_1$. Aus Gl. (7.46) erhält man die Umfangsgeschwindigkeit am Außenrand r_2:

$$c_{2u} = \frac{1}{r_2\Omega}\left(gH_1 - \frac{\dot{m}\Omega}{2\pi B\varrho}\tan\alpha_1\right).$$

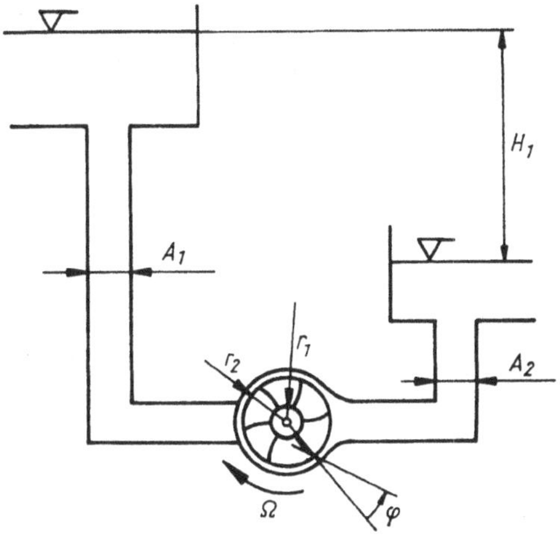

Abb. A 8.2

Mit der Annahme, daß der Massenstrom relativ zur Schaufel tangential strömt, folgt

$$\varphi = \arctan\left(\frac{r_2\Omega - c_{2u}}{c_{2r}}\right), \qquad c_{2r} = \dot{m}/2r_2\pi B\varrho .$$

A 8.3: Eine Schale mit der Gewichtskraft G in Form einer Kugelkalotte, Öffnungswinkel 2α, reitet auf einem Freistrahl nach Abb. A. 8.3. Man berechne ihre Gleichgewichtslage bei stationärem Ausfluß aus einem Hochbehälter mit Überdruck $p_1 - p_0 = \text{const}$ (reibungsfrei, inkompressibel).

Lösung: Die *Bernoulli*-Gleichung liefert die Strahlaustrittsgeschwindigkeit

$$v_0 = \left[2gH + 2\,\frac{p_1 - p_0}{\varrho}\right]^{1/2} \quad \text{und} \quad v(z) = \sqrt{v_0^2 - 2gz}.$$

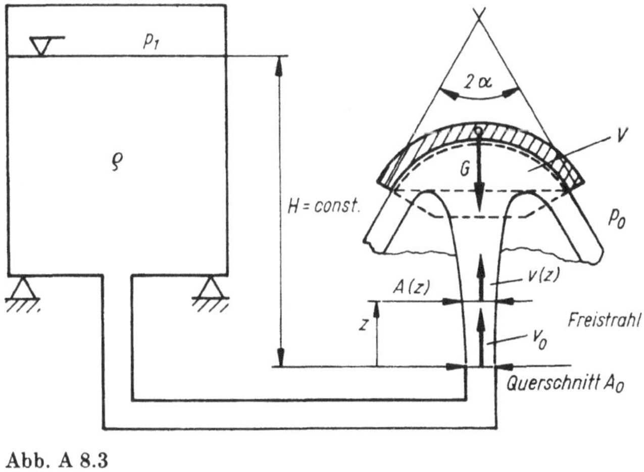

Abb. A 8.3

Da $\dot{m} = \varrho A_0 v_0$ im Strahl konstant ist, folgt die nichtlineare Querschnittsänderung $A(z) = A_0 v_0 / \sqrt{v_0^2 - 2gz}$. Mit Vernachlässigung der Höhendifferenzen im Umlenkbereich liefert der Impulssatz für das Kontrollvolumen V mit p_0 als Referenzdruck:

$$-\varrho v^2(z_S)\, A(z_S)\,(1 + \cos \alpha) = -F_z$$

und mit $F_z - G = 0$ für Gleichgewicht

$$z_S = \{v_0^2 - [G/\dot{m}(1 + \cos \alpha)]^2\}/2g.$$

A 8.4: Man gebe eine Differentialgleichung für die Spiegelkoordinate $H(t)$ an, wenn inkompressible Flüssigkeit instationär aus einer Bodenöffnung mit Durchmesser d aus einem kreiszylindrischen Gefäß, Durchmesser D, reibungsfrei ausfließt, Abb. A 8.4.

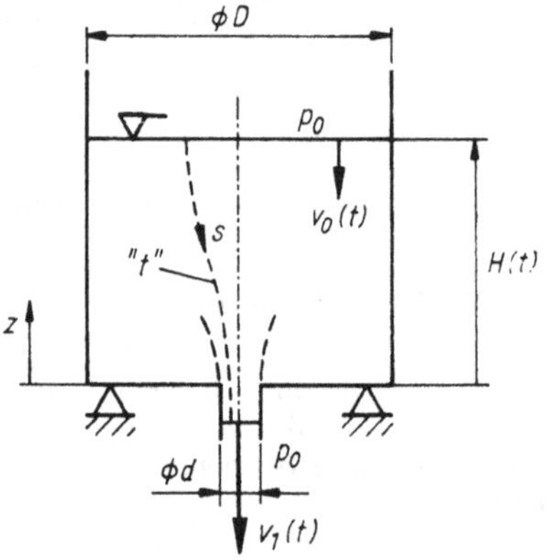

Abb. A 8.4

Lösung: Die instationäre *Bernoulli*-Gleichung $\int_0^1 \frac{\partial v}{\partial t}\, ds + \frac{v_1^2 - v_0^2}{2} = -g(0 - H)$ im Verein mit der Kontinuitätsgleichung $\varrho v_1 d^2 = \varrho v_0 D^2$ und der Beziehung $v_0\, dt = -dH$ ergibt die gesuchte (nichtlineare) Differentialgleichung

$$\ddot{H} H - \frac{1}{2}\left(\frac{D^4}{d^4} - 1\right) \dot{H}^2 + gH = 0.$$

Sie enthält die quasistationäre Näherung für $D \gg d$, $\ddot{H} \to 0$, $\dot{H} \sim \frac{d^2}{D^2} \sqrt{2gH}$.

A 8.5: Ein federnd abgestützter Kolben verhindert das Ausfließen der Flüssigkeit im Rohr nach Abb. A 8.5. Man gebe die Gleichung für freie Schwingungen um die Gleichgewichtslage unter der Voraussetzung reibungsfreier inkompressibler Strömung an.

Lösung: Die Kontinuitätsgleichung ergibt bei gleichem Querschnitt die Spiegelbewegung $x(t)$. Mit $\int_0^{l_1+l_2} \frac{\partial v}{\partial t}\, ds = \ddot{x}(l_1 + l_2)$, eingesetzt in die instationäre *Bernoulli*-

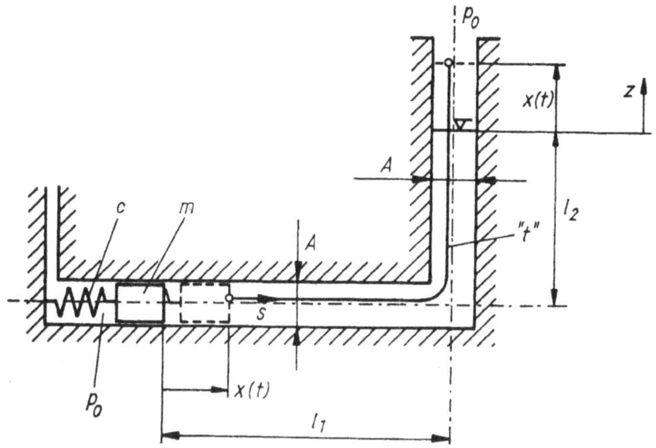

Abb. A 8.5

Gleichung, folgt

$$\ddot{x}(l_1 + l_2) = -\frac{1}{\varrho}(p_0 - p_1) - gx.$$

Eine zweite Gleichung liefert der Impulssatz für die Masse m: $m\ddot{x} = -cx + (p_0 - p_1)A$. Damit kann der unbekannte Druck auf den Kolben eliminiert werden, und wir erhalten die Schwingungsgleichung:

$$\ddot{x}[m + \varrho A(l_1 + l_2)] + (c + \varrho Ag)\, x = 0,$$

$x(t)$ ist die Auslenkung aus der Gleichgewichtslage (bei Federspannung $\varrho g l_2 A$).

A 8.6: Nach Fig. 7.8 wird das Entleeren eines Behälters untersucht. Nach dem plötzlichen Öffnen des Schiebers entsteht ein Freistrahl mit dem Querschnitt A_2. Der Rohrquerschnitt wird variabel angenommen, sodaß sich die instationäre Geschwindigkeit (inkompressibel) durch $v(s,t) = \frac{A_2}{A(s)} v_2(t) \equiv a(s) v_2(t)$ in separierter Form ergibt. Mit vorgegebener konstanter Füllhöhe H des großen Behälters finde man die Evolutionsgleichung der Ausströmgeschwindigkeit und ihre Lösung, den instationären Massenstrom.

Lösung: Mit horizontaler Rohrachse folgt im Zeitpunkt t nach dem Öffnen des Schiebers, - eine effektive Rohrlänge kann definiert werden,

$$L_{eff} = \int_0^L a(s)\,\mathrm{d}s, \quad \dot{v}_2 L_{eff} + \left(v_2^2 - v_1^2\right)/2 = -(p_2 - p_1)/\rho \quad \text{und } p_2 = p_0.$$

Im Behälter werden näherungsweise stationäre Strömungsverhältnisse angenommen, also gilt $0 + p_0/\rho + gH = v_1^2/2 + p_1/\rho$. Substitution ergibt mit $gH = v_\infty^2/2$ die Evolutionsgleichung $\dot{v}_2 = \left(v_\infty^2 - v_2^2\right)/2L_{eff}$. Separation der Variablen liefert dann die Lösung, die sich asymptotisch der *Torricelli*-Geschwindigkeit v_∞ nähert, $v_2(t) = v_\infty \tanh\left(v_\infty t/2L_{eff}\right)$.

9. Stabilitätsprobleme

In diesem Abschnitt untersuchen wir zuerst die Stabilität der Gleichgewichtslage eines konservativen Systems sowohl dynamisch (mittels Störbewegung) als auch durch das statische *Dirichlet*sche Stabilitätskriterium. Erste Anwendungen sind das Balanceproblem, die Gleichgewichtsverzweigung der Stabknickung und das Durchschlagen eines flachen Dreigelenkbogens. Der zweite Problemkreis umfaßt die Untersuchung der Stabilität einer Grundbewegung mit der Methode der kleinen Störungen und wird am Beispiel eines Fliehkraftregler und am Beispiel eines momentenfreien Kreisels illustriert. Der dritte Problemkreis schließt elasto-plastisches Materialverhalten ein und beurteilt die Stabilität der Gleichgewichtslage über die Traglast und der quasistatischen Grundbewegung über den Einspielsatz. Weiters untersuchen wir den «schießenden» und strömenden Abfluß einer inkompressiblen Flüssigkeit auf Stabilität und berechnen den Energieverlust beim «*Wechselsprung*». Abschließend geben wir ein einfaches Beispiel zur *Flatterinstabilität* durch selbsterregte Schwingungen an.

9.1. Stabilität einer Gleichgewichtslage

Gleichgewichtslagen eines Systems sind nicht gleichwertig. Das erkennt man schon an einem drehbar aufgehängten starren Körper. Liegt der Schwerpunkt unterhalb des Lagers, dann ist die Gleichgewichtslage offensichtlich gegen Störungen stabil, liegt er oberhalb, herrscht zwar auch Gleichgewicht der Kräfte, aber die kleinste Störung bringt das Pendel zum Durchschwingen, die stehende Gleichgewichtslage ist instabil (oder labil). Wir definieren daher die Stabilität einer Gleichgewichtslage dynamisch über die Störbewegung:

«Eine Gleichgewichtslage heißt *stabil*, wenn die Störbewegung, die nach einer schwachen Störung des statischen Gleichgewichtszustandes eintritt, auf die Umgebung der Gleichgewichtslage beschränkt bleibt und mit kleiner werdender Störung ebenfalls abnimmt.»[1]

Wir berechnen also die Störbewegung am Beispiel des hängenden, $\varphi_0 = 0$, und stehenden Pendels, $\varphi_0 = \pi$. Der Drallsatz ergibt die (nichtlineare) Bewegungsgleichung (vgl. 7.48a)

$$\ddot{\varphi} + \omega_0^2 \sin \varphi = 0, \qquad \omega_0^2 = gs/i^2. \tag{9.1}$$

Für nicht zu große Störungen darf linearisiert werden: $\varphi = \varphi_0 + \varepsilon$, $\sin(\varphi_0 + \varepsilon) = \sin \varphi_0 + \varepsilon \cos \varphi_0$, $|\varepsilon| \ll 1$. Damit wird für die Störbewegung $\varepsilon(t)$

$$\ddot{\varepsilon} + \omega_0^2 \varepsilon \cos \varphi_0 = 0. \tag{9.2}$$

---

[1] Mit Hilfe des Zustandsvektors $\vec{x}(t)$ der Störbewegung, siehe Gl. (7.109), läßt sich diese Definition mathematisch so fassen: Zu jedem $\bar{\varepsilon} > 0$ muß ein $\bar{\eta} > 0$ existieren, so daß für $|\vec{x}(t = 0)| < \bar{\eta}$ für alle $t > 0$ auch $|\vec{x}(t)| < \bar{\varepsilon}$ gilt. Nach Gl. (9.4) ist $|\varepsilon(t)| < \bar{\varepsilon} = \bar{\eta}$, wenn nur $\alpha < \bar{\eta} \ll 1$.

a) Hängende Gleichgewichtslage

$$\varphi_0 = 0, \qquad \cos\varphi_0 = 1, \qquad \ddot{\varepsilon} + \omega_0^2\varepsilon = 0, \tag{9.3}$$

ist die linearisierte Schwingungsgleichung mit der allgemeinen Lösung

$$\varepsilon(t) = \alpha \cos(\omega_0 t - \eta). \tag{9.4}$$

Mit $\alpha \ll 1$ ist die Störbewegung auf die Umgebung der Gleichgewichtslage $\varphi_0 = 0$ beschränkt, $|\varepsilon| \ll 1$, und α nimmt mit kleiner werdender Störung (z. B. Auslenkung) ab. Mit Berücksichtigung der Dämpfung ergibt sich sogar «asymptotische Stabilität», die Störbewegung klingt ab.

b) Stehende Gleichgewichtslage

$$\varphi_0 = \pi, \qquad \cos\varphi_0 = -1, \qquad \ddot{\varepsilon} - \omega_0^2\varepsilon = 0, \tag{9.5}$$

ergibt eine exponentiell mit der Zeit anwachsende Lösung

$$\varepsilon = a\,\mathrm{e}^{\omega_0 t} + b\,\mathrm{e}^{-\omega_0 t}. \tag{9.6}$$

Die Voraussetzung $|\varepsilon| \ll 1$ ist zwar nicht erfüllt, doch zeigt auch die linearisierte Gleichung die Instabilität der Gleichgewichtslage $\varphi_0 = \pi$ an. Die tatsächlich eintretende große Störbewegung muß, falls sie interessiert, aus der nichtlinearen Bewegungsgleichung ermittelt werden.

Die Beurteilung der Stabilität einer Gleichgewichtslage hat daher definitionsgemäß über die Dynamik der Störbewegung zu erfolgen. Dazu ist es notwendig, die Bewegungsgleichungen des zu untersuchenden Systems aufzustellen und diese für die Störbewegung (bei gegebener oder angenommener Anfangsstörung) zu lösen. Aus dem zeitlichen Verhalten der Störbewegung kann dann sicher auf die Stabilität der Gleichgewichtslage geschlossen werden. In manchen Fällen ist es erlaubt, die Bewegungsgleichungen in den Störgrößen zu linearisieren, also nur kleine Störbewegungen zu betrachten, und vom Verhalten der Lösung dieses linearisierten Problems auf die Stabilität zu schließen[1] (nach einem Satz von *A. M. Ljapunow*).

Wir fragen nun, ob es Systeme gibt, bei denen rein *statische* Betrachtungen Aussagen über die Stabilität erlauben. Beschränken wir uns von vorneherein auf die Untersuchung der *Gleichgewichtslage eines konservativen Systems*, dann kann der Energiesatz benutzt werden, um Schranken der kinetischen und potentiellen Energie der Störbewegung anzugeben. Stören wir die Gleichgewichtslage durch Aufprägen einer Gesamtenergie $E_0 = T_0 + V_0$ in $t = 0$, wobei wir in der Gleichgewichtslage die potentielle Energie $V = 0$ voraussetzen. Für die anschließende Störbewegung im konservativen Kraftfeld muß dann stets, Gl. (8.8),

$$T(t) + V(t) = E_0 \tag{9.7}$$

sein. Wegen der positiven (Semi-)Definitheit der kinetischen Energie, $T \geqq 0$, folgt daraus die Ungleichung

$$V(t) = E_0 - T(t) \leqq E_0. \tag{9.8}$$

Aus der Gleichgewichtsbedingung ist bekannt, daß $V = 0$ ein stationärer Wert von $V(t)$ ist, und nun ist $V(t) \leqq E_0$ auch in der Umgebung der Gleichgewichtslage nach

[1] Im allgemeinen ist daher eine Eigenwertberechnung durchzuführen. Haben alle (komplexen) Eigenwerte negative Realteile, dann ist das linearisierte System asymptotisch stabil, und das nichtlineare System kann stabil sein.
I. G. Malkin: Theorie der Stabilität einer Bewegung. — München, 1959.

oben beschränkt. Wenn wir nun *zusätzlich fordern*, daß $V(t)$ in der Gleichgewichtslage ein *Minimum* aufweist, dann gilt $V(t) \geqq 0$ und auch $E_0 > 0$ und damit

$$0 \leqq V(t) \leqq E_0. \tag{9.9}$$

Mit dieser beidseitigen Einschrankung ist auch die kinetische Energie $T \geqq 0$ beschränkt,

$$0 \leqq T(t) \leqq E_0, \tag{9.10}$$

und die Gleichgewichtslage ist nach unserer Definition in «*Energienorm*» stabil: Mit beschränktem $V(t)$ und $T(t)$ ist die Störbewegung im integralen Sinn auf die Umgebung der Gleichgewichtslage beschränkt und nimmt mit kleiner werdender Anfangsstörung, also mit E_0, ab. Bis auf einige pathologische Fälle ist auch diese Definition ausreichend[1].

Jetzt kann das (rein statische) *Dirichletsche Stabilitätskriterium* formuliert werden: «Die Gleichgewichtslage eines konservativen Systems ist *stabil*, wenn die potentielle Energie $V = W + U$ dort ein *Minimum* besitzt. Andernfalls ist sie instabil.»

Für ein konservatives System kann aus der Kenntnis der potentiellen Energie der inneren und äußeren Kräfte (als Funktion der Lagekoordinaten) sowohl die Gleichgewichtslage gefunden werden (Prinzip der virtuellen Arbeit, $\delta V = 0$, Gl. (5.15)) wie auch ihre Stabilität beurteilt werden (*Dirichlet*sches Stabilitätskriterium, $\delta^2 V > 0$). Die Störbewegung braucht nicht mehr berechnet zu werden, sondern nur die erste und zweite Variation der Funktion V:

$$\delta V = 0, \qquad \delta^2 V > 0. \tag{9.11}$$

Ergibt sich auch $\delta^2 V = 0$ in der Gleichgewichtslage, dann muß für Stabilität $\delta^3 V = 0$ und $\delta^4 V > 0$ sein.

Besitzt das konservative System endlich viele Freiheitsgrade mit den Lagekoordinaten q_i, $i = 1, \ldots, n$, dann ist $V = V(q_1, \ldots, q_n)$ mit

$$\delta V = \sum_{i=1}^{n} \frac{\partial V}{\partial q_i} \delta q_i = 0. \tag{9.12}$$

Die verschwindenden partiellen Differentialquotienten $\dfrac{\partial V}{\partial q_i} = 0$, $i = 1, \ldots, n$, ergeben die Gleichgewichtsbedingungen, und

$$\delta^2 V > 0 \tag{9.13}$$

führt dann auf die Stabilitätsbedingungen in der Gleichgewichtslage:

$$\begin{vmatrix} \dfrac{\partial^2 V}{\partial q_1^2} & \dfrac{\partial^2 V}{\partial q_1\, \partial q_2} & \cdots & \dfrac{\partial^2 V}{\partial q_1\, \partial q_k} \\ & \dfrac{\partial^2 V}{\partial q_2^2} & \cdots & \dfrac{\partial^2 V}{\partial q_2\, \partial q_k} \\ & & \ddots & \vdots \\ \text{symm.} & & & \dfrac{\partial^2 V}{\partial q_k^2} \end{vmatrix} > 0, \quad k = 1, 2, \ldots, n, \tag{9.14}$$

die dann notwendig und hinreichend für Stabilität sind.

---

[1] Für Systeme mit endlich vielen Freiheitsgraden gilt das Äquivalenzprinzip von Stabilitätsnormen, d. h., es liegt dann Stabilität in jeder Norm vor. Nicht so beim Kontinuum.

Technisch interessant sind die *Stabilitätsgrenzen* im Parameterraum einer stabilen Gleichgewichtslage. Man faßt daher die äußeren Kräfte variabel auf und beschreibt die Laststeigerung (i. allg. für alle äußeren Kräfte gleichmäßig) durch den Lastfaktor $\lambda > 0$, vgl. Kapitel 6. Dann kann das Potential der äußeren Kräfte durch λW ersetzt werden und an der Stabilitätsgrenze, wo gerade

$$\det\left\{\frac{\partial^2 V}{\partial q_m\, \partial q_n}\right\} = 0, \tag{9.15}$$

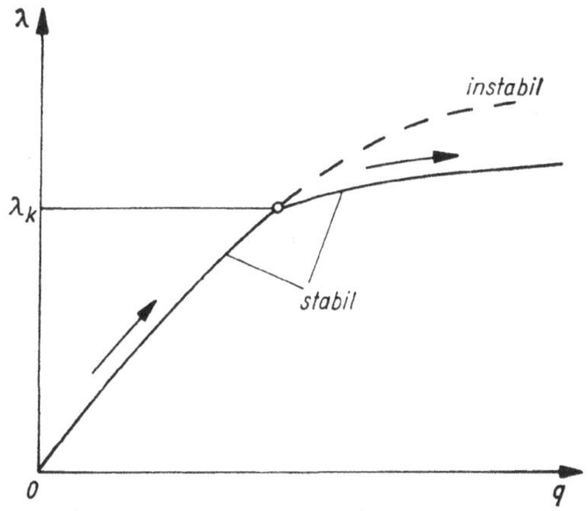

Abb. 9.1. Divergente Gleichgewichtsverzweigung

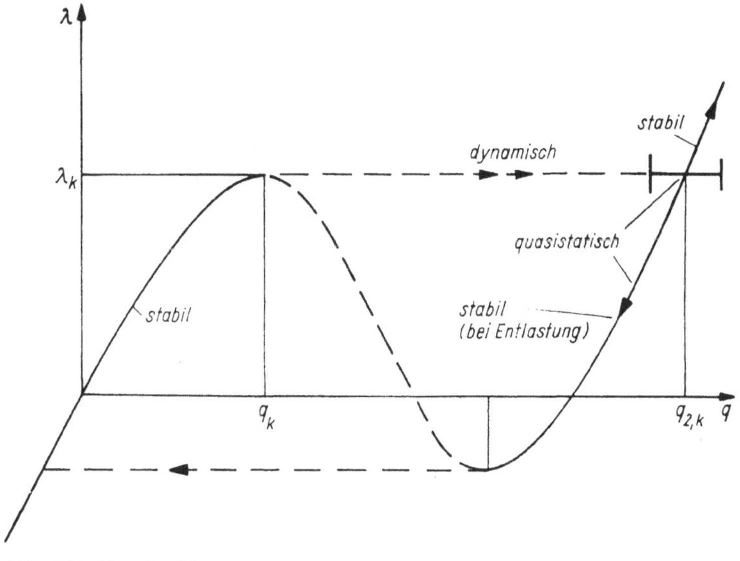

Abb. 9.2. Durchschlagen

erhält man eine Gleichung für den kritischen Wert des Lastfaktors, λ_k. Stabilität der Gleichgewichtslage unter dieser Verteilung der äußeren Lasten erfordert dann $0 < \lambda < \lambda_k$. Liegen auch bei Steigerung des Lastfaktors über diesen kritischen Wert hinaus, $\lambda > \lambda_k$, benachbarte stabile Gleichgewichtslagen vor, dann spricht man von einer (divergenten) *Gleichgewichtsverzweigung* (bifurcation), siehe Abb. 9.1. Ein Beispiel ist das Knicken eines idealen elastischen Druckstabes (*Euler*-Stab).
Eine andere, gefährlichere Art des Instabilwerdens einer Gleichgewichtslage bei Erreichen des kritischen Lastfaktors entspricht dem «Durchschlagen» (snap-through buckling), vgl. Abb. 9.2. Hier gibt es für $\lambda > \lambda_k$ keine benachbarte stabile Gleichgewichtslage. Das System schlägt (dynamisch) bei einer Laststeigerung $\lambda > \lambda_k$ in eine ganz andere Konfiguration durch.
Das Durchschlagen wird bei querbelasteten flachen Konstruktionen und an allen imperfektionsempfindlichen Systemen (unter vorwiegender Druckbelastung), z. B. Schalentragwerke oder an ähnlichen Systemen mit besonderen Nichtlinearitäten, beobachtet.

9.1.1. Beispiel: Das Balanceproblem starrer Zylinder

In der gezeichneten Lage nach Abb. 9.3 liegt sicher eine Gleichgewichtslage vor, wenn nur Aufstandskraft und Gewichtskraft mg im Gleichgewicht sind. Die Stabilität des balancierenden Zylinders soll unter der Voraussetzung untersucht werden, daß als *Störbewegung reines Rollen* auftritt: Dann gilt die Rollbedingung, vgl. Abb. 9.3, $r\,d\varphi = R\,d\Phi$. Die Störbewegung ist konservativ, und das *Dirichlet*sche Stabilitätskriterium Gl. (9.13) kann angewendet werden.
In der Gleichgewichtslage $\varphi = \Phi = 0$ ist $z_S = (R + h)$, wenn r, R die Krümmungsradien der Zylinder bezeichnen. In der Umgebung der Gleichgewichtslage ist $z_S = (R + r)\cos\Phi - (r - h)\cos(\varphi + \Phi)$ und damit

$$E_p = W = mgz_S. \tag{9.16}$$

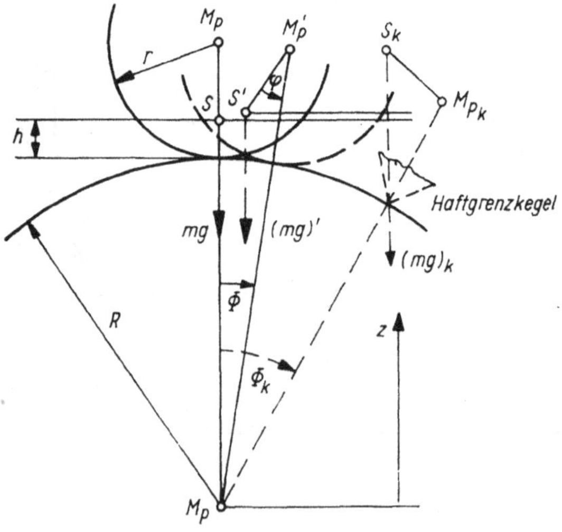

Abb. 9.3. Balancierender Zylinder. Störbewegung: Reines Rollen

Die Lagekoordinate des Systems mit einem Freiheitsgrad sei φ. Wir bilden

$$\frac{dE_p}{d\varphi} = \frac{\partial E_p}{\partial \varphi} + \frac{\partial E_p}{\partial \Phi}\frac{d\Phi}{d\varphi} = \frac{\partial E_p}{\partial \varphi} + \frac{r}{R}\frac{\partial E_p}{\partial \Phi}$$

$$= mg[(r-h)\sin(\varphi+\Phi) - r\sin\Phi]\left(1+\frac{r}{R}\right),$$

wo in $\varphi = \Phi = 0$ die Gleichgewichtsbedingung $\frac{dE_p}{d\varphi} = 0$. Nochmalige Differentiation ergibt

$$\frac{d^2E_p}{d\varphi^2} = mg\left\{(r-h)\cos(\varphi+\Phi) + \frac{r}{R}[(r-h)\cos(\varphi+\Phi) - r\cos\Phi]\right\}\left(1+\frac{r}{R}\right) \tag{9.17}$$

und die Stabilitätsbedingung in $\varphi = \Phi = 0$ wird $\left(1+\frac{r}{R}\right)\left[r - h\left(1+\frac{r}{R}\right)\right] > 0$. Löst man die Ungleichung nach h auf, dann ist die Balance stabil, wenn nur[1]

$$h < r/(1 + r/R). \tag{9.18}$$

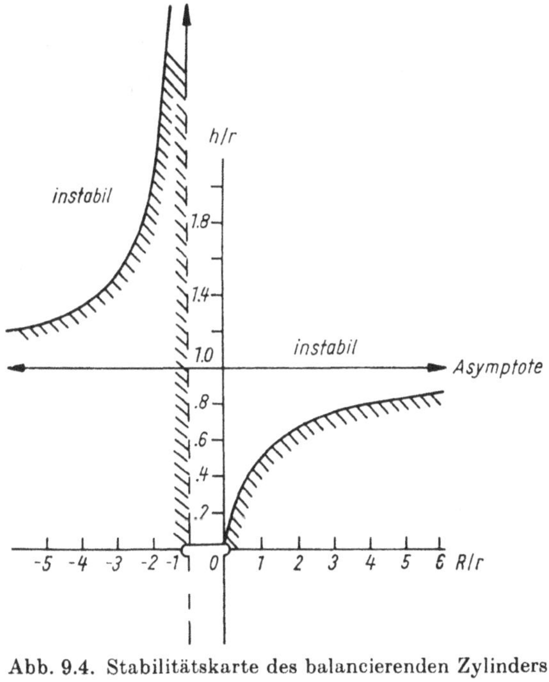

Abb. 9.4. Stabilitätskarte des balancierenden Zylinders

[1] Analog zur einfachen Vorgangsweise bei Schwimmstabilität kann auch hier das rückstellende Moment, $\left(-\frac{dE_p}{d(\varphi+\Phi)}\right) = mg\,\{R\sin\Phi - [(R+r)\sin\Phi - (r-h)\sin(\varphi+\Phi)]\} > 0$ für eine kleine Störung von $\varphi = \Phi = 0$, $d\varphi$, $d\Phi = r\,d\varphi/R$ gebildet werden, und liefert als Faktor von $d\varphi$ die Bedingung (9.18).

Stabilität des auf einer Ebene ruhenden Zylinders ist als Sonderfall mit $R \to \infty$ durch die Bedingung $h < r$ gegeben. Ruht der Zylinder in einem Hohlzylinder, dann ist $R < 0$ einzusetzen, $\left|\frac{r}{R}\right| < 1$. Die Abb. 9.4 zeigt die Stabilitätskarte (ohne Beachtung der Rutschgefahr). Die «leichte» Beweglichkeit der sogenannten Wackelsteine wird aus der Nähe von h an den Stabilitätsgrenzkurven verständlich.

9.1.2. Beispiel: Ein Ausweichproblem (Knicken)

Ein starrer, gelenkig gelagerter Druckstab ist durch eine Feder gestützt. Die Einspannfeder wird sowohl linear als auch nichtlinear betrachtet. Zu untersuchen ist die Stabilität der Gleichgewichtslage $\varphi = 0$, in Abhängigkeit von der Größe der richtungstreuen Gewichtsbelastung F. Zu beschreiben ist auch das «Nachbeulverhalten» nach der Gleichgewichtsverzweigung. Die Störbewegung ist konservativ, das *Dirichlet*sche Stabilitätskriterium (9.13) daher anwendbar. Die potentielle Energie in der Umgebung der Gleichgewichtslage ist, vgl. Abb. 9.5,

$$E_p = W + U, \qquad W = -Fl(1 - \cos\varphi). \tag{9.19}$$

W ist das Potential der äußeren Kräfte, und $U = k\varphi^2/2$, für lineare Drehfeder, mit dem Rückstellmoment $M = k\varphi$, $U = k\varphi^2/2 - ka\varphi^3/3 + kb\varphi^4/4$, für eine nichtlineare Drehfeder mit dem Rückstellmoment $M = k\varphi(1 - a\varphi + b\varphi^2)$, $a = 0$ ergibt eine symmetrische, $b = 0$ eine unsymmetrische Kennlinie, vgl. Gl. (4.50). Im allgemeinen stellen diese Polynome Näherungen für kleine Spannwinkel φ dar, dann kann auch $\cos\varphi \approx 1 - \varphi^2/2 + \varphi^4/24$ in den zu untersuchenden Nachbarlagen von $\varphi = 0$ gesetzt werden.

Wir bilden die Differentiale

$$\frac{dW}{d\varphi} = -Fl\sin\varphi \approx -Fl(\varphi - \varphi^3/6), \qquad \frac{d^2W}{d\varphi^2} = -Fl\cos\varphi \approx -Fl(1 - \varphi^2/2),$$

$$\frac{d^3W}{d\varphi^3} = Fl\sin\varphi \approx Fl\varphi, \qquad \frac{d^4W}{d\varphi^4} = Fl\cos\varphi \approx Fl,$$

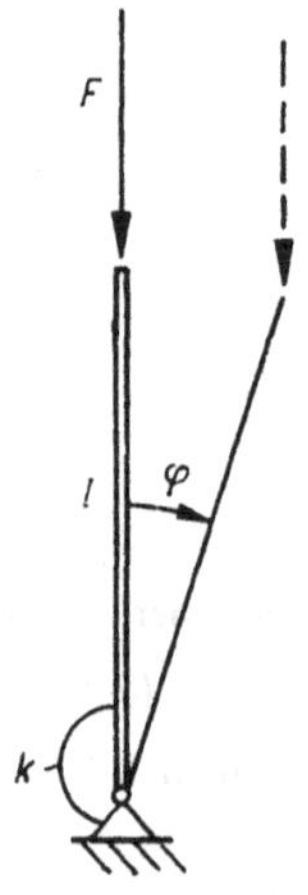

Abb. 9.5. Einfaches Knickmodell

und

$$\frac{\mathrm{d}U}{\mathrm{d}\varphi} = k\varphi(1 - a\varphi + b\varphi^2), \qquad \frac{\mathrm{d}^2U}{\mathrm{d}\varphi^2} = k(1 - 2a\varphi + 3b\varphi^2),$$

$$\frac{\mathrm{d}^3U}{\mathrm{d}\varphi^3} = k(-2a + 6b\varphi), \qquad \frac{\mathrm{d}^4U}{\mathrm{d}\varphi^4} = 6kb.$$

Aus der Gleichgewichtsbedingung

$$\frac{\mathrm{d}E_\mathrm{p}}{\mathrm{d}\varphi} = \frac{\mathrm{d}W}{\mathrm{d}\varphi} + \frac{\mathrm{d}U}{\mathrm{d}\varphi} = 0,$$

$$\varphi[-Fl(1 - \varphi^2/6) + k(1 - a\varphi + b\varphi^2)] = 0, \tag{9.20}$$

erkennen wir $\varphi = 0$ als Gleichgewichtslage und mit der möglicherweise reellen Lösung von

$$\varphi^2(kb + Fl/6) - ka\varphi - (Fl - k) = 0, \tag{9.21}$$

$$\varphi_1 = \frac{3}{6b + Fl/k}\left[a \pm \sqrt{a^2 + \frac{2}{3}\left(\frac{Fl}{k} - 1\right)(6b + Fl/k)}\right], \tag{9.22}$$

zwei weitere (benachbarte) ausgelenkte Gleichgewichtslagen.
Die Stabilitätsbedingung

$$\frac{\mathrm{d}^2E_\mathrm{p}}{\mathrm{d}\varphi^2} > 0, \tag{9.23}$$

ergibt für die Gleichgewichtslage $\varphi = 0$ die Ungleichung $-Fl + k > 0$, unabhängig von der Nichtlinearität der Einspannfeder. Die kritische Last ist dann

$$F_\mathrm{kr} = k/l. \tag{9.24}$$

Steigert man die genau zentrische Last F von Null bis knapp unterhalb $F_\mathrm{kr} = k/l$ (eine Systemgröße), dann ist die Gleichgewichtslage $\varphi = 0$ stabil. Für $F = F_\mathrm{kr}$ versagt die Aussagekraft der zweiten Ableitung. Die dritte Ableitung des Potentials ist in $\varphi = 0$

$$\left.\frac{\mathrm{d}^3E_\mathrm{p}}{\mathrm{d}\varphi^3}\right|_{\varphi=0} = -2ka, \tag{9.25}$$

ungleich Null für die nichtlineare Feder mit unsymmetrischer Kennlinie, Null für die Einspannfeder mit symmetrischer Kennlinie (linear oder nichtlinear mit $a = 0$). Der *Verzweigungspunkt* ist also *instabil* bei nichtlinearer Feder mit $a \neq 0$. Die vierte Ableitung ergibt die *Stabilitätsbedingung* für Einspannfedern mit *symmetrischer* Kennlinie, $a = 0$, $F = F_\mathrm{kr} = k/l$,

$$1 + 6b > 0, \tag{9.26}$$

der Verzweigungspunkt zählt dann sicher noch zu den stabilen Gleichgewichtslagen $\varphi = 0$, wenn $b \geqq 0$ (lineare und überlineare Feder). Für unterlineare Federn ergibt sich für $b < -1/6$ ein instabiler Verzweigungspunkt.
Mit Hilfe des Lastfaktors $\lambda = F/F_\mathrm{kr}$ untersuchen wir nun die Nachbargleichgewichtslagen φ_1 auf Stabilität. Die Stabilitätsbedingung fordert

$$\varphi_1^2(Fl + 6kb) - 4ka\varphi_1 - 2(Fl - k) > 0 \tag{9.27}$$

oder

$$\varphi_1^2(\lambda + 6b) - 4a\varphi_1 - 2(\lambda - 1) > 0. \tag{9.28}$$

Mit der Gleichgewichtsbedingung $\varphi_1^2(\lambda + 6b) = 6(a\varphi_1 + \lambda - 1)$ folgt auch gleichwertig

$$a\varphi_1 + 2(\lambda - 1) > 0, \tag{9.29}$$

$$\varphi_1 = \frac{3}{\lambda + 6b}\left[a \pm \sqrt{a^2 + \frac{2}{3}(\lambda - 1)(\lambda + 6b)}\right].$$

Stabilität der Nachbargleichgewichtslagen ergibt sich für die lineare und nichtlineare Feder mit symmetrischer Kennlinie (so lange $1 + 6b > 0$), da dann $a = 0$ und $\lambda > 1$. Für die unterlineare Feder mit $b < -1/6$ ist der Verzweigungsast instabil. Für die nichtlineare Feder mit unsymmetrischer Kennlinie und $b = 0$ sind die Gleichgewichtslagen $\varphi_1 < 0$, $\lambda > 1$ zwar stabil, die Gleichgewichtslagen $\varphi_1 > 0$, $\lambda < 1$ aber instabil.

Die Abb. 9.6 zeigt die Lastfaktor-Verformungskurven getrennt nach gefährlichen und ungefährlichen Gleichgewichtsverzweigungen.

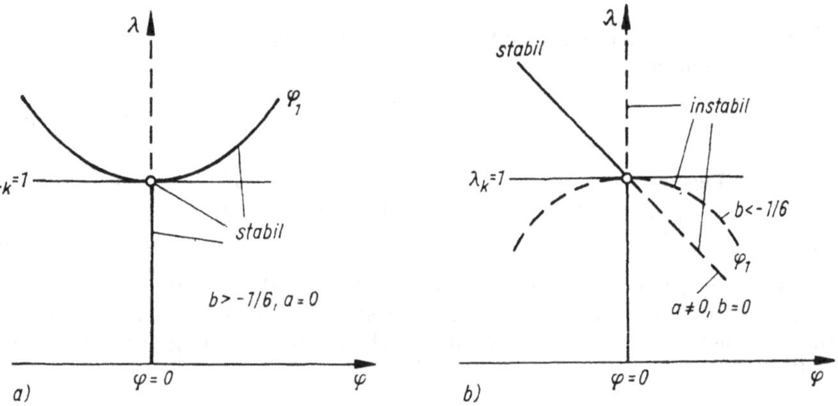

Abb. 9.6.(a) «Ungefährliche» Gleichgewichtsverzweigung bei Überschreitung von $\lambda_k = 1$. (Imperfektionsunempfindliche Konstruktion)

Abb. 9.6.(b) «Gefährliche» Gleichgewichtsverzweigung bei $\lambda_k = 1$ (Imperfektionsempfindliche Konstruktion)

Die *Imperfektionsempfindlichkeit* ist schon aus der Abb. 9.6 ablesbar, kann aber an diesem einfachen Beispiel direkt rechnerisch nachgewiesen werden. Dazu betrachtet man z. B. den zwar «planmäßig zentrisch gedrückten Stab», bei dem jedoch der Angriffspunkt der Belastung F (baupraktisch unvermeidlich) um e exzentrisch zur Stabachse liegen soll, $\varphi = 0$ ist dann nicht mehr Gleichgewichtslage, wenn F bzw. $\lambda \neq 0$. Die Untersuchung der Stabilität der Gleichgewichtslagen $\bar{\varphi}_1 \neq 0$ ergibt dann stabile und instabile (durch Durchschlagen) Lastfaktor-Verformungskurven nach Abb. 9.7.

Fazit: Die im allgemeinen einfachere Untersuchung der Verzweigung der perfekten Konstruktion erlaubt den technisch wichtigen Schluß auf die Imperfektionsempfindlichkeit. Konstruktionen mit instabilem Verzweigungspunkt und abzweigendem Ast sind imperfektionsempfindlich. Ausgangspunkt ihrer Berechnung ist daher die sorgfältige Wahl der zu erwartenden Imperfektionen.

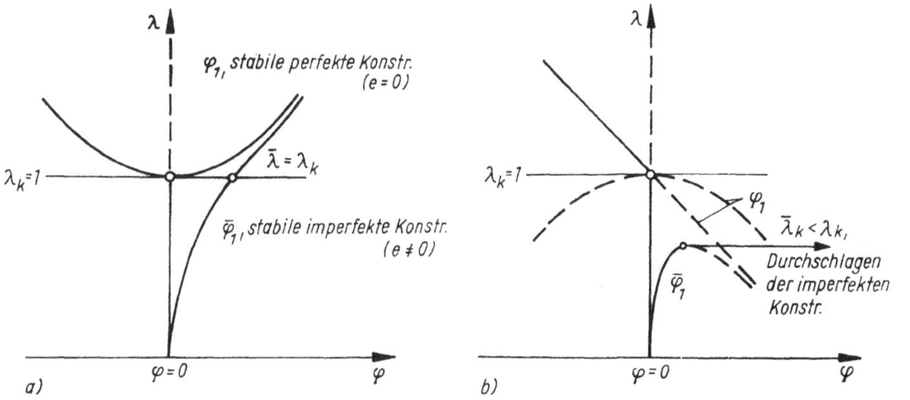

Abb. 9.7.(a) Imperfektionsunempfindliche Konstruktion ($\lambda_k = 1$ der perfekten Konstruktion wird erreicht, allerdings i. allg. um den Preis größerer Deformationen)

Abb. 9.7.(b) Imperfektionsempfindliche Konstruktion ($\lambda_k = 1$ der perfekten Konstruktion wird i. allg. nicht erreicht, die imperfekte Konstruktion schlägt bei $\bar{\lambda}_k < \lambda_k$, in eine «weit entfernte», durch die lokale Betrachtung nicht erfaßte Gleichgewichtslage durch)

9.1.3. Beispiel: Zur Stabilität eines flachen Dreigelenkbogens

Der Einfachheit halber betrachten wir das *v.-Mises*-Fachwerk nach Abb. 9.8 mit linear elastischen Druckstäben unter Einzelkraftbelastung im Scheitel (Dreigelenkbogen, vgl. 2.5.1.e). Die potentielle Energie ist dann

$$E_p = W + U = F(z - b_0) + c(l - l_0)^2, \tag{9.30}$$

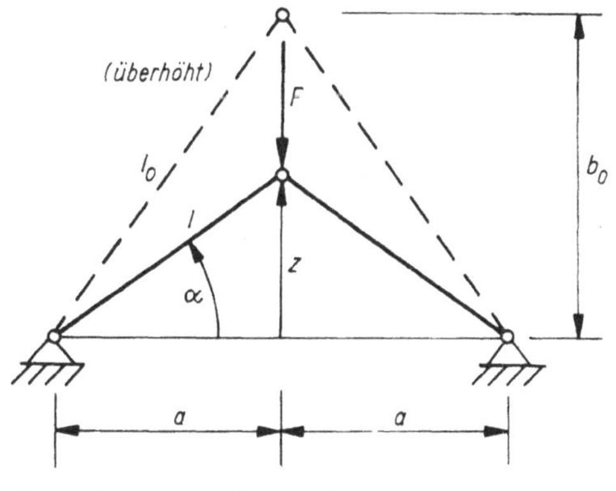

Abb. 9.8. Flacher (elastischer) Dreigelenkbogen

b_0 bezeichnet die Scheitelhöhe und l_0 die Stablänge im unverformten Zustand, $l_0^2 = a^2 + b_0^2$. Als geometrische Nebenbedingung gilt $l^2 = a^2 + z^2$, also

$$E_p(z) = F(z - b_0) + ca^2 \left(\sqrt{1 + (z/a)^2} - l_0/a\right)^2. \tag{9.31}$$

Wir setzen $\zeta = z/a = \tan\alpha$ und finden die Gleichgewichtsbedingung

$$\frac{dE_p}{d\zeta} = Fa + 2ca^2 \left(\sqrt{1 + \zeta^2} - l_0/a\right) \zeta/\sqrt{1 + \zeta^2} = 0. \tag{9.32}$$

Bei flachem Bogen ist $|\zeta| \ll 1$, und wir approximieren dann $(1 + \zeta^2)^{-1/2} \sim 1 - \zeta^2/2$, und erhalten somit eine kubische Gleichung mit mindestens einer, bei entsprechender Laständerung aber auch drei reellen Lösungen, den Gleichgewichtslagen $\zeta_{1,2,3}$, vgl. Abb. 9.9. Hier interessiert die Stabilität der oberen Gleichgewichtslage $\zeta_1 > 0$ und die Stabilitätsgrenze, die kritische Last F_k. Die Stabilitätsbedingung fordert dort

$$\frac{d^2E_p}{d\zeta^2} = 2ca^2 \left[1 - \frac{l_0}{a}\left(1/\sqrt{1 + \zeta^2} - \zeta^2/(1 + \zeta^2)^{3/2}\right)\right]\Bigg|_{\zeta=\zeta_1} > 0. \tag{9.33}$$

Die Stabilitätsgrenze ist erreicht, wenn $F = F_k$ und $\zeta_1 = \zeta_k \cdot \dfrac{d^2E_p}{d\zeta^2} = 0$ liefert $(1 + \zeta_k^2)^{3/2} - l_0/a = 0$, und die Gleichgewichtsbedingung $\dfrac{dE_p}{d\zeta} = 0$,

$$F_k \sqrt{1 + \zeta_k^2} + 2ca\left(\sqrt{1 + \zeta_k^2} - l_0/a\right) \zeta_k = 0, \tag{9.34}$$

ergibt die zweite Gleichung zur Berechnung von ζ_k und F_k. Die Auflösung bestimmt die kritische Scheitelhöhe aus der verschwindenden Stabilitätsbedingung zu

$$\zeta_k = [(l_0/a)^{2/3} - 1]^{1/2}, \tag{9.35}$$

bei der kritischen Last

$$F_k = 2cl_0[1 - (a/l_0)^{2/3}]^{3/2}, \tag{9.36}$$

siehe auch Aufgabe A 10.1.

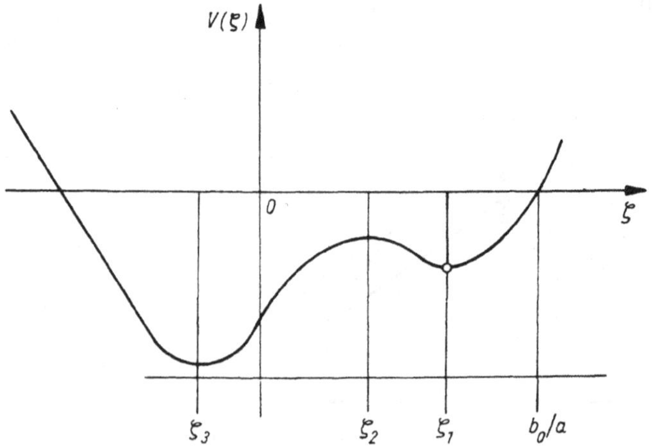

Abb. 9.9. Potential des elastischen Dreigelenkbogens

Da keine benachbarte stabile Gleichgewichtslage $\zeta < \zeta_k$ existiert, setzt das (dynamische) Durchschlagen in die gegenüberliegende weit entfernte Gleichgewichtslage $\zeta_3 < 0$ ein. Die hohe Beanspruchung während des Bewegungsvorganges führt i. allg. zu plastischen Verformungen oder gar zum Bruch, es muß daher aus Sicherheitsgründen $F < F_k$ bleiben. Die Normalkraft

$$N = -F/2\sin\alpha, \qquad \max|N| = cl_0[1 - (a/l_0)^{2/3}], \tag{9.37}$$

beansprucht die Stäbe auf Druck, so daß ein zweites Stabilitätsproblem, die Stabknickung, zu untersuchen ist.
Besonders gefährlich wirken sich Kriecherscheinungen an diesen quer belasteten flachen Konstruktionen aus, da dann auch bei konstanter sicherer Belastung $F < F_k$ die Scheitelhöhe i. allg. abnimmt und nach mehr oder weniger langer Belastungsdauer die kritische Scheitelhöhe erreicht. Solche Konstruktionen haben dann nur eine endliche «Lebensdauer», da i. allg. das dann einsetzende Durchschlagen wieder als ein Versagen der Konstruktion anzusehen ist.

9.1.4. Beispiel: Knickung des elastischen Stabes (Eulerstab)

Wir untersuchen zuerst den schon von *L. Euler* behandelten axial zentrisch gedrückten Stab mit konstantem (vollwandigem) Querschnitt bei gelenkiger Lagerung nach Abb. 9.10 auf Stabilität. Mit richtungstreuer Belastung F und *Hooke*schem Material ist die Störbewegung (*Biegeschwingungen* um die Gleichgewichtslage mit «gerader Stabachse») konservativ. Das Potential in der Umgebung der zu untersuchenden Gleichgewichtslage (in der ausgebogenen Lage, y sei Trägheitshauptachse des Querschnittes) setzt sich aus dem Potential von F und dem Potential der inneren Kräfte (der Verzerrungsenergie) zusammen:

$$E_p = W + U, \qquad E_p = 0 \tag{9.38}$$

bei unausgelenkter Stabachse,

$$W = F\int_0^{l_0} \frac{du}{dX}\,dX, \tag{9.39}$$

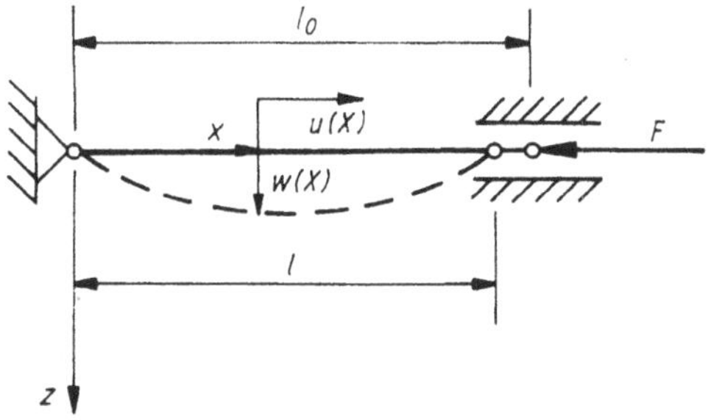

Abb. 9.10. Der *Euler*stab

und die Verzerrungsenergie folgt durch Integration von $U' = \frac{1}{2}\sigma_{xx}\varepsilon_{xx}$ über das Stabvolumen mit dem einachsigen *Hooke*schen Gesetz $\sigma_{xx} = E\varepsilon_{xx}$, zu

$$U = \frac{1}{2}\int_0^{l_0}\int_A \sigma_{xx}\varepsilon_{xx}\,\mathrm{d}A\,\mathrm{d}X = \int_0^{l_0}\frac{E}{2}\int_A \varepsilon_{xx}^2\,\mathrm{d}A\,\mathrm{d}X. \tag{9.40}$$

Die Verzerrung wird mit $\varepsilon_{xx} = \frac{\mathrm{d}u}{\mathrm{d}X} + \frac{1}{2}\left(\frac{\mathrm{d}w}{\mathrm{d}X}\right)^2 - Z\frac{\mathrm{d}^2w}{\mathrm{d}X^2}$ linear über den Querschnitt verteilt angesetzt (Ebenbleiben der Querschnitte) und $\frac{1}{2}\left(\frac{\mathrm{d}u}{\mathrm{d}X}\right)^2 \ll \left|\frac{\mathrm{d}u}{\mathrm{d}X}\right|$. Dann ergibt die Integration über den Querschnitt unter Beachtung der Schwerachse y, $U = U_\mathrm{S} + U_\mathrm{B}$, den Anteil der Streckungsenergie und der Biegeenergie

$$U_\mathrm{S} = \int_0^{l_0}\frac{EA}{2}\left[\frac{\mathrm{d}u}{\mathrm{d}X} + \frac{1}{2}\left(\frac{\mathrm{d}w}{\mathrm{d}X}\right)^2\right]^2\mathrm{d}X, \quad U_\mathrm{B} = \int_0^{l_0}\frac{EJ}{2}\left(\frac{\mathrm{d}^2w}{\mathrm{d}X^2}\right)^2\mathrm{d}X. \tag{9.41}$$

Die Ausbiegung erfolgt unter der Annahme undehnbarer Stabachse, also

$$U_\mathrm{S} = 0, \quad \varepsilon_{xx}^{(0)} = \frac{\mathrm{d}u}{\mathrm{d}X} + \frac{1}{2}\left(\frac{\mathrm{d}w}{\mathrm{d}X}\right)^2 = 0, \quad \frac{\mathrm{d}u}{\mathrm{d}X} = -\frac{1}{2}\left(\frac{\mathrm{d}w}{\mathrm{d}X}\right)^2.$$

In Gl. (9.39) eingesetzt folgt dann das Potential

$$E_\mathrm{p} = \int_0^{l_0}\frac{EJ}{2}\left(\frac{\mathrm{d}^2w}{\mathrm{d}X^2}\right)^2\mathrm{d}X - \frac{F}{2}\int_0^{l_0}\left(\frac{\mathrm{d}w}{\mathrm{d}X}\right)^2\mathrm{d}X. \tag{9.42}$$

Die Gleichgewichtsbedingung aus dem Prinzip der virtuellen Arbeit, Gl. (5.15) verlangt

$$\delta E_\mathrm{p} = 0.$$

Die *Eulersche* Gleichung dieses Variationsproblems (das System hat unendlich viele Freiheitsgrade) liefert die homogene Differentialgleichung der Biegelinie nach Elastizitätstheorie 2. Ordnung (vgl. Gl. (5.22)):

$$\frac{\mathrm{d}^2}{\mathrm{d}X^2}\left(EJ\frac{\mathrm{d}^2w}{\mathrm{d}X^2}\right) + F\frac{\mathrm{d}^2w}{\mathrm{d}X^2} = 0. \tag{9.43}$$

Zweimalige Integration unter Beachtung der Randbedingungen in $X = 0$ und $X = l_0$ ergibt (vgl. Gl. (5.22a)):

$$EJ\frac{\mathrm{d}^2w}{\mathrm{d}X^2} = -M = -Fw. \tag{9.44}$$

Die Lösungen dieser homogenen Gleichung, die wir auch durch Anwendung der Gleichgewichtsbedingung auf das verbogene finite Stabelement der Länge X anschreiben können, sind mit $w(0) = w(l_0) = 0$:

$$w = A\sin\alpha_n X \quad \text{(mit den Eigenwerten)}, \quad \alpha_n = n\pi/l_0 = \sqrt{F/EJ}. \tag{9.45}$$

Sie stellen neben $w \equiv 0$ mögliche Gleichgewichtslagen dar. Die Belastung F nimmt dann allerdings für $F > F_1 = F_k = \pi^2 EJ/l_0^2$ nur diskrete Werte an, $n = 2, 3, \ldots$ Bei jeder Last F ist $w = 0$ Gleichgewichtslage, bei $F = F_k$ tritt aber Gleichgewichtsverzweigung ein, eine benachbarte Gleichgewichtslage ist $w_1 = A \sin \alpha_1 X$. F_k heißt kritische oder Knicklast. Die Knickformen stimmen mit den Eigenfunktionen freier Biegeschwingungen des gedrückten Stabes überein (siehe **11.3.1.** und Gl. (7.152)).
Wir untersuchen nun die Stabilität der Gleichgewichtslagen $w = 0$ und w_1 und setzen $w = w_1 + \delta w$, mit der (affinen) virtuellen Ausbiegung $\delta w = \varepsilon w_1$, diese erfüllt damit automatisch die Randbedingungen, $\varepsilon \ll 1$. Nach Ausführung der Integrationen folgt

$$E_p(\varepsilon) = \frac{A^2 l \alpha_1^2}{4} (EJ\alpha_1^2 - F) + \varepsilon \frac{A l \alpha_1^2}{2} (EJ\alpha_1^2 - F) + \varepsilon^2 \frac{l \alpha_1^2}{4} (EJ\alpha_1^2 - F). \tag{9.46}$$

Die Gleichgewichtsbedingung folgt nun aus

$$\delta E_p = \left.\frac{\partial E_p}{\partial \varepsilon}\right|_{\varepsilon=0} \mathrm{d}\varepsilon = 0 \quad \text{zu} \quad F = EJ\alpha_1^2 = F_k \tag{9.47}$$

in der ausgebogenen oder $A = 0$ in der gestreckten Lage. Die Stabilitätsbedingung $\delta^2 E_p > 0$ kann für $E_p(\varepsilon)$, durch $\left.\frac{\partial^2 E_p}{\partial \varepsilon^2}\right|_{\varepsilon=0} > 0$, ersetzt werden:

$$\left.\frac{\partial^2 E_p}{\partial \varepsilon^2}\right|_{\varepsilon=0} = \frac{l \alpha_1^2}{2} (F_k - F) > 0. \tag{9.48}$$

Die triviale Gleichgewichtslage $w = 0$ ist stabil, solange $F < F_k$. Für den Verzweigungspunkt und die benachbarte Gleichgewichtslage ist $F = F_k$, und die Stabilitätsbedingung liefert, wie man mit einer nichtlinearen Theorie zeigen kann, erst über die 4. Ableitung die Aussage, daß auch der Verzweigungsast aus stabilen benachbarten Gleichgewichtslagen besteht. Der linear elastische *Euler*sche Knickstab ist somit nicht empfindlich gegenüber geometrischen Imperfektionen.
Die praktische Berechnung beschränkt sich daher auf die Ermittlung der kritischen Last. Wir zeigen die Vorgangsweise am Beispiel Abb. 9.11. Das äußere Gleichgewicht fordert $M_e = -Hl$. Das Biegemoment an der Stelle x (in der ausgebogenen Gleichgewichtslage) ist dann $M(x) = Fw(x) - H(l - x)$. Wir setzen in die Differentialgleichung der Biegelinie (5.22.a), (bei kleiner Krümmung und Vernachlässigung der Querkraftdeformation) ein,

$$\frac{\mathrm{d}^2 w}{\mathrm{d}x^2} = -\frac{M}{EJ}, \qquad \frac{\mathrm{d}^2 w}{\mathrm{d}x^2} + \frac{F}{EJ} w = \frac{H}{EJ} (l - x). \tag{9.49}$$

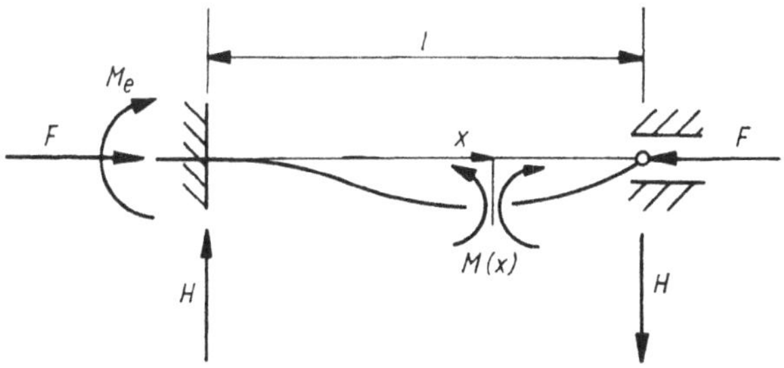

Abb. 9.11. Statisch unbestimmt gelagerter Druckstab

Mit $\alpha^2 = F/EJ$ und Anwendung der Superposition ist die allgemeine Lösung (vgl. mit der Schwingungsgleichung (7.81))

$$w(x) = A \cos \alpha x + B \sin \alpha x + \frac{H}{EJ\alpha^2}(l - x). \tag{9.50}$$

Diese muß an die Randbedingungen in

$$x = 0: w = 0, \quad \frac{\mathrm{d}w}{\mathrm{d}x} = 0 \quad \text{(kinematische Randbedingungen)},$$

$$x = l: w = 0, \quad \frac{\mathrm{d}^2w}{\mathrm{d}x^2} = 0 \quad \text{(kinematische und dynamische Randbedingung)}, \tag{9.51}$$

angepaßt werden, um die richtige Knickform zu ergeben. Wir erhalten drei homogene lineare Gleichungen

$$A + \frac{l}{EJ\alpha^2}H = 0, \quad \alpha B - \frac{1}{EJ\alpha^2}H = 0, \quad A \cos \alpha l + B \sin \alpha l = 0. \tag{9.52}$$

Die Existenz der benachbarten Gleichgewichtslage ergibt linear abhängige Gleichungen und damit die charakteristische Gleichung (die Knickdeterminante) zur Bestimmung des Eigenwertes α:

$$\begin{vmatrix} 1 & 0 & l/EJ\alpha^2 \\ 0 & \alpha & -1/EJ\alpha^2 \\ \cos \alpha l & \sin \alpha l & 0 \end{vmatrix} = 0, \quad \text{oder} \quad \alpha l = \tan \alpha l. \tag{9.53}$$

Die Lösungen dieser wichtigen transzendenten Gleichung sind tabelliert[1]. Die kleinste Wurzel ist $\alpha_1 l \doteq 4{,}49$, und die Knicklast ist daher

$$F_k = EJ\alpha_1^2 = \frac{\pi^2 EJ}{(0{,}7l)^2}. \tag{9.54}$$

Ein Vergleich mit der Knicklast (9.47) des *Euler*stabes gleicher Länge mit gelenkiger Lagerung zeigt eine 2,04fache Erhöhung der kritischen Last. Die Länge eines fiktiven gelenkig gelagerten Stabes mit gleicher Knicklast, die sog. *Knicklänge*, beträgt daher

$$l_k = 0{,}7l. \tag{9.55}$$

Die Knicklängen für einfache Lagerungsfälle sind tabelliert, vgl. z. B. *A. Pflüger*[2]. Der Kragträger (Länge l) hat $l_k = 2l$, der beidseitig eingespannte Druckstab (Länge l) dagegen $l_k = l/2$.

Dividieren wir die Knicklast durch den Querschnitt A, dann erhält man mit dem Trägheitsradius $i = \sqrt{J/A}$ (dem kleinsten oder maßgeblichen Hauptträgheitsmoment entsprechend) und der *Schlankheit* $\Lambda = l_k/i$, die *kritische Druckspannung* (Knickspannung) σ_k zu

$$\sigma_k = \pi^2 E/\Lambda^2 < \sigma_p. \tag{9.56}$$

---

[1] Z. B. im Handbook of Mathematical Functions. *M. Abramowitz/I. A. Stegun* (eds.). — Dover, 1965, p. 224.

[2] *A. Pflüger:* Stabilitätsprobleme der Elastostatik. — Berlin—Heidelberg—New York: Springer-Verlag, 1975, p. 340ff.

Voraussetzung für die Gültigkeit dieser Formel ist das linear elastische Materialverhalten, z. B. ist die Proportionalitätsgrenze $\sigma_p = 192$ N/mm² und $E = 2{,}1 \cdot 10^5$ N/mm² für Baustahl St 37, und die Mindestschlankheit des Druckstabes ist daher $\Lambda_{min} = 104$. Bei nicht genügend schlanken Stäben wird die Knicklast durch die *Euler*sche Knickformel überschätzt! Für gedrungene Stäbe sind Theorien von *Engesser*, *v. Kármán* und *Shanley* entwickelt worden. Dort wird ein «Tangentenmodul» an Stelle des E-Moduls der *Euler*schen Theorie eingeführt. In modernen Berechnungen wird gleich die *Traglast* ermittelt (siehe 9.3.), da Plastifizierungen i. allg. unvermeidlich werden.

a) Der exzentrisch gedrückte lineur elastische Stab

Wir betrachten jetzt wieder den gelenkig gelagerten *Euler*schen Druckstab, lassen aber einen um e exzentrischen Lastangriff zu, vgl. Abb. 9.12.

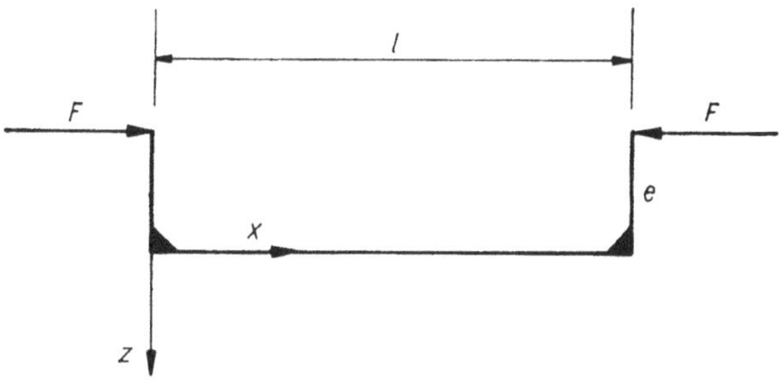

Abb. 9.12. «Imperfekter» Druckstab

Das konstante Biegemoment Fe erzeugt also bereits eine Anfangsausbiegung. Nach Theorie 2. Ordnung bilden wir das Biegemoment am verformten Stabelement $M(x) = F(e + w(x))$ und setzen unter der Voraussetzung kleiner Krümmung in die Differentialgleichung der Biegelinie ein (y ist Trägheitshauptachse). Gl. (9.44) wird jetzt inhomogen mit

$$\frac{d^2w}{dx^2} + \alpha^2 w = -\alpha^2 e, \qquad \alpha := \sqrt{F/EJ}. \tag{9.57}$$

Es liegt also mit $e \neq 0$ kein Eigenwert, sondern ein «normales» Spannungsproblem vor. Die allgemeine Lösung ist

$$w(x) = A \cos \alpha x + B \sin \alpha x - e, \tag{9.58}$$

und die Randbedingungen $w = 0$ in $x = 0$ und l ergeben $A = e$ und $B = e(1 - \cos \alpha l)/\sin \alpha l$. Allerdings liefert diese vereinfachte Theorie unendliche Ausbiegungen, wenn die Belastung die *Euler*last $\pi^2 EJ/l^2$ erreicht. Das Biegemoment

$$M(x) = F(e + w) = Fe[\sin \alpha x + \sin \alpha(l - x)]/\sin \alpha l \tag{9.59}$$

und die Biegespannungen $\sigma_{xx} = Mz/J$ hängen nun ebenso wie $w(x)$ in nichtlinearer Weise von F bzw. α ab. Das Überlagerungsgesetz gilt also nicht mehr für Axialbelastungen. Man führt wieder eine *Traglastberechnung* durch, vgl. 9.3. Mit dem Lastvielfachen $\nu_F F$ und einer «baupraktisch» unvermeidlichen Exzentrizität läßt sich auch ein Lastfaktor bestimmen, so daß die maximale Spannung gerade den Wert σ_F der Fließgrenze annimmt.

Spannungsprobleme dieser Art können aber in bestimmten Fällen doch wieder kritische Verzweigungslasten haben, die unterhalb der Traglast liegen. Ein Kriterium für das Auftreten dieses Stabilitätsproblems, das auch auf komplizierte Tragwerke anzuwenden ist, stammt von *K. Klöppel* und *K. Lee* und ist in *C. F. Kollbrunner* und *M. Meister*[1] ausführlich beschrieben und durch Beispiele illustriert. Ein einfaches Beispiel wird als Aufgabe am Ende des Kapitels formuliert.

9.1.5. Die Plattenbeulung

Analog zur Stabknickung kann auch in diesem Fall, der in ihrer Ebene belasteten linear elastischen Platte, die «Gleichgewichtsmethode» nach Theorie 2. Ordnung zur Berechnung der kritischen Scheiben- (Membran-)spannungen angewendet werden: Mit Gl. (5.30) folgt

$$K\,\nabla^2\nabla^2 w - n_x \frac{\partial^2 w}{\partial x^2} - n_y \frac{\partial^2 w}{\partial y^2} - 2n_{xy} \frac{\partial^2 w}{\partial x\,\partial y} = 0, \tag{9.60}$$

die homogene beschreibende Differentialgleichung mit eingeprägten Scheibenspannungen[2] n_{ij}. Man bestimmt den kritischen Lastfaktor λ so, daß mit λn_x, λn_y, λn_{xy} eine nichttriviale Lösung w der homogenen Gleichung möglich wird (eine benachbarte ausgebogene Gleichgewichtslage).

Im Falle einer *gelenkig gelagerten Rechteckplatte* mit ganzzahligem Seitenverhältnis b/a läßt sich auch für nichtkonstante, z. B. durch eine *Fourier*-Reihe gegebene Scheibenspannung,

$$n_x(y) = -\frac{\pi^2 K}{b^2} \sum_{m=0}^{\infty} p_m \cos\frac{m\pi y}{b}, \qquad n_y = n_{xy} = 0, \tag{9.61}$$

die kritische Intensität λn_x berechnen. Wir setzen den Ansatz für die Biegefläche in der benachbarten Gleichgewichtslage

$$w(x, y) = \sin\frac{n\pi x}{b} \sum_{k=1}^{\infty} a_k \sin\frac{k\pi y}{b}, \tag{9.62}$$

der bei gelenkiger Lagerung die Randbedingungen in $x = (0, a)$, $y = (0, b)$, bereits erfüllt, in die Plattengleichung (9.60) ein, und vergleichen dann die Koeffizienten von $\sin l\pi y/b$, $l = 1, 2, \ldots$ Das ergibt ein (unendliches) lineares homogenes Gleichungssystem für die a_k. Die Koeffizientendeterminante (die *Beuldeterminante*) muß daher verschwinden. Mit $\alpha_k = [(n^2 + k^2)/n]^2$ folgt

$$\begin{vmatrix} 2\left(p_0 - \frac{\alpha_1}{\lambda}\right) - p_2 & p_1 - p_3 & p_2 - p_4 & \cdots \\ p_1 - p_3 & 2\left(p_0 - \frac{\alpha_2}{\lambda}\right) - p_4 & p_1 - p_5 & \cdots \\ p_2 - p_4 & p_1 - p_5 & 2\left(p_0 - \frac{\alpha_3}{\lambda}\right) - p_6 & \cdots \\ \cdot & \cdot & \cdot & \cdots \\ \cdot & \cdot & \cdot & \cdots \\ \cdot & \cdot & \cdot & \cdots \end{vmatrix} = 0. \tag{9.63}$$

[1] *C. F. Kollbrunner/M. Meister:* Knicken, Biegedrillknicken, Kippen. — Berlin—Göttingen—Heidelberg: Springer-Verlag, 1961.

[2] Die Plattenmittelfläche bleibt im Gegensatz zu Gl. (5.29) unverzerrt. U_M von Gl. (5.26) verschwindet. In Gl. (5.28) ist die Arbeit der äußeren Membrankräfte einzuführen, vgl. Gl. (9.39).

Die kleinste Wurzel dieser Gleichung liefert, bei näherungsweiser Lösung, eine obere Schranke für den gesuchten kleinsten Eigenwert λ_k. Für $n_x = -\frac{\pi^2 K}{b^2} = \text{const}$, $p_0 = 1$, $p_m = 0$, $m > 0$, verbleibt nur das Produkt der Hauptdiagonalglieder und

$$\lambda_k = \underset{n=sb/a}{\text{Min}} \, [(n^2 + 1)/n]^2, \quad n_{x_k} = -(n^2 + 1)^2 \, \pi^2 K/n^2 b^2. \tag{9.64}$$

Man liest daraus ab, daß die Platte in Druckrichtung in mehreren Halbwellen ausbeulen kann, was vom Seitenverhältnis b/a und der Zahl s abhängt. Quer zur Lastrichtung erscheint nur eine Halbwelle als Beulform.

Zahlreiche Fälle sind von *A. Pflüger*[1] zusammengestellt worden. Eigenwerte λ von partiellen Differentialgleichungen mit nichtkonstanten Koeffizienten, wie sie hier auftreten können, werden i. allg. näherungsweise mit Hilfe des *Ritz-Galerkin*schen Verfahrens bestimmt (siehe Kapitel 11).

9.2. Stabilität der Grundbewegung. Beispiel: Fliehkraftregler

Mit Hilfe der dynamischen «Methode der kleinen Störungen» definieren wir die Stabilität einer Grundbewegung analog zur Stabilität eines Gleichgewichtszustandes, 9.1. Dem zu untersuchenden Bewegungszustand wird eine kleine Störung aufgeprägt und die Störbewegung i. allg. aus den dann linearisierten Bewegungsgleichungen berechnet.

Die Grundbewegung nennen wir stabil, wenn diese Störbewegung beschränkt bleibt und mit kleiner werdender Anfangsstörung gleichfalls kleiner wird.

Als wichtigstes strenges Verfahren zum Nachweis der Stabilität erwähnen wir die direkte (oder zweite) Methode von *Ljapunow*, die auch für große Störungen anwendbar ist. Wegen der großen mathematischen Schwierigkeiten sind nur wenige technisch interessante Lösungen in der einschlägigen Literatur bekannt geworden[2]. Für nichtlineare Schwingungen sind spezielle Näherungsverfahren entwickelt worden (siehe z. B. 11.5. Harmonische Balance).

Wir zeigen den Stabilitätsnachweis am Beispiel der Grundbewegung (stationäre Rotation) eines Fliehkraftreglers, Abb. 9.13. Alle Führungsstangen seien masselos. Der Drall des Gesamtsystems ist dann bei Drehung mit ω um die raumfeste Achse:

$$[I + 2m(e + l \sin \varphi)^2] \, \omega$$

und der Drallsatz (7.22) ergibt

$$[I + 2m(e + l \sin \varphi)^2] \, \dot{\omega} + 4m(e + l \sin \varphi) \, \omega l \dot{\varphi} \cos \varphi = M_R, \tag{9.65}$$

mit M_R als äußerem Antriebsmoment.

Der Impulssatz (7.7) ergibt für die Muffe M mit S_1 als Stangenkraft:

$$M \frac{\mathrm{d}^2}{\mathrm{d}t^2} (2l \cos \varphi) = Mg + c[s_0 + 2l(1 - \cos \varphi)] - r \frac{\mathrm{d}}{\mathrm{d}t} (2l \cos \varphi) - 2S_1 \cos \varphi. \tag{9.66}$$

---

[1] *A. Pflüger:* Stabilitätsprobleme der Elastostatik. — Berlin—Heidelberg—New York: Springer-Verlag, 1975, p. 340ff.

[2] *W. Hahn:* Theorie und Anwendung der direkten Methode von Ljapunow. — Berlin—Göttingen—Heidelberg: Springer-Verlag 1959.

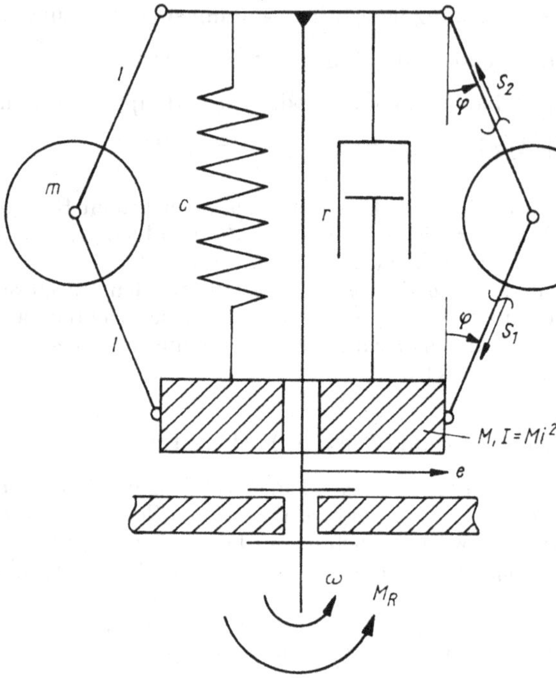

Abb. 9.13. Prinzip eines Fliehkraftreglers

Auf ein Fliehgewicht m wenden wir den Impulssatz komponentenweise in radialer und vertikaler Richtung an. Mit S_2 als Kraft in der Anlenkstange folgt

$$m\left[\frac{d^2}{dt^2}(e + l\sin\varphi) - (e + l\sin\varphi)\,\omega^2\right] = -(S_1 + S_2)\sin\varphi, \qquad (9.67)$$

$$m\frac{d^2}{dt^2}(l\cos\varphi) = mg + (S_1 - S_2)\cos\varphi. \qquad (9.68)$$

Elimination von S_2 ergibt

$$m[l\ddot{\varphi} - (e + l\sin\varphi)\,\omega^2\cos\varphi] = -mg\sin\varphi - 2S_1\cos\varphi\sin\varphi.$$

Nun kann mit der ersten Gleichung S_1 eliminiert werden. Die resultierende Differentialgleichung enthält dann nur mehr φ und ω:

$$\begin{aligned}&(m + 2M\sin^2\varphi)\,l\ddot{\varphi} + 2Ml\dot{\varphi}^2\sin\varphi\cos\varphi - m(e + l\sin\varphi)\,\omega^2\cos\varphi\\ &= -(m + M)\,g\sin\varphi - c[s_0 + 2l(1 - \cos\varphi)]\sin\varphi - 2rl\dot{\varphi}\sin^2\varphi. \qquad (9.69)\end{aligned}$$

Sie bildet mit dem Drallsatz (9.65) das System der beiden hochgradig nichtlinearen Bewegungsgleichungen des instationären Regelvorganges. Die Grundbewegung ist stationär und durch den Beharrungszustand mit $M_R = 0$, $\omega = \text{const}$, $\dot{\omega} = 0$,

$\varphi = \text{const}$, $\dot{\varphi} = \ddot{\varphi} = 0$, durch die «Reglergleichung», $\varphi_0 = \varphi_0(\omega)$,

$$m(e + l \sin \varphi_0)\, \omega_0^2 \cos \varphi_0 - (m + M)\, g \sin \varphi_0 - c[s_0 + 2l(1 - \cos \varphi_0)] \sin \varphi_0 = 0 \tag{9.70}$$

bestimmt.

Die Stabilität der Grundbewegung prüfen wir mit der Methode der kleinen Störungen. Eine kurzzeitige Belastungsstörung der zu regelnden Maschine ergibt eine Drehzahlschwankung $\omega = \omega_0 + \varepsilon$. Die Reglerstellung ist dann $\varphi = \varphi_0 + \eta$ und das Moment an der Reglerwelle $M_R(\varphi)$, $M_R(\varphi_0) = 0$. Letzteres entsteht wegen der direkten oder indirekten Verbindung zwischen Reglermuffe und der Maschinensteuerung. Wir nehmen kleine Störbewegungen an, $\varepsilon \ll \omega_0$, $\eta \ll 1$, und linearisieren die Bewegungsgleichungen durch Entwicklung im Beharrungszustand, z. B.

$$\sin(\varphi_0 + \eta) \approx \sin \varphi_0 + \eta \cos \varphi_0, \qquad M_R(\varphi_0 + \eta) = 0 + \eta M'(\varphi_0),$$
$$M' = \frac{\mathrm{d}M_R}{\mathrm{d}\eta} \text{ usw.} \tag{9.71}$$

Nach Streichen aller nichtlinearen Glieder in den Gln. (9.65), (9.69), auch der gemischt-quadratischen, und Beachtung der Reglergleichung folgt

$$\left.\begin{aligned} p_2\ddot{\eta} + p_1\dot{\eta} + p_0\eta - p\varepsilon &= 0 \\ q_1\dot{\varepsilon} + q\dot{\eta} - M'\eta &= 0, \end{aligned}\right\} \tag{9.72}$$

mit

$$p = 2m(e + l \sin \varphi_0)\, \omega_0 \cos \varphi_0, \qquad p_0 = m\omega_0^2[e \sin \varphi_0 + l(2 \sin^2 \varphi_0 - 1)]$$
$$+ 2cl(\cos \varphi_0 + 2 \sin^2 \varphi_0 - 1) + (m + M)\, g \cos \varphi_0, \qquad p_1 = 2rl \sin^2 \varphi_0,$$
$$p_2 = (m + 2M \sin^2 \varphi_0)\, l, \qquad q_1 = 2m(e + l \sin \varphi_0)^2 + Mi^2, \qquad q = 2pl.$$

Mit dem Lösungsansatz $\varepsilon = A\, \mathrm{e}^{\alpha t}$, $\eta = B\, \mathrm{e}^{\alpha t}$ ergibt sich das homogene lineare Gleichungssystem

$$\left.\begin{aligned} -pA + (p_2\alpha^2 + p_1\alpha + p_0)\, B &= 0 \\ \alpha q_1 A + (\alpha q - M')\, B &= 0 \end{aligned}\right\} \tag{9.73}$$

Auflösbarkeit erfordert das Verschwinden der Koeffizientendeterminante und ergibt die charakteristische Gleichung

$$p_2 q_1 \alpha^3 + p_1 q_1 \alpha^2 + \alpha(p_0 q_1 + pq) - M'p = 0. \tag{9.74}$$

Der Regler ist nur dann stabil, wenn die Störbewegung abklingt und die ursprüngliche Reglerstellung erreicht wird: Wir fordern daher asymptotische Stabilität, $Re(\alpha) < 0$. Der *Satz von Hurwitz* besagt nun: Damit die algebraische Gleichung n-ten Grades

$$\sum_{k=0}^{n} a_k \alpha^{n-k} = 0,$$

mit $a_0 > 0$ nur Wurzeln mit negativem Realteil besitzt, ist notwendig und hinreichend, daß sämtliche Determinanten der Form

$$D_r = \begin{vmatrix} a_1 & a_3 & a_5 \ldots a_{2r-1} \\ a_0 & a_2 & a_4 \ldots a_{2r-2} \\ 0 & a_1 & a_3 \ldots a_{2r-3} \\ 0 & a_0 & a_2 \ldots a_{2r-4} \\ \vdots & & \\ 0 & 0 & 0 \ \ldots a_r \end{vmatrix} > 0, \quad r = 1, 2, \ldots, n. \tag{9.75}$$

Die Bedingung ist sicher nicht erfüllt, wenn auch nur ein $a_i < 0$ ist. Die Stabilitätsbedingungen nach *Hurwitz* für die Gleichung 3. Grades (9.74) sind dann:

a) $p_2q_1 > 0$, p_2, q_1 sind wesentlich positiv;

b) $D_1 = p_1q_1 > 0$, q_1 ist wesentlich positiv, $p_1 > 0$ oder $r > 0$ entspricht der Reglerdämpfung;

c) $D_2 = \begin{vmatrix} p_1q_1 & -M' \\ p_2q_1 & p_0q_1 + pq \end{vmatrix} = q_1[p_1(p_0q_1 + pq) + p_2M'] > 0,$

oder $\dfrac{p_1}{p_2}(p_0q_1 + pq) > -M'$. (Mit $(p_0q_1 + pq) > 0$ ergibt sich der erforderliche Mindestwert von r);

d) $D_3 = \begin{vmatrix} p_1q_1 & -pM' & 0 \\ p_2q_1 & (p_0q_1 + pq) & 0 \\ 0 & p_1q_1 & -pM' \end{vmatrix} = -pM', \quad D_2 > 0.$

p ist wesentlich positiv, also muß $M' = \dfrac{\mathrm{d}M_R}{\mathrm{d}\varphi} < 0$: Der Regler steuert die Maschine so, daß mit zunehmender Drehzahl das Antriebsmoment abnimmt.
Nach einem Satz von *Ljapunow* kann aus dem asymptotischen Abklingen der linearisierten Störbewegung auf die (asymptotische) Stabilität der Grundbewegung geschlossen werden, wenn nur die nichtlinearen Glieder in den Bewegungsgleichungen sowie die Anfangsstörung dem Betrag nach innerhalb gewisser, von Fall zu Fall zu bestimmender, Schranken bleiben[1].

9.2.1. Beispiel: Stabilität des dreiachsigen momentenfreien Kreisels

Bilden die äußeren Kräfte ein Gleichgewichtssystem, dann spricht man von einem kräfte- und momentenfreien Kreisel (z. B. der in seinem Schwerpunkt reibungsfrei drehbar gestützte starre Körper). Die *Euler*schen Kreiselgleichungen (7.61),

$$I_1\dot{\omega}_1 - (I_2 - I_3)\omega_2\omega_3 = 0, \qquad I_2\dot{\omega}_2 - (I_3 - I_1)\,\omega_3\omega_1 = 0,$$
$$I_3\dot{\omega}_3 - (I_1 - I_2)\,\omega_1\omega_2 = 0, \tag{9.76}$$

[1] Siehe z. B. *I. G. Malkin:* Theorie der Stabilität einer Bewegung. — München, 1959.

haben dann spezielle Lösungen, z. B. $\omega_1 = \text{const}$, $\omega_2 = \omega_3 = 0$ oder $\omega_2 = \text{const}$, $\omega_3 = \omega_1 = 0$ usw. Die Stabilität dieser Grundbewegungen soll mit der Methode der kleinen Störungen untersucht werden. Wir setzen z. B. für den Fall der Rotation um die 1-Achse Störbewegungen an:

$$\omega_1 = \omega + \varepsilon, \qquad \omega_2 = \lambda, \qquad \omega_3 = \mu, \tag{9.77}$$

setzen in die *Euler*schen Kreiselgleichungen ein und linearisieren unter der Voraussetzung $|\varepsilon| \ll \omega$, $|\lambda| \ll \omega$, $|\mu| \ll \omega$. Die linearisierten Differentialgleichungen der Störbewegung haben dann konstante Koeffizienten

$$I_1\dot{\varepsilon} = 0, \qquad I_2\dot{\lambda} - \omega(I_3 - I_1)\,\mu = 0, \qquad I_3\dot{\mu} - \omega(I_1 - I_2)\,\lambda = 0 \tag{9.78}$$

und können einfach integriert werden. Aus der ersten folgt $\varepsilon = \text{const}$, in die gekoppelte zweite und dritte Gleichung setzen wir den Ansatz $\lambda = A\,\mathrm{e}^{\nu t}$, $\mu = B\,\mathrm{e}^{\nu t}$ ein und erhalten die homogenen Gleichungen

$$\left.\begin{aligned} A\nu I_2 - B\omega(I_3 - I_1) &= 0 \\ -A\omega(I_1 - I_2) + B\nu I_3 &= 0. \end{aligned}\right\} \tag{9.79}$$

Eine nichttriviale Lösung fordert das Verschwinden der Koeffizientendeterminante und ergibt die charakteristische Gleichung

$$I_2 I_3 \nu^2 - \omega^2 (I_1 - I_2)\,(I_3 - I_1) = 0, \tag{9.80}$$

mit der Lösung

$$\nu = \pm \mathrm{i}\omega \sqrt{(I_1 - I_2)\,(I_1 - I_3)/I_2 I_3}. \tag{9.81}$$

Damit die Störbewegung um die körperfeste 2- und 3-Achse beschränkt bleibt, muß ν rein imaginär sein, also muß I_1 entweder das größte oder das kleinste der drei Hauptträgheitsmomente sein. Die Drehung um die Achse des mittleren Trägheitsmomentes ist instabil. Obwohl die linearisierte Störbewegung den Stabilitätsbedingungen genügt, ist sie doch rein periodisch und der Schluß auf die Stabilität des nichtlinearen Problems nicht zulässig. Mit Berücksichtigung der Dämpfung[1] ergibt sich aber asymptotische Stabilität der linearisierten Störbewegung, und die Drehungen um die Achsen 1 oder 3 (größtes oder kleinstes Trägheitsmoment) sind stabil (vgl. 7.4.5. Dynamisches Auswuchten).

9.3. Stabilitätsgrenze einer Gleichgewichtslage bei elasto-plastischem Materialverhalten: Die Traglast

Die Gleichgewichtslage eines elasto-plastischen Systems kann nach Überschreiten der Fließgrenze bei weiterer Laststeigerung durch die damit verbundenen plastischen Verformungen instabil werden. Eine Steigerung der Belastung über den kritischen Wert, die Traglast (z. B. λ_K), hinaus ist nicht mehr möglich; das Tragvermögen der Konstruktion ist erschöpft, sie versagt unter Auftreten großer Verformungen, vgl. Abb. 9.14.

---

[1] *J. La Salle/S. Lefschetz:* Die Stabilitätstheorie von Ljapunow. BI Hochschultaschenbuch 194. — Mannheim, 1967.

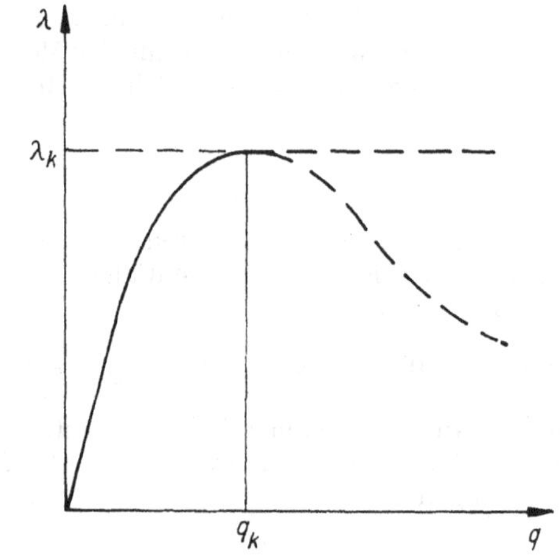

Abb. 9.14. Lastfaktor-Verformungskurve eines elastoplastischen Systems mit Traglast-Instabilität

Wir setzen ideal elastisch-plastisches Verhalten (ohne Verfestigung) voraus, 4.3.2., und betrachten zur Einführung den *Balken auf zwei Gelenkstützen*, Spannweite l und mit Rechteckquerschnitt $A = BH$, unter Einzellastangriff F in Feldmitte. Die *Bernoulli*sche Hypothese vom Ebenbleiben der Querschnitte, Gl. (6.21), soll auch im plastischen Bereich beibehalten werden, dann ist (bei kleiner Krümmung)

$$\varepsilon_{xx} = -z\,\frac{\mathrm{d}^2 w}{\mathrm{d}x^2}. \tag{9.82}$$

Die Fließbedingung mit Vernachlässigung der Schubspannung lautet

$$\sigma_{xx}^2 - \sigma_F^2 = 0, \tag{9.83}$$

mit der Fließspannung σ_F (aus dem Zugversuch). Die linear elastische Biegespannungsverteilung (4.31)

$$(\sigma_{xx})_{el} = \frac{M}{J}\,z, \qquad J = BH^3/12, \tag{9.84}$$

gilt bis zum Erreichen der Fließgrenze am Rand $z = \pm H/2$ (gleiche Fließgrenze bei Zug- und Druckbelastung ist vorausgesetzt). Das *Biegemoment* ist dann gerade das *Fließmoment* $M_F = \dfrac{BH^2}{6}\,\sigma_F$. Wird die Belastung über diese Fließlast F_F hinaus gesteigert, dann breitet sich vom Rand her über den Querschnitt, und von der Trägermitte nach beiden Seiten eine Fließzone aus, in der $\sigma_{xx} = \sigma_F = \text{const}$. Das Biegemoment in der Fließzone ist dann (aus Symmetriegründen, $0 \leqq x \leqq l/2$),

$$M = 2\left[\int_0^{\zeta_F} z\sigma_F \frac{z}{\zeta_F}\,\mathrm{d}A + \int_{\zeta_F}^{H/2} z\sigma_F\,\mathrm{d}A\right] = \sigma_F\,\frac{B}{12}\,(3H^2 - 4\zeta_F^2) = \frac{F}{2}\,x, \tag{9.85}$$

und $\zeta_F(x) = \pm\dfrac{H}{2}\sqrt{3\left(1 - 2\,\dfrac{Fl}{AH\sigma_F}\,\dfrac{x}{l}\right)}$ in $\dfrac{\sigma_F A}{F}\,\dfrac{H}{3l} \leqq \dfrac{x}{l} \leqq \dfrac{1}{2}$, ergibt die Kontur der plastischen Zone. Die elastische Kernzone ist durch $-\zeta_F < z < \zeta_F$

gegeben. Die *Traglast* ist bei diesem statisch bestimmt gelagerten Balken dann erreicht, wenn sich ein *Fließgelenk* ausbildet: $\zeta_F = 0$. Das Tragmoment ist dann

$$M_T = \frac{BH^2}{4} \sigma_F. \tag{9.86}$$

Bei diesem Einzellastangriff in der Trägermitte ist $M_T = F_T l/4$, also wird die *Traglast* an der Stabilitätsgrenze

$$F_T = \frac{BH^2}{l} \sigma_F. \tag{9.87}$$

Nach Steigerung der Querbelastung F bis zu dieser kritischen Last F_T, $\lambda = F/F_T$, $\lambda_k = 1$, bildet sich ein Fließgelenk aus. Die zur untersuchten Lage benachbarten Gleichgewichtslagen hören dann auf, stabil zu sein, das Tragwerk wird zum «beweglichen Mechanismus», vgl. Abb. 9.15.
Die Differenz $M_T - M_F$ ist ein Maß für die Tragfähigkeitsreserve im plastischen Bereich («plastische Querschnittsreserve»)[1].
Oftmals ist es erforderlich, bei Ausnützung der Traglastreserve die Durchbiegung zu kontrollieren. Wir integrieren daher die linearisierte Differentialgleichung (6.72) (des Balkens mit Rechteckquerschnitt):

$$\frac{d^2 w_1}{dx^2} = -\frac{M}{EJ} = -\frac{6Fx}{EBH^3}, \tag{9.88}$$

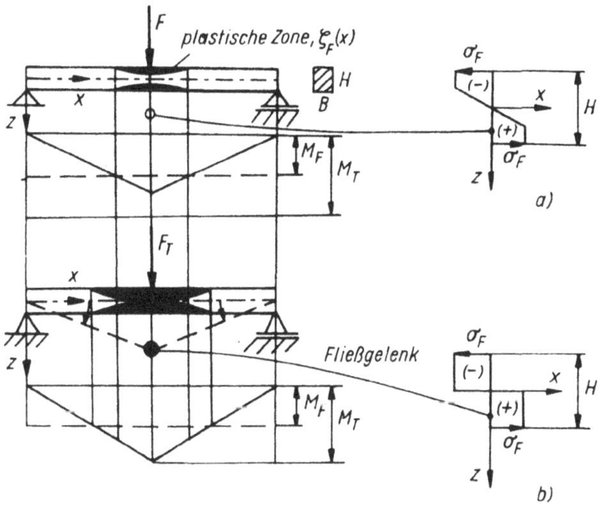

Abb. 9.15. Elasto-plastischer Balken auf 2 Stützen
(a) Spannungsverteilung in der Fließzone; (b) Spannungsverteilung im Fließgelenk

[1] Beim Kreisquerschnitt (Radius r) ist z. B. $M_F = \frac{\pi r^3}{4} \sigma_F$ und $M_T = \frac{4r^3}{3} \sigma_F$. Beim $\perp$-Profil mit Untergurtplatte $B \times t_1$ und Steg $H \times t_2$ ist mit dem Flächenverhältnis $\alpha = Ht_2/Bt_1$:

$$M_F = \frac{\alpha(4+\alpha)}{6(2+\alpha)} BHt_1\sigma_F \quad \text{und} \quad M_T = \frac{\alpha(2+\alpha)^2}{(1+\alpha)^2} BHt_1\sigma_F.$$

im elastischen Bereich $0 \leqq \frac{x}{l} \leqq 1/3\beta$, $\beta = Fl/AH\sigma_F$, mit der Randbedingung $w_1 = 0$ in $x = 0$

$$w_1(x) = -\frac{Fl^3}{EBH^3}\frac{x}{l}\left(\frac{x^2}{l^2} + C_1\right) \quad \text{bzw.} \quad w_1(x) = -\beta\frac{\sigma_F}{E}\frac{l^2}{H}\frac{x}{l}\left(\frac{x^2}{l^2} + C_1\right), \tag{9.89}$$

und am Rand der Fließzone $z = \zeta_F$, $1/3\beta \leqq \frac{x}{l} \leqq 1/2$,

$$\varepsilon_{xx} = -\zeta_F\frac{d^2w_2}{dx^2} = \frac{\sigma_F}{E}, \quad \text{also}$$

$$\frac{d^2w_2}{dx^2} = -\frac{2\sigma_F}{EH\sqrt{3}}\left(1 - 2\frac{Fl}{AH\sigma_F}\frac{x}{l}\right)^{-1/2}, \tag{9.90}$$

mit der Symmetriebedingung $\frac{dw_2}{dx} = 0$ in $x = l/2$:

$$w_2(x) = -\frac{2l^2\sigma_F}{EH\beta\sqrt{3}}\left[\frac{1}{3\beta}\left(1 - 2\beta\frac{x}{l}\right)^{3/2} + (1-\beta)^{1/2}\frac{x}{l}\right] + C_2. \tag{9.91}$$

Die noch offenen Integrationskonstanten C_1 und C_2 bestimmen wir aus dem stetig differenzierbaren Übergang der Biegelinie vom rein elastischen in den elastisch-plastischen Bereich, $x/l = 1/3\beta$, $w_1 = w_2$ und $\frac{dw_1}{dx} = \frac{dw_2}{dx}$ zu

$$C_1 = \left[\frac{2}{\sqrt{3}}(1-\beta)^{1/2} - 1\right]\Big/\beta^2, \qquad C_2 = 10\sigma_F l^2/27EH\beta^2. \tag{9.92}$$

Damit wird

$$w_2\left(x = \frac{l}{2}\right) = \frac{\sigma_F}{27E}\frac{l^2}{H\beta^2}\left[10 - 3(2+\beta)\sqrt{3(1-\beta)}\right], \tag{9.93}$$

und die maximale Durchbiegung beträgt unter der Last

$$F = F_F: \quad \text{Max}(w) = \frac{\sigma_F}{6E}\frac{l^2}{H} \tag{9.94}$$

$$F = F_T: \quad \text{Max}(w) = \frac{20}{9}\frac{\sigma_F}{6E}\frac{l^2}{H}. \tag{9.95}$$

Neben der plastischen Querschnittsreserve statisch bestimmt gelagerter Konstruktionen tritt eine Systemreserve in statisch unbestimmten Konstruktionen auf, die u. U. eine weitere Laststeigerung mit Ausschöpfung der Querschnittsreserve (Auftreten von Fließgelenken) zuläßt.

Bei praktischen Berechnungen genügt es dann oft, *Schranken für die Traglast* anzugeben. Dazu benützt man die von *W. Prager*, *W. T. Koiter* entwickelten *Traglastsätze*, die Spezialfälle des «*Einspieltheorems*» von *E. Melan* sind[1]. Die Stabilitätsgrenze kann dann mit Hilfe des starrplastischen Materialverhaltens, 4.3.1., beschrieben werden (das elastische Verhalten ist ohne Einfluß auf die Traglast). Ohne Beweis formulieren wir:

a) Läßt sich zu einer gegebenen Belastung ein statisch zulässiges (d. h. im Gleichgewicht befindliches) Spannungsfeld angeben (z. B. das elastische), so daß dieses

[1] *E. Melan* war Professor für Baustatik an der TU Wien.

unterhalb der Fließgrenze bleibt oder diese gerade erreicht, dann liegt die Last unterhalb der Traglast oder erreicht sie gerade, $\lambda \leqq \lambda_k$.
b) Läßt sich zu einer gegebenen Belastung ein kinematisch zulässiger plastischer Verzerrungszustand angeben, so daß die Arbeit der äußeren Kräfte größer oder gleich ist der Dissipationsarbeit (eine Gleichgewichtsforderung ausgedrückt durch den Arbeitssatz ergibt $A^{(a)} + A^{(i)} = 0$), dann liegt die Last oberhalb der Traglast oder erreicht sie gerade, $\lambda \geqq \lambda_k$.
c) In Ergänzung zu a) und b) stellen wir fest, daß zur Traglast ein Verformungsmechanismus gehört, der sowohl statisch wie auch kinematisch zulässig ist.
d) Die Traglast wird durch Hinzufügen von Material an freien Oberflächen der Konstruktion *nicht* vermindert. (Durch gedachte Wegnahme von Material kann u. U. eine einfachere Konstruktion gebildet werden, die eine kleinere Traglast aufweist).
e) Die Traglast kann durch Wegnahme von Material *nicht* vergrößert werden.

Wir wenden nun die Sätze a) und b) auf den *statisch unbestimmten Balken* (mit konstantem Querschnitt) nach Abb. 9.16 an. Als kinematisch zulässige Deformation setzen wir den Balken starr bis zum Fließen voraus, dann bilden wir mit zwei Fließgelenken eine Gelenkkette. Ein Fließgelenk in der Einspannung und ein zweites in der Trägermitte wurde angenommen. Bei kleiner Winkeldrehung $\alpha \ll 1$ ist dann die Dissipationsarbeit, Gl. (3.7),

$$A_p = M_T\alpha + M_T 2\alpha = 3\alpha M_T, \tag{9.96}$$

M_T ist das Biegemoment im vollplastischen Querschnitt, das Tragmoment — und die Arbeit der äußeren Kräfte, nämlich der Belastung durch die Gleichlast q_0 ergibt

$$A^{(a)} = 2\frac{q_0 l}{2}\frac{l\alpha}{4} = \alpha\frac{q_0 l^2}{4}. \tag{9.97}$$

Nach b) ist mit

$$\alpha\frac{q_0 l^2}{4} \geqq 3\alpha M_T \tag{9.98}$$

die Traglast

$$q_T < q_0 = 12 M_T/l^2 \tag{9.99}$$

nach oben beschränkt. Ein statisch zulässiger Spannungszustand ist nach Abb. 9.16 durch ein Fließgelenk im Einspannquerschnitt gegeben. Der Momentenverlauf ist dann

$$M = Bx - \frac{q_0 x^2}{2}. \tag{9.100a}$$

Mit $M = -M_T$ in $x = l$ ist

$$B = \frac{q_0 l}{2} - \frac{M_T}{l}. \tag{9.100b}$$

Das größte Biegemoment ist ein Feldmoment:

$$\frac{\mathrm{d}M}{\mathrm{d}x} = 0 = B - q_0 x, \qquad x_m = B/q_0, \qquad M_{\max} = M(x_m) = B^2/2q_0, \tag{9.101}$$

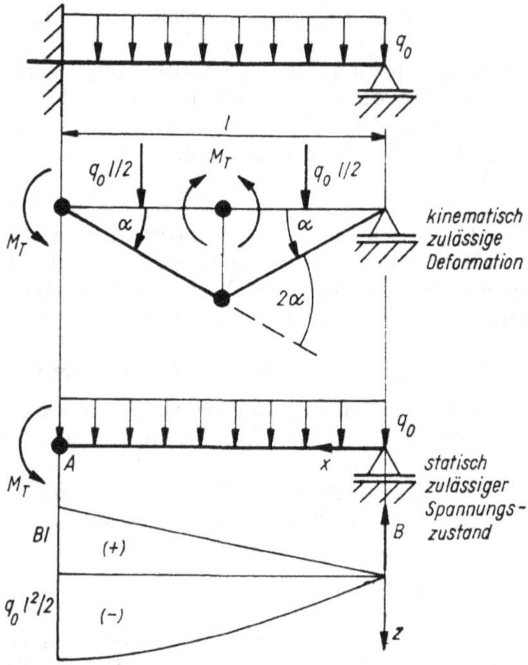

Abb. 9.16. Statisch unbestimmt gelagerter elasto-plastischer Balken mit Querschnitts- und Systemreserve

und wird gleich M_T gesetzt, um eine möglichst große untere Schranke nach Satz a) zu erhalten: $M_{max} = M_T$,

$$q_T \geqq q_0 = 2(3 + 2\sqrt{2})\, M_T/l^2 = 11{,}657 M_T/l^2. \tag{9.102}$$

Eine Wiederholung der Rechnung mit dem zweiten Fließgelenk an der Stelle $x_F = x_m$ ergibt nach Satz c) eine statisch und kinematisch zulässige Deformation, und

$$q_T = 11{,}657\, M_T/l^2 \tag{9.103}$$

ist die *Traglast* an der Stabilitätsgrenze (unter Ausschöpfung der Systemreserve).

9.3.1. Beispiel: Die Traglast eines einfachen Rahmens

Ein quadratischer Rahmen mit Abmessung l nach Abb. 9.17 habe im Riegel ein Tragmoment M_T, in den Stielen $2M_T$. Nach Satz b) untersuchen wir zuerst zwei Grundmechanismen, den «Balkenmechanismus» nach Abb. 9.17. (a) und den «Rahmenmechanismus» nach Abb. 9.17. (b).

Die Dissipationsarbeiten sind $4M_T\alpha_1$ bzw. $6M_T\alpha_2$. Die Arbeiten der äußeren Kräfte $2F_1 \dfrac{l}{4}\alpha_1$ bzw. $F_2 l\alpha_2$. Nach Satz b) ergibt

$$2F_1 \frac{l}{4}\alpha_1 \geqq 4M_T\alpha_1 \quad \text{bzw.} \quad F_2 l\alpha_2 \geqq 6M_T\alpha_2, \tag{9.104}$$

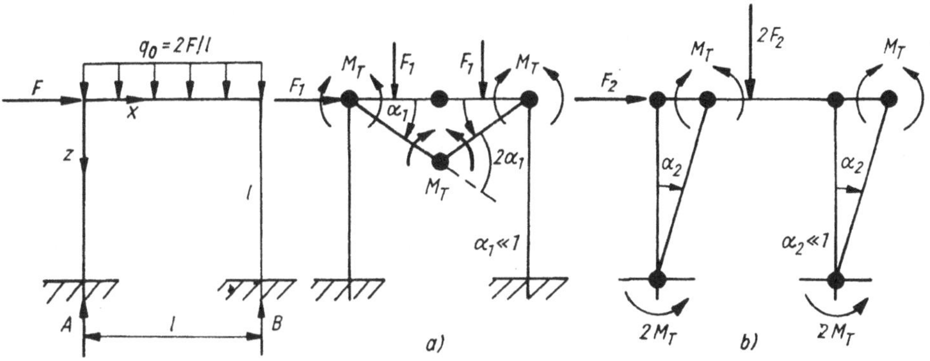

Abb. 9.17. Statisch unbestimmt gelagerter elasto-plastischer Rahmen (Querschnitts- und Systemreserve)

jeweils eine obere Grenze für die Traglast F_T

$$F_T \leqq F_1 = 8M_T/l \quad \text{bzw.} \quad F_T \leqq F_2 = 6M_T/l. \tag{9.105}$$

Die kleinere obere Schranke ist maßgebend. Die zugehörige Momentenverteilung im Riegel

$$M(x) = Ax + M_T - \frac{12M_T}{l^2}\frac{x^2}{2}, \qquad M(l) = -M_T, \qquad A = 4M_T/l, \tag{9.106}$$

hat ein Maximum in $x = l/3$, $M_{\max} = \frac{5}{3} M_T > M_T$ und ist daher statisch nicht zulässig. Wenn wir allerdings $\frac{3}{5} F_2$ als Belastung wählen, ist die Spannungsverteilung zwar statisch zulässig, aber die Momentenverteilung bzw. ihre Deformation kinematisch unzulässig. Wir erhalten nach Satz a) eine untere Schranke und

$$F_2 = \frac{18}{5}\frac{M_T}{l} = 3{,}6\,\frac{M_T}{l} < F_T < 6\,\frac{M_T}{l}. \tag{9.107}$$

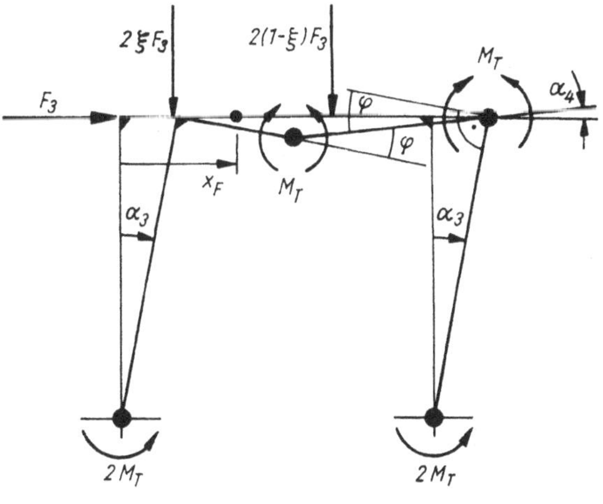

Abb. 9.18. Verformungsmechanismus zur Bestimmung der Traglast

Um eine Verbesserung der Einschrankung zu erzielen, wählen wir einen gemischten Mechanismus nach Abb. 9.18 mit $\xi = x_F/l$ als noch nicht festgelegtem Ort des Fließgelenks im Riegel. Die Geometrie der Stabkette gibt $\varphi = \alpha_3 + \alpha_4$ und $\xi\alpha_3 = (1 - \xi)\,\alpha_4$. Die Dissipationsarbeit beträgt in diesem Fall

$$A_p = 2M_T\alpha_3 + M_T\varphi + M_T\varphi + 2M_T\alpha_3 = 2\alpha_3 M_T(3 - 2\xi)/(1 - \xi). \quad (9.108)$$

Die Arbeit der äußeren Kräfte ist

$$A^{(a)} = F_3 l\alpha_3 + 2F_3\xi\,\frac{\xi l}{2}\,\alpha_3 + 2F_3(1 - \xi)\,\frac{(1 - \xi)\,l}{2}\,\alpha_4 = (1 + \xi)\,\alpha_3 F_3 l. \quad (9.109)$$

Satz b) ergibt mit

$$(1 + \xi)\,\alpha_3 F_3 l \geqq 2\alpha_3 M_T(3 - 2\xi)/(1 - \xi), \quad (9.110)$$

$$F_3 l = 2M_T(3 - 2\xi)/(1 - \xi^2), \quad (9.111)$$

mit $\dfrac{dF_3}{d\xi} = 0$ für $\xi = \left(3 - \sqrt{5}\right)/2$, die kleinste obere Schranke für die Traglast

$$F_T \leqq \operatorname{Min}(F_3) = \frac{4}{3 - \sqrt{5}}\,\frac{M_T}{l} = 5{,}236 M_T/l. \quad (9.112)$$

Die Spannungsverteilung zufolge Belastung durch Min (F_3) ist auch statisch zulässig. Damit ist nach Satz c) $F_T = 5{,}236 M_T/l$ die Traglast (an der Stabilitätsgrenze)[1].

9.4. Zur Stabilität der Grundbewegung bei elasto-plastischem Materialverhalten: Die Melanschen Einspielsätze

Im Gegensatz zu 9.3., wo die Belastung monoton wachsend bis zum Erreichen der Traglast angenommen wurde, betrachten wir jetzt Lastzykel (Lastspiele). Bei rein elastischer Beanspruchung ist dann die Ermüdungsfestigkeit (z. B. die *Wöhler*-Kurve, siehe z. B.[2]) maßgebend. Bei eingeschränkter Plastifizierung der Konstruktion sind drei Fälle möglich:

a) Es tritt wechselnde Plastifizierung auf (Entlastung nicht elastisch), nach wenigen Lastwechseln tritt Bruch ein (plastische Ermüdung): Die Grundbewegung ist instabil.

b) Progressive Plastifizierung nur bei Belastung (die Entlastung erfolgt elastisch) führt ebenfalls zum Bruch: Die Grundbewegung ist instabil.

c) *Einspielen* tritt ein, wenn bei fortdauernden Belastungen immer kleinere Bereiche der Konstruktion plastifiziert werden. Voraussetzung ist die Ausbildung eines «günstigen» elastischen Eigenspannungszustandes[3] bei Entlastung, so daß letztlich bei Belastung die resultierende Spannung die Fließgrenze nicht mehr erreicht. Die Grundbewegung ist stabil. Einspielen ist z. B. bei einem Zugstab unter wechselnder Belastung nicht möglich.

---

[1] Für eine Berechnungsmethode nach Theorie 2. Ordnung siehe z. B. *H. Rubin/U. Vogel:* Baustatik ebener Stabwerke. In: Stahlbau Handbuch. — Bd. 1. — Abschn. 3. — Köln: Stahlbau-Verlag, 1982.

[2] *E. Chwalla:* Einführung in die Baustatik. — Köln: Stahlbau-Verlag, 1954, p. 265.

[3] Er bildet ein Gleichgewichtssystem mit den Auflagerreaktionen bei Abwesenheit der äußeren Belastung.

Wir betrachten als Beispiel die *dickwandige Hohlkugel*, $R_i \leqq R \leqq R_a$, unter langsam veränderlichem Innendruck p (Trägheitseffekte werden vernachlässigt). Die quasistatische elastische Lösung entnehmen wir den Gln. (6.14), (6.17) und bilden die *Vergleichsspannung nach v. Mises*, vgl. Gl. (4.110) wegen Gl. (4.121):

$$\sigma_V = \left\{\frac{1}{2}\left[(\sigma_{rr} - \sigma_{\varphi\varphi})^2 + (\sigma_{\varphi\varphi} - \sigma_{rr})^2 + (\sigma_{\varphi\varphi} - \sigma_{\varphi\varphi})^2\right]\right\}^{1/2} = |\sigma_{rr} - \sigma_{\varphi\varphi}|$$

$$= \frac{3}{2}\, q(R_a/R)^3, \qquad q = p/[(R_a/R_i)^3 - 1], \qquad \sigma_V \leqq \sigma_F. \tag{9.113}$$

Die Fließlast ist daher

$$q_F = \frac{2}{3}\, \sigma_F (R_i/R_a)^3, \qquad \sigma_V = \sigma_F \quad \text{in} \quad R = R_i. \tag{9.114}$$

Für $q > q_F$ bildet sich in $R_i \leqq R \leqq R_p$ eine plastische Zone, in der die Fließbedingung $\sigma_{\varphi\varphi} - \sigma_{rr} = \sigma_F$ gilt. Die Gleichgewichtsbedingung (2.19) in Kugelkoordinaten ergibt dann $\frac{d\sigma_{rr}}{dR} = 2\sigma_F/R$. Den statisch bestimmten Spannungszustand in der plastischen Zone erhalten wir mit $\sigma_{rr} = -p$ in $R = R_i$ durch Integration

$$\sigma_{rr} = 2\sigma_F \ln \frac{R}{R_i} - p, \qquad \sigma_{\varphi\varphi} = \sigma_{rr} + \sigma_F, \qquad R \leqq R_p. \tag{9.115}$$

Der Übergang in $R = R_p$ zur elastischen Lösung in $R > R_p$ muß stetig sein sowohl für die Spannung σ_{rr} als auch für die radiale Verschiebung u, Gl. (6.15). Die Ermittlung der plastischen Deformation aus den *Prandtl-Reuss*schen Gleichungen (4.136) ist kompliziert, wir setzen daher nach der hier anwendbaren *Henckyschen Deformationsmethode* (bei rein elastischer Kompressibilität, Kompressionsmodul K, $3p^* = \sigma_{rr} + 2\sigma_{\varphi\varphi}$),

$$\varepsilon_{rr} = \psi\sigma'_{rr} + K^{-1}p^*, \qquad \varepsilon_{\varphi\varphi} = \psi\sigma'_{\varphi\varphi} + K^{-1}p^*, \tag{9.116}$$

(vgl. Gln. (4.12), (4.14) und nehme an Stelle von $1/2G$ jetzt $\psi = \psi(R)$ an), in die Kompatibilitätsbeziehungen (1.22) ein,

$$\frac{d\varepsilon_{\varphi\varphi}}{dR} + \frac{\varepsilon_{\varphi\varphi} - \varepsilon_{rr}}{R} = 0, \tag{9.117}$$

und bestimmen dann $\psi(R)$ aus

$$\frac{d\psi}{dR} + \frac{3}{R}\psi = 0 \tag{9.118}$$

zu $\psi(R) = -2K^{-1} + C/R^3$.
Wegen $\psi(R_p) = 1/2G$ ist C bestimmt und

$$\psi(R) = -2K^{-1} + (2K^{-1} + 1/2G)\,(R_p/R)^3, \qquad R \leqq R_p. \tag{9.119}$$

Wegen $\varepsilon_{\varphi\varphi} = u/R$ ist dann u bekannt, und der stetige Verlauf durch $R = R_p$ liefert eine nichtlineare Gleichung zur (numerischen) Bestimmung von R_p:

$$\frac{1}{3}\,(R_p/R_a)^3 - \ln\,(R_p/R_i) = \frac{1}{3} - p/2\sigma_F. \tag{9.120}$$

Die Traglast p_T kann daraus mit $R_p = R_a$ (vollplastischer Querschnitt) explizit bestimmt werden:

$$p_T = 2\sigma_F \ln \frac{R_a}{R_i}. \tag{9.121}$$

Wir setzen $p < p_T$ voraus und entlasten nun (langsam) auf den Innendruck Null unter der Annahme, daß die verbleibenden Eigenspannungen die Fließgrenze nicht mehr erreichen: Wieder mit Gln. (6.14), (6.17) folgt

$$\left.\begin{aligned} \sigma_{rr}^{(0)} &= 2\sigma_F \ln R/R_i - p - q[1 - (R_a/R)^3] \\ \sigma_{\varphi\varphi}^{(0)} &= \sigma_{rr}^{(0)} + \sigma_F - \frac{3}{2} q(R_a/R)^3 \end{aligned}\right\} R_i \leqq R \leqq R_p$$
$$\left.\begin{aligned} \sigma_{rr}^{(0)} &= -(q + q_p)\,[1 - (R_a/R)^3] \\ \sigma_{\varphi\varphi}^{(0)} &= -(q + q_p)\left[1 + \frac{1}{2}(R_a/R)^3\right] \end{aligned}\right\} R_p \leqq R \leqq R_a \tag{9.122}$$

wo $$q_p = [2\sigma_F \ln (R_p/R_i) - p]\, R_p^3/(R_a^3 - R_p^3). \tag{9.123}$$

Die Vergleichsspannung $\sigma_V^{(0)} = \sigma_{\varphi\varphi}^{(0)} - \sigma_{rr}^{(0)}$ hat einen absoluten Größtwert gleich der Umfangseigenspannung in $R = R_i$:

$$\sigma_V^{(0)} = \sigma_{\varphi\varphi}^{(0)}\,(R = R_i) = \frac{3}{2}\,(q_F - q)\, R_a^3/R_i^3, \tag{9.124}$$

und ist wegen $q > q_F$ eine Druckspannung. Für Einspielen muß dann dieser Wert oberhalb der Fließgrenze $-\sigma_F$ für Druck liegen.

Die *Einspielbedingung* ist dann, bei symmetrischer Arbeitslinie, wegen $-\sigma_F = -\frac{3}{2} q_F \times R_a^3/R_i^3$

$$q \leqq 2q_F. \tag{9.125}$$

Die Vergleichsspannung im (unbeschränkt) elastischen Vergleichskörper darf also in diesem Fall bis zur doppelten Fließgrenze ansteigen. Daraus leitet sich eine hinreichende Bedingung für das Nichteinspielen ab:

Hinreichend für plastische Ermüdung (Instabilität der Grundbewegung während des Lastzykels) ist, daß das Intervall, welches von der Vergleichsspannung im elastischen Vergleichskörper durchlaufen wird, die doppelte Fließgrenze ($2\sigma_F$) überschreitet. Der *1. Einspielsatz* von *E. Melan* kann (ohne Beweis) wie folgt angegeben werden:

«Mit $\sigma_{ij}^{(el)}$ als (zeitlich veränderliches) Spannungsfeld, das im Körper herrschen würde, wenn er sich unbeschränkt elastisch verhält, kann Einspielen dann erwartet werden, wenn ein zeitlich konstantes Eigenspannungsfeld $\sigma_{ij}^{(0)}$ angegeben werden kann, derart, daß das fiktive resultierende Spannungsfeld $\sigma_{ij}^{(el)} + \sigma_{ij}^{(0)}$ ständig unterhalb der Fließgrenze bleibt.»

Einspielen tritt nicht ein, wenn es kein zeitlich konstantes Eigenspannungsfeld $\sigma_{ij}^{(0)}$ mit dieser Eigenschaft gibt.

9.5. Zur Stabilität der Kanalströmung mit Gefälle. Schießen und Strömen

Wir betrachten als charakteristisches Beispiel die Strömung (Grundbewegung) einer reibungsfreien inkompressiblen Flüssigkeit in einem Kanal mit konstanter Breite B, aber mit schwach geneigter ebener Sohle, siehe Abb. 9.19.

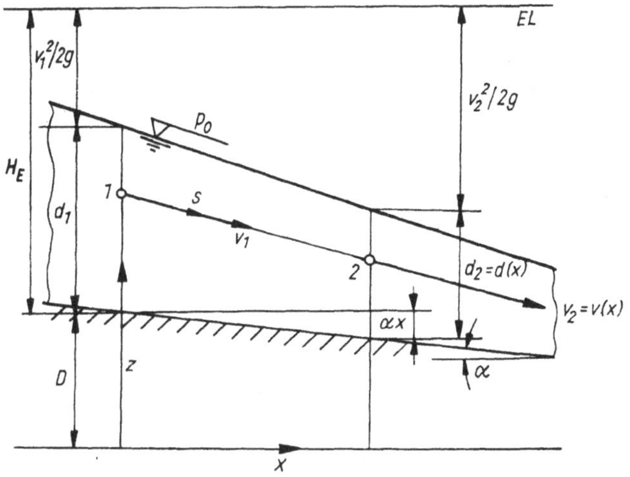

Abb. 9.19. Kanalströmung mit Gefälle

Längs der eingetragenen (gerade angenommenen) Stromlinie vom Punkt 1 nach 2 ergibt die *Bernoulli*-Gleichung bei stationärer Strömung (8.37)

$$\frac{v_2^2}{2g} + \frac{p_2}{\varrho g} + z_2 = \frac{v_1^2}{2g} + \frac{p_1}{\varrho g} + z_1 = D + \bar{H}_E \tag{9.126}$$

Aus der Komponente der *Euler*schen Gleichung (8.30) quer zur geraden Stromlinie folgt die hydrostatische Druckverteilung

$$p_1(z_1) = p_0 + \varrho g(D + d_1 - z_1) \tag{9.127}$$

$$p_2(z_2) = p_0 + \varrho g(D - \alpha x + d_2 - z_2) \tag{9.128}$$

und damit

$$\frac{v_2^2}{2g} + d_2 - \alpha x = \frac{v_1^2}{2g} + d_1 = \bar{H}_E - \frac{p_0}{\varrho g} = H_E. \tag{9.129}$$

H_E ist die konstante Energiehöhe der verlustlosen Strömung, siehe Abb. 9.19. Die Kontinuitätsgleichung ergibt den Zusammenhang $\dot{m} = \varrho B d_1 v_1 = \varrho B d_2 v_2 = \text{const.}$ Wir eliminieren $v_2 = v(x)$ und erhalten mit $H(x) = H_E + \alpha x$ eine kubische Gleichung für $d_2 = d(x)$:

$$d^3 - H d^2 + k = 0, \tag{9.130}$$

mit der Abkürzung $k = \dot{m}^2/2g\varrho^2 B^2$. Einfach ist die Auflösung nach

$$H(d) = d + k/d^2. \tag{9.131}$$

Diese Funktion hat ein Minimum für $d_k = \sqrt[3]{2k}$, das bedeutet, daß zwei der drei reellen Wurzeln der kubischen Gleichung zusammenfallen. Für $H > H_k$, mit

$$H_k = \frac{3}{2}\sqrt[3]{2k}, \tag{9.132}$$

erhält man dann zwei positive Wurzeln $d' > d''$, die zwei verschiedenen Strömungszuständen, nämlich dem strömenden und dem schießenden Abfluß, entsprechen. Insbesondere ist der schießende Abfluß instabil und schlägt bei (starker) Störung in den strömenden Abfluß um. Wegen der großen Geschwindigkeitsgradienten spielen Viskositätseffekte im Umschlaggebiet eine dominierende Rolle, es bildet sich eine Deck- oder Grundwalze aus, vgl. Abb. 9.20.

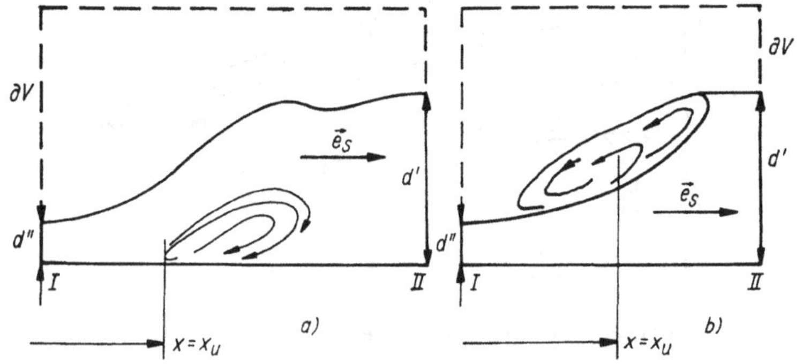

Abb. 9.20. Grund- oder Deckwalze beim Umschlag vom schießenden in strömenden Abfluß, siehe z. B. *Kozeny, J.*: Hydraulik. – Wien: Springer-Verlag 1953

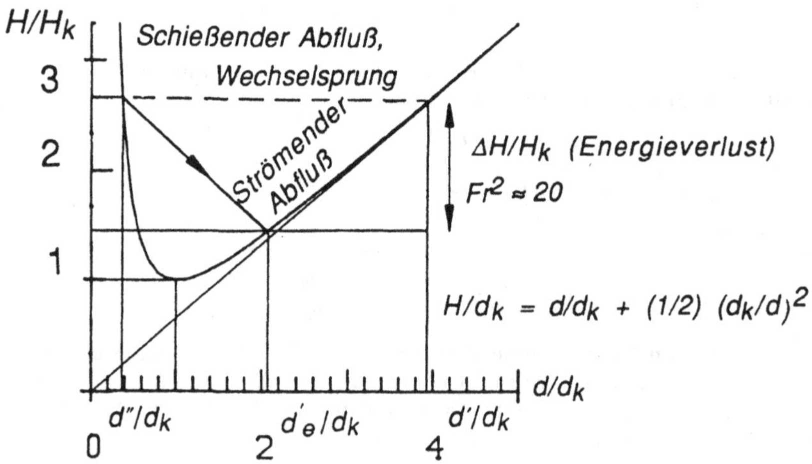

Abb. 9.21. Energiehöhe über «Wassertiefe» d ohne und mit Energieverlust beim Umschlag (Schießen d'', Strömen d')

Bei festem x ändert sich beim Umschlag die Energiehöhe um ΔH, vgl. Abb. 9.21. Die Berechnung dieses Energieverlustes beim «Wechselsprung» kann analog zum *Carnot*schen Stoßverlust (vgl. 7.3.(e)) mit Hilfe des Impulssatzes (7.13) erfolgen. Ein Kontrollvolumen ∂V umschließt den Ort des Umschlages $x = x_u$, Abb. 9.20: Dann muß $\oint_{\partial V} \mu \vec{v}\, dS = \vec{R}$ sein.

Mit $\mu_{\mathrm{I}} = -\varrho v_{\mathrm{I}}$ und $\mu_{\mathrm{II}} = \varrho v_{\mathrm{II}}$ folgt, wegen der statischen Druckverteilung über die Tiefe, in der $\vec{e}_s$-Richtung:

$$-\varrho v_{\mathrm{I}}^2 B d'' + \varrho v_{\mathrm{II}}^2 B d'_e = \varrho g \frac{d''}{2} B d'' - \varrho g \frac{d'_e}{2} B d'_e. \tag{9.133}$$

Elimination von $v_{\mathrm{II}} = v_{\mathrm{I}} d''/d'_e$ ergibt eine kubische Gleichung für die Abflußtiefe d'_e nach dem Wechselsprung

$$(d'_e - d'') \left[d'_e (d'_e + d'') - \frac{2 v_{\mathrm{I}}^2}{g} d'' \right] = 0. \tag{9.134}$$

Die, wegen des ebenen Bodens mögliche, triviale Lösung «schießende Strömung ohne Wassersprung», $d'_e = d''$, schließen wir aus und lösen die verbleibende quadratische Gleichung, so daß $d'_e > d''$:

$$d'_e = \frac{d''}{2} \left(\sqrt{1 + 8 v_{\mathrm{I}}^2 / g d''} - 1 \right). \tag{9.135}$$

Die Kennzahl im Querschnitt 1, $Fr_1 = v_{\mathrm{I}} / \sqrt{g d''}$ wird als *Froudesche Zahl* bezeichnet, siehe auch Gl. (13.26), $\sqrt{g d''}$ ist die Ausbreitungsgeschwindigkeit von «Flachwasserwellen». Ihr Grenzwert $Fr_1^* = 1$ ergibt die ungestörte Strömung $d'_e = d''_g = v_{\mathrm{I}}^2/g$. Ein Wechselsprung ist dann nur möglich, wenn $Fr_1 > 1$, (Kennzeichen der schießenden Anströmung) also $d'' < d''_g$.

Die Differenz der Energiehöhen ergibt den Energieverlust: Mit $H_{\mathrm{I}} = d'' + v_{\mathrm{I}}^2/2g$, $H_{\mathrm{II}} = d'_e + v_{\mathrm{II}}^2/2g$ folgt:

$$\Delta H = H_{\mathrm{I}} - H_{\mathrm{II}} = \frac{v_{\mathrm{I}}^2 - v_{\mathrm{II}}^2}{2g} + d'' - d'_e = \zeta v_{\mathrm{II}}^2 / 2g. \tag{9.136}$$

Man nennt $\zeta = \left(1 - \sqrt{8 Fr_1^2 + 1}\right) \left(3 - \sqrt{8 Fr_1^2 + 1}\right)^3 / 32 Fr_1^2$ den Verlustbeiwert der Geschwindigkeitshöhe[1].

9.6. Zur Flatterinstabilität

Flattern ist eine besondere Form selbsterregter Schwingungen elastischer Systeme unter «mitgehender» Belastung. Historisch gesehen ist das Flügelflattern an schnellfliegenden Flugzeugen der Prototyp für diese kinetische Instabilität. Wir vereinfachen den mit der Geschwindigkeit v angeströmten Flügel durch eine elastisch gebettete *starre* rechteckige Platte. Die translatorische Bettungszahl sei c_1 und $c_1 z$ die Rückstellkraft bei Auslenkung aus der stationären Fluglage, die rotatorische Bettung sei durch c_2 und das Rückstellmoment bei zusätzlicher Verdrehung um φ durch $c_2 \varphi$ gegeben. Der Flügelschwerpunkt sei S und der Angriffspunkt des zusätzlichen hydrodynamischen Auftriebes (durch den Zuwachs des Anstellwinkels φ) $A\varphi$ sei B (siehe 13.2.1.). Ferner sei die Masse m und der Trägheitsradius i_S mit dem Abstand e nach Abb. 9.22 gegeben.

Die linearisierten Störbewegungsgleichungen sind dann, vgl. 10.1.,

$$\left.\begin{aligned} m(\ddot{z} - e\ddot{\varphi}) &= -c_1 z + A\varphi \\ m i_S^2 \ddot{\varphi} &= (A\varphi - c_1 z)\, e - c_2 \varphi \end{aligned}\right\} \tag{9.137}$$

[1] Vgl. auch die Ausführungen in *H. Press/R. Schröder:* Hydromechanik im Wasserbau. — Berlin: W. Ernst & Sohn, 1966.

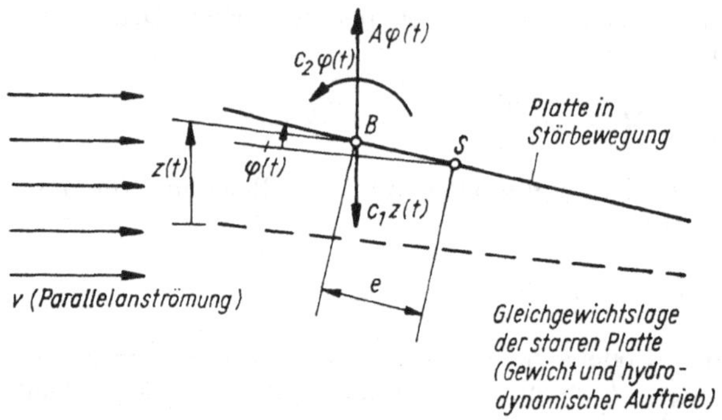

Abb. 9.22. Elastisch gebettete starre Platte (Rückstellkraft $c_1 z$ bzw. -moment $c_2\varphi$) mit Erregerquerkraft $A\varphi$

Eine Umformung ergibt

$$\left.\begin{aligned} &\ddot{z} - e\ddot{\varphi} + \Omega_z^2 z - \alpha\varphi = 0, \quad && \Omega_z^2 = c_1/m, \quad && \alpha = A/m \sim v^2 \\ &-\frac{e}{i_B^2}\ddot{z} + \ddot{\varphi} + \Omega_\varphi^2\varphi = 0, \quad && \Omega_\varphi^2 = c_2/m i_B^2, \quad && i_B^2 = i_S^2 + e^2. \end{aligned}\right\} \tag{9.138}$$

Die charakteristische Gleichung (siehe auch Gl. (7.139), die Frequenzgleichung der Störbewegung) folgt aus dem Verschwinden der Koeffizientendeterminante zu

$$(-\omega^2 + \Omega_z^2)(-\omega^2 + \Omega_\varphi^2) + \frac{e}{i_B^2}\omega^2(-e\omega^2 + \alpha) = 0 \tag{9.139}$$

oder auch

$$p_0\omega^4 - p_2\omega^2 + p_4 = 0, \qquad p_0 = (i_S/i_B)^2 > 0, \qquad p_2(\alpha) = \Omega_z^2 + \Omega_\varphi^2 - \alpha e/i_B^2,$$
$$p_4 = \Omega_z^2\Omega_\varphi^2 > 0.$$

Reelle positive Lösungen

$$\omega^2 = \frac{1}{2p_0}\left[p_2 \pm \sqrt{p_2^2 - 4p_0p_4}\right], \tag{9.140}$$

fordern $\Delta = p_2^2 - 4p_0p_4 > 0$ und $p_2 > 0$. Die Nullstellen der Diskriminante Δ sind, vgl. Abb. 9.23,

$$\alpha = \alpha_{1,2} = i_B^2[\Omega_z^2 + \Omega_\varphi^2 \mp 2 i_S \Omega_z \Omega_\varphi / i_B]/e, \tag{9.141}$$

und $\Delta < 0$ für $\alpha_1 < \alpha < \alpha_2$, $p_2 < 0$ für $\alpha > \alpha_3 = i_B^2(\Omega_z^2 + \Omega_\varphi^2)/e > \alpha_1$. Für $\alpha < \alpha_1$ herrscht Stabilität, $\alpha = \alpha_1$ entspricht einer kritischen Fluggeschwindigkeit v_k. Für $\alpha > \alpha_1$ ist die Gleichgewichtslage instabil, im Bereich $\alpha_1 < \alpha < \alpha_2$ ist ω konjugiert komplex, die Störbewegung wird angefacht, man spricht von Flatterinstabilität. Für $\alpha > \alpha_2$ ist $\Delta > 0$, die Gleichgewichtslage ist instabil durch divergente Verzweigung.
Ähnliche Effekte treten z. B. auch an Brücken mit geringer Torsionssteifigkeit auf. Selbsterregte Flatterschwingungen führten z. B. zum Einsturz der Tacoma Narrows Brücke (1940 in den USA). Auch die Stabknickung unter mitgehender

Last (z. B. *Beck*scher Druckstab) führt zu Flattererscheinungen[1]. Durchströmte Rohrleitungen zeigen ebenfalls das Phänomen der flatternden Gleichgewichtsverzweigung.

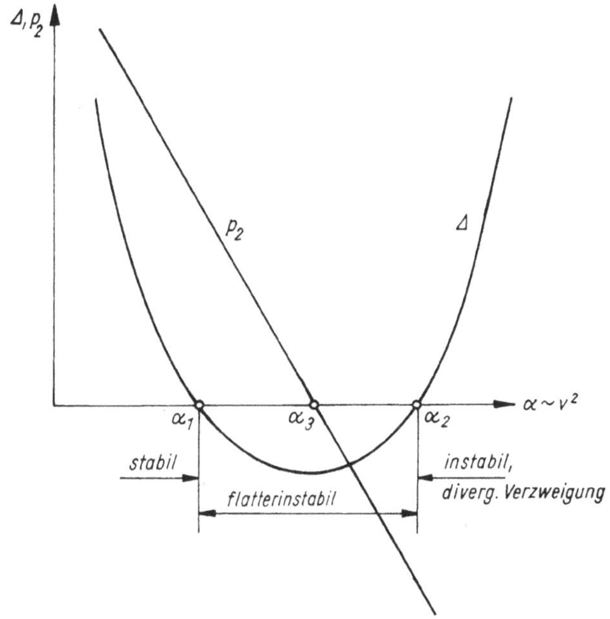

Abb. 9.23. Bereiche stabiler und instabiler Fluggeschwindigkeit v. Die kritische Geschwindigkeit ergibt Flatterinstabilität, $\alpha_1 \leq \alpha < \alpha_2$

9.7. Aufgaben A 9.1 bis A 9.7 und Lösungen

A 9.1: Man untersuche die Stabilität der Gleichgewichtslagen einer schweren Masse m auf einer reibungsfreien Kreisbahnführung in vertikaler Ebene. Die angelenkte Feder sei linear elastisch, vgl. Abb. A 9.1.

Lösung: Das System ist konservativ, und $V = W + U$ ist mit $W = -mg2R\cos^2\varphi$ und $U = cs^2/2$, $s = 2R\cos\varphi - l_0$ gegeben. Die Gleichgewichtsbedingung

$$\frac{dV}{d\varphi} = 0 = 2R\sin\varphi[cl_0 + 2(mg - cR)\cos\varphi]$$

hat stets die Lösung $\varphi_1 = 0$. Daneben gibt es noch Gleichgewichtslagen $\varphi_1 \neq 0$, wenn $\cos\varphi = cl_0/2(cR - mg) > 0$ reelle Lösungen besitzt, $mg < c(R - l_0/2) > 0$. Die Stabilitätsbedingung $\left.\frac{d^2V}{d\varphi^2}\right|_{\varphi=\varphi_1} = 2R[cl_0\cos\varphi_1 + 2(mg - cR)\cos 2\varphi_1] > 0$ fordert für stabiles $\varphi_1 = 0$, $mg > c(R - l_0/2)$. Die möglichen Lagen $\varphi_1 \neq 0$ sind dagegen stabil, wenn $mg < cR(1 - \cos\varphi_0) > 0$, $\cos\varphi_0 = l_0/2R$ bei $s = 0$, siehe Abb. A 9.1.

[1] *H. Leipholz:* Stabilitätstheorie. — Stuttgart: Teubner, 1958. — *H. W. Försching:* Grundlagen der Aeroelastik. — Berlin—Heidelberg—New York: Springer-Verlag, 1974. — *H. Ziegler:* Principles of Structural Stability. — Waltham, Mass.: Blaisdell, 1968.

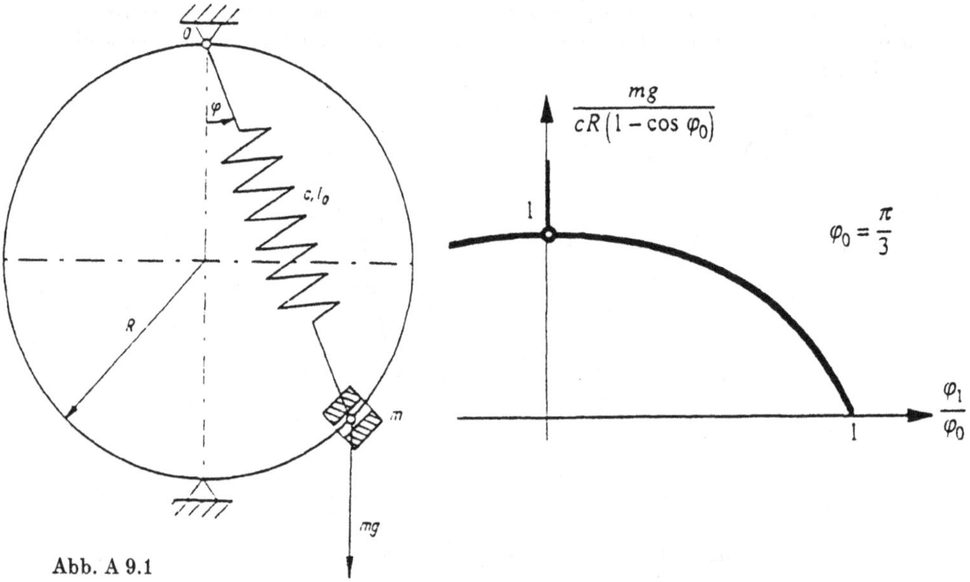

Abb. A 9.1

A 9.2: Man berechne die Knicklast des in Abb. A 9.2 dargestellten elastischen Druckstabes mit konstantem Querschnitt A und konstanter Biegesteifigkeit EJ_y für Knicken um die Trägheitshauptachse y.

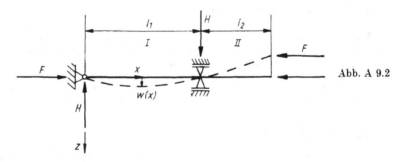

Abb. A 9.2

Lösung: Das Biegemoment im verformten Stab ist im Abschnitt I, $0 \leqq x \leqq l_1$, $M(x) = Fw(x) + Hx$ und im Abschnitt II, $l_1 \leqq x \leqq (l_1 + l_2) = l$, $M(x) = Fw(x) + Hl_1$. Die linearisierte Differentialgleichung der Biegelinie $\frac{d^2w}{dx^2} = -M/EJ_y$ hat mit $\alpha^2 = F/EJ_y$ die allgemeine Lösung in I: $w_I(x) = A_1 \cos \alpha x + B_1 \sin \alpha x - \frac{H}{F} x$, in II: $w_{II}(x) = A_2 \cos \alpha x + B_2 \sin \alpha x - \frac{H}{F} l_1$. Die Randbedingungen $w_I(0) = w_I(l_1) = w_{II}(l_1) = 0$, $\frac{d^2w_{II}}{dx^2}(l) = 0$ und die Übergangsbedingung $x = l_1$, $\frac{dw_I}{dx} = \frac{dw_{II}}{dx}$ liefern fünf homogene Gleichungen $0 = A_1$, $0 = B_1 \sin \alpha l_1 - \frac{H}{F} l_1$, $0 = A_2 \cos \alpha l_1 + B_2 \times \sin \alpha l_1 - \frac{H}{F} l_1$, $0 = -A_2\alpha^2 \cos \alpha l - B_2\alpha^2 \sin \alpha l$, $B_1\alpha \cos \alpha l_1 + A_2\alpha \sin \alpha l_1 - B_2\alpha \times \cos \alpha l_1 - \frac{H}{F} = 0$, deren Koeffizientendeterminante verschwinden soll. Dies liefert nach Umformung die Knickbedingung

$$\alpha l_1 \sin \alpha l - \sin \alpha l_1 \sin \alpha l_2 = 0.$$

Die kleinste Wurzel α_1 dieser transzendenten Gleichung ergibt die kritische Last F_k bzw. die Knicklänge l_k. Im Falle $l_1 = l_2 = l/2$ folgt: $\sin \frac{\alpha l}{2} \left[\alpha l \cos \frac{\alpha l}{2} - \sin \frac{\alpha l}{2}\right] = 0$, und die kleinste Wurzel ergibt die Knicklänge $l_k \doteq 1{,}35 l$.

A 9.3: Für die 4 Lagerungsfälle nach Abb. A 9.3 sind die Knicklängen in der Knicklastformel $F_k = \pi^2 EJ/l_k^2$ als Funktion der Stablänge l zu berechnen.

Lösung:

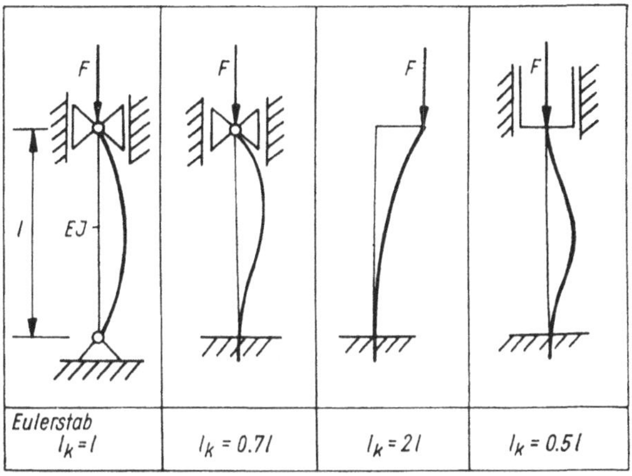

Abb. A 9.3

A 9.4: Man berechne die kritische Zugbelastung F_k, wenn die Krafteinleitung über einen starren, mit dem Stabende verbundenen Hebel erfolgt, vgl. Abb. A 9.4.

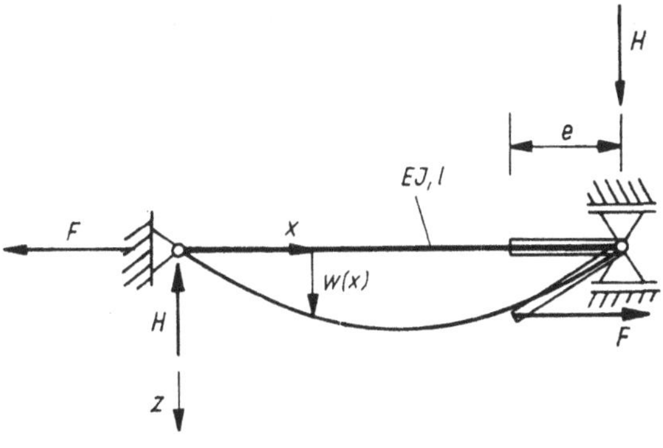

Abb. A 9.4

Lösung: Das Biegemoment im verformten System ist $M(x) = Hx - Fw$, wo $Hl + Fe\frac{\partial w}{\partial x}(x = l) = 0$. Damit kann H in $\frac{\partial^2 w}{\partial x^2} = -M/EJ$ eliminiert werden:

$$\frac{\partial^2 w}{\partial x^2} - \alpha^2 w = \alpha^2 \frac{e}{l}\frac{\partial w}{\partial x}(x = l)\, x.$$

Die allgemeine Lösung ist

$$w(x) = A\cosh \alpha x + B\sinh \alpha x - \frac{e}{l}\frac{\partial w}{\partial x}(x = l)\, x,$$

und die Randbedingungen sind $w(0) = w(l) = 0$ und $w'(l) = \frac{\partial w}{\partial x}(x = l)$: Damit ist $A = 0$, und das lineare Gleichungssystem

$$B\sinh \alpha l - e\frac{\partial w}{\partial x}(x = l) = 0, \qquad B\alpha\cosh \alpha l - \frac{\partial w}{\partial x}(x = l)\left(1 + \frac{e}{l}\right) = 0$$

hat nur dann eine nichttriviale Lösung (ausgebogene Gleichgewichtslage), wenn

$$\tanh \alpha l = \alpha e/(1 + e/l).$$

Diese transzendente Gleichung liefert den Eigenwert α_k. Für $e \ll l$ kann $\tanh \alpha l$ näherungsweise 1 gesetzt werden, und $F_k \approx EJ/e^2$.

A 9.5: Man bestimme die Knicklast eines frei drehbar gelagerten Stabes (1. *Euler*-Fall) unter Berücksichtigung der Schubverformungen (siehe Abb. 9.10).

Lösung: In Gl. (6.70) wird $q_z = -\frac{d^2 M_y}{dx^2}$ gesetzt. Die Theorie 2. Ordnung ergibt in der Nachbarlage des Verzweigungspunktes $M_y = Fw$. Damit folgt die Knickgleichung mit Schubeinfluß

$$\frac{d^2 w}{dx^2} + \alpha_S^2 w = 0, \qquad \alpha_S^2 = F/(1 - \varkappa_z F/GA)/EJ_y.$$

Sie hat die gleiche Form wie Gl. (9.44), und die Knicklast wird damit bei gelenkiger Lagerung

$$F_k = F_k^{(E)}/(1 + \varkappa_z F_k^{(E)}/GA),$$

kleiner als die *Euler*last $F_k^{(E)} = \pi^2 EJ_y/l^2$. Im Fall eines Sandwichbalkens kann der zweite Stabilitätsfall, nämlich das Knittern der Gurtplatten (lokales Beulen) mit Hilfe von 11.3.2. untersucht werden. Die Bettungszahl k ist dann die des elastischen Kernmaterials.

A 9.6: Man bestimme den kritischen Lastfaktor einer Rechteckplatte (a, b) mit frei drehbar gelagertem Randpaar $x = 0, a$ unter konstanten Scheibendruckkräften $n_x = -n$, $n_y = n_{xy} = 0$. Als Separationsansatz für die Beulform soll $w(x, y) = f(y) \times \sin\frac{m\pi x}{a}$, $m = 1, 2, 3, \ldots$ verwendet werden.

Lösung: Die linearisierte *v.-Kármán*-Gleichung ergibt

$$K\,\Delta\Delta w + \lambda n\frac{\partial^2 w}{\partial x^2} = 0.$$

Mit Hilfe des Separationsansatzes folgt die gewöhnliche Differentialgleichung

$$f^{\mathrm{IV}} - 2\left(\frac{m\pi}{a}\right)^2 f'' + \left[\left(\frac{m\pi}{a}\right)^4 - \lambda\frac{n}{K}\left(\frac{m\pi}{a}\right)^2\right] f = 0,$$

mit der allgemeinen Lösung (Eigenform des Balkens),

$$f(y) = C_1 \cosh \alpha_1 y + C_2 \sinh \alpha_1 y + C_3 \sin \alpha_2 y + C_4 \cos \alpha_2 y,$$

mit

$$\alpha_{1,2} = \left\{\left[\lambda\frac{n}{K}\left(\frac{m\pi}{a}\right)^2\right]^{1/2} \pm \left(\frac{m\pi}{a}\right)^2\right\}^{1/2}.$$

Die kritische Last und drei der Konstanten C_i folgen aus den Randbedingungen in $y = 0, b$. Zum Beispiel erhält man für die allseits gelenkig gelagerte Platte die Beuleigenwerte

$$\lambda_m = \pi^2 K\left[2 + \left(\frac{a}{mb}\right)^2 + (mb/a)^2\right]\Big/ nb^2,$$

für ein eingespanntes Randpaar hingegen

$$\lambda_m = \pi^2 K\left[\frac{5}{2} + 5\left(\frac{a}{mb}\right)^2 + (mb/a)^2\right]\Big/ nb^2.$$

Der kritische Lastfaktor $\lambda_{\mathrm{kr}} = \mathrm{Min}\ \lambda_m$.[1]

A 9.7: Man gebe Beziehungen zwischen den Eigenschwingungen von polygonalen, mit S gleichmäßig vorgespannten Membranen und von frei drehbar gelagerten Platten unter hydrostatischer Vorspannung, bei gleichem Umriß, an.

Lösung: Mit der Massenträgheitskraft $p = -\bar{\varrho}\bar{h}\ddot{u}$ und dem Ansatz für zeitlich harmonische Schwingungen $u = U e^{i\bar{\omega} t}$ erhält man aus Gl. (6.191) die *Helmholtz*sche partielle Differentialgleichung

$$\Delta U + \bar{\varrho}\bar{h}\bar{\omega}^2 U/S = 0$$

mit $U = 0$ und damit auch $\Delta U = 0$ am Rand. Wenden wir Δ auf die Gleichung an, $\Delta\Delta U + \bar{\varrho}\bar{h}\bar{\omega}^2 \Delta U/S = 0$, und subtrahieren, dann folgt ein biharmonischer Gleichungstyp, wie man ihn nach zeitlicher Reduktion der ersten *v.-Kármán*-Gleichung (5.30a) unter der Annahme $n_x = n_y = n = \mathrm{const}$, $n_{xy} = 0$ mit $p = -\varrho h\ddot{w}$, und dem Ansatz für die dynamische Biegefläche $w(x, y, t) = W e^{i\omega t}$ erhält:

$$K\Delta\Delta W - n\Delta W - \varrho h\omega^2 W = 0.$$

Die Eigenschwingungsformen bei gelenkiger Lagerung der geraden Ränder sind dann affin, da die Randbedingungen übereinstimmen, $W = 0$, $\Delta W = 0$, siehe 6.6.(b). Zwischen den (diskreten) Eigenwerten der Membran $\bar{\lambda}_j^2 = \bar{\varrho}\bar{h}\bar{\omega}_j^2/S$ und den Eigenfrequenzen ω_j der freien Plattenschwingungen folgt dann mit $\Delta W + \lambda^2 W = 0$ (wegen der Affinität) nach Einsetzen die Beziehung:

$$\omega_j^2 = K\lambda_j^4(1 - n/n_j)/\varrho h,$$

wo $n_j = -K\lambda_j^2$, $j = 1, 2, \ldots$ die Beuleigenwerte bei $\omega = 0$ kennzeichnen. Der kleinste entspricht der kritischen Last n_{krit}. Die λ_j sind also die diskreten Eigenwerte der *Dirichlet*schen Randwertaufgabe zur *Helmholtz*-Gleichung, die z. B. mit dem *Ritz-Galerkin*-Verfahren abgeschätzt werden. Für die rechteckige Membran (a, b) ist $\lambda_{ji} = \pi\sqrt{\dfrac{j^2}{a^2} + \dfrac{i^2}{b^2}}$, $\quad i, j = 1, 2, 3, \ldots$

[1] Für weitere Fälle siehe z. B. *C. F. Kollbrunner/M. Meister:* Ausbeulen. — Berlin—Göttingen—Heidelberg: Springer-Verlag, 1958, p. 94.

10. Die Lagrangeschen Bewegungsgleichungen

Wir erweitern zuerst das Prinzip der virtuellen Arbeit auf die Dynamik. An die Stelle der Gleichgewichtslage eines ruhenden Systems tritt jetzt die Momentanlage des bewegten Systems zur Zeit t. Wir führen eine virtuelle Verschiebung bei festgehaltener Zeit aus und bilden mit dem dynamischen Grundgesetz die spezifische Arbeit

$$(\vec{f} - \varrho\vec{a}) \cdot \delta\vec{r} = 0 . \tag{10.1}$$

Integration über das gesamte Volumen des Körpers ergibt dann mit der von den inneren und äußeren Kräften insgesamt geleisteten virtuellen Arbeit, vgl. Gl. (5.3),

$$\int_{V(t)} \vec{f} \cdot \delta\vec{r} \, \mathrm{d}V = \delta A = \delta A^{(a)} + \delta A^{(i)} , \tag{10.2}$$

$$\delta A - \int_m \vec{a} \cdot \delta\vec{r} \, \mathrm{d}m = 0 , \tag{10.3}$$

das *D'Alembertsche Prinzip*. Das verbliebene Integral kann als virtuelle Arbeit der Trägheitskräfte $-\vec{a}\,\mathrm{d}m$ (auch Scheinkräfte genannt) interpretiert werden. Das Prinzip gilt für beliebig verformbare bewegte Körper. Wir spezialisieren es auf *bewegte Systeme mit endlich vielen Freiheitsgraden*. Bezeichnet $q_i(t)$, $(i = 1, \ldots, n)$, eine Lagekoordinate, dann ist jeder Ortsvektor zu einem Systempunkt als Funktion der Lagekoordinaten (und der Zeit t) darstellbar:

$$\vec{r} = \vec{r}(q_1, q_2, \ldots, q_n; t) . \tag{10.4}$$

Insbesondere auch der Ortsvektor zum Angriffspunkt einer Einzelkraft $\vec{F}$ im System. Ihre virtuelle Arbeit ist $\vec{F} \cdot \delta\vec{r}$ und (bei festem t)

$$\delta\vec{r} = \sum_{i=1}^{n} \frac{\partial\vec{r}}{\partial q_i} \delta q_i , \quad \delta q_i, \, i = 1, \ldots, n , \quad \text{virtuelle Änderung der Lagekoordinaten.} \tag{10.5}$$

Berechnen wir die virtuelle Arbeit der k inneren und äußeren *Einzelkräfte*, dann folgt

$$\delta A = \sum_{l=1}^{k} \vec{F}_l \cdot \delta\vec{r}_l = \sum_{l=1}^{k} \vec{F}_l \cdot \sum_{i=1}^{n} \frac{\partial\vec{r}_l}{\partial q_i} \delta q_i = \sum_{i=1}^{n} Q_i \, \delta q_i . \tag{10.6}$$

Dabei haben wir als Abkürzung

$$Q_i = \sum_{l=1}^{k} \vec{F}_l \cdot \frac{\partial\vec{r}_l}{\partial q_i} \tag{10.7}$$

eingeführt. Diese verallgemeinerte (generalisierte) Kraft Q_i, $(i = 1, \ldots, n)$, hat als virtuellen Arbeitsweg die Änderung der zugehörigen Lagekoordinate q_i, $(i = 1, \ldots, n)$, mit n als Anzahl der Freiheitsgrade. Diese generalisierten Kräfte ersetzen die im System wirkenden inneren und äußeren Kräfte insoweit gleichwertig, als sie die gleiche virtuelle Arbeit leisten. Sind die Kräfte, die virtuell Arbeit leisten, konservativ (oder auch nur drehungsfrei), dann gilt mit dem Potential $V = V(q_1, q_2, \ldots, q_n)$ bei festem t,

$$\delta A = -\delta V = -\sum_{i=1}^{n} \frac{\partial V}{\partial q_i}\, \delta q_i = \sum_{i=1}^{n} Q_i\, \delta q_i, \tag{10.8}$$

und die generalisierten Kräfte sind durch die Differentialquotienten

$$Q_i = -\frac{\partial V}{\partial q_i} \tag{10.9}$$

bestimmt.

Nun formen wir den Integranden $\vec{a} \cdot \delta\vec{r}$ mit $\vec{a} = \dfrac{\mathrm{d}\vec{v}}{\mathrm{d}t}$ um und benützen $\dfrac{\mathrm{d}}{\mathrm{d}t}\left(\dfrac{\partial \vec{r}}{\partial q_i}\right) = \dfrac{\partial \vec{v}}{\partial q_i}$,

$$\vec{a} \cdot \delta\vec{r} = \frac{\mathrm{d}\vec{v}}{\mathrm{d}t} \cdot \sum_{i=1}^{n} \frac{\partial \vec{r}}{\partial q_i}\, \delta q_i = \sum_{i=1}^{n} \left[\frac{\mathrm{d}}{\mathrm{d}t}\left(\vec{v} \cdot \frac{\partial \vec{r}}{\partial q_i}\right) - \vec{v} \cdot \frac{\partial \vec{v}}{\partial q_i}\right] \delta q_i .$$

Wegen

$$\vec{v} = \frac{\mathrm{d}\vec{r}}{\mathrm{d}t} = \frac{\partial \vec{r}}{\partial t} + \sum_{i=1}^{n} \frac{\partial \vec{r}}{\partial q_i}\frac{\mathrm{d}q_i}{\mathrm{d}t}, \qquad \frac{\mathrm{d}q_i}{\mathrm{d}t} = \dot{q}_i,$$

ist

$$\frac{\partial \vec{v}}{\partial \dot{q}_i} = \frac{\partial \vec{r}}{\partial q_i}. \tag{10.10}$$

Oben eingesetzt folgt mit $\vec{v} \cdot \dfrac{\partial \vec{v}}{\partial q_i} = \dfrac{1}{2}\dfrac{\partial}{\partial q_i}(v^2)$, $\vec{v} \cdot \dfrac{\partial \vec{v}}{\partial \dot{q}_i} = \dfrac{1}{2}\dfrac{\partial}{\partial \dot{q}_i}(v^2)$,

$$\vec{a} \cdot \delta\vec{r} = \sum_{i=1}^{n} \left[\frac{\mathrm{d}}{\mathrm{d}t}\left(\frac{1}{2}\frac{\partial v^2}{\partial \dot{q}_i}\right) - \frac{1}{2}\frac{\partial v^2}{\partial q_i}\right] \delta q_i . \tag{10.11}$$

Wegen der konstanten Masse im System können die Integration und die Differentiation vertauscht werden, so daß mit der kinetischen Energie $T = \dfrac{1}{2}\displaystyle\int_m v^2\, \mathrm{d}m$ folgt

$$\int_m \vec{a} \cdot \delta\vec{r}\, \mathrm{d}m = \sum_{i=1}^{n} \left[\frac{\mathrm{d}}{\mathrm{d}t}\left(\frac{\partial T}{\partial \dot{q}_i}\right) - \frac{\partial T}{\partial q_i}\right] \delta q_i . \tag{10.12}$$

Das *D'Alembert*sche Prinzip nimmt jetzt mit Gln. (10.6), (10.12) die gegenüber (10.3) einfachere Form an:

$$\sum_{i=1}^{n} \left[Q_i - \frac{\mathrm{d}}{\mathrm{d}t}\left(\frac{\partial T}{\partial \dot{q}_i}\right) + \frac{\partial T}{\partial q_i}\right] \delta q_i = 0. \tag{10.13}$$

Wegen der Unabhängigkeit der Lagekoordinaten $q_i(t)$, $i = 1, \ldots, n$, sollte man meinen, daß auch stets ihre virtuellen Änderungen unabhängig sein müßten. Das ist aber nur bedingt richtig. Es gibt nämlich Systeme mit Führungsbedingungen, die im «Kleinen» weniger Freiheitsgrade besitzen als bei großen Bewegungen. Solche

Systeme (bzw. ihre Führungsbedingungen) heißen *nichtholonom*. Mathematisch gesehen, bestehen dann *nichtintegrable* Beziehungen zwischen den Lagekoordinaten q_i und den verallgemeinerten Geschwindigkeiten $\dot{q}_i$:

$$\sum_{i=1}^{n} f_i(q_1, q_2, \ldots, q_n)\,\dot{q}_i + g(q_1, q_2, \ldots, q_n) = 0, \qquad \frac{\partial f_i}{\partial q_j} \neq \frac{\partial f_j}{\partial q_i}, \qquad i \neq j.$$

Beispiele solcher nichtholonomer Führungsbedingungen sind: das reine Rollen einer starren Kugel oder Kreisscheibe auf einer Ebene, die Bewegung einer starren Kufe auf einer Ebene (Schlittschuhläufer) usw. Eine große Klasse technisch wichtiger Systeme ist aber *holonom*, und die virtuellen Änderungen der Lagekoordinaten sind ebenfalls unabhängig. Dann muß allerdings bei beliebigen δq_i jeder der Koeffizienten in Gl. (10.13) verschwinden. Für *holonome Systeme* erhalten wir dann die *Lagrangeschen Bewegungsgleichungen* in der Form

$$\frac{\mathrm{d}}{\mathrm{d}t}\left(\frac{\partial T}{\partial \dot{q}_i}\right) - \frac{\partial T}{\partial q_i} = Q_i \left(= -\frac{\partial V}{\partial q_i}\right), \qquad i = 1, 2, \ldots, n. \tag{10.14}$$

Ihre Zahl entspricht genau der Anzahl der Freiheitsgrade. Ihre Aufstellung erfordert «nur» die Kenntnis der kinetischen Energie $T = T(\dot{q}_1, \ldots, \dot{q}_n, q_1, \ldots, q_n, t)$ und die Berechnung der generalisierten Kräfte aus der virtuellen Arbeit, vgl. z. B. Gl. (10.6). Alle Kräfte, die ein Potential besitzen, können direkt eingebaut werden, wenn nur ihr $V = V(q_1, \ldots, q_n, t)$[1] bekannt ist, die restlichen Kräfte müssen in generalisierte Kraftanteile umgerechnet werden. Wir zeigen nachstehend die Vorgangsweise an einigen Beispielen. Der besondere Wert der *Lagrange*schen Gleichungen zeigt sich dann beim *Ritz*schen Näherungsverfahren (siehe 11.1.).

10.1. Freie Schwingungen eines elastisch gelagerten Fundamentes

Ein horizontal liegender *starrer* «Balken» sei auf zwei linear elastischen Federn nach Abb. 10.1 gelagert. Wir untersuchen kleine ebene Schwingungen um diese Gleichgewichtslage. Der starre Körper besitzt dann zwei Freiheitsgrade. Wir wählen

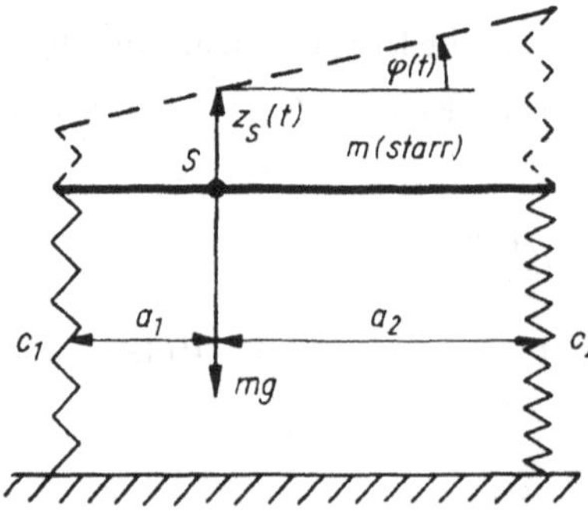

Abb. 10.1. Ebene Fundamentschwingung

[1] Hängt das Potential V auch von den Geschwindigkeiten ab, z. B. bei der *Lorentz*kraft der Elektrodynamik, dann können *Lagrange*sche Gleichungen nach Einführung der *Lagrange*-Funktion $L = T - V$ mit dem gleichen Differentialoperator auf L angeschrieben werden: $\frac{\mathrm{d}}{\mathrm{d}t}\left(\frac{\partial L}{\partial \dot{q}_j}\right) - \frac{\partial L}{\partial q_j} = 0$, ($j = 1, 2, \ldots, n$).

als Lagekoordinaten die Auslenkung des vertikal geführten Schwerpunktes $q_1 = z_S$ und die Schiefstellung des Balkens $q_2 = \varphi$. Die kinetische Energie bei masselosen Federn ist dann, Gl. (8.10),

$$T = \frac{m}{2}\,(\dot{z}_S^2 + i_S^2\dot{\varphi}^2), \qquad I_S = m i_S^2 \text{ ist das Massenträgheitsmoment.} \tag{10.15}$$

Der Zuwachs an potentieller Energie[1] gegenüber der Gleichgewichtslage ist dann, Gl. (3.40),

$$V = U = \frac{c_1 s_1^2}{2} + \frac{c_2 s_2^2}{2}, \tag{10.16}$$

mit den Federverlängerungen $s_1 = z_S - a_1 \sin\varphi$, $s_2 = z_S + a_2 \sin\varphi$. Die Differentiation nach Vorschrift (10.14) ergibt

$$\frac{\partial V}{\partial z_S} = c_1 s_1 + c_2 s_2, \qquad \frac{\partial V}{\partial \varphi} = c_1 s_1(-a_1 \cos\varphi) + c_2 s_2 a_2 \cos\varphi,$$

$$\frac{\partial T}{\partial \dot{z}_S} = m\dot{z}_S, \qquad \frac{\partial T}{\partial \dot{\varphi}} = m i_S^2 \dot{\varphi}, \qquad \frac{\mathrm{d}}{\mathrm{d}t}\left(\frac{\partial T}{\partial \dot{z}_S}\right) = m\ddot{z}_S, \qquad \frac{\mathrm{d}}{\mathrm{d}t}\left(\frac{\partial T}{\partial \dot{\varphi}}\right) = m i_S^2 \ddot{\varphi}.$$

Berücksichtigen wir noch $\dfrac{\partial T}{\partial z_S} = \dfrac{\partial T}{\partial \varphi} = 0$ und linearisieren für kleine Ausschläge $\varphi \ll 1$, dann folgen die gekoppelten Bewegungsgleichungen aus den *Lagrange*schen Gleichungen zu

$$\ddot{z}_S + \Omega_z^2 z_S + k_1^2\varphi = 0, \qquad \Omega_z^2 = (c_1 + c_2)/m, \qquad k_1^2 = (c_2 a_2 - c_1 a_1)/m > 0,$$

$$\ddot{\varphi} + \Omega_\varphi^2 \varphi + k_2^2 z_S = 0, \qquad \Omega_\varphi^2 = (c_1 a_1^2 + c_2 a_2^2)/m i_S^2, \qquad k_2^2 = k_1^2/i_S^2. \tag{10.17}$$

Ihre Lösung kann in der Form harmonischer Schwingungen

$$z_S = A \cos\omega t, \qquad \varphi = B \cos\omega t \tag{10.18}$$

angesetzt werden. Einsetzen in die Bewegungsgleichungen ergibt ein lineares homogenes Gleichungssystem für die Amplituden A und B. Eine nichttriviale Lösung folgt nur für zwei diskrete Werte von ω, den Eigenkreisfrequenzen. Die *Frequenzgleichung*, vgl. auch 7.4.9., ergibt sich aus dem Verschwinden der Koeffizientendeterminante zu

$$D(\omega) = \omega^4 - (\Omega_z^2 + \Omega_\varphi^2)\,\omega^2 + \Omega_z^2\Omega_\varphi^2 - k_1^2 k_2^2 = 0. \tag{10.19}$$

Ihre Lösung sind die Quadrate von Grund- und Oberfrequenz, $\omega_1 < \omega_2$:

$$\omega_{1,2}^2 = \frac{1}{2}\,(\Omega_z^2 + \Omega_\varphi^2) \mp \sqrt{\frac{1}{4}\,(\Omega_z^2 - \Omega_\varphi^2)^2 + k_1^2 k_2^2}, \tag{10.20}$$

wo $\omega_1 \leqq (\Omega_z, \Omega_\varphi) \leqq \omega_2$.

---

[1] Bei einer virtuellen Verrückung δz_S, $\delta\varphi$ aus der Momentanlage leisten die Gewichtskraft mg und die beiden Federkräfte $F_1(t)$ und $F_2(t)$ virtuelle Arbeit. Alle drei Kräfte sind konservativ und können über ihr Potential in die *Lagrange*schen Gleichungen eingebaut werden. Die Gewichtskraft beeinflußt die freien Schwingungen nicht.

Setzen wir $\omega_{1,2}^2$ in die Gleichung

$$(\Omega_z^2 - \omega^2)\, A + k_1^2 B = 0 \tag{10.21}$$

ein, dann wird $B_{1,2} = \varkappa_{1,2} A_{1,2}$ mit $\varkappa_{1,2} = (\omega_{1,2}^2 - \Omega_z^2)/k_1^2$ in der allgemeinen Lösung der freien Schwingungen.

$$\left.\begin{aligned} z_S &= A_1 \cos(\omega_1 t - \varepsilon_1) + A_2 \cos(\omega_2 t - \varepsilon_2), \\ \varphi &= B_1 \cos(\omega_1 t - \varepsilon_1) + B_2 \cos(\omega_2 t - \varepsilon_2). \end{aligned}\right\} \tag{10.22}$$

Die Integrationskonstanten $A_{1,2}$ und $\varepsilon_{1,2}$ sind aus den Anfangsbedingungen zu bestimmen, z. B. $z_S(t = 0) = z_0$, $\dot{z}_S = \varphi = \dot{\varphi} = 0$ in $t = 0$ ergibt

$$A_1 = -\frac{\omega_2^2 - \Omega_z^2}{\omega_1^2 - \omega_2^2} z_0, \qquad A_2 = \frac{\omega_1^2 - \Omega_z^2}{\omega_1^2 - \omega_2^2} z_0, \qquad \varepsilon_1 = \varepsilon_2 = 0. \tag{10.23}$$

Eine interessante Erscheinung in der freien Koppelschwingung tritt auf, wenn ω_1 und ω_2 nur wenig verschieden sind, z. B. wenn $\Omega_\varphi^2 = \Omega_z^2 = \Omega^2$ und $k_1 k_2 = 2\eta^2 \ll \Omega^2$. Gl. (10.22) läßt sich dann mit Hilfe eines Additionstheorems umformen, wir setzen $\bar{\omega} = \dfrac{\omega_1 + \omega_2}{2} \approx \Omega$

$$z_S = \frac{z_0}{2} (\cos \omega_1 t + \cos \omega_2 t) = z_0 \cos \frac{\eta^2}{\bar{\omega}} t \cos \bar{\omega} t,$$

$$i_S \varphi = \frac{z_0}{2} (-\cos \omega_1 t + \cos \omega_2 t) = z_0 \sin \frac{\eta^2}{\bar{\omega}} t \cos (\bar{\omega} t + \pi/2).$$

Die periodische Bewegung mit der Schwingungsdauer $2\pi/\bar{\omega}$ weist eine zeitlich periodische, aber langsam veränderliche Amplitude auf und wird daher *Schwebung* genannt. Die Phasenverschiebung um $\pi/2$ führt zu einem Hin- und Herwandern der Energie zwischen der Translations- und der Drehschwingung und ergibt daher maximal mögliche Ausschläge in beiden Schwingungsformen. Allgemein bezeichnet man $z_s(t)$ als *modulierte Schwingung* mit der *Trägerfrequenz* $\bar{\omega}$ und der *Modulationsfrequenz* $\eta^2/\bar{\omega}$.

Man nennt die unabhängige Schwingung $\xi_1 = A_1 \cos(\omega_1 t - \varepsilon_1)$ bzw. $\xi_2 = A_2 \times \cos(\omega_2 t - \varepsilon_2)$, die jeweils einer entkoppelten Schwingungsgleichung

$$\ddot{\xi}_{1,2} + \omega_{1,2}^2 \xi_{1,2} = 0 \tag{10.24}$$

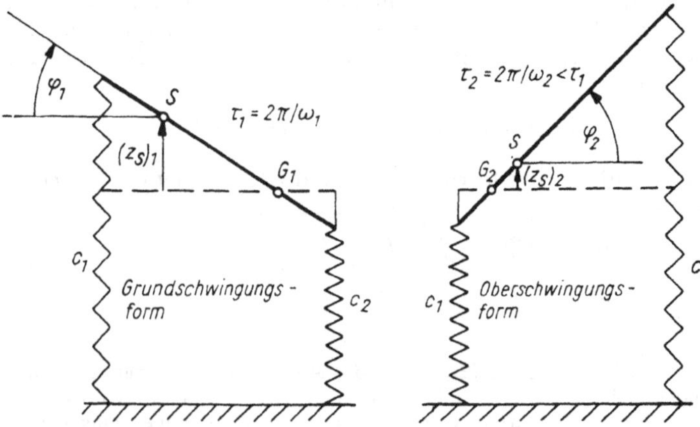

Abb. 10.2. Eigenschwingungsformen

genügt, eine *Hauptkoordinate*. Die Grundschwingungsform erkennen wir aus $(z_S)_1 = \xi_1$, $\varphi_1 = \varkappa_1 \xi_1$ nach Elimination der Hauptkoordinate als

$$(z_S)_1 = \frac{1}{\varkappa_1} \varphi_1 \tag{10.25}$$

und die Oberschwingungsform durch $(z_S)_2 = \xi_2$, $\varphi_2 = \varkappa_2 \xi_2$,

$$(z_S)_2 = \frac{1}{\varkappa_2} \varphi_2 . \tag{10.26}$$

Abb. 10.2 zeigt für $\varkappa_1 < 0$, $\varkappa_2 > 0$ den Ausschlag, G_i ist der jeweilige Geschwindigkeitspol.

10.2. Pendel mit beweglichem Aufhängepunkt

Wir untersuchen die ebenen Schwingungen eines starren Körpers, wenn ein Punkt federnd gelagert ist.

a) Horizontale Bewegungsmöglichkeit

Das System aus zwei starren gelenkig verbundenen Massen m und m_1 nach Abb. 10.3 besitzt zwei Freiheitsgrade, wir wählen $q_1 = x_1$ und den Pendelausschlag $q_2 = \varphi$ als Lagekoordinaten. Die Schwerpunktgeschwindigkeit berechnen wir durch Differentiation der Koordinaten $x_S = x_1 + s \sin \varphi$, $z_S = s \cos \varphi$. Dann ist $v_S^2 = \dot{x}_S^2 + \dot{z}_S^2 = \dot{x}_1^2 + (s\dot{\varphi})^2 + 2s\dot{x}_1\dot{\varphi} \cos \varphi$.

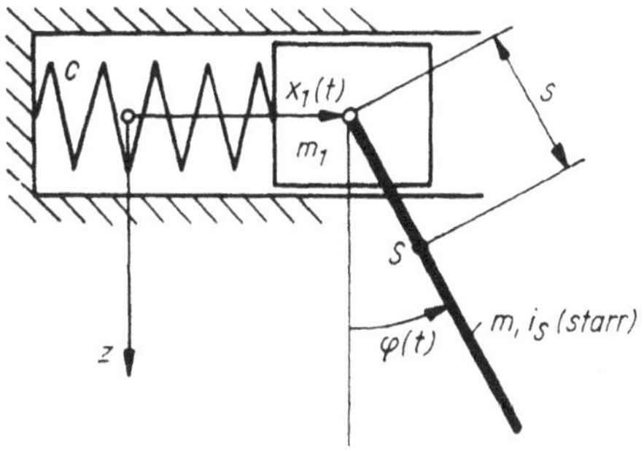

Abb. 10.3. Ebenes Pendel mit horizontal beweglichem Aufhängepunkt

Die kinetische Energie der beiden Massen wird mit Gl. (8.10)

$$T = \frac{1}{2} m_1 \dot{x}_1^2 + \frac{1}{2} m v_S^2 + \frac{1}{2} m i_S^2 \dot{\varphi}^2 , \qquad i_S^2 = I_S/m , \tag{10.27}$$

und

$$\frac{\partial T}{\partial \dot{x}_1} = (m_1 + m)\, \dot{x}_1 + ms\dot{\varphi} \cos \varphi , \qquad \frac{\partial T}{\partial \dot{\varphi}} = m(s^2 + i_S^2)\, \dot{\varphi} + ms\dot{x}_1 \cos \varphi ,$$

$$\frac{\mathrm{d}}{\mathrm{d}t}\left(\frac{\partial T}{\partial \dot{x}_1}\right) = (m_1 + m)\,\ddot{x}_1 + m(s\ddot{\varphi}\cos\varphi - s\dot{\varphi}^2\sin\varphi),$$

$$\frac{\mathrm{d}}{\mathrm{d}t}\left(\frac{\partial T}{\partial \dot{\varphi}}\right) = m(s^2 + i_S^2)\,\ddot{\varphi} + ms(\ddot{x}_1\cos\varphi - \dot{x}_1\dot{\varphi}\sin\varphi),$$

$$\frac{\partial T}{\partial x_1} = 0, \qquad \frac{\partial T}{\partial \varphi} = -ms\dot{x}_1\,\dot{\varphi}\sin\varphi.$$

Bei virtueller Verrückung aus der Momentanlage leisten das Gewicht des Pendels und die Federkraft Arbeit. Die Führung sei reibungsfrei. Die generalisierten Kräfte folgen durch Differentiation des Potentials

$$V = -mgs\cos\varphi + \frac{c}{2}\,x_1^2, \qquad \frac{\partial V}{\partial x_1} = cx_1 = -Q_x, \qquad \frac{\partial V}{\partial \varphi} = mgs\sin\varphi = -Q_\varphi. \tag{10.28}$$

Die *Lagrange*schen Bewegungsgleichungen sind dann

$$\ddot{x}_1 + \Omega_x^2 x_1 + k_1\ddot{\varphi}\cos\varphi - k_1\dot{\varphi}^2\sin\varphi = 0, \quad \Omega_x^2 = c/(m_1 + m), \quad k_1 = ms/(m_1 + m),$$
$$\ddot{\varphi} + \Omega_\varphi^2\sin\varphi + \frac{\Omega_\varphi^2}{g}\,\ddot{x}_1\cos\varphi = 0, \qquad \Omega_\varphi^2 = gs/(s^2 + i_S^2). \tag{10.29}$$

Linearisierung für kleine Ausschläge aus der Gleichgewichtslage $x_1 = \varphi = 0$ ergibt zwei Differentialgleichungen mit Trägheitskopplung

$$\begin{aligned} &\ddot{x}_1 + \Omega_x^2 x_1 + k_1\ddot{\varphi} = 0 \\ &\ddot{\varphi} + \Omega_\varphi^2\varphi + \frac{\Omega_\varphi^2}{g}\,\ddot{x}_1 = 0. \end{aligned} \tag{10.30}$$

Wieder führen die Ansätze $x_1 = A\cos\omega t$, $\varphi = B\cos\omega t$ zur Frequenzgleichung mit der Lösung für die konstanten Eigenfrequenzen kleiner Koppelschwingungen:

$$\omega_{1,2}^2 = \frac{1}{2}\,\frac{\Omega_x^2 + \Omega_\varphi^2}{1 - k_1\Omega_\varphi^2/g}\left[1 \mp \sqrt{\left(\frac{\Omega_x^2 - \Omega_\varphi^2}{\Omega_x^2 + \Omega_\varphi^2}\right)^2 + k_1\,\frac{\Omega_\varphi^2}{g}\,\frac{4\Omega_x^2\Omega_\varphi^2}{(\Omega_x^2 + \Omega_\varphi^2)^2}}\,\right]. \tag{10.31}$$

Das System (10.30) beschreibt in sehr vereinfachter Form die freien Schwingungen schlanker Glockentürme.

b) Vertikale Bewegungsmöglichkeit

Wir wählen z_1 und φ als Lagekoordinaten. Die Schwerpunktgeschwindigkeit des Pendels finden wir durch Differentiation der Koordinaten, vgl. Abb. 10.4, $x_S = s\sin\varphi$, $z_S = z_1 + s\cos\varphi$ zu $\dot{x}_S = s\dot{\varphi}\cos\varphi$, $\dot{z}_S = \dot{z}_1 - s\dot{\varphi}\sin\varphi$ und

$$v_S^2 = \dot{x}_S^2 + \dot{z}_S^2 = \dot{z}_1^2 + s^2\dot{\varphi}^2 - 2s\dot{z}_1\dot{\varphi}\sin\varphi. \tag{10.32}$$

Die kinetische Energie erhält man dann durch Überlagerung mit Gl. (8.10)

$$T = \frac{m_1}{2}\,\dot{z}_1^2 + \frac{m}{2}\,(v_S^2 + i_S^2\dot{\varphi}^2) \tag{10.33}$$

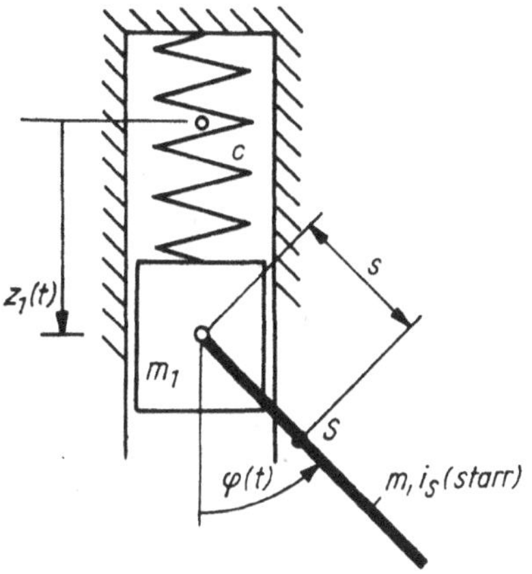

Abb. 10.4. Ebenes Pendel mit vertikal beweglichem Aufhängepunkt. «Parametererregung»

und

$$\frac{\partial T}{\partial \dot z_1} = (m_1 + m)\,\dot z_1 - ms\dot\varphi \sin\varphi, \quad \frac{\partial T}{\partial \dot\varphi} = m(s^2 + i_S^2)\,\dot\varphi - ms\dot z_1 \sin\varphi$$

$$\frac{\mathrm{d}}{\mathrm{d}t}\left(\frac{\partial T}{\partial \dot z_1}\right) = (m_1 + m)\,\ddot z_1 - ms(\ddot\varphi \sin\varphi + \dot\varphi^2 \cos\varphi)$$

$$\frac{\mathrm{d}}{\mathrm{d}t}\left(\frac{\partial T}{\partial \dot\varphi}\right) = m(s^2 + i_S^2)\,\ddot\varphi - ms(\ddot z_1 \sin\varphi + \dot z_1\dot\varphi \cos\varphi), \quad \frac{\partial T}{\partial z_1} = 0,$$

$$\frac{\partial T}{\partial \varphi} = -ms\dot z_1\dot\varphi \cos\varphi.$$

Das Potential $V = -mg(z_1 + s\cos\varphi) - m_1 g z_1 + \frac{c}{2} z_1^2$ ergibt die generalisierten Kräfte

$$\frac{\partial V}{\partial z_1} = -mg - m_1 g + cz_1 = -Q_z, \quad \frac{\partial V}{\partial \varphi} = mgs \sin\varphi = -Q_\varphi. \tag{10.34}$$

Die Bewegungsgleichungen nach *Lagrange* sind dann

$$\ddot z_1 + \Omega_z^2 z_1 - k_1\ddot\varphi \sin\varphi - k_1\dot\varphi^2 \cos\varphi - g = 0, \quad \Omega_z^2 = c/(m_1 + m), \quad k_1 = ms/(m_1 + m),$$

$$\ddot\varphi + \Omega_\varphi^2 \sin\varphi - \frac{\Omega_\varphi^2}{g}\,\ddot z_1 \sin\varphi = 0, \quad \Omega_\varphi^2 = gs/(s^2 + i_S^2). \tag{10.35}$$

Die übliche Linearisierung für kleine Schwingungen um die Gleichgewichtslage $z_{1S} = g/\Omega_z^2$, $\varphi = 0$, entkoppelt die linearisierten Gleichungen und versagt daher. Mit $\varphi = 0$, $\dot\varphi = 0$ folgt aus der ersten Gleichung

$$\ddot{\bar z}_1 + \Omega_z^2 \bar z_1 = 0, \quad \bar z_1 = z_1 - z_{1S}, \tag{10.36}$$

exakt die «Hauptschwingung»

$$\bar z_1(t) = A\cos(\Omega_z t - \varepsilon), \quad \varphi \equiv 0, \tag{10.37}$$

die zweite Gleichung ist dann identisch erfüllt. Setzen wir aber $\bar{z}_1$ in die zweite (in φ linearisierte) Gleichung (10.35) ein, $\bar{\varphi} \ll 1$,

$$\ddot{\bar{\varphi}} + \Omega_\varphi^2 \left[1 + \frac{A\Omega_z^2}{g} \cos(\Omega_z t - \varepsilon)\right] \bar{\varphi} = 0, \tag{10.38}$$

dann erhalten wir eine Differentialgleichung mit periodischen Koeffizienten[1], und die Drehschwingungen werden *parametererregt* angefacht. Die erste Gleichung (10.35) ist in linearer Näherung immer noch erfüllt. Instabile Lösungen werden durch die in dieser Weise linearisierten Gleichungen angezeigt und treten möglicherweise in der Umgebung von $\Omega_z = 2\Omega_\varphi/n$ $(n = 1, 2, 3, \ldots)$ auf. Das System ist konservativ, also muß dieser Übergang von Translations- zu Drehschwingungen den Charakter einer Koppelschwingung haben. Gewöhnliche Linearisierung von Gln. (10.35) ist daher nicht erlaubt.

10.3. Ein Dreimassenschwinger mit Saite

Eine elastische Saite mit Vorspannung S trägt drei Massen m in äquidistanten Abständen a, vgl. Abb. 10.5, die Querschwingungen ausführen. Für kleine Auslenkungen kann $S = \text{const}$ angenommen werden. Das System besitzt für diese Bewegung 3 Freiheitsgrade, die Lagekoordinaten seien $q_i = w_i$, $i = 1, 2, 3$ die Ausbiegungen. Die kinetische Energie der Massenpunkte ist $T = \frac{m}{2} \sum_{i=1}^{3} \dot{w}_i^2$. Die generalisierten Kräfte bestimmen wir aus der virtuellen Arbeit, vgl. Gl. (10.6)

$$\delta A = \sum_{i=1}^{3} Q_i \delta q_i = -S \sum_{j=1}^{4} \delta s_j . \tag{10.39}$$

Mit den Saitenlängen $s_j = \sqrt{a^2 + (w_j - w_{j-1})^2}$ wird $\delta s_j = \frac{w_j - w_{j-1}}{s_j} (\delta w_j - \delta w_{j-1})$ und durch Koeffizientenvergleich, $\delta q_i = \delta w_i$, folgt

$$\begin{aligned} Q_1 &= -S \left[\frac{w_1}{s_1} - \frac{w_2 - w_1}{s_2}\right], \quad Q_2 = -S \left[\frac{w_2 - w_1}{s_2} - \frac{w_3 - w_2}{s_3}\right], \\ Q_3 &= -S \left[\frac{w_3 - w_2}{s_3} + \frac{w_3}{s_4}\right]. \end{aligned} \tag{10.40}$$

Die *Lagrange*schen Gleichungen (10.14) ergeben das gekoppelte System

$$\begin{aligned} m\ddot{w}_1 + S \left[w_1 \left(\frac{1}{s_1} + \frac{1}{s_2}\right) - \frac{w_2}{s_2}\right] &= 0, \\ m\ddot{w}_2 + S \left[w_2 \left(\frac{1}{s_2} + \frac{1}{s_3}\right) - \frac{w_1}{s_2} - \frac{w_3}{s_3}\right] &= 0, \\ m\ddot{w}_3 + S \left[w_3 \left(\frac{1}{s_3} + \frac{1}{s_4}\right) - \frac{w_2}{s_3}\right] &= 0. \end{aligned} \tag{10.41}$$

[1] Sie heißt *Mathieu*sche Differentialgleichung, ein Sonderfall der *Hill*schen Differentialgleichung, s. *K. Klotter:* Technische Schwingungslehre. 1. Bd. Teil A. — Berlin—Heidelberg—New York: Springer-Verlag, 3. Aufl., 1978.

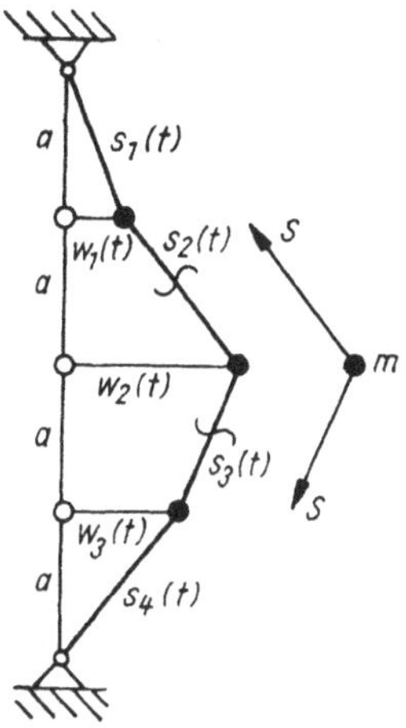

Abb. 10.5. Elastische vorgespannte Saite mit 3 Punktmassen

Kleine Ausschläge führen wegen $\frac{1}{s_j} \approx \frac{1}{a} - \frac{1}{2}\frac{(w_j - w_{j-1})^2}{a^3}$ nach Linearisierung der Rückstellkräfte auf:

$$\ddot{w}_1 + k(2w_1 - w_2) = 0, \qquad k = \frac{S}{ma},$$
$$\ddot{w}_2 + k(2w_2 - w_1 - w_3) = 0, \qquad \ddot{w}_3 + k(2w_3 - w_2) = 0. \tag{10.42}$$

Die Quadrate der drei Eigenkreisfrequenzen sind über die kubische Frequenzgleichung durch

$$\omega_1^2 = (2 - \sqrt{2})\,k, \qquad \omega_2^2 = 2k, \qquad \omega_3^2 = (2 + \sqrt{2})\,k, \tag{10.43}$$

bestimmt. Die (symmetrische) Grundschwingungsform ist durch die Amplitudenverhältnisse $\frac{1}{\sqrt{2}} : 1 : \frac{1}{\sqrt{2}}$ gegeben, die erste Oberschwingung ergibt $w_2 = 0$, $w_1 = -w_3$ (1 Knoten), die zweite Oberschwingung hat das Amplitudenverhältnis $\frac{1}{\sqrt{2}} : (-1) : \frac{1}{\sqrt{2}}$ (2 Knoten).

10.4. Ein Zweimassenschwinger mit Balken

Am masselosen elastischen Balken mit Spannweite l und Biegesteifigkeit EJ (um eine Trägheitshauptachse des Querschnittes) sind zwei Punktmassen m und M im Abstand c und d vom linken Auflager befestigt, die freie oder durch $F_1(t)$, $F_2(t)$ erzwungene Schwingungen um die Gleichgewichtslage (z. B. Vorbelastung des Balkens durch die Gewichtskräfte mg und Mg) ausführen. Das System besitzt dann zwei Freiheitsgrade, und wir wählen die Ausschläge der Massen (Durchbiegungen) als Lagekoordinaten $q_1 = w_1$, $q_2 = w_2$. Die kinetische Energie ist dann einfach

$$T = \frac{1}{2}\,(m\dot{w}_1^2 + M\dot{w}_2^2). \tag{10.44}$$

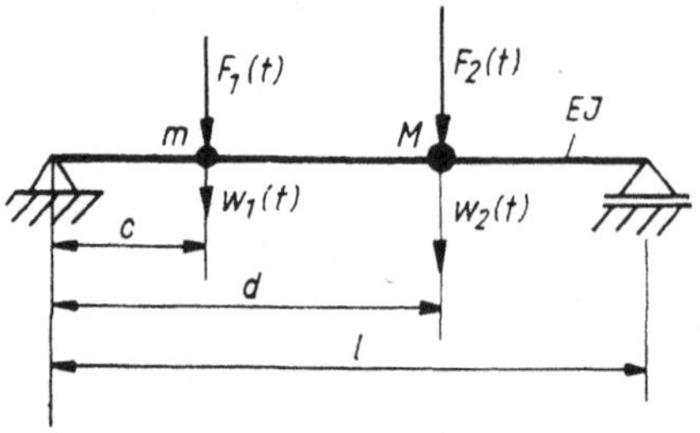

Abb. 10.6. Elastischer Balken mit 2 Punktmassen

Die potentielle Energie der Biegefeder stellen wir als Funktion der gewählten Lagekoordinaten dar, $U = U(w_1, w_2)$. Da der Balken statisch bestimmt gelagert ist, vgl. Abb. 10.6, ist es einfacher, die Einflußzahlen unter statischen Lasten $\bar{F}_1 = 1$ bzw. $\bar{F}_2 = 1$ am Ort der Massen m bzw. M zu ermitteln, als die Steifigkeitskoeffizienten. Dann ist, vgl. Kapitel 6,

$$w_1 = \bar{F}_1\alpha_{11} + \bar{F}_2\alpha_{12}, \qquad w_2 = \bar{F}_1\alpha_{21} + \bar{F}_2\alpha_{22}, \tag{10.45}$$

mit $\alpha_{12} = \alpha_{21}$ und nach Auflösung der Gleichungen,

$$\bar{F}_1 = k_{11}w_1 + k_{12}w_2, \qquad \bar{F}_2 = k_{21}w_1 + k_{22}w_2, \tag{10.46}$$

wo

$$\left.\begin{aligned} k_{11} &= \alpha_{22}/(\alpha_{11}\alpha_{22} - \alpha_{12}^2), \qquad k_{12} = k_{21} = -\alpha_{12}/(\alpha_{11}\alpha_{22} - \alpha_{12}^2),\\ k_{22} &= \alpha_{11}/(\alpha_{11}\alpha_{22} - \alpha_{12}^2). \end{aligned}\right\} \tag{10.47}$$

Damit und mit Gl. (3.45) ist $U(w_1, w_2) = \frac{1}{2}\vec{w}^{\mathrm{T}}\boldsymbol{k}\vec{w} = \frac{1}{2}[k_{11}w_1^2 + k_{22}w_2^2 + 2k_{12}w_1w_2]$, und mit $W = -w_1F_1(t) - w_2F_2(t)$ und $V = W + U$ folgt

$$Q_1 = -\frac{\partial V}{\partial w_1} = F_1 - (k_{11}w_1 + k_{12}w_2), \quad Q_2 = -\frac{\partial V}{\partial w_2} = F_2 - (k_{22}w_2 + k_{12}w_1). \tag{10.48}$$

Die Einflußzahlen in Gl. (10.47) (Elemente der Federmatrix) sind die Durchbiegungen:

$$\alpha_{11} = \frac{1}{6EJ}\left(\frac{2c^4}{l} + 2lc^2 - 4c^3\right), \quad \alpha_{12} = \alpha_{21} = \frac{1}{6EJ}\left(\frac{dc^3 + cd^3}{l} + 2lcd - 3cd^2 - c^3\right),$$

$$\alpha_{22} = \frac{1}{6EJ}\left(\frac{2d^4}{l} + 2ld^2 - 4d^3\right). \tag{10.49}$$

Die *Lagrange*schen Bewegungsgleichungen (10.14) ergeben sich als gekoppelte Schwingungsgleichungen,

$$\left.\begin{aligned} m\ddot{w}_1 + k_{11}w_1 + k_{12}w_2 &= F_1(t)\\ M\ddot{w}_2 + k_{22}w_2 + k_{12}w_1 &= F_2(t). \end{aligned}\right\} \tag{10.50}$$

Den Einfluß der Balkenmasse schätzen wir eventuell mit Hilfe des *Ritz*schen Verfahrens ab (siehe 11.2., 11.3.). Wegen der Bedeutung dieser diskreten Balkenschwingungen fassen wir sie zur Matrixgleichung in Analogie zum Einmassenschwinger zusammen

$$\boldsymbol{m}\ddot{\vec{w}} + \boldsymbol{k}\vec{w} = \vec{F}(t), \tag{10.50a}$$

$\vec{w}^{\mathrm{T}} = (w_1 w_2)$, $\vec{F}^{\mathrm{T}} = (F_1 F_2)$, die Massenmatrix ist eine Diagonalmatrix mit $m_{11} = m$ und $m_{22} = M$, die Elemente der symmetrischen Steifigkeitsmatrix sind k_{ij} von Gl. (10.47). Nach Bestimmung der Eigenkreisfrequenzen

$$\omega_{1,2}^2 = \left[Mk_{11} + mk_{22} \mp \sqrt{(Mk_{11} - mk_{22})^2 + 4mMk_{12}^2}\right]/2Mm$$

und der zugehörigen Eigenschwingungsformen aus

$$(\boldsymbol{k} - \omega_i^2 \boldsymbol{m})\,\vec{\Phi}_i = \vec{0},$$

wo $\vec{\Phi}_i^{\mathrm{T}} = \left(1\ (k_{11} - m\omega_i^2)/(-k_{12})\right)$, $i = 1, 2$, die orthogonalen Eigenvektoren darstellen, kann der Lösungsvektor $\vec{w}(t)$ durch modale Superposition ausgedrückt werden

$$\vec{w} = q_1\vec{\Phi}_1 + q_2\vec{\Phi}_2. \tag{10.50b}$$

$q_i(t)$ sind neue Lagekoordinaten (Hauptkoordinaten), deren entkoppelte Schwingungsgleichungen nach Einsetzen von $\vec{w}$ und (skalarer) Multiplikation von Gl. (10.50a) mit $\vec{\Phi}_i^{\mathrm{T}}$ durch

$$\ddot{q}_j + \omega_j^2 q_j = \frac{1}{m_j}\,\vec{\Phi}_j^{\mathrm{T}}\vec{F}, \qquad j = 1, 2 \tag{10.50c}$$

gegeben sind. Die modalen Massen sind durch $m_j = \vec{\Phi}_j^{\mathrm{T}}\boldsymbol{m}\vec{\Phi}_j$ bestimmt. Orthonormierte Eigenvektoren erhält man mit $\vec{\Phi}_j/\sqrt{m_j}$. Die Erregerkraft enthält nun die beiden Komponenten $F_1(t)$ und $F_2(t)$ mit ungleichen Partizipationsfaktoren.

10.5. «Rahmensystem» mit Dämpfung

Am System nach Abb. 10.7 aus starren Stäben mit nur einem (schwingungsfähigen) Freiheitsgrad (Lagekoordinate φ) erkennt man einen der Vorteile der *Lagrange*schen Gleichungen (10.14), es muß nicht in Einzelkörper zerlegt werden. Die kinetische Energie der Stäbe setzt sich aus der Rotationsenergie der kreiselnden Körper 1 und 3, Gl. (8.11), und der Energie des rein translatorisch bewegten Körpers 2 zusammen:

$$T = \frac{1}{2}\left(m_1 i_1^2 \dot{\varphi}^2 + m_3 i_3^2 \dot{\varphi}^2 + m_2 v_2^2\right), \tag{10.51}$$

$v_2 = l\dot{\varphi}$. Die Trägheitsmomente sind um die raumfesten Punkte 0_1 und 0_3 zu bilden. Gewichtskräfte und Federkräfte besitzen ein Potential, die Schwerpunkte der homogenen Körper sind gleich den geometrischen Mittelpunkten:

$$\bar{V} = W + U = -m_1 g l(1 - \cos\varphi) - m_3 g\,\frac{l}{2}\,(1 - \cos\varphi) - m_2 g l(1 - \cos\varphi)$$
$$+ \frac{c}{2}\,(2l\sin\varphi)^2. \tag{10.52}$$

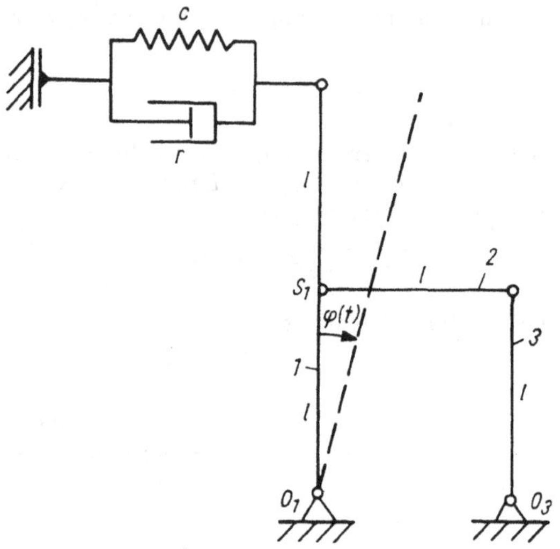

Abb. 10.7. Gleichgewichtslage eines «Rahmensystems»

Die generalisierte Teilkraft für den Dämpfer, siehe auch 4.2.2.(a), wird durch Vergleich der virtuellen Arbeit bestimmt: $\bar{Q}_\varphi\,\delta\varphi = -r\,\frac{\mathrm{d}}{\mathrm{d}t}\,(2l\sin\varphi)\,\delta(2l\sin\varphi) = -r(2l\dot{\varphi}\cos\varphi)$ $\times\,(2l\cos\varphi\,\delta\varphi)$,

$$\bar{Q}_\varphi = -4rl^2\dot{\varphi}\cos^2\varphi. \tag{10.53}$$

Die Bewegungsgleichung nach *Lagrange* ist dann, wenn noch $m_2 = m_3 = m$, $m_1 = 2m$,

$$4ml^2\ddot{\varphi} - \frac{7}{2}\,mgl\sin\varphi + 2cl^2\sin 2\varphi = -4rl^2\dot{\varphi}\cos^2\varphi. \tag{10.54}$$

Für kleine Schwingungen um die Gleichgewichtslage $\varphi = 0$ ist $\varphi \ll 1$, und Linearisierung ergibt

$$\ddot{\varphi} + 2\zeta\omega_0\dot{\varphi} + \omega_0^2\varphi = 0, \tag{10.55}$$

$\omega_0^2 = \frac{c}{m} - 7g/8l > 0$ für Stabilität der Gleichgewichtslage $\varphi = 0$, und $2\zeta\omega_0 = r/m$. Die Schwingungsdauer dieser gedämpften kleinen Schwingungen um die stabile Gleichgewichtslage $\varphi = 0$ ist durch $\tau = 2\pi/\omega_0\sqrt{1-\zeta^2}$, $\zeta < 1$, gegeben, vgl. 9.1.2.

10.6. Der Unwuchterreger

Um das Schwingungsverhalten von elastischen Konstruktionen durch in situ Messungen festzustellen, sollen harmonische Schwingungen mit einstellbarer Erregerfrequenz erzeugt werden. Dies kann bequemerweise durch einen (transportablen) Unwuchterreger geschehen, dessen Drehzahl leicht regelbar ist. Ein einfaches Beispiel zeigt Abb. 10.8. Die Bewegungsgleichung der erzwungenen Schwingungen der Punktmasse m auf dem masselosen Biegeträger soll mit bekannten Daten des

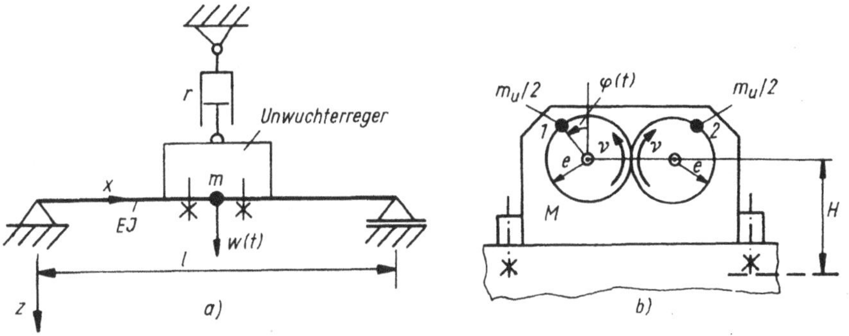

Abb. 10.8. (a) Unwuchterreger auf elastischem Balken mit Punktmasse m
(b) Systemskizze: Unwuchterreger

Unwuchterregers, rotierende Masse m_u, Exzentrizität e, Gehäusemasse M und Drehzahl $\nu/2\pi$, aufgestellt werden.
Die kinetische Energie ist mit der Lagekoordinate $q = w(t)$ durch

$$T = \frac{(m+M)}{2} \dot{w}^2 + \frac{1}{2} \frac{m_u}{2} (v_1^2 + v_2^2) \tag{10.56}$$

gegeben, wenn v_1 und v_2 die *absoluten* Geschwindigkeiten der umlaufenden Massen m_u bezeichnen. Mit $x_1 = l/2 - e - e \sin \varphi$, $z_1 = -H - e \cos \varphi + w$, $x_2 = l/2 + e + e \times \sin \varphi$, $z_2 = z_1$ folgt $\dot{x}_1 = -e\nu \cos \varphi$, $\dot{z}_1 = e\nu \sin \varphi + \dot{w}$, $\dot{x}_2 = e\nu \cos \varphi$, $\dot{z}_2 = \dot{z}_1$ und damit

$$v_1^2 = \dot{x}_1^2 + \dot{z}_1^2 = (e\nu)^2 + 2e\nu\dot{w} \sin \varphi + \dot{w}^2 = v_2^2, \qquad \varphi = \nu t. \tag{10.57}$$

Mit fest vorgegebener Drehzahl $\nu/2\pi$ ist die virtuelle Arbeit bei Verschiebung aus der Momentanlage durch

$$Q_w \delta w = -\frac{\partial U_B}{\partial w} \delta w - r\dot{w} \, \delta w \tag{10.58}$$

mit dem elastischen Potential des Balkens $U_B = \frac{c}{2} w^2$, $c = 48EJ/l^3$, gegeben. Die *Lagrange*sche Gleichung $\frac{d}{dt}\left(\frac{\partial T}{\partial \dot{w}}\right) - \frac{\partial T}{\partial w} = Q_w$ ergibt dann

$$(m + M + m_u) \ddot{w} + r\dot{w} + cw = -m_u e\nu^2 \cos \nu t, \tag{10.59}$$

w ist von der statischen Gleichgewichtslage weggezählt. Die Erregerkraft ist also zeitlich harmonisch mit der Schwingungsdauer $\tau_e = 2\pi/\nu$, ihre Amplitude ist (wie bei der Wegerregung, vgl. (7.135)) proportional ν^2 und durch Veränderung der Exzentrizität e einstellbar. Die hier eingetragene äußere Dämpfung r soll der Materialdämpfung im sich verformenden Balken entsprechen. Ihre Größe ist theoretisch nur schwer festzustellen. Sie wird daher aus der gemessenen Resonanzkurve bestimmt. Relativ genaue Werte von ζ erhält man mit der «*Bandbreitenmethode*». Man bestimmt die maximale Amplitude a_k der erzwungenen Schwingung der Masse m und ermittelt aus der Resonanzkurve, Gl. (7.94), die beiden Erregerfrequenzen ν_1 und ν_2 bei Amplitude $a_k/\sqrt{2}$. Das Dämpfungsverhältnis ist dann

$$0 < \zeta \doteq \frac{\nu_2 - \nu_1}{\nu_2 + \nu_1} \ll 1.$$

10.7. Aufgaben A 10.1 bis A 10.3 und Lösungen

A 10.1: Ein homogener Stabzweischlag wird durch eine lineare Feder (Zugband) gehalten, siehe Abb. A 10.1. Die Feder sei bei $\alpha = \alpha_0$ entspannt. Man bestimme die Gleichgewichtslage unter Eigengewicht der Stäbe und Last $F = \text{const}$ und gebe die *Lagrange*schen Bewegungsgleichungen linearisiert für kleine freie Schwingungen an.

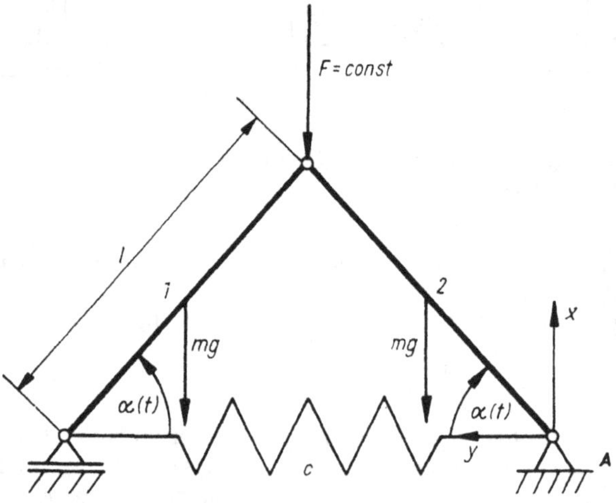

Abb. A 10.1

Lösung: Die kinetische Energie ist $T = T_1 + T_2 = \frac{1}{2}\, m v_{S1}^2 + \frac{1}{2}\, I_{S1}\dot{\alpha}^2 + \frac{1}{2}\, I_A \dot{\alpha}^2$, $v_{S1}^2 = \dot{x}_{S1}^2 + \dot{y}_{S1}^2 = \frac{l^2}{4}\, \dot{\alpha}^2(1 + 8 \sin^2 \alpha)$, $I_{S1} = ml^2/12$, $I_A = ml^2/3$. Die potentielle Energie $V = W + U$ (Nullniveau bei entspannter Feder) ist mit $W = (mg + F)\, l \times \sin \alpha$ und $U = 2cl^2(\cos \alpha - \cos \alpha_0)^2$ gegeben. Die nichtlineare *Lagrange*sche Bewegungsgleichung mit den Gewichtskräften ist $\frac{2}{3}\, ml\ddot{\alpha}(1 + 3 \sin^2 \alpha) + ml\dot{\alpha}^2 \sin 2\alpha - 4cl(\cos \alpha - \cos \alpha_0) \sin \alpha + (F + mg) \cos \alpha = 0$. Die Gleichgewichtslage ist mit $\dot{\alpha} = \ddot{\alpha} = 0$ durch $4cl \cos \alpha_0 \sin \alpha_S - 2cl \sin 2\alpha_S + (F + mg) \cos \alpha_S = 0$ bestimmt. Die Linearisierung für kleine Schwingungen um diese Gleichgewichtslage, $\varepsilon = \alpha - \alpha_S$, ist unter Beachtung von $\sin(\alpha_S + \varepsilon) \doteq \sin \alpha_S + \varepsilon \cos \alpha_S$, $\cos(\alpha_S + \varepsilon) \doteq \cos \alpha_S - \varepsilon \sin \alpha_S$ vorzunehmen: $\ddot{\varepsilon} + \omega^2 \varepsilon = 0$, $\omega^2 = \gamma c/2m$,

$$\gamma = 12 \left[\sin^2 \alpha_S - \left(1 - \frac{\cos \alpha_0}{\cos \alpha_S}\right) \cos 2\alpha_S\right] \Big/ (1 + 3 \sin^2 \alpha_S).$$

Anmerkung: Aus $\omega = 0$ kann die kritische Stellung $\alpha_S = \alpha_k$ für *Durchschlagen* ermittelt werden und aus der Gleichgewichtsbedingung die zugehörige kritische Last, vgl. 9.1.3.

A 10.2: Ein Bodenverdichter mit Kolbenmasse m_1 und Gehäusemasse m_2 unter harmonischer Krafterregung steht auf einem linear viskoelastischen Bodenmodell. Man gebe die Bewegungsgleichung an unter der Voraussetzung des Nichtabhebens; Abb. A 10.2.

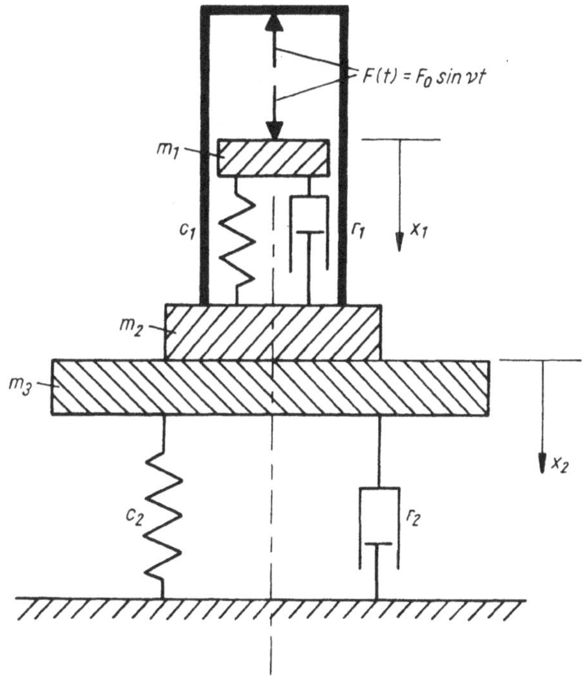

Abb. A 10.2

Lösung: Mit $T = \frac{m_1\dot{x}_1^2}{2} + \frac{m_2 + m_3}{2}\,\dot{x}_2^2$ und mit den generalisierten Kräften Q_1, Q_2 aus $Q_1\,\delta x_1 + Q_2\,\delta x_2 = F\,\delta x_1 - F\,\delta x_2 - r_1(\dot{x}_1 - \dot{x}_2)\,(\delta x_1 - \delta x_2) - c_1(x_1 - x_2)\,(\delta x_1 - \delta x_2) - r_2\dot{x}_2\,\delta x_2 - c_2 x_2\,\delta x_2 + m_1 g\,\delta x_1 + (m_2 + m_3)\,g\,\delta x_2$ sind die *Lagrange*schen Bewegungsgleichungen (in Absolutkoordinaten):

$$m_1\ddot{x}_1 + r_1(\dot{x}_1 - \dot{x}_2) + c_1(x_1 - x_2) = m_1 g + F(t)$$

$$(m_2 + m_3)\,\ddot{x}_2 - r_1\dot{x}_1 + (r_1 + r_2)\,\dot{x}_2 - c_1 x_1 + (c_1 + c_2)\,x_2$$
$$= (m_2 + m_3)\,g - F(t).$$

A 10.3: Man finde die Bewegungsgleichung eines ebenen Pendels mit ungleichförmig rotierendem Aufhängepunkt und berechne für kleine Ausschläge (bei konstanter Rotation Ω) die Eigenfrequenz der Pendelschwingung. Führt die Trägerscheibe Drehschwingungen gegenüber einer mit Ω = const rotierenden Maschine aus, das äußere Moment ist dann $M(t) = -k\theta + M'(t)$, θ ist der relative Drehwinkel, $\theta = \varphi - \Omega t$, vgl. Abb. A 10.3, und das Erregermoment sei $M'(t) = M_0 \cos \nu t$, dann kann das Pendel als Tilger eingesetzt werden (*Sarazin*-Pendel). Man berechne die Abstimmung (ohne Dämpfung).

Lösung: Die kinetische Energie findet man durch Überlagerung

$$T = \frac{1}{2}\,m_1 i_1^2\dot{\varphi}^2 + \frac{1}{2}\,m_2 v_2^2 + \frac{1}{2}\,m_2 i_2^2(\dot{\varphi} + \dot{\Psi})^2,$$

mit $v_2^2 = \dot{x}_2^2 + \dot{y}_2^2$, $x_2 = R\cos\varphi + s\cos(\varphi + \Psi)$, $y_2 = R\sin\varphi + s\sin(\varphi + \Psi)$, $\dot{x}_2$

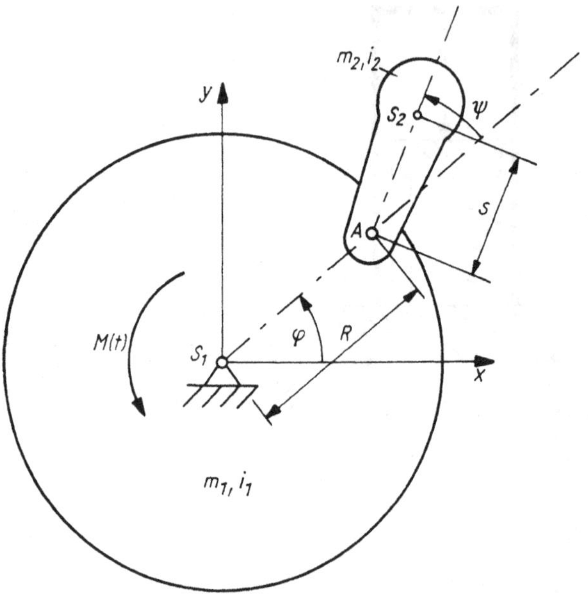

Abb. A 10.3.
Horizontalebene (x, y)

$= -R\dot{\varphi} \sin \varphi - s(\dot{\varphi} + \dot{\Psi}) \sin(\varphi + \Psi)$, $\dot{y}_2 = R\dot{\varphi} \cos \varphi + s(\dot{\varphi} + \dot{\Psi}) \cos(\varphi + \Psi)$. Aus $\delta A = M\,\delta\varphi = Q_\varphi\,\delta\varphi + Q_\Psi\,\delta\Psi$ folgt sofort $Q_\varphi = M$, $Q_\Psi = 0$ und die nichtlinearen *Lagrange*schen Gleichungen des Systems mit 2 Freiheitsgraden sind $\ddot{\varphi}[m_1 i_1^2 + m_2 i_0^2 + 2m_2 Rs \cos \Psi] + \ddot{\Psi}[i_A^2 + Rs \cos \Psi]\, m_2 - m_2 Rs(2\dot{\varphi}\dot{\Psi} + \dot{\Psi}^2) \sin \Psi = M$, $\ddot{\Psi} i_A^2 + \ddot{\varphi} \times [i_A^2 + Rs \cos \Psi] + Rs\dot{\varphi}^2 \sin \Psi = 0$, $i_A^2 = i_2^2 + s^2$, $i_0^2 = i_A^2 + R^2$. Setzen wir $\dot{\varphi} = \Omega = \text{const}$ und linearisieren für $|\Psi| \ll 1$, dann folgt die Schwingungsgleichung

$$\ddot{\Psi} + \omega^2 \Psi = 0$$

mit der Eigenkreisfrequenz der kleinen Pendelschwingung um $\Psi = 0$:

$$\omega = \Omega \sqrt{Rs}/i_A,$$

während $M \doteq -\omega^2 \Psi [i_A^2 + Rs]\, m_2$ die konstante Rotation Ω erzwingt. Auch mit kleinen Drehschwingungen $|\theta| \ll 1$ können wir linearisieren:

$$\ddot{\theta}[m_1 i_1^2 + m_2 i_0^2 + 2m_2 Rs] + \ddot{\Psi}[i_A^2 + Rs]\, m_2 = -k\theta + M'(t),$$

$$\ddot{\Psi} i_A^2 + \ddot{\theta}[i_A^2 + Rs] + Rs\Omega^2 \Psi = 0.$$

Mit $M'(t) = M_0 \cos \nu t$ setzen wir die erzwungenen Schwingungen zu $\theta = A \cos \nu t$ und $\Psi = B \cos \nu t$ ein und erhalten das inhomogene Gleichungssystem

$$A\left[\frac{k}{m_2} - \nu^2 \left(\frac{m_1}{m_2}\, i_1^2 + i_0^2 + 2Rs\right)\right] - \nu^2 [i_A^2 + Rs]\, B = M_0/m_2,$$

$$-A\nu^2 [i_A^2 + Rs] + (Rs\Omega^2 - \nu^2 i_A^2)\, B = 0.$$

Schwingungstilgung $\theta \equiv 0$ bei Erregerkreisfrequenz ν wird erreicht, wenn $A = 0$. Da $B \neq 0$, muß $i_A^2 = Rs\Omega^2/\nu^2$, vgl. $\nu = \omega$.

Damit wird $B = -M_0/m_2 \nu^2 \left(\frac{\Omega^2}{\nu^2} + 1\right) Rs$; das Pendel schwingt in Gegenphase mit der Eigenkreisfrequenz $\omega = \nu$.

11. Einige Näherungsverfahren der Dynamik und Statik

Verformbare Körper besitzen unendlich viele Freiheitsgrade, und ihre Deformationen werden durch das Feld der Verschiebungsvektoren $\vec{u}(t, x, y, z; X, Y, Z)$ festgelegt. Die beschreibenden partiellen Differentialgleichungen sind auch im Falle des linearisierten elastischen Problems nur schwer, wenn überhaupt, exakt lösbar. Es liegt daher nahe, nach Näherungslösungen zu suchen, die zwar die wesentlichen Randbedingungen erfüllen, nicht aber die Differentialgleichungen (z. B. mit dem *Rayleigh-Ritz-Galerkin-Verfahren*, das wir nachstehend besprechen) oder umgekehrt (z. B. *Kollokationsverfahren*). Dabei wird der verformbare Körper in ein zugeordnetes «Ersatzsystem» mit endlich vielen Freiheitsgraden übergeführt, das die wesentlichen dynamischen Eigenschaften widerspiegelt (z. B. Grundfrequenz und einige Oberfrequenzen freier Schwingungen oder die kritische Last bei Stabilitätsproblemen, kurz die Eigenwerte annähert, oder, mit oder ohne Konvergenz im quadratischen Mittel, Deformations- und Spannungsverlauf approximiert). Eine vollständige Algebraisierung des Problems kann durch die Anwendung des *Galerkin*-Verfahrens auf die n *Lagrange*schen Bewegungsgleichungen erzielt werden. Im Hinblick auf die Erweiterung des *Ritz*schen Verfahrens zur *Finite-Elemente-Methode* (FEM) zeigen wir auch die inkrementelle Behandlung nichtlinearer Bewegungsgleichungen und ihre Diskretisierung mit der *Wilson-θ-Methode* (Methode der linearen Beschleunigung). Den Abschluß bildet das Verfahren der *Harmonischen Balance*.

11.1. Das Rayleigh-Ritz-Galerkinsche Näherungsverfahren

Der Grundgedanke besteht darin, für die zu berechnende Größe, z. B. die Verschiebungskomponente $w(x, y, z, t)$ eines deformierbaren Körpers (in z-Richtung), eines Balkens, einer Platte oder einer Schale, einen *Ritz*schen Näherungsansatz der Form

$$w^*(x, y, z, t) = \sum_{i=1}^{n} q_i(t)\, \varphi_i(x, y, z) \tag{11.1}$$

anzusetzen[1]. Darin sind die Koeffizienten $q_i(t)$ verallgemeinerte Koordinaten (Lagekoordinaten) noch unbestimmt, während die Funktionen $\varphi_i(x, y, z)$ passend gewählte Ansatzfunktionen darstellen, die die wesentlichen Randbedingungen erfüllen (notwendigerweise die kinematischen Randbedingungen, aber soweit wie möglich auch die dynamischen). Zur Bestimmung der Lagekoordinaten (die im statischen Falle Konstante sind) des Ersatzsystems mit n Freiheitsgraden stehen uns zwei Wege offen.

---

[1] Konvergenz im quadratischen Mittel bedeutet $\lim\limits_{n\to\infty} \int\limits_B (w - w^*)^2\, dB \to 0$.

a) Das Rayleigh-Ritzsche Verfahren und die Lagrangeschen Gleichungen des Ersatzsystems

Wir berechnen die kinetische Energie T und die potentielle Energie $V = W + U$ der inneren und äußeren Kräfte am Körper und drücken sie durch Einsetzen des *Ritz*schen Ansatzes als Funktion der Lagekoordinaten q_i und generalisierten Geschwindigkeiten $\dot{q}_i$ aus, $T(q_1, \ldots, q_n, \dot{q}_1, \ldots, \dot{q}_n, t)$, $V(q_1, \ldots, q_n)$. Die *Lagrange*schen Gleichungen des Ersatzsystems sind dann, vgl. (10.14),

$$\frac{\mathrm{d}}{\mathrm{d}t}\left(\frac{\partial T}{\partial \dot{q}_i}\right) - \frac{\partial T}{\partial q_i} + \frac{\partial V}{\partial q_i} = 0, \qquad i = 1, \ldots, n. \tag{11.2}$$

Kräfte, die kein Potential besitzen, aber bei Verschiebung ihres Angriffspunktes aus der Momentanlage virtuell Arbeit leisten, führen wir in generalisierte Kräfte Q_i, $i = 1, \ldots, n$ über, für eine Einzelkraft siehe Gl. (10.6).
Im statischen Fall ist $T \equiv 0$, und wir erhalten die Gleichgewichtsbedingungen. vgl. Gln. (5.9), (5.15),

$$\frac{\partial V}{\partial q_i} = 0, \quad i = 1, \ldots, n, \quad \text{bzw.} \quad Q_i = 0, \quad i = 1, \ldots, n. \tag{11.3}$$

Das Näherungsverfahren kann nun so gedeutet werden, daß unter den unendlich vielen Ersatzsystemen entsprechend dem *Ritz*schen Ansatz dasjenige herausgesucht wird, das im dynamischen Fall dem *D'Alembert*schen Prinzip (den *Lagrange*schen Bewegungsgleichungen) und im statischen Fall dem Prinzip der virtuellen Arbeit (den Gleichgewichtsbedingungen) genügt.

b) Das Galerkin-Verfahren

Dieses Verfahren benutzt die (partiellen) Differentialgleichungen des zu untersuchenden Problems

$$D\{w\} = 0, \tag{11.4}$$

mit D als Differentialoperator des Systems mit unendlich vielen Freiheitsgraden. Eventuelle Störfunktionen werden ebenfalls auf die linke Seite geschrieben. Wie beim *D'Alembert*schen Prinzip (10.3) (Prinzip der virtuellen Arbeit) bilden wir, mit δw als virtueller Verschiebung aus der Momentanlage, das Integral über den Definitionsbereich von w (das Körpervolumen)

$$\int_B D\{w\}\, \delta w \, \mathrm{d}B = 0. \tag{11.5}$$

Setzen wir nun den *Ritz*schen Ansatz w^*, Gl. (11.1), in die Differentialgleichung ein, dann entsteht der «Fehler» p^*

$$D\{w^*\} = p^*, \tag{11.6}$$

den wir als eine fiktive Belastung unseres Systems deuten können. Erfüllt der *Ritz*sche Ansatz alle Randbedingungen, dann genügt es zu verlangen, daß diese fiktiven Kräfte ein Gleichgewichtssystem bilden. Nach dem Prinzip der virtuellen Arbeit, Gl. (5.9), muß dann auch

$$\int_B p^* \, \delta w^* \, \mathrm{d}B = 0. \tag{11.7}$$

Erfüllt der *Ritz*sche Ansatz einige dynamische Randbedingungen nicht, dann werden auch auf der Oberfläche fiktive Randlasten Q_w^* entstehen, die zusammen mit p^* wieder ein Gleichgewichtssystem bilden sollen:

$$\int_B p^* \, \delta w^* \, \mathrm{d}B + \oint_{\partial B} Q_w^* \, \delta w^* \, \mathrm{d}S = 0. \tag{11.8}$$

Ihre virtuelle Arbeit wird durch das Oberflächenintegral über die Berandung des Körpers ∂B beschrieben. Nun setzen wir aus dem *Ritz*schen Ansatz

$$\delta w^* = \sum_{i=1}^{n} \varphi_i \, \delta q_i \tag{11.9}$$

ein und verlangen, daß das Integral bei Unabhängigkeit der Variation der Lagekoordinaten δq_i verschwindet. Das ergibt die *Galerkin*sche Vorschrift (n Gleichungen zur Bestimmung der q_i),

$$\int_B p^* \varphi_i \, \mathrm{d}B + \oint_{\partial B} Q_w^* \, \varphi_i \, \mathrm{d}S = 0, \qquad i = 1, \ldots, n. \tag{11.10}$$

Oder mit $Q_w^* \equiv 0$ auch in der «Normalform»

$$\int_B D\{w^*\} \, \varphi_i \, \mathrm{d}B = 0, \qquad i = 1, \ldots, n. \tag{11.11}$$

«Der Fehler durch die Nichterfüllung der Differentialgleichung soll zu jeder Ansatzfunktion φ_i im Bereich B orthogonal sein, also im gewählten Funktionensystem nicht mehr verkleinert werden können. (Das Integral stellt das Innenprodukt des Fehlers p^* mit der Ansatzfunktion φ_i dar.)»
Das *Galerkin*-Verfahren ist bei bekannter Differentialgleichung $D\{w\}$ manchmal bequemer als das *Ritz*sche Verfahren und liefert die gleiche Anzahl von Bewegungsgleichungen oder Gleichgewichtsbedingungen. Darüber hinaus kann es z. B. auch auf die *Lagrange*schen Bewegungsgleichungen selbst angewendet werden.

c) Vollständige Algebraisierung des diskreten dynamischen Problems

Die *Lagrange*schen Bewegungsgleichungen des Ersatzsystems sind gewöhnliche (i. allg. nichtlineare) gekoppelte Differentialgleichungen

$$L_i\{q_1, \ldots, q_n, t\} = 0, \qquad i = 1, \ldots, n. \tag{11.12}$$

Wenn es möglich ist, passende Ansatzfunktionen $\psi_{ik}(t)$ für die zu berechnenden Lagekoordinaten $q_i(t)$ zu finden, setzen wir nach *Ritz*

$$q_i^*(t) = \sum_{k=1}^{m_i} a_{ik} \psi_{ik}(t), \qquad i = 1, \ldots, n, \tag{11.13}$$

und bilden nach der *Galerkin*schen Vorschrift (11.11)

$$\int_0^\tau L_i\{q_1^*, \ldots, q_n^*, t\} \, \psi_{ik}(t) \, \mathrm{d}t = 0, \qquad k = 1, 2, \ldots, m_i, \qquad i = 1, 2, \ldots, n, \tag{11.14}$$

ein (nichtlineares) Gleichungssystem zur Berechnung der Konstanten a_{ik}. Die Ansatzfunktionen müssen zur Zeit $t = 0$ und $t = \tau$ solche Werte annehmen, daß die approximierte mit der tatsächlichen Bewegung übereinstimmt. Damit kommt diese Algebraisierung vor allem für periodische Bewegungen in Frage, τ ist dann die (bekannt vorausgesetzte) Schwingungsdauer[1]. Wegen der Schwierigkeiten beim Auflösen eines nichtlinearen Gleichungssystems wird das Verfahren der Harmonischen Balance vorgezogen (siehe 11.5.) oder inkrementell gerechnet und mit der *Wilson-θ-Methode* diskretisiert (siehe 11.6.).

Beispiel: Erzwungene Schwingungen eines einläufigen Schwingers mit nichtlinearer Rückstellkraft

Die nichtlineare Federkennlinie sei durch $F = -(cx + bx^3)$ symmetrisch angegeben, wenn $x(t)$ die stationären Schwingungen einer Masse m bei Krafterregung durch $S \cos \nu t$ beschreibt. Die nichtlineare inhomogene Bewegungsgleichung ohne Dämpfung ist dann

$$m\ddot{x} = -(cx + bx^3) + S \cos \nu t. \tag{11.15}$$

Wir schreiben diese *Duffingsche Gleichung* in der Form

$$D\{x\} = \ddot{x} + \omega^2 x + \beta x^3 - \frac{S}{m} \cos \nu t = 0, \quad \omega^2 = c/m, \quad \beta = b/m, \tag{11.16}$$

und setzen für die in t periodischen erzwungenen Schwingungen nach *Ritz*

$$x^*(t) = a\psi(t), \qquad \psi(t) = \cos \nu t. \tag{11.17}$$

Subharmonische Schwingungen, z. B. mit $\nu/3$ bei einer bestimmten Erregerfrequenz ν, schließen wir damit aus. Die *Galerkin*sche Vorschrift fordert

$$\int_0^{2\pi/\nu} D\{x^*\}\, \psi(t)\, \mathrm{d}t = 0, \tag{11.18}$$

und ergibt die Bestimmungsgleichung für die Amplitude a

$$\frac{3\beta}{4} a^3 + (\omega^2 - \nu^2)\, a - \frac{S}{m} = 0. \tag{11.19}$$

Die Gleichung beschreibt auch, für $S = 0$, die Abhängigkeit der Eigenfrequenz ν_e vom Ausschlag a der freien Schwingungen,

$$\nu_e = \sqrt{\omega^2 + 3\beta a^2/4}. \tag{11.20}$$

Für überlineare Systeme ergibt sich eine Zunahme, für unterlineare Feder eine Abnahme der Eigenfrequenz gegenüber dem linearen Schwinger. Die Resonanzkurve der erzwungenen Schwingungen findet man einfacher aus der inversen Lösung

$$(\nu/\omega)^2 = 1 - \frac{S}{ca} + \frac{3b}{4c} a^2, \tag{11.21}$$

vgl. Abb. 11.1.

[1] Bei schwacher Nichtlinearität kann τ durch die Schwingungsdauer des linearisierten Systems angenähert werden: Asymptotisches Verfahren.

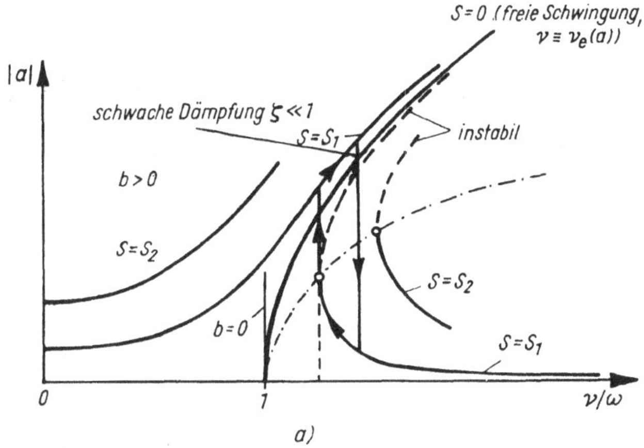

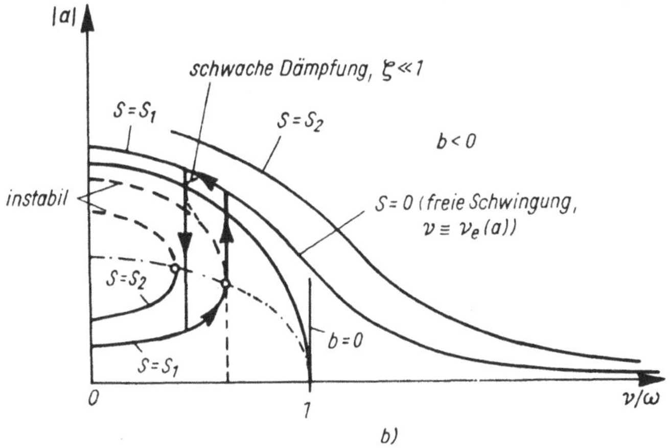

Abb. 11.1. Resonanzkurven eines Schwingers mit überlinearer (a) und mit unterlinearer (b) Rückstellkraft, mit «Sprungeffekt»

11.2. Beispiele: Linearisierte elastische Systeme vom Typ «Schwere Masse» – «Weiche Feder», Ersatzsystem mit einem Freiheitsgrad

Schwingungsfähigen Konstruktionen, die bei Erregung im wesentlichen in ihrer Grundschwingungsform periodische Bewegungen ausführen, kann ein anschauliches Ersatzsystem mit einem (schwingungsfähigen) Freiheitsgrad zugeordnet werden. Die Aufgabe reduziert sich dann auf die Bestimmung der Ersatzmasse (große Masse m mit anteiliger Federmasse) und der Ersatzsteifigkeit mit Hilfe des *Ritz-Galerkin*schen Verfahrens. Eine am Ort der großen Masse m angreifende Erregerkraft geht direkt in das Ersatzsystem ein.

11.2.1. Längsschwingung

Am Ende einer linear elastischen massebehafteten Feder der Länge l_0 ist eine «schwere» Masse m befestigt, die Schwingungen in Achsenrichtung ausführt, vgl. Abb. 11.2. In der Grundform der Dehnschwingungen der Feder nimmt dann die Verschiebung von der Einspannstelle monoton bis zur angeschlossenen Masse m zu, ein passender *Ritz*scher Ansatz ist z. B. eine lineare Zunahme (affin zur statischen Deformation eines Zugstabes).

$$u^*(x, t) = q(t)\, \varphi(x), \qquad \varphi(x) = x/l_0, \qquad \varphi(x = l_0) = 1. \tag{11.22}$$

Dann ist $q(t)$ gleichzeitig die Lagekoordinate der angekoppelten Masse m und

$$T = \frac{m}{2}\dot{q}^2 + \frac{1}{2}\int_0^{l_0} \dot{u}^{*2}\varrho A\, \mathrm{d}x = \frac{1}{2}\left(m + \frac{m_F}{3}\right)\dot{q}^2. \tag{11.23}$$

Die Feder wurde dabei wegen der einfachen Integration homogen (ϱ = const) und mit konstantem Querschnitt A angenommen, $m_F = \varrho A l_0$ ist die Federmasse. Das Potential ist durch die Verzerrungsenergie gegeben, wir setzen kleine Dehnungen voraus,

$$V = U = \frac{1}{2}\int_0^{l_0} EA\left(\frac{\partial u^*}{\partial x}\right)^2 \mathrm{d}x = \frac{1}{2}\,\frac{EA}{l_0}\,q^2. \tag{11.24}$$

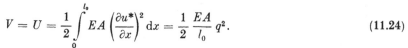

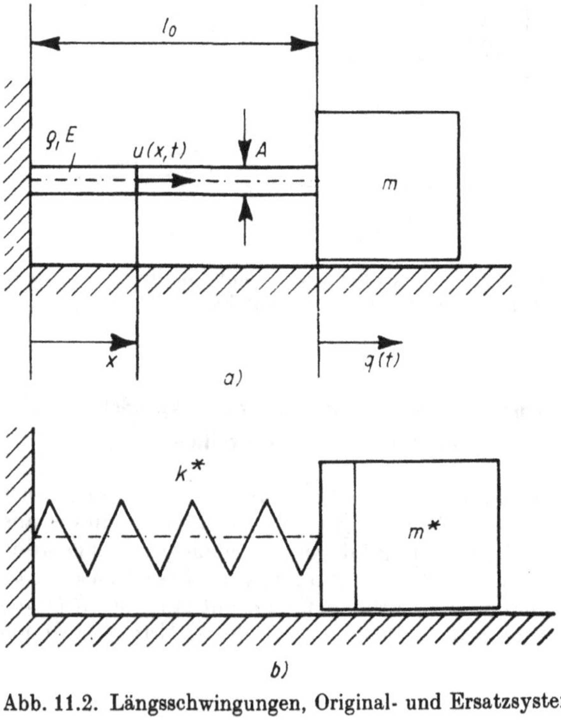

Abb. 11.2. Längsschwingungen, Original- und Ersatzsystem

Die Energieausdrücke entsprechen einem Ersatzsystem, nämlich einer Ersatzmasse $m^* = m + \frac{m_F}{3}$ ($\frac{m_F}{3}$ heißt auch konsistente Masse, mit dem Ansatz verträglich) an einer masselosen Feder mit der Ersatzsteifigkeit $k^* = EA/l_0$ (wegen des linearen Ansatzes ist diese hier gleich der statischen Steifigkeit der Feder $c = F/u_0$, vgl. Gl. (3.40)). Die *Lagrange*sche Gleichung ergibt eine Schwingungsgleichung

$$\ddot{q} + \omega_0^2 q = 0, \tag{11.25}$$

wo $\omega_0 = \sqrt{k^*/m^*}$ einen Näherungswert für die Grundkreisfrequenz des Systems mit unendlich vielen Freiheitsgraden darstellt. Er wird um so genauer sein, je kleiner m_F gegen m wird, die Annäherung erfolgt allgemein von oben.

11.2.2. Biegeschwingung

Ein linear elastischer massebehafteter Balken mit Spannweite l auf zwei Gelenkstützen trägt mittig eine schwere Masse m, vgl. Abb. 11.3. Dann ist die Grundform der Biegeschwingung bauchig, ohne Knoten zu erwarten (extreme Schwankungen der Biegesteifigkeit seien ausgeschlossen). Wir setzen daher nach *Ritz* für die Biegelinie

$$w^*(x, t) = q(t)\,\varphi(x), \quad \varphi(x) = \sin\frac{\pi x}{l}, \quad \varphi\left(x = \frac{l}{2}\right) = 1. \tag{11.26}$$

Dieser Ansatz erfüllt sowohl die kinematischen wie die dynamischen Randbedingungen in $x = 0, l: w = 0, \frac{\partial^2 w}{\partial x^2} = 0$.

Wir berechnen die kinetische Energie (die Rotationsträgheit der Querschnitte sei vernachlässigbar)

$$T = \frac{m\dot{q}^2}{2} + \frac{1}{2}\int_0^l \dot{w}^{*2}\varrho A\,\mathrm{d}x = \frac{1}{2}\left(m + \frac{m_F}{2}\right)\dot{q}^2, \tag{11.27}$$

unter der vereinfachenden Voraussetzung eines homogenen Balkens, $\varrho = \text{const}$, $A = \text{const}$, $m_F = \varrho A l$. Das Potential für kleine Schwingungen um die Gleich-

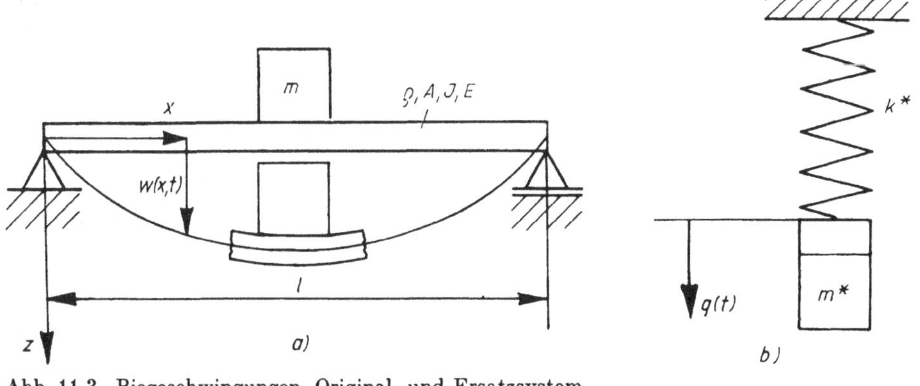

Abb. 11.3. Biegeschwingungen. Original- und Ersatzsystem

gewichtslage (ohne Schubdeformationen) ist dann, Gl. (5.17),

$$V = U = \frac{1}{2}\int_0^l EJ\left(\frac{\partial^2 w^*}{\partial x^2}\right)^2 \mathrm{d}x = \frac{1}{2}\,\frac{\pi^4 EJ}{2l^3}\,q^2. \tag{11.28}$$

Das Ersatzsystem besteht wieder aus einer Ersatzmasse $m^* = m + \frac{m_F}{2}$ an einer masselosen Feder mit der Ersatzsteifigkeit $k^* = \pi^4 EJ/2l^3$ (vgl. mit der statischen Steifigkeit $c = F/w_0 = 48EJ/l^3 < k^*$).
Die *Lagrange*sche Gleichung ist eine Schwingungsgleichung in der Lagekoordinate der Masse m,

$$\ddot{q} + \omega_0^2 q = 0, \tag{11.29}$$

$\omega_0 = \sqrt{k^*/m^*}$ ist ein Näherungswert für die Grundkreisfrequenz des Systems mit unendlich vielen Freiheitsgraden. Da wir die Eigenfunktion des Balkens ohne Masse m als *Ritz*schen Ansatz gewählt haben, gilt $\lim\limits_{m\to 0} \omega_0 = \omega_{0_{\text{exakt}}}|_{m=0}$, während $\lim\limits_{m_F\to 0} \omega_0 > \sqrt{48EJ/ml^3}$ ergibt (der Fehler ist allerdings gering).
Wählt man $\varphi(x)$ affin zur statischen Biegelinie bei mittiger Belastung, $\varphi(x) = \frac{3x}{l} \times \left(1 - \frac{4x^2}{3l^2}\right), \varphi\left(x = \frac{l}{2}\right) = 1, 0 \leqq x \leqq \frac{l}{2}$, (symmetrisch), dann ist $m^* = m + \frac{17 m_F}{35}$ und $\lim\limits_{m_F\to 0} \omega_0 = \sqrt{48EJ/ml^3}$ gleich dem exakten Wert bei masseloser Biegefeder, allerdings $\lim\limits_{m\to 0} \omega_0 > \omega_{0_{\text{exakt}}}|_{m=0} = \pi^2\sqrt{EJ/m_F l^3}$ (wieder ist der Fehler gering). Der Näherungswert der Eigenfrequenz ist unempfindlich gegen Änderungen der Ansatzfunktion.

11.2.3. Torsionsschwingung

Ein linear elastischer massebehafteter Torsionsstab der Länge l ist an eine starre Scheibe mit dem (großen) Trägheitsmoment $I_S = m i_S^2$ angeschlossen, vgl. Abb. 11.4. Die Grundform der Torsionsschwingung wird dann durch eine monotone Zunahme des Verdrehwinkels der Querschnitte von der Einspannstelle bis zur Scheibe beschrieben. Wir setzen nach *Ritz* affin zur statischen (linear wachsenden) Verdrehung

$$\chi^*(x, t) = q(t)\,\varphi(x), \qquad \varphi(x) = \frac{x}{l}, \qquad \varphi(x = l) = 1. \tag{11.30}$$

Die Lagekoordinate $q(t)$ ist dann gleichzeitig Verdrehwinkel der angeschlossenen starren Scheibe.
Die kinetische Energie wird bei kreiszylindrischem Torsionsstab $A = \pi R^2$, $\frac{\mathrm{d}I_x}{\mathrm{d}x} = \varrho A R^2/2$,

$$T = \frac{1}{2}\,m i_S^2 \dot{q}^2 + \frac{1}{2}\int_0^l \dot{\chi}^{*2}\,\frac{\mathrm{d}I_x}{\mathrm{d}x}\,\mathrm{d}x = \frac{1}{2}\left(m i_S^2 + \frac{1}{3}\,m_F\,\frac{R^2}{2}\right)\dot{q}^2. \tag{11.31}$$

Das Potential V entspricht der Verzerrungsenergie. Bei reiner Torsion folgt, Gl. (5.51) und Gl. (6.104),

$$V = U = \frac{1}{2} \int_0^l GJ_T \left(\frac{\partial \chi^*}{\partial x}\right)^2 dx = \frac{1}{2} \frac{GJ_T}{l} q^2. \tag{11.32}$$

Das Ersatzsystem ist ein Drehschwinger mit Ersatzträgheitsmoment $I_S^* = \left(m i_S^2 + \frac{1}{3} m_F \frac{R^2}{2}\right)$ und linearer masseloser Drehfeder der Steifigkeit $k^* = \frac{GJ_T}{l}$, $J_T = J_p = AR^2/2$. Die Schwingungsgleichung, nach *Lagrange* ermittelt, ergibt mit $q \equiv \alpha(t)$

$$\ddot{\alpha} + \omega_0^2 \alpha = 0. \tag{11.33}$$

Die genäherte Grundfrequenz ist $\omega_0 = \sqrt{k^*/I_S^*}$, und k^* entspricht hier auch der statischen Drehfedersteifigkeit $M/\chi_0 = GJ_T/l$.

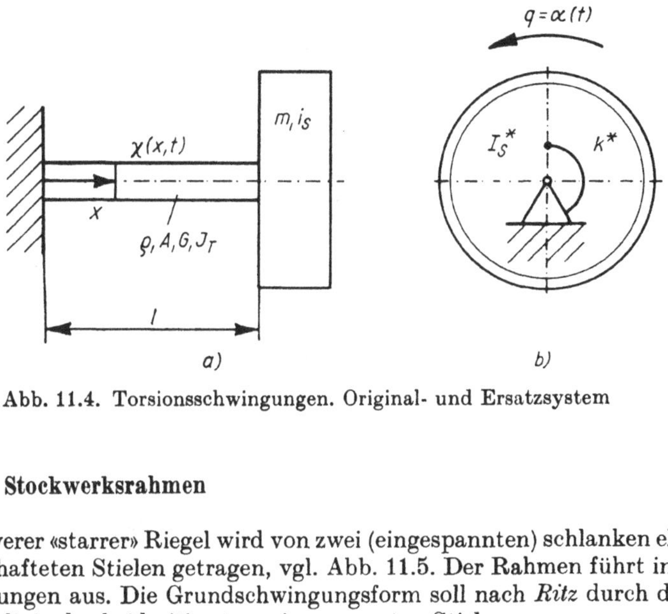

Abb. 11.4. Torsionsschwingungen. Original- und Ersatzsystem

11.2.4. Stockwerksrahmen

Ein schwerer «starrer» Riegel wird von zwei (eingespannten) schlanken elastischen und massebehafteten Stielen getragen, vgl. Abb. 11.5. Der Rahmen führt in seiner Ebene Schwingungen aus. Die Grundschwingungsform soll nach *Ritz* durch den Ansatz für die Biegelinie des beidseitig starr eingespannten Stieles

$$w^*(x, t) = q(t)\, \varphi(x), \quad \varphi(x) = \frac{1}{2}\left(1 - \cos \frac{\pi x}{H}\right), \quad \varphi(x = H) = 1, \tag{11.34}$$

approximiert werden, q mißt dann gleichzeitig den horizontalen Ausschlag der starren Riegelmasse m. Die kinetische Energie ist wegen der reinen Translation des Riegels (in quadratischer Näherung),

$$T = \frac{1}{2} m\dot{q}^2 + 2\, \frac{1}{2} \int_0^H \dot{w}^{*2} \varrho A \, dx = \frac{\dot{q}^2}{2} \left(m + 2 \int_0^H \varrho A \varphi^2 \, dx\right). \tag{11.35}$$

Die anteilige Ersatzmasse je Stiel bei konstantem Querschnitt A ergibt sich daher zu

$$m_1^* = \int_0^H \varrho A \varphi^2 \, dx = \frac{3}{8} m_F, \qquad m_F = \varrho A H, \tag{11.36}$$

und die Ersatzmasse ist $m^* = m + 2m_1^*$. Durch die i. allg. hohe Gewichtskraft des Riegels sind die Stiele auf Druck vorgespannt, was ihre effektive Biegesteifigkeit vermindert. Wir berechnen daher die Verzerrungsenergie nach der Theorie 2. Ordnung, und das Potential wird (vgl. Knickstab Gl. (9.42), die Veränderung der Normal-

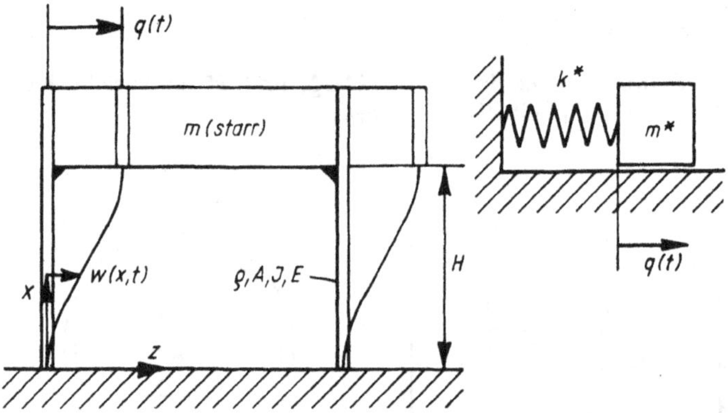

Abb. 11.5. Grundschwingung eines Stockwerksrahmen. Original- und Ersatzsystem

kraft durch das Eigengewicht des Stieles wird gegenüber $N = -mg/2$ vernachlässigt)

$$V = 2\frac{1}{2}\int_0^H EJ\left(\frac{\partial^2 w^*}{\partial x^2}\right)^2 dx - 2\,\frac{mg}{2}\,\frac{1}{2}\int_0^H \left(\frac{\partial w^*}{\partial x}\right)^2 dx = \frac{1}{2}\,k^* q^2. \tag{11.37}$$

Die Ersatzsteifigkeit (mit geometrischer Korrektur) ist dann bei konstanter Biegesteifigkeit EJ,

$$k^* = 2\int_0^H EJ\left(\frac{\partial^2 \varphi}{\partial x^2}\right)^2 dx - mg\int_0^H \left(\frac{\partial \varphi}{\partial x}\right)^2 dx = 2\left(\frac{\pi^4 EJ}{8H^3} - \frac{mg}{2}\,\frac{\pi^2}{8H}\right). \tag{11.38}$$

Die Schwingungsgleichung nach *Lagrange* ermittelt, ergibt

$$\ddot{q} + \omega_0^2 q = 0 \tag{11.39}$$

mit dem Näherungswert der Grundfrequenz

$$\omega_0 = \sqrt{k^*/m^*}. \tag{11.40}$$

11.2.5. Schwere Masse auf dünner elastischer Kreisplatte

Die Biegefläche kleiner Schwingungen um die Gleichgewichtslage ist mit zentrischer Masse m rotationssymmetrisch. Bei starrer Einspannung des Randes $r = R$ setzen wir nach *Ritz*

$$w^*(r, t) = q(t)\,\varphi(r), \quad \varphi(r) = \left(1 - \frac{r^2}{R^2}\right)^2, \quad \varphi(R) = 0, \quad \varphi'(R) = 0, \quad \varphi(0) = 1. \tag{11.41}$$

Die kinetische Energie ist dann (ϱ = const, Plattendicke h = const zur Vereinfachung der Integration angenommen)

$$T = \frac{m}{2}\,\dot{q}^2 + \frac{1}{2}\int_m \dot{w}^{*2}\,\mathrm{d}m = \frac{m}{2}\,\dot{q}^2 + \frac{1}{2}\int_0^R 2\pi\varrho h\dot{w}^{*2}r\,\mathrm{d}r = \frac{\dot{q}^2}{2}\left(m + \frac{m_\mathrm{F}}{5}\right),$$

$$m_\mathrm{F} = \varrho\,\pi R^2 h. \tag{11.42}$$

Die Verzerrungsenergie der dynamischen Deformation ergibt das Potential

$$V = \frac{1}{2}\int_0^R 2\pi K\left(\frac{\partial^2 w^*}{\partial r^2} + \frac{1}{r}\,\frac{\partial w^*}{\partial r}\right)^2 r\,\mathrm{d}r = \frac{1}{2}\,k^* q^2, \quad k^* = 64\pi K/3R^2,$$

$$K = Eh^3/12(1 - \nu^2). \tag{11.43}$$

Mit $m^* = m + m_\mathrm{F}/5$ und k^* ist das Ersatzsystem bestimmt. Die Schwingungsgleichung, nach *Lagrange* aufgestellt, ist dann $\ddot{q} + \omega_0^2 q = 0$, $\omega_0 = \sqrt{k^*/m^*}$ ist wieder ein Näherungswert für die Grundfrequenz.

11.3. Beispiele: Elastische Systeme mit «abstrakten» Ersatzsystemen

In diesem Abschnitt soll exemplarisch die Anwendung des *Ritz-Galerkin*schen Verfahrens vorgestellt werden, wenn das Ersatzsystem mehrere Freiheitsgrade aufweist oder völlig abstrakt ist.

11.3.1. Biegeschwingungen eines vorgespannten Balkens

Ein Balken nach Abb. 11.6 führt freie Biegeschwingungen aus. Als *Ritz*schen Ansatz für die Biegelinie wählen wir, mit den Randbedingungen verträglich,

$$w^*(x, t) = \sum_{k=1}^{n} q_k(t)\,\varphi_k(x), \qquad \varphi_k(x) = \sin\frac{k\,\pi x}{l}. \tag{11.44}$$

Die Differentialgleichung der Biegeschwingung (in der *Bernoulli-Euler*-Theorie) bei Berücksichtigung der (konstanten) Vorspannung $N = S$ nach der Theorie 2. Ordnung lautet, vgl. Gl. (9.60) und Gl. (7.147),

$$\frac{\partial^2}{\partial x^2}\left(EJ\,\frac{\partial^2 w}{\partial x^2}\right) - N\,\frac{\partial^2 w}{\partial x^2} + \varrho A\,\frac{\partial^2 w}{\partial t^2} = 0. \tag{11.45}$$

Nach dem Einsetzen des *Ritz*schen Ansatzes ergibt sich ein Fehler, eine fiktive Querbelastung q^*, die bei konstanter Biegesteifigkeit EJ durch

$$q^* = D\{w^*\} = \sum_{k=1}^{n} \left\{\varrho A \ddot{q}_k + \left[\left(\frac{k\pi}{l}\right)^4 EJ + N\left(\frac{k\pi}{l}\right)^2\right] q_k\right\} \sin\frac{k\pi x}{l} \tag{11.46}$$

gegeben ist. Jetzt sind die Ansatzfunktionen φ_k Eigenfunktionen der Gl. (11.45), und der Fehler q^* wird Null für $n \to \infty$ (Eigenfunktionsentwicklung). Die *Galerkin*sche Vorschrift (11.11) fordert (auch die dynamischen Randbedingungen sind erfüllt)

$$\int_0^l q^* \varphi_i(x)\,\mathrm{d}x = 0, \qquad i = 1, \ldots, n. \tag{11.47}$$

Wegen der Orthogonalität der Ansatzfunktionen im Bereich $B = [0, l]$ ist

$$\int_0^l \varphi_k(x)\,\varphi_i(x)\,\mathrm{d}x = \frac{l}{2}\,\delta_{ik}, \qquad \delta_{ik} = \begin{cases} 1, & i = k \\ 0, & i \neq k \end{cases} \tag{11.48}$$

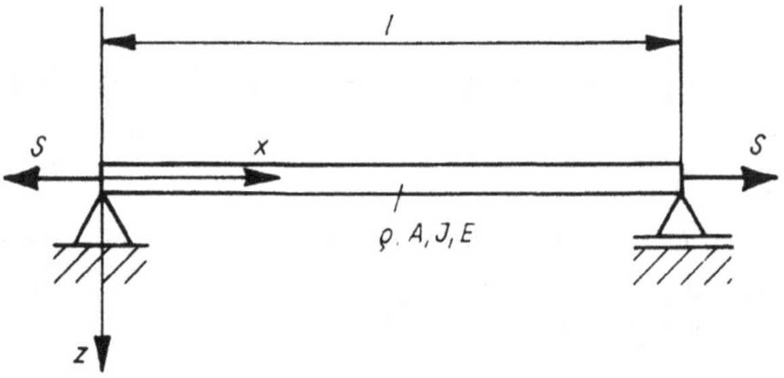

Abb. 11.6. Biegeschwingungen des vorgespannten Balkens

und die Bewegungsgleichungen entkoppeln zu n Schwingungsgleichungen:

$$\ddot{q}_k + \omega_k^2 q_k = 0, \qquad k = 1, \ldots, n,$$
$$\omega_k = \frac{k\pi}{l} \sqrt{\left[\left(\frac{k\pi}{l}\right)^2 EJ + S\right] \Big/ \varrho A}. \tag{11.49}$$

Für $N = S = 0$ sind das die «exakten» Eigenkreisfrequenzen des nicht gespannten Balkens, für $EJ = 0$ erhalten wir die wiederum «exakten» Eigenkreisfrequenzen ω_{0k} der homogen mit Masse belegten Saite unter Vorspannung S, da auch in diesen beiden Fällen die gewählten Ansatzfunktionen φ_k die Eigenfunktionen der Kontinuumsschwingungen sind. Insbesondere kann damit der Einfluß einer kleinen Biegesteifigkeit auf die Saitenfrequenz abgeschätzt werden:

$$\omega_k = \omega_{0k} \sqrt{1 + \frac{EJ}{S}\left(\frac{k\pi}{l}\right)^2}, \quad \omega_{0k} = \frac{k\pi}{l}\sqrt{Sl/m}, \quad m = \varrho A l. \tag{11.50}$$

Die Eigenwerte bleiben auch für Druckvorspannung $S = -F$ richtig. Setzen wir $S = -F$ ein, dann zeigt sich eine Abminderung der Eigenfrequenz gegenüber dem ungespannten Balken $EJ \neq 0$:

$$\omega_k = \sqrt{\frac{l}{m}}\,\frac{k\,\pi}{l}\,\sqrt{EJ\left(\frac{k\,\pi}{l}\right)^2 - F}\,. \tag{11.51}$$

Steigern wir die Druckvorspannung, dann geht zuerst $\omega_1 \to 0$. Freie Schwingungen um die gestreckte Gleichgewichtslage sind dann nicht mehr möglich, der Stab knickt aus, und

$$F_{\text{kr}} = \frac{\pi^2 EJ}{l^2} \tag{11.52}$$

ist die kritische Last (bestimmt aus dem dynamischen Stabilitätskriterium). Beulform und Grundschwingungsform sind affin, vgl. 9.1.4.

11.3.2. Knicklast eines elastisch gebetteten Eulerstabes

Auf den ausgeknickten Druckstab wird über eine elastische Bettung eine Querbelastung $q_z = -kw$ ausgeübt (*Winkler*-Bettung). Für die Biegelinie wird ein zweigliedriger *Ritz*scher Ansatz, der die Randbedingungen erfüllt, vorgeschlagen:

$$w^* = q_1 \sin\frac{\pi x}{l} + q_2 \sin\frac{2\pi x}{l} \tag{11.53a}$$

mit konstanten Amplituden q_i.
Das Potential in der Umgebung der gestreckten Gleichgewichtslage setzt sich aus der potentiellen Energie des elastischen Druckstabes (siehe Knickstab, Gl. (9.42)) und der elastischen Bettung zusammen, vgl. Abb. 11.7,

$$V = \frac{1}{2}\int_0^l EJ\left(\frac{\partial^2 w^*}{\partial x^2}\right)^2 \mathrm{d}x - \frac{F}{2}\int_0^l \left(\frac{\partial w^*}{\partial x}\right)^2 \mathrm{d}x + \frac{1}{2}\int_0^l k w^{*2}\,\mathrm{d}x. \tag{11.53b}$$

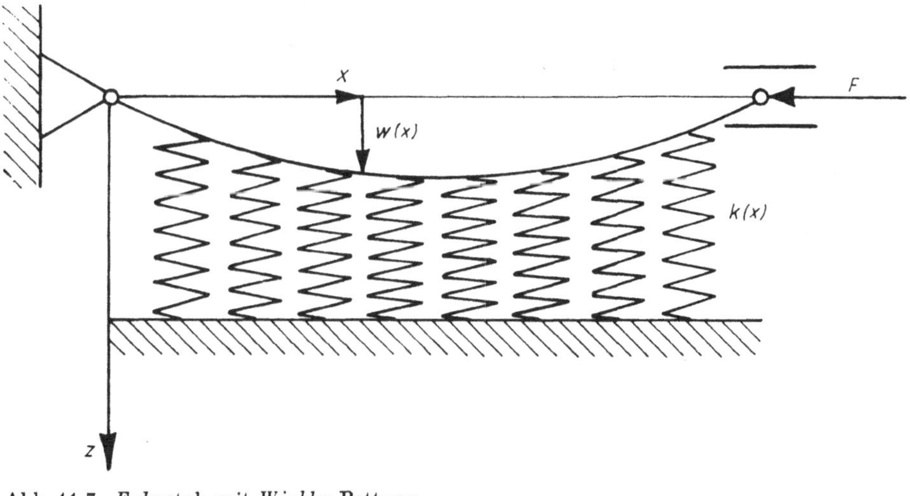

Abb. 11.7. *Euler*stab mit *Winkler*-Bettung

Mit konstanten Steifigkeiten folgt wegen der Orthogonalität der Ansatzfunktionen in $[0, l]$, es sind wieder die Eigenfunktionen:

$$V(q_1, q_2) = \frac{k_1^*}{2} q_1^2 + \frac{k_2^*}{2} q_2^2 \tag{11.53c}$$

mit den Ersatzsteifigkeiten $k_1^* = \frac{\pi^4 EJ}{2l^3} - F\frac{\pi^2}{2l} + \frac{kl}{2}$, $k_2^* = \frac{8\pi^4 EJ}{l^3} - F\frac{2\pi^2}{l} + \frac{kl}{2}$.
Die entkoppelten Gleichgewichtsbedingungen folgen aus $\delta V = 0$ zu

$$\frac{\partial V}{\partial q_1} = k_1^* q_1 = 0 \quad \text{und} \quad \frac{\partial V}{\partial q_2} = k_2^* q_2 = 0,$$

$q_1 = q_2 = 0$ ist die triviale Gleichgewichtslage. Sie ist nach *Dirichlet* nur solange stabil (konservatives System liegt vor), solange $V(q_1 = q_2 = 0)$ ein Minimum ist, vgl. 9.1.:

$$\frac{\partial^2 V}{\partial q_1^2} = k_1^* > 0 \quad \text{und} \quad \frac{\partial^2 V}{\partial q_2^2} = k_2^* > 0. \tag{11.54a}$$

Die Stabilitätsgrenze ist erreicht, wenn entweder $k_1^* = 0$ oder $k_2^* = 0$, das ergibt die Lasten $F_{k_1} = F_E\left(1 + \frac{kl^4}{\pi^4 EJ}\right)$ bzw. $F_{k_2} = F_E\left(4 + \frac{kl^4}{4\pi^4 EJ}\right)$, mit der *Euler*last des ungebetteten Stabes $F_E = \pi^2 EJ/l^2$. Der Näherungswert für die kritische Last ist dann (exakt bei $EJ = \text{const}$),

$$F_{kr} = \operatorname{Min}\{F_{k_1}, F_{k_2}, \ldots\}. \tag{11.54b}$$

Bei sehr steifer Bettung weist die Beulform hohe Welligkeit auf, der *Ritz*sche Ansatz muß dann noch erweitert werden. Ist $F_{k1} = F_{k2}$, dann liegt ein doppelter Eigenwert vor. In diesem Fall und auch bei benachbarten Eigenwerten entscheiden die Imperfektionen, welche Beulform sich tatsächlich einstellt.

11.3.3. Der Drillwiderstand eines elastischen Stabes mit Rechteckquerschnitt

Der Drillwiderstand des einfach zusammenhängenden Querschnittes A kann durch

$$J_T = 4 \int_A \psi \, dA, \tag{11.55}$$

über die Torsionsfunktion dargestellt werden. Diese genügt der *Poisson*schen Differentialgleichung, vgl. mit Gl. (6.170),

$$D\{\psi\} = \frac{\partial^2 \psi}{\partial y^2} + \frac{\partial^2 \psi}{\partial z^2} + 1 = 0, \tag{11.56}$$

mit $\psi = 0$ am Rand des Querschnittes A, siehe 6.2.4. Nach *Ritz* setzen wir näherungsweise für den Rechteckquerschnitt $2B \cdot 2H$:

$$\psi^*(y, z) = q(B^2 - y^2)(H^2 - z^2), \quad \psi = 0 \text{ in } y = \pm B,\ z = \pm H. \tag{11.57}$$

Die Konstante q bestimmen wir «bestmöglich» aus der *Galerkin*schen Vorschrift (11.11)

$$\int_A D(\psi^*)(B^2 - y^2)(H^2 - z^2)\, dA = 0, \tag{11.58}$$

aus

$$4\int_0^B \mathrm{d}y \int_0^H [-2q(B^2 - y^2 + H^2 - z^2) + 1]\,(B^2 - y^2)\,(H^2 - z^2)\,\mathrm{d}z = 0$$

zu

$$q = 5/8(B^2 + H^2). \tag{11.59}$$

Durch Integration werden Fehler i. allg. verkleinert, also erwarten wir einen besonders genauen Näherungswert des Drillwiderstandes

$$J_\mathrm{T}^* = 4\int_A \psi^*\,\mathrm{d}A = 40H^3B^3/9(B^2 + H^2). \tag{11.60}$$

Der Fehler, bei quadratischem Querschnitt $2H = 2B$, wo $J_\mathrm{T} = 2{,}24B^4$, beträgt z. B. nur $-0{,}8\%$. Die größte Schubspannung in $y = B$, $z = 0$ finden wir durch Differentiation des *Ritz*schen Ansatzes zu

$$\tau_{\max}^* = -2\,\frac{M_\mathrm{T}}{J_\mathrm{T}^*}\,\frac{\partial \psi^*}{\partial y} = 9M_\mathrm{T}/16HB^2. \tag{11.61}$$

Beim quadratischen Querschnitt ist $\tau_{\max} = 0{,}601M_\mathrm{T}/B^3$, der Fehler erwartungsgemäß groß, $-6{,}5\%$.

11.4. Die Methode der finiten Elemente (FEM)

Bisher haben wir die *Ritz*schen Ansätze über den ganzen Bereich (das Körpervolumen) erstreckt. Nun unterteilen wir den Körper in «finite Elemente», die nur mehr in einigen Knoten mit den Nachbarelementen verbunden sind, und approximieren den Verschiebungsvektor durch einen *Ritz*schen Ansatz im Element. Die generalisierten Lagekoordinaten des Elementes sollen die verallgemeinerten Knotenpunktverschiebungen sein. Wir behandeln das Element so, wie bisher den ganzen Körper, bestimmen also die Bewegungsgleichungen des «kleinen» Ersatzsystems. Anschließend sind, nach Umrechnung auf nichtlokale Koordinaten, die Ersatzsysteme zu überlagern. Bei Berechnungen in der EDV-Anlage werden bei elastischen Systemen die Steifigkeitsmatrizen der Elemente berechnet und zur Gesamtsteifigkeitsmatrix des Körpers zusammengesetzt, analog die Vorgangsweise bei der Massenmatrix. Wegen der umfangreichen Spezialliteratur über FEM zeigen wir nur das Grundsätzliche am schwingenden Balkenelement und am Dreieckselement für Scheiben.

11.4.1. Ein Balkenelement

Ein linear elastischer Balken wird in Elemente zerlegt. Wir setzen die Gültigkeit der *Bernoulli-Euler*-Theorie voraus und betrachten ebene Deformationen (achsrechte Biegung). Die Differentialgleichung der freien Biegeschwingungen ist dann, Gl. (7.147),

$$\frac{\partial^2}{\partial x^2}\left(EJ\,\frac{\partial^2 w}{\partial x^2}\right) + \varrho A\,\frac{\partial^2 w}{\partial t^2} = 0. \tag{11.62}$$

Der *Ritz*sche Ansatz wird speziell so gewählt, daß die Lagekoordinaten mit den in Abb. 11.8 eingetragenen Knotenpunktverschiebungen und -verdrehungen zusammenfallen:

$$w^*(x, t) = w^l(t)\, H_1(\xi) + \psi^l(t)\, H_2(\xi) + w^r(t)\, H_3(\xi) + \psi^r(t)\, H_4(\xi), \qquad \xi = x/l. \tag{11.63}$$

Die Ansatzfunktionen $H_k(\xi)$ sind so beschaffen, daß sie am Rand entsprechend den Lagekoordinaten den Wert 1 am anderen 0 annehmen. Wir wählen die *Hermite*schen Polynome in [0, 1]:

$$\begin{aligned} &H_1(\xi) = 2\xi^3 - 3\xi^2 + 1, \quad H_2(\xi) = -l(\xi^3 - 2\xi^2 + \xi), \\ &H_3(\xi) = -2\xi^3 + 3\xi^2, \quad H_4(\xi) = -l(\xi^3 - \xi^2). \end{aligned} \tag{11.64}$$

Die *Galerkin*sche Vorschrift (11.7) fordert

$$\int_0^l q^*\, \delta w^*\, dx = 0. \tag{11.65}$$

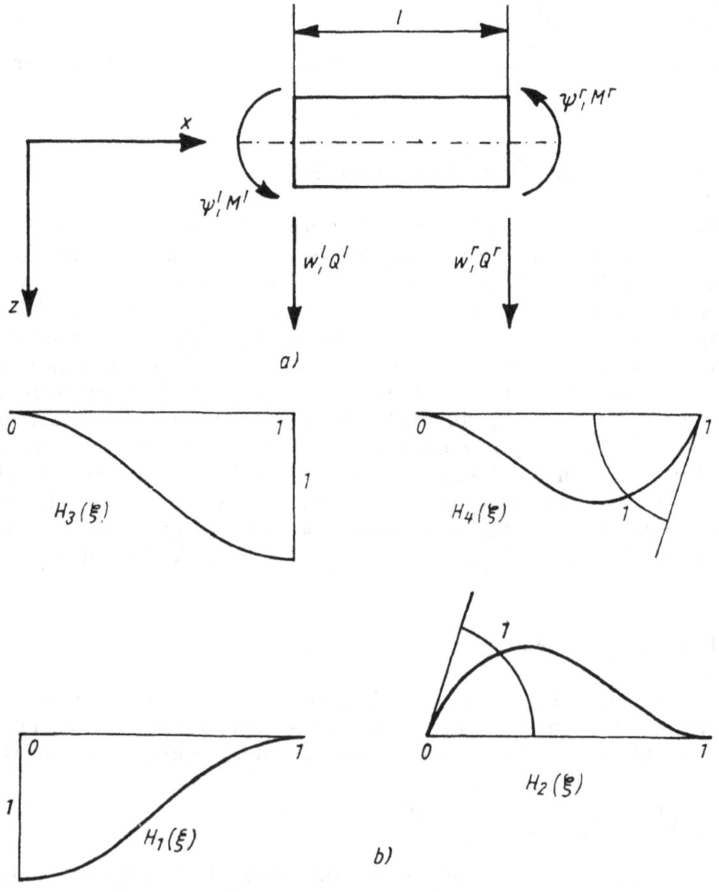

Abb. 11.8. (a) Balkenelement (b) Randwertpolynome

Zweimalige partielle Integration des ersten Integrals ergibt dann unter Beachtung der Arbeit der Randschnittgrößen, vgl. Abb. 11.8(a)

$$\int_0^1 \frac{EJ}{l^3} \frac{\partial^2 w^*}{\partial \xi^2} \delta\left(\frac{\partial^2 w^*}{\partial \xi^2}\right) d\xi + \int_0^1 \varrho A l \ddot{w}^* \, \delta w^* \, d\xi$$
$$- (Q^l \, \delta w^l + M^l \, \delta\psi^l + Q^r \, \delta w^r + M^r \, \delta\psi^r) = 0. \tag{11.66}$$

Die 4 Bewegungsgleichungen in Matrixschreibweise sind dann

$$\left[\boldsymbol{k} + \boldsymbol{m} \frac{\partial^2}{\partial t^2}\right] \vec{D} = \vec{F} \tag{11.67}$$

mit $\vec{D}^{\mathrm{T}} = [w^l \psi^l w^r \psi^r]$, $\vec{F}^{\mathrm{T}} = [Q^l M^l Q^r M^r]$ und der (4×4)-symmetrischen-Steifigkeitsmatrix $\boldsymbol{k}$ mit den Elementen

$$k_{lm} = \int_0^1 \frac{EJ}{l^3} H_l'' H_k'' \, d\xi, \qquad H'' = \frac{d^2 H}{d\xi^2}, \tag{11.68}$$

und der (4×4)-symmetrischen-Massenmatrix $\boldsymbol{m}$ mit den Elementen

$$m_{kl} = \int_0^1 \varrho A l H_k H_l \, d\xi. \tag{11.69}$$

Für das *homogene* Element mit konstanter Steifigkeit und konstantem Querschnitt folgt das bekannte Resultat

$$\boldsymbol{k} = \frac{EJ}{l^3} \begin{bmatrix} 12 & -6l & -12 & -6l \\ . & 4l^2 & 6l & 2l^2 \\ \text{symm.} & . & 12 & 6l \\ . & . & . & 4l^2 \end{bmatrix} \tag{11.70}$$

$$\boldsymbol{m} = \frac{m_F}{420} \begin{bmatrix} 156 & -22l & 54 & 13l \\ . & 4l^2 & -13l & -3l^2 \\ . & . & 156 & 22l \\ . & . & . & 4l^2 \end{bmatrix}, \qquad m_F = \varrho A l. \tag{11.71}$$

Impuls- und Drallsatz bei verformungslosen Verschiebungen folgen daraus durch Überlagerung. Die *Starrkörperbewegung*:

Translation mit $w^l = w^r$, $\psi = 0$ ergibt z. B.

$$Q^l + Q^r = \frac{1}{2} m_F \left(\frac{\partial^2 w^l}{\partial t^2} + \frac{\partial^2 w^r}{\partial t^2}\right); \tag{11.72}$$

Rotation mit $\psi^l = \psi^r$, $w^l = 0$, $w^r = -l\psi^r$ ergibt z. B.

$$M^l + M^r - Q^r l = m_F \frac{l^2}{3} \frac{\partial^2 \psi^r}{\partial t^2}. \tag{11.73}$$

Die Steifigkeitsmatrix $\boldsymbol{k}$, z. B. nach Gl. (11.70), ist also (wegen der ebenen Starrkörperbewegung) zweifach singulär (die inverse Federmatrix existiert nicht).
Wir zeigen noch das Zusammenfügen zweier gleicher Elemente eines durchgehenden Balkens. Am gemeinsamen Knoten 0 müssen dann die Verträglichkeitsbedingungen

$$w_0 = w_1^r = w_2^l, \qquad \psi_0 = \psi_1^r = \psi_2^l \tag{11.74}$$

der differenzierbaren Biegelinie eingehalten werden. Berücksichtigen wir noch eine starre Knotenmasse m_0 mit Trägheitsmoment $m_0 i_0^2$ und einen äußeren Kraft- und Momentenangriff F_0 und M_0, dann ergibt der Impuls- und Drallsatz für die Knotenmasse

$$\left.\begin{aligned} m_0\ddot{w}_0 &= F_0 - (Q_1^r + Q_2^l) \\ m_0 i_0^2 \ddot{\psi}_0 &= M_0 - (M_1^r + M_2^l). \end{aligned}\right\} \tag{11.75}$$

Eingesetzt folgt mit Überlagerung der Knotensteifigkeit

$$\begin{aligned} Q_1^r + Q_2^l = F_0 - m_0\ddot{w}_0 = {} & \frac{EJ}{l^3} \\ & \times [-12w_1^l + 6l\psi_1^l + 12w_0 + 6l\psi_0 + 12w_0 - 6l\psi_0 - 12w_2^r - 6l\psi_2^r] \\ & + \frac{m_F}{420}[54\ddot{w}_1^l - 13l\ddot{\psi}_1^l + 156\ddot{w}_0 + 22l\ddot{\psi}_0 + 156\ddot{w}_0 \\ & - 22l\ddot{\psi}_0 + 54\ddot{w}_2^r + 13l\ddot{\psi}_2^r], \\ M_1^r + M_2^l = M_0 - m_0 i_0^2\ddot{\psi}_0 = {} & \frac{EJ}{l^3} \\ & \times [-6lw_1^l + 2l^2\psi_1^l + 6lw_0 + 4l^2\psi_0 - 6lw_0 + 4l^2\psi_0 + 6lw_2^r + 2l^2\psi_2^r] \\ & + \frac{m_F}{420}[13l\ddot{w}_1^l - 3l^2\ddot{\psi}_1^l + 22l\ddot{w}_0 + 4l^2\ddot{\psi}_0 - 22l\ddot{w}_0 \\ & + 4l^2\ddot{\psi}_0 - 13l\ddot{w}_2^r - 3l^2\ddot{\psi}_2^r]. \end{aligned}$$

Nun kann mit vergrößertem Deformationsvektor $\vec{D}_{1,2}^{\mathrm{T}} = [w_1^l \psi_1^l w_0 \psi_0 w_2^r \psi_2^r]$ und Kraftvektor $\vec{F}_{1,2}^{\mathrm{T}} = [Q_1^l M_1^l (F_0 - m_0\ddot{w}_0)\,(M_0 - m_0 i_0^2\ddot{\psi}_0)\, Q_2^r M_2^r]$ für beide Elemente wegen

$$\boldsymbol{m}_{1,2}\ddot{\vec{D}}_{1,2} + \boldsymbol{k}_{1,2}\vec{D}_{1,2} = \vec{F}_{1,2}, \tag{11.76}$$

die Scheinkräfte an der Knotenmasse sind in $\vec{F}_{1,2}$ belassen, die Gesamtsteifigkeitsmatrix $\boldsymbol{k}_{1,2}$ mit

$$\boldsymbol{k}_{1,2} = \frac{EJ}{l^3}\left[\begin{array}{cc:cc:cc} 12 & -6l & -12 & -6l & 0 & 0 \\ -6l & 4l^2 & 6l & 2l^2 & 0 & 0 \\ \hdashline -12 & 6l & 24 & 0 & -12 & -6l \\ -6l & 2l^2 & 0 & 8l^2 & 6l & 2l^2 \\ \hdashline 0 & 0 & -12 & 6l & 12 & 6l \\ 0 & 0 & -6l & 12l^2 & 6l & 4l^2 \end{array}\right] \tag{11.77}$$

und die Gesamtmassenmatrix $\boldsymbol{m}_{1,2}$, die Knotenmasse ist noch in $\vec{F}_{1,2}$ berücksichtigt, mit

$$\boldsymbol{m}_{1,2} = \frac{m_F}{420}\left[\begin{array}{cc|cc|cc} 156 & -22l & 54 & 13l & 0 & 0 \\ -22l & 4l^2 & -13l & -3l^2 & 0 & 0 \\ \hline 54 & -13l & 312 & 0 & 54 & 13l \\ 13l & -3l^2 & 0 & 8l^2 & -13l & -3l^2 \\ \hline 0 & 0 & 54 & -13l & 156 & 22l \\ 0 & 0 & 13l & -3l^2 & 22l & 4l^2 \end{array}\right] \tag{11.78}$$

angegeben werden.
Der weitere Aufbau von Massen- und Steifigkeitsmatrix des gesamten Balkens nach dieser sogenannten «direkten Steifigkeitsmethode» erfolgt analog. Am linken Ende des ersten Elementes und am rechten Ende des «letzten» Elementes werden die Randbedingungen vorgeschrieben. Als Unbekannte verbleiben die Auflagerreaktionen, die nach Berechnung der Schwingungen bestimmt werden.
Massen- und Steifigkeitsmatrizen können auch in verdrehte «globale» Koordinatensysteme umgerechnet werden. Dann lassen sich verzweigte und rahmenartige Tragwerke aufbauen. Im allgemeinen müssen dann aber die Normalkräfte und die Dehnschwingungen mitberücksichtigt werden. Dafür verweisen wir auf die umfangreiche Spezialliteratur[1].

11.4.2. Ein Scheibenelement

Eine Scheibe im ebenen Spannungszustand wird in Dreieckselemente zerlegt. Innerhalb eines Elementes setzen wir einen linearen *Ritz*schen Ansatz für die Verschiebungen so an, daß als verallgemeinerte Koordinaten die Verschiebungen der Knoten in den Eckpunkten auftreten, vgl. Abb. 11.9,

$$\begin{aligned} u(x, y) &= \sum_{n=1}^{3} u_n \varphi_n(x, y), \qquad v(x, y) = \sum_{n=1}^{3} v_n \varphi_n(x, y), \\ \varphi_n(x, y) &= a_n + b_n x + c_n y. \end{aligned} \tag{11.79}$$

Die neun Unbekannten $(a_n, b_n, c_n, n = 1, 2, 3)$ bestimmen wir aus den (3×3)-linearen-Bedingungen

$$\begin{aligned} \varphi_n(x_1, y_1) &= \delta_{n1} = a_n + b_n x_1 + c_n y_1 \\ \varphi_n(x_2, y_2) &= \delta_{n2} = a_n + b_n x_2 + c_n y_2, \qquad n = 1, 2, 3, \ \delta_{nm} = \begin{cases} 1, & n = m \\ 0, & n \neq m. \end{cases} \\ \varphi_n(x_3, y_3) &= \delta_{n3} = a_n + b_n x_3 + c_n y_3, \end{aligned} \tag{11.80}$$

zu $\vec{a} = \frac{1}{2A}(\vec{x} \times \vec{y})$, $\vec{a}^T = (a_1 a_2 a_3)$, $\vec{x}^T = (x_1 x_2 x_3)$, $\vec{y}^T = (y_1 y_2 y_3)$, und mit $x_{ij} = x_i - x_j$, $y_{ij} = y_i - y_j$ ist $\vec{b}^T = \frac{1}{2A}(y_{23} y_{31} y_{12})$ und $\vec{c}^T = \frac{1}{2A}(x_{32} x_{13} x_{21})$, $2A = \vec{b}^T \cdot \vec{x}$.

---

[1] *K.-J. Bathe:* Finite Element Procedures in Engineering Analysis. – Englewood Cliffs, N.J. Prentice-Hall, 1982.
O. C. Zienkiewicz: The Finite Element Method. – London: McGraw-Hill, 1977.

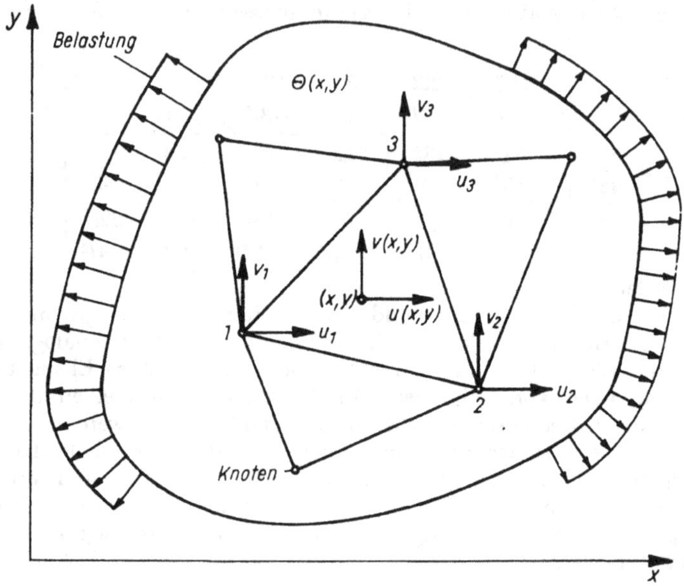

Abb. 11.9. Scheibe mit Dreieckselement. Ruhende Belastung und Temperatur

Nun drücken wir die im Element konstanten Dehnungen durch die Lagekoordinaten (Knotenpunktsverschiebungen u_n, v_n) aus. Die linearisierten geometrischen Beziehungen ergeben

$$\begin{aligned} \varepsilon_{xx} &= \frac{\partial u}{\partial x} = \sum_{n=1}^{3} \frac{\partial \varphi_n}{\partial x} u_n, \quad \varepsilon_{yy} = \frac{\partial v}{\partial y} = \sum_{n=1}^{3} \frac{\partial \varphi_n}{\partial y} v_n, \\ 2\varepsilon_{xy} &= \frac{\partial v}{\partial x} + \frac{\partial u}{\partial y} = \sum_{n=1}^{3} \left(\frac{\partial \varphi_n}{\partial x} v_n + \frac{\partial \varphi_n}{\partial y} u_n \right), \quad \frac{\partial \varphi_n}{\partial x} = b_n, \quad \frac{\partial \varphi_n}{\partial y} = c_n. \end{aligned} \tag{11.81}$$

Das *Hooke*sche Gesetz, Gln. (4.20), (6.29), erhält dann mit der Spaltenmatrix der mittleren Spannungen $\vec{S}^{\mathrm{T}} = [\sigma_{xx}\sigma_{yy}\sigma_{xy}]$ und dem Verschiebungsvektor $\vec{u} = [u_1 v_1 u_2 v_2 u_3 v_3]$ die Matrizenform $\vec{S} = \mathbf{S}\vec{u} - \boldsymbol{\Psi}\vec{\theta}$, wenn noch $\vec{\theta}^{\mathrm{T}} = [\theta_1\theta_2\theta_3]$ über die Knotenpunktstemperaturen das Temperaturfeld $\theta(x, y) = \sum_{n=1}^{3} \theta_n \varphi_n(x, y)$ berücksichtigt. Die (3×6)-Matrix

$$\mathbf{S} = \frac{G}{(1-\nu)\,A} \begin{bmatrix} y_{23} & \nu x_{32} & y_{31} & \nu x_{13} & y_{12} & \nu x_{21} \\ \nu y_{23} & x_{32} & \nu y_{31} & x_{13} & \nu y_{12} & x_{21} \\ \lambda x_{32} & \lambda y_{23} & \lambda x_{13} & \lambda y_{31} & \lambda x_{21} & \lambda y_{12} \end{bmatrix}, \tag{11.82}$$

$\lambda = (1-\nu)/2$, während die (3×3)-Matrix

$$\boldsymbol{\Psi} = \frac{E\alpha}{1-\nu} \begin{bmatrix} \varphi_1 & \varphi_2 & \varphi_3 \\ \varphi_1 & \varphi_2 & \varphi_3 \\ 0 & 0 & 0 \end{bmatrix}.$$

Wir berechnen die verallgemeinerten inneren Kräfte als Knotenkräfte durch Differentiation der Verzerrungsenergie, die Dicke des Scheibenelementes sei $h = \text{const}$, vgl. Gl. (3.41) und siehe Gl. (3.35),

$$\frac{\partial U}{\partial u_n} = h \int_A \left(\sigma_{xx} \frac{\partial \varphi_n}{\partial x} + \sigma_{xy} \frac{\partial \varphi_n}{\partial y}\right) \mathrm{d}A\,, \quad \frac{\partial U}{\partial v_n} = h \int_A \left(\sigma_{yx} \frac{\partial \varphi_n}{\partial x} + \sigma_{yy} \frac{\partial \varphi_n}{\partial y}\right) \mathrm{d}A\,.$$

Wir setzen das *Hooke*sche Gesetz ein und erhalten wieder in Matrizenschreibweise

$$\begin{bmatrix} \dfrac{\partial U}{\partial u_n} \\ \dfrac{\partial U}{\partial v_n} \end{bmatrix} = hA \begin{bmatrix} b_n & 0 & c_n \\ 0 & c_n & b_n \end{bmatrix} (\boldsymbol{S}\vec{u} - \boldsymbol{\Phi}\vec{\theta})\,,$$

wobei $\boldsymbol{\Phi}$ durch Integration gewonnen wird,

$$\boldsymbol{\Phi} = \frac{1}{A} \int_A \boldsymbol{\Psi} \,\mathrm{d}A = \frac{E\alpha}{3(1-\nu)} \begin{bmatrix} 1 & 1 & 1 \\ 1 & 1 & 1 \\ 0 & 0 & 0 \end{bmatrix}. \tag{11.83}$$

Durch Vergrößerung der Dimension folgt schließlich

$$\left[\frac{\partial U}{\partial u_1}\, \frac{\partial U}{\partial v_1}\, \frac{\partial U}{\partial u_2}\, \frac{\partial U}{\partial v_2}\, \frac{\partial U}{\partial u_3}\, \frac{\partial U}{\partial v_3}\right]^{\mathrm{T}} = \boldsymbol{T}(\boldsymbol{S}\vec{u} - \boldsymbol{\Phi}\vec{\theta})\,, \tag{11.84}$$

$$\boldsymbol{T} = \frac{h}{2} \begin{bmatrix} y_{23} & 0 & x_{32} \\ 0 & x_{32} & y_{23} \\ y_{31} & 0 & x_{13} \\ 0 & x_{13} & y_{31} \\ y_{12} & 0 & x_{21} \\ 0 & x_{21} & y_{12} \end{bmatrix}. \tag{11.85}$$

Mit $\boldsymbol{TS} = \boldsymbol{K}$ ist die symmetrische (6×6)-Steifigkeitsmatrix des Elementes bestimmt, und $\vec{A}^{\mathrm{T}} = (\boldsymbol{T}\boldsymbol{\Phi}\vec{\theta})^{\mathrm{T}} = h\, \dfrac{E\alpha}{2(1-\nu)}\, \bar{\theta}[y_{23} x_{32} y_{31} x_{13} y_{12} x_{21}]$ ergibt den Temperatureinfluß, $\bar{\theta} = \sum_{i=1}^{3} \theta_i/3$.

Mit dem Vektor der äußeren Knotenkräfte, die statisch äquivalent zur in der Scheibenebene verteilten äußeren Belastung sind, folgen die 6 Gleichgewichtsbedingungen

$$\vec{F} = \boldsymbol{K}\vec{u} - \vec{A}\,, \qquad \vec{F}^{\mathrm{T}} = [X_1 Y_1 X_2 Y_2 X_3 Y_3]\,. \tag{11.86}$$

Der Zusammenbau der finiten Elemente erfolgt durch Addition der Gleichgewichtsbedingungen der einzelnen Elemente. Die fortlaufende Numerierung der Knoten soll dabei für das große System der Gleichungen «Bandstruktur» ergeben. Nach Vergrößerung der Dimension (durch Nullen) folgt die Bestimmungsgleichung für den Vektor aller Knotenpunktsverschiebungen $\vec{u}_g^{\mathrm{T}} = [\vec{u}_{\mathrm{I}}^{\mathrm{T}} \vec{u}_{\mathrm{II}}^{\mathrm{T}} \vec{u}_{\mathrm{III}}^{\mathrm{T}} \ldots]$:

$$(\boldsymbol{K}_{\mathrm{I}} + \boldsymbol{K}_{\mathrm{II}} + \boldsymbol{K}_{\mathrm{III}} + \ldots)\, \vec{u}_g = \vec{F}_g + \vec{A}_g\,. \tag{11.87}$$

Kinematische Randbedingungen sind in $\vec{u}_g$ einzubauen. Große Gleichungssysteme werden dann meist durch Dreieckszerlegung nach *Choleski* gelöst.

11.5. Linearisierung nichtlinearer Bewegungsgleichungen

Den Bewegungsgleichungen eines Systems mit n Freiheitsgraden entsprechen $2n$ Differentialgleichungen 1. Ordnung, vgl. (7.109), $x_i = q_i$, $i = 1, \ldots, n$, $x_i = \dot{q}_i$, $i = (n+1), \ldots, 2n$:

$$\dot{x}_i = \sum_{k=1}^{2n} a_{ik} x_k + \mu_i f_i(x_1, x_2, \ldots, x_{2n}). \tag{11.88}$$

Wir beschränken uns auf schwingungsfähige Systeme, setzen also voraus, daß die freie Schwingung wenigstens durch eine periodische Lösung beschrieben wird. Dann setzen wir

$$x_k = A_k \sin(\omega t + \varepsilon_k) \equiv A \varkappa_k \sin \Phi_k \tag{11.89}$$

mit $\Phi_k = \omega t + \varepsilon_k$ und $\varkappa_k = A_k/A$. Nach dem Verfahren der *Harmonischen Balance* setzen wir den Ansatz in die nichtlinearen Funktionen f_i ein, die dann ebenfalls periodische Funktionen mit Periode $\tau = 2\pi/\omega$ werden, und entwickeln sie in *Fourier*-Reihen. Mit Beschränkung auf die Grundharmonischen folgt dann

$$f_i \approx a_i \cos \Phi_1 + b_i \sin \Phi_1 \tag{11.90}$$

mit den *Fourier*-Koeffizienten

$$\left.\begin{aligned} a_i &= \frac{1}{\pi} \int_0^{2\pi} f_i(A\varkappa_1 \sin \Phi_1, \ldots, A\varkappa_{2n} \sin \Phi_{2n}) \cos \Phi_1 \, d\Phi_1, \\ b_i &= \frac{1}{\pi} \int_0^{2\pi} f_i(A\varkappa_1 \sin \Phi_1, \ldots, A\varkappa_{2n} \sin \Phi_{2n}) \sin \Phi_1 \, d\Phi_1. \end{aligned}\right\} \tag{11.91}$$

Dabei haben wir nach den Komponenten der Schwingung x_1 zerlegt. Diese muß also durch Umordnung der Bewegungsgleichungen die Lagekoordinate zum «führenden Freiheitsgrad» sein. Setzen wir in die nichtlinearen Differentialgleichungen (11.88) ein, dann liefert ein Koeffizientenvergleich mit dem linearen Ersatzsystem

$$\dot{x}_i = \sum_{k=1}^{2n} a^*_{ik} x_k + \bar{a}_{ik} x_k, \tag{11.92}$$

$$\bar{a}_{ik} = a_{ik}, \qquad a^*_{ik} = 0, \quad \text{wenn} \quad k \neq 1,$$

$$\bar{a}_{i1} = a_{i1} + \frac{\mu_i}{A\varkappa_1} b_i, \qquad a^*_{i1} = \frac{\mu_i}{\omega A \varkappa_1} a_i. \tag{11.93}$$

Besonders einfach wird die Linearisierung mit harmonischer Balance im Falle des einläufigen Schwingers mit der Bewegungsgleichung

$$\ddot{x} + f(x, \dot{x}) = 0. \tag{11.94}$$

Wir setzen $x = A\cos\omega t$ und $\dot{x} = -A\omega\sin\omega t$ und finden mit

$$\left.\begin{aligned} a &= \frac{1}{\pi A}\int_0^{2\pi} f(A\cos\omega t,\ -A\omega\sin\omega t)\cos\omega t\,\mathrm{d}(\omega t) \\ b &= -\frac{1}{\pi A\omega}\int_0^{2\pi} f(A\cos\omega t,\ -A\omega\sin\omega t)\sin\omega t\,\mathrm{d}(\omega t) \end{aligned}\right\} \tag{11.95}$$

die äquivalente linearisierte Gleichung

$$\ddot{x} + b\dot{x} + ax = 0. \tag{11.96}$$

Die Amplitude A tritt in den Koeffizienten a und b auf, die wesentliche Eigenschaft der amplitudenabhängigen Eigenfrequenz nichtlinearer Schwingungen bleibt also erhalten.

Sollen auch Einschwingvorgänge nichtlinearer Systeme beschrieben werden, bietet sich die Methode der «langsam» veränderlichen Amplitude und Phase nach *Krylow* und *Bogoljubow* zur näherungsweisen linearisierten Beschreibung an. Für den einläufigen Schwinger

$$\ddot{x} + \omega^2 x + f(x, \dot{x}) = 0 \tag{11.97}$$

setzen wir jetzt

$$x(t) = A(t)\cos[\omega t + \varepsilon(t)], \tag{11.98}$$

Phase und Amplitude zeitveränderlich ein. Mit $\varphi(t) = \omega t + \varepsilon(t)$ folgt dann

$$\dot{x}(t) = \dot{A}\cos\varphi - A(\omega + \dot{\varepsilon})\sin\varphi. \tag{11.99}$$

Die Geschwindigkeit soll die gleiche Form wie im linearen Fall haben[1]:

$$\dot{x}(t) = -A\omega\sin\varphi. \tag{11.100}$$

Daraus ergibt sich die erste Gleichung zwischen A und ε:

$$\dot{A}\cos\varphi - A\dot{\varepsilon}\sin\varphi = 0. \tag{11.101}$$

Die zweite Beziehung folgt, nach dem Eintragen des Ansatzes für x und $\dot{x}$, aus der Bewegungsgleichung, $\ddot{x} = -\dot{A}\omega\sin\varphi - A\omega(\omega + \dot{\varepsilon})\cos\varphi$,

$$-\dot{A}\omega\sin\varphi - A\dot{\varepsilon}\omega\cos\varphi + f(A\cos\varphi,\ -A\omega\sin\varphi) = 0. \tag{11.102}$$

Aus den Gleichungen kann jeweils $\dot{\varepsilon}$ oder $\dot{A}$ eliminiert werden:

$$\begin{aligned} \dot{A} &= \frac{1}{\omega} f(A\cos\varphi,\ -A\omega\sin\varphi)\sin\varphi, \\ \dot{\varepsilon} &= \frac{1}{A\omega} f(A\cos\varphi,\ -A\omega\sin\varphi)\cos\varphi. \end{aligned} \tag{11.103}$$

[1] Aus mathematischer Sicht werden die Variablen x, $\dot{x}$ auf neue Variable A, ε transformiert.

Unter der Annahme der «langsamen» Änderung von $A(t)$ und $\varepsilon(t)$ können wir $\dot{A}$ und $\dot{\varepsilon}$ über eine Schwingungsperiode als konstant annehmen. Mittelung ergibt dann

$$\dot{A} = \frac{1}{2\pi\omega} \int_0^{2\pi} f(A \cos \varphi, \ -A\omega \sin \varphi) \sin \varphi \, d\varphi,$$
$$\dot{\varepsilon} = \frac{1}{2\pi A\omega} \int_0^{2\pi} f(A \cos \varphi, \ -A\omega \sin \varphi) \cos \varphi \, d\varphi, \tag{11.104}$$

zwei immer noch nichtlineare Differentialgleichungen 1. Ordnung, wo aber die Gleichung für $A(t)$ entkoppelt ist.
Als Beispiel betrachten wir die nichtlineare Schwingung der *Duffing*schen Gleichung mit «Turbulenzdämpfung»:

$$\ddot{x} + \omega^2 x + \beta x^3 + \alpha \dot{x} \, |\dot{x}| = 0. \tag{11.105}$$

Ausführung der bestimmten Integrale in Gl. (11.104) ergibt die zugeordneten Gleichungen

$$\dot{A} = -\frac{4}{3\pi} \alpha\omega A^2, \qquad \dot{\varepsilon} = \frac{3}{8} \frac{\beta}{\omega} A^2. \tag{11.106}$$

Trennung der Variablen und Integration ergibt dann

$$A(t) = A_0 \Big/ \left(1 + \frac{4\alpha}{3\pi} A_0 \omega t\right) \tag{11.107}$$

und damit den Phasenwinkelverlauf

$$\varepsilon(t) = \frac{9\pi}{32} \frac{\beta A_0}{\alpha\omega^2} \left[1 - \frac{A(t)}{A_0}\right]. \tag{11.108}$$

vgl. bei $\alpha = 0$, also $A = A_0$ mit der Eigenfrequenz (11.20) aus dem *Galerkin*schen Verfahren.

11.6. Numerische Integration einer nichtlinearen Bewegungsgleichung

In jüngerer Zeit hat sich die unbedingt stabile lineare Beschleunigungs-Methode, die *Wilson*-θ-Methode, im Ingenieurwesen durchgesetzt, da zur Durchführung an der EDV «nur» ein möglichst ökonomisch arbeitender Lösungsalgorithmus für lineare Gleichungen (wie in der Elastostatik z. B. das *Choleski*-Verfahren) benötigt wird. Das Verfahren ist also auf Systeme mit einer relativ großen Anzahl von Freiheitsgraden anwendbar. Wir zeigen die inkrementelle Berechnung am nichtlinearen einläufigen Schwinger. Die Differenz der Bewegungsgleichungen (11.94) in zwei benachbarten Zeitpunkten t und $(t + \Delta t)$ ergibt dann

$$m \, \Delta\ddot{x}(t) + r(t) \, \Delta\dot{x}(t) + k(t) \, \Delta x(t) = \Delta F(t). \tag{11.109}$$

Als Tangentensteifigkeit definieren wir den Differentialquotienten der Federkennlinie

$$k(t) = \left.\frac{\mathrm{d}F_\mathrm{F}}{\mathrm{d}x}\right|_t \tag{11.110}$$

und als Tangentendämpfung

$$r(t) = \left.\frac{\mathrm{d}F_\mathrm{D}}{\mathrm{d}\dot{x}}\right|_t, \tag{11.111}$$

die Dämpfungskraft (bei Materialdämpfung) wird als nichtlineare Funktion der Geschwindigkeit, vgl. 4.2.3., angenommen. Nach *Wilson* setzen wir die Beschleunigung als lineare Zeitfunktion im *verlängerten* Zeitintervall

$$\tau = \theta\,\Delta t, \qquad \theta > 1{,}37, \tag{11.112}$$

ein, während die Systemparameter konstant gehalten werden. Mit

$$\ddot{x}(t+s) = \ddot{x}(t) + \frac{\Delta\ddot{x}}{\tau}\,s, \qquad 0 \leqq s \leqq \tau, \tag{11.113}$$

folgen die «Endwerte» von Geschwindigkeits- und Verschiebungszuwachs

$$\hat{\Delta}\dot{x}(t) = \tau\ddot{x}(t) + \frac{\tau}{2}\,\hat{\Delta}\ddot{x}, \quad \hat{\Delta}x(t) = \tau\dot{x}(t) + \frac{\tau^2}{2}\,\ddot{x}(t) + \frac{\tau^2}{6}\,\hat{\Delta}\ddot{x}(t). \tag{11.114}$$

Mit $\hat{\Delta}x$ als unabhängiger Variabler folgt nach Einsetzen in die Bewegungsgleichung (11.109) die «quasistatische» Beziehung

$$\hat{k}(t)\,\hat{\Delta}x(t) = \hat{\Delta}\hat{F}(t), \tag{11.115}$$

wo

$$\hat{k}(t) = k(t) + \frac{6}{\tau^2}\,m + \frac{3}{\tau}\,r(t) \tag{11.116}$$

und

$$\hat{\Delta}\hat{F}(t) = \hat{\Delta}F(t) + m\left[\frac{6}{\tau}\,\dot{x}(t) + 3\ddot{x}(t)\right] + r(t)\left[3\dot{x}(t) + \frac{\tau}{2}\,\ddot{x}(t)\right]. \tag{11.117}$$

Auflösung nach dem Endwert ergibt

$$\hat{\Delta}x(t) = \hat{\Delta}\hat{F}(t)/\hat{k}(t) \tag{11.118}$$

und damit den Beschleunigungsendwert

$$\hat{\Delta}\ddot{x}(t) = \frac{6}{\tau^2}\,\hat{\Delta}x(t) - \frac{6}{\tau}\,\dot{x}(t) - 3\ddot{x}(t). \tag{11.119}$$

Der Beschleunigungszuwachs am Ende des gewählten wahren Zeitschrittes Δt folgt dann durch lineare Interpolation:

$$\Delta\ddot{x}(t) = \frac{1}{\theta}\,\hat{\Delta}\ddot{x}(t). \tag{11.120}$$

Er bestimmt dann den wahren Geschwindigkeits- und Deformationszuwachs aus

$$\Delta\dot{x}(t) = \Delta t\ddot{x}(t) + \frac{\Delta t}{2}\,\Delta\ddot{x}, \qquad \Delta x(t) = \Delta t\dot{x}(t) + \frac{(\Delta t)^2}{2}\,\ddot{x}(t) + \frac{\tau^2}{6}\,\Delta\ddot{x}(t). \tag{11.121}$$

Damit sind die Anfangsbedingungen für den nächsten Zeitschritt bekannt

$$x(t + \Delta t) = x(t) + \Delta x(t), \qquad \dot{x}(t + \Delta t) = \dot{x}(t) + \Delta\dot{x}(t). \tag{11.122}$$

Um Fehlerakkumulation zu vermeiden[1] (insbesondere durch die Tangentensteifigkeit), muß die Beschleunigung aus der Bewegungsgleichung (11.94) berechnet werden:

$$\ddot{x}(t + \Delta t) = m^{-1}[F(t + \Delta t) - F_D(t + \Delta t) - F_F(t + \Delta t)]. \tag{11.123}$$

11.7. Aufgaben A 11.1 bis A 11.11 und Lösungen

A 11.1: Man bestimme den Einfluß der Stützweite $2\lambda l$, $0 \leqq \lambda \leqq 1$, eines beidseitig überkragenden elastischen Balkens der Länge $2l$, gelenkig gestützt, auf die Grundfrequenz der symmetrischen Biegeeigenschwingung.

Lösung: Wir verwenden das *Ritz*sche Verfahren mit dem einfachen Ansatz für die Biegelinie $w^*(x, t) = q(t)\,\varphi(x)$, $\varphi(x) = 1 - (x/\lambda l)^2$, der allerdings die dynamische Randbedingung $w''(|x| = l) = 0$ am freien Ende nicht erfüllt. Mit $T = 2\,\frac{1}{2}\int_0^l \varrho\dot{w}^{*2}A\,dx = \frac{m\dot{q}^2}{2}\left(1 - \frac{2}{3\lambda^2} + \frac{1}{5\lambda^4}\right)$ und $V = U = 2\,\frac{1}{2}\int_0^l EJ\left(\frac{\partial^2 w^*}{\partial x^2}\right)^2 dx = \frac{k}{2}\,q^2$, $k = 64EJ/\lambda^4(2l)^3$ ergibt die *Lagrange*sche Gleichung $\ddot{q} + \omega^{*2}q = 0$, $\omega^{*2} = \dfrac{320EJ/(2l)^3}{m(5\lambda^4 - 10\lambda^2/3 + 1)}$. Die Funktion $\omega^*(\lambda)$ beschreibt näherungsweise den Einfluß der Stützweite. Mit $\lambda = 1$ ist $\omega^*/\omega_{\text{exakt}} = 10{,}97/\pi^2 > 1$, mit $\lambda \to 0$ ist $\omega^*/\omega_{\text{exakt}} = 17{,}89/14{,}06 > 1$.

A 11.2: Der Angriffspunkt einer Einzelkraft, mit konstantem Betrag F, fährt (z. B. mit einer kleinen Rolle) mit konstanter Geschwindigkeit v über einen linear elastischen, homogen mit Masse belegten Balken mit der Spannweite l, siehe Abb. A 11.2. Die instationäre Belastung (Verkehrslast) führt zu Biegeschwingungen.

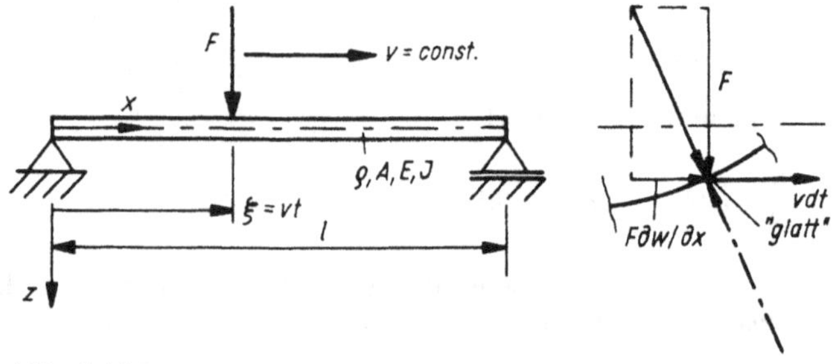

Abb. A 11.2

[1] Siehe *R. W. Clough/J. Penzien:* Dynamics of Structures. — New York: McGraw-Hill, 1975.

Lösung: Der *Ritz*sche Ansatz für die Biegelinie

$$w^*(x, t) = \sum_{j=1}^{n} q_j(t)\, \varphi_j(x),$$

mit im Bereich $[0, l]$ orthogonalen passenden Ansatzfunktionen, z. B. gleich den Eigenfunktionen freier Schwingungen des gelenkig gestützten Balkens, $\varphi_j = \sin\frac{j\,\pi x}{l}$, ergibt die kinetische Energie

$$T = \frac{1}{2}\int_0^l \dot{w}^{*2}\varrho A\, \mathrm{d}x = \frac{1}{2}\sum_{j=1}^{n} m_j^* \dot{q}_j^2, \qquad m_j^* = m/2, \qquad m = \varrho A l,$$

und die Verzerrungsenergie der Biegung

$$U = \frac{1}{2}\int_0^l EJ\left(\frac{\partial^2 w^*}{\partial x^2}\right)^2 \mathrm{d}x = \frac{1}{2}\sum_{j=1}^{n} k_j^* q_j^2, \qquad k_j^* = j^4\,\frac{\pi^4 EJ}{2l^3}.$$

Die generalisierten (äußeren) Kräfte, die gleiche virtuelle Arbeit leisten (bei $t = \text{const}$), wie die Einzelkraft F in ξ, bestimmen wir durch Koeffizientenvergleich aus

$$\sum_{j=1}^{n} Q_j\, \delta q_j = F\, \delta w^*, \qquad \delta w^* = \sum_{j=1}^{n} \varphi_j(\xi)\, \delta q_j,$$

zu $Q_j = F\varphi_j(\xi) = F\sin\frac{j\,\pi\xi}{l}$, $j = 1, \ldots, n$.

Die *Lagrange*schen Bewegungsgleichungen des Ersatzsystems sind n nichtgekoppelte inhomogene Schwingungsgleichungen

$$\ddot{q}_j + \omega_j^{*2} q_j = \frac{F}{m_j^*}\sin \nu_j t, \qquad j = 1, \ldots, n$$

$$\omega_j^{*2} = k_j^*/m_j^*, \qquad \nu_j = j\,\pi v/l.$$

Die Erregerkräfte im Ersatzsystem sind zeitlich harmonisch veränderlich mit den Erregerkreisfrequenzen ν_j. Fährt die Kraft F zur Zeit $t = 0$ auf den ruhenden Balken in $x = 0$ auf, dann ist die angepaßte Lösung

$$q_j(t) = \frac{F}{k_j^{(\mathrm{eff})}}\left(\sin \nu_j t - \frac{\nu_j}{\omega_j^*}\sin \omega_j^* t\right), \quad q_j(0) = \dot{q}_j(0) = 0,$$

wo

$$k_j^{(\mathrm{eff})} = m_j^*(\omega_j^{*2} - \nu_j^2) = k_j^*[1 - mv^2 l/j^2\,\pi^2 EJ]$$

als effektive Biegesteifigkeit einem auf Druck mit der Ersatznormalkraft $N = -mv^2/l$ vorgespannten Balken entspricht, vgl. Gl. (11.51). Die mit v bewegte Belastung F vermindert also die effektive Biegesteifigkeit.

Die erste Resonanzerscheinung tritt bei $\nu_1 = \omega_1^*$ auf und ergibt die kritische Fahrgeschwindigkeit

$$v_\mathrm{k} = \sqrt{\pi EJ/ml}, \qquad \frac{2\pi}{\omega_1} = \frac{2l}{v_\mathrm{k}}.$$

Mit der Regel von *l'Hospital* berechnen wir den vorerst unbestimmten Ausdruck für $q_1(t)$ und bestimmen den Maximalwert im Zeitpunkt $t_k = l/v$, wo F gerade den Balken verläßt[1], $\xi = l$, zu

$$q_1(t_k) = Fl^3/\pi^3 EJ.$$

Der Vergleich mit einer statischen Durchbiegung bei mittigem Lastangriff, $(q_1)_{stat} = Fl^3/48EJ$, ergibt einen dynamischen Vergrößerungsfaktor von $\chi_1 = 48/\pi^3 = 1{,}55$. Die Biegelinie ist

$$w^*(x, t) = \sum_{j=1}^{n} q_j(t)\, \varphi_j(x)$$

zu jedem Zeitpunkt gegeben[2]. Der Grenzwert $v \to 0$, $t \to \infty$ liefert mit $\xi = vt \neq 0$ die statische Einflußlinie der Durchbiegung, vgl. Gln. (6.78), (6.79), die nach periodischer Fortsetzung durch ihre (rasch konvergierende) *Fourier*-Reihe

$$\overline{w}_S(x, \xi) = \sum_{j=1}^{\infty} \frac{F}{k_j^*} \sin\frac{j\pi x}{l} \sin\frac{j\pi\xi}{l}$$

beschrieben wird.

A 11.3: Der homogene Balken aus Abb. A 11.2 wird durch eine in $\xi = \text{const}$ angreifende, zeitlich veränderliche Einzelkraftbelastung $F = F(t)$ zu Biegeschwingungen angeregt. Man bestimme die Biegelinie $w(x, \xi, t)$ mit dem *Ritz*schen Ansatz aus Beispiel A 11.2 (Eigenfunktionsentwicklung) und spezialisiere die Lösung für $F(t) = F_0 \sin \nu t$. Mit $F_0 = 1$ erhalten wir dann eine *Green*sche Funktion. Man bilde weiters die *Impedanz* (Verhältnis von Erregerkraftamplitude zu Geschwindigkeitsamplitude) des Systems am Ort der Kraft.

Lösung: Die modalen Ersatzmassen und Steifigkeiten können aus A 11.2 übernommen werden. Auch die generalisierten Kräfte sind formal gleich: $Q_j(t) = F(t) \times \sin\frac{j\pi\xi}{l}$, $j = 1, \ldots, n$. Die *Lagrange*schen Bewegungsgleichungen sind wieder n inhomogene lineare nichtgekoppelte Schwingungsgleichungen

$$\ddot{q}_j + \omega_j^{*2} q_j = \frac{F(t)}{m_j^*} \sin\frac{j\pi\xi}{l}, \qquad \omega_j^{*2} = k_j^*/m_j^*, \qquad j = 1, 2, \ldots, n.$$

Die erzwungenen Schwingungen, speziell für $F(t) = F_0 \sin \nu t$, sind dann durch $q_j(t) = a_j \sin \nu t$ mit den Amplituden

$$a_j = \frac{F_0}{m_j^* (\omega_j^{*2} - \nu^2)} \sin\frac{j\pi\xi}{l}$$

[1] Die von F in $[0, t_k]$ geleistete Arbeit ist Null. Die Energie des schwingenden Balkens kann über die Arbeit der negativen Axialkomponente der Reaktionskraft in ξ (letztere steht senkrecht zur verformten Stabachse) $F \left.\frac{\partial w}{\partial x}\right|_{x=\xi}$ berechnet werden. $A(t_k) = \int_0^{t_k} F \frac{\partial w}{\partial x} v\, dt = U(t_k)$. Siehe *E. H. Lee:* On a paradox in beam vibration theory. Quart. Appl. Math. **10**, 290 (1952).

[2] Dynamische Schnittgrößen werden bei festem t mit statischen Methoden aus der Belastung $q(x, t) = -\varrho A \ddot{w}^*$ berechnet.

gegeben. Eine negative Amplitude bedeutet eine Schwingung in Gegenphase zur Krafterregung. Die *Green*sche Funktion für die Durchbiegung zufolge der harmonisch pulsierenden Einzellast, $F_0 = 1$, wird dann nach Superposition

$$w^*(x, \xi, t) = a(x, \xi) \sin \nu t, \qquad a(x, \xi) = \sum_{j=1}^{n} \frac{\sin \frac{j\pi x}{l} \sin \frac{j\pi\xi}{l}}{m_j^*(\omega_j^{*2} - \nu^2)}.$$

An den Resonanzstellen $\nu = \omega_j^*$ geht die Amplitudenfunktion wegen der nicht berücksichtigten Dämpfung gegen $(\pm)\infty$.
Die Impedanz Z an der Stelle ξ folgt zu:

$$Z(\xi) = F_0/\nu a(\xi, \xi) = F_0/\nu \sum_{j=1}^{m} \frac{\left(\sin \frac{j\pi\xi}{l}\right)^2}{m_j^*(\omega_j^{*2} - \nu^2)}.$$

Man erkennt, daß im Resonanzfall die Impedanz gegen Null geht, während ihr Kehrwert, die *Admittanz*, unendlich wird.

A 11.4: Man stelle eine genäherte Bewegungsgleichung zur Beschreibung der erzwungenen Schwingungen eines elastischen Turmes auf, wenn eine horizontale Fundamentbewegung (z. B. durch ein Erdbeben) erregend einwirkt, Abb. A 11.4.

Lösung: Nach Abb. A 11.4 ist die totale Verschiebung eines Massenelementes $w_t = w_g + w(x, t)$ und die Geschwindigkeit daher $\dot{w}_t = \dot{w}_g + \dot{w}(x, t)$. Die kinetische Energie des schlanken Balkens wird dann

$$T = \frac{1}{2} \int_0^l \dot{w}_t^2 \varrho A \, dx = \frac{1}{2} m \dot{w}_g^2 + \dot{w}_g \int_0^l \dot{w}(x, t) \, \varrho A \, dx + \frac{1}{2} \int_0^l \dot{w}^2(x, t) \, \varrho A \, dx.$$

Mit der Annahme, daß nur die Grundschwingung angeregt wird, setzen wir einen eingliedrigen *Ritz*schen Ansatz für die Biegelinie ein, $w^*(x, t) = q(t) \varphi(x)$, der die

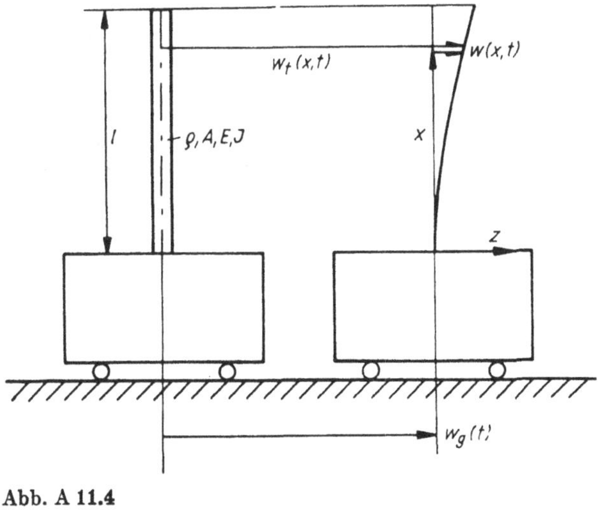

Abb. A 11.4

kinematischen Randbedingungen in $x = 0$, $w = \frac{\partial w}{\partial x} = 0$ erfüllen muß und die dynamischen Randbedingungen in $w = l$, $\frac{\partial^2 w}{\partial x^2} = \frac{\partial^3 w}{\partial x^3} = 0$ erfüllen soll. Dann folgt

$$T = \frac{1}{2} m \dot{w}_g^2 + \dot{w}_g \dot{q} \int_0^l \varphi(x)\, \varrho A \, \mathrm{d}x + \frac{1}{2} \dot{q}^2 \int_0^l \varphi^2(x)\, \varrho A \, \mathrm{d}x.$$

Differentiation entsprechend der *Lagrange*schen Gleichung ergibt

$$\frac{\mathrm{d}}{\mathrm{d}t}\left(\frac{\partial T}{\partial \dot{q}}\right) = \mathfrak{L} m a_g + m^* \ddot{q}, \qquad a_g = \frac{\mathrm{d}^2 w_g}{\mathrm{d}t^2}, \qquad m^* = \int_0^l \varphi^2(x)\, \varrho A \, \mathrm{d}x,$$

$$\mathfrak{L} = \frac{1}{m} \int_0^l \varphi(x)\, \varrho A \, \mathrm{d}x, \qquad m = \int_0^l \varrho A \, \mathrm{d}x.$$

Die Erregerkräfte sind virtuell leistungslos, und die inneren Kräfte werden über die Biegeverzerrungsenergie eingeführt,

$$V = U = \int_0^l \frac{EJ}{2} \left(\frac{\partial^2 w}{\partial x^2}\right)^2 \mathrm{d}x = \frac{1}{2} k^* q^2,$$

$$k^* = \int_0^l EJ \left(\frac{\mathrm{d}^2 \varphi}{\mathrm{d}x^2}\right)^2 \mathrm{d}x, \qquad \frac{\partial V}{\partial q} = k^* q.$$

Die *Lagrange*sche Bewegungsgleichung des Ersatzsystems ist dann die inhomogene Schwingungsgleichung (mit Wegerregung), q ist eine Relativkoordinate,

$$m^* \ddot{q} + k^* q = -\mathfrak{L} m a_g,$$

a_g ist die Bodenbeschleunigung, die als bekannt vorausgesetzt wird. Ein einfacher passender Ansatz ist $\varphi(x) = 1 - \cos \frac{\pi x}{2l}$ (nur $\varphi'''(l) \neq 0$). Er liefert mit $\varrho A = \mathrm{const}$ und $EJ = \mathrm{const}$ die Ersatzmasse $m^* = 0.227\, m$. die Ersatzsteifigkeit $k^* = \pi^4 EJ/32 l^3$ und den sogenannten Partizipationsfaktor $\mathfrak{L} = 0.3634$. Das Verhältnis der Grundfrequenzen des Kragbalkens $\omega_{1(exakt)}/\sqrt{k^*/m^*} = 3.66/3.52 > 1$. Dynamische Schnittgrößen werden bei festem t mit statischen Methoden aus der Querbelastung $q(x, t) = -\varrho A[\ddot{w}_g(t) + \ddot{w}^*(x,t)]$ berechnet.

A 11.5: Auf den linear elastischen Balken nach Abb. A 11.5 wirkt ein zeitlich veränderliches Temperaturmoment $m_\theta(x, t)$ ein (Wärmeschock bei raschem Aufheizen des Balkens). Man gebe die Schwingungsgleichung an.

Lösung: Wegen der inhomogenen Randbedingungen spaltet man die Durchbiegung $w(x, t) = w_S + w_d$ in einen quasistatischen und einen dynamischen Anteil auf. Für den ersten gilt aus Gleichgewichtsgründen mit Gl. (6.36) $\frac{\partial^2 w_S}{\partial x^2} = -\alpha m_\theta$, und w_S folgt durch Integration. Es verbleibt der dynamische Anteil mit der Bestimmungsgleichung (7.147), ($q = 0$, $EJ = \text{const}$),

$$EJ \frac{\partial^4 w_d}{\partial x^4} + \varrho A(\ddot{w}_d + \ddot{w}_S) = 0,$$

mit homogenen Randbedingungen (gelenkige Lagerung $w_d = 0$, $\frac{\partial^2 w_d}{\partial x^2} = 0$ in $x = 0, l$). Mit dem *Ritz*schen Ansatz

$$w_d^*(x, t) = \sum_{j=1}^{n} q_j(t)\, \varphi_j(x), \qquad \varphi_j(x) = \sin j\pi x/l,$$

die φ_j sind die orthogonalen Eigenfunktionen, liefert die *Galerkin*sche Vorschrift n nichtgekoppelte Schwingungsgleichungen von Ersatzschwingern mit «Wegerregung»:

$$\ddot{q}_j + \omega_j^2 q_j = -\ddot{u}_j, \qquad m_j = \varrho A l/2, \qquad k_j = EJ j^4 \pi^4/2l^3, \qquad \omega_j^2 = k_j/m_j,$$

$$\ddot{u}_j = \frac{2}{l} \int_0^l \ddot{w}_S \sin(j\pi x/l)\, dx, \qquad j = 1, 2, \ldots, n.$$

Die dynamischen Auflagerkräfte und die Schnittgrößen werden bei festem t aus der Belastung $q(x, t) = -\varrho A(\ddot{w}_d^* + \ddot{w}_S)$ mit statischen Methoden berechnet, wie bei numerischen Verfahren üblich (hier könnte allerdings auch nach x differenziert werden).

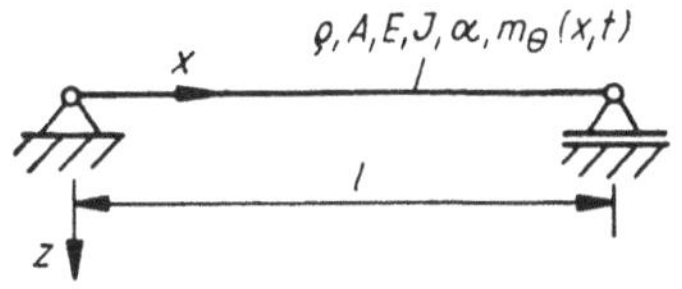

Abb. A 11.5

A 11.6: Die Schaufeln axialer Strömungsmaschinen (Turbinen, Kompressoren, Leit- und Laufschaufeln) und auch die Blätter von Luftschrauben können als Stäbe mit i. allg. stark verwundenem Querschnitt angesehen werden. Während die Torsionsschwingung bei nahezu gerader Stabachse in erster Ordnung von der Vorverwindung $\chi_0(x)$, siehe Abb. A 11.6, nicht beeinflußt wird (gleiche Eigenfrequenzen und Schwingungsformen wie der nicht verwundene Stab), sind die Biegeschwingungen von der Verwindung stark beeinflußt[1]. Unter der vereinfachenden Voraussetzung, daß Querschnittsschwerpunkt S und Schubmittelpunkt D zusammenfallen, der Querschnitt $A(x)$ ist meist veränderlich, sollen die Differentialgleichungen der freien Biegeschwingungen aufgestellt werden. Neben den Standschwingungen soll der Einfluß der Rotation mit Ω bei Laufschaufeln nach Theorie 2. Ordnung angegeben werden, die unverformte Stabachse sei gerade. Die Grundfrequenz der «Flachkant-Biegeschwingung» um die z-Achse soll unter Vernachlässigung der Vorverwindung mit Hilfe des *Ritz*schen Ansatzes $v^*(x, t) = q(t)\, \varphi(x)$, $\varphi(x)$ passend, aus der *Galerkin*schen Vorschrift bestimmt werden.

[1] Siehe *W. Traupel:* Thermische Turbomaschinen. — Berlin—Heidelberg—New York: Springer-Verlag, 1968, Vol. 2, dort Lit.-Zitat Nr. [26].

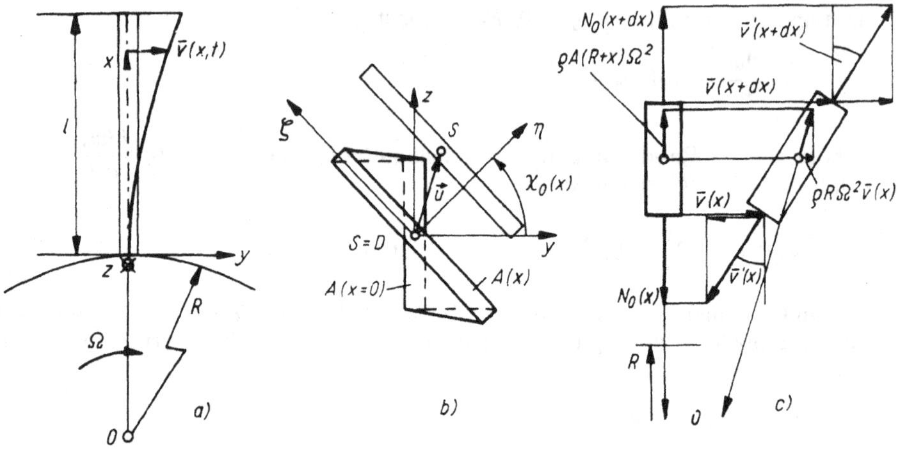

Abb. A 11.6. (a) Schaufel (als Kragträger dargestellt)
(b) Verwundene Querschnitte, Trägheitshauptachsen η, ζ. Bezugssystem y, z
(c) Verformtes Stabelement mit Normalkraft $N(x)$

Lösung: Die Faser in der Stabachse wird undehnbar angenommen. In jedem Querschnitt an der Stelle x kann die linearisierte achsrechte Momenten-Krümmungsbeziehung angeschrieben werden, siehe Abb. A 11.6(b),

$$M_\eta = -EJ_\eta w'', \quad M_\zeta = EJ_\zeta v'', \quad ()' = \frac{\partial}{\partial x}, \quad \begin{pmatrix} M_\eta \\ M_\zeta \end{pmatrix} = E \begin{pmatrix} J_\eta & 0 \\ 0 & J_\zeta \end{pmatrix} \begin{pmatrix} -w'' \\ v'' \end{pmatrix}.$$

Jeder Vektor kann in die gedrehten Koordinaten projiziert werden, z. B.,

$$\begin{pmatrix} \eta \\ \zeta \end{pmatrix} = \boldsymbol{D}.\begin{pmatrix} y \\ z \end{pmatrix}, \quad \boldsymbol{D} = \begin{pmatrix} \cos\chi_0 & \sin\chi_0 \\ -\sin\chi_0 & \cos\chi_0 \end{pmatrix}.$$

Für den Vektor des Biegemomentes und für die linearisierten Komponenten des Krümmungsvektors $\mathrm{d}\boldsymbol{e}_t/\mathrm{d}s$ (siehe 1.1.3) folgt:

$$\begin{pmatrix} M_\eta \\ M_\zeta \end{pmatrix} = \boldsymbol{D}.\begin{pmatrix} M_y \\ M_z \end{pmatrix}, \quad \begin{pmatrix} -w'' \\ v'' \end{pmatrix} = \boldsymbol{D}.\begin{pmatrix} -\bar{w}'' \\ \bar{v}'' \end{pmatrix}.$$

Nun können die achsrechten Biegemomente eliminiert werden und es folgt die lineare Vektortransformation der schiefen Biegung in den globalen Koordinaten y und z, Gl. (2.123) mit geänderten Vorzeichen der Nebendiagonalglieder findet ihre Anwendung,

$$\begin{pmatrix} M_y \\ M_z \end{pmatrix} = E\boldsymbol{D}^T.\begin{pmatrix} J_\eta & 0 \\ 0 & J_\zeta \end{pmatrix}.\boldsymbol{D}\begin{pmatrix} -\bar{w}'' \\ \bar{v}'' \end{pmatrix}, \quad \boldsymbol{D}^T.\begin{pmatrix} J_\eta & 0 \\ 0 & J_\zeta \end{pmatrix}.\boldsymbol{D} = \begin{pmatrix} J_y & J_{yz} \\ J_{yz} & J_z \end{pmatrix}.$$

Beachte die Ähnlichkeitstransformation. Diese linearen und gekoppelten Beziehungen sind von allgemeiner und auch praktischer Bedeutung

$$M_y = -EJ_y\bar{w}'' + EJ_{yz}\bar{v}'', \qquad M_z = EJ_z\bar{v}'' - EJ_{yz}\bar{w}''. \tag{a}$$

Impuls- und Drallsatz für ein differentielles Stabelement liefern nach Elimination der Querkraft, siehe Gln. (2.150) und (2.152),

$$M_y'' = -q_z, \qquad M_z'' = q_y. \tag{b}$$

Die Querbelastung q_i enthält die Trägheitskräfte je Längeneinheit, $-\varrho A\ddot{\overline{w}}$ bzw. $-\varrho A\ddot{\overline{v}}$. Mit Benützung des Zeitfaktors $\exp(i\omega t)$ in Gln. (a), (b) folgt für freie Standschwingungen

$$\left.\begin{aligned}\frac{\partial^2}{\partial x^2}\left[EJ_z\frac{\partial^2\overline{v}}{\partial x^2}-EJ_{yz}\frac{\partial^2\overline{w}}{\partial x^2}\right]-\varrho A\omega^2\overline{v}=0,\\ \frac{\partial^2}{\partial x^2}\left[EJ_y\frac{\partial^2\overline{w}}{\partial x^2}-EJ_{yz}\frac{\partial^2\overline{v}}{\partial x^2}\right]-\varrho A\omega^2\overline{w}=0.\end{aligned}\right\}\tag{c}$$

Rotieren Laufschaufeln mit Ω, dann tritt im Querschnitt x die Normalkraft $N_0(x)$ auf. Sie ergibt nach Theorie 2. Ordnung eine Querkraftänderung in y-Richtung $dQ_y = N(x + dx)\,\overline{v}'(x + dx) - N(x)\,\overline{v}'(x) = [N'(x)\,\overline{v}'(x) + N(x)\,\overline{v}''(x)]\,dx$, und in z-Richtung $dQ_z = N(x + dx)\,\overline{w}'(x + dx) - N(x)\,\overline{w}'(x) = [N'(x)\,\overline{w}'(x) + N(x)\,\overline{w}''(x)] \times dx$, wo $N \approx N_0(x)$. Außerdem ergibt die verteilte axiale Last $q_x = \varrho A(R + x)\,\Omega^2$ durch die Schiefstellung bei Auslenkung $\overline{v}$ einen Beitrag zu q_y, vgl. Abb. A 11.6:

$$q_y = \varrho A\omega^2\overline{v} + \varrho A(R + x)\,\Omega^2\overline{v}/(R + x) = \varrho A(\omega^2 + \Omega^2)\,\overline{v},$$

während q_z ungeändert bleibt. An die Stelle der Gln. (b) tritt

$$M_y'' = -[q_z + N'\overline{w}' + N\overline{w}''], \qquad M_z'' = q_y + N'\overline{v}' + N\overline{v}'', \tag{d}$$

und Gln. (c) werden im Falle $A = \text{const}$, $N_0 = \varrho A(l - x)\,(2R + l + x)\,\Omega^2/2$, erweitert auf

$$\begin{aligned}&\frac{\partial^2}{\partial x^2}\left[EJ_z\frac{\partial^2\overline{v}}{\partial x^2}-EJ_{yz}\frac{\partial^2\overline{w}}{\partial x^2}\right]-\varrho A\frac{\Omega^2}{2}(l-x)(2R+l+x)\frac{\partial^2\overline{v}}{\partial x^2}\\ &+\varrho A\Omega^2(R+x)\frac{\partial\overline{v}}{\partial x}-\varrho A(\omega^2+\Omega^2)\,\overline{v}=0,\\ &\frac{\partial^2}{\partial x^2}\left[EJ_y\frac{\partial^2\overline{w}}{\partial x^2}-EJ_{yz}\frac{\partial^2\overline{v}}{\partial x^2}\right]-\varrho A\frac{\Omega^2}{2}(l-x)(2R+l+x)\frac{\partial^2\overline{w}}{\partial x^2}\\ &+\varrho A\Omega^2(R+x)\frac{\partial\overline{w}}{\partial x}-\varrho A\omega^2\overline{w}=0.\end{aligned}\tag{e}$$

Die Flachkant-Grundschwingung $\overline{v} = v_0(x)$ wird näherungsweise aus der entkoppelten Gleichung mit nichtkonstanten Koeffizienten, wo jetzt $A = \text{const}$ und $EJ_z = \text{const}$,

$$\begin{aligned}&EJ_z\frac{\partial^4 v_0}{\partial x^4}-\varrho A\frac{\Omega^2}{2}(l-x)(2R+l+x)\frac{\partial^2 v_0}{\partial x^2}\\ &+\varrho A\Omega^2(R+x)\frac{\partial v_0}{\partial x}-\varrho A(\Omega^2+\omega^2)\,v_0=0\end{aligned}$$

über das *Galerkin*sche Verfahren berechnet. Bei starrer Einspannung in $x = 0$ und freiem Ende in $x = l$ einer Laufschaufel ist ein *Ritz*scher Ansatz $v_0 = a\varphi(x)$,

$\varphi(x) = \dfrac{1}{3}\left(\dfrac{x}{l}\right)^2\left(6 - 4\dfrac{x}{l} + \dfrac{x^2}{l^2}\right)$ und aus $\displaystyle\int_0^l q^*(x)\,\varphi(x)\,dx = 0$ folgt wegen $a \neq 0$,

die Grundkreisfrequenz, $\omega^* = \omega_0^*\left[1 + \dfrac{\Omega^2}{\omega_0^2}\left(0{,}173 + 1{,}558\,\dfrac{R}{l}\right)\right]^{1/2}$, mit ω_0^*

$= 3{,}530\sqrt{EJ_z/ml^2}$ als Näherung der Standschwingungskreisfrequenz (exakt ist $\omega_0 = 3{,}516\sqrt{EJ_z/ml^2}$).

A 11.7: Man berechne die Beullast einer auf *reinen Schub* beanspruchten gelenkig gelagerten Rechteckplatte $L \cdot B$ (z. B. Blech des Schubfeldträgers aus Beispiel A 2.5) mit Hilfe des *Ritz*schen Näherungsansatzes $w^*(x, y) = \sum_{m=1}^{M} \sum_{n=1}^{N} A_{mn} \sin \frac{m\pi x}{L} \sin \frac{n\pi y}{B}$.

Lösung: Der Ansatz erfüllt die Randbedingungen in $x = 0,\ L,\ y = 0,\ B$. Die linearisierte *v.-Kármán*-Gleichung ergibt mit $n_{xy} = -T$

$$K\,\Delta\Delta w + 2T \frac{\partial^2 w}{\partial x\,\partial y} = 0.$$

Aus der *Galerkin*schen Vorschrift folgt das lineare Gleichungssystem

$$\pi^4 K \frac{BL}{4}\left(\frac{m^2}{L^2} + \frac{n^2}{B^2}\right)^2 A_{mn} - 8T \sum_{k=1}^{M} \sum_{j=1}^{N} A_{kj} \frac{mnkj}{(k^2 - m^2)(j^2 - n^2)} = 0,$$

wobei im Summenterm k und j so zu wählen sind, daß $(k + m)$ und $(j + n)$ ungerade Zahlen sind. Nullsetzen der Koeffizientendeterminante liefert die Näherungslösung

$$T_{\text{krit}} = \frac{\pi^2 K}{B^2}(5{,}34 + 4/\alpha^2) \qquad \alpha \geqq 1$$

$$= \frac{\pi^2 K}{B^2}(4 + 5{,}34/\alpha^2) \qquad \alpha \leqq 1, \qquad \alpha = L/B.$$

Die kritische Zugkraft aus Beispiel A 2.5 ist dann $F_{\text{krit}} = BT_{\text{krit}}$ (Stabilität der Gurtstäbe ist dabei vorausgesetzt).

A 11.8: Man ermittle den kritischen Lastfaktor einer gelenkig gelagerten Kreisplatte vom Radius R unter der zentralsymmetrischen Scheibenspannungsverteilung $n_r(r) = -\frac{\pi^2 K}{R^2} \cos \pi r/2R$ näherungsweise mit Hilfe des *Ritz*schen Ansatzes für die Beulform $w^*(r) = q_1 \cos \pi r/2R$. Dann ist zwar $w^*(R) = 0$, aber $m_r(R) \neq 0$ mit $m_r^*(R) = q_1 \nu K \pi/2R$.

Lösung: Wegen der Verletzung der dynamischen Randbedingung gewinnt man die *Galerkin*sche Vorschrift aus dem «erweiterten» Prinzip der virtuellen Arbeit zu

$$\int_A p^* \varphi \,\mathrm{d}A - \oint_{\partial A} m_r^* \frac{\partial \varphi}{\partial r} \,\mathrm{d}s = 0.$$

Mit $p^* = K\,\Delta\Delta w^* - \frac{\lambda}{r}\frac{\partial}{\partial r}\left(r n_r \frac{\partial w^*}{\partial r}\right)$ wird der genäherte Eigenwert

$$\lambda = 9[2\nu + (\pi^2 - 4)/8 + C + \ln \pi - Ci(\pi)]/4(3\pi - 4) \approx 0{,}8295\nu + 0{,}9878,$$

C ist die *Euler*sche Konstante, und $Ci(\pi) = -\int_{\pi}^{\infty} \frac{\cos u}{u} \,du$. Auf uneigentliche Integrale ist zu achten.

A 11.9: Man ermittle die Durchbiegung einer eingespannten Kreisplatte unter der Wirkung radialer Druckkräfte im Nachbeulbereich mit Hilfe des *Ritz*schen Ansatzes $w^*(r) = q_1 \left(1 - \frac{r^2}{a^2}\right)^2$ nach der Vorschrift von *Galerkin*; die Lagekoordinate q_1 gibt die Mittendurchbiegung der Platte an, Abb. A 11.9.

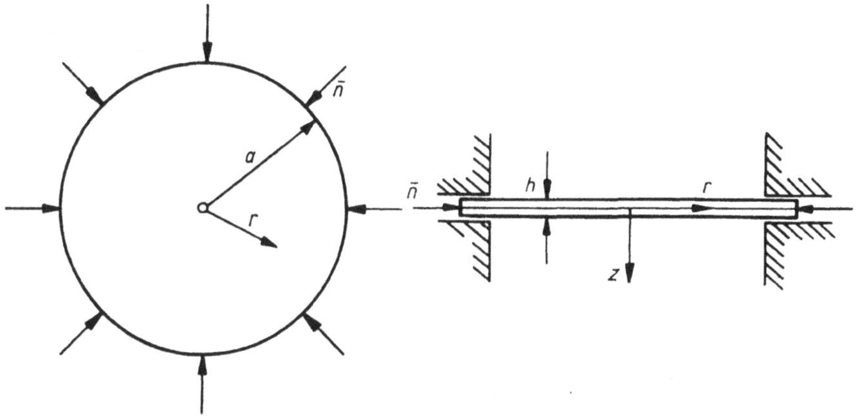

Abb. A 11.9

Anmerkung: Die *v.-Kármán*schen Plattengleichungen können in einem Polarkoordinatensystem im zentralsymmetrischen Fall ohne Flächenlast in der Form

$$K \frac{\mathrm{d}}{\mathrm{d}r} (\Delta w) = \frac{1}{r} \frac{\mathrm{d}F}{\mathrm{d}r} \frac{\mathrm{d}w}{\mathrm{d}r}, \qquad \frac{\mathrm{d}}{\mathrm{d}r} \Delta F = -\frac{Eh}{2r} \left(\frac{\mathrm{d}w}{\mathrm{d}r}\right)^2$$

dargestellt werden[1] und sind dann, da sie nur dritte Ableitungen nach w, F enthalten, leichter zu integrieren als die ursprüngliche Form (5.30a, b).

Lösung: Der *Ritz*sche Ansatz wird in die zweite *v.-Kármán*-Gleichung eingesetzt: mit $\Delta F = \frac{1}{r} \frac{\mathrm{d}}{\mathrm{d}r} \left(r \frac{\mathrm{d}F}{\mathrm{d}r}\right)$ erhält man durch Integration unter Berücksichtigung der Symmetriebedingung $r = 0: \frac{\mathrm{d}F}{\mathrm{d}r} = 0$ und der Randbedingung $r = a: \; n_r = \frac{1}{a} \frac{\mathrm{d}F}{\mathrm{d}r} = -\bar{n}$, das Ergebnis:

$$\frac{\mathrm{d}F^*}{\mathrm{d}r} = \frac{Ehq_1^2}{6a} \left(3 \frac{r}{a} - 6 \frac{r^3}{a^3} + 4 \frac{r^5}{a^5} - \frac{r^7}{a^7}\right) - \bar{n}h.$$

Dieser Ausdruck, ebenso wie der *Ritz*sche Ansatz werden in die erste *v.-Kármán*sche Plattengleichung eingesetzt. Wie es sein muß, erfüllt der *Ritz*sche Ansatz die beiden kinematischen Randbedingungen $r = a: w^* = 0, \; \frac{\mathrm{d}w^*}{\mathrm{d}r} = 0$, und die *Galerkin*sche Vorschrift liefert eine kubische Gleichung für die Durchbiegung in Plattenmitte:

$$\left[\left(\frac{8}{3} K - \frac{\bar{n}a^2}{6}\right) + \frac{1}{28} Ehq_1^2\right] q_1 = 0.$$

[1] Siehe *A. S. Wolmir:* Biegsame Platten und Schalen. — Berlin: VEB Verlag für Bauwesen, 1962.

Bei kleinen Ausbiegungen kann der letzte Term vernachlässigt werden, man erhält die Beullast $\bar{n}_k = 16K/a^2$ (der exakte Wert ist $\bar{n}_{k\,\text{exakt}} = 14{,}68K/a^2 \approx 0{,}92\bar{n}_k$). Die Nachbeuldeformation folgt zu: $q_1 = \pm 2{,}16a\sqrt{(\bar{n} - \bar{n}_k)/Eh}$. Über das Vorzeichen entscheidet eine Vordeformation.

A 11.10: Man bestimme die erzwungenen Biegeschwingungen eines flachen, unendlich langen zylindrischen Schalenstreifens zufolge radialer Belastung $p_r(y, t) = p_r(t)$, siehe Abb. A 11.10, unter Berücksichtigung der geometrischen Nichtlinearität mit Hilfe des *Ritz*schen Ansatzes $w^*(y, t) = q_1(t) \sin \frac{\pi y}{b}$.

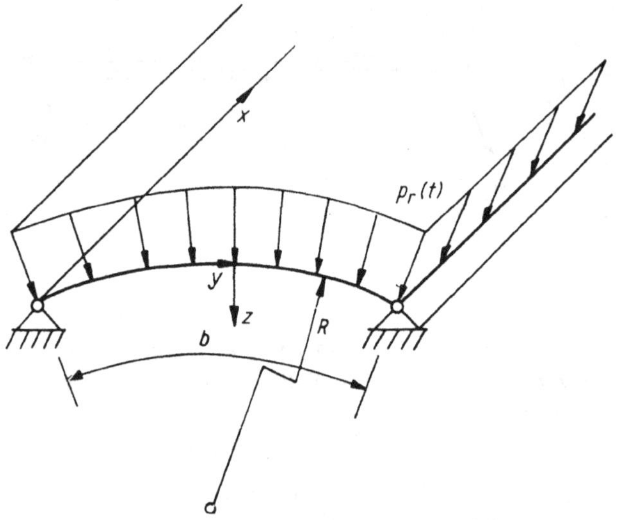

Abb. A 11.10

Anmerkung: Die *v.-Kármán*schen Plattengleichungen lauten unter Berücksichtigung einer (kleinen) zylindrischen Vordeformation[1] (Vorkrümmung $1/R$).

$$K\Delta\Delta w = p + n_x \frac{\partial^2 w}{\partial x^2} + n_y \left(\frac{1}{R} + \frac{\partial^2 w}{\partial y^2}\right) + 2n_{xy} \frac{\partial^2 w}{\partial x\, \partial y},$$

$$\Delta\Delta F = Eh \left[\left(\frac{\partial^2 w}{\partial x\, \partial y}\right)^2 - \frac{\partial^2 w}{\partial x^2}\left(\frac{1}{R} + \frac{\partial^2 w}{\partial y^2}\right)\right].$$

Wird die Koordinate y längs eines Kreisbogens gemessen, können auch (sehr) flache Zylinderschalen behandelt werden, wobei p durch p_r zu ersetzen ist.

Lösung: Unter der gegebenen Belastung verschwinden alle Ableitungen der Biegefläche nach x, und die zweite *v.-Kármán*sche Plattengleichung wird homogen. (Membranmassenträgheitskräfte werden vernachlässigt.) Die Membrankraft n_y in der ersten Gleichung wird dann konstant in y (vgl. Kesselformel (2.98)); bei festgehal-

[1] Für beliebige Vordeformation siehe *K. Marguerre:* Neuere Festigkeitsprobleme des Ingenieurs. — Berlin—Göttingen—Heidelberg: Springer-Verlag, 1950, p. 234.

tenen Auflagern bestimmt sie sich aus einer kinematischen Bedingung für die Schalenmittelfläche $\int_0^b \frac{\partial v}{\partial y}\, dy = 0$.

Mit der geometrisch nichtlinearen Beziehung $-\frac{\partial v}{\partial y} = -\varepsilon_y - \frac{w}{R} + \frac{1}{2}\left(\frac{\partial w}{\partial y}\right)^2$ und dem *Hooke*schen Gesetz $\varepsilon_y = n_y(1-\nu^2)/Eh$ bei $\varepsilon_x = 0$ folgt daraus nach Einsetzen des *Ritz*schen Ansatzes $n_y^* = \frac{Eh}{1-\nu^2}\left(\frac{\pi^2}{4}\frac{q_1^2}{b^2} - \frac{2}{\pi}\frac{q_1}{R}\right)$. Dieser in der Lagekoordinate q_1 nichtlineare Näherungsausdruck wird in die erste *v.-Kármán*sche Gleichung eingesetzt, und die *Galerkin*sche Vorschrift wird angewendet. Man erhält dann unter Berücksichtigung der Massenträgheitskräfte $-\varrho h\ddot{w}$ die nichtlineare Schwingungsgleichung, $\alpha = -(3\pi E)/((1-\nu^2)\varrho R b^2)$, $\beta = (\pi^4 E)/(4(1-\nu^2)\varrho b^4)$,

$$\ddot{q}_1 + w^2 q_1 + \alpha q_1^2 + \beta q_1^3 = 4p_r/\pi\varrho h \quad \text{mit} \quad \omega^2 = \frac{\pi^4 K}{\varrho h b^4}\left(1 + \frac{96 b^4}{\pi^6 R^2 h^2}\right).$$

Die Kennlinie der Rückstellkraft ist nicht symmetrisch. Im statischen Fall erhält man eine kubische Gleichung für q_1, deren schleifenförmige Lösungen die Durchschlagcharakteristik des flachen Bogens anzeigen. Dynamische Schnittgrößen werden bei festem t mit statischen Methoden aus der Flächenlast $p_d(y,t) = -\varrho h\ddot{w}^*$ ermittelt.

A. 11.11: Man bestimme die Eigenvektoren und Eigenfrequenzen alternativ zum Restgrößenverfahren, Abschnitt 7.4.9, durch Matrixiteration, ein Verfahren das ursprünglich von *A. Stodola* eingeführt wurde.

Hinweis: Das Eigenwertproblem von S. 449 wird in die elasto-statische Form umgeschrieben, und mit der inversen Steifigkeitsmatrix multipliziert, $\boldsymbol{a}$ sei der Amplitudenvektor als Deformation zufolge der «Trägheitskräfte», [siehe Gl. (3.46)], $\omega^{-2}\boldsymbol{a} = \boldsymbol{fma}, \boldsymbol{f} = \boldsymbol{k}^{-1}$. Das, im allgemeinen nicht symmetrische Matrizenprodukt, $\boldsymbol{d} = \boldsymbol{fm}$, wird dynamische Matrix genannt. Die Grundschwingungsform soll iterativ berechnet werden. Als Startvektor dient $\boldsymbol{a}_1^{(0)}$, z. B. mit all seinen Komponenten gleich 1 gesetzt. Jeder Vektor kann im orthogonalen System der Eigenvektoren zerlegt werden, also auch $\boldsymbol{a}_1^{(0)} = \sum_{k=1}^{n} c_k^{(0)}\boldsymbol{\phi}_k$. Fortgesetzte Multiplikation mit $\boldsymbol{d}$ ergibt dann einen Vektor der sich in die Richtung der Grundschwingungsform dreht, $\boldsymbol{a}_1^{(s)} = \sum_{k=1}^{n} c_k^{(s)}\boldsymbol{\phi}_k \to \boldsymbol{\phi}_1$, da $c_k^{(s)} = (\omega_1/\omega_k)^{2s} c_k^{(0)}$, bei separierten Eigenfrequenzen konvergiert.

Lösung: Multiplikation des Startvektors mit $\boldsymbol{d}$ liefert den Vektor $\boldsymbol{A}_1^{(1)}$, der auf Einheitslänge gekürzt wird, oder alternativ, auf größte Komponente 1 normiert wird. Nach s Iterationsschritten folgt dann, $\boldsymbol{A}_1^{(s)} = \boldsymbol{d}\boldsymbol{a}_1^{(s-1)}$, mit ausreichender Genauigkeit, $\boldsymbol{\phi}_1 = \boldsymbol{a}_1^{(s)}$, und $\omega_1^2 \cong a_{1k}^{(s-1)}/A_{1k}^{(s)}$ bzw., verbessert, $\omega_1^2 = (\boldsymbol{A}_1^{(s)T}\boldsymbol{m}\boldsymbol{a}_1^{(s-1)})/(\boldsymbol{A}_1^{(s)T}\boldsymbol{m}\boldsymbol{A}_1^{(s)})$. Beim Startvektor $\boldsymbol{a}_2^{(0)}$ muß dann die Komponente in Richtung der Grundschwingung abgezogen werden, $\boldsymbol{a}_2'^{(0)} = \boldsymbol{a}_2^{(0)} - c_1^{(0)}\boldsymbol{\phi}_1$. Multiplikation mit $\boldsymbol{\phi}_1^T\boldsymbol{m}$ von links ergibt schließlich $\boldsymbol{a}_2'^{(0)} = S_1\boldsymbol{a}_2^{(0)}$, mit der Reinigungsmatrix $\boldsymbol{S}_1 = \boldsymbol{I} - \frac{1}{m_1^*}\boldsymbol{\phi}_1\boldsymbol{\phi}_1^T\boldsymbol{m}$. Die modale Masse ist bei Orthonormalisierung $m_1^* = \boldsymbol{\phi}_1^T\boldsymbol{m}\boldsymbol{\phi}_1 = 1$. Die folgenden Iterationsschritte sind mit der neuen dynamischen Matrix $\boldsymbol{d}_1 = \boldsymbol{d}\boldsymbol{S}_1$ auszuführen. Eine wesentliche Verbesserung wird erzielt, wenn, am Schluß der Iteration, eine Komponente in $\boldsymbol{a}_2'^{(s)}$ über die Orthogonalität zur Grundschwingungsform, $\boldsymbol{a}'^{(s)T}\boldsymbol{m}\boldsymbol{\phi}_1 = 0$, bestimmt wird. Die Reinigungsmatrix in der Iteration zur zweiten Oberschwingung ist dann, $\boldsymbol{S}_2 = \boldsymbol{S}_1 - \frac{1}{m_2^*}\boldsymbol{\phi}_2\boldsymbol{\phi}_2^T\boldsymbol{m}$, die neue dynamische Matrix $\boldsymbol{d}_2 = \boldsymbol{d}\boldsymbol{S}_2$, usw.

12. Stoßvorgänge

Von einem Stoß bzw. einer stoßartigen Beanspruchung spricht man dann, wenn sehr «große Kräfte» während ganz «kurzer Zeit» auf einen Körper einwirken, wie dies beim Zusammenprall zweier Körper der Fall ist. Durch den Impulsaustausch ergibt sich eine sehr «rasche Änderung des Geschwindigkeitszustandes» während des Stoßvorganges. Von der Stoßstelle weg laufen Spannungswellen in den Körper hinein (bei hinreichend kleinen Amplituden ist ihre Ausbreitungsgeschwindigkeit im elastischen Körper gleich der Schallgeschwindigkeit, dabei sind mindestens zwei Wellentypen zu unterscheiden, die schnelle longitudinale und die langsamere transversale Welle). An den Oberflächen treten dann Reflexionen auf, an den Inhomogenitäten Beugung und Streuung. An der Stoßstelle und in der unmittelbaren Umgebung kommt es meist zu unelastischen bleibenden Deformationen (die Spannungen überschreiten die allerdings deformationsgeschwindigkeitsabhängige Fließgrenze zähplastischer Körper), und da die Deformationsgeschwindigkeiten hoch sind, tritt auch Sprödbruch in der Form von Rissen auf. Diese kurze Aufzählung zeigt schon, daß die quantitative Untersuchung der Stoßvorgänge außerordentlich schwierig ist, vgl. dazu auch die Lehrbücher über Elastische und Plastische Wellenausbreitung[1].
Um zu einer ingenieurmäßigen, also mathematisch hinreichend einfachen Formulierung zu kommen, bleibt nur der Weg weitgehender Idealisierungen. So kann man unter Umständen die individuellen Ausbreitungsvorgänge gar nicht weiter untersuchen, sondern muß die Annahme machen, daß der *Geschwindigkeitszustand des Körpers sprunghaft* geändert wird. Man setzt dann die Stoßwellengeschwindigkeit unendlich groß voraus. Die Beschleunigungen und die *Stoßkräfte* sowie auch die Spannungen im Inneren des Körpers gehen dann so nach unendlich, daß der Grenzwert ihres zeitlichen Integrals mit verschwindender Stoßdauer endlich bleibt. Man spricht dann von einem Stoßzeitpunkt und läßt die Lage der stoßenden Körper während des Stoßes unverändert.
Eine weitere Annahme betrifft die Geschwindigkeitsverteilung im Körper unmittelbar nach dem Stoß. Sie muß mit den Randbedingungen verträglich sein, der Stoß soll die Integrität des Körpers nicht zerstören. Ist der Körper auch als starrer Körper beweglich, dann ist ein plausibler Geschwindigkeitszustand durch die Angabe der Geschwindigkeit eines Körperpunktes und der Winkelgeschwindigkeit unmittelbar nach dem Stoß gegeben. Eine plausible Geschwindigkeitsverteilung im verformbaren Körper wird häufig affin zu einer passenden statischen Deformation angesetzt (analog zum *Ritz*schen Ansatz (11.1)).
Eine weitere Annahme betrifft die Art des Stoßes. Wir werden zwei Extremfälle

---

[1] *J. D. Achenbach:* Wave Propagation in Elastic Solids. — Amsterdam: North-Holland, 1975.
Y.-H. Pao/C.-C. Mow: Diffraction of Elastic Waves and Dynamic Stress Concentrations. — New York: Crane, Russak, 1973.
N. Cristescu: Dynamic Plasticity. — Amsterdam: North-Holland, 1967.

untersuchen, nämlich den «vollkommen elastischen Stoß» mit Gültigkeit des Energiesatzes über den Stoßzeitpunkt hinweg, und den «vollkommen unelastischen Stoß» mit Dissipation mechanischer Energie.
Nach Herleitung der Stoßgleichungen geben wir einige typische Beispiele. Als teilweise Rechtfertigung der Idealisierungen soll der Stoß auf einen elastischen Stab und der Druckstoß in einer geraden Rohrleitung mit Wellenausbreitung untersucht werden.

12.1. Stoßgleichungen

Der Impulserhaltungssatz (7.10)

$$\vec{J}(t_2) - \vec{J}(t_1) = \int_{t_1}^{t_2} \vec{R}\,\mathrm{d}t \tag{12.1}$$

soll unter der Voraussetzung $\vec{R} = \sum_{i=1}^{n} \vec{F}_i$, mit $\vec{F}_i$ als äußerer Einzelkraft, für Stoßvorgänge idealisiert werden. Wir bilden also den Grenzwert $(t_1, t_2) \to t_0$ mit t_0 als Stoßzeitpunkt und erhalten

$$\vec{J}' - \vec{J} = \sum_{i=1}^{n} \lim_{(t_1,t_2)\to t_0} \int_{t_1}^{t_2} \vec{F}_i\,\mathrm{d}t = \sum_{j=1}^{m\leq n} \vec{S}_j. \tag{12.2}$$

Die unstetige Geschwindigkeitsänderung ergibt einen Sprung im Impulsvektor, $\vec{J} = m\vec{v}_M$, $\vec{J}' = m\vec{v}'_M$, die gestrichenen Größen kennzeichnen den Zustand unmittelbar nach dem Stoß, und der Vektor $\vec{S}_i$ ist der endliche Stoßantrieb der (unendlichen) Stoßkraft $\vec{F}_i$:

$$\vec{S}_i = \lim_{(t_1,t_2)\to t_0} \int_{t_1}^{t_2} \vec{F}_i\,\mathrm{d}t. \tag{12.3}$$

Die Stoßantriebe aller äußeren Kräfte, die endlich bleiben (wie z. B. die Gewichtskraft), sind Null.
Analog finden wir dann zum Drehimpuls-Erhaltungssatz (mit speziellem Bezugspunkt), Gl. (7.23),

$$\vec{D}(t_2) - \vec{D}(t_1) = \int_{t_1}^{t_2} \vec{M}\,\mathrm{d}t = \sum_{i=1}^{n} \int_{t_1}^{t_2} \vec{r}_i \times \vec{F}_i\,\mathrm{d}t, \tag{12.4}$$

nach Grenzübergang $(t_1, t_2) \to t_0$, unter Beachtung der während des Stoßvorganges konstanten Vektoren $\vec{r}_i$ vom Bezugspunkt zu den Angriffspunkten der Stoßkräfte:

$$\vec{D}' - \vec{D} = \sum_{j=1}^{m\leq n} \vec{r}_j \times \vec{S}_j. \tag{12.5}$$

Die sprunghafte Zunahme des Drehimpulses durch den Stoß ist durch das resultierende Moment der äußeren Stoßantriebe bestimmt.
Im Gegensatz zu den für stetige Bewegungsvorgänge gültigen Beziehungen (Impuls- und Drallsatz sind Differentialgleichungen) sind die Stoßgleichungen finite Beziehungen, sogenannte Differenzengleichungen.

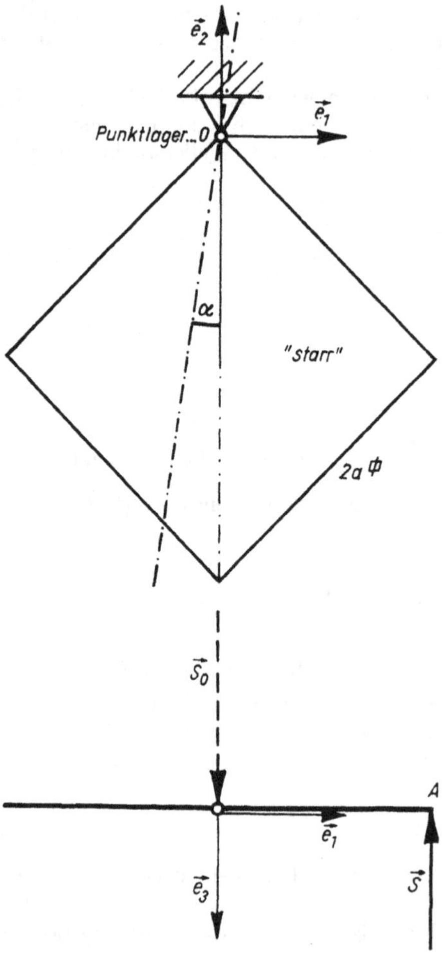

Abb. 12.1. Stoß auf ein räumliches Pendel

Wesentlich für die Auswertung dieser sechs linearen Gleichungen sind die Annahmen über die Geschwindigkeitsverteilung unmittelbar nach dem Stoß und die Kenntnis der äußeren Stoßantriebe $\vec{S}_i$. Letztere sind beim Zusammenprall zweier Körper i. allg. unbekannt, und die Gleichungen reichen auch dann nicht aus, wenn die Geschwindigkeitsverteilung starrer Körper angenommen wird. Zwei Beispiele sollen unter der Voraussetzung durchgerechnet werden, daß der eingeprägte äußere Stoßantrieb bekannt ist.

12.1.1. Beispiel: Stoß auf ein starres Plattenpendel

Eine quadratische Platte mit Seitenlänge $2a$ ist in einem Eckpunkt frei drehbar aufgehängt. Gegen die Ecke A wird ein Schlag mit dem Stoßantrieb $\vec{S} = -S\vec{e}_3$ geführt, vgl. Abb. 12.1. Der Geschwindigkeitszustand unmittelbar nach dem Stoß soll unter der Annahme berechnet werden, daß sich die Platte wie ein starrer Körper kreiselnd in Bewegung setzt. Der Drallsatz mit Bezugspunkt *0* (körper- und raumfest) ergibt, Gl. (12.5),

$$\vec{D}' - \vec{D} = \vec{r}_A \times \vec{S},$$

der Reaktionsstoßantrieb $\vec{S}_0$ ist dann momentenfrei. Mit $\vec{D}' = I_1\omega_1'\vec{e}_1 + I_2\omega_2'\vec{e}_2 + I_3\omega_3'\vec{e}_3$, $D = 0$, $\vec{r}_A = a\sqrt{2}\,(\vec{e}_1 - \vec{e}_2)$ folgt wegen $I_1 = \frac{m(2a)^2}{12} + m(2a/\sqrt{2})^2 = \frac{7}{3}\,ma^2$ und $I_2 = \frac{m(2a)^2}{12}$ aus den drei Komponentengleichungen $\omega_1' = \frac{3\sqrt{2}}{7}\frac{S}{ma}$, $\omega_2' = 3\sqrt{2}\,\frac{S}{ma}$ und $\omega_3' = 0$. Die momentane Drehachse $\vec{\omega}'$ unmittelbar nach dem Stoß liegt also in der Plattenmittelebene, und $\tan\alpha = 1/7$.

Den Antrieb der Stoßreaktion im Drehpunkt *0* finden wir unter der Starrkörperannahme aus dem Impulssatz (12.2):

$$\vec{J}' - \vec{J} = \vec{S} + \vec{S}_0.$$

Wegen $J = 0$, $\vec{J}' = m\vec{v}_S' = m(\vec{\omega}' \times \vec{r}_S) = -\frac{6}{7}\,S\vec{e}_3$, $\vec{r}_S = -a\sqrt{2}\,\vec{e}_2$, folgt schließlich

$$\vec{S}_0 = \frac{S}{7}\,\vec{e}_3.$$

12.1.2. Beispiel: Längsstoß auf einen verformbaren (elastischen) Stab

Auf das freie Ende eines geraden Stabes wird ein Stoß geführt, das andere Ende sei unbeweglich gelagert. Die Annahme eines starren Körpers ergibt keine plausible Geschwindigkeitsverteilung. Wir nehmen daher die Geschwindigkeitsverteilung unmittelbar nach dem Stoß affin zur statischen Deformation $u_S(x)$ unter einer zum Stoßantrieb gleichgerichteten Last P an, vgl. Abb. 12.2.

$$u_S(x) = -\frac{P}{EA}\,x = \frac{Pl}{EA}\,\varphi(x), \qquad \varphi(x) = -x/l, \tag{12.6}$$

$$\dot{u}'(x) = \dot{q}'\varphi(x). \tag{12.7}$$

Die verallgemeinerte Geschwindigkeit $\dot{q}'$ ist dann die Geschwindigkeit des gestoßenen Endquerschnittes.

Nun ordnen wir dem verformbaren Stab ein Ersatzsystem zu, das unmittelbar nach dem Stoß die gleiche kinetische Energie (eine positiv definite Größe) hat:

$$T' = \frac{1}{2}\int_m \dot{u}'^2\,\mathrm{d}m = \frac{1}{2}\,\dot{q}'^2\int_0^l \varphi^2\varrho A\,\mathrm{d}x = \frac{1}{2}\,\frac{m}{3}\,\dot{q}'^2 = \frac{m_e}{2}\,\dot{q}'^2. \tag{12.8}$$

Die Ersatzmasse $m_e = \frac{m}{3}$ hat dann nach dem Stoß die Geschwindigkeit $\dot{q}'$ und kann nach Abb. 12.2(c) an das Ende einer masselosen Feder mit der Steifigkeit $c = EA/l$ gesetzt werden. Die Impulsänderung beim Stoß ist dann

$$\begin{aligned} &\vec{J}' - \vec{J} = \vec{S}, \quad J = 0, \quad \vec{J}' = -\dot{q}'m_e\vec{e}_x, \quad \vec{S} = -S\vec{e}_x: \\ &m_e\dot{q}' = S, \quad \dot{q}' = S/m_e = 3S/m. \end{aligned} \tag{12.9}$$

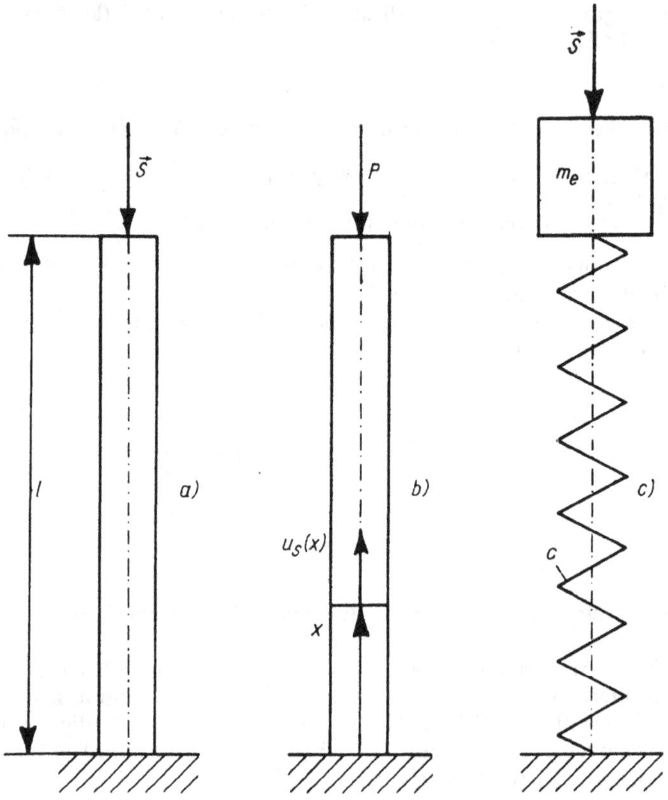

Abb. 12.2. (a) Längsstoß; (b) elastischer Druckstab; (c) Ersatzsystem

Damit ist $\dot{u}'(x) = -\frac{3S}{m}\frac{x}{l}$ bestimmt und ergibt mit $u'(x) = 0$ die Anfangsbedingungen für die dem Stoß folgende Bewegung (Schwingung).

12.2. Lagrangesche Stoßgleichungen

Analog zum Impuls- und Drehimpulssatz können wir auch die *Lagrange*sche Form der Bewegungsgleichungen (10.14) zeitlich integrieren und den Grenzwert $(t_1, t_2) \to t_0$ bilden:

$$\lim_{(t_1,t_2)\to t_0} \left\{ \int_{t_1}^{t_2} \left[\frac{\mathrm{d}}{\mathrm{d}t}\left(\frac{\partial T}{\partial \dot{q}_i}\right) - \frac{\partial T}{\partial q_i} = Q_i \right] \mathrm{d}t \right\}, \qquad (i = 1, 2, \ldots, n). \tag{12.10}$$

Dann erhalten wir gliedweise, da $\frac{\partial T}{\partial q_i}$ während des Stoßvorganges beschränkt bleibt,

$$\left(\frac{\partial T}{\partial \dot{q}_i}\right)' - \left(\frac{\partial T}{\partial \dot{q}_i}\right) = H_i, \qquad (i = 1, 2, \ldots, n), \tag{12.11}$$

n Stoßgleichungen entsprechend der im Stoß *ungeänderten* Anzahl der Freiheitsgrade, wenn der verallgemeinerte Stoßantrieb durch

$$H_i = \lim_{(t_1,t_2)\to t_0} \int_{t_1}^{t_2} Q_i(t)\, dt \tag{12.12}$$

definiert wird. Seine Berechnung erfolgt analog zur Ermittlung der generalisierten Kräfte, vgl. Gl. (10.6), aus der virtuellen Leistung, durch Koeffizientenvergleich

$$\sum_{k=1}^{m} \vec{S}_k \cdot \delta\dot{\vec{r}}_k = \sum_{i=1}^{n} H_i\, \delta\dot{q}_i\,, \tag{12.13}$$

wenn $\dot{\vec{r}}_k = \dot{\vec{r}}_k(\dot{q}_1, \ldots, \dot{q}_n)$ beachtet wird. Dazu geben wir wieder zwei Beispiele an.

12.2.1. Beispiel: Stoß auf eine Stabkette

Unter einem Wagen mit der Masse M hängt eine Kette aus n starren Stäben mit der Gliederlänge $2l$ und der Einzelmasse m, vgl. Abb. 12.3. Auf den Wagen wirkt eine Stoßkraft mit dem Antrieb S ein. Der Geschwindigkeitszustand unmittelbar nach dem Stoß soll durch die Angabe der Wagengeschwindigkeit v' und der Winkelgeschwindigkeiten der Kettenglieder ω_i' bestimmt werden. Das System besitzt $(n+1)$ Freiheitsgrade. Die Verwendung der *Lagrange*schen Stoßgleichungen spart das Zerschneiden und damit das Eliminieren der Stoßantriebe in den Gelenken. Mit $T = 0$,

$$T' = \frac{M}{2} v'^2 + \frac{m}{2} \sum_{i=1}^{n} v_i'^2 + \frac{I}{2} \sum_{i=1}^{n} \omega_i'^2 \tag{12.14}$$

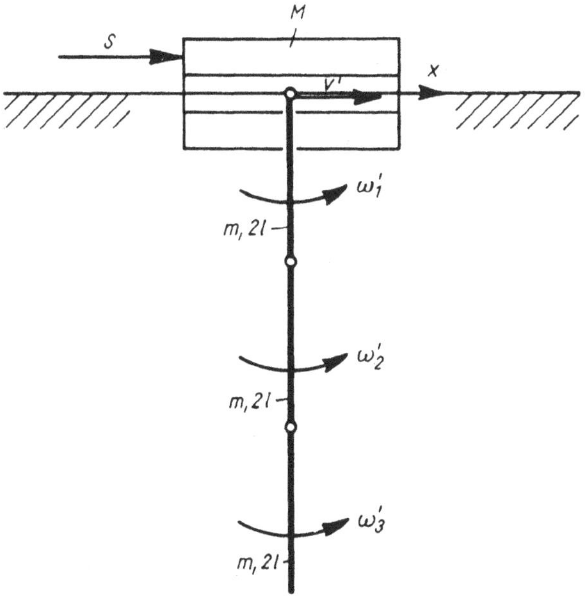

Abb. 12.3. Stoß auf einen Wagen M mit angehängter Gliederkette

und

$$v_i' = v' + 2l \sum_{k=1}^{i-1} \omega_k' + l\omega_i', \qquad I = \frac{m(2l)^2}{12} \tag{12.15}$$

sowie der virtuellen Leistung

$$S\,\delta v = H_x\,\delta v + \sum_{i=1}^{n} H_i\,\delta\omega_i, \tag{12.16}$$

aus der unmittelbar $H_x = S$, $H_i = 0$ $(i = 1, \ldots, n)$ folgt, ergibt sich für $n = 3$ (3 Kettenglieder):

$$\left.\begin{aligned} \left(\frac{M}{m} + 3\right)\frac{v'}{l} + 5\omega_1' + 3\omega_2' + \omega_3' &= S/ml,\\ 3\frac{v'}{l} + 6\omega_1' + 6\omega_2' + 4\omega_3' &= 0,\\ 9\frac{v'}{l} + 18\omega_1' + 16\omega_2' + 6\omega_3' &= 0,\\ 15\frac{v'}{l} + 28\omega_1' + 18\omega_2' + 6\omega_3' &= 0. \end{aligned}\right\} \tag{12.17}$$

Auflösung liefert $v' = \frac{52}{\Delta}\,S/m$, $\omega_1' = -\frac{33}{\Delta}\,S/ml$, $\omega_2' = \frac{9}{\Delta}\,S/ml$, $\omega_3' = -\frac{3}{\Delta}\,S/ml$, $\Delta = 15 + 52M/m$.

12.2.2. Querstoß auf einen verformbaren (elastischen) Balken

Ein Balken auf zwei gelenkigen Stützen mit Spannweite l wird in der Mitte durch einen Stoßantrieb S belastet, Abb. 12.4. Bei unverschieblichen Stützen muß eine Geschwindigkeitsverteilung unmittelbar nach dem Stoß in plausibler, mit den Randbedingungen verträglicher Form angesetzt werden: Für die Punkte der Stabachse

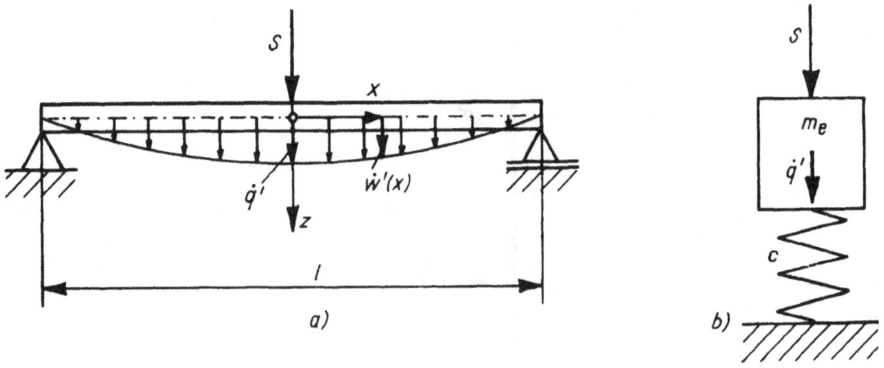

Abb. 12.4. (a) Querstoß auf einen elastischen Balken; (b) Ersatzsystem

ist dann z. B.

$$\dot{w}'(x) = \dot{q}'\varphi(x), \quad \varphi(x) = \cos\frac{\pi x}{l}, \quad -\frac{l}{2} \leqq x \leqq \frac{l}{2}. \tag{12.18}$$

Eine passende Verteilung wäre z. B. auch die affin zur Biegelinie $\varphi(x) = 1 - 6\,\frac{x^2}{l^2} + 4\left|\frac{x^3}{l^3}\right|$. Jedenfalls ist dann $\dot{q}'$ die Geschwindigkeit des gestoßenen Querschnittes in Trägermitte $x = 0$. Die kinetische Energie unmittelbar nach dem Stoß ergibt sich für den ersten Ansatz für schlanke Träger zu

$$T' = \frac{1}{2}\int_m \dot{w}'^2\,\mathrm{d}m = \frac{1}{2}\,\dot{q}'^2\int_{-\frac{l}{2}}^{\frac{l}{2}} \varphi^2(x)\,\varrho A\,\mathrm{d}x = \frac{1}{2}\,\frac{m}{2}\,\dot{q}'^2 = \frac{1}{2}\,m_e\dot{q}'^2 \tag{12.19}$$

(man könnte nun mit dem Impulssatz so weiterrechnen, als ob eine Ersatzmasse $m_e = \dfrac{m}{2}$ in Trägermitte, durch zwei masselose Biegefedern gegen die Auflager abgestützt, durch S gestoßen würde). Wir bestimmen noch den verallgemeinerten Stoßantrieb aus

$$H\,\delta\dot{q} = S\,\delta\dot{w}|_{x=0} = S\,\delta\dot{q}, \qquad H = S, \tag{12.20}$$

und setzen ihn in die *Lagrange*sche Stoßgleichung (12.11) ein,

$$\left(\frac{\partial T}{\partial \dot{q}}\right)' = \frac{m}{2}\,\dot{q}' = S, \qquad \dot{q}' = 2S/m, \tag{12.21}$$

das gibt dann eine brauchbare Näherungslösung, $\dot{w}'(x) = \dfrac{2S}{m}\cos\dfrac{\pi x}{l}$. Sie kann als Anfangsbedingung für die nach dem Stoß folgende Schwingungsbewegung dienen. Diese Vorgangsweise ist auch bei mehrgliedrigen Ansätzen für die Geschwindigkeitsverteilung zielführend.

12.3. Vollkommen elastischer und unelastischer Stoß

Stoßen zwei Körper zusammen, so bleibt der Stoßantrieb dann unbestimmt, wenn über die Art des Stoßes keine Annahme gemacht wird.
Beim *vollkommen elastischen Stoß* existiert ein Potential der inneren Kräfte, und es kann die Gültigkeit des Energiesatzes (8.8) über den Stoßvorgang hinweg angenommen werden, die mechanische Energie der beiden Körper bleibt erhalten: Nach Grenzübergang folgt

$$T' + V' = T + V. \tag{12.22}$$

Diese Gleichung verkürzt sich noch auf die Bedingung der Erhaltung der kinetischen Energie,

$$T' - T = 0, \tag{12.23}$$

da die potentielle Energie der inneren und äußeren Kräfte V' wegen der im Stoßvorgang eingefrorenen Lage aller Körperpunkte ungeändert gleich V bleibt.
Beim *vollkommen unelastischen Stoß* hingegen wird angenommen, daß sich die beiden Körper nicht sofort wieder trennen, sondern der Berührungspunkt unmittelbar nach dem Stoß eine den beiden Körperpunkten gemeinsame Geschwindigkeitskomponente in Richtung der «Stoßnormalen» (Oberflächennormalen) aufweist:

$$(\vec{v}_1' - \vec{v}_2') \cdot \vec{e}_n = 0, \tag{12.24}$$

vgl. Abb. 12.5. Bei trockener Reibung wird auch für die Stoßkräfte mit dem Haftgrenzkegel gerechnet, vgl. Abb. 2.4, so daß dann zwischen Haftung und Abgleitung entschieden werden kann. Auf die weiteren Probleme beim «schiefen» Stoß, die sich aus Haftung und Reibung ergeben, gehen wir hier nicht näher ein.
In den folgenden Beispielen verwenden wir diese beiden extremen Idealisierungen der Stoßart.

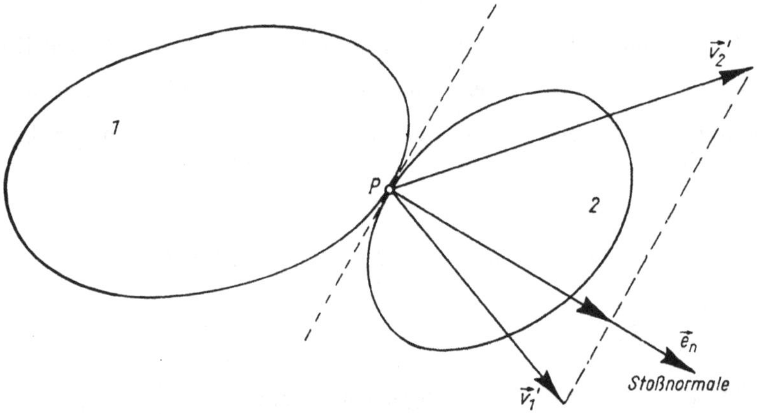

Abb. 12.5. Unelastischer Stoß, kinematische Bedingung

12.3.1. Stoß zweier Punktmassen

Zwei starre Massen in translatorischer Bewegung führen einen zentrischen Stoß gegeneinander, vgl. Abb. 12.6.
Wir wenden den Impulssatz (12.2) getrennt für die Masse m_1 und m_2 an und führen den Stoßantrieb S ein. In x-Richtung folgt dann

$$m_1(v_1' - v_1) = -S \tag{12.25}$$

$$m_2\big(v_2' - (-v_2)\big) = S. \tag{12.26}$$

Addition eliminiert den (inneren) Stoßantrieb aus dem Impulssatz für das Gesamtsystem

$$m_1(v_1' - v_1) + m_2(v_2' + v_2) = 0. \tag{12.27}$$

Erst eine weitere Annahme über die Art des Stoßes erlaubt die Berechnung der 3 Unbekannten, v_1', v_2' und S.

Beim *vollkommen elastischen Stoß* gilt $T' = T$, siehe Gl. (12.23), also

$$T' = \frac{m_1 v_1'^2}{2} + \frac{m_2 v_2'^2}{2} = T = \frac{m_1 v_1^2}{2} + \frac{m_2 v_2^2}{2}. \tag{12.28}$$

Daraus folgt

$$m_1(v_1' + v_1)(v_1' - v_1) + m_2(v_2' + v_2)(v_2' - v_2) = 0. \tag{12.29}$$

Setzen wir die beiden Impulsgleichungen (12.25), (12.26) ein, dann erhalten wir eine dritte *lineare* Gleichung

$$(v_1' + v_1)(-S) + (v_2' - v_2) S = 0 \tag{12.30}$$

wegen $S \neq 0$ auch

$$-v_1' + v_2' - v_1 - v_2 = 0. \tag{12.31}$$

Mit dem Massenverhältnis $\mu = m_2/m_1$ errechnen wir die elastische Lösung aus den beiden Gln. (12.31), (12.27) zu

$$\left.\begin{aligned} v_1' &= [(1 - \mu) v_1 - 2\mu v_2]/(1 + \mu) \\ v_2' &= [2v_1 + (1 - \mu) v_2]/(1 + \mu), \end{aligned}\right\} \tag{12.32}$$

und aus (12.26), $S = 2m_2(v_1 + v_2)/(1 + \mu)$. Insbesondere gibt $\mu \to 0$ den Spezialfall der Reflexion der aufprallenden Masse m_2 an einer «unendlichen» Masse.
Mit Hilfe der kinematischen Bedingung des *vollkommen unelastischen Stoßes*, Gl. (12.24),

$$v_1' - v_2' = 0 \tag{12.33}$$

folgt hingegen aus dem Impulssatz (12.25), (12.26):

$$v_1' = (v_1 - \mu v_2)/(1 + \mu) = v_2' \quad \text{und} \quad S = m_2(v_1 + v_2)/(1 + \mu). \tag{12.34}$$

Während des unelastischen Stoßvorganges wird dann die mechanische Energie

$$T' - T = -\frac{m_2}{2(1 + \mu)} (v_1 + v_2)^2 \tag{12.35}$$

dissipiert. Insbesondere gibt $\mu = 0$ und $v_1 = 0$ den unelastischen Aufprall der Masse m_2 auf eine ruhende unendliche Masse mit vollständiger Dissipation der kinetischen Energie.

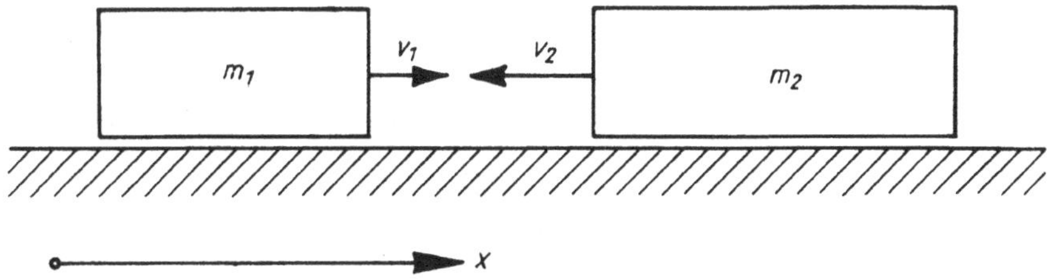

Abb. 12.6. Zentrischer Stoß zweier Massen

12.4. Das «ballistische» Pendel und der Stoßmittelpunkt

Eine Punktmasse m_1 soll mit der Geschwindigkeit v_1 auf ein ebenes Pendel prallen. Wegen der «leichten» Drehbarkeit nehmen wir die Geschwindigkeitsverteilung nach dem Stoß wie in einem starren Körper an. Mit den Beziehungen nach Abb. 12.7 wenden wir den Impuls- und Drallsatz, Gln. (12.2), (12.5), getrennt auf beide Körper an:

$$\begin{aligned} &m_1(v_1' - v_1) = -S, \quad m_2(v_2' - v_2) = S - S_0, \quad v_2' = s_2\omega_2', \\ &m_2 i_0^2(\omega_2' - \omega_2) = Sl, \quad i_0^2 = i_2^2 + s_2^2, \qquad v_2 = \omega_2 = 0. \end{aligned} \tag{12.36}$$

Elimination von S ergibt $v_1' - v_1 = -m_2 i_0^2 \omega_2'/m_1 l$.

Die vierte Gleichung ist entweder die Bedingung des vollkommen *elastischen* Stoßes, (12.23)

$$T' = \frac{1}{2} m_1 v_1'^2 + \frac{1}{2} m_2 i_0^2 \omega_2'^2 = T = \frac{1}{2} m_1 v_1^2, \tag{12.37}$$

die mit dem Massenverhältnis $\mu = m_2/m_1$ auch in der Form

$$(v_1' - v_1)(v_1' + v_1) = -\mu i_0^2 \omega_2'^2 \tag{12.38}$$

geschrieben werden kann, aus der wir durch Substitution von $(v_1' - v_1)$ wieder eine unabhängige lineare Gleichung

$$v_1' + v_1 = l\omega_2' \tag{12.39}$$

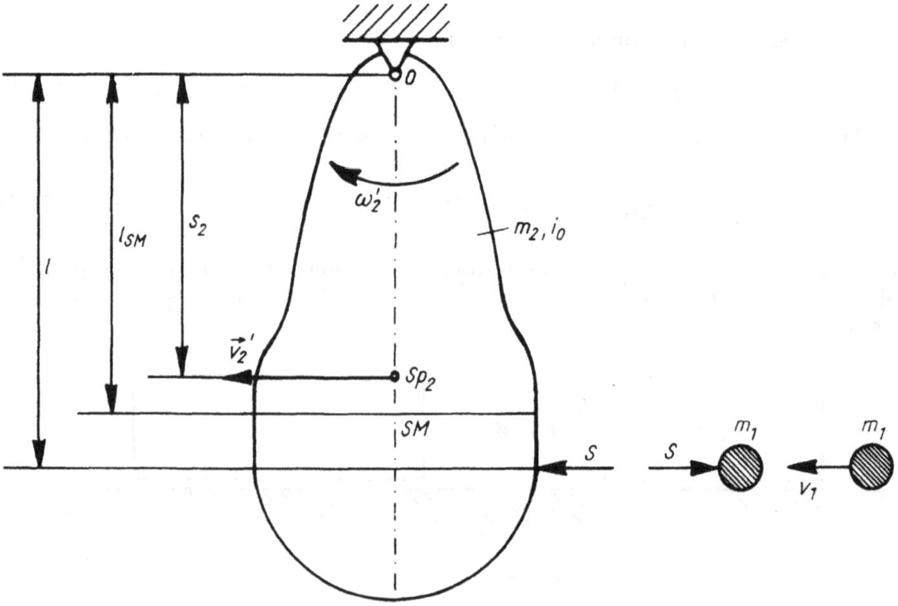

Abb. 12.7. Stoß auf ein ebenes Pendel. Stoßmittelpunkt

erhalten, — oder die kinematische Bedingung des *unelastischen* Stoßes, (12.24),

$$v_1' - l\omega_2' = 0. \tag{12.40}$$

Die Lösungen sind in der Tabelle zusammengestellt.

Stoß	elastisch	unelastisch
ω_2'	$2\dfrac{l}{l^2+\mu i_0^2}v_1$	$\dfrac{l}{l^2+\mu i_0^2}v_1$
v_1'	$\dfrac{l^2-\mu i_0^2}{l^2+\mu i_0^2}v_1$	$\dfrac{l^2}{l^2+\mu i_0^2}v_1$
S	$2\dfrac{m_2 i_0^2}{l^2+\mu i_0^2}v_1$	$\dfrac{m_2 i_0^2}{l^2+\mu i_0^2}v_1$
S_0	$2m_2\dfrac{i_0^2-ls_2}{l^2+\mu i_0^2}v_1$	$m_2\dfrac{i_0^2-ls_2}{l^2+\mu i_0^2}v_1$

Aus der letzten Zeile der Tabelle erkennt man, daß der *Reaktionsstoß* im Auflager, unabhängig von der Art des Stoßes, *verschwindet*, wenn nur

$$i_0^2 - ls_2 = 0. \tag{12.41}$$

Daraus folgt für den Abstand des sogenannten «*Stoßmittelpunktes*»

$$l_{SM} = s_2 + i_2^2/s_2. \tag{12.42}$$

Dieser Punkt hat besondere Bedeutung für Hämmer und ähnliche schlagende Werkzeuge, wo das Auflager stoßfrei gehalten werden soll.
Beim ballistischen Pendel wird nur der größte Ausschlag der Nachfolgebewegung gemessen und daraus die Auftreffgeschwindigkeit v_1 ermittelt. Der Energiesatz (8.8) für die konservativ angenommene Bewegung des Pendels *nach* dem Stoß liefert die gesuchte Beziehung, $m_1 \ll m_2$:

$$\frac{m_2 i_0^2}{2}\,\omega_2'^2 = m_2 g s_2(1 - \cos\alpha) \tag{12.43}$$

wenn ω_2' aus der Tabelle eingesetzt wird.

12.5. Plötzliche Fixierung einer Achse

Ein vollkommen unelastischer Stoß tritt auf, wenn eine körperfeste Achse eines nicht geführten (frei fliegenden) *starren* Körpers plötzlich im Raum festgehalten wird. Das Beispiel eines über eine Kante rollenden Rades zeigt Abb. 12.8. In *0* wird ein schiefer Stoß innerhalb des Haftgrenzkegels angenommen. Die hier vorliegende Führungsbedingung ist zulässig, da kein weiterer Stoßantrieb auftritt. Geht die Achse durch *0* mit der Richtung $\vec{e}$, dann muß, da alle Stoßantriebe durch die Achse gehen, der Drall um diese ungeändert bleiben, vgl. Gl. (12.5):

$$\vec{D}_0' \cdot \vec{e} = \vec{D}_0 \cdot \vec{e}. \tag{12.44}$$

Dabei ist $\vec{D}_0 = \vec{D}_S + \vec{r}_S \times \vec{J}$, vgl. Gl. (7.28).

Auf das Beispiel angewendet, folgt

$$D_0 = I\omega + (mR\omega)(R - h), \qquad D_0' = I\omega' + (mR\omega')R, \tag{12.45}$$

und mit $D_0 = D_0'$ schließlich

$$\omega' = \omega\left[1 - \frac{h}{R}\frac{1}{1 + (i_S/R)^2}\right]. \tag{12.46}$$

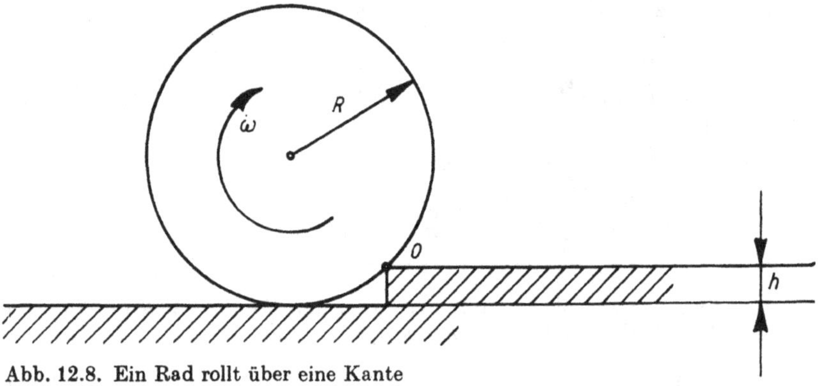

Abb. 12.8. Ein Rad rollt über eine Kante

12.6. Ergänzung zum Längs- und Querstoß auf den elastischen Stab

Im Beispiel 12.1.2. und 12.2.2. soll der Stoß durch eine mit v aufprallende Punktmasse M hervorgerufen werden. Für diese liefert der Impulssatz (12.2):

$$M(v' - v) = -S. \tag{12.47}$$

Damit kann zwar der unbekannte Stoßantrieb in 12.1.2. und 12.2.2. eliminiert werden, doch tritt die Geschwindigkeit v' als neue Unbekannte hinzu. Erst die Annahme über die Art des Stoßes liefert eine weitere unabhängige Gleichung. Für den vollkommen *unelastischen* Stoß ist $v' - \dot{q}' = 0$ und daher $S = M(v - \dot{q}')$. Nun gilt aber auch $S = m_e\dot{q}'$, vgl. Gl. (12.9) bzw. (12.21), und

$$\dot{q}' = v\frac{M}{M + m_e} = v/(1 + \mu_e), \; \mu_e = m_e/M = \beta m/M \tag{12.48}$$

kann explizit als Bruchteil der Auftreffgeschwindigkeit v dargestellt werden. Dabei wurde $\beta = 1/3$ beim Längsstoß und $\beta = 1/2$ bzw. $17/35$ beim mittigen Querstoß näherungsweise gefunden, siehe Gln. (12.8) und (12.190) und setze $m_e = m^*$.

Nun berechnen wir noch die konservative Bewegung *nach* dem Stoß, insbesondere die erste Umkehrlage der einsetzenden Schwingung, in der die maximale Beanspruchung auftritt. Der Energiesatz (8.8) ergibt

$$T' = \frac{1}{2}(M + m_e)\dot{q}'^2 = V_u = -Mga + \frac{1}{2}ca^2, \tag{12.49}$$

mit $c = EA/l$ beim Druckstab und $c = \pi^4 EJ/2l^3$ bzw. $48\,EJ/l^3$ beim Biegebalken. Setzen wir $\dot{q}'$ ein, dann folgt der maximale dynamische Ausschlag a, mit $a_S = Mg/c$, als Lösung der quadratischen Gleichung,

$$a = a_S\left[1 + \sqrt{1 + v^2/ga_S(1 + \beta m/M)}\right], \tag{12.50}$$

$\chi = a/a_S > 1$, ist dann der *dynamische Vergrößerungsfaktor*. Für diesen linear elastischen Fall bestimmt er auch die Größtwerte der dynamischen Schnittgrößen und Auflagerreaktionen:

$$\text{Beim Längsstoß:} \quad \text{Max}\,(-N_{\text{dyn}}) = \chi Mg. \tag{12.51}$$

$$\text{Beim Querstoß:} \quad \text{Max}\,\big(M_y(x = 0)\big) = \chi \frac{Mgl}{4}. \tag{12.52}$$

Gegenüber dem quasistatischen Belastungsvorgang ergibt sich mit $v = 0$ die plötzliche Wirkung (sprunghafte Laststeigerung) der Gewichtskraft Mg durch das dynamische Lastvielfache $\chi = 2$. Solche Lastvielfache treten z. B. beim Absetzen von Lasten mit Kran auf.

12.7. Stoß auf einen elastischen dünnen Stab. Wellenausbreitung

Der Impulssatz (7.7) für ein Stabelement der Länge dx und mit der Masse $dm = \varrho A\,dx$ gibt mit der Annahme, daß die Querschnitte bei der Längsbewegung eben bleiben:

$$\frac{\partial N}{\partial x} = \varrho A \frac{\partial^2 u}{\partial t^2}, \tag{12.53}$$

wo $N(x, t) = A\sigma_{xx}(x, t)$ die Längskraft und $u(x, t)$ die Längsverschiebung des Querschnittes angibt. Für den *Hooke*schen Stab gilt

$$\sigma_{xx} = E \frac{\partial u}{\partial x}, \tag{12.54}$$

und wir erhalten bei Elimination von σ_{xx}

$$\frac{\partial}{\partial x}\left(EA \frac{\partial u}{\partial x}\right) = \varrho A \frac{\partial^2 u}{\partial t^2}, \tag{12.55}$$

bzw. bei Elimination von u

$$E \frac{\partial}{\partial x}\left[\frac{1}{\varrho A} \frac{\partial(A\sigma_{xx})}{\partial x}\right] = \frac{\partial^2 \sigma_{xx}}{\partial t^2}. \tag{12.56}$$

Für den homogenen Stab mit konstantem Querschnitt gehen die Gleichungen direkt in Wellengleichungen über:

$$c^2 \frac{\partial^2 u}{\partial x^2} = \frac{\partial^2 u}{\partial t^2}, \quad c^2 \frac{\partial^2 \sigma_{xx}}{\partial x^2} = \frac{\partial^2 \sigma_{xx}}{\partial t^2}, \quad c = \sqrt{E/\varrho}. \tag{12.57}$$

c ist die *Schallgeschwindigkeit* im linear elastischen Stab (im Vakuum). Statt der Wellengleichung ist es oft vorteilhaft, das System von 2 Differentialgleichungen

$$\frac{\partial \sigma_{xx}}{\partial x} = \varrho \frac{\partial^2 u}{\partial t^2}, \quad \sigma_{xx} = \varrho c^2 \frac{\partial u}{\partial x}, \tag{12.58}$$

oder das «symmetrische» System erster Ordnung mit $v = \frac{\partial u}{\partial t}$:

$$\frac{\partial \sigma_{xx}}{\partial x} = \varrho \frac{\partial v}{\partial t}, \quad \frac{\partial \sigma_{xx}}{\partial t} = \varrho c^2 \frac{\partial v}{\partial x}, \tag{12.59}$$

zu benützen. Die allgemeine, sogenannte *D'Alembert*sche Lösung ergibt sich durch Superposition von rechts- und linkslaufenden Wellen

$$\left.\begin{aligned} u(x, t) &= g(t - x/c) + G(t + x/c), \\ v(x, t) &= s(t - x/c) + S(t + x/c), \\ \sigma_{xx}(x, t) &= f(t - x/c) + F(t + x/c). \end{aligned}\right\} \tag{12.60}$$

Wegen $v = \frac{\partial u}{\partial t}$ ist $s = \dot{g}$ und $S = \dot{G}$, und wegen $\sigma_{xx} = \varrho c^2 \frac{\partial u}{\partial x}$ gilt

$$f = \varrho c^2 \left(-\frac{1}{c}\,\dot{g}\right) = -\varrho c \dot{g} = -\varrho c s, \quad F = \varrho c^2 \left(\frac{1}{c}\,\dot{G}\right) = \varrho c \dot{G} = \varrho c S. \tag{12.61}$$

Zwischen der Spannung f und der Deformationsgeschwindigkeit s besteht ein linearer Zusammenhang, ϱc wird *mechanische Impedanz* genannt (in Analogie zur elektrischen).
Betrachten wir eine Spannungswelle, die in $t = 0$ von $x = 0$ weg zu laufen beginnt (z. B. nach einem Stoß auf die Stirnfläche des Stabes):

$$\sigma_0(x, t) = f(t - x/c), \qquad 0 \leqq t \leqq l/c. \tag{12.62}$$

Sie erreicht in der Laufzeit l/c das spannungsfreie Ende eines endlich langen, frei liegenden Stabes: Die Randbedingung fordert

$$\sigma(l, t) = f(t - l/c) + \sigma_r(l, t) = 0. \tag{12.63}$$

Die reflektierte Spannungswelle σ_r muß eine gegenläufige Welle gleicher Form wie die ankommende σ_0-Welle sein, aber mit verschiedenem Vorzeichen (Zug-Druck):

$$\sigma_r(x, t) = -f\left(t - \frac{l}{c} + \frac{x - l}{c}\right), \quad \frac{l}{c} \leqq t \leqq \frac{2l}{c}. \tag{12.64}$$

Im Stab laufen jetzt zwei gegenläufige Wellen

$$\sigma_0 + \sigma_r = f(t - x/c) - f\left(t - \frac{l}{c} + \frac{x - l}{c}\right), \quad \frac{l}{c} \leqq t \leqq \frac{2l}{c}, \tag{12.65}$$

die sich für $x = l$ gerade auslöschen. Ist das Ende $x = 0$ zur Zeit $t = 2l/c$ bereits spannungsfrei (kurze Stoßzeit), dann tritt dort wieder Reflexion mit Vorzeichenumkehr auf,

$$\begin{aligned} &\sigma_0 + \sigma_r + \sigma_{rr} = f\left(t - \frac{x}{c}\right) - f\left(t - \frac{l}{c} + \frac{x - l}{c}\right) + f\left(t - \frac{2l}{c} - \frac{x}{c}\right), \\ &\frac{2l}{c} \leqq t \leqq \frac{3l}{c}, \end{aligned} \tag{12.66}$$

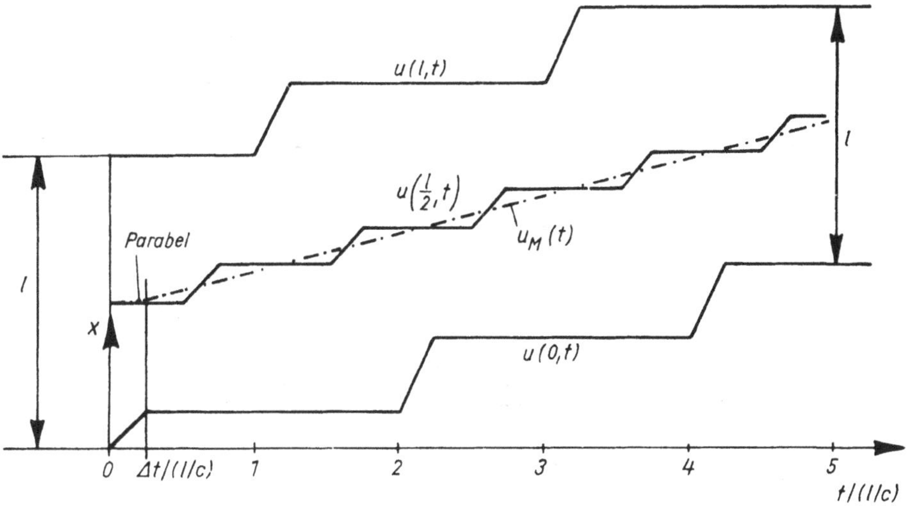

Abb. 12.9. Bewegung eines elastischen Stabes nach einem Stoß

usw. Da keine Dämpfung berücksichtigt wurde und die Wellenausbreitung auch dispersionsfrei angenommen wurde (die Querbeschleunigung der Kontraktionsbewegung ist vernachlässigt), bleibt der Wellenzug formtreu. Nehmen wir nun an, daß die Spannungswelle von einem Stoß der Dauer Δt mit konstanter Stoßkraft P herrührt. Der Stoßantrieb ist dann $P\,\Delta t$ und ($\sigma_0 \leqq 0$),

$$\sigma_0(x, t) = \frac{P}{A}\left[H\left(t - \frac{x}{c}\right) - H\left(t - \frac{x - \delta}{c}\right)\right], \quad \delta = c\,\Delta t, \tag{12.67}$$

mit der Sprungfunktion $H(t)$, beschreibt die erste Spannungswelle. Diese Druckwelle beschleunigt jeweils ein Massenelement $\varrho A\delta$ im Bereich δ der Welle, von Null auf die Geschwindigkeit $v = \dfrac{P}{\varrho c A}\left[H\left(t - \dfrac{x - \delta}{c}\right) - H\left(t - \dfrac{x}{c}\right)\right]$. Der Impulssatz (7.10) für den ganzen Stab ergibt

$$\varrho A l v_M = P\,\Delta t, \qquad t > \Delta t, \tag{12.68}$$

eine konstante Geschwindigkeit des Massenmittelpunktes. Sie ist gleichzeitig die mittlere Geschwindigkeit, mit der sich der Stab fortbewegt, einmal zufolge der rechtslaufenden Druckwelle und nach Reflexion zufolge der linkslaufenden Zugwelle[1], vgl. das Diagramm Abb. 12.9.

12.8. Druckstoß in einer geraden Rohrleitung

Beim Öffnen oder Schließen eines Schiebers in einer Rohrleitung treten Geschwindigkeits- und Druckstörungen in der Flüssigkeit auf, die sich wegen der Kompressibilität der Flüssigkeit und der Elastizität des Rohres mit endlicher Geschwindigkeit, bei

[1] Bei zugspannungsempfindlichem Material kann dann der Stab (trotz erstmaliger Druckbeanspruchung) in Stücke zerreißen (siehe auch das «Spalling» in *J. D. Achenbach:* Wave Propagation in Elastic Solids. — Amsterdam: North-Holland, 1975.)

kleinen Störungsamplituden mit einer charakteristischen Schallgeschwindigkeit, ausbreiten und z. B. stromaufwärts bis zum Ende der Rohrleitung praktisch ungedämpft die Druckstörung übertragen. An den Rohrenden erfolgt dann totale oder partielle Reflexion (vgl. z. B. Gl. (12.63)).

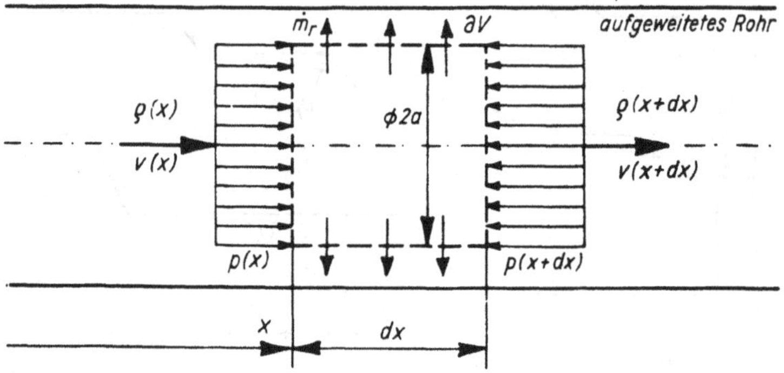

Abb. 12.10. Massen- und Impulsbilanz am Kontrollvolumenelement

Um die beschreibenden Gleichungen zu finden, wenden wir die instationäre Kontinuitätsgleichung (1.72) und den Impulssatz (7.13) auf ein achsensymmetrisches Kontrollvolumen an, dessen Stirnflächen dem Querschnitt des Rohres bei ungestörter stationärer Strömung entsprechen, $A = \pi a^2$. Bei (instationärer) Druckerhöhung wird das Rohr aufgeweitet (und verlängert), und Masse strömt auch in radialer Richtung durch die Mantelfläche des Kontrollvolumens, $\dot m_r$, vgl. Abb. 12.10. Die Massenbilanz ergibt mit $\left|v \frac{\partial \varrho}{\partial x}\right| \ll \left|\frac{\partial \varrho}{\partial t}\right|$, die Bedingung wird später verifiziert, zur Zeit t:

$$\frac{\partial \varrho}{\partial t} A \,\mathrm{d}x = -A(\mu_1 + \mu_2) - \dot m_r, \quad \mu_1 = -\varrho v, \quad \mu_2 \doteq \varrho\left(v + \frac{\partial v}{\partial x}\,\mathrm{d}x\right). \tag{12.69}$$

Den radialen Massefluß berechnen wir angenähert aus der Rohrdeformation unter der instationären Druckerhöhung $\frac{\partial p}{\partial t}\,\mathrm{d}t$. Die Kesselformel (2.98) liefert die Umfangsspannung $\sigma_{\varphi\varphi} = pa/s$ zufolge Innendruck p, wenn die Wandstärke $s \ll a$. Die Längsspannung $\sigma_{xx} = \alpha\sigma_{\varphi\varphi}$ hängt von den Lagerungsbedingungen ab, so ist $\alpha = 0$ beim Rohr mit freier axialer Dehnung, $\alpha = \nu$ bei vollständiger Behinderung dieser Dehnung und $\alpha = 1/2$ beim geschlossenen Rohr ohne äußere Halterung in Längsrichtung. Aus dem *Hooke*schen Gesetz folgen dann die Umfangs- und Längsdehnung,

$$\varepsilon_{\varphi\varphi} = \frac{u}{a} = (\sigma_{\varphi\varphi} - \nu\sigma_{xx})/E, \quad \varepsilon_{xx} = \frac{\Delta l}{l} = (\sigma_{xx} - \nu\sigma_{\varphi\varphi})/E. \tag{12.70}$$

Der statische Rohrvolumenzuwachs eines Rohres der Länge l unter Innendruck p ist dann

$$\pi(a + u)^2\,(l + \Delta l) - \pi a^2 l \doteq \pi a^2 l\,\frac{pa}{Es}\,\beta, \qquad \beta = 2 + \alpha - \nu(1 + 2\alpha).$$

Damit kann die radial ausströmende Masse im Kontrollvolumen der Länge dx bei Drucksteigerung von $p(x)$ auf $p(x) + \frac{\partial p}{\partial t}\,\mathrm{d}t$ quasistatisch berechnet werden:

$$\dot{m}_r\,\mathrm{d}t \doteq \varrho A\,\mathrm{d}x\,\frac{\partial p}{\partial t}\,\mathrm{d}t\,\frac{a}{Es}\,\beta. \tag{12.71}$$

Durch dt kann gekürzt werden.
Setzen wir noch lineare Kompressibilität der barotropen Flüssigkeit voraus, Gl. (2.87),

$$\mathrm{d}p = K_\mathrm{F}\,\frac{\mathrm{d}\varrho}{\varrho}, \tag{12.72}$$

dann ist $\frac{\partial \varrho}{\partial t} = \frac{\varrho}{K_\mathrm{F}}\,\frac{\partial p}{\partial t}$, und die Kontinuitätsgleichung (12.69) liefert

$$\frac{\partial p}{\partial t} = -\varrho c^2\,\frac{\partial v}{\partial x}, \quad c^2 = E_\mathrm{eff}/\varrho, \quad E_\mathrm{eff} = \left(\frac{1}{K_\mathrm{F}} + \frac{\beta a}{Es}\right)^{-1}, \tag{12.73}$$

c, in der Größenordnung von 1000 m/s, ist dann die Schallgeschwindigkeit des Systems Flüssigkeit—Rohr, E_eff ist der effektive Elastizitätsmodul der hintereinander geschalteten Federn: Kompressible Flüssigkeit—elastisches Rohr, vgl. Gl. (12.57).

Der Impulssatz (7.13) liefert mit $\left|v\,\frac{\partial v}{\partial x}\right| \ll \frac{\partial v}{\partial t}$ und mit Gl. (1.75) eine zweite Gleichung,

$$\frac{\partial v}{\partial t}\,\varrho A\,\mathrm{d}x = -A\,\frac{\partial p}{\partial x}\,\mathrm{d}x, \tag{12.74}$$

also

$$\frac{\partial p}{\partial x} = -\varrho\,\frac{\partial v}{\partial t}. \tag{12.75}$$

Aus den beiden den Druckstoß beschreibenden partiellen Differentialgleichungen 1. Ordnung, Gln. (12.73), (12.75), kann v oder p (mit $\varrho \doteq$ const) eliminiert werden. Das ergibt Wellengleichungen,

$$\frac{\partial^2 p}{\partial t^2} = c^2\,\frac{\partial^2 p}{\partial x^2}, \qquad \frac{\partial^2 v}{\partial t^2} = c^2\,\frac{\partial^2 v}{\partial x^2}, \tag{12.76}$$

mit *D'Alembert*schen Lösungen für rechts- und linkslaufende Wellen:

$$\begin{aligned} p - p_0 &= f\left(t - \frac{x}{c}\right) + F\left(t + \frac{x}{c}\right), \\ v - v_0 &= \frac{1}{\varrho c}\left[f\left(t - \frac{x}{c}\right) - F\left(t + \frac{x}{c}\right)\right]. \end{aligned} \tag{12.77}$$

Jetzt ist auch leicht zu zeigen, daß die nichtlinearen (konvektiven) Terme in den beschreibenden Gleichungen mit Recht gestrichen wurden, da $v\,\frac{\partial v}{\partial x} = \pm\,\frac{v}{c}\,\frac{\partial v}{\partial t}$, $v\,\frac{\partial \varrho}{\partial x} = \pm\frac{v}{c}\,\frac{\partial \varrho}{\partial t}$, usw. und $v \ll c$ für praktisch vorkommende Strömungsgeschwindigkeiten, $v_0/c \leqq 10^{-2}$. So tritt z. B. beim plötzlichen Schließen eines Schiebers einer stationär durchflossenen Rohrleitung ein Drucksprung auf:

$$p - p_0 = F\left(t + \frac{x - l}{c}\right), \qquad v - v_0 = -\frac{1}{\varrho c} F\left(t + \frac{x - l}{c}\right), \tag{12.78}$$

dessen Stärke und Form aus der Randbedingung am Schieber in $x = l$, $v(l) = 0$ zu

$$-v_0 = -\frac{1}{\varrho c} F(t), \qquad F(t) = \varrho c v_0, \tag{12.79}$$

als laufende Welle mit der Sprungfunktion gebildet wird

$$p - p_0 = \varrho c v_0 H\left(t + \frac{x - l}{c}\right), \qquad v - v_0 = -v_0 H\left(t + \frac{x - l}{c}\right). \tag{12.80}$$

Diese Druckwelle läuft mit c stromaufwärts und hat drei Effekte zur Folge:

a) die Strömungsgeschwindigkeit hinter der Wellenfront ist Null,
b) das Rohr wird unter der Druckerhöhung hinter der Wellenfront aufgeweitet (quasistatische Rechnung),
c) die Dichte der Flüssigkeit wird vergrößert.

Wegen b) und c) enthält das Rohr letztlich eine größere Flüssigkeitsmasse gegenüber dem stationären Strömungszustand. Erreicht die Welle das Rohrende $x = 0$, dort soll ein großer Behälter anschließen, dann führen der Drucküberschuß und die Rohrfederspannung zu einem Auspressen der Flüssigkeit in den Behälter, also zu einer Rückströmung. Dadurch entsteht eine rechtslaufende reflektierte Welle. Mit der idealisierten Randbedingung in $x = 0 : p = p_0$, und für $t \geqq l/c$ folgt dann

$$0 = F\left(t - \frac{l}{c}\right) + f\left(t - \frac{l}{c}\right) \tag{12.81}$$

und

$$\left.\begin{aligned} p - p_0 &= \varrho c v_0 + f\left(t - \frac{l}{c} - \frac{x}{c}\right) = \varrho c v_0 - \varrho c v_0 H\left(t - \frac{l}{c} - \frac{x}{c}\right) \\ v - v_0 &= -v_0 + \frac{1}{\varrho c} f\left(t - \frac{l}{c} - \frac{x}{c}\right) = -v_0 - v_0 H\left(t - \frac{l}{c} - \frac{x}{c}\right), \end{aligned}\right\} \tag{12.82}$$

also $p = p_0$ und $v = -v_0$ hinter der nun nach $x > 0$ laufenden Wellenfront. In $t = 2l/c$ erfolgt dann die Reflexion am geschlossenen Schieber. Mit der Randbedingung in $x = l : v = 0$, und für $t \geqq 2l/c$ setzen wir an:

$$0 = f\left(t - \frac{2l}{c}\right) - F\left(t - \frac{2l}{c}\right), \tag{12.83}$$

und erhalten damit das neue Wellensystem für $2l/c \leqq t \leqq 3l/c$,

$$\left.\begin{aligned} v - v_0 &= -2v_0 - \frac{1}{\varrho c} F\left(t - \frac{2l}{c} + \frac{x - l}{c}\right) = -2v_0 + v_0 H\left(t - \frac{2l}{c} + \frac{x - l}{c}\right) \\ p - p_0 &= F\left(t - \frac{2l}{c} + \frac{x - l}{c}\right) = -\varrho c v_0 H\left(t - \frac{2l}{c} + \frac{x - l}{c}\right), \end{aligned}\right\} \tag{12.84}$$

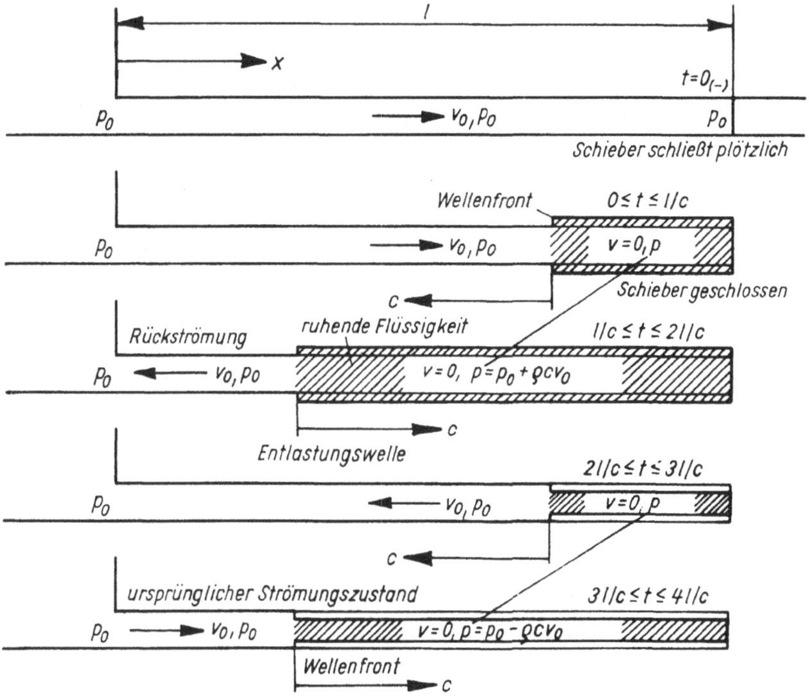

Abb. 12.11. Plötzliches Schließen eines Schiebers. Zyklus von Wellen ohne Dämpfung und Dispersion (elastisches Rohr quasistatisch, trägheitslos betrachtet)

Schieberseitig ruht die unter vermindertem Druck $p = p_0 - \varrho c v_0$ stehende Flüssigkeit, das Rohr ist eingefedert (es besteht sogar die Gefahr der Beulung unter dem äußeren Luftdruck, auch Kavitation (mit Verdampfen) der Flüssigkeit ist möglich), die Dichte ist vermindert. Abermalige Reflexion im Zeitpunkt $t = 3l/c$ am «freien» Rohrende in $x = 0$ ergibt eine rechtslaufende Wellenfront hinter der wieder der Zustand der ursprünglichen stationären Strömung mit v_0 und p_0 herrscht, vgl. Abb. 12.11. Durch den Dämpfungseinfluß und auch durch Dispersion der Wellenfront kommt die Flüssigkeit letztlich zur Ruhe.
Beim Entwurf von Rohrleitungssystemen und Regeleinrichtungen sind diese Druckstöße zu beachten (und womöglich zu vermeiden, vgl. das Wasserschloß in 8.5.6.).

12.9. Aufgaben A 12.1 bis A 12.3 und Lösungen

A 12.1: Man berechne den Rücksprungwinkel β des gegen eine lotrechte Wand rollenden Balles, Abb. A 12.1, unter der Annahme eines elastischen Stoßes.

Lösung: Die Annahme, daß unmittelbar nach dem Stoß B Geschwindigkeitspol ist, ergibt $v' \sin\beta - R\omega' = 0$ (Fixierung einer Achse). Der Drall um B bleibt erhalten, $I\omega' + mv'R\sin\beta - I\omega = 0$. Damit ist $\omega' = \omega/(1 + R^2/i^2)$ und $v' \sin\beta = v/(1 + R^2/i^2)$.

Die Bedingung des elastischen Stoßes liefert eine dritte Gleichung $\frac{mv'^2}{2} + \frac{I\omega'^2}{2} = \frac{\omega^2}{2}(I + mR^2)$, aus der $v'^2 = \omega^2[(R^2 + i^2)^3 - i^6]/(R^2 + i^2)^2$ folgt. Damit ist $\sin\beta = Ri^2/\sqrt{(R^2 + i^2)^3 - i^6}$, und speziell für die dünne Hohlkugel, $i^2 = R^2/3$, folgt $\sin\beta = 1/\sqrt{21}$.
Mit Hilfe des Impulssatzes $mv' \sin\beta = S_v$, $mv' \cos\beta + mv = S_h$ kann aus $S_v/S_h \leqq \mu$ die mindestens erforderliche Haftgrenzzahl ermittelt werden, speziell für die Hohlkugel ist $\mu_{\min} = 1/(4 + 2\sqrt{5})$.

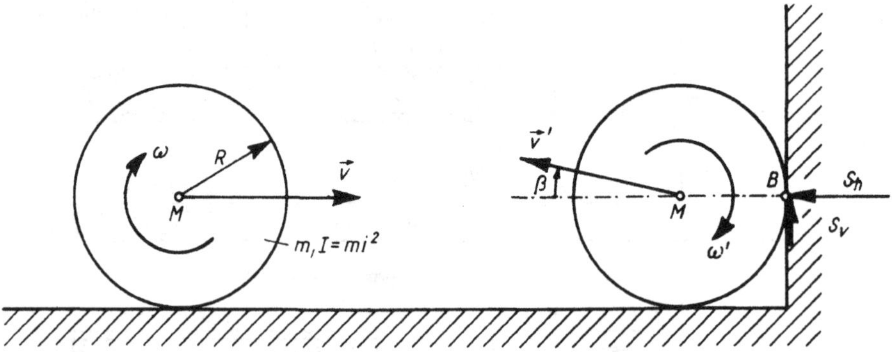

Abb. A 12.1

A 12.2: Eine Punktmasse m_1 trifft mit der Geschwindigkeit v auf das Ende eines homogenen elastischen Kragträgers, Abb. A 12.2. Mit der Annahme eines unelastischen Stoßes soll der dynamische Spannungsvergrößerungsfaktor bestimmt werden.

Lösung: Eine passende Geschwindigkeitsverteilung unmittelbar nach dem Stoß ist $\dot{w}'(x) = \dot{q}'\varphi(x)$, $\varphi(x) = (x/l)^2$. Damit ist $T_B' = \frac{1}{2}\int_0^l \dot{w}'^2 \varrho A \,\mathrm{d}x = \frac{1}{2} M\dot{q}'^2$, $M = m/5$,

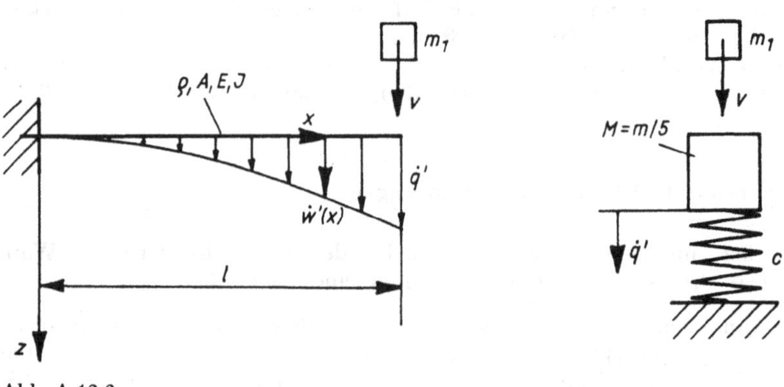

Abb. A 12.2

$m = \varrho A l$. Die *Lagrange*sche Stoßgleichung angewendet auf den Balken ergibt $M\dot{q}' = S$, und mit $\dot{q}' = v'$ liefert der Impulssatz $m_1(\dot{q}' - v) = -S$. Nach Elimination des Stoßantriebes S folgt dann $\dot{q}' = v/(1 + M/m_1)$. Der Energiesatz für die konservative Nachfolgebewegung bis zur Umkehrlage in a, $T' = V(a) = W + U = -m_1 g a + \frac{ca^2}{2}$ ergibt mit $c = 4EJ/l^3$ und $a_S = m_1 g/c$ den dynamischen Spannungsvergrößerungsfaktor

$$\chi = \frac{a}{a_S} = 1 + \sqrt{1 + 2T'/m_1 g a_S}, \qquad 2T' = (m_1 + M)\,\dot{q}'^2.$$

A 12.3: Ein starrer Stab (M, L) fällt aus der vertikalen Lage um und trifft mit seinem Ende die Punktmasse m_1 an der Spitze eines massebehafteten (m_2) elastischen Kragträgers (EJ, l), Abb. A 12.3. Unter der Voraussetzung eines vollkommen elastischen Stoßes sind die sprunghaft veränderten Geschwindigkeitszustände zu berechnen. Als plausible Geschwindigkeitsverteilung $\dot{w}'(x) = \dot{q}'\varphi(x)$ wird $\varphi(x) = (x/l)^2$ vorgeschlagen.

Lösung: Das Stabpendel trifft mit der Winkelgeschwindigkeit $\dot{\alpha} = \sqrt{3g/L}$ auf. Unmittelbar nach dem Stoß ist die kinetische Energie des Balkens wegen $\varphi(l) = 1$,

$$\frac{m_1\dot{q}'^2}{2} + \frac{1}{2}\int_0^l \dot{w}'^2 \varrho A \,\mathrm{d}x = \frac{1}{2}\left(m_1 + \frac{m_2}{5}\right)\dot{q}'^2.$$

Die Stoßgleichungen ergeben daher $\left(m_1 + \frac{m_2}{5}\right)\dot{q}' = S$, $\frac{ML^2}{3}(\dot{\alpha}' - \dot{\alpha}) = -SL$, und die Bedingung des elastischen Stoßes lautet

$$\frac{1}{2}\left(m_1 + \frac{m_2}{5}\right)\dot{q}'^2 + \frac{1}{2}\frac{ML^2}{3}(\dot{\alpha}'^2 - \dot{\alpha}^2) = 0.$$

Auflösung ergibt $\dot{\alpha}' = (M/3 - m_1 - m_2/5)\,\dot{\alpha}/(M/3 + m_1 + m_2/5)$, $\dot{q}' = 2ML\dot{\alpha}/(M + 3m_1 + 3m_2/5)$ und den inneren Stoßantrieb $S = 2ML\dot{\alpha}(m_1 + m_2/5)/(M + 3m_1 + 3m_2/5)$.

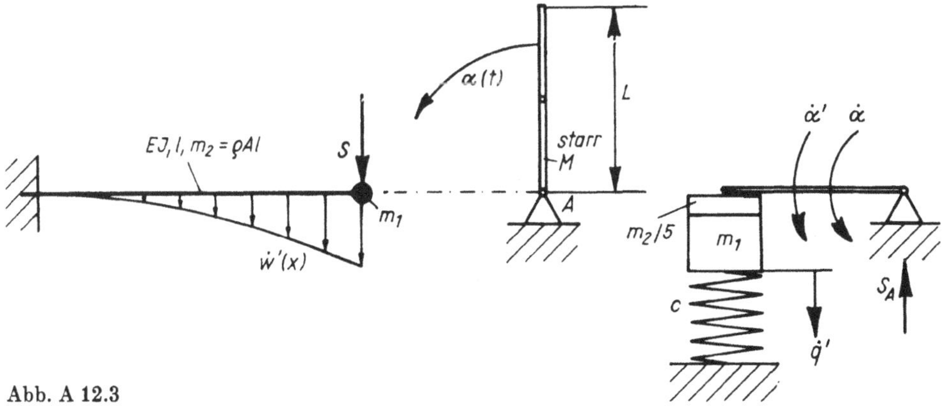

Abb. A 12.3

13. Ergänzungen zur Hydromechanik

Insbesondere um den hydrodynamischen Auftrieb zu erklären, wird der Begriff «Zirkulation» eingeführt und mit dem Wirbelvektor Gl. (1.50) verknüpft. Zähigkeitseffekte werden nur für linear viskose *Newton*sche Flüssigkeiten beschrieben, vgl. 4.2.1., und die *Navier-Stokes*schen Bewegungsgleichungen angegeben. Die wesentlichen Parameter der Ähnlichkeitsströmungen werden diskutiert. Auch eine einfache Grenzschichtberechnung wird vorgestellt.
Den Potentialströmungen reibungsfreier Flüssigkeiten bis hin zur Singularitätenmethode ist eine Einführung gewidmet. Eine Anwendung erfolgt auf die *v.-Kármán*sche Wirbelstraße. Die hydrodynamische Druckfunktion auf bewegte Behälterwände wird erläutert. Am Beispiel des Ausströmens aus einem Druckbehälter wird der Einfluß der Kompressibilität auch auf stationäre Strömungen dargestellt.

13.1. Zirkulation und Wirbelvektor

In einer reibungsfrei strömenden, barotropen Flüssigkeit ist der Begriff der Zirkulation Γ schon deshalb wesentlich, da sie, längs einer materiellen «flüssigen» Linie genommen, eine Erhaltungsgröße darstellt. Wir legen bei fester Zeit t eine geschlossene Kurve C in die Strömung und projizieren die Geschwindigkeit $\vec{v}$ in Tangentenrichtung $\vec{e}_t$, Abb. 13.1. Die resultierende Größe

$$\Gamma = \oint_C \vec{v} \cdot \vec{e}_t \, ds \tag{13.1}$$

wird dann als Zirkulation bezeichnet, ds ist das Bogenlängendifferential. Nehmen wir C materiefest als flüssige Linie, dann gilt nach *Thomson* (Lord *Kelvin*),

$$\frac{d\Gamma}{dt} = 0. \tag{13.2}$$

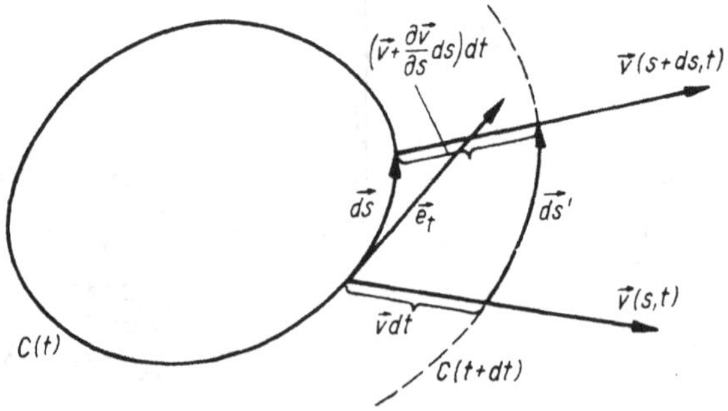

Abb. 13.1. Deformation eines Elementes einer flüssigen (materiellen) Linie $C(t)$

«Unter der Wirkung konservativer äußerer Kräfte mit Potential W ist die Zirkulation konstant.»

Mit

$$\frac{\mathrm{d}\Gamma}{\mathrm{d}t} = \frac{\mathrm{d}}{\mathrm{d}t} \oint\limits_{C(t)} \vec{v} \cdot \mathrm{d}\vec{s} = \oint\limits_{C(t)} \left[\frac{\mathrm{d}\vec{v}}{\mathrm{d}t} \cdot \mathrm{d}\vec{s} + \vec{v} \cdot \frac{\mathrm{d}}{\mathrm{d}t}(\mathrm{d}\vec{s})\right]$$

muß noch die zeitliche Änderung von $\mathrm{d}\vec{s} = \vec{e}_t\,\mathrm{d}s$ berechnet werden. Aus der Abb. 13.1 folgt unmittelbar $\vec{v}\,\mathrm{d}t + \mathrm{d}\vec{s}\,' = \mathrm{d}\vec{s} + \left(\vec{v} + \frac{\partial \vec{v}}{\partial s}\,\mathrm{d}s\right)\mathrm{d}t$ und damit $\frac{\mathrm{d}\vec{s}\,' - \mathrm{d}\vec{s}}{\mathrm{d}t} = \frac{\partial \vec{v}}{\partial s}\,\mathrm{d}s$. Mit $\vec{v} \cdot \frac{\partial \vec{v}}{\partial s} = \frac{\partial}{\partial s}\left(\frac{v^2}{2}\right)$, und unter Verwendung der *Euler*schen Gleichung (8.30) $\vec{a} = -\frac{1}{\varrho} \times \operatorname{grad}(W + p)$, folgt schließlich, wegen $\vec{a} \cdot \vec{e}_t = -\frac{1}{\varrho}\frac{\partial}{\partial s}(W + p)$,

$$\frac{\mathrm{d}\Gamma}{\mathrm{d}t} = \oint\limits_{C(t)} \frac{\partial}{\partial s}\left(\frac{v^2}{2} - \frac{p}{\varrho} - \frac{W}{\varrho}\right)\mathrm{d}s = 0,$$

wenn noch $\varrho = \text{const}$ angenommen wird. Damit ist für inkompressible Strömungen der Satz bewiesen, wenn nur das Geschwindigkeitsfeld stetig ist.

Um den Zusammenhang zwischen Zirkulation und Wirbelvektor herzustellen, betrachten wir eine Kurve C als den Rechteckumriß von $\mathrm{d}x \cdot \mathrm{d}y$ in ebener Strömung in der (x,y)-Ebene. Dann ist die kleine Zirkulation

$$\begin{aligned} \mathrm{d}\Gamma &= v_x\,\mathrm{d}x + \left(v_y + \frac{\partial v_y}{\partial x}\,\mathrm{d}x\right)\mathrm{d}y - \left(v_x + \frac{\partial v_x}{\partial y}\,\mathrm{d}y\right)\mathrm{d}x - v_y\,\mathrm{d}y \\ &= \left(\frac{\partial v_y}{\partial x} - \frac{\partial v_x}{\partial y}\right)\mathrm{d}x\,\mathrm{d}y = 2\omega_z\,\mathrm{d}A, \end{aligned} \tag{13.3}$$

proportional zur z-Komponente des Wirbelvektors $\vec{\omega} = \frac{1}{2}\operatorname{rot}\vec{v}$ und zu der von C umschlossenen Fläche $\mathrm{d}A$, die Beziehung ist wieder koordinatenfrei geschrieben. Auch die Übertragung auf ein gekrümmtes Flächenelement mit der Normalen $\vec{e}_n$, in räumlicher Strömung, ist möglich

$$\mathrm{d}\Gamma = 2\omega_n\,\mathrm{d}A, \tag{13.4}$$

mit $\omega_n = \vec{\omega} \cdot \vec{e}_n$. Spannen wir eine Fläche S über einer geschlossenen Kurve C auf, und überziehen wir die Oberfläche mit einem Netz von (krummen) Koordinatenlinien, dann können wir Γ längs C als Summe der kleinen Zirkulationen $\mathrm{d}\Gamma$ längs Elementberandungen darstellen, Abb. 13.2a,

$$\Gamma = \int\limits_S \mathrm{d}\Gamma = 2\int\limits_S \vec{\omega} \cdot \vec{e}_n\,\mathrm{d}A = \oint\limits_C \vec{v} \cdot \vec{e}_t\,\mathrm{d}s. \tag{13.5}$$

Setzen wir noch $2\vec{\omega} = \operatorname{rot}\vec{v}$ ein, dann haben wir den *Stokes*schen Integralsatz wiederentdeckt. Wesentlich für seine Gültigkeit ist, daß C einen einfach zusammenhängenden Bereich umschließt. Ist die Strömung drehungsfrei, dann verschwindet die Zirkulation für jede dieser geschlossenen Kurven C. Befindet sich z. B. ein starrer, ruhender zylindrischer Körper in einer solchen ebenen Strömung, vgl. Abb. 13.2(b), dann verschwindet die Zirkulation für den geschlossenen jetzt ebenen Linienzug

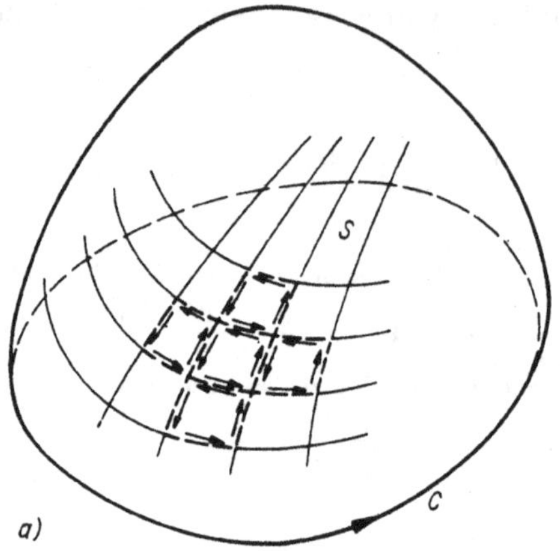

Abb. 13.2. (a) Fläche S mit Berandung C. Zur Summation von $d\Gamma$ eines Elementes mit den Nachbarelementen

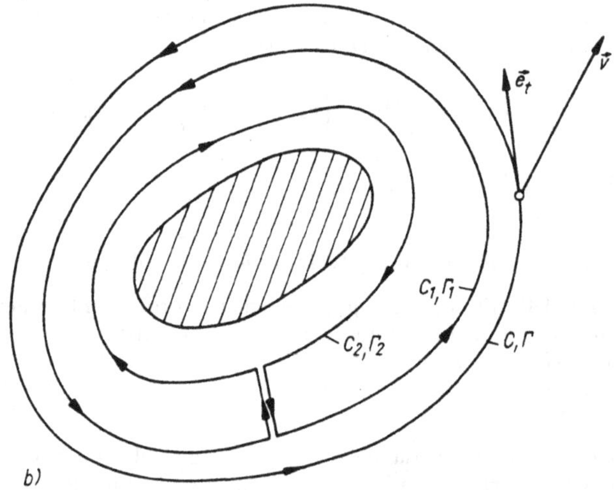

Abb. 13.2. (b) Drehungsfreie und reibungsfreie Umströmung eines starren Körpers

$C_1 + C_2$. Daraus folgt, daß jede Kurve um den Körper die gleiche Zirkulation ergibt:

$$\Gamma_1 + \Gamma_2 = 0, \qquad \Gamma_1 = -\Gamma_2 = \Gamma.$$

So ist z. B. eine quellenfreie reibungslose ebene Strömung, $\operatorname{div} \vec{v} = 0$, mit Zirkulationen gleicher Stärke $\Gamma \neq 0$ für alle geschlossenen Kurven um den umströmten zylindrischen Körper, eine physikalisch mögliche inkompressible Bewegung einer Flüssigkeit.

13.2. Der hydrodynamische Auftrieb

Um den hydrodynamischen Auftrieb (die Querkraft auf einen umströmten Körper) zu erklären, untersuchen wir zuerst die ebene Gitterströmung und schließen dann auf den umströmten «Einzelflügel».

Wir betrachten eine Reihe feststehender «Leitschaufeln» (in Zylinderform), die eine stationäre Parallelanströmung mit konstanter Geschwindigkeit $\vec{v}_1$ in eine parallele Abströmung mit $\vec{v}_2$ (reibungsfrei) umlenkt, Abb. 13.3. Für eine Kontrollfläche, eine Stromröhre der Breite t gleich der Periodenlänge der Strömung, ergibt die Kontinuitätsgleichung (1.86) mit $\varrho = \text{const}$,

$$\dot{m} = \varrho u_1 b t = \varrho u_2 b t, \qquad u_1 = u_2 = u. \tag{13.6}$$

Die Geschwindigkeitskomponente senkrecht zum Gitter bleibt ungeändert, vgl. Abb. 13.3, und der Impulssatz (7.13) liefert die resultierende Kraftwirkung auf eine Schaufel (auf den Teil ∂V_W der erweiterten Kontrollfläche, Abb. 13.3),

$$\left.\begin{aligned} \dot{m}(u_2 - u_1) &= (p_1 - p_2)\, bt - F_x = 0, \\ \dot{m}(v_2 - v_1) &= -F_y. \end{aligned}\right\} \tag{13.7}$$

Aus der *Bernoulli*-Gleichung (8.40),

$$p_1 + \frac{\varrho}{2}(u_1^2 + v_1^2) = p_2 + \frac{\varrho}{2}(u_2^2 + v_2^2), \tag{13.8}$$

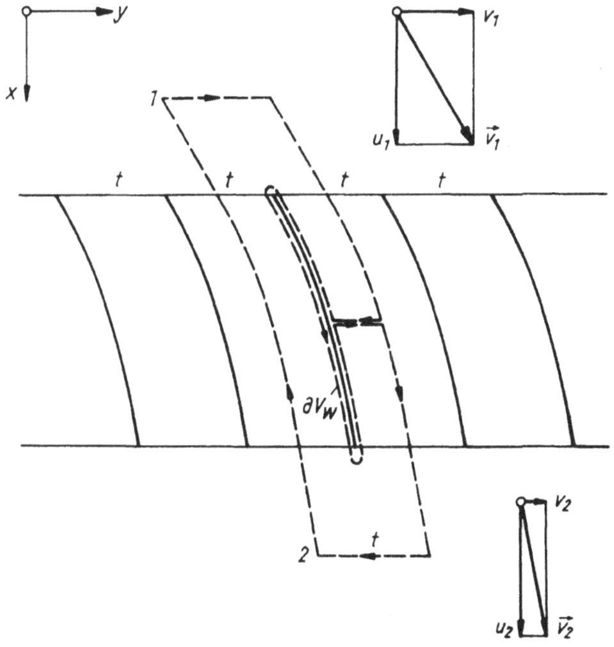

Abb. 13.3. Umlenkung einer Parallelströmung durch zylindrische Leitschaufeln. Kontrollfläche mit Einschluß einer Leitschaufel in der periodischen Strömung

setzen wir $p_1 - p_2 = \frac{\varrho}{2}(v_2^2 - v_1^2) = -\varrho(v_1 - v_2)\frac{v_1 + v_2}{2}$ in Gl. (13.7) ein:

$$\left.\begin{aligned} F_x &= -\varrho bt(v_1 - v_2)\frac{v_1 + v_2}{2} \\ F_y &= \varrho bt(v_1 - v_2)\,u. \end{aligned}\right\} \tag{13.9}$$

Wir definieren noch einen Vektor der «mittleren» Geschwindigkeit mit

$$\vec{v}_\infty = \frac{1}{2}(\vec{v}_1 + \vec{v}_2) = u\vec{e}_x + \frac{v_1 + v_2}{2}\vec{e}_y, \tag{13.10}$$

und berechnen die Zirkulation Γ längs der Berandung C zu

$$\Gamma = \oint_C \vec{v} \cdot \vec{e}_t \, ds = t(v_1 - v_2), \tag{13.11}$$

da die Randstromlinien gleiche Geschwindigkeitsverteilung aufweisen, aber verkehrt durchlaufen werden. Damit folgt für die Schaufelbelastung

$$\left.\begin{aligned} F_x &= -\varrho v_{\infty y}\Gamma b \\ F_y &= \varrho v_{\infty x}\Gamma b, \end{aligned}\right\} \tag{13.12}$$

oder $|\vec{F}| = \varrho v_\infty \Gamma b$, wo $\vec{F}$ senkrecht auf $\vec{v}_\infty$ steht, vgl. Abb. 13.4.

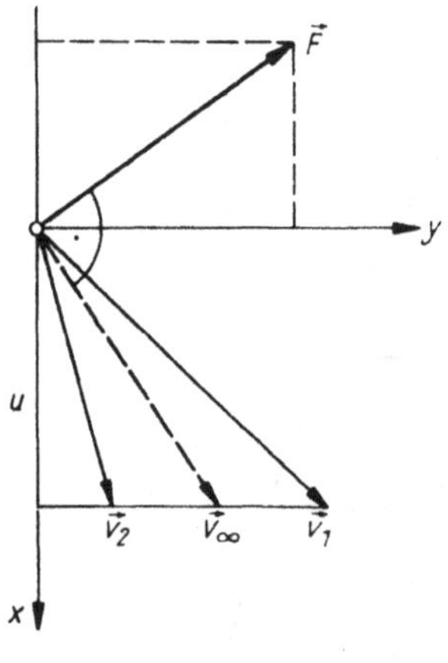

Abb. 13.4. Umlenkgitter mit Verzögerung. Querkraft auf eine Schaufel

Vergrößern wir die Gitterteilung t, so wird die Strömung immer schwächer umgelenkt, $\vec{v}_1 \to \vec{v}_2 \to \vec{v}_\infty$ und $\Gamma = \lim_{t\to\infty} t(v_1 - v_2)$ ungleich Null ist möglich. Die Querkraft nach dem Gesetz von *Kutta-Joukowsky* ist dann

$$F_Q = \varrho v_\infty \Gamma b, \tag{13.13}$$

wo nun $\vec{v}_\infty$ die Geschwindigkeit der Parallelan- und -abströmung bezeichnet, wirkt quer zur Anströmung auf den Einzelflügel und wird als *hydrodynamischer Auftrieb* bezeichnet. Die Zirkulation Γ dieses Einzelflügels ist *proportional* zur *Anströmgeschwindigkeit* und zur Länge l des Profils und hängt wesentlich von der Profilform und dem Anstellwinkel α ab, siehe auch A 7.7. Als technische Formel wird daher zur Trennung dieser Einflüsse

$$F_Q = c_A(\alpha) \frac{\varrho v_\infty^2}{2} bl \tag{13.14}$$

angesetzt, worin $c_A(\alpha)$ den dimensionslosen Auftriebsbeiwert bezeichnet.
Für eine dünne ebene Platte, mit α gegen die Anströmrichtung geneigt, kann

$$c_A(\alpha) = 2\pi \sin \alpha \tag{13.15}$$

berechnet werden, $\alpha \ll 1$ wegen viskoser Effekte.
Für eine dünne schwach gekrümmte Kreiszylinderschale mit Öffnungswinkel ϑ findet man z. B., vgl. Abb. 13.5,

$$c_A(\alpha) = 2\pi \sin\left(\alpha + \frac{\vartheta}{4}\right). \tag{13.16}$$

Da jedes Profil eine Nullauftriebsrichtung besitzt, bei der die Zirkulation $\Gamma = 0$ ist, z. B. bei der Zylinderschale $\alpha_0 = -\frac{\vartheta}{4}$, wird häufig der Anstellwinkel α' auf diese Richtung bezogen, z. B. $\alpha' = \alpha - \alpha_0 = \alpha + \vartheta/4$. Dann gilt für *alle* schlanken Profile bei kleinen Anstellwinkeln α' (Linearisierung),

$$c_A \approx 2\pi\alpha'. \tag{13.17}$$

Abb. 13.6 zeigt $c_A(\alpha)$ für ein NACA-Profil.
Bei stärkerer Anstellung machen sich Reibungseffekte bemerkbar, und der Auftriebsbeiwert weist ein Maximum auf. Dann steigt auch der Widerstand (die Kraftkomponente in Anströmrichtung) rasch an, vgl. Abb. 13.6.

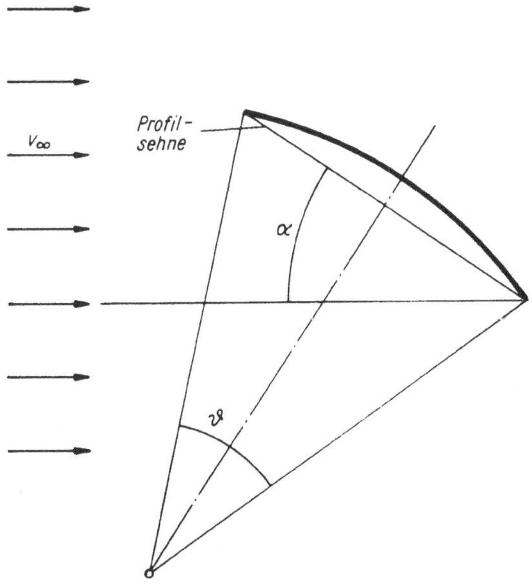

Abb. 13.5. Parallelanströmung einer feststehenden starren Kreiszylinderschale mit Öffnungswinkel ϑ

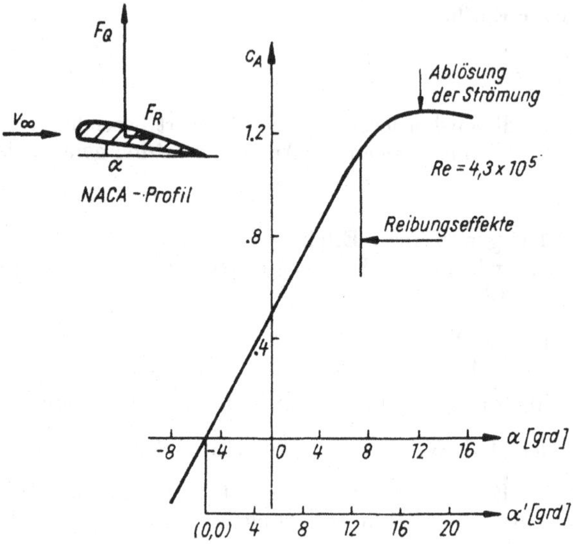

Abb. 13.6. Auftriebsbeiwert als Funktion des Anstellwinkels

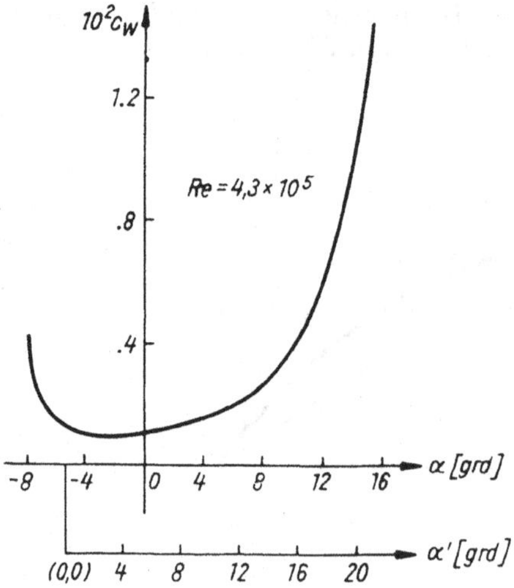

Abb. 13.7. Widerstandsbeiwert, NACA-Profil

Unter Benützung des Widerstandsbeiwertes $c_w(\alpha, Re)$, der noch wesentlich von der Zähigkeit der Flüssigkeit abhängt, über die *Reynolds*zahl

$$Re = \frac{v_\infty l}{\nu}, \tag{13.18}$$

$\nu = \eta/\varrho$ kinematische Zähigkeit,
η dynamische Zähigkeit

setzt man analog zur Auftriebsformel

$$F_R = c_W \frac{\varrho v_\infty^2}{2} bl. \tag{13.19}$$

Aus der Abb. 13.7 erkennt man für schlanke Profile und kleine Anstellwinkel den Größenunterschied $c_W \ll c_A$, ($c_W \sim 10^{-2} c_A$), der die reibungsfreie Berechnung der Querkraft rechtfertigt. Bei größeren Anstellwinkeln wächst allerdings c_W rasch an (während c_A wieder abnimmt). Auch bei *nicht schlanken*, stromlinienförmigen Körpern, die hinten nicht spitz zulaufen, löst die Strömung ab, und die Widerstandsbeiwerte haben die Größenordnung $0.2 \div 1$. Alle diese Aussagen setzen hinreichend große *Re*-Zahl voraus (keine schleichende Strömung).

13.3. Die Navier-Stokes-Gleichungen. Ähnlichkeitsströmungen

Setzen wir in das dynamische Grundgesetz $\vec{f} = \varrho \vec{a}$ für die Spannungen das *Stokes*sche Materialgesetz der *Newton*schen Flüssigkeit ein, Gl. (4.62), dann erhalten wir für inkompressible Strömung ($\operatorname{div} \vec{v} = 0$), und mit $\eta = \text{const}$ (nicht zu große Temperaturunterschiede),

$$\varrho \vec{a} = \vec{k} - \operatorname{grad} p + \eta \Delta \vec{v}, \qquad \Delta = \textit{Laplace}\text{-Operator}, \tag{13.20}$$

eine spezielle Form der *Navier-Stokes*-Gleichungen zäher Flüssigkeiten. Sie unterscheidet sich von der *Euler*schen Bewegungsgleichung reibungsfrei strömender Flüssigkeiten, Gl. (8.30), durch den Zähigkeitsterm $\eta \Delta \vec{v}$ von zweiter Ordnung. Darin liegt die besondere Schwierigkeit der Lösung, da bei noch so kleiner Zähigkeit η die Differentialgleichung von höherer Ordnung ein anderes Basisfunktionensystem besitzt als die *Euler*-Gleichung. Der schwache Zähigkeitseinfluß erzeugt also ein sogenanntes singuläres Störungsproblem der reibungsfreien Strömung. Andererseits können jetzt die Randbedingungen an einer ruhenden Wand, nämlich $v = 0$, $\vec{v} \cdot \vec{e}_n = 0$ (auch bei Reibungsfreiheit) und $\vec{v} \cdot \vec{e}_t = 0$ (Haften an der ruhenden Wand, $\forall\, \vec{e}_t$), erfüllt werden.

Diese Bewegungsgleichungen können sowohl laminare wie *turbulente* Strömungen zäher Flüssigkeiten beschreiben, wo im letzten Fall die Geschwindigkeit

$$\vec{v}(t, \vec{r}) = \vec{v}_m(\vec{r}) + \vec{v}'(t, \vec{r}), \tag{13.21}$$

z. B. eine stationäre mittlere Komponente und eine (instationäre) Schwankungsgröße $\vec{v}'$ aufweist, die im allgemeinen als Zufallsfunktion des Ortes und der Zeit aufzufassen ist. Für nähere Ausführungen muß auf die Spezialliteratur verwiesen werden, wo insbesondere auch der Begriff der «turbulenten Schubspannungen» erläutert wird[1].

Strömungen mit «*mechanischer Ähnlichkeit*» finden wir durch die Einführung dimensionsloser Koordinaten — z. B. $x^* = x/L$, usw., wenn L eine charakteristische Länge (Abmessung) bezeichnet und der dimensionslosen Zeit $t^* = tu/L$ mit einer charakteristischen (Anström-)Geschwindigkeit u, $\vec{v}^* = \vec{v}/u$ — in die *Navier-Stokes*-

---

[1] *H. Schlichting:* Grenzschicht-Theorie. — Karlsruhe: Braun, 1965.
K. Wieghardt: Theoretische Strömungslehre. — Stuttgart: Teubner, 1965 (*Reynolds*sche Spannung, p. 195).

Gleichung (13.20), deren dimensionslose Form dann

$$\frac{d\vec{v}^*}{dt^*} = -\text{grad}^* \left(\frac{p}{\varrho u^2} + \frac{gL}{u^2} z^*\right) + \frac{\eta}{\varrho u L} \Delta^* \vec{v}^* \tag{13.22}$$

lautet — bei inkompressibler Strömung im homogenen Schwerefeld ($\vec{e}_z$ positiv nach oben).

Daraus folgt zunächst für Strömungen, in denen weder die Schwerkraft noch die Zähigkeit der Flüssigkeit eine Rolle spielen, daß der Druck $p(t, \vec{r})$ «proportional» zum Staudruck $\varrho u^2/2$ der Anströmung ist. Dies trifft z. B. für die Umströmung einer senkrecht angeströmten ebenen dünnen Platte zu. Ihr Widerstand F_R bestimmt sich aus dem Integral über die Druckunterschiede an der Vorder- und Rückseite, und es wird

$$F_R = c_W \frac{\varrho u^2}{2} A \tag{13.23}$$

gesetzt. Mißt man c_W für eine Scheibe gleicher Umrißform z. B. in einem Wind- oder Wasserkanal, z. B. für eine Kreisscheibe $c_W = 1{,}17$, dann ist damit der Widerstand aller dieser Scheiben in beliebigen inkompressiblen (reibungsfreien) Medien bekannt, vgl. Abb. 13.8, wo für große *Reynolds*zahlen diese Werte asymptotisch erreicht werden.

Ist die Schwerkraft ohne Einfluß, soll aber in den zu vergleichenden Strömungen der Zähigkeitseinfluß gleichermaßen wiedergegeben werden, dann muß der (inverse) Koeffizient der höchsten dimensionslosen Ableitung, die *Reynolds*zahl

$$Re = uL/\nu, \qquad \nu = \eta/\varrho, \tag{13.24}$$

als Ähnlichkeitsparameter konstant gehalten werden. Von dieser Zahl hängt dann die viskose Strömung in allen Einzelheiten ab. So wird z. B. der Widerstandsbeiwert

$$c_W = c_W(Re), \tag{13.25}$$

vgl. Abb. 13.8, wo diese Funktion für die frontal angeströmte Kreisscheibe, den quer angeströmten Kreiszylinder und die Kugel logarithmisch dargestellt ist.

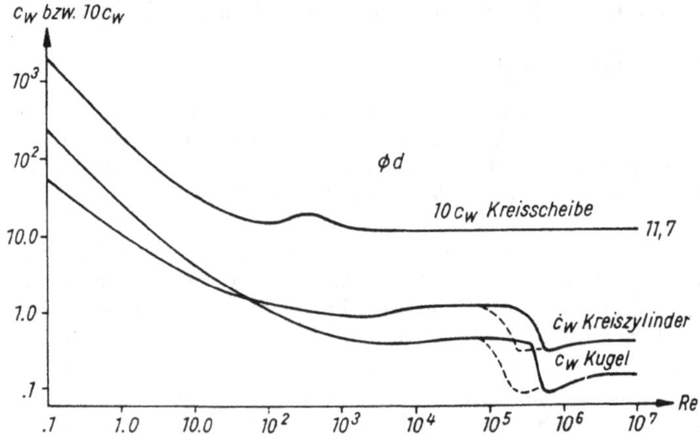

Abb. 13.8. Widerstandsbeiwert querangeströmter Körper (gemessen)

Um auch mechanische Ähnlichkeit der Strömungen bezüglich der Schwerkraftwirkung zu erhalten (z. B. bei freier Oberfläche), ist der Koeffizient von z^* in (13.22) der konstant zu haltende Parameter. Die Wurzel des Reziprokwertes heißt *Froude*-Zahl:

$$Fr = u/\sqrt{gL}. \tag{13.26}$$

Insbesondere wird mechanische Ähnlichkeit im Modellversuchswesen gefordert, wo z. B. bei geometrischer Ähnlichkeit des umströmten schlanken Modellkörpers die Strömung nur dann ähnlich wird, wenn auch die *Reynolds*zahl und unter Umständen die *Froude*sche Zahl aus der tatsächlichen Strömung übertragen werden. Das Ergebnis einer solchen Messung bildet z. B. Abb. 13.8.

13.3.1. Viskose Rohrströmung

Die stationäre, inkompressible, viskose und *laminare* Strömung in einem Rohr mit Kreisquerschnitt $r \leq R$ (vgl. die ebene Kanalströmung in Kapitel 4.2.1.) wird durch die *Navier-Stokes*-Gleichung (13.20) in Zylinderkoordinaten r, x beschrieben:

$$\vec{e}_r\colon \quad 0 = -\frac{1}{\varrho}\frac{\partial p}{\partial r} \tag{13.27}$$

ergibt $p = p(x)$, und mit $\dfrac{\partial u}{\partial x} = 0$ (Kontinuitätsgleichung) folgt

$$\vec{e}_x\colon \quad 0 = -\frac{1}{\varrho}\frac{\mathrm{d}p}{\mathrm{d}x} + \nu\left(\frac{\mathrm{d}^2u}{\mathrm{d}r^2} + \frac{1}{r}\frac{\mathrm{d}u}{\mathrm{d}r} + 0\right). \tag{13.28}$$

Integration nach Separation der Variablen liefert das Geschwindigkeitsprofil

$$u(r) = \frac{1}{4\eta}\frac{\mathrm{d}p}{\mathrm{d}x}r^2 + C_1 \ln r + C_2, \tag{13.29}$$

mit $C_1 = 0$ (u beschränkt in $r = 0$), und $C_2 = -\dfrac{1}{4\eta}\dfrac{\mathrm{d}p}{\mathrm{d}x}R^2$ (aus der Haftbedingung $u = 0$ an der Rohrwand $r = R$). Wegen $\dfrac{\partial u}{\partial x} = 0$, ist $\dfrac{\mathrm{d}p}{\mathrm{d}x}$ nicht von x abhängig, der Druck nimmt daher linear mit x in Strömungsrichtung ab:

$$\frac{\mathrm{d}p}{\mathrm{d}x} = -\frac{\Delta p}{L}, \qquad \Delta p = p(x) - p(x + L). \tag{13.30}$$

Die mittlere Durchflußgeschwindigkeit beträgt wegen der parabolischen Geschwindigkeitsverteilung

$$u_m = \frac{\dot{m}}{\varrho A} = \frac{1}{A}\int\limits_0^R 2\pi r u \,\mathrm{d}r = \frac{\Delta p}{8\eta L}R^2 = \frac{1}{2}u_{\max}, \tag{13.31}$$

(*Hagen-Poiseuille*sches Gesetz).

Man definiert die Rohrwiderstandszahl λ (als bezogenen Druckhöhenverlust)

$$\frac{\Delta p}{\frac{\varrho}{2} u_m^2} = \frac{L}{2R} \lambda(Re), \qquad \lambda(Re) = 64/Re, \qquad Re = \frac{2Ru_m}{\nu}. \tag{13.32}$$

Für ein Rohr mit Nichtkreisquerschnitt findet man die Lösung von

$$\Delta u = \frac{1}{\eta} \frac{dp}{dx} = \text{const}, \qquad \Delta = \frac{\partial^2}{\partial y^2} + \frac{\partial^2}{\partial z^2}, \tag{13.33}$$

durch Superposition der homogenen mit einer partikulären Lösung:

$$u = \frac{1}{4\eta} \frac{dp}{dx} (y^2 + z^2) + \psi(y, z),$$
$$\Delta\psi = 0 \quad \text{mit} \quad \psi|_{\text{Rand}} = -\frac{1}{4\eta} \frac{dp}{dx} (y_R^2 + z_R^2). \tag{13.34}$$

Der Querschnittsrand ist durch $f(y_R, z_R) = 0$ gegeben. So folgt z. B. für den durchströmten Kreisring (R_a, R_i):

$$u(r) = -\frac{1}{4\eta} \frac{dp}{dx} \left(R_i^2 - r^2 + \frac{R_a^2 - R_i^2}{\ln R_a/R_i} \ln r/R_i\right). \tag{13.35}$$

Der starke Reibungseinfluß der inneren Mantelfläche wird deutlich durch den Vergleich der Massenströme, $\dot{m}$ bei $R_i/R_a = 1/20$ beträgt nur mehr 2/3 des Massenstroms bei $R_i \equiv 0$.
Die *laminare Rohrströmung* ist allerdings nur bis zu einer *kritischen Reynoldszahl* $Re_k = 2320$ *stabil* und schlägt für höhere *Reynolds*zahlen in eine *turbulente* (mischende) *Rohrströmung* um. Das Geschwindigkeitsprofil der mittleren Geschwindigkeiten in Achsenrichtung zeigt dann einen steilen Anstieg innerhalb einer dünnen «Grenzschicht», die an der Wand eine laminare Unterschicht aufweist, und ist außerhalb dieses Bereiches fast konstant, vgl. Abb. 13.9. Die Rohrwiderstandszahl steigt beim Umschlag «sprunghaft» an (ein Übergangsgebiet sei nur erwähnt) und fällt dann mit zunehmender *Reynolds*zahl langsamer als im laminaren Bereich. Man unterscheidet die Rohre innerhalb der Grenzen *hydraulisch glatt* bis *rauh*, je nachdem, ob die Wandrauhigkeit innerhalb der laminaren Unterschicht der

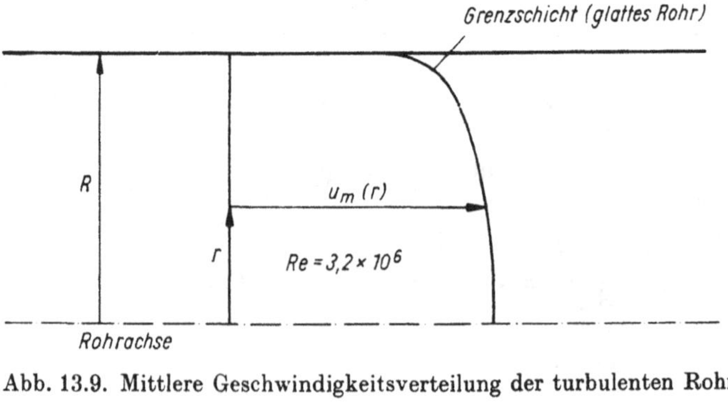

Abb. 13.9. Mittlere Geschwindigkeitsverteilung der turbulenten Rohrströmung

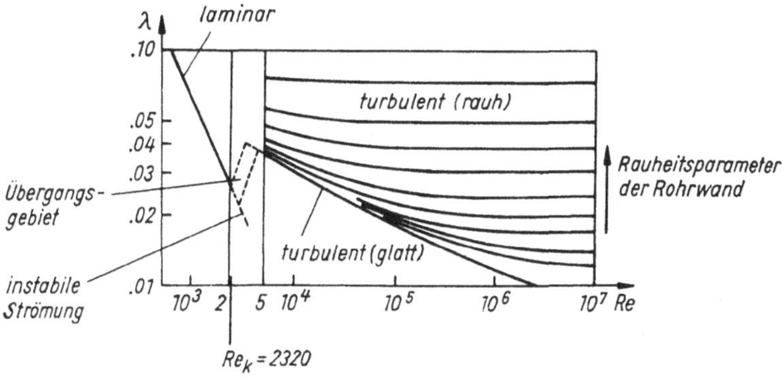

Abb. 13.10. Rohrwiderstandszahl

Grenzschicht liegt (die äußere Strömung merkt dann die Rauhigkeit nicht) oder außerhalb. Die Rohrwiderstandszahl wird aus empirischen Formeln berechnet[1], so geben z. B. *Blasius* und *Prandtl-Nikuradse* für glatte Rohre an:

$$\lambda = 0{,}316\, Re^{-1/4}, \qquad 5 \cdot 10^3 < Re < 10^5 \quad (Blasius) \tag{13.36}$$

$$\frac{1}{\sqrt{\lambda}} = 2 \log\left(Re\sqrt{\lambda}\right) - 0{,}8, \qquad Re > 5 \cdot 10^3 \quad (Prandtl\text{-}Nikuradse),$$

vgl. Abb. 13.10.

13.3.2. Eine laminare Grenzschicht

Wir verdanken *L. Prandtl* (1904) die Erkenntnis, daß eine viskose Strömung entlang einer starren Wand in eine (reibungsfreie) Außenströmung und eine (viskose) Innenströmung in einer «dünnen» Reibungsschicht an der Wand, der Grenzschicht, zerfällt. Betrachtet man die *Navier-Stokes*-Gleichung (13.20) mit kleiner Viskosität η, bzw. Re^{-1}, dann erscheint diese Trennung im Lichte der modernen singulären Störungsrechnung natürlich. Die Randbedingung des Haftens ist nur über den Viskositätsterm zu erfüllen, von der Wand weg sind also die Viskositätseinflüsse maßgebend (es tritt ein großer Geschwindigkeitsgradient quer zur Wand auf), doch wird die Strömung in geringer Entfernung von der Wand bereits fast auf die Geschwindigkeit der vom Haften am Rand unbeeinflußten freien Flüssigkeitsströmung beschleunigt, für letztere gilt dann mit guter Näherung die *Euler*-Gleichung, wenn $Re \to \infty$.
Im Sinne der angepaßten asymptotischen Entwicklungen[2] wird daher in der Grenzschicht mit gestreckter Koordinate quer zur Wand gerechnet und die so gefundene innere Lösung (in erster Ordnung einer Störungsrechnung) am Grenzschichtrand an die äußere Lösung angepaßt. Als Koppelungsbedingung erhält man: Die Tan-

---

[1] Durch geringe Beimengungen langer Molekülketten kann die Rohrwiderstandszahl im turbulenten Bereich abgesenkt werden.

[2] Vgl. z. B. *W. Schneider*: Mathematische Methoden der Strömungsmechanik. — Braunschweig: Vieweg, 1978.

gentialgeschwindigkeit der viskosen Grenzschichtströmung am «Außenrand» der Grenzschicht (gestreckte Koordinate $\to \infty$) muß gleich sein der Tangentialgeschwindigkeit der reibungsfreien Potentialströmung am «Innenrand», an der Wand (gewöhnliche Koordinate $\to 0$). Diese mathematisch formale Vorgangsweise erlaubt auch eine Nachrechnung der Grenzschichtströmung «zweiter Ordnung».
Bei großer *Re*-Zahl ergibt sich nun folgendes Rechenprogramm. Zunächst bestimmt man die Potentialströmung mit Wandstromlinie und ermittelt dort den Druck- und Geschwindigkeitsverlauf — bei *Parallelströmung* längs der hier gewählten *Platte* ist $U = \text{const}$ und $p = \text{const}$. Dann setzt man die gefundenen Werte in die x-Komponente der *Navier-Stokes*-Gleichung (13.20) ein,

$$\frac{\partial u}{\partial t} + u\frac{\partial u}{\partial x} + v\frac{\partial u}{\partial y} = \underbrace{-\frac{1}{\varrho}\frac{\partial p}{\partial x}} + \nu\frac{\partial^2 u}{\partial y^2}$$

$$= \underbrace{\frac{\partial U}{\partial t} + U\frac{\partial U}{\partial x}} + \nu\frac{\partial^2 u}{\partial y^2}, \tag{13.37}$$

das ist dann bereits die *«Grenzschichtgleichung»*, in der $\left|\frac{\partial^2 u}{\partial x^2}\right| \ll \left|\frac{\partial^2 u}{\partial y^2}\right|$ vernachlässigt wurde. Für die *Plattengrenzschicht* folgt dann speziell

$$u\frac{\partial u}{\partial x} + v\frac{\partial u}{\partial y} = \nu\frac{\partial^2 u}{\partial y^2}, \quad y = 0\colon u = v = 0, \quad y \to \delta\colon u \to U, \tag{13.38}$$

δ bezeichnet die *Grenzschichtdicke* von der Größenordnung $\delta \sim L\,Re^{-1/2}$. Da bei der Platte keine charakteristische Länge existiert, vermuten wir Ähnlichkeit der Grenzschichtströmung für alle x:

$$\frac{u}{U} = f(Y), \quad \text{mit der gestreckten Koordinate } Y = y/\delta,$$

Setzen wir $L = x$ als Abstand zur scharfen Plattenvorderkante, dann ist

$$\delta \sim \sqrt{\nu\frac{x}{U}}, \tag{13.39}$$

die Grenzschichtdicke wächst an, die Potentialströmung wird abgedrängt und ist nicht mehr genau eine Parallelströmung.
Mit Hilfe der Stromfunktion $\psi(x, y)$, vgl. Gl. (13.48), können wir die Kontinuitätsgleichung identisch erfüllen und finden

$$\psi = \int_0^y u\,\mathrm{d}y = U\delta\int_0^Y f(Y)\,\mathrm{d}Y = \sqrt{\nu U x}\,F(Y). \tag{13.40}$$

Setzen wir in die Grenzschichtgleichung (13.38) ein, dann erhalten wir eine gewöhnliche Differentialgleichung dritter Ordnung für $F(Y)$:

$$FF'' + 2F''' = 0, \tag{13.41}$$

mit den Randbedingungen $Y = 0\colon F = F' = 0$ und $Y \to \infty\colon F' = 1$.

Sie wird numerisch integriert. Daraus läßt sich ein Widerstandsbeiwert für die Platte der Länge x berechnen:

$$c_W = \frac{F_R}{\frac{\varrho}{2}\, U^2 B x} = \frac{1{,}328}{\sqrt{Re(x)}}. \tag{13.42}$$

Durch das Anwachsen der Grenzschichtdicke mit $\sqrt{x}$ wird die *laminare Grenzschichtströmung* instabil, da die in der Strömung wirkenden Reibungskräfte nicht mehr zur Dämpfung von Störbewegungen ausreichen. Es kommt zum Umschlag laminar-turbulent. Hinter dem Umschlagpunkt besteht die Strömung aus der Außenströmung, an die eine turbulente Grenzschichtströmung anschließt, die schließlich nahe der Plattenoberfläche in eine laminare Unterschicht übergeht. Die Lage des Umschlagpunktes ist durch die kritische Re-Zahl der Außenströmung bei $3 \div 5 \cdot 10^5$ gegeben. Für eine Luftströmung mit $U = 20$ m/s, $\nu = 15 \cdot 10^{-6}$ m²/s, $Re_{kr} = 4 \cdot 10^5$ ist $x_{kr} = 300$ mm. Die «99% Grenzschichtdicke laminar» beträgt dort 2,4 mm. Die Dicke der turbulenten Grenzschicht wächst dann rascher $\approx (x - x_{kr})^{0,8}$.
An gekrümmten Oberflächen lösen sich Grenzschichten, laminare früher, turbulente später, unter Umständen ab. Diese Strömungsablösungen führen zu starker Widerstandserhöhung, da z. B. ein Körper mit dahinter liegendem Wirbel- oder Totraum umströmt wird, was die Reibungsverluste stark steigert. Um die Ablösung zu beeinflussen, werden «Stolperdrähte» zur künstlichen Turbulenzierung der Grenzschicht und Grenzschichtabsaugung angewendet.

13.4. Potentialströmungen. Singularitätenmethode

Die Berechnung der reibungsfreien Strömung als Grundlösung (Außenströmung) erweist sich fast immer als notwendig. Eine besondere Vereinfachung ergibt sich für drehungsfreies Geschwindigkeitsfeld, wo

$$2\vec{\omega} = \operatorname{rot} \vec{v} = \vec{0}. \tag{13.43}$$

Dann läßt sich, wie für jedes drehungsfreie Vektorfeld, ein (Geschwindigkeits)-Potential Φ einführen und, vgl. Gl. (3.12),

$$\vec{v} = \operatorname{grad} \Phi. \tag{13.44}$$

Bei inkompressibler Strömung liefert die Kontinuitätsgleichung (1.77), $\operatorname{div} \vec{v} = 0$,

$$\operatorname{div} \operatorname{grad} \Phi = \Delta\Phi = 0, \qquad \Delta = \frac{\partial^2}{\partial x^2} + \frac{\partial^2}{\partial y^2} + \frac{\partial^2}{\partial z^2}, \tag{13.45}$$

die *Laplace*sche Differentialgleichung zur Bestimmung von $\Phi(t, x, y, z)$, vgl. Gl. (1.78). Umgekehrt wird die Kontinuitätsgleichung (1.77) mit Einführung eines Vektorpotentials $\vec{A}$ durch den Ansatz

$$\vec{v} = \operatorname{rot} \vec{A} \tag{13.46}$$

identisch erfüllt, und die Drehungsfreiheit ergibt

$$\operatorname{rot} \operatorname{rot} \vec{A} = \vec{0}. \tag{13.47}$$

Bei *ebener* Strömung in der x,y-Ebene ist $\vec{A} = \psi(x, y)\,\vec{e}_z$ und

$$\vec{v} = \operatorname{rot}\vec{A} = \frac{\partial\psi}{\partial y}\,\vec{e}_x - \frac{\partial\psi}{\partial x}\,\vec{e}_y, \qquad u = \frac{\partial\psi}{\partial y}, \qquad v = -\frac{\partial\psi}{\partial x}, \tag{13.48a}$$

sowie

$$\operatorname{rot}\operatorname{rot}\vec{A} = -\left(\frac{\partial^2\psi}{\partial x^2} + \frac{\partial^2\psi}{\partial y^2}\right)\vec{e}_z = \vec{0}, \tag{13.48b}$$

$\psi(x, y)$ ist wieder Lösung der (ebenen) Potentialgleichung. Sie heißt *Stromfunktion*, da die Schichtenlinien, $\psi(x,y) = \text{const}$, die Stromlinien C ergeben:

$$\mathrm{d}\psi|_C = \frac{\partial\psi}{\partial x}\,\mathrm{d}x + \frac{\partial\psi}{\partial y}\,\mathrm{d}y = -v\,\mathrm{d}x + u\,\mathrm{d}y = 0, \quad \left.\frac{\mathrm{d}y}{\mathrm{d}x}\right|_C = \frac{v}{u}. \tag{13.49}$$

Die Tangente an die Schichtenlinie fällt in Richtung der Geschwindigkeit $\vec{v}$[1].

Wir betrachten nur mehr *ebene Strömungen* und beschreiben die x,y-Ebene komplex durch $z = x + iy$. Fassen wir $\Phi(x, y)$ und $\psi(x, y)$ als Real- und Imaginärteil einer analytischen komplexen Funktion $F(z)$ auf,

$$F(z) = \Phi(x, y) + i\psi(x, y), \tag{13.50}$$

es gelten die *Cauchy-Riemann*schen Differentialgleichungen, $u = \dfrac{\partial\Phi}{\partial x} = \dfrac{\partial\psi}{\partial y}$, $v = \dfrac{\partial\Phi}{\partial y} = -\dfrac{\partial\psi}{\partial x}$, sie ist harmonisch wegen $\Delta F = 0$, $\Delta = 4\partial^2/\partial z\,\partial\bar{z}$, dann ergibt die richtungsunabhängige Ableitung

$$\frac{\mathrm{d}F}{\mathrm{d}z} = \frac{\partial\Phi}{\partial x} + \mathrm{i}\,\frac{\partial\psi}{\partial x} = u - \mathrm{i}v, \tag{13.51}$$

die konjugiert komplexe Geschwindigkeit. Die Geschwindigkeitskomponenten ergeben sich daher aus der Ableitung einer komplexen Potentialfunktion $F(z)$.

Wir wählen nun exemplarisch einige analytische Funktionen aus und betrachten die zugehörigen Stromlinienbilder. Mit Einsatz der *Bernoulli*-Gleichung (8.40) kann auch das Druckfeld berechnet werden.

13.4.1. Beispiele

a) Ebene Staupunktströmung

Setzen wir $F(z) = az^2$, a reell. Dann ist $\phi = a(x^2 - y^2)$ und $\psi = 2axy$. Die Schichtenlinien $\psi = \text{const}$ sind Scharen orthogonaler Hyperbeln. Mit $F' = 2az$ ist $u = 2ax$ und $v = -2ay$ linear veränderlich. Das Stromlinienbild in $y \geqq 0$ zeigt Abb. 13.11. Die Symmetrieachse x kann durch eine starre Wand ersetzt werden, dann ergibt sich die Umlenkung einer ebenen Strömung mit Staupunkt S in der *Wandstromlinie.*

---

[1] Bei achsensymmetrischer Strömung ist die axiale Geschwindigkeitskomponente $u = r^{-1} \times \dfrac{\partial\Psi(r, x)}{\partial r}$ und die radiale Komponente $v = -r^{-1}\,\dfrac{\partial\Psi(r, x)}{\partial x}$.

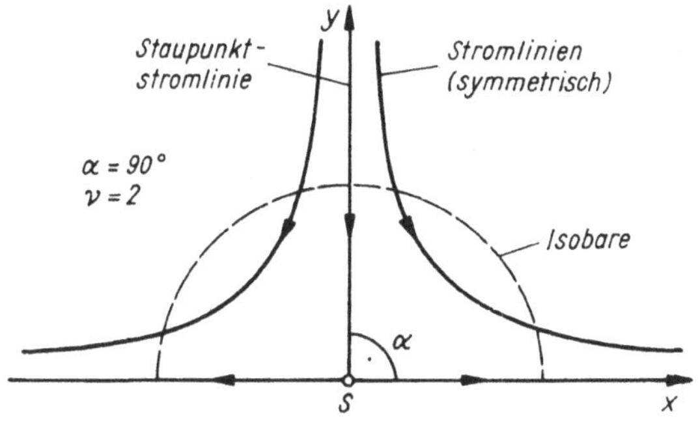

Abb. 13.11. Ebene reibungsfreie Staupunktströmung

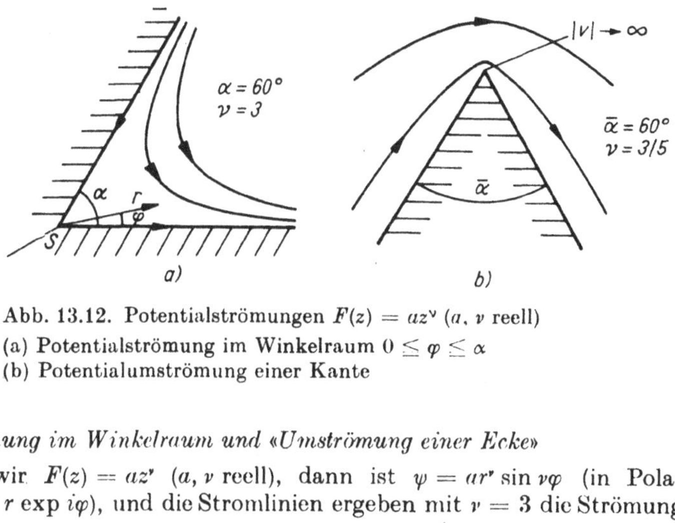

Abb. 13.12. Potentialströmungen $F(z) = az^\nu$ (a, ν reell)
(a) Potentialströmung im Winkelraum $0 \leq \varphi \leq \alpha$
(b) Potentialumströmung einer Kante

b) Strömung im Winkelraum und «Umströmung einer Ecke»

Setzen wir $F(z) = az^\nu$ (a, ν reell), dann ist $\psi = ar^\nu \sin \nu\varphi$ (in Polarkoordinaten $r, \varphi, z = r \exp i\varphi$), und die Stromlinien ergeben mit $\nu = 3$ die Strömung im Winkelraum $\alpha = \pi/3$, allgemein ist $\nu = \pi/\alpha$, und mit $\frac{1}{2} < \nu < 1$ die Umströmung einer Ecke, vgl. Abb. 13.12.

c) Singuläre Potentialströmungen

Wird einem Kreiszylinder Masse $\dot{m}$ je Längeneinheit so zugeführt, daß sich eine ebene radiale Strömung einstellt, dann spricht man von einer Linienquelle oder Punktquelle in der Ebene und der *ebenen Quellenströmung:*

$$\dot{m} = \varrho\, 2\pi r v_r(r) = \text{const}, \tag{13.52}$$

ergibt den Geschwindigkeitsverlauf $v_r(r) = \frac{\dot{m}}{\varrho\, 2\pi} \frac{1}{r}$, und das Potential ist

$$F(z) = \frac{\dot{m}}{2\pi\varrho} \ln z, \qquad F'(z) = \frac{\dot{m}}{2\pi\varrho} \frac{1}{z} = \frac{\dot{m}}{2\pi\varrho} \frac{\bar{z}}{r^2}, \qquad \bar{z} = r\, e^{-i\varphi},$$

$$\Phi = \frac{\dot{m}}{2\pi\varrho} \ln r, \qquad \psi = \frac{\dot{m}}{2\pi\varrho}\, \varphi. \tag{13.53}$$

Eine andere drehungsfreie Strömung ist der *Potentialwirbel*, $\vec{v} = v_\varphi \vec{e}_\varphi$, $v_\varphi = C/r$. Die Zirkulation für eine geschlossene Kurve, die den singulären Nullpunkt einschließt, ergibt die Wirbelstärke $\Gamma = \int_0^{2\pi} v_\varphi r \, \mathrm{d}\varphi = 2\pi C = \text{const}$. Für eine Kurve, die den singulären Wirbelkernpunkt nicht umschließt, ist $\Gamma = 0$. Mit vertauschten Potentialen gegen oben ist jetzt

$$\Phi = \frac{\Gamma}{2\pi}\varphi, \qquad \psi = -\frac{\Gamma}{2\pi}\ln r \quad \text{und} \quad F(z) = \frac{\Gamma}{2\pi \mathrm{i}}\ln z. \tag{13.54}$$

13.4.2. Singularitätenmethode[1]

a) Superposition von Quellen- und Parallelströmung

Durch die Überlagerung von Quellen und Senken mit einer Parallelströmung kann man bereits eine ganze Reihe von Körperumströmungen beschreiben. Die Potentiale werden dabei einfach (skalar) additiv verknüpft. Zunächst gibt eine ebene raumfest gehaltene Quelle in einer Parallelströmung in x-Richtung mit u_∞:

$$F(z) = u_\infty z + \frac{\dot{m}}{2\pi\varrho}\ln z, \tag{13.55}$$

ein resultierendes Geschwindigkeitsfeld mit *einem Staupunkt* (Geschwindigkeit gleich Null) und einer *Staupunktstromlinie* durch diesen Punkt.

$$\frac{\mathrm{d}F}{\mathrm{d}z} = u - \mathrm{i}v = u_\infty + \frac{\dot{m}}{2\pi\varrho}\frac{\bar{z}}{r^2} = 0, \tag{13.56}$$

liefert die Staupunktkoordinaten gegen die Punktquelle gemessen, $x_S = -\frac{\dot{m}}{2\pi\varrho u_\infty}$, $y_S = 0$, oder auch $r_S = \frac{\dot{m}}{2\pi\varrho u_\infty}$, $\varphi_S = \pi$. Die Stromfunktion $\psi = u_\infty y + \frac{\dot{m}}{2\pi\varrho}\varphi$ hat im Staupunkt den Wert $\psi_S = \frac{\dot{m}}{2\varrho}$, und die Staupunktstromlinie genügt der Gleichung

$$\psi = u_\infty y + \frac{\dot{m}}{2\pi\varrho}\varphi = \frac{\dot{m}}{2\varrho} = \psi_S, \tag{13.57}$$

mit der Asymptote

$$\lim_{x\to\infty} y = \frac{\dot{m}}{2\varrho u_\infty}. \tag{13.58}$$

Die Staupunktstromlinie teilt für $x > x_S$ den Strömungsbereich in eine Außenströmung (ohne Massenzufluß aus der Quelle) und eine halb-unendliche Innenströmung (ohne Massenzufluß aus der Parallelanströmung). Sie kann daher als Zylinderumriß materiell ausgebildet werden, und die Außenströmung gibt die reibungsfreie Verdrängungsströmung um eine runde Nase an, Abb. 13.13(a). Legt man eine Senke in $x = a$, die gerade $\dot{m}$ schluckt, dann erhält man einen zweiten

[1] *F. Keune/K. Burg:* Singularitätenverfahren der Strömungslehre. — Karlsruhe: Braun, 1975.

hinteren Staupunkt, wegen $F(z) = u_\infty z + \frac{\dot m}{2\pi\varrho}\ln[z/(z-a)]$ und $F'(z) = u_\infty + \frac{\dot m}{2\pi\varrho}\left(\frac{1}{z} - \frac{1}{z-a}\right) = 0$, zu $x_S = \frac{a}{2}\left(1 \pm \sqrt{1 + 2\dot m/\pi\varrho a u_\infty}\right)$, $y_S = 0$.
Jetzt ist die Staupunktstromlinie durch $\psi_S = 0$ mit

$$\psi = u_\infty y - \frac{\dot m}{2\pi\varrho}\left[\arctan\frac{y}{r} - \arctan\frac{y}{\sqrt{(x-a)^2 + y^2}}\right] = \psi_S = 0 \qquad (13.59)$$

gegeben, $r^2 = x^2 + y^2$. Der umströmte endliche Zylinder heißt *Rankine-Körper*. Mit kleiner werdendem a wird der Umriß immer kreisförmiger. Läßt man Quelle und Senke so zusammenfallen, daß $\lim\limits_{\substack{a\to 0\\ \dot m\to\infty}} \frac{\dot m a}{\varrho} = \eta$ ein endliches «Dipolmoment» ergibt, dann ist $F(z) = u_\infty z + \frac{\eta}{2\pi}\frac{1}{z}$, und die Körperkontur $\psi_S = 0$ wird ein Kreis mit dem Radius $R_0 = \sqrt{\eta/2\pi u_\infty}$. Soll ein Kreiszylinder mit vorgegebenem Radius R_0 umströmt werden, muß der Parallelströmung ein Dipol mit der Stärke $\eta = 2\pi R_0^2 u_\infty$ überlagert werden.
Stromlinien und Druckverteilung dieser reibungsfreien Umströmungen stumpfer Körper sind allerdings nur im Bereich der vorderen beschleunigten Strömung brauchbar, vgl. Abb. 13.13.

b) Superposition von Potentialwirbeln und Parallelströmung

Durch Überlagerung einer Parallelströmung mit einem Potentialwirbelpaar erhält man wieder die Umströmung eines Zylinders. Wir betrachten zuerst zwei unendlich lange, parallele Wirbelfäden der Stärken Γ_1, Γ_2 in z_1, z_2 in einer unbegrenzten Flüssigkeit:

$$F_{1.2}(z) = \frac{\Gamma_1}{2\pi i}\ln(z - z_1) + \frac{\Gamma_2}{2\pi i}\ln(z - z_2). \qquad (13.60)$$

Die Wirbel induzieren gegenseitig «Eigengeschwindigkeiten»

$$\dot z_1 = \frac{\Gamma_2}{2\pi i}\frac{1}{z_1 - z_2}, \qquad \dot z_2 = \frac{\Gamma_1}{2\pi i}\frac{1}{z_2 - z_1}. \qquad (13.61)$$

Außerdem gibt es einen «Wirbelmittelpunkt», dessen Geschwindigkeit dauernd Null ist. Aus $\frac{dF_{1.2}}{dz} = 0$ folgen dann seine Koordinaten:

$$z_\Gamma = \frac{\Gamma_1 z_1 + \Gamma_2 z_2}{\Gamma_1 + \Gamma_2} = \text{const}, \qquad \dot z_\Gamma = 0. \qquad (13.62)$$

Um diesen Punkt dreht sich die Verbindungslinie der beiden Wirbelachsen (in starrer Drehung) mit der Winkelgeschwindigkeit

$$\omega = \frac{|\dot z_1|}{|z_1 - z_\Gamma|} = (\Gamma_1 + \Gamma_2)/2\pi a^2 = \text{const}, \quad a = |z_1 - z_2| = \text{const}. \qquad (13.63)$$

Nur wenn $\Gamma_1 = -\Gamma_2 = \Gamma$, bewegen sich die beiden Wirbelkerne auf parallelen Geraden mit der Geschwindigkeit $\Gamma/2\pi a$. Daraus folgt, wegen der nichtdurchflossenen Symmetrieachse zwischen den Wirbeln, die wieder als Wand ausgeführt

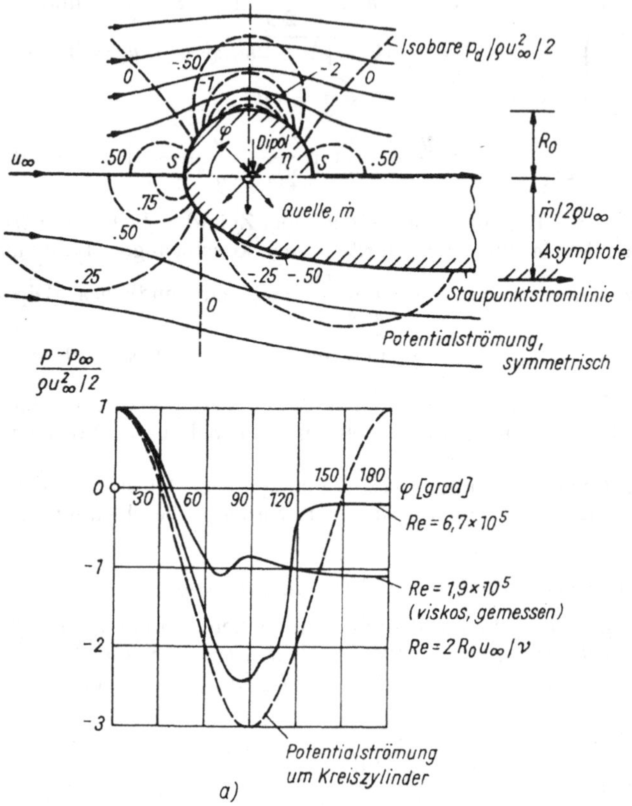

Abb. 13.13. (a) Druckverteilung am Kreiszylinder (ohne und mit Reibung) und an einer runden Nase (reibungsfrei)

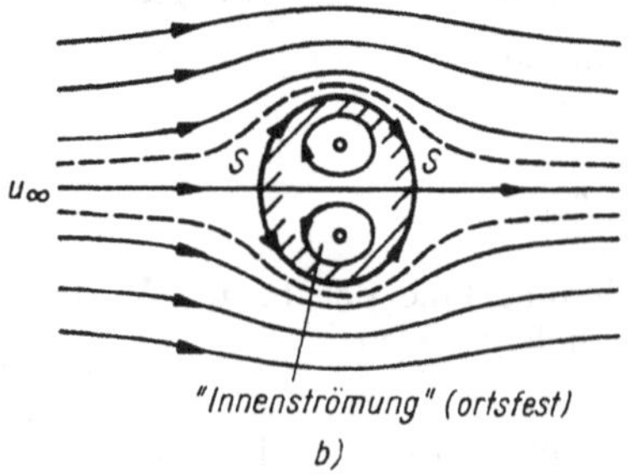

Abb. 13.13. (b) Stromlinien eines ortsfesten Wirbelpaares bei Parallelanströmung

werden kann, daß ein einzelner Wirbel im Abstand $a/2$ von einer geraden Wand nicht in Ruhe bleibt, sondern die Wand entlang treibt. Andererseits kann dem Wirbelpaar eine entgegengesetzte Parallelströmung überlagert werden, so daß die beiden Wirbel *ortsfest* bleiben:

$$F(z) = \frac{i\Gamma}{2\pi}\left(\frac{z}{a} + \ln\frac{z + a/2}{z - a/2}\right) \tag{13.64}$$

ist dann wieder das Potential der Umströmung eines zur x-Achse symmetrischen Zylinders bei Parallelanströmung, Abb. 13.13(b) (vgl. die Staupunktstromlinie). Um Profilströmungen mit *Querkraft* zu erzeugen, werden die Skelettlinien mit ortsfesten Wirbeln belegt und die Parallelströmung überlagert. Dazu verweisen wir auf die Spezialliteratur.

13.4.3. Kräfte in ebener, stationärer Strömung. Formeln von Blasius

Die Kräfte, die eine reibungsfreie Flüssigkeit auf einen gleichförmig bewegten starren Körper ausübt, lassen sich besonders einfach und elegant komplex berechnen. Auf ein Bogenelement der Körperkontur wirkt, vgl. Abb. 13.14 (Linienelement mit $\frac{dy}{dx} > 0$),

$$dF_x = -p\,dy, \qquad dF_y = p\,dx, \tag{13.65}$$

als Kraft je Längeneinheit in x- und y-Richtung. Das Moment um den Koordinatenursprung *0* ist dann

$$dM_z = p(x\,dx + y\,dy). \tag{13.66}$$

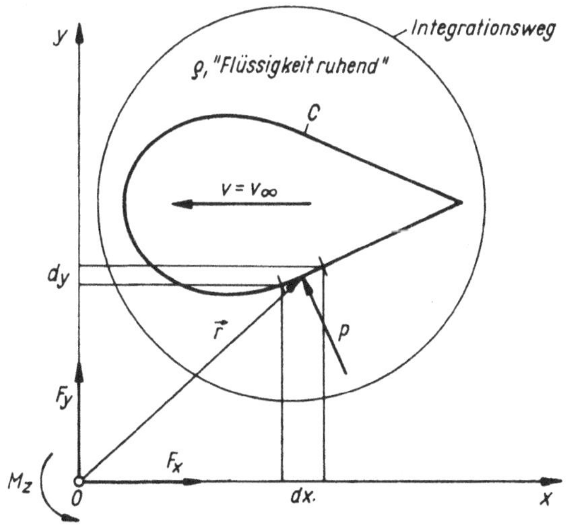

Abb. 13.14. Oberflächenkräfte auf einen gleichförmig geradlinig bewegten Körper

Um zu einer komplexen Schreibweise zu kommen, wird als Imaginärteil zum reellen Moment das «Virial» der Kraft $\mathrm{d}\vec{F}$ eingeführt:

$$\mathrm{d}N = \vec{r} \cdot \mathrm{d}\vec{F} = p(-x\,\mathrm{d}y + y\,\mathrm{d}x)\,. \tag{13.67}$$

Für stationäre Strömungen ist der Druck aus der *Bernoulli*-Gleichung (8.40) durch

$$p = \mathrm{const} - \frac{\varrho}{2}\,|\vec{v}|^2 \tag{13.68}$$

gegeben, wo mit dem Geschwindigkeitspotential $F(z)$

$$|\vec{v}|^2 = (u - \mathrm{i}v)\,(u + \mathrm{i}v) = \frac{\mathrm{d}F}{\mathrm{d}z} \cdot \frac{\mathrm{d}\bar{F}}{\mathrm{d}\bar{z}}\,. \tag{13.69}$$

Nach Einsetzen folgt dann

$$\left.\begin{aligned} \mathrm{d}F_x - \mathrm{i}\,\mathrm{d}F_y &= -p(\mathrm{d}y + \mathrm{i}\,\mathrm{d}x) = -\mathrm{i}\,p\,\mathrm{d}\bar{z} = \frac{\mathrm{i}\varrho}{2}\,\frac{\mathrm{d}F}{\mathrm{d}z}\,\mathrm{d}\bar{F}\,,\\ \mathrm{d}M_z + \mathrm{i}\,\mathrm{d}N &= pz\,\mathrm{d}\bar{z} = -\frac{\varrho}{2}\,z\,\frac{\mathrm{d}F}{\mathrm{d}z}\,\mathrm{d}\bar{F}\,, \end{aligned}\right\} \tag{13.70}$$

wenn die *Bernoulli*-Konstante gleich weggelassen wird, da ein konstanter Druck am Körper ein Gleichgewichtssystem bildet. Die Körperkontur ist Staupunktstromlinie $\psi = \psi_S = \mathrm{const}$, und daher ist dort $\mathrm{d}\psi = 0$ oder $\mathrm{d}F = \mathrm{d}\bar{F}$. Integration von Gl. (13.70) über die Körperkontur C ergibt dann die Formeln von *Blasius*:

$$F_x - \mathrm{i}F_y = \frac{\mathrm{i}\varrho}{2}\oint_C \left(\frac{\mathrm{d}F}{\mathrm{d}z}\right)^2 \mathrm{d}z\,, \qquad M_z + \mathrm{i}N = -\frac{\varrho}{2}\oint_C z\left(\frac{\mathrm{d}F}{\mathrm{d}z}\right)^2 \mathrm{d}z\,. \tag{13.71}$$

Nach den Regeln der komplexen Integration werden die Integrale unabhängig von C, wenn F und $\frac{\mathrm{d}F}{\mathrm{d}z}$ im ganzen Strömungsgebiet analytisch sind. Liegen also keine Singularitäten außerhalb des umströmten Bereiches, dann kann die Integration über jede beliebige, den Körper umschließende Kurve ausgeführt werden. Bei Körperumströmungen mit äußeren Singularitäten, vgl. z. B. die *v.-Kármán*sche Wirbelstraße (13.4.4.), ist der Integrationsweg zwar auch beliebig, muß aber die Singularitäten einzeln umgehen und ausschließen.

Bei Parallelanströmung eines ruhenden Körpers ohne äußere Singularitäten wird, vgl. 13.4.2.,

$$\left(\frac{\mathrm{d}F}{\mathrm{d}z}\right)^2 = v_\infty^2 + 2v_\infty\,\frac{\dot{m}/\varrho - \mathrm{i}\Gamma}{2\pi z} + \frac{1}{2\pi z^2}\left[-2\eta v_\infty + \frac{(\dot{m}/\varrho - \mathrm{i}\Gamma)^2}{2\pi}\right] + O(z^3)\,, \tag{13.72}$$

wo $\eta = \eta_x + \mathrm{i}\eta_y$ das komplexe Gesamtmoment aller Dipole bezeichnet. Als Integrationsweg C in Gl. (13.71) wählen wir nun einen Kreis mit dem Radius R, der Koordinatenursprung 0 liegt dann im Körperinneren. Die Residuenrechnung ergibt nur einen Beitrag von «Polen 1. Ordnung», also von Termen $O\left(\frac{1}{z}\right)$ im Integranden von Gl. (13.71). Mit der Näherung (13.72) folgt daher exakt:

$$\left.\begin{aligned} F_x - \mathrm{i}F_y &= 2\pi\mathrm{i}\,\frac{\mathrm{i}\varrho}{2}\,2v_\infty\,\frac{\dot m/\varrho - \mathrm{i}\Gamma}{2\pi}, \\ M_z + \mathrm{i}N &= -2\pi\mathrm{i}\,\frac{\varrho}{2}\,\frac{1}{2\pi}\left[-2\eta v_\infty + \frac{(\dot m/\varrho - \mathrm{i}\Gamma)^2}{2\pi}\right]. \end{aligned}\right\} \tag{13.73}$$

Vergleich von Real- und Imaginärteil liefert dann $F_x = -\dot m v_\infty$ als «Vortrieb einer Quelle», $F_y = \varrho v_\infty \Gamma$ als «Querkraft eines Wirbels», in Parallelströmung v_∞, und das hydrodynamische Moment $M_z = \varrho(-\eta_y v_\infty - \dot m\Gamma/2\pi\varrho)$.

13.4.4. v.-Kármánsche Wirbelstraße. Strouhalzahl

Aus Versuchsbeobachtungen an quer angeströmten Zylindern kennt man periodische Nachlaufströmungen, die durch zwei gegeneinander versetzte, parallele Reihen von entgegengesetzt drehenden Potentialwirbeln näherungsweise reibungsfrei beschreibbar sind. Dabei bleibt der durch die Zähigkeit bewirkte Entstehungsvorgang dicht hinter dem Zylinder ebenso unberücksichtigt wie die allmähliche Auflösung der abschwimmenden Wirbel durch die Wirbeldiffusion. Die *v.-Kármánsche* Wirbelstraße hat die Breite b_W, und die Wirbelfäden sind im äquidistanten Abstand l_W angeordnet, vgl. Abb. 13.15. Mit $z_1 = l_W/4 + ib_W/2$ erhält man das Gesamtpotential der unendlichlangen Wirbelstraße durch Überlagerung der Einzelpotentiale nach Summierung in der geschlossenen Darstellung

$$F_W(z) = -\frac{\Gamma}{2\pi\mathrm{i}}\ln\frac{\sin(z - z_1)\,\pi/l_W}{\sin(z + z_1)\,\pi/l_W}, \tag{13.74}$$

wenn $\sin \pi z/l = \pi \dfrac{z}{l} \prod\limits_{k=1}^{\infty}\left(1 - \dfrac{(z/l)^2}{k^2}\right)$ beachtet wird. Die Eigengeschwindigkeit des repräsentativen Wirbelfadens 1 ist dann

$$\dot z_1 = \left.\frac{\mathrm{d}F_W}{\mathrm{d}z}\right|_{z=z_1 \notin 1} = -\frac{\Gamma}{2l_W}\tanh \pi b_W/l_W = \dot x_1, \qquad \dot y_1 = 0. \tag{13.75}$$

Die Wirbelstraße in der Abb. 13.15 fährt also mit $\dot x_1$ von rechts nach links, dies entspricht etwa der Nachlaufströmung hinter einem mit u_∞ von rechts nach links durch ruhende, zähe Flüssigkeit geschleppten stumpfen Körper, wenn $|\dot x_1| < u_\infty$. Durch die Anwendung des Impulssatzes (7.13, 7.14) auf ein translatorisch mit $w_x = -u_\infty$ bewegtes Kontrollvolumen, das den mit u_∞ fahrenden Körper und eine «lange» Wirbelschleppe umschließt, kann man einen Widerstand F_R berechnen, der sich aus der Neubildung der Wirbel am Körper erklärt:

$$F_R = \varrho\Gamma(u_\infty - 2\dot x_1)\,b_W/l_W + \varrho\Gamma^2/2\pi l_W. \tag{13.76}$$

Theoretische Untersuchungen liefern für die «am wenigsten» labile Anordnung der Wirbelfäden das Verhältnis $b_W/l_W = 0{,}281$ bzw. $\dot x_1 = \Gamma/2l_W\sqrt{2}$. Damit läßt sich eine theoretische Formel für den Widerstandsbeiwert angeben, $60 < Re < 5000$:

$$c_W = \frac{F_R}{\dfrac{\varrho}{2}\,u_\infty^2 d} \doteq \frac{l_W}{d}\left[1{,}59\,\frac{|\dot x_1|}{u_\infty} - 0{,}63\left(\frac{\dot x_1}{u_\infty}\right)^2\right]. \tag{13.77}$$

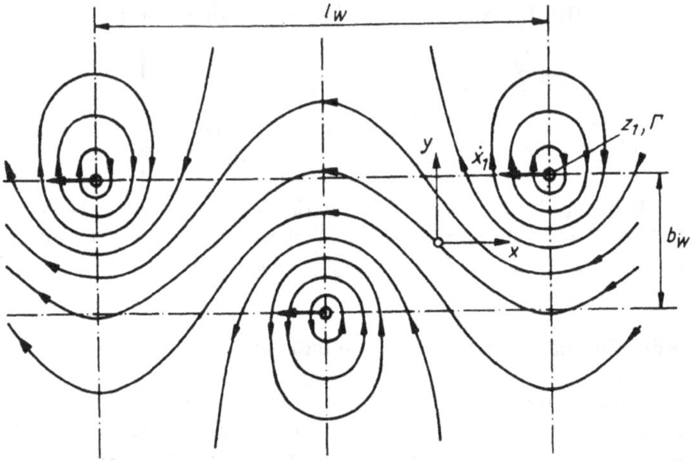

Abb. 13.15. Wirbelstraße. Potentialwirbel in periodischer Anordnung

Den Zusammenhang zwischen Körperform und Körperdicke d und der Geometrie der Wirbelschleppe (l_W und $|\dot{x}_1|$) kennzeichnet die dimensionslose Kennzahl nach *Strouhal* (1878):

$$St = df/u_\infty, \tag{13.78}$$

wo f in Hz, die lineare Frequenz der Wirbelentstehung, also $f = (u_\infty - |\dot{x}_1|)/l_W$, bezeichnet. Im Bereich $500 < Re = \frac{u_\infty d}{\nu} < 5 \cdot 10^4$ ergibt sich für Kreiszylinder $0{,}18 \leqq St \leqq 0{,}21$ und für ebene Platten mit großem Anstellwinkel $\alpha > 30°$, $0{,}15 \leqq St \leqq 0{,}18$. Die Periodizität der Nachlaufströmung führt zu akustischen Signalen (Singen der Telegraphendrähte im Wind, z. B., bei 2 mm Durchmesser und 10 m/s ist $Re = 1200$ und $f = 1050$ Hz) und kann zur gefährlichen Schwingungsanfachung umströmter Bauteile führen (z. B. auch von Brücken).

13.4.5. Die hydrodynamische Druckfunktion an einer bewegten ebenen Behälterwand

Bei horizontalen Fundamentbewegungen (z. B. bei einem Erdbeben) wird eine hier starr angenommene, ebene Behälterwand gegen den Flüssigkeitskörper bewegt. Bei inkompressibler Rechnung und drehungsfreiem Geschwindigkeitsfeld ist $\vec{v} = \operatorname{grad} \Phi$, und wegen $\operatorname{div} \vec{v} = 0$ gilt wieder

$$\Delta\Phi = 0, \qquad \Delta = \frac{\partial^2}{\partial x^2} + \frac{\partial^2}{\partial y^2}. \tag{13.79}$$

Ein Separationsansatz $\Phi = g(x)\, h(y)$ liefert nach dem Einsetzen

$$\frac{g''}{g} = -\frac{h''}{h} = -\lambda^2 = \text{const.} \tag{13.80}$$

Passende Lösungen der beiden gewöhnlichen Differentialgleichungen sind $g = A \times \cos \lambda x$, $h = B\,\mathrm{e}^{-\lambda y}$ und

$$\Phi(x, y, t) = f(t) \sum_n C_n \cos \lambda_n x\, \mathrm{e}^{-\lambda_n y} \tag{13.81}$$

ist ein mögliches Geschwindigkeitspotential, das für $\lambda > 0$ der Ausstrahlungsbedingung für $y \to \infty$ genügt, $\lim \dfrac{\partial \Phi}{\partial y} = 0$, und die Randbedingung in $x = 0$ erfüllt, vgl. Abb. 13.16.

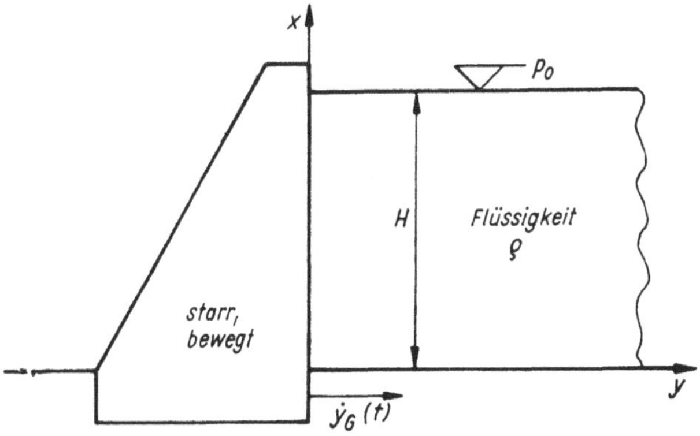

Abb. 13.16. Bewegte ebene Behälterwand

Die Randbedingungen der ebenen Strömung sind dann mit Gl. (13.81)

$$x = 0, \qquad v_x = \operatorname{grad} \Phi \cdot \vec{e}_x = \frac{\partial \Phi}{\partial x} = 0:$$

$$-f(t) \sum_n \lambda_n C_n \sin \lambda_n x\, \mathrm{e}^{-\lambda_n y}|_{x=0} = 0, \tag{13.82}$$

$$y = 0, \qquad v_y = \operatorname{grad} \Phi \cdot \vec{e}_y = \frac{\partial \Phi}{\partial y} = \dot{y}_G:$$

$$-f(t) \sum_n \lambda_n C_n \cos \lambda_n x\, \mathrm{e}^{-\lambda_n y}|_{y=0} = \dot{y}_G, \tag{13.83}$$

$$x = H, \qquad p = -\varrho \frac{\partial \Phi}{\partial t} = 0, \quad \text{(Oberflächenwellen werden vernachlässigt)}:$$

$$\dot{f}(t) \sum_n C_n \cos \lambda_n x\, \mathrm{e}^{-\lambda_n y}|_{x=H} = 0, \tag{13.84}$$

$$y \to \infty, \qquad \lim_{y \to \infty} \Phi = 0: \qquad \lambda_n > 0. \tag{13.85}$$

Die freie Oberflächenbedingung in $x = H$, Gl. (13.84), ergibt die Eigenwerte wegen

$$\cos \lambda_n H = 0, \quad \text{zu} \quad \lambda_n H = \frac{\pi}{2}, \frac{3\pi}{2} \cdots \frac{2n-1}{2}\pi, \quad n = 1, 2, 3, \ldots \tag{13.86}$$

Damit folgt mit $f(t) = \dot{y}_G$ die Bestimmungsgleichung (13.83) für die Konstanten C_n:

$$\sum_n \lambda_n C_n \cos \lambda_n x = -1 . \tag{13.87}$$

Um die C_n durch Koeffizientenvergleich zu bestimmen, setzen wir die Konstante -1 über den Bereich H hinaus periodisch so fort, daß die entstehende Funktion in eine Cosinus-*Fourier*-Reihe (mit der Periode $4H$) entwickelt werden kann[1]:

$$-1 = -\frac{4}{\pi}\left(\cos\frac{\pi x}{2H} - \frac{1}{3}\cos\frac{3\pi x}{2H} + \frac{1}{5}\cos\frac{5\pi x}{2H}\cdots\right)$$

$$= \frac{4}{\pi}\sum_{n=1,2\ldots}\frac{(-1)^n}{2n-1}\cos\lambda_n x \tag{13.88}$$

erlaubt dann den Koeffizientenvergleich von $\cos \lambda_n x$ mit Gl. (13.87) und ergibt

$$C_n = \frac{4}{\pi}\frac{(-1)^n}{2n-1}\frac{2H}{(2n-1)\pi} = \frac{(-1)^n\, 8H}{\pi^2(2n-1)^2}, \qquad n = 1, 2, \ldots \tag{13.89}$$

Diese periodische Fortsetzung nach Gl. (13.88) ist der wesentliche Schritt bei der Lösung der Flüssigkeit-Festkörper-Interaktionsaufgabe, hier Randwertaufgabe, und stellt sich in gleicher Weise bei elastischer Wand und kompressibler Flüssigkeit. Die hydrodynamische Druckfunktion (ohne Berücksichtigung des Schweredruckes und Luftdruckes) ist damit

$$p = -\varrho\frac{\partial\Phi}{\partial t} = 2\varrho\ddot{y}_G H\sum_{n=1,2\ldots}\frac{(-1)^n}{\mu_n^2}\, e^{-\mu_n y/H}\cos\mu_n x/H, \qquad \mu_n = \frac{2n-1}{2}\pi. \tag{13.90}$$

Sie belastet die Wand $0 < x < H$, zusätzlich zum hydrostatischen Druck, proportional zur «Bodenbeschleunigung» $\ddot{y}_G$.

13.4.6. Ausströmen eines Gases aus einem Überdruckkessel

Wir setzen stationäre Strömung durch eine kleine Öffnung im großen Überdruckbehälter ins Freie voraus (Innendruck p_1, Außendruck p_0). Die rasche Zustandsänderung in der verlustfrei angenommenen Strömung erfolgt dann isentrop nach dem Gesetz

$$\frac{\varrho}{\varrho_1} = \left(\frac{p}{p_1}\right)^{1/\varkappa}, \qquad \varkappa = c_p/c_v, \tag{13.91}$$

das für ideale Gase konstanter spezifischer Wärme c_p bzw. c_v gilt. Die *Bernoulli*-Gleichung (8.31) längs einer mittleren Stromlinie aus dem Behälter mit ruhendem

---

[1] Siehe z. B. *I. N. Bronstein/K. A. Semendjajew:* Taschenbuch der Mathematik. – Frankfurt/M.: Deutsch, 1980 (p. 663).

Gas zum Freistrahl an der Düsenmündung (engster Querschnitt A_0) ergibt für die isentrope Zustandsänderung

$$\frac{v_0^2}{2} - 0 = -\int_{p_1}^{p_0} \frac{\mathrm{d}p}{\varrho} = -\frac{p_1}{\varrho_1} \int_1^{p_0/p_1} \left(\frac{p}{p_1}\right)^{-1/\varkappa} \mathrm{d}\left(\frac{p}{p_1}\right)$$

$$= -\frac{p_1}{\varrho_1} \frac{\varkappa}{\varkappa - 1} \left[\left(\frac{p_0}{p_1}\right)^{\frac{\varkappa-1}{\varkappa}} - 1\right]. \tag{13.92}$$

Der Massenstrom

$$\dot{m} = \varrho_0 v_0 A_0 = A_0 \left(\frac{p_0}{p_1}\right)^{1/\varkappa} \sqrt{\frac{2\varkappa}{\varkappa - 1} p_1 \varrho_1 \left[1 - \left(\frac{p_0}{p_1}\right)^{(\varkappa-1)/\varkappa}\right]}, \tag{13.93}$$

verschwindet (natürlich) für $p_1 = p_0$, aber nach dieser Formel auch (unerwartet) für den Gegendruck $p_0 = 0$ (was physikalisch nicht eintreten kann)! Dazwischen muß es ein Maximum geben, beim *kritischen Gegendruck* $p_0 = p^*$,

$$p^*/p_1 = [2/(\varkappa + 1)]^{\varkappa/(\varkappa-1)} \quad (\text{für Luft}, \varkappa = 1{,}4 \text{ ist z. B. } p^*/p_1 = 0{,}528) \tag{13.94}$$

und

$$\mathrm{Max}\,(\dot{m}) = A_0 \left(\frac{2}{\varkappa + 1}\right)^{1/(\varkappa-1)} \sqrt{\frac{2\varkappa}{\varkappa + 1} p_1 \varrho_1}. \tag{13.95}$$

Die Austrittsgeschwindigkeit des Strahles wird dann gleich der örtlichen Schallgeschwindigkeit im Strahl,

$$c = \sqrt{\mathrm{d}p/\mathrm{d}\varrho}\,\Big|_{p^*} = v_0^* = \sqrt{\frac{\varkappa p_1}{\varrho_1} \left(\frac{p^*}{p_1}\right)^{(\varkappa-1)/\varkappa}} = c^*, \tag{13.96}$$

oder anders ausgedrückt, die lokale *Machzahl* $Ma = v_0/c$ wird gerade $Ma^* = 1$. Die angegebene Formel (13.93) für $\dot{m}$ ist also offensichtlich nur dann richtig, wenn der Außendruck p_0 größer als der kritische Druck p^* ist. Senkt man nämlich den Außendruck unter p^*, dann kann sich diese Änderung des Außenzustandes stromaufwärts nicht mehr auswirken, da das Gas bereits mit Schallgeschwindigkeit strömt. Die Ausflußmenge wird deshalb für $p_0 < p^*$ unabhängig vom Gegendruck durch Max $(\dot{m})$ gegeben (bei p^* tritt die größte Massestromdichte $\varrho^* v^*$ auf). Im nicht auf $p_0 < p^*$ expandierten Freistrahl treten dann allerdings Schwingungen auf — in den Strahlerweiterungen auch Überschallgeschwindigkeiten. Bei vorgegebenem Außendruck wird Max $(\dot{m})$ bei Luft mit dem Kesseldruck $p_1 = 1{,}89 p_0$ erreicht. Eine Steigerung des Kesseldruckes beeinflußt nicht die Ausflußmenge.
Auch bei überkritischem Druckverhältnis ist eine geregelte Expansion auf den Außendruck erwünscht. Man verwendet eine *Lavaldüse*, bei der an den engsten Querschnitt A_0 (mit kritischem Druck p^* und $Ma^* = 1$) ein divergentes Rohr anschließt. Im Gegensatz zur gewohnten langsamen Unterschallströmung sinkt nämlich der Druck in der Überschallströmung bei Querschnittserweiterung (beschleunigte Strömung). Beim Ausfluß ins Vakuum kann dann die maximale Ge-

schwindigkeit

$$v_{\max} = \sqrt{\frac{2\varkappa}{\varkappa - 1} \frac{p_1}{\varrho_1}} = c_1 \sqrt{2/(\varkappa - 1)} \tag{13.97}$$

erreicht werden. Immer noch gilt allerdings Max ($\dot{m}$), von Gl. (13.95), wegen der Bedingung $p_0 = p^*$ im engsten Querschnitt A_0[1].

13.5. Aufgaben A 13.1 bis A 13.5 und Lösungen

A 13.1: Eine mögliche Bewegung einer viskosen Flüssigkeit in einem um eine lotrechte Achse mit $\Omega = \text{const}$ rotierenden Behälter ist die eines starren Körpers (eingefrorene Strömung). Man berechne die Form der Isobaren (und speziell die der freien Oberfläche, $p = p_0 = \text{const}$), Abb. A 13.1.

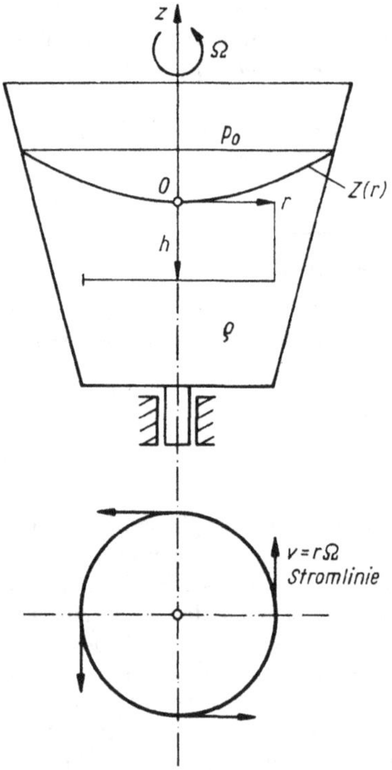

Abb. A 13.1

Lösung: Die Strömung ist drehungsbehaftet, vgl. mit dem drehungsfreien Potentialwirbel Gl. (13.54). Entlang der Drehachse $r = 0$ herrscht die hydrostatische Druckverteilung $p(r = 0, h) = p_0 + \varrho g h$, $h = -z$. Die *Navier-Stokes*-Gleichung in r-Rich-

[1] *K. G. Guderley:* Theorie schallnaher Strömungen. — Berlin—Göttingen—Heidelberg: Springer-Verlag, 1957.
K. Oswatitsch: Gasdynamik. — Wien: Springer-Verlag, 1952.

tung quer zu den Stromlinien fordert (wegen $v_r = 0$ und $v = r\Omega$),

$$\varrho \frac{v^2}{r} = \frac{\partial p}{\partial r} = \varrho r \Omega^2 .$$

Integration ergibt in der Tiefe h

$$0 = p_0 + \varrho g h - p_0(r, h) + \varrho \frac{r^2 \Omega^2}{2},$$

formal *die Bernoulli*-Gleichung im mitrotierenden Bezugssystem (keine Relativströmung). Die Isobaren sind kongruente Rotationsparaboloide zur freien Oberfläche, $p(r, Z) = p_0$, $Z(r) = r^2\Omega^2/2g$.

A 13.2: Man ergänze die hydrodynamische Druckfunktion von Gl. (13.90) unter der Annahme eines elastisch verformbaren Kragplattenstreifens, Abb. A 13.2 (die Plattensteifigkeit $K = Eh^3/12(1 - \nu^2)$ sei der Einfachheit halber konstant angenommen). Die zylindrische Biegefläche sei durch einen *Ritz*schen Ansatz $w(x, t) = \sum_{i=1}^{m} q_i(t)\, \varphi_i(x)$ dargestellt. Die passend gewählten Ansatzfunktionen sollen in $[0, H]$ orthogonal sein. Mit Verwendung von Gl. (7.147), wo (EJ) durch K zu ersetzen ist, und Anwendung der *Galerkin*schen Vorschrift (11.11) sollen die hydrodynamisch gekoppelten Bewegungsgleichungen zur Bestimmung der Lagekoordinaten $q_i(t)$ aufgestellt werden.

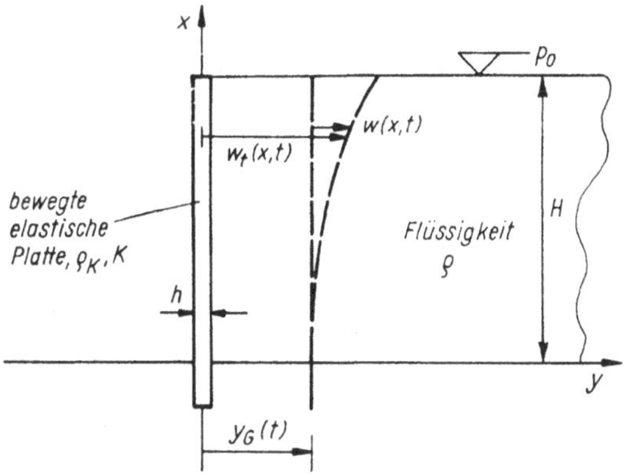

Abb. A 13.2

Lösung: Dem Geschwindigkeitspotential Gl. (13.81) mit C_n nach Gl. (13.89) ist wegen der Plattendeformation $w(x, t)$ ein zweites Potential, Φ_d genannt, gleicher Form (13.81) zu überlagern,

$$\Phi_d(x, y, t) = f(t) \sum_n D_n \cos \lambda_n x \, e^{-\lambda_n y},$$

λ_n nach Gl. (13.86). Die neuen Konstanten D_n folgen aus der verbliebenen Randbedingung in $y = 0$:

$$\frac{\partial \Phi_d}{\partial y} = \dot{w}(x, t) = -f(t) \sum_n \lambda_n D_n \cos \lambda_n x = \sum_{i=1}^{m} \dot{q}_i(t)\, \varphi_i(x).$$

Um die D_n wieder durch Koeffizientenvergleich zu bestimmen, setzen wir die Ansatzfunktionen $\varphi_i(x)$ über den Bereich hinaus periodisch so fort, daß die entstehende Funktion in eine Cosinus-*Fourier*-Reihe (mit der Periode $4H$) entwickelt werden kann (symmetrisch zu $x = 0$, schiefsymmetrisch in $x = H$). Mit den *Fourier*-Koeffizienten

$$C_{ni} = \frac{2}{H} \int_0^H \varphi_i(x) \cos \lambda_n x \, \mathrm{d}x \quad \text{ist dann}$$

$$-f(t) D_n = \lambda_n^{-1} \sum_{i=1}^m \dot{q}_i(t) C_{ni}$$

und die zusätzliche hydrodynamische Druckfunktion, durch die Deformation der Platte in der Flüssigkeit hervorgerufen, ist

$$p_{\mathrm{d}}(x, y, t) = -\varrho \frac{\partial \Phi_{\mathrm{d}}}{\partial t} = \sum_{i=1}^m \varrho \ddot{q}_i(t) \sum_n [\lambda_n^{-1} C_{ni} \, \mathrm{e}^{-\lambda_n y} \cos \lambda_n x].$$

Die schwingende Platte wird also mit p nach Gl. (13.90) durch

$$\bar{p} = p(x, 0, t) + p_{\mathrm{d}}(x, 0, t)$$

dynamisch belastet. Nach Einsetzen in Gl. (7.147) folgt

$$\sum_{k=1}^m \left\{ K \frac{\partial^4 \varphi_k}{\partial x^4} q_k(t) + h\varrho_K [\ddot{y}_G(t) + \ddot{q}_k(t) \varphi_k(x)] \right\} + \bar{p}(x, 0, t) = p^*.$$

Multiplikation des Fehlers p^* mit $\varphi_j(x)$ und Integration über $[0, H]$ ergibt nach der *Galerkin*schen Vorschrift mit der Orthogonalität der Ansatzfunktionen und

$$\int_0^H \varphi_k(x) \, h\varrho_K \varphi_j(x) \, \mathrm{d}x = m_j^{(K)} \delta_{kj}, \qquad \int_0^H \varphi_j(x) \, K \frac{\partial^4 \varphi_k}{\partial x^4} \mathrm{d}x = k_j \, \delta_{kj},$$

$$h\varrho_K \int_0^H \varphi_j(x) \, \mathrm{d}x = \mathfrak{L}_j,$$

das hydrodynamisch gekoppelte System von m linearen Bewegungsgleichungen,

$$m_j^{(K)} \ddot{q}_j + k_j q_j = -\mathfrak{L}_j \ddot{y}_G(t) - m_j \ddot{y}_G(t) - \sum_{i=1}^m m_{ji} \ddot{q}_i, \quad j = 1, 2, \ldots, m,$$

$$m_j = \varrho \sum_n \frac{(-1)^n}{\lambda_n^2} C_{nj}, \quad m_{ji} = \varrho \frac{H}{2} \sum_n \lambda_n^{-1} C_{ni} C_{nj}.$$

Die Lösung wird nur durch die Größe des Systems kompliziert[1]. Das Verhältnis $k_j/m_j^{(K)}$ ist das Quadrat der j-ten Eigenkreisfrequenz der frei schwingenden Kragplatte.

A 13.3: Man zeige, daß die stationäre ebene reibungsfreie Strömung im Schwerefeld, $v_x = u = \text{const}$, $v_y = -gx/u$ (y zeigt vertikal nach oben), eine exakte Lösung der *Euler*schen Gleichungen ist, die Kontinuitätsgleichung erfüllt und als «Hydrau-

[1] Dynamische Schnittgrößen in der Platte werden mit statischen Methoden aus der Flächenlast $\bar{\bar{p}}(x, t) = \bar{p}(x, t) - \varrho h[\ddot{y}_G(t) + \ddot{w}^*(x, t)]$ berechnet.

lischer Bogen» freie Oberflächen aufweisen kann (siehe *Chia-Shun-Yih*: The hydraulic arch. Quart. Appl. Math. **31** (1973), pp. 377–378).

Lösung: Die Kontinuitätsgleichung ist identisch befriedigt. Aus den *Euler*-Gleichungen

$$-\frac{1}{\varrho}\frac{\partial p}{\partial x} = v_x\frac{\partial v_x}{\partial x} + v_y\frac{\partial v_x}{\partial y} = 0, \qquad -g - \frac{1}{\varrho}\frac{\partial p}{\partial y} = v_x\frac{\partial v_y}{\partial x} + v_y\frac{\partial v_y}{\partial y} = -g$$

folgt $p = \text{const}$ im ganzen Strömungsfeld (in der lotrechten Ebene x, y). Die Strömung ist wegen $\operatorname{rot}\vec{v} = (-g/u)\,\vec{e}_z$ nicht drehungsfrei. Die Stromfunktion folgt aus dem Ansatz durch Integration, $v_x = \frac{\partial\psi}{\partial y}$, $v_y = -\frac{\partial\psi}{\partial x}$ zu

$$\psi(x, y) = uy + \frac{g}{2}\frac{x^2}{u},$$

$\psi = \text{const}$ sind kongruente Parabeln, jede Stromlinie kann auch freie Oberfläche sein, Abb. A 13.3.

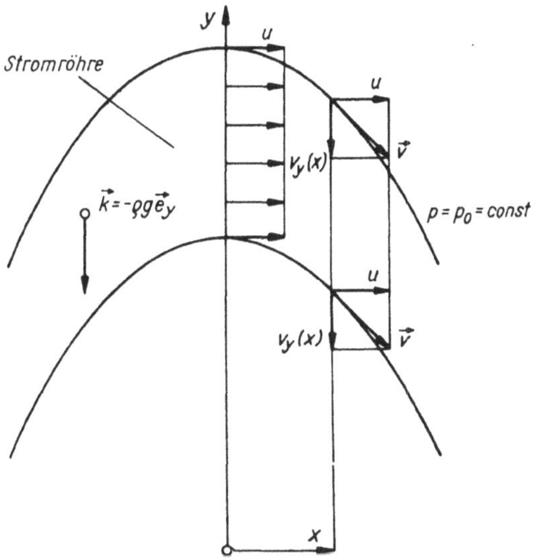

Abb. A 13.3. Der hydraulische Bogen

A 13.4: Man beschreibe die Wirbeldiffusion in einer unendlich ausgedehnten *Newton*schen Flüssigkeit über eine spezielle instationäre ebene Lösung der *Navier-Stokes*-Gleichungen, die dem zeitlichen Abklingen eines zur Zeit $t = 0$ eingeprägten Potentialwirbels entspricht.

Lösung: Mit z als vertikaler Wirbelachse bleibt mit $v_\varphi = v$ in Polarkoordinaten $\varrho\frac{v^2}{r} = \frac{\partial p}{\partial r}$ (beschreibt den Druckgradienten quer zu den Stromlinien, $\frac{\partial v_r}{\partial t} = 0$,

$v_r = 0)$, $\dfrac{\partial v}{\partial t} = \nu \left(\Delta v - \dfrac{v}{r^2}\right)$. Der Wirbelvektor $\vec{\omega}$ hat nur eine z-Komponente $2\omega_z = 2\omega = \dfrac{1}{r}\dfrac{\partial(rv)}{\partial r}$. Eliminiert man v, verbleibt eine Diffusionsgleichung für die Rotation ω:

$$\frac{\partial \omega}{\partial t} = \frac{\nu}{r}\frac{\partial}{\partial r}\left(r\,\frac{\partial \omega}{\partial r}\right).$$

(Diese Gleichung beschreibt auch instationäre achsensymmetrische Temperaturfelder.) Die Substitution der neuen Variablen $\zeta = r/2\sqrt{\nu t}$ liefert für $\Omega = \omega t$ die gewöhnliche Differentialgleichung

$$\zeta \Omega'' + (1 + 2\zeta^2)\,\Omega' + 4\zeta\Omega = 0, \qquad \Omega' = \frac{\mathrm{d}\Omega}{\mathrm{d}\zeta}.$$

Eine spezielle Lösung ist $\Omega_1 = C_1 \exp(-\zeta^2)$, wie man sich durch Einsetzen überzeugt (weitere Lösungen folgen durch Differentiation nach t). Damit ist

$$\omega_1 = \frac{C_1}{t}\exp(-r^2/4\nu t), \qquad v_1 = \frac{2C_1\nu}{r}\left[1 - \exp(-r^2/4\nu t)\right]$$

gerade die gesuchte Lösung mit der Anfangsbedingung in $t = 0$:

$$\lim_{t\to 0} \omega_1\Big|_{r>0} = 0, \quad \lim_{t\to 0} v_1\Big|_{r>0} = \frac{2C_1\nu}{r} = \frac{\Gamma}{2\pi r},$$

entsprechend einem eingeprägten Potentialwirbel, siehe Abb. A 13.4.

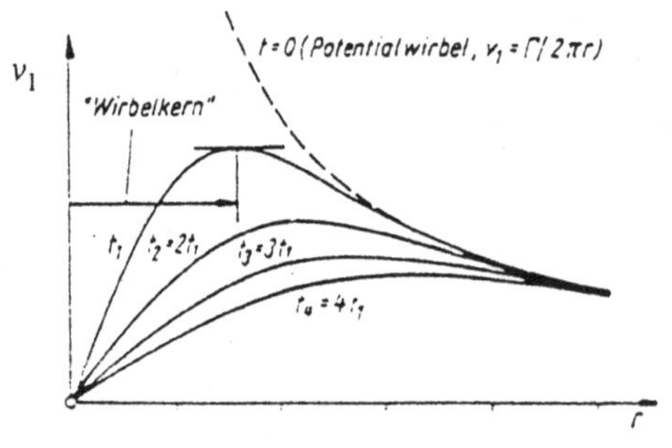

Abb. A 13.4. Wirbeldiffusion. Freie Strömung ohne Energiezufuhr

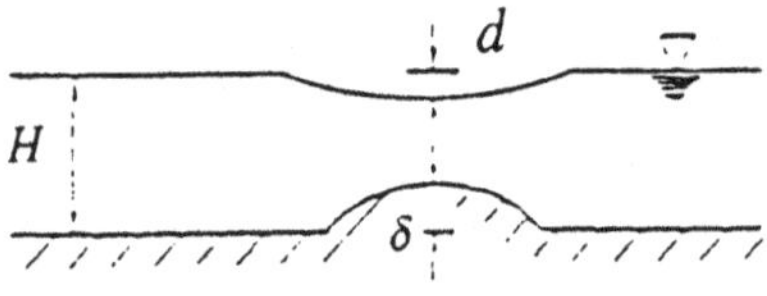

Abb. A 13.5

A 13. 5: Eine starre und glatte Erhebung der Höhe δ befindet sich am Boden eines Kanals mit Rechteckquerschnitt der Breite B. Die freie Oberfläche der stationären Wasserströmung weist dann eine meßbare Einsenkung d gegen die Wassertiefe H auf, wie in Abb. A 13.5 dargestellt. Unter Vernachlässigung der Reibungseffekte soll der Massefluß aus den Daten dieses sogenannten *Venturi*-Kanals berechnet werden.

Lösung: Erhaltung der Masse, $\dot{m} = \rho v_1 HB = \rho v_2 (H - d - \delta)B$ und die *Bernoulli*-Gleichung entlang einer Stromlinie, $\rho v_1^2/2 + p_1 = \rho v_2^2/2 + p_2$, reichen, zusammen mit der Annahme der hydrostatischen Druckverteilung in lotrechter Richtung (Krümmungseffekte der Stromlinien werden so vernachlässigt), $p_1(z) = \rho g(H-z)$; $p_2(z) = \rho g(H-d-z)$, $z \geqq \delta$, zur Berechnung von $\dot{m}$ aus: $v_2 = (H/\delta)(1 + d/\delta)^{-1/2} \left[H/\delta - (1 + d/\delta)/2\right]^{-1/2} \sqrt{gd}$.

Anhang 1:

Richtwerte für einige mechanische Eigenschaften (zum zahlenmäßigen Durchrechnen der Beispiele)

	Dichte $\varrho \cdot 10^{-3}$ kg/m³	Elastizitätsmodul $E \cdot 10^{-3}$ N/mm²	Querdehnungszahl ν	Streckgrenze (Fließgrenze) σ_F N/mm²	Wärmedehnzahl $\alpha \cdot 10^6$ m/m · K	Temperaturleitzahl $a = k/\varrho c$ mm²/s
Stahl hochlegiert	7,85	210	0,3	240 ÷ 750 bis 1650	10 ÷ 12	12,8
Leichtmetall (Dural)	2,8	71	0,35	30 ÷ 270	25	60
Nickel	8,8	197	0,3	140 ÷ 750	13,3	15
Bauholz[1]	0,3 ÷ 0,7	∥ 11 ÷ 15 ⊥ 0,4 ÷ 1,1	0,3 ÷ 0,45		∥ 5,4 ⊥ 34	0,1 ÷ 0,4
techn. Glas	2,5	50 ÷ 90	0,2 ÷ 0,28	(viskos ÷ spröde)	3 ÷ 10	0,3 ÷ 0,5
Beton	2,0	21 (Druck)	0,16		10 ÷ 12	0,3 ÷ 0,5
Fels	2,5	35 ÷ 90	0,15 ÷ 0,30		8 ÷ 12	0,8 ÷ 1,5
Wasser	∼ 1				−28 (0 °C) 69 (20 °C)	0,135 0,143
Öl (20 °C)	0,89 ÷ 0,96				230	0,09
Luft[2]	$1{,}29 \cdot 10^{-3}$				(1/3 T) ∼ 1200	22

[1] typisch anisotroper Werkstoff: ∥ in Faserrichtung, ⊥ quer zur Faserrichtung.
[2] Werte bei Normatmosphäre.

Anhang 2: Große Drehungen

Drei der sechs Freiheitsgrade des starren Körpers sind rotatorische: Drei unabhängige Winkelkoordinaten bestimmen die Winkellage während der Bewegung. Klassisch ist die Wahl der *Euler*schen Winkel mit den folgenden Zwischenschritten: Einer Drehung durch den Winkel ψ um die $3 = 3^*$-Achse des Bezugssystems (1, 2, 3) folgt eine solche um θ um die $1^* = 1^0$-Achse, und schließlich folgt eine dritte Drehung durch den Winkel φ um die $3^0 = 3'$-Achse in die Momentanlage (1′, 2′, 3′). Die Linearisierung für kleine Drehwinkel ist leider schwierig. Deshalb wird die Überlagerung großer Rotationen für die drei *Kardan* Winkel α, β, γ gezeigt. In diesem Fall erfolgt die erste Drehung durch den Winkel α um die $1 = 1^*$-Achse gefolgt von einer um β um die bereits gedrehte $2^* = 2^0$-Achse. Die dritte Drehung um die $3^0 = 3'$-Achse durch den Winkel γ ergibt wieder die Momentanlage, die durch das gestrichene System gekennzeichnet wird, (1′, 2′, 3′). Mit Hilfe der Drehmatrizen $\boldsymbol{D}(\alpha)$, $\boldsymbol{C}(\beta)$, $\boldsymbol{B}(\gamma)$, wird jeder gegebene Vektor in den gedrehten Koordinatensystemen zerlegt. Dabei treten die entsprechenden Matrizenprodukte auf.

Für die α-Rotation folgt $\boldsymbol{x}^* = \boldsymbol{D}\boldsymbol{x}$ [in Komponenten $x_i^* = \sum_l a_{il}(\alpha)\, x_l$] mit

$$\boldsymbol{D}(\alpha) = \begin{pmatrix} 1 & 0 & 0 \\ 0 & \cos\alpha & \sin\alpha \\ 0 & -\sin\alpha & \cos\alpha \end{pmatrix},$$

die β-Rotation ergibt, $\boldsymbol{x}_0 = \boldsymbol{C}\boldsymbol{x}^* = \boldsymbol{C}\boldsymbol{D}\boldsymbol{x}$ [$x_j = \sum_i a_{ji}(\beta)\, x_i^* = \sum_i \sum_l a_{ji}(\beta)\, a_{il}(\alpha)\, x_l$] mit

$$\boldsymbol{C}(\beta) = \begin{pmatrix} \cos\beta & 0 & -\sin\beta \\ 0 & 1 & 0 \\ \sin\beta & 0 & \cos\beta \end{pmatrix},$$

und für die γ-Rotation folgt schließlich, $\boldsymbol{x}' = \boldsymbol{B}\, \boldsymbol{x}_0 = \boldsymbol{B}\boldsymbol{C}\boldsymbol{D}\, \boldsymbol{x} = \boldsymbol{A}\boldsymbol{x}$ [$x_k' = \sum_l a_{kl} x_l$, wo offensichtlich die Elemente der Matrix $\boldsymbol{A}$ durch die Doppelsumme der Produkte ausgedrückt wird $a_{kl} = \sum_j \sum_i a_{kj}(\gamma)\, a_{ji}(\beta)\, a_{il}(\alpha)$] mit

$$\boldsymbol{B}(\gamma) = \begin{pmatrix} \cos\gamma & \sin\gamma & 0 \\ -\sin\gamma & \cos\gamma & 0 \\ 0 & 0 & 1 \end{pmatrix},$$

und damit

$$\boldsymbol{A}(\alpha,\beta,\gamma) =$$

$$\begin{pmatrix} (\cos\beta\cos\gamma) & (\cos\alpha\sin\gamma + \sin\alpha\sin\beta\cos\gamma) & (\sin\alpha\sin\gamma - \cos\alpha\sin\beta\cos\gamma) \\ (-\cos\beta\sin\gamma) & (\cos\alpha\cos\gamma - \sin\alpha\sin\beta\sin\gamma) & (\sin\alpha\cos\gamma + \cos\alpha\sin\beta\sin\gamma) \\ (\sin\beta) & (-\sin\alpha\cos\beta) & (\cos\alpha\cos\beta) \end{pmatrix}.$$

Im Falle von Drehungen durch genügend kleine Winkel kann die Matrix $\boldsymbol{A}$ linearisiert werden

$$\boldsymbol{A} \approx \begin{pmatrix} 1 & \gamma & -\beta \\ -\gamma & 1 & \alpha \\ \beta & -\alpha & 1 \end{pmatrix}, \qquad \begin{matrix} |\alpha| \ll 1 \\ |\beta| \ll 1 \,. \\ |\gamma| \ll 1 \end{matrix}$$

Diese linearisierte Transformation entspricht der von der Reihenfolge unabhängigen Addition der entsprechenden Vektoren, siehe Gl. (1.5).
Die inverse Transformation $\boldsymbol{x} = \boldsymbol{A}^{-1}\boldsymbol{x}'$ ist einfach durch die transponierte Matrix $\boldsymbol{A}^T$ bestimmt, da für die hier vorliegende orthogonale Vektortransformation gilt, $\boldsymbol{A}^{-1} = \boldsymbol{A}^T$, die inverse ist gleich der transponierten Matrix ($x_k = \sum_l a_{lk} x_l'$), die Länge des Vektors ist invariant. «Daraus folgt: Die Superposition aufeinanderfolgender Rotationen durch große Winkel erfolgt durch das Produkt der zugeordneten Drehungsmatrizen.»
Von besonderer Bedeutung ist die nachstehend abgeleitete Transformation des Winkelgeschwindigkeitsvektors $\boldsymbol{\omega} = \boldsymbol{\omega}_\alpha + \boldsymbol{\omega}_\beta + \boldsymbol{\omega}_\gamma$,

$$\omega_\alpha = \dot{\alpha}\boldsymbol{e}_1, \quad \omega_\beta = \dot{\beta}\boldsymbol{e}_2^0, \quad \omega_\gamma = \dot{\gamma}\boldsymbol{e}_3'.$$

Lösung: Die Folge der Rotationen wie oben dargestellt ergibt die partiellen Transformationen,

$$\omega_\alpha' = \boldsymbol{A}\omega_\alpha, \quad \omega_\beta' = \boldsymbol{B}\omega_\beta, \quad \omega_\gamma' = \omega_\gamma \quad \text{und} \quad \omega' = \omega_\alpha' + \omega_\beta' + \omega_\gamma',$$

alle Vektoren sind dann im körperfesten Koordinatensystem dargestellt.

Anmerkung: Wenn die vorgegebenen Vektoren $\boldsymbol{x}$ und $\boldsymbol{y}$ durch die lineare Vektortransformation $\boldsymbol{y} = \boldsymbol{K}\boldsymbol{x}$ in Beziehung stehen, dann soll die Relation im gedrehten Koordinatensystem, die resultierende Matrix ist $\boldsymbol{A}$, bestimmt werden, $\boldsymbol{y}' = \boldsymbol{K}'\boldsymbol{x}'$. Einsetzen der Transformationsvorschrift $\boldsymbol{y}' = \boldsymbol{A}\boldsymbol{y}$ und $\boldsymbol{x}' = \boldsymbol{A}\boldsymbol{x}$ sowie die Ausnutzung der Identität $\boldsymbol{x} = (\boldsymbol{A}^{-1}\boldsymbol{A})\,\boldsymbol{x}$ liefert dann $\boldsymbol{y}' = \boldsymbol{A}\boldsymbol{y} = \boldsymbol{A}\boldsymbol{K}(\boldsymbol{A}^{-1}\boldsymbol{A})\,\boldsymbol{x} = (\boldsymbol{A}\boldsymbol{K}\boldsymbol{A}^{-1})$ $\boldsymbol{A}\boldsymbol{x} = \boldsymbol{K}'\boldsymbol{x}'$. Damit folgt die Ähnlichkeitstransformation zwischen den Matrizen $\boldsymbol{K}$ und $\boldsymbol{K}'$ durch Koeffizientenvergleich

$$\boldsymbol{K}' = \boldsymbol{A}\boldsymbol{K}\boldsymbol{A}^{-1}.$$

Die Determinante der Matrix $\boldsymbol{K}$ ist invariant.

Anhang 3: Impulsintegral Methode der Grenzschichttheorie

Diese von *von Karman* entwickelte Methode erlaubt die Berechnung laminarer und turbulenter Grenzschichten. Allerdings muß im zweiten Fall eine Annahme über die Wandschubspannung gemacht werden (die laminare Unterschicht sollte dabei berücksichtigt werden). In einer gebräuchlichen Näherung wird die (kleine) Schubspannung am äußeren Rand, $y = \delta(x)$, vernachlässigt; siehe Gl. (13.39), wo ein glatter Übergang zur äußeren reibungsfreien Strömung vorausgesetzt wird.

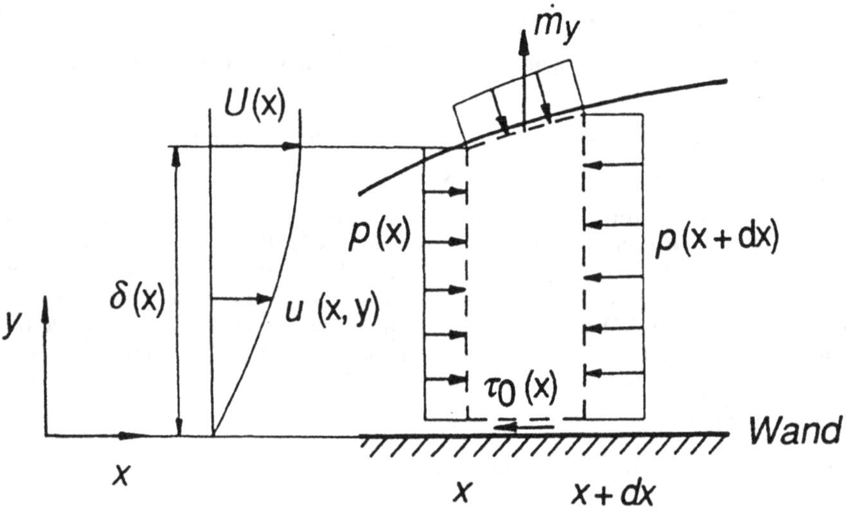

Abb. 13.17. Stationäre und inkompressible Strömung durch ein infinitesimales Kontrollvolumen der Grenzschicht. Geschwindigkeit der reibungsfreien Außenströmung mit Druckgradient ist $U(x)$

Betrachten wir eine ebene stationäre und inkompressible Grenzschichtströmung in einem Kontrollvolumen, das durch ein Element dx der starren Wand und durch den äußeren Rand der Grenzschicht, wo die Geschwindigkeit $U = U(x)$ vorgegeben ist, begrenzt wird, dann kann Gl. (7.13) in der zur Wand parallelen x Richtung angeschrieben werden. Die Massenstromdichte wird je Längeneinheit angesetzt. Entwicklung aller Größen an der Stelle x, Division durch dx mit nachfolgendem Grenzübergang $dx \to 0$ ergibt die lokale Beziehung (τ_0 ist die Wandschubspannung; siehe Abb. 13.17)

$$\frac{\mathrm{d}}{\mathrm{d}x}\int\limits_0^{\delta(x)} \varrho u^2\,\mathrm{d}y + \dot{m}_y' U(x) = -\tau_0 - \delta(x)\,\frac{\mathrm{d}p}{\mathrm{d}x}, \quad \dot{m}_y'\,\mathrm{d}x = -\frac{\mathrm{d}}{\mathrm{d}x}\left(\int\limits_0^{\delta(x)} \varrho u\,\mathrm{d}y\right)\mathrm{d}x. \tag{13.98a}$$

Man beachte die Massenstrombilanz, die besagt, daß der Ausfluß von Masse pro Zeiteinheit durch den äußeren Rand gleich dem Überschuß an einströmender Masse pro Zeiteinheit an den Querschnitten $\delta(x)$ und $\delta(x + \mathrm{d}x)$ sein muß. Keine Volumenkräfte werden berücksichtigt. Der Druckgradient läßt sich als Funktion der Geschwindigkeit der äußeren Strömung durch die dort anwendbare *Euler* Gleichung ausdrücken.

Die x-Komponente der Gl. (8.30) liefert

$$\varrho U \frac{\mathrm{d}U}{\mathrm{d}x} = -\frac{\mathrm{d}p}{\mathrm{d}x}. \tag{13.98b}$$

Mit Hilfe einer identischen Transformation der Ableitung des Impulsflusses durch den äußeren Rand läßt sich die Wandschubspannung wie folgt darstellen,

$$\tau_0 = \varrho \frac{\mathrm{d}}{\mathrm{d}x}\left[U^2 \int_0^{\delta(x)} \frac{u}{U}\left(1 - \frac{u}{U}\right) \mathrm{d}y\right] + \varrho U \frac{\mathrm{d}U}{\mathrm{d}x} \int_0^{\delta(x)} \left(1 - \frac{u}{U}\right) \mathrm{d}y. \tag{13.99}$$

Die verbliebenen Integrale mit der Dimension Länge bestimmen in natürlicher Weise die Grenzschichtdicke mit Bezug auf den Impulsfluß, die Impulsgrenzschichtdicke $\theta(x)$, und mit Bezug auf den Massenstrom pro Zeiteinheit die Verdrängungsdicke $\delta^*(x)$,

$$\theta(x) = \int_0^\infty \frac{u}{U}\left(1 - \frac{u}{U}\right) \mathrm{d}y, \quad \delta^*(x) = \int_0^\infty \left(1 - \frac{u}{U}\right) \mathrm{d}y. \tag{13.100}$$

Die Integration kann bis ins Unendliche erstreckt werden, da der Integrand für $y > \delta(x)$ verschwindet. Die Gleichungen (13.99) und (13.100) sind besonders nützlich, wenn entweder die Geschwindigkeitsverteilung in der Schicht bekannt ist oder genähert angesetzt wird. Für den Fall einer Strömung entlang einer starren Platte verschwindet der Druckgradient, da $U = \text{const}$ ist (siehe auch 13.3.2), und Gl. (13.99) reduziert sich auf

$$\tau_0 = \varrho U^2 \frac{\mathrm{d}\theta}{\mathrm{d}x} \rightarrow c_f = \frac{\tau_0}{\varrho U^2/2} = 2 \frac{\mathrm{d}\theta}{\mathrm{d}x}. \tag{13.101}$$

c_f ist der lokale Reibungskoeffizient. Die einfachste Näherung für das laminare Geschwindigkeitsprofil ist die quadratische Parabel,

$$u/U = 2y/\delta - (y/\delta)^2. \tag{13.102}$$

Sie erfüllt das Haften an der Wand, $u = 0$ entlang $y = 0$, und die Übergangsbedingung $u = U$ und $\mathrm{d}u/\mathrm{d}y = 0$ zur Außenströmung entlang $y = \delta(x)$, siehe 13.3.2.

Literaturhinweise

Zeitschriften

Applied Mechanics Reviews (AMR), ASME, New York
Journal Applied Mechanics, ASME Quarterly Transactions, New York
ZAMM, Zeitschrift f. Angewandte Mathematik u. Mechanik, Berlin
Ingenieur-Archiv, Springer-Verlag, Berlin
Acta Mechanica, Springer-Verlag, Wien
Int. Journal of Solids and Structures, Pergamon Press, Oxford
Journal of Fluid Mechanics, University Press, Cambridge

Handbücher und Übersichten

Advances in Applied Mechanics, Academic Press, New York
Mechanics Today, Pergamon Press, Oxford
Progress in Solid Mechanics, North-Holland, Amsterdam
Szabo, I., Geschichte der mechanischen Prinzipien. Birkhäuser, Basel, 1979
Todhunter, I. and Pearson, K., A History of the Theory of Elasticity and of the Strength of Materials. Reprint, Dover, New York, 1960
Timoshenko, S. P., History of Strength of Materials. Reprint, Dover, New York, 1983
Benvenuto, E., An Introduction to the History of Structural Mechanics. 2 vols., Springer-Verlag, New York, 1991
Morse, P. M. and Feshbach, H., Methods of Theoretical Physics. McGraw-Hill, New York, 1953
Flügge, S. (Ed.), Handbook of Physics. Vols. III/1, 3; VIa/1···4; VIII/1, 2; IX, Springer-Verlag, Berlin.
Flügge, W. (Ed.), Handbook of Engineering Mechanics. McGraw-Hill, New York, 1962
Streeter, V. L. (Ed.), Handbook of Fluid Dynamics. McGraw-Hill, New York, 1961
Harris, O. M. and Crede, C. E. (Eds.), Shock and Vibration Handbook. McGraw-Hill, New York, 3rd ed., 1988
Achenbach, J. (General Ed.), Mechanics and Mathematical Methods. A Series of Handbooks. North-Holland, Amsterdam, (since 1983)
Proceedings IUTAM-Congresses and Symposia
Proceedings US-National Congresses Applied Mechanics
CISM-Courses and Lectures. Springer-Verlag, Wien
Newmark, N. M. and Rosenblueth, E., Fundamentals of Earthquake Engineering. Prentice-Hall, Englewood Cliffs, N. J., 1971
Brebbia, C. A. (Ed.), Finite Element Systems. A Handbook. Springer-Verlag, New York, 2nd ed., 1982
Schielen, W. (Ed.), Multibody Systems Handbook. Springer-Verlag, Berlin, 1990
Blevins, R. D., Formulas for Natural Frequency and Mode Shape. Van Nostrad Reinhold, New York, 1979
Leissa, A. W., Vibration of Plates, SP-160 (1969), Vibration of Shells, SP-288 (1973), NASA Washington
Young, W. C., ROARK'S Formulas for Stress and Strain. McGraw-Hill, New York, 6th ed., 1989

Hütte. Die Grundlagen der Ingenieurwissenschaften. *Czichos, H.* (Ed.), Springer-Verlag, Berlin, 29th ed., 1989
Dubbels Taschenbuch für den Maschinenbau. *Beitz, W. and Küttner, K. H.* (Eds.), Springer-Verlag, Berlin, 17th ed., 1990
Beton-Kalender. Ernst & Sohn, Berlin
Moon, P. and Spencer, D. E., Field Theory Handbook, Springer-Verlag, Berlin, 1971
Abramowitz, M. and Stegun, I. A. (Eds.), Handbook of Mathematical Functions. Dover, New York, 1965
Bronstein, I. N. and Semendjajew, K. A., Taschenbuch der Mathematik. 2 vols., Deutsch, Frankfurt/M, 1980
Doetsch, G., Anleitung zum praktischen Gebrauch der Laplace-Transformation. Oldenbourg, München, 1961

Empfohlene Literatur

Etkin, B., Dynamics of Flight. Wiley, New York, 1959
Fraeijs de Veubeke, B. M., A Course in Elasticity. Springer-Verlag, New York, 1979
Fung, Y. C., Foundations of Solid Mechanics. Prentice-Hall, Englewood Cliffs, N. J., 1965
Guderley, K. G., Theorie schallnaher Strömungen. Springer-Verlag, Berlin, 1957
Hoff, N. J., The Analysis of Structures. Wiley, New York, 1956
Malvern, L. E., Introduction to the Mechanics of a Continuous Medium. Prentice-Hall, Englewood Cliffs, N. J., 1969
Moon, F. C., Chaotic Vibrations. Wiley, New York, 1987
Oswatitsch, K., Grundlagen der Gasdynamik. Springer-Verlag, Wien, 1976
Oswatitsch, K., Spezialgebiete der Gasdynamik. Springer-Verlag, Wien, 1977
Panton, R. L., Incompressible Flow. Wiley, New York, 1984
Rolfe, S. T. and Barson, J. M., Fracture and Fatigue Control in Structures. Prentice-Hall, Englewood Cliffs, N. J., 1977
Rouse, H., Fluid Mechanics of Hydraulic Engineers. Reprint, Dover, New York, 1961
Schlichting, H., Grenzschicht-Theorie. Braun, Karlsruhe, 1965
Van Dyke, M., Perturbation Methods in Fluid Mechanics. Academic Press, New York, 1964
Ziegler, F., Mechanics of Solids and Fluids, Springer-Verlag, New York, 1991

Kapitel 1

Beyer, R., Technische Raumkinematik. Springer-Verlag, Berlin 1963
Rauh, K., Praktische Getriebelehre. 2 vols., Springer-Verlag, Berlin, 1951 und 1954
Wunderlich, W., Ebene Kinematik. Vol. 447/447a, Bibliographisches Institut, Mannheim, 1970
Eringen, A. C., Nonlinear Theory of Continuous Media. McGraw-Hill, New York, 1962
Prager, W., Introduction to Mechanics of Continua. Reprint, Dover, New York, 1973

Kapitel 2

Hirschfeld, K., Baustatik. Theorie und Beispiele. Springer-Verlag, Berlin, 3. Aufl. 1969
Pflüger, A., Statik der Stabwerke. Springer-Verlag, Berlin, 1978
Sattler, K., Lehrbuch der Statik. Bd. 1/A bis II/B, Springer-Verlag, Berlin, 1969
Stüssi, F., Vorlesungen über Baustatik. Vol. 1, Birkhäuser, Basel, 1962
Girkmann, K., und Königshofer, E., Die Hochspannungs-Freileitungen. Springer-Verlag, Wien, 1952
Czitary, E., Seilschwebebahnen. Springer-Verlag, Wien, 1951

Kapitel 4

Bland, D. R., The Theory of Linear Viscoelasticity. Pergamon Press, Oxford, 1960
Desai, C. S., et al (Eds.), Constitutive Laws for Engineering Materials. Theory and Applications. Vol. 1 (1982), 2 vols. (1987), Elsevier, New York

Hill, R., The Mathematical Theory of Plasticity. Clarendon Press, Oxford, 1956
Hult, J., Creep in Engineering Structures. Blaisdell, Waltham, Mass., 1966
Lekhnitskii, S. G., Theory of Elasticity of an Anisotropic Body. Holden-Day, San Francisco, 1963
Lippmann, H., Mechanik des Plastischen Fließens. Springer-Verlag, Berlin, 1981
Odqvist, F. K. G., und Hult, J., Kriechfestigkeit metallischer Werkstoffe. Springer-Verlag, Berlin, 1962
Lubliner, J., Plasticity Theory. Macmillan Publ., New York 1990
Stüwe, H. P. (Ed.), Mechanische Anisotropie. Springer-Verlag, Wien, 1974
Zeman, J. L. and Ziegler, F. (Eds.), Topics in Applied Continuum Mechanics. Springer-Verlag, Wien, 1974

Kapitel 5

Langhaar, H. L., Energy Methods in Applied Mechanics. Wiley, New York, 1962
Washizu, K., Variational Methods in Elasticity and Plasticity. Pergamon Press, Oxford, 1974

Kapitel 6

Rees, D. W. A., Mechanics of Solids and Structures. McGraw-Hill, London, 1990
Timoshenko, S. P. and Goodier, J. N., Theory of Elasticity. McGraw-Hill, New York, 1970
Sokolnikoff, I. S., Mathematical Theory of Elasticity. McGraw-Hill, New York, 1956
Carslaw, H. S. and Jaeger, J. C., Conduction of Heat in Solids. Clarendon Press, Oxford, 1959
Schuh, H., Heat Transfer in Structures. Pergamon Press, Oxford, 1965
Boley, B. A. and Weiner, J., Theory of Thermal Stresses. Wiley, New York, 1960
Hetnarski, R. B. (Ed.), Thermal Stresses. 3 vols., North-Holland, Amsterdam, 1989
Parkus, H., Thermoelasticity. Springer-Verlag, Wien, 1976
Szilard, R., Theory and Analysis of Plates. Prentice-Hall, Englewood Cliffs, N. J., 1974
Girkmann, K., Flächentragwerke. Springer-Verlag, Wien, 1963
Timoshenko, S. P. and Woinowsky-Krieger, S., Theory of Plates and Shells. McGraw-Hill, New York, 1959
Flügge, W., Stresses in Shells. Springer-Verlag, Berlin, 1962
Goldenveiser, A. L., Theory of Thin Elastic Shells. Pergamon Press, Oxford, 1961
Seide, P., Small Elastic Deformations of Thin Shells. Noordhoff, Leyden, 1975
Axelrad, E., Schalentheorie. Teubner, Stuttgart, 1983
Neuber, H., Kerbspannungslehre. Springer-Verlag, Berlin, 1958
Liebowitz, H. (Ed.), Fracture. An Advanced Treatise. Vol. I to VII. Academic Press, New York, 1968–1972
Nadai, A., Theory of Flow and Fracture of Solids. McGraw-Hill, New York, 1950
Peterson, R. E., Stress Concentration Factors. Wiley, New York, 1974

Kapitel 7

Kane, T. R. and Levinson, D. A., Dynamics: Theory and Applications. McGraw-Hill, New York, 1985
Wittenburg, J., Dynamics of Systems of Rigid Bodies. Teubner, Stuttgart, 1977
Slibar, A. and Springer, H. (Eds.), The Dynamics of Vehicles. Proceedings 5th VSD-2nd IUTAM-Symposium, Swets and Zeitlinger, Amsterdam, 1978,
Bianchi, G. and Schiehlen, W. (Eds.), Dynamics of Multibody Systems. Proceedings IUTAM-Symposium, Springer-Verlag, Berlin, 1986
Schiehlen, W. (Ed.), Nonlinear Dynamics in Engineering Systems. Proceedings IUTAM-Symposium, Springer-Verlag, Berlin, 1990
Rimrott, F. P. J., Indroductory Orbit Dynamics. Vieweg, Braunschweig, 1989
Timoshenko, S. P., Young, D. H. and Weaver, W., Vibration Problems in Engineering. Wiley, New York, 4th ed., 1974

DenHartog, J. P., Mechanical Vibration. McGraw-Hill, New York, 4th ed., 1956
Meirovitch, L., Elements of Vibration Analysis. McGraw-Hill, New York, 1975
Clough, R. W. and Penzien, J., Dynamics of Structures. McGraw-Hill, New York, 1975
Hurty, W. C. and Rubinstein, M. F., Dynamics of Structures. Prentice Hall, Englewood Cliffs, N. J., 1964
Yang, C. Y., Random Vibrations of Structures. Wiley, New York, 1986
Pestel, E. C. and Leckie, F. L., Matrix Methods in Elastomechanics. McGraw-Hill, New York, 1963
Magrab, E. B., Vibrations of Elastic Structural Members. Sijthoff & Noordhoff, Alphen aan der Rijn, 1979
Schmidt, G., Parametererregte Schwingungen. VEB Verlag Technik, Berlin, 1975
Achenbach, J. D., Wave Propagation in Elastic Solids. North-Holland, Amsterdam, 1975
Ewing, W. M., Jardetsky, W. S. and Press, F., Elastic Waves in Layered Media. McGraw-Hill, New York, 1957
Pao, Y. H. and Mow, C. C., Diffraction of Elastic Waves and Dynamic Stress Concentrations. Crane, Russak, New York, 1973

Kapitel 9

Ziegler, H., Principles of Structural Stability. Blaisdell, Waltham, Mass., 1968
Dym, C. L., Stability Theory and its Application to Structural Mechanics. Noordhoff, Leyden, 1974
Müller, P. C., Stabilität und Matrizen. Springer-Verlag, Berlin, 1977
Horne, M. R., Plastic Theory of Structures. Pergamon Press, Oxford, 2nd ed., 1979
Zyczkowski, M., Combined Loadings in the Theory of Plasticity. PWN-Polish Scientific Publisher, Cracow, 1981
Dowell, E. H. (Ed.), A Modern Course in Aeroelasticity. Kluwer Academic Press, Dordrecht, 2nd ed., 1989

Kapitel 10

Hamel, G., Theoretische Mechanik. Springer-Verlag, Berlin, 1949
Päsler, M., Prinzipe der Mechanik. De Gruyter, Berlin, 1968
Goldstein, H., Classical Mechanics. Addison-Wesley, Reading, Mass., 1981

Kapitel 11

Biezeno, C. B., und Grammel, R., Technische Dynamik. Springer-Verlag, Berlin, 1953
Meirovitch, L., Computational Methods in Structural Dynamics. Sijthoff & Noordhoff, Groningen, 1980
Fryba, L., Vibrations of Solids and Structures under Moving Loads. Sijthoff & Noordhoff, Groningen, 1972
Kauderer, H., Nichtlineare Mechanik. Springer-Verlag, Berlin, 1958
Stoker, J. J., Nonlinear Vibrations in Mechanical and Electrical Systems. Wiley, New York, 1950

Kapitel 12

Goldsmith, W., Impact. The Theory and Physical Behaviour of Colliding Solids. Arnold, London, 1960

Kapitel 13

Lamb, H., Hydrodynamics. University Press, Cambridge, 6th ed., 1932
Landau, L. D. and Lifshitz, E. M., Fluid Mechanics. Pergamon Press, Oxford, 1959

Kotschin, N. J., Kibel, I. A., und Rose, N. W., Theoretische Hydromechanik. Akademie-Verlag, Berlin, Vol. I 1954, Vol. II 1955
Betz, A., Konforme Abbildung. Springer-Verlag, Berlin, 1964
Schneider, W., Mathematische Methoden der Strömungsmechanik. Vieweg, Braunschweig, 1978
Sockel, H., Aerodynamik der Bauwerke. Vieweg, Braunschweig, 1984
Ashley, H. and Landahl, M., Aerodynamics of Wings and Bodies. Addison-Wesley, Reading, Mass., 1965
Launders, B. E. and Spalding, D. B., Mathematical Models of Turbulence. Academic Press, New York, 1972
Whitham, G. B., Linear and Nonlinear Waves. Wiley, New York, 1974
Bisplinghoff, R. L., Ashley, H. and Halfmann, R. L., Aeroeleasticity. Addison-Wesley, Reading, Mass., 1965

Sachwortverzeichnis

Springer-Verlag
und Umwelt

ALS INTERNATIONALER WISSENSCHAFTLICHER VERLAG sind wir uns unserer besonderen Verpflichtung der Umwelt gegenüber bewußt und beziehen umweltorientierte Grundsätze in Unternehmensentscheidungen mit ein.

VON UNSEREN GESCHÄFTSPARTNERN (DRUCKEREIEN, Papierfabriken, Verpackungsherstellern usw.) verlangen wir, daß sie sowohl beim Herstellungsprozeß selbst als auch beim Einsatz der zur Verwendung kommenden Materialien ökologische Gesichtspunkte berücksichtigen.

DAS FÜR DIESES BUCH VERWENDETE PAPIER IST AUS chlorfrei hergestelltem Zellstoff gefertigt und im pH-Wert neutral.